社 会 生 物 学

个体、群体和社会的行为原理与联系

SOCIOBIOLOGY

The
New
Synthesis

[美] 爱德华·O. 威尔逊——著

毛盛贤　孙港波　刘晓君　刘耳——译

北京联合出版公司
Beijing United Publishing Co., Ltd.

阿周那对克利须那①说：虽然，

这些世人的肇事者——我们的敌人，

是贪婪摧毁了他们的理智，

使他们看不到破坏家庭的罪恶，

看不到对朋友背叛的羞耻；

但是，

对于他们破坏家族的罪恶，

我们岂能视而不见？

克利须那对阿周那说：凡是把这种自私看作害人者或被害者的人，

都没有明辨是非的洞察力；

自私者的灵魂，

既没有害人，

也没有被人害。

① 典故出自印度古代梵文史诗《摩诃婆罗多》。——译者注

目录

第一部分　社会进化

第二部分　社会机制

至 20 世纪末的社会生物学

这部再版的《社会生物学》(首版 1975)的问世，让社会生物学成了一门具有内在统一性的学科，但构思源于我在自己的早期著作《昆虫的社会》(*The Insect Societies*, 1971) 中想到的：将昆虫学和群体生物学结合起来。回过头看，我发现最初的做法是完全合乎逻辑的。在 20 世纪 50 年代和 60 年代，社会昆虫研究成为热门，而且达到了新的研究水平，只是各种研究还没有统合起来。我的同事和我设想出了关于昆虫职别的化学通信及由进化和生理决定的许多原理，也设想了十余条使蚂蚁、白蚁，蜜蜂和黄蜂走向高级社会的独立系统发育通路。威廉·D.汉密尔顿 (William D. Hamilton) 于 1963 年引入的血缘选择思想，现已成为一个基本概念。大量的数据等待整合。而且，已知的社会昆虫物种超过了 1.2 万个。这些材料都可以用来做比较研究，以检测集群生活的适应性。它们远比数目稀少的脊椎动物更适于研究，因为在脊椎动物中只有数百个物种具有比较高级的社会组织。最后，由于社会昆虫受制于固有的本能，研究者在研究时不太可能遇到研究脊椎动物时常遇到的遗传与环境之间复杂的相互影响问题。

到了 1971 年，群体生物学的研究者们也已取得了不小的进步。他们提出了很多有关群体遗传学和群体增长动力学的模型，并且用更精确的建模方法研究了竞争和共生现象。1967 年，罗伯特·H.麦克阿瑟 (Robert H. MacArthur) 和我 (希望读者能够谅解这种带有自传倾向的说明) 在综合性论著《海岛生物地理学理论》(*The Theory of Island Biogeography*) 中，则将群体生物学的原理同物种多样性与分布的模式结合了起来。

因此，在 20 世纪 60 年代末，我便自然地写了《昆虫的社会》，为的是尝试在群体生物学的基础上更全面地组织起有关社会昆虫的知识。每一个昆虫集群都是相互关联的生物的集聚体，而其成员是按一定的生死模式生长、竞争，并最终走向死亡的。

脊椎动物的社会如何呢？在《昆虫的社会》的最后一章"统一的社会生物学的前景"中，我把这两个大的动物门类结合起来，做了乐观的预测：

> 尽管脊椎动物和昆虫的系统发育相差很大，且对内对外的通信系统也存在着基本的差别，但这两种动物类群进化出来的社会行为在程度上和复杂性方面都具有一定的相似性，并且在很多重要的细节方面也存在趋同现象。这一事实使人们可以做出一个特殊的承诺：最终可以从群体遗传学和行为生物学的主要原理中发展出一门成熟的科学。可以预计，这门学科将有助于我们进一步理解，人类社会行为与动物社会行为的不同特性。

你面前的这部书中就包括了这一推理的结果。哈佛大学出版社印制的这个新版本与最初的版本没有什么不同。这部书逐一实现了最初在《昆虫的社会》一书中提出的对白蚁与黑猩猩之间的契合关系进行系统化分析的目标，而且目标又向前推进了，即尝试研究了人类社会。

1975年及接下来的几年，读者们对《社会生物学》一书的评价是褒贬兼有。客观地说，这部书中的动物学知识，即除了第1章和第27章以外的所有内容，都受到了广泛好评，这一部分内容的影响力还在稳步增长。1989年，《社会生物学》一书战胜了达尔文1872年的经典著作《人与动物的表情》(*The Expression of The Emotions in Man and Animals*)，被国际动物行为协会官员和成员评为"历史上最重要的关于动物行为的著作"。这部书将许多研究者的发现整合在一个因果理论的框架中，有助于将动物行为的研究改造成与主流进化生物学有着广泛联系的学科。

人们并不太接受《社会生物学》中占30页的有关人类行为的简短论述。在20世纪70年代，这一部分内容在学术界激起了非常激烈的争论，这场争论从生物学蔓延到社会科学和人文学科。这一争论已进行多次，而且说法也很多，我自己在回忆录《博物学家》(*Naturalist*)中也讲到了它，在那部书里，我尽力想保持一种平衡的心态。这里，我只想做一下简要的回顾。

虽然可以将那场争论看成一场喧哗，但反对意见在公开发表的评论《社会生物学》的文章中所占的比例很小。不过，当时这些反对的意见却非常引人注目，而且造成了一定的影响。批评者主要反对的是他们所看到的两个严重缺陷：第一个是不合时宜的还原论，即认为最终可以将人类的行为还原到生物学中去理解；第二个缺陷就是遗传决定论，即相信人类的基因决定了人类的本性。

如果一个人在阅读该书时相信还原论是科学中的一把利器，他或许相信《社会生物学》不仅重视还原论，而且重视综合性和整体论，其实这两种理解本质上是没有什么不同的。此外，该书中的社会生物学解释绝对不是严格的还原论，而是相互作用论。没有哪个严肃的学者会认为，控制人类行为的方式和控制动物本能的方式一样，不存在文化的影响。按照几乎所有研究社会生物学问题的学者所持的相互作用论观点，基因组决定了心理发育的方向，但是无法消除文化的影响。认为我持还原论和遗传决定论的人，是在树立这样一个如同立起一个稻草人的假想对手，然后攻击之。

批评者是谁，他们为什么干这样的勾当？批评者中有一些马克思主义者，其中最著名的代表人物就是斯蒂芬·杰·古尔德（Stephen Jay Gould）和理查德·C.列万廷（Richard C. Lewontin）。毫不夸张地说，他们不喜欢人性具有任何遗传基础的思想。他们倡导的观点正好相反，即发育中的大脑是一块白板。他们说，唯一的人性就是心灵具有无限的可塑性。他们的观点是自20世纪20年代以来马克思主义者所持的标准观点：理想的政治经济学就是社会主义，只有心如白板的人才能适应社会主义。如果心灵来源于可遗传的人性，那太令人不快了。因为社会主义应该追求的是最终的善，所以心灵必须如同白板一般。列万廷、斯蒂文·罗斯（Steven Rose）和利奥·J.卡明（Leon J. Kamin）在《不在我们的基因中》（*Not in Our Genes*，1984）一书中反复指出："我们都憧憬创造一个更加注重社会正义的社会，即一个社会主义社会。同时，我们认识到，一种批评科学是为创建这样一个社会而努力的组成部分，而且我们也相信今天许多科学的社会功能就是通过保护统治阶级、优势性别和优秀种族的利益，从而阻止建设社会主义社会的。"

时值1984年，恰逢奥威尔式（Orwellian）[①]

---

① 英国作家乔治·奥威尔（1903—1950）写过一部著名的讽刺乌托邦社会的政治小说《一九八四》，书中讥讽了苏联式的极权社会主义的政治、社会形态和意识形态。——译者注

时期。随着社会主义的衰落、转型及冷战的结束，利用科学知识进行政治尝试的观点也受到了挑战。自那以后，我没再听到过这类观点。

不过，在20世纪70年代，当有关人类社会生物学的争论非常激烈的时候，新左派的一些成员加入了旧的马克思主义者阵营，并给予有力的支持。这些新左派成员还反对另外一种观点，他们当时正在关注社会正义。他们说，如果认为基因规定了人性，那么接下来就会认为在个性和能力方面可能会存在着根深蒂固的差异。批评者无法容忍这种可能性的存在，他们说，至少无法容忍这样的论述，因为这种带有偏见的思想很容易滑向主张种族主义、男性至上主义、阶级压迫、殖民主义，以及更糟糕的，滑向资本主义！在20世纪结束的时候，这场争论已经平息。虽然还未能从统计学的角度证明是否存在着种族差异，但是已经明确无误地证明个性和智力变异具有一定的遗传基础。与此同时，整个世界对资本主义的诋毁也大大减少了。导致这些变化的并不是人类行为遗传学和社会生物学。资本主义可能会衰落（谁能预测未来呢？），但是由于有了确凿的证据，人性的遗传框架似乎再也无法被驳倒。

许多社会科学家和人文学者所表达和坚持的怀疑论，多少都有一定的意识形态根源。它基于"文化就是人类心智的唯一工匠"这一信念。他们的认识也是否定了生物学的白板假说，或至少忽视了生物学。不过，这一信念已被"生物学和文化的相互作用决定了心智发育"所替代。

总而言之，在20世纪结束之时，人们倾向于承认智人（*Homo sapiens*）是一种不断发展的灵长类，承认智人具有生物特性。

不过，道路并不平坦。人类社会生物学（今天也称"进化心理学"）之所以传播缓慢，不仅是因为意识形态和习惯势力的阻碍，而且更主要的是由于重要的知识分支之间存在已久的分歧。自19世纪初人们就普遍认为，从认识论的角度看，自然科学、社会科学和人文学科之间毫不相干，需要不同的用语、不同的分析模式和验证法则。按照C. P. 斯诺（C. P. Snow）1959年的说法，在科学文化和人文文化之间实质上依然存在着明显的界限。知识依然零碎不整。

现在人们清楚地知道，重要知识之间的分界线并不是一种界限，而是广阔的、尚待双方共同合作去开拓的领域。自然科学有四个邻近的领域正在扩展。

认知神经科学，也就是众所周知的脑科学，即从时空的角度清晰地绘制大脑活动图。现在已经可以追踪神经通路、一些思维的复杂而曲折的模式。这种方法可以用作心理紊乱的日常诊断，还可以几乎直接评估药性和激素增加的效果。神经科学家已经能够重现一些心理活动，尽管这项工作还很不成熟，但获得的成果却远远超过以往哲学家的臆想。接下来，他们还可以用认知心理学的实验和模型来整理这些发现，从而把其他在自然科学和社会科学之间架设桥梁的学科资源吸引过来。这样，智力领域的主要空隙，即心身之间的空隙，不久就会被填补。

在人类遗传学中，伴随着有关碱基顺序和遗传图谱的工作取得进展和接近完成，直接研究人类行为遗传的领域也为之洞开。然而，要想形成一个完整的基因组学，其中包括渐成的分子阶段和在基因-环境相互作用中的反应规范，还尚待时日。不过，目前已经发展出了相关的技术手段。相当一部分分子生物学和细胞生物学的研究就是为了搞清楚这些问题。契合的含义不言而喻：神经心理基因组学的任何进展都会缩小身心之间的界限。

认知神经科学的目的是解释动物和人类的大脑**如何**工作，遗传学的目的是解释**如何遗传**，进化生物学的目的则是解释大脑**为什么**工作，或者更精确地说，按照自然选择的理论来解释什么样的适应可以导致相关部分与过程的集聚。在过去25年里，大量的人种学数据已用来检验适应假说，特别是检验那些来自血缘选择和生态最适模式的假说。许多由生物学家和社会科学家所从事的这类研究都已经发表在《行为生态学与社会生物学》《进化与人类行为》[①]（原名为《行为学与社会生物学》）《人性》《社会与生物结构杂志》等杂志上和一些出色的论文集中，比如《适应的心理：进化心理学与文化的产生》和《人性：评论读本》[②]。

所以，我们现在对于种族划分、血缘分类、嫁妆、婚姻习俗、乱伦禁忌及人类科学中的其他问题理解得更为清晰了。建立在特里维斯于20世纪70年代提出的亲子冲突理论和对博弈论创造性应用基础上的冲突与合作的新模型，已经在发育心理学和其他许多领域，比如胚胎学、儿科学和基因组指纹的研究，都结出了丰硕的果实。与非人类灵长类的社会行为进行比较，现在已经成为生物人类学中的热门，并且学界已经证实，这种比较研究对分析隐含和复杂的人类行为现象具有很高的价值。

---

① Jerome H. Barkow, Leda Cosmides, and John Tooby, eds., 1992.

② Laura Betzig, ed., 1997.

社会生物学是动物学中一门发展兴旺的学科，但社会生物学最终一定会在促进重要知识分支之间的契合中发挥最重要的作用。为什么这么说？因为社会生物学可以更客观、更精确地描述人性，这种精确性是自我理解的关键。依靠直觉把握的人性一直是创造性艺术的素材。社会生物学最终会成为社会科学的基础，并将一些神秘的现象纳入自然科学研究的范畴。客观地把握人性，从科学的深度探索人性，对人性的衍生物做出从生物学到文化的因果解释，即使达不到学术研究的目标，也将实现启蒙运动时的梦想。

在［介于自然科学与社会科学的］边界学科中可以获知人性的客观含义。我们已经知道人类的文化并不等于规定文化的基因，也不等于像乱伦禁忌和遵守惯例（这些是文化的产物）那样的普世文化。相反，人性是一种表观遗传规则（epigenetic rule），是心理发育的遗传调节。这些规则是决定我们看待世界方式的遗传基础，是我们心灵世界的符号编码，让我们做出进行选择的权限，让我们做出最容易也最值得的反应。表观遗传规则在生理层面，以及少数情况中在基因层面，改变了我们看待色彩和根据本能区分色彩的方式。表观遗传规则使我们根据基本的抽象形状和复杂程度来评估艺术设计中的美，使我们面对人类环境中亘古的危险（比如蛇和高度）表现出不同的恐惧和恐惧症，使我们以一定的面部表情和身体语言形式来进行交流，使我们呵护孩子，使我们夫妻恩爱；表观遗传规则决定了我们许多行为和思维。许多表观遗传规则显然都很古老，一直可以追溯到几百万年前的哺乳动物祖先那里。还有一些表观遗传规则，比如孩子语言发展中的个体发育阶段，是人类独有的，大概只有几万年的历史。

表观遗传规则成了过去25年里生物学和社会科学中许多研究的主题，有关评论见我更全面的论著《论人性》（On Human Nature，1978）和《论契合——知识的统合》（Consilience: The Unity of Knowledge，1998），以及杰罗米·巴尔科夫（Jerome L. Barkow）等人编辑的《适应的心理》（The Adapted Mind，1992）。这些书清楚地表明，在人性的创造过程中，遗传进化与文化进化共同产生出混杂物。我们只是略微了解这一过程是如何运作的。我们知道文化进化实质上建立在生物特征的基础上，并且知道大脑的生物进化，特别是大脑皮层的生物进化，受制于一定的社会背景。但是，上述边界学科中提出的一些原理和细节还存在着很大的争议。基因-文化共进化的确切过程是社会科学和许多人文学科的中心问题，也是自然科学中仍然没有解决的问题之一。解决这一问题的明显途径就是重要的知识分支能够实现基础上的统一。

最后，在过去25年里，我为之消耗了很多心血的另一个学科——保护生物学，已经与人类社会生物学建立了非常密切的联系。人性，即表观遗传规则，并非起源于城市和农田，它们都是在人类历史中很近的时期才产生的，根本无法驱动大量的遗传进化。人性产生于自然环境中，尤其产生于非洲的大草原和稀树草原中，智人及其先辈们在那里已经进化了几十万年。我们今天称作自然环境或荒郊野外的地方曾经是人类的家，人类就是在那里成长起来的。农业出现之前，人们在生活上依靠的就是对野外生物多样性的熟悉程度，包括对周围的生态系统和构成生态系统的动植物的熟悉程度。

从进化时间的维度看，这种〔人与自然的〕联系由于农业的发明与传播突然被削弱，后来在工业革命和后工业革命时期，又由于大量的农业人口涌入城市而消失了。在全球的文化发展到一个新的技术科学时代时，人性却依然保留着旧石器时代的特征。

于是，现代的智人对自然环境表现出一种矛盾的态度。他们在崇尚自然环境的同时，也在征服和改变着自然环境。最适合人类的行星似乎要有广大富饶且没有因为人口众多而被占据和开垦的荒野。但地球的资源是有限的，呈指数增长的人口正在耗竭土地的生产能力。很显然，人类必须找到一种方式，在稳定人口并普遍达到一定生活水准的同时，也可以使地球上更多的自然资源和生物多样性得到保护。

很长时间以来，我一直相信，保护生态最终应该成为一种道德情操。进而，道德规范应该建立在坚实客观的人性知识基础之上。1984年，我在《热爱生命的天性》（*Biophilia*）一书中将我的两个理性的挚爱——社会生物学和生物多样性，结合了起来。这部书的中心论点就是：心理发展的表观遗传规则很可能就包含了对自然环境的适应性反应。这个论点主要是猜测。生态心理学中，没有任何一个已经成型的学科曾经提出过这样的假说。不过，还是有许多证据可以证明这个论点的正确性。我在《热爱生命的天性》中评述了当时由高登·奥里安斯（Gordon Orians）提供的信息，他提到了生物本能偏好的生境（比较突出的就是可以俯瞰稀树草原和水体的高地），蛇和撒旦形象对文化的重要影响，以及其他很可能已经适应人类脑进化的心理素质。

自从1984年以来，有利于人类具有热爱生命天性观点的证据越来越多，但是这个问题仍然处于初步探索阶段，明确的原理还很少。[1]我敢说，在未来，随着人们越来越重视环境的稳定和保持，两个天性——人性和野生自然之间的联系将成为人类的中心议题。

1999年12月
马萨诸塞州坎布里奇市

---

① 见《热爱生命的天性假说》，Stephen Kellert and Edward O. Wilson, eds., Island Press, 1993。——译者注

致 谢

现代社会生物学是由那些主要研究群体生物学、无脊椎动物学，尤其是昆虫学和脊椎动物学的杰出学者们创立的。因为我所受到的训练和我的研究经验恰好属于前两者，而且从写作《昆虫的社会》中又获得了一些动力，于是我决定充分了解脊椎动物，以尝试进行一次全面的综合。上述第三个领域中的一些专家耐心地用胶片资料和出版物引导我，纠正我的错误并向我表示了一般是很有前途的大学生才能享受到的热情鼓励，而这些慷慨行动见证了科学是个共同体。

我的一些新同事用批评的眼光阅读了大部分章节的初稿，群体生物学家和人类学家评价了其余的部分。我要特别感谢罗伯特·L.特里弗斯（Robert L. Trivers）阅读了该书的大部分内容，并且自从我刚形成一定的概念时就和我进行讨论。还有一些人也阅读了部分草稿，章节的数目放在他们名字的后面，这些人是艾芬·蔡斯 [Ivan Chase（13）]、伊文·德沃尔 [Irven DeVore（27）]、约翰·F.艾森伯格 [John F. Eisenberg（23，24，25，26）]、理查德·D.埃斯蒂斯 [Richard D. Estes（24）]、罗伯特·法根 [Robert Fagen（1—5，7）]、马德哈夫·加吉尔 [Madhav Gadgil（1—5）]、罗伯特·A.海因德 [Robert A. Hinde（7）]、伯特·霍尔多布勒 [Bert Hölldobler（8—13）]、F.克拉克·豪威尔 [F. Clark Howell（27）]、萨拉·布莱夫·赫尔迪 [Sarah Blaffer Hrdy（1—13，15—16，27）]、艾莉森·乔里 [Alison Jolly（26）]、A.罗斯·基斯脱 [A. Ross Kiester（7，11—13）]、布鲁斯·R.列文 [Bruce R. Levin（4，5）]、彼特·R.马勒 [Peter R. Marler（7）]、恩斯特·迈尔 [Ernst Mayr（11—13）]、唐纳德·W.普法夫 [Donald W. Pfaff（11）]、凯瑟林·拉尔斯 [Katherine Ralls

（15）]、乔恩·西格［Jon Seger（1—6，8—13，27）]、W. 约翰·史密斯［W. John Smith（8—10）]、罗伯特·M. 伍拉科特［Robert M. Woollacott（19）]、詹姆斯·威因里奇［James Weinrich（1—5，8—13）]和阿莫兹·扎哈维［Amotz Zahavi（5）]。

下列人员对于插图和未发表的草稿提出了技术性的建议：R. D. 亚历山大（R. D. Alexander）、赫伯特·布洛赫（Herbert Bloch）、S. A. 布尔曼（S. A. Boorman）、杰克·布拉德伯里（Jack Bradbury）、F. H. 布朗森（F. H. Bronson）、W. L. 布朗（W. L. Brown）、弗兰西（Francine）和P. A. 巴克利（P. A. Buckley）、诺姆·乔姆斯基（Noam Chomsky）、马尔科姆·科伊（Malcolm Coe）、P. A. 科宁（P. A. Corning）、伊恩·道格拉斯-汉密尔顿（Iain Douglas-Hamilton）、玛丽·简·韦斯特-艾伯哈德（Mary Jane West Eberhard）、约翰·F. 艾森伯格（John F. Eisenberg）、理查德·D.埃斯蒂斯、O. R. 弗洛迪（O. R. Floody）、查理斯·高尔特（Charles Galt）、瓦勒里乌斯·盖斯特（Valerius Geist）、彼特·哈斯（Peter Haas）、威廉·J. 汉密尔顿（W. J. Hamilton Ⅲ）、伯特·霍尔多布勒、萨拉·赫迪（Sarah Hrdy）、艾莉森·乔里、J. H. 考夫曼（J. H. Kaufmann）、M. H. A. 基恩莱塞德（M. H. A. Keenleyside）、A. R. 基斯特（A. R. Kiester）、汉斯·库默尔（Hans Kummer）、J. A. 库兰德（J. A. Kurland）、M. R. 雷因（M. R. Lein）、B. R. 莱文（B. R. Levin）、P. R. 列维特（P. R. Levitt）、P. R. 马勒（P. R. Marler）、恩斯特·迈尔、G. M. 麦凯（G. M. McKay）、D. B. 米恩斯（D. B. Means）、A. J. 麦耶里克斯（A. J. Meyerriecks）、马丁·莫伊尼汉（Martin Moynihan）、R. A. 佩恩特（R. A. Paynter）、Jr. D. W. 普法夫、W. P. 波特（W. P. Porter）、凯瑟林·拉尔斯、林恩·里迪福德（Lynn Riddiford）、P. S. 罗德曼（P. S. Rodman）、L. L. 罗杰斯（L. L. Rogers）、塞尔玛·E. 罗威尔（Thelma E. Rowell）、W. E. 舍维尔（W. E. Schevill）、N. G. 史密斯（N. G. Smith）、朱迪·A. 斯坦普斯（Judy A. Stamps）、R. L. 特里弗斯（R. L. Trivers）、J. W. 杜鲁门（J. W. Truman）、F. R. 华瑟（F. R. Walther）、彼特·威格尔特（Peter Weygoldt）、W. 威克勒（W. Wickler）、R. H. 威利（R. H. Wiley）、E. N. 威尔姆森（E. N. Wilmsen）、E. E. 威廉斯（E. E. Williams）和D. S. 威尔逊（D. S. Wilson）。

凯思琳·M.霍尔顿（Kathleen M. Horton）大力协助了文献目录的整理，查阅了很多技术细节，并根据两份零乱的草稿打印了文稿。南希·克莱门特（Nancy Clemente）编辑了文稿，提出了许多有关文章组织结构和表述方面的有益建议。

萨拉·兰德里（Sarah Landry）完成了第20章至第27章中动物社会图的绘制。在涉及脊椎动物物种的情况时，她的创造最能反映整个小群落的状况，在一张示意图中，统计比例正确，合理地表达了许多的社会相互作用。为了使示意图画得尽可能地准确，我们求助于一些研究个别物种社会生物学的生物学家，他们给予了慷慨的帮助，他们是：罗伯特·F. 巴克尔（Robert T. Bakker，恐龙表现和可能社会行为的重建）、布莱恩·伯特伦（Brian Bertram，狮子）、伊恩·道格拉斯-汉密尔顿（非洲大象）、理查德·D. 埃斯蒂斯（野狗、角马）、F. 克拉克·豪威尔（F. Clark Howell，原始人与更新世动物群的重建）、艾莉森·乔里（环尾狐猴）、詹姆斯·马尔科姆（James Malcolm，野狗）、约翰·考夫曼（直尾小袋鼠）、汉斯·库默尔（Hans

Kummer，阿拉伯狒狒）、乔治·B. 沙勒（George B. Schaller，大猩猩）和格伦·E. 伍尔芬敦（Glen E. Woolfenden，佛罗里达灌木松鸦）。S. 巴洪（S. Barghoorn）、莱斯利·A. 加雷（Leslie A. Garay）和罗拉·M. 泰伦（Rolla M. Tryon）对于如何写（动物）周围的植被也提出了建议。该书的大多数图是由威廉·G. 米蒂（William G. Minty）画的，其余的是由乔舒亚·B. 克拉克（Joshua B. Clark）画的。

　　该书某些节段几乎原封不动地摘自爱德华·O. 威尔逊著的《昆虫的社会》；其中该书第1、3、6、8、9、13、14、16和17章分别引用了小部分，而第20章引用了相当一部分——社会昆虫的简要评述。其他的摘录引自爱德华·O. 威尔逊和W. H. 波塞特（W. H. Bossert）合著的《群体生物学入门》（*A Primer of Population Biology*，1971）及爱德华·O. 威尔逊等著的《地球上的生命》（*Life on Earth*，1973）。133—134页引自我的论文"类群选择及其生态学意义"[①]，版权为哈佛学院院长和特别会员所有。其他一些节段引自我发表在不同杂志上的论文：《美国昆虫协会通报》[②]；《科学》[③]；《科学美国人》[④]；《化学生态学》（编辑：E. Sondheimer & J. B. Simeone，Academic Press，1970）；《人和动物——比较社会行为》（编辑：J. F. Eisenberg & W. S. Dillon，Smithsonian Institution Press，1970）。印度教诗文（Bhagavad-Gita）的语录来自彼特·波普出版社。

[①] *Bio Science*, vol. 23, pp. 631-638, 1973; copyright © 1969, 1973, by the President and Fellows of Harvard College.
[②] *Bulletin of the Entomological Society of America*, vol. 19, pp. 20-22, 1973.
[③] *Science*, vol. 163, p. 1184, 1969; vol. 179, p. 466, 1973; copyright © 1969, 1973, by the American Association for the Advancement of Science.
[④] *Scientific American*, vol. 227, pp. 53-54, 1972.

对上述编辑和出版商允许我引用他们的资料表示感谢。

　　我还要感谢下列机构和个人允许我复印他们拥有版权的资料：科学出版社联合公司；阿尔丁出版公司；代表《科学》的美国科学促进协会；《美国中部生物学家》；《美国动物学者》；年评公司；代表联合大学出版公司的巴克内大学出版公司；贝里尔·亭多有限公司；乔治·巴洛（George W. Barlow）教授；布莱克威尔科学出版有限公司；E. J. 布里尔公司；剑桥大学出版社；M. J. 科伊（M. J. Coe）博士；代表《神鹰》的库柏鸟类学会；代表《甲壳动物》的美国鱼类学家和爬行学家协会；代表《鸟类学杂志》的德国鸟类协会；伊恩·道格拉斯-汉密尔顿博士（博士论文，牛津大学）；道登、哈钦森和罗斯公司；代表《生态学》的杜克大学出版社和美国生态协会；玛丽·简·韦斯特·艾伯哈德博士；托马斯·艾斯纳（Tomas Eisner）教授；《进化》；W. 费伯（W. Faber）博士；代表《科学美国人》的弗里曼（Freeman）及其公司；古斯达夫·费希尔·维勒革（Gustav Ficher Verlag）；代表《心身医学》的哈伯和罗出版公司；查尔斯·亨利（Charles S. Henry）博士；代表《爬行学》的爬行学家联盟；霍尔特、莱因哈特和温斯顿公司；J. A. R. A. M. 冯·胡佛（J. A. R. A. M. van Hooff）博士；霍顿·米福宁公司；印第安纳大学出版社；《哺乳动物学杂志》；海里兹·库特（Heinrich Kutter）博士；詹姆斯·E. 劳埃德（James E. Lloyd）教授；麦克米伦出版公司；彼得·马勒（Peter Marler）教授；麦克劳希尔图书公司；代表《昆虫社会》的马森公司；戴维·梅奇（David Mech）博士；梅祖恩（Methuen）及其有限公司；密歇根大学动物学博物馆；尤金·L. 中村（Eugene L. Nakamura）博士；代表《自然》的麦克米伦（杂志）有限公司；查尔斯·诺伊洛特（Charles Noirot）教授；帕加蒙出版公司；唐纳德·W. 普法夫教授；丹尼尔·奥特（Daniel Otle）教授；普莱努出版公司；《生物学季刊评论》；凯瑟林·拉尔斯博士；兰登出版公司；卡尔·雷敦麦尔（Carl W. Rettenmeyer）教授；伦敦皇家学会；《科学杂志》；尼尔·G. 史密斯（Neal G. Smith）博士；施普林格-维拉格纽约公司；罗伯特·斯坦伯（Robert Stumper）博士；加利福尼亚大学出版社；芝加哥大学出版社，其中代表《美国生物学家》；沃尔特·迪·格鲁特（Walter de Gruyter）及其公司；彼特·韦威格尔特博士；W. 威克勒（W. Wickler）教授；约翰·威利父子公司；沃思出版公司；代表《动物学杂志》的伦敦动物学会；（德国）科恩动物学会（股份公司）。

　　最后，该书中报道的我的个人研究，大多数都是近16年来连续得到美国国家科学基金资助的项目。公道地说，要是没有这种慷慨的资助，该书不可能达到这样的综合高度。

爱德华·O. 威尔逊
马萨诸塞州坎布里奇市
1974年10月

第一部分

社会进化

第1章　基因的道德

加缪（Camus）说过，自杀是唯一严肃的哲学问题。从严格意义上看，实际上这种说法是错的。关心生理学和进化历史问题的生物学家认识到，位于视丘下部和大脑边缘系统的感情控制中心，限制和决定了自我认识。这些中心通过恨、爱、内疚、恐惧等所有情感，侵蚀了我们的意识，那些凭借直觉想要搞清楚善恶标准的伦理哲学家们考虑过这一问题。于是我们不得不问，是什么造就了视丘下部和边缘系统？是自然选择导致的进化。伦理学和伦理哲学家（如果不是认识论和认识论学家的话）必须在所有层面上用这种简单的生物学的观点来进行解释。自我存在，或者自我存在的终止——自杀，并不是哲学的中心问题。视丘下部-边缘系统借助内疚和利他主义感情的反击方式，自发地否定这种逻辑上的简化。因此，哲学家本人的情感控制中心要比他的唯我论意识智慧得多，它"知道"在进化时间内单个有机体几乎都无足轻重。从达尔文主义的角度看，生物并不是为了自己而生活的。生物的主要功能甚至并不是产生出另一个生物，生物产生出来的是基因，生物本身则只是基因暂时的载体。有性生殖产生的每一个生物个体都是独特的，所有基因偶然的集合构成了物种。自然选择就是一定的基因，胜过位于同一染色体位点的其他基因，在下一代中有了自己的代表。当每一代制造新的性细胞时，获胜的基因分开，然后再聚集、制造出新的生物，而同一基因在该新生物中的平均比例较高。但生物个体只不过是这些基因的载体，是利用尽可能少的生化扰动来保存和传播这些基因的精巧装置的组成部分。萨缪尔·巴特勒（Samuel Butler）的名言"鸡只是一颗鸡蛋制造另一颗鸡蛋的途径"便有了现代版：有机体只不过是DNA制造更多DNA的途径。因此，让DNA长存于世便是视丘下部-边缘系统的天职。

在自然选择过程中，任何能在下一代中嵌入更多某种基因的策略，都会渐渐地给物种赋予特征。这些策略，有的可延长个体的寿命，有的则可改善个体交配和抚育后代的能力。随着生物用更加复杂的社会行为作为辅助基因自我复制的手段，利他行为便开始盛行，最终以超越常规的形式出现，社会生物学的中心理论问题也由此而生：利他行为（定义是牺牲个体的生存优势）怎样通过自然选择而进化？其答案就是血缘关系：如果导致利他行为的基因由于共同的血缘关系而被两个机体共享，并且如果一个机体的利他举动能够增加这些基因对下代的共同贡献，那么，利他行为的倾向将会传遍整个基因库。即使利他者因利他举动付出代价而对基因库的单独贡献有所减少时，也会出现这种现象。

加缪对自己提出的"荒谬支配着死亡吗？"这个问题的回答是，向着高处的斗争本身就可以占据一个人的心。这一了无生气的判断也许正确，但是只有按照进化理论予以检验才能发现其中的意义。高度社会性物种（比如人类）的视丘下部-边缘系统"知道"，或者更确切地说，是通过编码而表现为好像知道，决定这一系统的基因只有在它所决定的复合行为反应能够对个人的生存、繁殖和利他行为产生综合有效的影响时，这种基因才能最大限度地传播下去。结果，当机体遇到紧急情况时，这一复杂的中心就使有意识的心理增加了情感交错的负担：爱与恨，攻击与恐惧，进取与退缩，等等。这种情感交织不会带来幸福，不会有利于生存，但却有助于起控制作用的基因传播。

这种情感交错来源于自然选择诸单位的彼此矛盾的压力。本书后面还要探讨由这种压力所造成的遗传后果。现在有必要指出：对个体好的事情可能会毁灭一个家庭，有利于家庭维系的事情可能会伤害个体和家庭所属的部落，有利于部落的事情可能会削弱家庭并毁掉个体，上升到更高组织层次上的情况也是如此。作用于不同单位上的相互矛盾的选择压力，将会使某些基因增加并固定，另一些基因消失，此外还结合了一些比例保持不变的基因。按照现行的理论，有些基因将产生情感状态，这反映了相互矛盾的选择压力在不同水平上的一种平衡。

为了说明社会生物学的实质，我提出了一个伦理哲学的问题。社会生物学的定义是系统地研究所有社会行为的生物学基础。目前社会生物学主要研究的是动物社会及其群体结构、职别和通信，以及决定社会适应的所有生理学基础。不过社会生物学也关注早期人类的社会行为和当代比较原始的人类社会组织的适应特征。从狭义上看，社会学研究任何复杂层次的人类社会，仍然与社会生物学相距甚远，因为社会学中还充斥着结构主义和非遗传的方法。社会学主要通过经验描述表面的现象，以及没有什么辅助手段的直觉来尝试解释人类的行为，但没有借鉴建立在真正遗传学基础上的进化来解释。如果说描述分类学和生态学曾经取得过很大的成功的话，那么可以认为社会学也取得了很大的成功，因为社会学详细描述了特定的现象，出色地证明了某些特征与环境的相关性。然而，在过去40年里，分类学和生态学由于吸纳了新达尔文主义，即人们常说的所谓"现代综合理论"，已经发生了重大的改变。分类学和生态学更加重视某一现象的适应意义，并将这一现象与群体遗传学的基本原理联系起来。可以毫不夸张地说，社会学及其他社会科学，以及人文学科，是等待融入现代综合论最后的生物学分支。因此，社会生物学的一个功能就是，通过将社会科学的问题纳入现代综合论来重塑社会科学的基础。社会科学能否以这种方式真正地生物学化还有待观察。

　　这本书就想尝试一下，将社会生物学系统地整理成为进化生物学，特别是现代群体生物学中的一个分支。我相信社会生物学要研究的问题已经很清晰、很详细了，还有大量的概念需要分类，以便与像分子生物学和发育生物学这样的一些学科协调一致起来。过去社会生物学发展比较缓慢，以至于它很像是行为学和行为生理学。从现在的观点看，新的社会生物学应该包括比重大致相同的无脊椎动物学、脊椎动物学和群体生物学。图1-1列举了我在《昆虫的社会》结尾处提出的社会生物学可能综合的学科。生物学家一直对无脊椎动物的社会，特别是昆虫社会和脊椎动物社会比较感兴趣。他们一直梦想着可以识别出这些不同生物社会中的共同特征，而且所用的方法可以说明社会进化的所有方面，包括人类社会进化的所有方面。这个目标可以用现代术语表述如下：如果可以用同一参数及数量理论来分析白蚁集群和普通猕猴群的话，我们就得到一个统一的社会生物学理论。这项工作看起来似乎是一个困难到不可能完成的任务，但是随着我本人研究的进展，我对无脊椎动物与脊椎动物之间功能方面的相似性有了越来越深的印象，这两者

并不像结构上的差异那样使人乍一看以为二者之间存在着无法跨越的鸿沟。比如白蚁和猴子，二者都形成了各自占有领域的相互合作的类群。群体中的成员通过10—100个数量级的非组合信号交流饥饿、警告、敌意、等级地位和生殖状态等信息。个体都非常清楚同一类群与非同一类群个体之间的差异。血缘关系在类群结构中起着重要的作用，或许是社会形成中最主要的力量。在两种社会中都存在着标志明显的劳动分工，虽然在昆虫社会中劳动分工在很大程度上是生殖成分所致。详细的组织构成，是由最优化过程的进化形成的，我们对这一过程还不是很清楚，在这一过程中，具有合作倾向的个体，或至少是具有血缘关系的个体，其适合度得到了提高。合作能否有成果取决于特定的环境条件，而且在进化过程中只有少数动物物种可以分享到合作的成果。

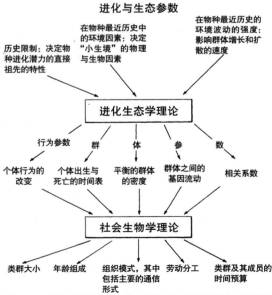

图1-1　系统发育研究、生态学与社会生物学之间可能的联系。

这种比较好像很容易，但却源自对构成一般理论开端的审慎简化。在我看来，形成一种社会生物学的理论是未来20—30年生物学中最值得研究的问题之一。图1-1中的文字部分勾勒出了社会生物学未来的轮廓，以及可能导致的动物行为学研究的方向。社会生物学的核心问题是：社会行为的进化，首先只有通过对人口统计学的了解才能被充分理解，而人口统计学提供了有关群体生长和年龄构成方面的重要信息；其次，还要理解群体的遗传结构，从中我们可以知道，在遗传学意义上我们需要了解的关于有效群体的大小、社会中的相关系数，以及社会之间基因流动的程度。社会生物学基本理论的主要目标，应该是能够根据群体一些参数的知识来预测社会组织的结构，这些参数中结合了有关受物种遗传构成影响的行为限制方面的信息。进而，进化生态学的主要工作将是，根据物种的进化历史知识和该历史所揭示出的最近的环境成分来推导群体的参数。图1-1文字中最主要的特征就是表示出了进化研究、生态学、群体生物学和社会生物学之间的关联顺序。

不过，在强调这种关联的紧密性的同时，我并不打算低估社会生物学曾经与行为生物学一些相关内容之间的密切关系。虽然传统上行为生物学被认为是一个统一的学科，但是现在我们可以把行为生物学分成两个学科，分别侧重于神经生物学和社会生物学。人们通常也会谈到行为学（用自然方法研究动物行为的整个模式）和与之竞争的学科，即比较心理学，是统一的行为生物学领域中的核心。但这两个学科都不是，因为它们注定会有某些方面被神经生理学和感觉生理学瓜分，另

外一些方面则会被行为生态学和社会生物学取代（见图1-2）。

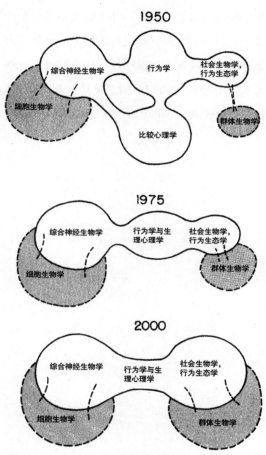

图1-2 有关目前及未来在各种学科内部以及与行为生物学相邻的可能相关思想的概念（此图在原文书p5）[1]。

我不希望诸多研究行为学和心理学的学者，因为这样一幅行为生物学的前景而感到不快。这一前景来自对当前事件的推断，并考虑到了行为生物学与科学其他分支之间的逻辑关系。未来显然再也不能呈现当前行为学和比较

———————————
[1] 此处括号内为编者为方便读者使用旁码而对在旁码中有串页的图加的注，此后多处图表亦有此情况，不再
　　——说明。

心理学的特定术语、粗糙的模型及曲线等特征了。对整个动物行为模式的解释必然首先要依托综合神经生理学（对神经元进行了分类，并重建神经通路）的框架，其次要依托感觉生理学（从分子层次研究细胞传感器）的框架。内分泌学将继续发挥辅助作用，因为它涉及一些大致调节神经活动的结构。从这一层次出发，再到下一个完全不同的学科，我们必须经过所有的环节才能达到社会和群体的层次。来自细胞生物学和分子生物学的模型最出色地描述了［生命的］现象，并且主要是根据进化做出的解释。对于这样的划分人们不应该感到惊讶。这只不过是两个更大的划分，即进化生物学与功能生物学的反映而已。列万廷说得对："对性状本身的自然选择是达尔文主义的实质。但也是分子生物学关心的问题。"

第2章　社会生物学的基本概念

基因，如同莱布尼茨单元格[①]，没有窗口，是看不见的。凡是生命的较高级特性都是自然发生的。为了详细说明一个完整细胞的情况，我们不仅必须提供细胞内的核苷酸序列，而且得提供细胞内和细胞周围其他类型分子的特征与构型。为了详细说明一个个体的情况，还需要更多的有关细胞特性和这些细胞空间位置的各种信息。（生物）个体一旦被"组装"起来，就没有窗口而看不到内部了。社会可以看作只是由一群特定的个体构成的，但纵使这样，要从上述说明的特征推断这群特定个体的联合行动，即预测社会的行为也是困难的。现引证一个具体例子说明：马斯洛（Maslow，1936）发现，一群普通猕猴的权力关系，不能从其成对配偶成员的相互作用中做出推测。与其他较高等的灵长类一样，普通猕猴受到它们的社会环境的强烈影响：一只被隔离的普通猕猴在重复地拉动一个杠杆时，其他的猴对此的反应至多是看上一眼而已（Butler，1954）。而且，这一行为属于更高一级的相互作用。这些猴在权力的斗争中形成了联盟，所以如果其中一个个体被驱逐出联盟，该成员就失去了保护。例如，一只社会地位为二等的雄猴可能会受到首领雄猴的保护，或者可能会受到地位相同或相近的一两只同辈伙伴的支持。这些联盟不可能从一对个体冲突的结果中得到预测，更不用说从被隔离的猴的行为中进行推测了。

自然发生特性的识别和研究是整体论，它一度曾是劳埃德·摩尔根（Lloyd Morgan，1922）和 W. M. 惠勒（W. M. Wheeler，1927）这样一些科学家讨论的哲学热门话题，但后来，在20

---

① 莱布尼茨哲学的基本单位。——译者注

世纪 40 年代和 50 年代，由于分子生物学的还原论的胜利而被暂时淡化了。新的整体论在本质上更为定量化，用数学模型替换了旧理论中那些没有什么依据的直觉知识。新的整体论不同于旧的整体论，它没有停留在哲学回顾上，而是明确地提出假说，并把这些假说拓展成数学模型，以便用来检验假说的有效性。在随后的几节中，我们要检查某些自然发生的社会特征，并用专门术语进行论述和讨论。我们直接从一套最基本的定义开始：一些是生物学的一般定义，其他的则属于社会生物学的特殊定义。

社会（society）：属于同一物种并以协作方式组织起来的一群个体。为了防止把许多有趣的现象排除在外，社会和社会的这些术语需要拓宽定义范围，否则在社会生物学进一步的比较讨论中会引起混乱。协作者之间的相互交流（不只限于性的活动）是社会的基本直观标准。因此，把鸟蛋甚至封闭在蜂房内的蜜蜂幼虫当作社会的一员是很困难的，尽管它们在其发育到某一些阶段后可作为真正的社会一员发挥作用。把个体最简单的聚群（如求偶雄性个体的聚群）作为真正的社会也是不能令人满意的；它们往往通过相互引诱的刺激而群聚在一起，但如果它们没有其他相互吸引的方式，似乎就有一股比群聚更强的力量把它们分开。还有，进行求偶的一对动物或为领域争斗的一群雄性动物，就最广泛的意义而言，可以称为一个社会，但这样的代价是使"社会"这一概念变得毫无意义。然而，聚群、性行为和领域性质是真正的社会的重要特性，并且它们被正确地看作社会行为。一群鸟、一群狼和一群蝗虫都是真正的、基本社会的好例子；亲本和子代，如果它们相互交往的话，也是这方面的好例子。

虽然，这后一个极端例子初看起来并不十分明显，但事实上亲子相互作用往往很复杂，并具有多重功能。而且，在许多类群的生物中，从社会昆虫到灵长类，其最高级社会似乎必须直接以家系为单位进化而来。定义社会的另一方式是确定特定类群的边界。因为社会联盟只不过是交往，所以可根据交往削减的程度定义社会的边界。阿尔特曼（Altmann，1965）已经表达了这一定义：社会是由一些存在社会交往协作的、同种个体组成的群聚体，而这一群聚体是通过几乎不能进行交往的边界封闭起来的。

同种个体社会交往合作的这一对社会的定义，与早期阿尔费迪（Alverdes，1927）、阿里（Allee，1931）和达灵（Darling，1938）采用的、或多或少是正确的定义大致相同。然而，边界的确定一直有些模棱两可——确切地说，还不清楚在什么组织层次就不再把一个群体称为社会，而是称为聚群或非社会群体了。

聚群（aggregation）：一群同种的个体，其组成多于一对配偶或一个家系，聚集在同一个地方，但内部没有组织化，也没有协作活动。例如，响尾蛇和瓢虫冬季的群聚给其成员提供了很好的保护，但是，如果它们不是通过某一行为而只是通过相互吸引组织在一起的，那么最好把它们看作聚群而不是真正的社会。在法国雷恩参加第 11 届国际行为学会议的鱼类行为学者，正式采用了与这基本上相同的标准对鱼集（association of fish）和鱼群（school of fish）进行区分（Shaw，1970）。但是他们进一步规定，聚群内的成员是通过外部条件，而非通过成员间的社会吸引聚集在一起的。对我来说，这条规定似乎是没有价值且不切实际的细分。

集群（colony）：在严格的生物学用语中，

这是指通过各个个体的身体联合，或通过分裂成一些特化的独立个体或职别，或同时通过这二者构成的一个高度整合的社会。在一些俗语甚至在某些技术术语中，集群几乎可指任何一群有机体，特别是固定在某一局部地区的一群生物。但是，在社会生物学中，集群最好限制在社会昆虫的社会，加上紧密整合的海绵、管水母、苔藓虫和其他的集群等无脊椎动物。

个体（individual）：任何一个有独特形体的有机体。虽然给"个体"下个深思熟虑的定义可能会被认为是在浪费时间，但实际上它却是一个重要的哲学问题。例如，G. C. 威廉斯（G. C. Williams）已经提出，依进化论的观点："'个体'的概念意味着遗传唯一性。"这种说法忽略了同卵双生的情况，因为即使别出心裁的理论学家，也必须把这些双生作为分离的实体处理。威廉斯的定义，如同在他之前的许多其他人所提出的一样，旨在阐明管水母和其他无脊椎动物集群中的独立个体的状态，而其中的一些独立体在进化中已简化成更为完善的生物的附属器官。在海绵中，要在个体和集群之间做出区分是特别令人困惑的。在诸如双沟型海绵属（*Sycon*）的单生形式中，每一个个体具有单个顶生的前下咽，在氧和食物被耗尽后，水穿过前下咽的呼吸水管流出。因此，在集群的海绵中，前下咽似乎是单个个体最好的标记。但是，在具有壳质的集群物种中，这一水管系统与邻近外部的水系统汇合在一起，所以来自体腔内的水流可以注入这两个水系统中的任何一个。结果，要把这些水系统正确地与相应个体的前下咽相联系，是件困难甚至不可能的事，因此，要把这些个体区分开来是不切实际的。而且，某些集群是以一定的节律进行

吸水和排水的，在这个意义上说，整个海绵集群的行为就像是一个个体一样。

类群（group）：生活在一起的属于同一物种的一群个体，而这群个体彼此间相互作用的程度要比同种的其他个体大得多。因此，"类群"这一概念用起来最具灵活性，可指定为聚群、一类社会或亚社会。在讨论某些灵长类社会时，利用"类群"表达是很有用的；在这样的社会中，存在着由巢式分组个体构成的等级系统，而这些个体都属于一个大的共聚群（congregation）。例如，下面是库默尔（Kummer，1968）在研究阿拉伯狒狒时所认识到的等级系统的类群。

群（troop）：集聚在用于栖息的隐蔽洞穴中的一大类群，由一队（定义见下）或若干队组成，各队轮流警戒以防捕食者入侵。

队（band）：由一个或多个雄性个体领头的、在征途中与其他队分开但偶尔相逢发生战斗的一群生物（队下面可分成一个或多个二雄性组，定义见下）。

二雄性组（two-male team）：队里有一个较年老和一个较年轻的雄性个体，而后者开始担任"见习生"角色；这两个雄性个体行动很一致，但它们各自拥有自己的"妻妾"和子女。

一雄性单位（one-male unit）：在二雄性组中，较年老的雄性及其家系构成一雄性单位，较年轻的雄性及其家系构成另一一雄性单位。

显然，以上组合形式的阿拉伯狒狒没有哪个可以构成这个社会。当分析一些临时群体或

亚群（subgroup）快速形成、破裂或再形成时，通过一些固定标准确定社会单位的问题尤为尖锐（Cohen，1971）。这样的例子包括聚在一起相互梳理毛发的猴子、一群反哺的蚂蚁以及鸡尾酒会上的一群交谈者。在许多诸如此类的情况下，甚至不能明确地定义类群的等级系统。

然而，当组织结构的本质还不清楚，或没有必要去专门限定组织结构时，关于类群表达的不确定性还是可取的。在这种情况下，我们只是为了分类，而不涉及社会组织的任何信息，可以利用一些"随心所欲"（venery）的术语（Lipton，1968）。大多来自中世纪的这样一些术语，有些已经不用了，有些在日常生活中还常用，比如一群鱼、一群狮、一群蜜蜂、一群野雁、一群驴、一群袋鼠、一群狼、一群狐、一群熊、一群海豹、一群苍鹭、一群鹤、一群燕八哥、一群百灵、一群秃鼻乌鸦、一群蟾蜍、一群麋鹿等。[①]不知道为什么这些数量词即使在应用时可以很方便地互换，却也不能这样做，甚至在技术性描述时也不能互换。

群体（population）：属于同一物种，并在同一时间内明确地占有一定领域的一群个体。"群体"这个单位在进化生物学中是最基本的，也是应用最不严格的一个概念，是根据遗传连续性定义的。在有性繁殖生物的情形里，群体是指在自然条件下可以彼此自由交配且在地理上被隔离的一群个体。被模型建造者利用的特定群体称为"同类群"（deme）：成员能在其内进行自由交配的最小群体。理想的同类群是泛

---

① 上述量词"一群"在英语中表达不同，但在汉语中可用同一量词表达；汉语用不同量词表达的，如一匹马、一头牛、一只鸡和一个人中的数量词，在英语中可用同一数量词"one"表达。——译者注

交的，即成员间的交配完全是随机的。换句话说，泛交意味着每一繁殖期的成熟雄性个体，都有同等机会与每一繁殖期的成熟雌性个体进行交配，而不管它们在同类群内的地位如何。泛交，在自然界特别是在社会性的个体间，虽然不可能完全实现，但它仍是在许多基本的数量理论中所做出的一个重要的简化假设。

在有性繁殖形式中（其中包括大量的社会生物），物种是在自然条件下个体能自由交配的一个或一簇群体。根据定义，一个物种的成员不能同其他物种的成员自由地相互交配，但是，它们在遗传上可能是紧密相关的。自然条件的存在是定义一个物种的基本部分。在确定物种的界限时，只提供在试验条件下两个或更多个群体的基因可以交换的依据是不够的，还必须证明这些群体在自然条件下也能充分地相互交配。为了说明这一点，让我们考虑一个大家都熟悉却又多少有些出人意料的情形：狮子和老虎在遗传上关系很近，尽管在外部表现上它们有明显的差异。在动物园中，它们进行杂交产生的杂交种称为"虎狮"（老虎作父本）和"狮虎"（狮子作父本）。但是，这一育种成就并未证明它们属于同一物种。在适宜的试验环境下具有杂交能力，可以说是生物学物种概念的必要条件，但不是一个充分条件。重要的问题是，它们在野外占有共同的领域时是否能自由杂交。直到19世纪，狮子和老虎还共存于印度大部分地区，只是后来由于大量被捕猎和环境变差，在数量上，狮子比老虎减少得更快：现在当地的狮子近乎绝灭，只在古吉拉特邦的吉尔森林内还有数百只。毫无疑问，狮和虎共存期间，它们在生殖上是充分隔离的，因为在印度从未发现过虎狮或狮虎。在试验条件

下已经显示，狮和虎的杂交种后代是完全不育的。这就有理由认为，它们是不同的物种，因为可假定此试验环境在自然界同样存在。但如果发生相反的情况，也不能得出相反的结论，因为除了种间杂交种不育之外，还有其他一些种间（生殖）隔离机制（事实也正是这样）对它们进行隔离。事实上，狮和虎在行为与习性上很不相同。狮子更具社会性，生活在称为"群落"的狮群中，更喜欢开放式的领域。老虎是独居的，更常见于森林地区。这两个物种的这个差异（显然有其遗传基础）足以说明它们在自然条件下不能杂交的原因。

属于同一物种的、明显不同于其他群体的群体称为"地理种族"（geographic race）或"亚种"（subspecies）。一种亚种与其他亚种的分离，是通过距离和地理壁垒阻止亚种间实现个体交换的，它与遗传上基于"内部隔离机制"使物种分离的情形不同。纵使根据客观特性可以区分出各亚种，但它们之间也只有可以想象得到的程度上的分化。在一个极端，是一些渐变群的群体，在给定性状的地理变异中呈现一个自然梯度。换言之，渐变群模式中这个变异的性状，在本质上是逐渐变异的。而在另一个极端是一些亚种：这些亚种由一些容易区分的群体组成，这些群体存在许多遗传性状的差异，且亚种间存在着一个狭窄区带可进行基因交换。

涉及单位群体相关概念时（它已延伸到理论社会生物学）的主要障碍是，在确定特定群体间的界限时，存在着实际困难。由于一些特殊原因，在某些极端情况下，当然不存在这方面的问题。例如，构成物种的魔鳉群体（*Cyprinodon diabolis*）全部共有200—800条成员，全都生活在（美国）内华达州魔鬼洞的单个热温泉中。每年全部50只左右的美洲鹤（*Grus americana*）在冬季从加拿大的营巢地飞往（美国）得克萨斯州的阿兰萨斯国家野生动物保护区，在那里由野生动物管理者观察记数（包括羽毛未丰的雏鸟）。但是，几乎没有什么其他群体会受到这样的限制，更不用说物种了。例如，山地大猩猩（*Gorilla gorilla beringei*），一般被看作亚种（与低地大猩猩相当），它们盘踞在一个相对狭小的地区。埃姆伦（Emlen）和沙勒将这1万只左右亚种山地大猩猩分成约60个群体，每个群体在中非高原占领25—250平方千米。在分布的中心，该亚种呈现稀疏却连续的分布。事实上，这些群体的真实界限不为人知，因为不清楚大猩猩为了繁殖从一地迁移到别地的速率。以群体遗传学语言表达就是，我们不知道基因流动的速率。由于缺少这一决定性参数，关于山地大猩猩的群体遗传结构人们就知之甚少了，类似的情况还不在少数。相比之下，对数以千万计的生活着的动植物物种和亚种，我们知道的就更是少得可怜了。

群体和社会间的关系是什么？在这里我们意想不到地遇到了理论生物学的难题。这两个概念的区别基本如下：群体的界限是通过基因流动的急剧减少确定的，而社会的界限是通过交往的急剧减少确定的。这两个界限往往是相同的，因为社会界限倾向于促进社会内各成员间的基因流动而排斥外来者。例如，通过斯图尔特（Stuart）和珍妮·阿尔特曼（Jeanne Altmann）对安博塞利（Amboseli）的草原狒狒（*Papio cynocephalus*）详细的野外研究表明，该物种的"社会"和"同类群"基本上相同。草原狒狒内部是通过权力等级系统组织起来的，通常对外来者怀有敌意。群间的基因交换通过地位处于下一级的雄狒狒迁出发生，这些雄狒狒是在争斗（竞争发情雌狒狒）失败后离开原群的。根据阿尔特曼的数据，柯恩（Cohen，1969b）估算进入大群的迁移率是每天每类群8.043×10^{-3}个体，这要比属于同一群的亚群间的迁移率低许多个数量级。

在开放类群物种中，群体和社会间的关系可能要复杂得多。黑猩猩（*Pan troglodytes*）为这一组织类型提供了一个极端例子，这是一个至今为止令每个进行广泛野外研究的学者们感到惊奇和迷惑的事实。黑猩猩的本地群体是由联系松散的一些群构成的，成员间彼此多少有些熟悉。群内各成员经常变换，并且本地成员（常驻者）对来自群外的"陌生者"很友善。显然，通过如下两种方式之一，即通过防止黑猩猩迁移的物理壁垒的存在，或通过距离的加长使得个体间接触机会很少而不具有社会意义，就可确定个体相互认识的限度。杉山（Sugiyama，1968）已经把这样的社会称为"地区群体"，但这种称谓是多余的（群体一般就是定义为地区性的），并且跟生物学中有关群体单位的其他称谓相混淆。还是把它们称为"类群复合体"（group complex）或简称"类群"较好。少数蚂蚁类物种已知也是开放类群，其中包括阿根廷蚁（*Iridomyrmex humilis*）和拟家蚁属（*Pseudomyrmex*）、家蚁属（*Myrmica*）等蚁属（*Formica*）的某些成员（Wilson，1971a）。各集群占有不同的巢址，但与大多数其他蚁类物种不同，它们可自由交换成员，也可接受婚飞后从其他地方的群体飞回的蚁后。我已把这样的群体称为"单一集群"，以便与多个集群的群体相区别，而后者代表蚁类和其他社会昆

虫更为普通、基本的状态。

通信（communication）：在适应方式中，一个个体（或细胞）某部分行为或作用可改变另一个个体行为的可能模式。该定义既符合我们对通信的直观理解，也符合数学分析过程的步骤（见第8章）。

协同作用（coordination）：一个类群各单位间的相互作用，使得该类群的全部权利和义务在单位间分配，单位间不存在领导与被领导的关系。处在社会等级系统较高水平的单位可以影响协同作用，但这种外部控制不是基本的。鱼群的形成、工蜂不断交换液体食物、狮群对猎物的围攻，都是个体间在同一组织水平上协同作用的例子。

等级系统（hierarchy）：在普通社会生物学用语中，是指一个类群中的一个成员对其余成员的控制权，这是通过在争斗中获胜和获得食物、交配、栖息场地及其他改善生存和繁殖适合度因素等方面的优先取得的。从技术上说，只需要两个个体就可构成这样的等级系统，但由许多个体按逐级控制构成的链条（联系）也是常见的。更一般地说，等级系统不涉及控制权，而是把等级系统当作具有两个或更多个单位水平的系统；为了实现整个类群的目标，其中较高的水平至少在一定程度上管制较低水平的活动（Mesarović et al.，1970）。没有控制权的等级系统在社会昆虫的集群中是常见的，高等灵长类和群居犬科动物这样一些具有高度协同作用的哺乳动物，其某些方面的行为也属这类等级系统。较为高级的动物社会，一般由一个或至多两个等级系统级别组织起来，这些个体是通过相对少的社会联盟和信息信号紧密联系在一起的。相反，在人类社会中，一般都是

11

通过许多等级系统级别组织起来的，并且这些数量巨大的个体是通过许多类型的社会联盟和极丰富的语言松散地联系在一起的。人类社会不同于动物社会的方面还在于，前者存在大量具有高度组织性的、在身份上彼此重叠的亚类群，例如，家系、俱乐部、委员会、公司等。

调节（regulation）：这是指在生物学上，为使一个或多个物理变量或生物变量达到一个恒定水平，而进行的各单位间的协同作用。这种调节达到的平衡称为"自我平衡"（homeostasis）。自我平衡最为人们熟悉的形式是生理的自我平衡：正常状态的个体，在pH、可溶性营养和盐分浓度、活性酶和细胞器比例等方面，都保持各自的恒定值，即它们非常接近生物生存和繁殖的最适值。与人造机器系统一样，生理自我平衡是通过内部反馈回路的自我调节保持的：如果这些变量值下降到某一水平，就会使它们的值增高；如果这些变量值上升到某一水平，又会使它们的值下降。在较高级水平，社会昆虫在调节其集群群体、各职别比例和巢窝环境方面，都表现出明显的自我平衡。爱默森（Emerson，1956a）已经把维持这种稳定状态的形式恰当地称为"社会自我平衡"。还有一个较高水平的调节是"遗传自我平衡"，这是指在选择的速率足够快而深度影响群体遗传变异时，进化群体做出的自动抵抗。

多重效应

社会组织是最远离基因的一类表现型。它是由个体的行为和群体的统计特性共同作用产生的，而这两者本身又具有高度综合的特性。个体的行为模式有一个小的进化变化，通过其对社会生活的多方面影响，会放大成显著的社会效应。以东非狒狒（*Papio anubis*）和阿拉伯狒狒（*P. hamadryas*）的不同社会组织为例，这两个物种在遗传上很紧密，它们之间存在着范围广泛的相互交配的重叠区，所以有理由相信，在分类上它们只不过是同一物种的不同亚种。雄阿拉伯狒狒可根据其接近雌狒狒的状况识别出来——它一生中总是试图接近雌性；而东非雄狒狒只在雌狒狒发情期才试图去接近。这种差别并不十分明显，如果我们的兴趣只局限于每个物种的单个首领雄狒狒及其相关雌性配偶的活动上，几乎不可能注意到这种差别。然而，仅这一性状就足以说明社会结构方面的明显差别——它影响群的大小、群间关系及每个群内各雄性间关系。

在社会昆虫中，甚至有更强的多重效应（multiplier effect）。值得注意的是，在物种水平上，白蚁行为的多样性一般要超过其形态的多样性（Noirot，1958—1959）。对较高等的白蚁类，仅凭蚁巢就可鉴别物种。例如，根据蚁巢就可把与非洲尖白蚁属（*Apicotermes*）关系最为紧密的某些物种鉴别出来；阿奎利尖白蚁（*Apicotermes arquieri*）和隐匿尖白蚁（*A. occultus*），其分类特征全是根据蚁巢描述的（Emerson，1956a）。最近已在淡脉隧蜂属（*Dialictus*）（Knerer & Atwood，1966）和狭腹胡蜂属（*Stenogaster*）（Sakagami & Yoshikawa，1968）中发现了类似的例子。爱默森（Emerson，1938）首先指出，窝巢结构细节的变异为研究本能的进化提供了可能，因为每一窝巢都是社会行为的可靠产物，而这一产物是可逐一称重、测量和进行几何分析的。甚至根据对脊椎动物的观察，这些窝巢往往也很复杂，有关的极端例子就是非洲的大白蚁属（*Mac-*

rotermes）白蚁和其他与真菌共生的白蚁（图2-
1）。这些白蚁窝巢的类似迷宫的内部结构，是
在进化过程中设计好的：这种结构引导空气从
中心的真菌园（空气在这里升温，通过对流向
上和向外）到类似毛细管小室的外周系统（在
这里通过与外界空气接触，原有空气被冷却和
更新）。撒哈拉大白蚁（*M. natalensis*）的蚁巢结
构是如此有效，使得真菌园内的温度能保持在
30℃±1℃范围内，而二氧化碳浓度很低，约为
2.6%（Lüscher，1961）。大白蚁和其他昆虫的窝
巢结构，是它们在以前工作的直接经验（而不
是在直接通信）基础上，通过协作完成的。纵
使筑巢工作被迫重来，那么已经完成的这部分
巢结构（如其位置、高度、形状，可能还有气
味）仍决定着以后该如何筑巢。在建筑窝巢的
地基弓架结构时，非洲大白蚁把构筑真菌园作
为第一步，是这一本能极好的体现或范例。当
把该物种的工蚁从有关群集分出一部分并放入
具有一些筑巢材料（由泥土和粪便组成的球状
物）的容器中时，每只工蚁首先独自对容器进行
"考察"。然后，它们看似毫无计划地掘起、搬
运和放下球状物。虽然巢内大体的通道开始成
形，但工蚁仍然彼此独立行动。最后，工蚁看
似无计划地把两个或三个球状体彼此"头"对
"头"地粘起来。对于工蚁来说，这一"头"对
"头"的小结构比起单个的球状物更具有吸引力。
它们很快地在这些小结构上添加更多的球状物，
于是形成一根桩柱。如果附近只有这一根桩柱，
则该桩柱的建造暂时停止；但是，如果附近还
有一根桩柱，工蚁就会继续往桩柱上添加球状
体，达到一定高度后，它们把桩柱往相邻桩柱
的方向弯成一定的角度。当倾斜至两桩柱顶端
相遇时，弓架结构宣告完成，工蚁撤离。

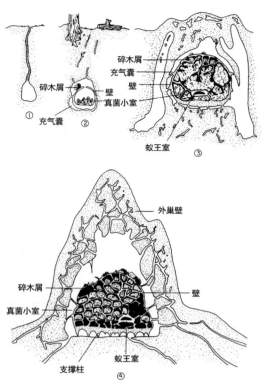

图2-1　巢内长有真菌的非洲白蚁的筑巢过程：开始，新
婚蚁王和蚁后掘造小室①；接着工蚁和兵蚁参与筑巢的
中间阶段②和③，以及最后完成的形式④。真菌园的壁
由许多小室包围着，而小室含有许多被嚼碎的细木屑团
以作为共生真菌生长的基质；充气囊是围绕真菌园的可
容纳空气的空间。一个成熟的巢，从地基起可高达5米
多，可容纳200多万只白蚁（自Wilson，1971a; Grassé
& Noirot，1958）。

这种工蚁所完成的每道工艺都是令人吃惊
的，这是计算机工作者要通过所谓的动态程序
才能完成的工作。计算机每完成一步操作，其
结果马上就被评估，并且选出和运行下一步的
正确程序（由若干个或许多变量组成）。白蚁
根本就不是手拿筑巢蓝图的"监管员"。这样
的系统在进化运行中的多重效应概率，显然是
极其巨大的。白蚁对特定结构反应稍有变化，
其最终产物就可能会大有变化。因此，蚁巢的
多样性程度高，可能是在个体行为模式中多样

性程度低的反映。根据进一步分析，利用个体的行为模式对白蚁物种进行分类，准确度并不亚于利用形态性状进行分类。

当社会经历的特殊性强烈影响个体行为时，多重效应甚至更能加速社会进化。当我们沿着系统发育上升到考察更有智慧的物种时，这一称为"社会化"的过程也变得日趋明显，而在较高等的灵长类中，这种影响达到了最大化。虽然证据大体上仍是推理性的，但社会化似乎放大了灵长类物种间的表现型差异。举例来说，在东非狒狒幼婴中观察到的社会行为发育，与印度乌叶猴（*Presbytis johnii*）很不相同。出生后第一个月的幼狒狒紧随母狒狒身旁，其母阻止其他雌狒狒接近。但随后，幼狒狒同成年雌狒狒自由接触。甚至雄狒狒也接近幼狒狒，而这些雄狒狒经常招引其母亲，它们咂咂其嘴唇作为安抚信号以接近幼狒狒。出生9个月后，雄性幼狒狒逐渐失去母亲的保护，这些母亲以日益冷漠的态度拒绝儿子们接近，这促使儿子们能更快和更自由地与群内其他成员交往。东非狒狒的社会结构与这一社会化程序是一致的。成熟的雌狒狒和成熟的雄狒狒自由交往，独居现象极少甚至没有。乌叶猴的社会发育依赖于性别的程度要比狒狒明显得多。出生的幼猴容易被抛弃给其他的成年雌猴，这些雌猴又把幼猴传来传去而无定处。但幼猴几乎没有与成年雄猴接触的机会，如果成年雄猴打扰幼猴，就会受到成年雌猴的驱赶。雄猴长到8个月后才能同成年雄猴交往，而雌猴要长到3岁性发情开始时才可以同异性交往。幼雄猴大多数时间是在玩耍打斗中度过的。由于玩耍打斗比较激烈粗野且需要较大的空间，所以它们倾向于移至猴群的外周而远离幼崽和成年

猴。乌叶猴社会反映了这一分离抚养的形式。成年雌猴和成年雄猴倾向于分生。外围雄猴的成群现象是常见的，它们常常侵犯攻击群内掌权的雄猴，试图打入内部掌权。

社会化也可放大各群内基于遗传的个体行为的变异。高等灵长类的个体与同辈和母亲的早期经历，强烈地影响着其一生的性格和地位。川井（Kawai）在对日本猕猴（*Macaca fuscata*）的早期研究中首先发现，母亲的地位影响着其后代的最终地位，而这一结果之后也被其他研究者反复证实。如果研究者为日本猕猴摆好圆形座位，则它们按排列顺序就座：从中心往外围依次是首领猴、成年雌猴、幼崽、幼年猴、青年猴和地位低的雄猴。母亲地位显要的一只年轻雄猴绝不会离开座位中心部位，甚至可能会逐渐平稳地成为首领猴。兰塞姆和罗威尔（Ransom & Rowell，1972）在研究东非狒狒时，也描述了与此相似的母性影响的形式。就灵长类的这些能力而论，是有遗传基础的（几乎可以肯定具有一定的遗传率），将这种发育倾向中的初始差异进行放大后，便可成为社会结构状态和角色的显著差异。

进化先锋和社会漂变

多重效应，不管是遗传的还是通过社会化和其他形式学习获得的，都使行为成了表现型的一部分，而在对长期环境改变的反应中，表现型是最容易改变的。因此，当进化涉及结构和行为时，首先变化的应是行为，然后才是结构。换句话说，行为应是进化先锋（pacemaker）。这是一个老概念，至少可追溯到达尔文的《物种起源》第6版（1872）和安东·多尔

（Anton Dohrn，1875）提出的"功能开关"原理（1875）。多尔认为，器官（我们可以用其行为，最清楚地反向表达它）的功能根据其有机体的经历可连续多代不断地变化；器官结构的变化反映出对这些功能变化的适应。威克勒（Wickler，1967a，1967b）已明确地讨论了关于行为的这一观点，且列举了鸟类和鱼类的许多例子。在四齿鲀科中，我们举个较简单清楚的例子，其中许多物种能够用水或空气使自己膨胀得很大，以便其免受捕食者的侵害。刺鲀属（*Diodon*）的年轻针刺鱼，中部的鳍在膨胀时消失在肚皮中而呈现为向内的折叠。舌骨球鱼属（*Hyosphaera*）中，这一膨胀已不可逆的星斑叉鼻鲀（*Kanduka michiei*）不仅永远呈膨胀状态，而且丧失了背鳍，臀鳍退化到只留下一点表征。社会行为也常用作进化先锋。整个仪式化过程（在此过程中行为通过进化转化成更有效的信号标记）一般包括行为变化，随之伴有形态变化，而后者的变化又使行为的特征更为明显可见。

　　行为的相对不稳定性不可避免地导致了社会漂变（social drift），即行为、社会组织或社会类型的随机趋异（divergence）。这里的随机意味着，两个社会的行为差异不是它们处于不同生境适应的结果。如果趋异有其遗传基础，则社会漂变的遗传分量便与遗传漂变相同；而遗传漂变潜在的进化现象，已用常规的数学群体遗传学模型全面地进行了研究（见第 4 章）。纯粹基于经历（或经验）差异的趋异分量称作传统漂变（Burton，1972）。社会群体内的方差大小，是遗传漂变方差、传统漂变方差和它们互作方差的总和。在任何特定情况下，遗传和传统分量是难以分开测量的。甚至，如果某

一类群社会结构的变化是单个关键个体的行为变化造成的，我们也不能确定：是该个体通过独有能力的行动，还是通过独有一套基因实现的。于是，如何估算遗传分量的相对贡献呢？博顿（Burton）举了一个社会漂变的例子，她认为地中海猕猴（*Macaca sylvanus*）的直布罗陀群体是传统漂变的结果。在 20 世纪 40 年代末，幼婴是由成年雌性（尤其是母亲的同胞姐妹）和成年雄性共同抚养的。现在，幼婴的抚养者大多限制在成年雄性中，这些雄猴就利用幼婴作为安抚工具与其他雌猴交往。在 20 世纪 40 年代，直布罗陀群体由两个生态型种系（strains）组成：一个由第二次世界大战前占领该岛的原来的群体衍生而来，一个由为保护该群体而从非洲引入的群体衍生而来。这一混合群体可能有较大的遗传变异，并且在少数几个世代内可能会有一定程度的进化，但要判断被影响的行为性状究竟进化到何种程度是不可能的。同样的不确定性，甚至涉及日本猕猴著名的文明革新，这些猴群居住在幸岛（Koshima Island）。一只名叫"天才"伊茉（Imo）的雌猴，年满 18 个月时"发明"了海水清洗红薯法，然后这一技能传遍了该岛的猴群；4 岁时又"发明"了小麦粒与沙粒漂浮分离法（Kawai，1965a）。伊茉的成绩是来自稀有的遗传天赋，其有可能随机发生在某些日本猕猴群吗？或者，伊茉其实处于大多数地区群体的变异范围之内，所以任何一群日本猕猴遇到同样条件的海水和食物时，都有可能做出像伊茉在幸岛那样的"发明"？如果是前者，这种漂变可以说主要是遗传漂变；如果是后者，则主要是传统漂变。

　　为了找到真正的传统漂变的例子，看来

我们必须沿着谱系由下往上查遍人类文明进化的所有系统发育方式。卡瓦里-斯福查（Cavalli-Sforza，1971）及费尔德曼（Feldman，1973）建议，在人类进化中，与生物"重要突变"等价的是"新概念"。如果新概念是可接受且有优势的，则它将很快在人类中得到传播；反之，它将很快衰败和被遗忘。在这些情况下的传统漂变，像纯粹的遗传漂变一样，具有经得起数学分析的随机特性。首先假定，在传达过程中起主动作用和被动作用的二人或更多人之间的互动概率可以计算出来，然后每个起被动作用的个体接受的概率可以计算出来。所以，创立传统漂变的正式理论是可能的，这一理论大体平行或相当于已经存在的遗传漂变的随机理论。

适应统计学的概念

所有的真实社会都是一些分化的群体。当协同行为进化时，就会出现一类个体服务于另一类个体的现象，这种服务可以是单向的，也可以是相互的；如雄性个体和雌性个体一起护卫领域，亲本抚育其年轻后代，两只保育工蜂侍候蜂后等，都是服务性的。既然如此，总体来说，社会行为可通过人口统计学（demography）加以定义。鸟群的可育雌鸟、狒狒群中的无助幼婴、白蚁集群中的中年兵蚁都是统计学中的类别，其相对比例有助于决定有关类群的总体行为。

统计学各类别的比例也影响类群的适合度，因此最终也影响每一成员个体的适合度。全由幼婴或老年个体构成的类群会灭亡——这是显然的。一个稍有偏离正常类群的类群有较

高的适合度，就可定义它具有较高的成活概率，也就是说它要花更长时间才能灭亡。这两种情况，只有以世代为时间单位经过一段时间后才有意义，因为一个偏离常态的群体要繁殖一代到数代后才能恢复到一个物种正常群体的年龄分布。如果一个物种不是高度"机会主义的"，即如果不是移居到空旷的栖居地且仅居留相对短的时间，那么年龄分布会接近稳定状态。在出生率和死亡率随季节变化的物种中（几乎所有动物物种都是如此），年龄分布会随季节变化的波动。但即便如此，年龄分布仍接近平衡，因为这种波动是周期性的，当对季节进行校正后仍是可预测的。

具有稳定年龄分布的群体本身并不正好适应环境。它可能处于逐渐衰落的状态而最终归于灭亡；它可能处于逐渐兴旺的状态，但仍可能会遇到大灾难而导致个体死亡、群体严重偏离正常年龄分布，甚至灭亡。只有群体增长经过许多世代平均后为零增长时，群体才可能有延长生命的机会。下面是延长群体生命的一种方式：如果一个走向灭亡的群体继续繁殖并在异地建立一个新群体，则它仍可具有高适合度。这是"机会主义"策略的基础，在第4章会详细说明。

所以，我们可以把在群体中具有高适合度的正态统计分布当作性别和职别的年龄分布。但是，统计分布本身要到什么程度才算真正适应环境呢？这有赖于自然选择维持分布的水平：如果选择结果有利于个体而不利于类群，则统计分布反映的是选择的偶然效应。例如，假定物种是"机会主义的"，并且雌性个体在最短可能时间内，其产生最大数量子代的能力受到强力的选择。理论告诉我们，此时进化可

能这样延续：缩短成熟时间、增加繁殖效力和子代数量，以及缩短自然寿命。统计结果呈现扁平金字塔状的年龄分布。扁平的年龄分布是群体的统计学特征。这是在个体水平上发生的选择次级效应，无论对个体或群体的适合度都毫无贡献，因此，在通常意义上说，不能由此认为群体是高适合度的。

现在来考虑社会昆虫的集群。部分地通过年龄金字塔表达的统计分布，作为总体对集群，特别是对雌性祖先皇后集群的适合度是很重要的（雌性祖先皇后集群中那些非繁殖成员

可以看作其身体的延伸）。现在，如果兵蚁过少，则集群可能被捕食者消灭；如果适龄的保育工蚁太少，则幼虫可能受饿死亡。因此，统计学分布从可以受到自然选择直接检验的意义上说，是适应环境的。通过改变增长阈值可以改变分布形状，以至于降低或升高若虫或幼虫达到一定体重的比例，或者检测某种气味分泌到一定的量，集群成员都可以转换到给定的职别。通过改变个体完成某项工作所花的时间，也可以改变分布形状。例如，如果每只工蜂都缩短保育时间，则集群成员在任意时间范围的

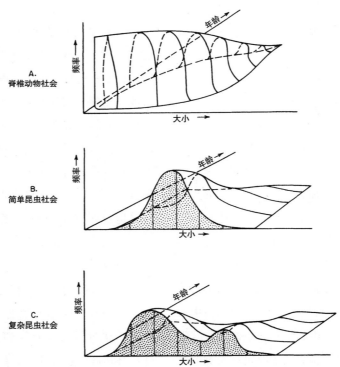

图2-2　三类动物社会的年龄-大小-频率分布。这些例子都是基于真实物种已知的一般特征，但其细节是推测的。A.在类型水平上，"脊椎动物社会"的分布是非适应的，所以与其他类似的非社会物种的局域群体基本相同。在这一特定情况下，个体在其一生中表现出连续生长，死亡率随年龄的变化而稍有变化。B.在类型水平上，"简单昆虫社会"可能受到选择，但其年龄-大小分布未显示出选择效应，因此仍与其他类似的非社会群体的分布十分接近。图中表示的年龄是指成虫或成龄期虫，有关集群的全部或大部分工作都是在这期间完成的，在此期间集群大小没有增加。C."复杂昆虫社会"，反映在其复杂的年龄-大小曲线上具有极强的适应统计学意义：存在两个明显不同的大小类型，并且较大的类型活得更长。

进行保育的百分数就会下降。最后，通过改变寿命长短也可改变统计学分布：如果兵蚁死得快，则其在任意时间范围的数量就不能很好地代表其兵蚁这一职别。

关于社会行为，统计学分布两个最重要的分量是（社会的）年龄和大小。在图2-2，我展示了三类年龄-大小-频率分布，因为在社会水平上，它们可能代表几乎没有受到选择的两类社会（A和B）和受到强力类群选择的社会（C）。大家认同的是，当统计学属于适应型时，它令我们更感兴趣。这三类分布模式可能不只会更复杂，而且会更有意义。根据个体的行为和生活周期的研究可以得出非适应统计学。但是，在个体的行为和生活周期有意义之前，必须进行机能整体性分析才能得出适应统计学。

在适应的环境，统计频率分布的动差具有新的意义。平均数经个体的大小和年龄对"非常态"环境做校正后，大体上反映了校正平均数。方差和高阶动差，由于它们反映了职别结构而直接获得了适应意义。这些及其他方面的统计学将在第4章和第14章讨论。

社会的类型和程度

以前对动物社会分类的所有尝试都失败了。原因很简单：分类依赖于入选的成套性状的质量，但在哪些社会性状的质量是基本的问题上，研究者却各持己见。社会性状的类型利用得越多，分类就越复杂，因此不同分类学者发生严重冲突就越有可能。例如，艾斯皮纳（Espinas）的先驱性系统和W. M. 惠勒由此衍生出的系统，至少有简单性的优点。这些系统根据的基础是：联盟是主动的还是被动的，主要是为繁殖、营养还是防卫的，是集群式的还是自由归类的。从这一基本组合出发，惠勒指出5类社会。相反，迪根纳（Deegener）主要关注食物习性和生活周期等细节，提出有不少于40类社会，如果某些未确定的也被确定了的话，甚至还可以更多。不幸的是，迪根纳未能提供其分类的全部依据。他注意到，性欲的一种形式是交配群居，即两性为了生殖目的聚集在一起。如果这一形式可行，除了那些最为挑剔的传统学者外，我们还可考虑冬眠集聚或多雌同居（即母亲和女儿在一起，每个个体都进行孤雌生殖）。

迪根纳的方法从反面告诫我们：基于全部有关性状的分类是个无底洞。只有根据能够阐明社会过程方式的直观概念（而不是相反的个体的静态组合），通过转换成一些有质量的社会性状并对它们进行分类，才能避免上述弊端。下面列出的一套有质量的社会性状的有用性是双重的：首先，通过明确区分和标记具体的性状，我们能识别迄今为止研究过的某些现象；其次，在准备特定物种的社会程序（即社会行为的全面描述）时，可求助于这套社会性状。最近，越来越多的作者，其中包括汤普森（Thompson）、克鲁克（Crook）、梅萨洛维（Mesarović）、布勒列顿（Brereton）、柯恩（Cohen）和威尔逊（Wilson）等，已转到社会组织的抽象性状方面。根据这些论文的观点和我对社会系统文献的进一步研究，我总结了10个社会性状，我相信这些性状是可测量的，并能最终归入特定的社会系统模型（见图2-3）。

类群大小（group size）。乔尔·柯恩（1969，1971）已经指出，在灵长类的队群中，类群大小的频率分布存在着有序模式。在封闭的、相对稳定的类群中，如果假定出生和迁入的增速是恒定的，死亡和迁出的减速也是恒定的，则利用随机模型可以说明大部分（但不是全部）信息。在研究猴和人构成的临时亚群的频率分布时，人们也发现了这种有序模式，而且根据不同规模的类群间吸引的变异情况，以及单个类群成员间吸引和结伴倾向的变异情况，还能很好地进行预测。

人口分布（demographic distribution）。这一频率分布的意义和其稳定性的程度，在前面关于适应的统计学中已经讨论过了。

内聚性（cohesiveness）。我们在直觉上认为，类群成员彼此间的紧密性是物种社会性的指数。这是真实的，首先是因为类群防御和取食的有效性通过这一紧密性增强了；其次是因为这一紧密性可使范围较广的通信渠道发挥作用。在内聚性和这里列出的其余9个社会参数间确实存在着联系（但只是松散的）。例如，蜜蜂集群，比起独居的球聚蜂的巢窝聚集更具有内聚性。但是，黑猩猩队群和人类社会的内聚性，比起鱼群和牛群的要弱得多。

联络性的数量和模式（amount and pattern of connectedness）。类群内的通信网络可以是模式的，也可以是非模式的。也就是说，在模式情况下，不同类型的信号可以优先传给特定的个体或类型；在非模式情况下，一段时间内所有信号都可以随机地直接传给靠近信号的任何个体。在非模式网络，例如鱼群和暂时同栖的鸟群，网络中每结点的弧数（即进行通信的个体数除以单位时间的平均数）提供了社会性的直接测量数。这个测量数是由于类群的内聚性而增加的数；或者

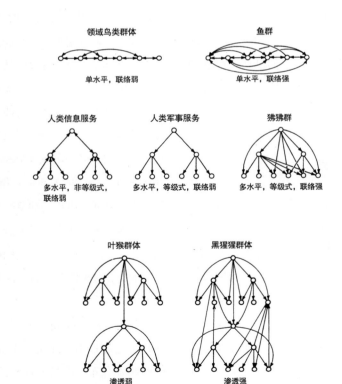

图2-3　为了说明若干社会性状的变异以网络描述的7个社会类群。各社会类群的性状是抽象的，其中的细节是推测的。

在动物通信超过其集聚直径时，就是类群规模量级。在模式网络中，情况就完全不同了。用相对少的弧线可构建具有多个水平的等级系统（见图2-3）。假定各成员也是各自活动，则在含有类似成员数的条件下，类群的协作程度和有效性总体上要大大超过非模式网络，甚至在联络度（即每个成员的弧数）极低时也是这样。所有较高等的、具有强烈显示其他9个社会性状而被识别的社会形式，在联络中都是以高度模式化为特征。但是，它们并不总是以大量的联络性为特征。

渗透性（permeability）。称一个社会是封闭的，是指它与同一物种的邻近社会交往相对少，且极少接受迁入者（如果有的话）。长尾叶猴（*Presbytis entellus*）群是个具有低渗透性社会的例子。群间交换基本上是由越过领域的入侵式冲突造成的，至少在印度南部的稠密群体中，迁入几乎只限于雄性叶猴以抢夺首领雄猴地位的入侵（Ripley，1967；Sugiyama，1967）。另一极端是黑猩猩具有强渗透性，其类群不时融合，个体自由交换。在其他情况相同的条件下，渗透性的增加应该导致：涉及整个群体的基因流动增加；从单个社会内随机抽取任两成员间的遗传相关程度减少。这些相关情况对社会进化的影响将在第4章和第5章讨论。渗透性增强与一些个体间关系，如等级系统控制、联盟和血缘类群的稳定性降低也存在联系。渗透性到底是这种联系的原因还是结果，只有通过对特定情况进行分析后才能确定。

区域化（compartmentalization）。社会的亚群作为具体单位发挥作用的程度，是社会复杂性的另一个测量。一群角马面临危险时，会像一群乌合之众一样逃跑，不同的母马各自为

战，以保护自己及其幼崽。相反，斑马面临危险时会分成若干家系类群，每匹领头雄马把自己置于由其率领的一群雌马与捕食者之间。危险过去后，这些类群又合并为单一家系。某些蚂蚁物种的集群，其中包括黄猄蚁（*Oecophylla smaragdina*）和毛眼林蚁（*Formica exsecta*）类型的某些成员，通过建筑新巢可极大地增加其集群大小和复杂性，而这些新巢犹如原来母巢的复制品。这些亚单位通过相互之间个体的不断交换而达到相互接触，但它们也可独立存在，且各自可成为新母巢而开创新的集群化。

角色的分化（differentiation of roles）。类群成员的专一化是社会进化推进的标志。功效理论的一条公理是：对于特定环境下的每个物种（或基因型），相互协作的专业成员有一个最适比例，其工作才会比同样多的普通成员更有效率。如下情况也是真实的：在许多场合，一批专业成员可以完成性质不同的任务，而这些任务是同等普通成员难以完成的；反过来却不成立。这里引述一个实例：一群非洲野狗在狩猎期间分成两个编制，即捕获食物的成年狗和留守在"家"看护幼崽的成年狗。如果没有这一劳动分工，它们就不可能捕获足够数量的、作为它们主要食物的大型有蹄动物。在蚂蚁集群中，精细的编制系统的发展，与集群大小的增加和通信信息储存库的扩大有关。在完全不同的环境中，具有最大集群的海洋无脊椎动物的各物种，一般也是个体分化最大的物种。

行为的整合（integration of behavior）。与分化相对应的是整合：一组专业成员如果没有最适比例或工作不协调，就不能指望它们干得像一组普通成员那样好。在社会昆虫中，如下

18

例子给人的印象最为深刻：非洲热带蚂蚁——大头蚁（*Pheidole fallax*），只有很少的工蚁在巢外独自寻找食物，当它们发现食物颗粒过大而不能搬回巢时，就在回巢路上留下一道信息素嗅迹。信息素是由肥大的杜氏腺（Dufour's gland）产生的，个体将腹部末端拖在地上由其螫释放出来。这道嗅迹引导其他工蚁和兵蚁到发现食物的地点，把食物咬碎并运回巢地。而兵蚁有另一专职工作，即保护食物免受入侵者掠夺，尤其是其他蚁群的成员。它们的行为包括释放粪臭素（3-甲基吲哚），这是由另一腺体产生的发臭液体。兵蚁没有可见的杜氏腺体，在其路径上也不能留下嗅迹。这些数量很少的工蚁，一般具有不能分泌粪臭素的毒腺。这两个职别（工蚁和兵蚁）完成同一任务，可能要比其他蚁类只有一个职别的工蚁完成得更有效。但是，如果这两个职别工作不协调，或者如果每个职别都采取单干的做法，那么其中任一职别都会是低效的。事实上，兵蚁在寻找食物方面是相当无能的。

信息流动（information flow）。诺伯特·维纳（Norbert Wiener）说，社会学，包括动物社会生物学，基本就是研究通信的方式。的确，我在这里列出的许多社会性状，经过不同程度的变通，都可包含在通信之内。通信系统的量值可用三种方式测量：信号总量、每信号以比特表示的信息量、每个个体或整个社会每秒以比特表示的信息流速率。这些测量将在第8章举例说明和评估。

贡献于社会活动的时间分数（fraction of time devoted to social behavior）。个体对社会事务努力的分配量，是社会化程度的一个合理测量。这一社会化程度可测量如下：一天中贡献于社会努力占用的百分数；在从事任何活动所花全部时间中，贡献于社会努力时间占用的分数；在总活动消耗的能量中，社会努力耗能占用的分数。社会努力反映了内聚性、分化、专一化程度和信息流动速率（但这些因素的主要功能不是社会努力）。R. T. 戴维斯（R. T. Davis）和他的同事（1968），以灵长类为对象检测了其中几个性状，结果表现大体相关。环尾狐猴（*Lemur catta*）贡献约20%的时间做社会活动（一般认为其只有些简单的社会组织），豚尾猕猴（*Macaca nemestrina*）和短尾猴（*M. speciosa*）的社会活动分别约占其活动时间的80%和90%（根据其他标准，它们是相对高级的社会动物）。中等程度投身社会活动的有新大陆猴，令人感到惊奇的还有普通猕猴（*M. mulatta*）。不同物种贡献于不同类型社会活动的时间很不相同（见图2-4）。

较高等社会昆虫的工蜂职别，如同人们可能想到的那样，几乎完全是为社会存在服务的。除了自我清洁梳理和进食之外，实质上工蜂的所有行为都是服务于其集群的福利和繁荣的。在多数情况下，甚至进食也具有一定程度的社会性。这些工蜂为了保证贮存在其嗉囊内的食物的质量，在晚上彼此重复反哺。蜂（皇）后为了社会目的，甚至也进行自我清洁梳理：它通过用腿摩擦头和躯干释放出一种蜂后物质——9-酮癸烯酸，并与其他一些富有吸引力的信息素相混合。工蜂舐蜂后的体表时，就获得了蜂后物质，这种物质通过利于蜂后和整个集群的某些方式，继续影响着工蜂的行为和生理状态。

还有一种测量物种社会化程度的方式，可以方便地称为"最小特化作用"（minimum specifica-

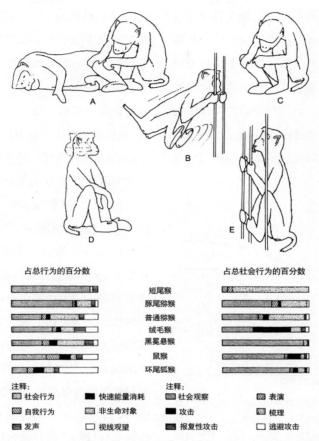

占总行为的百分数　　　　　　　　　　占总社会行为的百分数

短尾猴
豚尾猕猴
普通猕猴
绒毛猴
黑冕悬猴
鼠猴
环尾狐猴

注释：
■社会行为　　■快速能量消耗　　■社会观察　　▨表演
▨自我行为　　▨非生命对象　　■攻击　　▨梳理
■发声　　□视线观望　　■报复性攻击　　□逃避攻击

图2-4 7个灵长类物种贡献于社会行为（左）和不同类型社会行为（右）在时间上的差异。主要行为类型包括：（A）社会行为；（B）快速能量消耗；（C）自我行为；（D）视线观望；（E）处理非生命对象或笼子（自Jolly，1972a；Davis et al.，1968）。

tion）。简言之，这一标准把系统的复杂性定义为：为了表述该系统的特性所需要的组成单位数。这个数通常远小于实际存在的单位数。当鉴定一般系统复杂性的范围时，赫伯特·A.西蒙（Herbert A. Simon）观察到："大多数事物间的相互作用都很微弱，只要考虑全部可能相互作用的极少部分，就可能对现实做出基本正确的阐述。"保罗·A.威斯（Paul A. Weiss）独立发表了同一观点："我试图把公式'整体大于其组成部分之和'转化为行动的指令，就是为了对一个系统的有序行为进行全面而有意义的阐述，从而需要明确指出：要超出其组成部分各自衍生出结果之和的那个量，需要追加的必不可少的那份最小信息是什么。"

最小特化的标准可以用于社会生物学，为了充分观察物种行为的信息储存库，一般来说，必须把个体聚集在一起。这个标准不是单个的社会性状，而是从前面引述的社会结构的10个性状中抽出多数性状构成一个综合函数。对此图2-5中的两个物种，独居物种的一个隔离个体相对于具有高度社会形式的一个隔离成员来说，典型地具有更大的信息储存库。只需补充少数几个独居物种个体，就能充分发挥该物种剩余的潜能，诸如性行为、领域性和甚至像迁出这样的密度制约反应。随着个体补充到社会物种的类型中，其表达的行为信息储存库爬升越发缓慢；为了达到该物种信息储存库的极限，必须补充每一职别和成年组的成员数。最终结果是，社会物种超过了独居物种的信息储存库。

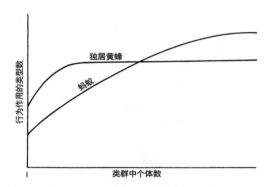

图 2-5 鉴定昆虫两物种的社会复杂性时，最小特化标准的应用。一只独居黄蜂比一只蚂蚁具有更大的信息储存库；为了显示物种的全部行为信息储存库，黄蜂只需要一个较小的类群。当蚂蚁类群增大时，信息储存库增加较慢，但最终它更大。这些定性的说法是正确的，但显示的曲线细节是推测的。

如果限定个体的特定类群，并且是建立在成套性状（这些性状已被证明与类群社会进化最有关系）的基础上，则社会的分类（不同于社会性状的分类）是可行的。一个适当的例子是由惠勒和米琴纳（Michener，1969）提出、由威尔逊修改过的昆虫社会的分类，这个相当精细的系统将在第20章中详细介绍。

行为尺度的概念

在脊椎动物社会生物学的早期年代，观察者习惯性地假定，社会结构（不少于行为学的固定作用模式）能够鉴别物种的一些固定不变的性状。如果短期野外研究没获得有关物种的领域性、权力等级系统或其他类似社会行为的证据，那么，这个物种总体来说就缺少这样一些行为特征。甚至像乔治·沙勒（George Schaller）这样熟练的野外动物学家，在资料相对少的基础上也会自信地说："大猩猩与其同类的其他个体共享领域和丰富的食物资源，而轻视自己占有领域的要求。"

在对特定物种的多个群体，以及在对非观察时间阶段进行概括时，经验使我们开始谨慎起来；这大体是由于社会组织是一些最易变的性状，是它们的效应放大的结果。如下涉及的旧大陆猴是一个典型的情况。斯特鲁萨克（Struhsaker，1967），在肯尼亚的马萨伊安博塞利野生动物保护区，观察非洲绿猴（*Cercopithecus aethiops*）的各个种群时发现，它们是严格划分领域的，并且通过频繁的争斗保持着严格的权力等级系统。相反，J. S. 加特兰（J. S. Gartlan）在乌干达研究的这些猴，在观察期间却没有看到权力等级系统，雄猴经常在群间交换，极少有争斗的现象。

在某些情况下，这类差别可能来源于遗传本质引起的地理变异，即来源于局部群体对其所处环境特性的适应。其中部分差别无疑也来源于传统漂变。但是在多数情况下，具有这类差别，并不能说就是群体间的固有差别，因为各个社会在不同时段对同一行为尺度（behavorial scale）的反应是变化无常的。行为尺度在行为的量值或性质上要发生变异，而这种变异与生活周期、群体密度或环境的某些参数有关。一个有用的工作假说是，设想在每种情况下的行为尺度都是适应性的。也就是说，它在遗传上已被程序化，使得个体在任何时段做出的特定反应都或多或少正确地适合于自身的状况。换言之，整个（而不是各个时段的）尺度是基于遗传上已被自然选择固定的性状（Wilson，1971b）。为使这一观点更为清楚，在举具体例子之前，我们来考虑一个被程序化的攻击行为，对群体密度和拥挤程度的变化做出反应的假想情况：群体密度低时，没有攻击行为；中等密度时，采取温和的攻击形式（如间断性的领域纷争）；高密度时，在权力等级系统管理条件下允许共占的领域中，领域纷争会发生尖锐的冲突；极高密度时，系统可能趋于完全崩溃，把攻击冲突模式转化为同性恋、同类相残和其他一些"社会病理学"症状。不管是什么样的特定程序使个体对攻击尺度的反应成为可变，每个不同程度的攻击都是对群体一定密度的适应——反复发生社会病理学症状是极罕见的。总之，攻击反应的总模式是具有适应性的，并在进化过程中固定了下来。

在发表的关于尺度的社会反应的文章中，最常出现的控制参数确实是群体密度。在假想例子中提出的阈值效应，在自然界中确实存在。例如，当河马群体的密度从低等到中等时，攻击冲突极少发生。但是，当靠近爱德华湖的上塞姆利基（Upper Semliki）地区，群体的密度是如此之大，以至于河岸平均每5米就有1头河马时，雄性开始凶狠争斗，有时甚至争斗至死。雪鸮（Nyctea scandiaca）生活在正常群体密度下，即它们保持着50平方千米范围的地域，没有领域纷争现象；但当它们拥挤在一起，特别在北极圈高寒地区期间，被迫挤在约1.2平方千米范围内时，就用叫声和体姿公

然捍卫各自的领域。洛基（Lockie）曾报道，伶鼬（Mustela nivalis）在捍卫领域方面也有类似的阈值。在第13章要详细讨论的第二类攻击尺度效应，是指当群体密度超过临界值时，许多脊椎动物的物种就从领域行为转换到权力行为的争夺。

不是所有的密度制约的社会反应都是由攻击行为组成的。当欧洲田鼠属（Microtus）的群体为高密度时，雌鼠会组成一些小的巢穴共同体，以共同捍卫领域和抚育后代（Frank，1957）。与此基本类似，野火鸡（Meleagris gallopavo）的群体大小是随着群体密度的增加而增加的。

类群大小本身能以某些方式影响攻击行为的强度，而这些方式能可靠地从群体密度的类似影响中分离出来。乌干达布东戈（Budongo）森林中的青长尾猴（Cercopithecus mitis）组成了大小迥异的一些群队。当一个大的群队与另一群队在食物富有区（如在结有果实的林区）发生争斗时，成年猴彼此向对方发出恐吓和追击，直至一方群队撤退为止。但是，两个小的群队在食物富有区相遇后，它们会友好地合并。这就导致我们推测，只有群队足够大，为了有足够的食物必须与其他大群队竞争时，才能发生争夺领域的行为。换句话说，只有感到有利可图时，它们才采取攻击。在许多类型的社会昆虫的集群中，攻击也作为类群大小的函数在增加。例如，新建立的栗红须蚁（Pogonomyrmex badius）集群，仅由数十只工蚁组成，如果其巢被捅破，它们就一跑了之；但是一个成熟壮大的蚁群，约有5 000只工蚁，若有入侵者侵犯，它们会倾巢出动攻击来犯之敌。

詹金斯（Jenkins）报道了一种情况：不

同的社会反应明显地依赖于生境的本质。生活在稠密植被中的灰山鹑（*Perdix perdix*）很少发生相互作用，甚至当群体密度很高时也是这样。但是，当植被变得稀疏时，它们的活动范围扩大，几乎不间断地发生相互作用。

食物的可利用性和质量也可使类群沿着行为尺度移动。食物供应良好的蜜蜂，对邻近蜂巢工蜂入侵的容忍力很强，甚至可让它们进入巢内取食。但同样一群蜜蜂连饿数天后，凡有入侵者，必然攻击之。在食物短缺期间，一般来说，灵长类生物对其他类群的陌生者和入侵者也会越来越缺乏容忍力。阿瑟·N.布拉格（Arthur N. Bragg）报道了两栖动物一个明显的社会尺度变化情况。锄足蟾的蝌蚪（锄足蟾属，*Scaphiopus*）是"机会主义"的：在下雨形成的水池中发育很快。营养条件好时，它们独自生活；营养条件差时，它们就成为社会生物，形成像鱼群那样的蝌蚪群，通过协调工作能更有效地搅动水底，获得更多的食物。

甚至环境中食物分布的方式也能引起社会行为的强烈变异。较高等蚂蚁的工蚁，特别是属于亚科［如切叶蚁亚科（Myrmicinae）、臭蚁亚科（Dolichoderinae）和蚁亚科（Formicinae）］的工蚁，它们在巢外单独寻找食物。如果找到的食物是广泛分布的小颗粒，工蚁有能力运回巢内，则没有新成员来帮忙。如果找到的食物是大的团状物，则不同种的工蚁返回巢时各自留下一道嗅迹。通过这一方式，就有足够的巢内成员出动，或者参与搬运食物，或者参与保卫以防其他蚁群的工蚁的抢夺。N.查尔莫斯（N. Chalmers）发现：白眉猴（*Cercocebus albigena*）在一株结有大果实的树上吃食，要比在一片结有这些果实的树上吃食时彼此间的攻击行为更强。据罗威尔（Rowell）观察，在乌干达，群居在森林的东非狒狒显示了与上述类似的攻击尺度。在大多数情况下，它们的食物分布广且丰富，攻击行为很少发生。但当它们碰到一些成堆的、长满了出芽幼苗的大象粪便时，就会为争夺幼苗这类美食而相互恐吓攻击。

社会行为的许多形式是插曲式或偶发式的，在此极端情况下，仅局限于一天、一季或一个生活周期中的某些时段。求偶行为和亲本监护像与其特别有联系的领域维护和首领等级系统维护一样，通常都是季节性的。与行为学文献中人们熟悉的许多脊椎动物的行为模式不同，还存在着一些非同寻常的暂时性的行为模式（尤以无脊椎动物为盛）。最小的南非岩龙虾（*Jasus lalandei*）体长小于4厘米，整天独居在洞穴和暗礁深部各分离的孔内；较大的龙虾（4—9厘米），聚集在洞穴内或暗礁下；最大的龙虾（长于9厘米），通常独占一个较大的栖息地（大小基本相同），并作为领域保护起来。属步行虫科（Carabidae）气步甲（*Brachinus*）属的一些臂尾甲虫，通过其气味，在一年中的大部分时间都紧密地聚集在一起；在春季，个体求偶和产卵时，就打破聚集状态而分散隐藏起来。

也许最有戏剧性和最受启发的行为尺度方面的例子，是发生在某些鸟类每日社会行为间的转换：在东非的繁育季节，极乐凤凰雀属（*Steganura*）的两个物种和杆尾凤凰鸟（*Tetraenura fischeri*）的雄鸟，一整天都有极强的领域行为，它们通过精细、优美的炫耀行为而淘汰其同类竞争者。但是恰在日落前，它们停止炫耀行为，为寻找食物带着雌鸟和其余雄鸟抛弃领域群飞而去。南美的油鸱（*Steatornis* carpensis）把巢筑在洞穴的暗礁上。一对配偶成为终身伴侣，共同保卫适合筑巢的那一块珍贵的小空间。但是在晚上，它们全都集合在一起，成群外出寻找散落的油椰子或其他可食之物（Snow，1961）。实际上，这些模式在集群式筑巢的鸟类，包括许多海鸟中，都很常见。这些模式表明，进化容易使社会行为程序化，甚至可以根据每日节律把这些行为从一个状态转换到另一个状态。

进化生物学的二重性

行为生物学的理论因语义上的不确定性而使人难以捉摸。像不知道地基的情况就轻率建起的建筑物群一样，它们以建筑师不明原因的危险速度在进行下沉、倒塌、破碎。在社会生物学中，这个不知道的地基通常就是进化理论。所以，我们应在进化生物学的有关部分着手勘测这块"软弱"的地基。最棘手的进化概念具有明显的一致性，都能分离成一系列二重性：某些是简单的"二分"分类：另一些在选择水平上、遗传过程间和生理过程间，反映出了更为明显的差别。

适应性状对非适应性状（adaptive versus nonadaptive traits）。一个性状，如果通过选择还保持在群体中的话，那么就可以说它是具有适应性的。我们还可更正确地说，如果另一性状降低了个体适合度的话（这些个体是处在该物种通常的环境条件下），那么它就是非适应的或"非正常的"。换句话说，在非正常环境下偏离正常的反应，可能就不是非适应性的——这些偏离正常的反应，可能只是反映了该物种在通常环境中适应性状的正常变动范围。通过简单的环境变化，可把一个性状从适应状态转换到非适应状态。例如，由单基因杂合子状态决定的人类镰刀型细胞性状，在非洲生活条件下是适应性状，因为它对恶性疟疾有一定程度的抗性；但在非洲后裔的美国人中，它就是非适应性状，因为其携带者不再会遭遇疟疾了。

在形成个体的所有类型的性状中，自然选择的普遍作用简直可称为进化生物学的中心法则。当刨根问底时，这一法则并非绝对正确，但正如 G. C. 威廉斯令人信服地指出的那样，它是明灯和方向。生态学家康拉德·洛伦兹（Konrad Lorenz）及其同事的大部分贡献，为此建立了构想的框架。他们使我们确信，行为和社会结构，如同其他所有的生物现象一样，都可作为"器官"进行研究，而这些器官是现存基因内在适应值的扩展或表达。

在特定的例子中，我们如何检验这一适应法则呢？有把动物暂时表现的行为看作不正常的情况，这是由于在判断不正常的原因和在鉴别行为反应时，有可能把这种行为看作自毁性的，或者至少是无效的。当阿拉伯狒狒的一些类群第一次引进伦敦动物园的一个大围栏内时，社会关系高度不稳定，雄狒狒为占有雌狒狒发生严重争斗，并时有因此而战死的情况。但是，这些狒狒引进时是些陌生者，雄性的比例高于野生状态下的比例。后来，库默尔（Kummer）在非洲的研究表明，在自然条件下，狒狒的社会是稳定的，其基本单位是1—2只成年雄狒狒支配着若干只成年雌狒狒及其后代。C. R. 卡朋特（C. R. Carpenter）把普通猕猴引入半自然环境的圣地亚哥（Cayo Santiago）岛（位于波多黎各南海岸），一开始社会结构混乱，异常行为频频出现，其中包括手淫、雌猴同性恋、不同类群的成员性交。而后的几年内，该集群的社会结构日趋稳定，异常行为随之减少。圣地亚哥岛这一集群的社会行为最终与印度的自然群体趋同。

每个诸如此类的暂时的不良适应，其中都存在许多使我们似乎陷入不确定性的灰色地带。有时看似非正常的行为，最终检查证明是更接近适应性的，例如一些特定的、我们认为必然为非正常的同性恋情况。在猕猴中，假性交是指首领雄猴对非首领雄猴做出性交姿态，以此显示雄性地位的一种普通仪式。在南美洲的斯氏叶鲈（*Polycentrus schomburgkii*），同性恋行为指非首领雄鱼接近占有该领域的（首领）雄鱼时，模拟雌鱼的体色变化和行为（假雌鱼）。准备产卵的真正雌鱼进入首领雄鱼领域后，身体翻动，在水中依附物的下表面产卵。在真雌鱼产卵期间，假雌鱼往往也同时进入。在这一方式中，假雌鱼明显地试图"愚弄"首领雄鱼，并且通过其在真雌鱼所产的卵附近排精以"窃取"授精权（Barlow，1967）。如果这一解释正确的话，这是一种为实现异性恋而采取的性别伪装行为。

而且，对家系中某一个成员是适应的社会行为，对另一个成员就可能是非适应的。例如，印度叶猴会入侵其他群，它们推翻该群内首领并消灭其后代，这显然改善了入侵者的适合性，但对入侵者占有的作为配偶的雌性来说却损失惨重。当雄海象为争夺一批雌海象而争斗时，胜者就其自己的基因来说是非常具有适应性的，但这减小了雌性的适合性，因为它们的后代在争斗中死亡了。

单适应性状对多适应性状（Monadaptive versus polyadaptive traits）。在系统发育上广泛分离的各类群发生强烈的趋同，标志着社会的进化。由于我们的命名系统的本质仍然是含糊不定的，在研究社会行为方面就显得更混乱了。理想情况下，社会行为的每个主要功能类别都应有一个术语与之相对应，这种语义上精细化的结果是：大多数类型的社会行为都被当作单适应性状，即只具有一个功能。但是，在我们表达远不完美的语言中，大多数行为却被人为地推测为多适应性状。现考虑猴类"攻击"或"论战"行为的多适应本质。叶猴、赤猴和许多其他物种的雄性动物都利用攻击来保持各群间的距离。许多物种，其中包括叶猴，为了建立和加强权力等级系统，也采取了相似的行为，雄性阿拉伯狒狒利用攻击把雌性聚集在一起并阻止它们离开。总之，攻击是用来表示一系列行为和具有不同功能的一个含糊术语，在直观上与人类的攻击相似。

某些社会行为模式，尽管经过了语义上的推敲，事实上仍还是多适应性的。例如，普通猕猴的相互梳理毛发行为，显然是为高等灵长类安抚和维持同盟的功能服务的。然而它仍保留着次级的、看起来更为原始的相互清洁的功能，因为它们处于隔离状态时常生有大量虱子。某些鸟类的成群行为，无疑服务于双重功能：逃脱捕食者和提高觅食效率。

增强选择对减弱选择（reinforcing versus counteracting selection）。自然选择的一个单力，作用在一个递升的等级系统的一个或多个水平上：个体、家系、群队，甚至整个群体或物种。如果在多于一个水平上被影响的基因都是有利的或都是有害的，则选择是增强的。这时，通过插入多个水平的加性效应（additive effects）可加速进化（即为基因频率的变化）。这个过程对于数学家的研究不会有什么大影响。相反，选择可能在实质上是减弱的：对一个选择过程而言，在个体水平上选择有利的基因，在家系水平选择上就可能成为不利的了，在群体水平上却又是有利的。类似这样的组合还可以有很多。这种经过综合或组合过的最终基因频率，对社会进化的理论非常重要，但很难进行数学预测。这些将在第5章和第14章中详细讨论。

终极原因对初始原因（ultimate versus proximate causation）。当功能生物学和进化生物学的支持者都能精辟地说出各自支持的原因时，那么这两个学科间的区别就不再那么清楚了。考虑一下老化（aging）和衰老（senescence）的问题。当代功能生物学者关注老化的四个主要理论（严格说来全是有关生理学的）：成活率（rate-of-living）、胶原磨损、自身免疫和体细胞突变（Curtis，1971）。如果其中一个或多个因素，能通过某一方式与个体生命的整个活动过程紧密地联系起来，那么更为专业的生物化学家就会进一步研究为什么有这种联系。但是，这说明的只是起初的或邻近的原因。与此同时，群体遗传学家好像生活在另一片土地上，他们把老化看作一个过程，而这一过程意在实现特定环境中的繁殖适合度最大化。这些遗传学家知道上述生理过程存在，但只把它们作为一些抽象的中间要素，再根据理论群体遗传学中常用的生存率和繁殖率的关系以获得衰老的最适时间，试图通过这一方法解决终极原因的问题。

终极原因和初始原因如何衔接呢？终极原因是由环境产生的必要条件组成的：有由天气、捕食者和其他胁迫者施加的压力；有由像宽敞的生活空间、新食物资源及和睦相处的伴侣提供的机会。物种通过自然选择的遗传进化对环境的危急事件做出反应，同时随机地改变了个体的结构、生理和行为。物种在进化过程中，不仅受到进化时间跨度大（以世代为单位）的限制，而且受到前适应性状和某些影响选择速率的基于深层次的遗传性状是否存在的限制。这些进化的原动力（见第3章）是终极的生物学原因，但是它们只有通过长时间的跨度才能起作用；它们塑造的结构、生理和行为的组织，就构成了功能生物学的初始原因。在个体生命期间内，有时甚至在数毫秒内，它们塑造的组织实现着基因的指令，终极原因与初始原因的用时相去甚远，使得二者似乎大相径庭。

大多数心理学家和从各大学普通心理学系训练出来的行为学家，所用的是非进化的研究方法。然而，像世界各地的优秀科学家一样，他们总是要寻求更深入和更普遍的解释。他们对终极原因的特定评估应植根于群体生物学，却典型地用了理论心理学的一些模糊的独立变量——吸引-撤退（attraction-withdrawal）阈值、驱动、深层聚集或协同倾向等取而代之。这种方法制造了混乱，因为得到的观点是孤立的，很少能跟神经生理学或进化生物学联系起来，因此也很少跟其他科学联系起来。

这种模糊性还体现在原因和结果上。一些例子会在本书后面给出，涉及基于遗传理论的一些具体知识将在第4章和第5章讨论。现在，为了说明事物的微小差别，我们举个老例子。阿里和古尔（Allee & Guhl，1942）做了个实验：他们每天从7只白来亨鸡（white leghorn chicken）中替换出那只最久的居留者，另外相似的一群不受干扰，以做对照。实验组里，由于每天替换成员比例大于10%，鸡群自然成为混乱状态。成员互啄次数增加且吃食少，相应地体重轻；而对照组的鸡生长很好。阿里和古尔得出了似乎有理的结论（假说1）：鸡群内的组织提高了类群的存活率，所以可作为自然选择的基础。但是，在这种情况下，我们要考虑的是：什么可能是终极原因和结果。权力等级系统（这里为鸡的强弱顺序）很可能在个体水平上进化，因为在群内作为下级的一员生活要比单独生活更有利。以前，在鸡群中的鸡可能会发现，利用攻击（适度攻击，不是破坏性的）对提升自己的等级是富有成果的（假说2）。因此，在第2个假说中，鸡社会的等级是攻击的结果，而不是其原因。换句话说，攻击和等级的出发点不是为了建立一个等级社会；这一等级社会（顺序），是其他原因使加入鸡群的个体发生攻击行为取得协调的副产品。

理想性状对最适容许性状（ideal versus optimum permissible traits）。如果把个体看作机器类似物，那么个体的进化就可看作逐渐完善的机器设计图。在这一概念下，在特定环境中，应存在着适宜生存的一些理想性状，如啄木鸟的槌状嘴和可伸的舌，行军蚁理想的职别系统，等等。但是我们知道，这样的性状随种的不同而有很大的变化，甚至对于属于同一线性进化和占有同一狭窄小生境的那些物种也如此。特别令人困扰的是，同一性状具有多种中间状态的物种是很常见的。

以原始的社会昆虫提出的理论问题为例：为什么它们不能继续进化？预测有两个极端的可能性。首先，可能存在所谓的"不平衡情况"。这意味着，物种仍在活跃地向更高级的社会水平进化。如果社会进化很慢，以至于物种仍处在特定的适应征途中但尚未停歇时，就可能发生这一情况（见图2-6A）。波塞特（Bossert）指出，如果物种停歇在一个适应峰的峰脊上，那么它就只能做出缓慢的移动。其原因是，只有物种严格地沿着峰脊限定的狭窄通道移动，朝向最适表现型的进化才可能发生；如果发生了偏离（由于遗传漂变或环境条件的临时变化带来的选择），就会以极陡的斜率向下滑落（落向峰脊两边中的任一边）。要从下滑中恢复过来是没有指望的，甚至有可能继续下滑到某一位置。或者，如果脊在其上升的某一位置稍有下沉，则该物种的进化必然停滞。如果社会进化很快，即进化中的物种消亡的速度非常快，以致只有少数物种具有最适表现型，而大多数物种在任一给定时间内仍在转变之中，那么也可能产生这种不平衡。

不平衡假说意指：高级社会状态（或某个特定的高级社会状态）是一种尽善尽美的状态（*summum bonum*），即由理想性状限定的、由一物种和有关物种攀登的独立适应峰。其相反的极端是"平衡情况"，在该情况下，处于社会进化不同水平的各个物种，或多或少地具有较好的适合度，可以有多个适应峰，对应着"初级""中级"和"高级"社会阶段。用更具体的术语来说，可把平衡假说想象为社会处于较低水平时，通过各物种在相反选择压力的影响下协调的结果。图2-6B表示的推测物种，是通过性状原初效应的反复强化而进化的。但是，该性状的进化不能再继续了，因为当该性状超过一定值时，次级效应就开始减小其个体的适合度。于是，该物种就在这个容许最适值达到平衡。例如，在雄性山羊和其他拥有一群

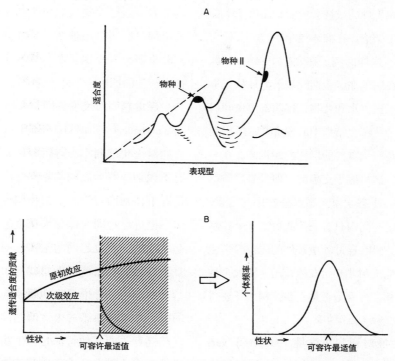

图2-6 进化理论中的最适概念。A.最适俯视图：各表现型的外观表面图（这里为形象表示）。在图中，基于各基因型的情况在外观表面上是以其靠近的各点表示，而其相对适合度用仰角（斜率）表示。物种 I 在一较低的适应峰达到平衡：它以一最适容许性状（不及想象中的理想性状表现好）为表征。物种 II 是不平衡的，因为它仍然在向另一个可容许最适性状进化。B.这里表示的物种是在特定性状的可容许最适值上达到平衡。虽然该性状的主要功能通过其反复强化还可以改良，但是当该性状超过某个值时，其次级效应就开始减小其个体的适合度。依定义，阈值是可容许最适值。

雌性的有蹄动物的雄性动物中，领头的等级地位与其角的大小具有非常密切的相关。因此，角大小的上限必须由其他一些效应决定，如机械磨损和由于角过长过大引起的协调能力的丧失，从而不能继续维持角的生长。

潜在因子对作用因子（potential versus operational factors）。试验生物学者在通过依次人为地增加每一可能（原因）因子的强度，同时又在保持其他所有因子恒定的条件下，可对复杂过程产生的原因进行分解。这意味着，他们鉴别了影响系统的一系列敏感因子，也估算了系统依次对每一因子反应的曲线。注意，这样鉴

别的因子只是潜在的：在自然条件下，它们实际可能起作用，也可能不起作用。例如，广泛的试验已经揭示，蚂蚁的职别至少受6个因子的影响：幼虫营养、冷冬、冬后温度、蚁后影响、卵大小和蚁后年龄。下一个问题是，在自然界中每个因子的相对重要性如何？换言之，哪些因子实际在起作用？如果没有同时探索有关全部因子的精细野外研究，是不可能回答这一问题的。

区分潜在因子和作用因子的意义往往被社会生物学者忽视。一个几乎失去理性的混淆实例是，用捕来的个体构成控制试验群体，让其生

长，一直到出现生理的或社会的症状而停止生长时结束，并得出结论：在群体控制中，社会行为具有潜在作用。这样的例子在文献中屡见不鲜。另一些是，潜在因子在试验期间被人为地从竞争中排除，如特意提供水和食物，排除寄生虫和捕食者。在这样一些试验结果中研究者常常得出结论：社会行为是一项重要的群体控制机制。在一些特定情况下，这可能是正确的，但只有实验室的证据还不够。生态学家熟悉互补作用的过程，这个过程在一定时间内只有一个或少数几个控制因子在起作用，只有通过环境条件的改善除去主要因子后，其他机制才开始发挥作用。在大多数特定情况下，社会行为是否是主要控制因子还得经过野外试验检验（见第4章）。

最适小生境对现实小生境（preferred versus realized niche）。与潜在因子对作用因子同样重要的另一特殊情况，是关于小生境的定义。实验室试验有时把小生境定义为哈钦森的（Hutchinsonian）多维空间，即每维用环境参数限定的、物种能在其内生存和繁殖的空间。试验也能用来建立最适小生境，这是适合度达到最大的多维空间的一部分；如果试验动物要沿着一系列环境梯度进行某一选择，通常也会移居这里。然而要注意的是，最适小生境可以不同于自然界中物种占领的实际部分。在各边际的生境中，甚至全然不存在最适小生境。而且，各竞争物种相互顶替进入生境的不同部分，其中进入每个部分的个体都是最好的竞争者；而这些最好的竞争者的空间未必是小生境的最适部分。因此，给定物种的局域生态分布、与此分布相关的群体密度，甚至其社会行为的表现形式，在一定程度上依赖于群体的局域占总地理范围的比例，还依赖于是否存在一些特定的竞争者。这些事实只能说明：在野外研究记录的全部具有明显地理变异的社会行为中，上述实验室研究只提供了部分具有明显地理变异的社会行为的原因。

深度趋同对浅度趋同（deep versus shallow convergence）。在我们认识的这个阶段，有理由开始对进化趋同本身进行分析，因为在一种情况下识别两行为之间的相似性，要比在另一种情况下识别两行为之间的相似性深刻和明显得多。把进化趋同大体分为深度趋同和浅度趋同是有用的。深度趋同的主要性质有二：适应的复杂性；物种沿着深度趋同组织其生命方式已达到的程度。脊椎动物的眼和头足类软体动物的眼，是人们熟悉的极深度趋同的例子。与深度趋同有关的其他特征是：生物系统起源的远缘性程度（这有助于决定两系统发育支追溯到趋同点经历的进化总量）和稳定性。极浅度趋同往往由遗传易变性引起。有亲（血）缘关系的物种，有时甚至一个物种的不同群体，在表现性状上有程度上的不同，有的甚至完全不同。

在社会行为中，最深的因此也是最有趣的趋同情况是社会蜂——黄蜂类（其中大多数属于胡蜂科）和社会蜜蜂（从泥蜂科的非社会祖先进化而来）的不育工蜂的发育。蚂蚁类工蚁和白蚁类工蚁的趋同甚至更充分，因为它们的成体都不能飞行，并且视力都较弱，以适应地下洞穴生活。它们在系统发育上离得也是相当远：蚂蚁起源于臀钩土蜂，白蚁起源于原始的社会蟑螂。中度趋同的例子，是至少在7类鸟中有独立起源的（求偶）集体竞技夸耀。为了实施这一不寻常的求偶形式，一个物种不仅必须建立与食物区和巢窝区分开的繁育交配场地，而且在实际交配的主要阶段还必须减少配对限制。此外，雄鸟必须拥有多雌鸟、并放弃在建筑、保卫巢窝方面的任何工作（Gilliard，1962）。第二个中等深度趋同的例子，是通过大多数有袋动物——帕氏大袋鼠（*Macropus parryi*）的社交聚会获得的社会系统，而这一系统在许多细节上相似于生活在空旷地区的有蹄类和其他地方发现的灵长类。每一兽群占有的领域，约有不同性别和不同年龄的30—40个个体。通过仪式化战斗，雄性个体建立起直线型权力等级系统，依它们的等级地位决定能否与发情期雌性交配（Kaufmann & Kaufmann，1971）。最后，根据领域性和权力等级系统的进化可以列举许多浅度趋同的例子，这将会在第13章详细展开。

进化级对进化枝（grades versus clades）。进化是由两个同时发生的过程组成的：当所有物种随时间作垂直进化时，其中一些物种可分裂成两条或更多条独立的进化（路）线。在垂直进化过程中，一个或一群物种的某些形态、生理或行为性状要经历一系列发展阶段的变化。如果这些阶段明显不同，就称为进化级。系统发育上远缘的进化线可以到达并穿过相同的进化级，在这一情况下，就某性状而言，我们就把组成这些线的物种说成是趋同的。一条分离的进化线称为"进化枝"，而显示物种如何分裂形成新物种的图解称为"分枝图"。完整的系统发育树，以时间尺度作图时，应包含分枝图的信息和任两分枝间趋异量的测量值。社会生物学家对以下两方面都感兴趣：社会行为的进化级和在各进化级内各物种的系统发育关系。图2-7的社会黄蜂类的分枝图提供了一个极好的示例。

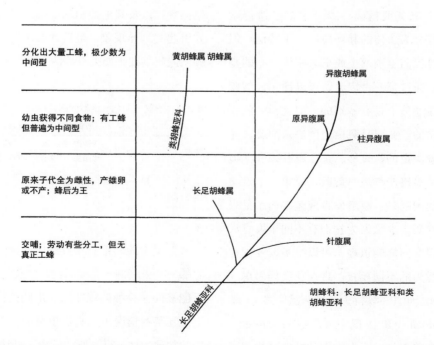

图2-7　两类社会黄蜂（胡蜂科的长足胡蜂亚科和类胡蜂亚科）对社会行为进化级的分枝图。左边的说明是各进化级，从较低级状态上升到较高级状态。各进化枝是黄蜂类的各个属（转绘自 Evans, 1958）。

本能行为对学习行为（instinct versus learned behavior）。在生物学史中，没有比区分本能和学习在语义上的差异更大的困难了。现在某些作者企图用下面两种方式回避这一困境：断言它根本就不是问题；拒绝继续把"本能-学习"二分法作为现代语言的一部分。实际上，这种区分还是有用的，而语义上的困难很容易消除。

问题的关键是，本能行为，或通常说的先天行为，已用如下两个很不相同的方式直观地下了定义：

1.两个个体或两个物种之间先天行为的差别，至少部分是基于遗传的差别。此外，我们也可说是行为模式的遗传分量的差别，是行为先天的差别，或者不太严格地说，是本能的差别。

2.本能的或先天的行为模式，是这样的行为模式：或个体在生命期间的变化相对很小，或在整个群体中变化很小，或（最好）二者兼有。

第一个定义很精确，因为这正是遗传学家把变异区分为遗传的和环境的一个特例。但是，它需要我们鉴别两个或更多个体之间的差别。因此，通过第一个定义，可以证明人的蓝眼与褐眼在遗传上是有差别的。但这样的问题是没有意义的：蓝眼是只由遗传决定的呢，还是只由环境决定的？显然，是蓝眼基因和环境共同造就了最终产物——蓝眼。对第一个定义唯一有用的问题是：眼睛发育成蓝眼而不是褐眼，是否确实至少是因为它们有不同于发育成褐眼的基因？同样的道理，可以毫不改变地运用到社会行为的不同模式。现在让我们考虑一下灵长类社会组织的实际例子。暗黑伶猴（*Callicebus moloch*）和松鼠猴（*Saimiri sciureus*）都生活在南美森林区，但它们的社会结构很不相同。暗黑伶猴是由一只成年雄猴、一只成年

雌猴和一只或两只小猴组成的小家系类群。每个类群都占有属于自己的小家园，并经常恐吓其邻近的类群。相反，松鼠猴是由大的家系类群组成，且成年雌猴、雄猴和小猴的数目是可变的。它们的家园无定界，也不恐吓其邻近类群。梅森（Mason，1971）为了分离构成社会组织各类群的相互作用，把各单个试验猴与其他个体和属于同一物种的不同类群组合起来做试验（是用笼和室外围栏完成的），其结果如表2-1所示。暗黑伶猴和松鼠猴的基本互动形式不同，这为它们在组织上的差别提供了更深层的解释。但这些差别是先天的吗？可能是，但这一假说还有待试验证实。灵长类的攻击行为极大地依赖于激素，而不同物种的内分泌"控制程序"是不同的，并且几乎肯定具有遗传基础。我们下一步要追究暗黑伶猴、松鼠猴和其他灵长类由内分泌生理、学习程序、微生境偏好，以及其他控制和偏离因子等因素的变异引起的趋异现象；最后，要决定上述变异依赖的遗传基础（如果有的话）。

表2-1　南美猴两物种成群倾向
[+，吸引；-，回避；±，矛盾。（自 W. A. Mason，1971）]

物种		对陌生者反应		对熟悉伙伴反应	
		雌陌生	雄陌生	雌伙伴	雄伙伴
松鼠猴	雄性	±	±	+ + +	+ +
	雌性	+	+ + +	+ +	+ + + +
暗黑伶猴	雄性	±	±	+ +	+ + +
	雌性	-	-	+ + + +	±

关于本能的第二个直观定义，通过适用于它的一个极端例子就能明白。蛾类物种的雄性，只能被同一物种的雌性散发出的性信息素所吸引。在某些情况下，它们也可能被其他关系较近的物种的性信息素所"愚弄"，但极少有发展到发生交尾的程度。家蚕蛾（*Bombyx mori*）的

性信息素是（10，12-十六碳二烯醇）；雄家蚕蛾只对这种物质起反应，并且它对一种特定的同分异构体（反式-10-顺式-12-十六碳二烯醇）的敏感程度要比其他的同分异构体大出数个数量级。而且这种识别是基于毛状感觉器（分布在触角上的毛状嗅觉接受器）的水平的。只有这些器官确实接触到合适的性信息素时，它们才发出神经脉冲到脑部，脑同时传出指令流以启动性反应。这种如同机器的反应是节肢动物和其他无脊椎动物的典型行为。没有几个无脊椎动物学家会有意识地把这类行为看作本能的或先天的。在另一极端，人类的讲话能力和脊椎动物的社会组织可塑性强，即变化范围大，但是，如果依第二个定义把这些性状当作本能，则不会有人认为是正确的。这种非极端的各中间状态的重要表现揭示出：根据第一条定义，这些性状通过严格的标准不能分到有遗传分量类或无遗传分量类。所以，第二个定义绝不是正确的：只有当它用到极端情况时，实际上才可能有点儿正确的信息成分。

社会生物学的推理过程

多数研究动物行为学和社会生物学的通行理论，为了最大限度地说明被研究事物的现象，都是在语义上进行推敲概括。这一过程是有用的，但最好是用来说明概念的形成过程。真正的理论可以被"假说—演绎"验证。为了简要叙述它，我们首先要确定参数，然后尽可能精确地确定参数间的关系，最后为了普遍化和检验假说，就要建立模型。好的理论或者是定量的，或者由其产生的容易识别的变化至少是能明确定性的。理论的结果往往不是显而易见的，甚至是反直觉的。重要的是，理论超出了直觉认识事物的能力。好理论获得的结果能引起科学家的关注，并激发科学家用这些结果去解释以前的理论不容易解释的现象。尤其是，好的理论是可检测的，可形成假说的。假说又可通过适当的试验和野外研究进项验证。

正像试验生物学家在控制试验中，只让某一潜在因子变化而保持其他所有因子不变来检测每一潜在因子的作用一样，理论学家也是在模型中，只让某一参数变化而保持其他所有参数不变来预测每一参数的重要性。通过这一方法，某些参数作为主要作用者而选入模型，另一些则被剔除。即便如此，各参数的相对重要性仍有待于自然系统的检验。在理论是正确的范围内，它提供了所有可能情况的概况。而野外生物学试验，则是鉴别这些可能情况中哪些是实际存在的。

理论可以在现象学水平或在基础水平上进行研究。关于这些，物理学家朱利安·施文杰（Julian Schwinger）说过："基础理论的真正作用不是与原始资料作对，而是根据现象学理论中相对少的参数来解释已组织好的大量原始资料。"基础理论学者的目标是确定数量最少的一套参数，使其方程组能直接解释所解出的结果。这两个水平在某些社会生物学研究中已初露端倪。乔尔·柯恩（Joel Cohen）建立的灵长类的临时类群大小（casual group size）的模型，是现象学理论的一部分。这些模型，通过对各个个体和各个类群相互吸引的特定强度的进化进行解释，最终可与群体遗传学的基础理论联系起来。现象学理论的另一努力方向，是企图以群体增长、迁出和密度制约的社会行为这三者的相互作用来解释群体周期。无论哪个方面的基础理

28

论，都是在它之下的一个水平上建立起来的。基础理论衍生出统计参数，这些参数依次决定群体增长和个体行为尺度，之后二者再作为使遗传适合度最大化的对策因子而产生迁出和社会行为。一般说来，现象学理论目标在于建立方程组，以预测统计学和领域大小的定量资料、权力等级系统的生态学和生理学关系、角色（或职别）分化和社会组织的其他特征。基础理论则试图根据群体遗传学和生态学的基本原理推出这些方程组。

反常的是，在社会生物学中推理的最大干扰因素是推理的容易性。物理科学通常涉及难以解释的精确结果；社会生物学具有不精确的结果，且这些结果可用很多不同的方案极容易地解释。过去的社会生物学家，由于未能在不同的方案中做出适当的判别而失控。他们还没有应用"假说—演绎"建模技术，从整体上看也没有利用多数自然科学，其中包括生物学常用的强势推理法（strong inference）。约翰·R.普拉特（John R. Platt，1964）总结强势推理法的步骤如下：

1.建立可供选择的假说（在群体生物学和社会生物学中，这一步骤往往借助于数学模型）。

2.制订可能产生不同结果的决定性试验或野外研究计划，其中每个假说试验的可能结果尽可能与其他一个或多个假说试验的结果不同。

3.进行试验以获得清晰的结果。

重复上述步骤，再做出一些假说，以改进尚待改进的可能结果，等等。

在社会生物学中，现仍被学界认为不错的方法可以称为发展科学的"辩护法"（advocacy method）。作者X为说明某一现象，以最有说服力的方式选择和安排证据提出一个假说。然后，作者Y反驳X的部分或全部观点，并也很自信地提出第二个假说。这时，语言能力成了显著因素。也许，作者Z以"法庭之友"的身份出现，可站在其中的任何一边，或者还存在一种情况就是，把两边正确的部分组合在一起而提出第三个假说，等等。这些连续不断的假说，可以遍布许多刊物并持续多年。这种辩护法往往要经过多次失败后才可能成功。但是，其不利之处是在整个辩护过程中会产生无谓的"学派"之争。

许多作者在重建人类社会进化时都热衷于辩护法。例如，下面是莱奥内尔·泰格（Lionel Tiger）和罗宾·福克斯（Robin Fox）坚称的、十分清晰的社会食肉动物理论（载于《超级动物》）；

狩猎经济的主要特征可以简要描述为以下内容。

灵长类基本提供（a）初步按性别的劳动分工，（b）雄性觅食，（c）在雄性间竞争框架内的（d）雄性协作。

它具有小规模、面对面和个性化的特点。

它基于劳动的性别分工——雄性捕猎，雌性采集。

它基于制造工具和武器。

它基于技能分工和这些技能通过网络交换（货物、服务和妇女）的整合。

这些都是雄性同盟和契约（交易）的网络。

它包含谋略、投资、判断和风险——具有极强的投机性。

它包含基于权利和义务之信用系统的

社会关系。

它包含通过互让互谅和相互交换的各种渠道而发挥作用的一个再分配系统；开发利用受到集团生存利益的束缚。

它基于与分配控制相关联的技能贮备状态——这又与集团整体利益有关。

重要的是，要把上述全部因子整合进狩猎经济。它们是成为有效狩猎经济的社会、智慧和情感方法。以同样方式，肌肉与关节、眼界和智慧等结合在一起组成一个有效的狩猎体。它们是狩猎体社会的解剖学和生理学。它是一个具有稀树草原和狩猎区的系统，它是我们的社会、情感和智慧进化的脉络。

上述论证有什么错误？当然，它是在追溯过去的事情，而且孤立地看，它没有错误，作者泰格尔和福克斯甚至可能完全正确。这里的实质问题是，与文学内容相反，科学内容不能蓄意以虚构的方式进行陈述。没有一个理论会受到如此偏爱，以至于其作者竟阻止别人批评它；相反，没有经过严格挑剔的理论，在科学上是没有什么价值的。大多数科学的艺术恰恰在于秉持这种原则。好的研究者不惧怕特定假说的失败，因为他们已经建立起多个工作假说，不在于某个假说是否失败，而在于如何将这些假说简明地表达出来，以及如何经得起决定性的检验。

人类进化的辩护法，也许不可避免地会产生女权主义理论。在艾蕾恩·摩尔根（Elaine Morgan）所著的《妇女的屈卑》（*The Descent of Woman*）中充分地体现了这一点。她的中心思想是阿里斯特·哈迪（Alister Hardy）爵士提出的概念：人类这个物种，在上新世干旱期间被迫暂时变成水生生物。这样，人类变成直立以便涉水，为更好地游泳丧失了体毛，为在浑浊的水中摸索而使手指变得很灵敏。成群打猎、男性优势和其他的"抗女权主义"现象，在摩尔根的著作中没有一点儿空间。她的理论得到了拥护，其程度不亚于以前发表过类似观点的罗伯特·阿德雷（Robert Ardrey）、迪斯蒙德·摩里斯（Desmond Morris）及泰格和福克斯。《妇女的屈卑》在相当有群众基础的杂志和报纸上受到好评，并由蒙斯图书俱乐部接纳发行，成了最畅销书籍。这本书有很多错误，在证据的处理上也远不如以前的大众读物那样严肃，但这无关大局。重要的是，它的中心思想作为一门严肃的学问，能为大部分受过教育的公众所接受。在这一令人沮丧的环境下，站在对立面的批评家们就只能自责了。当辩护法取代强势推理时，"科学"就成了任何人都能玩的一种开放式游戏了。

但是，社会生物学不是全然不认可强势推理，在其研究中就一直在谨慎地应用，并取得了不同程度的成功。例如：新天蛾成活率的适应性，罕见蚂蚁物种社会结构的特征，鱼类不同程度繁殖的适应意义，鸟类特定物种羽毛的作用，鸟类领域的功能——巨嘴沙雀成群行为的功能。有时，一个现象只有一个合理的解释。雌鬣狗的令人注目的假阴茎，是这种危险性攻击动物在参加"问候仪式"时用的。沃尔夫冈·威克勒（Wolfgang Wickler）认为：这个器官是作为真正雄性阴茎的拟态进化而来的，这样雌性就可参加其群内的安抚聚会，而聚会主要是为了炫耀阴茎。克鲁克（Kruuk）断然指出："这一特有的雌性特征，除了用作参加'问候仪式'外，不可能有其他作用。"他的这一观点可能是正确的。

建立多个假说遇到的唯一最大困难，是使它们成为互斥关系而不是互容。一组互容假说的例子，是由不同作者提出的关于蝉集聚作用的一组解释（假说）：不同性别的个体聚集在一起是为了交配；在一起高声鸣叫是为了干扰和驱逐食肉鸟类。它们提供足够的牺牲者而满足局部捕食者的需要，以免大多数同类遭难。要使这些假说相互脱钩并分别进行检验，不仅是困难的，而且可能全是对的。在多个假说中如果不只一个是对的，就要设计一种方法以估评它们的相对重要性。因此，问题是要按难度大小得到一个排列顺序。对于更具有竞争力的一套假说，考虑让灵长类的"姑妈"（或"姨妈"）抚育幼崽（的一套假说）：这使姑妈在有自己的孩子之前有实践抚育幼崽的机会；或者，这使姑妈与地位较高的雌性有联盟的机会；或者，这能提高与姑妈在遗传上有关的幼崽的成活率。其中每一假说显然都会潜在地遭到其他假说的反驳（见第16章）。

假说的互容性容易在逻辑上导致"肯定后件谬误"（Fallacy of Affirming the Consequent, Northrop，1959）。在科学实践中，谬误发生在由一组假说建造的一个特定模型中，其获得的一个结果（注意，大体上与期望结果相同）确实与实际相符，所以得出假说是正确的结论。困难在于，如果有第二组假说，尽管有不同的模型，也可以导致同一结果。甚至如下情况也是可能的：利用同样的条件构建完全不同的模型，但得到同一结果。根据理论群体生物学，我在图2-8恰好表示了这一情况。消除这种谬误的方式是设立竞争或互斥假说，使得在竞争假说中，除一个（是正确的）外，其余全都是无效或错误的。

当引入极端时，"肯定后件谬误"就产生了如加勒特·哈丁（Garrett Hardin，1956）所称的"万能解释"（panchreston）——一个概念可以涵盖很多不同的现象，涵盖不同使用者表达的各种含义，好像是解释了每件事，但实际上什么都没解释。交哺（trophallaxis）这一词的历史生动地描述了创造"万能解释"的过程。

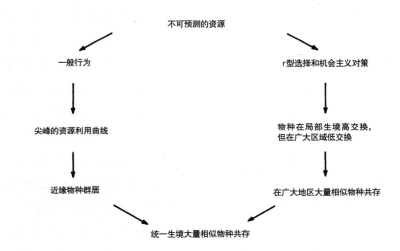

图2-8　开始于同一条件和得到同一预测的两个不同模型的例子。通过自我"检测"，其中一个模型会导致"肯定后件谬误"结果（根据Roughgarden，1974，个人通信）。

30 交哺基于的现象是，群居黄蜂的幼虫把其唾腺分泌物献给成年的具翅黄蜂。埃米尔·卢鲍德（Emile Roubaud，1916）认为，这一喂食联盟具有基本的意义，可看作"群居黄蜂集群存在的原因"，是成年黄蜂对幼虫进行营养开发引起的一种联盟。后来，惠勒（Wheeler，1918）同意卢鲍德的观点，并扩大到蚁类。但是，受到了来自埃里克·瓦斯曼（Erich Wasmann）和A.雷琴斯伯格（A. Reichensperger）的批评，他们赞成瓦斯曼提出的把竞争的互惠本能理论作为社会进化的原因，并指出惠勒的扩展实质上毫无用处："无疑，群居昆虫的腺体是受到刺激才进行大量分泌的，但因为存留在个体、各种职别的昆虫、集群和窝巢的气味都是识别和通信的重要方式，所以没有理由认为这些气味不能与味觉刺激一起作为交哺通信。"根据这一概念的精神，他继续说道："如果我们把食物在群集中的分布比拟为昆虫或脊椎动物中具有血液循环（内环境）的超级有机体，那么交哺（看作集群个体间食物的相互交换）就可比拟为在组织液和血液间，以及在不同细胞间的化学交换。"这两个说法，当然意味着很不同的定义，惠勒对这一问题的不定表述就隐含着这种模棱两可。如果我们选择惠勒允许的最广定义，即这两个说法的第一个，交哺必定等于现代意义的全部化学通信。在1946年，T. C.施奈尔拉（T. C. Schneirla）对交哺也扩展到触觉刺激（他对惠勒观点有误解，但可以原谅）。勒马斯内（LeMasne，1953）通过定义交哺是通信的同义语，仍然用了谬误法说道："通过这一扩展，所有的社会生命都被交哺概念包容了。"近年来，"万能解释"作为一个术语几乎被忘却了，因为应用它时更靠近其原来意义，即只限于营养液交换（相互的或单向的）。但许多"万能解释"式的术语仍然笼罩在行为生物学的文献中，其中包括驱动、本能、吸-拉、利他主义等。在大多数情况下，这些术语不应从生物学文献中消失（这样做会把事情弄得更混乱），而是像对交哺所做的限制那样，通过更加具体、更具操作性的定义使其精细化。

在社会生物学中另一个潜在误导的思维过程，可方便地称为"简化原因的谬误"。在解释生物现象时，该谬误的优先原则是选择最简单的可能解释。一个表现是由英国比较心理学家劳埃德·摩尔根（Lloyd Morgan）于1896年提出的摩尔根规则：动物的行为模式不应该用人类的或较高级的心理活动（如博爱、文雅、欺诈等）进行描述，而应该专门用最简单的已知工作机制进行解释。摩尔根规则开创了简化论时代，它甚至把最复杂的行为模式只分解成很少几类反应，诸如反射、向性和运作强化。虽然这种简单化的倾向如今有所改善，但还相差甚远。后来的动物行为学家，如比伦斯·德·哈安（Bierens de Haan）和赫迪格（Hediger）正确地认为，行为是建立在复杂机制上的，其研究目标是尽可能正确地，而不是尽可能简单地解释这些机制。我们今天仍能感受到爱德华·A.阿姆斯特朗（Edward A. Armstrong）在《鸟类炫耀和行为》中表达的快乐情景："我们要感谢的是，大自然在精密地实践和实现其可见的目标时，已为我们创造出了一幅美丽的图画。"

威廉姆斯在建立进化假说时，提出了一个更具有欺骗性的简单论变种：

基础原则（也许基础主义是一个更好的术语）是指，适应是一个特定的和麻烦的概念，它应当只用在实际需要用的地方。当必须鉴别它时，应当把它归结于不高于由证据需要的组织水平。解释适应时，我们应当承认：最简单形式的自然选择理论，即孟德尔遗传群体中的最简单形式的不同等位基因理论就足够了，除非有明显的证据表明这一理论不够用时才另当别论。

威廉姆斯的基础原则，是对群体中的类群选择和高级社会结构的烦琐解释做出的正常反应。这些烦琐解释是由早期作者，尤其是 V. C. 魏恩-爱德华兹在《动物传播与社会行为关系》（*Animal Dispersion in Relation to Social Behavior*）中提出的。然而，威廉姆斯对类群选择假说的厌恶，却错误地把自己陷入有利于个体选择的赌博之中。像我们将要在第 5 章看到的，类群选择和更高级组织水平的选择凭直觉似乎是不可能的，但是在较广范围的条件下至少在理论上是可能的。研究的目标不应是鼓吹最简单的解释，而是列举所有可能的解释，然后再设计试验，以检测出那些真实的解释。

这样的检测是要花费时间的。社会生物学，特别是进化社会生物学，是概念不能很快被检验，也不能进行严格试验的一门科学。例如，能够引用作为一个较充分的生态学试验的，是本杰明·戴恩（Benjamin Dane）及其同事（Dane et al.,1959；Dane & Van der Kloot，1964）所做的鹊鸭（*Bucephala clangula*）的求偶炫耀分析。这些生物学家，为了确保搜集鹊鸭求偶的全部炫耀行为，检查了从野外取得的 2.2 万个胶片足印。然后测量每次炫耀的持续时间和在每个求偶周期中全部炫耀配对转换的概率。乔治·沙勒在跟踪监控几个狮群时，日复一日地持续研究了三年半，共花费 2 900 小时，行程 14.9 万千米。对昆虫的研究同样也花费时间，关口和阪上（Sekiguchi & Sakagami，1966）为了研究工蜂的工作程序

（性质）随年龄的变化，共花费 720 小时，搜集了 2 700 个标记蜂的资料；而林道尔（Lindauer，1952）观察一只工蜂达 176 小时 45 分钟。

研究灵长类的社会生物学更为困难，也更费时间。现在我们这方面的知识，主要来自野外的大力研究，这些研究在过去 25 年间得到了迅速发展。1950 年以前，这些研究时长没有超过 50 个工作月。截至 1966 年，累积野外工作时间已达 1 500 个工作月，分别来自数百名研究工作者，并且数量呈指数上升；1962—1965 年的 4 年间所完成的工作量，就超过了以往工作量的总和。在大多数情况下，为了对类群组织及其通信信号有个大体的概念，约需 100 个工（作）时进行观察。只要有 1 000 个工时、接近一年的野外工作，人们就会对个体关系、季节变化，甚至对行为的个体发育和社会组织的本质有一个较客观的概念。例如，波里尔（Poirier）研究叶猴就达到了这一水平，总计 1 250 个工时；而 T. W. 兰塞姆（T. W. Ransom）为观察一队狒狒，在 15 个月间共花 2 555 个工时。这样获得的资料在细节上很客观：能鉴别每一个体，能记录每一个体的个性，在一定程度上能描述其社会状态的发育情况。在此基础上，通信网络的精细结构开始出现。正如在随后几章中看到的，这一新水平的信息对社会生物学的进一步发展极其重要。在 1938 年，F. F. 达灵（F. F. Darling）准确而又颇带感情色彩地表达了这方面研究的困难性："确实使人痛苦，短短的分钟、小时、天，甚至周（这点时间是给业余爱好者观测生命用的），对于解释或解决生物界的进化、自然选择和生存更深层次的问题，是远远不够的！我们需要时间，时间，无限意义上的时间！我们对行为研究的图像，在时间和空间上都必须是详尽的。"

第3章 社会进化的原动力

在这一章里，我们要浏览一下社会生物学的自然史（而不是其基本理论）。社会生物学的自然史有时非常有趣，致使我们忘记插入有关的主要理论，所以这里首先为下面三章的基本理论做简要介绍。读者可以选择是略读还是详读本章。不管你选择怎样阅读，为使我们具有坚实的社会生物学基础，请大家都必须仔细阅读第4章和第5章。

这一章有如下主要论点。社会组织的主要决定因子是统计参数（出生率、死亡率和平衡群体大小）、基因流动速率和相关系数。在进化和功能方面，这些更深层次的因子（第4章会更正式地分析）把类群成员的各种行为和谐地联系起来。但当群体生物学家对这些因子有较深入的了解时就会明白，往下追踪的原因链只是一个环节。那么，我们要问，又是什么决定这些决定因子的呢？社会进化的这些原动力，可以分成现象很不相同的两大类：系统发育惯性（phylogenetic inertia）和生态压力（ecological pressure）。

系统发育惯性，类似于物理学中的惯性，由群体更深层次的特性组成，而这些特性决定着群体的进化方向和速率。环境压力只是一套完整的环境影响，即物理环境（如温度和湿度）和生物环境（如猎物、捕食者和竞争者）。这套环境影响，构成了自然选择的作用，引导了物种进化的方向。

社会进化是在系统发育惯性制约的范围内，群体对生态压力做出遗传响应的结果。典型的，由生态压力定义的适应是窄范围的：可能是新食物的利用或旧食物更充分的利用，可能是在对抗凶猛物种中具有优秀的竞争能力，可能是面对强悍的捕食者有更强悍的自卫能力，也可能有进入新生境的和恶劣生境的适应能力等。这种单一适应，在构成物种社会生命行为的选择和相互作用上，都是很明显的。因此，社会行为倾向于个性化。这就是为什么社会进化的原动力讨论必须采用自然史的形式。然后，这一章的其余部分概略性地介绍了许多类型的系统发育惯性和生态压力，并试图评价其相对重要性。

系统发育惯性

高惯性意味着对进化变化的抵抗，低惯性则意味着面对进化变化具有相对高的可变性。惯性包括许多被进化学者称为"前适应"（性状获得非原有功能的偶然适应倾向）的概念。但利用这一术语时，也存在超出这一定义的情况。而且，我在这里希望建立的是，至少在行为分析的早期阶段，还能继续保持把系统发育惯性和物理学惯性进行类比的优点。

社会生物学家已经发现，许多系统发育多样性的例子，乃是进化枝间惯性不同的结果。一个最明显的例子是昆虫高等社会行为的限制表现。在昆虫中，真正的集群生物（真社会）有12枝或更多枝起源于膜翅目，只有一枝（在白蚁类）不是起源于膜翅目（即与蚂蚁、蜜蜂和黄蜂的起源不同）。威廉·D. 汉密尔顿根据可靠的逻辑和科学事实认为，这种情况源于膜翅目和其他少数类型的性别决定模式——单倍二倍体模式。在这种模式下，受精卵产生雌性，非受精卵产生雄性。单倍二倍体的一个结果是，雌性与其姐妹的血缘关系要比与女儿的近。因此在其他条件相同的条件下，雌性通过抚养其妹妹（而不是女儿）把基因传给下一

代的可能性更大。在进化中的可能结果，促进了不育雌性职别（如工蜂）的发展和以单个可育雌性为中心的、关系紧密的集群组织。事实上，这是膜翅目社会的典型情况。（关于这一概念的优点和困难的详细评论见第20章。）

单倍二倍体偏倚是系统发育惯性的例子，它来自特定类型生物的一个偏倚性状。另一个偏倚性状是某些低等无脊椎动物，尤其是海绵、腔肠动物和苔藓虫（外肛亚门），通过无性芽殖（与它们身体组织简单相关的一种繁殖模式）形成聚集的习性。这种聚集习性，在两类著名的具有座生习性的海洋生物中最明显：珊瑚（形成大量的热带暗礁）；海绵和苔藓虫（它们构成海底生物具壳群落的主要成分）。这一基本适应早在古生代就建立起来了，其结果是产生在遗传上相同的个体的紧密类群。遗传上相同的个体，是容易实行利他主义的：事实上，在这些个体中，这样的行为从技术角度看甚至还不算利他主义。而且，这些动物的原始体形式能够彼此联合在一起，是以相对少地改变基本行为和结构为代价而实现分化及劳动分工的。如果这一因果观正确的话，那么这个结果就是由更为高级的系统发育枝形成的、异乎寻常的"超级有机体"（见第19章）。

惯性的一个重要分量是群体的遗传变异，更正确地说，是归因于遗传的那部分表现型变异量。群体对选择响应的速率，正确地依赖于这一部分表现型变异量。在这种情况下，就可通过群体中业已存在的基因相对频率的变化速率对惯性进行测量。在环境的变化使社会组织的旧特征比不上新特征，而现存基因库中又能组装成适当基因型的条件下，群体就能以相对快的速率进化到具有新特征的社会组织，即进

入新模式。群体以这一新模式进化，其速率是新模式的优良度（与选择强度有关）和具有遗传基础的那部分表现型变异量相乘积的函数。假定有一个非领域性群体面临着环境变化，使得对领域性群体极为有利，还假定其中有小部分个体偶尔使占有领域行为的退化器官发育起来，且这一发育具有遗传基础，那么，我们可以期望群体能相对快地（比方说10代，最多100代）基本上进化到领域性组织模式。现在考虑在同样环境下的第二个群体，但占有领域行为的退化器官的发育没有遗传基础——群体中的任何基因型没有可能发育这一退化器官，换言之，该性状的遗传变异等于零。在这一情况下，该群体的物种就不会朝占有领域行为的方向进化。

在某些情况下，群体却未能把它们的社会行为变化到似乎更为适应的形式。近些年来，灰海豹（*Halichoerus grypus*）的活动范围已从北大西洋的浮冰（在这里它们成对繁育或以小类群繁育）往南到达一些地区（在这里它们沿着岩石柱间的空间聚成大的密集群进行繁育）。在新的环境下，雌海豹应期望适应于正确识别自己幼崽的行为（这是其他集群的鳍脚类的特征）。但是这种情况并未发生，而是相反，母海豹在哺乳期间不能识别自己的幼崽，从而导致许多体弱幼崽饿死。不能识别为自己幼崽喂食的第二种情况，可能是由戴维斯等记录的墨西哥犬吻蝠（*Tadarida mexicana*）的假适应，母蝙蝠不仅给其他群的幼崽喂乳，还给其他群的成体喂乳。塞伦盖蒂的斑鬣狗，与它们在恩戈罗恩戈罗火山口（Ngorongoro Crater）的血缘种不同，一年中的大部分时间都是在迁移中生活。然而这种群体的行为是，仿佛在跟一些有蹄动物混合相处，似乎在适应像恩戈罗恩戈罗火山口那样的环境，而不是适应不稳定环境。其幼崽是不迁移的，且有相当一段时间要依赖母鬣狗；幼崽不是在一年中最好的季节出生。鬣狗某些特殊的行为模式显然与其原来废弃的领域系统相联系，其中包括嗅迹标记、"边界巡逻"、对入侵者进行攻击等旧习（Kruuk，1972）。

我们要问（或提出假说）：灰海豹和斑纹鬣狗群体未能适应，其一，是不是因为它们所需要的社会变化没有在它们的直接遗传控制之下；其二，它们确有能力且正在进行适应，只是还没有足够的时间；其三，必要的遗传变异条件存在，但群体不能进一步进化，乃是来自于适应其他环境群体的基因流动所致；其四，即遗传"淹没"假说，基本上是库默尔提出的，用来说明狒狒生活在超越其物种适宜生境限度下，出现社会组织内的假适应现象的解释。杉山为了说明他观察到的印度南部长尾叶猴的大量群斗和社会不稳定现象，提出了与上相似的假说。这些猴是吃叶子的，一个类群的成员几乎总是栖息在树上，且是在一个雄猴为首领下组织起来的。有证据表明，近来这些猴已适应在地面生活，但仍维持一个雄性为首领的系统，这在地面生活中是一种不稳定的组织形式。

一个特定社会机制在进化中的成败，往往只依赖于一个特定的前适应（preadaptation）的存在或缺乏。前适应是以前存在的结构、生理过程或行为模式，而这一模式在别的环境已具有功能并可用来作为获得新功能的阶石。鸟蛤蛛和振鞭体（苔藓虫集群中的一些个体具有的两种很稀奇的附属形式）只发生在外肛亚门的唇口目，理由很简单：只有唇口目具有藓

34

帽（一种具有保护个体嘴功能的帽状物）。这两种附属形式的基本结构，类似鸟嘴的鸟蛤蛛的壳尖（用来击退侵犯之敌）和振鞭体的刺毛，在进化上都来源于藓帽（Ryland，1970）。燕雀类鸟通过增加其总能量消耗以适应繁育季节的繁殖和捍卫领域的要求。但是，蜂鸟在空中飞翔就已经消耗了许多能量，所以它们几乎是平均保证总能量消耗恒定消耗能量，在繁育期间用减少参加非社会活动的时间来保证繁育（Stiles，1971）。社会寄生感染现象在蚂蚁中很容易蔓延，但在蜂类和白蚁类中却几乎没有。其理由只是：蚂蚁蚁后婚飞之后进入其他物种的巢穴容易受到感染，蚁后还常常返回自己原来的巢穴。蜂类和白蚁类却没有这种行为（Wilson，1971a）。

前适应，可广义地看作全部物种进化中的一种普遍作用力，它创造的多重效应通常可以影响社会的所有方面。具体到每一个体，必须找到一个生存空间，在这空间里个体能够获得能量，能够躲避捕食者，具有可以忍受的湿度和温度的变化范围。一个进化中的物种调节其生理机能与其生存环境相适应，因此，其行为程序是由环境提供的机会决定的。举一个沙漠冷血脊椎动物沙漠鬣蜥（*Dipsosaurus dorsalis*）的例子。这种生物允许的为能充分活动的温度变化在一个不寻常的范围：最低为38.5℃，但不能长时间超过43℃。凭借这个基本信息，波特等人为了弄清这种蜥蜴每天、每年的适应温度范围，开始详细地测其环境的温度。总体来说，他们的工作是成功的（见图3-1），因结果支持了其推测：这种蜥蜴充分利用了生境温度范围内所能利用的温度变化。性、领域和其他形式的社会行为都可归结到由温度要求限

定的"时间-生境"涵盖的限度内；这样的限度也可自动地适用于通信、繁殖（按季节或按日）等行为形式。一个基本的结果是，对社会组织的某些模式提前适应，一般来说，我们只有鉴别和分析了最重要的控制因子后，才有希望充分了解这些限度。对于动物行为具有参考价值的微气候分布的其他技术，参见巴特勒和盖茨（Bartlett & Gates，1967）、波特和盖茨（1969）及盖茨（1970）。

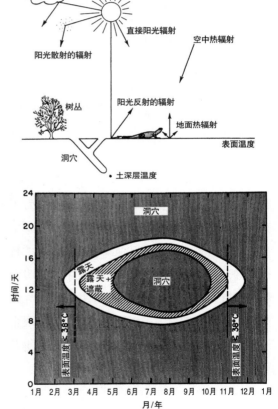

图3-1　冷血动物沙漠鬣蜥的期望活动范围。上图指出太阳能辐射到该蜥蜴及其直接环境。下图表示该动物能在其温度范围（38.5℃—43℃）内的期望时间和期望空间。期望的与其实际的温度范围十分相符，说明该物种生活中的温度调节是一个极强的控制要素（Modified from Porter et al，1973）。

物种获得的食物类型也能引导社会行为的进化。在第2章已确定，分散的、可预期的食物来源，倾向于导致强占领域的行为；而呈斑块分布、不能预期得到的食物来源，有利于集群生存。第二条规则是，大而危险的猎物能促进捕食者的高度协作和相互利他主义行为。另一个很普遍的关系涉及营养阶梯（trophic ladder）的位置：食草动物维持最高的群体密度和最小的栖息范围；顶级食肉动物，如狼和虎是最罕见的，却利用最大的栖息范围。其理由是：通过呼吸作用，能量的主要损耗是在从植物到食草动物，再到食肉动物和顶级食肉动物这条食物链上。事实上，只有约10%的能量从一个营养阶梯转移到下一个营养阶梯。作为上述概括的正确测量指标是生态效率，其定义如下：

生态效率=捕食者消耗猎物群体产生的能量（卡）/猎物群体消耗的能量（卡）

假定我们要研究一个很简单的生态系统：由一块三叶草草地、吃三叶草的老鼠和吃老鼠的猫组成的生态系统。根据生态效率的"10%规则"，我们可以期望：在每单位时间内被老鼠吃的三叶草的每100卡能量，约合老鼠10卡能量在同一单位时间内会被猫吃掉。所以，相对于猫来说，老鼠的生态效率是10%。不同生态系统的测量表明，实际生态效率变化约在5%—20%之间。大多数情况都与10%很接近，因此我们把这个数大体作为生态效率的第一级近似。甚至用这一个标准，也足以说明生态系统组织的一个重要的一般特征：食物链很少多于4个或5个环节或阶梯。其原因是，生产效率以90%（近似）减少会造成只有0.0001的绿色植物能量可移至第5个营养阶梯而被利用。

事实上，只能利用植物所产生能量的0.0001的顶级肉食动物，最终必须依赖于分布密度稀和活动范围广方能生存。狼每天必须跑许多千米方能捕获足够的猎物（能量），老虎和其他大型猫科动物的活动范围往往覆盖数百平方千米，北极熊和鲸的重复往返甚至要超过这一数字。这种生存方式对社会行为的细节进化产生了强烈的影响。

最后，物种之间的相互竞争能够限制群体的社会进化，从而使得行为生态学和社会生物学之间发生了联系。J. H. 布朗（J. H. Brown）提供的如下例子，说明了这一联系的一种形式。在内华达州的低山地区生长着稀疏的矮松和红松的混交林，背侧金花鼠（Eutamias dorsalis）通过领域行为能够驱逐纯一金花鼠（E. umbrinus）。但在高山部分，由于这一混交林十分稠密，使得树枝交错重叠，在这样的环境中却是纯一金花鼠驱逐背侧金花鼠。导致这一相反行为的原因是，在稠密丛林区，领域行为没有什么作用。背侧金花鼠把大量的时间浪费在驱逐非入侵式的纯一金花鼠上却毫无成果，而后者很容易隐藏在丛林中继续活动，所以在这一环境下纯一金花鼠为竞争食物有能力与背侧金花鼠相抗衡。面对着由竞争者和食物（或竞争者和繁殖机会）而产生的相反选择压力，为了继续生存，每个物种必须"选择"行为反应的合适信息储存库。

系统发育惯性的分量包括许多反社会因子（antisocial factors），即有许多削弱群体社会状态的选择压力（Wilson, 1972a）。社会昆虫，可能还有其他高度集群化的生物，必然满足如下的"繁殖效率"：集群越大，每个集群成员新个体的繁殖率就越低。换句话说，大的集群，在给定的季节通常产生较多的新个体，但是这些新个体数除以集群中已有的数所得的商是小的。这意味着，只有在大集群的成活率明显高于小集群的成活率，以及受到集群保护的个体的成活率高于未受到集群保护的个体的成活率这种情况下，社会行为最终才能够进化，否则大集群的较低的繁殖率会引起自然选择减小集群大小，并有可能把社会生物全部消除掉。

在哺乳动物中，基本的反社会因子似乎与长期的食物短缺有关。在中美洲森林地区的成年雄白鼻浣熊（*Nasua narica*），只有当树上的果实成熟时才能与由雌白鼻浣熊和幼崽组成的白鼻浣熊群相聚、交配。在其他季节，食物较短缺时，雄白鼻浣熊就会被驱逐到群外。由雌性及幼崽组成的群队共同寻找森林地层的无脊椎动物为食，而独居的雄白鼻浣熊则主要寻找较大的猎物。与其他大的具角有蹄动物不同，驼鹿（*Alces americana*）在其生境内基本上是独居，不在发情期时，不仅雄驼鹿独居，而且母驼鹿也会把某一年龄的幼崽（刚刚有能力避开驼鹿的主要捕食者狼的追捕）赶出群外。盖斯特（Geist）颇具说服力地指出，这一社会行为的削弱（否则需要防止狼捕获的附加保护）是在进化中通过物种的随机觅食对策推动的。在很大程度上驼鹿食物依赖于次生林，尤其是森林火灾后出现的次生林。其食物来源在分布上是斑块状的，还呈阶段性的短缺，尤其在冬天雪量大的时候。与此食物供应来源类似的例子有啮齿类和灵长类。在灵长类中，一般规律似乎是：社会中加入了成年雄性（这样使社会更壮大和复杂），雄性特殊的额外作用（如保护或在亲本抚养中的辅助作用）对子代适合度的强弱具有极其重要的作用。

第三个潜在的反社会因子是性选择。当环境有利于一雄多雌的进化时（见第15章），性别的二态现象就增加了。典型情况是，雄性体形较大、更具有攻击性，以及依仗其极力炫耀和次级解剖特征而更受关注。其结果是，雄性不大可能紧密地整合到由雌性及其幼崽形成的社会中。以雄性为中心的社会明显地体现了这一点：鹿、非洲平原羚羊、山羊和某些其他的有蹄动物，其雄性都是在发情期间通过争斗才建起一雄多雌社会。在象海豹、海狮和其他具有极强的二态现象的鳍脚类动物中，具有大的体形和攻击行为的雄性，偶尔会使其幼崽受到伤害甚至死亡。在个体大小上差别过大的二态现象，也会导致活动积极性方面和入睡地点选择上的不同，这对社会甚至有更大的分裂效应。较大的个体需要一块较大的栖息地，为维持其能量需求，可能需要不同的取食方法；还可能需要不同的食物类型。例如，成年马来雄猩猩体重几乎为成年雌性的2倍。在婆罗洲对野生马来猩猩的研究中，彼德·罗德曼（Peter S. Rodman）注意到这两种性别在进食行为上的重要差别，雄性进食一次的平均时间是50分钟，而雌性是35分钟。雄性每小时平均只搬家0.62次，而雌性是0.90次。雄性在白天12小时内平均进食8次，搬家7次，而雌性依次是8次和11次。雌性到丰实的树上取食的机会更多，但每次的时间较短。雌性倚仗其个体较小的优势似乎能找到成熟度更合适的果实。所有这些差别都导致了马来猩猩两性的分离，使其基本上是独居物种。但是，在这一关系上，哪个是因，哪个是果呢？同样可以想象，原初的惯性有利于一个家系不同成员进食类型和进食节律的多样化。这种多样化或趋异会引起性别的二态现象，这依次又导致一雄多雌和社会分裂。图3-2指出了两种可能的因果关系。

图3-2　在马来猩猩和类似一雄多雌动物中，独居状态在进化中因果关系的两种可能方式。

37　　　第四个可能广泛存在的反社会因子，是通过近亲交配（近交）使效率和个体适合度下降。如果类群间彼此封闭、近亲关系固定和个体活动减少，总体来说，社会组织就倾向于限制群体内的基因流动。其结果是增加近交和同型合子化（见第4章）。我们对这个因子在现实群体中的重要性知道得很少。如果它是重要的，也几乎可以肯定，其效应会随情况发生很大的变化，因为各个物种生物学的社会组织和基因流动的本性表现得各不相同。

　　　系统发育惯性的量值，通过比较血缘关系较近的系统发育枝对趋异选择压力的进化反应，可以大体估算出来。在微进化范围内（这里可首先估测出低的系统发育惯性），分析可在实验室群体中进行。所得结果只有部分是有用的，因为测量到的是性状遗传率，而不是自然群体中新进化性状状态的适应性。在适宜环境下，对占有不同生境的血缘关系近的物种进行野外比较试验，如果各自然参数都没有改变，则可以增加对有关微进化系统发育惯性的了解。后续各章评论有关话题时，还会强调这一方法。随着系统发育惯性的增加，即随着性状可变性的减少，只有通过较高分类级别间的比较，才

能鉴别出有关系统枝间的进化趋异情况。像在分析狒狒属对叶猴属的社会组织时那样（见第2章），已可证明属级是合适的。或者科级可首先揭示趋异，如蚂蚁（属蚁科）社会寄生感染严重，而蜜蜂（属蜜蜂科）则很少感染。在目级水平，膜翅目具有产生真社会形式的明显倾向，而双翅目则相反，专营独居形式，等等。

　　　不同类别的行为，在它们表现的系统发育惯性大小方面相差很大。以相对低程度惯性表现的行为有权力、领域、求偶行为和巢窝构筑等；具有高程度系统发育惯性的行为有复杂的学习、吃食反应、产卵（或产崽）和亲本抚养。就低系统发育惯性的情况而言，在从一个物种进化到另一个物种的过程中，大的行为分量可以加入或剔出，或者甚至全部行为可以加入或剔出。至少，行为类别的4个方面，或者基于行为的任一特定的形态或生理进化系统，都可决定系统发育惯性：

　　　遗传变异（genetic variability）。这一群体特性可期望在低系统发育惯性的社会类别中引起群体间的差异。

　　　反社会因子（antisocial factors）。其过程的发生源于个性，可期望产生不同水平的系统发育惯性。

　　　社会行为的复杂性（the complexity of the social behavior）。构成行为的分量越多，考虑需要产生每一分量的生理机构就越多，系统发育惯性也越大。

　　　进化对其他性状的效应（the effect of the evolution on other traits）。在社会系统中通过变换而削弱其他性状的效率达到一定程度时，系统发育惯性就增加。因此，如果领域行为的表现过分影响食物来源或把个体过多地暴露给捕

食者，那么领域行为的进化就会减慢或停止。

生态压力

　　社会生物学自然史的一系列有趣事件，已经开始跟生态学发生关联。某些环境因子倾向于导致社会进化，另外一些则不然。此外，社会组织的形式和社会复杂的程度，只受到物种的一个或少数几个主要适应因子的强烈影响，它们是：物种赖以生存的食物，生境季节变化迫使物种迁移的程度，对物种最具威胁的捕食者等。为了适当地检查社会的一般形式和程度，现将在特定社会物种的野外研究中已被鉴定为主要选择压力的因子介绍如下。

对捕食者的防御

　　埃塞俄比亚有句谚语："蜘蛛织上一张网，可以逮住一头狮。"防御的优越性，是野外研究中最常报道的协作行为的有利适应，并且这是在生物中发生的最为广泛的一种行为。我们容易想象：捕食者持续造成的压力的日益复杂化，会通过一些步骤使（被捕食者）群体发生社会整合作用。处在一个地区的同一物种的成员只要聚集在一起，捕食者不进行侦查就难以接近其中任一成员。狐蝠（Pteropus，狐蝠属）实际上是大果蝠，会在树上聚在一起睡觉。每一雄蝠都有自己的栖息位置，这是与其他雄蝠争夺权力后的地位决定的。它们把较低和较危险的树枝作为整个集群的报警枝。当有任何捕食者企图爬上它们栖息的树时，整个集群就一起飞向空中逃脱（Neuweiler，1969）。欧内斯特·卡尔（Ernest Carl，1971）研究长尾黄鼠（*Spermophilus undulatus*）时发现，它们单独生活时，捕

食者（如红狐）可偷偷潜入其周围3米之内进行捕杀。但他发现，若北极地松鼠以集群生活时，则捕食者不可能如此近地接近它们。当它们发现300米外出现敌情时，会发出警报波；当捕食者靠得越来越近时，它们会增加警报波的强度和持续时间。通过研究，卡尔根据警报波的来源和性质，可以判断捕食者要攻击北极地松鼠集群的位置。单独生活的北极地松鼠没有这种防御能力。金（King）对黑尾土拨鼠（*Cynomys ludovicianus*）做了类似的观察。这些啮齿类生活在一个很稠密的、组织得很好的称为"城堡"的群落里，这样的一个群体结构，使得它们很少受到捕食者的侵入。

　　在很多情况下，鸟类以鸟群的方式增强对捕食者的抵抗能力。某些类型的涉禽，听到其物种的鸣警声就成群飞离；高速飞行的子弹越过一群分散的红脚鹬（*Tringa totanus*）时，会使它们在骚乱中聚集在一起；欧绒鸭（*Somateria mollissima*）在受到捕食者海鸥的攻击时，也会聚集起来反抗。对于这种行为的进化，已经有人给出一些解释。第一，鸟类和啮齿类一样，集群发现捕食者的效率显然要比个体的高。假定发出一个合适的报警信号，则受到一个给定的捕食者攻击时，处于集群状态的被捕食者会减少受害的概率。在其他活动中，集群中的成员还会进一步"放松"和提高活动效率。默顿（Murton）表明，斑尾林鸽（*Columba palumbus*）单独寻食的效率要比成群寻食的低，因为它们还得不时地警惕周围是否有捕食者。第二，群飞或群游的鸟类，使得攻击的捕食者发动攻击后全身而退的难度加大。飞行中的紫翅椋鸟（*Sturnus vulgaris*）对游隼或雀鹰的反应是紧聚在一起群飞（见图3-3）。L. 丁伯根指出：游隼捕获猎物时以高速俯扑（时速可能超

过240千米/小时），如果这时飞行的鸟群靠得很近，对游隼是很危险的；因为与鸟相撞容易造成除了其爪外身体其余的脆弱部分受伤，而俯扑游隼的身体（爪除外）容易撞击到鸟的身体。游隼是通过一系列的佯攻，直到群飞的鸟有一只或少数几只暂时离群时，才进行实际的猛扑而达到获得猎物的目的。椋鸟的反应甚至比丁伯根观察到的更为具体：当它们在一只雀鹰的上方飞行的时候，由于没有危险而呈分散状态；只有当雀鹰在它们上方飞行时，它们才聚在一起密集飞行。

防御捕食者的另一种社会方式是利用边界个体作为防御层。因为捕食者倾向于捕获首先碰到的个体，所以这样对靠近中部的个体

就很有利。其结果在进化上就是一种"聚集本能"，通过这一本能使暂时分散的群体向心聚集。弗兰西斯·高尔顿（Francis Galton）首先领悟到这一几何模式的基本自然选择效应。在1871年，他描述了在南非达玛拉地区（Damara country）一牛群遭遇狮群的情况：

尽管这头公牛对其同类并没有什么爱，或没有什么兴趣，但它仍然不能忍受与其同类哪怕是暂时的分离。如果它被强迫或因外力与其同类隔离，它就会显得非常苦闷不安。它会尽全力钻回其同类中，如果成功了，它会钻入同类最中间，尽情享受亲密同

图3-3 当雀鹰在椋鸟下方时，椋鸟通常采取分散飞行的方法；当雀鹰在椋鸟上方时，椋鸟采取密集飞行。猛扑的雀鹰必须首先用爪攻击猎物；如果它用身体其他较脆弱的部分攻击密集群飞的鸟，对它是很危险的（根据莫尔在1960年提出的理论，由J. B. 克拉克画图，此图在原书中占P39满版）。

类的温暖与和谐。

向心运动是结果最为形象，并且令人印象深刻，也是所有形式的社会行为中最少经过组织的一种行为。向心运动不仅见于牛群，而且见于鱼群、枪乌贼群、鸟群、鹭群、鸥群、燕鸥群、蝗虫群等（见图3-4）。近些年来，主要根据一些环境证据和似乎有理的论证，威廉姆斯和汉密尔顿又提出了"自私群"（selfish herd）的概念。

另外，艾布尔－艾伯菲尔德（Eibl-Eibes-feldt）及库尔曼（Kühlmann）和卡斯特（Karst）认为，特定的类群运动已朝着躲避捕食者的攻击而进化。这些躲避方式包括反复分流而形成一些亚群，而这些亚群是原集群分开后又返回做圆周运动形成的。如果这些类群模式来源于互相协作，这种协作的程度是难以判断的；如果这些模式只是单个个体自私躲避的结果，这种躲避的程度也是难以判断的。

关于"自私群"战略的另一说法是：通过牺牲群体少数"保护者"和排除更多捕食者而使群体得到更多的补偿。广泛分布的黑边单鳍鱼（*Pempheris oualensis*）形成具有数百条或数千条个体的鱼群，栖息在阴暗的隐蔽处、珊瑚通道内和面向海洋的洞穴内。它们在白天与同一种或少数几种捕食者鱼类生活在一起，后者多为斑点九棘鲈（*Cephalopholis argus*），它只吃少量黑边单鳍鱼

图3-4　受到金枪鱼科的鲔（*Euthynnus affinus*）攻击时，夏威夷半棱鳀（*Stolephorus purpureus*）的鱼群分流而逃。鱼群从边缘移至中心的适应意义是明显的（引自 E. L. 中村，此图在原书中占 p40 满版）。

（Fishelson et al.，1971）。因为捕食者——九棘鲈是领域性鱼，因此，黑边单鳍鱼通过分群和在白天只限于与一种或少数几种捕食者接触，而在一定程度上受益。黑边单鳍鱼通过自发过量供给捕食者，从总体上可提高黑边单鳍鱼的成活概率。有人推测，黑边单鳍鱼的集聚适应相当于昆虫的睡眠集聚适应。例如，某些沙漠黄蜂物种，每天晚上大量集聚在头状花序的顶端或枝条的顶端（Evans，1966），而这些位置是大多数捕食者难以到达的。许多类似这样的事实说明，睡眠聚集增加了黄蜂个体的保护强度——通过有害物质的浓度、地理位置的限制或者二者兼而有之，使得只有少数捕食者得以到达。

与成群（如牛群、鱼群）相似的效应是"弗雷泽·达灵效应"（Fraser Darling effect，以下简称"达灵效应"），即除了有性结合之外，在社会水平上对繁殖活动的刺激作用。达灵在对英吉利海峡的海鸟集群研究中注意到："谈到繁殖条件，尽管具有相反性别的成对配偶可能是最重要的刺激个体，但是在繁殖季节如果与同一物种或相似物种的其他鸟群居在一起，也可起决定性的作用。如果没有其他条件存在，成对配偶可能仅哺育后代发育至雏鸟期。"达灵由此推出的基本效应是，通过非配偶（非亲本）的其他动物的刺激，可以促进繁殖效率。达灵发表的一些资料认为，小集群的银鸥（*Larus argentatus*）比大集群的产卵晚且有较长的繁殖季节；结果，其雏鸟有更多的机会暴露给捕食者（如鹭和大黑背鸥），而这些捕食者的密度和活动水平是恒定的（见图3-5上半部）。除非集群极小，上述二者的差别都是存在的；集群极小时，由于成体数目受到绝对限制，会引起短暂的无规律产卵期。达灵把在大集群中急促而

短暂的繁殖活动归因于社会促进。不幸的是，其中的时间关系已被证明并非如此简单，考尔森和怀特（Coulson & White，1956）发现，达灵关于银鸥集群不同大小的描述在统计上是不显著的。他们在对三趾鸥（*Rissa tridactyla*）的详细研究中确认：达灵式的社会促进确实存在——局部密度越大，繁殖开始就越早。但是，效应仅扩展至约2米。结果，群体越大，各局部密度的分散范围也越大。因此，作为一个整体群体的繁殖时间也就越长。他们还发现，三趾鸥的巢筑在悬崖上，且倾向于成行排列，所以受到捕食者袭击的机会较少。后面两点是考尔森和怀特的特殊发现。

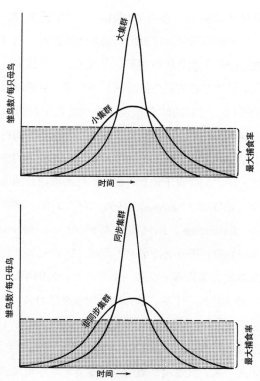

图3-5 由于捕食者的捕食，集群鸟繁殖季节长度和雏鸟死亡率之间的关系。上图表示弗雷泽·达灵原来的假说，较大的集群有较短的繁殖季节，因此有较小的累积死亡率。下图为近期野外研究的结果对以上假说所做的修正。

H. M. 史密斯（H. M. Smith，1943）对红翅黑鹂（*Agelaius phoeniceus*）、奥里安斯（Orians，1961a）对三色黑鹂（*A. tricolor*）、柯里埃斯等（Collias etal.，1971）和霍尔（Hall，1970）对黑头群栖织布鸟（*Ploceus cucullatus*），以及霍尔对黑喉织布鸟（*Melanopteryx nigerrimus*）的研究都指出存在达灵效应。此效应表现为在较大的集群中繁殖期延长，也有同步化和一个增加的繁殖峰。于是，所有这些鸟类（其中包括三趾鸥）在各局部相邻地区的繁殖活动是同步化的，有时还伴有更长、更多产的季节（见图3–5下半部）。

让我们假定，归因于达灵效应的适应作用是正确的，或者至少在若干可能的假说中是最合理的，那么达灵效应是如何演化的呢？注意，当其他大多数鸟正在育雏而其中一对配偶也"挤入"繁殖行列时，这对配偶面对的捕食者，很可能已经处于饱食状态而不会专门捕食任一特定后代。对达灵效应最为敏感的，是出现过早或过晚的配偶，它们的幼崽相当于前述处在牛群危险边缘的那些牛。没有达灵效应（意为在各配偶对中缺少同步化繁殖）相当于发生了集群成员的分散，使它们暴露于捕食者之中而增加被捕食的危险。帕特森（Patterson，1965）在英国雷文格拉斯（Ravenglass）地区对红嘴鸥（*Larus ridibundus*）的独立研究支持了上述推测。在1962年，红嘴鸥的大多数卵是在第一个卵产生后的第6天至第15天之间产下的，这些卵的出雏率是11%。但是，在这期间前5天或后5天产下的卵（较少），出雏率只有3.5%。1963年人们也得到了类似结果。如此一来，红嘴鸥幼雏的主要捕食者（小嘴乌鸦和银鸥）会因这些小猎物的数量过剩而放过其中一部分。

同步化繁殖（尚不知其生理原因）也发生在社会有蹄动物中。斑纹角马（*Connochaetes taurinus*）的繁殖周期以出现明显的交配峰和出生峰为特征。交配发生在漫长雨季中间的一小段时间内。产崽集中在约8个月后，这样以恒定速度持续2—3周，80%幼崽在此期间出生率达；余下的20%在随后的4—5个月内以递减的速度出生。出生的同步化甚至比以上提供的资料更精确：绝大多数情况出生在上午，且出生在有短草的地上。当一母畜的分娩时间偶尔稍有提前时，在幼崽的头出来之前它会暂停分娩，这样就给了它与集群的集中分娩期同步的机会。同步化的结果，几乎都能导致局部地区捕食者的饱食化和新生幼崽（猎物）存活率的增加。角马幼崽有一个特别的优点是，出生7分钟后就可站立跑动。它们必须这样，因为只有在母畜和幼崽都能跑的情况下，母畜才能保护它们。非洲水牛（*Syncerus caffer*）也存在生崽同步化，而北美驯鹿（*Rangifer arcticus*）生崽总是在该物种每年迁移路线上的一个固定地点（Lent，1966；Sinclair，1970）。这些和其他哺乳动物的出生同步化，代表专门对抗捕食者行为的进化适应。这一概念是诱人的，但还没有得到适当的检验。

蟋蟀、蝙蝠、油鸥、燕子和其他在庇护场所得到庇护的动物，都是整体成群地栖息在洞穴中。为了寻食，这些动物总是在白天或黑夜的一定时间内突然倾巢出洞，而等待在洞口的捕食者只能获得其中很少一部分猎物。一个极端情况出现在美国中部洞穴中的墨西哥无尾蝙蝠身上，其正在繁育的群体往往有数百万只个体。隔一定距离观看时，飞出的蝙蝠就像从洞口腾起的一条连续不断的螺旋状的黑色粗绳，其中每米有数百只蝙蝠，每只飞速达90千米/时。令捕食者失望的还有，这种蝙蝠是移栖动物，只是每年晚春到夏天才在这里繁育。关于它们成群出洞的原因仅有一些推测：主要是在对捕食者压力的反应中形成的一种进化方式；或者，只是无尾蝙蝠洞穴习性的一种次级结果——后者本身是逃逸捕食者的主要适应。

　　成群的飞行，在遇到捕食者时可减少个体的危险性。其理由是，猎物成群时，某一特定捕食者要锁定其中任一猎物都是件困难的事。假定有一条大鱼，只能在其随机寻找中碰到小鱼时才能得到食物。布洛克（Brock）及里芬伯格（Riffenburgh）提出了一个基本几何和概率模型，直观解释如下：当一个猎物群体（小鱼）分成一些较大的鱼群时，鱼群间的平均距离增加了，而一条随机游动的捕食者（大鱼）确认一个鱼群的频率相应减少了。因为一个捕食者每次碰到猎物时吃掉的猎物数只是一个固定的平均数，所以鱼群大小只要超过这个平均数就可以让部分成员免遭捕获。因此，上述鱼群大小只要有增加到某种程度，其成员就会得到的保护。同样的结论可应用于兽群、鸟群和其他经常移栖的类型。不过，成群的猎物定居后，这种保护就不复存在，尾随而来的捕食者会沿其迁移路线跟踪，或者，首先就探知到其即将定居处。

　　也许，北美中部的周期蝉（Magicicada，周期蝉属）已经找到了逃避捕食者的最终方法。亚历山大（Alexander）和穆尔（Moore）重新分析了这些令人感到吃惊的昆虫的行为和生态关系，而劳埃德和戴巴斯（Lloyd & Dybas，1966a，1966b）重新分析了它们的群体生态和适应。这些蝉类已知有6个物种，其中3个物种每13年蜕变为成虫出现，另外3个物种每17年蜕变为成虫出现，它们在地底下经历一段漫长时间后以食草若虫出现。虽然若虫以其自己的节律生活了许多年，但它们作为成虫出现的时间却是紧密同步的。

　　在某些年份的林区内，实际上，蝉类群体的所有成员都在同一天晚上或在2—3天内的晚上出现，几乎必有一晚其出现数目达到峰值。1957年，亚历山大在俄亥俄州的克林顿县（Clinton County）目睹了这一情景。一天下午，在一片树林中只见一些散落的若虫皮，没有蝉鸣声。经过两小时搜寻也没有发现成虫。黄昏刚过，若虫以惊人的数目出现，它们穿过橡树落叶层的骚动声成了整个林区的主要声音，数以千万计的蝉爬上了林区每棵大树的树干。次日早晨，几乎每片树叶上都有新近蜕皮的成虫。而随后出现的成虫数目，与这天相比则可以忽略不计。据此观察，如下说法的确是真实的：周期性蝉类17年前在数周内产的卵，如今可在数小时内就变成成虫。

　　这些蝉类的地理分布是呈高度斑块状的，仅这一事实就必定能进一步减少发现它们的捕食者的总数。这些蝉类的数量很大，往往由数百万只个体组成。因为它们一开始出现的数量就很大，所以捕食者必然很快就能吃饱。也有可能如西蒙斯（Simmons）等指出的那样，这些昆虫产生的极其巨大的噪声能够驱走某些鸟类，或者至少可以某种方式干扰鸟类的通信系统，降低它们的捕食效率。但是，比空间逃逸令人印象更为深刻的是时间逃逸（见图3-6）。没有一个普通的捕食者物种会为了能够饱食数天或数周猎物，而专门去适应一种蛰伏数年的生活。解决这一问题的唯一方法是，随时间跟踪这些蝉而进入休眠期13年或17年，或者模拟其生活周期以跟踪其地下的若虫。现在还没发现有哪个物种具有这种本领，但也不排除有这样的物种存在的可能性。

某些动物以类群形式生活的一个潜在好处是增强抵抗能力。如果两个个体共同构成的防御系统要比一个个体的防御系统更能驱逐捕食者，那么（在其他情况相同的条件下）集聚在进化上是有利的。事实上，许多具有极强化学防御能力的昆虫确实是集聚在一起的，其中包括许多不同的物种：瓢虫、气步甲、"蝽象"（即所有半翅目的物种）、斑蛱蝶、纯蛱蝶和蛱蝶。这样的生物往往具有不寻常的解剖学上的突出部分，如前伸的角状物，其上还有不同颜色的图案，为了让自己更加显眼。它们也可摆动附肢，上下振动身体或表现出其他一些明显的行

为。由不同动物利用的所有这些"广告式"的性状，动物学家称之为"警戒性状"（aposematism）。对昆虫和其他节肢动物的试验表明，脊椎动物捕食者，经过一次或两次不愉快的经历后，会记住这些警戒性状，以后会极力避开这些具有警戒性状的猎物。由此推测，以类群生活的猎物"教育"和"提醒"所在地区的捕食者，要比同样数量但分散生活的猎物更有效。

类群防御具有更大的有效性，这点有可靠的证据。在用到两种欧洲蝴蝶荨麻蛱蝶（*Aglais urticae*）和孔雀蛱蝶（*Inachis io*）的试验中，恩纳·莫斯巴赫−普考斯基（Erna Mosebach-Pukowski）发现，成群状态下的毛虫被吃的概率，常比成单状态下的毛虫小。查尔斯·亨利（Charles Henry）对膜翅目昆虫的研究揭示，类群防御的有效性实际上是由进化控制的。这些昆虫成虫表面上像蜻

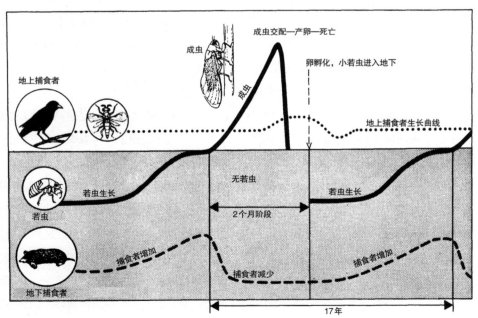

图3-6　如劳埃德和戴巴斯（1966a）所假定的，蝉通过时间（周期17年）和空间（地上、地下）集聚而躲避捕食者。只有当每17年才产一次卵的大量的成体蝉出现在地上时，鸟和拟寄生黄蜂（蝉的主要地上捕食者）的群体在当年才增加，但随后就急剧下降，直至17年后又繁荣起来。在地下，鼹鼠长期吃活的若虫，其群体在数年内有增加；但出现成体蝉后，其群体急剧下降并持续数年，因这时新一代年轻若虫还太小，不能作为其食物。

蜓，有时俗称"枭蝇"。墨西哥枭蝇（*Ululodes mexicana*）在树枝侧面产块状卵，然后在树枝下方产下一批称为"卵杆体（壁垒）"的高度饰变[①]的卵。卵杆体形成一道黏稠的壁垒，以阻止蚂蚁和其他爬行的捕食者昆虫到达正在孵化的幼虫处。然后，这些被保护的幼虫很快地离开产卵地。膜翅目的另一个物种蝶角蛉（*Ascaloptynx furciger*）采用的防御方式与上述很不同，其饰变的卵是其幼虫——枭蝇的食物，这些卵不是黏稠的，对捕食者没有防御能力。但是，与墨西哥枭蝇不同，蝶角蛉的幼虫都紧密聚集在一起，并且用一团鬃状毛的锐利的咬颚应付潜在敌手（图3-7）。只有受到较大的昆虫恐吓时，蝶角蛉的幼虫才有反应；如果遇到较小的昆虫，像果蝇，这些幼虫就会独自接近它们然后吃掉。亨利的试验证实，这种幼虫如果孤立生活就容易受到捕食者（如蚂蚁）的攻击，如果成群生活则相对安全。在节肢动物中，若仔细观察，类似的现象是广泛存在的，如幼体在密集状态下生活的有龙虾、蜘蛛蟹和帝王蟹。

　　类群内的协作行为（聚集成社会的基本组成部分）还可进一步改善防御能力。对蜜蜂来说，协作防御似乎也是进化到复杂社会的一个基本要素。蜜蜂受其繁殖效应的影响，如前文所述，这种效应是使原始社会昆虫的进化速度放慢或逆转的一个系统发育惯性分量。它已经在集蜂（*Dialictus zephyrus*）中被克服了，因为根据米琴纳（Michener，1958）的观察，在防御寄生性和节肢动物过程中，巢内许多类群的联合改善了防御能力。除了米琴纳

之外，还有一些观察者发现，守卫蜂会保卫它们的巢免受蚂蚁和黄蜂的侵入。林（Lin，1964）发现，集蜂的雌性，在驱逐牛蜇蜂时，群居个体比独居个体更有效。米琴纳和克夫特（Kerfoot，1967）得到了间接证据：拟绿蜂属（*Pseudaugochloropsis*）的雌性蜂，群居比独居个体成活更长，但这是否与巢的防御能力的改善有关尚待讨论。集蜂巢的结构使得它们的公共防御特别方便。甚至地下的蜂巢分成多片，每一片都在一个繁殖雌性（蜂后）的控制之下，只容许一只蜂通过单一通道进入地下的整个蜂巢。通过在"入口"轮流放哨，集蜂就可放心地去寻找食物了。

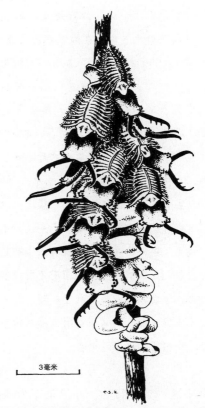

3毫米

图3-7　新孵化的蝶角蛉幼虫面对枭蝇的聚集防御反应。当捕食者（昆虫）沿树枝上爬向这些幼虫时，它们聚集在一起，面向捕食者，并抬起它们的头，用其颚重复不断地做咬的动作（引自 Henry，1972）。

---

① 饰变（modification）是指外表修饰性改变，即一种不涉及遗传物质结构改变而只发生在转录、翻译水平上的表型变化。其特点是整个群体中的几乎每一个体都发生同样变化；性状变化的幅度小。因其遗传物质未变，故饰变是不可遗传的。——译者注

在社会有蹄动物无组织的庞大畜群里，例如角马和汤姆逊瞪羚，在对抗狮子和其他捕食者的积极防御中没有相互协作（Kruuk，1972；Schaller，1972），只能依靠自己单打独斗逃逸。但是，由一个或多个雄性带领若干雌性的一小群有蹄动物，或具有其他较近血缘关系的一小群有蹄动物，遇到捕食者时会奋力攻之并相互帮助。有时它们会做出类似于军事演习那样的复杂模式。一个最引人注目的场面是麝牛（Ovibos moschatus）组成环形防线对抗狼的攻击。特纳（Tener）基于他在埃尔斯米尔岛（Ellesmere Island）的观察做了如下描述：

在"黑顶山脊"的西坡上，形成防御群的14头麝牛自由自在地吃草已达数小时。离牛群约50米外，有两只趴在一起的狼（一只白、一只灰）正注视着它们。突然，一只狼跑出来围着牛群跑动，然后又返回趴下。后来，10头牛躺下，剩下的4头牛仍然站立着面对两只狼。紧靠群内母牛的一头小牛，在休息着的成年牛附近吃草。一瞬间，那只白狼向站立的4头牛发起猛攻，冲向正在牛群外围休息吃草的那头小牛，而小牛立即跑到了牛群的中央，且所有的牛都起身奋蹄击狼。一头成年公牛企图用角向白狼发起攻击，但白狼机敏地转到了一侧，并马上逃到了灰狼身边。两只狼在附近停留约半小时后，向东面的峡谷湾走去。

麝牛这一独特行为，好像是专为挫败狼的一种适应，因为狼是麝牛的主要天然捕食者。如果人靠近麝牛群100米内，它们会破坏自己的环形防线而跑掉。大林羚（Taurotragus oryx，见图3-8）和亚洲水牛（Bubalus bubalis）采取的防御形式与麝牛的相同（Eisenberg & Lockhart，1972）。它们的防御方式使我们想起了德国军事家和军事著作家克劳斯威茨（Clause-witz）的一条战争规则："被包围的一方，要好于进行包围的一方。"

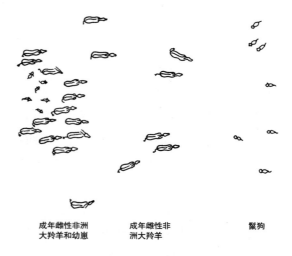

成年雌性非洲大羚羊和幼崽　　成年雄性非洲大羚羊　　鬣狗

图3-8　一群受到鬣狗威胁的非洲大羚羊围绕其幼崽而形成保护圈（自Kruuk，1972）。

加拿大马鹿（Cervus canadensis）经常迎风形成交错的队列在草原上吃草，即形成所谓的"顶风群"，这样就能使马鹿从一个方向闻到捕食者的嗅迹，同时能继续监视附近几乎所有方向的动静（图3-9）。有时，在草原上还形成"崽鹿托儿所"，只有一头到两头母马鹿陪伴着这些幼崽，其余的马鹿离开一定的距离在吃草。当人接近"崽鹿托儿所"时会被作为类似的捕食者对付：领头马鹿快速接近并对人发起攻击，而其余的马鹿全都朝相反方向以纵列方式快速逃离。欧洲马鹿（C. elaphus）独居休息时，是顶风；群居休息时则大致形成面向外边的一个圆圈，便于同时观察所有方向的情况。

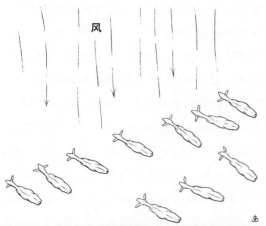

风

图3-9 吃草的加拿大马鹿形成"顶风群"（根据玛格丽特·阿尔特曼，1956）。

关于虎鲸（*Orcinus orca*）的类似社会防御行为也已见诸报道。例如，在不列颠哥伦比亚的花园湾附近，当人们用网围住一批鲸时，一头大雄鲸将几只雌鲸群聚在一起，开始了激动人心的行为表演（Martinez & Klinghammer，1970）。雅克-伊夫·考斯托和菲利浦·戴奥里（Jacques-Yves Cousteau & Phillipe Diolé，1972）在"卡里普索"（*Calypso*）号研究船上的研究，以下面生动的语言描述了一头雄鲸的作用：

虎鲸群是由一头巨雄鲸（至少重3吨，长7.5米—9米，背鳍高1.4米）、一头与该雄鲸几乎同样大的雌鲸（只是背鳍较小）、7—8头中等大小的雌鲸和6—8头幼鲸组成。这是一群流浪鲸，一头雄鲸是领主和征服者，其余是雌鲸和幼鲸。

在追逐的初始阶段，虎鲸都很自信，潜游3—4分钟后，再在800米开外出现。一般情况下，这足以战胜任何攻击者，并足以摆脱捕鲸者。但捕鲸船时速能达20海里，且能在极小范围内转弯。当虎鲸浮上水面呼吸数秒钟后，便能听到捕鲸船发出如同黄蜂式的嗡嗡声正尾随着它们。

一会儿，这些鲸试图玩弄新花招。现在它们每2—3分钟就浮出水面，并增加游速。但捕鲸船紧随其后。

现在是虎鲸展现逃跑花招的时候了。它们向右转90度急游，然后向左又重新恢复原位，再然后又是180度大转弯。终于，它们展示了最后王牌：那头最大的雄鲸最为耀眼，游速高达15—20海里/时，偶尔还跳出水面，只有那头最大的雌鲸跟随着它。很显然，它们的目的就是要引诱捕鲸船，而让其他的鲸朝着相反的方向逃逸。

一个奇见并不能证明适应行为的存在。但是，虎鲸表现出来的那种熟练程度，说明其行为（以后我们还要讨论）与在其他动物中观察到的狩猎行为是一致的。

灵长类动物也表现出与有蹄动物类似的防御行为。狮尾狒狒（*Theropithecus gelada*）是一种地栖的猕猴科的猴类，也表现出与角马和汤姆逊瞪羚相似的行为。在埃塞俄比亚的崎岖高山地区，它们形成一些无组织的兽群，为寻找食物每天跋涉8千米左右。每一群由一只雄性保护着多只雌性，且多数抵制其他雄性的侵入，但在抵制外来入侵时，群内没有协作组织。由一只雄猴领头的、无协作组织的赤猴（*Erythrocebus patas*）小群是这方面的一个例子。赤猴群的防御工作几乎都由这只雄猴负责。它经常担任观察放哨的工作，当找到一个新食物源或当人靠得很近观察猴群时，它就会作为诱饵远离猴群。它偶尔也会使用其他的花招——撞击观察者附近的灌木枝发出嘈杂声，然后远离仍

46

然隐藏在丛林中的群内其他成员（Hall，1967）。在具有多雄类群的高等灵长类物种中，类群内一般都存在有组织的防御。事实上，可把这一有组织的防御换成另一说法，以概括成现代灵长类学理论——为了提供协调的、更有效的防御，进化成以多雄为单位的类群。这种概括是卡朋特在观察一只瓜地马拉吼猴（*Alouatta villosa*）幼崽受到虎猫威胁的过程后首先提出的。这只幼猴啼叫着，而该类群中三只成年雄猴赶来援救（Carpenter，1934）。后来，查恩斯（Chance，1955，1961）明确提出，比核心"家庭"更大的猴群已经朝着对抗捕食者的方向进化。德沃尔（DeVore，1963b）注意到在开放式生境，尤其是非洲草原和大平原生活的物种进化得最快，并提出了如下的原因链：物种占有的领域越多，其家园范围越广，暴露在捕食者面前的机会就越大，因此类群就越大，作为防御的雄性个体也就越多。德沃尔还对这一增强物种性别的二态现象、集聚行为和雄性个体的权力等级系统的作用进行了进一步的评论。这一生态学观点（已被查恩斯、霍尔、克鲁尔、邓哈姆等人修改和完善）将在第26章详细讨论。

具有大领域的灵长类，其类群的防御方式是自然界最令人印象深刻的奇观之一。鸟类学家所称的成群骚扰（mobbing）就特别反映了这一真实情况：猎物对捕食者的联合攻击实在难以应付，以至于靠单个个体的努力是不能把它们击溃的。即使在捕食者还未对类群发动进攻时，也要把它们从附近驱逐开（Hartley，1950）。例如，在一群狒狒面前放置一个豹的剥制标本时，它们会惊恐地聚集在一起。领头的雄性狒狒会以突击方式重复进行猛冲、尖叫、袭击和吓退等行动。当"捕食者"没有反应时，

雄狒狒们显得更自信，用犬牙撕咬豹的后肢部分并强硬拖拉使它移动一段距离。而后，群内的其他成员也一起参加战斗。最后，它们平静下来，继续着原来的生活（DeVore，1972）。黑猩猩对豹的剥制标本表现出了类似的反应。当这样的标本从隐蔽处移至黑猩猩群附近时，黑猩猩先是默然地观察一番，然后迸发出怒吼声，并从各个方向紧急集合。它们折断树枝进攻标本，踩着四肢吓唬标本，有些黑猩猩用后肢支撑着身子冲到标本附近，它们还不断地摇动着幼树，有时还去用树枝戳标本。喧闹的攻击和安静的休整两个阶段是相互交替的，在休整阶段它们相互接吻、抚摸，还模拟着同性交配和异性交配行为。黑猩猩的这种攻击逐渐变为怀疑，最终使它们走近标本端详着、抚摸着。

在少数其他几种社会哺乳动物中也有骚扰行为。斑鹿（*Axis axis*）群在短距离内与虎和豹相遇时，尽管通常会发生逃窜，但偶尔也会对虎和豹发出怒吼、追逐（Schaller，1967）。中美毛臀刺鼠（*Dasyprocta punctata*）面对蛇和其他尚未发动攻击的潜在捕食者会发生骚扰。詹珍（Janzen）观察到一群长鼻浣熊正以一片狂吠声攻击一条大蟒蛇，而这条蛇正在盘缠咬着这群长鼻浣熊的一个同伴：这种利他行为并未奏效，同伴在6分钟内被缠咬致死。长鼻浣熊对捕食者的这种骚扰极少能观察到，我们不知道这些长鼻浣熊，是否真的在骚扰蟒蛇和其他的捕食者，也就是说，它们是否在捕食者不动时也会采取骚扰行动尚不得而知。

鸟类的骚扰是在其不同分类水平上广泛存在的一种明确的行为模式，有这一行为的鸟类从蜂鸟、绿鹃和麻雀到鸦、鸫、莺、黑鹂、燕雀、带鸫，不一而足。但某些蜂鸟类、绿鹃类

和雀类的其他物种及一些鸽类中不存在这种骚扰行为。当捕食者鸟类，尤其是鹰和隼，闯入到较小鸟类的领域或栖息地时，这些鸟类就会对捕食者发起骚扰攻击。骚扰叫声的音调高而响亮，人类观察者很容易定位其来源地。如同马勒指出的那样，不同鸟类的骚动叫声非常趋同，在大多数情况下，一声的持续时间为0.1秒或更短，以至少2 000赫兹或3 000赫兹的频率（范围是0—8 000赫兹）进行传播。声音的这两个特性结合在一起为声源的即时定位提供了一个双耳接收系统（这是鸟和人共有的）。因此，不同的鸟会飞向正在被骚扰的捕食者，使其受到更为强大的骚扰。而且，不同物种的叫声都能彼此响应，因为它们发出的几乎是同一种声音，所以它们的骚扰成了一种协作行为。阿尔特曼以生活在内华达州和加利福尼亚州的猫头鹰剥制标本做诱物，而被诱鸟的行为可视为典型的攻击行为。

鹩雀鹛（*Chamaea fasciata*）骚扰时捕食者，栖息在稠密的灌木丛中，它们抖动着羽毛并发出如旋转中的木制大棘轮的鸣叫声。这只猫头鹰就在这灌木丛中，而鹩雀鹛与它保持数英尺的距离。但这只猫头鹰栖于没有灌木丛的小块空地的木棍上时，它们在空地周围却不进入空地；然后它们对着猫头鹰鸣叫，有时可持续2—3小时。

一群蓝头黑鹂（*Euphagus cyanocephalus*）围绕一棵树在飞行，树上就隐藏着那只猫头鹰。有时，它们就站在地上面对着那只猫头鹰，重复着一种刺耳而带鼻音的鸣叫声。而红翅黑鹂的行为却相当不同。有一次我检验它们对鸣角鸮（也是一种猫头鹰）的

反应：鸣角鸮位于它们栖息的同一棵树上，雄鸟发出"啼唧"声而雌鸟发出"切克"声；某些具有橘黄色肩章饰的雌鸟和雄鸟，在鸣角鸮前拍翅振羽；一只成年雄鸟从9米外径直飞向鸣角鸮，并在距它30厘米远处急转弯后又飞回原来的树上；另一只成年雄鸟静静地栖息在鸣角鸮后30厘米的地方，然后跳起来用爪抓鸣角鸮的头部。

朱红蜂鸟（*Calypte anna*）利用的是一种最特殊的攻击方法。它们在距标本头60—90厘米处做环形飞行，在飞行中面向猫头鹰，而不是撞击它……在所有的情况下蜂鸟的嘴似乎总是对着猫头鹰的眼。而在环绕猫头鹰飞行时，它们发出短促、重复而高频的鸣声。

像阿尔特曼上面所描述的那样，某些物种的骚扰具有恶性作用，可以导致捕食者受伤，甚至可能导致捕食者死亡。格斯多弗（Gersdorf）曾讲述过，在德国椋鸟是如何大肆攻击雀鹰的：有时，捕食者（雀鹰）被驱逐出水面或被迫钻进水边的芦苇丛中；偶尔甚至被攻击至死。许多其他方面的骚扰行为，特别是那些用来识别捕食者的直接线索及骚扰声的特性和发展，兰德（Rand，1941）、哈特莱（Hartley，1950）、海因德（Hinde，1954）、安德鲁（Andrew，1961a—d）和库里欧（Curio，1963）等人都在进行仔细的试验研究。

在社会昆虫中，通过本能行为组织起来的防御达到了极致。其理由是利他主义：工蜂在繁殖上是中性蜂，它们要侍候好蜂后，要使蜂后的子代、工蜂自己的兄弟姐妹的数量达到最大化。为了这些目标，它们宁可舍弃生命。如

果蜂群的繁荣受到威胁，它们会以惊人的效率去挽救。这主要是（或专门是）类群防御的精密通信系统进化的结果，还是有专门的保卫蜂（只有保卫而没有其他功能）职别的结果。

昆虫集群的报警系统在本质上主要是化学通信。例如，养蜂人都知道，当一只工蜂螫刺了一个入侵者时，其同伙往往会迅速飞来参与战斗。激起这种集群攻击的信息是来自"螫刺"附近释放出来的具有气味的化学物质。其中一种已经被鉴定出来，为醋酸异戊酯（本质上与香蕉气味的物质相同），是由位于蜂刺囊中的腺体细胞分泌的。工蜂刺的倒钩插入被螫刺者的皮肤，当它飞跑时，其刺连同刺毒腺和部分内脏都留到了被刺者皮肤内。醋酸异戊酯（可能还有其他的未鉴别出来报警信息素）散发出来，迅速地挥发而通知其他工蜂来到事发地（Ghent & Gary，1962；Shearer & Boch，1965）。当地下蚂蚁——黄蚁（Acanthomyops claviger）的工蚁受到强烈干扰，如受到竞争者或昆虫捕食者的攻击时，就会同时启动其下颚腺和杜氏腺分泌化学物质。而后，在其不远处休息的工蚁出现下列反应：竖起触角，然后以侦察的方式在空中摆动；大体朝着受干扰方向张开下颚，先是慢爬，后是快跑。离受干扰点数毫米远的工蚁在数秒内就会出现上述反应，但离受干扰点有数厘米远的工蚁要经过1分钟甚至更长时间才有上述反应。换句话说，反应的快慢符合气体扩散规律。试验表明，作为报警信息素的有碳水化合物、酮类和萜烯类。十一烷（信息素的主要成分）和下颚腺分泌物（这些分泌物全是萜烯类）浓度在每立方厘米内有 10^9—10^{12} 个分子时就可引起警报反应。每只黄蚁体内储存的每一物质的含量从低至44纳克到高达4.3微克：每只黄蚁体内这些物质的总量约8微克。在试验期间以气体形式释放时，人工合成的信息素引起警报反应需要的量与天然的量基本相同。显然，黄蚁的工蚁警报通信就全依赖于这些信息素。看来，这一系统可使工蚁援救远达10厘米外的受难同伴；这种信息素信号若没有持续（分泌）发射，在数分钟内就会消失。接到报警信息的工蚁会以凶残的方式对待敌人。上述总的防御方式与黄蚁集群的结构（集群很大，往往集中在狭窄的地道内）相适应。当黄蚁的巢受到侵犯时，工蚁似乎并未朝着使集群溃退的方向，而是朝着带头抵抗入侵的方向进化的（Regnier & Wilson，1968）。

与黄蚁相关的物种玉米毛蚁（Lasius alienus），在化学报警防御系统方面展示了不同方式。玉米毛蚁的集群较小，且蚁巢一般安在岩石下或地上的圆木堆中。身处这样的巢址，当集群受到严重干扰时，它们容易往外跑。玉米毛蚁产生的挥发性物质几乎与黄蚁的相同，且来源于同样的腺体。当玉米毛蚁的工蚁闻到这些信息素后，会迅速散开向几乎所有的方向逃跑。与黄蜂相比，它们对十一烷更敏感，仅仅每立方厘米有 10^7—10^{10} 个分子的浓度就可引起反应。因此，可得出结论：在对抗严重的入侵中，与黄蚁相反，玉米毛蚁是利用这个"预警"系统先报警，然后全部撤离。

在较高等的社会膜翅目中，广泛存在着不同的化学报警系统。马希维兹（Maschwitz，1964，1966a）在观察欧洲23个较高等的膜翅目物种时，发现了多种报警信息素。发育良好的外分泌腺包括：蜜蜂和许多蚂蚁物种的下颚腺、胡蜂属和少数蚂蚁类物种的毒腺、其他蚂蚁类物种的杜氏腺和肛门腺。因此，处在系统发育不同进化枝的这些物种，通过不同腺体和不同信息素挥发物质的组合，已经向社会报警防御系统进化。相反，较为原始的社会膜翅目，特别是长足胡蜂属（*Polistes*）的熊蜂类和黄蜂类，没有证据表明它们利用了这样一些信息素。

白蚁以化学通信和声音通信组织其集群防御系统。某些在系统发育上较高级的白蚁产生一些挥发性物质作为报警信号，其作用相当于蚂蚁的信息素：例如，来自象白蚁属（*Nasuti-termes*）鼻白蚁的兵蚁脑腺的蒎烯和来自镰白蚁属（*Drepanotermes*）镰白蚁的兵蚁同一腺体的萜二烯（Moore，1968）。某些白蚁利用化学嗅迹使工蚁聚集在巢内的各受威胁点和危险点。像路希尔和穆勒（Lüscher & Müller，1960）及斯图尔特分别发现的那样，原始物种湿木白蚁（*Zootermopsis nevadensis*）的若虫，通过其腹内腺分泌出的物质可指导其他若虫通过杆木通道。随后，斯图尔特发现，这些嗅迹主要或专门留在巢壁的缺口处。实际上白蚁集群生活中的所有危险情况，包括受到蚂蚁和其他捕食者的攻击，都归因于一个相似的问题——巢壁缺口。白蚁若虫对光的强度增加和空气气流的微量增加都是极其敏感的，如果受到这样的刺激，它们就会在回到巢内的路上留下其分泌的信息素的嗅迹（见图3-10）。这种信息素是一种引诱剂，它"迫使"并引导触及它的若虫赶到事发地点。援兵——若虫赶到巢受损部位时会立即进行修复工作。如果受损部位过于严重，它们无力修复时，这些援兵仍处于报警状态，在回到巢内部的途中留下其嗅迹。它们就以这样的方式组成一个数量足够的修复队来完成修复工作。一旦修复完成，若虫就解除报警状态，不再分泌信息素而恢复正常。

图3-10 处于报警状态的细腰湿木白蚁的若虫，进入巢内部时分泌信息素嗅迹。分泌这种信息素的腺体位于腹部下表面:（A）休息时的若虫,（B）分泌信息素时的若虫。

关于白蚁利用声音通信的可靠资料较少。根据豪斯（Howse）的观察，当细腰湿木白蚁的兵蚁遇到侵扰时，它们会通过巢壁利用声音通知巢内的其他成员。声音大致通过如下方式产生：兵蚁头部按"向上、向下、恢复原位"的顺序快速重复，每秒振动约24次。每次向上振动时，其前肢抬离巢底而头撞到巢顶，我们人耳听到的总效果就是轻微的沙沙声。这声音信号是通过巢的地下通道的墙壁（而不是空气）传递的，由白蚁的膝下器（位于腿部的一种特化的延伸感受器）接收。威尔逊对社会昆虫的这种及其他形式的报警防御通信系统已经做了系统讨论。

增加类群防御效率的发展必然使群内个体更趋于一致。捕食者通过观察那些与众不同的个体，如由于不健康或无经验离群的个体，从而增大了对其发动攻击的可能性。保罗·艾灵顿（Paul Errington，1963）观察到，水貂总是集中注意那些离开领域而失去保护的麝鼠（*Ondatra zibethica*）。同样的情况也在其他的啮齿类动物和某些鸟类中发生并有所报道。非洲大草原的山羊、驼鹿、羚羊和其他有蹄动物中，那些年幼、年老、体弱、难以紧随其群的个体是捕食者的主要猎物。当捕食者容易捕获到猎物时，这种情况经常发生。而且，有充分的证据表明，捕食者强烈地关注那些社会类群中与众不同的个体。鱼类行为和生态学的研究者已经观察到：存在捕食者时，要对鱼进行跟踪标记和引入不同的突变体是件很困难的事，肉食性的鱼（捕食者）会对表面上的任何变化做出反应并优先攻击那些变化的个体。穆勒用美洲隼（*Falco sparverius*）和大翅鵟（*Buteo platypterus*）做试验，简便地证明了捕食者是优先攻击那些奇特猎物的。他让8只驯养的隼与数组鼠共处一区域，每组鼠共10只，其中每组有1只染成灰色而其余为白色，或反过来，每组中有1只保持白色而其余染成灰色。结果所有的隼表现出优先攻击颜色与众不同且占少数的那只：组中仅有1只白鼠时，4只隼针对它进行攻击：组中仅有1只灰鼠时，剩余的4只隼针对它进行攻击。因此，奇特因子与特定颜色相组合，是L. 丁伯根所称的捕食者“特定寻找的影像”的一个可能例子。这两个因子可能以下列方式发生相互作用：如果特定寻找的影像来自以前成功的经验（而经验依次又是攻击奇特个体的结果），则捕食者会倾向于等待特定的奇特类型。因此，捕食者可能会很快选择攻击那些年幼、老弱、被撵到群外的无助的个体。这种选择方式对捕食者是高度有效的。

增加竞争能力

用来击退捕食者的同一社会方式可以用来战胜竞争者。一群加拿大马鹿到盐渍地舐盐时会把其他的动物赶跑，包括豪猪、黑尾鹿，甚至驼鹿，只是因为它们成群的威胁表现。非洲野犬（*Lycaon pictus*）的观察者注意到，成群的协作行为不仅是擒住猎物所必需的，而且对于保护刚擒到的猎物免受鬣狗的抢劫也是必需的。野犬和鬣狗分别又可同狮群竞争。

在别处，我经常把能开发利用富有的、但又是分散而短暂的食物源（富源食物）的一类亚社会甲虫，描述为“富源战略家”（bonanza strategist），这些亚社会甲虫是：以粪便为食的隐翅虫科和金龟子科、以朽木为食的黑蜣科、长小蠹科和小蠹科和以腐尸为食的葬甲科。当个体寻找这样的食物来源且“碰到富源”时，它们一定会过量供给其同伴，此外，它们会驱赶寻找同一富源的外来者。所有这些类型都具有领域行为。有时，例如葬甲科覆葬甲属（*Necrophorus*），领域之争导致最终仅有一对成员完全控制食物领域。这些物种中有许多雄性，都具有角和发达的大颚，雌性亦是，这种现象看来不是巧合。这一结论还可推及不是亚社会甲虫的“富源战略家”，例如推及锹甲科、木蕈甲科和金龟子总科的许多独居甲虫。同理，它们留守在食物源附近有利于保护年幼子代。

在高等社会昆虫集群间的攻击战中，集群的作用是决定胜负的因素。一般看到的情况是：在新创建的集群中和在含有工蚁的较弱集群中的蚁后，往往会被同一物种的其他大集群杀害。例如，在蚂蚁中，黑山蚁（*Formica fusca*）的蚁后婚飞后再进入过去的老巢时就会被擒杀（Donisthorpe，1915）；澳大利亚肉蚁（*Iridomyrmex detectus*）和红火蚁（*Solenopsis invicta*）的新蚁后，多数也遭同一结局。家蚁属和毛山蚁属（*Lasius*） 50
的蚁后会受到包括自己物种在内的蚂蚁集群的攻击，最终被赶出领域或被杀死。因此，在很少或没有成年集群的地方，才会有更多的新蚁后集群和年轻集群。布莱恩（Brian）在英国动物区系中较详细地研究了这一效应，他发现，在家蚁属和蚁属的成年集群和新蚁后集群的密度间，存在着明显的负相关。在其他的社会昆虫里也发现了相似的分布效应。在澳大利亚西南部的稳定生境中，家白蚁（*Coptotermes brunneus*）的成年集群间相距约90米，在这区间内的新建蚁群都会被破坏。成年集群间，由于没有几棵可作食物源的树，食物竞争也很激烈（Greaves，1962）。根据尼尔（Nel）的观察，南非草白蚁（*Hodotermes mossambicus*）也有相似的极强的领域模式。的确，同一物种的多对配偶可共存于一新建的集群中，它们可和平共处甚至还可合作。但至多数月后，争斗和吃同类现象就相继发生，最终只留下一对配偶，即留下一个有效的集群存活。日本纸黄蜂（*Polistes fadwigae*）各集群在相距3.5米时彼此偷吃对方的幼虫。如果实验者把它们拉近到5厘米之内，则各自领头的雌蜂会发生战斗直到分出胜负为止，并且两集群合二为一。来自不同集群蜜蜂的工蜂为争夺即将耗尽的一碟糖而争斗。在更为自然的条件下，放射性标记试验表明，放置在一起的蜜蜂各集群会根据集群拥挤程度限制彼此的采蜜区（Levin & Glowska-Konopacka，1963）。

在蚂蚁中，无论是同种还是不同种的成年集群间都存在领域之争，但并不普遍。许多不同属的蚂蚁都有这一现象，下面仅列出了其中的一部分：伪蚁属、家蚁属、须蚁属（*Pogonomyrmex*）、细胸蚁属（*Leptothorax*）、火蚁属（*Solenopsis*）、大头蚁属（*Pheidole*）、辅道蚁属（*Tetramorium*）、虹臭蚁属（*Iridomyrmex*）、巢蚁属（*Azteca*）、捷蚁属（*Anoplolepis*）、织叶蚁属（*Oecophylla*）、蚁属、毛山蚁属和弓背蚁属（*Camponotus*）。种内最具戏剧性的战斗是由草地铺道蚁（*Tetramorium caespitum*）引起的。亨利·C. 麦克库克（Henry C. McCook，1879）牧师根据在费城（美国宾夕法尼亚州东南部港市）佩恩广场的观察，首先描述了这一战斗（这样的战斗在夏天美国东部各城镇的路边和草地上容易见到）。成千上万只小的深褐色蚂蚁——工蚁在一次战斗中相互扭斗可达数小时，它们翻滚、撕咬和推拉，还不时有增援"部队"沿着战斗方向进入激战区。人们对这一现象虽未进行仔细研究，但看来像是邻近集群间在其领域交界处发生的格斗。令人感到惊奇的是，在战斗中只有很少一部分工蚁受伤或死亡。

在寒带地区，蚂蚁不同物种集群间的领域之战很少发生。例如红蚁属和其他蚁属的集群，有时越过并强占同属不同种的领域（巢穴）。相反，在热带和温带地区这样的争斗是很常见的。某些害虫，尤其是大头蚁、红火蚁和虹臭蚁，当通过人类的商业活动被引入时，它们的好战性和破坏性都是出了名的。它们甚至消灭了某些物种，特别是与它们在分类上和生态上最接近的那些物种。虹臭蚁的入侵和攻击还不算让人吃惊，某些物种间的战争却是相当壮观的。关于引入的非洲蚂蚁——长脚捷蚁（*Anoplolepis longipes*）和所罗门群岛两个本地种——黄猄蚁和虹臭蚁（*I. myrmecodiae*）之间的战斗，E. S. 布朗（E. S. Brown，1959）做了如下描述：

入侵的捷蚁向树蚁居住的树干巢穴推进，使得大量的树蚁环绕着树干形成一支防御队伍。然后一场激烈的战斗开始了，其交战分界线一天接一天地时而前进、时而后退数英尺，其中任何一只蚁误入对方阵地通常都会被围猎而亡。最终，其中一个物种会取得胜利，但需要历时数天或数周。

捷蚁向虹臭蚁居住的一段棕榈树的宿营地进发，使得由无数虹臭蚁个体集结而成的防御队伍倾巢而出，几乎完全覆盖树干约0.6米长。经过数日的战斗，队形依然完整，但后来逐渐向树干高处撤退。最终，虹臭蚁整个被赶出巢地，由捷蚁取而代之。

这样一些战斗的结局依赖于一些综合因素：个体的大小和数量、侵略性和巢穴地点的安全性等。而且，攻击可以采取更为机智而巧妙的形式。布莱恩发现，苏格兰蚂蚁的不同物种侵占巢穴通常采取渐进式，可涉及若干方法中的任何一种。例如，家蚁属的一个物种强占同属另一物种的巢穴时，可采取下述3种方法中的任一种：直接围攻，迫使后者整体撤退；局部围攻，以各个击破；借不利的物理因素，特别是严寒，待后者为避寒暂时离开之际乘虚占领之。

51 在同一物种内竞争的情况，一般来说，我们可以预料，类群优于个体，而较大的类群又优于较小的类群。因此，竞争一旦开始，不仅有利于社会行为，而且有利于大类群的有效选择力。林德伯格（Lindburg，1971）在印度北部研究自由分布的普通猕猴的地区群体时，直接证明了上述情况。该群体分为5个类群，其中多数领域有重叠现象，因此偶尔会发生冲突。在两类群发生冲突时，一个类群通常会撤退，且几乎总是较小的类群撤退。选择压力相同时，应有利于社会联盟或社会组织体系。这一情况在狼群和一些灵长类中确有发生。例如在狒狒和普通猕猴中，其权力等级系统在社会组织中起着重要的作用。换句话说，社会联盟在攻击型动物中是常见的，它们有足够的智力去关注和开发利用一些协作关系。

增加觅食效率

我们已经讨论了（猎物）个体如何运用一些明显的攻击和协作方式使自己避免转化成捕食者的能量。下面要讨论，通过觅食的一些社会活动，如何把其他个体转化成自己的能量。

社会觅食主要有两大类：模仿觅食（imitative foraging）和协作觅食（cooperative foraging）。在模仿觅食仅仅表现为，类群到哪里，有关动物个体就到哪里；类群吃什么，个体就吃什么，即动物个体随类群而动，随类群而食。这种类群的觅食效率，要超过其他类似的、依靠个体独立觅食的效率，但结果基本上是类群每个成员利己行动的副产品。在协作觅食中，至少存在某些暂时的利他主义约束的衡量尺度，类群成员的行为往往是多样的，且通信的模型是复杂的。某些高等社会，其中可能包括原始人类社会，基本上是采取协作觅食方式。我们可以回顾如下事实，即我们在直觉上与高等社会行为——利他主义、类群成员的分化和类群成员通过通信实现整体化——有关的性状，都是通过协作觅食方式进化出的。

模仿觅食是建立在动物间的一系列反应基础上的，即从基于觅食行为的最简单和非定向的刺激反应，到一个个体的行动随另一个体做出最为专一而精细的模仿反应。这一模仿觅食的不同形式的分类，在索普（Thorpe，1963a）、克洛夫尔（Klopfer，1957，1961）和阿尔科克（Alcock，1969）的试验和著作中都有论述，现综合如下：

真实模仿（true imitation）：模仿式地学习一个新的或原本不太可能发生的动作。例如某些鸟类模仿其他动物的啼叫和日本猕猴学习清洗红薯。

社会促进（social facilitation）：通过别的动物的存在或行动，使个体开始行动或者在速度（或频率）方面有所增加的普通行为模式。为了促进刺激，这个个别的动物未必需要做出它要引发的动作；在某些情况下，它除了展现"观众效应"之外，的确别的什么都没做。

社会促进可能只产生暂时性的结果，或者它可能以一种偶然的方式引发学习。例如，作为观察者的动物，在已注意到别的动物到达的某个地方有食物并因此得到回报的情况下，即使后来别的动物已离开，它还可能会到这个地方寻觅食物。

观察学习（observational learning）：有时叫"观摩学习"（empathic learning），即一个动物在观察另一个动物时发生的无回报学习。为了证明观察学习已经发生，只要证明观察者与同伴在一起时没有得到回报，但由于它与同伴在一起看到过，在同伴离开后它改变了自身行为。例如，一只鸟看到同伴被蛇攻击，以后碰到类似的情况（蛇）而能加以避免，就可以说这是观察学习的结果。在技术上，观察学习可分为模仿或社会促进，这主要依赖于被重复的行为的复杂性和新奇性。显然，建立在观察学习基础上的许多人类行为，在本质上属于模仿。

有几个例子可用来说明模仿觅食的好处。特纳（Turner，1964）描述：如果一些苍头燕雀（*Fringilla coelebs*）看见另外一些苍头燕雀在

吃什么，它们也会寻找类似的食物；还有，当它们进入一个新的微生境时，如果看见其他燕雀在吃什么新的食物，它们也会尝试这种新食物——幼鸟更是这样，因为它们的戒备心不强。因此，成群的比成单的苍头燕雀更易找到新的食物源。灵长类也有它们的方式获得这类信息。草原狒狒有时舐嘴，为的是闻闻另外一只狒狒嘴里有什么食物气味（见图3-11）。当另外一只狒狒嘴里有食物时，又会使这样的舐嘴行为更频繁地进行。阿尔特曼（1970）明确指出，用这种方法可把食物源的信息传遍狒狒群。霍尔（1963a）和斯特鲁萨克（1967a）分别报道过豚尾狒狒和非洲绿猴都具有类似的行为。

图3-11　草原狒狒舐嘴，把新食物源的信息传递到狒狒群的一种相互作用（自Altmann，1970）。

库默尔已经证明，在觅食方面的社会促进强度和类群行为的协作程度，会随着它们适应社会的环境恶化而增加。黑猩猩或绢毛猴的类群生活在森林生境中，那里的食物、水和安全栖息地都离得不远，因此，类群中的每一成

员，只要愿意，什么时候吃、喝、睡都可以，类群内个体间的协作关系很松散。但是，对于生活在荒芜环境中的阿拉伯狒狒类群，其栖息地远离水源和食物源，它们的行动必须保持高度的同步性。一只狒狒停下来饮水，而类群中其他成员继续前进时，前者就可能脱离集体而被等待着的捕食者猎获。相反，当群内其他成员都在饮水，而其中一只不饮（由于它还不渴）时，在到达下一处饮水地前可能就会渴得很了——这时如果它离开狒狒群找水，就有被猎食的危险。

遵守惯例的成员可以从其同伴积累的经验中获益。在安博塞利（Amboseli）地区，前面提到的阿拉伯狒狒和草原狒狒，其栖息地并不能看见水源地，但它们总是直接往返这两地之间。这种行为显然是建立在原有经验基础上的。人们可以假定，这种经验存在于成年首领的记忆中。在加利福尼亚的中部山谷地区，许多成群的燕八哥从它们的栖息地径直飞向远至约80千米的食物地，在食物最短缺的冬季飞行距离最长。随群飞行的燕八哥个体，在给定时间内可有最大机会找到合适数量的食物，这是因为它利用了群内最有经验的鸟的知识，而且获得食物时所消耗的能量最小。在理论上，如同霍恩从大量的几何分析中揭示的那样，集群栖息地的主要决定因子在于食物的供给，无论在空间还是在时间上，都具有很大的变动性（霍恩原理，Horn principle）。这就是说，环境中的食物是不可预测的，它呈不规则的斑块状分布。如果食物分布不规则但固定且持久，或其出现的间隔时间是可预测的，那么个体的栖息地或巢窝地会尽可能地与这些食物靠近，并独自飞往摄食。但如果环境中的食物呈均匀分布，并且储量大到值得个体消耗能量来保卫，那么个体会"立标"分界确定领域，以排除其他个体（见图3-12）。成群栖息并不排除建立一个"微领域"，通过这些微领域可使个体处于集群内的一个特定栖息地或巢址。霍恩原理很容易扩展到许多集群鸟类：从燕八哥和燕子，到苍鹭、鹮、白琵鹭和不同的海鸟。例如，燕鸥就是海鸟的一个极端例子，它们在一起营巢，成群觅食，其食物极不可预期地呈斑块状分布，由靠近海洋表面游动的鱼群（小鱼）构成。注意，集群式的鸟群有利于增加摄食效率并有利于防范捕食者的攻击。鸟类行为的主要研究者，其中包括费希尔（Fisher）、J. M. 库伦（J. M. Cullen）、奥里安斯、布朗、克鲁克、克鲁克、帕特森、沃德（Ward）、霍恩（1968）和布勒列顿（1971），都对这些主要因子中的一两个因子进行了仔细研究。但是，把死亡率和繁殖成功率放在同一尺度下的困难，已经妨碍了评估其对社会进化相对重要性。

觅食时，成群的动物不只比非组织的类群更为熟练，还能使觅食的效率更高。这个以个体数为单位的效率不是指在给定区域内由类群获得的食物量，而是指在单位时间内每一个体摄取的食物量。食虫性鸟类，如牛鹭、犀鹃、森莺和霸鹟，成群觅食具有潜在有利性，这是因为类群作为一个整体与分散的个体相比，每只鸟可捕获更高比例的飞行昆虫。同理，蚁鸫跟随着中美洲和南美洲的游蚁（行军蚁）；牛鹭、雪鹭和鹩哥关注牛和其他的食草哺乳动物，以捕获骚扰这些动物的昆虫。A. L. 兰德（A. L. Rand）发现，跟随着牛的沟嘴犀鹃（*Crotophaga sulcirostris*），其捕食效率要比不跟随者高。

53

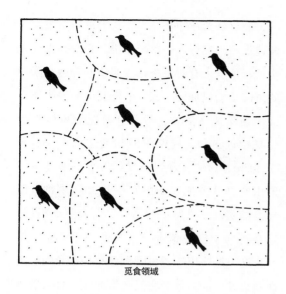

觅食领域

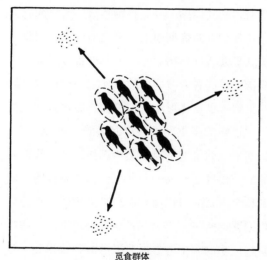

觅食群体

图3-12 类群觅食的霍恩原理。如果食物在环境中或多或少地呈均匀分布，并且保护食物的成本不高，则各自占有领域在能量学上是效率最高的（上）。但如果食物呈不可预测的斑块状分布，则这些个体会放弃各自的领域而采用群栖或巢居的形式，且以类群为单位觅食（下）。

从11月到次年5月，大量混合鸟群在加利福尼亚莫哈维沙漠中的低矮丛林中觅食。鸟群在4月到达峰值，在峰值时一个典型的鸟群有50—200只，主要有蓝头雀、黑颈雀、白冠雀，还有一些杂色雀类、灯芯草雀、松雀、鹟、啄

木鸟、鹪鹩、绿鹃、莺、戴菊鸟和纹霸鹟属（Empidonax）的鸟类。这些鸟中的大多数成员都以种子为生。据柯迪（Cody）报道，可期望这些鸟群以相对恒定的速度沿着一定的区域摄食，但它们也加速飞行，也就是说，它们相互追逐可比独自飞行飞更长的距离。根据计算机模拟结果，柯迪认为，在较广范围条件下鸟群能更有效地利用非更新资源和可更新资源。首先考虑非更新资源，例如柳叶石楠（Heteromeles arbutifolia）和盐麸木（Rhus laurina）的果实。鸟群摄取每区域食物要比个体彻底得多。因此，鸟群前进时就像是一个巨大的割草机，留下的是一片修剪好的区域，与它并行的是一片相对未被触及的区域。经过一天天的盘旋观察，鸟群很容易区分并避开已摄食的地区，而全力投入那些食物丰富的没有开发过的地区。相反，分散的鸟摄取这样的非更新资源时是渐进而均匀的。当旺季过去时，分散的鸟发现每一食源需要的时间稳定地增加，尽管剩余的总食物量可能与鸟群消耗的相同丛林区相等。旺季适用的另一个方面是可更新资源，例如草籽和飞虫。由于鸟群在一起（比起个体飞行）有加速飞行的特点，每一块食源（丛林）在鸟群两次到来之间会有一段更长的休整时间。因此，鸟群每来一次都会得到较高的平均产量。柯迪认为，如今鸟群的进化速度和返回（觅食）速率已进化到使鸟群返回到前次觅食食源区的时间，正好是该食源区结实的新旺季。

短叶松锯蜂（Neodiprion pratti banksianae）的幼虫获得了另一类有效觅食法。这种如履带一样的昆虫，以其宿主松柏科的致密树材为食。根特（Ghent）发现，当幼虫弱小而难以到达坚硬的松针叶中（它们赖以生存的食物）咀嚼时，

聚集作用的主要优点在第一龄期就显现出来了。根特的试验表明：从其聚集状态的同伴中分离出的幼虫，死亡率高达80%；而仍处在聚集状态的，死亡率降至53%。这一效应是改良类群大小的统计学效应：甚至当幼虫属于一个类群时，也是力图单独建立自己的摄食点。当一只幼虫确实咀嚼到一个多汁的内部组织（不管是因为幸运、实力还是技巧）时，其唾液腺分泌的挥发性成分和植物物质的气味散发到空气中，就会把其他的幼虫吸引到食源处。很快，这食源破口加宽，全部幼虫都能摄取到食物了。

显而易见，如果集群觅食增加了食物产量，则通过同一集群的协作趋性或倾向更能改进觅食效果。某些类群的哺乳动物已发展了协作狩猎的一些高级的技巧，其中每一技巧都适用于征服大型的或速度快的哺乳动物猎物。穆里在对麦金莱山国家公园（Mount McKinley National Park）的狼进行先驱性研究时发现，这些食肉动物能够单独捕获它们主要的大型猎物——道氏绵羊（Dall's sheep），但相当费劲。一群狼为搜寻病弱或处在不利位置的离群猎物，便整天在羊群间小步跑动。一只狼想在一斜坡上诱捕到一头健康绵羊是很困难的，因为绵羊以全速爬坡要远远超过狼的爬坡速度。两只或更多只狼捕获一只绵羊的成功性则较大，因为它们分散开来往往能迫使绵羊往下坡跑或平地跑。在这两种条件下，狼就占了上风。协作捕猎需要诱捕和使猎物失去抵抗力，在密歇根州的罗亚岛国家公园（Isle Royale National Park），狼捕获驼鹿的情况也是这样的。

最社会化的犬科动物是非洲野犬。这些相对小的动物，对于捕猎非洲草原上的大型有蹄动物，包括瞪羚、角马和斑马，是极为专业的，一群野犬往往在一只领头犬的指引下，拼命追击一个目标——单个动物。它们狠狠地紧跟目标不放，有时也把站着观望和分散在附近的有蹄动物逼拥到一起。非洲野犬一般不能在开阔地带逮住猎物，尽管有时它们可以隐蔽起来接近猎物。埃斯蒂斯和戈达德（Estes & Goddard，1967）看到一群野犬盲目地越过一道山脊，试图能在山的另一边发现猎物，但却没能实现。逃跑中的猎物经常会绕圈返回，这是有助于摆脱单个追逐者的一种策略。但是，这一策略用于对付野犬群却是致命的：落在领头犬后面的犬会突然转换方向，直指猎物从而切断其回路。一旦猎物被擒，所有的野犬会从各个方向蜂拥而上，迅速地把它撕裂成碎块。野犬获得猎物后，马上要准备对付鬣狗的攻击，因后者会习惯性地尾随它们以夺取它们的猎物。猎物体形大、力气大，加之鬣狗的竞争，这样的多重问题使得野犬难以独自生存。事实上，据埃斯蒂斯和戈达德估算，一群野犬的最小数目是4—6只成年犬。鬣狗狩猎的生境和社会生活的习性都与非洲野犬相似。克鲁克根据鬣狗擒获34匹斑马的情况分析推测，捕获猎物成功的频率与参加追捕的鬣狗数相关。但是，他的数据太少，在统计上是不显著的。

狮子也是社会性捕猎动物。当数头狮子组成的狮群接近猎物时，它们通常是向着正面呈扇形散开，有时侧向延伸长达200米。这一协调布局似乎是蓄意的：位于中心的狮子暂停或慢行，而两侧的狮子则快步到达各自的位置。然后，所有的狮子向聚集在一起的方向移动。沙勒在下段的描述是典型的：

在18点45分，5头母狮和1头雄狮在

约3千米开外看见约有60匹的一群角马，在暗淡的灰黄色衬映下好像一些黑点在移动。这些狮子慢慢地跟着它们。黄昏时，角马开始聚集。19点30分，天黑了，狮子在距马群300米处停步。母狮顺风向前移动而呈扇形散开，扇面宽160米，雄狮在母狮后60米。母狮在距马群200米时都蹲下（它们偷偷走近马群时，我偶尔只能看到狮的头部）；雄狮依然站着不动。5分钟后，左边的一头母狮向前猛冲去逮一匹角马，但我没有看到细节。两头母狮向逮角马的母狮靠近。这匹角马逃到右侧，而两头母狮和雄狮向一个角落对着它扑去，追逐约100米没有抓住。就在这匹角马往回逃的路上，一头母狮用牙首先咬住其嘴部，然后咬其颈下，再后咬其胸部。最后，雄狮跳过来，用嘴把猎物的腹股沟撕裂。

无疑，要征服某些特别难对付的猎物也需要类群行动。沙勒还曾目睹了一个偶然事件，即一头母狮扑向一头公水牛并咬住其颈部，而水牛拖着母狮继续行走，直至母狮放弃为止。这时，水牛向母狮挑战，把母狮逼上了树！

虎鲸是海中之狼，属于大型的社会捕食者，成群地捕猎那些甚至比它体形更大的哺乳动物。徘徊在加利福尼亚和墨西哥海岸线的虎鲸大多捕猎海狮、海豚和其他鲸（Brown & Norris，1956；Martinez & Klinghammer，1970）。一群15—20头的虎鲸包围着一群约100头的海豚，包围圈越来越小，逐渐地把海豚限制在一个很拥挤的圈内。突然一头虎鲸跃进海豚群中捕食数头海豚，而其他虎鲸维持着包围圈；然后，吃饱的虎鲸与另一条鲸交换位置，以便后者进食，这一过程一直持续到把海豚吃完。虎鲸用与上不同的方式捕获比它大的其他鲸类。它们进行集团式攻击：某些虎鲸咬住猎物的鳍，使猎物固定不动，其他虎鲸向猎物下颌咬去，撕出碎肉。猎物的舌是最美味的器官，如果被擒者的舌不伸出，虎鲸会用它们的头部撬开猎物的嘴把舌拽出来。某些大型捕食者鱼类也是成群捕猎的，已有人观察到：它们包围一些较小类型的鱼群，迫使后者挤在一个狭小的范围内（Eibl-Eibesfeldt，1962）。这种捕猎的协作程度，如果算得上协作的话，似乎远不如虎鲸的协作那样好。

较高等社会昆虫把协作觅食发展到了极致。昆虫职别中的工职成员（它们以中性状态和对繁殖职别成员实行利他主义为特征）对集群成员的募集信号是很敏感的。某些大眼蚂蚁在发现猎物时，会突然积极跑动，以募集同巢成员参与诱捕。当栗红须蚁的工蚁在巢附近攻击一个大的活昆虫猎物时，会从颚腺分泌出报警信息素4-甲基-3-庚烯酮。这种物质可吸引约10厘米距离内（相当于遇到危险时的报警距离）的其他工蚁并令其兴奋而被募集前往，从而迅速征服猎物。因此，在利用报警信息素的农蚁（也许还有其他捕食者蚁类的物种）中，募集是报警通信衍生出的一个适宜副产品。在蜜蜂的社会生活中，两个相当不同的行为功能间存在着与上述类似的关系，即内萨诺夫腺（Nasanov gland）信息素，在某些情况下用来召回觅食时迷途的工蜂，或用来参与集群的分群；而在另外一些情况下，用来募集同巢工蜂到新发现的花蜜源采蜜。

某些证据表明，社会昆虫在食物发现地周

55

围会留下一些化学信号，尽管没有多少研究支持这一看法。被蜜蜂的工蜂访问过的玻璃碟食源，比起未被访问过的玻璃碟食源，会更受新访问者的青睐，尽管每个容器里的食物相同。工蜂留下的物质可以提取出来，研究者认为是来自跗节的阿哈特腺（Arnhardt's glands）。列康特（Lecornte）和巴特勒（Butler）等所说的由步行蜂留下的嗅迹也属于同一种信息素。这些信息素痕迹不管是否是蓄意留下的，对于那些已经归来找到了蜂巢但还未找到入口的工蜂来说，都是一个很好的向导。

带进巢内的气味也能影响巢内同伴的行为，因此可作为募集通信的原始形式。蜜蜂的工蜂识别食源的气味依靠两方面：黏附在觅食工蜂身体上的气味，反哺给同伴的花蜜气味。如果这些气味与它们原来在野外采的花或蜜露的气味相同，那么它们会重访原来的觅食地点。在没有"摇摆舞"或其他形式的通信时，可以诱发这一反应，俄罗斯养蜂者已利用这一原理引导蜜蜂给作物授粉。举个典型的例子，红花三叶草盛花期数小时后，通过地里放置的糖水可把蜂群引导到地里采蜜授粉。这一方式，在附近的觅食工蜂就更喜欢到这里来。同样的方法也被用来增加巢菜、紫花苜蓿、向日葵和一些果树的授粉率。弗里（Free）最近证明，食物储存的气味对大黄蜂具有类似的效应。

化学募集技术中的另一个方法是串联跑（tandem running）。当一只小的非洲切叶蚁（Cardiocondyla venustula）的工蚁发现一块食物颗粒太大而不能搬回巢时，它（引导蚁）就返回巢内同另一只工蚁（跟随蚁）接触。而这两只蚂蚁会反复进行这样的接触：首先，在跟随蚁触及引导蚁的腹部前，引导蚁依然在原处不动；

触及腹部后，引导蚁沿食源方向跑动3—10毫米，或约为其体长的一到数倍的距离处停下来；现在，跟随蚁受引导蚁释放出的分泌物影响而明显兴奋起来，在后面迅速赶上引导蚁而做出一次新的接触，并"驱赶"着引导蚁往前跑；在每次新接触并驱赶引导蚁往前跑之后，跟随蚁都能在后面紧紧跟上并继续驱赶。一般情况是，上述周期性的接触进行得相当快，数秒钟内就能在引导蚁的归途上前进1厘米的距离，最终这两只蚂蚁会到达食物处。串联跑也发生在大的蚂蚁属如弓背蚁属中，该属已经独立进化出若干系统发育进化枝。

在所有已知的化学募集的形式中，最精细的是嗅迹系统。有证据表明，至少在某些类群的蚂蚁中，来自串联跑的嗅迹通信是通过进化形成的。在弓背蚁属的某些物种和奴役蚁（Harpagoxenus americanus）中，利用的是媒介通信形式。引导蚁不是等候跟随蚁接触，而是从巢向着之前发现的目标（如食源）跑动。当它跑动时，散发出一种持续时间较短的嗅迹留在途中。根据物种的不同，引导蚁的后面可跟随1—20只或更多的一纵列跟随蚁，它们差不多在同一时间到达目的地。

根据嗅迹引导跟随者尾随就像典型的嗅迹通信那样，在进化上只是一个短的阶段。在这里，缺少嗅迹遗留者（引导者），跟随者只是在嗅迹引导下可跟随一段长距离。经过仔细分析火蚁属的红火蚁，可以将其作为一个范例。当红火蚁（早期文献称S. saevissima）的工蚁离巢寻找食物时，它们会随着以前留下的嗅迹走一小段路，但最终会彼此分开各自去觅食。单独行动时，它们会根据"太阳指南针定向"确定自己与巢的位置，即通过它们到巢位的连线和

56

它们到太阳方向的连线之间的夹角来确定位置。当一只觅食工蚁找到一粒过大的食物而搬不动时，它的头就向着巢的方向慢步爬行，其针刺不断地伸出来，末梢轻轻地拖在地面上，就像一支钢笔在地面上画一条细线一样。当针刺触及地面时，就从杜氏腺排出信息素。在一个给定时间内，每只工蚁只能产出以微克计量的这类信息素，所以它一定是一种强有力的引诱剂。我在1959年提出过，用从提取物中制备的人工嗅迹或用杜氏腺的涂抹物，可以诱发红火蚁的全部募集过程。这样一些嗅迹可引导数十只工蚁跟随1米甚至更远的距离。当用高浓度的信息素涂在玻璃杆上并悬空放在蚁巢前让信息素扩散时，工蚁会聚集在玻璃杆下；如果让玻璃杆慢慢移动，它们就会随着扩散的气味移动（见图3-13）。当大量的这种物质在人工巢入口附近扩散时，巢内的居住者，其中包括携带着幼虫和蛹的工蚁，个别情况还包括蚁后，都会倾巢而出。

如果一只排放信息素的工蚁碰上了另一只工蚁，后者就会转向它，但只是做点儿"友善"的表示就离开了。不过有时后者的反应会更强烈——部分地趴在排放信息素的工蚁的上面，有时在垂直平面上轻松而有力地摇动自己的身体。这种垂直运动（只有在这种相接触的情况下才能发生），在斯勒普和雅各比（Szlep & Jacobi，1967）对小家蚁属（*Monomorium*）和酸臭蚁属（*Tapinoma*）的研究中，以及霍尔多布勒（Hölldobler，1971a）对弓背蚁属的研究中都有描述。霍尔多布勒的试验表明，这种运动可刺激其他工蚁跟随着刚排出嗅迹的工蚁路线行动。但是，在红火蚁属中不是这种情况，因为不管是否碰上排出信息素的工蚁，它们在

跟随信息素嗅迹的路上的前进方式都没有什么不同。而且，这种信息素通过人工布置嗅迹路线时，完全可以作为诱发媒介而使工蚁产生跟随行为。

图3-13 红火蚁的工蚁对挥发性嗅迹物质的反应。上：试验前，将从未处理过的玻璃杆附近的空气抽进巢（通过插入巢左边的吸管）。下：将上述玻璃杆沾上浓缩杜氏腺分泌物并放回原处后不久，大量的工蚁离巢往玻璃杆方向移动（引自 Wilson，1962a）。

麦蜂族（Meliponini）的某些物种的工蜂，可用基本上与蚁类相似的化学嗅迹系统来告知发现食源的位置。例如，当无刺蜂（*Trigona postica*）的觅食工蜂发现一个食源时，它首先在食源与巢之间径直地做三次或更多次连续往

返飞行。然后，它开始往回巢方向飞，每2—3米停下来张开颚从其颚腺分泌一小滴分泌液在一片草叶、一枚卵石或一个土块上。这时，其他的蜂会离巢并朝着嗅迹飞来。

内德尔（Nedel，1960）随后发现，无刺蜂排出嗅迹的颚腺与其他蜂种相比是极大的，而且颚腺排出嗅迹后经过约20分钟又可再度充满。根据克尔（Kerr）、费雷拉（Ferreira）和西摩斯·德马托斯（Simões de Mattos）的研究，所有无刺蜂的嗅迹都是存在"极化"的，即最大量的嗅迹释放到靠近食源的地方。这些研究者在巴西研究的三个物种中，嗅迹斑在9—14分钟内仍保持活性。克尔和其同事以及埃希（Esch）认为，无刺蜂通信的报警刺激（即引起其他工蜂沿着嗅迹路径外出飞行的行动）是找到食源回巢不久的工蜂发出的嗡嗡声。根据埃希的研究，嗡嗡声脉冲的长度随着食源距离的增大而增加。

大多数无刺蜂的物种在热带雨林中营巢和觅食，嗅迹通信在这种生境下的募集作用似乎很理想。如果嗅迹斑能不断地重复出现，则单个的觅食工蜂就可顺着嗅迹到达树干和林下叶层植被的一定地方。嗅迹的优点是可引导无刺蜂向树干上方、下方和地面方向行动，而这种三维信息的传递是在植被高大的热带雨林正需要的。作为募集方式的嗅迹通信的优越性不容置疑。利用嗅迹的无刺蜂的集群，比其他物种的集群能更快地募集大量的工蜂到达新食物源区。

蜜蜂摇摆舞的优点，在觅食通信中可以说达到了极致，因为它是利用符号信息在工蜂出发之前就指出了要到达目的地的位置。其能指出的路线是极长的，超过了已知的其他任何通信系统所能到达的长度（也许鲸的声音信号是

个例外）。蜜蜂的摇摆舞在第8章的有关部分还会详述。

新适应区的渗透

有时，一种社会方式可使一个物种进入到一个新奇的生境，甚至更换一个全新的生活方式。隐翅虫（*Bledius spectabilis*）已经进化到复杂的母系抚育（maternal care）阶段，这在鞘翅目中是极少见的情况。这一变化，使该物种能渗透到可为昆虫利用的最荒芜的环境，即欧洲海岸潮区内的污泥中生活。在这里，隐翅虫必须以藻类维持生活，必须面对高盐浓度和周期性缺氧的危险。这种母甲虫在其窝巢内建起多个异常宽广的隧道，使得涨潮期间和母甲虫更新窝巢活动期间仍能透气。如果把母甲虫拿走，其后代会因缺氧而死亡。母甲虫也保护卵和幼虫免受侵害，还得到窝巢外寻找藻类食物。

白蚁集群（最为精细和最为成功的社会之一）的存在，似乎有一种特殊的但说不清楚的稀奇理由。在昆虫中，白蚁消化维生素的能力非同寻常，它们是借助肠内的共生微生物进行消化的。而且，白蚁生长时每次蜕皮都必须更新微生物，因为原在肠内的微生物随着蜕皮延伸到肠后也被蜕出体外了。白蚁的这一社会行为，很有可能开始于它和微生物的联盟，后来才在进化上分化出食物上的共生关系。白蚁在生态学上的巨大成功，来自它们取食于纤维素和社会组织这两种能力的结合，这样就使它们能控制木材、叶片和其他富有纤维素的环境。

增加繁殖效率

有许多类群的昆虫物种，如蜉蝣、蝉、粉

蛉、库蚊和其他长角类昆虫、舞虻、小茧蜂、白蚁和蚂蚁，都是成群交配的（昆虫界最引人注目的现象）。在正常情况下，成群交配只发生在很短的一段时间——某天或某晚的某一小时内。成群交配的主要功能，是使不同性别的昆虫集中在一起，进行交配前炫耀和交配。白蚁和某些蚂蚁在空中形成一大群个体，而这些个体在空中或落到地面后完成交配。长角类昆虫、舞虻和某些蚂蚁物种典型地成团聚集在一些明显的界标上，如灌木上、树上或一小块光秃的地上。有理由（但未证实）认为，对稀有物种和生活在不可预期最适交配时间的环境中的物种来说，这种成群现象是最有利的。例如，新交配的白蚁蚁后及其配偶，需要松软潮湿的土壤，以开凿成它们的第一个巢穴并生育它们的第一批工蚁。在较干燥的气候中，经过较长时间的干旱，它们通常会在下了一场大雨后立即进行成群交配。成群交配的潜在功能是促进远亲交配（outcrossing）。如果稀有物种的成年个体一相见就进行性活动，或局限在一个很有限的微生境中而不是途经较远的距离成群交配，那么近亲交配的程度就会大大增加。成群交配的繁殖功能是提供交配前的隔离机制，是由道尼斯（Downes）提出的。"约会"在时间和空间上的严格限制，可减少不同物种的成体混在一起或杂交的机会。

因梅尔曼（Immelmann）提出假说认为，澳大利亚丛林燕［燕属（*Artamus*）］的特殊繁殖需要，是使它发展到高级社会生活的一个原动力。这些生活在荒芜地区的丛林燕以紧密的群居类群进行觅食、沐浴、栖息和筑巢。它们也相互修饰、清理、哺食和以群体方式反击捕食者。也许它们所处环境的显著特点是极大的不可预测性。澳大利亚广大的中部荒芜地区下雨很不规律，下雨是昆虫群体的繁盛时期，即丛林燕喂养出其健康后代的好时机。丛林燕以这样的紧密关系生活，彼此间的刺激能够使它们的生殖腺发育和性行为几乎同步发生。

像因梅尔曼在分析中所强调的那样，上述情况至少还有一些同样有道理的假说可以被提出。例如，这些丛林燕也可能从其改善的防御情况和从其区域觅食的有效性中获得好处，即群居生活也许具有多重功能。当我在佛罗里达南部的珊瑚群岛研究一种小蚂蚁——倭蚁（*Brachymyrmex obscurior*）的交配行为时，这类可能性令人印象深刻。具翅的雄蚁在午后成群出巢在一片空地的上方盘旋，然后雌蚁也飞进群中，并在数秒钟内每只雌蚁都有一只雄蚁附在其身上。这一过程是迅速而有效的，无疑，这增加了蚂蚁群体远亲交配的可能性；不然的话，会因蚂蚁组织进入近亲交配的社会，而使基因难以自由传递。而且，婚飞系统在抵御捕食者方面也是有效的。在倭蚁成群飞行时，许多美洲夜鹰（*Chordeiles minor*）总要出现在现场无止境地捕食飞行中的蚂蚁。但是，它们只能在蚂蚁成群飞行和受孕雌蚁（蚁后）从返回到安全入巢这样一段短的时间内捕食，因此被捕食的蚂蚁相对于蚁群总量是很少的。

为了找到作为社会性终级原因的有效繁殖的例子，我们必须转向与此根本不同的一类生物——单细胞菌藻类。在条件适宜时，它们吞噬细菌并通过简单的裂殖繁殖，以变形虫似的单细胞蔓延形成新水膜。通过实验室培养，E. G. 霍恩（1971）发现两个代表属——网柄菌属（*Dictyostelium*）和轮柄菌属（*Polysphodylium*），它们的每个物种都专门以某些类型的细菌为食；在相互竞争的情况下，它能战胜其他物种，因为其分离的菌株优于其他物种的菌株。因此，这种变形虫似的单细胞在取食和繁殖速率上都有优势。我们可以推测：这种优势有利于单细胞菌藻独立生存，因为这样的单细胞生物以细菌为食进行生长繁殖，要比它们的多细胞等价体生长速度更快。有时环境条件变坏时，单细胞菌藻聚集成蛞蝓状的团状物，即假合胞体。这一新形成的社会（或实际是一个有机体？）暂时漂浮着，然后细胞发生分化，生出一小梗，而在梗的末端是含有数以千计的小孢子的膨胀体（孢子囊）。如果一个小孢子落在湿润土壤上，就发芽长成一个单细胞菌藻而开始一个新的生活周期。这一小梗和孢子囊的功能，即生活周期中最终产生的集群阶段，显然是为了繁殖和传播。事实上，这些结构的所有形式似乎都是为了有利于孢子的传播。单细胞菌藻类或黏菌，就像原核生物的黏球菌一样，都已明显地进化到具有趋同的生活周期，而它们在系统发育上却相距甚远。

增加出生成活率

进化中的动物物种在其出生过程中面临两大选择。首先，在合子形成后，动物可以通过孵化卵、怀孕，或通过其他的有利于胚胎成长的方式在出生前进行时间投资。其次，如果上述任何一个环节失败，它们就只能选择把卵存放在某处（孵卵器），凭侥幸指望卵能孵化成活。这两种不同的选择，主要危险都来自捕食者。我们发现，动物做出第二种选择时，简单的孵卵器一般也会对卵做一些隐蔽处理，其中包括：埋在土的深处，插入裂缝中，放在特别构造的杆状物上，或包在一层分泌物的壳内。

这些方法可提高胚胎的成活率，但这样的后代很难进入外部世界。现在，至少有两个例子说明，出生过程中的类群行为可增加个体的成活率。

雌的绿海龟（Chelonia mydas）每隔1年或2年就要到它出生地的海滨沙滩产卵，一般数量在500—1 000枚；其卵分布可高达15堆，每堆约100枚。每堆产的卵安置在一个深的长颈瓶形的孔洞内（由母龟挖掘），然后母龟用沙把卵掩埋。卡尔及其同事在观察上述过程后得到如下想法：孵化出的幼龟要跑出孔洞，需要成群幼龟的努力。为了检验这一想法，他们把卵挖出来，然后以不同数量（1—10枚）分堆重新掩埋。结果，22堆1枚的卵堆仅孵出6只幼龟，即约27%的幼龟能爬出地面；爬出地面的这些幼龟又没有什么活动能力，很少能爬回海中。一堆2枚的卵堆，孵出的幼龟明显地增加（84%），并都能正常地爬回海中。一堆4枚的卵堆，孵化的幼龟实质上达到了正常水平。透过侧壁玻璃孔洞的观察揭示：幼龟孵化确实依赖于类群的活动。孵化出的第一只幼龟并不立即扒挖沙土，而是躺着不动，直到第二只幼龟出现为止。每孵化出一只幼龟就增加了工作的空间，因为幼龟和破裂的卵壳占的空间要比未孵化的球形卵小。然后，它们也并没有什么明确的劳动分工，就开始了扒孔洞的工作。通过相对不协调的挖掘和蠕动，在顶层的幼龟扒掘洞顶部，在周边的幼龟扒掘洞壁，在底部的则踩实从上面掉下来的泥沙。逐渐地，孔洞内的整个类群移到沙滩的表面。

一旦到了沙滩表面，幼龟就会相互刺激向海中爬去。各龟群倾向于经常停下来，从而增加了它们干燥脱水和被捕食的危险。但

59

是，从后面赶上来的幼龟会刺激前面停下来的同伴突然启动，"它们就像在做游戏，幼龟聚集在一起，共同前进"。而且，迷路的幼龟也会倾向于改变方向加入类群。所以，平均说来，这些幼龟到达海中的时间较短（Carr & Ogren，1960；Carr & Hirth，1961）。亨德里克森（Hendrickson，1958）也已推测，成群卵的代谢热量加速了龟胚的发育和增加了它们长成幼龟的机会；卡尔和赫思（Hirth）确实发现其孔洞内的温度增高了2.3℃，但他们关于"胚胎和幼龟适合度得到改善"的资料，没有得到显著性检验。

无脊椎动物中类似孵化方式——澳大利亚锯蜂（*Perga affinis*，Carne，1966）的卵产在叶片组织内的纵槽中。幼虫孵化时，必须撕破叶组织覆盖层跑出来后才能生存。通常首先是纵槽中的1—2只幼虫成功钻出叶外，然后其"兄弟姐妹"才顺着出口出来。小槽中的幼虫经常由于不能出来而全部死亡。卡内（Carne）研究了大量的样本发现，纵槽内少于10个卵的死亡率达66%，而多于30个的死亡率只有43%。锯蜂幼虫离开宿主化蛹时也聚集在一起。因为它们的形态很不适于凿洞，大多数的幼虫都不能掘开地表。所以，如果其中没有一个幼虫能成功地掘开入口，它们就面临脱水死亡。一群数量较大的幼虫中，通常至少有一只幼虫能成功地掘出洞穴，因此其他幼虫也能进去化蛹。但是，小的类群由于不能钻地入土而全部死亡是常事。

改善群体稳定性

在不同的特定环境条件下，社会行为可增加群体的稳定性。尤其是，它可作为吸收环境压力和减慢群体衰退的缓冲机制，或者它可作为防止群体过度增长的一种控制机制，或者两种作用兼而有之。这一调节的初级后果是在一个适宜的可预期的水平上降低群体波动的幅度，次级后果是在一段固定的时期内，与类似的没有这种调节的群体相比，消亡的可能性较小。换句话说，有这种调节的群体生存时间更长。生存时间更长的群体实际上对其个体（个体的寿命比群体的寿命要短许多个数量级）也有利吗？或者说，通过选择引起的这种调节只是在群体水平起作用，而与个体适合度就没有关系吗？群体稳定性可能是一个附属现象——是个体选择的偶然副产品，对其自身没有任何直接适应性。

对社会组织和群体调节之间关系的这些不同的解释，第4章和第5章还会做较详细的探讨，现在我们只要注意到它们之间有什么关系就足够了。领域是由动物控制的排除陌生者的区域。没有领域的群体成员，单个地或成群地在不够理想的生境中徘徊流浪，结果是相对高的死亡率，这样很快就导致了群体的过度衰退。因为每年的可能领域数量是相对恒定的，所以群体相应地较稳定。

昆虫社会的繁殖职别结构提供了一个附加的群体调节方式。真正遗传意义上的有效群体大小，是指巢内可育蜂（蚁）后数；在白蚁中，再加上其雄性配偶数。工蜂（蚁）可看作这些个体的延伸。社会昆虫的一些成体集群一旦移居到一个生境中，工蜂（蚁）的总数可以变化很大而不改变其集群数，因此也就不用改变其有效群体大小。理由是，工蜂（蚁）的个体数可以减少，甚至大幅减少，这只是减小了集群的平均大小，但没有改变集群数。因此，这种减少并没有威胁到群体的存在，甚至也没有改变它在区域中的分布。当环境条件改善后，这些集群就可作为核心，迅速恢复工蜂（蚁）的数量。这个推测为皮克尔斯（Pickles）的研究资料所支持，他连续工作4年，仔细记录了英国北部欧洲灌丛中一些蚂蚁物种的巢群和生物量的关系。3个物种的巢数以接近2的系数逐渐增加，但工蚁数的波动都要比这个系数大得多。最令人感兴趣的例子是一种蚂蚁——黑山蚁，在1939年，该物种的工蚁数下降到一个低的水平，但巢数实际上却在上升，这就是说，该物种从这一研究区域消失的可能性还相当遥远。

环境的饰变

物理环境控制是最终的适应。如果设法使适应达到极致，那么环境控制就能使物种无限地生存，这是因为最终遗传结构精确地与有利的环境条件相匹配，从而最终避免了危及生存的反复无常的突发事件。没有一个物种，甚至我们人类，已经接近了这一完全的环境控制。然而，至少所有的适应都是以使环境有利于个体的方式发生饰变。社会适应凭借其巨大的效率和精致作用，已经达到了极高程度的饰变。

在原始水平上，动物集聚改变的物理环境，要比单一个体能改变的程度大得多，有时甚至是性质上的改变。这个一般效应已在20世纪的20年代和30年代由G.波恩（G. Bohn）、A.德泽维那（A. Drzewina）、W. C. 阿里（W. C. Allee）和其他生物学者详细研究过了。下面考虑扁虫的两个例子。真涡虫（*Planaria dorotocephala*），像大多数原生动物和小型无脊椎动物一样，很易受到重金属胶状悬浮液的伤害。将单个的真涡虫放入10立方厘米的银胶状溶液中（为一定的余裕浓度），它在10小时内头部开始变性。但在同一浓度下，一批放10个或更多真涡虫，大量的真涡虫至少活36小时而没有明显的损伤效应。类群具有较大的抗性，是因为在类群条件下，为了把重金属浓度降到致死阈值水平之下，每一个体必须从其附近除去的有毒物质的量，比其个体单独存在条件下需要除去的量要小。当海洋的丫角涡虫（*Procerodes wheatlandi*）被单个分别放在少量的淡水中时，它们很快便死亡并解体；当成类群放入时，其成活时间较长，有时很长。这是由于成类群生活时，排除钙离子的速率较高（钙离子的排除靠健康个体的分泌，或最初不幸死亡个体的解体），所以类群暴露在危险的低渗状态的时间较短。

然而，在聚集行为的进化中，所处环境中的生物由于群体拥挤会造成更普遍的不利效应。更重要的是，许多特定实验室条件下所得结果的价值，由于在自然条件下发生的不确定性而打折扣。真涡虫对银胶状悬浮液呈现的类群抗性，可能是个偶然结果——对真涡虫的生态学没有直接关系的一个附带现象。但是，钙离子的恢复作用，对真涡虫可能有意义——生活在潮水坑环境时，离子浓度偶尔会遭到大雨的稀释而下降。一个更有些道理的假说是：潮虫属（*Oniscus*）木虱的集聚具有保护作用。等足类甲壳动物经常生活在过于干旱的危险微环境中，它们极强地彼此相互吸引而聚集成堆状。试验已经表明，在其他条件相同的情况下，干旱时聚集成类群的木虱要比单个生活的寿命更长。

显然，必须根据类群自身的得失，以及尽可能地与其进化的自然环境相联系的原则来评价每一类群中的现象。在更复杂的社会行为中，环境饰变的适应性更容易识别。黑尾草原犬鼠能戏剧性地改变其生存草原生境的植被。被替换的草本植物大体有含酸汁草本、倒刺毛果植物、茄属植物和其他一些能支持这些啮齿类动物活动的草类。其中许多草类可作为草原犬鼠的食物，尽管它们也吃其他几种草类。在该动物洞穴附近的大量深土层，特别适宜于几种其可食植物的生长，如臭味金盏花（*Boebera papposa*）、红锦葵（*Sphaeralcea coccinea*）、龙葵（*Solanum nigrum*）和其他几种几乎只限于这一生境生长的植物。在草本群落中，冷蒿（*Artemisia frigida*）是在竞争中具有优势的植物。不吃冷蒿的草原犬鼠从根部咬断该草而不让其繁茂起来。结果，这些高度社会化的啮齿类动物以有利于自己的方式在改变着环境。这种因果关系是含糊的，因为人们同样可以认为，它们的社会行动是利用其生境植被偶然地朝着有利于它们的方向进化。但不管是上述哪一情况，结果都是相同的，因此环境饰变可看作适应。

环境控制中的适应方式，在较高等社会昆虫的生物学中得到了最明确的表达。巨大的生长着真菌的白蚁巢的复杂结构，具有空气调节器的功能，其基本原理如图3-14所示。

蜜蜂集群的温度调节达到了同样的精度，但它主要是基于工蜂"即时"的行为反应进行调节的。蜜蜂集群针对温度调节所做的重要的第一步是选择合适的巢址，如选择在任意时间内都能紧密包围蜂房和大多数成年工蜂的有

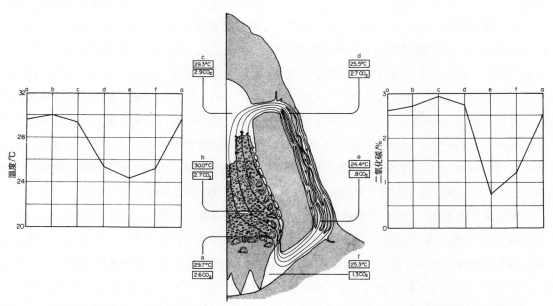

图3-14 生长着真菌的东非白蚁巢中的空气流动和微气候调节。这里表示的是巢的半个纵剖图：图中标示的每一位置，上方的长方形内表示温度（℃），下方的长方形内表示二氧化碳百分数。由于巢内大量集群的代谢热量，使得巢的中部核心（a，b）处的空气变暖，通过对流，变暖空气上升到上方的大室（c），然后进入一分隔室——由许多类似毛细管网络的小室组成（d），再后进入外侧巢壁小室，在这里空气被冷却和更新。最后，这些空气流入巢中部核心之下的通道（e，f）。上述变化是通过气体扩散和薄而干燥的脊壁的热辐射引起的（此图在原书p61）。

洞树干或人工巢。工蜂利用不同的树胶作为蜂胶，密封所有的裂缝和除了单个入口外的其他所有对外洞口。这样不仅能把捕食者拒之巢外，而且重要的一点是保温和保湿。从晚春到秋天，正值工蜂采蜜和蜂群成长时，巢内温度几乎总在34.5℃—35.5℃——换句话说，正好低于正常人的体温。在冬天，巢内温度降至这个水平之下，但在多数时间仍很高（20℃—30℃），几乎没有降到17℃以下过。有一个明显的情况是，当巢外气温为-28℃时，巢内温度还能高达31℃，竟相差59℃！蜜蜂承受高温的能力同样令人印象深刻。当阳光高照时，马丁·林道尔（Martin Lindauer）在意大利萨莱诺附近的火山岩野地里放置一窝蜜蜂，其地表温度达70℃。只要他允许工蜂从附近的泉水中自由取水，工蜂就能使巢内温度达到适宜的35℃。

工蜂是如何做到这一点的呢？首先，作为代谢的副产品，它们能产生相当可观的热量。根据工蜂的年龄和活动、巢的温度和湿度以及一年内时间的不同，工蜂产热量有相当大的变化。但是，在多数情况下，每只工蜂在10℃时每分钟至少产生0.1卡的热量（M. Roth，1968）。假定一个中等大小的集群含有2万或更多的工蜂，每分钟应能产生数千卡的热量。

蜜蜂集群利用这一固有产出的热量，与其他若干精巧的行为方式一起，在一个比较理想的水平维持着蜂巢温度。如我们已经知道的，冬天巢内外温差比夏天时大。冷天调温的机制，首先蜂聚集成蜂丛，然后调节蜂丛的密度——根据外界温度的变化完成这一调节，外界温度下降时，工蜂靠得更近，蜂丛总大小相应变小。当巢温在18℃以下时，蜂丛开始形成，蜂丛使蜂体周围的温度升高到某一不确定的水平。当巢温降到13℃，而外界空气温度比这低很多时，大多数蜜蜂都已形成一个致密的蜂丛，如同一张温暖的活毯子包住蜂巢及其内的蜂。蜂丛的外区是由若干层蜂组成的，它们静静地头向内歇息着；构成内区的那些蜂较活跃，它们在不停地移动、吃储藏蜜，不断地摆动其腹部，进行更急促的呼吸。直接的测量显示，靠近中心这部分蜂产生大量的热，而外区的蜂起着隔热壳的作用。甚至当巢内包围蜂丛外部的空气接近冰点时，在它们的共同作用下仍可避免蜂丛内区的温度降至20℃以下。

蜜蜂在夏天的温度调节甚至更为精巧和精确。当夏天的热量使巢内温度上升到30℃左右，成年工蜂和蜂房周围的空气开始上升到其适宜温度35℃以上，此时工蜂首先扇动其翅使蜂房上方的空气流动起来并从巢入口处排出。当巢温超过34℃，上述简单降温法不再奏效，这时工蜂通过精巧的行为添加了水蒸发方式。水由一些工蜂从外面带入巢内，并以小滴形式放在各蜂房表面；另外一些工蜂在把水滴吸回到舌部后将舌伸到外面，使水形成薄膜状，从而有利于蒸发；另外一些工蜂扇动翅膀，使蜂房的湿气排出巢外。

在所有主要的社会昆虫，包括白蚁、蚂蚁、蜜蜂和黄蜂中，温度和湿度控制是一个普遍现象，并且在这些物种的最大集群中，这种控制是最高级的。其不同机制曾由威尔逊做了评述。

社会进化的可逆性

现在，我们面前已呈现了两大概念（后几

章还要补充说明）：特定情况的社会进化，最终依赖于一个或少数几个具有特性的环境因子；存在着不可预测的、数量有限的反社会因子。社会进化开始后，如果反社会压力一度占优势，那么在理论上有可能使社会物种返回到较低级的状态，甚至返回到独居状态。现在提供了至少两个这方面的例子。米琴纳观察到，外膜衍蜂属（*Exoneurella*）的异族蜂（allodap-ine bee），其社会性是不完全的，因为母蜂要出巢离开其子女一段时间。这一行为似乎是从其近缘属外膜蜂属（*Exoneura*）衍生出来的，因为这一物种的母蜂及其子女仍是群居在一起的。米琴纳还注意到，在集蜂类的原始社会物种中可能也发生了这种可逆性。从野外研究推测的最可能的选择压力，是缓解来自巢寄生物（如蚁蜂）的选择压力。第二个例子来自脊椎动物。在织布鸟类中，就像大多数其他雀形目的各类型一样，这些在森林中营巢并主要取食昆虫的物种，在习性上是独居的，或大多是领域型的。根据克鲁克的研究，这些物种是从生活在大平原、吃种子和以集群方式营巢（在少数情况集群还相当大）的其他织布鸟进化来的。

第4章　群体生物学的有关原理

在1886年，奥古斯特·魏斯曼（August Weismann）[①]形象地表达了进化生物学的中心法则：

的确，时下的民众不是全然不知查尔斯·达尔文（Charles Darwin）。如果我没有记错的话，在我们的时代，是达尔文首先唤醒了长期沉睡的世代相传的进化理论，是他给出了一个可作为该领域研究基础的纲要；尽管可能有许多细节需要补充，可能还有许多内容需要抛弃。达尔文的自然选择原理，已为我们指出了必须进入这一未知领域的航线。

继达尔文在《物种起源》中阐明规律之后，从历史角度，也许可以把社会生物学看作"未知领域"中尚待研究的新学科之一。本书前三章论及了社会生物学中推理的要素和模式。现在，我们要基于自然选择原理做更深入的分析，其最终目标是阐明社会进化各因素间的化学计量关系（stoichiometry）。当完善后，这计量关系是由一组相互制约的模型组成的；而这组模型，根据第3章的社会进化的原动力知识，可对社会组织的性质（类群大小、年龄组成）和组织模式（其中包括通信、劳动分工和时间预算）做出定量预测。

至于为了预测这样的进展可能需要采取何种形式，我们先简要评论一下进化生物学的新近历史是有益的。20世纪20年代，新达尔文主义作为达尔文自然选择理论和新群体遗传学的综合体诞生了。与此同时，阿尔弗雷德·洛特卡（Alfred Lotka）、维图·沃尔特拉（Vito Volterra）和其他人奠定了数学群体生态学的基础。当罗纳德·费希尔（Ronald Fisher）的《自然选择的遗传理论》（*The Genetical Theory of Natural Se-*

[①] 德国进化生物学家，在遗传上提出了著名的种质学说。——译者注。

lection，1930）、休厄尔·赖特（Sewall Wright）的《孟德尔群体的进化》（*Evolution in Mendelian Populations*，1931）和 J. B. S. 霍尔丹（J. B. S. Haldane）的《进化原因》（*The Causes of Evolution*，1932）出版，并在10年中完成了这一先驱性研究时，许多新概念被提出来了。而以这些概念为骨架，一门成熟的学科有可能会被建立起来。但是，进化生物学未能也不可能以这种直接的方式发展。首先，这门学科有必要经过约30年的知识加固、研究方法的创新和缓慢的前进。这一阶段的成就有时被称为"现代综合"（Modern Synthesis），或者高级一点的称呼是"进化的现代综合理论"（the modern synthetic theory of evolution）。实际上，从严格的意义上说，在20世纪30至60年代之间创立的理论，几乎没有超越20世纪20年代建立起来的理论。实际上，进化生物学的多数分支学科，包括分类学、比较形态学和生理学、古生物学、细胞遗传学和行为学，都用早期的群体遗传学的语言重新做了系统的表述。这一阶段的最大成就是，通过出色的试验研究，研究人员阐明了生物种内遗传变异的本质和物种繁殖方式。虽说其他方面也得到了阐述和扩展，但根据"现代综合"的某些新解释，如"适合度""遗传漂变""基因迁移"和"突变压力"等却有误解和误用现象。似乎利用这些概念就可解决许多问题，而实际上几乎什么问题也没解决。进化论随后的停滞不前是不可避免的，这时的学者越来越信赖少数几篇权威论文，而其中的每一篇，都是在各自的领域以不同变换的形式用不可思议的遗传语言写成的。因此，几乎整个一代的年轻进化学者（大体是在1945—1960年发展成熟的一代）都把自己与生物的中心理论，即生物进化论切断了。首先，他们还没有抓住理论和经验之间的真正关系，宁愿迷信权威而不愿通过改变这一中心理论而推进科学的发展。在进化生物学的新时期（起始于20世纪60年代），进化学者试图创造一种理论，以便在生态和进化的时间内预测特定的生物学事件。这一伟大的任务要求在态度上和工作方法上做出非常深刻的改变，以至于可以把它恰当地称为"后达尔文主义"。其最后的成功还不能预测，但几乎可以肯定的是，未来的社会生物学将会为此做出巨大的投资。如果要对其内容做个预告的话，我们可以简要论述如下：现代的理论群体生物学以例证的方式强调社会生物学的应用。这个论述要求的基础有：普通生物学中提供的进化论和遗传学的基础知识，数学中的概率论和微积分基础知识。

微进化

有性繁殖的过程创造了每个世代的新基因型，但其本身并未引起进化发生。更准确地说，有性繁殖的过程创造了基因的新组合，但未改变基因的频率。如果在最简单的情形下，同一基因座上有两种等位基因 a_1 和 a_2 的频率分别为 p 和 q，并且它们发生在孟德尔群体内（群体内的有性繁殖是随机的），那么依定义 $p+q=1$，二倍体基因型的频率可用二项式展开如下：

$$(p+q)^2=1$$
$$p^2+2pq+q^2=1$$

其中 p^2 是 a_1a_1 个体（a_1 同型合子）的频率，$2pq$ 是 a_1a_2 个体（杂型合子）的频率，q^2 是 a_2a_2 个体（a_2 同型合子）的频率。上述结果通常被人们称为"哈迪-温伯格定律"(Hardy-Weinberg Law),其实还可以用更直观清楚的方式得到:因为有性繁殖是随机的,获得a_1a_1个体的概率是a_1精子和a_1卵子两个频率的乘积,即$p \times p = p^2$;同理,产生a_2a_2个体的概率必然是$q \times q = q^2$;杂型合子的产生是以p精子与q卵子结合(产生a_1a_2个体),再加上q精子与p卵子结合(产生a_2a_1个体),总计为$2pq$。这一结果每一代都相同。因此,有性繁殖可使个体产生具有不同基因型的后代——全都可与自己相似但与自己不同。然而,这一过程并不会改变基因频率,即这一过程确实没有引起进化。

微进化(最轻微、最基本的进化形式)是由基因频率的变化引起的。通过试验和野外研究,已知微进化是由下列5个作用因子中的1个或有关组合引起的,这5个因子是:突变压力、分离畸变(减数分裂驱动)、遗传漂变、基因流动和选择。现简要分述如下。

突变压力(mutation pressure):由于a_2突变到a_1的突变率高于由a_1突变到a_2的突变率,所以减少了a_2并增加了等位基因a_1。因为在大多数情况下,每一个体(或细胞繁殖一个世代的)的突变率为10^{-4}或更低,所以突变压力不可能同其他进化力竞争;而这些进化力与突变压力相比,改变基因频率的速率要高出数个数量级。

分离畸变(segregation distortion):杂型合子个体a_1a_2产生不等量的配子a_1和a_2。分离畸变(也称为"减数分裂驱动")可由形成配子时细胞分裂的机械效应引起。在这里,形成配子时,一种等位基因比另一种等位基因更有利(或相反)。但是,要靠配子选择(即在减数分裂的染色体数目减半和合子形成之间这一阶段的自然选择形式)来辨别分离畸变过程是很困难的。真正的分离畸变发生的机会很少,而且在进化上也不太重要。

遗传漂变(genetic drift):抽样误差引起的基因频率变化。为了对其含义有一个直观的了解,我们来做如下简单的概率试验。假定一个大袋子中的黑弹珠和白弹珠恰好各占一半,要求我们从袋中随机取出10个弹珠作为一个样本。尽管袋中黑弹珠与白弹珠比例为1:1,但我们不能期望每次都恰好是5黑和5白。事实上,根据二项式概率分布可知获得这一理想比例的概率只有:

$$\frac{10!}{5!5!}\left(\frac{1}{2}\right)^{10} = 0.246$$

但是,在取10个弹珠时,取的弹珠全是黑的或全是白的概率就更小了,为$2(1/2)^{10} = 0.002$。这一试验,与小群体有性繁殖个体的抽样类似。在一个2-等位基因的孟德尔系统中,具有N个亲本个体的稳定群体产生大量配子,其配子的等位基因频率紧密地反映了亲本的等位基因频率;这个配子库就类似于弹珠袋。从配子库中抽取$2N$个配子以形成下一代N个个体。如果$2N$足够小,且抽样没有受到其他作用力(如选择)的过分偏离的话,那么等位基因a_1和a_2的比例(与黑弹珠和白弹珠的比例类似)仅仅由于抽样误差,就会在世代间发生相当大的变化。在小自然群体中,封闭社会类进化中的遗传漂变有效时,理论上存在三种情况。一是在连续漂变(continuous drift)中,群体大小始终保持小的时候,则每代的抽样误差是有效的。二是在间断漂变(intermittent drift)中,群体大小只是偶尔减少到足够小的数量而允许漂变发生。下面两种减少的方式是有效的:(1)如果死亡率在群体大小减小期内是随机的，则只凭机会成活的样本可能拥有不同的遗传组成（"瓶颈效应"）；（2）如果至少超过2代群体大小是小的情况，则会开始连续漂变。三是奠基者效应（founder effect）：新群体往往由少数个体开始，这样一些新群体只携带亲本群体的一部分遗传变异，因此它们与亲本群体不同。如果决定哪些基因型个体应包括在奠基者中是由机会决定的话（机会确实在起作用），那么新群体会倾向于与亲本群体不同，各新群体也不相同。奠基者效应（也称奠基者原理）在物种起源中具有潜在重要性。

现在我们考虑大体估算遗传漂变效应的方法。我们感兴趣的是，某一等位基因a（其相反的等位基因为A）在一个世代中偶然产生的变化量Δq。因为这里涉及的是统计而非确定的过程，所以有必要计算具有相同大小的许多群体的Δq的分布。如果这种分布是真正随机的，那么这些群体Δq的平均数应等于0，因为Δq在正方向（有关等位基因频率的增量）之和在绝对值上等于Δq在负方向（有关等位基因频率的减量）之和。每一个群体有一个Δq，当我们把所有群体的Δq相加时，各增量之和应等于各减量之和，从而其总和为0。然后，我们感兴趣的是用方差测量的Δq在所有群体中的分散程度。q呈二项式分布，二项式样本围绕q的平均数的方差等于pq/N，其中N是样本大小。在孟德尔群体的情况下，N个个体是由2N个配子形成的。这个2N是样本大小，因为我们涉及的是2N个等位基因，其中等位基因A和a频率分别为p和q。所以：

一个世代中Δq的方差 $= \dfrac{pq}{2N}$

一个世代中Δq的标准差：

$$\sigma_{\Delta q} = \sqrt{\dfrac{pq}{2N}}$$

根据概率的中心极限定律，当N很大时，Δq就成为平均数为0、标准差为$\sigma_{\Delta q}$的正态分布。当你查正态分布表时就会发现：在量值上，有2/3的可能Δq小于$\sigma_{\Delta q}$，在数百次试验中约有一次Δq大于$3\sigma_{\Delta q}$。注意，上述数值是遗传漂变所能造成的最大值，因为我们是根据没有其他进化力作用的模型计算出来的。在实际群体中，其他的进化因子通常（不是永远）都很重要，并且依这些因子的作用强度成比例地削弱遗传漂变的效应。所以，这个模型给出的是由于遗传漂变而进化的上限估值。

现在我们应该清楚，在基因频率随机变化的过程中，为什么遗传漂变是一个特殊的因子。随机漂变的进化，意味着对任何给定的群体都不可能预期其进化方向。如果让给定群体继续繁衍若干代，则基因频率是随机变化的，而不能期望出现某一特定值。从一代到下一代的这种随机变化，在概率论中称为随机游动（random walk）。任一给定等位基因的最终命运，正如图4-1所示，或丧失（q＝0），或固定（q＝1）。

遗传漂变的一个最重要的结果是，群体中杂型合子性的丧失。赖特已经推出下列法则：当缺乏其他进化力（选择、突变、迁移和减数分裂驱动）时，每世代每基因座约以1/（4N）的速率进行着等位基因的固定和丧失。这一函数的用处在于，它指出了等位基因固定和丧失速率的大小。所以，任一给定基因固定或丧失的时间，平均来说，大体为4N个世代。

就随机波动的潜在性而论，什么是"大"群体和"小"群体呢？利用已经给出的公式，我们可以对此有个初步的直观概念。

a. 小群体（small population）。如果 N 约为 10 或 100，那么等位基因丧失的速率是每世代每基因座约为 0.1 或 0.01；$\sigma_{\Delta q}$ 就等于（0.1）pq 或大于（0.1）pq。显然，在这样小的群体中遗传漂变是具有潜在意义的因子。

b. 中等群体（intermediate population）。如果 N 约为 10 000，那么等位基因丧失的速率至多是每世代每基因座 10^{-4}；$\sigma_{\Delta q}$ 可以达（0.01）pq。如果让这样大小的群体随机繁殖，则遗传漂变只以温和缓慢的程度引起微进化。

c. 大群体（large population）。如果 N 等于 10 万或更大，则最大的潜在的基因丧失的可能性就可忽略不计，而现在 $\sigma_{\Delta q}$ 只约为（0.001）pq。这样小的随机抽样误差，实际上可以由其他进化因子的作用而抵消。

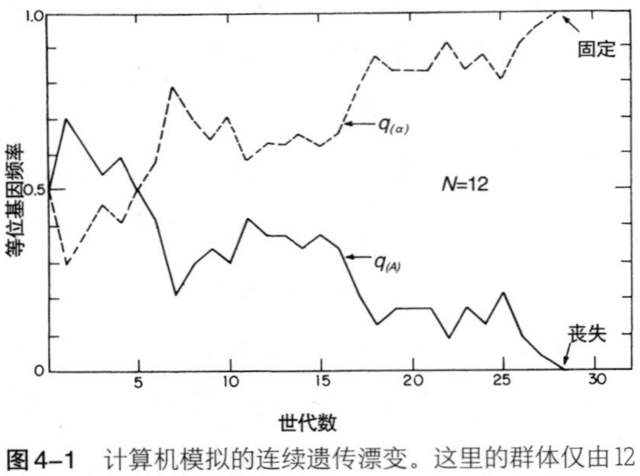

个重要因子。在过去，正在消亡中的物种或亚种的群体（如欧洲野牛和北美黑琴鸡）降至只有数百或数十个个体时，存活率和可育性存在着明显的下降，这一效应归因于通过"近交"，即遗传漂变，使有害基因增加。局限于生活在小岛的动植物物种的消亡速率，要高于生活在大陆有关物种的消亡速率。这一"进化困境"的效应已部分归因于遗传漂变，但作为小岛共有的其他特征，即较小的群体大小和有较大的特化倾向可能更重要。

由于血缘交配的近交有减小有效群体规模的效应，因此近交也能引起遗传漂变。相应地，如果我们把血缘上相同的两个等位基因与在二倍体个体中的概率结合，测量近交程度的话，那么由绝对群体大小很小的群体所引起的遗传漂变就会增加近交发生率。因此，遗传漂变、血缘性和近交是相互统一的过程。由于它们在社会进化中十分重要，在本章后面的部分我们还会特别加以关注。

基因流动（gene flow）。除选择之外，改变基因频率的最快方式当属基因流动：即遗传上不同个体的类群迁移到另一个群体的现象。假定一个群体（用 α 代表）的某一等位基因频率为 q_α，另一群体用（用 β 代表）同一等位基因频率为 q_β，在下一代 α 群体从 β 群体接受的个体数占其自身个体数的某一分数 m。群体 α 某等位基因频率可能改变到一新值。群体中的非迁移体部分某等位基因频率（q_α）乘非迁移部分个体占的比例（$1-m$），加上迁入体同一等位基因频率（q_β）乘迁移部分个体占的比例 m。于是，这一改变的等位基因频率（q'_α）为：

$$q'_\alpha = (1-m)q_\alpha + mq_\beta$$

图 4-1 计算机模拟的连续遗传漂变。这里的群体仅由 12 个个体（$N = 12$）组成，结果导致了等位基因a的固定和等位基因A的丧失。一般来说，群体越小，通过遗传漂变使等位基因固定或丧失也越快（引自威尔逊和波塞特）。

总之，对英国麻雀和银鸥这样一些优势物种，在当今的进化中，遗传漂变不是一个重要因素；但对于美洲鹤（群体约有 57 只）和北美象牙啄木鸟（群体不足 20 只），随机漂变是一并且，在一代中变化的量是：

$$\Delta q = q'_\alpha - q_\alpha = -m(q_\alpha - q_\beta)$$

在上式中，只要插入几个假想的且是合理的（$q_\alpha - q_\beta$）和 m 的值，并注意到 Δq 的结果，我们就能明白：（两群体）只要有一个小的基因频率的差异（其量值往往是半隔离群体间或社会类群间基因频率的差异）和适度的个体迁移，等位基因频率就会有明显的变化。通常可分为两类基因流动：物种内地理隔离的群体间或社会间的基因流动，种间杂交。前者几乎普遍存在于有性繁殖的动植物物种中，并且是地理变异模式的主要决定因素；后者发生在正常的物种隔离壁垒被打破的时候。种间杂交偶尔发生，但基因频率的变化实际上是快的。虽然物种间基因流动比物种内基因流动机会要少得多，但由于在正常分离的物种间存在大量的基因差异，所以其每代的效应较大。

选择（selection）。无论是人们有目的地对群体进行人工选择，还是无处不在的超越人们意识干预的自然选择，选择在进化中是压倒一切最重要的力量，并且是长期对基因进行组合并将特定的一些基因组合维系在一起的唯一力量。选择被简明地定义为：基因型在表现型上的差异（经选择后）在相邻世代间引起的基因型相对频率的变化。在自然条件下，竞争引起的这种基因型相对频率的变化有多种原因：不同基因型直接竞争的能力不同，在寄生物、捕食者和物理环境改变侵袭下的存活率不同，繁殖能力不同，渗透到新生境的能力不同，等等。优异个体或优异类型的产生意味着适应（adaptation）。适应的各种方式，加上在恒定环境下的遗传稳定性和在波动环境下产生新基因

型的能力，就构成了适合度分量（components of fitness）。自然选择只意味着一种基因型比另一种基因型增长速率更快，用群体增长的常用符号表达为 dn_i/dt（n_i 增长的瞬时速率）随基因型 i 而变化。在这方面，绝对增长速率是没意义的。尽管所有被测试的基因型相对速率具有不同程度的增加或减小，但其绝对速率却可以是同时增加或减小的。自然选择作用于由突变创造出的遗传变异，是形成了物种的全部特征（性状）的动因。

选择力可用若干完全不同的方式对变异群体发生作用，其基本模式如图4-2所示。横轴表示表现型变异，在图中呈正态分布，纵轴表示个体频率。在连续变异性状（如大小、成熟期和智力）中，正态分布是常见的，但不是绝对的。稳定选择（有时称最优化选择）是使两极端个体消失的非均衡选择，其结果是减小了方差；而分布"收缩了其裙边"（如图4-2左边一对图所示）。这一选择模式发生在所有群体中，通过突变压力、重组，也许还通过迁移的基因流动使每代的方差增大；而稳定选择不断地把方差减小到最适应局部环境的最适"正态"状态。平衡遗传多态现象（不同于社会职别多态现象），有时受到一类很简单的特定的稳定选择的影响。在一个简单的2-等位基因系统里，杂型合子 $a_1 a_2$ 对同型合子 $a_1 a_1$ 和 $a_2 a_2$ 都具有优势，因此，每一世代的同型合子都减少，但是基因频率仍不变，并且在选择发生作用之前，每代的二倍体频率都以哈迪-温伯格平衡时的频率在重复发生。真正的歧化选择（往往称为多样化选择）是一种较罕见的现象，或者至少人们还不够了解。歧化选择沿着表现型尺度可出现两个

稳定选择　　　　　　定向选择　　　　　　歧化选择

选择开始

选择之后

图4-2　对表现型性状的群体频率分布的不同部分进行不利选择（↓）和有利选择（↑）的结果。频率分布曲线不同点的高度代表群体中个体的频率，横轴代表表现型变异。每对图的顶部图表示选择开始时的模式，底部图表示选择后的模式。

或更多个"正态"状态，也许是拥有同一基因型的个体更偏爱相互交配造成的。最近的试验证据表明，歧化选择偶尔还可能创造出新物种。定向选择（有时称为"能动选择"）是使生物逐渐进化的基本选择模式。

　　由自然选择引起进化的讨论，还往往进入了如下循环：较适应的基因型是留下较多后代的基因型，这些后代由于遗传与其祖先相似，留下较多后代的基因型具有更大的达尔文适合度。以这种方式表述，则自然选择不是机制，而只是对历史的重述。通过这一重述我们不能预测未来，但我们必须等待，以便观察哪些基因型在未来是更适应的。麦克阿瑟已经指出，群体遗传学的某些基本规律是相当烦琐的重复，这种重复可转换成下列方程，其中 n_x 是群体一特定等位基因 x 的数目，N 是该基因座的全部等位基因数，等位基因 x 的频率是 $p_x = n_x/$

N，根据定义：

$$\frac{d_{px}}{dt} = \frac{d}{dt}\left(\frac{n_x}{N}\right) = \frac{N\,(dn_x/dt) - n_x\,(dN/dt)}{N^2}$$
$$= \frac{n_x}{N}\left\{\frac{dn_x/dt}{n_x}\right\} - \frac{n_x}{N}\left\{\frac{dN/dt}{N}\right\}$$
$$= p_x[r_x - \bar{r}]$$

　　r 是适合度，其定义分别由以上方程的左、右大括号的表达式给出。特别地，根据定义，整个群体的等位基因以如下速率产生：

$$\frac{dN}{dt} = \bar{r}N$$

和

$$\bar{r} = \frac{dN/dt}{N}$$

其中 $\bar{r}$ 是同一基因座所有等位基因增加的平均速率。等位基因 x 以如下方式增加：

$$\frac{dn_x}{dt} = r_x n_x$$
$$r_x = \frac{dn_x/dt}{n_x}$$

在同一基因座上不同等位基因的增加具有不同速率的这个定义，使得通过自然选择的进化论具体化了。赖特的适应峰定理可从上述方程直接推出。理论群体遗传学的其他许多理论专门涉及有性繁殖及单倍体和二倍体间交替的复杂问题。我们以后会触及其中某些专门的讨论，现在只要了解 r 为常量的表达公式就足够了。决定 r 的各作用力落在生态学的研究范围。当继续深入时，该课题就成了试验的现实课题，并在细节上是极其丰富和有趣的。典型的情况是，分析开始于从统计上解出各 r 值，推出每一基因型的个体成活率和可育率。这一过程可以很快地推进对特定的生物学现象的研究，其中包括社会行为的现象。这就是我们在这章后面要从遗传学走向生态学的桥梁。

遗传率

自然选择作用的表现型变异有4个来源：纯粹遗传的，即基于个体间的等位基因差异；纯粹环境的，即来源于个体生活期间外部环境的变异；随机-遗传的，即基于特定个体生活期间内体细胞突变引起发育上的偏离；历史的，即来自没有受到遗传物质——核酸控制的、经过二代或更多代传递偏离的细胞质性状。群体变异的后两个来源在大多数情况下可能不重要。例如，随机-遗传来源，只有当它影响的表现型紧靠发育阈值时才可能是重要的，因为这时在核酸碱基对中正常产生的互变异构体在经常变换，而其中一个互变异构体可使它影响的表现型变成另一种表现型。对基因的某些分子成分来说，这种随机-遗传活动是内在性的，不管活动如何稳定，必然发生。但

是，这种正如C. H. 华丁顿（C. H. Wadding-ton）所称的"发育噪声"在自然环境中不可能有大作为，因为其影响很容易被纯粹的遗传和环境变异淹没。变异的历史来源可能不具普遍意义，因为它们主要发生在微生物中，如细菌的生化性能、原生动物外皮和硅壳的形成。而且，它们至多只能持续数代。

因此，我们剩下了表现型变异的两个主要来源，即基于联合的显然又可分离的遗传效应（最终可基于等位基因的差异）和纯粹基于外部的环境效应。我们应当记住，选择是对表现型，而不是直接对基因发生作用。但要使进化发生，图4-2中表示的那类表现型的不同分布，至少有部分是由遗传变异决定的。如果表现型变异不是这样决定的，那么每一新世代，由于涉及的表现型在遗传上是相同的，势必会返回到选择前的分布。在特定环境条件下，在给定性状表现型的总方差中属于基因平均效应所占的那部分比例，称为该性状的遗传率（heritability），用 h^2 表示（h^2 只表示遗传率而不是遗传率的平方）。性状遗传率估算如下。一个性状的总表现型方差（phenotypic variance，V_p）是该性状在整个群体中的分散程度，是遗传方差（genetic variance，V_G）和环境方差（environmental variance，V_E）之和。这里用的方差，是各个个体值围绕其平均数的分散程度的标准测量。举个极简单的例子，假定我们有两个群体，每一群体由3个个体组成。第一群体对于给定性状的3个个体的测量值分别为0、2和4；第二群体相应的测量值分别为1、2和3。注意，第一群体和第二群体虽然有同一平均数2，但前者的分散程度要比后者的大。方差是个体值与其平均数

69

差值平方的平均数。于是，第一群体（0，2，4）的方差是：

$$\frac{(2-0)^2 + (2-2)^2 + (2-4)^2}{3} = \frac{8}{3}$$

而第二个群体（1，2，3）的方差是：

$$\frac{(2-1)^2 + (2-2)^2 + (2-3)^2}{3} = \frac{2}{3}$$

方差的优点是可以被分解成若干分量，而这些分量在相互独立时是可加的。当两个因子间确实存在相关时，则根据有关数据可估算出这一相关值，在大多数情况下是其协方差减去有关方差之和。因此，在给定性状的遗传方差和环境方差相互独立的条件下，把它们直接相加就可得到总的表现型方差。

遗传方差是影响同一性状的各基因差异引起的方差，环境方差是影响个体发育的不同环境引起的方差。广义遗传率（heritability in the broad sense，h^2_B）是遗传方差在总表现型方差中占的比例：

$$h^2_B = \frac{V_G}{V_P} = \frac{V_G}{V_G + V_E}$$

遗传率等于1意味着，群体的全部变异是基因型之间的差异引起的，而环境的影响没有对同一基因型的个体产生任何变异。遗传率等于0意味着，所有的变异都是由环境引起的，换句话说，个体间的遗传差异对被研究性状没有任何影响。遗传率是一个有用的概念，但在应用时必须慎重。注意，其大小依赖于被选择测量的性状，同一群体的不同性状的遗传率相差很大。同时也要注意，其大小依赖于群体生活的环境，同一群体（遗传组成未变）的给定性状在新环境下有不同的遗传率。而且，在简单加

性遗传情况下，可把遗传方差分解成三个部分：

$$V_G = V_A + V_D + V_I$$

其中，V_A是基因贡献给不同个体基因型的加性效应引起的方差。其中某些基因能使一些性状（如大小、攻击性或集群倾向）发育得更好，另外一些基因次之。这些基因进入每一个体组合的效应之和有助于决定性状发育的程度。这些加性基因的不同组合引起的变异就是V_A。

V_D是显性离差，即某些给定基因与同一基因座的其他基因具有显性差异引起的方差。

V_I是上位互作引起的方差，即位于不同基因座的基因相互抑制或增强的不同形式引起的方差。例如给定基因座b_1的存在可以抑制第二个基因座a_1控制性状的贡献，而b_2的存在可能并没有这种抑制作用。

从遗传方差的这三个分量，可以分离出一个更狭义的遗传率测量值，而这个值可以直接估算出发生进化的速率。这个狭义遗传率（heritability in the narrow sense，h^2_N）定义如下：

$$h^2_N = \frac{V_A}{V_P}$$

一个性状在群体中的进化速率，是以其狭义遗传率和选择过程的强度之乘积而增加的。要是更精确地表达，$R = h^2_N S$，其中R是群体的选择响应，h^2_N是狭义遗传率，S是选择过程中包含的个体数占群体个体数的比例部分决定的参数。正如马瑟（Mather）和哈里森（Harrison）在对果蝇刚毛数选择的经典试验研究中早就证明的那样，这一系统是以线性方式响应的，直至其遗传方差达到0或（更可能是）在连锁基因座上的其他基因发生改变，使得特定个体的适合度明显降低为止。图4-

3是说明遗传率和进化可塑性之间关系的一个例子。通过类似的选择试验，许多熟悉的社会行为因子已表明具有中等或更高的遗传率，它们是：类群大小和类群分散、类群对陌生者的开放性、扩散倾向和能力、开发新开放空间的难易性、攻击性和战斗能力、在权力等级系统中接受高地位或低地位的倾向、鸟类鸣声、相似或非相似个体间的交配倾向等。在缅因州的杰克逊（Jackson）实验室，研究人员对狗进行长达20年研究后得出一个基本结论：实际上每一种社会行为，都具有足够

的遗传率对选择做出快速响应。这一可塑性是人类成功创造出令人赞叹的一系列狗品种的基础，其中每一个品种，都是按特定的目的在人为设计的交配计划下选育出来的。

多基因和连锁不平衡

近年越来越暴露出经典群体遗传学模型有其缺陷：这些模型大多数建立在单基因座系统基础上，是模拟等位基因间的竞争模型。但实际的选择不是针对基因，而是针对含有千万个基因的个

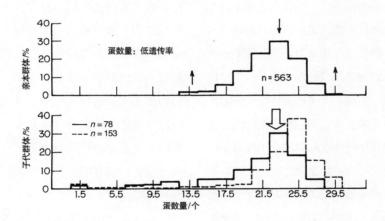

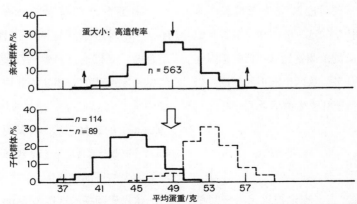

图4-3　鸡的两个繁殖性状的遗传率和进化可塑性间的关系。进行歧化选择以分离出低产类群和高产类群（引自 Lerner，1958，经修改）（此图在原书p70）。

体。对于特定的研究，纵使可严格地局限于一个性状，但这样的性状一般也是在多个基因，即在两个或更多个基因座的基因控制之下。只要这些基因座不连锁，且没有足够强的相互作用（即没有产生特别有利或特别有害的组合），那么单个基因座系统的经典理论还不会受到严重威胁。但是，当这两个条件确实存在时，就可达到稳定的连锁不平衡。这样一种平衡，正像 $a_1b_3c_2$ 代表着三个基因座的配子组合频率，而不是等位基因 a_1、b_3 和 c_2 的频率乘积。弗兰克林和列万廷最近总结了这方面的工作并得到了极大扩展，他们指出：连锁不平衡现象要比以前基于2-等位基座理论研究指出的普遍得多。当许多基因座是多态时（试验研究现已表明这是广泛存在的现象），基因座间相对小的相互作用就能产生足够紧密的连锁不平衡，从而使得整条染色体作为一个单位对选择做出响应。因此，未来的群体遗传学似乎要更多地关注整个染色体、染色体重组特性、连锁基因座间上位互作的强度和同型合子性对不同长度染色体的效应。这一分支理论有必要与1-等位基因座理论共同发展。1-等位基因座理论的简单性，在某些概念上困难的进化过程中，仍然是有意义的，例如，它可以从整体上对类群选择做出概要分析（第5章要讨论）。把1-等位基因座理论（理论群体遗传学的这一分支和大多数其他分支仍是以它为基础的）调整到这一新的基因座互作理论是未来的任务。这两个水平的理论，当提供机会时，都有待于社会生物学者去开发。

遗传变异的维持

早期的新达尔文主义理论视进化为一简单过程，借此，通过突变创造原始的遗传变异，然后，通过自然选择而检验这一变异。群体中的变异随时存在，被看作是有利的突变等位基因替代了不利的等位基因，或者是突变等位基因在低水平维持的平衡，而这个平衡点是由对等位基因的反向选择和产生的新突变决定的。我们要清楚的是，从传统意义上说，虽然所有新的遗传变异最初都来源于突变，但是要通过若干不同的过程才能使其量值达到比突变平衡时更高的水平。这些过程的效应（一般称为"遗传多态现象"）简述如下。

过渡多态现象（transient polymorphism）。一个基因座的两种等位基因可以在高频率下共存，通过自然选择以一种等位基因取代另一等位基因，需要相当长的时间。如果这两种等位基因在选择上是中性的，且它们的相对频率是通过遗传漂变而随机变化的，则它们共存的时间就更长。这种在选择上既无利又无害的基因，开始产生的数量可能很少，其中一种等位基因成为固定的机会就更少了。但只要给的时间足够长，所有的中性基因就可以构成一个大的基因库。

以下所述的其他情况，都可统称为"平衡多态现象"。

杂型合子的优势（heterozygote superiority）。如果杂型合子比两个同型合子具有更大的适合度，则仅通过自然选择使这两种等位基因消失是不可能的。事实上，一种等位基因的频率应为 $s_2/(s_1+s_2)$，其中 s_1 是相应同型合子（如 a_1a_1）的选择系数，s_2 是另一同型合子（如 a_2a_2）的选择系数。与杂型合子相比较，同型合子消失的可能性更大。

依赖于频率的选择（frequency-dependent selection）。如果选择对两种等位基因的有利性不是固定的，它们会在某个中等大小的频率达到平衡。如果寄生生物或捕食者更喜欢反复改变偏好侵害属于普通类型的猎物（对非普通类型猎物而言）时，就会发生这类选择。如果存在足够强的非选型交配时，个体偏爱选择具有不同等位基因的个体交配，也可发生这类选择。结果，稀有基因型能以较高的速率进行繁殖以增加其个体数，直至在群体中的比例不再小为止。

歧化选择（disruptive selection）。如果足够强的选择阻止中间类型的产生，则可产生遗传多态现象，或者至少在连续变异性状中可产生多态现象。在自然界，容易产生多态现象的一种机制是选型交配，在这种交配中，个体会强烈地偏爱于与自己表现型相同的个体交配。

由于迁移引起的空间异质环境（spatially heterogeneous environment with migration）。设想两个孟德尔群体相距足够远以至于有不同的环境，因此对相应环境各有一套有利的基因型，但它们之间距离也紧密到可以交换相当的个体数。这样，每个群体都存在着明显数量的不够适应的等位基因。假定两环境都相对较稳定，迁移率的变化也不太大，则会出现平衡的多态现象。

周期选择（cyclical selection）。如果选择足够强，则首先进行有利于一种等位基因，而后进行有利于另一种等位基因的周期选择，可以使群体维持平衡多态现象。一个可能的例子是，某些啮齿动物与行为性状有关的等位基因的共存现象。在这些群体中，群体密度周期中的某些密度对行为性状有利，而另外一些密度对行为性状不利。如攻击行为和迁移倾向的有利性分别发生在不同时间内。拉夫加敦（Roughgarden）对慢速繁殖和快速繁殖基因型之间的平衡已经给出了一般性理论。

不同水平的反作用选择（counteracting selection at different levels）。在不同的条件下，利他主义基因和其竞争的"自私"基因有可能维持在一个平衡多态状态中。用最简单的术语说就是，有利于利他主义的类群选择和反对利他主义的个体选择，有相似的选择强度和适当的群体结构，从而导致了具有中等大小数值的平衡频率（见第5章）。

在过去10年期间，人们利用高分辨率电泳[①]已经揭示：遗传多态现象远比遗传学家以前可能相信的普遍得多。列万廷和哈比（Hubby）在他们对果蝇的先驱性研究中发现：在单个群体中，约有30%的基因座具有两种或更多种维持在多态状态的等位基因。平均来说，群体中的每一个体约有12%的基因座是杂合的。意外发现的如此广泛的变异，是对经典理论的一个冲击。如果多态现象是通过杂型合子优势达到平衡的，那么维持如此多基因处于杂合状态需要的稳定选择，似乎首先给群体带来了难以承受的负荷。果蝇中30%的基因座，依保守估计，至少包含2 000个基因座。如何选择才能足以维持2 000个基因座的多态呢？以下模型有助于我们了解这种情况如何置我们进退两难的境地。为叙述方便，假定所有等位基因具有相等频率，且维持这一平衡，每代每基因座需要除去10%的同型合子，则每基因座减少的适合度（每基因座的"遗传负荷"）应为：

$$\frac{Wmax-\overline{W}}{Wmax}=\frac{1-(0.5\times0.9+0.5\times1)}{1}=0.05$$

式中W_{max}是杂型合子的适合度（依定义为

---

① 通过这一方法，在强电场下可分离蛋白质，然后在其停留位置被染色。——译者注

72 1），是群体中三种可能存在的二倍体基因型的平均适合度。如果有 2 000 个这样的多态基因座，那么群体的相对适合度应减少到：

$$(1-0.05)^{2000} = 0.95^{2000} \approx 10^{-45}$$

实际上，把其他任何合理的同型合子适合度和等位基因频率代入上述模型，都可以得到类似的而不可能有的遗传负荷。例如，如果每代仅消除2%的同型合子，那么适合度仍下降到10⁻⁹。为了达到这一水平的多态现象，群体就必须消亡许多次。通过对杂型合子本身的选择可以摆脱这一困境。我们可把个体当作选择对象，以代替其中数以千计的选择过程（即不将其看作独立事件）进行运算。我们有理由假定，不同基因座的基因是以有利或无利方式发生互作而产生最终结果的。事实上，许多基因座是作为多基因作用于同一性状；而许多不同的结合个体将达到稳定的连锁不平衡状态。如果这些基因座有一定比例或多于这个比例的杂型合子个体呈现杂型合子优势（像华莱士和其他学者指出的那样），那么每代只需要一套相对小的选择过程（episodes）就可维持大量的多态现象。这一过程（现已称为"截取选择"）与传统的通过等位基因间竞争的微进化观点明显不同。

说明维持如此高水平变异的第二个竞争假说认为，因为基于选择的中性基因在群体中的增加或减少是通过遗传漂变实现的，所以多态现象是过渡性的。特定突变体最终被固定的概率（速率）是 μ，这特定突变体以这个速率出现在群体中。一旦产生单个的突变基因，它在基因座上恰好占全部基因的1/（2N）。因为它是中性，所以在将来具有2N个个体的群体中，其后代被固定的概率与其他所有基因一样都是相

同的。换言之，特定中性突变体的后代被固定（而其他所有基因都消失）的概率是1/（2N）。由此可得出，在一给定世代中产生的某一中性基因被固定的概率，是产生的中性突变基因的总数（2Nμ）乘某一特定基因被固定的概率1/（2N），这个乘积就是μ。而且两成活突变体产生之间的平均间隔是1/μ。这些计算结果与一些蛋白质（如血红蛋白、细胞色素c和血纤维蛋白肽）中的氨基酸替换速率的估值是一致的。将其扩展到其他的酶系统，从而扩展到许多基因座，中性等位基因的遗传漂变可以说明群体中许多已被观察到的遗传变异。不管变异是否确实存在，不管变异是主要地还是完全地建立在平衡多态现象的基础上，这都是未来不易解答的问题。

表现型偏离体和遗传同化作用

研究社会进化的学者专门涉及一些稀有事件，这些稀有事件能为小部分群体提供非同寻常的机会进行更新。因此，这也许增加了群体的适合度并很大程度影响到物种的未来。遗传学者发现了这样一个现象，群体中出现了表现型偏离体（phenodeviant），即群体中有规律地出现稀有畸变体，是个体常见基因分离出某些稀有组合的结果。例子包括果蝇翅的假性膨大和横脉缺失或缺陷、鸡的曲趾和哺乳动物的糖尿病。当对原种的某一另外性状进行强度选择或近交（这两个过程通常达到同一效果）时，上述性状往往大量出现。这些性状是高度可变的，刻意选择可进一步改变它们的外显率和表现度。表现型偏离体的出现一般是遗传负荷的一部分，会减缓其他性状的进化。然而，很显然，它们也可能代表进化新分支的潜在起点。

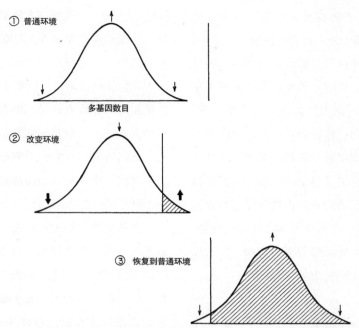

图4-4 如果环境变化使某些极端个体以前隐藏的遗传潜能得以表达（发育一新性状），则发生了遗传同化作用。①普通环境绝未让新性状发育，②当改变环境时，有少数个体发育出新性状。如果由此"暴露"的性状增加了适合度，具有这种潜能的基因型在改变的环境中就会增加。甚或如果环境回到原来的状态，群体中的大多数个体可以进化到同时产生该性状，如③所示。

与表现型偏离体紧密相关的，是被华丁顿称为"遗传同化作用"（genetic assimilation）的特有的关联事件。图4-4表示的是个极为理论化的例子。假定在每个世代都有少数个体具有稀有基因组合，它们在某些环境下具有发育某一性状的能力，但是在普通环境下该物种并没有发育该性状的条件。当环境经过足够长时间的变化，最后使物种的某些成员得以表现该性状时，该性状就提高了适合度。在此新环境下，提供这种潜能的基因也成比例地增加，经过一段时间后变得很普遍，使得大多数个体含有足够数量的这些基因，甚至在旧环境下也能发育该性状。如果环境回到原来的状态，那么所有的或相当数量的个体仍然会同时发育该性状。乍看起来，遗传同化作用似乎正好是拉马克主义的典型形式，但实际不然。

回溯到1896年，詹姆斯·马克·鲍德温（James Mark Baldwin）就认识到，在不同环境中向特定方向发育的能力受遗传控制，因此这是在严格的达尔文主义意义上的进化。

行为，尤其是社会行为的任何类型的表现型性状，是发育上可塑性最大的，所以在理论上也最易通过遗传同化而进化。行为尺度，诸如在一个物种内从领域行为到权力等级系统之类的行为尺度，在环境改变之初可由少数个体往一定方向变化而决定。如果环境变化极有利于这些基因型，物种作为一个整体就可往这个方向改变而加以固定。如，蝴蝶鱼科大多数物种的习性是有特定领域的。但钻嘴鱼（Chelmon rostratus）和马夫鱼（Heniochus acuminatus）却是由权力等级系统组织起来的鱼群（Zumpe,

1965）。其他有关鱼群物种的行为在这两个极端之间。因为这两个极端行为的区别是表面的，所以不难想象一种行为是如何进化到另一种行为的。特别是如果具有不同发育潜力的基因型处在有助于遗传同化作用的自然选择条件下，更是这样。如果同一物种的各成员彼此模仿较明显，这一过程就可进一步得到强化。在鸟类和灵长类中观察到的这类文明创新，可能是遗传同化作用的第一阶段（假定这种创新具有遗传基础的话）。最后，对于大多数可塑性物种，其中包括人类，在较高级智力发育中，有可能要重复经历遗传同化作用的各个阶段。

近亲交配和血缘关系

大多数社会行为的类型，其中也许包括所有的最复杂形式的行为类型，都是建立在某一血缘关系基础上的。通常，一类型成员间的遗传关系越紧密，其成员间的社会联盟就越稳定和精细。与此相关联的是，类群越稳定和紧密，且类群越小，则类群的近交现象就越普遍（同理，近交程度越大，则遗传关系越紧密）。如此，近交可促进社会进化，但它也减少了群体的杂合性，以及与杂合性有联系的适应性和表现。因此，在对任何社会的分析中，尽可能精确地测量近交程度和相关程度是很重要的。

在群体遗传学中常用的，由赖特开始提出的有关血缘关系的三个测量值如下：

近交系数（inbreeding coefficient）。用符号 F 或 f 表示的近交系数，是在一给定个体中的两个等位基因在血缘上相同的概率[①]。只要一个个

[①] 两个等位基因在血缘上相同，是指往过去追溯到某个不远的世代，它们是同一个基因的复制基因。——译者注

体的 f 大于 0，就说明该个体具有一定程度的近交，其双亲在"相对近的"过去某一世代具有一共同祖先。之所以用"相对近的"限定，是因为我们必须认识到，只要往过去追溯足够远，孟德尔群体的所有成员都会有一共同祖先。如果涉及的两个等级基因在血缘上相同（因为是由一共同祖先的一个等位基因遗传下来的），则它们就叫"同合子"（autozygous）；如果在血缘上不同，则称为"异合子"（allozygous）。

血缘系数（coefficient of kinship）。血缘系数是指从两个个体的同一基因座中随机抽出的一对等位基因是同合子的概率，也称"血亲系数"（coefficient of consanguinity）。血缘系数和近交系数在数值上是相同的. 血缘系数是指从一个世代的双亲中随机抽出两个等位基因（即双亲中各抽一个），而近交系数是指在一个子代个体中结合后的等位基因。血缘系数一般用 f_{IJ}（或 F_{IJ}）表示，其中I和J（或其他下标）指两个有关的个体（如双亲）。

相关系数（coefficient of relationship）。相关系数是指在两个个体中的全部基因座经过平均后含有血缘上相同的基因所占的分数或比例，用 r 表示。它可以从前述的两个系数直接推出，这点随后会解释。

现在，我们直观地推出近交系数和血缘系数的计算公式。图4-5用来推导通过半同胞（B和C）交配产生子代（I）的近交系数，B和C两个个体通过具有一个共同亲本（A）而彼此联系。图中雌性和雄性个体分别用圆圈和方块表示，而等位基因用小写字母（a，a'，b，b'）表示。个体I的近交系数计算如下。图中表示的是只从共同祖先（A）接受了基因的个体。a和b概率都为1/2，因为在B有关基因座的等位基因

中a占1/2，所以B配子中的1/2会传给I。a'和b'的概率也都为1/2，因为一旦一个等位基因a被随机抽取，则第二个等位基因a'被随机抽取的概率，与第一个一样，也是1/2——这是假定了A本身不是近交体，所以开始时不可能有两个血缘上相同的基因。a'和b'在血缘上相同的概率是1/2，因为a在有关基因座中占有的等位基因数为1/2，所以个体C中的1/2的配子数会传给I。b和b'在血缘上相同的概率是B和C的血缘系数，也即I的近交系数。因为b＝b'，所以当且仅当b＝a＝a'＝b'时，个体B和C的血缘系数或个体I的近交系数是刚指出的三个概率的乘积：

$$f_{BC} = f_I = 1/2 \times 1/2 \times 1/2 = 1/8$$

注意，在图4-5中，如果从一亲本出发经过共同祖先再回第二个亲本这条通径（B<u>A</u>C，其中共同祖先的下面画了一条横线）数出个体数（3），则这个个体数3，就是概率1/2必须自乘的次数。这个简单的步骤就是通径分析（path analysis）的基础，通过通径分析甚至能把更为复杂谱系中的近交数计算出来，由每一共同祖先组成的每一可能通径都可分别追踪得到，近交系数就是由每条可能通径求得的概率之和。图4-6分析的三种复杂情况，就用了通径分析技术。

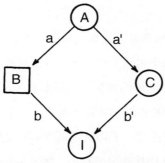

图4-5 半同胞（B和C）交配产生的个体（I）的谱系，个体I近交系数计算的解释见正文。

如果共同祖先本身是近交个体，则分析必须有所变通。如果共同祖先（A）的近交系数指作f_A，那么从它随机抽两个等位基因，是同合子的概率是$1/2（1＋f_A）$，最终后代的近交系数（或至少一条分离通径贡献给后代的近交系数）是：

$$f_I = (\frac{1}{2})^n (1-f_A)$$

式中n，如以前一样，是通径上的个体数。

现在，相关系数的含义就更清楚了。在缺乏显性和上位的条件下，两个个体I和J的相关系数，表示这两个个体的血缘系数（f_{IJ}）和这两个个体的近交系数（f_I和f_J）的如下关系：

$$r_{IJ} = \frac{2f_{IJ}}{\sqrt{(f_I+1)(f_J+1)}}$$

如果两个个体没有任何程度的近交，即$f_I = f_J = 0$，则它们的关系系数r_{IJ}是它们的血缘系数的2倍。但如果每一个体都是完全近交体，即$f_I = f_J = 1$，则r_{IJ}等于其血缘系数。假定两远交个体的$r_{IJ} = 0.5$，这就意味着，当考虑到所有基因座（或至少是个大样本）时，个体I中有1/2的基因与个体J中1/2的基因在血缘上是相同的。之后，如果我们只考虑一个基因座，则从I抽一等位基因和从J抽一等位基因在血缘上相同的概率（这个概率是r_{IJ}，即血缘系数）如下：从I抽到血缘相同基因的概率1/2乘以从J抽到血缘相同基因的概率1/2，即为1/4。换句话说，$r_{IJ} = 2f_{IJ}$。相反，假定I和J是完全的近交个体，在这种不太可能的情况下，在I和J中所有成对的等位基因都是同合子，结果由I和J共有的在血缘上相同的等位基因的概率，与它们共有的在血缘上相同的基因座的概率相等；

75

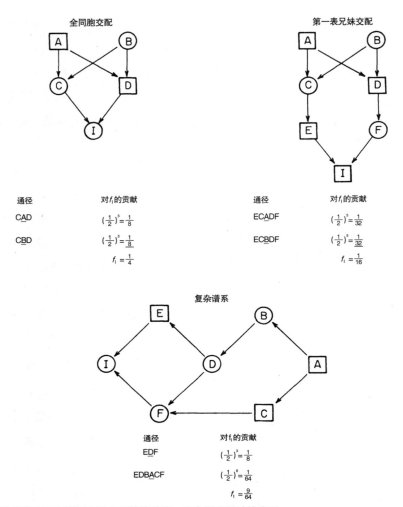

图4-6 通径分析和在三个谱系中近交系数的计算，正文解释了计算步骤。

如果I中50%的等位基因与J中50%的等位基因在血缘上相同，那么它们50%的基因座在血缘上也是相同的，而另50%的基因座在血缘上全然不同，因为所有的基因座为同合子。

　　缺少谱系信息时，人们通过利用各个体血型和其他表现型性状的相似性以及迁移的信息，可以间接估算血缘系数和相关系数。马勒科特（Malécot）指出，在基因流动具有固定速率的群体系统内，从不同群体抽出的两个体间的平均血缘系数随着个体间距离（d）的增加而呈指数下降（马勒科特定律）：

$$f(d) = ae^{-bd}$$

　　式中a和b为适当的常数。今泉（Imaizumi）等和摩尔顿（Morton）等已对该结果做了扩展和进一步的概括。迁移指数（b）反映了群体内和群体间的基因流动速率。上一结果的另一种表达是，平均血缘系数随着群体的黏滞性减小或分散放缓而减小。图4-7是来自人类群体数据说明马勒科特定律的例子。

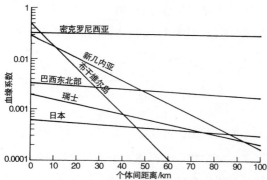

图4-7　不同人群的血缘系数随着距离增加而呈指数下降。下降最多的是相对隔离的活动范围较小的新几内亚和布干维尔岛[1]的人群，下降最少的是高度迁移的密克罗尼西亚[2]的人群（来自Friedlaender，1971；根据今泉和摩尔顿，1969）。

当群体被分割，黏滞性增加时，毗邻个体间的血缘系数就会增大。由于血缘上相同基因的存在，协作的甚至利他主义的行为更能使个体受惠，因此社会进化的可能性增加。然而，当黏滞性增加时，使个体和局部类群的适合度逐渐减小的边界效应也发生了，因此社会进化会逐渐倾向于停顿。近交增加时，同型合子重组的频率增加而杂型合子重组频率减小，从而使可能的二倍体类型的变异分布更为分散平坦。更正确地说，在无显性情况下，一局部群体内的遗传方差与近交系数的关系为：

$$V_f = V_o(1+f)$$

公式中，V_o是无近交时的遗传方差。存在显性时，上述关系更为复杂。我们可把一个群体凝聚成一些小的、半隔离类群，根据其具有的效应来检测近交。如果经过一段时间后我们测量每一类型的遗传方差（考虑到迁入、迁出和消亡的基因型），就会发现每一类型的方差与

把它作为随机交配群体时所测的方差相比要小。但是，这些小群体彼此间又如此不同，以至于如果我们把它们作为一个完整群体测量其方差（如下面公式给出的），得出的结果就要比另外类似的随机交配群体的方差大。群体可以用这种方式细分，也可以通过阻止基因交换的物理壁垒等外力细分。通过外力隔离（细分）出一些亚群（现称为属于一个更大群体的一些亚群，或称为属于一个"超大群体"的一些群体）时，这些亚群的等位基因频率倾向于趋异。趋异的原因有二：一是遗传漂变（亚群成员数量为100或更少个体时其潜在效应最大）；二是各亚群不可避免的所处环境差异发生的自然选择。其结果是增加了对所有亚群测得的遗传方差。亚群趋异和基因型方差之间的正确关系，首先是由瑞典数学家S. 华伦德（S. Wahlund）于1928年推得的，通常称为华伦德原理：

$$\bar{p}^2 \equiv \bar{p}^2 - V_p$$

式中V_p是对于所有亚群给定等位基因频率（p）的方差；$\bar{p}^2$是如果所有亚群合并且其成员进行随机交配一代后，所期望的哈迪-温伯格平衡的一种同型合子频率；$\bar{p}^2$是各亚群这种同型合子的实际平均频率，定义如下：

$$\frac{n_1 p^2_1 + n_2 p^2_2 + \cdots + n_k p^2_k}{n_1 + n_2 + \cdots + n_k} = \bar{p}^2$$

式中n_1，n_2，…是每个亚群的个体数，p^2_1，p^2_2，…是相应亚群处于哈迪-温伯格平衡时这种同型合子的频率。当然，这些关系只有在每个亚群都进行随机交配和亚群间进行真正隔离的情况下才能成立。存在近交时，如前所述，同型合子频率还会进一步上升。如果亚群间存在基因流动，则它们之间的差异缩小，基因频

①　所罗门群岛中最大的一座岛。——译者注
②　西太平洋菲律宾以东诸岛的合称。——译者注

76

率的结合方差减小，同型合子的总频率依华伦德原理下降：

$$\overline{p}^2 \equiv \overline{p}^2 - V_p$$

在分析社会群体的结构时，这一关系值得特别注意。封闭的社会类群形成一些半隔离亚群；它们的基因频率由于随机偏离和对局部环境适应而不同。与一个类似的远交群体（杂型合子频率为 H_o）相比较，在任一给定世代的近交，其杂型合子频率（H_f）会减小，减小的量恰为近交系数（f）：

$$H_f = H_o(1-f)$$

例如，如果近交限制到第一表兄妹（$f=1/16$），则如哈迪-温伯格平衡所预期的，其杂型合子频率应为 15/16。杂型合子减少的第二个方式是遗传漂变，这种杂型合子随时间减少可用一个相当简单的函数表示，以下是推导的方法。如果从（$t-1$）代由 N 个个体组成的群体中随机抽取两个配子，并用来构成下代（t）N 个个体中的一个个体时，我们要问：这两个配子在给定基因座为同合子等位基因的概率为多少？这个概率是如下两个概率之和。第一个是，在产生的 $2N$ "种" 配子中的任何两个配子，是某一个体同一同源染色体上同一基因座上的同合子等位基因（不一定结合成同一合子）的概率；这个概率是 $1/(2N)$。第二个是配子的剩余部分 $[1-1/(2N)]$，由于它们在血缘上相同，随机抽取两个配子为同合子等位基因的概率由定义可知是 f_{t-1}，即（$t-1$）代的近交系数。这两个概率之和 f_t，根据定义，是 t 代的近交系数：

$$f_t = \frac{1}{2N} + (1-\frac{1}{2N})f_{t-1}$$

因为 H_t（任选世代 t 的杂型合子频率）是 $H_o(1-f_t)$，又因为 H_{t-1}（$t-1$ 代的杂型合子频率）是 $H_o(1-f_{t-1})$，所以可把上式重写为：

$$H_t = (1-\frac{1}{2N})H_{t-1} = (1-\frac{1}{2N})^t H_o$$

换句话说，每代杂型合子频率减少的量恰等于一个分数——群体大小的倒数。这一基本结果对于完全随机交配（其中包括自交的可能性）也成立。消除后一个条件时，公式会变得更为复杂，但结果还是十分接近的。在许多封闭社会类群，若个体数在 100 左右（或更少），在延续数代时，使杂型合子频率减少的显著因子便是遗传漂变。

由于群体大小有限，纯偶然的同合子等位基因的结合可看作近交形式。在群体内有血缘关系个体间的更易交配性（传统意义上的近交），可以看作按继代相传的等级系统界定群体内分界不明的一些亚群。根据同合子性的知识，用下列方法可得到总近交度的估值。在第一代随机抽到两个异合子等位基因的概率是 $[1-1/(2N)]$；如果 N 个个体的群体经过 t 代得已固定，则异合子的概率为 $[1-1/(2N)]^t$。近交时获得两个异合子等位基因的概率是（$1-f$），其中 f 是近交系数。因此，近交后代在一次抽取中就获得两个异合子等位基因的总概率是如下的乘积：

$$1 - f_s = (1-\frac{1}{2N})^t(1-f)$$

式中 f_s 是总近交系数。假定一个封闭社会类群由新近从一个大群体中随机抽选出的 5 个个体组成，经过 5 代后，其双亲是第一表兄妹的子代的近交系数为多少？注意，第一表兄妹

后代的 $f=1/16$，所以有：

$$1-f_s = (1-\frac{1}{10})^5(1-\frac{1}{16}) = 0.5536$$

$$f_s = 0.4464$$

在这一情况下，遗传漂变的作用明显超过近交效应。对于100个左右或更多一些个体的群体，遗传漂变的作用都很明显。这一令人吃惊的结果，对于广泛的现实社会群体都是适用的。例如，克劳（Crow）和曼格（Mange）发现，在哈特派信徒（Hutterite）[1]人群中，由于遗传漂变的近交系数相当高，约为0.04，而近交的近交系数却可忽略不计。

总之，短期社会进化的关键参数是类群大小和封闭程度。至今为止我们所说的 N——类群中的个体数（或包括类群的群体中的个体数），是假设由数目相等的两性组成，且每一个体对后代的贡献相等。相反，有必要定义有效群体数（effective population number）：在一个理想的性别比为1∶1的随机交配群体中的个体数，由这些个体构成的群体的杂型合子频率下降的速率与有关实际群体的杂型合子下降的速率相同。现实的情况是，有效群体数大大低于实际群体（的个体）数。通过测量有效群体数，我们可以获得群体内可能进程中一些微进化事件的较真实情况。有效群体数（N_e）的计算公式为：

$$\frac{1}{N_e} = \frac{1}{4N_m} + \frac{1}{4N_f}$$

$$N_e = \frac{4N_m N_f}{N_m + N_f}$$

式中 N_m 和 N_f 分别是实际群体繁殖后代的雄性个体数和雌性个体数。分数 $1/N_e$ 是在含有

N_e 个个体的理想随机交配群体里，随机抽取的两个等位基因来自同一个体的概率（注意，抽取一个等位基因后，第二个等位基因来自同一个体的概率是 $1/N_e$）。在具有雄性个体数为 N_m 的实际群体中，第一个等位基因来自雄性的概率为1/2[2]，第二个等位基因来自雄性的概率（未必为同一个交配对象）也为1/2。因此，两个等位基因来自一特定雄性的概率是：

$$\frac{1}{2} \times \frac{1}{2} \times \frac{1}{N_m} = \frac{1}{4N_m}$$

相应地，两个等位基因来自一个特定雌性的概率也是 $1/(4N_f)$。因此，不论性别，两个基因来自一个个体的概率（在理想的当量群体中定义为 $1/N_e$）是如下两概率之和：$1/(4N_m)$ + $1/(4N_f)$。不仅考虑近交效应，还考虑到可育性变异的效应时，吉塞尔（Giesel）对这一基础理论给出了更为全面的解释。

到目前为止，研究者测量过的少数实际群体的有效群体数都很低。在小家鼠（*Mus musculus*）中，有效群体数为10左右或更少，这是由于雄鼠优势发挥着极强的抑制效应。拉布拉多白足鼠（*Peromyscus maniculatus*）形成相对稳定的领域群体（尽管有衰落和幼鼠的迁出流动），有效群体数为10—75。豹蛙（*Rana pipiens*），据梅里尔（Merrell）的研究，由于有利于雄蛙的极不相等的性别比，其 N_e 值在48—102的范围内，这一数值大大低于生活在自然生境下的成蛙实际个体数。丁克尔（Tinkle）曾十分仔细地通过标记、跟踪幼蜥蜴直至繁殖年龄，研究侧斑蜥蜴（*Uta stansburiana*），发现在6个局部群体中，N_e 为16—90，其平均数

为30；这些数值基本符合实际的调查数。根据未校正的调查数据，一般来说，社会脊椎动物的有效群体大小或有效群体数约为100或更少。在这方面，社会昆虫的差异性似乎很大。罕见蚂蚁物种的群体，包括社会寄生蚁和栖息在洞穴和潮湿地带的蚁类，有时含有的集群数少于1 000，所以有效集群数可能比这低更多。由黄蜂集群组成的群体是相对紧密的，因为有时发现蜂后会返回到其出生的集群附近，甚至在集群发展的早期阶同姐妹们联合起来集聚在一起。我对大黄蜂和无刺蜂的印象是，雄蜂和雌蜂都不会离得很远，所以集群群体的 N_e 可能很低。大多数蚂蚁和白蚁的情况更为复杂，婚飞群往往含有来自成百上千个巢的大量个体，交配前有时飞行距离达数百或数千米。我猜想，N_e 往往在100以上，也可能在更高的数量级水平。

在社会动物中，同类群若具有小的"有效同类群大小"，则可把它们视为符合西沃尔·赖特原来提出的"孤岛模型"（island model）：被分裂成许多很小的同类群并受到遗传漂变影响的群体，限制了各个同类群内的变异，但增加了同类群间的变异。可以想象，这样的群体比同样大小的分裂前群体更具有适应性，这是因为它具有更大的总遗传变异。如果一个同类群的基因型消亡了，另一个同类群的基因型可能成功地适应了，最终物种保留下来了。由此推之，这样的群体也会进化得更快。

现在我们要问，这些社会群体的近交增加和杂合性减少所带来的危害是什么？杂合性本身一般提高了个体的生存能力和繁殖能力，这种关系的极端情况是产生杂交种优势——两近交系的远交，使许多基因座的杂型合子频率大

量增加，而使适合度得到暂时改善。华莱士连续辐射果蝇群体，基本上获得了与上述相同的效应。他原来预期累积的致死和亚致死突变会使群体衰退，但实际获得了足够数量的突变体，当它们处于杂合状态时表现出有利效应。当然，如果处于杂合状态的原种被近交，则其表现会急剧下降。这是由于通过基本的孟德尔重组，群体的大部分从杂型合子状态到同型合子状态进行了急剧逆转。即便如此，一般群体的杂型合子基因座还维持在较高水平，任何近交的增加都会导致群体平均表现的衰退——其中部分原因，是产生了更多的致死同型合子而使平均死亡率上升。有关这种衰退具有说服力的理论，已由克劳和木村及卡瓦里-斯福查和波德默详细论述。其基本关系叙述如下。如果某一性状（如大小、智力、运动技能、社交能力或其他）具有一定程度的遗传率，并且如果某些基因座表现显性，或表现杂型合子优势，或二者兼有，那么近交会引起该性状在群体内的衰退。这种衰退不仅影响到该性状在群体内的平均表现，而且还影响到群体内日益增多的个体数的表现。假定在2-等位基因系统（a_1 和 a_2）情况下，各表现型是由量 Y 再加另一个量（A、$-A$ 或 D，依赖于这三种可能的二倍体组合是由什么等位基因组成的）构成的。在近交量为 f 的情况下，这三种可能二倍体组合产生的表现型如下[①]：

基因型：	a_1a_1	a_1a_2	a_2a_2
频率：	$p_1^2(1-f)+pf$	$2p_1p_2(1-f)$	$p_2^2(1-f)+p_2f$
表现型：	$Y-A$	$Y+D$	$Y+A$

---

① a_1a_1 频率中的 p_1f 原文为 pf，疑误。——译者注

性状平均值（$\overline{Y}$）是有关表现型值和表现型频率乘积之和：

$$\overline{Y} = Y + A(p_2 - p_1) + 2p_1 p_2 D - 2p_1 p_2 Df$$

因此，性状平均值是作为加性（A）[①]、杂型合子优势（D）和近交程度（f）的线性函数而减少的。这一关系只有在不存在上位（不同基因座的基因的相互作用）时才成立。当存在上位时，函数成非线性，但仍呈衰退趋势（图4-8）。图4-9是人类性状（男性胸围）近交衰退的情况。

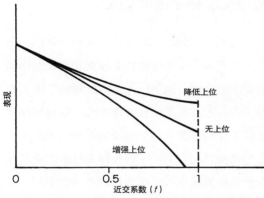

图4-8 缺乏或存在上位时，性状（指任何有关性状）表现是近交程度的函数。存在降低上位时，各分离基因座的结合同型合子性共同减少的效应，要比这些基因座分别为同型合子所减少的效应之和小；存在增强上位时，各同型合子基因座加强了彼此间的效应（自Crow & Kimura，1970）（此图在原书p79）。

舒尔（Schull）和尼尔（Neel）等人的研究表明，人的体型大小、神经肌肉能力和智力表现均可表现出近交衰退。捷克斯洛伐克新近对乱伦所生的儿童的研究证明，人类的极度近交具有危害性。在与她们的父亲、兄弟或儿子发生性关系的妇女所生的161个儿童的样本中，

① 原文为显性（A和D），疑误。——译者注

15个流产或出生后不到一年死亡，40%具有不同的身体或心理缺陷，其中包括严重的智力低下、矮小、心脏和脑畸形、聋哑、结肠肥大和尿道畸变。相反，还是上述那些妇女通过非乱伦生下的95个儿童，有5个在出生后第一年内死亡，其余儿童没有严重心理缺陷，只有4.5%具有身体缺陷。

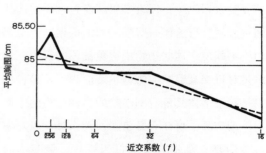

图4-9 在1892—1911年，意大利北部巴马省新生男孩胸围大小的近交衰退现象（引自cavalli-sforza & bodmer，1971；根据barrai, cavalli-sforza, mainardi, 1964）。

近交除了直接降低应变能力外，还会因合子杂合性的丧失，降低各结构的发育对抗环境波动的缓冲能力。所以，杂型合子频率越来越低，适应变异体（如表现型偏离体）产生的机会也会越来越低。结果，当环境改变时，就会导致整个血缘谱系甚至社会类群的消亡。

鉴于过度的同型合子化的明显危害，我们看到一些社会类群表现出避免乱伦的行为机制就并不感到惊奇。这种限制在小的相对封闭的社会中最为明显。乱伦，在这些情况下实际上一般应避免。例如，几乎所有的幼狮，在加入另一狮群成为公狮之前，都要离开其出生狮群在外作为流浪者流浪。少数年轻的母狮，也按这一方式实行转移。许多旧大陆猴和猿类的模式也与此极其相似（Itani，1972）。甚至当

年轻的雄猴仍然留在群内时，它们也很少同它们的母亲交配，原因可能是它们的级别比其母亲及群内较年长的雄性都低。在白掌长臂猿（*Hylobates lar*）小的领域家系类群中，当幼猴性成熟时父亲会把儿子、母亲会把女儿从群中赶出去。由双亲抚育成长的年轻雌小家鼠，后来会偏向于跟不同品系的雄小家鼠交配，而拒绝与其父最相似的雄小鼠交配。这种判别至少部分是根据气味，但雄小鼠却没有这样的选择区别。尽管有这样一些强有力的证据，但是我们仍不能说，这些动物中避免乱伦的行为，到底是对近交衰退响应的基本适应呢，还是仅仅只是赋予个体其他有利性状的显性行为的"幸运"副产品。现在有必要转回到人类，以发现与专门禁止乱伦有关的行为模式。最基本的过程似乎是泰格和福克斯所称的"杜绝结合"（precluding of bond）。教师和学生要成为平等的同事是件困难的事，甚至学生能力等于或超过教师以后还是这样。母亲和女儿很难改变她们原来关系的氛围。还有，父亲和女儿、母亲和儿子、兄弟和姐妹，他们的基本关系都是固守不变的。而且在人类文明中，乱伦禁忌实际上是普遍的。最近由约瑟夫·谢夫尔（Joseph Shepher）对以色列集体农场中人员的研究表明，在未婚的同龄人中，不只是排斥具有近亲关系双方的结合。在 2 794 对配偶中，没有一对从出生以来就是在同一农场区中的，甚至没有一对类似的异性恋爱的例子，尽管事实上没有正式的或非正式的禁止这样做的压力。

80　　　总之，小类群和伴随的近交有利于社会进化，因为它们通过具有血缘关系的类群成员联姻（近交），在利他主义接受者中增加同合子基因（因此也是利他主义者本身的基因）而使得情况有利于利他主义。但是，近交使性状表现衰退并使遗传适应性降低，从而降低了个体适合度和类群成活率。于是，我们可以假定，社会化的程度，在一定意义上是以上两种相反的选择倾向进化的结果。这些选择力如何转化成适合度的各分量，并在相同的选择模型中又是如何交替的呢？这一合乎逻辑的想法，现在似乎还不可行，并且它还是理论群体遗传学富有挑战性的问题之一。解决这一问题所需的几个要素，将在第5章的类群选择分析中给出。

选型交配和非选型交配

　　选型交配或同类交配（homogamy），是在一个或多个表现型性状上彼此相似的个体间的非随机交配。例如，人类婚配倾向于根据相似的身材大小和文化程度而结合。果蝇胸侧刚毛数（反映体积大小）和染色体倒位的某些组合与选型交配有关。家鸡和拉布拉多白足鼠的有色品种偏爱与自己颜色相同的异性交配。选型交配可以建立在血缘关系识别的基础上，在这一情况下，其后果与近交的相同。或者，它也可建立在严格意义下的相似表现型的基础上（或者不管血缘关系，或者像人类那样要避免乱伦）。后一类型的"纯粹"选型交配的效应与近交效应相似，但它达到同型合子化的速度较低。受影响的只是与选型交配性状有关的那些基因座或是与其紧密相关的那些基因座（而近交效应影响的是全部基因座），在多基因遗传情况下还会引起方差增加。

　　果蝇试验已经证明，当人为强迫试验群体将同类交配进行若干世代时，所产生的不同近交品系此后就倾向于进行同类交配而得以维持。同类识别的基础还不清楚。但可能是由于不同近交品系的成员具有辨认同类的能力所致。因此，歧化选择（可以想象这种选择对中间表现型不利）可导致选型交配和各进化品系加速趋异。其终极结果，可能导致出现两个或更多个同域（或同地）物种。在传统的地理隔离形成物种的过程中，同类交配也能增强各隔离群体的趋异。戈德弗莱（Godfrey）的堤岸田鼠（*Clethrionomys glareolus*）试验提供了一个参考例子。从英国大陆和从三个离岛得到的田鼠个体，若允许它们选择时，它们偏爱于与自己群体的个体交配，并且只要通过气味就能判别对方来自哪一群体。没有选择机会时，它们也可以与其他群体的个体交配而产生可育后代。

业已证明，事实上非选型交配比选型交配概率要小，并且在昆虫中的大多数例子都涉及染色体多态现象和基因多态现象。当然，非选型交配的效应一般与选型交配的相反。在加性多基因系统中存在着变异向平均数"收缩"的倾向，但是在遗传多态现象的情况下仍保持着多样性，甚至呈稳定状态。这是因为，一些罕见的表现型是较易获得交配机会的受益者，所以有关的基因型也倾向于增加，直至罕见的变得不再罕见为止。

由于非随机交配在数学上的易处理性和其潜在的应用性，它一直是群体遗传学家关注的热门课题。这方面更详细和深入的解释，请参考由克劳和木村、赖特及卡林等人的专著。

群体增长

自然选择可简单地看作是使群体内各等位基因呈现不同的增加。作为一个整体，群体是增加、减少或稳定都无关紧要，只要一种等位基因相对另一种等位基因在增加，那么该群体就在进化。事实上，一个群体在走向消亡的同时，若对自然选择做出响应并因此得到"适应"，则该群体就可能很快进化。因此，对群体增长概念的测量，就是群体遗传学和生态学的交汇处。

群体的增长速率等于个体出生率加上个体迁入率再减去个体死亡率和个体迁出率：

$$\frac{dN}{dt} = B + I - D - E$$

式中N是群体大小，而B、I、D和E分别是个体出生率、迁入率、死亡率和迁出率。一个社会（即使是近于封闭的）构成一个群体。在这一群体中上述四种速率都是显而易见的。但是，在一些较大的群体中，其中包括构成给定群体的同物种的一套社会，一个实际的模拟群体可令$I=E=0$（群体没有个体迁入和迁出），从而改变出生率（B）和死亡率（D）。在最简单的指数增长模型中，假定群体中所有个体具有某个平均出生率和死亡率，这就意味着B和D都是正比于个体数N。换言之，$B=bN$而$D=dN$，式中b和d分别是每个个体在单位时间内的平均出生率和平均死亡率。于是有：

$$\frac{dN}{dt} = bN - dN$$
$$= (b-d)N$$
$$= rN$$

式中r（$=b-d$）称为特定时间和特定地点群体的内禀增长（速）率（intrinsic rate）或"马尔萨斯参数"（Malthusian parameter）。以上方程的解：

$$N = N_0 e^{rt}。$$

式中 N_0 是观察开始时刻群体的个体数（为了方便可选择任何时间点），t 是观察开始后经历的时间。选择的时间单位（小时、天、年或其他）决定 r 值（符号 r 不要与我们前面的关系系数 r 混淆。用同一个符号 r 来代表两个主要参数的这种不便，大体上来源于生态学和遗传学各行其是的发展历史）。

在理论上，每个群体有一个最适环境（有理想的物质条件、广泛的空间和丰富的资源，没有捕食者和竞争者，等等），在这里，r 将达到最大可能值。这个最大可能值有时在形式上记作 $r_{\max}$——最大内禀增长率。实际上，绝大多数生活在没有上述那样理想环境中的群体，它们所能达到的增长速率要比 $r_{\max}$ 低得多。例如，尽管大多数人类群体的实际 r 值很高（足以创造出现代人口爆炸的程度），但他们仍比 $r_{\max}$ 低若干倍（如果人类在非常有利的环境下作出最大的生殖努力，则可获得 $r_{\max}$）。r 值随物种不同而变化很大。人类几乎所有的群体以每年 3%（$r=0.03$/年）的速率或低于这一速率增加；自由行动的普通猕猴群体约为 0.16/年；而繁殖力强的挪威大鼠为 0.015/天。

因为任何一个大于 0 的 r 值最终总会使一个物种繁殖的个体数超过客观世界中存在的原子数，所以这一指数增长模型是不完全的。问题在于假设中的 b 和 d 是独立于 N 的常量。一个新的更符合实际的假设是：b 和 d 都是 N 的函数，为了简化，假设两者均为 N 的线性函数。

$$b=b_0-k_bN$$
$$d=d_0+k_dN$$

在这一情况下，b_0 和 d_0 是在群体很小时达到的值，k_b 是出生率下降的斜率，k_d 是死亡率增加的斜率。这两个方程表明，当群体增长时，出生率下降而死亡率上升。对自然界某些物种的研究已证明以上两点是符合实际情况的。我们把 b 和 d 的这些新值代入指数增长模型，得：

$$\frac{dN}{dt}=\left[\,(\,b_0-k_bN\,)-(\,d_0+k_dN\,)\,\right]N$$

这是群体增长的基本对数方程的一种形式。注意，当 $b=d$ 时，群体大小达到稳定。这就是说，群体维持在这样的 N 值，使得：

$$b_0-k_bN=d_0+k_dN$$
$$N=\frac{b_0-d_0}{k_b+k_d}$$

这个 N 的特定值称为"环境容纳量"（carring capacity of the environment），通常用 K 表示。只要 N 小于 K 则群体增长，只要 N 大于 K 则群体缩小；只要未达到 K 值，这一变化就会发生（见图 4-10）。简记：

$$K=\frac{(\,b_0-d_0\,)}{(\,k_0+k_0\,)}$$

和

$$r=b_0-d_0$$

并且把它们代入刚才推出的对数微分方程，得：

$$\frac{dN}{dt}=rN(\frac{K-N}{K})$$

这就是我们熟悉的动物群体增长和调节的对数方程的一种形式。通常首先以这种具体的方式来建立方程，然后就可能的生物学意义来定义和讨论这些常数。这里给出的推导模型揭示了方程式的直观基础。

82

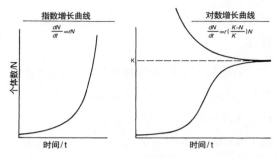

图4-10 群体增长和调节的两个基本方程（以微分方程形式写出）及这两方程的解（以曲线形式画出）。两条对数曲线：一条开始于K值之上方，向下趋近渐近线；另一条开始于K值下方（接近0值），向上趋近渐近线。

当N小于或等于K时，对数方程的解N是随时间而上升的一条S形对称曲线。其群体最大增长速率（最适产出）在K/2处。某些实验室群体与理想的对数曲线很符合，而少数自然群体至少能经验式地与其符合。斯科纳（Schoener）表明，至少存在一种情况（个体为资源通过分摊竞争而非直接的争夺竞争限制群体增长的情况），其群体增长曲线不是预期的S形，它甚至转而向上而超过渐近线。威格特（Wiegert）已对这一基本模型做了其他方面的一些改进。使其更符合实际情况。

密度制约

为什么期望群体会以渐近式或其他方式达到特定的容纳量K并保持在那儿呢？生态学家往往把环境中的非密度制约效应（density-independent effect）与密度制约效应（density-dependent effect）区分开来。在没有受到群体密度影响的作用下，非密度制约效应会使出生率、死亡率或迁移率改变使，或使三者均改变。结果，从维持群体紧密接近K的意义上说，这一效应并不能调节群体大小。设想一个岛的南半部由于火山爆发突然被灰烬掩埋了，该岛每一群体的50%个体因此死亡。无疑，火山爆发是一强力控制因子，但其效应是独立于密度的。在火山爆发的时刻，不管群体的密度如何，所有群体都各减少50%，因5此不能作为调节量。大多数非密度制约的群体大小的缩减，可以是气候突然的、猛烈的变化造成的。有关鸟禽学、自然史和野生动物管理方面的杂志充满着奇闻逸事，诸如下冰雹杀死了多种涉水禽鸟的幼雏、冰期延长引起了一些小哺乳动物群体的崩溃、一场火灾毁坏了一大片草原等。一个重要的理论是，只受非密度制约效应控制增长的群体，可能会灭亡得较早。其理由是，如果没有总是使群体大小指向K的密度制约控制，群体大小就会随机上下浮动，而浮动时，它可以暂时达到很高水平，但随后又调头向下；当它下降时，如果在较低水平没有密度制约控制加速其增长，最终可能会触及0而灭亡。非密度制约的群体，就像一个赌徒在跟一个势力无限的对手打赌——在该情况下对手就是环境，环境绝不会输，至少不会输到确保群体生存的程度。但是，由于该群体是由有限的个体组成，它最终要输掉这场赌博，即最终要灭亡。因此，生物学家相信，大多数生存群体都有防止灭亡的某种密度制约的控制形式。

那么，这些密度制约的控制是什么呢？首先，考虑这些控制产生数量效应的不同形式。图4-11中的曲线A，直观地表示了非社会性群体细微的控制程度。群体个体数的密度过低，交配可能很难进行，且每个个体的增长率也相应的很低。随着个体数N少量地增加，克服这一困难，群体（由于受惠于暂时无限的资源和很少受其他类型的控制）很快达到其最高增长率。但是，当 N 上升时密度制约控制开始发挥作用，当接近 K 时群体增长速率会连续下降。这是在基本的对数模型中提到过的密度制约的形式。曲线 B 的群体对控制不够敏感。群体增长直至接近或达到 K，然后控制才使群体大小急剧下降。这一效应，可以通过许多领域系统及某些类型巢穴量不足和食物供应的短缺而产生。曲线 C 是在高度社会化物种中可以看到的，在这样的物种中，如果群体要全部成活下来，必须保持一个临界数（$N_{临界}$）。群体随后的增长导致增长率的上升，在这个增长率不可避免地开始下降之前，也许 N 有相当的上升空间。

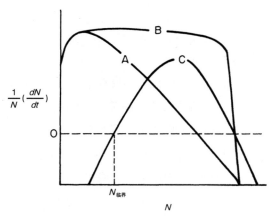

图4-11 群体的每一个体增长率为 $\frac{1}{N}(\frac{dN}{dt})$ 时，密度制约的三种关系形式。A 是具有相对细微的控制程度的曲线；当控制较强烈，或在接近平衡点（$dN/dt = 0$）出现急剧控制时，就得到曲线 B；C 曲线是在高度社会化物种中可能存在的特殊形式。

令人吃惊的是，许多生物反应都被证明与密度制约控制有关。其中大多数控制与社会行为中的某种方式有关。的确，许多社会行为只有涉及其在群体控制中所起的作用时，才是有意义的。这一结论在下面关于主要控制类型的简要说明和目录表（见表4-1）中会得到证实。

现分述如下。

迁出

动物界对群体密度增长的一个最普遍的反应，是不安并迁出。水螅会在其基盘下面产生气泡脱离母体漂浮而迁走。蚂蚁——法老蚁（*Monomorium pharaonis*）从巢室中移出它们的幼虫，焦躁地爬过巢室表面，迁往侦察蚁选好的其他巢址。鼠（小家鼠、鼹鼠）为离开原来的巢穴而开始寻找新巢时，其活动的积极性明显增加。每个鸣禽和啮齿动物的过饱和群体，都会有些无领域的漫游个体，沿着较喜爱的生境边缘过着危险的流浪生活。有时，这种漫游运动是定向的且通常是很执着的，最极端的例子是（北极）旅鼠的"大迁移"运动。正如克里斯琴（Christian）、卡尔霍恩（Calhoun）和其他研究者反复强调的，这些流浪者都是年幼的、地位低的和虚弱的——是在争夺最适生活领域竞争中的"失败者"。但是，这些"失败者"未必走向灭亡。它们只是被迫执行下一个有利对策（一旦找到好的就自立门户），尽可能找到一个不太拥挤的环境。事实上，通过这种努力，许多个体确实成功了，结果它们在扩大总的群体大小（即扩大物种范围）方面起了关键作用，并且甚至可能在对新生境的遗传适应方面起了先驱作用。

某些昆虫通过一代或二代的周期变化对拥挤做出反应。这现象在夜盗蛾类昆虫中广泛存在，表现出群体"机会主义物种"的迅速建立与蔓延。当棉花夜蛾（*Spodoptera littoralis*）的毛虫呈拥挤状态时，它们变得更黑、更富有活动性并成为小成虫。许多物种的蚜虫，当成体拥挤时长出翅膀，由单性生殖转为有性生殖，并飞到新的宿主植株上。但是，蝗灾是最引人注目的周期变化和迁出，这是在世界上干旱地区发现的，由许多短角状蝗虫的物种造成的灾害。这些昆虫生活在一起要想达到群体增长峰值，要经历三个阶段：从第一阶段的独居型（solitaria），到第二阶段的过渡型（transiens），再到第三阶段的聚生型（gregaria）。其最终的成体颜色更深暗，身体更细长，翅膀更长，具有更多的体脂和更少的水分，以及具有更强的活动能力。总之，它们是优异的飞行机器。它们在减数分裂时，其染色体也会发生更多的交叉，结果具有更高的重组率，因此也可能具有更大的遗传适应性。最后，它们的若虫和成虫，在造成巨大的蝗灾前都极紧密地聚集在一起。成年蝗虫一旦起飞，可连续飞行很长距离。成群的蝗虫往往从（埃塞俄比亚的）厄立特里亚一直飞到（在阿拉伯半岛之南的）宇科得拉岛。越过220千米的水域。有风力相助时，少数个体离开非洲西海岸而着陆于（北太平洋）的亚速尔群岛，离起飞地至少1 900千米。华洛夫（Waloff）、诺里斯（Norris）、诺尔特（Nolte）等和哈斯克尔（Haskell）的著作涉及了蝗虫群集生物学的许多方面。

胁迫和内分泌枯竭

在1939年，R. G. 格林（R. G. Green）、C. L. 拉森（C. L. Larson）和J. F. 贝尔（J. F. Bell）在明尼苏达州观察到一个白靴兔（Lepus americanus）群体的崩溃现象，并对此得出了明确的结论。他们认为主要是由休克性疾病引起的，这是一种损伤肝脏和在某些方面扰乱了糖代谢的、受激素调节的原发性低血糖症。这是由于，野兔长期处于拥挤环境中时，会经受它们

难以恢复的过度的内分泌反应。即使这时把患病个体放入良好的实验室环境，也只能活很短的时间。许多研究脊椎动物的生理学家和生态学家随后调查了拥挤效应及这种效应对内分泌系统的侵入式作用。但相反，他们做出的推测是，通过许多不同方式可把内分泌调节的生理反应作为密度制约控制，而这种控制是通过增加死亡率和迁出率，以及降低出生率和放缓增长率实现的。关于这方面的评述，以克里斯琴（1961，1968）、艾特金等（Etkin ed.，1964）、埃瑟等（Esser ed，1971）、特纳和巴格那拉（Turner & Bagnara，1971）及冯·霍斯特（von Holst，1972a）的最为中肯。一般来说，群体密度加大使个体间互动速率增加，此效应触发了一系列复杂的生理变化：增加肾上腺皮质活性、抑制繁殖功能、抑制增长、抑制性成熟、减少对疾病的抗性、因泌乳不足使幼崽生长受到抑制。由于胁迫引起的死亡，人们在灰色庭蠊（Naupheta cinerea）中已有发现。在对峙中遇到其他雄蟑螂而丧失攻击能力的，并且被迫处于从属状态的雄蟑螂，甚至在无明显受伤和饥饿的情况下也倾向于较早死亡。现还不清楚其中精确的生理基础和内分泌调节形式（如果有的话）。这种类似脊椎动物的应激综合征，在昆虫和其他无脊椎动物中很少见到，人们在蟑螂中的这一发现为实验提供了一个有希望的课题。

降低可育性

相关研究业已证明，在昆虫、鸟类和哺乳动物等许多物种的实验室群体和自由生活群体中，群体密度和出生率之间存在负相关。实验室培养的原生动物和其他低等无脊椎动物，如

84

果取消其他限制条件让其自由繁殖，则分裂速率不可避免地会下降。贝斯特（Best）等对日本三角涡虫（*Dugesia dorotocephala*）释放到水中的分泌物对裂殖的控制进行了跟踪研究。小家鼠（其群体动力学可能在啮齿动物中是一典型物种）在实验室群体中出生率的下降是由于成熟雌性的可育性下降、性成熟受到抑制和胚胎子宫内死亡率增加。事实上，通过取消大多数限制条件所造成的群体拥挤，都能使可育性下降。养鸽迷知道，鸽子太拥挤时，雄鸽会彼此干扰对方与雌鸽交配的企图，雌鸽的可育性会因此下降。阿德勒（Adler）和佐洛斯（Zoloth）报道，在雌大鼠中也具有相似的效应，重复交配的机械刺激抑制了精子的输送，降低了受孕概率。

抑制发育

幼体的亲本抚育和发育是两个复杂和脆弱的过程，在任何阶段都会受到密度制约的干扰。约翰·B. 卡尔霍恩发现，著名的挪威大鼠在其群体达到非正常的高密度时会停止繁殖，大体是因为雌鼠没有筑好完整的巢穴，从而使幼鼠在成熟前就离开了原来的庇护所。结果，在两组试验中，幼鼠死亡率分别达到了80%和96%。在拥挤的大鼠群体中幼鼠的生长会减缓，这在其他类型的动物中是最为广泛的受密度制约控制的一种现象。阿里在《动物群集》（1931）一书中评述了无脊椎动物和冷血脊椎动物中许多这样的情况。他认为每一物种应存在着可以用适当试验分离的一些特定因子，但是这一想法没有得到后来研究者的响应。理查兹（Richards）是例外，她注意到，豹蛙的蝌蚪在极拥挤的饲养条件下，生长受到抑制，是其细胞排出

一特殊类型的抑制因子而引起水恶臭的结果。某些类型的植物释放出的毒素物质，也抑制同物种的较小个体的生长。

杀婴和同类相残

众所周知，水族馆里的虹鳉（*Lebistes reticulatus*）是靠吞食过量的幼鱼维持群体平衡的。布雷德（Breder）和科茨（Coates）的一个试验以两个集群开始：一个在环境容纳量之下（在一个水族箱中仅放入一条受孕雌鱼），一个在环境容纳量之上（在一个类似的水族箱中放入大小不等的雌鱼、雄鱼共50条）。这两个集群后来都维持9条成员并达到平衡，因为所有的幼鱼都被幸存者吃掉了。在社会昆虫中同类相残是常见现象，是用来获得食物和调节群体规模的一种手段。迄今为止人们研究过的所有白蚁物种的集群，都会立即把集群中死的和受伤的白蚁吃掉。事实上，白蚁的同类相残现象非常普遍，可以说是它们的一种生活方式。在试验集群中，木白蚁（*Kalotermes flavicollis*）繁殖出的多余个体会由工蚁拖出吃掉。乳白蚁（*Coptotermes lacteus*）的具翅蚁，若数量过多会被工蚁阻挡而无法正常婚飞，最终会被工蚁处死吃掉。一般来说，异己工蚁闯入同种集群的巢穴时，首先被攻击致残（典型的是被兵蚁的颚咬伤），然后被吃掉。库克（Cook）和斯科特（Scott）发现，对湿木白蚁（*Zootermopsis angusticollis*）的集群只提供纤维素而不提供蛋白质时，同类相残很激烈；当食物中添加足量的酪蛋白时，同类相残现象几乎降至0。在社会昆虫膜翅目中，吃各阶段的未成熟昆虫是一个共同现象。蚂蚁集群中，所有的受伤卵、幼虫和蛹都会被迅速吃掉。当集群遭受饥饿时，

工蚁也会攻击健康的同类。事实上，在集群受饥饿和同类相残之间存在直接联系，这就足以确切地暗示，同类相残是使蚁后和工蚁生存获得食物的最后选择。在游蚁属（*Eciton*）的行军蚁中，同类相残还明显地用于职别决定。据施奈尔拉（Schneirla）报道，工蚁会吃掉有性世代的大多数雌性幼蚁（在有性世代它们注定要转化成雄蚁和蚁后）。这些幼蚁的蛋白质转化成数以百计或千计的雄蚁与若干只很大的未交配蚁后。这似乎表明，但远未被证明，这一特定的富有蛋白质的食物的摄取量决定了雌性幼蚁是否能成为蚁后。其他类型的蚂蚁、蜜蜂和黄蜂，都同样表现了复杂而特定的同类相残模式，我在这方面于其他书中做了详细评述。

塞伦盖蒂（Serengeti）草原的流浪雄狮，常常入侵狮群的领域并驱逐或杀害群中的雄狮；在领域争夺期间，有时也杀死幼狮。高密度群体的叶猴类（长尾叶猴、紫面叶猴）也有十分相似的雄性入侵模式。单个雄猴及其妻妾会受到周边雄猴群的骚扰，有时雄猴群取得胜利，其中一只雄猴取代原雄猴的地位。这种骚扰导致幼猴死亡率很高。以长尾叶猴为例，入侵者会把幼猴杀掉。

少数脊椎动物的年轻个体彼此杀食也确有其事。生活呈拥挤状态的钝口螈螈，在水中幼体阶段会出现同类相残的现象。其中优胜者由于吃了较小的幼体，生长速度增快，较小的幼体如果不被吃掉，也会饿死或病死，这是由于过度拥挤而引起的致病效应。结果，在变态阶段，某些个体变得更大，更能适应它们进入的陆地环境，因为更大的个体提供了更高的"体积/表面"比，对干燥具有更大的抗性。把小口黑鲈（*Micropterus dolomieu*）放养在过密的

水塘中，也发生了类似的上述过程。

竞争

生态学者把竞争定义为两个或更多个个体积极争取共同资源的行为。当资源不足以满足寻觅它的所有个体的需要时，资源就成了群体增长的限制因素。此外，当资源短缺限制群体增长的情况日趋严重时（因为个体数日益增多），那么，通过定义，竞争就是密度制约因子的竞争。竞争可发生在同一物种的成员间（种内竞争），或发生在不同物种的成员间（种间竞争）。对给定物种来说，这两个过程都可用作密度制约的控制，尽管更精确的群大小的调节可能主要发生在种内竞争中。竞争方式极为不同，这在随后关于领域和攻击的有关章节会做更详细的讨论。一个动物为获得食物，对另一个动物发起攻击显然是竞争。一些动物用其气味界定领域，而另外一些动物只因闻到气味，并未见到领主就回避这块领域，这也是竞争。竞争还包括由于一方用尽资源而有损于另一方个体，而不管是否有相互攻击行为。竞争的一个极端例子是，一棵植株通过其根系吸收磷酸盐而使邻近植物缺肥，或通过其叶遮挡了阳光而有损于邻近植物的生长。

现在，有必要把竞争方式分成两大类：分摊竞争和争夺竞争。分摊竞争（scramble competition）是开发利用型，胜利者是优势资源占有者，但对可能处于同一地域的其他竞争者没有特殊的行为反应；这相当于小孩只捡拾抛在其附近地面上钱币的竞争。但如果小孩起来相互争夺，胜利者占有地面上一定是因为的全部钱币，则这过程就是争夺竞争（contest competition）。在动物行为的争夺竞争中，更突出的是领域和权力等级系统的竞争。在生态学研究中，竞争理论是相对高深的理论，

莱文斯（Levins）、皮劳（Pielou）、梅（May）和斯科纳对这方面都做了重要评述。

捕食作用和疾病

由于捕食者和寄生物都可计数，所以用它们来定量密度制约的效应最容易（见图4-12）。当宿主物种区域群体中的个体数增加时，其敌对方碰到和攻击宿主中的个体的频率就较高。当寄生物和捕食者上升到最大密度时，会强化生态学中所称的"函数响应"（functional response）。寄生物和捕食者通过长期的"个体数响应"可交替地或同时地对宿主（牺牲者）施加影响，从而使自己的群体连续两代或多代得以扩大（由于通过改善食物供应而使繁殖和生存力提高）。

这一调节控制关系具有潜在的交替性。当受害方的群体密度大时，其受益方的响应更为有效，可使受害方的增长减至0甚至为负值。这时由于食物供应受到限制，寄生物和捕食者最终暂时停止各自的增长。在简单生态系统里，"捕食者-猎物"周期有时要通过多达三个营养级才能观察到。捕食者和猎物间达到平衡的一个简单而富有启发意义的例子，是罗亚尔岛中狼和大角麋间的平衡。该岛是靠近加拿大海岸苏必利尔湖中的一个540平方千米的岛屿，美国国家公园管理机构使它保持在原始状态。大角麋在20世纪初迁移到该岛，它们也许是在冬季从加拿大走过24千米的冰道到达这里的。由于没有森林狼和其他捕食者，大角麋数快速增长。直到20世纪30年代中期，群体个体数已增至1 000—3 000头。这时，大角麋群体远远超过了该岛对大角麋的容纳量，因此其依赖的草木植被很快就耗尽了。接踵而来的是

群体崩溃，麋群很快降到容纳量之下。植被得到恢复后，麋群再次迅速扩展，但在20世纪40年代末麋群再次崩溃。1949年，森林狼通过冰层从加拿大来到罗亚尔岛，它们的出现对该岛环境具有明显的有利效应。狼把大角麋数量控制在600—1 000之间，处在仅由食物决定的容纳量之下。鲜嫩的植被已变得充裕，大角麋现有丰富的食源，它们的数量是由被捕食而非饥荒控制。森林狼群体规模已稳定在20—25个个体。

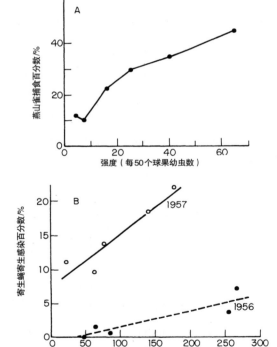

图4-12 昆虫中由密度制约的捕食作用和疾病。A.蓝山雀（*Parus caeruleus*）对小卷蛾（*Ernarmonia conicolana*）的捕食强度，随着小卷蛾群体密度的增加而增加；捕食百分数是指一棵树上的总个体数为分母（Gibb，1966）。B.灰白塞奇蝇（*Cyzenis albicans*）最终寄生感染冬蛾（*Operophtera bruceata*）的强度，随着冬蛾密度的增加而增加。图中涉及两年的数据（自Hassell，1966）。

表4-1 在具有代表性的动物中密度制约控制之鉴定

物种	控制本质	研究条件	作者
腔肠动物门			
水螅（*Hydra littoralis*）	漂浮迁出	实验室；也可能实际为主要控制	Lomnicki & Slobodkin
扁形动物门			
日本三角涡虫	全体释放分泌物进入水中抑制分裂	实验室；高度有效但自然环境也可能存在其他干扰因素	Best et al.（1969）
软体动物门			
椎实螺（*Lymnaea elodes*）	食物供应	自然群体的实验控制	R. M. Eisenberg（1966）
节肢动物门			
木虱（*Cardiaspina albitextura*）	通过鸟捕食和昆虫寄生维持低密度（低K），通过食物竞争维持高密度（高K）	野外研究	Clark et al.（1967）
菜蚜（*Brevicoryne brassicae*）	主要是迁出（通过有翅形态）；也通过降低可育性	野外研究	Clark et al.（1967）
赤铜绿蝇（*Lucilia cuprina*）	成体间食物竞争导致可育性下降	实验室群体的实验	Clark et al.（1967）
苹果蠹蛾（*Cydia pomonella*）	幼虫间为食物空间和做茧地竞争	引入澳大利亚自由群体	Clark et al.（1967）
松线小卷蛾（*Zeiraphera griseana*）	膜翅目寄生和粒状病毒感染交替占优势	野外研究	Clark et al.（1967）
锯蜂（*Perga affinis*）	在某些区域由于竞争而迁出；在另一些区域被其他昆虫寄生	野外研究	Clark et al.（1967）
欧洲云杉锯蜂（*Diprion hercyniae*），从加拿大引入	无规律发生疾病和昆虫寄生；气候对这些不稳定群体起主要作用	野外研究	Clark et al.（1967）
蚂蚁（黄毛蚁 *Lasius flavus*, 黑毛蚁 *L. niger*, 红蚁 *Myrmica ruginodis*）	为巢穴竞争，直接干扰	自然群体的研究	Brain（1956a, b），Pontin（1961）
熊蜂（*Bombus spp.*）	在高密度（高K）为巢址竞争；在低密度（低K）可能为食物竞争	自然群体的研究	Medler（1957）
爬行纲			
壁虎（*Gehyra variegata*）	领域性；扩散；过多者的差别死亡率	野外研究；实验室控制	Bustard（1970）
鸟纲			
斑尾林鸽	食物供应	野外研究	Lack（1966）
柳雷鸟（*Lagopus lagopus*）	领域性，大多通过饥饿、死亡和被捕食消除"流动者"	长期野外研究和自然群体的	Jenkins et al.（1963），Watson（1967）
红嘴奎利亚雀（*Quelea quelea*）	食物供应	实验控制	Lack（1966）
大山雀（*Parus major*）	领域性，"流动者"繁殖后代很少；至少在某些区域食物是限制因素	野外研究	Lack（1966），J. R. Krebs（1971）
平原银喉长尾山雀（*Parus inornatus*）	领域性，幼鸟迁出；"流动者"命运不定	野外研究	Dixon（1956）
纯色冠山雀（*Spiza americana*）	领域性，具有不同的领域大小；"流动者"命运不定	野外研究	Zimmerman（1971）
哺乳纲			
狼（*Canis lupus*）	食物供应，也许通过领域性得到一定缓冲	野外研究	Murie（1944），Mech（1970）
长尾黄鼠（*Spermophilus undulatus*）	领域性，过量"流动者"迁出并成为猎物	野外研究	Carl（1971）
鼠（*Mus*）、鹿鼠（*Peromyscus*）、田鼠（*Microtus*）、旅鼠（*Lemmus*）	在许多群体，迁出是主要控制因素，讨论见正文	广泛的野外研究和群体实验控制	Anderson（1961），Caldwell & Gentry（1965），Frank（1957），Houlihan（1963），Krebs et al.（1969），Clough（1971）
美洲旱獭（*Marmota monax*）	领域性，幼鼠迁出；内分泌调节减少出生率	野外研究	Snyder（1961）

是什么控制了森林狼的数量呢？它们为什么不把麋全吃光，然后造成自己的群体崩溃呢？答案很简单。狼已经尽全力去捕获全部它们可能捕获的麋，其结果是使麋个体数降至600—1 000。要诱捕并杀害一头麋是很困难的事。在冬季，狼每天平均跑20—30千米。当狼群发现一头麋并企图捕获它时，大多以失败告终。在L. 戴维·梅奇进行的一项研究中，他有131次观察到狼群企图猎取麋，而其中的54次是狼甚至还未接近麋时，麋就逃脱了；剩下的77次，狼和麋正面相持，其中只有6次，狼取得了胜利。通过所有这些努力，狼群每三天能"收获"一头麋；这样，麋每天平均能为每只狼提供4千克肉。显然，狼实在不能获得超过这一成果的食物，因此它们的数量稳定了下来。这些大角麋，迫于无奈约每三天为狼提供一个自己的成员，也把自己的群体稳定了下来。于是，这个捕食者-猎物系统处于平衡状态。作为一个奇特的副产品，大角麋群保持着良好的体质状态，因为狼捕获的几乎全是年幼、年老和伤病个体。最后，由于大角麋不能增长到过量水平，其依赖的植被也保持在"健康"水平。

与竞争一样，"捕食者-猎物"相互作用于群落生态学的中心，并一直是集中的理论和试验研究的课题。最近在这方面做出重要评论的作者有：勒·克林和霍尔盖特（Le Cren & Holdgate，1962）、雷（Leigh，1971）、克莱布斯（Krebs，1972）、麦克阿瑟（1972）和梅（1973）。威尔逊和波塞特（1971）对这一基本理论提供了简明的基本介绍。

遗传变化

依常规，群体动力学模型假定：就密度制约因子而论，群体在遗传上是一致的，因此短期数量上的波动不会引起明显进化。如果除去这一限制，则某些有趣的方式可以影响群体控制。不同的基因型可以受到不同的密度制约控制，结果以一种基因型取代另一种基因型时，群体大小会发生波动。假定等位基因a占优势时，群体在密度制约效应A的控制下在一高密度水平达到平衡。但是，在这一高密度下，选择有利于等位基因b而不利于a。当b占优势时，群体通常是在新的密度制约效应B的控制下，在一低密度水平达到平衡。但是，在B控制下达到的这一水平，选择又有利于a，从而群体又返回到高密度水平。因此，遗传多态现象和相应的密度制约的差异，可以在一代创造群体周期的反复振荡的系统中联系起来。G.本兹（G. Benz）、D. 巴桑德（D. Bassand）和其他瑞士昆虫学家对松线小卷蛾的多年研究已证明，实际存在着对应这一模型的系统。在瑞士恩格丁河谷（Engadin Valley）的松线小卷蛾群体中，一种"强"型蛾，依赖其较高的繁殖力，具有高密度优势并有较大的扩散倾向。达到峰值密度时，一种"弱"型蛾成为生存有利物种（由于对粒状病毒具有较强的抗性）。当"弱"型蛾开始替代"强"型蛾时，"弱"型蛾又受到膜翅目寄生虫的侵染，于是群体密度开始了其下一个循环周期。

克莱布斯（1964）和丹尼斯·奇蒂（Dennis Chitty，1964a，b），已假定一个相似机制以解释小哺乳动物群体的群体周期。他们提出，当密度增加时，群体通过在相互攻击中取得优势，选择稳居其领域内的基因型。这一选择过程通过频繁的相互攻击使群体密度降低。群体密度较低时，"攻击"行为基因型处于不利地位，群体（作为一个整体）又向"非攻击"行为（基因型）进化。克莱布斯及其同事已经证明：在田鼠属中，根据群体周期的不同时期，某些铁传递蛋白等位基因有强烈的变化。同样，这些等位基因，在迁出和留守雌性鼠中的频率有明显差异。这些试验数据与模型符合，但尚待证明。尤其是，铁传递蛋白多态现象和攻击、扩散行为之间的直接联系还未建立起来。总之，要在这些系统中分清原因和结果很困难。通过频繁的攻击行为，这一遗传变化真能推动群体大小发生周期变化吗？抑或只是由于其他的密度制约效应引起群体密度的伴随变化呢？克莱布斯、凯勒和塔马林，在田鼠属的两个物种中已鉴定出真正重要的迁出因子和食物短缺因子。关于行为的微进化，如果我已经正确地做出了相当精细的解释，其功能就会使群体在这两个控制间来回摆动而建立起群体周期以作为副产品。总之，其机制可能与松线小卷蛾中的基本相同。

社会习俗和表演炫耀

假定动物知道群体密度增加，就会自愿地减少繁殖。例如，一些雄性个体为成功接近雌性个体，会与另一些雄性个体进行诸如领域炫耀等仪式化行为，在炫耀双方都未受伤流血或疲惫不堪时，失败方就会自动退出争夺雌性个体。

魏恩-爱德华兹把这种通过仪式化而放缓群体增长的方式称为"习俗行为"（conventional behavior）。其最精细的形式可能是表演炫耀（epideictic display），即发出"致有关个体"的一种明显信息，通过这种信息，群体各成员尽情表演，并让全体成员估评群体密度。对证明群体过密的正确反应是自愿控制生育或自己从领域中迁出。这一概念（根源可追溯至 W. C. 阿里）被奥莱菲·卡莱拉（Olavi Kalela）和魏恩-爱德华兹充分发展。它基本上不同于其余的密度制约概念，因为它隐含个体的利他主义。但是，针对整个类群个体的利他主义，只有在类群水平上通过自然选择才能进化。没有几个生态学家会相信社会习俗在群体控制中起着明显的作用。如果认定存在这种作用的话，人们也还有许多怀疑。这种怀疑的理由有二。第一，集群需要固定利他主义的基因，集群面对的灭绝的压力强度必定很高，并且当利他主义是针对整个孟德尔群体时，问题就变得很尖锐。类群选择理论很复杂，并和社会生物学有许多分歧，我们将另立一章（第5章）讨论。那时，将检验社会习俗对群体控制的可行性问题。第二，事实上，证明这一现象是困难的。要证明社会习俗的功能（因此也是要证明群体水平选择的功能），就要证明（不是反证）下列无效假说：即——排除其余的密度制约控制（基于个体选择而不是类群选择）。

表4-1中列出的密度制约控制，都是在研究广泛的动物物种（其中包括实验室群体和自由生活群体）时经过检验的。表中入选动物的基础是研究的全面性和可靠性，而不是分类学上代表的平衡。从这些结果，我们可得出若干重要推论，而这些推论都涉及许多控制因子。显然，探求单个或单套控制因子是相当无用的。在一致性方面，鸟类和哺乳动物的表现最为类似，其中成年个体的领域性以及地位低下个体和非成年个体的迁出性这种状况最为常见。但这里也有明显的例外，例如，集群鸟（如素食鸽）受食物供应不足的限制。里迪克

设置了一个非常好的试验，揭示出啮齿动物在次级控制中具有相当的变异性。他在相似的围墙和自由取食条件下限制4个物种，即小家鼠、拉布拉多白足鼠、长耳鹿鼠（*P. truei*）和稻大鼠（*Oryzomys palustris*）的群体，从而消除了啮齿动物群体的两个主要控制因子：迁出和饥饿。小家鼠群体和一个拉布拉多白足鼠群体是通过抑制所有雌性的繁殖而停止群体增长的；第二个拉布拉多白足鼠群体和两个长耳鹿鼠群体，是通过幼婴死亡率、季节繁殖抑制（个体甚至待在室内不外出）和某些雌性的非季节繁殖抑制这样一个组合而停止群体增长的；稻大鼠完全是通过幼婴死亡率而停止群体增长的。

业已证明，分析脊椎动物群体要比分析无脊椎动物困难得多，所以其大多数理论都是根据无脊椎动物（尤其是昆虫）建立起来的。理由显然是脊椎动物系统具有更大的复杂性和灵活性，在研究一些大而繁殖慢的脊椎动物时也会遇到极大的实际问题。脊椎动物生态学的这一困难使基本概念混乱不堪，已经对社会系统的研究造成了巨大的冲击。

相互补偿

在物种间、在同一物种的实验群体和自由群体间甚至在同一物种的自由群体间，密度制约控制方面的许多变异，乃是由于相互补偿的特性所致。这意味着：如果环境变化使群体从对其产生最大效应的压力下解脱出来，那么该群体就会增长，直至达到第二个平衡水平而被另一效应阻止其增长时为止。例如，如果把保持某一草食动物群体处在正常平衡中的捕食者除去，则这一群体会增长到食物短缺的临界点

为止。然后，如果提供更丰富的草场资源，该群体还可继续增长——直到由于过分拥挤引发出一场动物流行病或严重的应激综合征为止。卡尔霍恩、克里斯琴、克莱布斯、里迪克和其他学者用啮齿动物做试验，在揭示相互补偿控制的顺序方面很具有启发性。卡尔霍恩说的大鼠"行为低谷"（behavioral sink，即大多数个体的行为异常和不能进行生殖），可以视为一个大鼠群体扩增到几乎超越了该物种几乎实际能碰上的所有控制。社会病症，如果由拥挤引起，可以看作是一种超越了物种能力限度的非适应控制，因此这样的控制无益于个体适合度，也无益于类群适合度。

哺乳动物群体周期

在社会生物学的核心文献中，有关哺乳动物，尤其是啮齿动物的群体周期的议论有很多，多得有点儿令人生畏。这些议论十分混乱，又往往发生严重的矛盾冲突，因此产生了一个极为不幸的情况。真正的问题（且不说在获取资料数据方面的实际问题）是如下事实：在传统上，人们一直把群体周期视为研究社会生物学的有利方法。在若干个受密度制约的控制中，其中每个都有自己的理论、流派和一批拥护者：迁出，胁迫和内分泌耗竭，对攻击基因型的周期选择，捕食作用，营养耗竭。每个看似合理的模型及其支持数据都展现过足以成为首要因子的气魄。以这种方式表达现存的问题，不是要否定这些作者的工作，他们的工作是高质量的和富有启动意义的，并且这些工作都至少有部分的正确性。但是，仅仅依靠一个或若干个群体有限的实验室和野外观察资料进

90

行抽象概括时，由于少数几个关键的研究者忽略了相互补偿的可能作用，其推论发生了相互矛盾的现象。在对不同群体和不同环境实施的各种控制中，相互补偿是绝大多数变异产生的原因，这确是有道理的。如果根据现有资料可推出什么规律的话，那么，在自由生活的啮齿动物群体中，主要密度制约控制的可能顺序如下：最常见的是领域性和迁出构成的组合；其次是食物供应短缺和捕食作用。内分泌诱发的变化难以评估，但这种变化似乎属于次级控制——当内分泌变化时，可能主要是影响雌性的可育性。由于实验室群体通过解除其他控制容易诱发内分泌耗竭，所以这种控制在大多数自由生活的群体中可能很罕见或不存在。关于攻击行为中的遗传变化（以前的章节已述及）也难以评估。遗传变化似乎可延长群体周期，但作为密度制约控制，在重要性上仍略逊于领域性和迁出。

生命表

封闭群体的重要统计信息总结在两个分离项内：一是成活率项（survivorship schedule），即每一特定年龄成活的个体数；二是繁殖率项（fertility schedule），即每一特定年龄的每一雌性产生的子代个体平均数。首先来说成活率。令年龄为 x，到一特定年龄 x 的成活数是用从出生到年龄 x 的个体的比例或频率（l_x）表示，其中频率的范围是 0—1.0。因此，如果时间以年计，并且发现某群体成活到 1 年的个体数仅为 50%，那么 $l_1 = 0.5$；如果仅有 10% 成活到 7 年，那么 $l_7 = 0.1$，等等。这一过程可方便地用成活率曲线表示。图 4-13A 表示了这些曲线可能呈现的三种基本形式。对于成活率类型 I 曲线是偶然死亡率保持在最低的条件下产生的，现代文明社会的人类和园林、实验室中被悉心照料的动植物群体可接近这一曲线。对大多数个体来说，到达衰老年龄时，死亡就来临了。在成活率类型 II 曲线中，每一年龄的死亡率都相同；即在每一时间单位内通过捕食者、偶然事故或其他原因，从每一年龄组中除去一个固定的分数。例如，白鹳每年成体死亡率稳定在 21% 左右，而黄眼企鹅为 13%。所以类型 II 成活率为负指数衰减形式——以半对数尺度作图（l_x 为对数尺度，x 为正常尺度）时，曲线为直线。类型 III 在自然界最为普遍。当大量后代（通常以孢子、种子或卵的形式）产生和分散到环境中，就形成了类型 III。这一类型绝大多数的个体很快死亡。换句话说，在早期阶段，成活率曲线骤然下降。那些通过生根或通过移植迁移到达安全地点的成活个体很有希望进入成熟期。其成活率曲线的形状依赖于环境条件——由于环境不同，同一物种的不同群体会有相当大的变化。人类本身变异范围在类型 I 和类型 III 之间（见图 4-13B）。

繁殖率项是由特定年龄出生率组成的，即在生命的每一阶段的每一特定雌性生出的平均雌性后代数。为了弄清楚这一繁殖率项是如何组成的，考虑如下假设例子：刚出生的雌性没有生后代（$m_0 = 0$）；一岁雌性仍没生后代（$m_1 = 0$）；两岁雌性平均生雌性后代 2 个（$m_2 = 2$）；三岁雌性平均生雌性后代 4.5 个（$m_3 = 4.5$）；直至雌性死亡。这一繁殖率项甚至可用连续的繁殖率曲线，如图 4-14 那样更为精确地表示出来。

91

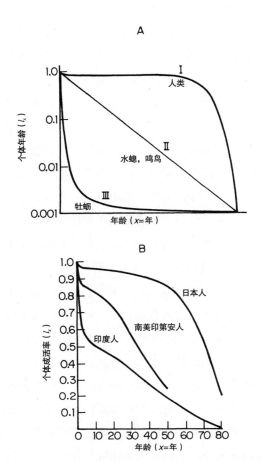

图4-13 成活率曲线。A.三种基本形式，B.人类群体成活率曲线从类型 I 到类型Ⅲ的变化（自 Neel，1970，经修改）。A 的纵轴是对数尺度。

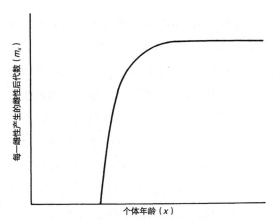

图4-14 虱子的繁殖率曲线。这一例子的特点是：在一特定固定年龄达到性成熟，直到死亡之前其繁殖力一直很旺盛。

根据成活率和繁殖率这两项，我们可以获得净繁殖率（net reproductive rate），用 R_0 表示，并且定义为每一雌性在其生命期间产生的平均雌性后代数。这是计算群体增长率的一个有用数字。在物种世代是离散的、非重叠的情况下，事实上 R_0 恰好就是每代的群体增长量。净繁殖率公式是：

$$R_0 = \sum_{x=0}^{\infty} l_x m_x$$

为使 R_0 的计算更具体化，以如下简单的假设为例。出生时，所有雌性均成活（$l_0 = 1.0$），当然它们没有后代（$m_0 = 0$），所以 $l_0 m_0 = 1 \times 0 = 0$。在一岁末，50% 的雌性成活（$l_1 = 0.5$），每一雌性平均产生 2 个雌性后代（$m_1 = 2$）；所以 $l_1 m_1 = 0.5 \times 2 = 1.0$。在二岁末，最早那批雌性的 20% 成活（$l_2 = 0.2$），每一雌性平均产生 4 个雌性后代（$m_2 = 4$）；所以 $l_2 m_2 = 0.2 \times 4 = 0.8$。没有一个雌性能活到三岁（$l_3 = 0$，$l_3 m_3 = 0$）。净繁殖率即为上述得到的 $l_x m_x$ 值之和：

$$R_0 = \sum_{x=0}^{\infty} l_x m_x$$

$l_x m_x$ 出生（x = 0）	$l_x m_x$ 一岁（x = 1）	$l_x m_x$ 二岁（x = 2）	$l_x m_x$ 三岁（x = 3）
= 0	+ 1.0	+ 0.8	+ 0

= 1.8

在此基础上，根据成活率和繁殖率这两项可精确计算内禀增长率 r。我们从指数增长方程的解开始：

$$N_t = N_0 e^{rt}$$

令 t 为雌性能达到的最大年龄，N_0 是仅有一个雌性。因此，我们就可解得在一个雌性可能达到的最大年龄期间所产生的子代数——这个

92

子代数包括在其生命期间产生的子代数，其子代产生的孙代数，如此继续。因为 $N_0 = 1$，所以，一个雌性在其最大年龄期间，有：

$$N_{\text{最大年龄}} = e^{r(\text{最大年龄})}$$

$$= \sum_{x=0}^{\text{最大年龄}} l_x m_x e^{r(\text{最大年龄}-x)}$$

总之，起源于一个雌性的子代总数，等于该雌性在每一年龄 x 产生的子代期望数（$l_x m_x$）之和乘以每组子代从其出生到最初那个雌性最大年龄期间（最大年龄 $-x$）产生的子代数。经过替换和重排，我们得到：

$$e^{r(\text{最大年龄})} = e^{r(\text{最大年龄})} \sum_{x=0}^{\text{最大年龄}} l_x m_x e^{-rx}$$

$$\sum_{x=0}^{\text{最大年龄}} l_x m_x e^{-rx} = 1$$

或者，在 l_x 和 m_x 连续分布情况下，

$$\int_0^{\text{最大年龄}} l_x m_x e^{-rx} dx = 1$$

我们还可进一步用 ∞ 替换"最大年龄"，因为这二者在生物学上是等价的。上述形式可称为欧拉（Euler）方程或欧拉-洛特卡（Euler-Lotka）方程——18世纪后数学家欧拉首先推出了这一方程，而洛特卡首先把这一方程应用到现代生态学。因为已知 m_x 和 l_x 的值，所以从该方程可解出内禀增长率 r。这一过程在计算上往往很烦琐，所以通常得借助于计算机，但原理是简明易懂的。

稳定的年龄分布

生态学的一个重要原理是，在恒定环境中允许自身繁殖的任何群体，会维持稳定的年龄分布（在某个年龄同时繁殖的那些物种是唯一的例外）。这意味着：属于不同年龄组的个体所占比例一代代都保持恒定。假定对某群体进行普查时，发现60%的个体为0—1岁，30%为1—2岁，10%为2岁或以上。如果该群体在稳定环境中已经生存很长时间，则很可能具有稳定的年龄分布。所以，未来做普查时，不同输入组的个体仍维持上述比例。在一稳定环境中，不管群体在大小上是增加、减少或维持恒定，都会达到稳定的年龄分布。在给定的一套环境条件下，每一群体都有其自己的特定分布。

借助于矩阵代数，可计算出稳定的年龄分布以及内禀增长率。假定我们用如下的列向量表示开始的年龄分布（从时间 $t = 0$ 时起）：

$$\begin{pmatrix} N_{00} \\ N_{10} \\ N_{20} \\ \vdots \\ N_{n0} \end{pmatrix}$$

向量中的（$n+1$）个元素代表（$n+1$）个年龄组中的每一组雌性占所在群体总个体数的比例。元素的第一个下标表示有关雌性个体的年龄；第二个下标表示计算群体中个体数的时间。这一开始的分布可以是最终的稳定分布，也可以是偏离于它的任一分布。用含有成活率项和繁殖率项的射影矩阵，即以其发明者 P. H. 莱斯利（P. H. Leslie）的名字命名的"莱斯里矩阵"，乘以上述列向量把分布进行变换：

$$\begin{pmatrix} m_0 & m_1 & \cdots & m_{n-1} & m_n \\ P_0 & 0 & \cdots & 0 & 0 \\ 0 & P_1 & \cdots & 0 & 0 \\ \vdots & \vdots & \cdots & \cdots & \vdots \\ 0 & 0 & \cdots & P_{n-1} & 0 \end{pmatrix} \begin{pmatrix} N_{00} \\ N_{10} \\ N_{20} \\ \vdots \\ N_{n0} \end{pmatrix}$$

93

其中 m_i 是在每一年龄间隔或年龄组（$i = 0$，1，…，$n-1$，n）产生的雌性后代数；P_i 是 t 到 $t+1$ 间隔内的成活概率（P_i 和 l_i 的区别在于，P_i 是从出生到年龄 i 的"固有"成活概率）。这个射影矩阵乘以年龄分布向量的乘积为下一间隔时间的年龄分布（仍为一列向量）。如果存在一个正的特征值 λ（其绝对值大于其他的特征值），则群体收敛于稳定的年龄分布。在稳定时，每一年龄组的绝对大小，也是群体的绝对大小，是在每一时间间隔内以 λ 的整数倍而增长。在 $\lambda = 1$ 时，群体是稳定的（$dN/dt = 0$），但增长也可以是负的（$\lambda < 1$）或正的（$\lambda > 1$），且仍然与稳定的年龄分布相联系。与 λ 相联系的特征向量是稳定的年龄分布。

对统计学中矩阵技术的完满叙述，连同社会生物学中的许多特例和应用，请参见凯菲兹（Keyfitz，1968）和皮卢（1969）。

繁殖价值

深究生命表的特性导致了如下问题：根据个体贡献给下代的子代数而论。该个体的价值是多少呢？以另一形式表达这一问题是：如果从群体中除去一个个体，特别是一个雌性个体。下一代会减少多少个体呢？答案依赖于个体的年龄。如果除去的是一个过了繁殖阶段的年老个体，且它的存在对社会类群再也没有其他贡献了，则对下代不会造成损失。如果除去的是一个刚进入繁育阶段的年轻的雌性个体，则对下代的影响可能是相当大的。一个个体对下代贡献的标准测度是繁殖价值（reproductive value），用 V_x 表示，其中下标 x 代表个体年龄。繁殖价值是年龄为 x 的每一雌性要生的雌性后

代的相对数，表述如下：

$$V_x = \frac{\text{年龄为 } x \text{ 的一个雌性在其后生命中引起的群体增长}}{\text{某个不论年龄的雌性在其后生命中引起的群体平均增长}}$$

分子中那个雌性（年龄 x）有达到最大年龄的潜力。对于我们开始观察的等于或大于 x 的每一年龄 y，都存在一个等于 l_y/l_x 的成活概率。换言之，即假定一雌性达到年龄 x 的条件下，它达到年龄 y 的条件概率。

在分子雌性的每一年龄 y，会产生一定数量的雌性后代（m_y）；其中的每一批子代，在分子雌性其后的生命中，开始对群体增长做贡献，其持续时间为（最大年龄 $-y$），从而分子雌性在年龄 y 产生的每一雌性在这一期间贡献的子代数为 $e^{r(\text{最大年龄}-y)}$。所以，雌性 x 在其后生命中引起的期望群体增长为：

$$\sum_{y=x}^{\text{最大年龄}} \frac{l_x}{l_y} m_y e^{r(\text{最大年龄}-y)}$$

而从群体剩余部分随机抽取一平均雌性，当分子的雌性在年龄 x 达到最大年龄时，该平均雌性产生的期望雌性后代数为：

$$e^{r(\text{最大年龄}-x)}$$

现把繁殖价值重述如下：

$$V_x = \frac{\sum_{y=x}^{\text{最大年龄}} \frac{l_y}{l_x} m_y e^{r(\text{最大年龄}-y)}}{e^{r(\text{最大年龄}-x)}} = \frac{e^{rx}}{l_x} \sum_{y=x}^{\text{最大年龄}} l_y m_y e^{-ry}$$

或者，以更精确的连续形式：

$$V_x = \frac{e^{rx}}{l_x} \int_x^{\text{最大年龄}} e^{-ry} l_y m_y \, dy$$

这里，照例"最大年龄"和 ∞ 生物学上是可互换的。

一般来说，由于幼婴或幼虫死亡率的压制

94

效应（x近于0的l_x值很低），出生时的繁殖价值很低。然后，当接近正常年龄开始繁殖时，繁殖价值上升至峰值。最后，随年龄增长，由于死亡率和可育性降低的累积效应，繁殖价值下降（见图4-15）。繁殖价值在生态学和社会生物学中具有若干重要意义。

首先考虑它与群体最适产量概念的关系。一个捕食者、一个农场主或一个猎手所希望做的，不只是试图使猎物群体恰好保持在最大增长率水平上。只有所有猎物个体都处在同一繁殖价值时，这一不成熟的愿望方可实现。一个真正熟练的捕食者或"精明的"捕食者（某些生态学家喜欢这样称呼）所希望做的，是以那些具有最低繁殖价值的年龄类群为目标。这意味着，被开发利用的群体以减少最小的增长量而获得最大的蛋白质量。例如家禽养殖场，养殖场利用连续产蛋的母鸡，将其生产的低繁殖价值的蛋出售获利。但如果为了获利就把这些母鸡屠宰出卖，则会使场主遭到巨大经济损失。与此相反的极端例子是大马哈鱼迁移。它们返回到淡水河流中产卵后不久就死亡。在产卵和死亡的几天内它们的繁殖价值等于0，而它们大的身躯为捕食者或寄生虫提供了丰富的能源，如此开发利用不会影响大马哈群体的增长。捕食者或寄生虫，真有可能如此进化到选择那些具有最低繁殖价值的年龄类群吗？狼群最"喜欢"捕获那些很年幼的、很年老的或病弱的动物——换言之，喜欢捕获那些繁殖价值最低的动物。但这可能是一种巧合，因为这样一些个体也是最易捕获的。捕食作用和繁殖价值之间的关系，是生态学家刚开始以系统的方式研究的一个课题，这方面，除了前面已做的基本理论概括外，还没有什么进展。

繁殖价值是主要因子的第二个生态过程是殖民或迁移。新群体，尤其是那些迁移到岛屿和其他遥远生境的群体，起初的个体数往往很少。这样一个奠基者群体的命运，显然依赖于其成员的繁殖价值。如果迁移者全都是过了生殖期的老年个体，则该群体必然毁灭，因为$m_x = 0$且$V_x = 0$。如果迁移者全都很年轻，但在新环境中不能依靠自己成活，则该群体也必然灭亡，因为这时$l_x = 0$且$V_x = 0$。显然，最好的迁移者是V_x值最高的个体。有规律地迁移到新生境的物种，有可能存在高迁移率和高繁殖价值的扩散阶段吗？证据似乎有利于这一推论，尽管对繁殖价值与迁移能力的关系的研究才刚刚起步。

最后，通过自然选择，繁殖价值在进化中起着重要作用。确实，如果一个在遗传上适合度不大的个体，当它具有高的繁殖价值时从群体中除去，则会对群体进化产生较有实质性的影响。同样可以肯定的是，在个体具有高繁殖价值时引起个体死亡的基因要比在其他年龄阶段引起个体死亡的基因更快被淘汰。事实上，通过这一概念也可说明衰老的成因；这一流行理论首先由魏斯曼提出，后又经P. B. 梅达沃（P. B. Medawar）、G. C. 威廉姆斯，W. D. 汉密尔顿和J. M. 埃姆伦（1970）的努力不断被完善。衰老（由于自发的生理衰退使细胞的衰败和死亡增加），是在个体生命早期具有高适合度，但在生命后期却引起衰老变性的那些基因固定化的结果。如果群体的大多数成员在达到这些基因引起衰老的年龄之前就被捕食者、疾病或其他"偶然"原因消灭，则这些基因在衰老前是由于增加适合度而被固定的。换句话说，被固定的基因，当繁殖价值高时增加适合度，当繁殖价值低时减少适合度。当然，基因被固定时，它们依次影响l_x和m_x曲线，通过这两条曲线又影响繁殖价值曲线。

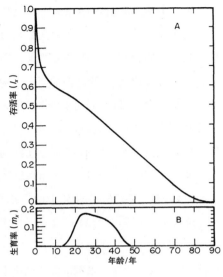

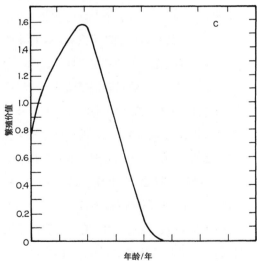

图4-15 中国台湾地区妇女在1906年的存活率曲线（A）、生育率曲线（B）和繁殖价值曲线（C）。由A和B计算出C及内禀增长率（r），该例中$r = 0.017$/年（引自汉密尔顿，1966，经修改）。

也存在如下情况：甚至当个体没有繁殖能力时，其繁殖价值仍可维持在0以上。狮群、人类社会和其他的高度组织社会的老者，通过对其家系的有效贡献可以提高其后代的成活率。这种情况甚至不一定要求有社会行为。如果某物种（对捕食者）不好吃或是危险的，并且潜在的捕食者与该物种经过几次接触后能够接受教训而得以回避，那么该物种中即使是丧失生殖能力的老者也仍有价值。理由在于通过教训捕食者，双亲能在不减少家系总适合度的条件下，更好地保护其后代，老者的繁殖价值也就提高了。布勒斯特根据美洲月形天蚕蛾在对捕食者的可口性和自身寿命之间关系的观察，认为这二者间的反比关系与上述概念是一致的。

繁殖努力

在群体生物学的一些基本方程中，繁殖方面付出的努力不是以时间或卡路里（能量单位）直接量度的。对于繁殖努力，要紧的问题是对将来的适合度有利还是有害。假定某种鱼的一个雌性在其成熟的第一年产了相当多的卵并有20条幼鱼成活，但是这种努力和能量的支出结束了其生命。又假定另一种鱼的一个雌性这方面做的努力较小，结果只有5条幼鱼成活，但这种支出对其生命几乎没有影响，因此这条鱼在一个繁殖季节内还可做5次或10次这样的努力。第二种鱼的繁殖努力（以每次产卵降低将来适合度为单位进行量度），远远小于第一种鱼的繁殖努力，但在这一特定情况下，却可以期望第二种鱼的群体增长更快。把这个问题一般化就成为：在年龄i为获得给定的m_i，将来的l_i和m_i会减少多少？这一问题一直是G. C. 威廉姆斯、丁克尔、加吉尔（Gadgil）和波塞特及法根（Fagen）研究的理论课题，他们利用不同形式的欧拉-洛特卡方程（或直观上等价的方程），在所有年龄范围内研究l_i和m_i间的不同关系对适合度的影响。根据繁殖努力的生理学或行为学有关方式，如体细胞组织转化成腺体的比例及在求偶和亲本抚育方面所花的时间，来评述繁殖努力是有意义的。但是，在计算这些方式对遗传进化的影响程度之前，必须把它们转换成生命表中的有关单位。

只有一些零星的资料与繁殖努力模型有关。在有关野生生物的文献中有许多关于雄性动物的趣闻，它们仅因偶尔的领域争斗或求偶就丧失了生命。例如，沙勒观察到"当两头疣猪争斗时，一只母狮立即试图捕获其中一头；一头求偶公苇羚，只因它对附近的狮群丧失了警惕而丧失生命"。藤壶产卵时，其增长率出现实质性下降，结果在下一繁殖季节它们只能产很少量的配子，并且更易受到比它们年轻的其他藤壶的残害。墨多克（Murdoch）证明：步甲虫（*Agonum fuliginosum*）雌性从上代到下代繁殖季节的成活率与上代繁殖量成反比关系。一般来说，生物个体越小、寿命越短，为繁殖付出的努力（以每季节的繁殖数测量）就越大。来自蜥蜴的一个明显例子如图4-16所示。在寿命和繁殖率之间的期望负相关是建立在如下假设基础上的，即动物进入繁殖的时间和其成活率之间存在反比关系。除蜥蜴之外的其他许多类型的生物中也可能存在这一相关关系。但是，在社会动物中，这一简单的负相关关系很容易被打破。例如，一首领雄性可把大量时间投入到或多或少与繁殖直接有关的活动中，并且依仗其在领域内的安全位置或在社会类群的首领地位仍有较高成活率。

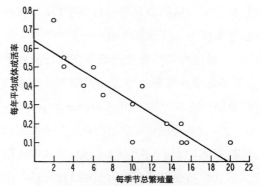

图4-16 举例说明繁殖努力的规律：在蜥蜴雌性繁殖率和其寿命间的反比关系（以年成活率测量）。各个点代表各个不同的物种（引自Tinkle, 1969）。

生活史的进化

欧拉-洛特卡方程在社会生物学中具有广泛的应用价值，其中每一个l_x和m_x值都可作为社会分量的基础。相反，每一基因型的适应值r部分地由其影响每一个l_x和m_x社会响应的方式决定。在果蝇，伊蚊、蜥蜴和人类中的$l_x m_x$项的遗传率都已得到证实。从而，这一遗传率确实在有机体中普遍存在。所以，生活史的细节，即"成活率-繁殖率"项及它们的决定者都可能对自然选择做出响应。事实上，一个物种的整个进化对策，在理论上都可用上述各项加以描述。

一个基本的而又极富有灵活性的关于生活史进化的模型，已由加吉尔和波塞特提出，他们除了同意以前有关理论的大多数观点外，还接受如下观点：最适生活史是在欧拉-洛特卡方程中成套的l_x和m_x值使r成为最大的生活史，即：

$$\sum_{x=0}^{\text{最大年龄}} l_x m_x e^{-rx} = 1$$

一个群体是由一些基因型组成的，在特

定环境中每一基因型具有一特定项 l_xm_x。在环境恒定条件下，往往有一项 l_xm_x 会产生一个最大值 r。假定群体在密度制约效应的控制之下（而不是在捕食者和寄生者的控制下，这两点以后分别讨论），则满足度（degree of satisfaction）ψ 是该效应限度程度的指数。当密度最低其控制忽略不计时，ψ 等于1。当群体密度逐渐变大，且控制变得很强烈时，ψ 接近其最小值0。其他参数是：

α_i，在非限制的、无捕食者环境中，对于处于年龄 i 的没有繁殖努力的个体从年龄 i 到年龄 $i+1$ 的成活概率；

ω_i，在年龄 i 的个体含量；

δ_i，在非限制环境中没有繁殖努力的个体从年龄 i 到 $i+1$ 的大小增量；

θ_i，个体在年龄 i 的繁殖努力；

η_i，由于捕食作用在年龄 i 逃出死亡的概率。

然后通过对概率和增量的分步累加可计算出 l_x 和 m_x 的值：

$\alpha_i \cdot f_1(\theta_i)$，在年龄 i 执行繁殖努力 θ_i 的个体在非限制的、无捕食者的环境中从年龄 i 到 $i+1$ 的成活概率。函数 f_1 通常假定单调减少，取值在0和1之间。

$\delta_i \cdot f_2(\theta_i)$，在年龄 i 执行繁殖努力 θ_i 的个体，在非限制的、无捕食者环境中从年龄 i 到 $i+1$ 的大小增量。函数 f_2 通常假定单调减少，取值在0和1之间。

$\omega_i \cdot f_3(\theta_i)$，通过执行繁殖努力 θ_i 的个体在非限制环境于年龄 i 产生的子代数，因此这些个体的含量是一决定因素。函数 f_3 通常假定单调减少，取值在0和1之间。

$\alpha_i \cdot f_1(\theta_i) \cdot g_1(\psi_i)$，当年龄 i 的满足度等

于 ψ_i 时在无捕食者环境中的成活概率。g_1 通常假定单调减少函数，取值在0和1之间。

$\delta_i \cdot f_2(\theta_i) \cdot g_2(\psi_i)$，从年龄 i 到 $i+1$ 的大小增量。g_2 通常假定单调减少函数，取值在0和1之间。

$\omega_i \cdot f_3(\theta_i) \cdot g_3(\psi_i)$，在年龄 i 产生的子代数。g_3 通常假定单调减少函数，取值在0和1之间。

现在，可完全定义该系统：

$$l_x = \prod_0^{x-1} \alpha_i \cdot f_1(\theta_i) \cdot g_1(\psi_i) \cdot \eta_i \quad (\text{到年龄 } x \text{ 的成活概率})$$
$$\omega_x = \omega_0 \sum_0^{x-1} \delta_i \cdot f_2(\theta_i) \cdot g_2(\psi_i) \quad (\text{在年龄 } x \text{ 的体积，既个体含量})$$
$$m_x = \omega_x \cdot f_3(\theta_x) \cdot g_3(\theta_x) \quad (\text{在年龄 } x \text{ 的繁殖率})$$

把这些函数代入欧拉-洛特卡方程，以决定哪些可能的参数值可产生最大值 r。参数 α_i、δ_i 和 w_0 是生活史中的生物约束量，这些值在不同基因型中是由物种不同方式的进化史而非由加吉尔-波塞特（Gadgil-Bossert）模型决定的。同理，参数 ψ_i 和 η_i 的值由有关环境而非由加吉尔-波塞特模型决定。

从加吉尔-波塞特模型可得出对生物学来说是很重要的若干一般性结果。如图4-17所示，如果繁殖努力的获利函数（profit function）是中凸的，或者如果其成本函数（cost function）是中凹的，那么最适对策很可能是重复繁殖（反复生殖）；相反最适对策很可能是自毁式一次繁殖（终生一胎现象）。后一种繁殖方法被加吉尔和波塞特称为"大爆炸"繁殖，如大马哈鱼从海洋经长途迁移到淡水河流产卵不久后就死亡，植物中的竹、大叶棕和龙舌兰也是在其生命后期的一次开花结籽后死亡。

在任一年龄 j 做出的给定繁殖努力 θ_j，都有一定的获利（以产生一定的后代数量度），

也有一定的成本（以在年龄 j 及随后年龄成活概率下降量度）。成本由以下两部分组成：一是能量和时间投资；二是繁殖努力 θ_j 引起的放慢增长率而在随后的年龄减少的繁殖潜能。获利函数如何形成一条中凹曲线并因此而有利于"终生一胎现象"呢？如果雌大马哈鱼只产一个或两个卵，那么其繁殖努力（主要是长途往上游迁移）是很高的；如果产数以百计或更多的卵，就只需要附加很小的繁殖努力。对于相反的情况，即有利于重复繁殖的中凸获利曲线。我们考虑留巢鸟的繁殖。为了一窝繁殖若干雏鸟，亲本鸟必须付出很大的繁殖努力。一窝子代超出了正常大小，就需要附加的繁殖努力，并且两种抚育雏鸟的成果相等甚至后者更低，因为亲本鸟不能无力抚育过量的雏鸟。

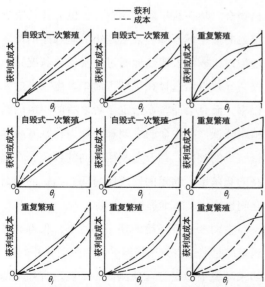

图4-17　繁殖的两个对策。在获利函数是中凸的或成本函数是中凹的情况下，重复繁殖是最适对策；在其他情况下，"终生一胎"或自毁式一次繁殖是最适对策（自Gadgil-Bossert，经修改）。

由威廉姆斯期望的加吉尔-波塞特模型的第二个结果是：在重复繁殖物种中的繁殖努力值，应随年龄稳定增长。因此，最适对策是繁殖努力值应随年龄逐步上升。利用同一模型，法根（1972）发现：其结果，依赖于与成活率、增长率和子代数繁殖努力（θ_i）有关的函数（f_1，f_2，f_3）的单调性。假定 i 是非单调的，即在非限制环境中的成活量不是稳定地向上或向下移动。如果 α_i 从开始依次是高值、下降、再上升，那么最适繁殖努力（曲线）随时间是双峰的——上升、下降、再上升。这样的振荡在下列情况中可能发生：如果个体在年幼时被保护起来，然后要成为独立个体时处于危境之中，再后获得了领域或在社会性的等级系统里占了优势又得到了安全保障。相反，调整一项参数的一些特定指标，可使最适增长模型在中等年龄放慢，然后再次使增长速率增加。这样的增长顺序已经在雄象、某些海豹和齿鲸中发现。

继汉密尔顿对衰老的分析之后，埃姆伦利用欧拉-洛特卡方程研究了环境的变化（这里是指由于大灾难或打击而改变了某些年龄组的生存环境）对成活率和繁殖率进化的影响。例如，如果新的捕食者进入有关物种的范围内，并且证明其目的是捕食幼婴，那么最适成活率和最适繁殖率会发生什么变化？为了得到这样的估值，埃姆伦对特定年龄的死亡率和繁殖率分别引入了选择强度（selection intensity）的测量值 $I'_q(x)$ 和 $I'_m(x)$。特定年龄死亡率的选择强度定义为：

$$I'_q(x) = \left| \frac{1}{R} \frac{\partial R}{\partial q_x} \right|$$

式中 $R = N_t / N_{t-1}$，是在时间间隔 $t-1$ 到 t

期间群体大小的比值变化；q_x 是从年龄 $x-1$ 到 x 的死亡率。于是，特定年龄死亡率的选择强度，就是在任一年龄（x）死亡率的变化引起群体总增长变化的程度。我们可以期望，具有高选择强度的基因在频率上比具有低选择强度的变化更快。某些基因有较高的选择强度，可能是由于它们引起了较高的死亡率，或者在繁殖价值较高时发生选择，或者二者兼有。图 4-18A 给出了 $I'_q(x)$ 曲线的例子。一般来说，在最适生活周期的特定年龄死亡率，在妊娠期或在其附近是高的，在繁殖前较晚期减到最小，在第一次繁殖年龄以后死亡率又随年龄稳定上升。得出这一推论的理由是：

1. $I'_q(x)$ 曲线在生命期间单调下降。因此，有关死亡率的各因子（其中包括衰老）的选择压力在不断地降低。

2. 但是，靠近出生期的死亡率可能被"提前进行"（precessive，通过自然选择回溯指向使合子死亡）以使亲本投资的损失降到最小。在只有少数几个子代且需要亲本长期沉重投资抚育的情况下，这一效应还会增强。汉密尔顿获得了同一结果。

3. 以降低死亡率为测度的适合度的改善（在通过固定修饰基因所能改善的范围内）发生在尽可能接近性成熟的时候，这时适合度的改善达到最大，即 $\partial R / \partial q(x)$ 最大。事实上，在藤壶、水蚤、鱼和鸟类中观测到的死亡率曲线，确实与期望的相符。人类群体也与图 4-18B 所示的一致。

对繁殖率的选择强度曲线，以与上类似的方式定义为：

$$I'_m(x) = \left| \frac{1}{R} \frac{\partial R}{\partial m_x} \right|$$

其期望的一般形式如图 4-18C 所示。由于 $I'_m(x)$ 值是随年龄单调下降的，所以自然选择应当对更为早期年龄的那些增加繁殖率的性状发生作用——直至有相反的选择力阻止这种作用为止。这些选择力是什么是个有趣的推测热点，因为它们中的许多都涉及社会发育。例如，竞争中的雄性为了取得优势需要体形大，而所有类型的社会脊椎动物，为了熟悉其环境和为了与同类群中其他成员结成联盟，都需要发育时间。

埃姆伦的模型可以预测：增加某一年龄的死亡率（如果持续的话），有助于自然选择提高这一年龄附近（比它大或小）的其他年龄的相对死亡率。这一结果与 L. B. 斯洛波金以前的直观推测——"死亡率的原因彼此诱导"——相吻合。某一新年龄的死亡率，也会使其附近年龄的繁殖率下降。某给定年龄繁殖率的持续增加，比方说人偶然地通过改善营养状况，不仅会导致自然选择在早期生命中发生较高的死亡率，而且会使紧靠给定年龄之后的年龄的繁殖率降低。在生命的中期和晚期也存在着减少繁殖率的倾向。列万廷利用不同的模型，在提高的繁殖率、缩短的性成熟时间和缩短的寿命之间也推出了基本类似的关系。

在两个相反环境的任一环境下，长寿和低繁殖率是通过自然选择而受惠的两个互补性状。如果环境很稳定且可预测，那么能占有环境部分生境、活动符合环境节律或占有环境稳定性其他好处的物种，会改善其成活率，因此也会延长其寿命。这样一些物种的个体会发现，其家系繁殖大量的后代（潜在的竞争者）不是好

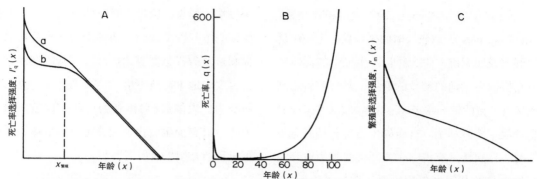

图4-18 特定年龄选择强度和死亡率。A.死亡率的选择——强度曲线的一般期望形式。在具有好的亲本抚育的物种内期望有较高的曲线（a），而亲本抚育不好或没有亲本抚育的物种内期望有较低的曲线（b）。繁殖开始年龄记作$x_繁殖$。B.人类作为年龄函数的死亡率，这是对一般死亡率的选择强度的预期曲线。C.繁殖率选择强度曲线的一般预期形式（据J. M. Emlen, 1970）。

的对策。在另一个极端，荒芜的、不可预测的环境会引起某些物种（但不是全部）的个体进入艰苦而持久的发育阶段，在这个阶段中利用环境的能量是为了生存而非为了繁殖。可以证明，对于这些个体的最好繁殖对策，是使自己调节到特定的有利期间进行大量的非常规的繁殖。如果后代的成活率不仅低，而且持续时间不能及时预测时，则寿命还可进一步延长。

关于生活史进化以及其在社会生物学中应用的研究包括：柯尔（Cole）以及安德森（Anderson）和金关于一般理论的研究；威尔逊关于对社会昆虫的应用研究；伊斯托克（Istock）对复杂生活周期的研究；金和安德森（1971）对群体波动影响的研究。

r选择和K选择

统计参数r和K最终由群体的遗传组成决定。因此它们受进化的影响，而生物学者只是最近才开始仔细研究这一影响。假定一物种可适应

在不可预测的生境（如森林中新开垦的一块草坪、河中形成的新沙洲的一片泥浆表面或食物丰富的雨水池塘）中度过短期生活。这样一个物种如果能做好如下三件事，它就是个成功者：（1）能迅速发现这样的生境；（2）在其他竞争物种开发利用这一生境前，它能迅速繁殖并用尽其资源；（3）当现存生境成为不可栖息之地时，它能外出探索寻找到其他的新生境。这样的物种，依赖于高r可利用波动环境和短暂资源，所以称为"r对策者"（r strategist）或"机会主义物种"（opportunistic species）。r对策者的一个极端情况是流浪物种——从其栖息地被驱离，且仅凭借其扩散能力和以高速占领新地域而维持生存。r对策是充分利用多种生境（由于它们的暂时性本质），而这些生境在任一给定时刻都能容纳处在增长曲线较低的上升部分的许多群体。在这样一些极端情况下，具有高r的群体中的各基因型都处在有利地位（见图4-19）。在拥挤环境（当N＝K或接近于K时）下，具有竞争能力的基因型会取代具有高r的基因型，这一过

程称为"r选择"。

　　"K对策者"（K strategist）或"稳定物种"（stable species），以较长时间生活在一生境（例如洞穴或珊瑚礁）中为特征。生境中的群体和与它们发生互动的物种的群体，都会随后达到或接近各自的饱和水平K，这样对于具有高r的物种就不再有利了。这样的生境对于具有竞争能力，特别是具有占领一方环境并利用该环境产生能量的基因型更为重要。在高等物种中，这种K选择可形成较大型的个体，诸如大型灌木和乔木，它们具有排除其附近刚长出的其他植物的根系和遮挡这些植物吸取阳光的能力。在动物中，K选择导致特化现象（以避免与竞争者发生冲突），或导致为对抗同种成员而加强监护、捍卫领域的倾向。在其他情况相同的条件下，K选择对那些在平衡时能保持密度最大的群体是有利的。在这种长期拥挤环境下，成活率和繁殖率都不够高的基因型会被消亡。经典的自然选择法则几乎全是建立在r选择基础上的。首先明确提出与r选择相平行的K选择的是麦克阿瑟（1962）。

　　当然，这两种形式的选择不是相互排斥的。如图4-19所示，在所有情况下，r选择至少会引起物种一定的进化饰变（上升或下降）；而靠近K值时，没有什么物种能逃脱一定程度的K选择。金和安德森，以及拉夫加敦，事实上独立地明确了几种环境，使得相互竞争的r和K等位基因在这些环境中以平衡多态的形式而共存。但是，在发生极端K选择的许多情况下，最终形成了（在一生境中）长寿个体的稳定群体。这样在进化中必然使r等位基因下降。对于生活在稳定生境的基因型或物种，如果加大繁殖而减少了个体成活率，那么加大繁殖的

投入根本就不存在达尔文式的有利性。在另一个极端，如果空闲生境暂时的有利性，至少能保证一个基因型或一个物种少数几个后代的生存和繁殖的资源需要，那么这一基因型或物种就会大大地（甚至不惜以生命为代价）投入繁殖努力。大多数r对策者的后代在扩散期间会死亡，只有少数后代可能发现空闲生境，并在那里重新开始生活周期。

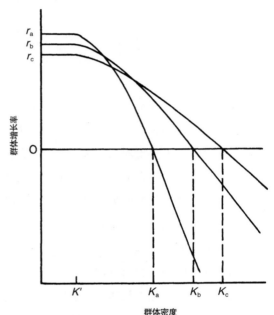

图4-19　r选择和K选择间的关系模型。在自然选择中，假设三种基因型（a，b，c）作为竞争模型。群体在低水平，比方说临界值K'以下，各群体以不变的内禀增长率（r_a，r_b，r_c）增长。在平衡且每当增长率为0时，依定义每群体维持在容纳量（k_a，k_b，k_c）处。如果群体增长率曲线如图中例子那样相交，那么当环境波动很大足以保持群体稳定增长时，基因型a占优势；但是，在环境稳定足以使群体维持在平衡点或其附近（K选择）时，基因型c就占优势（自Gadgil和Bossert，1970，经修改）。

　　群体波动的程度并不能全部决定r基因和K基因的命运关键在于变化模型本身的模式

（Mertz，1971a，1971b）。如果群体通过某种方式波动，使其个体数在多数时间内呈现增长（就像图4-20那样），那么它会以一般方式作为r选择者而进化。但如果群体个体数通过某种方式波动，使其在多数时间内呈现下降趋势，那么对延缓繁殖、使寿命最大化和放慢增长率的那些基因是有利的。一个长期下降群体的最好例子可能是加州神鹫（*Gymnogyps californianus*），它们从1万年前就逐渐"撤退"——从佛罗里达州到墨西哥，再到现在的加利福尼亚中部一个极小的避难区。这种兀鹫，是所有鸟类中寿命最长和繁殖最晚的一种。这些性状与"撤退"的因果关系，凭我们现在的知识还不能确定。

表4-2 r选择和K选择的某些相关（自Pianka，1970，经修改）

相关	r选择	K选择
气候	可变和（或）不可预测	相当恒定和（或）可预测
死亡率	往往是灾难性的、无方向性的、非密度制约的	多为有方向性、受密度制约的
成活率	往往是类型Ⅲ	通常是类型Ⅰ和Ⅱ
群体大小	随时间而变，非平衡；通常在环境容量之下；非饱和社群；生态真空；每年重复迁移	不随时间而变，平衡；达到或接近环境容量；饱和社群；没有必要重复迁移
种内和种间竞争	不定，通常不明显	通常激烈
相对丰度	往往不符合麦克阿瑟的"折杆"模型	通常符合麦克阿瑟的"折杆"模型
得益于选择的属性	快速发育 高r_{max} 繁殖早 个体小 一次繁殖	慢速发育，较强的竞争力 较低的资源阈值 繁殖晚 个体大 重复繁殖
寿命	短，通常少于一年	较长，通常多于一年
能量利用重点	多产性	有效性
迁移能力	强	弱
社会行为	弱，大多数成群聚集	往往发展得很好

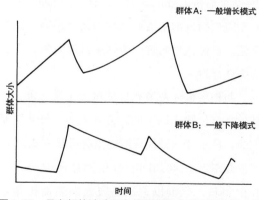

图4-20 具有相等波动程度的两群体表现出两个相反的增长模式。群体A产生的性状进化，在许多细节上不同于群体B的进化（引自Mertz，1971a）。

101　　　在生态学和行为学中。r选择和K选择的期望相关是多样和复杂的（见表4-2和图4-21）。一般来说，K选择有利于高级形式的社会进化，其理由是群体的稳定性倾向于减少基因流动，从而增加近交，加强了领域占有并构建多种多样的社会联盟——而这些是在可预测环境中长期生活所必需的。

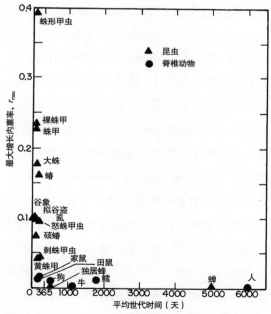

图4-21 r选择和K选择间的阈值的增加同许多生物类群世代时间从一年到多年的增加相吻合。世代时间一年昆虫（具有高r_{max}）倾向于显示r选择者的期望性状，但世代时间为13年的蝉和包括蜜蜂在内的社会昆虫是较稳定的。类似地，许多少于一年繁育时间的啮齿动物，如田鼠和家鼠，都是属于r选择者的脊椎动物（自Pianka，1970）。

　　许多类群动物都是兼有 r 选择和 K 选择的物种，啮齿动物就是其中之一。根据克里斯琴叙述的判断，草甸田鼠（*Microtus pennsylvanicus*）位于 r 选择的极端。在前哥伦布时代，繁盛的田鼠可能局限分布于湿地草原，如由河狸建造又丢弃的河狸堰——河狸沼泽堰。这些暂时的沼泽堰，使得环境快速进入重新造林的演替系列各阶段，因此依赖于这些环境的物种必须采用快速群体增长和有效扩散的对策。田鼠经历着明显的群体波动，产生大量的"流浪者"，即迁出到远地的无领域动物。克里斯琴观察到，在一年期间，当田鼠群体密度很高时，一块河狸沼泽堰建造后不到一周就被它们侵占了。田鼠为了抵达新的开放生境，必须穿过广阔荒凉的森林地带。r 对策使田鼠预先适应了快速变化的、类似河狸沼泽堰的农田环境，所以今天在北美洲的大部分地区它是一个优势种。另一些北美洲田鼠亚科的啮齿动物，特别是鹿鼠属的鹿鼠，是更接近 K 选择的一端。它们原来栖息在北美洲的连续生境内，特别是东部的落叶林和中部的平原。它们的群体较稳定，很少有像田鼠和旅鼠那样惊人的激增繁殖情况。美洲河狸（*Castor canadensis*）很接近我们所称的真正的 K 选择者。在很大程度上，这种哺乳动物把自己限制稳定在其建造的沼泽堰池塘的生境中。由于其个体大，且安全的沼泽堰巢可避免捕食者侵害，并提供了丰富的食物资源，所以河狸既有低的死亡率又有低的出生率。幼狸要经过两年左右才会离开亲本堰巢分散到别处。最终河狸群体要比田鼠亚科的群体更稳定。

　　对啮齿动物的研究可总结出对其他类型动物也可能适用的原理：物种的社会耐量（social tolerance）是以适应最适群体密度和最适群体结构而进化的。这首先是由里迪克和艾森伯格明确提出来的，后来克里斯琴又从不同角度深化了这一原理。可以分成三点评述：第一，自然界物种平衡密度越低，其成员开始显现某种形式的密度制约的社会反应（如领域性和迁出）就越快。第二，这些反应的阈值，机会主义（r 选择）物种要高于更稳定的 K 选择物种。第三，不同社会反应的阈值，在高度社会化物种的社会内是最高的，尽管根据前面两点的关系，这些类群间的社会耐量可能是低的。因此从总体上说这些阈值适用于群体而不适用于社会。在实验室条件下，通过人工增加啮齿动物密度，再观察有关的社会反应，证实了里迪克-艾森伯格（Lidicker-Eisenberg）原理——社会反应包括自由生活群体作为密度控制的正常反应，也包括当超过一般密度阈值时随之发生的病理行为。

　　与稳定群体对策相反的机会主义对策，在其他类型生物中以不同的方式表达。属外肛亚纲的苔藓虫有三种最普通的集群增长方式：（1）线性增长，集群如同有蔓植物那样增长；（2）表面增长，集群以地衣的方式向表面扩张增长；（3）三维增长，集群如一微型丛林向所有方向增长。由 K. W. 考夫曼（K. W. Kaufmann）建立的几何模型表明，线性方式可在短期内形成大量幼虫，所以最适合寿命较短的生物在微生境中生活，以线性方式增长的这些集群是 r 对策者。三维方式使长寿生物具有最大的生产能力，并且由于拥挤引发竞争时，对有关个体形成稳定的群体也具有一定的有利性，因此这些集群可能是 K 对策者。表面增长方式的集群处于上述两个集群之间。

102

在鸟类中，尤其是海鸟和其他类群中（其中包括猎物和腐食提供者）的大型鸟类，有可能看出K选择统计性状和群体稳定性都是逐步上升的。三色黑鹳凭借其对高密度群体的耐量，比与其血缘关系较近的红翅鹳更占优势。三色黑鹳占的领域较小，是高度集群式的——集中在一起可超过1万个巢。较小的秃鹳（Leptotilos javanicus）一定是主要的K选择者之一。根据贝克（Baker）的记载，已知一个集群自存在以来就生活在阿萨姆（Assam，印度一个邦）的丘陵地带。在1885年，该集群生活在原生雨林中，共有15个巢。至1929年，这片林地被砍伐改成耕地，这一集群就在这片种植地生活，它仍恰好由15个巢组成。极大的稳定性似乎是许多集群鸟的特征。冬天在纽约州和加利福尼亚州栖息的短嘴鸦（Corvus brachyrhynchos）已坚守筑巢区长达50年之久，尽管周围的植被已经发生了根本性的变化。雄性尖尾松鸡（Pedioecetes phasianellus）向雌性炫耀的求偶场，凭当地印第安人回忆，至少有他们的部落时就有了。自15世纪起，北鲣鸟（Sula bassana）就在苏格兰福斯湾（Firth of Forth）的礁岩上持续繁衍；而苍鹭（Ardea cinerea）的一个集群，至少从13世纪就留守在英格兰肯特郡城堡（Chilham in Kent）。这些事实对于利他主义群体控制的进化理论，具有极大的潜在重要性，因为这些事实表明：在许多更为社会化的物种中，群体灭绝的速率极低，以致不能产生群间选择强度——而这个强度，对作为一个整体的群体而言，有利于利他主义的基因（见第5章）。

在哺乳类若干独立进化的食蚁动物类型中，研究员发现了非同寻常的、有趣的趋同K适应现象。这些动物密度很低，但是它们可以获得相对稳定的甚至是分散的蚁类（蚂蚁或白蚁）食物资源。土豚（Orycteropus afer，管齿目）、穿山甲（Manis spp.，鳞甲目）、巨食蚁兽（Myrmecophaga jubata，无齿目），这些物种已知都具有独居、低繁殖率、幼小时依附于母亲生活和缺乏集聚行为的习性。我们知道另有较少的一些物种也同样具有以上、性状，这些物种是土狼（Proteles cristatus，一种鬣狗）、懒熊（Melursus ursinus，一种真熊）和袋食蚁兽（Myrmecobius fasciatus，一种有袋动物），它们的食物主要是白蚁。

相反，主要的r选择者可能在节肢动物中。例如，许多小虫类物种，它们的对策是高度不稳定或不固定的，这依赖于它们是否发现了富有的食物资源，如一大块腐烂食物或大型但生命周期短的可以寄生的昆虫。像米切尔（Mitchell）在其最近分析中所强调的，这些生物成功的关键，是受孕雌性扩散的最大化。可能的机制包括：在幼小阶段扩散；雄雌比例降低，以使雌性绝对数量最大化；扩散者体重减少，以允许它们作为空气浮游生物或作为"免费搭车者"附在其他生物上，以进行可能的最长距离的扩散。也存在这么一种倾向，即雌性扩散前与雄性交配，其结果可使单个个体就有能力建立起一个群体。

基因流动的进化

个体从其出生地迁出的程度是进化的约束力。迁出的程度低，会导致群体规模减小、近交程度增加和遗传变异减小；迁出的程度高，会导致区域性适应的基因消失和社会联盟的中

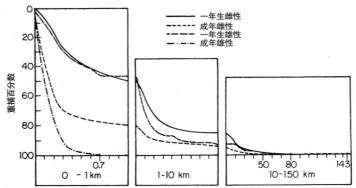

图4-22 斑姬鹟（*Ficedula hypoleuca*）在德国扩散时的年龄和性别差异。纵轴表示4 000只标记斑姬鹟的累积重捕百分数（引自伯恩特和斯滕博格，1969，重画）。

断。这种基因流动的细节也有一些间接影响。各基因型以不同速率迁移的倾向，能够引起地理变异和物种内的平衡遗传多态现象。不同性别和不同年龄组具有不同的迁移倾向，对社会结构可发挥重要的影响。

就性别和年龄而论，迁出数量往往是极不成比例的。有证据表明，刚成熟的个体迁移最远（见图4-22）。这些证据同以前的理论推测是一致的，即个体是在其繁殖价值最大时发生迁移而进化的。昆虫的程序式的扩散是特别固定的。这种扩散，不是通过区域性探索式移出，而是通过真正的迁移而发生的。在迁移期间，昆虫按照严格的固定不变的方式进行迁移，不易受其他情况下控制其生活的刺激而改变。昆虫对这一过程是高度适应的，该过程已使它们朝着对其生活周期短和繁殖地点通常不固定的本质做出反应的方向进化。一般说来，一个物种程序式的迁移活动与其适应生境的稳定性呈负相关。迁移飞行（迁飞）是许多甚至可以说是绝大部分带翅昆虫主要的迁移方式，这些迁飞是遵循着适应该物种个体需要的模式进行的。某些物种，如灾难性的和粉蝶（*Ascia monuste*）迁移的一些成员，能进行漫长的强力飞行。但是，它们中的大多数，总是以其翅振动而借空气流动前进。迁移的时期是有严格"计划"的。迁飞通常是由刚进入成熟期的个体，特别是这样的雌性带领的，后者在最可能迁飞的时期会放慢卵巢的发育。一般来说，昆虫是通过传达有利飞行条件将至的先兆刺激，或者是通过传达生理状态有助于飞行的信息而迁移的。许多这样的系统的精密性，可用黑条木小蠹（*Trypodendron lineatum*）的不寻常的情况加以说明。当这些小蠹甲虫的成体首先离开其巢穴时，它们开始都进行正向趋光飞行，在飞行期间，它们吞吸空气直到前胃（位于前肠后部的"砂蠹"）中形成气泡为止，气泡使它们转到负向趋光而停飞。如果试验者向刚才飞行中的甲虫的前胃充气，则甲虫就会停止飞行；但试验者把气泡刺破后，它又重新飞行。

脊椎动物的反应虽然不像上述昆虫那么"机械"，但其扩散模式的可预测性仍然很高。脊椎动物群体的扩散体，从鼠类到河狸，几乎都是刚成熟的个体，并且它们的扩散是可预测的——攻击更为可靠的、一般属于较老年留守者的领域。

由萨德利尔（Sadleir）提出，由希利（Healey）试验证明，拉布拉多白足鼠成体的攻击频率最高时发生在繁殖季节，在这期间它们尽可能地把大量幼鼠赶出扩散到最远处，从而导致幼鼠死亡率也最高。但是，幼鼠扩散迁移规律是可变的，在啮齿动物中最社会化的动物——黑尾草原犬鼠，就是成体营造新巢穴使幼鼠迁移，并由此扩大其范围的。

半封闭的哺乳动物社会，例如狒狒和狮群中，年轻的雄性是主要的扩散者。在这些情况下，基因流动的模式相当一致。年轻的动物离开亲本社会，单独或与同性别的其他同龄成员进入流浪阶段，最后加入一个新集群。在开放社会及其他的非社会领域系统，总的来说，在扩散中不存在严重的性别偏倚：在某些物种中，迁出的主要是雄性；在另外一些物种中，迁出的主要是雌性；而还有一些，迁出的雌性和雄性比相等。

基因流动的进化，是建立在迁移体选择（migrant selection）过程基础上的，即不同的基因型由于迁出的倾向不同而引起的变异，使不同的基因型具有不同的适合度。更倾向于迁移的基因型可能消亡得更快，但是作为一种冒险活动，它有两个可能结局。第一，它很可能迁入到空闲生境，像r选择的情形那样，如果这种生境对该物种是有利的，但在自然界存在时间很短暂的话，那么另建集群的有利性更大。第二，可能存在着"少数效应"，这在果蝇中已有发现，至少在某些生物中也可能存在。当迁出的雄性基因型比其他雄性基因型相对稀有时，则前者交配成功的机会就会增加。因此，当迁入者迁入与自己基因型不同的群体时，对迁入者是有利的。迁移选择、个体选择

和类群选择是相互平行的，不管什么选择，这三种基本选择形式都是相互补充的。但是，迁移者基因型在同已建立的群体内的非迁移者基因型竞争时，可能会处于不利地位。或者，从总体上说，它们的存在可能增加群体消亡的概率。在这些条件下，选择压力相互抵消，因此物种内就可能出现遗传多态状态。迁移选择已通过田鼠属的草原田鼠（*Microtus ochrogaster*）和草甸田鼠两物种的铁传递蛋白和亮氨酸氨基肽酶的多态现象得到证实；对家鼠和果蝇的实验室研究以及对格纹蛱蝶自由群体的研究，都证实了迁移选择的存在。在对拉布拉多白足鼠和果蝇的研究中发现，它们是通过个体选择和迁移选择的相互抵消作用维持多态现象的。

麦克阿瑟（1967，1972）和威尔逊（1967）已经仔细研究了不同环境条件下物种的扩散曲线特性和成功迁移的概率。扩散个体随着距离的增加可明显区分为指数下降和正态下降。如果扩散个体（繁殖个体）朝一固定方向迁移并以恒定概率停止迁移时，就会产生指数分布。陆栖繁殖体被持续的风流或旋风裹挟越过海洋直至一个个地落入海水时，可能会形成指数分布。经迁移距离d后，仍在扩散中的繁殖个体数目应为$e^{-d/A}$，其中A是所有繁殖体的平均迁移距离。通过空气被动传播繁殖个体的植物和昆虫可以证明这种指数分布是常见的（如果不是全部的话）。相反，当动物扩散是在随机改变路线而没有长距离的定向（地面或空中）时，就可能呈现正态分布。下面两种情况也可能出现正态分布：在海面"木筏"上，如在圆木上的迁移，其持续时间呈现正态分布；或者，在一段时间内沿着一确定路线的迁移，由于生理上的原因也呈正态分布。到达距离x时仍在迁

105

移中的个体所占的分数以 e^{-x^2} 而不是以 e^{-x}（该项属指数扩散）的速率呈现下降。更确切地说，到达距离 d 或更远的个体数为：

$$\sqrt{\frac{2}{\pi}}\ \frac{e^{-d^2}/2}{d}$$

在基因流动和迁移模式中，可期望这两种类型的曲线会产生明显的差异。

关于扩散的适应值分析，由于在选择水平上所起作用的争论而引起了混乱。W. L. 布朗（W. L. Brown）和霍华德（Howard）在论及扩散的作用时，他们认为类群选择至少可部分地减少近交、扩大物种范围、传播新基因和重新入侵被干扰过的地域；布朗还进一步认为，把群体波动当作一类发动机可以加速这些过程，而这类发动机可以驱动一般的适应遍及整个物种。这样一些"功能"，如果作为第一级达尔文适应而存在的话，在许多情况下个体的利益将屈从于群体的利益。魏恩-爱德华兹采纳了这一明确观点，他把迁出解释为在群体密度调节中利用的一种利他主义。从整体上看，根据基因流动进入群体的成本和获利情况，莱文斯和雷一直在计算基因流动进入群体的最适速率。雷的理由如下：假定在一变化的环境中平均每 n 代后一种等位基因替换另一种等位基因，

每一替换会将群体规模缩小（$1/n$）$\log$（s/u），其中 s 是选择系数。而 u 是新迁入个体属于该基因型时所占群体的比例。如果环境以每 n 代作为变化单位，那么一代接一代的迁入率为多大才会使群体（作为一个整体）损失量最小呢？雷表明，这个最适水平是 $u=1/n$。如果自然界中存在这一效应，我们就可期望生活在剧烈波动环境（高达 $1/n$）中的物种会往上调节其扩散率和扩散距离。

的确，我们试图把物种视作一种自我平衡装置，而这一装置是用其群体参数（如扩散率和突变率）来进行调整修补的。但是还有一个不同的假说，这是由里迪克、墨里、约翰逊、吉尔伯特（Gilbert）和辛格（Singer）以及其他人提出来的，并由 D. 柯恩和加吉尔建立了数学模型。这一假说认为，扩散行为是在个体水平上通过自然选择而实现的。迁出是以这样一种方式进行的，即从某一局域迁出一个个体有可能使它在另一局域取得更大成功。群体迁出结果可看作次级结果。读者将会认识到，扩散的进化还有一个问题，与利他主义和领域行为一样，不同假说间的选择必然取决于对群体选择强度的精确评估。我们要在下一章对这一重要而复杂的问题做全面的评述。

第5章　类群选择和利他主义

记　　者：当你（指芬兰著名的田径员帕
沃·鲁米，曾22次打破世界纪录）
在田径赛上使芬兰扬名于世时，
你认为是在为你的国家争光吗？

鲁　　米：不，我参赛是为我自己，不是
为芬兰。

记　　者：甚至在奥运会上也不是为
芬兰？

鲁　　米：是的。最重要的是为自己。在奥
运会上，最要紧的是要将自己摆
在首位。

帕沃·鲁米（Paavo Nurmi），这个极端的个体选择论者，谁会不对他至少怀有一种赞许的态度呢？在另一个极端例子中，当"阿波罗11号"宇航员在月球上留下其信息"我们为全人类和平来到这里"的时候，我们共享着一种不同形式的赞许。在这一章，我们讨论在个体选择和物种选择两个水平间的自然选择。其重点是利他主义的问题——为增加其他个体的遗传适合度而牺牲自己的遗传适合度的问题。

类群选择

当选择影响到一个谱系类群（作为一个单位）的两个或更多个成员时，我们就可称其为是在类群水平上的选择，即类群选择（group selection）。正好在个体水平之上，我们可以区分出不同的谱系类群：一套由亲本、同胞及其后代构成的至少有三级表亲关系的家系群，等等。如果选择是以类群作为一个单位而发挥作用，或者是以个体为单位而发挥作用，但它影响到有关血缘谱系共有基因的频率时，则这一选择过程称为血缘选择（kin selection）。在更高水平上，整个繁育群体可以作为一个选择单位，这样具有不同基因型的群体（也叫同类群）就会以不同速率消亡，这就叫同类群（或群间）选择（interdemic selection）。各选择水平的形象表示见图5-1。达尔文在《物种起源》中，为了说明社会昆虫不育职别的进化引入了类群选择概念。而类群间选择（相当于这里定义的群间选择）是在1945年由赖特使用的。奥莱菲·卡莱拉（1954，1957）使用了基本相同的表达（Gruppenauslese），其含义相同，血缘选择是由J. 梅纳德·史密斯（J. Maynard Smith）提出的。这里引用的分类大致与J. L. 布朗（J. L. Brown）推荐的相同。选择也可在物种或有关物种的整个聚类丛（entire clusters）水平上进行。为古生物学家和生物地质学家所熟悉的这一过程，是通过地质年代以相似的模式对主要类型（如菊石类、鲨类、笔石动物类和恐龙类）进行改朝换代式的演替。这种选择，甚至可使整个生态系统（包括所有营养级水平）在不同时间内消亡。但是，这些最高水平的选择，由于下面简单的理由，在利他主义的进化中可能是不重要的。为了与个体选择抗争，需要有类似程度的群体消亡速率，新种不可能采用这种快速形式——至少当物种在遗传上的趋异不是像生物地质学家通常研究发现的那样大时，新种是难以这样快速形成的。上述限制，当然也适用于生态系统。

对扩大的相互嵌套的、有若干套血缘个体的谱系来说，完全的血缘选择和完全的同类群选择是选择梯度中的两个极端。这两种选择是很不相同的，需要不同形式的数学模型，且后果也有性质上的不同。对大多数物种来说，在血缘选择和同类群选择之间的转变区，依赖于个体的行为和它们在社会间扩散的速率，可能发生在类群大小约为10—100个个体之间。在这一范围内，可以得到家系大小的上限，并可包含多个家系类群。人们也能发现，通过这一上限，一个类群的若干成员可以与某一成员具备血缘关系，并且通过这一关系就可建立个体间的联系。最后，10—100这一范围，是绝大多数脊椎动物的有效群体成员数（N_e）。因此含有多于100个个体的群集会引起遗传分裂，并且它们的几何分布对它们的微进化是重要的。

同类群（群间）选择

属于同一物种的一组群体可以称为超群体

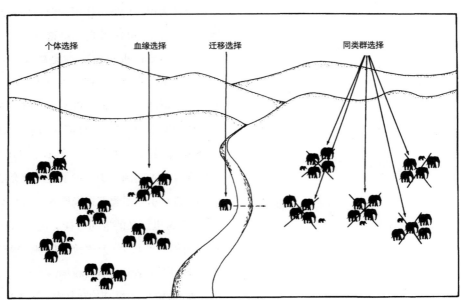

图5-1 逐步向上的各选择水平。类群选择是由血缘选择（一套血缘个体为选择单位）或由同类群选择（也称群间选择）组成——后者是各个群体同时以不同速率消亡。扩散的不同倾向称为迁移选择。

（metapopulation）。超群体可想象为类似变形虫的实体分散到一固定数目的各区域中。在任一时刻，一给定区域可以有群体也可以没有群体。如果 $P(t)$ 是在时间 t 支撑群体生活的区域数所占的比例，m 是在同一时间接受迁移体的空间比例。而 $\overline{E}$ 是在瞬间消亡的群体的平均比例，则：

$$\frac{dP}{dt} = mg(P) - \overline{E}P$$

其中 $g(P)$ 必然随着已占区域的比例而减少，该关系可以表述为简单的对数形式：

$$\frac{dP}{dt} = mP(1-P) - \overline{E}P$$

平衡时，被占区域的比例是：

$$P = 1 - \frac{\overline{E}}{m}$$

这里，超群体作为整体，只有当 $\overline{E} < m$ 时才能维持。因此，该系统可比喻为一组区域随着进化时间推移，当一群体进入一区域时，区域就开始有生命，当群体消亡时，区域就终止生命。平衡时，区域终止生命的速率和群体占领斑块（栖息地）的数目都是恒定的，尽管占领的模式会经常变化。只有当观察者能断定该系统是真正的孟德尔式群体时，上述比喻才能变成现实。这一问题带来的复杂性见图5-2。

考虑同类群选择时，在群体发展历史中辨明其消亡的时间选择是很重要的（见图5-3）。群体最可能消亡的时间有两个：一是在刚开始时，迁入者正在为建立一个新的栖息地而奋斗，二是达到（或超过）了该栖息地的容纳量后不久由于饥饿死亡或生境被毁的最危险时刻。前一事件可以称为"r消亡"，后一事件可以称为"K消亡"。因为这二者是相互对应的，所以可分别称为"r选择"和"K选择"。当群体更易面临r消亡时，通过类群选择有利的利他主义性状可能成为"先驱"品种，它们开始聚集成小群体、共同对敌并共同觅食和筑造宿营地。基本原则是，作为一个总体，要使类群的平均成活

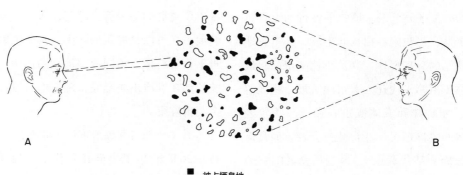

■ 被占栖息地
□ 未占栖息地

图5-2 超群体是占领一组生境栖息地的一组群体。由于经常发生的消亡不会由新的迁入而完全抵消，所以总有一定百分数的栖息地是空闲的（尽管在不同的时间闲置着不同的栖息地）。观察者A能正确地区分出每一群体，并能正确估算出消亡和迁入速率。观察者B误把整个超群体看作一个种群，并将低估消亡和迁入速率。

108 率和可育率最大化。换句话说，使 r 最大化。在 K 消亡中，情况恰好相反，要使群体维持得好，就要使群体大小处于危险水平之下以保持"城市质量"（urban quality）。要避免来自外部自然条件的密度制约控制的极端压力，要使相互帮助最小化，要把低效利用生境和出生控制等各种形式的个体约束放在显著地位。

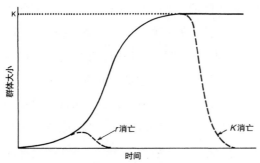

图 5-3 群体消亡最可能发生在其增长的早期阶段，特别是第一批迁入者试图建立食物栖息地时（r 消亡），或者是达到（超过）环境容纳量和发生大灾难后（K 消亡）。它们在进化上的结果可能有很大不同（引自威尔逊，1973）。

这两个水平的消亡可由桑德斯（Sanders）和奈特（Knight）描述的蚜虫（*Pterocomma populifoliae*）区分开来。该物种在行动上具有高度随机性，当吸附在白杨叶上时，会迅速地繁殖一些小的分离群体。其消亡速率很高。最早的集群（由第一代迁入者组成）被一些漫游捕食者，如蜘蛛和成体瓢虫吞食。一些较老的、更多的集群招引一些常驻捕食者（如食蚜蝇、斑腹蝇和某些瓢虫），这些捕食者随它们一道繁殖。捕食者借助成活蚜虫迁出之机，往往会把其整个集群都吞食掉。

很年轻的、正在增长中的群体可能由血缘相关的个体组成。所以通过 r 消亡的同类群选择要与血缘选择分开实际上很困难，在极端情况下二者还可能相同。使得这一过程难以分析的第二个特点，是基于遗传漂变的基因频率的变化。在由 10 个个体左右组成的群体中，遗传漂变完全可淹没超群体内由不同速率引起消亡的总效应。由于这些原因，分析都集中在较大群体，并且获得的大多数一般结果，更容易应用到 K 消亡的同类群选择上。 109

如果通过历史发展进行探讨，那么就很容易了解相互抵消的同类群选择。在 1932 年，霍尔丹提出了一些基本原理的要素，都能同样地应用于血缘选择和同类群选择。他认为可以隐约了解到利他主义性状在群体中是如何增加的。"研究这些性状要考虑小类群。这些性状只有通过群体才能传播，其条件是：如果决定这些性状的基因由一类相关的个体携带，而这类相关个体留下子代的机会是通过使这类个体成活率下降的基因的存在而增加的。"霍尔丹继续证明，如果各类群小到可使利他主义者尽快取得优势，那么上述过程是切实可行的。他知道，在超群体中，通过各类群，如小类群或由某些迁出者建立的小群体的遗传漂变，可使各单个类群的基因得以固定，所以超群体中的利他主义可以是稳定的。由于某种原因，霍尔丹不重视群体以不同速率消亡的作用，而这可能使他在发展出一套完备理论中得以进入下一个逻辑阶段。

另一个思路发源于华伦德原理，后由 S. 赖特在 20 世纪 30 年代至 40 年代发展到群体遗传学的"岛模型"（island model）。对于这一问题正式的综合性评论，读者可参考赖特 1969 年的论文集的第二卷。赖特在 1945 年对辛森的论文《进化的速度和模式》（*Tempo and Mode in Evolution*）的评论中明确指出，这一岛模型与利他主义行为的进化有关。其公式与霍尔丹的基本相同，只不过它是独立推出的。赖特想象通过遗传漂变，产生一套能适应局域环境的、彼此间能进行基因交换的群体。赖特一向坚持该模式在进化中是"最具创造力"的。在这里考虑的特殊情况中，不利基因（例如利他主义基因）可以在整个超群体中占优势，其条件是：具有这些基因（利他主义基因）的各群体足够小，以致遗传漂变可使它们达到高频率值，而后这些群体送出与其不成比例的迁出个体数。与霍尔丹一样，赖特也没有考虑群体的不等速率消亡对平衡超群体的影响，其模型也没有偏向于利他主义进化的理论。令人感到吃惊的是，当汉密尔顿20年后重新开始研究类群选择理论时，使他受到启发的不是赖特的岛模型，而是赖特关于血缘关系和近交的研究（后一研究引发了血缘选择的课题）。

下面的同类群选择的研究，大体上是由不懂遗传理论的生态学家进行的。卡莱拉把类群选择看作近北极的田鼠群体繁殖限制的一种机制。他认为：食物短缺是最终控制因子，但要相信在食物富有期间群体的自我控制会对食物短缺期间的饥荒做出预防。卡莱拉推断，只有没有自我控制基因的类群周期性地部分死亡，或者没有自我控制基因的个体直接死亡的情况下，在个体适合度要素中的自我控制才可能得以进化。卡莱拉为使其上述推论更加合理还做了一点补充，他认为在许多情况下，啮齿动物的群体是由扩大的家系类群组成的，以至于某些家系类群得以维持其世袭规律，而另外一些因自相残杀而消亡是有遗传联系的。换句话说，同类群选择最有力的模式，是接近血缘选择的一种特殊模式。卡莱拉相信，其他许多啮齿动物、有蹄动物和灵长类动物都可能具有同样的群体结构和类群选择。斯奈德和布勒列顿独立地表达了类似的观点。

魏恩-爱德华兹在其著作《动物传播与社会行为的关系》中对该问题的阐述，引起了广大生物学者的注意。魏恩-爱德华兹的贡献，是把类群选择自我控制的理论引到了极端（他的某些批评可以说用的是反证法），从而促进了对其优、缺点的评估。

食物可以看作最终因子，但在无灾害引发后果时它不宜作为残害同伙的直接因子。以人类经验作类比，我们应当注意，在自然界是否存在看似只有人类知道的用来对抗过度捕捞鱼类的"限制-协定"（limitation-agreements）的补救法，即某种密度制约"习俗"。这种补救法应根据食物可利用的量"人工地"阻止开发利用的强度超过最适水平。这样一个习俗（如果存在的话），不仅必须同食物状况紧密相关、必须同其操作的密度制约呈现高度（最好完全）相关，而且还必须能够消除在捕猎中的直接冲突（在人类经验中这种冲突是具有破坏性的过分的）。

以上引述中的关键词语是"限制-协定"和"习俗"。（动物）社会习俗是使单个动物降低其个体适合度的方式，也就是说，为了类群有高的成活率，它们会降低自己的成活率或繁殖率，或二者兼之。魏恩-爱德华兹陈述的密度制约效应，当涉及社会习俗时实际上影响是全方位的：降低繁殖率、降低在等级系统中的地位、抛弃或直接杀死后代、内分泌压力、延缓生长和成熟。其中任何一个类群的消亡，都可看作个体对崩溃水平之下的那些群体的贡献。魏恩–爱德华兹把许多社会行为重新解释为表演炫耀（epideictic display）——一种通信方式，通过这一方式，群体各成员相互告知群体（作为一个总体）的密度及每个成员应减少其个体适合度的程度。表演炫耀[①]的例子包括昆虫交配群、鸟群，甚至浮游生物纵向迁移群的形成。于是，这些表演炫耀就是社会习俗的最为进化的通信部分。

对于魏恩–爱德华兹的理论，人们（特别是非生物学者）在理解上有许多争议。魏恩–爱德华兹后来说道："7年前，我提出在动物数量的自然调节中，社会行为起着基本作用。"这个说法是不正确的。社会行为在群体调节中的作用的重要性一如往昔，没有受到质疑。魏恩–爱德华兹所提出的是如下一个特定假说：为了有助于控制群体增长，动物自愿牺牲自身的成活和繁殖机会。他也认为这是在所有类型动物中一个很普遍的现象。而且，他并没有像卡莱拉那样限于血缘类群，而是认为这一机制适用于所有大小的、代表所有繁殖结构的孟德尔式群体。解释社会现象的其他假说，例如婚配同步、反捕食作用和增加取食有效性仅被一带而过或只字未提。

魏恩–爱德华兹的著作还是很有价值的，因为它吸引了大量的生物学者，其中包括理论学工作者，来评论类群选择和遗传社会进化的严重问题。公平地说，在随后一系列评论和鲜活的研究中，威廉姆斯的《适应和自然选择》（*Adaptation and Natural Selection*）达到了高

潮，魏恩–爱德华兹关于特定的"习俗"和"表演炫耀"的论题，在有证据的基础上都一个个地被推翻了，或者根据个体选择模型推出了同样有道理的、可以与它相抗衡的模型。在一段很长的时间内，无论是质疑者还是支持者都没有回答产生这一矛盾的主要理论问题：什么是同类群大小和同类群迁移率？为抵消个体选择效应需要多大的不同的同类群概率？只有群体遗传学深入到这些问题时，我们才有望估评类群消亡速率和在特定情况下推翻某一假说的意义。埃歇尔虽然独立地创建了一些概念化的基础（在利他主义进化中定义了极为重要的迁移率概念），但莱文斯以及布尔曼和列维特却首先致力构建了严密的动态理论模型。现在我们对这些模型依次概括如下。

莱文斯模型

如我们所知道的，莱文斯没想有固定数目的生境栖息地，而一定比例的栖息地被一个超群体占领着。超群体中的每一群体都有面临消亡的危险，但也有把 N 个繁殖体迁入到闲置生境栖息地的机会。现假定：有一利他主义基因以不同频率 x 占领各栖息地。在时间 t，频率恰为 x 的利他主义基因占有群体的比例为 $F(x, t)$；超群体总基因频率为 $\bar{x}$；利他主义基因频率为 x 的群体消亡率为 $E(x)$；所有群体的平均消亡率为 $\bar{E}$；还有，由 N 个个体（繁殖体）构成的奠基类群的利他主义基因频率为 $N(x, \bar{x})$；个体选择减少一群体内基因频率的速率为 $M(x)$。于是，基因频率为 x 的群体比例随时间变化的速率是：

$$\frac{dF(x,t)}{dt} = -E(x)F(x,t) + \bar{E}N(x,\bar{x}) + \frac{d}{dx}[M(x)F(x,t)]$$

---

① 要与纯粹为了求偶对异性的吸引炫耀（epigamic display）区别开来。

这一方程表明，在超群体中利他主义基因频率为x的群体比例呈下降趋势，因为这些群体在以$-E(x)F(x,t)$的速率消亡，其中$E(x)$一般是x的下降函数，即利他主义基因存在越多，消亡速率就越慢。这一方程也表明。由于基因频频迁入新的栖息地，所以$F(x,t)$也同时变化，则在每一瞬时新占领的比例就为$\bar{E}$，即为消亡比例。每一群体是由N个个体奠基的；在这些奠基群体中利他主义基因的频率〔我们用$N(x,\bar{x})$表示〕，根据二项分布围绕超群体平均数做随机变化。换句话说，超群体是N个迁移体（它们是每个新集群或新群体奠基者）的来源，而x（这些奠基者中利他主义的基因的频率）是依赖于N和$\bar{x}$的随机变量。$N(x,\bar{x})$对所有奠基群体基因的频率来说呈现二项分布（可以近似地呈现正态分布），因此，集群或群体的奠基作用就使得利他主义基因变化的速率为$\bar{E}N(x,\bar{x})$。由于个体选择，$F(x,t)$也在减少。通过个体选择，每一群体都可使自己的基因频率减少至0。基因频率为x的群体，在一增量时间dt内转换成基因频率为$(x-dx)$的概率是$dt\cdot M(x)$。于是，只通过个体选择可得：

$$\frac{dF(x)}{dt}=-M(x)F(x)+M(x+dx)F(x+dx)$$
$$=\frac{d}{dx}[M(x)F(x,t)]$$

因此，超群体中各群体从x到$(x-dx)$下降的速度，依赖于每一群体在从$(x+dx)$到x的速度和从x到$(x-dx)$的速度之间的差值。

利他主义基因频率通过整个超群体的变化速率，是其所有构成群体变化速率的平均值：

$$\frac{d\bar{x}}{dt}=\int_0^1 x\frac{dF(x,t)}{dt}dx$$

对这一问题，莱文斯的处理方式是将各群体

关于基因频率的方差和更高一级的中心动差写成相应的一些方程。然后$E(x)$展开成泰勒级数而解得不含利他主义基因的消亡率$E(0)$和当第一批利他主义基因加入时消亡率下降的速率$E'(0)$。下一步最容易的方法是在$x=0$和$E(x)=E(0)$时，分析联立方程组的稳定性。如果解得的有关个体选择强度和其他参数的一组值导致了随后的矩阵分析中的不稳定性，这意味着x大于0。换句话说，利他主义基因频率将增加。

假定选择是可累加的，则有下列关系：

$$M(x)=s(\bar{x})(1-\bar{x})+s(1-2\bar{x})(x-\bar{x})-s(x-\bar{x})^2$$

式中S是选择系数。如果有：

$$-E'(0)<(N-1)s+\frac{2Ns^2}{E(0)}$$

则在$\bar{x}=0$的附近系统是稳定的。对上述不等式的分析表明，即使类群选择〔通过$E'(0)$测量〕要比个体选择更强，那么至多也只能在超群体内使利他主义基因处于多态状态。如果利他主义基因是显性的，则情况会更好，在这一条件下：

$$M(x)=s\bar{x}(1-\bar{x})^2+s(1-\bar{x})(1-3\bar{x})(x-\bar{x})^4-s(2-3\bar{x})(x-\bar{x})^2+s(x-\bar{x})^2$$

当利他主义基因固定（$x=1$）时，则群体就达到稳定。并且如果：

$$-E'(1)>s$$

则利他主义基因就被固定。换句话说，当x接近固定时，利他主义基因改善类群成活率的速率要大于选择系数（见图5-4）。当$x=0$时，则群体的稳定性就受到破坏。而且，如果下列不等式成立：

$$E'(0)>(N-2)s+\frac{2Ns^2}{E(\bar{x})}$$

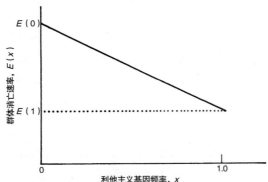

图5-4　有利于利他主义基因的类群选择。在这一最简单的可能模型中，随着每一类群利他主义基因频率的增加，群体消亡速率呈直线下降。类群选择强度以两种方式测量：第一，通过各不同x值的消亡速率[例如E(x)=E(0)或E(x)=E(x̄)]，求得所有x值的平均消亡速率。第二，通过增加x速率而减低E(x)。在这里叙述的基本情况中，E'(0)=E'(1)(引自威尔逊，1973)。

则利他主义基因频率开始上升。一般来说，如果对于任一初始值x有E'<s，则个体选择占优势，而利他主义基因将减少至趋近于0或至少趋近于突变平衡。在加性和显性两种情况下，也必须有足够高的总群体消亡率[以E(0)或E(x̄)测量]，以便补偿上述不等式的右侧项2Ns²。

莱文斯模型基本上是基于下列步骤建立理论的：鉴别和建立各消亡参数，把这些参数与迁移和个体选择相关联，并且引入稳定性分析技术以提供广泛的定性结果。该模型的缺点包括：稳定性分析具有不确定性（见布尔曼和列维特），未考虑超群体的结构变异，未分析假定的小奠基类群中血缘选择的增强效应。更重要的是，其结果整个由建立在稳定性分析基础上的一些不等式组成，所以这些结果并不是很有启发性的。它们没有提供一个法则，使现象学模型得以应用到实际的野外研究中。莱文斯告诉我们，通过群间选择利他主义性状的进化确有可能，并且表明，其发生的条件是严格

的。但是，他的模型缺乏足够的结构，不能对特定的测量进行概括和检验，从而无法评估个体选择被群间选择抵消所发生的时间的空间。

最近，通过用计算机模拟研究类似的岛模型超群体，B. R. 莱文和W. L. 基尔默（B. R. Levin & W. L. Kilmer）已经克服了列文斯模型中的许多技术困难。他们认识到，只有通过时间指定F(x, t)的频率分布，才有可能研究现实群体。他们的试验操作是一个随机过程，在这些过程中被指定的固定值有选择系数、群体消亡速率和个体在群体间的迁移速率。这些群体在大小上是固定的或是可以增长的。至目前为止，其结果至少在性质上与列文斯模型中得到的各不等式结果是一致的。该模拟技术的优点是有其潜在的现实性——它相当容易变化，以适应现实群体中碰到的特定特性。像大多数模拟方法一样，其缺点是难以确定被研究现象的边界条件。

布尔曼-列维特模型

布尔曼和列维特为了以上同一目标，通过类群选择预测进化的整个进程，进行了第二个研究。在分析上为了表明进化的整个过程，他们设想有一特定的有别于莱文斯的超群体结构：中心是一个大的持久群体，而其边缘由一组更易消亡的边际群体组成（见图5-5）。如果边际群体在统计学上还未达到其稳定大小，那么存在于这些群体的利他主义基因不会影响群体消亡速率，并且个体选择不会对边际群体发生作用。所以布尔曼-列维特系统考虑到了K消亡，而莱文斯系统更接近于促进r消亡的条件。虽然布尔曼和列维特选择这一特定超群体结构的部分原因是对其分析的容易性，但从生

物学角度看也颇有道理。事实上，许多现实的超群体确实由以下两个部分组成：大的、占领生态学上有利部位的稳定"源头"群体；沿周边分布的较少的、半隔离群体的类群。这些周边的类群或群体更易消亡——这不仅由于它们有较小的群体大小，而且由于它们的生境条件不够好。

113

布尔曼-列维特超群体

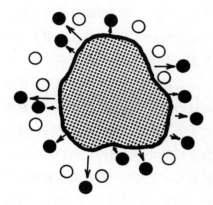

莱文斯超群体

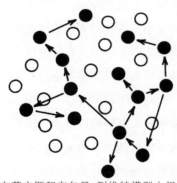

图5-5 在莱文斯和布尔曼-列维特模型中想象的超群体。在莱文斯系统中，小群体在生境栖息地开创（奠基）小群体，并且在奠基时利他主义基因可以降低其消亡概率（即它们有助于避免 r 消亡）。在布尔曼-列维特系统中，周边的小群体是由一个大的、稳定群体产生的，并且这些小群体在统计学上达到容纳量之前，利他主义基因不会影响消亡速率（即它们有助于避免 K 消亡）（自威尔逊，1973）。

周边群体随时间进化的基因频率分布，符合下列方程：

$$\frac{\partial}{\partial t}\phi(x,t) = -E(x)\phi(x,t) + \left\{\frac{\partial^2}{\partial_x^2}[V_{\delta_x}\phi(x,t)] - \frac{\partial}{\partial x}[M_{\delta_x}\phi(x,t)]\right\}$$

其中 $\phi(x,t)$ 是一个群体在时间 t 存在且基因频率为 x 的联合概率；$E(x)$ 如同莱文斯方程中的消亡速率；$M_{\delta x}$ 是每代基因频率的平均变化量（基本上是个体选择所致）；$V_{\delta x}$ 是每代基因频率变化的方差。布尔曼和列维特提出了一个大为简化分析的大胆假设。他们猜想，如果类群选择果真发生作用，那么就可能需要很高的消亡速率以忽略个体选择。因此，类群选择和个体选择是"非偶联的"。个体选择发生在中心"源头"群体；它与遗传漂变一起，决定了周边群体开始的低频率的利他主义基因，而周边群体是在容纳量水平上建立起来的。然后周边群体发生消亡，其速度之快足以阻止内部个体选择的进一步发展。作为必然结果，群体消亡后不再有接替的。群体数目减少的过程一直会进行下去，直至近乎全部消亡为止。

布尔曼-列维特模型，可以看作是纯粹的群间选择模式，它通过 K 消亡方式最可能抵消个体选择的作用。其基本结果表明，一个特定形式的消亡需要显著提高利他主义基因的频率，或者是显著提高任何一类有利于类群选择且不利于个体选择的基因频率。尤其是，为保证上述过程进行，消亡算子 $E(x)$ 必须接近如图5-6所示的一类等级函数。如果确是这样的话，在超群体中利他主义基因频率的升高和超群体的总消亡之间经过一段激烈竞争后，上述过程就完成了。为使利他主义基因频率上升到20%—30%，超群体中大多数的组成群体必须消亡。还有，如同莱文斯模型所说的那样，在利他主义和非利他主义基因之间，从一开始就以低频率维持多态现象时，则超群体可达到最好状态，该过程的例子见图5-7。

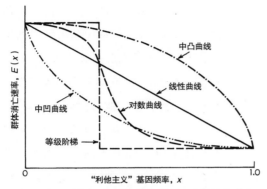

图5-6 应用到布尔曼-列维特模型时不同的消亡速率函数。作为纯粹群间选择结果，在整个超群体内的利他主义基因频率，只有陡峭的对数函数或等级函数才可能有明显的增加。

总之，根据这两个模型得出的推论都认为，通过纯粹的群间选择方式（其基础是依靠群体消亡速度不同），利他主义基因的进化是一个不可能事件。超群体必须通过由一些严格的参数值限定的一个窄"窗口"，这些参数值是：陡峭的下降消亡函数（最好是用利他主义基因频率的阈值接近的等级函数）；在量值上（以每代群体数表示）有与相反的个体选择（以每代每群体个体数表示）相似的高消亡速率；存在着能衍生出许多半隔离群体的一个适度大的超群体。甚至这些条件全满足后，超群体很可能也只不过是利他主义基因的多态群体。

这意味着在实践中，由魏恩-爱德华兹和其他作者假定的大多数"社会习俗"可能都不是真实的。而且，在最大和最稳定的群体中，仅依赖代表整个群体的自我约束而加以维持的可

能性是极小的，因为这里的社会行为是高度发育程度最高的。例子包括海鸟的繁育集群、椋鸟的共栖、松鸡在炫耀场的求偶聚会、兔子的集聚和许多由魏恩-爱德华兹视为利他主义群体控制的最好例子的一些社会形式。在这些情况下，我们必须支持涉及血缘选择或个体选择的假说。即便如此，关于群体广泛协作的进化机制业已被证明还是正确的，而关于社会习俗的假说或者被排除，或者对有关物种依然有效。我们也应该记住，真实群体是其中每个成员可自由相互交配的单元。这样一个单元，可以看作存在于一个巨大群体的中央——这个巨大群体其实正是在进化过程中的超群体。假设有上万只成体的啮齿动物的一个群体，占领着有数百平方千米连续生境的一些小领域。这种聚集作用似乎是巨大的，然而其内的每一山脊、每一片树林和每一小溪都可有效地切断相互迁移而划定一真实群体。即使没有生态壁垒存在时，有效群体大小也可能只有10或100，尽管鸟瞰整个超群体似乎是连续的。如果这些啮齿动物活动范围很小，或者到繁殖季节返回到其出生地，则群体范围是小的，有效群体大小也是小的。这样一些局域群体还可通过"文化"特质的发育，如鸟类学习"方言"鸣声，或社会啮齿动物继承巢穴系统得以巩固。随着局域群体的增多和有效群体大小的减小，涉及的选择也就转而靠近血缘选择。为了明确估算群间选择的潜在强度，有必要估算局域大小、有效群体大小和真实群体消亡速率（见图5-7）。

可以证明，群间选择的主要作用，不在于提高利他主义的密度制约控制的进化，而是在于作为启动其他形式利他主义进化的跳板。假定以非利他主义为代价，利他主义也能彼此协

作而最终可使彼此受益。派系和团体（类群）可能需要个体做出牺牲，但如果它们通过一个共同遗传性状而联系在一起，那么，这个性状就会作为类群战胜其他类似的非协作类型单位而得到进化。这种联系甚至不需要做出牺牲，只需要相互的利他主义达到平衡就可以发生进化。这些网络的形成，或者需要防止高的初始利他主义基因频率，或者需要防止大量个体与其他个体随机接触（这种接触存在着平衡的可能性）。通过开始有利于非利他主义行为的群间选择，可以达到利他主义频率的阈值。

确实存在一些特定条件，在同类群没有差别消亡时能使群间选择得以延续，并且利他主义基因能以某种方式在群体中快速扩散。史密斯提出一个模型。在该模型中，局域群体首先被分离，并以影响其遗传组成的方式暂时地让

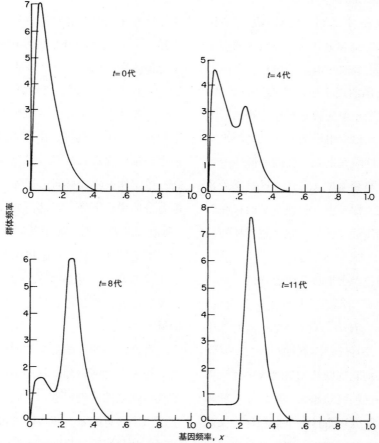

图5-7 在特定的布尔曼-列维特一个超群体中利他主义基因频率的上升。各周边群体的有效群体大小为200。这些群体衍生于利他主义基因频率为0.1的大源头群体，而这一大群体每代受到强度为0.01的个体选择和每代发生 10^{-4} 的突变率而维持在平衡状态。（周边）各群体以每代0.1的平均速率在消亡〔$\int_0^1 E(x)dx = 0.1$〕。消亡函数是陡峭的对数函数，在 $x = 0.2$ 以下时，利他主义基因对各群体没有什么有利性，利他主义基因的绝大部分优势都在 $x = 0.2$ 以上。到这时，群体-频率曲线已达到新模态（并且利他主义基因在这些周边群体中呈多态），超群体的大多数成员已消亡（自布尔曼和列维特，1973a，经修改）。

它们增强或衰退。然后来自不同群体的个体混合在一起，并在形成新群体前实行一定程度的相互交配。假定这些群体是在干草堆中的一些小鼠，且每一干草堆的小鼠都是由单个受精的雌鼠迁入后建立的。如果a/a是利他主义个体，而A/A和A/a是自私个体，则存在具有A基因的一个生育个体的干草堆中的a等位基因都会消失。但是，如果各纯系a/a群体在混合和迁移期间提供更多后代，并且如果也存在相当量的近交（使得纯系a/a群体在数量上比仅凭随机所预期的更多），那么利他主义基因就会传遍整个群体。D. S. 威尔逊认为：自然界的许多物种有规律地进入分离和混合的循环，利他主义基因在广大范围的现实条件下能进行扩散，且能越过由史密斯想象的狭窄范围。我们所需要的，就是要更大幅度地增加利他主义的绝对速率。如果在种群隔离期间，在同一群体中其增加速率相对于非利他主义要低，这是无关紧要的。总体来说，如果由于利他主义的存在而使群体增长速率足够大，那么整个超群体的利他主义频率就会增加。

超群体群间选择会期望产生怎样的一些特定性状呢？在某些情况下，利他主义会对抗 r 选择。如在个体选择中，具有最高 r 值的基因型会取得胜利，并且这种有利性在机会主义物种或群体大小受到有规则波动的物种中还会得到加强。但是，这种波动越大，消亡速率就越高。所以，通过降低可育性和早期利他主义基因对密度制约控制的敏感性，群间选择会倾向于抑制群体波动周期，如能够维持最高密度的基因型占有优势（ K 选择，见第4章）。但是高密度会污染环境、吸引捕食者并促进疾病传播，而所有这些增加了整个群体的消亡速

率。通过上述效应增进的利他主义，可能对拥挤具有更高的生理敏感性，并且甚至在以降低适合度为代价的条件下具有更大的扩散倾向。莱文斯已经指出，果蝇和作物群体各基因型的混合，往往比相应的纯系维持着更高的平衡密度，但在许多情况下，由于相互竞争的原因，纯系间是相互排斥的。如果较高的密度产生较多的繁殖体，而没有带给母群体较大的消亡风险，那么在类群选择和个体选择间就会发生对抗。还有，对疾病或捕食作用的抗性，往往会使另外方面（如以前列举的镰刀型细胞贫血病那样）的适合度降低。暂时缺乏这一压力时，作为整体会"放松"对群体的个体选择；而当这一压力重新作用时，将对群间选择不利。

正如加吉尔向我指出的那样，下列情况也是存在的：群间选择，除了血缘选择作用外，还可导致极端自私甚至仇恨行为。例如，假定在一给定物种内，群间选择的一些特定情况支配着群体增长下降。于是，削减其自身繁殖的"利他主义者"也可能用其空闲时间去吃群体中同类的其他成员。从整体来看，这对于同类群也是有利的。从另一个方面来看是仇恨的、对 K 消亡可能是有利的行为，就是维护极大的领域。

群间选择的证据是零散的且性质还有些独特。作为麦克阿瑟和威尔逊（1967）的岛生物地理学理论的推论指出：空闲环境的中度到高度迁入率，意味着有相应高的群体消亡率。尤其是，如果 $\hat{S}$ 是岛上或其他孤立生境平衡时的物种数，$t_{0.9}$ 是在迁入过程中从0物种到90%物种数所需时间，而 X_S 是平衡时的周转（即消亡）率，在消亡率上升和迁入率直线下降的情况下有：

$$X_s = \frac{0.15\hat{S}}{t_{0.9}}$$

应用到实际的迁移情况，其中 $t_{0.9}$ 和 $\hat{S}$ 可取近似值，该模型预测的群体消亡速率异常的高。例如，喀拉喀托（Krakatoa）岛上的鸟类由于 1883 年火山喷发而遭受灾难，在约 30 年后才有 30 个物种重新获得预期的动物区系平衡，从而得出如下预测：物种应以每年接近 1 个物种的速率消亡。在 1908 年、1919—1921 年和 1932—1934 年进行的不完全调查指出，实际的消亡率是每年至少 0.2 个物种，仍是异常高。最近的一些迁移试验也得出了很高的消亡率，在上述周转方程预测的 1 个数量级之内。在美国佛罗里达州凯斯（Keys）群岛的

一些小红树林岛屿用烟熏害虫却不慎赶走所有动物后，在不到 1 年时间内节肢动物重新达到了以前的物种平衡。平衡物种数在 20—40 之间时，节肢动物以每天接近 0.1 个物种的速率而消亡并被替换，或者假定 1 个世代为 1 个月，则每世代接近 3 个物种消亡并被替换。由奎恩斯（Cairns）等研究的淡水原生动物，在人工环境中有 30—40 个物种达到平衡，这时消亡速率是每天 1 个物种。上述消亡速率是为了有效抵制群间选择所需的消亡范围。麦克阿瑟和我进一步证实存在阈值平衡群体数：在这个数以下，可预料群体以高速率消亡；在这个数以上，群体是相对安全的（见图 5-8）。因此，超群体分裂成一些很小的遗传群体时，会有高的

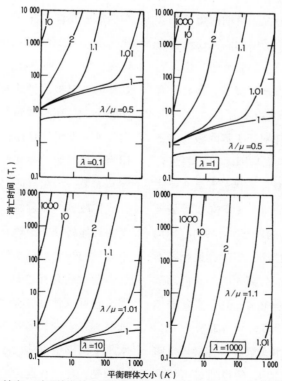

图 5-8 群体消亡速率的阈值效应。对于给定的个体出生率（λ）和个体死亡率（μ），存在着一范围很窄的平衡群体大小：在这一大小以下，消亡速率很高；在这一大小以上，消亡速率很低（自麦克阿瑟和威尔逊，1967）。

群体消亡速率。这一结果已被里奇特-丁（Rich-ter-Dyn）和戈尔（Goel）加以扩展和完善。

尽管自然界常常存在着容许群间选择的条件，但这种选择的实际情况在文献中却鲜有报道。寻找自发式群体控制的一个最有希望的环境，是在进化中寄生物对宿主威胁的减少。对宿主威胁往往（但不总是）来自快速繁殖能力。因此，这种情况很可能是通过个体选择进化形成的。但是，由于杀死寄主的威胁性过强（也许在感染其他寄主前就达到了这一水平），所以威胁性受到群间选择的对抗。这可引申想象有一种利他主义的细菌或一种自我牺牲的血吸虫，它们不顾有其他基因型的竞争，而降低取食和繁殖能力，那么这样的寄生物就可以是利他主义的。为了控制兔子群体，在1950年把黏液瘤病毒引入到澳大利亚后，这种病毒所经历的过程就正好属于上述情况。早期的兔子品系死亡很快，以至于一只兔子中的病毒还没有通过蚊子传到另一只时，前一只就死了。但不到10年，病毒的毒性就神奇地下降了，同时所有品系的兔子对病毒的抗性都增强了。

美国家鼠的野生群体对于T基因座的突变等位基因是多态的。t等位基因（在某些组合使鼠呈无尾状态）在同型合子状态下是致死或不育的。同时，形成配子时，t等位基因是极有利的：杂型合子雄鼠的精子中，95%含有t等位基因。决定论模型预测，当隐性致死或不育等位基因达到这样高的分离比时，它们的杂型合子应占群体的60%—95%。但在实际群体中，杂型合子频率要低得多，约占35%—50%。这样低的频率可用如下事实解释：各群体足够小（有效群体大小约为10），使得通过遗传漂变t等位基因容易固定（即容易达到100%）。这

一情况一旦发生，有关群体即消亡。其结果是，由于消亡相对频繁，t等位基因在超群体中减少，所以平均频率会降到由决定论模型预测的平衡频率之下。列万廷和邓恩（Dunn）用有效群体大小为6和8的群体模拟随机变化证明：在自然界观察到的平均频率实际上可在较低水平达到平衡。但是，之后列万廷等（1969）发现：至少在某些情况下，小鼠真实的迁移率和有效群体都太大，而不能使遗传漂变有效。他们也提出三个替代假说，以说明t等位基因频率低的原因：分离畸变，对t杂型合子的选择，系统的选型交配。上述四个假说并不相互排斥，只有通过进一步的研究才能得出它们的相对权重。

社会物种最小群体的现象，提供了类群选择（可能有利于，也可能不利于利他主义行为）的间接证据。当少于10只雄性黑头群栖织布鸟形成繁育集群时，它们吸引的雌性比例要比大的、"正常"集群雄性吸引的雌性比例小得多。由弗兰西恩·巴克利（Francine Buckley）观察的一群被监护的蓝冠短尾鹦鹉（*Loriculus galgulus*），在其成员数由3只增至12只之前，它们并不发出信息储存库中的全部鸣叫声，或作为同步群而发挥其作用。我们可以很容易看到，如果一个超群体因环境恶化分割成若干部分或扩散到一新领域，则居于阈值群体大小之上的群体将处于绝对有利的地位。只要类群大小变异的倾向是可遗传的，那么平均类群大小就会通过进化而增加。如果类群选择足够强，那么它可以胜过更有利于某些独居性状的个体选择。对于少数哺乳动物和社会昆虫，在交配水平上的阈值群体大小也有所报道。但必须补充的是，甚至在这样的集群物种中，也没有证据表明群间选择会比血缘选择占优势，甚至这

二者是相互对抗的。不排除如下可能：最小的群体大小，是间接地由目前尚不知晓的某种个体选择形式决定的。

血缘选择

设想在一个群体内，存在着由具有血缘关系的个体组成的连在一起的网络。这些血缘个体作为一个整体，以增加网（类群）内成员平均适合度的方式彼此合作或彼此给予利他主义恩惠，甚至当这一行为会减少类群内某些成员的个体适合度时，它们仍会这样做。

这一类群的成员可以生活在一起或分散在群体各部。其基本条件是，作为整体它们要以有利于类群的方式采取联合行动，并且其成员要保持相对紧密的接触。在群体中这种"血缘-网络"繁荣的增强作用称为"血缘选择"。

通过适当的空间重排，可把血缘选择合并成群间选择。因为亲缘网络可安置在一个天然区域内，使其与物种的其余部分天然地更为隔离，以使它接近一个真实群体的状态。一个封闭社会（或者近乎封闭，使得每代与其他社会仅仅交换小部分的成员）是一个真正的孟德尔式群体。此外，如果各成员彼此全无遗传关系，那么血缘选择和同类群间选择就是同一过程。如果封闭社会小，比方说有10个成员或更少，那么我们可以根据血缘选择对类群选择进行理论分析。如果封闭社会大（比方说有效群体成员为100或更多），或者如果选择伴随着整个同类群（任何大小）的消亡，那么同类群选择理论可能更适用。

为了使血缘选择更为可靠，可把两成员间的相互作用分成三类。当一个个体（或一个动物）牺牲其自身适合度而增加另一个体的适合度时，我们就可说，前一个个体已经履行了利他主义行为。出于方便但不是从严格遗传意义上说，为后代利益的自我牺牲是利他主义，因为个体适合度本就是通过后代成活数测量的。但是，为第二表亲做出的自我牺牲在两个水平上都是真正的利他主义，并且当利他主义（克己行为）面向所有陌生者时，就会更加出乎常理（也更加"高尚"），以至于需要寻求某种理论加以解释。相反，通过降低别的个体的适合度而提高自己适合度的个体，是在从事自私性活动。我们不能公然认可自私行为，但我们确实完全理解这一行为，甚至可能还会产生同情。最后，为了减少其他个体的适合度，而自己却什么也没得到甚至还减少了自己的适合度，我们称这样的个体做了恶意（spite）活动。这种恶意活动可能是合理的，并且作恶者可能会感到愉快，但却很难推测其作恶动因。我们把这种恶意行为的动因归结为"劣根性"，那么我们作何理解呢？

达尔文在《物种起源》中首先用血缘选择解释了这样的行为。在社会昆虫中，达尔文遇到了"对我来说出现了难以克服的特殊困难，并且实际上决定了我整个理论的成败"。他问道：昆虫社会的工职（工蜂、工蚁）不育而不能留后代，它们是如何进化出来的呢？这一悖论对于拉马克的通过获得性遗传的进化理论，也是至关重要的，因为达尔文很快指出：拉马克假说需要通过有机体器官的用进废退发育出来的性状，然后直接传给下一代。当个体不育时，这种传递是不可能的。达尔文为了拯救自己的理论，引入了自然选择作用于家系，而不

118 是作用于单个个体水平的概念。在论证中，他的逻辑似乎无懈可击。如果家系中某些个体是不育的，并且它们对可育血缘个体的繁荣又是重要的（像昆虫集群的情况那样），那么在家系水平上的选择就不可避免。由于是以整个家系作为选择单位，所以才把产生不育而且是利他主义血缘个体的能力隶属于遗传进化之下。达尔文说："因此，煮了一株好风味的蔬菜，该个体就被破坏了。但是园艺工作者播种同一原种的种子，相信会得到几乎同样的品种。家畜的育者都希望瘦肉和脂肪能很好地搭配在一起，有关家畜被宰杀，但饲育者有自信从同一家系中继续培育出优质的肉。"（《物种起源》，1859：237）达尔文利用其熟悉的讨论风格，注意到：社会昆虫的某些生活物种中一些发育的中间阶段，至少与某些极端的不育职别（工蜂、工蚁）有联系，这样就有可能追踪它们进化的历程。如他写道："这些事实摆在我面前，我相信自然选择（通过对可育双亲的作用）可以形成一些物种，它们能有规律地产生出不育

个体——这些不育个体或者全是具有同一种形式的颚的大个体，或全是具有不同颚结构的小个体，或最后（这是让我们最为难的）是具有一套相同大小和结构的工职，同时还具有另一套不同大小和结构的工职。"（《物种起源》，1859：24）达尔文在这里说的是蚂蚁的兵蚁和小工蚁。

家系水平选择是动植物育种家关心的实际问题，并且最初探讨血缘选择的问题就是从这一狭义观点切入进行探索。杰伊·L. 路什（Jay L. Lush）对血缘选择理论做出了主要贡献，这位遗传学家希望在育种中为公猪和母猪的选择提供方案。这就有必要为每头猪提供"同胞信用"（sib credit），而这种信用是由其同胞的平均价值决定的。与家系大小及家系间和家系内的表现型相关，建立起了一套相当可靠的方案。这一研究为进化提供了有用的背景，但它并不像达尔文所设想的方式那样直接探究社会行为的进化。

关于利他主义、自私行为和恶意行为的现

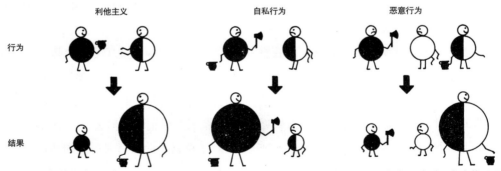

图5-9 通过血缘选择，使利他主义、自私行为和恶意行为进化需要的基本条件。家系大小已减到一个个体（兄）及其弟弟，弟弟享有共同血缘基因的部分用其体的一半阴影表示（$r=1/2$）。环境要素（食物、住所、获得配偶等）用一个容器表示，对另一个体有害行为用一把斧表示。利他主义：利他主义者减少了自己的遗传适合度，但增加了其弟的适合度——在后代中共同享有的基因实际增加了。自私行为：自私个体减少了其弟的适合度，但增加了自己的适合度——增加的大于损失的。恶意行为：恶意的个体减少了与其无血缘关系的竞争者（没有阴影的个体）的适合度，同时也减少了（或至少没有增加）自己的适合度；但是，这一恶意行为却增加了其弟的适合度——增加的大于损失的。

代遗传理论，是由汉密尔顿在他的一系列重要论文中提出的。汉密尔顿的中心概念是广义适合度（inclusive fitness），是两部分适合度之和：个体本身的适合度再加上由该个体引起的其血缘个体有关适合度部分全部效应之和。例如，当一个动物对其一个弟弟施行一次利他主义行为时，广义适合度就是，该动物适合度（由于施行了利他主义行为已减低了）加上弟弟与该利他主义动物共有遗传组成部分获得的适合度增量。其中的共有遗传组成部分是这两个动物在血缘上相同的基因占有的分数（比例），可用相关系数 r 测量（见第4章）。因此，没有近交时，该动物与其弟弟有1/2的基因在血缘上相同，即 $r=1/2$。汉密尔顿的关键结果可以简单地陈述如下：基于遗传上的利他主义、自私行为或恶意行为会得以进化，其条件是网络内显示出的这一行为个体的平均广义适合度，大于其他类似网络内没有显示这一行为的个体的广义适合度。

例如，考虑只有一个个体和其弟弟组成的一个简化网络（见图5-9）。如果这一个体是利他主义者，就会为弟弟的利益做出一定的牺牲：可能会出让必要的食物或住所，或者推迟择偶，或者把自己置于弟弟和危险源之间。依据纯粹的进化观点，其重要结果是遗传适合度的丧失，如减少平均寿命或留下较少后代，或二者兼有，这样就导致在下代利他主义者基因减少，即其所占比例较少。但至少其弟的半数基因与该利他主义者的基因在血缘上是相同的。假定在极端情况下，该利他主义者没有后代，如果其利他主义行为在下代中使其弟基因的代表扩大到2倍多，那么其1/2的基因与该利他主义者的基因在血缘上是相同的，并且在下

代中该利他主义者实际有其代表（基因）。这些共有基因，将是编码具有利他行为倾向的基因。广义适合度（在该情况中只通过弟弟的贡献决定）足以引起利他主义基因扩散到整个群体，因此足以引起利他行为的进化。

现在该模型可扩展到被利他主义影响的所有血缘个体。如果仅仅第一表亲（$r=1/8$）受益，则没有后代的利他主义者必须把第一表亲的适合度乘以8（利他主义者的基因在该表亲后代中才有代表）；如果是叔伯（$r=1/4$）受益，则必须把叔伯的适合度乘以4，等等。如果不同血缘关系的组合受益，那么利他主义的遗传效应只是每类受益的血缘个体数及其相关系数的加权值。一般来说，适合度增加对适合度减少之比值（k）必须超过所有血缘数的平均相关系数（$\bar{r}$）的倒数：

$$k > 1/\bar{r}$$

因此，在兄对弟的极端情况下，$1/\bar{r}=2$；没有留下后代的利他主义者的适合度丧失被称为全部丧失（即 $1/\bar{r}=1.0$）。所以，为了使共同享有的利他主义基因增加，适合度增加对适合度减少的比值 k 必须超过2。换句话说，弟弟的适合度必须超过2。

自私性的进化也可用同一模型进行处理。直觉上通常认为，只要结果是在下代增加了自己的基因，似乎自私性就会有一定程度的受益。但是，如果血缘个体所丧失的与自私个体共血缘的基因太多，这样自私性就不会再受益了。同样，广义适合度必须超过1，但这时超过该阈值的结果是自私基因的扩散。

最后，如果恶意行为也增加广义适合度，则其进化是可能的。作恶者必须能判别血缘者和非血缘者，或能判别近血缘者和远血缘者。

如果恶意行为使血缘者得到一定回报，则有利于恶意的基因就会在群体中增加。真正的恶意活动在人类社会是常见的，无疑这是由于人类很清楚他们自己的血缘谱系，并且具有构想计谋的智力。具有欺骗与自己同种的其他成员的能力是人类社会独有的。他们典型的做法是，在为血缘个体谋取利益时，却在有意地损害非血缘者的利益，甚至不惜牺牲自己的利益。恶意行为的例子在动物界可能是罕有的，且难以与纯粹的自私行为相区别。在传递虚假信息范围内，这点尤其真实。如同汉密尔顿不加掩饰地指出的那样："根据我们的高标准，动物的说谎微不足道。"黑猩猩和大猩猩，这些最聪明的非人类的灵长类，为了获得食物或吸引伴侣，有时会彼此欺骗或欺骗动物管理员。这些动物有做恶意行为的能力，但它们是否为作恶而进行欺骗还有待证实。在动物中，甚至最简单确凿的恶意行为也是动机存疑的：雄性园丁鸟有时毁坏邻居的鸟巢，初看是一个恶意行为，但是园丁鸟是一雄多雌配偶制，不排除如下可能——毁坏鸟巢的雄鸟是为了吸引更多的雌鸟到巢内来。汉密尔顿把美洲棉铃虫（*Heliothis zea*）的自相残杀作为恶意行为的一个可能例子。穿透到玉米穗中的第一只美洲棉铃虫会吃掉所有的后来竞争者，尽管有足够的食物满足两只或更多只美洲棉铃虫发育到成熟期。然而甚至这种情况，如同汉密尔顿所承认的，当棉铃虫属以原始类型的较小的玉米头状花序或较小的玉米穗为食时，该性状（自相残杀）可能是作为纯粹的自私性而进化的。在昆虫中还有许多同类相残的其他例子，几乎都是因食物短缺，因此攻击显然是自私行为而不是恶意行为。

汉密尔顿模型具有诱惑力的部分原因是，由于其具有透明性和启发性。相关系数（r）容易转换成"血缘"谱系，而正如人们想象的那样，相关系数已用来直观计算各种复杂的血缘谱系，相关系数也容易被人类转换成相应的利他主义类群，并把广义适合度的概念应用到自己的社会类群波动的再进化。但是，汉密尔顿的观点也是非传统的，一些传统的群体遗传学参数，如等位基因频率、突变率、上位、迁移、类群大小等，在其方程中几乎全被忽略。结果，汉密尔顿的推理模型与其余的遗传理论的联系很松散，且这种情况未必是少数。

相互利他主义

类群选择理论多数源自利他主义的善意。当把利他主义想象为DNA通过亲缘网络复制自身的机制时，其精神支柱正好又是达尔文提出的理论。达尔文的自然选择理论仍然可进一步延伸到如罗伯特·L. 特里弗斯所称的相互利他主义（reciprocal altruism）的一套复杂关系中。特里弗斯提供的一个范例是人类的见义勇为行为——一个人溺水，而另一个人跳进水中去营救，尽管这两个人无血缘关系甚至以前没有见过，其反应是典型的、被我们称为"纯粹的"利他主义。但是，经过深思我们知道，通过这一见义勇为行动，营救者可得到许多好处。假定没有人来营救，溺水的人有1/2的可能性溺死，而（有营救者时）营救者有1/20的可能性死亡。再进一步假设：当营救者溺死溺水者也会溺死，以及当营救者生还则溺水者会被救起。如果溺水事件极为罕见，则根据达尔文主义者的计算可以预期，营救者的行为对其自身的适合度不会有什么好处。但如果将来某一时间溺水者施救他人，并且溺死的可能性与上述相同，那么当初的营救者与由溺水者转变为如今的营救者的两个人都将有利——每个人由 1/2 死亡的可能性换得约 1/10 死亡的可能性。一个群体有一系列这样的道德义务（即反复的利他主义行为）发生时，一般应会使群体中的个体增加其遗传适合度。这两方面的平衡实际上增强了个体适合度，并非纯粹的利他主义，但在进化上，其利他主义的成分比由同类群间选择和血缘选择的要少。

见义勇为模型，就其基本形式而言，仍具有不协调性。为什么营救者要麻烦地反复营救？为什么不进行欺骗和逃避？其答案是，在一个高级的、个人化的社会里，个体可由别的个体鉴定，其行为的表现是由别的个体进行加权评估的，即使在纯粹的达尔文式的意义之下进行欺骗也得不偿失。如果一个个体进行欺骗后，给其生命和繁殖带来了不利的影响，而这种影响比其（欺骗时）暂时得到的利益更重要，那么选择欺骗就对该个体不利。伊阿古（Iago）在《奥赛罗》（Othello）[①]剧中说出了真谛："亲爱的真主啊，男人和女人的好名声，是他们灵魂中最贴心的珍宝。"

特里弗斯已经巧妙地把他的遗传模型与广泛的最微妙的人类行为联系了起来。例如，攻击型的教训式行为可以使意图进行欺骗的人不敢轻举妄动，其有效程度不亚于对信徒布道。正直、感谢、共情借助于相互作用可增加接受利他主义行为的概率。所有重要的真诚品质，是关于这些信息含义的后示通信（metacommu-

①《奥赛罗》是莎士比亚四大悲剧之一，伊阿古是剧中的反面人物。——译者注

nication）。负罪感在自然选择中可能是有利的，因为它促使欺骗者为其罪过受罚，也促使欺骗者提供不再行骗的悔悟证据。利他主义行为的刺激竟如此之强烈，以致接受心理测验的个体在事先未经说明的条件下（唯一的回报是看见另一个体解除困境），就能学会有益于利他主义的条件反射。

人类大量的相互利他主义行为与遗传理论相符，但动物行为似乎不是这样。理由也许是：在动物中，它们之间的关系并不足够持久，或者它们对个体行为的记忆不是足够可靠，因此就不可能有像人类那样相互利他主义形式的、高度个体化的合同或契约存在。我们知道的几乎是唯一的例外，正好发生在我们最期望应该发生的生物中——在更聪明的猴类（如普通猕猴和狒狒）中和在类人猿中。一队中的成员形成联盟或集团，在与其他队成员的争斗中，它们会相互帮助。大猩猩、长臂猿、非洲野犬和狼，也是以相互帮助的方式觅取食物的。

姑且假定存在支撑相互利他主义的机制，我们依然还有理论问题：行为进化是如何开始的？假定在群体中见义勇为行为首先是以稀有突变形式出现的。该突变个体营救其他个体，但后来该突变个体没有被在其旁边的非利他主义者营救。因此该突变基因型的适合度很低，至多维持在突变平衡水平上。布尔曼和列维特已经系统研究了产生遗传上调节的协作网络所需要的条件。他们发现，对于每一群体大小通过一网络成员关系添加的每一适合度分量（这一分量用来对抗其外部各网络相互协作所减少的适合度），以及对于该网络中个体接触到的每一个体的平均数，都存在着利他主义基因的临界频率——在临界频率以上，利他主义基因会爆发式地在群体中扩散；在

临界频率以下，它就会缓慢地跌落到突变平衡水平（见图5-10）。利他主义基因是如何从突变平衡水平到达临界频率的，我们还不清楚。各协作个体必须进行一场囚徒困境[①]的博弈。如果它偶然同一非利他主义者协作，则它们会丧失一定的适合度，而非利他主义者会获得一定的适合度；如果它们幸运地与其同类协作，则二者均获利，并增加适合度。只要博弈双方都是同类，协作（利他主义者）的概率足够高，就容易达到临界频率。使利他主义基因频率上升到临界值的机制必定在博弈本身之外。它可能是小群体中的遗传漂变，这在半封闭社会里是完全可能的（见第4章）；或者可能在同类群或血缘选择中，通过同类协作使基因型表现有利于利他主义的其他方面。

121

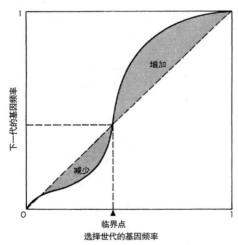

图5-10　群体中相互利他主义的遗传固定条件。在（根据群体大小及协作网络大小和有效性定义的）临界频率以上，利他主义基因爆发式地增加指向固定；在临界

频率以下，利他主义基因缓慢地下降指向突变平衡频率（自布尔曼和列维特，1973b）。

利他主义行为

利用现有理论，让我们重新评价一下动物中出现过的利他主义情况。在下面的评论中，每一类行为都将尽可能根据两个或更多个竞争假说进行检验，以对利他主义和自私性做出均衡评价。

挫败捕食者

社会昆虫有许多明显的例子，涉及通过家系水平选择而进化的利他主义行为。利他主义的反应不仅针对子代和亲代，而且还针对同胞，甚至侄、甥和表亲。白蚁和蚂蚁大多数物种的兵蚁职别，功能几乎只限于保卫集体。这些兵蚁对唤醒休息中的集群的报警刺激往往反应很慢，但它们一旦反应，一般总是把自己置于最危险的位置。当高等白蚁，例如鼻白蚁的巢壁毁坏时，无防卫能力的白色若虫和工蚁往巢内跑，隐藏在巢内深处，而兵蚁却奋力往巢外跑并在巢外抵御入侵者。那丁在美国亚利桑那州目睹无钩白蚁（*Amitermes emersoni*）在婚飞前，其兵蚁在巢附近徘徊，有效打击了所有前来觅食的可危及婚飞繁殖的白蚁。我观察到一种蚂蚁——红火蚁的受伤工蚁更容易离开窝巢。而且，平均来说，它比其未受伤的姐妹们更富有攻击性。临死前的栗红须蚁的工蚁，倾向于一起离开窝巢。蚂蚁的这两个效应，可能只是非适应的偶发现象，但也可能是利他主义的。要明白的是，受伤的工蚁除保卫功能再无其他价值，而临死前的工蚁却可能影响窝巢内的卫

[①] 囚徒困境（Prisoner's Dilemma）是博弈论的非零和博弈中具代表性的例子，反映个人最佳选择并非团体最佳选择。或者说在一个群体中，个人做出理性选择却往往导致集体的非理性。虽然困境本身只属模型性质，但现实中的价格竞争、环境保护等方面，也会频繁出现类似情况。

生。蜜蜂的工蜂具有带倒钩的刺，当它们刺伤受害者后逃跑时，刺及其部分内脏就留在受害者体内，从而使工蜂受到致命性损伤。这种自杀性攻击方式，似乎是专门用于攻击人类及其他脊椎动物的，因为这些工蜂在抵抗其他窝巢的入侵蜂时，并无这种自杀行为。相似的防御方式在栗红颈蚁和异腹胡蜂族的许多蜂种，其中包括黄蜂和异腹胡蜂属的某些物种。这些社会蜜蜂和黄蜂的可怕之处是，只要对它们稍做干扰，一般它们就会迅速舍命发起攻击。

虽然脊椎动极少有像社会昆虫那样的自杀行为，但许多脊椎动物会为了保护其血缘个体而把自己置于危险境地。一队中的豚尾狒狒首领，当其他成员在觅食时，就会在明显位置上监察周围环境。如果捕食者或其他队的竞争者接近时，首领就吼叫并以恐吓的方式跑向入侵者，其中也可能有其他的雄狒狒参与战斗。当一队狒狒撤离时，首领狒狒尾随其后做后卫工作。在草原狒狒中，阿尔特曼观察到了类似的情况。当不同队的阿拉伯狒狒、普通猕猴或非洲绿猴相遇时，是由成熟雄性带领投入战斗的。以家系群生活的许多有蹄类的成体动物，如麝牛、大角鹿、斑马和条纹羚羊，成熟个体总是把自己置于捕食者和未成熟动物之间。当雄性保护一群雌性时，雄性一般也是这样做的，否则雌性就是保卫者。利用血缘选择很容易解释上述行为。首领雄性可能是被保护的弱小个体的父亲，或至少有紧密的血缘关系。在有蹄动物（如角马）和狮尾猴的大迁移群中的控制试验表明，在这些松散社会内，雄性会恐吓性竞争者，但在对抗捕食者时不会对其物种的其他成员（其中包括雌性）进行保护。但是，确实存在少数可做另外解释的情况。例如，一

群非洲野犬的成体，已被观察到它们不顾生命危险与猎豹和鬣狗搏斗，只是为了营救其血缘关系远于表亲或侄甥的幼小野犬。未成熟的阿得利企鹅，为了抵御贼鸥的攻击而帮助保卫属于其他鸟类的鸟巢和小鸟。这些企鹅的繁育集群是如此之大，保卫范围又如此之广，可能使得保卫者很难辨别出哪些是与自己血缘关系紧密的个体。但是就我所知，还不能完全排除可以辨别的可能。

鸟类在捕食者面前的疯狂表演，是鸟类亲本牺牲精神最清楚不过的表达。这种疯狂表演是用来吸引"敌人"注意力，并把其引开远离被保护对象的明显行为，大量的例子是引诱捕食者远离卵或幼鸟。属于不同科属的鸟类物种，已经进化到有各自独特的分散捕食者注意力的表演，最普遍的是假装受伤——根据物种不同，从简单的中断正常飞行到精确地模拟受伤状或病态。美洲夜鹰雌性发现入侵者接近其巢时，它就明显地贴近地面飞行而最终落在入侵者前面的地上（远离其巢），翅膀下垂或展开（见图5-11）。林鸳鸯（*Aix sponsa*）和黑喉潜鸟（*Gavia arctica*）只展开一翅，仿佛另一翅折断了，并且圆圈式地涉水，仿佛它们的足已经残了一样。草原林莺（*Dendroica discolor*）从其巢内骤然坠落到地上并在观察者面前疯狂地摇尾乞怜。这些表演还可以假装得很充分。新西兰杂色长脚鹬（*Himantopus picatus*）是动物界最伟大的表演者之一。入侵者到这种鹬巢附近时，古思里-史密斯（Guthrie-Smith）对鹬的反应做了如下描述：

状似受伤的长脚鹬似乎同时猛扭其腿和猛扇其翅，在一块场地上欢跃起舞、昂首阔步，就好像一个奇怪的玩具动物被金

图5-11　雌性美洲夜鹰的引诱表演。为了引诱入侵者远离其巢，它飞到地上后使翅下垂（A）或使翅展开（B）（原画者：J. B. Clark；根据Gramza，1967）。

属弹簧驱动着——其特长的腿产生了非同寻常的效果。它逐渐地越来越难以维持其挺直的姿态。劳累疲倦、虚弱无力接踵而来，最后带着悲伤、惊恐使劲用足刨地，但临死前，还在设法避免死在乱石中而拼命地移到相对柔软的沙地。它们经常在远离自己的卵和巢的沙地上结伴表演装死，许多的长脚鹬都表演着几乎上述所有的行为，情景确实非常奇特。

除了假装受伤外，还有其他一些行为方式用来作为引诱表演。蛎鹬（*Haematopus ostralegus*）和黑腹滨鹬（*Calidris alpina*）通常会做出平时仅限于求偶的飞行表演。许多海滨鸟类伏在地上，仿佛它们是在孵卵以替代假装受伤。短耳鸮（*Asio flammeus*）和澳大利亚有名的辉蓝细尾鹩莺（*Malurus splendens*）甚至假装成幼鸟，抖动其翅膀做出乞讨食物状。文献中的趣闻逸事表明，不同类型的引诱表演确实能吸引捕食者，并且毫无疑问，进行表演的这些成体动物增加了自身的危险，却减少了年轻动物的危险。

保卫者除了简单地面对"敌人"之外，还有其他的冒生命危险的方式。如果保卫者试图向其他成员报警，报警行为也可能导致"敌人"接近自己，相较其他同伴承受了更高的风险。在第3章叙述的社会昆虫中的报警通信，是一种非常直接的利他主义。在多数动物中，它与自杀式攻击行为紧密联系。甚至当昆虫释放出报警信息素或摩擦发声逃跑时，这一信号必然会引诱入侵者跟踪这些昆虫。脊椎动物中的报警通信却要含糊得多。当许多物种的小型鸟类发现在其领域附近有猫头鹰、隼或其他潜在"敌人"时，它们就会发出一种特定的"情投意合"的声音吸引附近的小鸟过来，以便成群地骚扰"敌人"。这种行为是相对安全的，因为捕食者并未采取攻击姿态。这些小型鸟的攻击目的往往是驱赶来自周围的捕食者，因此煽动或参与成群骚扰会增加个体适合度。但是，由同一种小型鸟发出的报警鸣叫（warning call）与成群骚扰鸣叫（mobbing call）在内容和用意上都很不相同。发出成群骚扰鸣叫声的不同物种的小鸟有燕八哥、知更鸟、画眉、白冠长尾雉和山雀。当这些鸟看到鹰在其上空盘旋时，就会低低地蹲下并发出细细的如芦笛的声音。与成群骚扰鸣叫相反，警报鸣叫在听觉上是难以进行空间定位的。这种声音持续半秒钟或稍多一点，从而不能辨出声音的方向。其声音波长约7 000赫兹，正好在为相位差定位所需的频率之上，但是在为形成两耳声强差所需要的最适频率之下。发生警报鸣叫的鸟，显然要"试图"避免来自鹰的危险。那么它为什么还要找麻烦呢？既然它自己已经发觉了危险，为什么还要对其他的鸟报警呢？乍看起来，报警鸣叫似乎是利他主义行为。史密斯提出假说：报警鸣叫来源于血缘选择，它不只是对配偶和后代有利，而且对血缘关系更远的个体也有利。他设计了一个模型来证明控制这一利他主义性状的基因可以维持在平衡多态状态。后来，威廉斯和特里弗斯提出了不仅包括血缘选择，而且还包括个体和群体两个水平选择的如下一套竞争假说。

假说1：报警鸣叫是为了在繁育季节为保护配偶及幼崽，由于报警者的DNA无法进行季节性调整，所以这种功能延伸到非繁育季节。特里弗斯业已指出，这是可供最后选择的一种解释，这是因为，同一种鸟在其生物学的几乎所有其他方面都具有复杂的季节调整，所以该假说的说服力不够强。

假说2：报警叫声是通过同类群间选择固定的。这一进化在理论上存在一定的困难，这在该章前面已经讨论过了。

假说3：报警叫声是通过血缘选择固定的，并可维持到繁育季节之后，这是因为在进化过程中，具有紧密血缘关系的个体受惠的概率更大。

假说4：报警叫声是通过个体选择进化的，因为尽管听起来有违直觉，但这种叫声实际上有利于发出报警的鸟。若捕食者顺利吃掉邻近一个个体，则报警者随后遭到捕食的概率就会增高。捕食者吃了邻近一个个体，可支持它在足够长的时间内继续捕猎，这促使它仍然留在附近捕食。这可使它学会如何捕捉被食的同一物种的其他成员，并给它对该物种的优先选择机会。因此，归根结底，从报警叫声可阻碍捕食者继续留在附近的意义上说，也可以起到成群骚扰的作用。

现在还没有什么方法进行检验，以对上述假说做出评估。至少在目前看来，假说3和假说4似乎更有道理。

应该有一套类似的竞争假说能够说明哺乳动物中的报警行为。黑尾土拨鼠和北极地松鼠见到捕食者时，会发出报警波。因为这些报警动物位于栖息地的入口处或在入口之外，要逃跑的话比较容易，所以其报警可能是利他主义行为。但是，一个有充分警惕性的集群不可能轻易地被捕食者发觉，这样就可拖延捕食者的捕食时间，或者可使捕食者从集群附近离开。当入侵者接近马鹿和轴鹿时，马鹿和轴鹿会发出吼叫，同时有关集群一起逃跑。这种报警行为可能是利他主义的，但如同达灵指出的那样，这也可能是自私的行为，因为具有报警性的整个集群作为一个单位逃跑时，报警个体有更多机会逃脱。当一群汤氏瞪羚或格兰特瞪羚发现一群捕食者野犬时，它们就会竖起尾巴和露出白得显眼的臀部，以矫健紧绷的四肢跳跃式地逃跑，这是一种称为"逃跑腾跃"（pronking）的炫耀或表现。对此，埃斯蒂斯和戈达德在恩戈罗恩戈罗火山口做了如下观察（见图5-12）：

无疑，报警信息如波一样传播到整个集群。实际上在附近看到的每只瞪羚，都明显地做出了"逃跑腾跃"的反应。这个可看作对报警信号的反应，但仍显示出了弊端。因为直到捕食者锁定某一个体后，每只瞪羚才为了逃命以"逃跑腾跃"奔跑，并在这过程中消耗了极大的精力，有说法称这种"逃跑腾跃"的速度近于飞跑，但看上去无论如何还是显得慢。随后我们看到，带头追捕的野犬的速度逐渐超过瞪羚时，二者之间的距离在缩小。所以，当受到追捕时，以"逃跑腾跃"奔跑的个体，很难说会得到什么好处，因为没有做出这一动作的个体，可能还会有更多成活和繁殖的机会。

图5-12 雌性汤氏瞪羚的"逃跑腾跃"：左，一般情况下的腾跃；中，在最高腾跃期间两后肢的步态；右，从高的腾跃处的着地状态（自华瑟，1969，经修改）。

其他的疾走哺乳动物，其中包括非洲原产羚羊、北美的叉角羚羊、鹿的某些物种和像羚羊的啮齿动物长耳豚鼠（*Dolichotis patagonum*），在捕食者面前也有腾跃动作或至少有显眼的白臀。在许多例子中，展示显眼的白臀似乎是一种指示同物种其他成员需要顺从的信号。像埃斯蒂斯和戈达德通过观察指出的那样。这一行为，可能与腾跃步态一道，已扩展到用作利他主义的报警系统。而这一扩展可能是通过血缘选择实现的。但是，那些不像野犬那种穷追不舍的捕食者，可能会被整个群体的腾跃行动弄糊涂而被扰乱，在这一情况下就会对向全群发出报警信号的个体有利。由史迈斯提出的第三个假说是，显眼的白臀和腾跃步态是在行使"追击引诱"（pursuit invitation）的功能。当一动物在一定距离看见一捕食者时，就进入了可能长时间持续的一个危险事件。只要捕食者不立即追捕它，它就必然花时间与捕食者周旋，否则在较近范围内就有当场被捕的危险。但是，当它在距离和主动性两方面都占着有利地位时，通过白臀和腾跃步态如果能引诱捕食者进行追击，那么它就会更有效地防止被捕食者伤害，并促进捕食者去猎取那些缺少警觉性的猎物。就像在鸟类的报警叫声的情况那样，还没有方法能决定性地排除这些假说中的任一假说。

鳞翅目昆虫的非可口性（unpalatability）进化，为血缘选择提供了强有力的、但不是结论性的间接证据。假定使捕食者感到厌恶的突变体出现在蛾或蝴蝶中，每一捕食者吃了一个突变体后，由于不好吃，就学会了以后回避捕食这样的突变体。于是问题出现了：如果每代只有附近的少数几个捕食者能够得到此教训而以后回避物种，并且如果得到此教训导致突变体付出的代价是突变频率进一步下降，那么突变基因频率又如何从低的突变水平而上升呢？有三个过程可能使突变基因频率上升。如果突变体看起来或闻起来不同于非突变体，换句话说，它们有警戒色，那么捕食者也能回避它们，并且这种"教训"极容易被捕食者群体学会。有时捕食者攻击突变体时只是使突变体受伤而不是死亡，那么这种警戒突变体活下来就会利用其经历而增加个体适合度。最后，如果突变体的周围是其血缘个体，则

125 甚至突变体的死亡也可导致广义适合度的增加，因为通过血缘上相同的基因引起的非可口性会在群体中得到扩散。当血缘选择有效时，可想而知昆虫中的非可口性物种通常是群体中血缘关系紧密的那些物种。事实确实是这样。在蛱蝶种的物种中，成体的非可口性与以下倾向相关：在一些特定位置聚集栖息，且它们在这些栖息处来回往返。它也与地理亚种形成联系，一般说来，地理亚种是群体内基因流动程度较低的信号。在天蚕蛾中，警戒色物种也是成体繁殖后存活时间最长的那些物种。其作用似乎是，繁殖完成后活的时间尽可能长是为了教训捕食者不要吃它们的后代。相反，隐蔽色天蚕蛾繁殖后活的时间却很短，它们教捕食者放过其后代并没有什么酬劳。从传统意义上说，通过血缘选择的非可口性的进化，没有创造利他主义。天蚕蛾降低扩散速率未必是自我牺牲的表现，但是，其过程在如下的意义上说基本上是相同的，即（突变）个体的死亡增加了与其具有共同血缘关系的个体的基因。

协作繁育

为了有利于其他个体的繁殖，一些个体的繁殖减少甚至不繁殖，这就为血缘选择提供了最强有力的间接证据。通常，社会昆虫在这方面最典型不过了。在白蚁、蚂蚁、蜜蜂和黄蜂中，高等社会（真社会）的确立必须包括不育职别。不育职别的基本功能是增加女王（通常是它们的母亲）的产卵率和抚育女王的后代（通常是它们的兄弟姐妹）。鸟类中的"帮助者"也具有很强的启示意义。帮助其他的鸟抚养其年幼子代的帮助者，有水鸡、蓝白细尾鹩莺、刀嘴蜂鸟、犀鹃等。典型的是刚成熟的个体帮助其双亲，因此像社会昆虫一样，帮助者是在抚养自己的兄弟姐妹（见第22章）。

猴类和猿类中的"姨妈"和"叔叔"行为，在某些方面，表面上很像社会昆虫和鸟类的同窝协作抚养。无后代的成体，在一段短时间内接受其他个体的幼婴，在此期间它们带着幼婴、为幼婴整饰和一起玩。临时抚育幼婴可以看作是利他主义，但还有其他解释。地中海猕猴的成年雄性会把幼婴赠送给其他雄性以作为安抚。普通猕猴和日本猕猴的"姨妈"也利用临时抚育幼婴的机会与位于上等级别的幼婴母亲形成联盟。而且也不排除如下可能：姨妈临时抚育幼婴，也为它以后更好地照顾自己所生的第一个孩子提供了训练机会（见第16章）。

在少数哺乳动物中，对幼婴和幼崽的完全继养也有所记载。珍妮·范·拉维克-古多尔，记载了在冈贝河保护区（Gombe Stream Reserve）的三个成体黑猩猩继养年轻孤儿弟妹的事例。她注意到，黑猩猩是由兄姐继养幼婴孤儿，而不是由已有孩子的、有经验的雌性负责继养，后者可为孤儿提供乳汁和更为合适的社会保护。这种现象很奇怪，但从血缘选择的角度理解是很正常的。埃斯蒂斯和戈达德在恩戈罗恩戈罗火山口进行非洲野犬研究期间，一只母犬死后留下9只5周大的幼犬。群中的成年雄犬继续照顾这些幼犬，每天带回食物到巢穴喂它们，一直到它们能加入群中捕猎为止。野犬的群体小，所以雄性可能是幼犬的父亲、叔叔、表兄或其他类似的紧密血缘关系。阿拉伯狒狒的雄性一般会继养年幼雌性。这一不寻常的继养在本质上显然是自私的，因为在阿拉伯狒狒社会里，这种继养对于一雄多雌交配制是有用的。

在繁育过程中还有其他更奇怪的帮助形式。美国得克萨斯州东南部地区的野火鸡群体，在为获得交配权的激烈竞争中兄弟间是相互帮助的（Watts & Stokes，1971）。当火鸡有6—7个月大时，深秋时兄弟间就开始结盟，这时它们一起离开自己的窝群。在以后的生活中，它们就作为同胞类群维系在一起，即使同胞类群以后只剩下一只，这只火鸡也不会加入其他同胞类群中。冬季，一个同胞类群加入其他年轻的火鸡群中。在这里，它们的地位由一系列战斗或竞争决定，雄火鸡以斗鸡的态势相互啄头、啄颈、用翅攻击长达两小时，其中的胜者成为这群火鸡的首领。这样的竞争在三个水平上进行。首先，同胞兄弟间彼此格斗，直至其中一个占绝对优势为止；其次，在冬季火鸡群中，不同的同胞类群相遇发生格斗，直至一个同胞类群（通常是最大的）占上风为止；最后，不同的火鸡群相遇时的格斗，同样在群水平上决定优势关系。这一系列竞争的最终结果是，在整个区域的火鸡群体中只有一只雄性占据首领位置。2月，当雌性和雄性相聚在交配场时，每一同胞类群的个体在与其他同胞类群竞争中体态鼓起而尾呈扇形（见图5-13），兄弟们彼此同步地向正在观察的雌性进行炫耀。当一雌性有交配意愿时，从属的兄弟们会把交配机会出让给其首领同胞，而从属的同胞类群将机会出让给首领同胞类群。结果，只有少部分的成熟雄性能使雌性受精。华兹（Watts）和斯多克斯（Stokes）观察，4个炫耀群共有170只雄性野火鸡，只有6只参与了交配。

（大洋洲东南部）塔斯马尼亚岛的绿水鸡（*Tribonyx mortierii*）——该岛特有的不能飞的一种秧鸡，同样为兄弟间的血缘选择提供了一个强有力的例子。年轻的秧鸡中有过多的雄性，为争夺雌性，雄性在领域里发生竞争——这些领域或被成对的配偶占领，或被三只一

图5-13 野火鸡的雄性血缘选择。在炫耀场，同胞类群（这里有两对同胞类群和一只独居雄性）通过体态鼓起、尾呈扇形和翅下垂向正在观察的雌性炫耀。每一类群的兄弟同步炫耀。在随后的交配中，从属的兄弟让给首领雄性，从属的同胞类群让给首领同胞类群（通常是最大的类群）。（自华兹和斯多克斯，1971，《火鸡的社会等级》版权所有为"科学的美国人"出版公司。）

组（通常多数由一只雌鸡和两个兄弟组成）的秧鸡占领。这种同胞兄弟协作增加了广义适合度：三只一组的单位有一窝有较多的卵，并与成对的配偶相比，一窝孵出雏鸡的比例较高。在动物界，这种情况可能比以前猜测的更为广泛。科伊报道了非洲泡沫巢树蛙（*Chiromantis rufescens*）的情况：三只雄蛙协助一只雌蛙建立一个卵窝。先是由雌蛙分泌液体，后全部四只蛙以游泳姿势用后肢搅和成黏稠的白色泡沫（见图5-14）。虽然只有一只雄蛙处于抱合位置，但尚未确定是否只有这只雄蛙使卵受精，也未估测这些雄蛙的血缘关系（如果有的话）。

细胞黏合模型似乎提供了单细胞水平利他

主义协作的证据。这些生物的生活周期［以盘基网柄菌（*Dictyostelium discoideum*）为例］，是从分散孢子的变形虫形式开始的。起初，变形虫形式彼此独立生活，缓慢地在其污浊生境的水中游动，以细菌为食并进行裂殖。当食物逐渐短缺、细胞群体稠密时，变形虫形式聚集成大得多的如蛞蝓状的有机体——假合胞体。经过短时间移动后，每一假合胞体本身变成能产生孢子的结构——由一细梗支撑的球状体。这些形成球状体的变形虫形式产生的孢子，就开始了新的生活周期。形成细梗的那些变形虫形式不能进行繁殖。实际上，我们不知道自然界中的这些相互协作的变形虫形式的血缘关系。有可能细梗和球状体

128

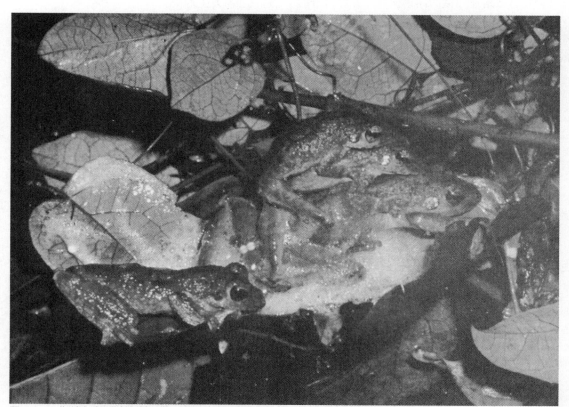

图5-14 非洲泡沫巢树蛙协作建立卵窝。三只雄蛙帮助一只大的雌蛙（最右方）把分泌出的液体搅和成泡沫（自Coe，1967）。

细胞血缘关系很紧密，也许甚至在遗传上是相同的，但这一情况不可能全是真实的。对变形虫利他主义提出质疑的理论问题，一点也不比脊椎动物或昆虫利他主义中提出的少。

食物共享

除了自杀以外，没有一种行为比将食物让给同伴更清楚地表明是利他主义了。社会昆虫实现食物共享已经到了一个很高的技术水平。在高等蚂蚁，"公共胃"（可膨胀的消化器官）与特殊的变态砂囊一起，共同形成了一个储藏和抽运系统，通过这一系统，液态食物就可在同一集群的成员间进行交换。在蚂蚁和蜜蜂中，刚担任喂食的工蚁或工蜂往往把反哺食物强行喂给还不饿的同巢伙伴，并使自身的给养维持在集群平均水平之下。这种反哺作用的结果，除了喂食充饥外，对社会组织至少还有两个重要作用。第一，因为工蜂或工蚁（工职）在一给定时间内，其"公共胃"中的食物具有保持着相同的质和量的倾向，所以通过每一个体即可知道集群的状况。如果一个个体感到饥渴，几乎可以说整个集群的个体也会感到饥渴；实际上，一个工职的状况就是整个集群的状况。第二，反哺食物含有信息素，还有外分泌腺分泌的一些特殊营养物质和其他一些有社会价值的重要物质。除了对集群组织做贡献外，反哺还在真正做出自我牺牲。当仅为蜜蜂的工蜂喂以糖水时，它们仍能饲育幼蜂——但这时只有把它们的组织蛋白进行代谢分解而提供给幼蜂（Haydak，1935）。以这种方式饲育其妹妹们，实际上缩短了工蜂的生命——这是由德格鲁特（de Groot）发现"工蜂的寿命是与其蛋白质摄取量正相关的函数"得到间接证明的。

已知非洲野犬成体间也具有利他主义的食物共享：允许某些成体同幼崽留守在巢穴内而其他的成体外出捕猎，捕猎者带回的新鲜食物可直接给留守者，或反哺出来给留守者。偶尔，母野犬会允许其他成年野犬吸吮其奶。柯尼格（Koenig）在圈养的牛背鹭（Bubulcus ibis）中观察到成体间奇怪的反哺现象。年轻的成体牛背鹭甚至在开始繁育后还继续从其双亲处取食，以这种方式取得的食物，其中的一部分喂给其后代——提供食物者的孙辈。但是这一现象可能是非正常的：圈养方式下拥挤的环境导致出现以下一些非正常情况——鸟巢一层叠一层，亲子间的近距离接触使子代成熟期延长和易发生近交。

利他主义的食物共享在高等类人猿中也有所报道。在圈养的长臂猿中，一只长臂猿是通过如下方式从另一只长臂猿处获得食物的：或者是抓住食物，或者是握住占有食物的长臂猿的手。占有者通常毫不反对地出让一些食物，有时也会不出让食物——把食物放在别的长臂猿拿不到的地方，但很少对对方进行恐吓或战斗。还没有发生过不经求讨就主动给出食物的情况。黑猩猩也能顺利地彼此求讨食物，特别是它们偶尔捕杀到一些小哺乳动物时。这一慈善行为与狒狒形成了鲜明对比：当狒狒捕杀到小羚羊时，一些首领雄性会独占这些食物，还经常为此发生战斗。而黑猩猩会彼此通报发现食物的地点。成体黑猩猩能记住之前发现食物的位置，并以特定的步行方式引导其他黑猩猩找到食物位置。如果有的黑猩猩没有跟随，领头的黑猩猩就会点头招手吸引它们注意，或者轻轻拍打另一只黑猩猩的肩膀、用手挽住其腰，以使它能跟着往前走。令人印象更为深刻的是，当黑猩猩发现一棵果树时，它们往往发出响亮的隆隆叫喊声。在闻声范围内（足有1千米）的其他类群会发出喧闹声做出回应，并经常会加入其中。因此，这种通信可引发协作食物共享。

仪式化战斗、投降和赦免

对对手的宽容可以是利他主义的一种形式。同一物种动物间的战斗，是典型的仪式化的。战斗时，只要败方准备退出战斗，而胜方又不再伤害对方而允许其这样做时，通过正确的信号，一场战斗的胜负就可马上见分晓。非洲野犬，通过张嘴露出苦脸、低头侧露头颈和做出抬腹下趴身躯的动作。这些动作通过暴露弱点方便对方攻击，但胜利的一方反而就此罢手。到这时，战斗或者变得温和，或者就整个结束了。雄性螳螂虾用其第二颚足的爆发式打击进行战斗，用这种锤形跗肢的一次打击足以将对方撕裂成两半。但是这种惨状极少发生，因为它们每一次打击时都是刻意对准被打击者厚厚的铠甲式的尾节。仪式化战斗的其他例子在文献中可以说是层出不穷，并确实构成了洛伦兹《攻击论》（*On Aggression*）一书的基本话题。这些例子也提出了一个相当有难度的理论问题：为什么并非总是企图马上把敌人残害致死或造成重伤呢？当仪式化冲突中的一方被击败了，为什么不紧接着把它杀了呢？让失败者逃跑，这可解释为孩童式的游乐趣味，失败者以后某天可能再次战斗而成了胜利者。所以，在一定意义上说，对敌人的仁慈似乎是利他主义的，可能对个体适合度不造成危害。一种假说是：仁慈"对整个物种有利"，因为它能让最大多数个体保持在健康不受伤害的状态。这一假说需要高强度的群体间选择，因为在个体选择水平上，在这样一些冲突中的最大适合度似乎总是属于"不择手段"的基因型。第二种假说是，仪式化战斗起因于血缘选择：取得战斗胜利而不危及与其他个体在血缘上共有的基因。这一解释在很多情况下都成立，如前面举的野火鸡间的格斗就属这种情况。但是在其他物种中，高度仪式化的战斗却发生在血缘关系很远的个体间。由梅纳德·史密斯（Maynard Smith）和G. R. 普莱斯（G. R. Price）提出的第三种假说，是把仪式化战斗解释为纯粹个体选择的结果。该假说认为。对大多数动物物种来说，实际上有两种形式的战斗——仪式化战斗和冲突式战斗。当一只动物被对手伤害时就会发生冲突式战斗。这一行为尺度的特殊形式在进化上是稳定的，因为极易发生或永不发生升级式战斗对作战双方都是不利的。

公正性领域

总之，虽然类群选择的理论仍是初步的，但是它已经对了解最少和最混乱的社会行为的性质提供了一些见解。尤其是，作为社会生物的生活方式，该理论可预测某一社会行为的二重性（ambivalence）。像阿周那（Arjuna）[①]在公正性领域中遇到问题时的犹豫心情一样，个体要被迫在两不相容的"诚信"基础上做出不完满的选择——自己的"权利"和"义务"为一方，家系、部落和其他选择单位的"权利"和"义务"为另一方，而其中的每一方都是按其本身的道义密码进化的。难怪，人类的心灵总是在混乱不安中。阿周那苦闷地问道："哎呀，克利须那（Krishna）[②]，我的心境是不

---

① 印度史诗《摩诃婆罗多》中的英雄。——译者注
② 为印度教三大神之一的毗湿奴的主要化身。——译者注

安的——蛮横、强暴和顽固。我想，我的心境就像风那样难控制。"克利须那答道："对于一个不能控制心境的人，确实很难找到规律；但是顺从精神而努力寻求规律的人，通过遵循适当的方法就可能赢得胜利。"在该书的第1章我曾提到过，社会生物学这门科学如果与神经生理学联系起来，就有可能把古代宗教的见解转换成伦理学对进化起源的正确说明。因此也就可能解释，为什么在一些特定时间内我们做出了某些道德选择而不是其他选择。尽管这种解释是否有章可循仍有待探索，但现在，从白蚁集群和野火鸡兄弟的行为到人类的社会行为之间，确实足以建立起一条强有力的探索思路了。

第二部分

社会机制

第6章 类群大小、繁殖和时间-能量预算

持续足够长时间的自然选择总会导致妥协。群体中引导遗传变化的每一个选择压力，都会被其他的选择压力所抗衡。群体进化时，较强的选择压力最终会变弱，较弱的选择压力会增强。当这些选择压力最终达到平衡时，就说明群体的表现型处于进化最适状态，进化就已经从动态进入稳态。图6-1是使特定的社会进化过程具体化的一个简单示意图。图中的两个（纵、横）轴测量一定性质（比方说复杂度或强度）的两个社会性状的变异。群体中的有机体用平面上的点表示，而每个点的位置是由它在两个社会性状中具有的表现型决定的。靠近其中心群体密度是最稠密的。依定义，这构成了群体的统计模式。对于每一个环境，只存在一个或一组的少数几个位置，通过对非普通表现型进行选择是有利于统计模式的。如果群体不是在这些位置中的一个中心位置，那么结果产生的动态选择会使群体倾向于移动。因此，选择把一类力场（force field）添加在表现型平面上。群体暂时处于静止的位置，就是作用在所有表现型上的各选择力达到平衡时的位置，在这里达成了进化妥协。

在社会系统中，如果这一平衡情况是真实的，那么生存物种在系统发育演替中的这些微小中间阶段，代表着早期的妥协而非前进中的进化。这时的群体表现型，是在早期某一点通过选择力简单地达到平衡（如图6-1上图的左下部所示），而不是如该例所描画的使群体继续移动。有理由假定，大多数社会物种至少暂时是稳定的。有的在这个尺度范围内稳定地停歇下来，就成为"原始"物种；有的在稳定前就已移动很远（如图6-1的下图所示），成为"高级"物种。

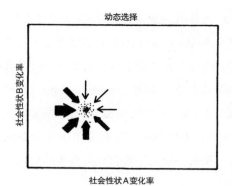

动态选择

社会性状B变化率

社会性状A变化率

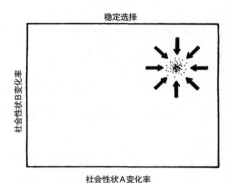

稳定选择

社会性状B变化率

社会性状A变化率

图6-1 整个群体的个体在表现型平面上移动，以观察两个社会性状（A，B）的进化。移动的速率和方向是由对抗选择压力的力场（上图）决定的。当选择压力平衡时，社会性状就达到了稳定状态，称为稳定选择状态（下图）。

选择力相互对抗的例子在自然界很常见。攻击行为的强度，无疑会受到自己及其血缘个体的损伤性限制，这种损伤性使它们在攻击中损失了遗传适合度（即在攻击中丧失的遗传适合度大于获得的）。损伤行为在自然界容易得到证实，例如，雄性阿拉伯狒狒有时会伤害到与其争斗的雌性狒狒，雄性象海豹会在激烈的领域争斗中踩死小海豹。类似地，也容易找到限制损伤性进化妥协的证据。一般来说，同一物种动物间的战斗很少从仪式化阶段上升到升级式阶段（即战斗双方都严重受损阶段，见第11章）。在顺从行为进化期间，妥协是一明显形式。隶属于等级系统的动物，有时用很特殊和精细的表现，表示它们对上

司的顺从，但这种顺从不会超过一定的限度。若折磨达到某一限度，受折磨的动物会转而采取升级式战斗或者离群出走。根据一个动物给其他动物梳理所花时间的多少，可更精确地测量出妥协的水平。在许多等级系统中，从属个体是以一种妥协方式为其上司进行梳理的。普通猕猴在这方面是很刻板的，以至于其在群中的地位只要观察它为谁梳理和它被谁梳理就可确定。就普通猕猴而论，一只猴为其他猴梳理要服务多长时间呢？只需要看它提高巩固其地位要花多少时间就足够了。这一受怀疑的假说至少与对普通猕猴群内个体间地位关系更替的直接观察是一致的。

妥协也表现在性行为的进化上。施行一雄多雌交配模式的雄性鸟类，为了获得更多交配机会，倾向于进化出体形较大、羽毛艳丽和更出众的炫耀表现。由于更受注目的雄鸟容易被捕食者发现和捕食，所以其进化上的这一倾向受到节制。其结果是随着年龄的增加，性别比逐渐趋于不平衡。新孵化出的大尾拟八哥（*Cassidix mexicanus*）的性别比是平衡的，但繁殖后的2个月内第1年成鸟之中的性别比（雄性比雌性）为1:1.34，而5个月后（第二年春季）性别比降至1:2.42。发现这一情况的塞兰德（Selander）相信，雄性有较高的死亡率，部分原因是它有着对捕食者而言更明显这一弱点，主要是艳丽羽毛以及用来炫耀的长尾导致的飞行能力降低。其第二个不利条件，似乎是体形较大而使觅食效率降低。

类群大小的决定因素

社会中的成员数是那些难以理解的社会现象之一，而这些现象只能求助于进化妥协的概念才能完全了解。我们首先单纯考虑影响类

群大小的函数参数，或者更正确地说，首先考虑决定不同大小类群频率分布的函数参数来探讨这一问题，然后再考虑使这些函数的参数产生一些特定数值的选择压力。总的分析必须在两个水平上回答问题。第一，什么样的力要施加到类群的个体上，什么样的力要从个体中扣除？并且这些力的量值是多少才能与观察到的频率分布吻合？第二，自然选择对这些力做出何种程度的反应或抗衡？在从第一个水平进入到第二个水平时，分析将从现象学理论转换到基础理论。

现象学理论大体上是由柯恩发展起来的。柯恩是从早期的社会学者，尤其是从约翰·詹姆斯（John James）、J. S. 柯尔曼（J. S. Coleman）和哈里森·怀特（Harrison White）的工作中受到启发的。这些社会学者把人的各类群的大小–频率分布去匹配消除零项（即无个体类群的频率）的泊松（Poisson）分布。这里类群定义为大笑、微笑、谈话、工作或从事面对面相互交流的其他活动的人群。被研究的群体包括城市街道的过路人、百货商店的顾客群和玩耍的小学生。当类群含有1个人、2个人等属于小群体的个体数时，在大多数情况下它们都符合消除零项的泊松分布，柯恩把这一方法应用到旧大陆猴群体上，但他更深入地研究了这一问题：根据随机模型（在该模型中大小和组成不一的类群具有不同的吸引及留住临时个体的能力）推导出频率分布。该研究引入三个参数：在一个自由形成类群的系统中，只因类群成员资格而吸引一个个体独自加入类群（与类群大小无关）的速率 α（每单位时间）；由于类群中个体的吸引，一个个体独自加入类群的速率 b，类群的吸引度因此可能随其内的成员个体数而

变化；类群内的个体成员只因自己的决定（与类群大小无关）而离开类群的速率 d。假设一个封闭群体，其中的个体自由形成一些含有不同个体数的临时类群（casual group）。含有一定成员数的类群数用 n_i 表示，其中 i（=1，2，3，……）代表成员数。在最简单的社会系统类型中，具有一定大小的临时类群数的变化率估测如下：

$$\frac{dn_i(t)}{dt} = an_{i-1}(t) + b(i-1)n_{i-1}(t) - an_i(t) - b(i)n_i(t) - d(i)n_i(t) + d(i+1)n_{i+1}(t)$$

这一方程表明：在一个较短的时间间隔内，在如下情况中类群大小 i 在时间 t 增加的程度是：

1. 类群大小为（$i-1$）的类群数乘以速率（a），以这一速率加入类群中的个体不受类群内成员数量影响。这一增加使类群大小由（$i-1$）成为 i。（相加）

2. 类群大小为（$i-1$）的类群数乘以速率 $[b(i-1)]$，以这一速率加入到类群中的个体是受类群内个体吸引所致。（相加）

3. 类群大小为（$i+1$）的类群数乘以速率 $[d(i+1)]$，个体以这一速率从（$i+1$）规模的类群中离开；这一减少使类群大小由（$i+1$）成为 i。

而在下列情况类群大小为 i 的类群数要同时减少：

1. 类群大小已经为 i 的类群数乘以速率（a），个体受类群成员资格吸引以这一速率加入；这一增加使类群大小由 i 成为（$i+1$）。（相加）

2. 类群大小已经是 i 的类群数乘以速率 $[b(i)]$，个体受类群内个体数的吸引以这一速率加入；这一增加使类群大小由 i 成为（$i+1$）。

（相加）

3.类群大小已经是i的类群乘以个体从该群离开的速率$[d(i)]$，这时使类群大小由i成为$(i-1)$。

有的方程在系统中同时引入了独居个体的增加速率。如柯恩（1971）指出的那样，通过添加其他一些吸引和排除增量而利用类群大小构建函数，还可使这一基本模型更为复杂化。

柯恩基本模型的一个最重要结果是：平衡时（即对于所有的i有$dn_i = 0$），如果$b=0$，在封闭群体中，临时类群大小的频率分布应为除去零项的泊松分布。换句话说，如果类群的特定成员资格或类群大小不影响其吸引性且b为正值时，频率分布应为除去零项的二项分布。来自某些灵长类动物（其中包括人类）的现有资料，都能很好地符合这两个分布中的一个。柯恩还进一步表明，a/d和b/d这些比例的估值具有物种特性。如表6-1所示，当更原始的类群过渡到更高级的类群时，个体的吸引作用一般表现为下降趋势。但这一趋势对较大的样本是否成立尚待证实。重要的是，许多以前看似杂乱无章的数据，现已能以惊人的简明方式基本上整理得很有条理。因此，至少对社会的一个较复杂的性状——类群大小，完全可根据模型规定其个体间的互作形式和互作大小作为基本依据推衍出来。

表6-1　在随机群体中，因柯恩模型估计的两种猿猴物种和人类群体中吸引率（a，b）与自然离开率（d）的比率。

类群	a/d	b/d
非洲绿猴	1.15	0.66
草原狒狒	0.12	0.16
幼儿园小孩	0.33	0.10
多种人群	0.86	0

除了刚讨论的临时社会（casual societies）

或临时类群之外，还存在统计学社会（demographic societies）。这二者之间的差别只在于持续时间的长短，但两个结果都是重要的。临时类群的形成和消散对出生率和死亡率来说都太快，所以不会影响其统计特性。总体来说，从群体迁入和迁出也是不明显的。相反，统计学社会比临时类群更接近封闭社会。在这样的社会中，出生、死亡和起主要作用的类群迁移都会持续很长时间。群体能在两个水平上同时存在的一种方式是：在统计学上，群体或多或少以封闭社会存在；而在较短的时间尺度上，群体内各临时类群的成员资格又在做万花筒式的改变。通过对不同模型的研究，柯恩（1969b）表明：一方面，如果统计学社会成员的出生、死亡和以一定速率从一社会迁移到另一社会与其所在的类群大小无关，那么具有不同成员数的社会频率分布可以视作接近消除零项的负二项分布；另一方面，如果个体出生率暂时为0，或者每一类群每单位时间出生的子代数是个常数而与类群大小无关，那么频率分布应当接近消除零项的泊松分布。这些期望值，已经得到了现有灵长类野外研究资料的证实。在叶猴和狒狒群队中，统计学参数或多或少独立于类群大小，符合负二项分布。长臂猿是一次只生一个幼婴的社会队群（不管类群大小），这样就使得个体出生率是成员数的下降函数。在这一情况下，类群大小呈现泊松分布（见表6-2）。在无病害期间，吼猴队群符合负二项分布，但在传染病流行时，幼婴会暂时被淘汰，其大小–频率分布就会转换到如所预期的泊松分布。奇怪的是，虽然频率分布的形式，大多数都可用统计学的基本随机模型正确地加以预测，但是，对于柯恩模型是有效的单套详细的来自草原狒狒的统计学数据，对于模型的动力学却是不可靠的。换句话说，模型的内部结构还必须以某种方式加以细化，但这种方式现还未找到。

表6-2 灵长类队群的大小分布（自Cohen，1969b）

长臂猿（*Hylobates lar*）			狒狒（*Papio*）		
每队群成员数	观察到的队群数	由泊松分布预测的队群数	每队群成员数	观察到的队群数	由负二项分布预测的队群数
2	8	10.9	1-10	2	10.2
3	15	12.5	11-20	19	21.0
4	12	10.7	21-30	36	24.1
5	9	7.3	31-40	24	22.6
≥6	5	7.6	41-50	18	19.1
			51-60	16	15.2
			61-70	9	11.6
			71-80	10	8.6
			81-90	9	6.3
			91-100	2	4.5
			101-110	4	3.1
			111-120	...	2.2
			121-130	...	1.5
			131-140	...	1.0
			141-150	...	
			151-160	1	
			161-170	1	
			171-180	1	2.1
			181-190	...	
			191-	1	

现在，我们通过下面的讨论转向类群大小的进化起源问题。一类群对一孤独动物的吸引性，最终是由加入该类群的相对有利性决定的，而这种有利性是用广义遗传适合度的增量测定的。一个个体是否从一个半封闭的统计学社会迁移到另一个社会，也是在自然选择的直接控制下。出生率（如第4章指出的）是对选择非常敏感的另一参数，因为它不仅是繁殖适合度的一个关键分量，而且反向影响双亲的成活率。在决定类群大小的所有参数中，可以说只有死亡率可以不算是对环境的直接适应。

我们可以假定，模拟类群大小只不过是各参数值相互作用使得广义适合度成为最大的结果，所以在所有社会物种中，模拟的类群大小代表妥协结果。由于类群觅食、类群防卫或如同第3章讲的社会进化"原动力"的任何一个动力的有利性，类群大小必定大于1。但类群大小不可能无限大，因为超过一定的大小，食物就会耗尽或防卫不能有效协调，等等。遗憾的是，在野外研究中，确定限制类群大小的因素并不容易。例如，鱼群过量时的弊端我们只能猜测。当然，食物供应终究有限。当鱼群增大时，其能量需求是随着鱼体积的增加而增加的，但能量获得的速率是随着鱼群外层表面积的增加而增加的。换句话说，能量需求随着鱼群直径的立方而增加，能量输入随着鱼群直径的平方而增加——类似于一个个体增长时的重量-面积规律。类群偏大还存在其他的潜在弊端。布洛克-里芬伯格模型（见第3章）认为，鱼结群后往往不易被捕食者针对，看来是有道理的。但如果鱼群很大，就会成为捕食者连续跟踪它们的一个强有力刺激，并会采取特定的定向和其他的行为方式，以更靠近鱼群。就涉禽鸟的取食和防卫而言，戈斯-卡思塔德基本上也做了与上类似的讨论。角马是社会性觅食动物，在塞伦盖蒂大草原的干旱季节，它们庞大的畜群迁移到新的食源基地。以类群生活的角马比独自生活的对捕食者的警觉性更高，虽然其间的差别没有像瞪羚和黑斑羚那样明显。但是，以类群生活的动物也有其明显的风险。根据沙勒的观察："有时角马会沿着1公里长的河边惊慌逃跑。长的一列角马队伍在河岸上跑着，如果河岸很陡，河水又深，则跑在前面的会放慢速度，而后面的会继续全力向前挤，直到河中挤成一团的角马发出鸣叫声，有的由于惊逃而被淹死为止。我在塞罗内拉（Seronera）观察到的这样一群角马中，有7匹淹死。在类似情况下淹死的角马可能有数百匹。"在大量令人印象深刻的文献基础上，加曼（Jarman）认为，羚羊群（其中包括角马群）大小的上限，是由该物种的取食习性严格限定的。例如，像麋羚和小羚羊这样一些体形较小的羚羊，在整个一年中都是以一个小家系为单位生活，它们相对依赖于较稠密而集中的食物（如花、嫩芽和茎皮）为生，所以它们在习性上接近于独居。相反，最大的羚羊，其中包括角马和大羚羊，是无选择性地在大草原上生活，并以大群式地进行季节性迁移的。它们进行大群式的迁移，部分由于抗御捕食者，部分由于其食物的区域性和食物供应量的波动性。但是，它们的群体密度，并且由密度决定的畜群大小的上限，被它们赖以为生的植被的不良营养品质限制了。

在封闭的人类社会里，相似的自然原理也在起作用，虽然这种自然的作用不是那样直接和严厉。在19世纪和20世纪早期，美国农村的门诺尼特教派（Mennonite）的村社约需要50个家系才能达到稳定。这样的村社大小，才能保证医疗和理发等商业和服务业的基本功能。若只有40个家系，虽然村社仍能生存但更为脆弱。少于40个家系，近亲结婚及同外部结婚的增加成为更严重的问题。当村社很大时，其他类型的破坏作用便呈现了：村社内竞争加剧，社区服务相对变得无效。在美国其他地方，近些年来，较易找到的具有相同宗教的用来作为旅游和交流的最小生存类群大小，已降至20—25个家系（Allee et al.，1949）。

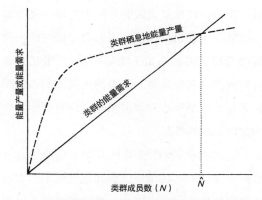

图6-2 以能量预算作为唯一函数的极端模型中所表示的最适类型大小。当类群大小增加时，能量需求以同一速率增加，但栖息地能量产量经过一段快速上升后就变缓了。如果没有其他的相反选择压力，则模型类群大小 N 应进化到使类群能充分利用能量产量的类群大小。

最适理论最有效地分析了类群大小的最终控制（进化妥协的结果），图6-2和图6-3这两个图解模型，说明了这一理论的应用方法。这些曲线假定了一些函数的一般形式。由于受到克鲁克关于类群领域的启发，首先假定能量预算具有唯一的或至少具有压倒性的作用。在这一极端情况，若群体密度相等。则在每一个体每单位时间内，通过小类群觅食获得的能量要比独自一个个体觅食获得的更为有效。克鲁克认为（我相信是正确的），虽然社会的能量要求随着其成员数呈线性增加，但是类群能够有效保卫的领域数量会在达到某一点后下降。如果把能有效保卫的领域转换成能量产量，很显然就存在着最大的类群大小——超过这一最大值，其需求超过能量产量，就必须通过死亡或迁出来调节以达到平衡。作为一个整体，当群体被能量限制时，某些其他的密度制约因素，如捕食作用、类群大小却相反地倾向于往最大值进化。环境越稳定且在时间和空间上食物分布越均匀，则类群大小与理论最大值就越接

136

近。但是，在反复无常的环境中，最适类群大小一般小于理论最大值。因为在一段时间内测得的类群获得的能量（能量产量），是建立在食物极富足和极短缺这二者的区间上的，而类群必定是以足够小的类群大小，应对可能发生的食物短缺的状态。

上述能量-预算模型只考虑了增加适合度的两个分量——在领域防御和觅食技术两方面的类群优异性。一个更为一般化的模型（可以包括遗传适合度的全部分量）的基本形式见图6-3。这一更复杂的图中融入了三个概念：超过一定的类群大小后，通过类群活动增加的适合度的所有分量不可避免地会下降；各增量曲线（即作为类群大小的函数对适合度的各贡献）通常随分量的不同而不同；最适类群大小是类群有关适合度增量之和为最大时的类群大小。这个图仅仅是代表各假说中的其中一个，图中代表的各适合度曲线的数据是假定的。

在社会昆虫中，类群大小有时至少部分是由选择的巢址决定的。蚁后、蚁群或其他集群单位的生存，往往依赖于合适的安全巢址和觅食的能力。显然，巢址往往还更重要：因为这些昆虫在其可膨胀的嗉囊或退化的翅肌中，可储存足够数天或数周的食物，它们确实不必频繁地为觅食忙碌，但是它们需要每时每刻地防备敌人（其中包括蚂蚁和范围广泛的捕食者）的攻击，这绝不只是几天的事。在巢址的选择上，社会昆虫典型的具有专一性。许多热带蚂蚁的物种，只选树主干或支干的穴洞作为巢址。巢蚁属、伪蚁属和细长蚁属（Tetraponera）的某些物种的每一种类，只选一个特定树种作为巢址。其他蚂蚁物种的巢址，是诸如真菌、废弃白蚁巢、活树皮和处于不同分解

阶段的大原木蚀孔。还有些蚂蚁物种的巢址，是由崛起的土或由嚼碎的植物纤维做成的"纸板"构成的。社会蜜蜂、黄蜂和白蚁的巢址也存在与此类似的情况。

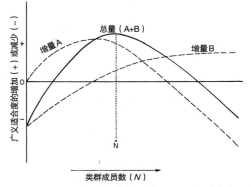

图6-3　在这一更为一般的模型中，最适类群大小是作为加总遗传适合度的各分量使其最大化的函数。贡献于遗传适合度的两个社会分量定为A和B。例如，这两分量可能是类群优异觅食或类群优异对抗捕食者导致的增量。

巢址的进化选择确定了成熟集群大小的上限。生活在森林中小枝内的无刺蜂物种，其集群比利用树主干或地下洞穴做巢址集群的要小。最大的蚂蚁集群，属于在土壤中筑巢或在树中筑起纸板巢的那些物种；最小的蚂蚁集群，专门生活在由落叶层和腐殖质埋没的小朽木中。在新几内亚和其他西太平洋群岛的蚂蚁分类物种中，一些扩充的物种典型地生活在草地、森林地区以及其他生态边界和可变的生境中。在这里，它们几乎全在土壤中筑巢，因此其特征是有较大的集群大小、有较大倾向利用嗅迹信号和有较常见的职别等级系统。当物种渗透到森林生境内部时，它们的地理分布受到更大限制，其中许多进化成局限于一个或少数几个岛的地方种。有相当大比例的物种，也把巢址选在地上被落叶层埋没的小朽木中，这是

137　在森林蚂蚁中最有利的巢址。这种巢址的专一性会导致成熟集群大小减小、嗅迹信号利用减少和职别等级系统弱化。在毒螯家蚁族内，布朗和威尔逊也注意到类似的倾向，并把这种倾向与食物习性的变化联系起来。形态上最原始的物种都是工蚁较大，巢在树中或土壤中，扩展的集群含有数百或数千只工蚁，它们的猎物为许多小的节肢动物。瘤颚家蚁属（*Strumigenys*）、瘤蚁属（*Smithistruma*）和其他属的最高级物种，特征是体形小，喜欢用小片的朽木或朽木中的小洞穴做巢址，成熟集群大小为数百或更少。它们也专门捕猎为数不多的跳虫类（弹尾目）和其他小的软体的节肢动物，而后者与蚂蚁共同生活在落叶层中。

可调节的类群大小

与统计学社会相反，临时社会的意义在于它的大小是可以调节的。动物数量可以与某一情况的需求和机会相适应。整个繁育群体总是由一套变化的核心单位（个体、家系、集群或其他类似单位）组成，这些单位可暂时在一起形成在大小上可变的较大的一些集聚体。这些由各核心单位组成的集聚体可能是被动地在一起，只是为利用共同资源而暂时放松它们之间的相互排斥；或者，为了达到某一共同目标，它们也可能主动协作。临时社会的目标，可以是提高广义适合度的任何活动——从觅食到防御或避寒。

库默尔所谓的高等灵长类的联合–分裂社会（fusion-fission society）为临时类群提供了极好的例子。阿拉伯狒狒社会的核心单位是"一雄多雌交配"系统，即由一只首领雄狒及其妻妾（构成"妻妾单位"）和后代组成，但往往还有一只见习雄狒狒和多只见习雌狒狒（见习"妻妾单位"）。在晚上，雌狒狒在悬崖上集聚睡觉——在这里它们能相对好地防御豹和其他捕食者的攻击；而且，在这里它们彼此协作构成的报警和保卫系统，事实上要比单个核心单位所能提供的更为有效。在早晨，睡觉的类群分成一些较小的队伍或单个"妻妾单位"分别外出觅食。在食源数量和觅食队伍大小之间存在着明显的相关性。在埃塞俄比亚的达纳吉尔（Danakil）地区，单个"妻妾单位"负责采集靠得较远的单株刺槐（其花和荚果是狒狒的主要食源）。每一棵树上狒狒的觅食密度，一般是每两只雌狒狒间相隔数米。因此，首领雄狒狒对下属狒狒的行动是没有妨碍的。在10棵或更多棵刺槐组成的树林中，觅食群是整个队伍——至少由若干个"妻妾单位"组成，这些单位间的宽容和照应程度是非常高的。同样，在这种情况下，为保证个体间的距离，单位间的密度是足够低的，所以每一狒狒的觅食效率仍较高。在干旱季节，水成了关键资源，河湖相距数千米，因此每次都是数以百计或更多的狒狒聚集成群去找水源。

在组织上，黑猩猩社会是很灵活的。它们容易形成、分裂和再形成大小很不相同的临时类群，这显然是对食物可利用程度的直接反应。黑猩猩必须搜寻在时间和空间上都没有规律的食源地。它们这种快速分散和集中的能力，显然是一种适应。它们甚至利用特定的吼声，召唤其同类到发现的食源地。这一对策可能与大猩猩的相反，后者在很大程度上取食于植物的叶和芽——这些食源的分布是相当均匀的。大猩猩社会是半封闭的，在组成上是统计学社会，它们在领域边界有规律地进行巡逻，但领域重叠范围很宽。

依赖于狩猎和采集区域分布食源的某些原始人类社会，形成了不同于黑猩猩模式的临时社会。卡拉哈里侉族人（! Kung people of the Kalahari）①的核心单位是一个家系或少数几个家系。这些单位野营式地联合起来，长达两周到若干周，在这期间，由男人捕获的猎物及由女人和儿童采集的核果等植物性食物，大多数进行均等分配。刚果森林地区的姆布蒂俾格米人（Mbuti pygmies）很难称得上是一个有组织的社会，其核心单位更接近个人，而不是家系。这些人根据猎物、蜂蜜、水果和其他类型的食物的分布而在森林内游走。群体以很松散的方式进行类群合并和分裂都是为了发现食物。

觅食的被动集聚是生活在平原地区的有蹄动物的共同点。例如，印度轴鹿的类群大小受到食物供给的影响。沙勒（1967）发现：在1964年的11月和12月，当轴鹿喜爱的食物稀少和分散的时候，康卡（Kanka）猎园的平均类群个体数少于5。在4月，当一些局部区域出现嫩草时，平均类群个体数就增到10.5。斑马社会的核心单位是一匹公斑马和它的妻妾们。虽然公斑马间彼此争斗，但它们的妻妾们为了更有效地觅食却容易组成很大的畜群（Klingel，1967）。在澳大利亚广大地区的鹦鹉物种，据布勒列顿（1971）观察，也具有以上类似的群体组织形式。

在社会食肉动物中，类群大小能协调式地调整。狼、鬣狗和狮的捕猎类群大小，可根据捕获猎物时的难易程度调整（Kruuk，1972）。狼捕猎山羊和驯鹿时，只需一个或两个成员就可捕获一个猎物。但捕获驼鹿时，需要10个或更多成员一起才能捕获一个猎物。狮子捕猎瞪羚或其他小型猎物，只需一个成员或一个很小的类群就得手。但是要捕猎强壮的野牛，往往需要狮群中的大多数或全体成员出动。

蚂蚁、蜜蜂和其他社会昆虫觅食群的大小，是根据发现的食物的丰度和广度调整的。红火蚁的工蚁，只有当它们自己搬不动发现的食物时，才在回巢的路上分泌出嗅迹。巢中工蚁离巢沿着嗅迹前进，当在沿途某处发现了这些食物时，它们也留下自己的嗅迹。因此，越来越多的工蚁赶来集结在一起共同搬运食物直至搬完为止。然后，随着嗅迹挥发、效力下降，工蚁也就减少了。这种情况及其他情况下的"群通信"（mass communication）是许多昆虫社会必有的一种高级现象，我们会在第8章详细讨论。

至少有两个蚂蚁物种的类群大小会出于对觅食和避寒的不同需求做出相应变化。在夏天，奴隶蚁（Leptothorax duloticus）的集群在周围的曲刺蚁（L. curvispinosus）要袭击它们时，会分裂成多个巢址；在秋天，它们又聚集在较少的核心巢址附近（Talbot，1957）。阿根廷蚁是一个"单位集群"物种的例子。根据两集群间的攻击反应根本就分不出集群间的明显界限，所以整个局域的繁育群体就代表一个极大的集群。在温暖天气，群体向外扩散分成多个巢址，使觅食更为均等和有效。当冬天临近时，在最保温的巢址，群体聚集成数量极少的避寒单位。

① 卡拉哈里是非洲西南部一处高原，人类学家对居住在那里的侉族人研究较多。——译者注

繁殖和社会重建

关于动物社会的分裂和内部变化的研究相对较少。这方面最容易理解的分类单位是哺乳动物（特别是灵长类）和社会昆虫。这两个分类单位利用了许多分裂方法，其中一些是相似的，并可以代表趋同进化。一般来说，这两种分类单位的社会是母系的（matrifocal），因此，社会分裂依赖于进行繁育的雌性同雄性形成新的联姻并移居到新地点的"意愿"。同时，哺乳动物社会同昆虫社会，就它们的繁殖和内部结构而言，有三个基本方面存在不同：哺乳动物在遗传上很少相同。它们由于成员间相互攻击或同外来入侵者斗争，通常（甚至一定）会分裂；它们迁出的时间选择和行为反应都没有严格的程序。

在旧大陆猴社会中（在过去20年间，日本和美国对此研究得很详细），雄性争斗是导致类群重建的原动力。分裂是由下面三种相互作用形式之一引起的：等级系统内部雄性幼猴的增加，外群孤独年轻雄猴的吸引，或者一群年轻雄猴的入侵。杉山在印度德哈瓦（Dharwar）对长尾叶猴的野外研究中发现，群队平均每27个月要经历一次重要的重建。长尾叶猴群队的组成，或是一首领雄性加上一群成年雌性（妻妾）和幼猴，或是一群年轻雄猴。有一群7只年轻的雄猴攻击并替换首领（常驻）雄猴的例子。这7只雄猴击败首领猴后，它们开始火并，直至6只被击败赶出而1只处于控制地位为止。在完成群队分裂或重建时，杉山还直接观察到两种其他的不同情况：一种情况是，一旦一只孤独而又年轻的雄猴攻击并战胜原首领雄性，它就带领着该群队（除了一只成年雌性外）撤

离，而这只成年雌性仍然候守其原来的配偶首领雄性；另一种情况是，约60只或超过60只的一大群年轻雄猴重复攻击若干个由两性组成的群队，迫使原群队中的雄性暂时撤离。在攻击期间，小类群雌性加入年轻雄猴群，最终它们迁进一个新领域。最后，是长尾叶猴社会的真正专制本质，即一个群队，除了一个首领雄性以外，其他的雄性都要被驱逐走，只留这一雄性控制着所有雌性。分裂和重建的共同特征，是新首领对前任首领后代的不宽容性，新首领在某些情况下会咬死这些后代，即杀婴。一般来说，重建群体后不久就会整个被新霸主的后代替代。

猕猴有更为稳定的社会。其社会变化不及长尾叶猴那样频繁，且这种变化来自社会内部而不是外来者入侵促成的。日本猕猴的群队，当其内的部分雌性及其后代（亚类群）从主群队逐渐分离出来，不受其首领雄性的影响而寻找食源地并栖息在外时，就发生了分裂。在这样的情况下，它们（亚类群）与离开群队的成年并且独自生活的从属雄性建立联系，或者与来自同一群队内但被逐出的雄性建立联系。然后，新的群队组建成典型的日本猕猴式的、较温和的权力等级系统。在年轻雄性类群和群队间没有发生过攻击冲突。

1955年，阿尔特曼自对波多黎各海岸的卡约圣地亚哥（Cayo Santiago）岛上的野生普通猕猴群体开始做统计学研究时，就对该群体进行了密切监控。借助于食物的补充，群体快速增长。到了1967年，原来的两个群队分裂成7个单位。像在日本猕猴中观察到的那样，其基本过程是雌性亚类群及其子代和有关血缘个体的迁出。雄性经常从一类群进入另一类群，其

方式往往是首先加入主要群队周围的全一雄亚类群，然后再自己移居组成一个群队。一个雄性个体通过"担保者"的担保就可取得全雄性亚类群的成员资格，而"担保者"是以前加入了该亚类群的被担保者的兄弟，或具有其他血缘关系的个体。

哺乳动物各物种的类群分裂方式明显各不相同。梅克根据自己和穆里的研究资料整理出的具有说服力的间接证据表明：狼的一对成年配偶离开母群就建立了一个新的狼群——这一新群通过第一窝生的约6个幼崽，很快就扩大了规模。这些幼崽跟随父母至少要度过随后的一个冬季，以便使自己成长，学会狩猎技能。非洲野犬的新群，也是由一对成年配偶离开母群建立的，至少雨果·范·拉维克（Hugo van Lawick）观察到了这样一个例子。雌野犬一窝能生10个或更多个幼崽，并且它们对其他雌野犬及其幼崽具有极强的攻击性。处于从属地位的雌野犬，有时被驱逐出附近的巢穴。如果它们与雄性配偶长久分离，就构成了潜在的新核心群。

黑尾草原犬鼠（集群式的啮齿动物），有着完全不同的类群分裂过程——一般由2个雄性和5个雌性及其后代占领一个巢穴，在繁育季节，有幼崽的雌性把巢穴隔离起来，以防止其他巢穴成员入侵。然后，其他成年犬鼠与其1岁的后代一起，在附近建造新的巢穴系统。巢穴仅由成年犬鼠建造，这些成年犬鼠似乎是由于难以满足非成年犬鼠连续不断的抚养要求而被迫退出的。这一分裂模式与其他哺乳动物（其中包括其他的啮齿动物）的分裂模式不同，因为后者的大量迁出个体是未成年个体。

类似哺乳动物的类群分裂，在下列物种中也发生了：白蚁的少数物种，如无兵蚁属（Anoplotermes）和三棘蚁属（Trinervitermes）的成员；蚂蚁分类单位的广大范围内的物种，包括单家蚁属、虹臭蚁属和蚁属的行军蚁和一雄多雌交配制的物种；无刺蜂和蜜蜂。这一过程（过去的昆虫学家对此有不同的称谓，如出芽裂殖、分出裂殖和社会裂殖）是由多种功能的繁殖启动组成的，其中伴随着一大群不育的工蚁支撑着该繁殖过程。利用出芽裂殖的大多数蚂蚁和白蚁物种经历的各步骤相对不固定，并且依赖于新巢址的发现；相反，行军蚁，特别是游蚁属的行军蚁，利用的是一套复杂而固定不变的步骤。它们的整个生活周期最早是由施奈尔拉和布朗阐明的。一年中大多数时间，蚁（蜂）后在吸引住一大群工蚁（蜂）方面起着决定性作用。通过把集聚工蚁（蜂）作为重点，蚁（蜂）后就完全把集群聚在一起了。但是，在干旱季节的早期时，情况就会发生明显变化。这样一类有性幼虫集群没有工蚁，但是至少在钩白蚁（E. hamatum）中有约1 500只雄蚁和6只新蚁后。甚至当有性幼虫仍很年轻时，大部分工蚁就会与有性群亲近，而不是与蚁后亲近。当这些幼虫接近成熟时，宿营地就由近乎相等的两个区域组成：一区只有蚁后和与其亲近的一些工蚁，一区为有性群和剩下的工蚁。这一集群仍然还没有以任何公开的方式进行分裂，但在这两区间确实存在着重要的行为差异。例如，如果蚁后一次离开该区域达数小时之久，它会较容易地返回其原来的区域，但它也会遭到另一区域的工蚁的抵制。关于这一现象存在如下证据：来自蚁后区域的工蚁，当遇到另一区域幼虫时会出现吃同类的现象。

年轻的蚁后是从有性群的茧中羽化的第一

批成员，工蚁兴奋地集聚在它们周围，密切地注视着第一只或前两只蚁后的羽化（见图6-4）。若干天后，新的成年雄蚁也从茧中羽化。这一事件激活了整个集群，然后爆发了一系列的冲突，并相伴迁出到一个新的宿营地，最终使集群分裂。分裂冲突是来自老宿营地的两系辐射状的嗅迹引起的。在白天，当行动加快时，年轻的蚁后们和其核心工蚁沿着一嗅迹往外迁出到新生宿营地，而母蚁后和其核心工蚁沿着另一嗅迹前进。当新群在新宿营地开始集聚时，只有一只未交配过的蚁后能够到达，其余的未交配过的蚁后会因遭到一小群工蚁的堵截而不能到达。后者用施奈尔拉的话表达就是，它们

是子集群（daughter colony）残余的部分"密封"处理物，像细胞水平通过卵子发生得到的极体一样，它们是无用的退化物，最终会被丢弃而死亡。现在存在两个集群：一个含有母蚁后，另一个含有新的未交配过的雌蚁——子蚁后。在少数场合，母蚁后会成为牺牲品而作为"密封"处理物，这时留下的是两个子集群（每个子集群各有一个子蚁后）。这种少数情况的发生，往往是由于在集群分裂前母蚁后的健康状况和吸引能力下降所致。游蚁属的最大年龄为多少现在还不清楚，但对昆虫来说，还是相对长寿的。例如，鬼针游蚁的一个做了标记的蚁后，经过4年半依然存活。相反，雄性成体

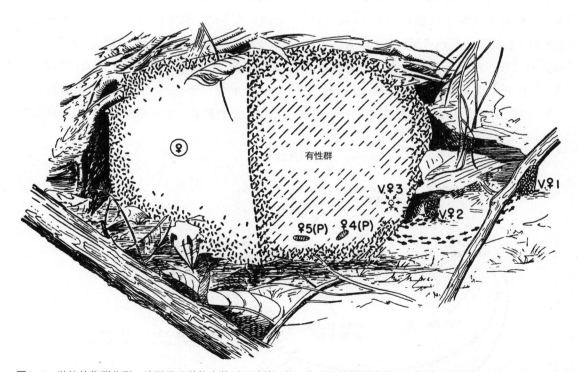

图6-4　游蚁的集群分裂。该图显示游蚁由数以万计的工蚁、蚁后和雄蚁组成的一个蚁群。它们全是一个蚁后（母蚁后）的后代，构成了一个集群。蚁群的左部有母蚁后，但是没有各非成年阶段的蚂蚁，而右部有新蚁后和雄蚁。两只未交配过的蚁后（v.♀1和v.♀2）已从茧中羽化，并移动到巢穴的一边；而伴随的工蚁仍成群地沿着巢穴的嗅迹来回跑动。然后第三只未交配过的蚁后（v.♀3）羽化，并仍被位于巢穴边缘的一小群工蚁包围着，剩下的两只未交配过的蚁后仍在其茧内（P）。雄蚁也都仍在蛹期阶段（引自Schneirla，1956）。

生存时间仅一周到三周。在雄性羽化后的数天内，至少其中部分飞离原宿营地而寻找另外的集群，也有可能留下少数雄性与其姐妹交配，但这些还未得到证实。不管在哪种情况下，子蚁后或新蚁后在其羽化数天内生殖能力就充分发育，而几乎所有的雄性在其羽化后的三周内就会消亡。

蜜蜂集群分裂经历着与蚁类同样精细但很不相同的程序。蜜蜂集群在分裂前（其分裂主要发生在春季末），集群中有一只蜂后和2万—8万只工蜂。工蜂要做的第一件事就是建造少数的蜂后房——通常位于蜂巢底部边缘的大而椭圆的小室。我们知道，只要母蜂后颚腺分泌出的"蜂后物质"（反式-9-酮-2-癸烯酸）够每只工蜂每天至少平均能获得0.1微克的量，工蜂就不会建筑这些蜂后房。但是随着春季末气温的回升，母蜂后分泌的这种物质的量下降，工蜂开始建筑蜂后房。蜂后在每一蜂后房中下一个卵，孵化出的幼虫被工蜂用特殊的食物喂养，以保证它们发育成蜂后。新蜂后生长发育的速度很惊人，从产卵到羽化成为成体只需16天，而工蜂和雄蜂却分别需要21天和24天。在所有这一切进行的过程中，母蜂后的状况在变化。它仍会产少数的卵，但其腹部在萎缩，行为开始有些躁动不安。工蜂喂它的食物逐渐减少，甚至对它还有些敌意行动——击它的头部，骑在它上面，甚至将它推出巢外与一大群工蜂一起飞走。在这段时间内可以发生若干次这样的分群。在茧内蜂后幼虫化蛹前和第一个蜂后房已经封盖后，"原初"分群（群内有母蜂后或老蜂后）一般就要离开原巢。"原初"分群后的第一次分群（群内有新蜂后中的第一只蜂后），是新蜂后从其蜂后房出来并交配后约8天发生的（见图6-5）。分群后的再分群次数依赖于集群的大小和健康状况，变化范围很大。但是，最终约有2/3的工蜂要离开原巢。

分群蜂全部飞离原巢一定短距离后，停歇在一高处栖息，比方说树干、树枝或建筑物

141

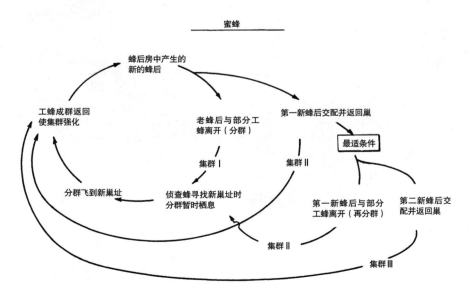

图6-5 意大利蜜蜂（*Apis mellifera*）的集群分裂。虽然在这一特定图解中"原初"分群后只发生一次再分群，但自然界中的极端情况下可发生二次或更多次分群（引自 Wilson，1971a）。

边缘。它们在这里紧密地聚集在一起而形成一团。要完成这一分群任务，必须要有蜂后颚腺分泌的次级信息素：反式-9-羟-2-癸烯酸。现在，侦察蜂从栖息处往各个方向飞行以寻找永久性巢址。当侦察蜂发现一合适巢址（树洞、建筑物的封闭屋檐、空的包装箱）就立即返回并发出所发现巢址的方向和距离的信息，这是通过在分群蜂周围表演的摇摆舞实现的：不同的侦察蜂（通过表演摇摆舞）可以同时指出不同巢址的位置并展开竞争，最终被最大多数工蜂认同的巢址入选，并且整个蜂群飞向那里。现在有两个集群：老巢中的集群，内有一新的生殖能力强的子蜂后；新巢中的集群，内有一老的母蜂后。

在一段短暂的时间内，亲本巢（老巢）中的工蜂是无蜂后的。但是，工蜂一直在为保证重获蜂后而忙碌。甚至在未分群建造蜂房之前，工蜂就已建了一群雄蜂房（像工蜂房一样，只是平均说来雄蜂房稍大一些）。母蜂后往雄蜂房产下的受精卵，将来发育成雄蜂（大多数膜翅目昆虫，性别决定是单倍二倍体模式）。当雄蜂进入成熟期后4天或更长一些时间，飞到离巢不远的特定地域与附近其他巢雄蜂群一起，开始做交配飞行。在这里，它们持续飞行，以等候子蜂后接近。

从蜂后房羽化出来的第一只子蜂后，在巢内成体成员中拥有独一无二的职别。它的母亲已经离巢，它的妹妹们仍然还在各自的蜂后房内。现在，它查遍整个集群以寻找与其竞争的妹妹们。它发出"呼呼"和"嘎嘎"声，与其妹妹们交流沟通。如果它在附近时，它的妹妹们又恰好从自己的蜂后房出来，那么战斗就会打响，直到其妹妹们或者通过分群出走，或者

依次被咬死消失为止，因此只有原来的子蜂后留下。它对工蜂进行适度攻击，使得自己能早日出巢进行婚飞。当它接近雄蜂群时，就从颚腺分泌出少量的9-酮-癸烯酸。这种物质的气味向下散发出来时，可以把10米或更远距离的雄蜂吸引过来。这种交配快速而惨烈；雄蜂的生殖器进入蜂后生殖囊内后完全爆裂，雄蜂随即死亡。蜂后一天可进行3次婚飞，交配次数总共可达12次或更多，而每次婚飞都可与一个雄蜂交配。最终，它获得了足够的精子为以后的卵受精用。然后，它或者分群外出，为下一只子蜂后能羽化和交配打开方便之门；或者消灭其他子蜂后而接管原巢。不管是哪种情况，如果环境有利，它自己产的工蜂在一年内便可使工蜂群体成倍增长，从而集群又可再次分裂。

绝大多数的蚂蚁和白蚁物种，是通过婚飞方式完成集群繁殖或扩增的。蚂蚁的雄性和新蚁后在婚飞时，依其生理节律一天离巢达数小时，其时间选择依物种而异：有些物种为上午，有些为傍晚，有些为午夜，有些为黎明前。蚁后能很快地把雄蚁吸引住。至少花蚁（*Xenomyrmex floridanus*）是这样，它们从杜氏腺体释放出性信息素来吸引雄性。许多物种的有性繁殖形式是在婚飞群中完成的，婚飞群颇具环境特点，比方说在树顶或空旷区上方。每一只蚁后被一只或若干只雄蚁授精后就落到地面上，脱掉翅膀并跑动寻找合适的巢址。如果它是从捕食者或自己物种敌对集群中逃出的、有幸存活的极少数中的一员，它就会建造一个巢穴并产下一批卵。在巢穴中羽化的第一批成体是小工蚁——全是不育的雌蚁，这些工蚁立即帮助它们的母亲抚养其妹妹们，为集群的繁

荣稳定出力，而雄蚁在这方面毫无作用。雄蚁在婚飞中无论是否有过交配，都会很快离开婚飞群而独自在周围漫游，并注定会在数小时内死亡（由于偶然或捕食者的攻击）。新集群在其增长的早期阶段只产生工蚁。一般要经过一到数年后，恰好在婚飞季节前才会产生雄蚁和新蚁后。能产生新蚁后的集群称为"成熟"集群，这是由于现在它们能直接繁殖了。

白蚁集群通过婚飞进行繁殖的方式与蚂蚁极为相似，这种相似基于一个明显的事实：完全趋同进化的结果。在美国西南部发现的较原始类型的木白蚁科的小木白蚁（*Incisitermes minor*），其繁殖过程遵循着多数白蚁类型的典型程序。具翅的雄白蚁和白蚁蚁后离开巢后，其飞行是没有目标的，而且大多数飞行高度达70米或更高，离亲本巢的水平距离至少100米，也许多达1千米。这些白蚁的翅在将停止飞行前下垂，同时很快分散和下降，直至它们的尾端着地，然后由尾端反复转动形成的压力而使翅自与身体连接处脱落。现在这些"脱翅"白蚁在地面上兴奋地随机跑动，直到性别相异的两成员相遇为止。这时，两成员突然停止跑动，转而面对面，并用触角彼此拍打对方的头：

> 雄蚁向前靠近白蚁蚁后，而蚁后用其头碰撞雄蚁。在经过4次或5次这样的碰撞后（每次后都有一段暂停时间，在这段时间里二者面对面，用各自的触角轻拍对方），雄蚁就会遭到拒绝或被接受。如果雄蚁遭到拒绝，蚁后就会慢转身快速跑开，而雄蚁会从相反方向离开，但是，如果雄蚁被接受，蚁后就会急转身快速跑开，而雄蚁紧紧追赶……虽然蚁后跑得

快，但雄蚁能紧随着它，如果因偶然情况它们分开了，雄蚁会加速重新靠近它。成为配偶之后，它们就很难分离了。要迫使一对配偶分离是件很困难的事。万一发生了这种事，它们似乎也很难再与其他异性配对，尽管在其附近有许多未配对的白蚁。

在繁殖过程中，脱翅、配对和串联追跑的顺序，是白蚁中的普遍现象。在某些类群中，例如热带的鼻白蚁属，白蚁蚁后多半静止不动，它是通过由位于腹部背面的节间腺释放性信息素的方式"召唤"雄蚁的。小木白蚁配对后，在行为上经历着根本的变化。在婚飞寻找配偶期间，它们是趋光的。但它们一配对就有避光性，并且木材对它们有强烈的吸引力。当它们发现有合适的木材时，就在上面挖掘孔洞。它们轮流挖掘，直至出现约有1厘米深的入口为止。然后，用碎木末和像水泥一样的分泌物混合，把入口封住。最后，这对配偶在入口隧道的底部建造第一个如同小梨状的王室。

王室建造好后，白蚁蚁后产2—5枚卵，卵又孵化成若虫。这些脆弱的、白如粉笔的若虫，通过反哺获得食物。它们经过一次或多次蜕皮后，就开始自己取食和扩建巢穴。而取食和建巢这两个活动事实上是同一件事！一对雄蚁、蚁后住在原来的主隧道内，而这些若虫取食时就挖掘出一些侧隧道。到第二年年末，这一年轻集群就已吃掉约3立方厘米的木材。现在这一集群的组成是：一对雄蚁蚁后，一只兵蚁，十只或更多一些的拟若虫和若虫。一只兵蚁从卵发育到成体约需一年时间。蚁后的腹部在两年中逐渐膨大，但雄蚁似乎没什么变化或者在

142

体形大小上有些缩小。若干年后，集群中产生了具翅的有性形式个体，这时的集群，像蚂蚁中产生了具翅的蚁后的集群一样，被称为处于"成熟"状态。

时间-能量预算

　　动物投入每一活动的时间及在这一时间内支出的能量，明显地因动物所处的分类单位而异。蜜蜂和收获蚁大致用 1/3 的时间做各种不同形式的工作，1/3 的时间用于休息，剩下 1/3 的时间用于在巢四周巡逻。雄（马来）猩猩用约 55% 的时间觅食，35% 的时间休息，10% 的时间从树的这一冠层攀到另一冠层；雌（马来）猩猩相应活动的时间分别是 50%、35% 和 15%。各种蜂鸟 [蜂鸟属（*Calypte*），加勒比蜂鸟属（*Eulampis*）] 孵卵时间占 76%—88%，采花蜜占 5%—21%，用于飞捕占 0.5%—1.8%，驱逐其他蜂鸟离开自己的领域占 0.3%—6.4%，等等，其细节因所栖树种的不同而稍有不同。

　　由于社会行为的形式和优先顺序在很大程度上是由物种的时间-能量预算限定的，所以在进化中，确定预算程序的一般原理和实现特定程序的生态力，是件很重要的事情。时间-能量预算的研究现还处在早期阶段，它是由相互联系的、必须共同配合才能呈现给定物种全貌的三个方面组成的：生物能量学，根据动物对能量的需求与其大小与活动方式，把需求的能量与由于活动所获得的能量进行比较；预算表，制备行为目录（以描述行为学的方式对行为进行分类），并根据目录分解出时间和能量成本；生态学分析，分析物种的自然环境，以便为这些预算提供在进化上存在的理由。这三个方面

（可同时或分别研究）的研究范围可从纯粹的生理学到遗传进化，研究层次从相对简单到复杂。生物能量学是这三方面中最容易研究的，也是当今研究成果最多的，其中的一些在随后的领域行为（见第 12 章）中会加以介绍。但是，社会生物学中被最直接关注的方面，是我们即将讨论的生态学分析。

　　我们依据一些零星的资料，可以得出两个初步的原理，不过它们实际上都具有极强的推测性。第一个可称为紧缩原理（principle of stringency）：时间-能量预算是以适应最严苛的时期而进化的。动物学家一直对如下事实迷惑不解：处于富裕生活条件当中的动物，它们在大部分时间内总是无所事事。在斑马群旁边休息的狮子、在小鱼群面前懒洋洋地徘徊的梭鱼和在结满果实的丛林附近栖息长达数小时的鸟，都使富有思想的进化学家感到困惑。事实迫使进化学家问道：这些物种为什么不能使其成员趁食物充足时朝着持续不断的觅食、消费、生长和繁殖的方向进化呢？活动力最强的基因型就不应该有最大的适合度吗？回答是：动物和社会并不总是生活在资源丰富的环境中。它们的时间-能量预算，已调整到它们必须能够度过食物短缺阶段。涉及生长和繁殖最快的基因型——最大化的消费者——在资源过剩的短期阶段会得到好处，但当食物短缺时，它们会历尽艰难，甚至有灭亡的可能。在 K 选择物种中，环境越稳定、个体活动越少，则在增长和繁殖方面的投资必然越稳定，因此，较为懒惰和较谨慎的动物，似乎在任一随机时刻都有较高的生存概率。

　　阶段性食物短缺不是有利于懒惰性进化的唯一条件。社会昆虫（蚂蚁、蜜蜂、黄蜂、白

蚁）集群中的工蜂和工蚁有相当多成员白天黑夜都在休息，只有整个蚁穴被入侵或受到物理干扰这种极少数情况除外。林道尔和米琴纳认为，工蜂和工蚁作为一个整体，这种表面上的休息，连同表面上它在巢穴周围似乎漫无目的的巡逻，实际上是集群对变化无常的环境做出反应的一种平衡力量。巡逻中的工蜂和工蚁可以随时知道集群的需求，并对这种需求做出反应。休息中的工蜂和工蚁是一种储备力量，主要用于大的应急事件（如巢穴过热或捕食者入侵），因为这些事件需要同时动用大量个体。这种懒惰性的意义是与紧缩原理一致的，即从总体看，其程度是由集群周期性地面临的最为基本的或最为艰难的需求决定的。

时间-能量预算的生态学所能做出的第二个推测性原理，就是分配原理（principle of allocation）。它说的是，各动物的主要需求，在时间和能量上都有很大不同，目的是使这种投资对遗传适合度有利。而且，一般来说，这些需求按重要性优先顺序呈现的下降趋势依次如下：取食、抗捕食和繁殖。最后，在一定程度上，一种优先顺序可以通过暂时的富裕环境被满足，而可投资更多的时间和能量到其他优先顺序的活动中。社会昆虫、滤食动物、浮游动物、鲸、大象，以及像狼和鹰这类的顶级食肉动物，它们的食物来源是很有限的。它们的日常活动，有相当部分要投资到确保获得食物上。这些个体的绝大多数攻击行为是为了领域之争，并且是与保证可靠的食物供应相联系的。构筑隐蔽所的那些动物（如社会昆虫）利用隐蔽所保护其领域免受入侵者侵犯，同样也能抵御捕食者。他们的抗捕食能力和繁殖行为都是有效的，往往也是精细的，而且消耗的时间和能量相对较少。

与上形成鲜明对比的是，象海豹在它们捕食范围内不存在严重的食物问题。事实上，其雌性体内已有大量的脂肪储存，在整个保育期间可以不进食。象海豹进行繁殖的岛屿也没有捕食者，因此，它们几乎可全身心地投入到繁殖上。雄性象海豹已经进化出对繁殖的特定适应，其中包括体形大、对"妻妾"的控制和对附近没有配偶的雄性采取极端的攻击行为。它们把大部分时间花在争斗、交配和休息上。蜉蝣实质上把其整个成体生命投入到繁殖上，它们把寿命缩短到只有数小时而解除了能量问题的困扰，它们同时繁殖大量后代，以使捕食者只能捕食其中的很少部分。

除了取食、抗捕食或繁殖的效应有进化倾向外，分配原理假定不存在因果关系。这种倾向在最困难的时期（如同我们在时间紧缩原理提到的那样）还可通过环境存在的危险而中断。而且，补偿作用要比简单的算术平衡更复杂。例如，受食物限制的物种可以遵循着两种截然相反的极端对策，从而产生很不相同的时间-能量预算和社会组织。一个极端例子是斯科纳（1971）所称的"时间最小化者"物种，对于这样的物种，只要保护好能量资源，就可得到可以预期的靠得住的能量值。这样的物种就会朝着以最少的时间而获得所需能量的方向进化，剩下的时间就可投资其他的活动，其中包括保护食物免受入侵者掠夺。这种适应类型的例子有许多不同种类的昆虫、鱼类和占有觅食领域的鸟类（见第12章）。另一个极端例子是"能量最大化者"物种——它们不顾时间成本，消耗着所有可以利用的能量，例子包括大多数机会主义物种，当它们遇到适合生长和繁殖的环境时，就会快速生长繁殖。它们遇到食物供应减少时，只有通过广泛分散，即期望通过从一暂时适合的区域环境到另一暂时适合的区域环境而免遭消亡，才有可能避免紧缩原理的作用。

如果我们把保卫觅食领域放入更大的分类范围内，那么采取这两种对策的物种不见得会把同样的时间最终投入到觅食上，但是不同的行为模式对社会行为的进化具有明显的影响。一般来说，时间最小化者物种是有领域的，它们以类群为单位保卫领域，最终倾向于稳定和有效地组织。能量最大化者物种更可能是非社会的，或者也可能以松散的类群形式进行迁移。

第7章　社会行为的发展和饰变

社会行为，像所有其他形式的生物反应一样，是跟踪环境变化的一套方式或策略。不存在对环境完全适应的个体。其所处环境几乎所有的有关参数都处在不断的变化之中。有些变化是周期性的和可预测的，例如昼夜和季节。但多数变化是偶然发生、变化无常的，包括一个季节内的食物、巢址和捕食者的数量、温度和降雨量的随机变化等。生物个体必须以一定的精确性适应其环境的这些变化，但绝不能指望对每一种变化都做出精确反应，为了更好地生存和繁殖，只能力求足够及时地做出反应。由于环境各参数变化速率不同，变化模式又往往相互独立，所以更增加了做出精细反应的难度。例如，在不同季节，植物要以天为单位对每天湿度的变化做出反应，而在数十年或数百年的时间跨度上，该植物所属物种整体必须适应平均年降雨量的逐步升高或降低的变化。蚜虫必须日复一日地应付捕食者在数量上的巨大变化，而许多年后蚜虫作为一个物种，不仅面临着捕食者数量的变化，还面临着其捕食者物种组成的变化。

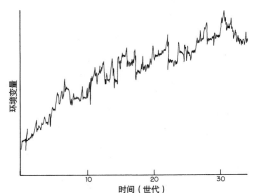

图7-1　在短期基础上环境参数随时间而波动，它们的平均值波动呈缓慢递增。个体必须以生理和行为反应跟踪这些短期的变化，而物种作为整体必须经历进化（遗传反应）以适应长期的变化。这里表示的例子是假定的。

145　　　生物个体用其相当复杂的多水平跟踪系统解决对环境的适应问题。在细胞水平上，可通过生化反应减缓环境的微弱干扰（通常在少于1秒钟内可以发生）维持稳定状态。细胞生长和分裂的各过程（其中一些过程在效应上是不稳定的，而有些是稳定的）在时间上需要比生化反应多若干个数量级。个体较高级的适应方式（其中包括社会行为）到完成时所需要的时间可从不足1秒钟到1个世代或更长。图7-1和图7-2指出，个体的反应是如何根据其所需要的时间长短来进行分类的。图中所有的反应共同构成了逐步上升的等级系统，也就是说，较缓慢的变化要引发较快的反应程序。例如，个体进入生活周期后期阶段时，会引发行为和生理反应的新程序，并且激素的释放对于给定的先天或后天行为的刺激容易起反应。在这两种情况下，较缓慢的变化改变着较快的反应。在整个群体水平上，超过一个世代的各阶段甚至有更明显的变化。在生态时间内，各群体对环境条件做出反应时，群体会增加或减少，并且其年龄结构也在改变。这些都是如图7-2中间那条曲线所示的统计学反应。生态时间是如此漫长，以至于大量的个体反应都在这时间内相继发生（反应间几乎互不影响）。但是，生态时间也是如此短暂，以至于在这期间内不能说明广泛的进化变化。当观察时间进一步延长到约10代或更多世代时，就可感知到群体在进化——环境的长期变化可使某些基因型比另外一些基因型更占优势，并可感知到群体的遗传组成在向能更好适应环境的统计模式靠近。跟踪系统在本质上

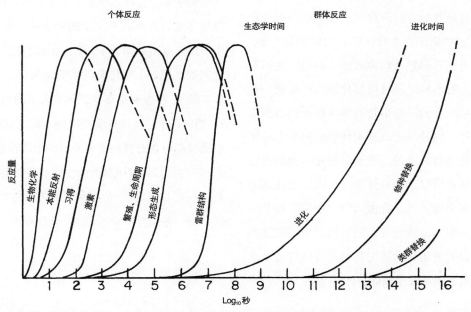

图7-2　生物学反应的全部等级。个体反应是在其生命期间由可检测到的环境变化引起的，而群体反应是由长期环境变化引起的。等级是随着反应时间的增加而上升的，即任何一给定的反应，倾向于改变那些更快反应的模式。一个物种替换另一物种，或者甚至一类群物种替换另一类群相关物种，这些超过了进化反应的范围。这里表示的这些反应曲线是假定的。

保持分级，是因为新近占优势的基因型在统计参数以及生理和行为曲线方面，都可能与早先占优势的基因型不同。此处所说的时间间隔在尺度上可看作进化的时间间隔，这一间隔长到足以包含许多统计事件。事实上，间隔如此之长，以致在个体水平上的这些分离事件都变得没有什么意义了。

多水平的、等级跟踪系统的概念是由下列作者在若干文章（有些内容相互渗透）中提出和发展起来的，他们是普林格尔（Pringle）、贝特森（Bateson）、斯金纳（Skinner）、曼宁（Manning）、莱文斯、库默尔，以及斯洛波金和拉波波特（Rapoport）。在这章的其余部分要说明社会行为乃是一种适应形式的观点。说明从进化时间尺度开始，依次通过学习、玩耍和社会化这样的等级展开。要记住的是，像行为的激素调节、行为的个体发育和动机这类现象，有时虽然把它们分离出来作为整个行为学科的特定对象，或者放在"行为的发育方面"的范围内把它们勉强联系起来，但是，它们实际上只是对不同时期环境变化做出反应的一些成套适应。它们不是生物的基本特征，因为如果是这样，物种必定以其生物学结构使之具体化，从这一意义上说，组蛋白的化学和细胞膜的几何学都可以这样具体化。但是，上述这类现象在肾上腺皮质、脊椎动物"中脑"或其他控制器官中都未找到一定的结构，来说明这些器官本身的进化是为特定物种具有的特定多水平跟踪系统的需要服务的。

以进化变化跟踪环境

所有物种的所有社会性状，开始时都能得到明显的快速进化。这乍听起来似乎有些言过其实，但作为一个试探性的叙述，事实证明它是充分合理的。直接进化需要的全部潜力正是群体内的遗传率。业已证明，一系列广泛的性状中都具有中等程度的遗传率，其中包括鸡的鸣叫和统御能力、鸽的可视求偶炫耀、老鼠类群的大小和扩散、狗群的封闭程度、乳草长蝽的扩散倾向及脊椎动物和昆虫中的许多其他参数（见第4章）。在对狗的社会行为遗传学的研究中，列入分析范围的每一性状实际上都具有明显的遗传率。

在群体中，性状进化的速度随着其遗传率和选择强度乘积的增加而增加。更精确的表达就是 $R=h^2_N S$，其中 R 是选择响应，h^2_N 是狭义遗传率，S 是由选择过程中包含的群体比例和性状标准差决定的一个参数。没有几个人，甚至包括生物学家，会在基因水平上来估算进化速度。首先考虑这方面在理论上的可能性。令一群体中一给定基因频率为 q（即当 $q=0$ 时则群体中无此基因，当 $q=1$ 时其染色体的基因座上只有此类基因）；还令对抗该基因同型合子的选择压为 s。当 $s=0$ 时，只具有该基因的个体其成活和繁殖情况都与含有其他类型基因的个体没有两样。当 $s=1$ 时，只具有该基因的个体不会对下代做出贡献。在自然界，s 值多数是落在0和1之间的某个值。在大群体中每代的变化速率为：

$$\frac{-sq^2(1-q)}{1-sq^2}$$

更简单的表达 $-sq^2(1-q)$，是上式极好的近似表达，因为一般情况下 sq^2 可忽略不计。当 $q=0.67$ 时变化率为最大，当该基因极少（q 接近0）或极多（q 接近1）时，变化率明显下降。

图 7-3 说明了黑腹果蝇（*Drosophila mela-nogaster*）行为性状微进化的一个实例。这里 $s=0.5$，这是因为同型合子雌果蝇[①]（具有两个"紫红色"基因，分别影响眼睛颜色和行为），比起只含一个或完全不含这种基因的雄果蝇来说，雌果蝇交配成功率只约为雄果蝇者的 1/2。由此可以看出，实验观测曲线和理论预测曲线非常一致。只经 10 个世代，该基因频率就从 50% 下降到接近 10%。果蝇的其他眼睛颜色突变体往往也出现繁殖表现能力下降。曼宁和巴斯托克（Bastock）正确地阐明了黑腹果蝇黄眼突变体的行为基础。他们发现，该物种的雄性要想成功交配必须严格遵循下列步骤：（1）"定向"，即雄性紧靠着雌性或尾随雌性；（2）"振翅"，即雄性快速振动其翅而接近雌性的头部；（3）"舐"，即雄性伸长其喙舐雌性的产卵器；（4）试图交尾。黄眼同型合子雄性在上述运动和步骤的顺序上都是正常的，但它们在振翅（步骤 2）和舐（步骤 3）两方面与正常雄性比起来积极性要差一些。因此在完成交尾任务时效率要低些。在快速进化果蝇群体的表现型中，都存在着这样一些行为分量。

实验室群体中像这样在 10 代甚至不到 10 代内就在主要行为性状方面具有明显进化的例子不胜枚举，这些观察结果与理论结果也是一致的。利用行为上为中性的果蝇原种，多布赞斯基（Dobzhansky）和斯帕斯基（Spassky），以及赫希（Hirsch）造就了趋光和避光品系，也造就了正向地性和负向地性品系。阿亚拉（Ayala）用锯状果蝇（*Drosophila serrata*）仅选择 10 代，就在过分拥挤的培养瓶中获得了群体大小加倍

的成体平衡群体。后来他发现，之所以有这样的结果，至少部分原因是有些品系孵化后能从培养基中迅速转移，且其成体性情安静，从而不易粘在培养基上死亡。

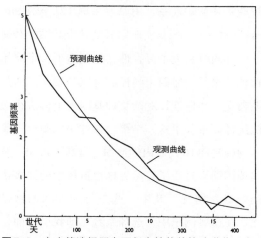

图 7-3　在中等选择压力下行为性状的快速进化：当同型合子的繁殖效率为其他基因型的 50% 时，群体中的基因百分数下降。平滑曲线是根据理论预测的，非平滑曲线与理论曲线吻合得很好，这表明"紫红色"基因实际在下降——因为这个基因影响着黑腹果蝇实验群体的眼睛颜色和行为的表现。基因频率从 50% 下降到约 10% 只花了 10 个世代〔自 Falconer，1960；试验曲线基于 Merrell（1953）的数据〕。

吉普森（Gibson）和索代利用歧化选择，在黑腹果蝇群体中选出胸部刚毛数多和胸部刚毛数少的两个品系时发现：仅约经过 10 代，这两个品系相互间就停止杂交了。也就是说，在这么短的时间内，他们创造了两个物种。索代在以后的有关试验中把这解释为，这可能是有利于"同类交配"（同类者与同类者交配的倾向）的连锁基因与控制刚毛数的基因偶然同时选入到有关品系。

甚至在没有上述那样强的选择压力下，也可导致物种的快速形成。20 世纪 50 年代末，

147

[①] 原文为雄果蝇，疑误。——译者注

M.维图基辅（M. Vetukhiv）从拟暗果蝇（*Drosophila pseudoobscura*）的一个杂合原种①中建立起6个群体。经过53个月之后，雄性更喜欢与来自同一实验室群体的雌性相处，而不是来自其他5个群体的雌性。1958—1963年，多布赞斯基和斯帕斯基，用厚垣果蝇（*D. paulistorum*）的一个品系与实验室其他几个品系的杂交子代都同时丧失了可育性，即创造了一个原始物种。之后，他们用同样的可以相互交配的品系杂交，并仔细针对杂交种基因型个体进行淘汰选择而重复了这一结果。在这一实验里，原始物种是在10代之内创造的。福特（Ford）及其英国同事报道了自然界昆虫群体中的许多快速微进化情况，其中一些是行为性状的微进化。在这些例子中，选择系数（即我们前面公式中的s）一般都超过0.1。

通过人工选择，啮齿动物的行为性状同样得到了快速进化，尽管由于哺乳动物遗传学牵涉着更大的技术困难，其遗传基础也还不清楚。有关行为性状包括：跑迷宫行为、胁迫下的通便和排尿速率、战斗能力、大鼠残杀小鼠倾向和对人类观察者的顺服性。没有进行人工选择时，实验室啮齿动物的行为也可能进化。哈里斯（Harris）在实验室同时模拟草原和森林两种生境，提供给在实验室饲养的、原来生活在草原生境的草原鹿鼠（*Peromyscus maniculatus bairdii*），结果这种鼠选择了草原生境。这一反应说明，实验室草原鹿鼠存在着从其最近的祖先中继承了生境选择的遗传成分。但是，10年即12—20世代后，实验室的这些草原鹿鼠后代，已经丧失了这一独立选择生境的

倾向。如果首先把它们置于草原生境，则如所预期的那样，它们随后选择草原。但是，如果首先把它们置于森林生境，则它们随后对这两种生境未能表现出偏爱哪种。这些结果指出，草原鹿鼠的天性仍然倾向于选择祖先生境，尽管短期进化会很大程度上弱化这种天性。

总之，根据动物的遗传理论和实验结果有理由假定：至少，行为的快速进化是可能的，并且可以推广到社会组织的其他方面。然而，至关紧要的独立参数，仍是自然选择的强度和持续时间。如果这二者中的一个很小，或者选择是稳定的，那么要得到一个显著的进化变化就要比理论期望的最小时间（10代）长得多，可能要数以百万代。因此，当理论和实验已经确定行为进化的最大可能速率时，我们必须回到自然界，以发现实际速率要比最大可能速率小得多。

为了对自由生活群体的进化作用进行评价，有必要返回到分类学测量尺度。在表7-1中列举的分类学测量尺度，是在给定系统发育类群内显示被研究性状变异的最低分类等级。如果属于同一群体的不同社会彼此间有明显程度的不同，并且其变异有较强的遗传基础，那么，依定义，被研究性状遗传率是高的，并且在进化上的变化范围很大。在地理上隔离的各群体（同类群）中的性状也明显不同时，那么就可认为这样的性状在进化上是快速的。如果我们必须从物种水平的层面出发，以便在更大的系统发育组合内发现被研究社会性状的变异情况，那么该性状显然在这样的组合内会进化得更慢。当表现变异的最低分类单位是科或目时，那么进化就相对更慢了。

隐藏在这些差异背后的理由却相当简单。

---

① 杂合种是从不同地区群体的杂交种中衍生出来的。

表7-1　用最低分类单位表示的社会性状的进化速率（在指出的系统发育类群内最低分类单位间存在明显的变异）

变异性状	分类单位	作者
1.统一物种的群体间变异		
类群大小	非洲野牛	Jarman（1974）
类群集聚性程度	草原狒狒	Rowell（1966a）
单雄性或多雄性社会	瓜地马拉吼猴	Chivers（1969）
性别比例	草原狒狒、非洲绿猴、长尾叶猴	Rowell（l966a），J. S. Gar tlan，见 Crook（1970）Ripley（1967），Sugiyama（1967）
在攻击中类群内两性成体及非成体相对冲突	普通猕猴	Southwick（1969）
有无领域存在或缺乏和领域大小	许多例子（见第12章）	
雌性是否守护卵	海鬣蜥（*Amblyrhynchus cristatus*）	Eibl-Eibesfeldt（1966）
（除下悬在腹部外）是否将幼婴随意背在背上	赤猴	Kummer（1971）
鸣声通信的方言：其差别有时部分归因于学习和"传统漂变"	鸟类：旋木雀属、北美红雀属、拟啄木属、带鹀属和许多其他属的物种	Lemon（1971a），Marler & Hamilton（1966），Nottebohm（1970），Thielcke（1965），Wickler & Uhrig（1969b）
	哺乳动物：象海豹（*Mirounga angustirostris*）	Le Boeuf & Peterson（1969）
摇摆舞方言	意大利蜜蜂	von Frisch（1967）
2.同属不同种间变异		
类群结构：阿拉伯狒狒中的一雄多雌，狒狒属其他物种雄性等级系统	狒狒（狒狒属）	Kummer（1971）
类群大小	猴类：猕猴属、叶猴属 羚羊类：非洲水羚（水羚属）、苇羚（苇羚属）、狷羚（麋羚属）、瞪羚（瞪羚属）及其他	Eisenberg et al.（1972） Estes（1967），Jarman（1974）
社会活动所占时间百分比	猕猴属	Davis et al.（1968）
集群式或领域式筑巢	黑鹂属（*Agelaius*）	Orians & Collier（1963）
独居或群居行为	淡水丽鱼（罗非鱼属）、礁鱼（宅泥鱼属）	Dambach（1963），Fishelson（1964）
用嘴孵化或基质孵化	淡水丽鱼（罗非鱼属）	Dambach（1963）
首领系统或领域性	许多爬行类、鸟类和哺乳类（见第13章）	
是否存在不育职别	主要是社会蜜蜂和黄蜂	Wilson（1971a）
3.属间变异		
互相梳理所占时间百分数	猿类（猩猩科）、蚂蚁（蚁科）	Schaller（1965b），Wilson（1971a）
独居或群居筑巢	鹳（鹳科）	Kahl（1971）
独居或群居行为	蝴蝶鱼（蝴蝶鱼科）	Zumpe（1965）
4.高等分类单位间变异		
工职全为雌性或两性	昆虫：膜翅目（蜜蜂、黄蜂、蚂蚁）、等翅目（白蚁）	Wilson（1971a）
高等社会中是否存在不育职别	后生动物：节肢动物门（包括昆虫）与脊索动物门（包括哺乳动物）	Wilson（1971a）

分类学类别（亚种、种、属、科等）是根据群间差异增加的程度划分的。涉及差异性状的数目越多、个体差异的数量越大，则群体在一系列往上排列类别中的等级就越高，换句话说，作为分类单位的等级就越高。虽然数量测量可用单个数值表示群体间的总差异，但群体大小随机地依赖于被测性状的样本和应用的统计技术。而且，确定分类单位间的分界点（如两物种需要的差异量不仅与不同的属，还与不同的科有关）整个是凭直觉的，并且实际上随生物主要类群的变化而变化。例如，哺乳动物和鸟类分类学家倾向于把给定差异的物种分入到较高等级的分类单位，昆虫学家或原生动物学家却不是这样。尽管有上述这些不确定性，分类学尺度还是为进化量的估算提供了坚实的基础，而这个进化量是涉及全部性状的整个基因组产生的。社会表现型只占性状总变异库中的很小一部分，并且与其他多数性状的相关性（如果有的话）也很弱。因此，分类单位间的总表现型差异（根据分类学家分类出的等级进行测量）是对分类单位间已出现的总遗传差异一个相当好的测量。并且更重要的是，这也是在群体水平对它们开始趋异以来所经历的相对时间的一个相当好的测量。社会趋异或多或少可作为因变量进行分离，而其余的表现型差异可作为产生社会趋异所需时间的初步指标。

为了叙述这一方法，我们最好用动物的通信系统来说明。在鸟类和蛙类群体中，求偶和领域通信的鸣叫声往往是变化的，这引起了大量对这些"方言"的研究。其中的许多变异都建立在传统漂变的基础上，并且多数或整个变异，就像白冠带鹀（*Zonotrichia leucophrys*）那样，都是表现型的。但是，只要有遗传差异存在，通常就表明这些差异会引起快速进化。虽然没有绝对时间尺度，但是在某些情况下这些差异的起源不会多于数千年，也可能比这少很多——也许在极端情况下，甚至可以达到理论上的最小值。安乐蜥属（*Anolis*）的蜥蜴（属于鬣蜥科的快速形成物种），其垂皮颜色和头部做上下垂直摇动的模式，在群体和物种两个水平上都有变异，而这两个性状都是求偶和领域炫耀的一部分。但是其基本的运动，如其身体来回晃动和扁向压缩却相当保守。这些基本运动出现在鬣蜥科的各属中，可以回溯到古新世甚至白垩纪——5亿年以前。较古老的鸟类分类单位，如鹈鹕、鸽和鸭的基本炫耀行为，也与上述情况相同。所有类群中进化最慢的，像莫伊尼汉最近注意到的，可能是头足纲生物，其中三个主要的生活类型是乌贼目（柔鱼）、耳乌贼科（乌贼及其亲缘种）和八腕目（章鱼和船蛸）；它们仍然共有某些基本的炫耀行为，尽管它们至少早在侏罗纪时，即大致距今1.8亿年以前就各有自己的进化路线了。

表7-1按分类尺度加大的顺序，展示了某些已经得到了充分证明的社会表现型的变异情况。读者可随意探究其中是否存在什么清晰的模式。通过所有基本的动物分类单位，研究者还没有发现什么主要的行为类别可以表现为快速进化或慢速进化。领域性和求偶炫耀倾向于快速进化，但正如我们看到的那样，也存在着明显的例外。只有少数的社会性状，如昆虫中不育职别和全雌社会的存在，是很稳定的。换句话说，后面这两个性状至少在白垩纪中期或1亿年前就存在了。但是，当我们考虑到这里所列的许多社会系统，都是在许多生态原动力作用下形成的，并且进化一般都具有随

机本质时，其进化模式具有模糊性就不足为奇了。

通过对表7-1相应范围的考察，还可知道有关社会进化的相对速率。表中对不同等级群体的"社会关系分析"做了比较，这一分析列出了所有的已知社会行为和每一行为所经历的时间。换句话说，不是记录特定社会行为开始趋异或分化出来时的最低分类水平，而是记录决定特定分类水平的社会行为的总差异。相当多的比较行为学的文献充满了这方面的信息。下列作者的研究提供了非同寻常的典型范例：波里尔对长尾叶猴和尼尔吉里叶猴（见表7-2）的研究；库默尔对狒狒的研究；斯特鲁萨克对猕猴类的研究。如果分类制表能够将对灵长类的行为研究标准化，并且能制备代表不同分类水平物种的正确社会关系分析表，那么不同类型的社会行为的进化速率就会清晰地显现出来，社会行为与生态适应的一些新关系也可能大量呈现出来。当然，与上述相同的成果，在其他类群的社会物种的研究中依然存在。皮尔特斯（Pilters）对骆驼及其亲缘物种（骆驼科）已经进行了与此十分类似的研究。

最后，我们必须把最后一个参数，即遗传变化的复杂性引入进化方程组。我们已经知道，替换单个基因一般可在10代内完成。虽然这种替换的生理效应可能相当简单，但这样的效应的结果却是深刻的。通常，最重要的结果是，可能使某一性状减少或丧失，比方说可能减少或丧失攻击性或对气味的反应能力。原因可能如下，即新的等位基因往往是通过阻断一个生化步骤而减少或丧失某些代谢能力发挥作用的。这种效应对社会行为的影响（如果有的话）多数是损伤性的。例如当白昼行动的物种发展为夜间行动或洞穴生活时，就不再会做出视觉上的炫耀行为了。在这样一些情况下，产生阻断作用的基因在自然选择下通过代谢保守原理就成为有利的，这意味着当现今利用的结构不再被利用时，原先投资给无用结构发育和保存的能量就会使遗传适合度增加。得到果蝇属和其他生物实验支持的计算机模拟已经确定：由数量较少的多基因控制的性状可相当快地发生变化，特别是在这些基因分散到足够多的染色体上以防止连锁不平衡的情况下更是如此。在加性多基因控制下的数量性状，其强度和方向都容易变化：例如一种趋向可以加强或从正趋向反转到负趋向；或者对气味的反应可从中度吸引变为强烈吸引或者中度排斥。

在遗传变化中下一个较为复杂的情况是功能的变化。鸟类梳理羽毛的动作经过仪式化成为求偶炫耀的一部分、外分泌腺中分泌新信息素的生物合成变化、嗅觉接受器能够检测该信息素的变化以及在亲本抚育中雄性的参与，所有这些变化，都要比功能的丧失或仅是功能表达强度的变化更复杂。有理由假定，下一个复杂情况是，大多数变化涉及从中等数量到大量的多基因，并且从早期的动态选择状态过渡到稳定选择状态至少需要数百个或数千个世代，而在稳定选择状态阶段适应也基本完成了。

整个新模式或新结构的起源是最高水平的进化。变化到稳定选择的状态至少要以千个世代为数量级。可能的例子包括：蜜蜂摇摆舞的起源，特别是我们熟悉的蜜蜂进行的那种高级表演；一些专有的社会外分泌腺，像蜜蜂的内萨诺夫腺和蚂蚁的后咽腺；人类语言。关于最后一个例子——人类语言，戈兹曼（Gottesman）估算为了使人脑得到足够的增大，大致

150

151

表7-2　长尾叶猴和尼尔吉里叶猴通信系统的比较：D, 首领；S, 从属；E, 平等（自 Poirier, 1970a ）

模式	尼尔吉里叶猴			长尾叶猴			说明
	D	S	E	D	S	E	
闻肛门	×	×	×	—	—	—	—
攻击空气	×	—	×	×	—	×	—
蹲下后突然站立	—	—	—	×	×	—	—
驱离其他个体	×	—	×	×	—	×	—
处于优势时犹豫	—	—	—	×	×	—	—
拥抱	×	×	×	×	×	×	—
拥抱/梳理	×	—	×	—	—	—	—
露牙笑	×	—	—	×	—	×	长尾叶猴做鬼脸？
点头	×	—	—	×	×	×	—
看向别处	—	×	×	—	—	—	—
突然前冲	×	—	×	×	—	×	—
登爬	×	—	×	—	—	—	—
远距离观察首领	—	×	×	—	×	—	—
张嘴	×	—	×	—	—	—	—
献礼	×	×	×	—	×	×	—
凝视威胁	×	—	×	×	—	—	—
摇头	—	×	×	—	—	—	仅在长尾叶猴雌性发情期出现
彼此拍打	×	×	×	×	×	×	—
拍打地面	—	—	—	×	—	×	—
嗅嘴	×	—	×	—	—	—	—
触摸	×	×	×	×	—	—	—
伸舌	—	—	—	×	×	—	—
对抗	×	×	×	×	×	×	—
声音暗示信号							
报警召唤	×	×	×	×	×	×	—
磨犬齿	×	—	×	×	×	×	—
咳嗽	—	—	—	×	×	×	—
咯咯笑	—	—	—	—	—	—	在尼尔吉里叶猴母亲身上出现
低沉怒吼	×	—	—	—	—	—	—
粗暴吼叫	×	×	×	×	×	×	长尾叶猴雌雄均有
（牢骚）咕哝	×	×	×	×	×	×	—
打嗝	×	×	×	×	×	×	长尾叶猴打嗝？
（无聊）呵哼	×	×	×	—	—	—	—
虚假屈从声	—	×	×	—	—	—	—
气呼呼叫	×	—	—	—	—	—	—
咆哮	×	—	—	—	—	—	—
（恐怖）尖叫	—	×	×	—	×	×	仅尼尔吉里叶猴幼婴
（痛苦）刺耳尖叫	—	×	×	—	—	—	—
（痛苦）呼叫	—	—	×	×	×	×	仅雌性尼尔吉里叶猴
屈从的继续发声	×	×	×	—	—	—	—
（兴奋）呵嗬声	×	×	×	×	×	×	—
颤音	—	—	—	—	—	—	仅尼尔吉里叶猴母亲

要经过3.5万个世代，而智商每代平均可增加0.002点。人脑大小的这一进化未必随时间平稳地增长，可以是跨越式增长，即在两次跨越之间的阶段可能在一个"平台"上停滞。其要点是与此有关的基因如此之多，需要其他结构和其他功能进行广泛的共同适应，以至于没有数千个世代，其进化是检测不出来的。

生物反应的等级系统

当我们仔细跟踪各种方式从进化和形态发生的变化到日益增加的高级程度的学习的等级系统时，就会发现个体生物反应的专一性和精确性都在稳步上升。遗传的或普通的解剖学变化几乎都是不完善的，所以从如下意义来说，这种改变对个体而言是不可逆的，因为在它做出选择后，进一步的变化要留到随后的世代进行。相反，短期学习（short-term learning）能对环境的精细特性（如光照方位或风力强度）做出反应，所以当新环境发生变化，生物个体就会迅速地做出放弃或扩进的行为。在这一最大精确化的水平上，生物个体的行为在其生命期间可针对环境进行多次调整适应。

生物等级系统进化的一个明显趋向，是由较大型个体做出的越来越精细的调节。超过一定大小的多细胞动物能够组装足够的神经元，以运行各本能反应的复杂信息储存库中的程序，也能从事更高形式的学习，还能添加一个足够复杂的内分泌系统来调节许多行为的启动和强化。

根据生物反应等级系统的范围和在较低等且较精细反应中的效力集中程度，从裸藻到人类的各物种可以分成若干进化等级。在这里，

试图得到一个正规的分类是不切实际的。然而，为了支持我的主要论点，我在这里大致提出三个分类等级：最低等级、最高等级、介于这二者中间的中等等级。这里引用事例的单位是物种，虽然这些物种表现出的特定性状是依照通常的系统发育分析方法来定义等级的。

最低等级：完全的本能反射机制。它表明生物在结构上很简单，这类生物必须大体或完全依赖环境的标志性刺激来指导其行为。负趋光性使它总是位于暗处，生理节律使它只是在黎明前最活跃，光周期缩短使它在秋季作茧，某种多肽气味诱惑它捕食并饱食一顿，环氧树脂类萜烯化合物引它进行交配，并排出配子，等等。事实上，上述所列的各项就几乎用尽了这类生物的全部信息储存。这类生物只含有由数百个或数千个神经元构成的神经网或神经束，它们能做出的反应实际上没有多少回旋余地。它们就像一台结构低劣的服务器，其全部组成只能做出一套最基本的反应。可能没有一个真实物种会完全贴合上述的情况，但至少海绵动物、腔肠动物、扁形动物和许多其他简单的低等无脊椎动物接近上述情况。

中等等级：定向的学习者。该等级生物具有十分精细的中枢神经系统，其脑为中等大小，含有105—108个神经元。跟最低等级的生物一样，它们的某些行为是固定不变的，完全程序化的，依赖于非条件信号刺激的和具有物种特异性的。它们会进行中等程度的学习，但范围通常较窄，只限制在一个狭窄刺激范围内。大多数神经控制的"本能"行为是固定不变的。反应大小的水平受激素浓度的影响较大，而浓度大小本身是由接受来自环境的一套稀有刺激调节的。决定中等等级进化的真正进

步因素，在于生物处理环境特殊状况的能力。这类生物能识别同物种的雌性，也能识别其母亲；不仅能被同物种已适应的生境吸引，也能记住一些特定的地域，并能把其中的一块地域作为家园；不仅能隐蔽，也能撤退到它记忆中的避难处。这一进化等级的例子中有较为聪明的节肢动物（如龙虾和蜜蜂）、头足动物、冷血脊椎动物和鸟类。

152   **最高等级**：综合学习者。这些生物具有足够大的脑以存储广泛的记忆，其中一些记忆利用的概率很低。这些生物可能显现出具有洞察力的学习能力，从而产生了由一种模式推到另一模式的综合能力，也产生了综合不同模式使其适合应用的能力。在神经元的不同层次形态构造中几乎没有写入复杂行为。至少在脊椎动物中，内分泌系统仍然影响着反应阈值，但因为大多数行为已被有关学习所修饰，并强烈地依赖于所接受刺激的影响，所以激素的作用随着时间和个体的不同而有很大的变化。这一最高等级组织的社会化过程是漫长而复杂的，其细节存在很大的个体差异。这一等级的一个关键社会特征是对历史的感知作用，其代表有人类、黑猩猩、狒狒、猕猴，也许还有某些其他的旧大陆灵长类动物和社会犬科动物（见第25章和第26章）。这种等级组织的认识不局限于具有相吸或相斥关系的一些特定个体和地点。它也会记住历史上发生的一些关联事件和偶然事件。通过对恐吓、安抚和同盟形成相对复杂的选择，它可以提高自身社会地位。它似乎能对未来做出设计，在少数极端情况下，还能做出故意欺骗。

这章的其余部分要完成对环境跟踪方式等级系统的检验，即从形态发生和职别形成开始，然后深入到最精密形式的学习和文化传递。

以形态发生的变化跟踪环境

没有遗传变化而只由环境波动引起的最戏剧性的反应，是生物本身的体形饰变，无脊椎动物的许多系统发育都有这一现象。在原理上，基因组为增加其表达的适应性会发生变化。有两个或更多个形态学类型（在一般情况下它们在生理学性状和行为性状上也不同）都会使发育中的个体发生体形变化。当代表环境整体情况的标志性刺激发生作用时，个体就会"选择"使自己体形发生变化的类型。例如，属于壁尾轮虫属（*Brachionus*）发育中的轮虫，当闻到属于晶囊轮虫属（*Asplancha*）食肉轮虫的气味时，会长出棘状突起刺——这一新的防卫器就可使其免于被捕食。而晶囊轮虫属能因同类相残的刺激和补充维生素E后使身体长成巨大型，以捕获更大的猎物。这一巨大型仅是该物种存在的三种不同形态类型之一（Gilbert，1966，1973）。蚜虫的许多物种，当生存环境变得逐渐拥挤，受到邻居日益增多的触觉刺激时，就会发育出翅。在具备飞行能力后，蚜虫就会各自飞离以寻找不那么拥挤的宿主植物。当蝗虫群体变得密集，从而使个体间的接触更为频繁时，它们就从独居进入群居阶段，变态过程要经过三代方能完成（见第4章）。属于完全群居形式的第三代蝗虫与其独居的祖亲大为不同，这导致它们容易被认为是不同的物种——在昆虫学家弄清其生活周期之前，也确实是这样认为的。触发蝗虫变态的刺激，恰好是提供拥挤程度的可靠信息。这些刺激包括：同类其他个体移动使蝗虫聚集在一起；个体间和附肢间彼此轻微地接触；还有一种重要的化学"蝗虫素"——由未成熟蝗虫的排泄物中释放出来的一种信息素，最近由诺尔特等（1973）鉴定为2-甲氧基-5-乙基苯酚，这显然是植物木质素代谢过程中的降解产物。

最为精细的形态发生反应，是社会昆虫和集群无脊椎动物的职别系统。几乎毫无例外，未成熟动物发育成不同的职别，不是基于它们具有不同套的基因，而仅仅是基于它们接受了诸如以下的一些环境刺激，如：来自集群其他成员的信息素；在关键生长期间接受食物的量和质是否相同；周围温度；在关键生长期间的光周期。个体发育成不同职别的比例，从总体上看与集群的成活率和繁殖率是相适应的。职别系统在第14章将做详细讨论。

母性经验的非遗传传递

当母亲大鼠以某些方式受到心理胁迫时，其后代情绪发育的变化要延续两代。换句话说，一个个体的未来确实会受到胎儿时期的影响。从民俗传说中提到这一现象的第一人是汤普森（1957）。为了确定纯粹由于母亲大鼠的"不安性"对其幼崽"情绪"的影响，汤普森做了如下试验：试验雌大鼠在妊娠前，把蜂鸣器的声音与电休克的疼痛建立条件反射联系而诱发出"不安性"；然后，在妊娠期间，该雌大鼠处在只有蜂鸣器声音但不受点击的环境里，以诱发心理上的焦虑。汤普森的试验表明，母亲受到胁迫的后代表现出更大的情绪不安。特别是，在有机会时，它们会在离开笼子取食前迟疑较长时间，并在个体掠夺争斗期间只在笼子附近

出没。阿德尔和康克林（Ader & Conklin，1963）随后发现：在妊娠期间经过人类抚弄的大鼠所生的鼠，要比未抚弄过的大鼠所生的鼠在情绪上更为安定；被抚弄过的大鼠所生的幼崽，不仅能更容易越过空旷地带，而且排便也没有那么频繁。在上述试验中，阿德尔和康克林为了排除试验母鼠对幼崽出生后的影响，把试验组和对照组的每窝都分成两半，分别由养母和生母抚养。

最后，德能伯格和罗森伯格（Denenberg & Rosenberg，1967）确定了：雌大鼠的经验甚至还会影响其孙辈的行为。他们试验的第一步是，未来的祖母大鼠在仍然是幼崽的时候就进行抚弄或不抚弄。这些雌鼠的女儿在其幼崽期间或被限制在小的产仔笼内，或生活在一个可提供较大"自由环境"的笼子内——后者放有一些木制盒、一个转动圆盘和其他一些"玩具"。这两类经验的作用在第三代产生了明显的差异。例如，祖母经过抚弄[1]而母亲是饲养在小产仔笼内产的后代，要比祖母未经过抚弄而母亲是饲养在自由环境的所产的后代更活跃。换句话说，根据祖母的经验，母亲的影响会产生差异。

这种越代效应（transgenerational effect）的机制尚不清楚。涉及任何胁迫类型的经验已知与垂体和肾上腺的联合作用有关，这种作用又可影响胎儿在子宫内的发育——但影响的方式现还不清楚。同时，这种传递，至少部分是通过行为进行的可能性也不能排除。甚至在前述的阿德尔和康克林的试验里（利用养母抚养以消除后代与其生母的接触），后代与生母的分

---

[1] 原文为祖母是未经过抚弄，疑误，因为按原文就得不出下面的结论。——译者注

离也是在出生48小时以后——48小时的接触，对于某些行为的形成也许足够了。但是，这种情况实际上不是实验的主要结果（除非以后发现了什么新的生物系统）。这些结果的意义在于，证明了在复杂性不超过大鼠的哺乳动物中，亲本和祖亲的经验或历史能够强烈地影响子代和孙代个体的行为发育，因此影响到它们的社会地位，甚至影响到它们的生存和繁殖。在啮齿动物中所得到的结果，也几乎完全可适用于更为复杂的社会物种——灵长类。我们已经明确知道，日本猕猴和普通猕猴的雄猴社会地位，在很大程度上是由其母亲的地位决定的。单一的生活环境影响它们之间早期社会互动以及对其他类群成员的反应方式。经过充分分析三代或更多代的经验与内分泌因子后，就可能容易得到这些猴表现（地位）的谱系图。

激素和行为

精细的内分泌系统把动物进化成两个基本类群——节肢动物门（特别是其中的昆虫）和脊索动物门（特别是其中的脊椎动物）。因为这两个分类群也代表动物系统发生的两大分支，即节肢动物和棘皮-脊索动物两大分支的两末端，所以可以很有把握地说，它们的内分泌系统是独立进化的。它们在结构和生物化学方面甚至在功能上存在着基本差异。节肢动物的激素用来生长、变态和发育卵巢。它们在行为上的作用，似乎限于刺激信息素的产生以及通过对性腺发育的影响间接地调节繁殖行为。脊椎动物的激素有着更为广泛的信息储存功能，能够帮助调节许多纯粹是生理上的事件，其中包括生长、发育、代谢和离子平衡，对有

性繁殖和攻击行为也有明显的影响，相关内容会在第9章和第11章中讨论。

在这里，有必要指出脊椎动物激素和行为之间的两个一般性结论。第一个是，激素的功能对于脊椎动物是"原发性"的。激素影响动物冲动的强度，或者说影响神经系统的专一性的有效表达。此外，激素直接改变动物的其他生理过程或大部分行为的信息储存。但是，作为控制因素，激素是相对粗糙而不够精密的，其效应不能很快启动或关闭。激素可跟随环境产生中等大小的波动，例如：根据每日光周期的恒定增加或减少可以预测季节变化，极度寒冷的威胁或捕食者的惊吓，通过发出的声音、释放的气味或其他刺激信号，预示可能有交配对象的存在。动物不能利用激素来指导即时的活动或决定。要做到这一点，必须依赖于更快、更直接的指令对其原动力状态做出更精细的调节，使特定的行为得到触发。第二个一般性结论是，在最近20年间，显微外科和组织化学新技术揭示：在行为上具有强效力的激素与中枢神经系统内特定细胞区域之间存在着内在关系。

激素-行为互动的这两个一般性结论，可用雌性激素在雌猫性活动中的作用加以叙述。发情的雌猫对雄猫接近的反应是：蹲下、抬起后臀、把尾巴偏在一边以露出外阴、两后腿在地上作踩扒动作，它这时是为雄猫往上爬做好了准备。如果雌猫未发情，则它对雄猫的接近采取攻击反应。现在我们已经很清楚，发情是由于血液中雌性激素滴定度的升高驱动的。但是，雌性激素在雌猫性活动中是以什么方式驱动的呢？业已证实，不是通过雌性激素调节使生殖管道生长驱动的。当除去卵巢的雌猫在长

时间内接受小剂量重复注射雌性激素时，生殖管道发育完全，但仍没有诱发出性行为（Michael & Scott，1964）。雌猫有性反应依赖于更直接的激素作用。当将装有缓慢溶解的雌性激素的针头插进其下丘脑的一定部位时，除去卵巢的雌猫表现出典型的发情行为，尽管它们的生殖管道还未发育完全（Harris & Michael，1964）。迈克尔（Michael，1966）也发现，把带有放射标记的雌性激素注射到血液中时，更多地吸收这种激素的神经元部位，恰好是上述试验中针头插进下丘脑的那个部位。

行为上的活性激素作用于神经元靶可能在哺乳动物中广泛存在。费希尔（1964）发现，将微量的睾酮注射到大鼠的下丘脑可导致性行为和父母行为，但是结果没有猫的那样明确。在大鼠中，只有很少数的个体有反应，并且随后往往还有些异常行为。父母行为表现在企图把其他大鼠（其中包括成体）带回巢穴，雌、雄大鼠都以雄鼠身份进行交配。然而明显的是，费希尔只用睾酮得到上述结果，其他的化学药物和电刺激均未产生任何（甚至是异常的）性行为。

当哺乳动物受到胁迫时，肾上腺就会释放出肾上腺皮质激素，并对个体在新环境中的一般生理适应起关键作用（见第11章）。扎劳（Zarrow）等人（1968）发现，放射标记的肾上腺皮质激素集中在下丘脑。因为幼婴大鼠和成年大鼠在受到胁迫时都会分泌这种激素，所以肾上腺皮质激素及其类似的产物有可能会对发育中的脑以适当的方式发生作用，以改变个体许多生理和行为反应。这样的机制，甚至还可能用于如前所述的母性经验的越代影响（Denenberg，1972）。还可举个激素作用于神经元靶的例子。睾酮能提高雄性动物的一般争斗性，并在领域和地位的争夺中增强其战斗力。当给被去势的雄沙鼠注射该激素时，它会在腹部发育出一较大的臭腺，并用该腺体分泌物划定领域界限；当用缓慢逸散的睾酮直接注入沙鼠的视觉前区（正好位于下丘脑前面）时也发生了相同的反应（Thiessen & Yahr，1970）。

行为控制激素释放，而激素也在同样程度上控制着一定的行为。同一物种成员传递的信号，不仅往往引起其他个体明显的行为反应，而且还驱动其他个体的生理反应。一旦以这种方式发生变化，接受者（其他个体）就用不同的行为信息储存库的信号做出反应。环带鸽的求偶依赖于不同激素分泌的先后顺序，而激素的分泌开始是通过对外部信号的领会而启动的。当把一对雌雄环带鸽放在同一笼内时，雄鸽立即向雌鸽求爱。雄鸽是启动者，因为它的睾丸正处在活动中，也许还分泌了睾酮，它面对雌鸽反复地点头和咕咕地鸣叫。雄鸽这些表演信号激活了雌鸽大脑中的机制，而后者又对垂体发出指令以释放出促性腺激素。这些激素刺激雌鸽卵巢发育排卵并释放雌激素进入血液。这样，通过上述基本步骤就完成了在巢笼内的求爱与交配（Lehrman，1964，1965）。

当雌性小鼠得到同种其他成员的信号时，也会很敏感地把生殖激素释放到血液中（Whitten & Bronson，1970；Bronson，1971）。依医学科学的习惯，这些不同类型的生理变化往往是以其发现者命名的。

布鲁斯效应（Bruce effect）。新近怀孕的雌小鼠与一只雄性小鼠在一起，当这只雄小鼠带有的气味与原来参与受精的雄小鼠很不相同时，这只雌小鼠的受精作用便会归于失败，并很快进入发情期。对于后来的雄小鼠来说，这种适应的有利性是显而易见的，但不容易理解为什么——这对雌鼠也是有利的吗？并且这种适应通过直接的自然选择又是如何进化的呢？

李–布特效应（Lee-Boot effect）。把4只或更多的雌性小鼠分在一起而没有雄鼠时，发情受到抑制，并且多达61%的个体出现假怀孕现象。这种现象的适应意义尚不清楚。但很显然，这是众所周知的群体在高密度的环境下减少群体增长的一种方式。

罗帕兹效应（Ropartz effect）。一些小鼠的气味专门引起另外一些个体肾上腺的增重和肾上腺皮质激素的增加，其结果是小鼠的生殖能力下降。这里我们可用众所周知的应激综合征来解释，但这种解释只能阐述部分的而非全部的原因。某些生态学家把这种应激综合征解释为群体波动，其中包括群体过密时的偶然"崩溃"（见第4章）。

惠敦效应（Whitten effect）。雄小鼠尿液中的一种物质的气味能诱发和加速雌小鼠的发情周期。这一效应最易在分群（全为雌鼠）中发情周期受到抑制的雌小鼠中观察到。然后往雌鼠群中引入一雄小鼠，则几乎同时可启动它们的发情周期，即3天或4天后可发情。

在从化学上鉴别这些信息素之前，还不能确切知道这些不同效应所涉及的信号类型数。布朗森（Bronson，1971）相信，有三类物质可解释所有这些观察到的生理变化——发情诱导者、发情抑制者和肾上腺皮质激活者。玛萨·麦克林托克（Martha McClintock，1971）报道，住在学院同一宿舍女生的月经周期具有同步的倾向，这与在啮齿动物中观察到的现象不同。这是否与气味有关尚待研究。

压力对哺乳动物内分泌系统有着重要的影响，这是自1825年帕利发现人类甲状腺功能亢进发作时伴随着严重的惊恐行为后，医学界共知的事实。但是直到最近，人们对其影响的深度和广度才有充分的认识。通过对普通猕猴的系统研究表明，这种影响至少与垂体、甲状腺、肾上腺以及两性生殖器官的腺体有关。约翰·W. 梅森（John W. Mason）及其同事应用鉴别这些影响的基本技术，大体上是西德曼逃避程序（Sidman avoidance procedure）。普通猕猴被限制在一个隔音室的一把椅子上（这本身并未对猴施加不寻常的压力），然后在试验期间，利用红灯做信号，每隔20秒钟给予一次电击：当灯亮时，猴必须按下控制一个微开关的杠杆以使20秒的计时器复位；如果猴在随后的20秒钟之内不按杠杆，则电路就会闭合对其脚给予一次轻度电击。电击强度调节到能引起猴做出逃避行为所需要的最低水平。这种试验的明显效果是猴子处于一种持续的紧张状态。从这一逃避程序试验中产生的内分泌系统的反应如图7-4所示。像梅森指出的那样，这些反应可能只代表其中的一部分。许多反应还会彼此发生相互作用，而这些相互作用最终会使个体产生难以评价的复杂的生理和行为变化。这些变化都远远超过了猴为了保护自身免受电击所能做出的简单的条件反射，变化涉及诸如攻击性、交配倾向、探险意愿、排尿量和频率等行为参数。

在正常组成社会内的社会胁迫效应，其结果似乎与上述的相同，但还未得到充分证明。罗威尔（Rowell，1970）观察到：在类群内受到其他雌狒狒虐待的处于从属地位的雌狒狒有较长的月经周期。当它们与虐待者分离时，会阴部会膨大，颜色会由鲜艳的粉红色转到暗淡的粉红色。但没有理由假设，在社会环境中通过这些胁迫诱导的激素变化，会与试验心理学家用电击或其他刺激诱导的激素变化同样单纯。

156

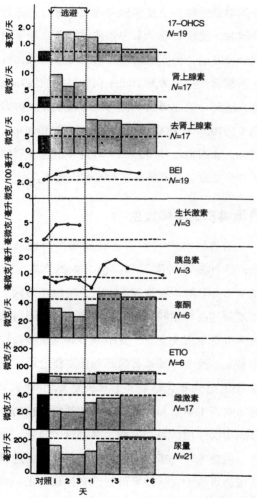

图7-4　普通猕猴对压力的内分泌反应。在一极严格的试验条件下，在3天的"逃避时期"内，普通猕猴为了逃避中度电击需要在固定时间间隔内按下杠杆。图中表示的激素水平是在血浆和尿中的含量，表示的尿量是作为激素抗利尿效应的间接测量指标。经3天处于压力下后，普通猕猴紧接着被监控6天，在这期间激素开始恢复到受压力前水平。17-OHCS是指17-羟基皮质激素；BEI是指可测定碘含量的正丁醇，是甲状腺活性的测量指标；ETIO是指本胆烷醇酮（自Mason，1968）。

学习

学习的方向性

从某一角度考虑，学习现象创立了一个大悖论，它在进化上似乎是一种无效力（negating force）。学习如何得以进化？除非有某个拉马克主义过程在发挥作用，否则个体的学习行为是不能传递给后代的。如果学习是把每个经验都重新"刻印"在大脑中的一个普遍过程，那么自然选择的作用必定只是使大脑保持在洁净而易变的白纸状态中。在一个物种的信息储存库里，如果学习被提到首要的程度或位置，行为就不能进化了。在奈柯·丁伯根（Niko Tinbergen）、彼得·马勒、谢伍德·华西本（Sherwood Washburn）和库默尔等的著作中已经解决了这一悖论。所要进化的是学习的方向性——借此进行某些联想、学习某些行为，甚至面对具有煽动性的其他行为都是相对容易抵抗的。巴甫洛夫假设"任一随意选择的自然现象都可转换成条件刺激"时，就完全错了。大脑只有很小一部分类似于白纸状态，甚至人也是这样。其余部分好似要投入显影液中的底片（是非白纸状态）。既然是这样，学习也可作为进化标志。如果开拓行为导致一个或少数几个动物在成活和繁殖上有突破性增加时，那么自然选择对这类开拓行为的能力，以及对这类成功行为的模拟都是有利的。这种行为所需的生理构造，尤其是大脑，会在进化中逐步完善。这一过程可以导致成功行为的更大定型化——"本能"的形成。吃飞泥蜂的黄蜂偶尔捕获一只毛虫，则可能就是演化为喜爱捕食毛虫的物种的第一步。或者，学习行为可产生更高的智力（但很罕见），像华西本所说的那样，人的智力可以容易地指导黑猩猩上升到超越该物种普通行为的水平。在人类和黄蜂这两个物种中，二者的大脑结构已经发生了歧化，以致在环境中以各自特定的方式进行开拓。

学习具有方向性已得到了广泛证明。以试验大鼠为例——过去的试验心理学家往往把它们看作"一张白纸"。加西亚（Garcia）等人（1968）发现：当大鼠受X射线照射致病的同时喂以食丸（没有受到其他任何痛苦的刺激）时，随后它们就记住了食丸的味道而不是食丸的大小；如果它们（没有受X射线照射）吃食丸时通过疼痛的电刺激加以负向强化，则它们记住了疼痛的电刺激与食丸大小（而不是口味）的联系。当考虑到大鼠行为适应性的前后联系时，出现上述现象并不令人感到意外。因味道来自食物的化学组成，所以大鼠把味道同摄食后的效应联系起来是有利的。加西亚及其同事指出了如下事实：味觉接受器和内脏接受器的纤维都汇集在孤立神经束的核中，而其他的感觉系统没有直接与该核连接。食丸大小与即时的电击疼痛相互联系的倾向同样也是有道理的，其联系是视觉，通过这种联系，大鼠就可避免以前接触过的诸如有毒昆虫或荨麻果荚之类的危险物。

很年幼的动物在学习能力上表现出特别明显的拼合现象。新生小猫的眼是盲的。它几乎不能爬到母猫身边吃奶。但是，在一个很窄的范围内，幼猫表现出了学习爬到母猫前吃奶的高超能力。它利用嗅觉，在不到一天内能学会爬出一段短距离到母猫身边，随后借助于其嗅觉或触觉记住通向母猫腹部的位置，并找到其喜欢的奶头。在试验室测试中，它能很快识别质感相似的人工奶头（Rosenblatt，1972）。谢特华兹（Shattleworth，1972）还评论了关于学习方面的其他几个例子。

在进化中，学习不是随着大脑大小逐渐增加的基本性状，而是由行为上一系列特定的适应构成，其中许多适应已在不同的主要动物分类单位中得到重复和独立进化。对它们进行分类时，比较心理学家主张从最简单到最复杂的分类方法，他们根据行为的可塑性品质、行为的精确性和行为对不断变化的环境的追踪能力，已经一致地提供了行为的等级顺序。海因德（1970）、P. P. G. 贝特森（P. P. G. Bateson，1966）和因梅尔曼（1972）对这一快速发展的学科分支做了有关最新进展的极佳阐述。

鸟类鸣声的个体发生

雄鸟以鸣声通告其领域范围并向雌鸟求偶，这种鸣声对学习和其他方面的发育分析是非常有利的。在物种水平上，鸣声在结构上很复杂且极不相同。在个体水平上，不同鸟的鸣声也有相当大变异，其中一些通过实验操控容易发生改变。继索普的开创性工作之后（他在20世纪50年代早期开始其研究），生物学家对从鸣声生物学和内分泌学基础到鸣声在物种形成中的作用的各个方面，都进行了研究。通过一项技术——声谱术的突破，使得这一进展已成为可能（这一技术可把声音记录下来，对其分量进行分解并做定量分析）。也许一个最为重要的结果是，证明了鸣声个体发育中学习的程序化本质，在两个特定刺激间存在着紧密相关性。把学习的特殊作用以及鸣声存在的一些短的声音敏感阶段连接起来可产生正常的通信信息。海因德及其同事（Hinde ed.，1969；Hinde，1970），以及梅勒和蒙丁格（Mundinger，1971）对此做了全面评论。

人们对北美的白冠带鹀也进行了更为精细的研究（Marler & Tamura，1964；Konishi，1965）。雄性鸣声由低沉的啼声组成，约为3 000—4 000赫兹，而后伴随着一系列颤音。鸣声会发生许多变化，尤其是各地理群体有不同的"方言"。在正常环境下，鸟出生后200—250天时，其鸣声就发育完全了。但梅勒和田村（Tamura）认为，发育完全要比这早得多。捕获1—3个月龄的幼鸟并使其保持在与同类鸣声隔离的状态时，它以后仍以其地区的"方言"鸣叫。从巢中移出3—14日龄的鸟在隔离状态人工饲养后发出鸣叫，总体来说，这些鸟的鸣声有一些该物种的基本结构特征，也没有地区方言的特征。因此，很显然，方言是在成长初期幼鸟本身试图鸣叫时向成鸟学来的。如果将其他地区野生鸟鸣声的录音带放给人工饲养的从约2周龄到2月龄的鸟，它们会发出地区的方言鸣叫，或者发出其他地区的方言鸣声。因此，从不太严格的意义上说，具有物种特异性的鸣声结构几乎全是由先天或遗传决定的，而具有群体特异性的重叠的部分是通过传习获得的。但是已经证明，这个鸣声结构也还有几分学习成分，尽管它在特征上是高度定向的，在正常环境下实质上是不可改变的。小西（Konishi）发现，当把幼鸟从巢中取出并通过去掉耳蜗使其变聋时，它们的鸣叫只能发出一系列不连贯的音节。即使它们曾经听过成鸟的鸣叫也仍无效果。白冠带鹀若想有正常的鸣声，甚至若想使自己的鸣声结构有一个正确排列，预先学习时需要使自己听到自己的鸣声。鸣声发育的基本步骤总结见图7-5。

索普（1954，1961）、诺特鲍姆（1967）和斯蒂文森（Stevenson，1969）对苍头燕雀（*Fringilla coelebs*）做了极为类似的研究。索普把合成的不同鸣声播放给处于不同敏感阶段的幼鸟听，以了解它们能学习哪些，不能学习哪些。他发现，以纯乐音组成的"鸣声"毫无效果，但对经切割重排后实际的苍头燕雀的鸣声可进行不同形式的学习。例如，幼苍头燕雀可被教成进行逆向的鸣叫，或把原来两端的音调移到中间的鸣叫。学习过程的其他细节，其中包括需要鸣禽听到自己的声音反馈，基本上与白冠带鹀的相同。

学习渗透到鸟类鸣声的进化中，使得个体的信息储存更适合于特定的环境。如列蒙和赫佐格（Herzog，1969）所说：学习无须求助于多个世代的烦琐的选择过程，就可直接满足通信需要。一只鸟可在复杂的鸣声环境中迅速地获得自己的鸣声小生境，因此它可从相近物种的一系列混杂的鸣声中，找到与自己同种的潜在配偶。这在一定程度上需要成鸟进行学习并识别地区方言，成鸟也会利用同老邻居的熟悉的关系来消除不必要的敌对行为。在鸣声"二重唱"趋同时，这样的鸟同其配偶就能很好地进行通信联络，从而减少了被同一物种其他成员干扰的机会。

学习的相对重要性

从高度程序化行为到高度灵活化行为的系统发育中，没有一种行为比性行为的进化更为清楚。雄性昆虫的交配控制中心在腹神经结中。其脑主要起抑制作用，输入性信息素和其他信号可解除雄性的这种抑制，并使雄性凑近雌性。除去雄性昆虫的整个脑（有时是砍下其整个头）则会由腹部触发交配活动。例如，一

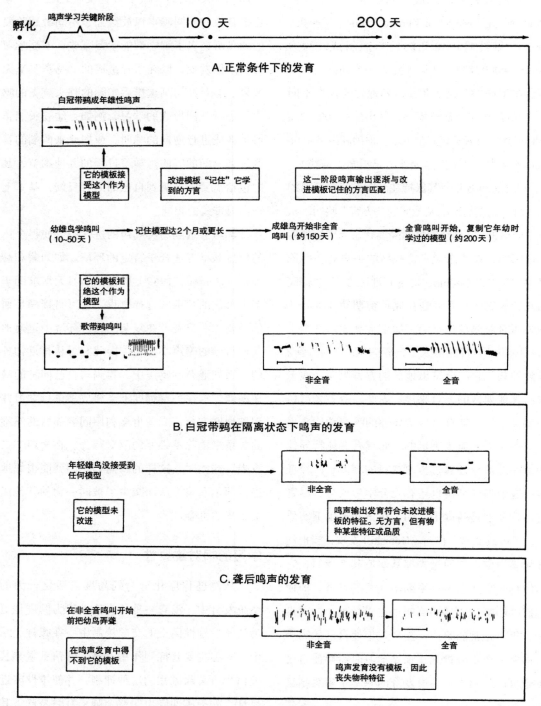

图7–5 方向性学习的案例。图中表达了雄性白冠带鹀鸣声发育的基本要素，以作为对马勒、田村和小西试验的总结（P. R. Marler特许使用）。 158

只雄性螳螂被其同类相残的配偶吃掉了其头部时，仍在继续交配。在实验室中昆虫学家已利用这一特点分别使蝴蝶和蚂蚁交配：轻微麻醉雌性以使它保持较安静的状态，除去雄性头部，并使二者腹部末端接触在一起，直至雄性生殖器有节律地运动并完成交配。他们也研究了雌性昆虫腹神经结对产卵的类似控制。切下妊娠雌性蜻蜓和蛾的腹部，它们仍能以接近正常的方式排卵。

脊椎动物的性行为与昆虫性行为的不同之处在于，前者几乎全是由大脑，特别是大脑的新皮质区控制的。而且，从总体上看，脊椎动物内部的大脑相对大小（智力水平的大致指标，Rumbaugh，1970）和雄性性活动对大脑新皮质区以及社会经验的依赖性之间存在着相关关系。试验雄性大鼠除去多达20%皮质，对其性行为的表现并没有什么影响；除去多达50%时，多于1/5的雄性大鼠仍正常交配。在雄猫中，两侧前叶皮质大范围受损会引起感觉运动的调节明显不正常。在面对发情雌猫时，它们还能表现出强烈的性冲动，但是一般不能做出成功插入阴茎的动作。高等灵长类，特别是黑猩猩和人，有着持续时间更长的、个性化的性行为，而这行为更易受大脑皮质损伤的影响（Beach，1940，1964）。在性行为中，社会经验的重要性随着大脑大小的增加而增加；而在进行或停止性行为中，激素的有效性却在下降。

性行为的大脑机能化只是非方向性学习（使行为更适合于环境中的短期变化）显得日益重要的一个方面，这种适合度越高，行为对变化的环境就越适应。这种学习和适应在年幼的动物中需经过长时间的训练阶段。华西本和汉伯格（Hamburg，1965）就灵长类在这方面的情况做了生动的描述：

在评价灵长类行为方面的学习和技能的重要性时，必须记住：成功的标准是危急时的成活率，未必只是日复一日的成功行为。在历经数月的一段时间内，某灵长类的母亲只要犯一次错误就可能导致幼婴死亡。当一群年轻雄性由玩耍战斗改变到实际战斗时，技能就意味着胜利和失败间的差别。运动员必须经常训练以达到顶级状态，这是天经地义的。但是，容易忽视的是，动物若想在危机中存活下来，也需要反复锻炼与学习。哈道（Haddow，1952）描述了这样一件事：一群疣猴正在觅食，突然，从树周围飞来一群吃猴鹰。这群鹰在树顶部低空飞行，且无任何警示行为。除了一只成年雄猴爬上树顶对着鹰外，其他猴都从树的高处移向低处。被恐吓的猴慌乱地往下移动是引人注目的，但在这里要强调的一点是：在这一危急的短暂时刻，群猴能立即带上幼婴逃离，从树上方向下跳落的高度也比正常下移时高得多。这一危急时的战斗需要最熟练的攀爬技能，任何错误都会造成损伤或死亡。猴类和猿类中骨折后痊愈的发生率证明了技能选择的重要性（Schultz，1958），而这些统计数字是从成活动物身上得到的。实际的受伤率必定更高（依我们的观点要高得多），甚至，骨折痊愈的情况在老年长臂猿中也占50%。许多很严重的伤远不止骨折那么简单，所以总的受伤率必定远远超过这一数字。正如苏尔兹（Shultz）指出的，许多伤害可能是战斗所致。但在这里，我

159

们的重点是：贯穿青年时期学习成功的标准是危急时的存活率，而这一存活率依赖知识和技能实现。

上述情况不仅仅限于哺乳动物。例如蛎鹬（*Haematopus ostralegus*），其幼鸟在羽毛完全丰满之前是不能独立生活的，从这点来说，它在欧洲海鸟中是独一无二的。这个解释似乎在于该物种特殊而困难的觅食生境，羽毛未丰的小鸟需要经过长时间的实践方能学会觅食。亲本鸟随着后代到觅食地，寻找小的双壳贝类放在一起，让后代小鸟用嘴敲啄这些贝类并在正确的位置用长嘴插入其内取食（Norton-Griffiths，1969）。

社会化

社会化是改变个体发育全部社会经验的总和，是由包含大多数个体反应水平的各个过程组成的。这个概念和隐含着它的一套扩充概念起源于社会科学（Clausen，1968；Williams，1972），并已开始逐渐渗入生物学。在心理学中，社会化一般意味着基本社会性状的获得；在人类学中，意味着文化的传递；在社会学中，意味着为幼婴和青少年将来的社会表现而进行的培训。玛格丽特·米德（Margaret Mead，1963）认识到在社会化中隐含着不同水平的个体反应时，曾建议把社会化分成真实社会化（基于每一正常人的那些社会行为模式的发育）和文化适应化（对一种文化的唯一性和特殊性方面的学习活动）。应用"社会化"这一词的脊椎动物行为学的学者，通常把它限于学习过程（Poirier，1972），但是如果对所有

动物类群作比较研究的话，那么其定义必须包括在一个个体生命期间发生的全部社会反应。如果接受这一看法，则社会化可分成如下三类：

1. 形态发育社会化，例如职别决定。
2. 物种特征行为的学习。
3. 逐步适应化。

社会学家和动物学家遇到两个困难，社会化的深入分析因而受到阻碍。第一个困难是，要区分通过成熟过程出现的各行为分量和各行为组合存在着相当大的技术问题。也就是说，要区分在成熟过程中逐渐出现的，通过独立于学习的神经肌肉发育的各行为分量和至少在一定程度上通过学习决定的各行为组合是困难的。而在这两个过程兼而有之时，在自然条件下要评估各过程的相对重要性就格外困难。第二个困难当然是社会环境本身的复杂性和脆弱性。

尽管有上述困难，试验研究还是获得了若干有趣的推论。如所预期的那样，社会的形式基本上与物种大脑大小和复杂性及学习程度相关。低等无脊椎动物和社会昆虫的成员，主要是通过在早期发育期间决定其职别的生理事件和行为事件而实现社会化的。腔肠动物和苔藓虫集群中的游动孢子，只要通过形态变化就可形成特化。对这些动物"社会行为"的发育虽还未做过分析，但其可见的反应是如此基本和稳定，以至于学习似乎不可能起着重要的作用。社会昆虫中的职别决定，主要是通过集群的成体成员对发育中个体的生理影响实现的。如在某些蚂蚁物种中，职别往往是由幼虫获得食物的量（也许还有质）决定的。在蜜蜂中，食物的质（依赖于蜂王浆中某些尚未鉴定出成分的物质有无）是主要的，而蜂王浆只喂

160

给分隔在蜂后室的少数几个幼虫。在白蚁中，由蚁王和蚁后产生的抑制物（信息素）迫使绝大多数若虫发育成不育的工蚁。只有在大多数的原始昆虫社会里，直接的行为互动才起关键作用。在长足胡蜂属的纸蜂中，集群中的大部分雌蜂都已受精并具有相似的繁殖能力，但是只有一个个体担当重要角色——成为产卵蜂后，并迫使其他雌蜂沦为附属劳动的工蜂。工蜂卵巢发育减退或被抑制，至少部分原因是它们必须把大量能量花在觅食、筑巢和巢群管理照顾上。使工蜂处于不利地位的还有一点，它们必须把辛苦觅来的一些食物交给首领蜂后。与纸蜂情况相似的还有土蜂。在土蜂中，体形大的蜂后自己独占产卵权。如果纸蜂蜂后或土蜂蜂后死了，一个新的具有产卵功能的蜂后就会出现。因此这些雌蜂的地位也就是它们的社会化，在一定程度上也许是建立在学习基础上的。它们在个体基础上能彼此相互认识，其过去的成功与失败也会影响新的权力斗争的得失（Wilson，1971a）。

社会昆虫一旦发育成熟为一个特定职别，它就调用具有特定形式的行为信息储存库。典型的情况是，蜜蜂的工蜂破蛹而出的10天后就是成熟的具翅昆虫了，它能熟练地完成范围广泛的任务，这些任务至少包括：整饰清洁蜂巢周围和蜂巢中的蜂房、用蜡构筑六角形的新蜂房（精度到1/10的毫米或更高）、照料蜂后、外飞分群建巢、把花蜜酿成蜂蜜储存、喂养和照顾幼蜂、用翅在巢上扇动以调节温度、跳摇摆舞和与其他工蜂进行交哺。经过30天，工蜂老了，只剩数天的时间具有觅食能力了。

在工蜂短暂而神奇的生涯中，其学习的作用还没有被研究过，至多也就是使其做些有限

的定向和定型活动。我们知道，蜜蜂能学会辨别同巢伙伴的气味、其巢和蜜源的位置，能按顺序记住和执行一些任务，其中包括在一天的某些特定时间内去采蜜的较复杂的计划。被隔离的工蜂可训练成能走通相对复杂的迷宫——在迷宫中能对暗号（如两处间的距离、标记颜色、转弯角度等）做出反应并依存通过5个转角。一定的颜色一旦与2摩尔蔗糖溶液的奖赏联系起来，它们至少能记住这颜色长达2周。野外食源的位置能记住6—8天。有一种情况是：在经过2个月的冬天限制后，还可观察到工蜂跳舞指出一个食源的位置（Lindauer，1961；Menzel，1968）。然而，这些技能在多大程度上是通过学习获得的，尚不清楚。如同燕雀鸣声中次要的方言一样，蜜蜂学习超出基本行为模式部分较少——这些行为模式的发育或者与经验无关，或者是在一个很短的敏感阶段内遵循严格的系统经过学习获得的（Lindauer，1970）。例如，蜜蜂很快能学会一定距离位置的定位。但是，它表达这一信息的摇摆舞却是更为复杂且严格程序化的。会有任何学习成分和自动感官反馈参与了蜜蜂跳舞能力的早期发育吗？只有做了与小西和诺特鲍姆进行的关于鸟类鸣声发育的神经感官基础类似的试验后，我们才可回答这一问题。

对灵长类动物社会化的研究要比其他类型动物广泛得多。研究灵长类的好处有两点：旧大陆猴、猿和人的系统发育具有类同性；这些动物通过学习获得的社会化表现最为深刻和精细。在叙述如我们现在所了解的实际过程之前，我相信，尝试以反映生物学家基本思想的方式概述一下他们的试验技术，是很有益的。如果我们在社会化和维生素生物学之间做一下类比，

161 就较容易理解他们的试验技术了。在一给定物种的进化中，其营养物里总含有维生素，由于在正常膳食中很容易得到维生素，该物种的成员不再利用简单的成分来合成它。遵从代谢守恒原理，随后该物种便倾向于消除合成维生素所需要的各生化步骤，从而让有关酶蛋白和能量转移到其他的更为紧要的功能上。从此以后，为了该物种的延续繁荣，维生素必须包括在膳食中，从这点意义上说，维生素就成为"必需的"物质了。维生素 D（通过影响膜的透性或运输活性调节小肠对钙的吸收）是通过紫外线照射其他的固醇类物质转化而来。人体很容易获得它——从膳食中或从膳食中的其他固醇类物质转化而来。从完全已知的合成食物中，通过逐一消除可能的成分可以发现这些维生素的存在。通过对缺乏维生素的动物生理状况的深入研究，可确定维生素的作用。膳食中远远超出了常规量的维生素可以诱发出重要的附加效应——有时是有利的，有时是有害的。

通过类似于进化衰退的形式，在社会化中涉及的行为因素越来越依赖于正常发育的经验。如果消除不同形式的正常社会经验，且这些行为因素随之减少或消失时，则极易识别出这些因素，这就是环境剥夺法（method of environmental deprivation）。如果在正常试验水平以上增加刺激量并观察相反方向的变化时，有时也能部分地发现同样的或另外的行为因素，这就是环境富集法（method of environmental enrichment）。

对灵长类的社会化研究（普通猕猴是最为常见的物种），在很大程度上依赖于环境剥夺法。如果我们把试验按施加于动物剥夺的量，以及由此使它们产生混乱的数目和程度来整理试验，那么这些研究中有相当一部分的结果就更好理解了。在如下经验的社会剥夺的目录中，剥夺程度是由强到弱排列的。

社会剥夺目录（由强到弱）

1. 在幼猴成熟前，由用布做的人造母亲喂养，不允许它见到生母、同辈和所有其他社会成员（Harlow & Zimmerman，1959；Harlow，1959；Harlow et al.，1966）。

2. 幼猴在部分或整个发育过程中与其生母在一起，但成熟前不允许同其他猴接触（Mason，1960，1965；Hinde & Spencer-Booth，1969）。

3. 幼猴与其生母分离，但允许与相同年龄的其他猴在一起（Sackett，1970）。

4. 幼猴在群队当中由生母喂养，但幼婴时要做短期分离（Spencer-Booth & Hinde，1967，1971；I. C. Kaufman & Rosenblum，1967）。

5. 幼猴同正常社会类群一起喂养，但仅限于实验室环境，而不是在自然或半自然生境中（Mason，1965）。

6. 幼猴在尽可能正常和完全的社会环境中由其生母喂养。发育计划表为社会剥夺试验提供了对照。但在发育期间由于遗传变异、母亲社会地位、疾病和其他事件，以及非控制环境的影响，个体间不可避免地会产生差异。通过对个体历史的仔细分析研究，对各因子的相对重要性和它们间的互作都有了相当的了解——由于该系统太复杂，以至于不能像多元回归分析参数估算那样做出定量评估。（N. R. Chalmers，Irven DeVore，R. A. Hinde，Jane B. Lancaster，Jane van Lawick-Goodall，G. D. Mitchell，F. E. Poirier，Timothy W. Ransom，

Thelma E. Rowell, and others. 已做了极好阐述的有：Alison Jolly，1972a；Poirier et al.，1972；Rowell，1972）。

通过上述研究提示，猴和猿的社会化过程，是幼婴从其母亲的怀抱逐步进入越来越不确定的周围队群社会环境的解放过程。幼婴依偎在母亲身旁睡觉或吸吮的时间在一天天、一周周地减少，而离开母亲与队群中其他成员接触做试探性的开拓的时间在日益增加。分摊到每一次活动的时间是随年龄或年龄的对数呈线性变化。而且，当这种分摊的百分数作为年龄的函数时，其函数图像原点和斜率都随物种的不同有着明显的不同（图7-6和图7-7）。

波里尔（1972b）在承认社会发育具有连续本质的同时指出，社会发育可大致分为四个阶段。第一个阶段，新生儿阶段，幼婴是无能的，紧靠着母亲吸乳并在附近运动，与母亲的接触是不间断而紧密的。第二个阶段，过渡阶段，幼婴的活动增添了成年的运动和取食方式。它们依然与母亲联系紧密，但离开母亲玩耍和取食的机会日渐增多。对大多数灵长类物种而言，过渡阶段可持续数月，直至幼婴不再经常寻找母亲陪伴为止。当它们与同类群中其他成员的接触比同母亲的接触多得多时，就进入了第三个阶段，同辈社会化阶段。它们最常寻找的同辈是母亲早生的子女——它们的兄姐和年龄大致相同的其他年轻伙伴。这一阶段的关键事件是完成了断奶和幼婴行为模式逐渐消退。最后，它们进入第四个阶段，青少年-亚成熟阶段，在这一阶段幼婴行为模式完全消失，成年模式（其中包括性行为）首先呈现。雌性比雄性成熟得早；而在两性成熟上，寿命短的物种要比寿命长的物种早。

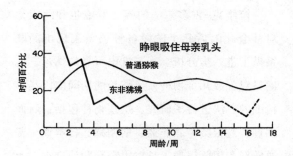

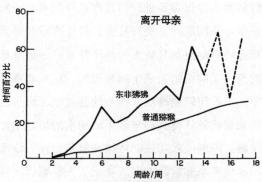

图7-6　用幼婴两个关键活动的时间曲线表示的普通猕猴和东非狒狒的早期社会发育。时间百分数的数值是在每半分钟内（时间间隔为半分钟）分别观察6只普通猕猴和4只东非狒狒幼婴得到的（自Rowell，Din & Omar，1968，经修改）。

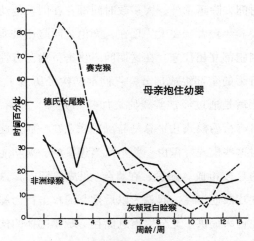

图7-7　非洲猴4个有关物种的时间曲线表明，它们的一个方面（母亲抱住幼婴）的社会发育存在着明显的变异。4个物种是赛克斯猴（*Cercopithecus mitis*）、德氏长尾猴（*C. neglectus*）、非洲绿猴冠白睑和灰颊白眉猴（*Cercocebus albigena*）（重画自Chalmers，1972）。

拉维克-古多尔、伯顿、罗威尔和海因德对社会化随后几个阶段各种关系表现出的联系做了进一步分析。为了推出可靠的结论，他们只对少数几个物种在足够长的期间内以足够精细的方法进行了研究。这些物种包括：豺面狒狒、猕猴类（北非猴、僧帽猴、日本猴、普通猕猴和颚豚尾猴）长尾黑颚猴和黑猩猩。年轻的猴不经过母亲进行的首次对外联系，一般是在母系同胞间。更有甚者，格外严厉的母亲只允许其幼崽与其较大的孩子联系——最常见的是与全同胞姐姐或半同胞姐姐。在东非狒狒中，只有年轻的雌性方能与幼婴接触，而年轻的和亚成熟雄性只许与其年龄相当的年轻雄性接触。同胞关系往往能持续到成年，并为修饰的伙伴关系和群队的形成奠定了主要基础。当普通猕猴雄性移居到新群队时，它们有时会联合在地位上优于它们的兄弟们帮助自己入驻。

年轻的狒狒和猕猴约为6周大时就开始与同辈们互相接触。它们离开母亲漫游很长一段时间，除睡觉外，大多数时间都花在同其他幼婴和年轻者玩耍上。现在，无论是同胞还是非同胞都互相往来。在这期间，攻击行为还有性行为的全部组成部分，它们都初次经历过了，然后是通过经常实践使之加强和完善。开始，所有行为模式几乎总是与玩耍联系在一起，此时这些模式好像由一些不恰当连接的、无功能的片段组成。随后，在青年-亚成熟期间，这些片段连接在一起就为以后重要的攻击行为和性行为提供了充分的信息储存。玩耍选择的伙伴和玩耍期间与伙伴建立的关系往往能延续到成年。如罗威尔指出的那样，猕猴队群成年雄性间的紧张关系，不是在青春期通过随机互动凭空形成的，而似乎是由雄性从青少年期间玩耍中建立的关系逐渐发展起来的。

年轻个体和成年个体（而非母亲）间处于什么关系的个体能接触，在灵长类的不同物种间有很大的不同。有时，它们是以具有明显的适应意义而进行接触的。"姨妈"是成体或年岁较大的少年雌性，它们与其抚养的幼婴雌性（如带领幼婴雌性玩、梳理幼婴和检查幼婴外阴）未必有紧密的血缘关系。在某些物种中，如赛克斯猴和长尾黑颚猴的关系是临时的，并显然只限于与年岁大的雌性同胞接触。在普通猕猴和狒狒中，"姨妈"关系极为明显。这种关系往往强烈地影响母亲和幼婴的行为，并且几乎一定会影响幼婴的心理发育。幼婴出生数天后就可识别母亲和"姨妈"。幼婴对"姨妈"没有什么热情。当幼婴没有看到母亲时，"姨妈"（年龄较大的个体）就会试图打破这种状况。但只有幼婴无法接近母亲时，它们才会求助于"姨妈"。因此，正是成年雌性而不是其他个体才能起到"姨妈"的作用。成年雌性接受抚养幼婴能获得什么好处现在还不清楚——也许是为了以后的地位，同幼婴母亲建立有用的同盟，或者是接受母性行为的训练实践，或者二者兼有（见第16章）。

某些物种的成年雄性，如赤猴、赛克斯猴和普通猕猴的成年雄性几乎全都不照料幼婴；而在另一极端，北非猴（与普通猕猴为同一属）雄性又几乎都照料幼婴，借此以获取竞争雄性的善意。阿拉伯狒狒成年雄性同幼婴雌性的关系，基本上是该物种特有的社会组织形式，即亚成体和成体雄性与幼婴和年轻雌性有密切的关系。当这些雌性成熟时，它们就会寻求其中一个雄性保护，而形成以该雄性为首领、以这些雌性为妻妾的核心群。

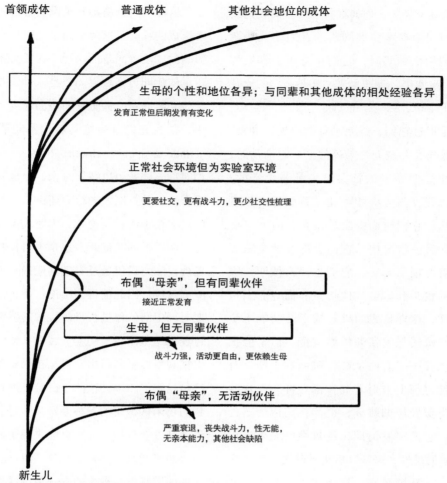

图7-8 社会剥夺对普通猕猴行为的效应（此图在原书p164）。

动物越年幼，社会剥夺效应就越具有损害性。例如，隔离幼婴猴或猿6个月，其社会能力就会受到不可补救的损害，但对成熟雄性却只产生微小的暂时效应。而且，社会剥夺强度越大，这种损害就越深、越持久。假定都是生活在正常组成的社会类群中，那么饲养在实验室环境下的猴子与野生猴子就只有量上的差别，例如达到正常性行为时所需要的时间有差别。这两种情况都通过普通猕猴的许多社会剥夺试验的结果证实了，这些结果简要地总结为图7-8中。

在哈劳关于普通猕猴"母爱"和其他社会化方面的著名试验中，首先清楚地揭示了极端的社会剥夺的损害。幼婴离开它们的母亲，有两个粗制模型——由铁丝做的"金属母亲"和由布料做的"布母亲"——供它们选择。幼婴明显地更偏爱"布母亲"，因为它们紧抱和拉住它的时间要比"金属母亲"多得多。模型质地的柔软度起了决定性的作用，甚至"布母亲"的眼用自行车灯做成两个大圆眼，而脸做成像玩具或怪物（而非猴样）时，幼婴仍接受它。当用附在两模型胸前的普通婴儿奶瓶保证它们能吃到奶时，它们在身体上都发育得不错。事实上，表面看来"布母亲"的表现甚至优于生母，因为"布母亲"虽然不会动，但从未斥责过它们，并绝对可靠地提供食物。但当幼猴长大并被允许与其他猴一起活动时，就能看出这些幼猴的社会行为是非正常的，其非正常程度与人类相类比，可称得上是患了精神病。它们时而极具攻击性，时而极度自闭。在后一情况中，它们会静静地蜷缩着身子坐着并前后摇晃。它们也经常哭叫，吸吮自己的指头和脚趾。像哈劳和梅森后来指出的那样，这样长大的雄猴成了性功能不全者。它们试图与发情期雌性交配，但不能找到正确位置——有时从雌性侧面往上爬，有时在雌性尾部上方对着其背部猛冲。与这些雄猴有类似经历的雌猴，也存在类似的不正常现象，它们在发情期拒绝雄性。如果它们被有经验的雄性"强奸"后生下幼婴，则会虐待孩子——踩踏孩子、拒绝孩子的搂抱。某些幼婴在它们身边凭借着韧性和几分机灵生存了下来，而有些必须被移走才能活下来。非正常程度随着社会剥夺时间的增加而增加：小猴被隔离3个月，会出现现象，但经恢复后与正常的猴类没有明显不同；隔离6个月，会产生广泛的永久性创伤；隔离1年，会造成整体性创伤。

164

虽然人们年复一年地投入到对普通猕猴的社会化研究中，但对它们了解的程度却很有限，尤其是各因子间的相互作用尚未得到满意的分析结果。我们知道，用同辈替代母亲可使普通猕猴幼婴部分正常发育，反之亦然。但是，这样一些资料却几乎没有告诉我们，在正常组成的社会里这两个因子是以什么方式相互影响的。没有同辈的幼婴，在社会化的后期阶段更依赖同母亲玩耍。但是，母亲并不能完全替代幼婴同辈，甚至它们还会起到一些负面作用，因为它们有拒绝其后代游戏请求的倾向（Hinde & Spencer-Booth，1969）。与以上情况相对称，同辈可以替换母亲，但也有明显的不适合性，并且同辈的行为还由于受到无母同伴的过多要求而有所变化。为完成不同阶段的社会化所需要的关键刺激也是不可预料的。哈劳发现，隔离猴仅通过看到其他猴子不足以避免隔离效应，因此他得出结论：要正常发育，玩耍时同生活伙伴进行身体接触的感觉运动的各过程都是基本的。但是，麦尔（Meier，1965）根据观察结果却指出，视觉接触对于正常发育已经足够了。也许这两个试验类群存在着现在我们还未认识到的某种差别。通过完善的试验设计和方差分析，最终会解决因子间相互作用产生的复杂性。但是要充分了解这些高级社会动物的道路将是漫长的——最为深切关注这些状况的人，对此很清楚。在坦桑尼亚和乌干达对东非狒狒进行2 935小时的观察及6年的实验室研究后，兰塞姆和罗威尔（1972）对灵长类研究水平的状况做了简单的总结："旨在发现引起社会行为形成和发育的因子及因子间复杂组合的任务，在许多对灵长类的野外和笼养研究中已经开始了，其中包括这里涉及的对狒狒的研究。但到目前为止，需要强调的一个主要结果是，在野外和笼养两种情况下对灵长类进行大量的更为长期的观察、试验控制和行为分析，是很有必要的。"

研究者对其他少数几个脊椎动物也进行了

或多或少的类似研究，值得注意的有：家禽；啮齿动物，特别是小鼠、大鼠和松鼠；狗和狼。社会化过程的其他方面将在以后的性行为（见第15章）和亲本抚育（见第16章）的讨论中予以介绍。

玩耍

几乎所有动物学家都同意，玩耍在哺乳动物的社会化中起重要作用。而且，物种越聪明、越社会化，其玩耍就越精细。在我们提出玩耍与社会化有关后，一定会面临如下问题：什么是玩耍？没有一个行为概念会比这更不确定、难以捉摸、具有争议，甚至老朽的了。以我们个人的经验，大体上可凭直觉知道：玩耍是一组令人愉快的活动（在本质上经常是但不总是社会化的），而这些活动的内容是模拟生活中的重要活动，但无须达到其中的重要目标。文斯·隆巴迪（Vince Lombardi）——（美国威斯康星州绿湾市的美式橄榄球队）绿湾包装工队（Green Bay Packers）的伟大教练——曾一度被免职，其原因是橄榄球评论员批评他是在教队员做小孩游戏，这一说法是不负责的。事实上，人类如此专注于游戏或玩耍以至于将它职业化，使少数将它作为重要事业的人成为成功者。

165　　然后，摆在我们面前的问题是，动物的玩耍有多大程度可被称为"重要事业"呢？换句话说，在生物学上我们如何定义玩耍呢？法根业已指出（1974），在一般著作中大多数对"玩耍"概念的混淆，来源于两种完全不同的理解。一种来自结构主义者，他们只涉及玩耍的形式、表现和生理学。像达灵（1937）、卡

洛林·洛伊佐斯（Caroline Loizos，1966，1967）和科林·哈特（Corinne Hutt，1966）这样一些结构主义者，把玩耍定义为是由一些奇异的原动力模式，或由这些模式不同组合决定的任何不真实的或佯装的活动，而这样的活动在观察者眼中似乎没有任何直接功能。另一种来自功能主义者，他们把玩耍定义为自己和别的个体的探索、操作、试验、学习和控制的任何行为，他们也基本上把玩耍看作使功能发育和完善化，以便将来能对自然和社会环境做出适应性反应的活动。在功能主义者看来，英国战争的胜利的确是在伊顿（Eton）①游戏场取得的。

功能主义者的概念可追溯到卡尔·格鲁斯（Karl Groos），他在《动物玩耍》（*The Play of Animals*，1898）一书中认为，虽然玩耍不能带来直接的危害或责任，但它是在为个体成年时所做的重要事业或任务做准备。洛伦兹（1950，1956）应用了相似的观点，并且补充了一个玩耍"动力"假说——玩耍迫使动物事先学习，即在给定可能性的条件下，该采取哪些本能动作才是适宜的。彼得·克洛夫尔（Peter Klopfer，1970）把这一概念更为精细化，指出玩耍是由"一些尝试性的探索组成的，通过探索，个体对不同本体感受模式的有益适合度进行'检测'"。学习是以定向的、或多或少是按程序化的方式进行的，直至找到刺激和反应间的正确组合为止。克洛夫尔相信，人类玩耍基本上具有同样的功能。以他的观点来看，创造性思维和抽象思维是玩耍的一些形式，美学在生物学上是来自恰当活动的享受，

---

① 伊顿，伦敦西边一市镇，培养英国上层政界人物的伊顿学院就在这里。——译者注。

对美学的偏爱是对对象或活动的选择——而这些对象或活动是由正确的预设程序的神经输入或正确的情绪状态诱导的,这与明显的强化因子无关。

不管功能主义者的假说是否体现了玩耍的定义,但它一般应与纯粹的探索区分开来。探索是学习或研究新对象或环境的未知部分;玩耍是使个体以奇异的方式操作已知的对象或环境的已知部分。如哈特所说,探索的目标是要了解新对象的特性,而研究的特殊反应是由其特性决定的。真正的玩耍只是在已知的环境内进行的,在本质上是大体可操作的。从玩耍到探索,动物或小孩的重点转化是从"这个对象能做什么?"到"用这个对象我能做什么?"玩耍也能与纯粹的解答问题区分开来——特别是解答的问题只具有简单的功能目标而不能引起学习兴趣时。杰罗米·布鲁纳(Jerome Bruner,1968)已企图用下面的话来指出这一区别:玩耍意味着以适合现有的方式而改变目标;而解答问题意味着为达到既定的目标而改变方式。

法根已用修改过的加吉尔-波塞特生活史模型提出了功能主义者的解释。在这一模型中,玩耍一般会带来适合度方面的直接代价或损失,这是由于诸如能量的无效消耗、增加了易受捕食者的攻击风险、增加了在接触过程中触怒成体的风险等因素的影响。但是在随后的生活中,由于玩耍积累起来的经验和玩耍状况的改善,其适合度就会增加。用更为正确的形式来说,该模型表示当年龄 $y = x$ (这里 x 为开始玩耍的年龄)时,各 $l_y m_y$ 的值是下降的;但对超过 x 的某一年龄,这些 $l_y m_y$ 的值是上升的。玩耍程序——对于每一年龄 y 程序化的玩耍强度——将以如下方式展开:对所有年龄 y (即贯穿个体的可能寿命)的 $l_y m_y$ 求和的增益要超过其求和的亏损。通过把事先设定的增益值和亏损值试验性地插入(数值)模型中,法根证明:通过自然选择,可把玩耍完全从个体的行为信息储存库中消除。关于玩耍进程的其他一些情况如下:玩耍的量从出生开始可呈单调递减,随后在某一年龄呈现单峰,或者在随后两个年龄呈现双峰。如果真的存在玩耍,则在年龄 0 就有玩耍——对后面这种情况更为直观的说法是,属于玩耍型物种的动物,只要它们的肢体发育得可以活动就开始了玩耍。在大多数条件下,在相对早的年龄玩耍表现最为突出。

玩耍似乎只限于较高等的脊椎动物,在社会昆虫中还没有这样的案例(Wilson,1971a),而在其他无脊椎动物中,玩耍现象必然极罕见甚至不存在。依我的了解,在冷血脊椎动物中,包括鱼类、两栖动物和爬行动物,也还没有玩耍的例子,唯一可能的例外是科摩多巨蜥(*Varanus komodoensis*)——世界上最大的蜥蜴。希尔(1946)报道,在伦敦动物园里一只巨蜥蜴重复地在"玩"一把铁锹——在其笼内的石板地上推动铁锹发出嘈杂声。这一行为同样也可用觅食活动来解释,为了寻找猎物,它把木头和其他一些东西都推到了一边。在希尔这个单一的特殊观察中,还不能说爬行类存在着玩耍行为。鸟类的少数物种,特别是乌鸦科的乌鸦、渡鸦、寒鸦和其他成员,据报道有确定的玩耍行为。人工饲养的渡鸦(*Corvus corax*)能表演让结构主义者称为"玩耍"的几种模式,其中包括反复地用一条腿悬挂在水平绳上,而其头和另一条腿做出杂技动作(Gwinner,1966)。以社会伙伴和无生命体为对象进行的玩耍,实际上遍及所有哺乳动物,已报道的有:狐蝠(Neuweiler，1969）；袋熊（Wünschmann，1966）；美洲黄鼠属（*Spermophilus*）的地松鼠（Steiner，1971）和松鼠属（Sciurus）的树松鼠（Horwich，1972）；鹿（Darling，1937；Müller-Schwarze，1968）；羚羊类的许多物　种（Walther，1964）；猪和猪科（Suidae）其他动物（Frädrich，1965）；山羊（Chepko，1971）；印度犀牛（Inhelder，1955）；欧洲鸡貂（Poole，1966）；麝猫（Ewer，1963，1968）；欧洲獾（Eibl-Eibesfeldt，1950）；海狮（Farentinos，1971）；鬣狗（Hugo & Jane van Lawick-Goodall，1971）；狮（Schaller，1972）；狼和其他犬科动物（Mech，1970；Bekoff，1972）；狐猿（Jolly，1966）；其他高等灵长类（Jane van Lawick-Goodall，1968a；Fady，1969）。

上述的系统发育分布就可表明，玩耍在行为发育中与脑的复杂程度、一般行为能力，特别是与学习的作用有关。小猫（在玩耍方面不是很高明的动物）的玩耍活动就直接与这些因素有关，其多数情况是同母亲和其他小猫一起，玩起效仿式的猛扑和随意翻滚动作。这显然是在为成年的领域争斗和权力之争做预演。持续时间更长和更精细的一些行为模式（它们使小猫上去惹人喜爱）是成年猫捕获猎物的三个基本技术雏形。当小猫发现一根绳的一端时，它会沿着地板爬向目标物，同时轻轻地抽动着尾巴，然后突然猛扑过去用爪把绳压在地板上。这些动作很接近于成年猫捕捉老鼠或其他小的地穴动物的动作。当一根线悬挂在空中（有时甚至是一束光线中的飞扬尘埃），小猫会像成年猫捕捉飞鸟那样去追捕目标物——它往上跳跃，在半空中张开并闭合其爪而抓住目标物。小猫也密切监视水中目标物，它把目标物用爪舀出来并用爪扒在一边。这一

雏形很可能就是以后为捕捉小鱼所用技术的预演。

灰松鼠（*Sciurus carolinensis*）的玩耍也是定型的，并与将来的功能有关（Horwich，1972）。幼松鼠之后很快就能以熟练的方式到处蹦蹦跳跳，在树枝或地面上快跑，与此同时还不断突然地进行90度大转弯。年轻的雄性松鼠爬到成熟较早的同伴雌鼠身上作交配状，其姐妹们也通过抬起臀部并把尾往内收紧或放在背部的上方以做出交配时的反应。在灰松鼠中也可能有攻击性玩耍，但难以与真正的攻击区分开来，因为在早期阶段年轻的灰松鼠就为了争食和建立权力关系而开始反目成仇。

欧洲马鹿玩耍的复杂精细程度是令人吃惊的。虽然其雌鹿的某些动作在本质上是性行为，但两性的玩耍大多数却是专注于独自奔跑、追逐和模拟式攻击。达灵（1937）描述了他所谓的"山寨大王"[1]玩耍模式：

将一个山丘选为出击目标，一群马鹿幼恿的每一成员都试图到达山丘并占领顶峰。玩耍的竞争肯定是激烈的，但在抢占山头和推开山头占领者的动作中，似乎没有任何模仿争斗的迹象……这一玩耍的仪式每次不超过5分钟，且模拟争斗极少发生。"山寨大王"玩耍可以这样开始：一只幼鹿往山丘上跑时，突然腾起它的两条前肢而仅用后肢站立。这似乎是对观看它跑的幼鹿们发出邀请——离开它们的母亲跑向山丘！顿时整个山丘踩满了幼鹿的脚印，显然山丘成了它们的传统玩耍场所。当我

①"山寨大王"，一种小孩游戏，目标是占领一个山顶或在其他地方的高处进行战斗。——译者注

说"传统"时，我承认当它们再度接近山丘时，山丘同以前玩耍的联系会影响它们的行为去再现过去的经验。而且，我看到50米外的一群幼鹿，好像已经策划好了似的，来到它们选择的这个山丘开始玩耍。

欧洲马鹿的其他玩耍行为包括佯装争斗、奔跑和捉迷藏——捉迷藏时，各个体彼此快速变换追逐和躲藏的角色。

可想而知，黑猩猩（类人猿中最聪明且与人类血缘关系最为紧密的物种）是纵情享受着最为精细的各种各样玩耍形式的动物物种（van Lawick-Goodall，1968a）。黑猩猩通过发出如下两个特定邀请信号之一就可以开始集体玩耍：玩耍步伐，即黑猩猩弓起其背呈圆形状，稍微低下头至两肩之间，迈着小而高跷式的步伐；玩耍表情，即张开嘴而呈现不同的表情，但其表情既不具攻击性也不具恐吓性，而只是部分或全部地露出牙齿。除了一般形式的追逐、攀登和简单的翻滚玩耍外，年幼的黑猩猩还即兴表演一些很不寻常的玩耍：

167

在追逐期间，有时一个或多个参与者会折断并携带（用一只手、嘴、腹股沟或在肩与颈间）一根具叶树枝、结果枝或其他类似物。有时，追逐中的幼黑猩猩会重复地试图从其他幼崽手中抢夺这样一些"玩具"。一只年幼的黑猩猩围绕一片树丛在追逐拖着一根棕榈枝的较年长的雄性黑猩猩，企图抓住棕榈枝的一端。这只雄性黑猩猩回头往后看着，每次当年幼的猩猩要抓住枝的一端时，它就机敏地猛拉一下它拖着的树枝，而使幼猩猩不能如

愿。还有一个"玩具"是一种圆形硬壳果实，一群黑猩猩都企图得到它而在进行抢夺（Jane van Lawick-Goodall，1968a）。

用前肢格斗和挠痒痒是成年猩猩玩耍的最普通形式。成年雄性和雌性与幼婴和年轻猩猩玩耍时，成年者对未成年者挠痒痒，用前肢轻打或轻抓它们并围绕树丛追逐。挠痒痒往往引发笑声。有人看到过一只年幼的黑猩猩，用一束带着泥块的草在自己身边挥动着，不断地去攻击伙伴。

如同比奇首先强调的。动物玩耍不只是婴儿行为的大集锦，还是动物个体发育的一部分，在不同发育阶段，玩耍的不同模式此消彼长。这一点，霍尔维希通过（1972）比较啮齿类7个物种性欲玩耍的方式，得到了很好的证明。每一物种都存在一个玩耍开始的短暂阶段。一般来说，动物玩耍行为出现后的玩耍频率会迅速达到峰值，然后经幼年期和亚成熟期缓慢下降而到达最低值，并且往往在性完全成熟时就消失了（在较原始的物种中更是这样，见图7-9）。

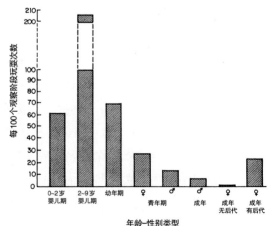

图7-9 野生黑猩猩不同"年龄-性别类型"玩耍的次数（自 Jane van Lawick-Goodall，1968a，经修改）。

玩耍的另一特征是各行为因素可自由地连接起来。这些因素能被很好地界定，并在形式上或多或少是一致的。如所预期的那样，它们甚至与成年的一些重要的行为紧密相似，但是它们连接在一起的序列是很不相同而富有特性的（松散性状），甚至可以说是变化无常的。这种松散性状很可能对于跟踪环境本身的真实过程来说极为重要。玩耍是识别、强化大多数特有组合的方式，也是为将来成体建立信息储存库的方式。法根（1974）把玩耍和染色体机制的过程进行了类比——它们都具有产生多样性的效应。

重组（recombination）。在玩耍行为中，成年的行为序列遭到打乱。各行为因素（如恐吓、梳理、奔跑、性行为姿势）的序列在神奇而快速地变化，而这些变化可能是非适应性的，甚至在成年的一些重要场合还是致命性的。

断裂（fragmentation）。行为序列被截断，例如成年正常行为序列的开始部分和结束部分都被删除。

易位（translocation）。在玩耍中，不同适应类型的行为因素（如繁殖、摄食和探索）偶尔可组合在一起。

重复（duplication）。玩耍的时间可无限地延伸。在成年期间重要而又极为罕见的行为因素，可以频繁地甚至有节律地进行重复。

高等哺乳动物的玩耍在最大范围内使每代扩展行为信息储存库，为个体提供了不同于家系和社会传统的机会。一般来说，玩耍像有性繁殖和学习一样，显然是由次级自然选择支持的非常广泛的适应方式之一。玩耍的最大潜力，在人类以及包括日本猕猴和黑猩猩在内的其他一些高等灵长类中，已经导致了开发环境方法的发明和文化的传递。道德学家所忧虑的事实，正好就是美国人和其他文化发达的人们用大量的时间致力于粗俗的娱乐。他们喜欢把不能食用的大鱼熏制后安置在起居室墙上，他们盲目崇拜拳击比赛冠军，他们有时对足球比赛达到狂热地步。但这样一些行为也许不是堕落的。它们可能就像工作和有性繁殖那样，在心理上是必需的，在遗传上有适应作用；而且，这样一些行为，与激励我们致力于科学、文学和艺术创作的冲动一样，都来源于相同的情感过程。

传统、文化和发明

跟踪环境的终极结果是传统——通过学习创造出能世代相传的一些特定的行为形式。传统是具有某些特征的独有组合，当环境适宜时，其效应能增强。通过某方面单一个体的成功，可以启动或改变传统。这种传统可迅速扩散到（有时不超过一个世代）整个社会或群体，而且可以累积。真正的传统应用时是严格的，往往局限于一些特定地区甚至特定的继承个体。因此，家庭、社会和群体可能因传统彼此迅速趋异，而这种现象在第2章中称为"传统漂变"。传统的最高形式（不管我们选择的是什么标准）当然是人类文化。但是人类文化除了语言之外（这确是独有的），与动物传统只有程度上的差异。

动物用来通信的某些方言是通过学习获得的，所以，在一定程度上，这些方言代表传统的基本形式。局域群体经过传统漂变可发生分化，这种分化是对以往接触过的不同环境适应的结果，如配偶间更和谐的雌雄关系，通信更

168

有效、亲敌效应的实施和每一同类群由于方言不同产生部分生殖隔离。这样，群体的基因库就会与其局域环境的特定条件密切适应。在其他因子相同或可忽略的条件下，一个物种方言的平均地理范围，随着物种方言可塑性的增加而缩小。印度的鹩哥（Gracula religiosa）具有极强的模仿能力和非同寻常的柔声鸣叫，其方言范围不会延伸到17千米以外（Bertram，1970）。在鸣禽中，至少部分是基于世代间的学习而形成方言的情况普遍存在（Thielcke，1969）。像某些类型的哺乳动物，其中包括鼠兔、领航鲸和松鼠猴，据报道它们的发声都存在地理变异，其原因还不清楚。由于这些变异可能是建立在遗传差异基础上的，这样就不能构成真正的传统。勒·布尔夫和皮特森（1969a）已提出，沿加利福尼亚海岸岛屿分布的象海豹群体发声的差异，至少部分是建立在学习基础上的。某些群体，是在过去数十年间，因为群体快速增长由少数个体建立起来的。例如，埃诺弗弗岛（Año Nuevo Island）的第一只雄性象海豹鸣叫时，就有着不同寻常的快速爆破音。很有可能（但未得到证明）后来来到这里的小雄性象海豹的声音都是模仿它学会的。意大利蜜蜂摇摆舞的地理变异是广泛存在的，并被冯·弗里希（von Frisch，1967）和其他工作者认为是由方言形成的。但是通过遗传分析和巢间领养试验表明，其间的差异是由遗传而不是由学习造成的。

　　在研究得最深入的动物中，大多数传统都与"爱故土"（Ortstreue）有关，"Ortstreue"是一个德语短语，在英语中找不到很贴切的相应短语。"爱故土"是个体为了繁殖、摄食，或者只是为了休息，有返回到其祖先曾利用过的地方的倾向。每一年，野鸭、野鹅和天鹅沿着各自的同一传统飞行路线，迁移数百甚至数千千米，停息在相同的一些栖息地，固定在相同的一些地点繁殖和越冬。因为这些鸟类是不同年龄混合在一起成群飞行的，所以幼鸟向年龄比它们大的鸟学习认识飞行路线的机会很多。这些鸟类飞行路线的固定程度越高，局域繁殖群体间的基因流动就越少，因此物种内的地理变异就越强（Hochbaum，1955）。在迁移行为方面，驯鹿可能是最像鸟类的哺乳动物——有类似的"爱故土"行为，即每年有相同的迁移路线和产仔地点（Lent，1966）。迁移鱼类，包括鲱鱼（Clupea）、鳝鱼（Anguilla）、帝王鲑和鲑鱼（Oncorhynchus，Salmo），要经过很长一段路程才能返回到它们的产卵地。至少就鲑鱼而言，其出生后几周内就开始存在着对溪流"记忆"的迹象，而洄游就是凭这一印象完成的（Hasler，1966，1971）。因此，纯粹意义上的传统可能并不存在，"爱故土"有可能是没有传统的。君主斑蝶（Danaus plexippus）在迁移昆虫中可能是"长跑"冠军，每年春天它们飞向美洲北方，秋天则飞向南方，其单程距离超过1 500千米（Urquhart，1960）。北美洲西海岸的一个终点站是加利福尼亚。在某些地方，君主斑蝶年复一年地栖息在同样的树上，太平洋丛林著名的"蝴蝶树"，它们重复栖息了至少70年。君主斑蝶寿命足够长，可以二代重叠或二代同堂，所以较年老的个体有可能无意中就把无经验的幼年个体带到了越冬地点。如果真是这样的话，这些昆虫就可以说利用了传统的原始形式（rudimentary form）。在不同的尺度上，哺乳动物利用的活动路径当然是传统的。鹿所用的活动路径持续了数个世代乃至数个世纪，有些路径甚至位于峭壁上。加拉帕戈斯象龟（*Geochelone elephantopus*）在每年的迁移中，都是沿着固定的路径行走。雨季开始时，它们从高地的潮湿生境和水洼地中来到海拔较低的地方觅食和产卵。随后，它们爬回到原来的高地隐藏起来。在某些地方，这种龟的路径长达数千米，需要数天到达，并且几乎可以肯定这些路径是世代延续的（van Denburgh，1914）。集群鸟类的繁殖地也是传统的。魏恩-爱德华兹（1962）注意到，8世纪至10世纪英国一些岛的名字，就是根据当时在那儿筑巢的鸟的类型命名的。这些名字现在仍符合实际——如现在的兰迪（Lundy）岛意为"海鹦岛"，苏里斯吉尔（Sulisgeir）岛意为"塘鹅山"。巢穴和栖息处甚至也可世代相继：鸨的巢和燕的泥窝有时可维持数十年；麝鼠和河狸的巢穴至少延续若干世代；而欧洲獾的少数土巢历经了数个世纪（Neal，1948）。

　　包括松鸡、流苏鹬、美洲小艳羽鸟和极乐鸟在内的鸟类炫耀场的固定，也具有极强的传统。阿姆斯特朗（1947）描述了英国流苏鹬的一个群体，甚至在其祖先的炫耀场被修了一条路的情况下仍如何坚持返回到这块场地，"当我骑着自行车通过这条路时，它们几乎从轮子底下跑过，然后立即又进行它们的炫耀表演"。在美国马萨诸塞州的玛莎葡萄园（Martha's Vineyard），唯一幸存的一只黑琴母鸡，每年都要到该园内其祖先的"取乐地"拜访，一直到死。现在还不能确定这些炫耀延续了多长时间，但可能有数十年或数个世纪。例如比布（Beebe，1922）发现，婆罗洲的达亚克部落，很多世代以来都在同一炫耀场设陷阱捕获表演中的雄鸡。封闭社会的家园和领域范围也会传授给后代，

这是通过有经验的同类同伴在不经意间教会年轻同伴的。最著名的例子包括黑背钟鹊（*Gymnorhina tibicen*，Carrick，1963）、凶悍的家禽（Collias et al.，1966）和范围广泛的狐猴类、猴类和猿类（Alison Jolly，1966，1972a）。

　　社会封闭度和思乡度越大，以及青年时代社会化越复杂且持久，则在社会组织中的传统作用就越重要。盖斯特（1971a）已注意到，野羊群队在其传统的创建中上述因子共同作用的情况：

> 　　野羊建立家园的方式与其社会系统密切相关，它们从长辈那儿学到行为习性而继承家园，个体的开拓处于从属地位。一般来说，雌性野羊继承其母辈的家园，但也有少数是继承其他雌性群的家园。雌羊1—2岁时是关键阶段，其间它们可以进入雌性群（如果有机会的话）或者跟随公羊到其他地方加入那里的雌性群。年幼的野羊只能跟随着其母系群队，因为它们没有机会遇上除此之外的个体。
>
> 　　年轻的公羊，在2岁后的一定时间内会逃离母亲的"家园范围群"而加入公羊队群中。它们以向长辈公羊学得的方式建立起自己的季节性家园模式……
>
> 　　野羊社会具有顺利认识家园范围所需要的全部因素，从而可使年幼野羊的离散程度减低到最小。雌羊不会在羔羊断奶后或自己再生小羊之前将其逐走；而年轻的羊，是根据自己的选择离开其母并跟随其他成年个体的。野羊社会群队没有一个会突然崩溃，母亲和孩子的分离是循序渐进的，绝不会迫使年轻的羊离开在外独自流

浪。其结果是极少见到年轻的羊是孤独生活的。它们不管跟着谁——成年雌羊、亚成年或成年雄羊——都会得到宽容接纳。

当新羔羊出生后，已近1岁的幼年倾向于跟随未孕雌野羊，雌野羊自小跟随其他同类的天性终生不变相反，雄野羊经过7—9年的阶段后就逐渐与其同伴分离。还有一个不同：雌性跟随年岁较大的雌性，特别是带有羊羔的雌性；雄性通常跟随具有最长角的公羊。当雄羊更独立时，它们依次又被一群年轻的雄性跟随，这样家园范围的传统就一代代传下去。截至4岁半左右，野羊的公羊似乎确定了家园模式。

在高等灵长类中，传统有时会出现性质上的转变。波里尔（1969a）观察到，在印度南部人类活动改变了印度乌叶猴的生活环境，从而也改变了它的食物类型和觅食行为。印度乌叶猴一个群队原来的家园范围遭到破坏后，被迫迁到了新的领域。随后，其食物就由吃相思树属植物（Acacia）改为吃桑寄生属（Loranthus）和棕榈属植物。其他一些群队已开始改吃蓝桉树（Eucalyptus globulus）叶——桉树是引入的澳大利亚树种，种在印度乌叶猴原本所在但如今已遭砍伐的天然林内。成年印度乌叶猴只吃桉树的叶柄，幼婴有时却能吃整片树叶。波里尔预测，这些群队最终会把桉树作为基本食物。其他地方的印度乌叶猴正处在对农业入侵的适应过程中。在印度的印度乌地区，土豆和花椰菜是近100年才引种的，并正在替换原来的天然林。印度乌叶猴从剩下的天然林区域中跑出来侵害这些作物，它们不仅大量吃地表部分的作物，而且还学习用手扒土以拉出整个

植株——这是在其他印度乌叶猴群队中还没有看到过的一种行为模式。

处在人类活动破坏意外的其他的类似困难情况，灵长类动物也能适应。生活在沙漠地带的狒狒，尤其是阿拉伯狒狒，有时还有东非狒狒，在一年内长期吃干旱食物，所以必须每天要喝水。在干旱季节，河水干涸时呈现出一些零星散布的水塘——其内长满了藻类。这时，这些狒狒用手掘开河边的沙地挖出孔洞。这些孔的位置是经过精心选择的，这使得它们挖掘不足1英尺就能喝到清凉的水（Kummer，1971）。

在灵长类中，记录最为详尽的传统和发明来自对日本猕猴的研究。自1950年以来，日本猴类研究中心的生物学者就对日本若干地区野生猕猴个体的历史进行了仔细记录，这些地区是：位于九州北端的高崎山（Takasakiyama），九州东海岸的幸岛，本州的见野（Minoo）和大平山（Ohirayama），还有其他一些地区也做了仔细记录。在早期阶段，日本科学家看到了群队间食物采集行为的传统差异：在见野的猕猴已经学会了用手挖出植物根部，而在高崎山的猴却不能——尽管它们生活在相似的生境中；在屋久岛（Syodosima）的猕猴经常侵入稻田吃水稻植株，但在高崎山却从未观察到这种现象——尽管后者多年来一直生活在稻田包围的山丘上，并偶尔在游荡时经过水稻区（Kawamura，1963）。

当日本科学家提供新食物给这些猕猴时，他们直接观察到，食物范围的扩展和取食方式的变化都是通过模仿传播的。在高崎山，3岁以下的猕猴容易接受糖块，然后这一年龄段的猕猴迅速地普遍接受了这一食物。母亲从年轻的猕猴处学到吃糖块的习性，并把这种习性传

授给其幼婴。与幼婴和年轻的猕猴联系最为紧密的少数成熟雄猴，最终也接受了吃糖块。这种吃食习性变化的传播在年轻的猕猴中最容易发生，而在关系上远离年轻的猕猴和其双亲的那些亚成年雄性猕猴中最难。18个月以后，群队中的51.2%已习惯吃糖块（Itani，1958）。在见野，在食物中人工提供小麦喂另一群队猕猴时被接受的速度比上述的要快得多，且接受的方式也不同：成年雄性首先开始吃，而随后成年雌性和年轻的猕猴紧紧跟上，仅仅在4个小时之内，整个群队就习惯了这种生活习性（Yamada，1958）。

总结这些早期发现的日本科学家，其中包括今西锦司（Kinji Imanishi，1958，1963）和川村俊藏（Syunzo Kawamura，1963），把日本猕猴社会说成"亚人类文化"或"前文化"，而把其食性的变化或漂变说成"适合时宜"。如果这些术语有道理的话，那么，把它们用在幸岛上观察到的单个猕猴群队的一系列的明显表现上，就更加契合了。从1952年开始，日本科学家把红薯敬置在该小岛周边沙滩上，试图补充猕猴的食物。岛上这群队猕猴冒着危险从树林中出来接受这份"礼物"，并由此使其活动进入到一个全新的生境。第二年，川村（1954）观察到了与这一新生境变化相联系的新行为模式：有的猴用一只手把红薯的泥沙擦掉，然后用另一只手把红薯浸泡在水中。这一行为和其他行为的变化，在随后的10年由河合雅雄（Masao Kawai）做了详细研究，并在1965年对该群体的历史做了总结。

"洗红薯"是由2岁大的名为伊茉的雌性猕猴发明的。除了1岁或不到1岁的幼婴和大于12岁的成年猴外，全群队90%的成员在10年内都获得了这一习性。同时，"洗红薯"也从淡水的河中转移到海中。最容易学会这一技术的年龄段为1—2.5岁（伊茉发明这一技术时的年龄恰好在这一范围内）。截至1958年，伊茉发明这一技术以后的5年，2—7岁的猕猴已有80%会洗红薯。年岁较大的猕猴是保守的，仅18%（全部是雌性）学会了这一技术——这种保守，部分有年龄和性别的原因。随后，门泽尔（Menzel，1966）在日本猕猴的通路上放置一些奇异物以对它们进行测验。例如，年轻的猴看到黄色塑料绳时要比成年猴更感到好奇。直到3岁，雄性和雌性对奇异物的反应都差不多。但是，成年雄性的反应降至18%，接近成年雌猴反应的1/2。这并不是说，岁数较大的猴难以觉察到这黄塑料绳，而只是说，它们刻意不对其表示出好奇。成年雄性看黄塑料绳时，只是在它们行进的途中稍稍绕离并斜看一眼。这种保守性的一部分原因，也是向最密切的同伴学习的副产品。当洗红薯这一传统开始传开时，是母亲向它们的孩子们学习、年轻的向它们的同胞兄弟学习。后来，按规矩，幼婴继承了其母的习性。年岁较大的猕猴，尤其是亚成熟雄猴和成熟雄猴，由于它们惯常待在类群的边缘，很少有机会利用这一方式进行学习。

在1955年，聪明的猕猴伊茉发明了另一个搜集食物的技术。生物学家在幸岛只是把小麦粒撒在沙滩上，而猴需要它们时是单粒地从沙中拾起来吃。现在，4岁的伊茉却设法用手握住一把沙和麦粒的混合物带到海边投入水中。当沙下沉后，就捞起较轻漂浮在水表面的麦粒来吃。这一新技术传播到全群队的模式与洗红薯的技术相似：年轻的猴非主动性地教它们的母亲和母亲的同辈，然后母亲再教它们的婴儿，成年雄性大体上拒绝学这一技术。但是，这当中也有重要差别：与洗红薯技术（最为快速传播的年龄段为1—2.5岁）不同，把漂浮的小麦拾起来最有效的年龄段是2—4岁（伊茉的年龄属于这一年龄段）。这种差别的解释，可能在于这两种技术的相对复杂性不同。猕猴洗红薯只是稍加改变其常规遵循的过程，即用一只手从地上拾起红薯后，接着用另一只手擦去肮物。但是，小麦的"砂矿开采"涉及性质不同的新因素：暂时抛弃小麦，等待一段短暂的时间再回收它。一般来说，正是这些年轻的猕猴发明了新行为模式，但也只有具有若干年经验的年轻的猕猴才能处理这些最复杂的任务。津森阿苏（Atsuo Tsumori）及其同事在幸岛、大平山和高崎山三地对猴群队的试验结果支持了上述见解（Tsumori et al., 1965; Tsumori, 1967）。他们当着猴群的面把花生埋入6—7厘米深的沙中。在每一地点，开始时只有极少数个体能成功地完成挖出花生这一中等难度的任务；随后，这一习性传播到每一群队的大多数成员中。最具有创新能力的是青年猴，而表现最好的是4—6岁的青年猴（见图7-10）。

幸岛群队的创新，也把学习行为的潜在作用作为进化速度的标记，并提供了图解性描述。在沙滩上为日本猕猴提供的食物吸引着它们进入一个新生境，并为它们提供了连日本生物学家也从未想到的能进一步改变这些猕猴的机会。年轻的猴开始到水中洗澡、泼水，在热天更是如此。它们也开始学习游泳，甚至有少数潜入水下从底部捞出海草；一只猴还离开幸岛而游到了邻近的另一小岛。通过少量扩展食源的机会，幸岛群队已经适应了新的生活方式，或者更正确地说，在其祖先的模式上又嫁接了一个附加的生活方式。把这样一些群体说成是处在进化突破的边缘并不为过，尽管可能只有极少数会完成这一过程。一个有趣的类似例子是，蜥蜴也完成了这一过程。犹他蜥属（*Uta*）的物种生活在北美洲西部的沙漠地区，属于陆栖脊

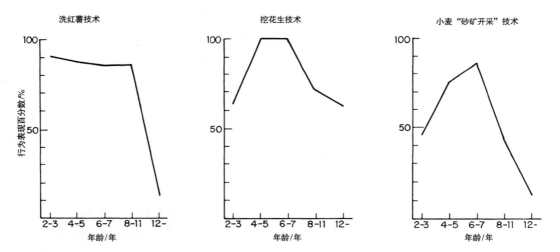

图7-10 日本猕猴作为其年龄函数的创新和传统。数据（取自1962年8月期间幸岛的群队）是在这期间已具有洗红薯技术和小麦"砂矿开采"技术不同年龄组成员占的百分数，以及经过若干次试验后能成功挖出花生的百分数。洗红薯只是相对简单的行为改变，而挖花生和小麦"砂矿开采"是更困难和复杂的任务。这种难度差异，可能正好反映在幼猴对后两个任务完成最差（自Kawai, 1965a; Tsumori et al., 1965, 经重画）。

椎动物，但有一个重要的例外：在墨西哥湾的一个沙漠小岛——圣佩德罗马蒂尔（San Pedro Martir）岛上，存在一个特有物种——草毛蜥（*Uta palmeri*），它也喜欢海洋生活。草毛蜥个体很大，群体密度太大而难以只靠陆地觅食维持生活；相反，其大部分能量，是在落潮时进入小岛的潮间区捕获大量的海洋无脊椎动物获得的。这种形式的进一步进化是由加拉帕戈斯（Galápagos）群岛上的海洋鬣蜥完成的，它生活在沿海的火山岩上，但要游到水底以吃海藻为生。

172

应用工具

工具，在发明过程中提供了跃进式（非连续式）的方法。但是在动物行为的这个特殊世界中，应用工具（tool using）一词必须严加限定。阿尔科克（1972）把应用工具定义为，一个体控制一非生命对象（不是由该个体本身产生或制造出来的），而使该个体在改变另一个体的位置或形式方面提高了效率。因此，蜘蛛网和黄蜂巢不是工具，虽然它们列入神奇杰作的非生命体范围内。山雀和浣熊牵扯绳子也不是应用工具，因为这一行为并没有以其他的个体作为即将被改变的目标。

尽管用定义加以限制，但应用工具，在昆虫、鸟类和哺乳动物中还是很不相同且范围广泛的。以下的目录是从许多评论描述中收集来的，分别来自：米里根和鲍曼（Millikan & Bowman，1967）、艾文斯和艾伯哈德（Evans & Eberhard，1970）、拉维克-古多尔（1970）、斯特鲁萨克和亨克勒（Hunkeler，1971）、阿尔科克（1972）、琼斯和卡密尔（Jones & Ka-

mil，1973）及 R. E. 西尔伯格里德（R. E. Silberglied）。这个目录可能几乎包括了所有类型（而不仅限于灵长类）：

——砂泥蜂属（*Ammophila*）的独居黄蜂用夹在上颚中的小卵石封闭其巢的入口。

——蚁狮和蠕狮［分别属于脉翅目昆虫的蚁蛉属（*Myrmeleon*）及蝇类的亮蝇属（*Lampromyia*）和朱砂蝇属（*Vermilio*）］。通过猛抬头部把沙扬起，沙撞击猎物（昆虫），使猎物掉进它们设下的陷阱中。

——射水鱼（*Toxotes jaculatrix*）把水喷射在昆虫和蜘蛛身上，使它们掉入水中而食之。

——在加拉帕戈斯群岛，分属于三个属的达尔文雀科鸣禽，至少有四个物种可利用树枝、仙人掌刺和叶柄去挖树皮缝隙中的昆虫。这些工具是含在喙中，基本上作为喙的延伸。只有其中一个物种——拟䴕树雀（*Cactospiza pallida*）常利用这种工具。

——美国南部的褐头䴓（*Sitta pusilla*）在树皮上寻找昆虫时，偶尔用嘴含一木片，用它在适当位置撬动树上的树皮。

——澳大利亚黑胸钩嘴鸢（*Hamirostra melanosterna*），在美国被称为"大翅秃鹰"，它把石头或泥块带入空中，扔下以击中鸟卵。（特别是鸸鹋位于地面巢中的卵），然后吃卵中的流出物。

——白兀鹰（*Neophron percnopterus*，吃腐肉性食物的一类鹰）用喙拾起石块猛击鸵鸟卵以击破卵壳。

——在阿鲁（Aru）群岛的棕树凤头鹦鹉（*Probosciger aterrimus*），在敲开坚果时借助于叶的帮助用喙紧咬坚果；这一技术很像人们在打开罐盖时用毛巾裹住罐盖的情形。阿尔弗雷德·拉塞尔·华莱士（Alfred Russell Wallace）在其著作《马来半岛》（*The Malay Archipelago*，1869）中对这一行为的说明，可能是对非灵长类动物利用工具的首次公开报道。

——已观察到关在笼内的冠蓝鸦（*Cyanocitta cristata*）把报纸撕成长条，并用它们搜集笼外用喙达不到的地方的食物颗粒。

——海獭（*Enhydra lutris*）仰浮在水面时，会从海底搜集一些石块和贝壳放在胃部处，利用它们作为砧子击开贻贝和其他具硬壳的软体动物。

早期观察者，都倾向于把应用工具的行为当作智力和洞察学习的潜在证据。但当对研究深入的例子做更进一步的检查时，却并不支持这一乐观的结论。如阿尔科克指出的那样，几乎在每一种情况下，这种行为模式是相对定型的，可能是以前存在的一些行为模式的再现或做出某些改变后的再现。例如，蚁狮和蠕狮的扬沙行为，就与它们在土壤中挖凿坑道的行为很相似。白兀鹰和黑胸钩嘴鸢用石块击卵，可能是它们用爪携带猎物的行为的再现。当这些鸟在碰到别的一些大而坚固的卵受到挫折时，这种行为的再现或转换就更为可能。对于更为特化的射水鱼的喷水行为，我们用一系列小进化步骤的末端产物，而不是用某一非寻常的推理来解释，则更有道理。有趣的是，还有两个更为戏剧性的应用工具的例子，显示行为的变化是与对非寻常生态环境的适应相联系的。生活在海上群岛的拟䴕雀，其生存环境中没有啄木鸟或者从树皮缝隙和孔洞中寻找昆虫的其他一些物种。仙人掌和树枝对这些物种来说，是其凿状喙和舐啄式螺旋舌的粗陋替代工具——但这样的工具在没有竞争的情况下便足够发挥良好作用了。海水獭为该类型的哺乳动物开拓了一个新生境。为了开发新食源，它只需要在其天然游泳能力强和肢体灵敏的基础上，再补充一些粗制的工具即可。也许早期人类应用工具为适应环境变化提供了第三个例子。当南方古猿日益转向狩猎时，粗制的石具和骨具就逐渐替代了爪和食肉的长牙，而爪和长牙追溯到第三纪早期的猿人祖先就丧失了。虽然往后智力的发展与工具的应用是相关联的，但后者并非前者的先决条件。

较高等灵长类时不时地应用工具，其程度与其他的脊椎动物类群相当。但是，黑猩猩有一个如此丰富和复杂的信息储存库，使得该物种在性质上能超过所有其他动物，并且可以达到接近人类的程度。萨维奇和怀曼（Savage & Wyman，1843—1844）、柯勒（Köhler，1927）、比蒂（Beatty，1951）、墨菲尔德和米勒（Merfield & Miller，1956）、考特兰德特和库伊（1963）、斯特鲁萨克和亨克勒（1971），以及麦克格鲁和塔丁（McGrew & Tutin，1973），通过多年来的研究已经揭示了黑猩猩利用工具的一些细节，如描述了野外的黑猩猩利用石块砸开小果实的情况。特别是拉维克-古多尔（1968a，1968b，1970，1971）对在坦桑尼亚戈姆比溪谷公园的黑猩猩群体所进行的漫长研究，为黑猩猩这个信息储存库补充了大量的信息，确定了黑猩猩在自然环境下利用工具的普遍性，并且引起了生物学者和非生物学者的广泛注意。现在已知的应用工具的类别如下：

173

利用树苗和树枝作为鞭和棍棒。 该行为是黑猩猩攻击豹时首先被观察到的（Kortlandt 和 Kooij 的试验）。拉维克-古多尔是在很不相同的情况下，即在戈姆比溪谷公园的黑猩猩间不同类型的入侵和玩耍冲突中看到这一行为的。

向目标投掷。 柯特兰和库伊观察到野生黑猩猩用棍棒投向人工填充豹。拉维克-古多尔看见青年黑猩猩玩耍时用棍棒相互投掷。她也经常看到黑猩猩以敌视的态度用棍棒、石头或一把草木投向敌对者——敌对者包括被追逐、恐吓袭击的其他猿类，阻止其接近获取香蕉的人类和在觅食区相遇的狒狒。投掷物的体积对狒狒和人类都具有足够大的恐吓性，但其有效性却不高——猛掷44次，仅5次击中目标，且都是两米之内的目标，即只有在短距离时准确性才较高。

利用棍棒、树枝和叶草擒获蚂蚁和白蚁。 在戈姆比溪谷公园，黑猩猩把这些工具戳进蚂蚁或白蚁巢洞，然后又抽出来以擒获爬在这些工具上的蚂蚁或白蚁。因此，对于深居地下而不能接近的昆虫，以这种方式擒获它们的行为是一种"钓鱼"行为。黑猩猩有时在应用之前对这些工具要做一些修理：用手或嘴唇除去茎或枝条上的叶，以使它们适合戳入巢洞内；草叶有时被撕成条状，以使它们变窄。

利用棍棒树枝和草叶作为嗅觉辅助物。 黑猩猩把这些工具戳进蚂蚁或白蚁巢洞内，抽出来，然后深深地嗅它们。显然，这一检测结果有助于黑猩猩做出判断：是继续对这些巢洞进行"钓鱼"呢，还是到其他地方寻找。

利用棍棒作杠杆。 在戈姆比溪谷公园，黑猩猩把棍棒插入箱盖底下或其他处的缝隙中，企图撬开盛香蕉的箱子（见图7-11）。依人类标准，这些努力虽然是愚笨的，但偶尔也会成功，并且这一习性逐渐扩散到整个群队。

利用棍棒和石块敲开水果和坚果。 125年前，萨维吉和怀曼首先观察这种情况后，斯特鲁萨克和亨克勒又目睹了许多偶然事件：黑猩猩用棍棒和石块猛敲坚果而使它裂开。在一种情况下石块重约16千克。黑猩猩在敲打坚果前，还把坚果放在暴露出来的树根的凹陷处。这都是在西非的象牙海岸地区观察到的，而生活在遥远的坦桑尼亚的戈姆比溪谷公园的黑猩猩却没有表现出这一行为。黑猩猩群体间的这种差别可能是传统漂变的另一个例子。

利用小枝做牙签。 在美国路易斯安那州的三角区灵长类研究中心，有一只被监护的成年雌性黑猩猩，经常用小树枝做牙签为年轻的雄性清理牙齿。清理时，它总是专注在两颗新生的龋窝和一颗松动的臼齿上（McGrew & Tutin）。

利用叶子作为饮用工具。 在戈姆比溪谷公园的黑猩猩，当喝不到树洞底部的水时，就会把叶片浸泡其内并取出来。黑猩猩先是咀嚼叶片把它们弄皱些，然后就把弄皱的叶片当作海绵：用食指和无名指夹住叶片放入水洞中浸泡，拉出来，最后吸吮叶表面的水。特勒基（Teleki，1973）观察到，黑猩猩用叶片从死后不久的狒狒脑颅中盛取脑髓。

利用叶子擦去身上脏物。 在戈姆比溪谷公园的黑猩猩，通常利用叶子擦去身上的脏物，如粪便、血迹、精液和其他不同形式的黏稠物（如过熟的香蕉）。"一只3岁的雌性黑猩猩，攀悬在一位来访的科学家——海因德教授的上方，它踩过教授的头发时，它就用叶子使劲擦脚。"

这些丰富多样的观察，为我们认识"这些动物是如何学会应用工具的，又是如何传播给其社会同伴的"的问题，提供了一个好机会。在1963年，K. R. L. 霍尔（K. R. L. Hall）提出，一般来说，灵长类在直接攻击受到抑制的条件下，应用工具代表入侵行为的扩展。在受挫后无力进行再度争斗时，灵长类会转向利用无生命物而改换行为方式或再重新进行入侵。例如，黑猩猩可能在下列情况下投掷棍棒：当它在敌意复发抓住一非生物（如棍棒）时，就会用手把棍棒往具有生命的对手方向掷出。这种有目的的投掷虽然可能是真实的，但这种推测对于黑猩猩其他大多数应用工具的情况，显然是不适合的。多年来，试验心理学家已经观察到，圈养的黑猩猩具有极强的试探开拓倾向，对新出现的对象，它们总要采取一定的行动加以探测和处理（Schiller, 1957; Butler, 1965）。拉维克-古多尔发现，这样的行为在野生群队中是正常的。在筑巢穴和觅食过程中，戈姆比溪谷公园的黑猩猩慢吞吞地折断树枝、去掉叶子并剥去树皮；而经过树林时，它们会突然折断稀疏的枯枝并拖在地上玩。大多数已知的应用工具的技术，很可能就是起源于这样一些探测和玩要行为。很容易想象：黑猩猩用枝条在地面上挖戳玩要时，偶尔会擒获一些昆虫，如此经过强化后，通过寻找新食源和重复上述行为果然能获得大量昆虫的时候，就可能完善这种"钓鱼"行为。将叶子当作海绵用，可能是由习惯性咀嚼叶子的智能动物领悟到的：生长在低洼地和水洞内的叶子会具有更多的水分。所以，对于黑猩猩来说，把叶放在这样一些地方，随后再把它们取出来并不是件困难的事情。

学习和玩要对黑猩猩利用工具的重要性是不容置疑的。希勒（Schiller, 1952, 1957）发现，2岁的幼婴如果被禁止用棍棒玩要一年，则它们以后借助棍棒解决问题的能力就会明显降低。圈养中的年轻的黑猩猩，若准许它们玩一些玩具，那么它们就会在技能上经历一个缓慢而又相对稳定的熟练过程：2岁以下的黑猩猩，只会简单地碰或握住"玩具"，而不会试图去操纵它们。随着年龄的增长，它就会用一个"玩具"去打击或刺戳另一个"玩具"，同时增进了利用工具解决问题的能力。拉维克-古多尔在野生黑猩猩群队中观察到了类似的进展情况。6周大的黑猩猩能伸手触摸树叶和树枝，更大一些的猩猩总会用它们的眼、嘴、舌、鼻和手探查一番周围的环境，还常常踩拉叶、枝并摇动它们，然后逐渐发展到出现利用工具的行为。例如，一只8个月大的幼黑猩猩把一些草梗加入自己的"玩具"中，除了用它擦拭石头或母亲外，该行为模式还能很好地与前述的"钓"蚂蚁和白蚁联系起来。在玩要期间，其他的幼黑猩猩，通过把叶片撕成长条去掉和咀嚼留下的长柄，也在做利用草梗做"钓鱼"工具的"准备"工作。

同样重要的是，在这些传统的传递中，拉维克-古多尔获得了对这些行为进行模仿的直接证据。在许多情况下，她看见黑猩猩幼婴在观察利用工具的成年黑猩猩，然后它们也拿起工具跟着成年猩猩跑。有两次，一只3岁的年轻的黑猩猩，专注地观察其母用叶子擦去自己身上的粪便。尽管年轻黑猩猩身上没有脏物，它也随后模仿了其母的动作。几乎可以肯定黑猩猩也是像日本猕猴那样进行发明和传播传统行为的。黑猩猩利用棍子企图撬开盛香蕉的箱子就是一个恰当的例子（见图 7-11），这一行为逐渐传播到戈姆比溪谷公园的群队，显然是受模仿行为之助。一只新到该地区的雌性黑猩猩，隐藏在丛林中观察其他的猩猩试图打开箱盖。当第四次来观察时，它就进入现场，并立即拿起一根棍子去戳撬箱子。如果一只黑猩猩以前没有这方面的经验，而只是偶然看见箱子，则几乎不可能直接做出试图以棍子戳撬箱子的行为。

因为黑猩猩在智力和系统发育水平上是唯一的最接近人类的动物，所以了解它们利用工具和形成传统的方式是极有意义的。之后介绍的在野外和实验室中所获得的这方面的每一条零散的信息（与前面介绍的信息联系很少），都具有潜在的重要性。

图 7-11 黑猩猩用棍棒撬箱子未成功，正在窥探如何打开盛有香蕉的箱子。这是在坦桑尼亚的戈姆比溪谷公园的情景（照片由彼得·马勒提供）（本图占原书 p174 整版）。

第8章　通信：基本原理

什么是通信？先让我在生物学上以一个简单的陈述句定义它，然后通过哲学上解决"戈尔迪之结"（Gordian knot）①的方式来阐明它。生物通信是指一个个体（或细胞）作用于另一个个体（或细胞），使参与的一方或双方以适应的方式改变另一个个体（或细胞）行为的概率模式。我在这里所指的适应，是指信号或信号的反应，或是这二者，皆已通过自然选择在遗传上达到了一定程度的程序化。通信既不是指信号本身，也不是指对信号的反应，而是指这两者间的关系。哪怕一个动物发了信号，另一个加以反应，仍不能说有通信存在，除非反应的概率与未接收到信号时相比远高于其水平。我们知道，人类的接收不见得表现出外在行为变化时，也可发生通信——可能接收到琐碎的或其他无用的信息，但绝不会利用。在动物行为的研究中，除了明显的行为模式变化之外，其他行为模式变化的切实可行的标准还没建立起来，并可能倒退到试图用"心灵感应"的神秘主义来进行解释。同时，还存在一些改变行为概率的动作，但在一般意义上不能归类为通信。捕食者的攻击肯定改变了猎物的行为模式，但不存在任何我们定义的通信的意义，通信也必须产生具有一定合理性的结果。如果一个动物在一定距离外停下来观看另一个陌生的动物，而陌生的动物却不知道自己正在被看，这陌生的动物，实际上未以任何方式发出通信信息，以改变自己的行为或影响与观看者的关系。这种情况只能称作被观察而非通信。

J. B. S. 霍尔丹曾经说过，通信的一般特性是信号能量的巨大有效性：一个微弱的信号会

----

① 出自希腊神话。按神谕，能解开此结者可为亚细亚国王，后被亚历山大大帝用剑斩开。比喻难办的事、问题的关键。——译者注

诱发一个大的反应。这不是对通信特性的全面描述，但它足够可靠地使我们凭直觉就可明显排除某些类型的交互作用。在逐步升级的领域争斗中，两只用角相互争斗的动物，可以说已经停止了通信并开始了战斗。但把一个朋友从地上扶起来并相互拥抱，却违背了霍尔丹原理的真正的通信。

为了确定上述定义的范围，假设如下两个非同寻常的微生物的例子。把发光杆菌属（*Photobacterium*）的发光细菌放入新鲜培养基中培养时，它们能产生足够的荧光素酶并发出荧光。稍后，生长中的细菌分泌出一种低分子量的活化剂，可以促进同一菌株细菌合成荧光素酶（Eberhard, 1972）。这一化学协同作用是通信形式吗？依情况，可以是通信，也可以不是。像光细菌属这样一类低等生物，其互动严格来说是生理现象而非行为现象，因此往往陷入了难以明确界定是否存在着通信的"灰色地带"。第二个例子包含着通信中的三个（而不是两个）环节。霍伊特等（Hoyt et al., 1971）发现，雌性掘草甲虫（*Costelytra zealandica*）使用的性吸引物质是由共生细菌制造的。这些细菌生活在甲虫鞘下的两旁腺中，其主要功能是把分泌物附在卵壳上来保护卵。在该例中，谁对谁通信？当然，提这样的问题基本上是没有意义的，甲虫只不过是把整个有机体（细菌）作为其生物合成机器罢了。很重要的一点是：通信是信号发出个体和信号接收个体之间的适应关系，而与通信路径的复杂程度和长度无关。

人类通信和动物通信

在人类和其余数以千万计物种之间的通信进化方面，存在着一条巨大的分界线。评论低等通信系统的最为有效的方法，是把它们与人类的语言相比较。以我们自己独有的语言文字系统作为参照标准，根据动物很少或根本不能表现出的特性就可确定动物通信的限度。以我对本书读者叙述的方法为例。我用的每个词语都是由特定的文化赋予了特定的含义，并且通过学习可以向下逐代传递的。真正独特的是，我们有着大量这样的词语并有创造新词语的潜力，用它们可以表达任何数量的另外的对象和概念。这种潜力可以毫不夸张地说，是无限的。以数学为例，我们可以新造一个无义词语，以表示我们选定的任何一个数，如用无义词"goo-gol"代表1之后有100个零的数。人类用字词在短语和句子中进行不同的排列，短语和句子中所包含的信息量，要比字词本身所含的信息量大得多。利用这些信息也可谈论语言本身——我们在这里利用的一个成就也可以应用到无限的非现实的想象中——小说或谎言、投机和欺诈，理想主义或煽动主义，仅取决于通信者是否把说假话的意图告诉了听者。

与上述情况形成鲜明对比的是，所有动物通信系统中最为复杂的一个通信系统——蜜蜂的摇摆舞，是1945年由德国生物学家卡尔·冯·弗里希首先解密的。当觅食的工蜂在距巢一定距离发现了蜜源后（或在分群期间找到了新巢址后）从野外返回时，它会通过跳摇摆舞把蜜源位置告诉伙伴（工蜂）。它跳舞的模式是在伙伴中间重复不断地做"8"字飞行。该舞最独特和最具信息量的要素体现在8字中间的两环交界处，通过身体的快速左右摇摆，使得腹部末端摆动最大而头部摆动最小显得非常明显。

工蜂身体做出的摇摆每秒达13—15次，与此同时，它通过翅的振动还发出嗡嗡声。"交界线运动"表达了从蜂巢到蜜源的位置：如果它在巢外是在水平面上跳舞，则它直指蜜源（太阳位置与"交界线运动"中交界线的夹角关系指出了食源方向）；如果它在黑暗中的蜂巢内是在垂直平面上跳舞，则"交界线运动"中交界线与垂直平面有一适当的夹角。这样，地心引力就暂时取代了太阳作为指示食源的方向（见图8-1）。

通过如下的辅助参数，"交界线运动"也提供了从蜂巢到食源的距离：食源地距巢越远，"交界线运动"持续时间就越长。以卡尼奥兰蜂蜜为例，"交界线运动"持续1秒钟，则表明巢距食源地约500米；若持续2秒钟，则表明距离约2千米。在跳摇摆舞期间，其伙伴工蜂伸展触角重复地与跳舞蜂接触，在数分钟之内就有些工蜂离巢飞向食源地采蜜。它们寻找到食源地的精确性还是相当高的：绝大多数落在距食源地飞程的20%的范围内。

表面上看，蜜蜂的摇摆舞似乎具有人类语言的某些更为高级的特性：仪式化的"交界线运动"形式是符号的使用，并且通信者通过符号的使用可随意产生新信息，且目标（如食源地）可抽象地"说出来"——目标存在时间和空间上的距离。然而，摇摆舞像所有其他的、至今为止被研究过的非人类通信形式一样，与人类的语言比较起来是有严重局限性的。"交界线运动"毕竟只是蜜蜂飞行的再现，只是借助于翅振动发出的嗡嗡声表述的。这些各自独立的信息不是随意设计的，它们遵循的规律在遗传上是固定的，并且总是确定好的——具有一对一的对应性，具有一定的方向和距离。

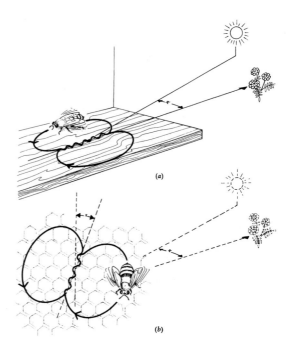

图8-1 蜜蜂的摇摆舞。当工蜂经过"交界线运动"线时，它以腹部末端摆动最大且头部摆动最小的方式而使身体向两侧摇摆。每到"交界线运动"结束，它又重新回到原来的环线运动。一般来说，向左和向右的环线运动是相互交替的。在"交界线运动"期间，观看运动的工蜂就获得了食源的信息。在该例中，说明跳舞工蜂找到的食源是"交界线运动"线与太阳夹角为20°，在太阳的右边。如果蜂在巢外跳摇摆舞（a），则"交界线运动"的方向直接指出了食源方向；如果在巢内跳舞（b）则它根据重力使自己定向，定向后重力线上方的点就相当于太阳位置，这样重力线与定向点的夹角x（=20°），即两种情况下的角度相等（自Curtis，1968a；根据von Frisch）。

换句话说，上述信息不能被加以操作并提供新类型的信息。而且，在这种死板的通信形式下，这些信息绝不是精准而无偏差的。由于蜜蜂跳摇摆舞和其伙伴随后寻找食源地均存在误差，就距离而论只能传递约3比特信息，就方向而论传递4比特信息，这等价于如下的人类信息系统——在这一系统内，距离是用"八分度"的标尺测量的，而方向是用"16罗经点"的罗盘仪确定的。在读这些单个的信息时，罗盘仪可分辨东北向和东北偏东向，或可分辨西向和西南偏西向，但更精确的分辨就不可能了。冯·弗里希及其学生的这些工作，在其名著《蜜蜂的定距和定向》（*Tanzsprache und Orientierung der Bienen*，1965）中或由 L. E. 查德威克（L. E. Chadwick，1967）在英译本中做了全面的说明。我对此做了简要评述（其中包括批评意见和有关研究情况，1971a）。人类语言的设计特征（与动物，尤其是蜜蜂的通信相反）是首先由霍克特（Hockett，1960）和阿尔特曼（Altmann，1962b）进行了系统分析的，此后他们又重新做了评估（Altmann，1967b，c；Hockett & Altmann，1968）他们提出的正式系统的要点，随后会以一种更为宽松和灵活的方式进行说明。

离散信号和连续信号

179　　在结构上动物信号可大致分成两类；离散信号和连续信号，或者像塞伯克（Sebeok，1962）指出的，可把它们分别称为数字信号和模拟信号。离散信号是指那些可用简单的关或开、是或否、有或无、这里或那里，以及类似可用二分法表示的信号。这些信号最能完满表示一些简单的、特别是求偶期间的一些动作的识别。具有铁灰色背和红腹的雄性三刺鱼（*Gasterosteus aculeatus*）是离散信号的例子；另一个例子是鸳鸯（*Aix galericulata*）雄性的仪式化炫耀理毛，即它把头掉转向后不断地敲击翅羽，以显示出其翅上的鲜橙色的翼斑。萤火虫生物发光闪动的不同顺序是离散信号的另外一个例子（图8-2）。共享信号也具有离散性特征，通

过这样的离散性，同一类型的各成员能彼此识别并相处在一起，如鸟类的彼此鸣叫和有蹄动物的某些叫声。离散信号是经过"典型强度"的进化而进化的（Morris，1957），也就是说，不管诱发这种行为产生的刺激是如何的强或弱，这种行为的强度和持续时间都是基本不变的。

图8-2 萤火虫性通信中的离散信号。属于萤火虫属（photinus）9个物种的雄性萤火虫的发光和飞行路线，图中是用延时摄影拍摄下来的照片。每一物种有一个不同的、相对固定的发光模式（即为离散型模式）。当地上的雌性萤火虫看到其物种的发光模式时，它就以发光做出反应以引诱该物种雄性飞到她身边（Lloyd，1966）。

　　相反，连续（模拟）信号是以增加变异性的方式进化的。一般来说，动物的动机越强或动作越大，其需要的给定信号就越强并越持久。蜜蜂摇摆舞的"交界线运动"相当准确地反映了从蜂巢到目的地（如新食源地）的距离；其摇摆舞的"快活"或"愉快"程度和持续时间，随着被发现食物的品质和巢外天气的有利

性的增加而增加。连续通信在动物的攻击炫耀中也有明显的发展。例如，在普通猕猴中，只简单地瞪眼看一下对方是一种低强度的攻击炫耀表现。当一个人走近笼养的普通猕猴而被它死死盯住时，这与其说是它的一种好奇表现，倒不如说是一种警惕性的仇视炫耀。在野外的普通猕猴不仅用眼瞪，而且用其他一些不断增加强度的炫耀相互恐吓。对观察它们的人或其他对手，这些普通猕猴的攻击性炫耀在一个一个地变换或不断相互组合：张开嘴、向上向下晃头、发出特定的叫声和两手拍地。当它们做出上述所有这些动作时，也许就要开始向前猛冲一下，以进行实际的攻击（见图8-3）。其对手的反应是撤退或加强自身攻击能力。在普通猕猴社会中，这些攻击炫耀的变化对于维持猴群内的权力关系起着关键作用。

松鼠通过尾巴从缓慢地前后摆动到强烈快速地前后抽动，表现了其逐渐增加的敌对性。鸟类往往通过颤动身体竖起羽毛或展开翅膀使自身体积看起来比实际的要大以显示攻击倾向。某些鱼类通过展开其鳍或鳃盖，以达到同样的欺骗效果。蜥蜴通过竖起脊冠、降落其皮垂或加宽其体侧以造成体积更大的印象。总之，动物的敌对性越强，其攻击性就可能越强，其身体就可能显得更大。在这样一些炫耀或显示的同时，还常常伴有颜色和声音的逐渐变化，甚至伴有特定气味的逐步释放（见图8-4）。

图8-3　普通猕猴（上）和绿鹭（下）攻击炫耀中的连续信号。在普通猕猴中，从较低强度的炫耀行为——瞪眼（左）开始逐渐升级到站立（中），然后张嘴、向上向下晃头（右）和用手拍地。这时如果对手还未撤退，普通猕猴可能就会进行实际攻击。绿鹭的炫耀特点也具有类似的连续性：首先它竖起形成冠毛的羽毛并上、下开合尾羽（中）；如果其对手未撤退，它就张开其嘴、尽量竖起其冠毛并上、下快速地开合尾羽（右）。因此，在这两种动物中，攻击可能性越大，攻击炫耀就越强烈（根据Altmann，1962a；Meyerriecks，1960；摘自Wilson，1972b）。

图8-4　红身蓝首鱼（*Tropheus moorii*，产于坦噶尼喀湖的丽鱼科的一种鱼）连续信号：a.惊恐并表示顺从的颜色；b.中性（正常）颜色；c—e.鱼身中部的黄色区带逐渐加深和加宽并伴有"颤动舞"，这是求偶和安抚的信号（自Wickler，1969a）。

　　动物社会中大多数主要类型的通信，都是以这种或那种形式的连续信号为特征的。鸟类和哺乳动物传递一系列丰富的信息（其中一些在意义上有质的差别），是通过逐渐变化姿态和声音完成的（Andrew，1972）。蚂蚁（这里引用代表一类很不相同的生物）释放出的报警物质的量是与其受刺激的程度相关的；火蚁留存的嗅迹含量反映了其集群饥饿程度和发现新食源的丰富程度（Hangartner，1969a；Wilson，1971a）。只要通过能量输出、运动、黑色素细

胞聚集或其他含有信息成分物质的逐渐增加，就可把信号放大，否则就要整体加入一些新信息成分才能完成信号放大任务——某些鸟类的成群骚扰鸣声是一个明显的例子（见图8-5）。

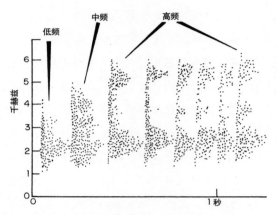

图8-5　通过加入新分量使声音信号的意义强化。如声谱图所示，欧乌鸫（*Turdus merula*）的成群骚扰鸣叫是随着逐步加入较高声频而增强的（自Andrew，1961，经修改）。

对偶原理

　　达尔文在其著作《人和动物的表情》（*The Expression of the Emotions in Man and Animals*，1872）中，首先阐述了动物通信最为普遍的原理中的一个。他所谓的对偶原理（Principle of Antithesis）可用极简化的方式表述如下：当动物改变了其意图时，也就改变了其信号。以妥协的姿态接近另一只动物的动物（或者已丧失了战斗力并试图对胜利者做出让步的动物），所采用的姿态和行动都是与攻击炫耀时的情形完全相反。达尔文对狗的对偶信号的描述是生动和准确的：

　　　当一只狗以凶暴和敌对的心态接近一

180

只陌生狗或一个陌生人时，它笔直且很不自然地走着，尾巴竖得僵直，狗毛——特别是沿着颈部和背部的狗毛竖起，耳朵往前竖起，而眼凝视不动。这些动作（像我们随后要解释的）都是这只狗要攻击对手前的准备，因此在很大程度上这些行动很容易理解。当这只狗咆哮着跳向其对手时，其耳向头后紧贴，但是后面这些动作在这里与我们无关。现在让我们假定，这只狗突然发现它要接近的人不是陌生人，而是它的主人。这时，它的整个态度顷刻间完全发生了逆转。它不再笔直地走路了，而是身体伏低甚至蹲下，并做一些不断摇摆的动作，尾巴不再僵直地竖起，而是低垂着左右摇摆；狗毛也变得平滑了；两耳有点向后，但不是紧靠头部了；它的嘴唇变得轻松自然。由于耳有些向后拉，所以眼睑变长，眼也不再表现为圆形并凝视不动了。

在进行攻击性炫耀时，鸥会把头往前伸，通过这一仪式化的活动表明它要啄敌对者了。但是为了安抚对手，它会把头转90°面向旁边。两只相互为了安抚对方的鸥会并排站在一起，或者相背而立，但它们却时刻都在注视着相反的方向（N. Tinbergen，1960）。首领雄性普通猕猴竖尾昂头，并通过降低睾丸的位置而炫耀；下级雄猴性则相反，夹尾低头，并通过升高睾丸的位置而隐蔽之。首领雄性普通猕猴也趴在下级雄性猴身上进行仪式化的假交配；下级雄性猴则表现出模拟被趴的假雌性猴的姿态。虽然这样一些例子还可举出很多，但是对于人类观察者来说，并非意义上相反的所有炫耀，在表现上都是对偶的。即使是安抚性的炫耀，有时也完全加入了与敌对信号无关的新元素。例如，鬣狗在彼此安抚时极其依赖于阴茎炫耀，甚至雌性鬣狗也具有十分灵活的假阴茎（Kruuk，1972）；啮齿动物和灵长类通常都会相互梳理；而某些鸟类和哺乳动物会做出幼年期的食或和其他姿态示好（Wickler，1972a）。

信号专一性

昆虫、其他的无脊椎动物和低等脊椎动物（如鱼类和两栖类）的通信系统，是以固定不变为特征的。这就意味着，每一信号仅对应着一个或很少数几个反应每一反应只能被非常有限的几个信号引起。在同一物种的各个群体中，发信号的行为和反应几乎都是相同的。符合这一规则的极端例子，是蛾类中的化学性吸引现象。雌蚕蛾通过由其腹部末端腺体分泌出的微量复合醇把雄性吸引过来，这种分泌物叫蚕蛾醇，其化学结构为反式-10-顺式-12-十六碳二烯醇。

蚕蛾醇是一种高效生物制剂。根据位于德国塞维森（Seewiesen）的普朗克比较生理学研究所的D. 施奈德（D. Schneider）及其同事估算，当雄蚕蛾的生活空间中每立方厘米约有1.4万个蚕蛾醇分子时，它们就开始寻找雌蚕蛾。雄蚕蛾有两个羽毛状触角，每一触角上约有1万个特有的毛状感受器可捕获蚕蛾醇分子。每一毛状感受器上的一两个受体细胞在受到刺激后，就把信号传到触角主神经，最终通过连接神经细胞传到脑的各个中心。该研究所在研究中发现了一个非同寻常的事实：受体细胞只需要1个蚕蛾醇分子就能被激活，而且只有接受蚕蛾醇分子的刺激时才能发生反应。雄性蚕蛾在每一个触角每秒钟内激活约200个受体细胞时，就开始其行动反应了（Schneider，1969）。由于雄性受到信号的极端专一性的控制，它的行动就如同一枚由性控制的导弹的飞行——其目标直接指向腹部末端分泌蚕蛾醇的雌蚕蛾，也就是雄蚕成年生活的主要目标。

图8-6 1872年，达尔文举例说明对偶原理的狗的攻击姿态图。图的上半部是以完全攻击的姿态接近另一动物的一只狗；图的下半部是同一只狗表现出的亲善姿态，这时原来的所有攻击炫耀的信号都已发生逆转。

这样一些高度定型的通信系统在新物种形成中可能具有重要作用，所以它们在进化理论中特别重要。可以想象，通过遗传突变诱发上述性吸引分子产生一个很小的变化，在触角内的受体细胞中也随之发生相应的变化，就会创造出一个群体，而其中的个体与亲本原种在生殖上是隔离的。罗洛夫斯和柯默（Roelofs & Comeau，1969）已经举出了实现这种突变的可靠证据。他们发现，蛾类在血缘上紧密相关的

两个物种是麦蛾科中夜蛾属（Bryotopha）的成员，它们的雌蛾性吸引物质，只是与一双键相接的一个碳原子的构型不同。换句话说，这些性吸引物质只是两个不同的几何异构体。野外试验表明："夜蛾属中一个物种的雄性，不仅只对其同种的性吸引异构体发生反应，而且当另一物种的性吸引异构物也存在时，其反应就会受到抑制。"明克斯（Minks，1973）等提出了一个更为极端的情况（事实上是可能的）：卷叶蛾的两个物种，棉褐带卷蛾（Adoxophyes orana）和双斜卷蛾（Clepsis spectrana），雌性利用两个相同的异构物（顺式-9-十四碳烯醇和顺式-11-十四碳烯醇）作为它们的性吸引物质。但是，不同的物种以不同的比例制造和释放这些物质，而且这种不同比例的混合足以影响雄性的不同反应，从而使这两个物种达到了生殖隔离。

除了这种极端的专一性外，还存在其他情况——信号可由多于一种类型的动物共享。天蚕科和卷叶蛾科的蛾类，性信息素的专一性往往存在于"物种-类群"水平，即由雌性分泌出的性信息素，可使自己物种跟与其血缘关系紧密的物种的雄性发生反应（Priesner，1968；Sanders，1971）。在自然环境下，物种依赖于其他类型的前合子隔离机制以避免杂交，特别是利用两个物种的不同生境、不同出现季节以及不同交配高峰期以避免杂交。

还有一些类型的信号显然是没有专一性的。蚂蚁、白蚁和社会蜂类的报警物质由许多不同的萜烯类、烃类和酯类构成，且多数是低分子量化合物，虽然在不同物种中这些化合物的组成和比例都不同，但它们一般在不同物种中都能起作用。当一只受到骚扰的蜜蜂工蜂释放出乙酸异戊酯或2-庚酮时，它不仅给其同巢同伴

报了警，也给其附近的蚂蚁或白蚁报了警。这一现象正好是进化学者所期待的。报警通信并不需要隐秘，当这种通信与种间攻击行为相联系时，信号对同巢同伴和敌对者的作用是相同的。在鸟类通信系统的功能上也存在上述同样的差异，且可借用同样的解释。鸟类领域中包括鸣叫在内的炫耀和求偶炫耀都极其精细并具有物种特征。事实上它们的复杂性和不断重复的模式，是我们人类称它们"动听"的原因。但对于鸟类来说，"动听"不是它们的主要考量。在绝大多数情况下，这些炫耀足以使每个物种的鸟的成员与同一领域的其他物种的鸟在生殖上隔离开来。在发生了"错误"的地方，即使产生了种间领域战斗或产生了杂交种，通常也是限制在血缘关系近的一些物种内，并且多数还是在最近期地质年代中紧密接触的那些物种。相反，小型鸟的成群骚动鸣声（其作用相似于其他鸟类协作把捕食者从它们附近驱走），在物种间极为相似且能被所有的鸟明白其含义，鸥（属鸥科）为专一性规则提供了一个极好的例子。每一分布重叠区物种的求偶炫耀的顺序是不同的：在一个物种中，长声鸣叫后跟一鸣咽声；另一物种发出哽呛声后跟一长声鸣叫，等等。信号各分量的确切形式也会有变化。在漫长的变化中实现了物种炫耀顺序的固定，所以这些信号不可能会导致任一只鸥在配对时选错物种。相反，攻击或妥协炫耀在实行中很简单，并且物种间是相似的。长尾猴属（*Cercopithecus*）的类群间以非常类似的方式进行炫耀。类群间争夺领域叫声和类群内唤起集合叫声是物种对物种的，即物种间是不同的，但它们的报警叫声是相对恒定的，且物种间能相互明白其含义（Marler，1973）。

攻击互动中的信号虽然趋同，但这不是在一定范围内生活的所有同类物种都要遵守的普遍规则。例如，在哺乳动物中，我们发现不同物种妥协行为的形式极为相同：倾向于下蹲，往往还翻滚以暴露出腰部或腹部。康拉德·洛伦兹认为，某些哺乳动物（如狗）暴露出这些最易受到伤害的部位，即可解除敌对者的攻击意图。但是，暴露腹部并不总是意味着妥协顺从，在鼩鼱中则表示敌对和强硬——之所以这样认为，是因为其最易受到伤害的部位是背部（Ewer，1968）。这里有两点需要强调：第一，在整体上，进化是随机的，并没有被任何预定的目标限制，即使直觉认为似乎有某些限制；第二，在所有表现型性状中，炫耀行为在进化上属于最容易变异的性状之一。

信号的经济性

在以人类标准进行估算时，每一动物物种应用的信号数似乎是很有限的。为了对这一直觉估算进行一般性的数量化测量，让我们把信号定义为在个体间传递信息的任何行为，先忽略它是否还有其他功能。动物的大多数通信是以炫耀为媒介的，而炫耀是在传递信息的进化过程中已经特化了的行为模式。换句话说，炫耀就是一种变化了的信号，其变化方式是将自己作为一个信号并专一地增强自己的表现。鸣禽的大声鸣叫报警、雄性狒狒的敌视性瞪眼、雄性刺鱼求偶时的"之"字舞和雌蛾性吸引物质的释放，都是炫耀的例子。如果把我们的注意力暂时限制在炫耀范围内，就可确定一组最重要的、容易判别的信号。最近的野外研究已经确认了如下奇妙事实：即使最高等的社会脊椎动物，在其整个"信息储存库"中也不过30或40个独立的炫耀形式。由马丁·H. 莫伊尼汉（Martin H. Moynihan，见表8-1）编辑的资料指出：整个脊椎动物不同物种炫耀数的因子有3个或4个——更明确地说，某些鱼有最小炫耀数10，而普通猕猴（社会组织的复杂性更接近人类的灵长类之一）有最大炫耀数37。这种独立的炫耀数或信号数相对固定的意义还不完全清楚。它可能是任何一个动物为了充分适应普遍环境（甚至社会环境）所需要的最大炫耀数；或者像莫伊尼汉提出的，也可能是任何一个动物在快速变化的社会互作中，其大脑能够有效处理的不同信号的最大的量。莫伊尼汉的这一假说，包含着具有创意的信号进化转换的模型，这样就使得一个物种，在给定进化时间内，所利用的炫耀数处于动态平衡状态。当一些旧的炫耀衰落时（也许是在与传递同一信息的更为有效的新炫耀竞争中衰落的），它们就可能作为一个分量与另一炫耀连锁在一起，并也可能使它们变得越来越罕见，形式上也越来越怪异。如同马勒（Marler, 1965）注意到的，灵长类最固定和最复杂的炫耀发生率是最低的，例子包括黑猩猩发怒对如同击鼓的唬唬声和大猩猩的捶胸行为。这一规律与人类语言学的齐夫定律（Zipf's law）规律惊人地相似：词越长，使用的频率就越低。

184

表8-1 脊椎动物物种的炫耀数（自Moynihan, 1970a）

物种		炫耀数
鱼类	虹鳉（Poecilia reticulata）	15
	十刺鱼（Pygosteus pungitius）	11
	杜父鱼（Cottus gobio）	10
	褐鱼（Badis badis）	26
	罗非鱼（Tilapia natalensis）	21
	翻车鱼（Lepomis gibbosus）	15

（续）

物种		炫耀数
鸟类	绿头鸭（Anas platyrhynchos）	19
	大贼鸥（Catharacta skua）	18
	灰鸥（Larus modestus）	28
	美洲绿鹭（Butorides virescens）	26
	黑水鸡（Fulica americana）	25
	大山雀（Parus major）	17
	苍头燕雀（Fringilla coelebs）	25
	家麻雀（Passer domesticus）	15
	绿背麻雀（Arremenops conirostris）	21
	东王霸鹟鸟（Tyrannus tyrannus）	18
哺乳类	拉布拉多白足鼠	16
	黑尾土拨鼠	18
	麋（Cervus canadensis）	26
	格兰特氏瞪羚（Gazella granti）	25
	欧洲臭猫（Mustela putorius）	25
	白鼻浣熊	17
	环尾狐猴	34
	夜猴（Aotus trivirgatus）	16
	柽柳猴（Saguinus geoffroyi）	32
	黑暗伶猴	27
	普通猕猴	37

脊椎动物在信号差异程度方面，与社会昆虫，特别是与蜜蜂和蚂蚁格外相近。在这些昆虫的单个物种内，已知的信号类别数的范围在10—20之间。所有社会昆虫中，人们对蜜蜂的研究是最彻底的。除了摇摆舞之外，蜜蜂已知的许多通信行为主要是以信息素为媒介的，而这些信息素是由什么腺体分泌的也已经大体确定。其他的一些信号包括食物交换中的触角刺激和功能上有别于摇摆舞的若干种舞蹈。蚂蚁中的火蚁——另一个研究得较为彻底的物种——利用化学炫耀和触觉炫耀的通信汇总于表8-2。另外已经进一步确认，具有最复杂的通信系统的非社会昆虫（如蟋蟀）也有社会昆虫那样多的炫耀方式，尽管这些方式的功能很少。

表8-2 火蚁的工蚁已知的通信类别（自Wilson, 1962a）。

刺激	传递的信息	反应
巢穴气味	化学	无（若气味无干扰作用）
触角或身体偶尔接触	触觉	旋转或增多非定向运动
腹部颤动	颤动声	功能不清
体表引诱剂	化学	用嘴舔舐梳理
二氧化碳	化学	群聚和挖掘
乞讨流食	触觉	反哺
反哺	化学（至少部分）	为食
杜氏腺体作为嗅迹的分泌物	化学	吸引，再沿着嗅迹运动
杜氏腺体作为攻击的分泌物	化学	吸引其余工蚁
释放头部物质	化学	报警行为

在某些炫耀类别中，有关信号的相对简化是平行进化和趋同进化的明显例子。变色龙科中的真变色龙（属蜥蜴类），以及安乐蜥属和鬣蜥科有关属中的假变色龙，作为对白天栖息在树上生活的突变适应，二者在许多方面都已经趋同了。特别是它们共同具有一种独特形式的视觉攻击炫耀：身体变扁向两侧展开、喉囊扩宽、嘴张开、全身摇摆和上下垂直点头。鬣狗和社会犬科动物（狼、野犬）在社会结构上已经非常趋同了，尽管它们的共同祖先可追溯到第三纪的早期，并且鬣狗在血缘上更接近于猫科和灵猫科的动物，而不是犬科的动物。它们在通信中引用的微信号和身体姿态明显相似。

动物通信普遍缺乏信号的多样性，这似乎与人类语言的无限多样性形成鲜明对比，然而在人和其他生物间却仍存在某些令人称奇的相似性。人类的每一个文化的非语言或副语言信号，其中包括手势和眼眉活动，大体上与动物的炫耀数相当。当在交流时，每个人平均约利用150—200个这样"典型"的非语言姿态。语言的声音结构建立在20—60个音素代表人耳能

分辨的（离散的）最大音素数，这就像多数动物能有效辨出30个或40个炫耀数一样。人类语言就是把这些声音按语素、字词和句子的顺序组成一个上升的等级系统而创造出来的，它们含有足够的冗余度，从而容易把它们区分开来。

增加信息

虽然由生态学家确定的每个物种炫耀数是50个或更少，但实际的信息数要比这大得多。在最简单的系统内，一个炫耀只有一个意义，而不允许有任何微小的差异，昆虫和其他无脊椎动物的性通信往往属于这一类型。雌蚊在飞行中的嗡嗡声、雄粉蝶翅膀反射紫外光的闪烁、雌卷叶蛾对顺式-11-十四碳烯醇的释放，仅出现一种形式的情况并且只传递单个的不可变换的性吸引信息。但是，在某些无脊椎动物和绝大多数脊椎动物系统中，由单个信号传递的信息数可通过富集方式增加。信号可以是连续的，可以与其他信号结合，这种结合可以是同时的或以不同顺序进行而提供新意义。它的意义可根据环境情况而发生变化。正如预期的那样，富集方式的极端情况发现于高等灵长类动物中。而且，在鸟类和昆虫的性行为和攻击行为研究中，首先发展起来的群性激动因子的基本概念，在哺乳动物特别是高等灵长类动物中却戏剧性地倾向于不适用了。因此，要全面了解动物通信，还得依赖于对上述富集方式的系统说明。如下就是对这些情况的简要说明。

调节消退时间

限制在一定时间和一定空间内的任何信

185

号，都可能提供这两个参数（时间、空间）的信息。当猎物发现捕食者时，为在隐蔽自己的前提下进行报警，因此只传递了已发现捕食者的信息。相反，声明领域的叫声（这种叫声容易被定位）却既传递了向侵犯领域者挑战的信息，也传递了领域的范围。这种信息富集的一般模式，在化学通信中尤为明显。在进化过程中，信息素释放和其在一空间活性完全消退之间的时间间隔，可通过变换 Q/K 的比值，即信息素分泌量（Q）与受体动物对其产生反应的阈值浓度（K）之比来进行调节。Q 是以单次分泌释放出的（信息素）分子数或单位时间内分泌释放出的分子数进行测量的，而 K 是以每单位体积所含分子数进行测量的（Bossert & Wilson，1963）。只要信息释放者的位置合适，通过减低释放速度（Q），或提高浓度（K）阈值，或二者同时进行，信息传递速度就可以增加。这一调节可使（信号）消退时间缩短，从而使信号明显地集中在更为微小的时间和空间里。一个较低的 Q/K 比值表明了两个系统——报警系统和嗅迹系统。

在信息素分子被接收的情况下，其信号的持续时间可通过酶对这些分子的去活化作用而缩短。约翰斯顿等（1965）在用放射性顺式-9-酮-2-十一碳烯双酸喂给蜜蜂工蜂并跟踪该物质的代谢时发现：在72小时之内，这种信息素分子95%以上已经转变成一些无活性物质——主要是9-酮十一碳烯双酸、9-羟十一碳双酸和9-羟-2-十一碳烯双酸。

增加信号距离

如果信息中包含信号释放者所在位置，那么每一信号中的信息将以信号传播距离平方的对数值形式增加。在化学系统中，这个位置正是信息素活性空间，或正是信息素达到或超过阈值浓度的扩散空间。活性空间的增加可通过增加 Q 或降低 K 来完成——降低后者更有效，因为通过改变化学接受器的灵敏度，可使 K 值变化许多个数量级；而要使 Q 值发生相应的变化，腺体的信息素产量和容量就需要大幅度地增加或减少。在空气传播昆虫的性信息素的进化中，降低 K 值是非常普遍的，其阈值浓度是每立方厘米仅数百个性信息素分子。当性信息素顺风排放时，只需相对少的量就可创建一条很长的活性空间，因为其定向可通过趋风性加以确定，而不必通过顺着或逆着性信息素嗅迹的浓度梯度完成。因此，Q 值可以维持低量，信息传递速度可以维持在低水平（从信号不能快速启动或关闭的意义上说）。但是最终传递的总信息量是增加的，因为一个很小的目标可以在一个很大的空间内被锁定。

信号发送者也可识别出一个对象（目标）在空间中的位置。当放哨的雄性狒狒以吼叫向其群队发出警报时，全队成员首先是看着它，然后随着它注视的方向试图确定目标的位置（Hall & DeVore，1965）。蜜蜂摇摆舞中的直线运动传递了有关目标位置的详细信息，因此比摇摆舞中的圆形运动更为有效，因为后者只传递了在巢附近的某地方有新蜜源存在（von Frisch，1967）。

增加信号持续时间

当一个信号连续不断时，可能传递的信息量就随时间平稳地增加。求偶中利用的生理构造就是较易维持信号不断的例子：雄鹿分叉的角、发情雌性黑猩猩膨大的臀部和性活跃期中雄性鹦鹉

186

艳丽多彩的腿，都在连续不断地"传递"自己处于生殖状态的信息。动物在所占领域留下的气味的扩散也是连续信号；此外，由于扩散和化学上的变化而使气味变淡，其浓度就提供了信号持续的时间和发信号者仍在附近的概率。

动物建造的结构可以提供持续时间最长的信号源。这样的通信可称为"符号建造"（sematectonic）通信，这是由希腊词 *Sema*（符号、象征）和 *tekton*（工匠、建造者）合成的。该术语被推荐用来替换格拉斯所称的"激励通信"（stigmergic communication），后者专指社会昆虫利用已完成的工作为引导而继续进行工作的通信。看来我们需要一个更为普遍且不怎么烦琐的表达，以显示由于其他动物活动的行为或生理变化所引发的（信息）传送。

社会昆虫研究者知道符号建造通信已近两个世纪了。皮埃尔·休伯（Pierre Huber，1810）在关于观察蚂蚁——丝光蚁筑巢时说道："从这些千百次的观察中，我确信每只蚂蚁的工作都是独立于其伙伴的。其中一只蚂蚁偶然发现一个容易进行筑巢的雏形，并即刻大体筑起了它；其他蚂蚁只需要观察这只的行为方式，并

进行仿效继续一起工作。"织叶蚁属织叶蚁的协作筑巢，为休伯的上述发现提供了一个现代的、更显而易见的例子。织叶蚁完全是树栖生活，它们用其幼虫吐出的黏丝把绿叶裹在一起而筑起巢来。为了筑起巢壁，需要成群的工蚁同时拉起叶片，而另外一些工蚁使幼虫就像织布的梭子那样来回穿梭。这种合作是如何完成的呢？根据萨德（Sudd）发现，这涉及简单形式的符号建造通信。如图8-7所示，在最初试图把叶片卷起时，工蚁的工作是相互独立的。当一只或多只工蚁在叶的任何一部位取得成功时，在附近工作的其他工蚁才放弃自己的工作而加入其中。威尔逊（1971a）提供了符号建造通信其他的一些例子，并对它们在社会昆虫组织中的作用进行了一般性讨论。

符号建造通信绝不只限于社会昆虫。当居住在树干内的黄蜂幼虫化蛹时，它们的身体必须排列整齐并面向外部——树洞的开口端。如果幼虫偶然而向相反的方向，则其日后羽化成熟的黄蜂就会向（乔木或灌木）树干的树心挖掘，并在这过程中死亡。当一只幼虫要变成一只蛹时，如何知道该面向的正确方向呢？K. 库帕（K. Cooper，

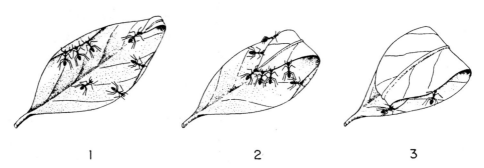

1   2   3

图8-7 织叶蚁合作筑巢的过程。工蚁起初试图卷起叶片时（左），它们分散在叶表面，并且从叶边缘它们能抓住的部分把叶向上翻卷。其中一部分（这里为叶尖）比其他各部分更易翻卷，这一情况成功吸引其他工蚁加入这一工作而舍弃其他部分的工作（中）。其结果（右）是得到在织叶蚁巢中经常碰到的一类卷叶（自Sudd，1963;《科学杂志》，伦敦，与《发现》杂志合作）。

1957）发现：当母蜂开始在树洞内筑巢时就对其后代提供了必要的信息：它最终使朝向树干外侧与朝向树干内侧的巢壁的质地和凹度（相对于凸度）都不相同。幼虫本能地利用了这一信息，使其身体羽化时有正确的朝向，尽管它没有与母亲直接接触，也没有与外面的世界接触。库帕通过在人工树洞建造不同构造的蜂巢，从而可随意改变幼虫的朝向。

由其他动物筑起的巢本身也可具有通信功能。成年雄性沙蟹（*Ocypode saratan*）在其沙滩生境中建造独特的建筑复合体——每个复合体是由沙堆起的一个"金字塔"、一条小道、一条通廊和一个螺旋形巢穴组成（见图8-8）。由同一物种其他成员挖掘的复合体，巢穴为非螺旋形，且无"金字塔"。林森麦尔的试验（1967）表明，这种复合体代表着一些"固定的炫耀信号"，这些信号迫使其他的雄性蟹建造巢穴必须在至少134厘米之外。"金字塔"能吸引成熟雌性沙蟹，并使其利用金字塔而找到螺旋形巢穴作为交配场所。这些结构似乎严格地被用作通信手段。雄性沙蟹据守这样的巢

穴仅4—8天，在这期间它们不进食。

连续变化

在其他所有情况相同的条件下，连续信息要比等量的离散信息传递的内容更多。设想最简单的一种可能情况，即将一个离散信号与从连续信息中某点选出的一个信号进行比较。离散信号只能以"有"或"无"两种状态存在，在同一信息类别中缺乏其他信号时，它至多传递一个信息。相反，连续信号同样以"有"或"无"两种状态存在，并且以"有"状态存在时，它还要继续选定连续变化中的一个点（即选定一个信号），由此产生的附加比特数是连续信息中可以辨别的总点数的对数的函数。现在假定被比较的这两个系统是：（1）沿着一定梯度排列（比方说是用1—10标记的）并沿着上升强度的尺度标示的一组离散信号；（2）一组连续变化的信号，也具有与离散信号相同的尺度。在两种情况下控制发射和接收的精度都相同时，可以表明：连续变化系统总要比离散的系统携带更多的信息。这个道理，如果把蜜

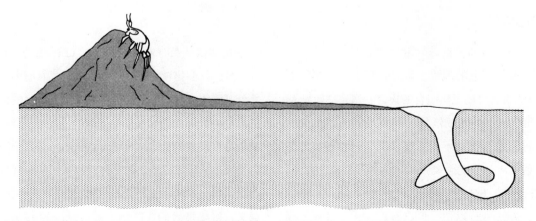

图8-8 沙蟹的符号建造通信。成体雄性沙蟹在沙滩上建立精细的建筑结构，左边的用沙堆成的"金字塔"通过一小道与通廊和螺旋形巢穴连接起来。这一独特的符号式建筑排斥其他雄蟹并吸引雌蟹（根据Linsenmair，1967，重画）。

蜂摇摆舞（这是一个连续变化系统）和一个假想的被分离成零散的信息系统进行比较就更清楚了。我们知道，由于摇摆舞本身和受该舞引导外出飞行的这两个方面的误差，关于方向传递的信息量是相当有限的，约有 4 比特。这就如同利用相同概率的 2^4 即 16 个轮盘区间来抽中某一个目标扇形。如果传递的精度与实际摇摆舞的相同，则每次摇摆舞传递的信息要比 4 比特少。这是因为某些蜜蜂会不可避免地落在信号指定范围外的一些目标，然后这些误差的概率和程度必须转换成比特数，并把此比特数从 4 比特（完全离散系统的最大值）中扣除。

连续信号的信息不仅在强度上，而且在性质上也可发生转换。栗红须蚁中的工蚁，对其主要报警物质 4-甲基-3-庚酮能以很不相同的方式发生反应，这种物质是当工蚁受到惊扰时由其下颚腺中释放出来的。当释放的量达到平均每立方厘米 10^{10} 个分子的阈值浓度时，工蚁的反应只是向嗅迹源移动。当浓度高出 10^{10} 一个或更多个数量级时，工蚁就会进入疯狂警戒状态。如果它们在高浓度区停留多于 1 分钟或 2 分钟，则许多工蚁就会从警戒行为转变到挖掘行为。

合成信号

一些信号可被进行组合使它们给出新的意义。组合信息的理论上限是其所有分量的"幂集"或所有可能子集组合的集合。例如，如果 A、B 和 C 是三个离散信号，每个具有不同的意义且每一组合仍有不同意义，那么，总的可能信息就是由如下七个要素构成的幂集：A，B，C，AB，AC，BC 和 ABC。没有一种动物正好会以这一方式进行通信，但已有许多例子证明，令人印象深刻的信号都是利用有效的不同组合来

提供不同意义的。来自马科（Equidae）动物的含有离散和连续两种信号的一个例子见图 8-9。斑马或其他马科动物以其耳向后平伸表示恐吓或敌意，以其耳向上竖起表示问候或友谊（离散信号）；而同时用嘴张开的程度来表示恐吓或问候的程度（连续信号）。母马再添加两个分量就可产生第三种信息：当它要交配时，其脸部对公马显出恐吓姿态，但同时它抬高臀部并把尾巴移向旁边。

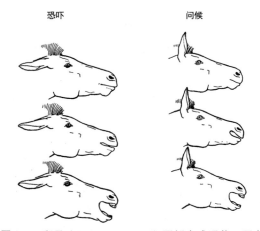

恐吓　　　　　　　　问候

图 8-9　斑马（*Equus burchelli*）面部合成通信。耳向后平伸（离散信号）表示恐吓，嘴逐渐张开（连续信号）表示恐吓程度逐渐增强。斑马表示友好问候时，其嘴也是逐渐张开，但这时耳总是向上竖起（自 Trumler，1959，经修改）。

化学通信与视觉通信一样，也容易产生合成信号。许多物种的昆虫和哺乳动物都具有多个外分泌腺体，其中每一腺体可产生不同意义的信息素。例如库伦伯格（Kullenberg，1956）发现，某些具有螫刺的黄蜂从头部释放出的一些简单吸引物质与从腹部释放出的性兴奋物质可同时发挥作用。同一腺体也能产生不同物质并具有不同的意义。蜜蜂蜂后的头部至少被检测出 32 种化合物，包括 9-酮癸酸甲酯、9-酮-2-癸酸甲酯、壬

酸、癸酸、2-壬烯双酸、9-酮癸酸、9-羟-2-壬烯双酸、10-羟-2-壬烯双酸、9-酮-2-壬烯双酸等（Callow et al.，1964）。这些化合物大多或全部是由颚腺分泌的，其中大多数的生物学作用仍不清楚。某些无疑是信息素的前驱物，但至少有两种是已知具有相反效应的信息素。第一种，即9-酮-2-壬烯双酸，基本是抑制剂。它与体内别处产生的另一种嗅迹物共同作用，抑制工蜂构筑蜂后房室和饲喂新蜂后（这些新蜂后是母蜂后以后的竞争者），也可抑制工蜂卵巢的发育（可达到阻止工蜂与蜂后对抗的效果）。第二种颚腺分泌的信息素，即9-羟-2-壬烯双酸，可引起工蜂分群时的聚集和稳定，并帮助分群的蜂从一巢址飞至另一巢址（Butler et al.，1964）。在河狸的河狸香中也发现了一种成分丰富的化学混合物，已识别的约有45种物质，包括一系列不同的醇类、酚类、酮类、有机酸和酯类及水杨醛和河狸胺（$C_{15}H_{23}O_2N$）（Lederer，1950）。虽然这些物质还没有被证明具有影响行为的功能，但经过更仔细的检测可能会揭示出某些物质是信息素。美国生物学家E. T. 西顿（E. T. Seton）曾推测，留有河狸香的树干是河狸用来通信的"不明电报"。

189   有少数例子表明，一些信息素以组合形式存在时，可以具有不同意义的信息。在把火蚁头部和杜氏腺体分泌的信息素释放到火蚁的工蚁附近时，可以分别引起它们的报警行为和吸引行为。如果同时还有一只高度受到刺激的工蚁驱赶它们，它们就全部做出报警行为。与蜜蜂蜂后密切接触达数小时后，从蜂后身上获得嗅迹的工蜂，加上它们自身的"工蜂识别嗅迹"，可能会招致同巢其他工蜂的攻击（Morse & Gary，1961）。

特别是在脊椎动物中，通过不同感觉通道传递的信息，往往以不同方式组合在一起而达到增加信息的目的。在某些例子中，这样的信号组合只不过是冗余的，例如变色龙同时发出嘶嘶声并颤动身体，雄性白鹭同时展翅炫耀和求偶鸣叫，在这两种情况下，尽管其组合没有任何新的信息（在非组合时都分别存在），但信息精度却增加了。不同感觉通道的分量，可以加到一个信号中以作为强化该连续信号的一部分。在灵长类的封闭类群社会中，例如在猕猴和狒狒的密集群队中，低强度的恐吓行为事实上很常见。为了强化这些恐吓行为，它们通常会加入一些具有特征性的声音。弓背蚁的工蚁，其嗅迹有如下作用：召唤同巢伙伴到新食源地运食，或把它们引到新巢址（Hölldobler，1971a）。添加头部摇摆的运动表示召唤到新食源地，添加整个身体前后来回的运动表示到新巢址（见图8-10）。其他动物或多或少是利用炫耀的两正交梯度（orthogonal gradient），所以两梯度相交的每个点可用来识别不同的信息。为了使这样的相交系统的结构具体化，我们考虑如下极端的理论情况：在一个信息类别中存在着m个可能信号，而不论这些信号是离散的还是连续中的m个可区分的点。假定该物种还可利用第二个有关的含有n个可能信号的信息类别，然后这两个类别进行组合可产生多达mn个信号。例如，在早期求偶阶段，鱼类和鸟类某些物种的雄性把纯粹恐吓和纯粹求偶的信号组合在一起，这就表达了允许特定的雌性进入雄性领域的应允程度；而雌性展示适当的顺从加以回应。这时，雄性的炫耀就马上转到性行为上，于是雌雄配对结合就完成了。

敌视和顺从的相互独立组合也有可能产生新的信息。换句话说，炫耀不是从一端的最敌视到另一端的最温顺排列起来形成的一个简单

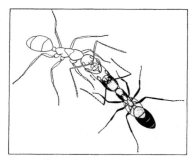

召唤伙伴到新食源地　　　　　　　**召唤伙伴到新巢址**

图8-10　弓背蚁工蚁的合成信号。由后肠分泌的嗅迹用来召唤同巢伙伴或是到新食源地，或是到新巢址。如图所示，头的左右摇摆表示前者，身体的前后来回运动表示后者（自Hölldobler，1971a）。

的连续系列，而是构成两组信号——它们或者分别表达，或者组合表达。组合时，这些信号衍生出的信息具有高度的模糊性。在家猫中，高强度恐吓炫耀和高强度惧怕炫耀组合在一起使猫处于"万圣节前夜"[①]姿态：四肢直挺，嘴紧闭（恐吓），同时身体呈弓形，耳向后贴（惧怕）。这种混合姿态对于基本信息来说是模糊的，但它提供了不同类别的新信息。人类观察者可把猫的这种行为理解为正处在一种高度亢奋状态，以准备进入激烈攻击或迅速退却。这一新信息明显不同于纯粹高强度的攻击或顺从姿态，也不同于一只猫处于低强度攻击和低强度顺从的较为宽松的混合姿态（Leyhausen，1956）。这一相当复杂的解释已经得到了神经生理学试验的支持。J. B. 布朗等（J. B. Brown et al.，1969）用电极同时植入原来分别独立控制攻击和退却的猫的下丘脑的两中心进行刺激，结果诱发了猫的攻击和退却的组合行为。相似的信号组合（本质上或多或少是相互独立的）在对狼和狗的研究中也有叙述（Schenkel，1947）。

[①] 每年10月31日是万圣节前夜，为西方世界传统节日。传说这时是鬼怪接近人间的时间，为赶走鬼怪，有时人们会戴上面具。——译者注

语句排列

人类语言学意义上的真正的语句排列，信号组合的意义依赖于各信号出现的顺序，这种"语法"在动物学中尚未得到证实。一个可能的例外是玩耍邀请，这个在随后的元通信中要讨论，不过充其量是一个个案。如果具有不同意义的分离信号，比方说A、B和C进行不同顺序的排列：AB、CBA和CAB等而衍生出新信息时，那么就发生了真正的语句排列。在人类语言中，三个排列"乔治追捕""乔治追捕熊"和"熊追捕乔治"，其中每个排列的意义相互都很不同。在动物中还不知道是否有类似的信息形成过程。

虽然如此，但单个信息的区分仍往往依赖于构成该信息各要素的排列顺序。强棱蜥属（*Sceloporus*）各个物种的点头动作的差异是按时间排序的，这样就可使雌性识别出自己物种的雄性（见图8-11）。通过做出各个物种模式的（雄性）点头动作，试验模型可吸引被模拟物种的雌性（Hunsaker，1962）。但是，点头的顺序并不是由单个蜥蜴进行分解并进行重排的句子，而是一个孤立不变的信号。与此类似，布勒蒙（Brémond，1968）发现，欧

190

亚鸲（*Erithacus rubecula*）雄性鸣唱的音调顺序，是同种其他成员能识别它的重要根据；相反，欧洲林白灵（*Lullula arborea*）和靛蓝彩鹀（*Passerina cyanea*）鸣唱的音调顺序却并不重要（Tretzel，1966；S. T. Emlen，1972）。与蜥蜴的点头动作一样，欧亚鸲的鸣唱也缺乏句子排列的组织，它只是添加一些与单位信号无法区分的音调、音长（持续时间）和其他分量的具有信息性的部分。

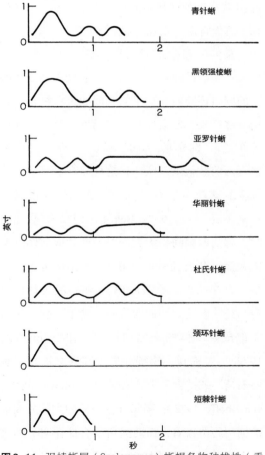

图8-11 强棱蜥属（Sceloporus）蜥蜴各物种雄性（垂直向）点头活动的模式，便于雌性选择到自己物种的雄性而得到配偶。图中纵坐标表示点头的深度。虽然点头活动的顺序具有固定排列方式，但它们没有构成真正的语句排列（自Hunsaker，1962，经修改）。

此外，如下情况也是实际存在的，即执行一个动作或发出一个信号会影响下一个动作或信号发生的概率。换言之，各单个动作或信号，不是作为独立试验而是作为马尔可夫过程表现的。在后一过程中，一个表现发生的概率，在一定程度上要受到上一个发生的表现的性质影响。这实际上是研究这一课题的所有生态学家的一般共识，并在由戴恩和范德克洛特（Dane & Van der Kloot，1964）对鹊鸭的出色的统计学研究中得到了证明。因为估算二级或更高级的传递概率时需要的观测数极大，所以对通信系统中随机链的最大长度的估测极其烦琐，有时需要数以千万计的观测数。然而，在哈兹勒和波塞特（Hazlett & Bossert，1965）对寄居蟹的攻击分析中，可以确定至少存在二级概率。这就表明，对于三个动作（比方说A-B-C）的顺序，C发生的概率不仅受前面发生的B影响，而且也受A的影响。这些顺序涉及一个个体的行为系列，也涉及当别的个体做出一个或两个信号时该个体发生反应的概率。阿尔特曼（Altmann，1956）在研究普通猕猴（比寄居蟹的信息储存要复杂得多的一个物种）时得到了类似结果。但是，在上述两类动物中所限定的传递概率的事件，都不是语句排列的等价物。哈兹勒、波塞特和阿尔特曼已清楚表明：这些限定事件组合在一起提供的信息，并未超过其各分离信息之和。

元通信

组合信号的一种特殊形式是元通信（metacommunication），即用来表示其他通信意义的通信（Bateson，1955）。动物将元通信进行前置或后置，改变了原来被传递的信号，使其具有其

191

他类别信号的意义。阿尔特曼（1962a，b）首先把这一概念扩展应用到非人类的灵长类动物行为中，并且识别了两种情况下的元通信。第一种是地位信号。一只首领雄性普通猕猴，可通过如下表现识别出来：轻盈大踏步的步伐，睾丸垂下明显可见，尾巴往上举起而顶部往后卷曲，一副镇定的"大管家"姿态——以自信和从容不迫的方式注视着它要关注的任何一只猴。而地位低的从属雄性猴表现出相反的一组信号（见图8-12）。在猕猴和狒狒的其他物种中也观察到了一些类似的信号。阿尔特曼的假说是：正在发出信号的动物是在通报其地位的状况，所以如果发生冲突，是在通报其参加战斗或退出战斗的可能性大小。因为猴群中各成员都相互了解，所以，它们能够判断是否有些竞争者准备取代首领，能够评估社会各成员的一般"态度"。这种解释似乎很有道理，但还没有经受任何有说服力的检验。

地位高的首领雄猴的步行姿态

地位低的从属猴的步行姿态

图8-12 普通猕猴中元通信包含的地位信号。个体的姿态和行动显示了它们在等级系统中所处的地位（自Wilson et al.，1973；根据S.A.Altmann）。

灵长类动物元通信的第二种形式是玩耍邀请。普通猕猴的玩耍，与其他多数哺乳动物一样，大体上集中在相互追逐和嬉戏战斗上。邀请信号由跳跃和凝视玩耍伙伴组成，凝视方式是头朝下从自己的腿间或腿边凝视伙伴。在随后的玩耍中，猴子们生龙活虎地相互摔跤和啃咬。玩耍时虽然看样子容易造成伤害，事实上却很少发生。在以后的强烈攻击中，对玩耍攻击行为进行了升级就会造成真正的伤害。普通猕猴的玩耍信号近似表达了如下简单的人类信息："我在做的和要做的只是为了好玩，可别认真。总而言之，跟我一起玩吧！"

狗的元通信玩耍信号，是在1872年由达尔文首先描述的："在玩耍中，我的狗在咬我的手的同时还嗥叫。如果它咬时我表示抗拒，它仍会继续咬，但会摇几次尾巴回应我——这似乎在说，'别介意，只是玩玩'。"狗突然向前伸直两前肢伏低并吠叫，这样就开始了它们的玩耍。这两个信号表现为仪式化的攻击意向运动（Loizos，1967；Bekoff，1972）。与此同时，狗的两眼睁得大大的，而两耳向前倾。家猫和狮子开始玩耍时采用与上相似的姿态，但是没有嗥叫声（见图8-13）。年轻的雄性松鼠会高高一跃跳在同窝雌性松鼠背上，随后做出类似成熟个体的交配和梳理动作（Horwich，1972）。黑猩猩、狒狒和旧大陆猴会展现"玩耍表情"或"含笑张嘴炫耀"（Andrew，1963b；van Hooff，1972）：嘴张开，但牙的大部分或全部仍用唇覆盖着，而两嘴角没有像在明显的攻击型露牙炫耀中那样向前伸（见图8-14）。身体和双眼都以一种轻松的方式在活动和观看，呼吸快而浅。在黑猩猩中，快而浅的呼吸伴有如同"啊哈——啊哈——啊哈"的响声。事实

图8-13　狮子的这一玩耍邀请是哺乳动物利用的两种主要元通信形式中的一种。上图：一头成年雄狮伏低其前身邀请一头幼狮玩耍。下图：成年雄狮用前肢轻拍幼狮的头（自Schaller, 1972）。

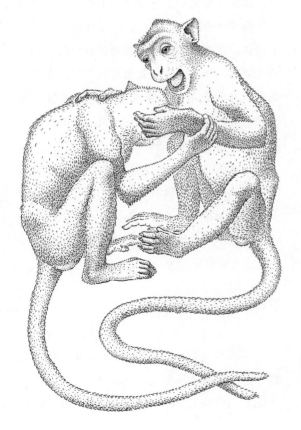

图8-14　右边的食蟹猴（Macaca fascicularis）的"含笑张嘴炫耀"，是旧大陆猴和猿广泛使用的玩耍邀请信号，可能类似于人类的露齿微笑。这里表示的是两只猴正在进行玩耍挑逗（重画自van Hooff, 1972）。

上，这些"玩耍表情"与人类的露齿微笑相似。一个人在轻拍一个朋友的臂或对其朋友的胸部用拳轻击一下的同时，如果还露齿微笑着，其得到的回应不会是敌视的。在西方文化，这些组合动作或姿态大体是一种友好逗笑的表示。

信息背景

虽然动物受到信号储存量小的限制，但如果每一信号在不同背景下进行传递，信息量就会大量增加。因此，一个信息的意义，依赖于信号接收者同时收到的其他的刺激。想象一个极端情况：一个动物只会发出一个警戒同种动物其他成员的信号，然后添加不同的特定背景：面时危险时，则上述这个信号起报警作用；在自己领域内时，该信号对性竞争者起着恐吓作用，或对可能的配偶起着邀请作用；面对子代时，该信号意味着要提供食物了，等等。

W. J. 史密斯（W. J. Smith，1963，1969a，b）已经强调了信息背景的变化对丰富鸟类通信信息的重要性。例如，东王霸鹟的雄鸟常发出一种如同"开脱"声的叫声。当该鸟在接近某一目标——栖木、配偶或其他鸟——的途中遇到判断不明或受到干扰等不同背景时，都会发出"开脱"叫声。如果一只孤独的雄鸟在其新安置的领域的栖木上飞来飞去，则"开脱"声用来吸引雌鸟和警告潜在的竞争者离开；如果该雄鸟已经接近了其配偶，则这声音显然就是安抚信号了。

哺乳动物广泛地利用背景信息。汤普森瞪羚为免受捕食者（如野犬）的捕获，在逃跑期间进行了"逃跑腾跃"炫耀，这种炫耀也在物种内的成体追逐中得到了利用（Estes，1967）。

狮子的吼声，根据背景信息的不同，至少有如下四方面的功能：在分离期间，吼声有助于彼此发现同群的个体；当个体在一起时，吼声是同群成员间强化联盟关系的信号；吼声是使相邻群间保持一定距离的手段；在"短兵相接"的相互攻击中，它是作为最为壮观的声势而发挥作用的（Schaller，1972）。狼的问候仪式，即一只狼舐另一只狼的嘴，其意义也依赖于社会环境：它有时是一个归顺服从信号，特别是成员个体在为地位最高的雄性狼舐嘴时；幼狼利用相似甚至相同的方法乞讨食物；成年狼兴奋地使用问候仪式，是当它们发现猎物时（Mech，1970）。一群非洲野犬，在要追击猎物之前也有上述类似的行为。

社会昆虫利用不同的信息背景来丰富信息量，比起脊椎动物是有过之而无不及。蜜蜂的蜂后物质9-酮-2-癸酸（在不同背景下）有如下功能：在蜂巢内，作为职别抑制信息素；在婚飞期间，作为雌性主要的性吸引物；在分群期间，作为集群的集聚嗅迹。蜜蜂的摇摆舞引导工蜂飞到新食源地，它也引导分群蜂迁入新巢址。蚂蚁中火蚁的杜氏腺分泌物，在其成体生命周期的大部分时间内，对于所有职别的成员是一种有效的吸引剂。但在不同环境条件下，它可引导工蚁到新食源地，可以引导集群迁出，另外与头部挥发性分泌物进行组合还可引起定向的报警行为。

群通信

社会昆虫许多高度组织化的通信系统含有一些信息分量，不能在个体间而只能在类群间进行传递，我把这一现象称为"群通信"（1962a，1971a）。火蚁中工蚁离巢的数量，是由已在野外的工蚁释放出的嗅迹物质的含量控制的。对这种嗅迹信息素的检测已经表明：吸引到巢外的个体数，总体来说，是集群释放的这种物质含量的线性函数。在自然条件下，这一数量关系归结为把外出的工蚁数量调节到在食源地劳作所需要的水平，于是通过如下方式达到了平衡状态：最初前往新食源地的工蚁数量是呈指数增长的。由于食源地工蚁很拥挤而未能触及食物团块的工蚁返回巢时途中未释放嗅迹，又由于在数分钟内单个工蚁释放的嗅迹挥发到阈值浓度以下，所以在新食源地工蚁的数量倾向于稳定在（新食源地）食物团块面积的线性函数水平上。有时候，例如当发现的食源品质差或与巢相距过远，或整个集群已吃得很饱时，工蚁就不会全部通报这一发现，而是使来新食源地的工蚁维持在一个较低密度的平衡状态。这一附属的有关食物品质的群通信，是通过"个体选择"反应的方式完成的，即发现新食源后由个体选择是否要释放出嗅迹——如果选择要释放，它们就会根据环境状况而调节嗅迹信息素的量（Hangartner，1969a）。新食源越是集群所需要的，则正向反应的百分数就越高，个体释放出嗅迹信息素的量就越多，为集群提供的嗅迹信息素的量就越多，因此从巢中来到新食源地的工蚁数就越多。这样，通过群通信效应，嗅迹信息数提供的控制，要比只依靠个体行为的有关基本形式的控制更为复杂。

通过类似于上述火蚁释放嗅迹信息素的群通信方式，蜜蜂的摇摆舞调节着工蜂进入新食源地的数量。蜜蜂"群通信"的第二个例子，是在冷却巢窝时展示的行为（见第3章）。巢窝空气调节系统，是由巢内工蜂接受从野外飞回的工蜂携带的水的"情愿程度"控制的，当有足够的水滴分布于巢中，并且巢温下降时，巢内工蜂向飞回工蜂要水的积极性就降低，而这些飞回工蜂必须花更长时间寻找愿意接受其携带的水的工蜂（把其所携带的水反哺给接受者）。因此，进入巢内的水会逐渐减少，直至停止（Lindauer，1961）。这里，对水携带者的激励或拒绝（由整个集群对水的吸纳控制）是群通信的一种形式，在许多方面与蚂蚁中嗅迹信息素的释放类似。这两个系统可以测定出整个集群的需求量，并且以大量工蚁（蜂）的作用相加就可满足这一要求。

通信测量

通信已定义为一个个体改变另一个个体行为概率的过程。这一概念的优点是可直接转换成数字表达式。我们的表达式至少要包含以下6项：

个体	A	B
行为	X_1	X_2
行为发生概率	$p(X_1)$	$p(X_2)$

当 $p(X_2 \mid X_1) \neq p(X_2)$ 时，就发生了通信。换句话说，在给定个体A发生行为X_1的条件下，个体B发生行为X_2的条件概率不等于缺少行为X_1时个体B发生行为X_2的概率，就发生了通信。

假定已传递了一定量的信息，那么我们如何测定这一信息量呢？信息的基本定量单位是比特（bit），这是二进制数字（binary digit）的缩写。1个比特可以使接受者无误差地从两个等概率选项中选出一个所需要的信息。想象在一个领域内，有一只留守鸟面对一系列入侵者这样一个极其简单的系统。只有留守鸟在发出如下的两个等概率信号之一以后，入侵者才会注意到它：如果留守鸟翅膀上扬，入侵者就离开；如果翅膀下垂，入侵者就接近它。所以，一个信号每呈现一次就传递1比特信息。如果可发送4个等概率的信息，那么每一信号就含有2比特信息；8个等概率信息的一个系统，每一信号就含有3比特信息，等等。总之，为了得到等可能信息数目，比特数就是2的次方数（即2的幂数），假定H是比特数且N是信息数，则有：

$$N = 2^H$$

$$H = \log_2 N$$

这里之所以利用二进制数字系统，是由于利用它很方便，且科学的其他许多分支学科以及工程学都很熟悉它。要提醒的是，二进制词汇量是随着所用数字的数目呈指数增长的：由一个二进制数字产生两个信息0和1；由两个二进制数字产生4个信息00，01，10和11，等等。同样有效的是，我们也可利用三进制数字（0，1，2）；在该情况下，信息数是以3的幂数增长的，并且这样的信息单位为"提特"（trit）。或者，我们可以利用全部的十进制数字系列（0，1，2，……，8，9），那么可能的信息数是以10的幂数而增长的，而其信息单位称为"地特"（dit）。

下面假定各信息的发生不是等概率的。在这种情况下，传递的信息量必然小于$\log_2 N$。信息损失的理由在直观上很容易了解。如果所有的信号是等概率的，则下个信号的不确定性就达到最大值。当我们说发射某一信号时，则它应以最大可能（即以$\log_2 N$）减少下一信号的不确定性。但当一个信号比其他一些信号发射更为频繁时，我们可确认每个未发射的信号

有较少的不确定性。在确认的条件下，它就更可能成为常用信号而不是非常用信号了。假定我们刚提到过的想象中的那只留守鸟，几乎每次都是发射其两个信号中的一个，即第二个信号只偶尔发射。与此相应，下一次哪一个信号会发射的不确定性就很少，因此每一信号包含的信息量就很少。对于任何这样的信息系统，每一信号中的潜在信息量可用香农-维纳公式（Shannon-Wiener formula）计算：

$$H(X) = -\sum p(i) \, \log_2 p(i)$$

式中$p(i)$是每一信号X_i的概率，各项之和取负值是因为所有$p(i) > 0$的对数都是负值，否则$H(X)$就会成负值。一个简单的计算例子见表8-3，其$H(X) = 0.948$，略少于1比特。注意，这个信息量少于具有两个等概率信号系统的信息量，而更远少于具有4个等概率信号系统的信息量$H(X) = 2$。

表8-3　用香农-维纳公式计算一个想象中的4信号系统的信息量

信号X_i	信号频率$p(i)$	$p(i) \log_2 p(i)$
X_1	0.80	−0.257
X_2	0.13	−0.382
X_3	0.06	−0.243
X_4	0.01	0.066
$\sum_i = 1.0$		$-H(X) = \sum_i -0.948$

香农-维纳公式的测度在数学上具有若干突出优点：（1）它独立于利用的尺度，我们能够把以埃、米、罗盘度和色阶等为单位测量的系统进行比较；（2）它可计算连续变量和离散变量；（3）它是$p(i)$的连续函数；（4）由于进行了对数转换，罕见的信号对公式的测度值影响很少，所以在汇编行为目录表

时，即使除去许多罕见信号也仅仅稍有低估 $H(X)$ 值；（5）它是可加的，即如果应用两个信号系统（比方说 X 和 Y），则这两系统的总信息就是它们各自信息量之和。这后一个性质可通过如下情况进行理解：如果在 X 系统有 m 个等可能信号，在 Y 系统有 n 个等可能信号，则这两系统有 mn 个等可能信号组合，即：

$$H(X+Y)=\log_2 mn=\log_2 m+\log_2 n=H(X)+H(Y)。$$

信号中的信息称为信息熵，在一个无干扰系统中，每类信号引起且仅有一类反应而没有误差，在发射者和接受者之间传递的信息恰好就是（信息）原熵。但是没有几个通信系统是这样完美的，而且几乎可以肯定动物利用的通信系统都不会这样完美。干扰存在于大多数系统中，使得一个信号有可能触发多个反应

（信号接收方的接收模糊度），以及多个信号有可能只有效地引起一个给定反应（信号发射方的信号模糊度）。为了使这一观点更清楚，假定发现某一动物物种有着丰富的信号（信息）储备，我们可能就像科普作家描述海豚的例子那样得出结论：这种丰富的信号储备反映了其高智能和复杂的通信编码。但之后又发现，其所有的信号只能引起一种类型的反应。信号发射方的信号模糊度竟如此之大，以至于其通信编码只相当于"单一信号单一反应系统"。为了测量在信号和反应间所约束的信息量，这一干扰必须从信号（或反应）的总信息中减去。这个约束的信息量，才是通过信号传递的真正信息。衡量一个有两只动物构成的通信系统的信息的详细步骤见图8-15和表8-4。

基本数据是每对 X_i 和 Y_j 组合的概率。例如，

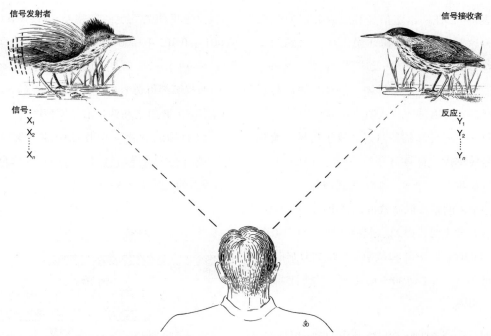

图8-15　如果观察者能分辨由一动物发射的信号（X_i）和由第二个动物给出的反应（Y_j），那么对一个"二分系统"（dyadic system）进行信息分析是可能的。估算每对 X_i 和 Y_j 组合的概率就构成了如表8-4的基本数据。为了便于举例说明，这里随意绘制的动物是一对绿鹭。

197　**表8-4**　在一假想信息系统中信号熵、接收熵、信号模糊度和接收模糊度的计算（自 Quastler，1958，经修改）

	反应						$p(i)$	$-p(i)\log_2 p(i)$
	$Y_J=Y_1$	Y_2	Y_3	Y_4	Y_5	Y_6		
$X_i=X_1$	–	.001	–	–	–	–	.001	.01
X_2	.001	.007	.006	.001	–	–	.015	.09
X_3	.005	.022	.060	.027	.005	–	.119	.37
X_4	.004	.042	.156	.152	.039	.001	.349	.53
X_5	–	.009	.075	.175	.095	.010	.364	.53
X_6	–	.001	.011	.035	.039	.010	.096	.32
X_7	–	–	–	.003	.006	.002	.011	.07
$p(j)$	.010	.082	.308	.393	.184	.023	1.000	Σ =1.92
$-p(i)\log_2 p(i)$	.07	.30	.52	.53	.45	.13	Σ =2.00	

（左侧纵标：信号）

$H(X) = -\sum_i p(i)\log_2 p(i) = 1.92$比特　　　　　比特（信号）源熵

$H(Y) = -\sum_i p(j)\log_2 p(j) = 2.00$比特　　　　　接收熵

$H_Y(X) = -\sum_j p(j)\log_2 p(j) = 1.70$比特　　　　　信号模糊度

$H_X(Y) = -\sum_j p(i)\log_2 p(j) = 1.78$比特　　　　　接收模糊度

$T(X,Y) = H(X) - H_Y(X) = H(Y) - H_X(Y) = 0.22$比特　　　　　被传递的信息

$H_j(i) = -\sum_i p_j(i)\log_2 p_j(i)$

$H_i(j) = -\sum_j p_i(j)\log_2 p_i(j)$

注意表8-4，任一给定信号和反应分别为 X_4 和 Y_2 的概率是 0.042。换句话说，凡观察到的 X_4 后随着 Y_2 的全部"信号-反应"组合占4.2%——为了使这模型更为现实具体，信号 X_4 可以是冠羽竖起，Y_2 可以是随后从领域撤退。

每一信号传递的信息量，等于信号源熵减去信号模糊度。计算信号源熵的方法见表8-4。通过依次取每一个 Y_j，并注意到当每一 Y_j 发生时每一个 X_i 的条件概率就可计算出信号模糊度。例如当 Y_1 发生时，由 X_2 引起的次数占 0.001/0.01 = 0.1（即10%），由 X_3 和 X_4 引起的次数分别占 0.5（为50%）和 0.4（即40%）。对于 Y_1 我们计算这三个值的熵：

$$H_j(i) = -\sum_i p_j(i)\log_2 p_j(i) = -\sum_i p_1(i)\log_2 p_1(i)$$

然后，我们用使 Y_1 发生的频率对上述熵进行加权。这里使 Y_1 发生的频率是 $p(j)=p(1)=0.001+0.005+0.004=0.010$，要加权的熵 $H_1(i)$ 是 $p(1)\cdot H_1(i)=0.01H_1(i)$。其余5个 Y_j 的加权熵都可仿 Y_1 的步骤求出。$P(j)\cdot H_j(i)$ 的全部6个数值之和就是信号模糊度。

以对称的方式从接收熵中减去接收模糊度，就可获得传递信息量。这些基本信息分量（函数）的关系见图8-16。

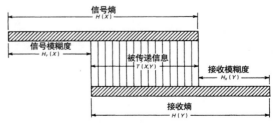

图8-16　信息函数间的关系图（重画，自 Quastler，1958）。

很少有人试图测量通信系统中的信息传递量。哈兹勒和波塞特（1965）记述了寄居蟹一个完全攻击型通信系统的特征，并计算了多达三个行为动作链的传递概率。他们发现，在8种寄居蟹中，每一信号传递的平均信息的变化在0.35和0.52比特之间，而总平均为0.41比特，与分类单位间差异具有明显的一致性。其中的一个最慢传递物种长眼寄居蟹（*Paguristes grayi*）传递速率的总变化范围为0.4—1.0比特/秒，而最快传递物种肉式寄居蟹（*Pagurus bonarensis*）传递速率相应为0.9—4.4比特/秒。由丁格尔（Dingle，1972b）对虾蛄目（Stomatopoda）的类似研究得到了更高的传递速率：口足目的指虾蛄属（*Gonodactylus*）的物种棘指虾（*G. spinulosus*），每一信号传递的信息为0.64—0.79比特/信号，筒指虾（*G. bredini*）为0.63—1.03比特/信号，信号传递速率棘指虾为0.021—8.58比特/秒，筒指虾为0.014—6.27比特/秒。其中一些上限速率值令人吃惊地高，达到了人类语言信息传递的最低程度6—12比特/秒。

假定信息来自一个连续变化的信号源（如音调、振幅或色阶），并且在其变化梯度内发生的频率符合正态分布。在这一情况下，香农（Shannon & Weaver，1949）指出信号熵为

$$H = \log_2 \sqrt{2\pi e}\ \sigma$$

式中e是自然对数的底，σ是标准差。霍尔丹和斯普威（Spurway，1954）把香农的这一公式应用到根据蜜蜂的摇摆舞求出新到工蜂在目标诱饵附近所占散射角的大小。计算时假定散射角的离差服从正态分布。在缺乏其他任何信息条件下，关于目标方向的测不准性为：

$$H_1 = \log_2 360°$$

式中H_1是把测不准性减少到1°的区间内所需的比特数。如果这些新到工蜂接受信息后仍存在的测不准性为H_2，那么H_1-H_2就是每一摇摆舞传递的信息量，即：

$$H_\theta = H_1 - H_2 = \log_2 360° - H_2$$

如果假定新到工蜂围绕目标的离差为一维正态分布，那么有：

$$H_\theta = \log_2 360° - \log_2 \sqrt{2\pi e}\ \sigma_\theta = \frac{\log_{10}\frac{360°}{\sigma_e}}{\log_{10} 2} - 2.0471$$

我（1962a）把这一方法也应用到距离通信上，并且用火蚁数据以及用冯·弗里希和詹德（von Frisch & Jander，1957）的蜜蜂观察数据进行了估算，基本结果见图8-17。值得注意的是，就方向和距离而言，这两个系统传递的信息量大致相当。但是，在火蚁嗅迹中，方向信息量是随着嗅迹的长度而增加的。这是因为活动区的宽度是固定的，并且随后出来的火蚁基本靠向整个真实嗅迹路线的附近。所以，相对于巢来说，当嗅迹从巢延伸时，离真实嗅迹路线的散射角离差就减少。这样由随后出来的火蚁传递的方向误差就减少；当嗅迹延长时，嗅迹本身传递的方向信息量就随着增加。

由于弗里希和詹德在统计上的错误，对蜜蜂摇摆舞关于距离信息的误差估值原本相对较少。B. 波赫（B. Boch）已经指出，冯·弗里希及其同事，除1949年进行的一个试验之外，总是捕捉落在目标食盘的蜜蜂却未加以计数。所以，在大多数情况下，这些"无误差"的蜜蜂没有参与标准差的计算，所以，我在1962年对H的估值太低。一个合理的调整可以补救上述错误，即用1949年试验数据求出在方向试验

中"有误差蜂"对"无误差蜂"的比例，由此可得出：无误差蜂在数目上要大于有误差蜂3倍，这似乎是很不可能的。所以，传递距离信息的上限很可能是2.3—4.3比特，其"典型的"中间值是3比特（而不是2比特）。只有新的试验数据才能有把握地估算出真值。而且现在还无法估测内萨诺夫腺体物质和其他信息素对蜜蜂传递信息的贡献。但是，纵使有这些物质参与调节，仍然可以说来自蜜蜂摇摆舞和嗅迹得出的传递信息，与火蚁嗅迹传递的信息是相当的、可比拟的。

对无脊椎动物通信系统的信息分析似乎更为切实可行，尤其是当我们能分离出一些独特的类别时。但是，脊椎动物的复杂行为却会带来一些新困难。不过，阿尔特曼（1965a）却大胆地对普通猕猴（动物中最复杂的动物之一）进行了全面的行为分析。在定义了120个行为模式的（信息）储存（某些属于通信性质，某些不属于）后，他估算了信息储存库中的信号源熵是"每个行为"6.9比特。由于通信行为会受上一个发生的社会互动限制，所以从普通猕猴群的通信中接收的信息接近每个行为1.9比特。这后一统计数无疑是一个较低的估值，因为可以证明该通讯行为会受之前发生的两个社会互动行为影响。虽然阿尔特曼的努力未能达到原本的想完全弄清普通猕猴社会系统的目标，但他确实对普通猕猴行为进行了非同寻常的全面分类，并首度在非人类的高等灵长类的行为顺序传递概率方面做出了清晰描述。

信息分析中的陷阱

现在，在已确立测定信息的合理性后，我们必须考虑一系列技术和概念上的困难——在许多情况下，这些困难使得信息分析成为不可能。也许最大的困难是：一些个体发出信号后，其他个体是如何识别和领悟这些信号而发生反应的。例如，猴和狼的长期延续的特征信号，对人类观察者来说是清晰易懂的。但是，其他动物对这些信号何时会做出反应呢？它们会修正自身的行为吗？或者，它们只是在注意何时会获得诸如攻击、安抚或性通报这样一些其他有关信息的信号？另一类型的信号呈现原发效应（primer effect）而不是释放效应（releaser effect），即这类信号是通过神经内分泌系统发挥作用而改变接收动物生理状态的（Wilson & Bossert，1963），因此，被影响的动物，对一个新行为信息储存库来说是"原发的"，日后一些新类型的信息会激发被影响动物。原发信号的一个例子，是雄性斑尾林鸽在求偶初期向雌鸽不断点头，这样依次激活雌鸽的脑中枢诱导分泌垂体促性腺激素，后者又诱导卵巢的生长并促进释放雌性激素，这样就使雌鸽为性行为和筑巢行为做了准备（Lehrman，1965）。如何对这些生理事件（持续时间超过2天）构成的这一复合链，用信息单位比特加以定量呢？这些原发信息素带来了双重问题——其效应不仅持续时间长，而且对人类观察者来说也显得极为神秘、难以捉摸。小鼠的尿液成分以不同的方式改变雌小鼠的繁殖生理，从而导致了发情期、假怀孕和流产这样一些基本效应。蜜蜂、黄蜂和蚂蚁的蜂（蚁）后物质抑制工职的卵巢发育，而白蚁的蚁后物质可以抑制若虫到蚁后的发育。因为这些原发物质的作用很少引起明显的行为反应，所以必须根据生理变化和改变行为的潜力来测量信息传递。

199

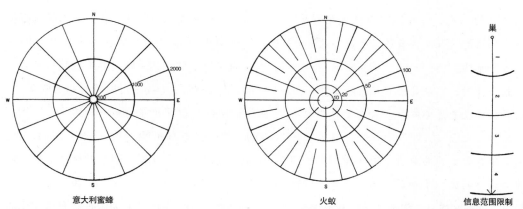

图8-17 社会昆虫通信的信息分析。这些简图代表蜜蜂在其摇摆舞期间以及火蚁释放出嗅迹时所传递的信息量。左："蜜蜂罗盘"指出，就方向而论工蜂接受高达4比特信息，即等价于允许它确定16个等概率角扇面之一内的一个目标所需要的信息。各任意等分扇面构成了罗盘线。方向信息量独立于距离（这里距离单位为米），关于后一个估值，正如正文中解释的，也许需要校正。中："火蚁罗盘"表明，方向信息是如何随着距离（这里为毫米）的增加而增加的。右：蜜蜂和火蚁的"通信距离尺"，它表明：如果用单个信号能提供足够信息使工蜂（蚁）确定在巢和最大距离间4个等同心圆区之一内的一个目标，那么需要传递约2比特信息量（自Wilson，1962a）。

对这些神秘信息的解密，可能一部分要依赖于可以直接监控神经和其他生理活动的新方法，而不是继续依赖于对出现的明显行为的推断。奥特·冯·弗里希（Otto von Frisch，1966a，b）利用心电图跟踪受胁迫动物的心脏活动。他发现：小黑鹬和凤头麦鸡（*Vanellus vanellus*）的幼鸟，当听到双亲报警鸣叫时，心跳频率会放慢；成鸟看到人或狗时心跳加快，但看到花栗鼠或听到花栗鼠的警告鸣叫时却没有反应（心跳正常）；幼野兔（*Lepus europaeus*）发现捕食者时，它们会畏缩，其心跳速度降至正常的50%。法拉和卡特里特（Fara & Catlett，1971）也用心电图研究在社会压力下豚鼠的情感反应。D. 冯·霍斯特（1969）发明了另一个更为明显可见的技术以测量树鼩（*Tupaia glis belangeri*）的情感反应。这些动物的尾毛是通过肌肉制动毛囊竖起来的，而这些肌肉是在交感神经控制之下。当树鼩习惯于笼居生活后，尾毛竖起几乎仅由社会刺激引起。在冯·霍斯特的试验中，社会互动的一些特定形式，其中包括首领地位、性活动和亲子关系，每一个都与尾毛竖起的程度和持续时间有着可预期的联系。

即使在如此精细估算生理变化的情况下，仍然存在一些严重的技术问题。某些动物，尤其是灵长类和其他一些在行为上表现复杂的哺乳动物，其通信可能是更为复杂的，最仔细的观察者对这点已有体会。柯勒（1927）在描述黑猩猩通信的精巧性时提供了一个明显的例子：

黑猩猩能了解"彼此"，这不仅体现在情感变化和情感状态的表达上，而且体现在一定的要求和愿望的表达上，不管这些表达是对同一物种的成员还是对其他物种的成员或对象。我已经提到过，当处于性兴奋状态时，有些成员利用的是"眼神交流"的方式。有相当部分的这种要求，都是通过对所要求内容的"示范"而自然表达出来的。例如，一只黑猩猩希望被另一只陪伴时，它就会用臂轻推一下另一只黑猩猩或拉着后者的手，看着后者并往希望的方向做出"散步"动作……对另一只黑猩猩在较远处的召唤，常常会非常人性化地以点头或招手加以回答，也可"用脚回应"——把脚向前侧伸直并在地面上刨。

门泽尔（1971）也曾指出黑猩猩是如何利用这些情感和姿态引导群队同伴寻找食物的。

当各类群动物同时展示其行为时，就会使问题复杂化，我们需要问的是：我们所以认为的那只接收了信号并做出反应的动物，其反应有没有可能受了邻近的另一只动物所发生的信号影响，抑或受了第二相邻、第三相邻，甚至第七相邻的动物所发出的信号影响？

如果观察者仅局限于二分法的信息分析，以及仅局限于对明显信号和反应的信息分析，仍然还会碰到其他的一些问题。例如连续信号就难以分割成信息。马勒（Marler，1970）在研究红疣猴（*Colobus badius*）时发现："被记录的全部用词，似乎是由一个连续系统组成的。"这个系统以人类的标准难以单个地分离成有意义的信息。另一个常见困难是，信号源熵有时会随着动物的经历而变化，如一个动物成为另一个动物的首领（Dingle，1972b）。年龄的增长和背景的变化，都会引起信号源熵的变化。黑喉绿林莺（*Dendroica virens*）的雄性能唱出两类歌声：A类歌声是在同种雄性在一起时鸣唱的；B类主要起着通报情况的作用，求偶期的雄鸟即使在没有竞争性雄鸟存在时也

会鸣唱。这两类歌声的相对频率，由雄鸟根据自己所处的环境情况，沿着一个连续区间呈现：当这只雄鸟在其领域边界附近且没有竞争者时，以及在白天第一回和最后一回鸣唱时，A类歌声的比例呈增加倾向（B类歌声比例下降）。其他的雄鸟可能会从这歌声A和B的比例中"读出"许多含义，但是常规的信息分析不适用于这样的系统（Lein，1972）。

总之，一系列技术上的困难（有些在本质上是不易发现的），成了多数信息分析的障碍或陷阱，使得不可能用这一方式对整个行为的信息储存库进行分析。尽管如此，除了少数例外情况，这样的定量分析还是相当可行和令人满意的。就像我们在蜜蜂摇摆舞和火蚁嗅迹中分析的那样，对两个根本不同的系统进行新增信息的有效性比较是可以实现的。而且，在一些狭义的、容易发现的类别（如攻击的相互作用）中，是可以测定信息传递的复杂程度和速率的。但计算这些估值要有明确的理由，而不是仅仅为了简化才把观察数据缩减成比特数。

冗余信息

如果要求一个动物学家只选择一个词来说明动物通信的特征，那么他很可能会选择"冗余"这个词。动物表演或炫耀，就像它们在自然界中实际发生的那样总是重复的。某些极端情况，对人类观察者来说，简直到了愚昧的地步。这一性状，在性炫耀和领域通报中是最为突出的。鹊鸭的求偶炫耀是一个典型例子：伸头、竖头、点头，伸头叫声、竖头张望、连续叫声——这些炫耀构成难以计数的大量组合混合在一起，而这些鹊鸭连续重复几小时，还一

日复一日地不断重复它们（Dane et al.，1959）。

动物为什么要进行如此冗长乏味的表演呢？在人类看来，只进行适合于其目的的一两个表演就够了。但是，在某些情况下，可把"冗余"理解为付出的保险费。假定这些信号是连续的，且个体间的关系很明确并随时间而变化。例如，当两个竞争者企图占据一个有利位置而相互竞争时，或当一雄性和一雌性为了建立配偶关系时，都属于这一情况。在这些条件下，为了重新评估处于持续变化中的相互关系，不断地重复这些信号是有必要的。

冗余（信息）也用于维持兴奋状态。许多动物物种的求偶过程，其功能不止建立配偶关系和培养交配的心理准备。通过激素调节方式，它们也改变彼此的繁殖生理和未来行为的信息储存库。因为这些原发效应维持时间相对较长，所以兴奋必须得以维持。哈茨霍思（Hartshorne，1958）、莫伊尼汉（Moynihan，1966）和巴洛（Barlow，1968）认为，利用在形式上不同但在意义上冗余的多个信号可增加兴奋度。已发现有两种方法可维持这种兴奋状态。一种方法是，使某些分量（表演）保持固定以便容易识别，而以非预期的方式变换其他分量。巴劳研究过的花斑腹丽鱼（*Etroplus maculatus*）在求偶期间保持颤动这一常见的基本形式不变，同时在炫耀期间不断变换其他有关参数，即用腹鳍运动调整头部颤动方位，使身体倾斜并游向同伴。第二种方法在鹊鸭求偶

活动中得到了明显的应用，即只是改变各个表演或炫耀的顺序。

有利于冗余（信息）的另一种情况是，单个信息存在着丧失或被误解的实质性缺陷。因此，为了保险，有必要增强具有相同意义的信号。兰德和威廉姆斯（1970）已经注意到：西印度群岛一些最大的岛屿上共存安东蜥属约个10蜥蜴物种，它们的垂皮颜色和表演动作相互组合出的潜在信息含量，远远超过了识别这些物种所需的信息量。他们认为，这些冗余信息可在能见度低的环境下用来保障信息传递的精确性，而能见度低是由森林生境浓密的树叶引起的。

最后，在某些情况下经过更细致的检测，可以证明冗余要比实际的更加显而易见。雷因（Lein，1973）发现：雄性栗胁林莺（*Dendroica pensylvanica*）根据排列和音量的一系列变化可组成5类歌声，从具有极强的终止音且传输长距离的歌声类型，到没有终止音且传输较短距离的歌声类型。每一类型的相对使用频率取决于雄鸟在其领域内的位置和距它最近的雄鸟的距离。因此，这些歌声类型可能构成了不同的信息，借以传递这些鸟在兴奋程度和不安全性方面的差异。雷因的初步分析向我们提供了一个警示：只有在信息传递的背景相同，或者至少在通信中对发射和接收信息双方都没意义的条件下，才可把信号分入冗余信息类别。

第9章 通信：功能和复杂系统

建立起通信系统的总体分析概念相对简单，但要实现它却相当困难。这一总体分析分三部分：识别信息功能，即对于通信者来说信息意味着什么，及最终在改变遗传适合度方面它起了什么作用；推论信息的进化或文化起源；详细阐明信息通道，即从启动发射信号行为的神经生理反应过程起，到信号发射、传递、接受和解读的各过程止。哲学家们没有忽视如下事实，即人类思想正是通信的一个特例。某些人已经认为通信的研究与逻辑学、数学和语言学存在广泛的共通性。例如，C. S. 皮尔斯（C. S. Pierce）、C. 摩里斯（C. Morris）、R. 卡尔纳普（R. Carnap）和 M. 米德已利用"符号学"（semiotic）一词表示最广泛意义上的通信分析。在植根于这一分析的种种尝试中获得许多有益的见解，其中之一是认识到：即使在人类语言中，一个词或一个短语也仅表达了刺激行为与刺激对象相联系的极少部分。例如"一棵树"仅指其全部特性中的很少部分，其中包括植物的一般属性、木质、树冠和相对大小，但并未说明其分子结构的细节、森林生态学原理，或在树木学中已经论述过的任何其他的"树性"品质。总之，即使是人类的语言也是与行为学家指出的信号刺激相联系的。当把语言学观点用在动物学上时，T. A. 塞伯克认识到，动物处理通信信号远比人类语言精确，并在这一基础上对更深入的语言分析提供了有用的指导。他在研究动物通信时认识到，动物通信是由两个要素综合成的事实：第一个是行为学对通信的进化非常重要，行为学描述了在自然环境下行为的所有模式，并推断出了这些模式在遗传意义上的适应意义；第二个是与人类符号学相联系的逻辑分析技术。基于上述事实，他认为动物通信这门学科应称为"动物符号学"（zoosemiotics）。为了使人类符号学的原理适用于动物通信的解释，他还做了其他方面的一些努力。霍克特和阿尔特曼已经系统地列出了人类语言的结构特征，并用它们对动物的某些行为现象进行再分类。其他一些研究者（他们的工作在第8章已做了介绍）把原来研究人类通信发展起来的信息论技术引入到对动物通信系统的研究中。马勒已应用摩里斯（1946）和切里（Cherry，1957）的客观语言分类系统，试图对动物行为做出进一步的去拟人化描述。

但是，过早轻率地把动物行为研究和人类语言学紧密结合起来是危险的。人类语言具有一些独有的特征，而这些特征是由前脑（目前仍在以令人吃惊的速度发育着）通过非同寻常的方式形成的。由乔姆斯基（Chomsky）和波斯塔尔（Postal）提出的这些深奥说法如果成立的话，那么就可能像人类的二足行走和特殊的喉部声带构造一样，成为智人的一个特征性状——因此导致了不可能与其他物种是一个同源的，而是一个全新的适应。把语言学术语引入动物学，或把动物学术语引入语言学，只能是试探性和启发性的，而不能在所有方面强求这二者的分类一致。正是在这一思想指导下，我认为对于动物通信的研究得从现象入手，先是收集观察事实，再通过归纳法对它们进行尝试性的分类。

通信的功能

社会行为包含一套最远离DNA的表现型，因此这套表现型在进化上是最易变化的，既是从基因信息的转录到个体的表现型最易变化的

一套表现型，也是通过增减其他无关分量最容易变化的一类表现型。所以，一旦讨论所有类型的生物的通信时，其中所包含的行为来源在本质上很不相同且不可能是同源的，其功能差异很大，不可能进行简单的分类。

注意到社会行为的易变性和异质性的事实，我们就可很快抓住问题的症结所在。关键概念（过去几乎没有得到正确认识）是：分类技巧的应用要集中到社会行为功能的研究上。事实上，动物符号学只是再次提出了分类学理论中两个分类问题中的一个：如何定义分类的最终单位（这里要分类的是功能），并如何把这些单位聚类成等级分类系统，从而使这一系统成为这些单位关系的简明表示，又能合理地与种系发育密切接近。在分类学上，生物的基本单位是物种。有着共同的祖代而彼此十分相似的个体群，定为一个物种；而大体上凭主观标准把类似物种聚类定为属；相似和有关的属聚类成科；相似的一些科聚类成目；如此类推可向上聚类成门和界。在具有创造性的功能分类中，研究动物行为的工作者把信息作为分类基本单位。分类学者虽然不是以物种为单位进行工作，但他们仍或多或少在自觉地履行着同样的理念。标有"信息分类"的一套信息与属或科等价。以前没有哪个表述会比信息分类给出的定义和意义更有效、更深刻。因此，考虑动物通信意义的最好方式，是在功能分类中从简单而相对精细的定义的目录开始，即从我们的分类中的"物种"开始，然后再进行聚类。以下讨论的各类别使现有研究成果得到了相对完整的表达，但这些类别并未进行尽可能精细的划分。例如性信号至少可分成6亚类（其中许多有广泛重叠的现象），而社会昆虫的职别抑制

信号则可更精确地与许多不同的职别相匹配，等等。

促进和模仿

由一个物种的一个动物（模型动物）的存在而诱发的行为，以及其他成员对其行为模式进行逼真的模仿（见第3章），就可构成广义上的通信活动。有理由认为，模型动物并非"想"改变模仿者的行为。利用麦克凯伊（MacKay，1972）的表达，模型动物没有估测自己活动效应的机能，因此其信息传递是一种直觉作用而非通信。现在我们可以暂时忽略这种语义上的区别，而是注意到，在许多情况下，可能确实存在一定程度的估测或者鉴别活动。家系群和紧密联盟的社会各成员的活动往往是高度协调的，因为这样的类群或社会作为一个单位活动，对于领导者和随从者都是有利的。群体中的一个成员改变某一行为，例如，阿拉伯狒狒群中的迈摇摆步或鸟群中的仪式化拍动翅膀，往往是用来诱发同群成员也采取某一行动的信号。社会昆虫在类群活动的协调中，已把这种诱发或促进作用发挥到了最大：黄蜂离巢外出觅食，倾向于诱发促使附近的黄蜂也外出觅食；开始筑土巢穴或其他巢穴的蚂蚁和白蚁，会吸引同巢的伙伴一起来参与这些劳动，如只要蚂蚁物种——大眼蚁的工蚁看到另一只工蚁在快速运动，它们就会受到激励和吸引，这种称为"招引行为"（kinopsis）的通信形式有助于捕获和制服猎物。这一促进的结果是在时空上集中了整个类群的努力，这是明显地既有利于信号发射者又有利于信号反应者的一种协作形式。

监控

与促进和模仿互补的一个功能是持续观察另外一些动物的活动情况。邻居家食物或水的存在状况，领域竞争者的入侵和捕食者的表现，都可从邻居成员的活动中"读"出来。但是，甚至从最为广泛的意义上来说，监控是否是真正的通信还有待讨论。

接触

在某些环境下，社会动物利用信号只是为了使类群中的各成员保持接触。在能见度很低的环境下生活的物种，这种习性尤为常见。南美貘（*Tapirus terrestris*）在雨林生境的稠密植被中利用短促的"滑音尖叫"维系通信（Hunsaker & Hahn，1965）；白背跳狐猴（*Propithecus verreauxi*）利用"咕咕"声达到了同样的目的（Alison Jolly，1966）。动物相互鸣唱（在鸣唱期间相继迅速改变音调）是一种保持联络接触的信号。这一现象广泛存在于蛙类和鸟类中，也至少存在于灵长类的两个物种——树鼩鼱（*Tupaia palawanensis*）和合趾猿（*Symphalangus syndactylus*）（Hooker & Hooker，1969；Williams et al.，1969；Lamprecht，1970；Lemon，1971b）中。培恩 和麦克威（Payne & McVay，1971）分析了座头鲸（*Megaptera novaeangliae*）非同寻常的相互鸣唱，认为这可能被用来保持家系群或鲸群内成员间的联络接触（尤其在远洋迁移中更是这样）。鸟类和座头鲸的相互鸣唱，在该章后面还会进一步讨论。

个体和类型识别

社会昆虫中的成员广泛具有识别不同职别的能力。在巢中，蚁（蜂）后会得到优厚的待遇，首先工蚁（蜂）会从同一职别的处女雌蜂的成员中把它们识别出来。在最大的集群中，这些被识别出来的多产个体一般受到保育工职的加倍照顾，保育工职经常舔舐这些多产个体，并用反哺食物和不孵化的卵饲喂它们。至少在蜜蜂中有3种独特的信息素涉及上述过程：由下颚腺分泌的顺式-9-酮-2-癸酸和顺式-9-羟-2-癸酸以及由柯谢尼科夫腺（Koschevnikov's gland，位于螫刺基部）分泌的尚未鉴定的挥发性吸引剂。无刺蜂中从事筑巢的工蜂会留出一条道通向巢中的蜂后室，以允许蜂后吃到反哺的花蜜和花粉以及它们放在顶部的卵。木白蚁属（*Kalotermes*）的各个职别均能制造出主要挥发性吸引物2-乙烯醇，区别仅在于数量很不相同，借此改变它们自己的集聚同体能力。在社会膜翅目的集群内，雄性一般都受到排斥，工职（全是雌性）仅为它们提供很少的食物，饥荒时还常常把雄性驱逐出巢外或杀死。

除了工职能识别职别的这些例子之外，有证据表明，工职还有识别生命周期中不同发育阶段的能力。蚂蚁中相对原始的切叶蚁属的工蚁不能区分卵和未蜕变的一龄幼虫[①]，所以当卵孵化后，其幼虫会被暂时留在卵堆中间。但是，一旦它们蜕皮进入二龄幼虫，就会被工蚁搬移到分离堆中。把卵、幼虫和蛹分成不同堆的行为，几乎是蚂蚁的一个普遍性状。从火蚁的幼虫中可提取一种识别物质，把这种物质转移到无生命的二龄幼虫模拟物时，工蚁就会把这些模拟物搬移到幼虫堆中。而且，多数蚂蚁的工蚁能区分二类或更多类型的幼虫。原始的社会异族蜂类（*Allodapine*），上述能力达到了极端程度。在法老蚁中，工蚁还能区分出雄卵

① 一龄幼虫是指刚孵化出来的幼虫，一龄幼虫蜕皮后变成二龄幼虫，以此类推。

和雌卵。

在大多数社会昆虫中，职别和生活周期中各发育阶段的识别，似乎是通过触角接触完成的。这一事实本身就隐含着化学感受作用，布莱恩（Brian，1968）曾猜测，红蚁属幼虫发育的某些阶段可能用其绒毛的差别（在低放大倍数下我们便很容易观察到这种差别）加以区别。已知有两种情况的通信似乎是通过气味进行远距离传输的。当栗红须蚁的工蚁要产营养卵（仅供其他个体食用的一种特殊卵）时，它们就在空气中摇摆其触角，以寻找饥饿的幼虫。当它们来到饥饿的幼虫头部前约1厘米以内时，就靠近它并把卵准确地放在它的口器上。弗里业已证明：只有蜜蜂幼虫的气味才能引起蜜蜂工蜂外出觅食。如果工蜂直接与幼虫接触，则会增强这一效应。

脊椎动物的一个普遍性状是具有区分幼婴期、青少年期和成年期个体的能力。这里大致用到了一些感觉器官，其中包括听觉、视觉和味觉。这一反应往往是专一的，且像昆虫那样反应方式是固定的。丽鱼科的朴丽鱼（*Haplochromis bimaculatus*）只需通过气味就能区分幼体和鱼秧：成体鱼放入（已移走鱼秧的）"鱼秧水"或（已移走幼体的）"幼体水"中，则成体鱼会做出对鱼秧或幼体的典型性或特征性反应。雏鸟的双亲至少部分是通过雏鸟张嘴时的不同表现而识别其雏鸟的。在少数物种中，如梅花雀的一些物种，这种效应可通过嘴鲜艳的颜色得到增强，在此基础上通过特定的匹配标记还可进一步增强。但是，上述识别往往需要一些背景刺激。例如，旅鸫的雏鸟必须在巢内方能被其双亲认出来，离巢的数厘米之外就有饿死的危险。

图9-1 混居在饲育场的皇家海燕的成鸟和幼鸟。在这样的环境下，根据幼鸟的叫声和表现的这些单个性状，成体鸟可以识别自己的后代。在图的中间，亲本展开其翅庇护其后代（自 Buckley & Buckley，1972）。

高等脊椎动物物种中的一个共同点是，各个体可通过它们发射特定信号的方式区分彼此。靛蓝彩鹀、美洲红胸鸫和某些其他鸣禽，可区分邻近领域鸟鸣叫和远处领域鸟的鸣叫。当在这些鸟附近播放邻近领域鸟的鸣叫声时，它们没有异常反应。但当播放远处领域鸟的鸣叫声时，它们就会出现具有煽动性的攻击反应。这种亲敌现象，在以后的领域性（见第12章）讨论中会有更详细的叙述。福尔斯（Falls）、西尔克（Thielcke）和埃姆伦的分析揭示了这些鸣叫声的一些特殊分量，诸如白颈雀鸣声中的绝对频率和靛蓝彩鹀鸣声中的详细组合形态。这些分量都随个体而异，显然这些鸟就用这些分量来区分彼此。

海鸟的各个家系依赖于与上相似的个性化信号，以稠密的、吵吵嚷嚷的集群作为一个单位而保持在一起。一只沉睡的银鸥会被其同伴的鸣叫唤醒，但不会受到其巢周围的其他银鸥

的鸣叫干扰。在一些特殊情况下，塘鹅在飞入其伙伴视野之前，其伙伴就已知道它们在向自己的方向飞来。根据怀特（1970）的发现，塘鹅着陆前的鸣叫声随个体而异，所以利用这种鸣叫可作为区分或识别个体的线索。年幼的崖海鸦（*Uria aalge*）在其出生后的最初几天内学习对其双亲的鸣叫做出选择性的反应，而双亲也很快学会识别自己的后代。橙嘴凤头燕鸥（*Sterna maxima*）的成体通过其后代的鸣叫声加以识别，甚至偶尔只看上一眼即可认出（见图9-1）。更为明显的是，如果试验者把它们的卵移到邻近的巢内，它们仍能识别出自己的卵。

通过对某些物种成对配偶和相互接触的信号研究，我们可以期望发现一些个性化要素。热带黑伯劳（*Laniarius aethiopicus*）的成对配偶彼此学习二重唱。在这期间，它们创建了互懂的各"短语"组合，纵使以后它们在稠密

的丛林中隐藏了很长时间，通过对唱也能彼此识别。

哺乳动物同样擅长识别自己同类的各个个体。不同的物种有许多线索可以把同伴和后代与无关的个体区分开来。大猩猩、黑猩猩和大白鼻长尾猴（*Cercopithecus nictitans*）的面部表情是如此不同，以至于人们一看就能把它们区分开来。所以有理由相信，其他的非人类灵长类同样也可做出这样的区分。某些哺乳动物把自己的排泄物作为自己的嗅迹信号留在环境中或社会类群的其他成员身上。如所有的养犬人都知道，他们的宠物会在其领域内较固定的一些地点和一定的频率小便，频率之快似乎超过了其生理上的需要。我们还不太清楚的是，这种不自主行为为什么具有如下功能：包含在狗尿中的气味划定了狗的领域，同时把自己的存在告诉了潜在的入侵者。气味标记在狗的祖先——狼那里很可能是使狼群领域免受捕食者入侵的方式。如海姆伯格（Heimburger）指出的那样，这种行为在犬科动物的其他物种中是广泛存在的。老虎和家猫以十分类似的方式来建立嗅迹标记和划定领域。灵长类嗅觉最灵敏的一类——褐狐猴（*Lemur fulvus*），可根据会阴部腺体的气味识别同种的不同个体（Harrington，1971）。啮齿动物常常利用气味来进行社会互作。例如沙鼠，即使将其尿液稀释1 000倍，它仍能根据尿的气味识别出不同个体（Dagg & Windsor，1971）。

蜜袋鼯（*Petaurus papuanus*）是新几内亚的一种袋鼯，它具有明显的特点，但外表与飞鼠相似。蜜袋鼯的雄性在上述这方面的功能就更强了，它们能在物种、类群和个体水平上识别不同的个体。其雄性可用头前部腺体的分泌物标记其配偶，可用其足部、胸部、近上肢部腺体的分泌物与其唾液一起标记其领域。这些气味是专一的，足以使蜜袋鼯雄性识别该物种的其他个体。雄性蜜袋鼯根据气味同样能识别其物种的其他个体（见表9-1）。穴兔（*Oryctolagus cuniculus*）的雄性以十分类似的方式，利用肛门腺体各分泌物标记其占领的领域。这些分泌物与尿混合后的气味是随个体而异的。这些肛门腺体的分泌物与有类似功能的下颌腺体的分泌物组合可确定欧洲兔的等级关系，所以只有首领雄兔才能用自己的气味作为标记。

表9-1 雄性蜜袋鼯标记领土和配偶的分泌物来源（自Schultze-Westrum，1965）

气味来源	标记领域					标记配偶
	肛门	嘴	足	肋部	腹部	
主要气味来源						
额前腺						+
腹腺					+	
肛腺	+		+			
足底腺			+			
次要混合气味来源						
唾液		+				
毛皮				+		+

哺乳动物的气味通过一些复合混合物的融合而呈现的细微变化，使其具有个性化特点。例如，骡鹿（*Odocoileus hemionus columbianus*）的跗部气味含有数十种成分，而它们所占比例随个体而异。它们彼此通过嗅和舔对方的跗部器官，仅在这种化学感受的基础上就能识别不同的个体。D. 穆勒-施沃兹、R. M. 西尔维斯坦（R. M. Silverstein）及其同事发现：至少有4种物质诱发的效应与鹿跗部产生的总效应在定量上相同。这些物质是含有约12个碳原子的不饱和酯类；主要成分被鉴定为顺式-4-羟十二-

6-烯酸酯。其他类型哺乳动物也广泛利用嗅迹识别个体，已经证实的不同类型有如小鼠和狮子，但用来识别的信息素的化学本质大体上还不清楚。

个体识别也发现存在于两个非社会物种（成体为成对的配偶生活在一起）：食海星虾（*Hymenocera picta*）和沙漠鼠妇（*Hemilepistus reaumuri*）。沙漠鼠妇还利用幼虫之间往来交换的分泌物，以区分自己同窝后代和其他亲本的同窝后代。利用体表嗅迹识别一个集群的各（伙伴）成员，在高度社会化的节肢动物中近乎一个普遍性状，所以称之为"社会昆虫"。几乎在所有节肢动物种中，工职个体会很快识别出非本集群的个体，并会把这些异己驱逐出巢外或杀死。尼克森和里班兹（Nixon & Ribbands）的试验表明，蜜蜂的识别气味部分来自食物。兰格（Lange）证明，多栉蚁（*Formica polyctena*）的集群气味来自工蚁的食物和巢壁的化学物质。这些昆虫除了外表皮嗅迹等一些外部因素外，还存在着遗传决定分量使工职（工蜂、工蚁）能识别出异种成员，并且在一定程度上还能识别出其他类昆虫。我在另一本书中已经广泛介绍了有关集群嗅迹的文献。至关重要的是，关于这些嗅迹的化学本质人们仍毫无所知。只有知道这一信息后，推测嗅迹的来源、传递或在物种内（间）的遗传方差和表现型方差，对集群识别才是有相对重要的意义的。

保守者可能认为，个体的识别没有构成真正的通信。然而，所有其余的社会信息的收集储存都依赖于个体识别信息的不断输入。这一输入的细微变化会引起类群成员相互作用的即时变化。如果实验者把一只蚂蚁幼虫从幼虫堆中拾起来，放入邻近一个生存条件不够好的

小室内，那么工蚁会立刻把它拾起来带回到原处。如果试验者用溶剂轻轻清洗幼虫表面以干扰其嗅迹，幼虫就会被杀死吃掉。如果实验者把一只没有其母亲嗅迹的羊羔送至母亲身旁时，其母会驱走它，导致它挨饿。上述每一情况都会激活其他一些行为模式，但是这些模式的激活依赖于持续不断接受识别信号的时间和方向。

等级信号

这是用表现和信号发射（本质上往往是元通信）上的不同特性，来识别权力等级系统内的各个体的等级。这一课题已在第8章的另一背景条件下讨论过了。

讨食和喂食

在鸟类和哺乳动物中，讨食和喂食已经得到广泛进化。巢中幼鸟是通过如下信号识别其回巢亲本的：回巢叫声、亲本在巢上方盘旋飞行的情景、亲本飞落时巢的振动情况或上述各信号的各种组合。然后，这些幼鸟张开嘴，对亲本回巢做出反应。幼鸟张嘴的视觉刺激，引起亲本给幼鸟喂食或把食物反哺给幼鸟。在这一过程中，可能还伴有其他一些更为专一的信号。成体大海鸥喙下端有一醒目的红圆点，引导幼鸟对准这一位置使它们最容易获得反哺食物（Tinbergen, 1951）。当幼鸟稍大后行动更为灵敏时，一般利用展翅运动来讨食。当鸣禽展翅时，隐鹮（*Geronticus eremita*）和澳大利亚林燕（*Artamus*）也展翅并慢慢扇动。在早熟鸟类中没有讨食和喂食现象，它们可用特定引诱吃食的形式替代。当一只母鸡发现食物时，它会通过咯咯的叫声把其后代引诱到它的

附近；它也可以通过刻意地啄地，啄起一些食物颗粒后又使其重新落回地面引诱后代。

哺乳动物是通过相对简单的讨食和喂食信号完成哺乳的。在鹿、羚羊和类似的有蹄动物中，生有一头或两头幼崽的母亲把腿分开站立，以让幼崽从其下方接近乳头吃奶。一次生更多个幼崽（如猪和猪科动物）的母亲，会侧躺下为其幼崽喂奶。这两类有蹄动物的幼崽都很早熟，而野猪和家猪是极端情况——出生后的1小时内就可跟随母亲走路。树鼩鼱偶尔给其幼崽喂奶时会跨立在幼崽上方。在某些哺乳动物的物种中，亲本会用一些特殊方法使其后代的取食更接近于成年的取食形式。当松鼠、大鼠和其他啮齿动物的幼崽长得稍大时，它们就要学习在巢区如何从其母嘴中直接获得食物，从而可以事先获得它们在以后觅食过程中会碰到的一些经历，狐獴（*Suricata suricatta*）——麝香猫的近亲，在喂食过程中增加了一种喂食刺激：当母亲觅食回来后，首先把食物叼在嘴上让幼崽取食。如果幼崽没做出适当反应，它就在幼崽面前跳来跳去，直到幼崽取走食物为止。胡狼、非洲野犬和狼，如鸟类那样把食物反哺给它们的幼崽，而这些幼崽已进化出一定的通信形式来启动取食行为：它们强有力地用鼻子摩擦成体的嘴唇以诱导成体进行反哺，有时幼崽的头直接伸进亲本张大的嘴中取走食物。

考拉（*Phascolarctos cinereus*）——专门以桉树叶为生的一种特殊的澳大利亚有袋动物，有一种非常规的喂食形式。幼崽在开始自己能吃桉树叶之前的约一个月期间，幼崽的母亲除哺乳外还以特定的粪便形式提供糊状食物。这些由半消化桉树叶构成的糊状物从母亲的肛门排出而供幼崽舔吃。这一行为跟白蚁中的直肠交哺现象（这一现象以后会做简要说明）很相似，其目的也一样——把肠道中起消化作用的共生菌在个体间和世代间进行传递。

讨食和喂食在脊椎动物成体间（恰与幼体与成体间的情况相反）是罕见的。成功捕到猎物的非洲野犬，返回巢穴时会把猎物反哺留守在巢穴的成年野犬。成年的猕猴、狒狒、长臂猿和黑猩猩偶尔也会讨食——或带着讨好的神态进行试探，或手掌向上伸手讨食。在狒狒和黑猩猩中，如果其中一个个体捕获了一只小羚羊、小猴或类似的其他猎物，并且它已控制了这些猎物，那么在这一情况下讨食和食物共享表现得最为明显。

食物交换在社会昆虫中达到了顶点，事实上这种交换是构成其集群的组织基础。当食物为液态形式（从嗉囊中通过反哺得到的液态食物或作为与消化系统有关的特殊腺体的分泌物）时，这种食物交换就称为"交哺现象"。在高等社会昆虫中，交哺现象虽甚为广泛但还谈不上普遍。它遍及整个真社会黄蜂类，其中包括社会性相当原始的长足胡蜂属。在这些蜂群中，交哺现象的模式表现出高度不一致，这种不一致反映在有关物种在系统发育上的地位不同，以及所处环境食物习性和巢穴形式的不同。在大黄蜂（一种原始的社会类群）中，其工蜂只是把花粉放在卵或幼虫上，成体和幼虫很少直接接触，而且液体食物的交换是极为罕见的。集蜂类的巢室是封闭的，但某些低等社会物种的雌蜂会根据一定的时间间隔打开巢室，以便为幼虫补充食物；而高等社会物种的雌蜂却让巢室保持敞开，并有规律地服侍其内的幼虫。即便如此，仍没有证据表明成体对幼体是以反哺形式喂食的或成体间会交哺；用淡脉隧蜂属（*Lasioglossum*）的试验集群加入集蜂属和林蜂属（*Evylaeus*）试图诱发这种反哺的努力也失败了。无刺蜂的封盖巢室是为了防止成体无刺蜂给幼虫喂食，但成体之间的反哺却是平常的事。蜜蜂集群的巢室虽然是开放的，并且工蜂为其内的幼虫不断提供食物，但它们不是直接反哺到幼虫的口器上，相反，成年蜜蜂间交哺却很常见。工蜂交哺嗉囊中的水、花蜜和蜂蜜，但幼虫和蜂后接受的，多数是由工蜂下颚腺酿造的富含蛋白质的蜂王浆或巢内食物。异族蜂以反哺方式喂它们的幼虫（幼虫位于巢穴的中央），但成体间无反哺现象。蚂蚁中的交哺现象也反映在系统发育上。迄今为止研究过的蜜蚁复合群中所有物种的工蚁都能进行液体食物交换。属蜜蚁亚科的原始喇叭狗蚁群中，这种习性或者很罕见，或者较常见但执行起来很不完善。在蜜蚁类较高等的一些亚科（针琉璃蚁亚科、臭蚁亚科、蚁亚科）中，这种食物交换很常见，并且最后两个亚科在集群工蚁的努力下，这种分配还相当公平。在猛蚁复合群的主要类群中，与蜜蚁复合群比较，交哺现象更具有变异性，但极端情况较少。钝猛蚁属（*Amblyopone*）作为最原始的现存猛蚁类之一，显然没有交哺现象，但在对猛蚁类的其他物种的仔细研究中却发现了有限程度的交哺现象。某些蚂蚁物种，例如蜜蚁属、收获蚁属、细胸蚁属、虹臭蚁属、蚁属和臭蚁属的某些物种，它们产下特殊的营养卵，以补充交哺现象的不足；收获蚁属的一个物种（*P. badius*），已经完全用这种营养卵的食物交换形式取代了交哺现象。

交哺现象也普遍存在于白蚁中。迄今为止研究过的属于木白蚁科和犀白蚁科的全部低等白蚁物种，其集群成员交哺用的是两种食物：来源于唾液腺和嗉囊的"胃食"；来源于后肠的"肠食"。"胃食"是蚁王蚁后和幼虫的主要营养物质。它是一种清澈液体，在起源上几乎全是分泌物，但偶尔混有木屑末。"肠食"是肛门的排泄物。这种排泄物与普遍的粪便大不相同，因为它含有普通粪便中缺少的共生性鞭毛虫，并且更为黏稠。显然，这种"肠食"交哺现象的主要功能是把共生性鞭毛虫传给在蜕皮中已丧失了这种鞭毛虫的同巢蚁伴。白蚁具有典型的昆虫纲性状，即它们的前肠和后肠内壁在蜕皮后的一两天内会从肛门排出，从而也排出了活的共生性鞭毛虫。新蜕皮的白蚁由于丧失了消化纤维素的能力，必须从其巢伴那里获得新的共生性鞭毛虫。在肛门交哺现象中排泄的"肠食"流汁，几乎可以肯定也是营养物的次级来源，但它在这方面的重要性还未加分析。高等白蚁（白蚁科）消化纤维素时不依赖于共生性鞭毛虫，也丧失了肛门交哺现象的习性，同时其未成熟阶段完全依赖"胃食"液维生。与低等白蚁的幼虫不同，高等白蚁的幼虫在形态上不同于非幼虫个体——在第二次或第三次蜕皮中会发生根本性变化。在上述蜕皮发生前，幼虫全是白色的，具有软的外骨骼和非功能性的大颚。诺伊洛特认为，白蚁科蛹也接受"胃食"液，但也能摄食木屑和真菌。

在某些前社会节肢动物中也有复杂的食物交换形式。穴居蟋蟀（*Anurogryllus muticus*）的雌性用营养卵喂给它们的若虫。食尸甲虫（*Nicrophorus*）的雌性喂食时与幼虫相互作用的方式，极像母鸟喂食时与其幼鸟：当雌性食尸甲虫接近其幼虫时，幼虫就把其前半身抬至空

208

中并抱合其腿做讨食样的动作；然后雌性甲虫张开其口器把液状食物逐一反哺给幼虫。更令人吃惊的是，少数蜘蛛物种的雌性也会有规律地为它们的后代反哺食物。

就目前的分析来看，交哺现象是通过化学信号和触觉信号的结合作用进行调节的。一般来说，供食者识别和接近受食者主要是通过化学信号，也许还通过接触。但讨食却是通过特定的触觉信号完成的。受充分动机驱动的蚂蚁供食者迎头接近同巢伙伴、张开其口器并反哺数滴液体作为礼物；与此相对照，讨食者的触角或前腿在供食者的下唇部作快速而轻巧的摇动，而其口器却正好在供食者张开的口器下方。讨食者的这一动作，引起了供食者嗉囊中食物的反射性反哺。以类似的方式，白蚁受食者用其触角和口器抚摩供食者的末端腹节而诱发肛门交哺现象，同时引起了"肠食"液的喷出。

弗里（1956）用一系列独出心裁的试验分析了蜜蜂的交哺行为。控制交哺行为的是蜜蜂的头部而不是其他部分，一个刚切下的蜜蜂头部（即头与身已分离）便足以诱发蜜蜂的讨食和喂食行为。弗里注意到：在交哺中，属于同巢伙伴的头比属于外来者的头更有效。事实上，头部气味非常重要，以至于他用摩擦过蜜蜂头部的小棉球也偶尔会引发蜜蜂的一些交哺反应。触角对交哺也具有刺激作用——没有触角的头不及具有触角的头有效。由于丧失触角而丧失的交哺反应，可用相当于触角长短和大小的铁丝插入头部模拟触角而得到恢复。显然，触角不仅可诱发交哺，而且还可引导供食者和受食者的口器对接在一起。

蒙塔格纳（Montagner）对黄胡蜂属（*Vespu-la*）的社会黄蜂研究指出：交哺通信是精细和持久的。当他利用黄蜂（而不是蜜蜂）重复弗里的试验时，结果大多数是相反的。工蜂头部的气味明显能吸引似乎准备进行食物交换的工蜂，但这些断头本身不足以引发讨食和供食。固定在断头上的每秒振动20—100次的人造（铁丝）触角可诱发一定程度的交哺现象，但活工蜂在7秒或更短的时间内就中断了接触。蒙塔格纳指出，只有成对的讨食者和供食者，根据如图9-2所示的特定模式进行连续的触角相互接触，才能维持交哺现象。

社会昆虫的交哺现象是个复杂的研究课题，它涉及职别决定生理学、权力行为、劳动分工、信息素扩散和集群组织的许多其他方面。我曾在另一本书中综合了这一课题的大量文献并进行了解释。

修饰和修饰邀请

修饰是通过动物不同系统发育枝的不同组合进化而来的一套折中行为。虽然这些行为表面上彼此相似，但许多机制的细节却是不同的，它们具有不同的功能。所以，把所有类型的修饰行为归为一个单一的功能类型中，坦白地说是出于方便，部分也是我们对修饰行为中大多数单个变量的适应意义还不够了解的反映。

然而，关于修饰在脊椎动物和社会昆虫中的意义可以做出一定的综合归纳。脊椎动物利用异体修饰（即为别的个体的修饰），在一定程度上是作为保持卫生的一种方式，并且这可能是修饰的主要功能。但是，异体修饰是所有社会行为中最容易仪式化的行为之一，并在重复不断地转化成安抚和结盟的信号。后面这些

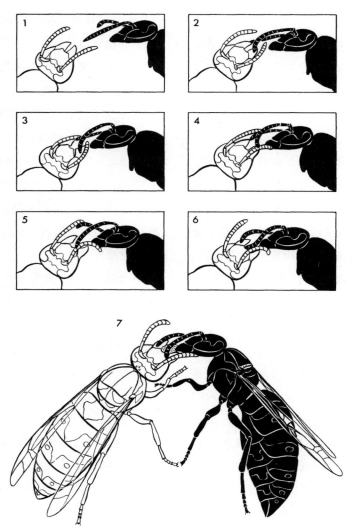

图9-2 社会黄蜂工蜂间的交哺现象。右边的讨食者接近供食者，并把其灵敏的触角放在供食者下口器的末端（1，2）。供食者用其触角与讨食者触角紧密接触加以回应（3），然后讨食者用其触角上下地轻轻拍打供食者下口器的上方（4—7）。如果这一相互作用得以继续，则供食者开始反哺，讨食者就能获得食物（自Wilson，1970a；根据Montagner）。

社会功能常常还掩盖了卫生功能——在极端情况下，还会整个丧失卫生功能。社会昆虫的异体修饰大体上仍是一个神秘的过程。其基本功能可能是保持卫生，尽管还缺乏直接证据。有时异体修饰还传播信息素，因此也可能帮助扩散和标记群集的气味。所以，和脊椎动物一样，社会昆虫的异体修饰似乎在某种程度上已

经进化成一种类群联盟的方式。

鸟类中的异体修饰（更正确的说法是异体饰羽）具有明显的通信功能。此行为在鸟类中有一个零散的系统发育分布，且仅发生在极少数物种中——几乎仅限于有大量身体接触的物种，如梅花雀（梅花雀科）、莺类（画眉科）、白眼鸟（绣眼鸟科）和鹦鹉（鹦鹉科）。高级社会

行为可能与身体接触有着重要的相关关系，因为某些鸦科的个体多自行饰羽并保持个体间距，异体饰羽在功能上通常是一种安抚表现：如果鸟类仿佛像要接受异体饰羽那样对恐吓或攻击加以回应时，那么这种恐吓或攻击一般都会被抑制下去。至少有一个物种——燕八哥——当其攻击企图受挫时，作为攻击的一种相反的行动，异体饰羽就会发生。异体饰羽除了与身体接触和社会性有关外，还在性二态物种或构成配偶关系持久的物种（或二者兼有的物种）中最常见。当这些鸟第一次相聚或久别重逢时，异体饰羽在种内就达到了最高潮。在异体饰羽中，鸟类采用不同的邀请姿态，如抖松羽毛和仿佛像要保护眼睛似的那样把头缩回。在多数情况下，可有理由把这些姿态解释为向安抚或撤退行为转换。鸟的修饰行为大多是针对头部的，而头部是自己修饰时无法触及的少数身体部位之一。这一情况可能表明鸟类的异体饰羽在功能上也有纯粹的清洁互助成分，只不过大体上在进化中被其仪式化信号掩盖了。

在啮齿动物中广泛存在异体修饰，即一个体轻啃另一个体的皮肤（见图9-3）。这种行为常见于处在冲突状态中的啮齿动物，尽管也可能发生在其他状态，即异体修饰啮齿动物间既不表现攻击也不表现紧张的状态。异体修饰在其他哺乳动物中也偶有发现，最仪式化的形式也许当属盘羊（*Ovis ammon*，南地中海地区的一种山羊）的表演：两只雄山羊为争夺首领位置争斗之后，败者立即举行舐胜者（首领）的颈部和肩部的妥协仪式；而胜者为配合这一过程自己也弯曲腕关节跪下让败者舐（Pfeffer，1967）。

图9-3 野生大鼠轻啃皮肤的异体修饰。而在其他哺乳动物中，异体修饰在通信中的功能主要是安抚妥协（自Barnett，1958）。

在灵长类中，异体修饰是一种生活方式。在系统发育上，通过从低等到高等类型的观察，我们可以明显看出：这种修饰经历了从依赖于嘴和牙到近乎专门利用手的演变过程。树鼩鼩应用平伏的下部门齿作为"齿梳"以其齿和舌进行修饰。狐猿作为灵长类中最原始的物种，能用齿、舌和手十分协调地修饰（Buettner-Janusch & Andrew，1962）。在高等灵长类中，手是基本的修饰工具。修饰的基本动作包括：通过拇指和食指拨开毛发、逆着毛束方向以不定的旋转模式用拇指擦拭并用指甲轻轻地抓毛发。把通过这些动作散落下来的东西送到嘴里品尝，有时还吃下去。狮尾狒狒（一种长毛地面猴）会用一只手张开把毛发压下去，同时用另一只手又把毛发竖起来。令人感到惊奇的是，黑猩猩和大猩猩用其非常灵活的嘴唇可以大量地整理毛发，而这可能是一种次级进化行为。

在高等灵长类中，异体修饰至少部分是为群内同伴做清洁工作。用手可全面地除去身上的寄生虫，也（有时甚至用嘴舐）可清洁伤口。波里尔在对印度乌叶猴的研究中发现：它们把

62%的时间花在对被修饰者自己触摸不到部位的异体修饰上。

　　同时，大多数灵长类物种在应用异体修饰时具有极强的社会作用。在不同队群成员间的活动相遇期间，修饰与攻击这两种行为呈现反向关系：当一种行为在频率和强度上上升时，另一种行为则下降。在事态紧张的情况下，这些灵长类动物要么为别的个体修饰，要么享受别的个体修饰。这些做法很少会使恐吓或战斗进一步恶化，而事实上似乎化解了一场场争斗。在大多数高等灵长类物种中，首领个体接受其下属个体修饰的机会似乎高得不成比例（与它给下属修饰比较）。这种异体修饰的关系，如果被进一步的研究证实的话，完全符合我们对这一行为的主要作用的概念，因为获得最大利益的正是接受者——享受修饰的个体。然而，这个一目了然的概念至少有一个令人迷惑的例外：在黑掌蜘蛛猴（*Ateles geoffroyi*）中，地位高的成员要完成大多数的修饰工作。母亲的大多数精力要花在其幼崽、群队其他成员及其配偶的繁育成体身上。萨埃曼（Saayman）指出南非大狒狒雌性的修饰模式是如何使修饰作为具有无可置疑的社会意义的方式而发生变化的：未发情和哺乳期的雌性修饰行为很少，并主要是在情况相似的雌性之间进行。发情期的雌性属于修饰盛期的一类——在卵泡期，它们与年轻的和亚成熟的雄性情投意合，在（发情期）中期，它们转向成熟雄性而较少对亚成熟雄性只有少量的修饰行为。考夫曼在普通猕猴的研究中也报道了与此十分类似的修饰模式。同样重要的是，异体修饰得到了极为明显的发展，并在攻击性的有组织的物种中表现出明显的社会作用。异体修饰在猕猴

和狒狒中是最花时间的一种社会互动方式，但在相对和平的大猩猩和红尾猴中，异体修饰却不常见且多限于清洁互助。而关于这一规律，黑猩猩提供的却是一些模棱两可的证据。珍妮·范·拉维克-古多尔把异体修饰看作贡贝国家公园（Gombe Stream Park）的黑猩猩的主要社会行为，但雷诺尔兹（Reynolds）在巴东戈森林（Budongo Forest）的300个小时的观察中，只明显地看到了57个这种行为的例子——这一数字与这个物种所具有的相对不具有攻击性的本质更为符合。

　　虽然修饰邀请行为在高等灵长类动物一般不具专一性，但它随物种的不同而有明显的不同。大猩猩在仪式化安抚活动中首先展示其臀部，然后展示出希望同伴给它修饰的部位。普通猕猴阻断可能成为其修饰者的去路（以一种放松的非攻击性的方式阻断）。它们也仰卧在潜在修饰者的旁边，或者显露出颈或胸以让对方修饰。狒狒普遍展示其臀部或颈部，赛克斯猴则展示其头顶，侏长尾猴（*C. talapoin*）为了展示颈的背面，而背对修饰者躺下。修饰者聚精会神地在要修饰的部位修饰，而被修饰者放松全身，并且还可能闭着眼睛表现出欲睡的样子。灵长类伙伴间周期性地彼此亲亲嘴，是它们安抚示好的信号。

　　社会昆虫中的绝大多数工职利用其唇舌对同巢伙伴进行修饰，而极少利用其大颚（在功能上相当于灵长类的手）。例如，在长足胡蜂属中，至少某些社会黄蜂会进行修饰。但这一现象只偶尔出现在无刺蜂类中，在大黄蜂和原始的集蜂中极为罕见甚至缺乏。社会昆虫中异体修饰的意义还未真正了解，我们只能猜测其相互清洁的活动在一定程度上是有益的，在

传递集群气味和信息素方面也可能有一定的作用。例如，蜜蜂的蜂后物质9-酮癸酸，一开始就是以这一方式从蜂后向工蜂传递的。与此形成鲜明对照的是，大黄蜂既无同巢伙伴的修饰也不利用蜂后物质。蚂蚁也许就是用这一方式传播苯乙酸和由后胸侧腺分泌的其他杀伤性物质的，借此抑制真菌和细菌的生长而保护了集群，这些物质是洞穴社会生活的主要威胁之一。根据海达克（Haydak，1945）和米拉姆（Milum，1955）的研究，在异体修饰中工蜂采用了一种特殊邀请表演，他们称这种邀请为"修饰舞"或"振颤舞"——邀请工蜂快速反复地左右颤动，同时用中部的两腿自行梳理胸毛。这一行为往往（但不总是）会诱发邻近的工蜂接近邀请工蜂，并用其大颚修饰邀请工蜂腹柄上和翅基部的被毛层，这是蜜蜂自己清洁不到的两个部位。

报警

给一类群同伴报警就是告诫同伴回避任何形式的危险。通常，危险是哺食者或领域入侵者接近的情况，但也不尽然：例如在白蚁中，报警的嗅迹物质释放在巢壁的裂缝处。虽然大多数报警信号在其通报的范围内是普遍的（没有指向性），但有少数报警信号却是相当明确的。根据艾伯哈德的研究，长足胡蜂属的纸黄蜂以独特的明确方式对其巢内的某些寄生物发生反应。特别是当识别出聚球蜂属（*Pachysomoides*）的姬蜂在巢上或巢附近时，纸黄蜂就会做出强烈的短程跑动和翅膀振动并迅速传到全巢。哺乳动物的报警吼叫大多没有指向性，但非洲绿猴能以至少4个或5个声音构成的"语汇"通报敌情。蛇会发出特定的"除脱"声，

小鸟或小哺乳动物捕食者发出急促的"嗯"或"呢啊"的叫声。非洲绿猴只要一看到大型鸟哺食者，就会发出如同"拉普"的叫声。当这种大型鸟或大型哺乳动物哺食者靠近时，非洲绿猴就会发出"啁啾"声和惊恐的咆哮声。非洲绿猴的反应随着不同的信号而变化：蛇的"除脱"声和小捕食者的叫声引起猴的警觉。出现"拉普"的叫声表明在某处存在着大型鸟捕食者，这促使猴从开阔地和树顶上撤离进入茂密的丛林中。其他的报警声使猴盯着捕食者，同时撤退到隐蔽的地方（Struhsaker，1967c）。

啮齿动物可能拥有报警信息素。当小家鼠和大家鼠出现电休克，或在大家鼠遭遇攻击受到胁迫时，同种动物就会散发出一种气味引起逃避行为。穆勒–维尔敦（Müller-Velten）发现该气味是随尿释放的，有效期在7—24小时之间。

生物对报警信号的反应随着物种及个体接收信号环境的不同而有明显的不同。我和雷格尼尔在对蚁族蚂蚁的研究中把它们大致分成：明显表现攻击型报警的物种，此类工蚁以攻击姿态面向骚乱的中心；具有恐惧型报警的物种，此类工蚁向各个方向分散，同时还力图营救幼虫和其他阶段的未成熟蚁。可靠的证据表明：攻击型报警是更为普遍的形式，并作为"报警–防御系统"部分得到了进化。在该系统中，防御化学物质和对敌人进行的其他形式的攻击，对巢穴同伴也越来越成为有效的报警信号。报警通信的某些其他方面，连同社会进化的起源在第3章已有评论。

求助

许多鸟类物种的幼鸟和哺乳动物的幼崽利

用特定的求助叫声吸引其成体靠近它们。早熟的鸟类，如家鸡、家鸭和家鹅，它们在受冷或挨饿时会发出一种与求救声区别明显的声音。非洲野狗的幼崽被丢弃后会发出"拉格"的哀鸣。环颈旅鼠（*Dicrostonyx groenlandicus*）当受冷或受到突然的非疼痛刺激时，会发出独有的超声波啁啾信号。而这种超声波会吸引其成年雌鼠的注意。灵长类幼崽受到惊吓时，会发出尖叫或惊叫声呼唤成体。长尾黑颚猴的幼崽离开母亲时，会用若干声调构成的音阶以极高的强度发出哇哇的哭声。切叶蚁的叽叽声（由第三腹节的脊刮擦第四腹节的一排细脊发出的声音）似乎主要或专门被当作求助信号：当它们被诱陷落入一封闭处，特别是被捕食者压住或在洞穴内被逮住时，就会发出这种叽叽声，仅凭这种声音巢穴同伴就会前来帮助。

结集和募集

这两个概念间不存在严格的界限。结集（assembly）大体可定义为：为了一般的共同活动把社会成员召唤在一起的过程。募集（recruitment）只是结集的一种特殊形式，通过募集，同一类型的同伴奔向需要工作的地点。

以上所有的结集信号都吸引群体成为较紧密的物理构型，被动物学家称为"广告色"的珊瑚鱼类的亮丽装饰和集合就是一个典型的例子。弗兰兹克（Franzisket）的试验表明：宅泥鱼（*Dascyllus aruanus*）这个物种的特征是通过"黑-白联合模式"相互吸引的，并且这一反应有助于个体以鱼群的形式联合在一起。在珊瑚鱼生境中群聚大量其他类型的鱼时，珊瑚鱼类为了使鱼群快速正确地集结和协调合作，其许多物种具有明显的个性化色彩可能是必需

的（W. J. Hamilton，Ⅲ）。在淡水鱼的热带鱼群中，鱼群的"广告色"也得到充分发育，这可能不是偶然的。基恩莱塞德（Keenleyside）发现：玻璃扯旗（*Pristella riddlei*）——南美亚马孙河流域的鱼群——其背鳍上的明显黑色斑点是聚集刺激信号。小丽鱼属（*Nannacara*）、珠母丽鱼属（*Geophagus*）和少数其他热带丽鱼科鱼类，以头的小幅度侧向运动"召唤"其幼鱼。这种运动似乎是起程远游的仪式化形式。在成体条纹丽鱼（*Cichlasoma nigrofasciatum*）中，这种高强度的仪式化还用作报警信号，其幼鱼看到这一信号不仅游向母亲，而且还聚集在母亲腹下。在匠丽鱼中，鱼头的侧向运动极为明显，并只作为报警信号，因此其结集功能显然在进化中丧失了。

阿姆斯特朗认为，苍鹭、燕鸥、鹈鹕和其他海洋鸟类某些物种的白羽有助于在新近发现鱼群的附近结集鸟群成员。狼的嚎叫可把分散在广大领域范围内进行常规巡逻的狼群成员聚集起来。黑猩猩发现结果实的树时，就会发出具有类似功能的吼叫声以通知远处的群内其他成员。

社会昆虫中已知的结集技术，在本质上几乎全是化学接受方式。白蚁相距数厘米时是通过其后肠释放出的3-乙烯-1-醇达到彼此吸引的目的，而蚂蚁中的火蚁通过增加二氧化碳梯度才能发现彼此。在蜜蜂中，人们已经发现了某些更复杂的以信息素为媒介的吸引和结集形式：当工蜂发现一个新食源或与其同伴分别较久时，它们就会抬起腹部露出纳山诺夫氏腺并分泌出具有强烈气味的由香茅醇、橙花醇酸、香茅醇酸和柠檬醛组成的混合物（von Frisch & Rösch，1926；Butler & Calam，1969）。这些信

息素会引导其他工蜂飞越相当的距离。其中的柠檬醛只占新鲜分泌液总量的3%，但它却是最强效的吸引剂。当分群蜜蜂第一次碰到蜂后时，纳山诺夫氏腺会分泌出具有强烈气味的混合物，从而吸引其他工蜂飞到蜂后附近。因此，混合物中的这些物质，是真正执行集结信息素功能的。显然食源的发现降低了反应的阈值，所以这些信息素转而成为第二位的募集信号。

第二种更接近连续释放的结集气味（信息素）是在蜂巢中发现的。这种帮助蜜蜂发现其巢的信息素对于集群似乎不是针对性的，而可能与由工蜂在巢和食源周围连续释放的"足迹物质"相同。"足迹物质"的气味，有时在巢周围作为一种嗅迹而引导蜜蜂找到蜂巢入口。巢口周围的土壤对栗红须蚁的工蚁具有高度的吸引力。每一集群的成员能够识别自己的巢物质（Hangartner et al., 1970）。博尔特·霍尔多布勒和我已经确定：来自农蚁的工蚁周围的气味，对同一物种的其他工蚁也有吸引作用，甚至与巢分离时也是这样。所以很有可能（但还未得到证明），这种物质是窝巢嗅迹的部分物质。

社会昆虫中最神奇的结集形式是由集群的蜂（蚁）后操纵的。除了最原始的社会昆虫的物种外，任何一只营养良好的受过精的蜂后或蚁后都能吸引一批工职（工蜂或工蚁）作为随员，使它们头部趋近蜂后或蚁后。当母后信息素被提取并转移到嗅觉中性的蜂后或蚁后模型上时，这个模型会像自然蜂后或蚁后一样暂时可作为吸引中心。蜂后或蚁后物质其中一种是顺式-9-酮-2-壬烯双酸；第二种是由柯谢尼科夫腺产生的还未鉴定出的脂溶性物质，该腺体是位于刺囊中的一小丛细胞，其主要管道开口于交错的呼吸孔和方肌板之间。这两种信息素，至少是使工职随员留在蜂后或蚁后身边的部分原因。当集群通过分群过程进行分裂时，9-酮壬烯双酸的吸引能力就有了新的作用：当工蜂嗅到这一信息素时，就会飞向在空中飞行的蜂后。当蜂后飞到分群地建立其新巢址（这两种情况皆由侦察蜂引导）时，大量的工蜂就会尾随着蜂后释放的挥发性物质9-酮壬烯双酸的嗅迹来到新址。但是，一旦建立新巢的目的达到后，这种物质就不能使这些飞行中的工蜂安定下来了。这时，由蜂后下颚腺产生的第二种信息素顺式-9-羟-2-壬烯双酸开始发挥作用了。工蜂只能在短距离内嗅到这种物质，嗅到这种物质的工蜂又促使其他的工蜂释放出其自己的内萨诺夫腺的气味。这样，在很短时间内，整个集群就形成了一个安静而稳定的集聚体。事情还不止于此。这些酸性物质至少含有32种成分，除了两种成分外，其余都存在蜂后的下颚腺中。已鉴定的其他物质包括甲基-9-酮癸酸、壬酸以及许多其他的酯类和酸类。由蜂后其他腺体生产的这些或别的尚未鉴定的分泌物是否具有通信功能，其可能性基本上尚未研究。

真正的募集显然是一种只限于社会昆虫的通信形式。蚂蚁、蜜蜂、黄蜂和白蚁已经用许多精巧的发出信号的方式使工职结集起来协作进行食物运输、巢穴建设、巢穴防卫和迁移活动（见第3章）。

领导

少数脊椎动物和昆虫物种所使用的信号似乎明显地是为了启动和引导类群成员的活动。早熟鸟类的亲本和幼鸟，利用精致的信号

213

系统协调它们的行程。例如，母绿头鸭（Anas platyrhynchos）以足够慢的速度在前面走，以便小鸭能紧跟其后，而在这期间还不断地发出特定的引导性的叫声。小鸭如果落后太远，就会发出求助的鸣叫声。母野鸭对叫声的反应是即时和自动的——它停下来，舒展身体，伏倒羽毛并发出更为响亮的鸣叫。在短时间内，掉队小鸭若还不知如何向母鸭靠近，母鸭就会暂时不顾身边的小鸭，而去接掉队的小鸭。这时，它们会相互问候并进行"交谈"鸣叫。在这期间，走在前面的小鸭开始鸣叫，又促使母鸭再次跑到前面，而原来掉队的小鸭会向前跑数米，以防再度落后。这样通过反复前后奔跑和反复问候引导，母鸭最终会把这两群小鸭集中在一起，使整个家系再次一起向前行进。

如同洛伦兹指出的那样，不能飞行的较大群鸟类，容易使一些特定信号进化，以诱导群中成员同时启程。野鸭用高强度鸣叫反复"交谈"，同时活动它们的喙，似乎是在表达仪式化的迁徙意图。鹅也有类似的仪式，但其头的活动（主要是头的侧向摇动）不太容易与迁徙联系起来。凤头鹦鹉飞行前会发出响亮的尖叫声。家鸽和它们的野生岩鸽祖先原鸽（Columba livia）响亮地振动翅膀——而振翅时间的长短这一信号表明的是要飞行多远：若只是短程飞行，则全然没有振翅信号；若要长途飞行，则在起飞前会做出一阵长时间的振翅。读者会注意到，在这一连续（振翅）信号和蜜蜂摇摆舞的分界线运动之间存在着明显的相似，摇摆舞中的分界线运动的长短，是随着蜂巢到食源距离的增加而增加的。鸟一旦起飞，在其翅或尾上就能出现"广告信号"，以诱导仍在地面的鸟尾随跟上。奥斯卡和玛格达勒娜·海因洛思（Magdale-na Heinroth，1928）指出，翅的颜色是如此因物种而异，以致我们只要瞧一眼翅膀的颜色就可以识别属于哪个物种。这种识别原理与海上指挥的令旗是相同的。

与上类似的信号，是阿拉伯狒狒首领雄性的"大迈步"。在灵长类中，它们控制其类群的行动规模是非同寻常的。当首领雄性要离开时，它们便迈开大而快的步伐，同时竖起尾巴并有节律地向左向右扭动其臀部。这些动作似乎在引导下属去尾随它。

蜜蜂已经进化出了两种引人注目的领导信号，这两种形式的信号超过了非人类脊椎动物的任何一种信号。第一种当然是摇摆舞；第二种是鲜为人知的嗡嗡运动，也称"分裂舞"，这是蜜蜂开始分群的信号。就在分群前，大多数蜜蜂仍在巢内或巢口外悠闲地休息。到中午气温上升时，一只或若干只蜜蜂以极大的骚动性强行挤入蜂群中——在蜂群中做"之"字形运动，碰撞其他工蜂，并以与摇摆舞中的分界线运动类似的方式摆动其腹部和翅膀。但这里产生的声音与摇摆舞中的分界线运动的声音大不相同，这种不同成为分群信号的重要部分。嗡嗡运动快速蔓延，1—2分钟内，就有十余只或更多的工蜂参与进来。林道尔是这样描述的："嗡嗡运动的参与者就像雪崩一般突然迅速增加，其中许多冲向巢口去唤醒那些懒惰的蜜蜂（这些蜜蜂在飞散之前聚集在一起就像一簇羽毛），而其余的蜜蜂主要围绕着巢盘旋，而后又继续进行它们的嗡嗡运动。这样经过约10分钟就到了起程分群的时刻。然后最靠近巢口的蜜蜂往外冲，形成一个稠密的蜂流（分群云）。蜂后这时也被唤醒，如果它没有立即跟着分群蜂飞出，那是因为受到了还在进行嗡嗡运动及飞行中的那些蜜蜂的干扰，它找到巢口后就马上飞入分群云（von Frisch，1967）。"显而易见的是，该现象是我知道的在动物通信系统中自动催化的唯一范例。一个个体发出一信号，其他个体也发出同样的信号，其结果是产生连锁反应和行为"爆炸"。当然，这正是为了千千万万的个体飞离巢并确保行动一致所需要的效应。当蜂后偶尔被其他蜂群驱离时，也会出现工蜂的嗡嗡运动。在这一情况下，工蜂在空中进行嗡嗡运动而积极地寻找其蜂后（Mautz et al.，1972）。在鸟群飞行前的行为中也发现了自动催化通信的情况。例如，在加拿大雁的家系成员中，飞行前雌雁要不断地抬头，直到雄雁也参与其中开始飞行为止。

捕猎激励

问候仪式——犬科（Canidae）动物广泛存在的一种仪式——在集会中包括集体捕猎的启动或动员，已为非洲野犬广为利用。下面就是雨果·范·拉维克-古多尔和珍妮·范·拉维克-古多尔（1971）在（坦桑尼亚的）恩戈罗恩戈罗火山口记录的一群非洲野犬是如何开始捕猎的：

> 太阳刚下山，一只名为成吉斯（Genghis）的年长雄性野犬站起身来，打着哈欠伸展其身子，它快步走到名为哈福斯（Havoc）、斯维福特（Swift）和巴斯克费里（Baskerville）的3只野犬躺着的地方。见到它，3只野犬跳了起来，它们彼此用鼻闻、舐嘴唇，尾巴翘起摇摆着，它们的声音由低沉的叽叽声逐渐转为狂叫。这时所有的成年野犬都参与其中，犬群在周围跑

着举行问候仪式。腿、尾和轻盈的身躯都混在一起让人看不清楚，在这样混乱的场面中我瞥见了哈福斯和斯维福特这两只犬张开着大嘴在彼此触吻，而它们的舌在彼此的嘴中翻卷。刹那间，一只名为黄波里（Yellow Peril）的年长雄性犬在激动中尿湿了自己的腿；一只名为朱诺（Juno）的雌性野犬又出现在我面前，当它要屈身去触碰年长雄性犬成吉斯的嘴唇时，它的两前肢平伏在地上，而臀部却往上抬起。再往后，突然间又仿佛回到了最开始，野外活动的热闹场面又趋于平静，这群野犬离开了活动场地，开始了他们的夜间捕猎。

雨果凭直觉认为，上述仪式表达了非洲野犬为了捕猎的群队团结。上述信号若要翻译成人类语言可能是在说："我愿放下我的身份地位，我愿在捕猎中尽我的责任，我愿猎物共享。现在我们一起捕猎去，一起捕猎去！"

社会昆虫中类群捕猎的"杰出代表"（在无脊椎动物中相当于非洲野犬）是蚂蚁中的军团蚁。食根蚁类大集群的工蚁（矛蚁属）、行军蚁（游蚁属、钳蚁属、尼氏蚁属和其他属）以及行军蚁亚科和猛蚁亚科其他成员的大集群的工蚁，它们通过相互的触觉刺激和通过经常分泌嗅迹的通信协作形式组织其共同捕猎。T. C. 施奈尔拉描述了布氏游蚁的捕猎过程：

> 工蚁到达一个新领域后，前面的工蚁就做出急停动作而放慢速度，在其进程中明显地表现出折返爬行。在工蚁撤退前的有限进程内，其身体比以前波浪式起伏的自然状态更贴近地面——足伸展，行动有

些僵硬。随着前身的摆动，其触角索也做出如同黄蜂式的快速弧状旋转摆动。伸长的触角索向下弯曲并以一定的时间间隔快速地拍打地面。以这种方式犹豫地前进数厘米后，工蚁突然停住并使自己向前躬屈（这一动作还可能快速重复）或随后再前进一小段距离，然后迅速掉转方向返回自己的巢群。

上述先遣工蚁在先于巢群同伴进入新领域的短暂行程中，就从其腹部末端释放出少量的嗅迹信息素，而这些信息素可引导其他工蚁往同一行程前进。在其他工蚁前往期间，其中多数甚为忙乱，它们逮住猎物，并把猎物通过觅食队列逐一传回到蚁后和各阶段非成熟蚁的宿营地：

> 在谈到巢群工蚁行为的一致倾向时，其个体行为的灵活多变十分重要。当游蚁属工蚁经过路径时，它们的触角或足会发生从轻轻摩擦到有力碰撞的所有不同程度的接触。迎头（正面）相碰的工蚁或多或少地会突然后退，并且双方可能各自转回或者彼此相让通过（如果是慢跑的话）。并列相触的工蚁，根据相触力的大小通常其路线会有些改变。或者工蚁受到后面工蚁的追赶时，受到追赶的会加快步伐（如果原来未全速前进的话）。

除去这些变异性，就出现了布氏游蚁的特征巢群：大致为一个椭圆形工蚁群，长为10—15米或更长，宽为1—2米，用连通到（巢群）宿营地原点的两个或更多个觅食队列相连接，而队列以每分钟30厘米的速度在延长。这个椭圆形工蚁群是如何形成的呢？斯奈拉尔注意到有两股相反的力在维持巢群各工蚁工作。第一股是压力——工蚁有从过于拥挤的地方移出的倾向。当新来的工蚁聚集时（多数来自宿营地），新来者会刺激先到的工蚁返回，离开他们。这一活动依次诱导工蚁进一步向外运动，这样就产生了一个刺激和运动的中心波。第二股力是分流力：当一些地方的工蚁撤出后，邻近拥挤的工蚁就有迁移过来的倾向。因此分流力恰与压力的作用相反，并且它也会像波那样扩散到整个巢群。由于来自后方的新到达的工蚁不断涌入形成了压力，所以迫使已经构成巢群的工蚁向前和向旁边运动。但是，巢群边缘的先遣工蚁的缓慢行动阻碍了队列前头其他工蚁的行动，从而促使它们呈扇形展开而形成最终的巢群。由于一些未知原因，在前面的阻碍要大于在两侧的阻碍，所以最终的巢群变扁平而成椭圆形。

孵化同步（胚胎通信）

属于同窝的早熟鸟类的幼雏，具有尽可能接近同一时间孵化的强烈趋向。孵蛋的母亲和第一批孵化出的幼雏在数小时内会走出窝巢，还留在蛋内的幼雏就会死亡。整窝的同步孵化（至多差一个或两个小时）是早熟鸟的一个普通性状，这些鸟类特别是指雉鸡、鹌鹑、松鸡、鸭和三趾鸵鸟。这些不同物种的卵分别孵化时，它们孵化时间相差的天数较多。但把它们放在一起孵化时，则孵化是同步的。玛格丽特·文斯（Margaret Vince）已获得强有力的证据：这种协调或同步，是当幼雏仍在卵中时通过声音信号的交流完成的。刚好在孵化出来前，这声音最

215

为响亮和持久。最具特点的声音是有规律的咔嗒声，把卵放在耳边是可以听见的。这种声音不像以前生物学家广泛相信的是通过轻击卵壳引起的，而是与呼吸活动相联系的真正的发声。

身体运输的启动

蚂蚁的工蚁常常托起巢中同伴从一个地方移到另一个地方。当集群从一个巢址迁移到另一巢址时，最容易出现这一行为。许多物种的侦察工蚁在发现一个好的巢址时，在返回旧巢的路上会释放出嗅迹。只用这种嗅迹信息素就足以引诱某些工蚁外出去调查这一好巢址，而在红火蚁中，这种信息素近乎是引起集群迁出的唯一基础。其他许多蚂蚁在这方面更为原始、最重要的启动迁移的方法是成体运输，即侦察蚁直接托起集群其他成员移向新的巢址。俄克兰（Φkland）研究欧洲林蚁（Formica rufa）时首先意识到：这一现象可能是集群整合的重要方式。与欧洲林蚁密切相关的一个物种多栉蚁（F. polyctena），在多个巢址间的成体运输是季节性的，在春季和秋季达到最大。在德国，奈兹（kneitz，1964）研究过的接近100万工蚁的一个集群，在一年期间发生的成体运输次数在20万和30万之间。从事运输的大多数工蚁是较年长的觅食工蚁，而被运输的大多数工蚁主要是从事保育工作和其嗉囊内有食物的较年轻的个体。

对蚂蚁来说，这种从条件不好的巢迁出简单迁移，其重要性是不言而喻的，这种功能可以说是基本而原始的。在高等蚁类中，成体运输已进化成一种精细而固定的通信形式。在蚁亚科，运输者面对面地向被运输者接近，用触角快速地触动被运输者头部表面，并且在自己迅速往后抽动的同时，力图用大颚抓住被运输者。如果被运输者接受运输，则它把其触角和腿都贴身折起成蛹的姿态，以使自己被举离地面。当它被举起时，其腹部向前蜷缩。然后，运输者就迅速把被运输者送往目的地。相反，大多数切叶蚁亚科的运输工蚁，正好从被运输者大颚下方或颈部把其抓住，而被运输者蜷缩着身体伏在运输者的头上，其腹部向上或向后。其他的分类学类群在运输通信方面都有自己的特征变异情况。

少数蚂蚁物种已把这种运输行为用于其他目的。暗红蚁（Manica rubida）和细胸蚁（Leptothorax acervorum）利用这种运输把外来工蚁从集群中运走（Le Masne，1965；Dobrzański，1966）。有趣的是，被降伏的外来蚁以与巢内同伴相同的行为发生反应。血红林蚁（Formica sanguinea）役使其他"沦为奴隶"的蚂蚁时，有规律地如此携带巢伴往返于栖息巢和它们正在入侵的其他蚁巢之间。在系统发育上，原红蚁（Rossomyrmex proformicarum）的这一有关倾向已发展到极端：其工蚁可进入原蚁属（Proformica）的各巢中，进入时以典型的一只蚁运输另一只蚁方式到达目的巢（Arnoldi，1932）。

在白蚁中，巢里同伴运输的一般是卵。但在少数白蚁物种中，非卵运输确有发生。例如在无兵蚁属和三棘蚁属的成员中，当集群或集群的一部分从一个巢址迁往另一巢址时，偶尔会发生这一情况：成年工蚁用上颚带着较年幼的幼虫迁移，但较年长的幼虫还需步行。在社会蜜蜂和黄蜂中还未发现有成体集群运输。显然，这是因为在飞行中携带如此重的负荷是件困难的事。当一个集群的蜜蜂——无刺蜂或黄蜂迁出时，旧巢被抛弃，而有能力飞行的成年蜂后和工蜂就移居到新巢。

在脊椎动物中，类似蚂蚁那样精细的运输

行为还未见过。但哺乳动物携带幼崽的方式有时是固定的。犬科和猫科动物的母狗和母猫叼住它们的幼崽的松软而宽的颈背携带。被叼起后，幼崽通常是软绵绵地放松身体——一种协助母亲携带的姿势。駒鼱携带幼崽时叼住的部分几乎是随机的。大多数啮齿动物喜欢叼住幼崽背部携带，麝鼠、松鼠和鼠科的姬鼠属（*Apodemus*）动物喜欢叼住幼崽腹部携带（松鼠幼崽被叼住时会蜷缩着抱住母亲的头）。小啮齿动物的雌性，是当幼崽吸吮奶头时保持其挂在自己身上的姿势携带幼崽的。暗足林鼠（*Neotoma fuscipes*）幼崽的门牙专门变化为适合咬住奶头的形态，因此可以说它已进化成该物种常规运输机制的一部分。

玩耍邀请

哺乳动物邀请类群同伴玩耍的一些特定信号，在第8章已经讨论过了。

工作邀请

社会昆虫一般利用符号通信，即已经完成的工作形迹的通信，以启动和指导一些特定形式的巢穴建筑（见第8章）。

恐吓、顺从和安抚

调节紧张行为的复杂信号（往往是连续系统信号）在第8章已经介绍了，细节会在随后有关攻击、领域性和统治的讨论中予以叙述（第11—13章）。

巢窝换班仪式

216

在需要双亲抚育的不能自食其力的幼鸟的鸟类物种中，典型情况是一个亲本留在巢内做警卫，另一个亲本外出觅食。觅食鸟返回后，护巢鸟就接手觅食任务离开。这种警卫的变化，首先是这对配偶通过个性化鸣叫和其他信号，确定相互识别的一系列精细行动，然后是通过专门适用于这一情况（换班）的仪式而达到彼此协调一致。在某些物种中，这一仪式显然在系统发育上与紧张冲突中利用的安抚行为有关，这种安抚行为的应用场景包括一对配偶最初往来建立亲密关系时。苍鹭的雄鸟通过一系列典型的明显是相互的通信与其配偶换班：它首先飞落在巢的边上，同时强有力地拍打翅膀，而雌鸟用向上伸长颈部和连叫数声加以回应；然后，这对配偶在大声鸣叫的同时背对背站立；最后，雄性把头低下使冠毛竖起，用喙空啄数次后就安静下来了，此时雌性飞离巢。有时这一换班过程变化如下：雄性颈伸长，头向上冠毛竖起，拍打其翅，而雌性也表演同一套动作。欧夜鹰（*Caprimulgus europaeus*）雄性飞进巢内时会发出一种特定的颤叫声，雌性以同样的鸣声回应；然后雄鸟紧靠雌鸟，当它们轻轻地左右摇摆时，雄性使雌性逐渐离开巢；最后，雌鸟飞走。某些鸟类的配偶，当巢窝换班仪式的安抚功能偶然失败后，就会转化为双方的攻击行为。事实上，巴布亚企鹅（*Pygoscelis papua*）一般不喜欢配偶接近，换班时如果靠近得太快，就会彼此相啄。但通过不断点头和嘶嘶鸣叫可避免战斗。

性行为

在进行授精这个单一行动中，涉及性行为的一个完整过程，而在这一过程中，紧密和谐的一系列行为在形式和功能上是根本不同的。至少在这一系列行为中可区分为5类：性宣示、求偶、性配对、性交和性交后炫耀。此外，还有少数信号具有明确的抑制繁殖的功能。这些都会在专门论及性行为的一章（见第15章）中讨论。

职别抑制

多数高等社会昆虫的蜂（蚁）后，分泌出抑制非成熟阶段的雌性发育成新蜂（蚁）后的信息素，其结果是产生了高比例的不育工职用来保护和喂养母蜂（蚁）后。白蚁的蚁王（雄）也产生一种物质抑制雄性若虫发育成自己的职别。在蜜蜂中，这种雌性信息素已鉴定为普遍存在的反式-9-酮-2-壬烯双酸，这是由蜂后膨大的下颚腺分泌的。这种信息素的气味使工蜂不能修建宽大的蜂后室（新蜂后从早期幼虫阶段就是在这里被喂养的）。每年春天，蜂后分泌这种信息素的量减少，从而允许产生少数几个新蜂后，以便随后集群分群。蚂蚁的蚁后物质（在化学上还未做出鉴定）表现为影响工蚁对幼虫的态度，使表现出最有希望发育成蚁后的个体放慢发育的速度。相反，白蚁的蚁后信息素直接作用于若虫的发育生理。从总体上看，社会昆虫的这些抑制信息素的作用，还不能从职别决定的许多其他形态学或生理学过程中分离。读者可参考我在另一本书中对这一复杂课题的评论。

信号功能的高级分类

动物符号学的长期目标是探知动物通信系统的深层结构。动物学家如果能列出范围广泛的信息类别，并且又能鉴定出这些类别是如何显露其心智，实际上又是如何进行通信的，那么就应该很满意了。如果对我们提供的资料经过逻辑分析的组合和再组织，似乎存在如下可能实现该目标的希望：在进化上，信息类别不可能无限增多；动物仅在少数几种情况下是可以相互明白表达的。

这种希望或目标，我认为不可能达到。更严重的是，不同的动物学家越想达到这一目标，他们的结果就越不一致——文献中的矛盾就越多。主要困难就是这一章最开始提到过的困难，即通信活动的高级分类（或心理学意义上的深层分类）仅是一个简单的分类预演而已，而这一分类的单位分类和聚类过程的定义是建立在随心所欲的基础上的。由于以下两方面的事实，即社会行为非常远离其基因型且在遗传上非常易变，这一困难变得更为复杂。如果研究者把分类扩大到科（如猫科、犬科、鬣狗科或其他科）水平以上，如扩大到"目"或更高水平，那么行为的相似性就越来越有可能成为趋同性。因此，在单一类别中搜集的不同物种的行为，就越来越成为判断相似性而非同源性的问题，大体上这是一个主观的过程。动物符号学在这一方面与植物社会学（按植物群落分类）和描述性的生物地理学（把世界按区域-生物群落型分类）极为相似，并且具有较少的单位。在这两个学科中，好不容易建起了有关单位和高级分类的竞争金字塔，可又在由相互矛盾的定义和神秘莫测的术语构成的混杂碎片中倒塌了。

然而，即使类别的构筑没有希望，它也是有益的。不够严格的分类可以把新观点引入老现象，而这些新观点为进一步研究提供了新途径，这就是我们评论以前作者得出的（有矛盾的）系统应持的态度。例如，塞伯克（1962）认为，所有的通信服务于6个基本功能：第一和第二个功能分别是情感（或情感反应的诱

217

导）功能和交际（建立和保持接触）功能，是许多动物都有的；第三和第四个功能（至少某些动物具有）是认知功能（传递与情感无关的客观信息）和意图功能（只是命令指导行动）；第五个功能元通信是人类独有的，现在我们相信，它也出现在许多其他的哺乳动物中；第六个功能——诗意功能，严格来说也只限于人类，它的功能是唤醒那些复杂的、个性化情感想象的、在本质上是暗指的信息，也是唤醒那些基于过去联系的在本质上专门以认知保存、且要尽很大努力才能想起的那些触发记忆和刺激的信息。根据摩里斯（1946）的人类语言学系统，马勒（1961）发现了4个信号功能，在本质上与上述塞伯克提出的6个功能存在相关性。马勒认为任一信号根据功能不同可作为如下分量：识别符（identifiors）指明一定的时间和地点；指示符（designators）指出反应者所应注意对象的本质；规范符（prescriptors）规范反应者需伴随的适当动作；评估符（appraisors）允许反应者与一个对象（或信号）而不是别的对象（或信号者）发生反应。现假设在自己领域内鸣唱的一只雄鸟。对于一只从这一领域附近飞过的雌鸟，这只雄鸟的宣示鸣唱标识了自己的位置并至少标识了其领域的位置；它表明了自己所属的（雌性所需要的）物种，并且是其合适的性配偶对象；它告诉这只雌鸟应当采用一定的姿势接近，以便促进下面要发生的求偶活动；最后，这鸣唱含有音量、音准和持续时间等测度，以允许雌鸟在选择配偶时与其他雄鸟的鸣唱信号做比较。

W. J. 史密斯认为（独立于莫伊尼汉）：每一脊椎动物物种利用的表演或炫耀数的范围很窄，大多数物种的炫耀数从约10个到40或50个。史密斯把这些表演数分成12个聚丛或12类"信息"，他发现这些聚丛包含了迄今详细研究过的所有类型的脊椎动物（从鸣禽到草原犬鼠）。这些信息的特征性状是直观的、后天的，并与塞伯克和摩里斯以前提出的系统无关。应该补充说明的是，这种类型的不一致是对纯粹分类学各自独立修正的常见后果。史密斯的信息简要表征如下：

识别（identification）：与摩里斯提出的识别符相同。

概率（probability）：信号者执行信号所指动作的可能性大小。因此在连续信号中，信号的强度越强，一般就意味着动作的概率越大。

宏集（general set）：没有独立含义，但表明动物很可能采取某种非特征性质行动的一些分量或信息。

运动（locomotion）：启动或终止运动有关的信息，或动物在运动中独自发出的信息。

攻击（attack）：任何仇视行动或炫耀。

逃逸（escape）：动物从攻击战斗中撤退时，或受到其他任何厌恶刺激时发出的信息。

非攻击子集（nonagonistic subset）：表明动物不会发动攻击的任何信号。

联合（association）：动物不是以仇视或性行为为目的而接近时所给出的特定信息。

耦联-限制亚集（bond-limited subset）：表明将保持更紧密、更持久的耦联关系，如配偶间或亲子间传递的信息。

社会玩耍（social play）：特指玩耍邀请。

交配（copulation）：恰好只在交配前或在试图交配期间利用的信息。

挫折（frustration）：动物在执行其他类型的行动失败时，如交配或攻击受挫时出现的行为（而那些其他类型的行为是通过生理变化或之前发出的信号事先发动的）。

史密斯后来对上述信息分类表做了一定的修改，但仍约有10个行为类别或信息。其研究程序是利用切里的方法（原来是用来研究人类语言的），对信号"信息"的研究（语义学）和对信号通信意义的研究（实用学）这二者做出区分。切里区分的第三个主要内容或主要类别是句法学，即把信号作为物理现象进行研究，这是一门具有确定目标而不存在歧义的学科。对动物学家来说，决定编码行为信息的纯语义学的方法，应当是当给出信号后简单地把信号与实际发生的行为（如交配、运动、分泌）连接起来，或者与容易发生的行为连接起来。一个更实用的方法是考虑信息的终极功能，换句话说是考虑信息对通信双方的长期适应有何意义。史密斯1969年的分类显然用意在语义学方面，因此是更为"客观的"。然而，客观性是一个理想化目标，在动物通信中分离功能意义的任何尝试，都可能比丧失部分客观性带来更多不确定性。而且，把许多非同源现象的聚丛分成不同类型，本身就偏离了真正的客观性，并且这基本上是一个无意义的过程，在一般实践中是难以掌握利用的。的确，上述的信息分类，就其本质来说是作为分类的一个预演。它很像附有特征性状的一张对属或对科的分类表，但这张表缺乏构成各类别的物种。每个优秀的分类学家都知道，只有对有关物种已经很了解，并凭这些了解以最好的方式评价分类法优劣的专家，才能有自信利用这张信息分类表。我们会继续制作和修正这样一些表，但不会拘泥于它们中的任何一种分类方法。

复杂系统

有一个普遍错误的观念（甚至动物学家也是这样）——很多人认为大多数的动物通信是由刺激和反应两个相互沟通的简单信号组成的。这一简单情况，在微生物和许多低等后生无脊椎动物中确有发生。但是脑容量更大的，比方说具有1万个或更多神经元的动物，其社会行为就会复杂精细得多。这一结论可用例子很好地说明。假如我们用两个已经经过仔细分析的"普通"通信系统（如仓鼠的争斗和鸽子的求偶）说明这样的行为变化实际上是多么错综复杂的。然后，为了从总体上获得动物通信所能达到的上限，我们把注意力转向至今发现的若干最高级的动物系统。

仓鼠的争斗

雌性叙利亚仓鼠（*Mesocricetus auratus*），若不是在发情期，则普遍具有强烈的攻击性，甚至对首领雄性也不例外。当把两只陌生雌仓鼠放在一起时，它们会发生争斗，直到一方取得明显优势为止。这种争斗绝不只是粗野的打斗，它遵循着一系列如同希腊-罗马式拳击比赛那样的"战术"。这两只雌鼠彼此鼻对鼻地相互接近后，它们执行如下三个动作中的任何一个：转圈、跟随或彼此面对面地用后肢站立（竖立）（见图9-4）。这些"战术"可在任一不定期阶段发生轮换，并可作为攻击开始的先兆或导火线。攻击是以逐步升级的方式进行的，即从中间的一些轮换形式（其中包括按住和攻击性修饰）开始，直到逃逸式的翻滚战斗。双方中的任何一方都可通过"飞逃"战术终止战斗（逃者用两后肢突然伸直进行"飞逃"）。最后，失败者从现场逃离，或者在跟胜利者相处时处于完全从属的地位。

斑鸠的繁殖

斑鸠（*Streptopelia risoria*）的繁殖行为，通过偶然的观察发现，似乎是两配偶间在数周内受到相对少的几个简单信号调节产生的。事实上，D. S. 莱尔曼及其同事通过仔细研究业已指出，这是通过通信、外界刺激和激素活动的密切协作而逐渐展开的一出生理戏剧（Lehrman，1964，1965），整个周期持续6—7周（见图9-5）。只要把一只成年雄鸠和一只成年雌鸠放在一个笼内（笼内有筑巢材料），雄鸽就通过点头和咕咕叫向雌鸠求偶。数小时之后，它们选择一处凹形地作为巢址（在实验室环境中最好是小盆状物）并蹲在里面，同时发出特定的咕咕叫声。不久以后，它们把筑巢材料放在巢址上筑起一个松软的巢。筑巢若干天后，雌鸠对巢极为依恋，随后不久就产下2枚卵。此后，配偶双方轮流孵卵。列尔曼及其同事的实验指出，只有配偶的存在和声音才能刺激垂体分泌促性腺激素。这些物质

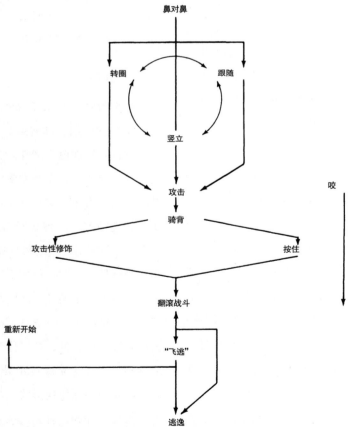

图9-4 仓鼠固定的攻击通信，两陌生雌仓鼠相遇遵循着一系列可预判的"战术"和战斗技术。在一些极端情况下，这一过程会导致突发性的"飞逃"，使失败者逃离现场。这例子表明，乍看起来可能是很简单的社会互动，其本质却是具有组织性的（自Floody & pfaff，1974）。

求偶

筑巢

孵卵

哺育

图9-5 斑鸠的程序繁殖通信。繁殖周期长达6—7周，受到配偶、筑巢材料和若干按一定顺序分泌的激素之间相互刺激的调节（自Wilson et al.，1973；根据D. S. Lehrman）。

诱发雌激素水平上升（触发筑巢行为）和孕激素（启动孵化行为）。另一垂体激素——催乳激素——引起嗉囊上皮的生长，蜕落的上皮可作为一类"乳汁"哺给雏鸠。催乳激素也维持着孵化行为。当雏鸠2—3周龄时，双亲就不顾它们了。随后双亲又开始了新的内分泌行为周期。在实验室条件下，这一周期可全年连续重复。

昆虫和脊椎动物的极端求偶炫耀

虽然昆虫脑容量比脊椎动物的小，但是它们最精细的表现或炫耀同样是复杂的。这个结论可用蜜蜂的摇摆舞以及蚂蚁嗅迹和触觉二者相结合的表现加以说明，也可进一步用许多类型昆虫的求偶炫耀说明。也许已知最复杂的模式出自聚球属（*Syrbula*）的剑角蝗（见图9-6）。如奥特（Otte）所描述的，在这一模式过程中

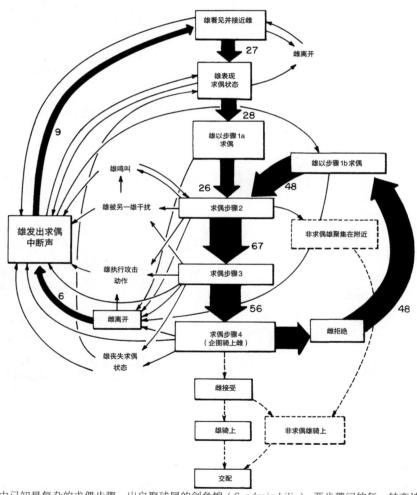

图9-6 昆虫中已知最复杂的求偶步骤，出自聚球属的剑角蝗（*S. admirabilis*）。两步骤间的每一转变被观察到的次数附在箭头的旁边，数目大小还用箭头的粗细表示。各个分离信号，包括标有步骤的信号，由声音和身体各部分的运动组合而成（自Otte, 1972）。

所利用的炫耀，多数是通过发出不同类型唧唧声中的某一种，以及伴有用触角和翅膀做出的一些特定安抚行为共同组成的。在脊椎动物中，已知流苏鹬（*Philomachus pugnax*）的求偶过程最为精细：雄性在炫耀场炫耀，它们是根据在权力等级系统中的地位来确定位置的。在至少22种可见炫耀方式中，不同等级的雄性是以它们利用的次级信号的不同进行区分的。我的主观印象是：聚球属蝗虫类和流苏鹬属鸟类的求偶信息储存库，在复杂性方面大致是相似的。

鲸叫声

动物中已知最为精细的单个炫耀可能是座头鲸的叫声。由 W. E. 舍维尔（W. E. Schevill）首先发现后又由培恩和麦克威的一些详细研究指出，其叫声可持续7—30分钟甚至更长。由培恩和麦克威确定的真正非同寻常的事实是：每一头座头鲸的叫声都有一个特定变异范围——由一系列音调组成，并且能无限制地加以重复（见图9-7）。人类没有几个歌手能持续演唱这样长而复杂的歌曲。叫声很响亮，通过贴近其附近小船的船底或数千米外的水听器都可清楚地听到。这种声音，在我们人类听起来有些怪异，然而又是优美的。在音调上，以骤然降低或升高的重复鸣叫使低沉的呻吟声和几乎听不见的高亢的刺耳声不断交替。座头鲸叫声的功能现在仍不清楚。没有证据表明，特定序列的音调是由特定的信息编码的。换句话说，这种叫声显然没有句子或段落，而只是一个很长的炫耀。最可能的假说是，这种叫声用于个体间识别，并使小群个体在每年的远洋迁移期间能保持在一起。但实际情况还不清楚，其中也许还隐藏着某些令人惊奇的情况。其

他的鲸物种也有叫声，某些叫法还与座头鲸的相似（Schevill & Watkins, 1962；Schevill, 1964），但在复杂性上还没有一个能与座头鲸相比。

大猩猩和黑猩猩的炫耀

在陆生动物中，最复杂的单个炫耀，也许要数进化上最高级且最有智力的两个类人猿物种——大猩猩和黑猩猩——的炫耀了。大猩猩有名的拍胸炫耀其实很少见，且仅限于银背大猩猩的首领雄性。根据沙勒的观察，整个表演由9个动作组成——它们可以单独炫耀也可以由其中两个或更多的组合进行炫耀。当以组合炫耀时，可预测的顺序如下：

1. 开始，大猩猩坐着或站立时，发出2—40个唬唬声——一开始是清楚的，但当速度增加时逐渐变得模糊。

2. 当大猩猩从植物上采下一片叶或拆下一条枝放在其两嘴唇间（吃食时的一种仪式化形式）时，有时会中断这种唬唬声。

3. 在炫耀进入高潮前，大猩猩以两后肢站立，呈二足动物状态达数秒钟之久。

4. 当后肢站立时，前肢常常抓起一把枝条向上、向旁边或向下抛掷。

5. 炫耀的高潮是拍胸。拍胸时，站立的大猩猩从侧面举起其弯曲的两前臂，以没有完全握紧的、稍微呈杯凹状的前掌，交替地拍打胸部2—20次，拍打频率很快，约每秒钟10次。大猩猩有时也拍打树干和树枝，或拍打自己的腹部和大腿。

6. 拍打胸部时，有时一条腿会踢向空中。

7. 在拍胸期间或拍胸后不久，大猩猩会向一侧跑步——开始用两足跑数步，然后用四足

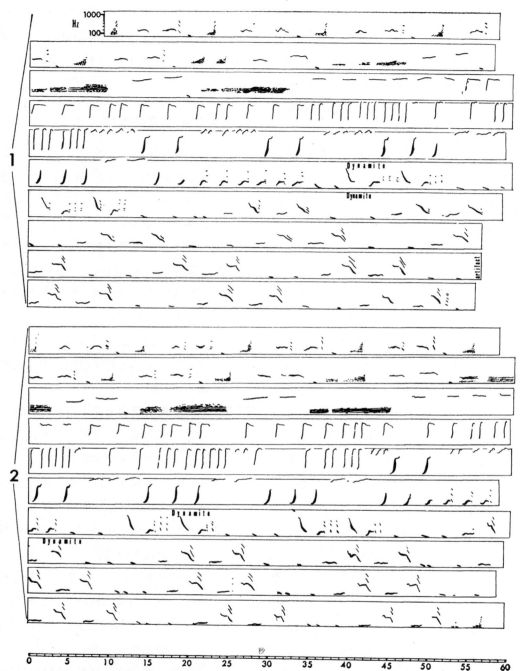

图9-7 座头鲸的叫声。其音程长达30分钟或更长，也许是迄今在动物界发现的最为复杂的单个炫耀。图中用1和2标记的声谱图代表由靠近（大西洋西北部）百慕大群岛的同一座头鲸发出同一叫声的两个重复。它们在音调上的明显一致性，可通过逐一比较这两声谱图得到证实（自Payne & McVay, 1971, 美图科学促进会1971年出版）。

跑3—20米或更远。

8.跑步时，大猩猩在其通路上用一前肢抓扫草木、猛击矮丛林、摇晃树枝和折断小树。

9.一个完整炫耀的最后一个动作是用一个或两个前掌猛击地面。

这一炫耀的功能似乎很普遍地用于通报和恐吓。当雄性大猩猩碰到人或其他的大猩猩群队，或碰到自己群队的其他成员开始炫耀时，最容易表演这一行为。但是，在玩耍期间，有时甚至没有任何外界刺激（对于观察者而言）的情况下，也会出现这一炫耀行为。

黑猩猩群队的"杂耍"就更奇怪了。黑猩猩群队，不管白天黑夜的任何时刻都能不可预期地爆发出震耳欲聋的嘈杂声——以最大音量吼叫着，用上肢敲打并猛推树干，摇晃树枝，与此同时，它们还在地面上迅速跑动，或用前肢从这一树枝攀到另一树枝。胆小的人类观察者会感到自己处在群魔乱舞的环境中。雷诺尔兹描述了他们在乌干达巴东戈森林的经历："在森林里，我们试图选定一些黑猩猩以观察与这些惊心动魄的吵闹声有关的行为。不幸的是，事实证明这是不可能的。刹那间，所有方向都有鸣叫声，涉及的所有群队似乎都在快速地动来动去。当我们要确定一个吵闹源时，又会有其他方向的声音来干扰。践踏声和快速跑动的脚步声时而来自后方，时而来自前方；暴发式的咆哮声和持续不断的隆隆声（快速连响多达13声）震撼着大地，使我们大受惊吓。"不像大猩猩的拍胸，黑猩猩的这种"大合唱"在自然界是常见的。这种"大合唱"绝不是用来恐吓和驱散别的动物，似乎是用来使分散着的黑猩猩各群队保持一定的接触，甚至使它们能更紧密地

接触。这种疯狂式的"大合唱"最易发生在它们迁移途中或第一次聚集于觅食区时。杉山（Sugiyama）和雷诺尔兹相信，这种"大合唱"可用来召唤其他的黑猩猩进入新发现的食源地，但证据显得不足。还不确定这种炫耀或"大合唱"是否可能有其他的，甚至完全意想不到的功能。

对唱

为了精确度的最大化和表演的协调性，与纯粹的复杂性相反，我们必须把注意力转向鸟类的对唱。由索普、威克勒及其同事详细研究过的非洲伯劳（黑伯劳属，*Laniarius*）的通信系统，是这方面的一个极端例子。成对的配偶通过重复对唱而保持接触：一方鸣叫出一个或多个音调，而另一方总是以前者的变奏曲进行鸣叫回应。这种对唱的轮换非常快（有时间隔不足1秒），如果观察者不是站在这二鸟之间，或者不是用精密的记录仪器录下来，还以为只是一只鸟在鸣叫呢！（见图9-8）至少在热带黑伯劳中，其成对的成员是彼此对唱。它们二者对唱组合的个性化，足以使它们即使在看不见对方的情况下，也能以鸣叫声识别彼此。

范围广泛的不同类型的鸟已经进化出（也许是独立进化）不同形式的对唱，这些鸟有鹤、海鹰、雁、鹌鹑、啄木鸟、须䴕、塚雉、翠鸟、杜鹃、伯劳、大蜜鸟属（*Melidectes*）的吸蜜鸟等。这些不同形式的对唱随类型而变。但是一般来说，它们确实表现出明显的可能具有适应意义的生态相关性。对唱物种典型地实行"一夫一妻"制，两性个体通常彼此相似，生活的环境似乎对于它们保持长期在一起是很有利的。戴蒙德和特伯格在分析新几内亚鸟类

223

时指出（像以前的鸟类学家在世界其他各地指出的那样）：许多物种生活在稠密的植被区，这里的鸟类常常难以相见，为了保持接触，经常进行鸣叫交流是必要的。但某些其他鸟类，即使在多数时间内都可通过视觉保持接触，却仍发生对唱现象。对于后述这些情况，戴孟德和特伯格提出假说：这种对唱部分，是在变化无常的波动环境中适应繁育的需要。在这样的环境中，配偶必须密切接触，以便在环境条件变好的短暂时间内尽快开始繁育。由这两个作者提出第三个竞争性假说是：对唱减少了血缘关系密切的物种间的杂交。有关非洲鸟类对唱的进化、生态学意义和个体发育的信息，已由威克勒及其同事与托特（Todt）做了补充。

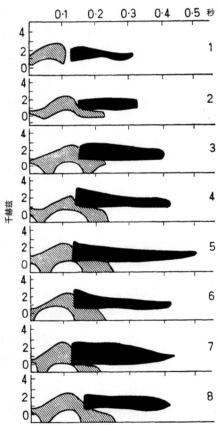

图 9-8 非洲伯劳的对唱。这里用声谱仪显示了一对黑头劳伯（*Laniarius erythrogaster*）的 8 次对唱：一方的鸣叫用阴影区表示，另一方几乎立即回应的鸣叫用黑色区表示。图中小于 0 的频率是低于 50 赫兹的失真和干扰所致（自 Hooker & Hooker，1969；根据 Thorpe，1963b）。

第10章　通信：起源和进化

最初的动物通信编码来自哪里？通过近缘物种间的信号行为比较，动物学家有时甚至可以把最奇异的通信系统的各进化阶段联结在一起。威克勒把添加到通信功能上的任何进化都称为"语义作用"（semanticization）。可想而知，在语义作用过程的极端情况下，只有反应得到进化。因此，一个物种的感觉器官和行为是以这样的方式进化的：对一定的气味、运动或业已存在但本身没有改变的解剖特征提供了更具适应性的反应。例如，雄性龙虾和十足蟹对其雌性的蜕皮激素（甲壳蜕皮素）发生反应，仿佛这种激素就是一种性吸引剂。如下的假定虽还未得到证明，但其可能性是客观存在的，即在雄性整个进化过程中，甲壳蜕皮素是作为信号发挥作用的。但绝大多数已知的语义变化情况都涉及仪式化（ritualization），即行为模式变化作为一种信号越来越有效的进化过程。当某一动作、解剖特征或生理性状，在另外相当不同的场合获得了作为信号的次级价值或次级功能时，那么上述进化也许就不可避免地开始了。例如，一个物种的成员可把张开嘴看作恐吓（信号），或者在冲突中把对手的转身看作逃跑意图（信号）而开始进化。在仪式化期间，这样一些动作是为使它们的通信功能更有效而发生变化的。典型的情况是，这些动作会获得形态学的支持，即会出现一定形式的附加结构，以增强一定动作的明显性。它们在形式上也具有简单、固定和夸张的倾向。在一些极端情况下，行为模式从其祖先状态开始的变化是如此之大，以至于几乎不可能追踪其进化历史。像装饰军服的肩章、帽饰和绲边，为了使通信效率最大化，它们原来的功能早就消失了。

仪式化的生物学性状被称为炫耀或表演。由动物学家发现的一种特殊表演形式是仪式（ceremony）——用来协调、建立和维持社会联盟的一套高度进化的行为。我们都熟悉自己社会生活中的仪式。虽然美国文化还太年轻，还没有许多真正本土的仪式，但是从哈佛大学每年一度的学位授予典礼上可以看到有趣的仪式。在从17世纪流传下来的仪式中，马萨诸塞州的州长由荷枪骑兵护卫、米德尔塞克斯县和埃塞克斯县的县长着礼服以显文官权威，而学生用拉丁文讲演，其中每一项炫耀都已丧失了其原来的功能，只有作为一种仪式才能在真正意义上继续存在。与此方式十分类似，动物利用仪式重建性关系、变更在巢中的地位，以及在紧密互动中避免或减少攻击。仪式，用阿姆斯特朗的话来说就是防止愚笨、混乱和误解的一种进化方式。

225

脊椎动物行为的仪式化往往在冲突过程中发生，特别发生在动物还未决定是否结束行动的时候。动物行动上的犹豫是把它的意向通报给同一物种的旁观成员，或者更正确地说，是把其行动的未来可能进程通报给旁观者。这种通报，可以作为一简单的意向动作开始其进化上的转化。意欲飞行的鸟，在起飞前一刻，其典型意向动作是下蹲、抬尾和轻轻展翅。许多物种已把上述这些分量中的一个或多个独立地当作仪式化中的有效信号（Daanje，1950；Andrew，1956）。某些物种，当抬尾时尾羽产生耀目的闪光。在其他物种中，翅尖重复地向下拍动，以露出翅的基本特征区。在一些更为基本的形式中，这些信号用来协调鸟群成员的活动，也可能用来警戒接近的捕食者。当加入仇视分量，比方说，当鸟面对其对手而其头挺伸向前或其翅伸展时，飞行意向活动就仪式化地转为恐吓信号。但是，这一仪式化形式成为更精细和极端的表现时，这些基本活动就转化成求偶炫耀（见图10-1）。

信号也可从两个或更多个行为间产生的矛盾状态中得到进化。当一个雄性物种面对一个尚未决定攻击或退却的对手时，或面对一个具

图10-1 欧洲的雄性普通鸬鹚（*Phalacrocorax carbo*），飞行意向活动已被仪式化成为求偶炫耀。存在雌性时，雄性表演着非常醒目但非功能性的起飞跳跃动作〔自 Hinde，1970.《动物行为》，McGraw-Hill 图书公司出版，经允许使用。根据书中 Kortlandt（1940）文章〕。

有强烈恐吓和求偶倾向的对手时，该雄性对这两个对手可能都不选择采取攻击动作，而是选择第三个似乎无关的动作——它把其攻击转向附近的某一对象，如一个小石子、一片叶子或作为替罪羊的一个旁观者。或者，该雄性可能突然转向替换活动（displacement activity）：与其当前所处环境没有关系的一种行为模式。例如它用嘴修饰羽毛，进行无效的筑巢活动或装出吃食和饮水的样子。这样一些转向替换活动，往往已经仪式化地成为明显的求偶信号。像N.丁伯根说的那样，这些新信号衍生于事先存在的原动力模式——但它们在进化中已从旧的功能里"解脱"出来了。

仪式化的概念起源于J.赫胥黎在1914年对凤头䴙䴘（Podiceps cristatus）的研究，后又在关于红喉潜鸟（Gavia stellata）的论文（1923）中得到了更明确的发展。赫胥黎在其工作中发现，凤头䴙䴘从爬出水面到巢台的简单行动中，具有明显的符号性质。以这种方式行动接近巢台的凤头䴙䴘，表明它想交配，并且在巢台上的行动和姿态的变化进一步导致实现交配。虽然这种鸟在系统发育上是属于原始

鸟类，但它利用的是在脊椎动物中发现的某些最精细的求偶和配对结合炫耀。很久以后，K.E.L.西蒙斯（K.E.L. Simmons，1955）对赫胥黎的观察进行了扩展和加强，而赫胥黎本人根据现代生态学概念又进行了重新解释。这些炫耀（其中3个描述于图10-2）不仅具有历史意义，而且也为仪式化正确假说的形成提供了一个范例。一对凤头䴙䴘的配偶在分离一段时间后重聚时，都会以最大强度举行每个仪式，而每个仪式是由该鸟（信息）储存库中最明显的姿态和活动（信息）组成的。例如，摇头仪式期间的竖冠，企鹅式舞蹈之前的潜泳动作和猫式表演的展翅。最后，有理由认为，上述若干分量与这些鸟在其他环境下利用的恐吓和安抚活动相同。其中的摇头尤其是这样，摇头时它们仿佛如仇敌那样彼此靠近，但后来脱离攻击状态，用扁长的嘴彼此向下、向两侧轻轻敲打。

N.丁伯根的论文发表后约经过10年时间，多数生态学家发现：利用已知的表演（或炫耀）起源的冲突理论，很容易解释像凤头䴙䴘那样的一些通信系统。N.丁伯根的神经生理学

226

图10-2 凤头䴙䴘的三个联姻仪式。左：相互摇头仪式，显然这是鸟类从攻击转到安抚活动的仪式化结果。中：相互企鹅式舞蹈仪式，在这期间，双方彼此赠送筑巢用的一类水草。这一仪式可能起源于轮换（或替换）筑巢的仪式化。右：相互发现仪式——一方慢慢从水中浮起，而另一方以猫式表演（即把防御和求偶二者结合在一起的一种活动）的方式把翅展开（自Simmons, 1955）。

模型，表面上看来为这些解释提供了坚实的理论基础。一个替换活动只不过是"属于执行原动力模型的一个（而不是多个）被激活的本能活动"。而"过剩的驱动力"促成了无关的替换活动。在进化时间内，适应执行中心在其新的含义下接管了执行的那个本能，通过通常的仪式化形式把它转化成信号，并从老的执行中心解脱出来。然后，这一新创造出来的表演或炫耀，就只随着其服务的通信系统而进化。在莫伊尼汉对北美海鸥的仇视行为的研究中，这一冲突理论也许得到了最完全的应用。莫伊尼汉在现场观察的主观印象基础上，企图对这种海鸥不同的争斗表演或炫耀进行定位作图：在二维现场图上，一个轴定义为从占优势的攻击驱动到占优势的逃跑驱动的连续变异转换，另一轴定义为仇视动因的强度。例如，呼吸困难的窒息表演（choking display），可解释为是一只高度兴奋的海鸥，在追赶和逃跑间取得平衡的结果；而攻击性的直立表演可看作一只海鸥战斗力不强，但最富有攻击倾向的反应。

随后的关于鸟类和哺乳类的神经生理学试验，都未能证明存在执行中心、本能解脱机制和原来的洛伦兹-丁伯根模型（Lorenz-Tinbergen models）中的其他关键因素。因此，对原来引起争议的冲突理论相应地做了很好的修正。安德鲁（Andrew）、威克勒和其他人，特别是针对哺乳动物，提出了大致如下的新观点：许多信号，确实很像达安杰（Daanje）和丁伯根想象的那样，是从仪式化意向和替换活动进化而来。但是，仪式化是一个弥漫的、高度随机的进化过程，它几乎可从任一适宜的行为模式、解剖结构或生理变化而来，而不只是从替换活动进化而来。正如安德鲁强调的那样，必须用产生信息的即时的生物环境，而不是用先入为主的冲突驱动或类似的观点进行信息分析。如果我们确实这样做了，则很显然：所有方式的生物过程，从脸红和出汗，到黏液分泌和大小便（其中一些过程受自主神经系统控制），不是属于这个物种就是属于那个物种。如下的一些例子，说明了生物过程的多样性本质。

仪式化捕食（ritualized predation）。苍鹭的雄性，作为其求偶仪式的一部分，它常规炫耀的显然是经饰变过的捕鱼动作。在冠羽和身体其他部位某些羽毛竖起的同时，它把头指向下方，仿佛要捕其前面的一猎物，并且猛扣上下嘴发出响亮的叮当声。

仪式化食物交换（ritualized food exchange）。鸟类的亲嘴行为，在建立和维系联盟方面具有多种功能。在某些物种中，例如黄领牡丹鹦鹉（Agapornis personals），亲嘴是配偶间的问候仪式或结束争吵的信号。在另外一些物种中，例如在灰噪鸦（Perisoreus canadensis）中，亲嘴是群内地位低下的鸟（从属鸟）用来安抚的信号。亲嘴这一表演，显然来自幼鸟和成鸟之间食物交换的一种变化形式。当从属鸟在安抚中利用这一表演时，通常与幼鸟讨食的动作（包括体蹲伏和翅振动）相似或相同。配偶间亲嘴时往往还伴随着一个个体给另一个个体喂食。雄性斑纹鹦鹉有规律地为雌性喂食，而后都留在巢内照管幼雏。燕鸥属（Sterna）的雄性燕鸥，只是恰在交配前或交配期间采用给幼雏喂食的动作为其配偶喂食。

狼和非洲野犬的问候仪式大体上与鸟的亲嘴相似。下级个体，以谦恭匍匐的姿势并面带喜色地舔咬嘴部，接近其群队地位高的上级个

227

体。非洲野犬群队，也用这一行为彼此激励，且可能用这一行为协调追捕猎物。问候仪式似乎是从幼崽的讨食行为衍生出来的，而后者是幼崽诱发成体把食物反哺给它们的基本行为。一个居中的行为变体是成年狼个体间的"嗅闻"，即一只成年狼以其鼻和嘴探测另一成年狼的唇区，以便知道后者最近是否已进食了。

　　属于舞虻科（Empididae）的某些舞虻，在它们求偶仪式的主要动作中，仪式性的食物交换达到了极致。原始的舞虻类，或者至少在繁殖行为上是原始的那些物种，其求偶行为基本上与其他的虻类似。但因它们是捕食者，所以雌性偶尔会把雄性逮住吃掉。少数物种的雄性，如舞虻属（Empis）、蚊形属（Empimorpha）和钩舞虻属（Rhamphomyia）的某些成员，为了避免丧生的命运，它们首先捕捉其他类型的蝇以作为向雌性求婚的礼物，如此雄性就可安全地与雌性交配了。喜舞虻属（Hilara）和钩蝇属的某些成员把这一仪式化进化到了第二阶段。雄性捕捉猎物，不是为了寻找雌性，而是为了与其他同类雄性一起参加空中飞舞。空中飞舞的雄性群现在成了雌性的"吸引剂"——雌性加入群中并找到各自的配偶。在随后的几个进化阶段中（已由克塞尔等人通过对舞虻类各物种的艰辛分类后，对有关物种的仪式化食物交换进行了极为仔细的跟踪），空中飞舞的雄性开始在猎物礼品上添加细丝或小球，以使这个飞婚群更为明显。然后（舞虻属的某些物种）整个猎物外面被一层丝包裹着，这样就产生了第一个气球（balloon）。在这一点上，这种仪式化应相当高级了，但仍还在继续发展。在舞蝇属和钩蝇属的某些物种中，猎物的大小在减少，以至于猎物礼品几乎只是一个气球。事实上，这

个猎物（如小蝇）是如此之小，又经过挤压和干燥，很明显在雄性喂给雌性前，还吃了部分，所以对舞虻类雌性来说已经不再是原来意义上的食物了。这一仪式进化的最后阶段，现在我们可以猜出：在喜舞虻属的两个物种（H. granditarsus 和 H. sartor）中，其雄性根本就没有猎物，而只是纺成一个气球，然而在婚配中雌性是乐于接受这一气球的。这一仪式化食物进化度，不是按进化顺序依次发现的，而首先发现的是其最后阶段，是由奥斯滕-萨肯（Osten-Sacken）于1875年首先发现的。所以他对这一发现感到困惑是可以理解的。如果没有经随后数代昆虫学家的努力，把一系列有关该进化的中间物种揭示出来，那么，关于这一行为的进化无疑仍会处在猜测之中。

　　咂嘴唇（lip smacking）。以草原狒狒为代表的高等灵长类，利用咂嘴作为在所有情况下的安抚问候。最值得注意的是，它们是在性交期间或在对性对象的反应中，利用这一咂嘴唇的信号。这信号是由快速的重复吸咂动作组成的。安东尼（Anthoney）跟踪这一信号在狒狒个体发育过程的情况：从在母亲指导下对幼婴的基本保育，到由群队中其他成员指导下的分离问候行为。研究发现，在诱发咂嘴时，某些解剖特征是特别有效的：它们都是粉红色的（像母亲的乳头），有些特征在形状上也与乳头相似。这些解剖特征，包括雌性乳头和雌性发情期的生殖器皮肤、雄性阴茎及幼婴的脸和阴部（都为粉红色）。

　　微笑和大笑（smiling and laughing）。冯·胡佛（van Hooff）相信：人类的微笑和大笑，与其他高等灵长类利用相似的和同等复杂程度的炫耀，很可能是同源的。根据冯·胡佛的假说，微

笑在进化上是从"露齿炫耀"衍生出来的，而"露齿炫耀"在系统发育上是最原始的社会信号之一。当这些最原始物种的成员，遇到恶意刺激并具有强烈的逃跑倾向时，它们就会采用这一炫耀行为。逃跑受阻时，会强化这一行为。高等灵长类的露齿炫耀一般是无声的。而且，在黑猩猩中，这一炫耀在强度上是逐渐分级的，并且在群队内能自由地用来建立友善相处关系。"轻松张嘴炫耀"（往往伴随着短促的呼吸声），通常是与玩耍有关的信号。在人类，无声露齿炫耀和轻松张嘴炫耀这两个信号，似乎处在从一般的友善反应（微笑）到玩耍（大笑）这一连续系列的两极。由原始面部炫耀发展起来的第

三类信号是露齿惊叫炫耀。这一行为（在灵长类动物中广泛存在，但在人类中已经消失）表明：就像炫耀者受到相当的胁迫要准备攻击那样，表现了极度的恐惧和委屈（见图10-3）。

仪式化飞行（ritualized flight）。某些鸟类物种，在求偶时会表现出一种特定的十分卖劲的飞行形式，即在飞行期间一些特定的羽毛模式得到极大化展现，图10-4就是一个例子。鸟类的许多物种或恋母蝗虫的雄性，进行这一飞行炫耀是在吸引地面上观看飞行的雌性。在炫耀期间，它们向上飞行，同时展出它们亮丽的后翅或快速拍打它们的后翅，以发出昆虫学家所说的"噼啪"声。

228

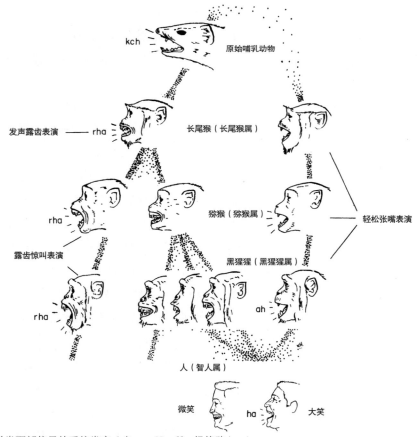

图10-3 灵长类面部信号的系统发育（自van Hooff，经修改）。

仪式化呼吸（ritualized respiration）。非洲变色龙（蜥蜴类），在其领域内通过身体两侧尽力吸进呼出而炫耀着过度的呼吸动作。这一动作伴随着头部的摇摆扭动——表现为头部的仪式化防御动作。

仪式化排泄和分泌（ritualized excretion and secretion）。早期发展起来的信号进化概念，几乎全是建立在可视和可听信号基础上的——对人类来说这是最容易领悟的。现在，化学通信的研究已经保持同样重要的势头，例子就来自类似变异程度的排泄和分泌产物。不同的哺乳动物，利用由其小便和大便中的代谢分解的产物气味，以及由与尿道和肛门有关的腺体分泌出的产物气味，来标记它们的位置。某些物种，例如甘比亚巨鼠（*Cricetomys gambianus*）、獴和灵猫科其他动物，为了把它们的气味留在树干上或地面上方的其他物体上，它们就采用两前肢站立或不同于寻常的其他动作进行大小便。小鼠尿中不同的气味成分对繁殖作用具有调节功能——依情况可以阻断或促进发情和受孕。在家猪中，公猪的尿液会释放出一种物质，能使母猪做出弓背的动作。与上述情况类似，蚂蚁中的行军蚁和蚁科蚁类从后肠物质中释放出嗅迹，虽然嗅迹标记与排便行为完全不同，但有理由假定，嗅迹可看作一种仪式化的排便形式。

废弃产物的仪式化未必只限于大小便。雌性普通猕猴的性吸引物还来自阴道，最近发现至少是由5种短链脂肪酸组成的混合物。这些物质是脂类代谢的一般产物，并且可能由阴道外表皮以低浓度排泄的这些物质，在进化上已经成了仪式化物质。

正常飞行

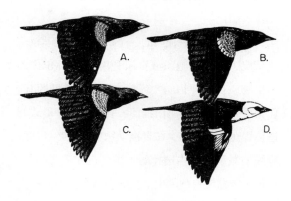

表演飞行

图10-4 雄性燕八哥的飞行仪式。红翅黑鹂的三个种族（A-C）和黄头黑鹂（*Xanthocephalus xanthocephalus*）（D）的正常飞行。E和F代表雄性红翅黑鹂在仪式化飞行中的两面观，G代表雄性黄头黑鹂的仪式化飞行中的侧面观（自Orians & Christman, 1968; 加利福尼亚大学出版社第一版，后经该大学评委会允许重印）。

任何脊椎动物的体表，至少含有数以百计的可为语义化过程所用的微量排泄物和分泌物。鱼的外表皮黏液可作为一个例子。有试验表明：鱼黏液的水动力学特性，使鱼的游速比没有黏液时要快得多。因此我们可以假定，使鱼游速增加是该物质的主要功能。但是，鱼黏液也是真正的水溶性嗅迹物的化学"商店"，即它对通信功能具有前适应特性。诺登（Nordeng）发现，北极红点鲑（*Salmo alpinus*）亲本鱼所在的溪流可吸引其幼崽，于是他认为：这

229

些幼鱼的逆水迁移是受亲本鱼皮肤黏液的特定气味吸引的。

迄今为止容易证明的一个最怪异的化学仪式化情况，就是细胞黏液霉菌利用环状AMP作为通信物质：这种物质（环状-3，5——磷酸腺苷）作为所有生物的细胞内信使。它调节某些形式的遗传表达，并且至少在脊椎动物中，它在到达细胞膜的激素和膜内选择酶（靶）之间进行调节。这种细胞黏液霉菌的生活史是由两个阶段——变形体阶段和多细胞假合胞体阶段——组成的，在霉菌最终静止不动并从长高的子实体上产生孢子之前，以如同蛞蝓的方式在附近运动着。假合胞体是由单细胞变形体聚合成的，而这种聚合是在微量的称为集胞黏菌素的指导下完成的。后来业已鉴定，这种集胞黏菌素就是环状AMP。为什么这一特定化合物（由变形体产生的许多化合物中的一种）在进化中会被选作变形体的信息素，这一点仍是迷雾重重。

自动拟态（automimicry）。当一种性别或某一生命阶段的个体，模仿属于同一物种的其他类型个体的通信时，就会发生某些最极端和最雅致形式的仪式化。拟态者通过模仿被模仿者（模型）的反应而增加了自己的适合度。由于自动拟态利用的是社会行为中的某种形式，所以对被模仿者也是有利的，或至少不会造成严重伤害。自动拟态的概念基本上是由威克勒发展起来的，图10-5是其中一个比较突出的例子。在淡水鱼的朴丽鱼属（*Haplochromis*）中，某些口孵鱼物种的雄鱼，在其尾鳍上有一行明显的斑纹状条纹。这些斑状标记与雌鱼中携带的卵（为了保护）在一定程度上很相似。卵偶尔从雌鱼口中掉出时，雌鱼具有极强的倾向要把这些卵重新收回来。雄鱼利用雌鱼这一行为，在靠近湖底时就显示出它们尾鳍的斑纹。当雌鱼接近雄鱼并试图收回"卵"时，收到的却是一口精液，从而其口内的真正的卵在无意中都受精了。

雌鬣狗具有逼真得异乎寻常的假阴茎，当它把假阴茎作为安抚信号的一部分，就进行了与上述相似的相互有利的拟态炫耀。至少在亚里士多德时代就有民间传说：雌鬣狗之所以会笑，是得意于它有改变性别的能力。事实上，在攻击性组织的鬣狗社会中，阴茎表演或炫耀是重要的安抚信号。威克勒也已强调：从性行为到社会行为这一本质转变的自动拟态，是灵长类社会生活进化中的一个显著事件。大约在发情期间，许多旧大陆猴物种的雌性，在其生殖口附近皮肤的裸露部分出现大片红肿现象，在一些极端情况下这种红肿程度使得雌猴难以坐下。雌性通过弯腰低头和上抬其臀部，性感地、极大化地把生殖区部分显示给雄性。试验观察者虽然还未证明，这种皮肤的颜色和独有形式可作为交配行为的可视刺激，但完全有理由认为它们起了这种作用。雄性普通猕猴会审视这部分生殖区，其中包括皮肤，并且有时还用鼻嗅嗅这部分。这一行为可能表明，普通猕猴存在着某类性信息素。雄性阿拉伯狒狒和某些其他物种具有永久性的有色臀部，当要问候和安抚其他雄性时就展现其臀部。在模拟交配中，这一性模拟（伪装）常常使雄性猴趴上模拟体背上进行交配——一个作家把这一情况比拟为一个军人向一模拟行军礼的"人"行军礼。这种同性恋接触引起了上述真正自动拟态的现象，是由下述事实证明的：在发情期间雌性有皮肤的颜色发生变化的物种，是由于雄性臀部也有同样颜色。仅在少数物种中的一大群雌性已发生发情期的生殖部分肿胀，而同一物

230

图10-5 伯氏朴丽鱼（Haplochromis burtoni）的自动拟态。上：一条较大的雄鱼通过尾鳍上的一行斑纹吸引着雌鱼，因为这些斑纹与其口内携带的卵相似。下：当雌鱼试图收回"卵"时，接受的却是由雄鱼释放出的精子，这样就导致了其真正的卵的受精（自Wickler，1967a）。

种（且仅限于同一物种）的雄性又具有相似的有色臀部时，这一自动拟态情况才很容易发生。在许多类型的旧大陆食叶猴中，包括叶猴（叶猴属，*Presbytis*）、长鼻猴（长鼻猴属，*Nasalis*）、白臀叶猴（白臀叶猴属，*Pygathrix*）及疣猴和长尾猴（疣猴属，*Colobus*），只有红疣猴（*C. badius*）和橄榄疣猴（*C. verus*）的雌性发情时具有红肿臀部；并且只有在这两个物种内，雄性的臀部确实会变化，不仅在颜色上与雌性的红肿相似，而且在形状上也相似。克

231

鲁克提供了对灵长类的性表演或炫耀的新近评论，其中包括对威克勒自动拟态的评价。

开始信号（ab initio signals）。虽然行为学家已经正确地把注意力集中在仪式化过程中的功能转化上，但是，在原初通信结构中重新产生信号器官和行为也是可能的。社会昆虫的一些腺体似乎属于这种情况，包括分泌嗅迹的白蚁腹板腺和臭蚁帕凡腺、应用于报警和防御的臭蚁的肛门腺、应用于给幼虫喂食的所有蚂蚁类型的咽后腺，以及应用于吸引和聚集的蜜蜂的内萨诺夫腺。在非社会昆虫中，没有呈现出这些结构的任何先兆，当然，可以认为这些腺体必然发生于事先存在的未分化的表皮细胞，但这种形式的进化不是在典型的脊椎动物研究意义上的仪式化。

传感通道

在通信系统的进化中，仪式化及其后效应的概念，给我们留下的是一幅极端机会主义式的图景。在这样的系统里，信号几乎可以方便地从物种任一生物过程中塑造出来。所以，分析若干传感通道的有利性和不利性是可行的，尽管这些传感通道在开放市场为了实现信息的特权在相互竞争。用更熟悉的方式来说就是，我们有理由假定，物种是以混合传感通道的方式进化的，即：使能量效率最大化，或使信息效率最大化，或二者兼有。现在我们就传感通道的特定竞争能力，即就传感通道物理特性的相对有利性和相对不利性分别检验每一传感通道。

化学通信

信息素（同一物种的两成员间用来通信的物质）可能是服务于生命进化中的第一批信号。在蓝绿藻、细菌和其他原核生物的祖先细胞之间，不管发生的是什么样的通信，肯定是借由化学物质，并且由它们进化而来的真核原生生物必定沿用这一通信方式。在目前的认识水平上，我们还有理由相信霍尔丹的推测：信息素是激素的直系祖先。当后生动物的体细胞在进化中组织起来以后，激素就真正成了细胞间信息素的等价物，负责调节单细胞生物个体间的行为。随着扁形动物门、腔肠动物门和其他后生动物门类良好器官系统的形成，建立起更为复杂的听觉和视觉接受系统就更有可能了，为的是如同单细胞生物化学接受器那样处理信息。在少数类型生物中，这些新通信形式会超过原来的化学系统，但对大多数类型生物来说信息素仍是基本信号。当注意力自然地被吸引到鸟类和其他大型脊椎动物（它们的感觉生理学与我们人类的很相似）时，上述重要事实并未被早期的行为学家认识。现已发现，化学系统存在于许多微生物、低等植物和大多数主要生物门类中。当对尚未发现有化学系统的物种进行仔细寻找时，则极有可能找到这样的系统，这使我们有理由推测，化学通信实际上普遍存在于生物中。表10-1是许多研究者进行的有关这方面的系统发育调查的进展报告。化学系统不仅广泛存在，而且至少像视觉、听觉系统那样具有同样多的功能。

高度复杂性的化学通信，也发生在彼此紧密适应的物种间的交往中，特别是在共生生物间，以及在捕食者和被捕食者间的交往中。W. L. 布朗和T.艾斯纳（W. L. Brown & T. Eisner，1968）对种间的化学信号提出了异源激素（allomone）的概念。后来布朗等人（1970）把

232 **表10–1** 化学通信系统的系统发育分布

分类单位	信息素活性、功能	信息素化学本质	作者
原生动物			
团藻（*Volvox* sp.）	雌性物质诱导分生体发育成精子束	高分子量超过200 000；可能是蛋白质	Starr（1968）
草履虫（*Paramecium bursaria*）	通过纤毛接触识别配偶	明显是蛋白质	Siegel & Cohen（1962）
藻类			
褐藻（*Ectocarpus siliculosus*）	雌配子吸引雄配子	异–顺式–1–（环状–庚二烯–2'，5'–基）–丁烯–1	Müller et al.（1971）
真菌			
异水霉（*Allomyces* sp.）	由雌配子产生的精子吸引剂；活性 10^{-10} M	诱雄激素：具有环己烷中心的氧化倍半萜烯；$C_{15}H_{24}O_2$	Machlis et al.（1968）
两性绵霉（*Achlya bisexualis*）	雄株上雄器菌丝的诱发；活性 2×10^{-10} 克/毫升	雄性醇：一种类固醇 $C_{29}H_{42}O_5$	Barksdale（1969）
毛霉（*Mucor mucedo*）	诱发相反性别的有性菌丝	"交配素"：$C_{20}H_{25}O_5$	Plempel（1963）
盘基网柄菌（*Dictyostelium discoideum*）	变形细胞的吸引聚合	集胞黏菌素：环状–3'，5'——磷酸腺苷	Konijn et al.（1967），Bonner（1974）
维管束植物门			
蕨属（*Pteridium*）和其他蕨类	雌配子体分泌成精子囊素，后者诱发附近配子发育成雄器（雄性器官）	未知	Voeller（1971）
囊蠕虫门			
轮虫（*Brachionus* spp.）	雄性识别雌性，随后交配	不是蛋白质；其余不详	Gilbert（1963）
环节动物门			
蚯蚓（*Lumbricus terrestris*）	报警和逃逸；黏液状分泌	未知	Ressler et al.（1968）
软体动物门			
盘螺（*Helisoma* spp.）和某些其他水产螺	报警：自埋或逃出水体	来自组织的多肽；分子量约10 000	Snyder（1967）
节肢动物门			
端足目［钩虾（*Gammarus duebeni*）］	雌性性吸引剂	未知	Dahl et al.（1970）
十足目			
梭子蟹属［*Portunus*（蟹）］	雌性性吸引剂	未知	Ryan（1966）
黄道蟹属（*Cancer*）和厚纹蟹属（*Pachygrapsus*）	雌性性吸引剂	可能是甲壳蜕皮素	Kittredge et al.（1971）
蔓足亚纲			
藤壶（*Balanus balanoides*）和扁藤壶（*Elminius modestus*）	通过信息素与基底接触使幼虫聚集和固定	蛋白质	Crisp & Meadows（1962）
蛛形纲			
狼蛛	雌性性吸引剂	未知	Kaston（1936）
跳蛛	雌性性吸引剂	未知	Crane（1949）

233 **昆虫纲**

性吸引剂。雌性吸引剂非常普遍，已经证明的网翅超目中的各目：等翅目、舞翅目、鞘翅目、膜翅目和双翅目。雄性性吸引剂和"催情剂"也非常普遍，已报道的有：网翅亚目中的蜚蠊目、丰翅目、长翅目、脉翅目、鳞翅目、鞘翅目、双翅目和膜翅目。各评论请参考：Jacobson（1972）、Butler（1967）、Wilson（1968，1970）、Shorey（1970）、Silverstein（1970），以及 Roelofs & Comeau（1971）。
报警物质、嗅迹物质、识别气味等：在大多数昆虫中都存在。其评论见 Wilson（1971a）

脊索动物门
脊椎动物亚门

性吸引剂（包括雄性和雌性）。这些物质在鱼类、两栖动物、爬行动物和哺乳动物中广泛存在，虽然在多数类群中仍尚未得到充分证实。各评论请参考：Bardach & Todd（1970）、Burghardt（1970）、Ralls（1971）、Bronson（1971），以及 Eisenberg & Kleiman（1972）。这些信息素现在已知在灵长类，甚至包括雌性普通猕猴中都很普遍（Rowell，1971）。康福特（Comfort，1971）讨论了这些物质在人类中存在的巨大可能性。
首领气味及领域和家系范围标识。这些在哺乳动物中很常见（例如参见：Mykytowycz，1964；Schultze-Westrum，1965；Thiessen et al.，1968；Thiessen，1973；Eisenberg & Kleiman，1972）。
关于鱼类中涉及领域防御的气味已有报道（Todd，1971）

异源激素专门应用于种间的发信号者，又提出"种间激素"（Kairomones）概念，专门应用于种间的接受者，这使得在概念的名称上有些混乱。因为在实践上这种区分是困难的，有时甚至是不可能的，所以慎重的方法是废除后来提出的"种间激素"的概念，而从更广泛的意义上继续利用异源激素的概念。

化学信号具有若干突出有利性。它们可通过黑暗和障碍物进行传递。它们具有巨大的潜在能量效率，小于1微克较简单的化合物产生的信号可持续数小时甚至数天。信息素的生物合成所花能量很少，并且通过如同开放腺体"水库"，或翻转腺体皮肤表面那样简单的操作就可进行传播。动物用信息素来进行任何类型的信号传递时，相较于其他传递方式具有最大的可能范围：在一个极端，信息素是通过接触化学接收作用，或在数毫米甚至更短距离内进行传递，这使得在微生物间的通信是理想的；在另一个极端，当生物合成和接收作用的方式没有根本变化时，信息素产生的活性空间最终可达数千米。化学信号的潜在生命很长，只有在筑巢中利用的符号可视模型的动物系统可以比拟。信息素被留下作为气味标记或嗅迹时，存留的时间也相当长。发出信息的动物有可能把信息复原，以便以后使用。

化学通信的明显不利性是传递缓慢和逐渐消退。信息素必须在流通中扩散或携带，所以动物不能很快地把信息传得很远，也不能迅速地从一个信息转换到另一个信息。虽然大鼠有能力把其首领鼠和从属鼠的气味区分开来，但没有证据表明，在攻击性和地位决定中，这些信息素的快速传递，是以常规的听觉或视觉的方式进行的。而且，对任何类型的动物，也还没有过信息传递是通过调节化学发射的频率和振幅实现的报道，虽然生物学家刚开始考虑这种可能性。像波塞特指出的那样，以这种方式编码的潜在信息量可能还令人吃惊地高。在两个特定的环境下，即当传递在平静的空气中达1厘米或更短距离的数量级，或在稳定的、中等的风速下进行传递时，那么调节不仅可行，而且还高度有效。在极端有利的环境下，一个设计完好的系统，每秒传递的信息可达1万比特的数量级，这是只考虑一种物质时所达到的一个令人吃惊的数值。在一个更为现实的环境下，比方说，在以每秒400厘米匀速越过10米时，信息传递的最大潜在速率仍是相当高的——每秒超过100比特，或者相当每秒传递20个英文单词（设每单词5.5比特）。对于每一独立释放出的信息素，都可将其同一信息容量添加到通道容量中。我们只能期望，任何动物的信息传递速率只是由波塞特计算的理论容量的一小部分。为了实现这一传递，就需要符号和句法语言的进化，这是动物在任何其他感觉通道中都没有实现的情况。但是可以想象，为了增加信号专一性，信息通信中应已添加了一定的信号调节，这正好像许多在某些动物物种中的视觉和听觉系统都已获得了信号调节一样。在没有已知例子的基础上怀疑（气味）信号调节的存在是不充分的，因为人类观察者现在还不能测定气味波，特别是在波塞特表示的对于气味调节的进化为最适的环境条件下更是这样。

尽管如此，有充分的证据表明：一般来说，动物不是依靠各单个化学信号的调节，而是依靠只对它们开放的其他通道——增加腺体类型或其他生物合成场所，以便可以独立释放出具有不同意义的信息素。大多数嗅觉哺乳动物都含有这么一些信号源。例如骡鹿至少有7个部位可产生信息素：大便、小便、跗腺、跖腺、眼窝前腺、前额腺和趾间腺。就目前为止的试验分析，上述每一来源的物质都具有不同的功能（Müller-Schwarze，1971，见图10-6）。在其他哺乳动物的其他部位产生信息素的腺体还有体侧腺、颏腺、会阴腺和雌性有袋动物的袋囊腺等。社会昆虫在更大范围内利用这一方法使信息增加。大多数高等膜翅目社会昆虫的工职和蜂（蚁）后拥有一套活跃的外分泌腺（见图10-7）。

通过空气传递的信息素的分子大小，可预期其遵循某些物理规律。一般来说，它们含有的碳原子数目在5—20之间，分子量在80—300之间。导致这一预期的主要论据如下：低于这一限度时，只有相对较少的分子类型容易由腺体组织产生和储存；而高于这一限度时分子的差异性得到迅速的增加，至少某些昆虫对于某些同源系列化合物的嗅觉效率迅速上升。当接近上限时，分子差异极其巨大，使得进一步增加分子大小在这方面不会带来什么有利性。就已知的分子大小而言，为了增加（信号发射者）内在刺激效率，上述期望同样成立。从信息发射方来说，生产和运输大分子量的分子要花费更多的能量，并且这样的大分子挥发性很差。但是，在分子量方面相当程度的变异引起的扩散系数的差异，又不会在活性空间特征方面引起大的变化（这点可能与直观预测相反）。威尔逊和波塞特还进一步预测：性信息素（一般需要更高程度的专一性和刺激效率）的分子量，应比多数其他类型的信息素（如报警物质）分子量大。由昆虫表现总结而来的经验规律是：多数性吸引剂的分子量在200—300，而多数报警物质在100—200。关于这后一种期望推测的某些证据及例外，威尔逊已经做了评论。

但是，当信息素在水中传递时，情况就大不一样了。当然，关于分子大小差异的规律仍与上述相同。不过，给定的物质从薄雾或微水滴进入水介质的速度和扩散系数却发生了巨大的改变。什么样的分子类型可以期望成为水中信息素呢？只是在最近若干年内才有足够的化学特性允许做出某些结论。就分子大小而论，这些信息素物质可明显分成两类。一类是列举过的真菌和虹鳟属的性信息素，以及黏霉菌的

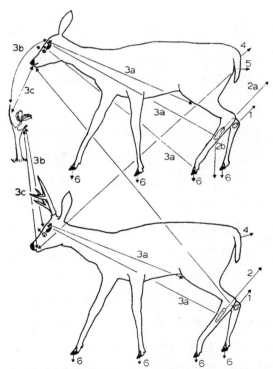

图10-6 黑骡鹿信息素的来源和传递通路。跗节器官（1）、跖腺（2a）、尾部（4）和尿（5）的气味全通过空气传递。鹿跖腺分泌时跖部也触地。鹿用后肢摩擦其前额（3a），前额摩擦干树枝（3b），而干树枝会被别的鹿嗅和舐（3c）。最后，趾间腺（6）把气味直接留在地上（自Müller-Schwarze, 1971）。

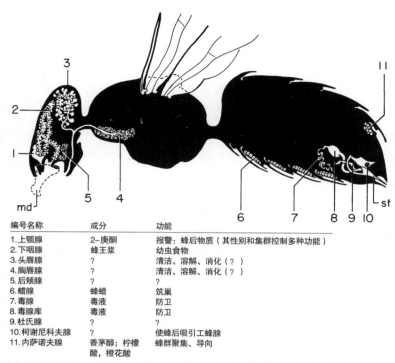

编号名称	成分	功能
1. 上颚腺	2-庚酮	报警；蜂后物质（其性别和集群控制多种功能）
2. 下咽腺	蜂王浆	幼虫食物
3. 头唇腺	?	清洁、溶解、消化（？）
4. 胸唇腺	?	清洁、溶解、消化（？）
5. 后颊腺	?	?
6. 蜡腺	蜂蜡	筑巢
7. 毒腺	毒液	防卫
8. 毒腺库	毒液	防卫
9. 杜氏腺	?	?
10. 柯谢尼科夫腺	?	使蜂后吸引工蜂腺
11. 内萨诺夫腺	香茅醇；柠檬酸，橙花酸	蜂群聚集、导向

图 10-7 蜜蜂服务于社会组织的若干外分泌腺。在产生信息素中，蜜蜂是借增加腺体以扩大化学（词汇）量的一个例子。图中没有指出工蜂针刺（st）基部的位置，在这里工蜂产生乙酸异戊酯（一种报警物质）；上颚的轮廓也是用虚线表示。

聚集吸引剂——集胞黏菌素。这些物质在分子大小上与陆生动物的由空气传递的性吸引剂类似。分子量大小在这一范围内的多数水溶性物质，其扩散系数在水中是 10^{-5} 的数量级，在空气中是在 10^{-2} 和 10^{-1} 之间的数量级。在扩散性方面成千倍或更大程度的减少，使得在活性空间的特性方面存在许多差异。至少在信息素非连续释放的情况下，信息素活性空间的最大半径在水中和在空气中是相同的。但是，达到最大半径需要的时间，以及在信息释放和活性空间消失（即活性消退）之间的间隔时间，在水中比在空气中大 1 万倍。那么，水生生物该如何利用这类分子大小呢？一个更为恰当的问题是：生物究竟是如何通过水传递信息素的？事实上，有两种方式可使同一物质在水中和在空气中的利用效率相同：（1）适当调节 Q/K 比值（即发射的分子数与引起反应的分子最小密度之比）；（2）把信息素放入自然水流或创造人工水流可使它传递更快。

通过扩展波塞特和威尔逊的扩散理论，在水系统中我已经检验调节 Q/K 比值的各种可能情况，得到如下结果：对于同一物质，为了使在水中和在陆地上活性空间达到最大半径、活性消退的时间间隔相同，有必要使在水中的 Q/K 比值比在空气中的大 100 万倍。换句话说，利用同一信息素时，为了达到陆生生物在空气中传递信号的同一效果，淡水生物或海水生物（以单次释放为例，即所有信息素分子一次集中释放）必须增加释放 100 万倍的信息素溶质量（与陆生生物相比），或者降低其反应阈值到100万分之一，或者使这两个参数（Q，K）达到某个等价的组合变换。这种调节偶尔会使活性空间的最大半径成百倍地增加。

要获得Q/K这样巨大的增量并没有开始想象的那样困难。最有希望的参数是发射速率Q。当信息素以薄雾喷雾或微滴在空气中发射出，发射速率大体上是挥发压的函数。在大多数同源系列中，挥发压随着分子量的增加急剧下降。例如，在烷烃类系列中，发射率（从固定面积的表面每秒发射的分子数测量）随每增加一个CH_2基团而减少一个数量级中的一小部分。为了实用目的，可令蛋白质和其他大分子的挥发压为0而不能在空气中传播（如果它们吸附在气泡上、尘埃上或雾滴上则是例外）。但这一情况在水中传播就不适用了。大极性分子的溶解度为中等偏高时，在水中的Q值（与在空气中相反）可按人们所需要的量增加。

事实上，大部分已知的水传递信息素都是蛋白质。在原生生物信息素和藤壶聚集物质中，这些信息物质的运输并无问题，因为是通过化学感受器的接触或短距离运输而实现通信的。田螺的报警物质显然利用了如下事实：受损伤的田螺释放出大量的血液蛋白和组织蛋白进入受损伤处的水体中，这当然是一种无意识的行为。这些蛋白质的扩散能力有限，但仍能产生足够的作用空间。在200℃的水中，这些蛋白质的扩散系数范围是1.6×10^{-8}—0.34×10^{-7}。信号持续的时间与对信号反应的田螺行为（把自己掩埋起来或离开水体）完全一致。

虽然通过加大Q/K比值可以增加到固定距离的传递速率，但这一调节也增加了活性消退的时间。因此，在有理由需要短时间消退时，我们可以预料存在一些附加方式（如不稳定的分子结构或酶促失活）使信号终止。在功能相似条件下，这些方式在水传递系统中比在空气传递系统中的发展更为明显。

对于淡水和海水生物的行为生态学和社会学这一大体上尚未开发的领域来说，上述的讨论应当足以指出其进展的某些方面。对于这些生物的大多数来说，信息素和外源激素应是它们的主要通信方式，甚至可以说是唯一的通信方式。化学污染更为潜在的有害效应之一是对这样一些生物系统的干扰。

听觉通信

与信息素一样，声音信号可穿过障碍物，也可以在不同气候条件下日夜传播。就能量的效率来说，声音信号介于信息素（极易传递）和视觉显现（其中许多需要整个生物体运动）二者之间。声音具有相当大的传播能力，在现实条件的广大范围内，超过了信息素和光（视觉）的传播能力，F. 达灵注意到，海鸥和其他集群海鸟的鸣叫声，可被远至200米的其他鸟群听到，这也是其他许多物种的鸣禽，以及生活在不同生境条件下可鸣叫的昆虫所能听到的范围。在最好的条件下，多数脊椎动物的叫声可听到的距离比上述要长得多。人类观察者可在1 000米外听到雄性疣猴和吼猴的吼叫声。鸟类中（也许可能是整个陆生动物中）的鸣叫冠军，是集群繁育中的松鸡（松鸡科）。在开阔地带在炫耀场周围1 000米以上都可听到雄松鸡的鸣叫声。在少数物种中，例如欧洲黑琴鸡（*Lyrurus tetrix*）和个体较大的草原松鸡（*Tympanuchus cupido*），在3—5千米之内都可听到它们的声音。相反，同样这些物种通过视觉看到的距离不会超过1 000米，通常比这要短得多。

可这不等于说，动物的鸣叫声可以进化到超过上述最大可能的距离。相反，动物鸣叫的声音大小和频率，似乎只让与信号发射者有关的（而不是其他的）个体听到。超过这一大小和频率进行传递，就可能将自己大本营的信息暴露给捕食者。当然，在某些情况下，信号发射尽可能地远对动物是有利的。例如，雄性动物在其炫耀场的炫耀或表演，幼崽走失处于危难时，以及社会动物逃离捕食者的报警鸣叫，在这些情况下都试图把声音叫得最大、传得最远。鸟类的成群骚扰鸣叫提供了一个极好的例子：这类成群骚扰鸣叫，使进化传播很远并容易对受到骚扰的捕食者鸟类进行定位。相反，当母鸟叫唤其幼鸟聚集在其身边时，在茂密森林中类群成员聚集在一起，及配偶双方举行换巢仪式时，都会利用更温和的、秘密的、很难让无关的旁听者听到的声音信号。莫伊尼汉已经利用上述原理解释了新大陆猴不同物种声调不同的原因，在这些物种中，声音传播可达最远距离的吼猴（吼猴属），利用低频吼叫，对稠密雨林中在视线之外的竞争对手发出信号。其他的物种，其中包括绢毛猴和夜猴，发出高频吼叫，由于它比低频吼叫在空气中消耗的能量更多，所以它传递的距离较短。当高频吼叫碰到吼叫动物周围的树枝和稠密的叶片时，也会遭到更大的散射而受到限制。这些高频吼叫被应用于不同的场合，其中包括邻近队群间的短范围内接触。根据若干方面的证据，莫伊尼汉认为：高频信号不是小型猴类的一个自动结果，而是一个专门进化的性状——这一性状使这些猴的隐蔽性增强了，所以减少了被捕食（小型动物一般容易遭遇到）的可能性。

声音通信中最有利的进化特征，即在人类语言进化中确实导致其适应的特征，是语言的灵活性。对信息素来说，为了使信息传递速率增加到任一可感知的程度，必须延伸到多个腺体库，而单个器官却可产生所有需要的声音信号。对这单个器官简单的机械调节就可在音量、音频、调谐结构和音调顺序上发生变化，而这些变化的大量组合就创造出大量不同的信号。声音传递和消失都是快速的，这两者为高速率的信息传递提供了基础。

鸟儿歌唱代表了听觉通信的顶点之一。一大批有能力的研究者（特别是 Therpe，Konishi，Hinde，还有本书第7章），从神经生理学和进化方面，对这一课题的每一水平进行了研究。在这一研究中，可把鸟类听觉通信分为两类：鸣叫（call notes）和歌唱（songs）。鸣叫在结构上要简单得多，仅由一个或少数几个短的爆破音组成。在物种的（信息）储存库中，鸣叫的功能是最直接和最基本的：报警、骚扰、危难、保持接触和准备逃逸等。鸣叫在表达方式上也很有效，例如危险鸣叫和骚扰鸣叫典型是由响亮、短促但频率变化大的声音组成（见第3章），其中的每一特征都有利于从中等距离到长距离的定位。相反，惧怕鸣叫和对捕食者警告鸣叫的声音较长但频率变化小，这些特征能使对方听到但难以定位。鸟类绝大多数或全部物种成员，在一年中的大部分或全部时间内都可鸣叫；相反，歌唱在繁育季节一般多是由雄鸟发出的。一般歌唱结构精细，持续时间长，并且没有什么明显的直接目的。但是歌唱的功能确实存在，一个最能表述其功能的词是：识别。一只雄鸟利用其歌唱向外界宣布：它是属于某个物种的成员，是领域内的一个性成熟的个体，并在一定程度上承担着保卫和求偶任务。属于同一物种的第二只雄鸟听到歌唱后，会做出如下判断或识别：发信号者（歌唱的那只雄鸟）会保卫其领域，并且根据本能行为的几个已知规律判断，发信号者可能会取胜。另一方面，发信号者的歌唱告知同种雌鸟：如果它敢于靠得足够近，它就要接受求偶炫耀。

为什么鸟类的歌唱竟如此复杂？人们早已认识到，雄鸟的不同声音是重要的交配前隔离机制。这意味着，这些声音与其他类型的基于遗传上的差异一道，共同防止了种间交配。事实上，正如索普所说："要把具有相同歌声的两个密切亲缘物种区分开来，实际上是可实现的。"鸟类观察者都知道，许多很相似的物种，例如纹霸鹟属（*Empidonax*）的北美鹟类，在野外根据它们的歌声很容易识别。在繁育季节，它们也利用歌声求得需要的配偶。根据现代物种形成的理论，当一个祖先物种被分裂成两个或更多个地理上隔离的群体时，大多数或全部鸟类物种就开始了一个歧化过程。引起这一歧化的壁垒，可以是环境中任一不可逾越的地形——分割山林的干涸河谷、分割干涸河谷的山峭和分隔两岛的海峡等。当这些子群体随后进化时，它们在许多遗传决定性状上就不可避免地要发生歧化，而这些歧化反映了它们栖息环境的差异。只要隔离时间足够长，以后如果把地理壁垒消除，这些子群体会因差异巨大而很难彼此杂交。如果差异足够大，它们可能完全分离成有各自所爱的生境，或有不同的繁育季节，或对彼此的求偶炫耀没有反应。这些

遗传决定的差异（这些差异隔断了新形成物种间的交配可能）就是交配前隔离机制。假定在交配前隔离机制完善之前，两群体重新在一起而发生了实质性的杂交，那么这些遗传上很不相同的群体的杂交种，特别是在子二（F₂）及其以后的杂交种，就倾向于不育或不可成活。因此，当两个物种差异如此大，以致可以避免种间杂交从而避免配子浪费在这种杂交上时，这两个物种的基因型就具有选择上的有利性。其理论预期结果（仅需10代的强烈互作即可发生）是性状替换（character displacement），在上述情况中是增强交配前隔离机制。可想而知，在新形成的鸟类物种中，雄鸟歌声往往包含着这种性状替换。在同一地理范围内的各近缘物种，其歌声是朝着容易区分的方向歧化的。

与该理论相关的是，在某一地区的物种越多，雄性歌声和其他求偶炫耀就越精细（因此就越容易区分）。虽然这一推测现象的证据是零星的并具有多义性（Thielcke，1969；Grant，1972），但是这些证据与理论是一致的，在某些情况下还具有极大的参考价值。最值得注意的是，很少或没有近缘物种接触的、在小岛的原生鸟类物种，它们或者有变化较大的歌声（与栖息在大陆的相近物种的歌声相重叠），或者有结构上较简单的歌声。蓝山雀——特纳利夫岛（Teneriffe Island）的土著种，并且是山雀属（*Parus*）在该岛的唯一物种——其歌唱声频范围很怪异：某些是自己独有的，另外一些与该属在欧洲大陆的其他一些物种的相似。在加纳里群岛（Canary Islands）的棕叽喳莺（*Phylloscopus collybita*）利用的也是一类似的变异的信息储存库。但该群岛的原生燕雀类的两个

物种蓝燕雀（*Fringilla teydea*）和苍头燕雀（*F. coelebs tintillon*），要比它们的欧洲大陆近缘种的歌声更简单。关于某些蛙类求偶歌声在进化上的趋异，有着更详细和更有说服力的证据，但总体来说，要把该理论普遍用于动物物种还缺少足够可靠的资料。

物种形成不是使鸟歌声复杂化的唯一动力。无论如何鸟类都能识别歌声的强度和曲调，并对少数物种还能识别歌唱者的个性。这些功能要求把一些附加的专一特性注入歌声中。在1960年，马勒推测：这样一些信息量被编码到歌声的不同部分，也许被编码到各个音调的不同节段。不管是真是假，这个假说至少是富有启发性的，因为它提出：对鸟类歌声的绝大多数分析，实际上是根据功能分类对歌声进行分解并对其信息含量进行解密的问题。这一概念的某些证据，来自最近的埃姆伦对靛蓝彩鹀的研究。根据靛蓝彩鹀雄性对相似物种歌声磁带反应的观察，以及对观察对象本身歌声经录音实验修改后的反应观察，恩伦可以推测出歌声结构、顺序和持续时间各主要分量的作用（见图10-8）。他最有趣的发现是：若干主要的识别类型，确实对应于歌声的各有关特征。物种识别的各分量一般是在各群体内保持恒定的那些分量，个体识别的各分量随各个体雄性的歌声而变化，而激励线索（motivational cue）或诱发个性归结于个体信息储存库内的明显变化的各分量。歌声中的大多数节段都具有一定形式的信息，在某些情况下另外一些节段具有过剩信息。但是，至少最为明显的特征之一，是变换音调的顺序对传递给其他的雄性靛蓝彩鹀的信息没有明显的影响。

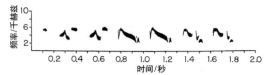

编码：
物种识别——音调结构（音频升和降），频率范围（？），音调间隔，音调长度
个体识别——音调结构的细节
激励线索——歌声长度，歌唱速度

图10-8 雄性靛蓝彩鹀歌声的信息含量。该图表示一典型歌唱的声谱。其中推测的而未证实的所述功能的分量用问号（？）标出（自Emlen, 1972）。

鸟类各物种歌声发育的模式变化很大。有些物种的雄鸟歌声世代间完全是由遗传传递的，不需要后天的学习。而其他物种的成员，其中包括燕雀，为了发出正常歌声的一部分或全部，必须要听到同种其他个体的歌声。学习的过程允许区域内雄性相互模仿歌声，这是导致地域方言的一种机制。邻里相互熟悉导致了亲敌（与敌人亲近）的现象（见第8章），并减少了不必要的领域争斗。这种相互熟悉，通过相应半隔离物种间某些遗传变异的"冻结"，可加速物种形成。最后已证实，某些物种配偶间的二重唱，能固定其"夫妻"关系并改善彼此间利用声音的接触联系。

蟋蟀、蝉和其他昆虫的歌声要比鸟的简单得多。昆虫是音调盲，不能辨别音调的差别。识别方法主要是变化声音的强度和变化产生声音的速度。昆虫可能辨别的三种歌声的例子如下：

弱—强—弱—强

弱——强——弱——强

弱——弱——弱——弱

对于人的听觉来说，这就是昆虫声音听起来如此无旋律和单调的原因。然而在没有音调和音谐的协助条件下，昆虫的歌声仍能产生大量信息（如图10-9指出的那样）。

238

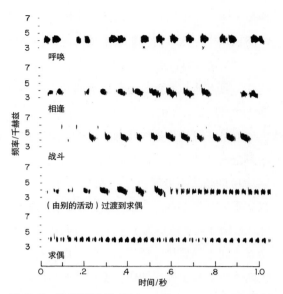

图10-9 澳洲黑蟋蟀（*Teleogryllus commodus*）的原声信息储存库，因为昆虫是音（调）盲，所以信号是在音量和声音发出速度的基础上加以辨别的（自 Alexander, 1962，重画）。

表面波通信

水黾（水黾科）是生活在静水体表面膜上的长腿昆虫，尽管它们有中等大小的身体，但仍能被水的表面张力托起。人们早就知道水黾对水波是敏感的，这是由于其腿上的本体感受器对水波敏感所致。水黾会冲向并逮住落入水中的昆虫，会逃离由于鱼和其他潜在脊椎动物敌害引起的危境。威尔科（Wilcox）发现，生活在澳大利亚东北部属于滑水黾属（*Rhagadotarsus*）的一个种，其大部分求偶行为是通过模式化的表面波进行传播的。这些表面波信号在不同求偶阶段以不同的频率和振幅在两性间反复传播。当雄性在水表面抓住一漂浮物或一固着物时，以每秒17—29次的速率进行振动而送出水波，就开始了求偶活动。附近的雌性向信号源接近以作为回应，当距雄性5—10厘米之内时，雄性转为"求偶呼唤"，随后转为纯

粹的求偶信号。距雄性2—3厘米时，雌性用自己的求偶信号回应，紧接着是一系列的触觉信号，最终完成交配。在交配期间和交配后，雄性会马上发出另一类型的求偶（水）波。交配后经一段短暂间隔时间，雌性会在它们相逢处挖掘一洞产卵。雌性离开后，雄性开始新一轮求偶。

有少数类型的蜘蛛借助它们编织的网络有着与上述类似的通信模式。球蛛属（*Theridion*）中织网蛛的某些物种，其雌性通过反哺喂养幼崽并允许幼崽共享其网中的猎物，诺伽德（Nφgaard）描述了欧洲居岩蛛（*T. saxatile*）的母蛛和其子代间两种特定的网络通信形式。孵化后，幼蛛停留在母蛛编织的网络中约一个月之久，靠网逮住的猎物为生，其中90%为蚂蚁。当幼蛛很小时，主要待在网的中心部位，而母蛛杀死所有的缠在网上的猎物。只要幼蛛冒险接近被缠蚂蚁，母蛛就会转向幼蛛的方向用其前肢弹拨网丝，很像音乐家在拨弄其琴弦。幼蛛对这种弹拨的反应是退回原处。当幼蛛长得更大而能参与捕猎时，这时母蛛不是警告它们撤退，而是以一种不同的方式挥动其前肢而召唤它们来捕猎。

触觉通信

在引起身体紧密接触的诸如集聚、安抚、求偶和亲子关系的一系列亲密事件中，我们可以预期通过接触的通信会得到最大程度的发展。对于紧密集聚的物种，如冬眠的甲虫和游动中的鱼群（见第3章），身体接触既是明确的搜寻目标又是停止觅食行为的信号。但在某些情况下，接触可触发其他的生理和行为的变化，从而使动物进入新的生存模式。蚜虫中的触觉刺激，明显意味着它们要从无翅形式进入

有翅形式。有翅蚜虫能进行有性繁殖，并且分散起来要容易得多，因此，在另外的宿主植物上建立新的集群时就可减轻母集群的群体压力（Lees，1966）。成群饲养蝗虫的若虫，能把其伙伴与同等大小的暗色物体区分开来，它们以该物种典型的社会反应问候其伙伴——踢蹬后腿、旋转触角，并用自己的触须和触角探查其他若虫的身体。佩吉·埃利斯（Peggy Ellis）通过在隔离条件下饲养蝗虫的若虫，但用细的、经常移动的铁丝与若虫经常接触，以模拟上述社会化过程。仅通过这种形式的接触刺激，结果使蝗虫达到了正常反应水平。在脊椎动物中也发生了同样明显的效应。阿德勒及其同事的试验揭示：雄性大鼠交配射精之前通常会将生殖器多次插入，这会诱发雌鼠体内两个适应性的生理变化——首先，这些可能的触觉刺激增加了精子到子宫的输送速度；其次，通过至今尚未得到充分阐明的神经内分泌反射，这些刺激在血液中增加了孕酮和20a-羟基-孕烷-4-烯-3-酮的含量，因此增加了受精卵成功植入子宫壁的概率。

视觉通信

方向性是视觉通信的首要特征。视觉图像的空间位置是相当精确的：蜜蜂（典型的大眼昆虫）可分辨出约1°宽的两点，而人眼（在结构上是哺乳动物中的典型）的分辨角为0.01°。光信号在信号持续期间存在如下两个极端作用。在一个极端，一些明暗和色彩的模式或多或少会永久留在生物体表面，或者还可暂时地添加一些特定的色素沉积、载色体的扩大与收缩等，这样可用最小的能量消耗而产生长时间持续的信号，因此，我们发现，只要存在视觉，在物种的个体识别中以及在权力等级系统内个体地位的识别中，光学信号是最重要的。另一个极端是视觉信号迅速消退和转换，因此在进化中，这些信号大体与多数快速传递求偶和格斗等波动情绪的听觉信号相关联。

但是，视觉信号的显著特征是，只有在一些限定的条件下才能发挥作用。没有光时，如果动物自己又不能通过生物发光产生光信号，视觉通信就会失败。只有光信号对准光接受器，视觉通信才能继续。为了精确地进行视觉通信，动物之间不仅要执行适当的动作，而且每次传送动作还要有正确的朝向。上述情况可能解释了如下事实：虽然已知许多动物物种的通信系统全是化学系统，而许多其他动物的通信系统又几乎全是听觉的，但是却没有什么物种的通信系统（如果有的话）称得上几乎全是视觉的。

电通信

鲨和魟、鲶、普通鳗（鳗鲡科）和电鱼（裸背鳗科、长颌鱼科、裸臀科），能够感知和确定低频弱电压梯度发生的位置。电感受作用被广泛用于寻找猎物。通过比目鱼泄漏出的微弱而稳定的电场，纵使它们埋在沙中，鲨也能确定这些猎物的位置。而且，电鱼通过由特殊的肌肉组织构成的电器官，可使自己产生电场。水体中的猎物或其他对象干扰这电场时，纵使电鱼缺乏其他所有的感觉系统，它们也会发现这些猎物或其他对象的存在。基于这一复杂精细的机制，发现某些电鱼利用彼此的电场相互通信，也就不足为奇了。布莱克-克勒华思（Black-Cleworth）指出：裸背鳗（*Gymnotus carapo*）的个体能够识别和回避自己物种成员发射出来的正常电脉冲。放电频率突然增加而开始攻击（当猎物被定位）时，相当于触发电脉冲加速的模式。发动攻击的鱼也会突然停止放电，间隔时间少于1.5秒。无论放电频率是突然增加还是突然中断，接收到信号的鱼都会撤退。所以这两种行为可解释为恐吓信号。

除了电鱼之外，我们不知道其他动物是否有电通信，因为只有通过特定的一些技术才能揭示这一现象。电通信这一感觉通道的有利性是显而易见的。像声音一样，电场可在黑暗中被识别，能越过普通障碍传递。到目前为止，研究证明只有相对少的物种可以利用这一通信，因此电通信具有高度保密性。但同时，电通信只能用于相对平静的水体且应用范围较小。

各感觉通道间的进化竞争

如果自然选择理论确实正确的话，那么一个进化中的物种可被此喻为一名通信工程师，他要试图利用手头可以利用的器材组装成一套完善的通信设备。微生物、海绵、真菌和最低等的后生无脊椎动物，几乎全都与化学感受和触觉反应有关。视觉和听觉系统需要多细胞的接受器官，在听觉信号情况下，需要特定的发声器官。电系统和表面波系统也依赖于多细胞信号发射和接收装置。一般来说，生物越原始且身体结构越简单，它就越依赖于化学通信。

对于较高等的无脊椎动物和脊椎动物，系统发育限制对各感觉通道选择的效应表现为较低程度的影响。例如，我们考虑蝴蝶为什么在颜色上多彩却无声。在我们看来，在大部分时间内蝴蝶是鲜艳迷人的，因为我们是极度依赖于视觉的脊椎动物。蝴蝶在进化中产生对脊椎动物捕食者的有毒物质和非可口物质的同时，又朝着鲜艳色彩模式进化，以警告（捕食者）它们是非可口的。蝴蝶也进化出独特的紫外线翅和身体模式，使得它们彼此可以看见，但脊椎动物却看不见它们，

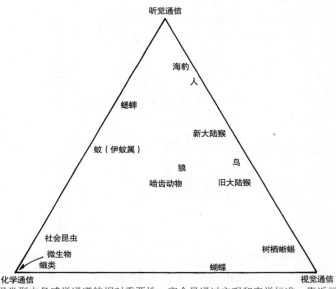

图10-10　在物种的选择类型中各感觉通道的相对重要性。完全是通过主观和直觉标准，靠近三角形每一顶点的类型，指出了在有关物种信号（信息）储存库中的有关通信通道利用的高占比。图中没有包括触觉、表面波和电通信通道。

这在很大程度上成了它们的秘密通信。它们为什么没有进化出如鸟类那样精细的听觉信号呢？蝴蝶和鸟类生活在同样的环境，飞行高度近似并且通信距离也相当。其答案似乎是：成体蝴蝶的身体（不像鸟类的那样）在体积上太小且在构成上太精巧，以致不可能发育出发声器而有效地进行远距离声音传递。

物种在各自系统发育的限制内，以令人吃惊的不同组合选择了各通信通道，并且已成为固定模式（见图10-10）。这些不同组合的模式也达到了令人类工程师印象深刻的效率。再以蝴蝶为例，可以注意到：与蛾类一样，它们广泛利用性信息素。但与蛾类不同，它们传递性信息素，主要是通过接触传递或通过不超过数厘米远的空气传递。这种不同的原因很可能是，白天大气的热上升气流和扰动，阻断了长距离活性空间的形成。生态学家对广泛不同的系统发育类型进行了有关研究，并毫无困难地在环境和感觉模式间得到了这样的相关关系。某些最佳的重建进化过程的研究，已在物种水平上追踪了从一种模式到另一种模式的变化，并且是建立在具有充分说服力的详细证据上的。图10-11总结的是奥特对蝗虫通信进化分析的一个例子。威克勒对许多脊椎动物的通信情况也做了精彩的评述。

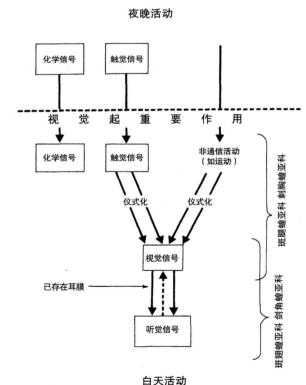

图10-11　蝗虫通信的进化。原始形式假定是夜晚活动，极度依靠信息素和触觉信号通信。较原始的斑腿蝗亚科（Catantopinae）和刺胸蝗亚科（Cyrtacanthacridinae）甚至或多或少兼用化学、触角和视觉信号。斑翅蝗亚科（Oedipodinae）和剑角蝗亚科（Acridinae）已添加了听觉信号，并与视觉信号一起在通信中占优势地位。相应地，信息素和触角信号的作用减小（自Otte, 1970）。

第11章　攻击

什么是攻击？在日常用语中，攻击是指通过身体或恐吓作用剥夺别人的权利，迫使别人放弃其拥有或可能获得的其他某些东西。生物学家甚至在局限到狭义的动物行为的情况下，对上述定义也不能加以进一步完善，但从长远来看，他们指出受攻击者的真正损失是其遗传适合度出现了一定程度的下降。为了试图做出更正确的表达，许多研究者倾向利用由斯科特和弗雷德里克森（Fredericson）提出的新术语"争斗行为"，以表示与战斗有关的任何行为，不管这种行为是攻击，还是迎合或退却。但是，在一些特定情况下，争斗行为这一概念并不比攻击或战斗行为更明确，而且一般仅指攻击和顺从反应在生理学上的密切关系。但我们不必过于注重术语的名称。关于攻击这一术语要记住的基本事实是，它是许多不同行为模式的混合体，具有许多不同的功能。以下是已知的攻击的主要形式。

领域攻击（territorial aggression）。这是领域保卫者在驱逐入侵之敌时采用的最引人注目的一种信号行为。在相互攻击期间处于相持状态时，使战斗升级通常是最后利用的手段。失败的一方会发出顺从信号，以使自己的身体不会进一步遭到损伤，进而逃离现场。但这种顺从信号不像在等级系统中的从属成员发出的那样复杂。相反，雌鸟进入雄鸟领域时，往往发出精细的安抚信号，以使雄鸟的攻击行为转化成迎合和求偶行为。

权力攻击（dominance aggression）。由具权力的或首领动物对其类群成员进行的攻击或炫耀，在许多方面与领域保卫者的行为相似。但是，其主要目的不是把其从属成员从领域中驱逐，而是拒绝从属者所希望得到的东西，预防从属者对其权力地位的挑衅。在某些哺乳动物中，权力攻击还进一步以显示其地位高等的特定信号为特征，例如首领旅鼠的傲视阔步走、首领普通猕猴抬头翘尾的悠闲的"大管家"式的散步，以及特定的面部表演和尾部姿态。而各从属者同样是用一套不同的安抚信号加以回应。

性攻击（sexual aggression）。雄性为了达到与雌性交配或迫使雌性与其形成更为持久的性同盟的目的，会对雌性进行恐吓或攻击。也许在高等脊椎动物中的终极表现，就是阿拉伯狒狒的性攻击行为——雄狒狒把年轻的雌狒狒聚集起来作为"妻妾"。为防止这些妻妾远离它们而去，妻妾一生都要受它们的折磨。

243　　**亲本管束攻击**（parental disciplinary aggression）。许多类型的哺乳动物的双亲以温和的亲本攻击形式约束后代在其身边、督促后代活动、阻止后代打架和终止后代吸奶时过于粗鲁的吸吮等。在多数情况（但不是所有情况）下，这种亲本管束攻击可提高后代的个体遗传适合度。

断奶攻击（weaning aggression）。某些哺乳动物的亲本，在其子代年龄超过了断奶期还乞求吸奶时，会用恐吓甚至轻微的攻击阻止子代这样做。最近的理论认为（见第6章）：在较广泛的条件下，幼小动物的生活中存在一个时间段，在这段时间内通过继续依赖其母亲生活可提高其遗传适合度，而其母亲的遗传适合度却因此下降。这一利害冲突就可能引起断奶攻击的程序化的进化。

道德攻击（moralistic aggression）。随着高级形式的相互利他主义的进化，几乎同时出现了一个道德处罚系统来强化这一相互作用（见第5章）。人类的道德攻击表现在有无数形式的宗教和意识形态的"福音主义"（evangelism），借此推行类群的一致性标准并执行对违规者惩罚的法规。

捕食攻击（predatory aggression）。关于是否可以恰当地把捕食行为看作一种攻击形式，一直存在着一定的问题。如果我们考虑到，许多动物物种有同类相食现象（有时还伴有领域和其他形式的攻击，而有时没有），那么就难以把捕食行为当作一个与攻击完全无关的过程。

抗捕食攻击（antipredatory aggression）。猎物纯粹的防卫方式可以升级为对捕食者的全面攻击。以鸟成群骚扰的情况为例，潜在的猎物在捕食者行动之前会发起这种攻击。成群骚扰的意图往往是充满仇恨的，在少数情况下还会引起捕食者受伤或死亡。

以前的研究者，特别是丁伯根、巴洛、摩伊尔（Moyer）和 J. L. 布朗，都强调"攻击"的升级本质。在不同的物种中，攻击行为具有许多不同的功能，而不同类型的功能在大脑内的多个控制中心各自进化。摩伊尔根据动物和人类行为把攻击行为分为7类：捕食攻击、雄性间攻击、由恐惧诱发的攻击、应激性攻击、领域攻击、母性攻击和工具攻击。我在这里提供的8类攻击行为与这7类相似，但概念性较少，这8类更符合在动物群中观察到的自然行为的真实类别。巴洛举了一个有启发性的例子，说明响尾蛇的行为有多种攻击形式共存——当两雄性竞争时，它们的颈部相互缠绕进行搏斗，仿佛在试探彼此的力量。但是，它们不会咬对方。相反，响尾蛇在追捕或伏击猎物时，会去咬猎物的任意一个部位，但不会用发声器发出警告。当响尾蛇面对大的足以威胁其安全的动物时，它会盘绕起来，头转向盘圈中心位置而处于攻击状态，同时竖起发声器使其颤动而发出"咯咯咯"的响声。它这时也可把头和颈竖起来呈"S"形状态。然而，如果响尾蛇面对一条王蛇（专门以其他蛇类为食的一个物种，是响尾蛇的天敌），它就会采取与上述完全不同的策略：它会盘绕起来，把头隐藏在其身体下面，并用盘绕起来的身体突然发动袭击。

攻击和竞争

　　同一物种各成员间的大多数攻击，可以看作服务于竞争技术的一套行为。大多数生态学者应用竞争这一术语是指：同一物种两个或更多个成员（种内竞争）或处于同一营养级的两个或更多个物种成员（种间竞争），对现有或潜在有限的同一资源或必需品的积极需求。这一定义与洛特卡-沃尔特拉方程组中的假设是一致的，而这个方程组仍然是竞争的数学理论基础（Levins，1968）。群体生物学的理论认为，竞争现象可分成两大类：性竞争和资源竞争。雄性在繁殖季节，特别是在公共求偶场炫耀凶悍的阳刚之气，是性竞争的典型例子：雄羊、雄鹿和雄羚羊的角斗，松鸡和其他求偶场雄性鸟间的炫耀和战斗，象海豹为占有"妻妾"的重量级的战斗等。雄性为占有多个雌性的斗争，是为占有一类很特殊的资源进行的竞争。当 r 选择是主要的，或当其他的环境压力放松到一定程度，足以使雄性投资大量的时间和能量而成为一个多配偶者时，性竞争就成为信息储存库的一个明显部分。关于这方面的理论，在第15章性行为进化的讨论中还会加以深化。

　　种内进行的非性攻击，主要是针对环境资源（特别是食物和隐蔽所）的一种竞争形式。

当这些资源短缺成为密度制约因子时，这类资源竞争就能进化（见表11-1和在第4章中有关密度制约的讨论）。但是，即使在这样的情况下，攻击也只是可能出现的许多竞争技术中的一种。我们现在唯一明白的是，物种可以通过分摊性的方法（该方法不涉及攻击冲突）进行竞争。关于动物竞争的如下总结也适用于说明攻击行为的进化（Wilson，1971b）。

244

表11-1　放慢群体增长速度的密度制约因子的简化分类。在争夺性竞争类群下的各因子用星号（＊）注明，以强调这种攻击行为只是密度制约控制的进化中的一个结果

A. 竞争
＊1. 争夺性竞争
＊a. 战争和同类相食
＊b. 领域性
＊c. 权力地位
2. 分摊性竞争
B. 捕食和疾病
C. 迁出
D. 环境的非竞争变化

　　1. 同一物种个体间的竞争机制，在性质上与不同物种个体间的相似。

　　2. 然而在竞争强度上却有不同。发生竞争时，物种内的强度一般要强于物种间。

　　3. 可以想象存在若干理论上的环境，在这些环境下可永远避免竞争（Hutchinson，1948，1961），其中多数涉及刚论述过的这类其他密度制约因子的介入，或者涉及恰好在群体饱和前能阻止群体增长的环境波动。

　　4. 野外研究（在本质上虽然依旧是很片面的）已倾向于证实刚提到过的理论预测。业已发现，动物物种竞争是广泛的但不是普遍的。竞争在脊椎动物中比在无脊椎动物中更常见，

在食肉动物中比在食草动物和杂食动物中更常见，在稳定生态系统的物种中比在非稳定生态系统的物种中常见。其他密度制约控制的优先作用，常常阻止了竞争的发生，这些其他密度制约控制最常见的有迁出、捕食和疾病。

5. 即使在发生竞争的地方，由于密度制约因子的介入（特别是出现不利的气候或出现新的空闲生境时），在相当一段时间内会使竞争暂停。

6. 应用的不管是什么样的竞争技术——是直接的攻击竞争、领域竞争、非攻击的"分摊性"竞争，或是其他的竞争——其最终的限制资源通常就是食物。虽然证明这一看法的证据仍显得不够充分且受到有关权威的质疑，但统计推断能很好地证明它是正确的。然而，有很少数的例子涉及其他限制资源也是事实：藤壶和其他座生海洋无脊椎动物的生长空间；斑鹟和苏格兰蚂蚁的巢址；在非洲沙漠中蝶螈的高湿度栖息处和衰金莺阴凉处的栖息空间；秃鼻乌鸦和鹭的筑巢材料。

竞争机制

如果攻击行为只是竞争技术的一种形式，那么现在就来看，在动物物种中实际观察到的有关这一技术的广泛变异的一系列情况。我们从其直接的和最为明显的攻击开始，然后通过不同物种考察一些日益变得精细和间接的攻击形式。

直接攻击

当槲果藤壶（*Balanus balanoides*）侵入斑纹藤壶（*Chthamalus stellatus*）所占领的岩石表面时，前者就会通过在后者的附着地点直接捕获后者而把后者消灭。康奈尔（Connell）在苏格兰的一项研究中发现：在一个月内，斑纹藤壶集群中10%的个体被槲果藤壶消灭占领，另3%被切断浮起，还有少数被槲果藤壶膨胀的壳质侧向挤损；在第二个月末，20%的斑纹藤壶已被消灭，直到最后全被消灭。槲果藤壶的个体也彼此相残，但相残速度要比斑纹藤壶的慢。

蚂蚁集群间的攻击是非常有名的，许多昆虫学家都目睹过它们在种内和种间的集群"战争"。庞丁发现：黄毛蚁（*Lasius flavus*）和黑毛蚁（*L. niger*）的大多数蚁后处于独居时，若试图建立新集群，就会遭到同物种工蚁的破坏。草地铺道蚁的集群以大群的工蚁进行激战的方式捍卫其领域。这种激战的适应意义，已由最近的发现得到了阐明，即在其繁殖期末，工蚁的平均数量和具翅的性形式（这两者都是反映集群营养状况的良好指标），是随着领域大小的增加而增加的。下列布莱恩对皱结红蚁（*Myrmica ruginodis*）不同集群间的工蚁战斗的描述，对绝大多数领域的蚂蚁来说是很典型的。在这一特定情况下的战斗，是由一个集群的工蚁接近另一集群的工蚁（此处有糖做诱饵）引起的：

> 如果（一集群）接近者是急冲冒进，则（另一集群）进食者一方会反抗……相互扭打在一起，最后双双跌倒在地而散去。或者，接近者可缓慢接近，并小心地检查进食者的腹部而不使后者受到干扰，然后接近者抓住进食者（通过用大颚抓住触角的肢节）。抓住后被举起的蚂蚁会保持不

245

动，并立即被带回接近者的巢中。有时在某些情况下，接近者没有抓住时，就会引起对方同集群的其他蚂蚁介入。由双方集群巢组成的3个或4个工蚁构成的类群，就在两集群巢之间的途中（没有形成明显的路径）翻来覆去地发生战斗。战场上没有出现死亡现象，但是被成功地拖入到对方集群巢的那些蚂蚁有可能被肢解。因此这些争斗的结果应该有利于把大量的工蚁抓回到其巢中的集群。也就是说，结果与集群大小、巢穴远近和募集能力有关。

昆虫生物学的更为戏剧化的奇观之一，是由大头蚁属的某些物种的大头兵蚁提供的。这些个体具有形状接近于金属剪的两个大颚，其头具有大量的内收肌。当集群间发生冲突时，这些兵蚁就冲入其中进行殊死搏斗，战场上留下战败者受损的触角、腿和腹部。布莱恩业已证明：集群间的冲突会导致互换位置，如使得苏格兰蚂蚁取得胜利的"权力等级系统"换到最温暖的巢址。他识别出如下三种竞争技术：（1）逐渐侵占竞争者的巢穴；（2）占领由竞争者集群废弃的巢穴（受不利的微气候变化，巢穴因过于潮湿或寒冷而被废弃），这是在微气候转好但竞争者返回之前的情况下占领的；（3）围攻，包括连续骚扰和战斗，直到竞争者撤离巢穴为止。在集群水平上的冲突，有时会导致局部地区的一个物种被另一个物种淘汰。这一极端情况经常发生在不稳定的环境（如农垦地）中，或当新引入的物种入侵到自然生境中时发生。图11-1是这方面的一个例子。

毫无疑问，某些昆虫物种的成员间发生争斗，甚至同类相食，都是正常现象。属于姬蜂科、钩腹科、广腹细蜂科、锤角细蜂科、细蜂科等寄生性的膜翅目，在其某些物种的生活周期中，其幼虫会暂时转化成一种非同寻常的好战形式，这种形式可以残食占有同一宿主昆虫的其他同种幼虫。这样，寄生在可利用的有限的宿主组织中的数量就可以减少，而使幼虫能较容易地生长到成体。图11-2描述了两个同类相食物种。

凶杀和同类相食也常见于脊椎动物。例如狮子有时相互残杀。沙勒在其对塞伦盖蒂狮群的研究中，观察到的几次雄狮间的战斗结局都很惨烈。他也记录了如下情况：当保护幼狮的一头雄狮死亡，其领域被其他几头雄狮侵占后，出现了杀害幼狮和幼狮相残的现象。不甚严重的战斗更为常见，其结果是导致狮子受伤和感染，最终缩短了许多个体的生命。鬣狗，依人类标准是真正的残杀者。它们也是常见的同类相食的动物：当幼崽在吃猎物尸体时，其母必须在旁加以保护，以防止幼崽被同群的其他成员吃掉。邻近的各鬣狗群，有时为了争夺被捕获的猎物而发生激战，使得有的类群全被杀害。以下是摘自克鲁克报告中的一段：

两群鬣狗混在一起吼叫着，但不久这两群再度分开——蒙基（Mungi）群鬣狗逃跑，而爬岩（Scratching Rocks）群鬣狗短暂追赶后又返回到猎尸处。可是，约有12只爬岩群鬣狗抓住了一只蒙基群雄性鬣狗，并且咬它各个部位（尤其是腹部、脚和耳朵）。这只鬣狗完全处在攻击者的包围之中，被撕咬约10分钟。而这些撕咬者同群的伙伴正在吃一头角马。这只蒙基群雄性鬣狗几乎被撕裂，当我后来

246

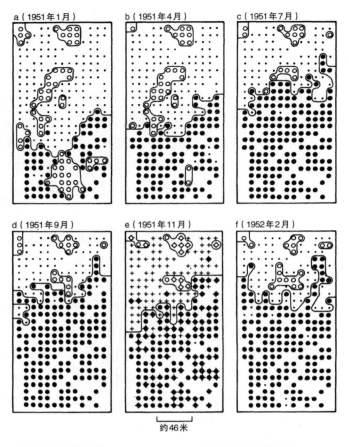

a（1951年1月）　　b（1951年4月）　　c（1951年7月）

d（1951年9月）　　e（1951年11月）　　f（1952年2月）

约46米

● = 长脚捷蚁占领的椰林区　　　　　　　 + 在椰树基部针刺大头蚁的巢
○ = 长结红树蚁占领的椰林区　　　　　　 ◆ 针刺大头蚁和长脚捷蚁占领的椰林区
· = 没有长脚捷蚁和长结红树蚁椰林区　　 ◇ 针刺大头蚁和长结红树蚁占领的椰林区
—— 由长脚捷蚁和长结红树蚁占领领域的大致边界

图11-1 在坦桑尼亚椰林区，长结红树蚁（*Oecophylla longinoda*）被其竞争者长脚捷蚁清除的情况，清除是通过集群水平上的战斗进行的。在植被稀少的沙壤区，长脚捷蚁替换长结红树蚁；而在植被较稠密和开阔的具有少量沙质的地域中，情况则往往相反。第三个物种针刺大头蚁（*Pheidole punctulata*）偶尔大量存在，但所起的作用很小。

A　　B　　C　　D　　E　　F

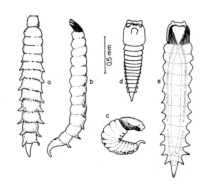

0.5 mm

a　b　c　d　e

图11-2 在寄生性黄蜂的某些物种中，幼虫暂时转化成一种非同寻常的好战形式，具有硬质化的头和大颚。当几只属于这一龄期的幼虫同时寄生一个宿主昆虫时就发生战斗，直至只有一个个体成活为止。在上行，表示钩腹蜂（*Poecilogonalos thwaitesii*）的卵和其连续的各幼龄期，其好战出现在第四龄期（D）。在下行，是姬蜂（*Collyria calcitrator*）的第一（a，b）和第二（c—e）幼龄期，其好战在第二期（自C. P. Clausen.《食虫昆虫》，McGraw-Hill图书公司版权所有，1940。经允许翻印）。

靠得更近观察它时，发现其耳、脚和睾丸都被咬掉，并且由于脊髓损伤而瘫痪，两后腿和腹部有深度伤口，表现出整个皮下出血……第二天早晨，我发现一只鬣狗正在吃这具尸体，约有1/3的内脏和肌肉已被吃掉。而且还有其他鬣狗也来吃过的证据。真是同类相食！

脊椎动物物种间致死性的争斗，现在被观察到的越来越多了。业已发现，雄性日本猕猴及雄性豚尾猕猴在半自然和笼养条件下，为了争夺霸主地位会彼此残杀。当把巴巴里（Barbary）猕猴的一个新类群引入吉布拉脱（Gibraltar）群体时，会爆发严重的战斗，导致一定的伤亡。在印度中部，流浪的雄性叶猴有时侵入叶猴群中，驱走群中的首领雄猴并杀死所有的幼猴；离开亲本巢区领域流浪的年轻黑头海鸥，会遭到其他海鸥的攻击，有时甚至会被杀害；而在阿森松岛（Ascension Island）的褐鲣鸟（*Sula leucogaster*）中第一个孵化出的幼鸟，一般要把第二个孵化出来的同胞从窝中推出（Simmons，1970）。在黑猩猩中，成年个体同类相食幼婴的现象也有报道，但这样的事件确实很少发生。

现在，在哺乳动物和其他脊椎动物中所累积的关于残杀和同类相食的证据，足以推翻由康拉德·洛伦兹在其著作《论攻击》中提出的，又为随后的科普作家继续强化而作为一种普遍看法被接受的结论。洛伦兹写道："在领域或竞争对手的战斗中，通过某一灾难性动作，虽然一只角可能会捅入眼内或刺破动脉，但我们绝没有发现，其攻击目的就是根除有关物种的同伙成员。"相反，残杀是更为普遍的，因此

许多脊椎动物物种的残杀比在人类中更为"正常"。令我印象深刻的是，只有当对一个物种的观察时间以千小时为标记单位时，才可以经常看到这种行为。但就人类标准来说，每个观察者每千小时仅看到一个残杀行为已经属于暴力频繁。事实上，想象有一个到地球访问的火星动物学家，如果他把观察到的人类只是当作经过很长一段时间出现的又一个物种，那么他就可能得出这样的结论：纵使把我们经历的战争事件也计入，以每单位时间每个人发生的猛烈攻击或残杀进行估测时，我们还是属于比较热爱和平的哺乳动物。如果让这个火星来访者阅读一本迄今为止出版的较为详尽的野外研究的著作，并将观测范围限制到乔治·沙勒的2 900小时和一个随机抽样的人群（而这个人群大小与塞伦盖蒂狮群大小是相当的），那么他看到的可能几乎是只限于青少年间的一些玩耍式的战斗，或者也可能是发生在成年人之间言语上的争吵。我们还有一个正在消亡中的证明人类邪恶的说法是，只有我们人类，杀害的猎物比我们需要吃的更多。但其实对于塞伦盖蒂平原狮群，如同汉斯·克鲁克对鬣狗的描述那样，如果条件方便的话，它们有时会放肆地互相残杀。而像沙勒得出的结论那样："这些狮群的捕猎和残杀程度与饥饿程度无关。"

在竞争和捕食行为中没有普遍适用的"行为准则"。基于同一理由，也不存在普遍适用的攻击本能。各个物种完全是机会主义的。它们的行为模式不遵循任何的一般先天模式，而是像其他所有的生物学性状那样，在足以引起进化的时间内，只受到使它们成为有利的事件引导。因此，对于给定物种的个体来说，即使在选择上使它成为同类相食动物是暂时有利

的，那么整个物种也至少有中等大小的可能性朝着同类相食的方向进化。

相互排斥

当蚂蚁物种大头蚁和球形火蚁（*Solenopsis globularia*）的工蚁在食源地相遇时，会发生一些战斗，但胜负并不是以这种方式解决的，而是依据组织能力解决的。这两个物种的工蚁与陌生者相遇时会受到刺激，释放出嗅迹并离开食源地，然后大头蚁平静下来，重新释放出嗅迹并在食源地再次聚集。这些都要比球形火蚁的动作快。结果，在冲突期间，大头蚁能更迅速地集结力量，通常也就能优先对食源地加以控制。然而，球形火蚁可通过占领大头蚁不能入侵的巢穴和更为开阔的沙壤生境生存。法老蚁在食源地同其他物种的竞争中是很有效率的，它是用从毒腺中释放出的一种物质的气味来驱散其他物种的（Hölldobler, 1973）。

为了资源通过间接的排斥形式而进行的竞争，还有其他一些例子。广赤眼蜂（*Trichogramma evanescens*）的雌性，用其产卵管穿入宿主的绒毛层，把卵产入许多物种的昆虫宿主中。同一物种的其他雌性能够识别出业已寄生在宿主中的卵，这显然是通过探测出原来雌性寄生卵时所残留的微量气味实现的。因此，在受到这一警诫后，这些其他雌性就会走开，寻找别的宿主。

化学攻击和干扰，在效应上可能是有害和不可预测的。如果把一只新近受孕的雌小鼠同另一只雄小鼠（与交配雄鼠属于不同品系）放在一起，则雌小鼠通常会流产并很快与另一只雄小鼠交配受孕。流产的刺激物质，是雄小鼠尿中存在的尚未鉴定出的一种信息素，雌小鼠闻了以后会激活大脑垂体和黄体的活动。罗帕兹（Ropartz）最近已经证实了与上述效应同样明显的情况。他在研究拥挤小鼠群体中可育性下降的原因时发现，仅凭其他小鼠的气味，就可使各小鼠肾上腺生长增大并增加其肾上腺皮质激素的产量，最终使繁殖能力下降甚至引起死亡。

攻击的限度

为什么动物喜爱和平与恐吓，而不喜欢采用激烈的战斗呢？如果我们不考虑那些依靠密度制约控制就足以阻止群体达到竞争水平的为数众多的物种，仍还要解释其他确实发生了竞争的多数物种为什么缺乏明显的攻击。答案可能是：对于每个物种，根据其生活周期、食物嗜好和求偶仪式的各细节，都存在着某一最适攻击水平，而当超过这一水平时，个体适合度就会下降。对于某些物种，这一最适攻击水平必为零。换句话说，这些动物全都应该是非攻击性的；对于所有其他的物种，最适攻击水平为中等大小。对于进化中的攻击性增加，至少有两类激活条件。首先，攻击者的敌视行为有指向其未识别的血缘个体的危险。如果其血缘个体中的成活率和繁殖率因此而降低，那么攻击者和其血缘个体间在血缘上共同基因的替换率也就随着降低。因为这些共同基因涉及负责攻击行为的基因，所以这种广义适合度的减少也将阻止攻击行为。这个过程会得以继续，直到这种攻击的有利和不利性之间的差值（以广义适合度为单位进行测量）达到最大化为止。

同时，攻击者在攻击中耗费了可以投资于求偶、筑巢、觅食和抚养后代的时间。例如首领白来亨母鸡比其从属鸡更易获得食物和栖息空间，但是它们同意与之交配的公鸡的数量却很有限，

248

因此得到交配的次数很少。以下的说法似乎是有道理的，即这些母鸡的攻击平均水平代表着嘴啄攻击获得的最适平衡值，而这个值一般就是在这一攻击的有利性和不利性之间的最大差值。但对这一情况还没有完全的结论，因为有关试验持续时间没有足够长，从而不能确定这些首领母鸡是否由于减少了交配次数实际上减少了产卵数。这种"攻击忽视"（aggressive neglect）的逆效应在鸽子、鲱鸟、太阳鸟和蜜鸟中得到了更确切的证明。攻击行为的形式和强度有时与不同物种的环境特点直接相关。例如，属于花鼠属（*Tamias*）和真金花鼠属（*Eutamias*）的各金花鼠，在它们显现的领域防卫程度上有明显不同。根据赫勒（Heller）的看法，进化中的领域防卫强度，是由获得领域绝对控制的需求量和防卫领域付出代价间的相互作用决定的，而这个代价是根据防卫领域时的能量消耗和来自捕食者的风险计算的。在赫勒看来，这些因子随着生境的不同会发生很大的变化，这足以说明如下事实：真金花鼠属的一些物种有极强的领域性，而另外一些物种却明显是非领域性的。如表11-2所示，当食物供应的有限性强到值得对领域进行防卫时，领域防卫才明显得到了进化（但条件是在防卫中的代价不超标）。

进化折中甚至可波及攻击行为的一些微小细节。三趾鸥是一种具有独特习性的鸥——把巢筑在临海的峭壁暗礁中。这种鸟着陆后只能完成有限的一些活动，因此限制了其攻击行为，它们废弃了鸥类其他所有物种利用的直立恐吓姿势，只用其嘴相互抢夺和骚扰。由于非成熟三趾鸥从峭壁暗礁巢中掉下是不可避免的，所以它们的行为特意改变成应付一些偶然事件：当受到攻击时不是逃跑，而是以一种极端的安抚让步方式把头转向，并把嘴完全地隐藏起来。

攻击的近因

攻击不是像心脏跳动那样的连续的生物学过程，而是作为应急计划而进化的。攻击是在胁迫时间内由程序化规定的、由动物内分泌和神经系统控制的一套复杂反应。攻击在早先定义（见第4章）的意义上来说是遗传的，即攻击的各分量已被证明具有高程度的遗传率，并且因此隶属于连续进化。这种证明是可靠的，斯科特和富勒以及麦克勒恩对此做了评述。攻击在第二层较粗略的意义上来说也是遗传的，即在某些极普通的刺激下，某些物种的攻击或顺从反应是特定的、定型的和高度可预测的。当在任何形式的社会行为中可识别出攻击或顺

表11-2 作为相反生态力之间的折中进化，金花鼠各物种领域行为的有无（＋表示对领域有利的条件，－表示对领域不利的条件）（根据Heller, 1971）。

物种	食物供应	领域防卫的能力	由于领域防卫所冒的风险	领域有无
高山金花鼠	有限区域，季节短 ＋	相对低 ＋	相对低：高山岩石中有许多藏身处 ＋	有
黄松金花鼠	有限区域，季节短 ＋	中等或低 ＋	相对低：森林底层有许多藏身处 ＋	有
小金花鼠	有限区域，可能季节性 ＋	高（环境炎热干燥） －	？	无
棚屋金花鼠	广泛、丰富、多样化、全年 －	可能中等或低 ＋	可能高 －	无

从的各分量时，攻击的适应意义、攻击的终极原因和指导攻击的基因型变异的自然选择的环境压力都应成为分析的对象。

现在检视攻击变异的近因。当分成两套（刺激）因子时就很容易了解其变异的近因。第一套是外部环境的突发因子，其中包括与来自社会类群外部的陌生者发生的遭遇战、与其自己类群其他成员为争夺资源的竞争，以及应付物理环境中的每日变化和季节变化。所有这些外部因子都对动物产生了刺激，而动物必须正确地调整其攻击尺度，对这些刺激做出反应。第二套刺激是学习和内分泌变化的内部调节，通过这样的调节，动物对外部环境的攻击反应可以更精确。

外部环境的突发因素

类群外部的遭遇（encounters outside the group）。动物中攻击反应的最强诱发因素是看见陌生者，特别是领域入侵者。这一陌生恐怖原理，实际上在具有高级社会组织形式的每一动物类型中都得到了证实。当陌生的雄狮进入一个狮群的视野时，狮群中的雄狮（在狮群中一般较懒散）就会迅速活动起来并发出一阵阵的怒吼。当把少数外来工蚁引入到蚂蚁的一个集群时，不管该集群日常社会生活的活动多么紧张，成员都会立刻做出反应。这一陌生恐怖原理也扩展到了灵长类动物。索斯维克（Southwick）为了权衡某些主要因子在攻击进化中的相对重要性，对圈养普通猕猴进行了一系列的控制试验：食物短缺实际上降低了"攻击-顺从"的相互作用，因为这些普通猕猴降低了所有的社会交流，而用更多的时间对圈养地进行缓慢而单调的食物探测。猴的拥挤状态促使它们的攻击互动约为非拥挤状态时的

2倍。但是引入陌生的普通猕猴后，攻击互动就增加了4—10倍。更为精确的试验一般是在野外的观察试验。当普通猕猴两群队相遇，或一个陌生猴试图进入这些群队时所表现出来的攻击行为比例，要远远超过在群队内的日常生活中遭到胁迫情况时的攻击行为比例。

食物（food）。在动物中，攻击行为与食物供给及其分布的关系通常是复杂的，对任何一个特定物种来说都难以预测。一般而言，如果食物是呈丛状的，而不是零散的或可供利用的一块小食源区，那么"攻击-顺从"的相互作用就会急剧增加。狒狒一般像鸟群那样进行觅食，即在寻找小型植物性食物时呈扇形展开，在地面上采集即时吃掉。在这些环境下狒狒群队各成员彼此间很少有挑衅行为。但是，当狒狒群队发现大象粪上长有一丛嫩草或发现一只小动物的尸体时，它们就会为食物而彼此恐吓甚至发生战斗。观察者要看到狒狒攻击行为和首领地位的快速方法，就是喂给它们面包片或其他一些普通食物。N. R. 查尔默［由 Rowell 引用（1972）］观察到：当白眉猴吃菠萝蜜（是长在树上的很大的果实）时，它们相互攻击的次数约是吃分散在森林树冠层其他小型水果的相互攻击的次数的9倍。食物短缺可强化攻击行为，但只有在食物呈现可防卫的格局分布时才会这样。完全的饥饿者，由于倦怠和为了觅食彼此分散，它们会减少这种相互攻击的行为。通过提高卡里巴水坝（Kariba Dam）的水位把非洲大狒狒围逼在一个小岛上时，霍尔观察到了上述这种令人惊奇的反应。当常规的猴食未能运到半野生的位于卡约圣地亚哥（Cayo santiago）的普通猕猴处时，也出现了同样的情况。

拥挤（crowding）。当动物相互靠得很近时，

彼此相遇的概率呈指数上升。在所有其他情况相
等的条件下，攻击的发生频率也呈指数上升（见
图11-3）。但是，某些物种的"空间-攻击"曲
线却更复杂。淡水螯虾（*Orconectes virilis*）在
中等密度时占有各自的领域，但在密度极高时
拥挤后却成了和平相处的聚群（Bovbjerg & Ste-
phen，1971）。当宅泥鱼——澳大利亚的一种岩礁
鱼——以不断增加密度的方式放养在成片的人造
珊瑚周围时，则它们相遇攻击的概率首先不断上
升，然后下降（见图11-4）。攻击的概率也是作
为类群大小的函数而上升（独立于密度）（Sale，
1972）。麦尔斯等（Myers et al.，1971）对欧洲兔
的试验，也证明攻击行为是随着密度的增加而增
加的。但在试验中观察到了第二个更令人惊奇的
效应：如果密度保持恒定，但作为一个整体由类
群占领的总空间下降时（为了保持密度恒定，减
少类群中的兔子个体数），则攻击的概率仍然上
升。因此，兔子不仅对其他兔子的靠近是敏感
的，而且对其空间的绝对数量也是敏感的，拥挤
程度必须与其绝对数量相适应。

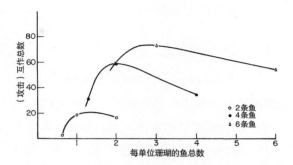

图11-4　宅泥鱼的攻击互动概率随着密度的增加而急剧
增加，然后下降。如同三条"空间-攻击"曲线的位置所
示，攻击行为也是总类型大小的函数［根据Sale（1972）
重画］。

季节变化（seasonal change）。大多数动物
物种的攻击互动在繁殖季节达到高峰。例如，
老虎间的战斗仅局限于雄性间为争夺发情期雌
性的竞争。贝可夫（Baikov）叙述了他观察东
北虎的经历："我和我的同事在一片纯针叶林中
守候了许多个夜晚，坐在火旁听着老虎间的决
斗声——在阴森森的林区回荡。虽然决斗场不
可避免地出现血迹斑斑的景象，但绝没有出现
死亡的情况。"维氏冕狐猴（马达加斯加的一
种狐猴）在一年中的大多数时间内是很温顺的，
但在繁殖季节却会爆发残酷的战斗。雌性驯鹿
在其一生中的大部分时间内是非攻击型动物，
但在产仔前后，它对其他群的成员，尤其对其
会他群的一岁左右的幼崽发动攻击。普通猕猴
是特别具有攻击性的动物，甚至旧大陆猴也是
这样。它们的社会很大程度上是建立在权力等
级系统基础上的，而这一系统实际上是通过连
续的攻击冲突来维持的。即使如此，在交配季
节，雄性间的敌对行为仍达到了最高潮，而雌
性的大量战斗发生在交配和产仔季节。在这些
时间内，受伤和死亡也最为常见。其他的季节
模式，在脊椎动物和无脊椎动物生活史的相关

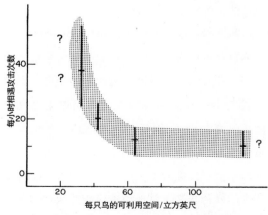

图11-3　当家朱雀（*Carpodacus mexicanus*）的拥挤程
度增加，每个鸟所占据的空间减少时，攻击的发生率就呈
指数增加。在某些空间给出了这些概率的平均数和变异范
围［根据Thompson（1960）重画］。

文献中都有详细记载。

学习和内分泌变化

以前的经历（previons experience）。动物生活的许多经历可以影响其攻击行为的形式和强度。通过直接的机械训练可以增加试验大鼠的攻击性。在这些研究中详细介绍的行为是"疼痛攻击"反应：当一定的引起疼痛的刺激（如电休克）施给两个试验大鼠时，它们就会彼此发生战斗——用两条后腿面对面地站立、张开嘴使它们的头向前伸并且彼此间猛烈地撞击和撕咬。尼尔·E.米勒（Neal E. Miller）用电刺激训练大鼠攻击时，在刺激刚能够引起大鼠呈现战斗姿态时就中止刺激（即刺激强度未达到电休克）。最近，弗农（Vernon）和尤里奇（Ulrich）通过典型的联合训练方法，在缺乏疼痛的情况下成功诱导了"疼痛攻击"反应：在重复试验期间，由电产生的1.32千赫兹的中性声音（60分贝）和电休克刺激同时施给大鼠。经过一段时间后，大鼠只需上述的声音刺激就可被诱导成原有的战斗姿态。

对攻击行为的这种机械放大，可以看作在自然条件下社会化的实验室表现，而动物在自然条件下通过这种社会化，确定了自己在领域和权力等级系统关系中的位置。动物等级提升时，它们应对攻击的准备就要增加，特别是当它们与以前被击败的对手相遇时更是这样。被同一组竞争对手反复击败过的动物，如果遇到另一组竞争对手时，在心理上就完全居"下风"，表现出胆怯，因此它们比其他的有获胜经历的对手更可能处于较低的地位。虽然一般把这一效应看作脊椎动物的一个性状，但它也发生在昆虫中。在常规试验里，当弗里把无蜂

后的熊蜂集群中的首领工蜂引入另一集群的巢中时，就发现了这个性状：典型的情况是，引入的首领工蜂受到巢中留守首领工蜂的挑衅，然后两工蜂扭打在一起，最终以一方躲藏到巢箱角落而作为它表示顺从的信号。当引入的首领工蜂返回到原来的集群时，其以后的地位就要看它在上述陌生巢中的战斗是否取胜：如果胜利了，在巢中仍不可改变地重新获得其首领地位；如果失败了，就会降为从属地位。类似地，亚历山大也可使雄性蟋蟀的首领地位的顺序颠倒过来，其方法是通过人工刺激方法，使相遇的雄性蟋蟀重复地"挫败"首领雄性。

这一社会化过程也影响了哺乳动物正常的攻击反应。断奶后在隔离状态下饲养的雄性小家鼠的攻击性，要比在社会类群状态下饲养的弱。这些小家鼠与其他家鼠共同生活的时间越长，以后对陌生者的攻击性就越强。这个临界阶段相对较长。根据金的试验，断奶后长达20天才进行隔离对随后的反应仍有抑制效应。雄拉布拉多白足鼠甚至在更为严格的条件下发育。在缺乏雌性时它们要显示出对其他雄性的攻击性，必须事先有大量的性经验。

激素和攻击（Hormones and aggression）。为了调整攻击行为，脊椎动物的内分泌系统是作为一个相对粗糙的调节装置而起作用的。在这一控制中涉及的某些激素的相互作用是复杂的（见图11-5）。但是，如果把整个系统看作是由三个控制水平组成的，那么这些激素的相互作用就容易理解了：第一个控制水平决定了攻击的准备状态（雄性激素、雌性激素和黄体激素）；第二个决定了对胁迫产生快速反应的能力（肾上腺素）；第三个决定了对胁迫做出缓慢的、较为容忍的反应能力（肾上腺皮质

内分泌腺

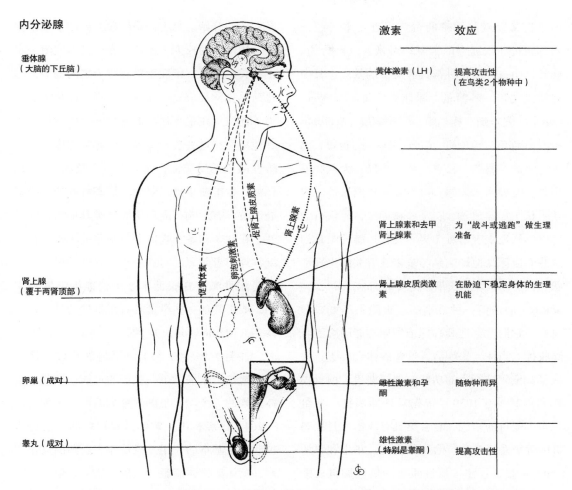

激素	效应
黄体激素（LH）	提高攻击性 （在鸟类2个物种中）
肾上腺素和去甲 肾上腺素	为"战斗或逃跑"做生理 准备
肾上腺皮质类激 素	在胁迫下稳定身体的生理 机能
雌性激素和孕 酮	随物种而异
雄性激素 （特别是睾酮）	提高攻击性

垂体腺
（大脑的下丘脑）

肾上腺
（覆于两肾顶部）

卵巢（成对）

睾丸（成对）

图11-5 影响哺乳动物攻击行为的主要激素。垂体腺通过来自下丘脑的刺激和少量通过肾上腺素的刺激，释放促肾上腺皮质激素（ACTH），而后者使肾上腺皮质增大并提高肾上腺皮质类激素的产出。下丘脑腺也释放黄体激素（LH），后者刺激雄性睾丸产生雄性激素。雌性黄体激素与卵泡刺激素（FSH）共同作用以促进卵泡雌性激素的分泌。刺激自主神经系统（主要由下丘脑控制）的某些神经细胞，会引起肾上腺髓质释放肾上腺素（epinephrine）。这一图解是建立在脊椎动物的许多物种试验结果基础上的，采用人类系统只是为了方便展示。

激素）。

为攻击和战斗的准备水平就是我们通常所指的攻击性，以便与攻击的动作区分开来。如罗斯巴勒（Rothballer）所说，攻击性是一个总阈值。它可通过引发攻击所需的刺激量，或通过在给定刺激下的攻击强度和持续时间进行测量。在脊椎动物中，与增强攻击性最有关

系的激素类型是各种雄性激素，它们是19-碳的类固醇，在C-10和C-13上带有甲基，是由睾丸间质细胞分泌的。在行为上最有效的雄性激素显然是睾酮。阿诺德·伯索尔德（Arnold Berthold）在1849年的试验就已经揭示：除去公鸡的睾丸后公鸡就停止啼鸣和争斗，但如果把其他公鸡的睾丸移植到被阉割公鸡的腹腔

内，它又会恢复原来的行为。近年来已经证明，通过注入适当的睾酮即可恢复这些行为。现已证明：许多物种都具有类似的效应，其中包括剑尾鱼、刺鳍鱼［深虾虎鱼属（*Bathygobius*）］、安乐蜥、栅栏蜥［强棱蜥属（*Sceloporus*）］、锦龟［锦龟属（*Chrysemys*）］、夜鹭、鸽子、鸣禽、鹌鹑、松鸡、鹿、小鼠、大鼠和黑猩猩。通过注入睾酮，可引起未成熟雄性（包括男孩）加速成熟，在某些物种中，雌性行为可以强烈地表现为雄（男）性化。雄性激素的这些效应深深地影响到与攻击性有关的生理性状和社会性状。当长爪沙鼠（*Meriones unguiculatus*）的任何一种性别的鼠被除去睾丸或卵巢后，它们就会把具有标记领域功能的腹脂腺吸收掉。当注入睾酮后，这些腺体会再生，并恢复标记领域行为的功能。如同阿里、柯里埃斯和路瑟曼在 1939 年首先发现的那样，施给母鸡小剂量的睾酮，它会更具有攻击性且在鸡群的等级系统中地位会有所提高。华生和摩斯（1971）报道：注入雄性激素的雄性柳雷鸟更具有攻击能力，其领域约增大一倍，能把更多的时间用于求偶并和两只雌柳雷鸟交配（而通常只与一只交配）；原来身体状况很差的两只无领域的雄性重新恢复健康，并且赶跑了占有领域的雄性，建立了自己的新领域——它们当年虽然未能与雌性交配，但活过了冬天，在次年建立起了领域，其中一只雄性在次年还与一只雌性交配。如果这两只雄性柳雷鸟没有注射雄性激素，那几乎可以肯定它们会在当年冬天死亡。

在脊椎动物中，雄性个体雄性激素滴定度的季节性升高一般与下面的情况相关：攻击性增加、领域性物种对领域的建立和扩大，以及性活动开始。总之，雄性激素启动了繁殖季节。雄性中的权力（地位）也与其雄性激素水平有关。然而，雄性激素和行为之间的关系远比简单化学反应复杂。在高等脊椎动物中，权力（地位）在很大程度上依赖于经验和类群中其他成员在过去表现基础上的顺从程度。在对雄性激素的反应上，鸟类有着明显的不一致。例如，戴维斯指出，睾酮对椋雀群中的等级系统地位没有影响。欧乌鸫和鸟类其他物种的雄性，在秋季和冬季它们的生殖腺缩小时，仍能继续捍卫着领域。对这些不一致性的解释，可能是雄性激素在很低水平下仍能继续发挥作用，或者其他一些激素具有压倒性的效应。马修森（Mathewson）发现，当乌鸫睾酮缺乏时，注射黄体激素（LH）可增加其攻击性和权力地位，这提供了一些新的可能性解释。黄体激素的一个功能是刺激睾酮的产生。戴维斯（1964）已经指出：黄体激素在控制攻击行为中起着更基本的作用。只是作为后期的进化发育，黄体激素才刺激产生雄性激素。但是，这些资料还不足以验证这一假说。

在高等灵长类中，雄性激素与攻击性的关系仍然可能比较复杂。罗斯（Rose）等人发现，在雄性普通猕猴中血浆的睾酮水平与攻击性有关，但同权力等级系统中地位的相关性却不明确，因为具有较高地位的雄猴反而有较低的睾酮水平。同样令人惊奇的是，地位较低的雄性猴的睾酮滴定度要高于独居笼养的雄猴。其可能的情况是，攻击性是通过"大脑—垂体—睾丸"途径，而不是通过其他途径诱导睾酮分泌的。或者同样可能的原因是，通过其他的至今尚未鉴定出的一些刺激（如经验）和通过输入其他激素（这些激素影响"垂体—睾丸"途径）

可使雄性激素的产生和攻击行为同时增强。

雌性激素诱发了许多令人迷惑的对攻击行为的效应。卵巢能产生大量的雌性激素，但也在肾上腺、胎盘、睾丸甚至精子中发现了少量的雌性激素。因此虽然雌性激素主要是属于雌性的激素，但在雄性生理中也可起一定的作用。一般来说，高水平的雌性激素能促进受精与雌性的性反应，并因此减少攻击性（当个体保护幼崽或在很少情况下与其他成体竞争时除外）。雄性脊椎动物在被注射雌性激素后，典型地成为攻击性弱的个体。亚当·华生（Watson & Moss，1971）把雌性激素注射给雄性赤松鼠，结果它失去了配偶并最终失去了领域。相反，去睾的叙利亚仓鼠被注射雌性激素时重新获得了攻击性状，而雌性却未受影响。当雌性金仓鼠被同时注射雌性激素和孕酮（它们是重现正常发情期的条件）时，其攻击性强烈地受到抑制。注射过雌性激素的雌性黑猩猩更具有攻击性。对人类而言，雌性激素的效应或是可以忽略，或是很小，以至于其效应只有通过心理分析才能确定。在妇女月经周期过后，在准备进行排卵时，其烦躁程度和攻击性似乎确有一定减少。在这期间，女性对性行为的接受或包容性应为最大，因为雌性激素和孕酮的水平都处在高峰。总之，从这些零碎的证据中我们可以推测：雌性激素是以高度条件化的方式影响脊椎动物的攻击性的。当雌性适应于性欲顺从期（特别是孕酮含量为高水平的发情期）时，其攻击性受到抑制；而在其他的时间里，雌性激素可能实际上的作用是增强攻击性，借此维持雌性的地位和保卫其后代。雌性激素对雄性攻击性的抑制效应很可能是无意义的假象。

如果黄体激素和生殖激素使脊椎动物维持在适合于其地位和繁殖的状态，那么肾上腺素就是脊椎动物在随时发生的紧急事件中做出精细调节的一种激素。肾上腺素是一种茶酚胺——主要为肾上腺髓质分泌的酪氨酸衍生物。在交感神经的刺激下使肾上腺素释放到血液中，因此其释放最终受到下丘脑的管制。肾上腺激素与另外一种儿茶酚胺——去甲肾上腺素是互补的；而后者与副交感神经系统有关系，一般与肾上腺素具有不同的（有时是相反的）生理效应。肾上腺素连同交感神经一起迅速地使整个个体投入"战斗或逃跑"状态，个体心率和收缩血压升高，全身血管舒张，嗜酸性粒细胞数增加，通过骨骼肌、大脑和肝脏的血液增加多达100%，血糖上升，消化和繁殖功能受到抑制。人类还有烦躁不安的表现。当脊椎动物处于紧张状态时，不论是寒冷、"胆小逃逸"或来自同物种其他成员的仇视攻击，都会释放出肾上腺素。这种激素本身并不使动物由非攻击型转为攻击型，而是在攻击期间使攻击变得更有效。在某些条件下，肾上腺素也促进来自垂体前叶的促肾上腺皮质激素的释放，从而进一步引起肾上腺皮质激素的释放及个体对压力更为持久的调节。

在对一般压力的反应中，也会释放去甲肾上腺素，但其释放独立于肾上腺素。肾上腺素触发个体的强烈反应时，糖原就转化成血液葡萄糖并把血液重新分布到活动中心，而去甲肾上腺素的作用主要是维持血压——促进心脏活动和舒张血管，而对血液流动或代谢速率具有相对小的效应。因此肾上腺激素的作用很符合沃尔特·坝农原来的肾上腺髓质作用的应急理论，而去甲肾上腺素起到了一个次要的基本上是调节的作用。在人类中发现的一个奇怪的效应是：参加激烈的攻击时会释放出相对大量的去甲肾上腺素和仅有中等量的肾上腺素；而以激动或畏惧形式做出的攻击作用仅有利于肾上腺素的释放。例如，坐在替补席上的曲棍球队员仅分泌肾上腺素，而同时在场上比赛的队员分泌的几乎全是去甲肾上腺素。

在压力条件下，来自垂体前叶的促肾上腺皮质激素诱导肾上腺皮质产生皮质类激素。当压力延长时，肾上腺重量增加，并维持着这些肾上腺皮质类激素的高产出。其分泌物中含有许多活性物质，其中包括皮质醇、皮质酮等。它们的功能随脊椎动物的类群而异，但是一般来说，其中一类物质有助于维持血液和组织液的离子平衡，而另一类物质是通过减少炎症、降低嗜酸性粒细胞数和杀死淋巴结中淋巴细胞的方式以控制身体对感染的反应。其中的某些激素也促进糖原在肝脏中的储存。因此某些肾上腺皮质类激素在效应上与儿茶酚胺相反，后者对身体应急启动系统起着遏制作用。在所有时间内，甚至当动物在没有受到威胁的情况下，都需要一定量的肾上腺皮质类激素。摘除肾上腺的动物与人患艾迪生病的症状相同：低血糖、肠胃功能失调、血压和体温降低、肾衰竭、无力抵御任何类型的胁迫。如果没有肾上腺皮质类激素，面对极端温度、长期活动、感染和中毒等情况，动物（或人类）的身体状况就会恶化。正常动物遭到长期胁迫时，就会患上如汉斯·塞莱（Hans Selye，1956）所称的"一般适应综合征"。这种综合征的发生经历如下三个阶段：

报警阶段（stage of alarm）。由大脑激活的垂体释放出促肾上腺皮质激素，后者依次诱导各种肾上腺皮质类激素释放进入血液。这些皮质类激素发挥各自的调节效应，以激励和控制动物对紧急事件做出快速反应，以及帮助动物稳定其生理状态。如果胁迫还未停止，动物就进入第二阶段。

抵抗阶段（stage of resistance）。肾上腺皮质类激素的大量需求诱导着肾上腺的生长。在强烈的胁迫因子作用下能引起攻击性互动。通过长期隔离后极度敏感的实验小鼠，放入经过训练的好斗小鼠中仅15分钟，前者的血浆肾上腺皮质类激素水平就极大升高，并维持这个高水平超过24小时。小鼠每天战斗5分钟共持续5天，结果肾上腺增大38%（见图11-6）。内分泌系统维持稳定。但如果塞莱的假说是正确的话，继续胁迫会使动物进入第三个病理阶段。

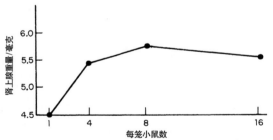

图11-6 在实验笼内，随着小鼠拥挤程度的增加而使肾上腺重量增加。当哺乳动物长期受胁迫，导致从肾上腺皮质产生的皮质类激素升高时，一般会出现这一现象 [根据Davis（1964）重画]。

耗竭阶段（stage of exhaustion）。个体经受不住增加的肾上腺皮质类激素的负荷。这些激素虽然以某些方式在保护个体，但同时也以另一些方式在损害个体。因此，虽然大量的这些抗炎症的皮质类激素可使动物在紧急事件中成活下来（通过避免严重炎症），但归根结底这也会增加感染的机会。亲感染和抗感染的皮质类激素可能暂时会相互抵消其效应，但这两类激素都在高浓度时组合在一起，会引起肝脏损伤。这种一般适应综合征的证据，主要来自把大量肾上腺皮质类激素注射给实验动物所诱发的病理效应。这种综合征的耗竭阶段，在自然界是否普遍发生仍是一个有争议的问题（Turner & Bagnara，1971）。肾上腺皮质类激素水平和如下情况的相关性都得到了证明，这些情况是：可育性降低、抗体生产减少、肾衰竭、对锥虫病和其他疾病的抵抗力下降。这些结果与莱塞的假说是一致的，但是在缺少直接因果关系的证明时，这些结果还不能证明该假说是否正确。因此，由 J. J. 克里斯琴和其他学者提出的一条因果关系链（即群体密度的增加依次导致攻击互动、肾上腺皮质类激素分泌增加和群体控制），也可认为是一个推测性假说。在实验群体中要找出这一因果关系链是可能的，但这远远不能成为在自然界中也存在这一链的证据（见第4章）。

关于行为的内分泌学课题，几乎全是在对脊椎动物的研究中进行的。读者在知道出现这一情况的合理性后可能会感到吃惊。至少在我的知识范围内，在无脊椎动物包括昆虫中，还没有发现过调节攻击行为的激素系统（也见Barth，1970；Truman & Riddiford，1974）。艾文已报道过蟑螂［蟑螂属（*Naupheta*）］的死亡与攻击诱导的胁迫有关，但这绝不意味着与内分泌系统有关。而且虽然昆虫性别差异的发育是受激素调节的，但其直接的生理效应是否包括攻击性的变化我们尚不清楚。

人类的攻击

人类的攻击是适应性的吗？依生物学家的观点来看，答案似乎是肯定的。很难相信，在物种中像攻击行为这样如此广泛和容易引发的性状，在人类中对个体生存和繁殖的效应竟然是中性的或负面的。诚然，在全部或者大多数人类文明中，公开表露出攻击性不是一种文化特性。但是为了使攻击具有适应性，只有在某些胁迫条件下（如在食物短缺期间和群体处于周期性的高密度期间）引发攻击模式就足够了。这种攻击完全是先天的还是通过学习部分或全部获得的，都无关紧要。现在我们很清楚地知道，学习某些行为的能力本身是受遗传控制的，因此是一个进化性状。同时，这样一种解释（根据在对其他动物物种有关模式攻击的研究中所获得的信息对人类攻击行为的解释），与雷蒙德·达特（Raymond Dart，1953）提出的关于凶残的先天攻击性观点相差甚远，而后一观点对以后的研究者有很深的影响：

从古代埃及人和苏美尔人到最近第二次世界大战的人类历史的血腥屠杀档案中，记载着早期的普遍的同类相食现象，记载着在正式的宗教仪式中用动物、人类或其替代物作为祭品的活动，记载着人类在宣判自己的同种为"异己"时的世界性仇恨、杀头肢解和陈尸。这个该隐（Cain）[①]的标记把人类从其类人猿的关系和集团中分离出来，从而使人类成为最凶残的食肉目动物。

---

① 该隐，《圣经》中亚当和夏娃的长子，杀害其弟亚伯（Abel），这里比喻杀人者。——译者注

这一观点在人类学、行为学和遗传学上都是很值得怀疑的。但是，全盘接受许多人类学家和心理学家［如蒙塔古（Montagu, 1968）］的极端观点同样是错误的。后一观点认为，攻击性只是由非正常环境引起的一种精神病，因此它意味着对有关个体是非适应性的。例如，当 T. W. 阿多诺（T. W. Adorno）证明（在《独裁者个性》一书中），暴力倾向于来自父亲是暴君而母亲具有沉静个性的家庭时，他识别出的只是影响人类某些基因表达的其中一个环境因子。阿多诺的上述发现并未说明该性状的适应性。暴力行为，连同其他形式的对胁迫和非异常环境的攻击反应，可能具有很好的适应性——这就是说，陷入胁迫环境中的个体可能会程序化地增加成活率和繁殖率。在普通猕猴的行为中可以看到一个具有启示性的类似现象。饲养在隔离状态的个体，表现出具有失控倾向的攻击性，从而常常受伤。对于行为发育因此而被误导的个体而言，这种表现的确是一种精神病态和非适应性的。但是，这并不影响如下众所周知的事实的重要性，即在活动自由的普通猕猴社会中，攻击是一种生活方式和一种重要的使猴群稳定的方法。这使我们想起了拥挤综合征和社会病理学的问题。莱豪森（1965）已经生动地描述了当猫受到非自然状态下的拥挤时所表现的行为："笼内的猫越拥挤，存在的有关等级系统就越少。最终出现了一个暴君、一批'贫民'，它们彼此通过不停的、无情的相互攻击而变成各种各样的疯狂精神病行为，其社群变得好斗起来。这些猫几乎没有松弛和悠闲的时候，并且不断地发出嘶嘶声、吼叫声，甚至相互打斗。玩耍全然停止了，活动和训练也已减少到最低限度。"考宏

（1962）在其试验性的过度拥挤的挪威大鼠群体中甚至观察到了更为稀奇的效应。除了在雷豪森的猫试验中看到的过度紧张的行为外，某些大鼠还表现出过度有性活动、同性恋和同类相食。它们筑的巢一般是不规范的，起不到巢功能的作用，在受干扰更为严重的母鼠中，其幼崽死亡率高达96%。

这样的行为显然是不正常的。某些较为恶劣的人类行为与以上行为有紧密的相似性。例如，考宏的试验大鼠的社会生活与过于稠密的状况，跟战犯集中营中人类的社会行为存在着某些明显的相似性，就像小说《安德森维尔》（*Andersonville*）[①] 和《帝王大鼠》（*King Rat*）中描写的那样残酷无情。但是我们也不要错误地认为，在非正常高密度的条件下，攻击已被扭曲成一些稀奇的形式，所以攻击就是非适应的。对于任何一个给定的攻击物种来说，一种极为可能的情况（我想对于人类也是这样）是：攻击反应是根据遗传程序化模式所规定的情况而变化的。正是这一总的反应模式才使得攻击是适应的，并且在进化过程中受到选择。

人类得到的教训是，个人的幸福与所有这种攻击是没有什么关系的。攻击可能是非幸福却适应的。如果我们要减少自己的攻击行为，并且要把儿茶酚胺和（肾上腺）皮质类激素的滴定度降到使我们全都感到比较幸福的水平，那么我们应当以这样的方式来确定我们的群体密度和社会系统，以至于在大多数可能的日常环境中使攻击变得不合时宜并且是非适应的。

[①] 描写在美国南北战争时期，南方联邦关押北方联邦的战犯，在佐治亚州的安德森维尔一座监狱内的悲惨情况。监狱的容纳量原为1万人，实际最高达3.1万人。——译者注

第12章　社会空间

（包括领域）

一些动物，如无脊椎浮游生物，终生漂荡，没有固定的生活空间。它们与同一物种中的其他成员作为性配偶的接触极为短暂，作为双亲照顾后代（如果有的话）的时间也是很短暂的。其他动物，包括几乎所有脊椎动物和大量在行为上最高级的无脊椎动物，其指导行为的准则，包括陆地、空间占有和统治地位都是精确的。这些准则对竞争优先权的斗争进行调节，并且为提高个体遗传适合度或广义遗传适合度提供了手段。为了理解这些准则，我们有必要先从以下有关的特殊社会关系的基本分类开始阐述：

总范围（total range）：个体动物一生中所至的全部区域。

家园范围（home range）：动物完成学习和惯常巡逻的区域。在有些情况下，家园范围和总范围可能统一。就是说动物在熟悉某一地区之后就不会离开那里。家园范围和领域常常统一，意思是说某动物把同物种的其他成员都排除在其家园范围之外。但是，在绝大多数物种中，家园范围大于领域，而总范围要比前二者大得多。通常，巡查家园范围是为了巡护食物，但也可能包括巡护熟悉的瞭望所、用嗅迹标记应急退路。巡护任务也可以由全部社会类群成员共同分担。

核心区（Core area）：家园范围里使用最频繁的区域（Kaufmann，1962，见图12-1）。在诸如南美浣熊和狒狒等动物中，我们可以有把握地确定核心区的界限，它们与动物寝息地一致，而寝息地差不多就在家园范围的中央部位。但是，从根本上说来，无论是家园范围还是核心区的精确界限，都是主观随意的。这是因为：一要视观察者所花的时间而定；二要视有关动物访问这一地区的最少次数而定，而这个最少次数是难以界定的。正如詹里克和特纳（Jennrich & Turner，1969）所指出的，解决这一问题的方法就是干脆把家园范围定义为占用总范围内特定比例的最小亚区。我们可把包围核心区的小部分地区作为这样的最小亚区，在该亚区里动物来访者极少。家园范围和核心区两个概念，在比较不同物种的社会或社会体系时是最有用处的。

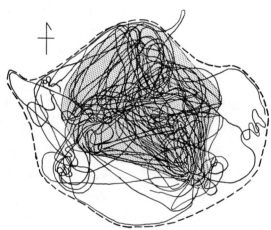

图 12-1　每年 9 月期间南美浣熊群在巴罗·科罗拉多岛的旅行踪迹。家园范围用虚线圈画，核心区用点阵标记。核心区是使用率最高的部分家园范围。这个特定家园范围最大（东西）直径长 700 米。图中所示越过家园范围北边的单线回路代表浣熊群偶然迷路的一次事件（源自考夫曼，1962。原为加利福尼亚大学出版社出版；经加利福尼亚大学校务委员会同意再次印刷）。

领域（territory）：一个动物或一群动物通过公开防卫或炫耀或多或少独自占有的区域。像我在稍后的讨论中要展示的那样，这个定义只是此前 20 年中已经发展的若干概念中发生变化最少的一个。这里采用这个定义是因为它符合大多数野外工作者的直观感觉，更重要的是这个界定在运用中最符合实际。领域无须是某

块固定的地理区段。它可以是"漂移的"或实际上是时空性的（spatiotemporal），意思是说动物防卫的仅仅是在某时刻或某天和某季的某时段，或某天和某季时段偶然进入的地域。

个体距离（individual distance）[社会距离（social distance）]：动物惯常保持自己与同物种其他成员间的最小距离。每一种动物当它们不在自己的领域时，都有可以衡量的该物种特有的最小距离。而在领域内这种衡量则没有意义，因为当动物在自己的领域内活动时，其与最近邻居的最小距离会不断变动。在领域外，动物个体距离从聚生物种的零距离到某些大型鸟类和哺乳动物的一米或更大距离，各有不同。当某种动物要求个体距离大于零，这种动物面对入侵的邻居时，或退让或威胁它离开，以此维持所需距离。个体距离不可以混同于逃跑距离（flight distance），后者是猎物在逃跑前允许捕食者接近的最小距离。

权力（dominance）：动物类群的某一成员优先于其他成员获得食物、配偶、炫耀场所、寝宿地或有助于这个权力个体增加遗传适合度的其他任何必要条件（见第 13 章）。

当比较许多动物物种行为时，各物种的家园范围、领域、个体距离和权力地位的不同标识被看作组成了一个连续的梯度序列。每一物种沿梯度占有各自的位置。一些物种占有序列中一个或多个位置的一个大区段，用作随机应对环境不断变化的行为尺度；其他物种则被固定在序列中的一个点上。

让我们现在开始使用上述分类作为框架，在此基础上，以个体距离作为最简单的形式开始，最后到权力，对其中每一现象进行排列并进行适应性分析。最后在第 13 章，我们返回到

257

梯度和尺度概念的讨论。

个体距离

保罗·莱豪森（Paul Leyhausen）引用下面的德国寓言来阐明个体距离的重要意义："一个夜晚，严寒使一群豪猪簇拥在一起取暖。但是，它们身上的刺，刺得它们不舒服，不得不分开。而后它们又冷起来，靠近，离开；离开，再靠近……移来移去，它们终于找到一个距离，这个距离既能避免刺痛，又可以保持温暖。自此以后，豪猪就把这一距离称为适宜的上佳距离。"

个体距离是动物们经过斗争达成的妥协，同物种动物既相互吸引又相互排斥，保持一个短距离。有少数社会动物就根本没有个体距离，例如条纹鲻鱼紧缩成一小群，身体不断摩碰，很多昆虫和蛇类成员聚集休眠，简直就是一个堆在一个上面。但是，在大多数种类的动物中，都或多或少观察到了代表其物种的个体距离（见图12-2）。家燕（*Hirundo rustica*）保持15厘米，红嘴鸥（*Larus ridibundus*）保持30厘米，美洲红鹳（*Phoenicopterus ruber*）保持60厘米，沙丘鹤（*Grus canadensis*）保持175厘米（Hediger，1955；Miller & Stephen1966）。当动物被实验人员投放在一起时，它们会迅速散开直到重新获得该种动物的个体距离。鲍布杰（Bovbjerg，1960）发现粗腿厚纹蟹（*Pachygrapsus crassipes*）的分散速率是其初始密度的线性函数，到达正常的个体距离时，其分散速率等于0。石蛾幼虫被强行赶到一起时，它们会彼此边分散边战斗，直到与所有的邻居之间有足够的空间可以编织漏斗形捕食昆虫网，而不受其他同类织网的妨碍时才停下来（Glass & Bovbjerg，1969）。许多种类的哺乳动物（包括普通猕猴），如果把它们关进笼子里使它们靠得过近，它们就会长时间持在可隐蔽的物体后面以躲避伙伴，或目盯地面，或凝视窗外，以避免接触其他个体。

259

图12-2 家鸽的个体距离（斯坦利·鲍莫拍摄）。

动物的个体距离也可以通过化学信号来保持。杂拟谷盗（*Tribolium confusum*）成虫的群体在低密度时集聚在一起，在中等密度时明显成为随机分布，而在高密度时为均匀分布。最后，根本的效力显然归因于化学元素醌的分泌，它在某一浓度时是作驱虫剂用的。洛康迪和罗思（Loconti & Roth，1953）揭示，这些物质由胸腺和腹腺产生，在赤拟谷盗（*T. castaneum*）身上，主要由两种醌组成。千足虫（*Zinaria millipedes*）幼虫分泌出一种显然含氢氰气体的物质，这种物质在千足虫由原来聚集状态分散开来时发挥相似的驱散效力，但是这一推测尚待证实。

爱德华·霍尔（Edward Hall）在抓住上述动物学原理对人类的意义时，提出了研究"人类空间关系"学的必要性，即把利用空间的系统研究作为文化的一个特殊分量的必要性。霍尔强调，文明的人类在反自然的稠密住宅中使用墙体提供了一个适宜的空间。各种文化在个体距离问题上的表现大相径庭。地中海人包括法国人对宾馆和会场的人群簇拥持宽容态度，谈话时彼此站得比北欧人更靠近些。因此英国人大概会认为意大利人粗俗鲁莽，意大利人则会认为英国人冷漠和不懂礼貌。德国人的私人空间占有观与绝大多数其他文化的空间意识不同，并弥漫于德国人的日常生活的全部思想过程。

德国人把自我主义表露无遗，他们会竭尽全力去保持自己的"私人领域"。在"二战"时期，这种特质因美国士兵有机会观察各种环境下的德国战俘而得以展现。一次，在美国中西部，四个德国战俘被关进一个小监房里。一旦有材料可用，每个战俘马上建起间隔，以便能有个人的空间。

在德国，公共和私人建筑像许多宾馆的房间一样，为了隔音常常装置双门。而且，德国人对待门的态度非常严肃。来美国的德国人认为美国的门轻薄易坏。德、美两国开门和关门的意义非常不同。在办公室，美国人敞着门，德国人则关着门。在德国，关门并不意味其内的人寻求独处或躲避干扰，也不意味他正在做不想让别人知道的事情。很简单，没有别的，德国人只是认为敞开着门会显得邋遢和混乱（Hall，1966）。

赫迪格对家养和动物园里的动物研究（1950，1955）表明，其他哺乳动物调整个体距离的过程是多么复杂微妙。一只羊低头吃草并使其身体保持与其最近的羊成60°角，以便在移动时保持特有的个体距离；为此，羊的注意力不断地在食物与邻居之间转来转去。当饲草不断减少，少到草与邻居羊间的纽带断裂，羊群就四散而形成新的随机模式。为了控制狮子和老虎，马戏团里的动物驯养师们利用它们逃跑和进攻之间微妙的心理平衡。笼子里的狮子，当驯养师与其距离小于逃跑距离时，它就逃离驯养师并一直退到笼壁边为止；当驯养师与其距离再度接近个体距离时，狮子就开始提爪蹑足迎向驯养师。如果驯养师平静后退，把一条长凳横放在自己前面，狮子就会爬过这道障碍物。驯养师的前行或后退动作是基于几厘米之差的与狮子的个体距离判断的，并以此使狮子后退或前行；鞭子和空膛手枪不过是舞台道具而已。

一个"典型的"领域物种

图12-3展示两条雄性蓝喉烟管鳚（Chaenopsis ocellata）张牙舞爪相互威胁的样子，显示了动物学家认为的攻击行为（特别是领域行为）具有的某些最普遍的特征。对于不熟悉动物领域性自然史的读者，这两条鱼将给您提供一个有趣的入门普及。这种行为在众多方面体现了"典型性"：（1）领域行为在雄性成鱼中得到最充分的发展；（2）存在明显的分界区域，在区域内每一雄性会对同一物种的入侵者（特别是其他的成年雄性）进行炫耀；（3）驻地雄鱼或如图中较大的蓝喉烟管鳚在抗争中常常取胜；

260

（4）蓝喉烟管鳚物种全部信息储存库中一些最突出和最精妙的行为都是在此类交战中出现的；（5）这些动物的各种体态使得它们显得更庞大和更危险；（6）这种交战大多只限于吹胡子瞪眼地吓唬对方而已，即使真的发生战斗，通常也不会发生伤亡。正如我们很快就将谈到的，上述所有这些"典型"情况会有一两个物种出现例外。但是，现在让我们作为基准范例更详细地讨论蓝喉烟管鳚。

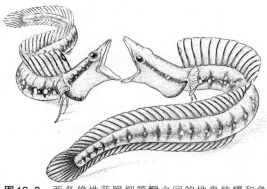

图12-3　两条雄性蓝喉烟管鳚之间的地盘炫耀和争斗〔源自Wilson等，1973（根据Robins, Phillips & Phillips, 1959）〕。

蓝喉烟管鳚是一种身长7厘米的底栖小鱼，主要生活在佛罗里达东南到古巴的沿海浅水中。雄鱼占据环节蠕虫废弃的巢穴。任何动物接近到25厘米范围内都会激发雄蓝喉烟管鳚的兴趣，它会抬起头，竖起背鳍。如果入侵者是另外一条雄蓝喉烟管鳚，警戒姿势就会升级到全面的威胁炫耀，其特征是呼吸频率迅速增加，背鳍和头鳍带刺的部位紧张得发黑，腹鳍伸开，最后是张开大嘴，展开天蓝色的鳃盖膜。在大多数情况下，这种剧烈的身体变形足可以吓退入侵者。如果陌生者坚持前行，住地雄鱼就会不顾一切地发动进攻。两条鱼鼻子碰

鼻子，然后挺起它们占身体2/3的前身离开水底，鱼尾卷起支撑身体。嘴张得大大的，彼此相互碰撞，鳃盖膜充分伸张，胸鳍迅速铺展，以保持姿势。如果两条鱼大小近于相等，它们可能嘴顶着嘴，在这种仪式化的战斗中浮上浮下几次。如果其中一条体型较小，它通常在完成一次浮起接触后就会退让。胜利者就会迅速把嘴转到侧面，拼命压制对方。失败者便很快卷起背鳍和鳃膜，两条雄鱼沉入水底，接触的嘴巴便分开了。没有伤着，被击败者便离开现场。雌蓝喉烟管鳚不会遭到住地雄鱼蓝喉烟管鳚的挑战。在繁殖的季节，对雌性的宽容很有可能是求偶的序幕（Robins et al.）。

领域概念的历史

亚里士多德和普林尼提到过雄性鸟对领域划界和防卫的现象，此类现象在近代科学起始的前数个世纪里又被零散地重新发现。1622年在罗马，G. P. 奥利纳评论过夜莺的"可终身保有的不动产"。约翰·雷在1678年读过奥利纳的文字后写道："如此说法是合适的，这种鸟一到一个地方就占据或夺取过来作为终身保有的不动产，除了配偶，任何其他夜莺进入都是不被接受的。"吉尔伯特·怀特也许是第一个领悟到领域对群体密度具有影响的人。1774年2月，他写信给戴恩斯·巴林顿（Daines Barrington）说："在发情的季节，雄鸟中到处都弥漫着忌妒，这使它们无法忍受在同一个篱舍或田园共度时光。在这时候，绝大多数的欢呼雀跃和放声歌唱，我想，都似乎出于竞争和模仿；而且这正是我所归纳的春天里鸟儿们之所以均匀散处于田野的主要原因，即忌妒的情绪。"

可以说，现代的领域研究始于 1868 年约翰·伯纳德·西奥多·阿尔塔姆（Johann Bernard Theodor Altum）发表的《四处狩猎的生活》（*Der Vogel und sein leben*）。他是明斯特大学教授，后执教于埃伯斯瓦尔德学院。恩斯特·迈尔发表了有关部分的译文和评论（1935）。伯纳德·阿尔塔姆的著作很好地回答了阿尔弗雷德·布雷姆（Alfred Brehm）的《远足旅行》（*Das Leben der Vögel*，1867），其中把鸟描绘成仿佛如人类一样地感觉和思想。阿尔塔姆坚持这样的信条：动物不行动，而是被诱使行动——动物会回应刺激和驱动，包括领域驱动。他清晰领悟到的不仅有群体的重要性，而且也有个体适应领域的价值："如果因为有利的土壤、植被和气候条件，一个地方生产大量食物，那么其领域大小就可能做某种程度的缩减。我们把这样的地方叫作鸣鸟、夜莺等动物的最佳活动环境，但是，甚至在这里，领域边界也不能缺少。表面上一点儿也看不出，实际上这些必要领域的面积被调整到适应每一种鸟类所要求的完好的生态条件和特定食物。例如，海雕需要步行 1 小时直径路程的领域，而对于啄木鸟——一小块林间空地即可，对于鸣鸟——一英亩（约 4 046.86 平方米）灌木丛就足够了。所有这些都达到了精细的设计和平衡。"

1903 年，C. B. 莫法特（C. B. Moffat）写到欧亚鸲的行为时，把"领域"一词引入英文科学文献。但正是 H. 埃利奥特·霍华德（H. Eliot Howard）在其出版《鸟类生活中的领域》（1920）及后来的著作中，终于继续了阿尔塔姆的工作。这里是他对美洲水鸡伪交配反应复杂的相互作用的描述。

这很令人费解——在池塘里，雄性一再寻求交配，雌性回应却很勉强；而在水边草甸里，雌性回应大方，而雄性反而无意。我要说的是：此雄性（他）记得自己的配偶，因此对其他雌性没有兴趣。那么，如果此雌性（她）在记忆里使他排除了对其他雌性的兴趣，她就把她们排除在雄性寻求交配的目标之外；如果她仅仅把她们作为性兴趣目标排除在外，这与他在水边草甸里的所作所为不一致，而我们则无法得知他为什么寻求交配；如果是她而不是其他什么挑逗他寻求与陌生雌性交配，我们也无法解释他为什么把寻求性交的行为限定在某个特定的地方；如果是某个特定的地方而不是别的刺激他寻求与雌性交配，那么，这个特定的地方所起到的唯一作用是毁掉他得到配偶的机会。但是，如果把他变成一个单身汉，就没有哪一个雌水鸡会遭到他的折磨了。所以，雄水鸡被他对三种事物的感觉所指导——陌生雌水鸡、他的配偶和池塘，而不是其中任何一个事物单独刺激他寻求交配（《水鸡世界》，1940）。

可以说，霍华德对鸟类领域的研究做出了三个重要贡献。第一，他通过鸟类行为的系统调查揭示了该物种丰富且惊人的细节和变异。他把此类细节归于物种对环境的不同适应。在评述的过程中，霍华德指出，攻击性也发生在物种之间，在血缘关系最密切的物种之间敌意最强烈。第二，霍华德阐明了在领域攻击炫耀与求偶之间的密切联系。他预料了弗雷泽·达灵关于配偶成员之间的炫耀与繁殖条件同步的推论。第三，霍华德扩展并强化了如下概念：领域确定了鸟类群体密度的上限。

自1920年以来，致力于领域研究的数量呈指数增长，直到今天，它与攻击和权力的研究具有同等重要性，是社会生物学几个研究最热门的课题。领域行为在所有主要脊椎动物群类和几个无脊椎动物门中已经得到了证实。为了完成这个简史提要，应该提到5个其他研究的贡献，因为它们的创见和影响特别突出。

1. 玛格利特·M. 尼斯（Margaret M. Nice, 1937, 1941, 1943）。尼斯关于歌带鹀（*Melospiza melodia*）行为和生活史的研究在当时异乎寻常的详尽、客观。它们有助于确定关于社会生物学野外考察的新标准，其中有领域行为和生殖行为的描述。

2. C. R. 卡朋特（C. R. Carpenter, 1934, 1940）。卡朋特在对巴拿马吼猴和泰国长臂猿的研究中，确定了领域在非人类灵长类动物的社会生活中的重要意义。他还进一步认识到，类群领域作为一种现象应与个体的或成对配偶的领域性分开来。

3. W. H. 伯特（1943）。在这篇短文中，伯特明确区分了家园范围和领域的概念，继而整理了大量的有关哺乳动物的研究资料。

4. G. A. 巴塞罗缪和J. B. 伯德塞尔（G. A. Bartholomew & J. B. Birdsell, 1953）。这篇论文是他们重建早期人类生态学最初的努力，其中包括对南方古猿领域行为的探索。两位作者认为，当南方古猿群体接近于统计平衡时，领域就作为主要的调节机制。

5. R. A. 海因德（R. A. Hinde, 1956）。纵览20世纪50年代中期有关鸟类的研究证据后，海因德强调了建立领域各行为的异质特点以及

这些行为可能起到的多重作用。他也表明，许多关于功能的证据是含糊的，因此可促使鸟类学家和其他方面的学者在他们的野外研究工作中设计出更为严格的实验。

领域的多种形式

在保存多样性功能的不同进化枝中，像攻击的其他形式一样，领域也呈现出变化多端的形式。而且像一般攻击一样，事实已经证明，很难用一种包罗所有特征的令人惬意的方式定义领域。但是，当我们注意到以前的研究者谈论该问题时存在相互矛盾的情况，问题就变得较为简单了。少数研究者按经济功能定义领域：是特定动物专门使用的地域，而不管其管理私生活的手段如何。例如，皮特尔加（Pitelka, 1959）认为："领域的根本意义不在于使领域与其占据者成为一体的机制（进行明显的防卫或任何其他行动），而在于领域占据者事实上专一使用领域的程度。"相反，大多数生物学家则用使专一性得以保持的机制来定义领域，而不涉及领域的功能。他们根据G. K. 诺贝尔（1939）对埃利奥特·霍华德概念的简化，把领域定义为设防的地域。或者使用D. E. 戴维斯（D. E. Davis）的替代术语：领域行为只是没有下属的社会等级行为。

这次我认为实际上多数人的意见是正确的，即防卫肯定是领域性的关键特征。更确切地说，领域应定义为：动物或动物类群通过公开攻击或炫耀的排斥手段，所能专一占有的地域。我们知道，从直接攻击以驱除入侵者到没有威胁和武力攻击相伴的化学标记的巧妙使用，不同动物物种的防卫方式有所不同。

关于各种动物为保持领域而采取的攻击性行为，都得到了很好的证实。例如，帝王伟蜓（*Anax imperator*）在它们产卵的池塘巡逻，俯冲攻击那些同种和样子相像的竣蜓（*Aesxchna juncea*）（Moore，1964）。奥里安斯（Orians，1961b）发现，在美国西部，通过一种不同的交互作用，三色黑鹂被红翅黑鹂驱逐。三色黑鹂群不捍卫领域，结果被迫散居到条件不够好的红翅黑鹂没有抢占的地方筑巢。

一种不太直接的保持领域的方式是由一些重复的声音信号组成的。人们熟知的例子包括蟋蟀及其他直翅目昆虫（Alexander，1968），青蛙（Blair，1968）和一些鸟类（Hooker，1968）等比较单调的鸣声。此类鸣声不是直接针对个体入侵者，而是作为一种领域炫耀的广播。我们发现一种甚至更为周全的炫耀形式，就是在哺乳动物家园范围的战略要点施放嗅迹作为标记。莱豪森（1965）就已经指出，单只家猫的多次狩猎的区域几乎重合，而多只家猫的多次狩猎的路标也如此。觅食猫通过嗅闻先前过客遗留的嗅迹和判断嗅迹衰退的时间，就能够对其竞争者活动的区域做出粗略的估计。通过这一信息，猫决定是避退此处，谨慎行事，还是可自由通过。关于昆虫的一些类似的炫耀已经有过报告。雌苹果蝇（*Rhagoletis pomonella*）在苹果皮下产卵后，在苹果表面拖动着它们伸长的腹部大约30秒钟，同时释放一种信息素。信息素的气味足以在4天以内的时间里阻止其他雌苹果蝇在同一个苹果产卵，由此给自己的幼虫以决定性的抢先发育机会（Prokopy，1972）。

我们没有足够的信息判断，被占领的土地是否通常都通过化学炫耀的方式普遍拒绝同物种其他成员。动物行为学家自然会将注意力贯注于在狭路相逢时所引起的更为惊人的攻击行为。当根本没有此类攻击性行为的时候，由此人们就会推断：通过某种形式的炫耀使驱除获得了成功。需要指出的是，专一使用某地域一定属于下列5种现象的一种：（1）公开防卫；（2）通过炫耀驱除；（3）不同生命形式或遗传组成选择不同的住所；（4）通过随机扩散作用使个体得到充分分散；（5）这些作用的某些结合。动物间的相互影响无论在哪里发生，尤其是在前两个列举现象的条件下，我们就可以说，被占据的区域是领域。

在长寿和天生记忆力强的动物中，领域驱除的情况，可能早在人类观察家在现场考察很久以前就已经发生过了。哺乳动物学文献中有大量关于"非领域"社会系统的描述，而这种系统大有可能完成了为研究者所未知的更为明显的驱除阶段。例如，虽然弗雷泽·达灵观察的赤鹿各群占领各自的牧场，然而，在他观察它们时，它们从来没有任何公开炫耀的表现；但是，这些牧场在研究期开始以前就已经被圈定了。圣基尔达地区的野生母羊群独占核心区5年而从未有过明显的攻击性遭遇战（Grubb & Jewell，1966）。申克尔（Schenkel，1966a）同样得出结论说，黑犀牛没有领域。这些大型动物实际上用粪便和尿液标记气味点，而且当它们彼此相遇或嗅到标记的气味时会显得"情绪激动"。申克尔承认在黑犀牛遭遇时存在某种不常有的攻击性要素，但他相信动物间的这种交流实际上表达了"一种亲密或团结的气氛"。生活在意大利北部阿尔卑斯山脉蒂罗林地区的欧洲棕熊最后的野生群体也被看成非领域动物，但缺乏充分证据（Krott & Krott，1963）。

可以肯定，所有这些负面事例都是非结论

性的。这不是说，没有积极驱除行动或警告炫耀，独占领域就无法保持，而只是说，负面证据还不是决定性的。确定领域边界和权力系统的过程可能发生在很多年以前。凡是依传统传宗接代的整个家系和类群所占据的地方，驱除行动可能在许多世代里仅仅发生一次。而且，当种群密度低于环境容纳能力所允许的密度，领域防卫可能大为减缓或暂时中断。幸运的是，哺乳动物学家无须等待一生来检验这些假设。如果上述意见是正确的，在动物迁入新的地方，或人为地加速类群成员更新，或实验性地增加群体密度时，领域冲突就应该容易观察到。

领域行为在动物中是普遍的，并且用来保护几种资源中的任何资源。表12-1以相当的可信度确定了一些物种的领域的主要功能。这个清单简短，因为观察者仅在特别良好的环境条件下才能辨哪些资源是受到动物保护的，哪些不是。在鸟类和有蹄动物求偶场中，雄性动物建立领域几乎完全是为了生育繁殖，这些领域缺少防止食肉动物的攻击保护。确实，诸如非洲角马等有蹄动物在求偶场面临着狮子和其他食肉动物的巨大威胁（Estes. 1969）。再者，动物在求偶炫耀场周围聚集，使这个区域对觅食不利。诸如草原榛鸡和火鸡等求偶炫耀场的这些鸟类甚至不得不去其他地方觅食。所以，在求偶领域保护的资源就只是性炫耀空间，再加上在此空间对雄性发生反应的雌性。

其他形式领域的分析需要不同的参照模式，但恰可以作为实证来建构。加拉帕戈斯群岛的雌海鬣蜥（*Amblyrhynchus cristatus*）通常随意到处下蛋，只是把蛋放在松软的土里后就离开了。但是，在胡德岛（Hood Island）上，巢穴地是稀少的。为争夺有限的空间，雌鬣蜥变成与雄鬣蜥类似的体色，用比武大赛的方式进行战斗，胜者就去把蛋产在有利的地点。而后，它们站在附近礁石上瞭望俯察，偶尔也下来随便嗅嗅和尝尝下蛋地点的气味，用爪扒些土盖在蛋的上面。

还有一些其他形式的证据可能缺少直接性，但同样具有说服力。劳（Low）研究生活在大堤礁的金尾雀鲷（*Pomacentrus flavicauda*）的过程中指出，每个领域都拥有覆盖一种特殊形式的沙子与礁石的分界面的地方，这里隐藏着裂缝，也有充足的水藻供应。很明显，金尾雀鲷从不离开这里。雀鲷不仅向同类对手挑战，而且向任何以水藻为食的入侵物种挑战，但对非食草动物不予理会。当罗移除住地金尾雀鲷，几种吃水藻的物种就迁入这个空出来的领域。从理论上讲，来自其他物种的食物竞争者的存在应该减少食物的密度并迫使每个动物去扩大自己的领域面积以便收获同样数量的能量。竞争物种的数量越多，平均领域面积就应越大——就此而言，领域面积是弹性的，而且其他因素，诸如生境差异可以由此得到解释。准确地说，就其详细情况，这一结论是在伊顿（Yeaton）和柯迪关于歌雀的野外考察研究中获得的（见图12-4）。这些考察人员不仅找到了预期的上述结论的紧密正相关关系，而且可以根据已知相互竞争物种预测出近似的平均领域大小并估算出这些物种与歌雀之间的竞争系数。

像动物社会行为的绝大多数其他成分一样，领域防卫所发挥的功能也是特异的和难以分类的。然而，我们能够区分几种主要范畴，在这些范畴中，已知或可能的功能与被守卫的空间的大小及位置相匹配。下面的分类是梅尔、尼斯、阿姆斯特朗和海因德等人在已有的

265

263 **表 12–1** 以相当可信度确定的领域行为的主要功能举例

物种	保护的资源	作者
软体纲 MOLLUSCA		
枭帽贝（*Lottia gigantea*）	食物	Stimson（1970）
环节纲 ANNELIDA		
毛沙蚕（*Nereis caudata*）	避居地（建造地下通道）	Evans（1973）
甲壳纲 CRUSTACEA		
端足属（*Erichthonius*）	栖息区和觅食区	Connell（1963）
南非岩龙虾	栖息区	Fielder（1965）
蜘蛛纲 ARANEA		
雄性华盖蛛（*Linyphia triangularis*）	接近雌性	Rovner（1968）
蜻蜓目 ODONATA		
雄性豆娘和蜻蜓	性炫耀场	Johnson（1964），Bick & Bick（1965）
膜翅目昆虫 HYMENOPTERA		
雄性独居蜂（黄斑蜂属）	性炫耀场	Haas（1960）
雄性蝉泥蜂（*Sphecius speciosus*）	雌性羽化穴	Lin（1963）
蚂蚁集群	根据物种不同保护巢址和食源	Wilson（1971a）
白蚁集群	根据物种不同保护巢址和食源	Wilson（1971a）
夏威夷雄果蝇	性炫耀场所（求偶场）	Spieth（1968）
鱼纲 PISCES		
庭园鳗鲡（*Gorgasia sillneri*）	食物	Clark（1972）
金尾雀鲷	食物，栖息区	Low（1971）
雄性黄斑豆娘鱼（*Abudefduf zonatus*）	产卵地	Keenleyside（1972）
小雀鲷（*Hypsypops rubicunda*）	食物和繁殖穴地	Clarke（1970）
两栖类 AMPHIBIA		
雄性蝾螈，欧螈属（*Triturus*）	性炫耀场	Gauss（1961）
雄性叶毒蛙（*Phyllobates trinitatis*）	栖息区；也可能有周围觅食区	Test（1954）
鲍氏雄膜蟾（*Hymenochirus boettgeri*）	性炫耀场	Rabb & Rabb（1963）
雄牛蛙（*Rana catesbeiana*）	性炫耀场	Capranica（1968），Emlen（1968）
绿池蛙雄性（*Rana clamitans*）	性炫耀场	Martof（1953）
无肺蝾螈（脊口蝾螈、河西蝾螈、半趾蝾螈）	栖息区；也可能有周围觅食区	Grant（1955），Brandon & Huheey（1971）D. B. Means（个人通信）
爬行纲 REPTILIA		
加拉帕戈斯海鬣蜥	雄性：栖息和性炫耀区；雌性：孵卵区	Eibl-Eibesfeldt（1966）
陆鬣蜥（*Iguana iguana*）	雌性：孵卵区	Rand（1967）
"假变色龙"（变色蜥）（*Anolis lineatopus*）	雄性：雌性和食物；雌性：食物	Rand（1967）
鸟纲 AVES		
柳雷鸟	食物供应区；雄性接近最健康的雌性	Jenkins et al.（1963），Watson & Moss（1971）
黑腹滨鹬（*Calidris alpina*）	食物供应	Holmes（1970）
蜂鸟（蜂鸟属、北蜂鸟属、泛蜂鸟属）	食物供应	Pitelka（1942），Stiles & Wolf（1970），Woif & Stiles（1970）
橙顶灶莺（*Seiurus aurocapillus*）	食物供应	Stenger（1958）
歌带鹀	食物供应	Yeaton & Cody（1974）
小嘲鸫（*Mimus polyglottos*）	食物供应	Hailman（1960）
264 长嘴沼泽鹪鹩（*Telmatodytes palustris*）	食物供应	Verner & Engelson（1970）
求偶场的鸟：动冠伞鸟、侏儒鸟、草原榛鸡、火鸡、拟椋鸟等	求偶炫耀空间	Gilliard（1962），Drury（1962），Ellison（1971）
集群筑巢的鸟：信天翁、海鸥、燕鸥等	求偶炫耀场和筑巢场；扩大空间可减少卵被掠食的强度，因此卵受到保护	Hinde（1956），Rice & Kenyon（1962），Tinbergen（1967），Tinbergen et al.（1967）
哺乳纲 MAMMALIA		
乌干达雄水羚（*Kobus kob*）	求偶场和性炫耀空间	Buechner（1961），Leuthold（1966）
斑纹角马	性炫耀空间	Estes（1969）
水羚（*Kobus ellipsiprymnus*）	食物供应	Kiley-Worthington（1965）
骆马（*Vicugna vicugna*）	食物供应	Koford（1957）
树松鼠（*Tamiasciurus*）	食物供应	C. C. Smith（1968），Kemp & Keith（1970）
黄翼蝠（*Lavia frons*）	食物供应	Wickler & Uhrig（1969a）
普通猕猴	食物供应	Neville（1968）

鸟类分类系统研究的基础上发展起来的扩展分类。我略微做了修改，目的在于进一步涵盖其他类群的动物。

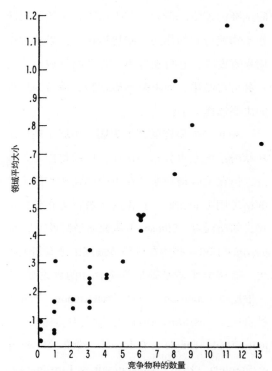

图12-4　随着竞争物种数的增长，歌雀的领域平均大小也在增长。每个点代表太平洋西北沿岸或怀俄明州的一个不同的地点。竞争物种数最少的地点在海岛。这一关系与如下解释是一致的，即竞争减少食物密度，从而迫使竞争物种扩大领域面积以满足能量的需求（源自Yeaton & Cody, 1974）。

类型A：动物居住、求偶、交配、筑巢和大部分食物采集活动所在的大防卫区。这种类型的领域尤其在底栖鱼类、林蜥、食昆虫鸟类和小哺乳动物中出现率高。

类型B：所有繁殖活动的发生地，但不是食物的主要来源地的大防卫区。使用这种不太常见类型领域的典型物种包括欧夜鹰和芦苇莺（*Acrocephalus scirpaceus*）等。

类型C：巢穴周围的小防卫区。大多数集群鸟类，包括大多数海鸟、苍鹭、鹳、火烈鸟、织布鸟和拟椋鸟等使用这种严格限定形式的领域。以聚集方式筑巢的泥黄蜂和蜜蜂也属于此类型。

类型D：配对和（或）交配领域。例子包括某些昆虫如雄性豆娘和蜻蜓、鸟类和有蹄动物的求偶场。

类型E：栖息所和避居地蝙蝠的许多物种，从鼠耳蝠属和犬吻蝠属的飞狐蝙蝠到穴居的物种，都习惯群聚栖息，在这里，每个蝙蝠的寝宿地都得到保护。同样如此的是群体栖息的鸟类，如拟椋鸟、英吉利麻雀和家鸽。各种各样的无脊椎动物、鱼类、两栖类和爬行类动物保护其定期去冒险捕食的避居地。它们或在避居地内及周围繁殖生育；或临时外出，唯一的目的也是繁殖生育。掘足蟾（掘足蟾属）为我们提供了一个不够相对陌生但却典型的例子，它们白天藏在阴沟里，在潮湿或下雨的夜晚出来捕食。经过无定期的间歇，常常在滂沱大雨之后，它们在浅水池短暂集合，进行交配繁殖。

了解另外两种与刚刚给定的分类相互独立的分类类型是有用处的。对于领域类型A和B，领域防卫可以是绝对的或受时空条件限制的。这就是说，驻地动物每时每刻都能保护自己的全部领域，或者，它能保护的仅仅是与入侵者遭遇的那部分领域。受时空条件限制的摄食领域在哺乳动物，特别是在食果动物和食肉动物中尤为普遍，因为确保足够食物供给所要求的地域太大，动物无法持续不断地进行掌控或炫耀。绝对觅食领域在鸟类中更常遇到，它们有出色的视野可以看到前哨阵地，有足够的飞行速度可迅速扫掠范围相对广大的觅食区。这两类主要脊椎动物的上述差异，就是如下问题的原因：鸟类的领域为什么起初就得到了明确，而且其普遍意义为什么从来无人质疑，而哺乳动物的领域问题因为资料的明显不足和语义的混乱，则总是模糊不清。

第三种分类如下：领域在空间上既可以是固定的，也可以是漂移的。当动物所依赖的基础是流动的，它们的领域也会随着漂移。苦味鳑鲏（*Rhodeus amarus*）是一个例子，这种鱼把卵产在河蚌和其他淡水双壳类动物的外套膜腔中。每条鳑鲏都把它们的性争斗限定在河蚌附近，当河蚌四处游动时，鳑鲏的领域也随之迁移。一些动物在一个固定的基础周围迁移领域。雄性蓝色豆娘白天在它们的夜间栖息地和产卵的池塘之间飞来飞去。当它们到达池塘水面上空时，彼此便拉开2米的间距，驱逐从它们设置的警戒线以外飞来的其他雄性豆娘，并试图与进入其范围内的任何雌性豆娘交配。每天交配领域的位置随雄性豆娘散飞到新的地方而迁移。甚至在一些鸟类中，领域漂移也有发生。橙顶灶莺的领域界限明确，但不断波动，有时一天一变动，有时一个小时一变动。

各种动物的领域除了具有某种业已证实的功能外，还偶尔被随便说成具有各种功能。尤其是，说住地动物熟悉它活动的领域，结果它们成了能寻找食物和躲避捕食者的行家（Hinde，1956）。这种状况无疑是事实，但是，任何动物留在一个地方，而不管它是否进行防卫，同样的益处都会自然增加。领域的关键特征是防卫，而防卫的功能是资源保护。通常，被保护的那些特定资源是影响遗传适合度的至关重要的资源，但熟悉这些资源是领域而不是功能的先决条件。温-爱德华和其他一些人也认为，

领域起着限制群体数量的"功能"。确实如此，领域往往有这种功能，但领域不能作为群体控制的一种适应方式。至于这一概论所依据的证据，读者可以回过头去参考第5章所述的群体间选择的理论。最后，有人认为，领域起到防止动物流行病的作用。我还得说，如果这种作用果真发生，它可能也不过是动物领域行为的一种可喜结果，而不是形成动物领域行为属性的主要选择力量。

30年野外研究的结果表明，领域呈现出斑块状的系统发育分布。这在脊椎动物中是普遍的，但在节肢动物尤其在甲壳纲动物和昆虫中的情况则远非如此。真正的领域行为在软体动物，如斯廷森（Stimson）研究的枭帽贝（*Lottia gigantea*）和一些沙蚕科环节蠕虫中也有研究报告。有关分类学基础最具综合性的评论如下：一般昆虫（Johnson，1964；MacKinnon，1970）、社会昆虫（Wilson，1971a）、甲壳类动物（Connell，1963；Dingle & Caldwell，1969；Bovbjerg & Stephen，1971；Linsenmair & Linsenmair，1971）、蜘蛛（Rovner，1968）、鱼类（Gerking，1953；Clarke，1970；Low，1971）、青蛙（Duellman，1966，1967；Lemon，1971b）、蜥蜴（Kästle 1967；Rand，1967）、鸟类（Hinde，1956；J. L. Brown，1964，1969；Lack，1966，1968）、各类哺乳动物（Ewer，1968），以及灵长类动物（Bates，1970；Alison Jolly，1972a）。

领域进化的理论

> 如果你射杀一只长臂猿，你就会留下七条孤独的河流。
>
> ——泰国北部斯戈克伦族人谚语

一个动物的家园范围，不管是否当作领域加以防卫，必须足够大，以便提供充足的能量供应。与此同时，理想的家园范围不可比这个最低限度大得太多，因为动物穿行过远的地带会不必要地把自己暴露给捕食者。依靠我们掌握的为数不多的家园范围内直接产生能量大小的资料，似乎证实了这个"最佳领域假说"。例如，C. C. 史密斯（C. C. Smith）发现，红松鼠属（*Tamiasciurus*）的树松鼠显然是通过调整领域大小来为自己提供足够支撑全年需要的能量的。在史密斯所测量的26个动物领域中，可利用与所消费的全年能量比率略小于1—2.8不等，平均数为1.3。如果给定生境每平方单位能量产量越贫乏，每个松鼠用以补偿所占的领域就越大。

同样的基本原则，在阿尔特曼对肯尼亚安博塞利国家公园（Amboseli National Park）草原狒狒研究中用更直观的方式表现出来，这是应用此原则指导灵长类物种研究的最为彻底的分析。每天这些草原狒狒群从寝宿的树林中出来，沿着去水源和摄食地的路前行。它们的方向、步速、全天花费在每一部分活动的时间长短，明显是根据狒狒群首领的记忆和判断决定的。单独任何一天里的狒狒群行动踪迹本身并没有什么意义。但是，一旦把许多重合的踪迹片段有意识地与这一天的不同时间对比时，狒狒群按照很强的白昼节律活动的模式就会呈现出来（见图12-5）。这些踪迹从寝宿的树林中出来像变形虫一样散去，在水坑处暂停，中午扩散的面积最大，黄昏收缩回到寝宿的树林。家园范围大小显然恰好足以养活狒狒群，而且狒狒群常去某个地方的频率与那个地方预计所产食物量大体相称。研究这些资料就会让人想起R. J. 赫恩斯坦（R. J. Herrnstein）的数量享乐主义

（quantitative hedonism）原理。赫恩斯坦发现，位于左右两个圆盘之间的鸽子会尽力按照与每个圆盘被鸽子啄食后补给食物次数的百分比相一致的精确比例去两个圆盘啄食（Herrnstein，1971a）。换句话说，如果P代表啄食数量，R代表补给数量，下标的l和r分别代表左圆盘和右圆盘，就有如下式子：

$$\frac{P_l}{P_l + P_r} = \frac{R_l}{R_l + R_r}$$

如果不同的摄食地和临时水坑使动物得到不同程度的满足，我们就可以做出如下假设，即动物穿行家园范围的活动模式将按照与赫恩斯坦原理相一致或大致类似的方式反映出这种异质性（heterogeneity）。

一些揭示在领域脊椎动物的体重和其家园范围大小之间具有普遍的相关关系的研究，进一步证实了这一最佳产出假说。这种关系最初由麦克那布（McNab，1963）关于哺乳动物的研究所论证，由后来的学者关于其他脊椎动物种群的著述所拓宽，其结果是那样惊人的一致。通过比较许多物种而发现的这种关系大致适合下面的对数函数：

$$A = aW^b$$

式中A代表给定物种的家园范围面积，W代表属于这个家园范围的动物重量，a和b代表适当的常数。能量使用率（E）是新陈代谢率（M）的一个线性函数，这也接近实际情况，即：

$$E = cM$$

式中c是另一个适当的常数，最终，代表新陈代谢率的M将随代表动物体重W的一个对数函数增长：

$$M = \alpha W^\beta$$

式中α和β还是两个适当的常数。因此，家园范围的面积是能量需求的对数函数。脊椎动物三种分类类群的 a，b，$α$和$β$的数值见表12-2。我们可以看到，每一类群都有一套不同的数值，这反映它们在活动和在获得能量效率上具有特殊性。斯科纳（1968a）进一步证明，鸟类有关家园范围（或领域）大小对体重曲线的斜率大小取决于其食物性质。如图12-6所显示，食肉动物的斜率最大，食草动物的斜率最小，杂食动物的斜率居中。这一关系有力地证实了最佳产出假说。现在，假说诠释了随着食肉动物不断长大，大小适度的猎物变得越来越稀少，食肉动物必须搜寻远大于比例的区域以保证能量的最低供给。但是，为什么大小适度的猎物会变得稀少起来？这有两个原因。在任何营养级内，比方说食草动物或初级食肉动物，大多数生物都较小，因此，适合较大捕食者食用的猎物少得不成比例。而且当一个食肉动物不断长大时，很有可能成为其他食肉动物的猎物；而此类遭到捕食的食肉动物，根据生态效率原则更为稀少。斯科纳提供了这样的证据，即哺乳动物的研究资料可以按照同样的方法加以分解，再一次产生了食肉动物的高斜率曲线。关于蜥蜴研究的资料在表12-2的第三类群，对此假说的检验还不够充分（特纳等，1969）。

人们应该记得，这一数量关系仅仅适合非防卫家园范围和觅食领域（一种特殊类型的家园范围）。其他形式的领域，例如环绕避居所或炫耀场展开的领域各服从于完全不同的一

267

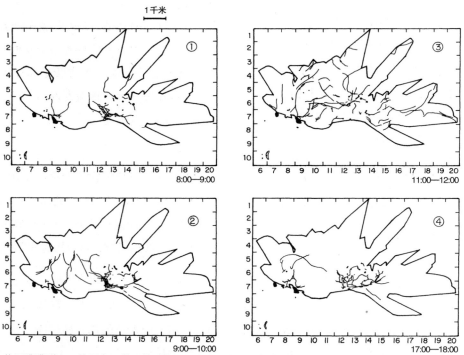

图12-5　草原狒狒群白天使用家园范围的周期。黑色实线标记家园范围界限，狒狒群在白天不同间隔时间的行踪用断续的细实线表示。位于家园范围中心和西南角的小黑块是永久性用水坑（根据Altmann & Altmann修改，1970）。

268　表12-2　在三类群脊椎动物中，代谢率（*M*）和家园范围面积（*A*）对体重（*W*）的回归系（*M*对于哺乳动物和鸟类为千卡／天，对于蜥蜴为302cm／小时：*A*对于哺乳动物和鸟类为英亩，对于蜥蜴为m²；*W*是以千克计量哺乳动物和鸟类的体重，以克计量蜥蜴体重）

类群	关系	函数	作者
哺乳动物	基础代谢与体重	$M=70W^{0.75}$	Kleiber（1961）
	家园范围与体重	$A=6.76W^{0.63}$	McNab（1963）
鸟类	基础代谢与体重	$M=KW^{0.69}$	Lasiewski & Dawson（1967）
	家园范围与体重	$M=KW^{1.16}$	Schoener（1968a）
蜥蜴	标准（30℃）代谢与体重	$M=0.82W^{0.62}$	Bartholomew & Tucker（1964）
	家园范围与体重	$A=171.4W^{0.95}$	Turner et al.（1969）

套控制，可能与动物不同的生理特性有关。甚至有时摄食领域是通过比能量产出更简单或更复杂的因素界定出来的。捕食浮游生物的庭园鳗鲡（鳗鲡属）生活在富有食物区，但是作为底栖动物显然常遭捕食，即使如此，它们也不离开它们的洞穴。因此，每个鳗鲡为了防备其他靠近的鳗鲡，其摄食地的半径恰好和它的体长一样大。在隧道里生活的端足目动物巴西甲壳受统一的生活方式所支配。以水藻为生的甲壳类动物，利用和保护与其生活隧道相接触的所能到达的全部觅食区。在各动物物种中，占据领域的是一些封闭群而不是一些个体或成对配偶，在这些情况下，体重-面积法则可能仍然起作用，但是，在类群大小和其占有生境品质之间可能还存在着进一步的关系，从而引起相应回归关系的发散。非洲绿猴群是一个例子，其猴群大小大不相同。最大的猴群统治最小的猴群，最小的猴群被迫迁到不太有利的地带，为了满足它们的能量需求，又不得不保护庞大的地域（Struhsaker，1967a）。正像贝兹（Bates）整理考证的资料所揭示的那样，较高级社会组织产生的这些复杂性极有可能是灵长类动物家园范围普遍急剧变化的原因。

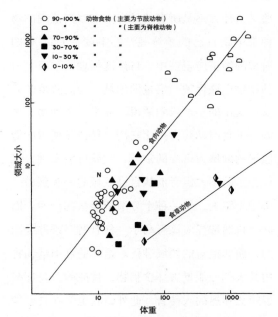

图12-6　领域（以英亩为单位）与各种正在摄食鸟类体重（克）的关系。每个点代表一个不同的物种。杂食动物（10%—90%动物食物）为实心点，食草动物为半实心点，食肉动物为空心点。*N*=鸭属类物种（自Schoener，1968a）。

但是，为什么动物要不厌其烦地去防卫它们家园范围的所有部分呢？麦克阿瑟研究证明，为了纯粹的食物争夺性竞争，从获得能量方面看，其效率不如纯粹的分摊性竞争。这种自相矛盾容易解释。领域是争夺性竞争的一种非常特殊的形式，在这种竞争中，动物只需赢一次或几次即可。这位领域胜利者在竞争中消耗的能源远较它每次要吃某物都被迫虎视鹰邻地对抗同种动物少得多。如果它碰上了，并不理会其邻近领域占有者（在本章稍后要讨论的一种亲敌现象）的话，它的能量平衡情况也会改进不少。

很明显，这时形成的领域在能量方面来说，比内部存在纯粹争夺性竞争或纯粹分摊性竞争的家园范围更有效率。但是若果真如此，那又为什么不是所有的具有固定家园范围的物种都限定自己的领域呢？答案就在 J. L. 布朗所称的经济防卫性中。自然选择理论预言，一种动物应该保护一定量的地域，为此获得的能量比支出的多。换句话说，如果一个动物，例如一个食肉动物占据比它用一种快速搜索所能监视的领域大得多的领域，它就可能发现，仅仅为了驱逐入侵者而从自己领域的一头到另一头跑来跑去，是一种十分浪费能量的行为。因此，自然选择应该有利于一种有时空条件限制的，而非绝对的领域进化。这样的食肉动物将用其大部分能量去捕食猎物，挑战的只是那些近距离相遇的入侵者。此外，它也会在自己领域全境的战略要点施放嗅迹用以吓跑入侵者。树栖蜥蜴，诸如美洲鬣蜥、飞龙科蜥蜴和避役科蜥蜴有扫视大片领域的能力，也还是愿意保持绝对领域。而像石龙子、臼齿蜥和巨蜥的领域形式普遍采用时空领域或家园范围大片重叠领域。

霍恩在调查黑鹂有利于集群筑巢的条件时使用了同一概念。他证明，当资源均匀分布和持续更新的时候，在相当短的时间里可以巡防领域的任何地方，维持全面防御具有有利条件。但是，当食物呈斑块分布，而且出现时

间无法预测时，防卫固定区域的代价就过于高昂。这时，最佳对策是集群筑巢和成群觅食。通过这种方式，个体可以利用整个类群的优势。实际上，经济性防卫只是决定领域行为进化的有关适合度的一个重要分量。赫勒研究金花鼠的工作表明，如果保护领域使动物暴露而造成太多被捕食的机会，这一行为次数就会缩减。攻击行为也会带来其他玩忽职守的现象：领域防卫会导致求偶时间不足、交配次数较少，以及忽视照顾后代和易使后代健康不良。简言之，进化了的领域对策是：在比较因保护领域的努力和风险而使适合度造成的损失后，使得从被保护的领域所取能量导致适合度的增加而呈现最大化。

斯科纳（1971）已经朝这种领域进化理论的参数化迈出了第一步。如果我们把领域的可渗透性看作是经过对侵略者入侵率与被驱除率终归相等的测算后而达到的平衡，就可能通过测量在任何既定时间容许的入侵者的密度来估计这个领域的可渗透程度（见图12-7）。在最简单的情况下，随着这个地盘上入侵者密度的增加而使入侵率呈线性下降。入侵率可以化简等于下面式子的乘积：

入侵率＝防卫面积的周长 × 由外来者入侵概率决定的常数 × $(1 - \frac{N/A}{H})$

式中 N/A 是领域内入侵者的密度（领域单位面积除以入侵者的数量），H 是可能在任何情况下出现的最大密度。领域占据者驱逐或消灭入侵者的驱逐率也可能呈线性：

驱逐率＝（防卫搜索面积/搜索时间）× 相遇时驱逐入侵者的概率 × 入侵者密度 ×（1/每个入侵者在领域中停留的时间）

在图12-7的 B、C、D 中，给出了斯科纳模型的三种基本拓展模型。我们注意到：家园范围周边存在相对高的入侵率，同时对此实施相对低的防卫，则可产生时空领域。当入侵者的扩散率低、防卫力强时，就产生了绝对领域（在这样的领域内，所有时间内全部地方都受到保卫）。斯科纳构想的参数可能是正确的，但是，在他那里我们看不到估算入侵曲线和驱逐曲线形式的现有方法。他的模型也没有包括自然选择中最重要的能量平衡，或有关适合度的其他一些分量。库克已经独立建构了一种大致相似的模型，虽然参数不那么精确，但它包括了能量得失的观点。库克关于最适集群大小的专门推理在前面的第6章里已经介绍过了。

领域的专有特性

动物的领域行为包含比驱逐入侵者更多的内容。而且，领域也不仅限于被防卫的地域：领域既具有结构又具有活力，可以把它看作具有不同张力的场所。领域的面积和形状因季节而变，随动物的成熟和年龄而改。野外考察揭示下列丰富的现象，有些非常普遍，有些仅限

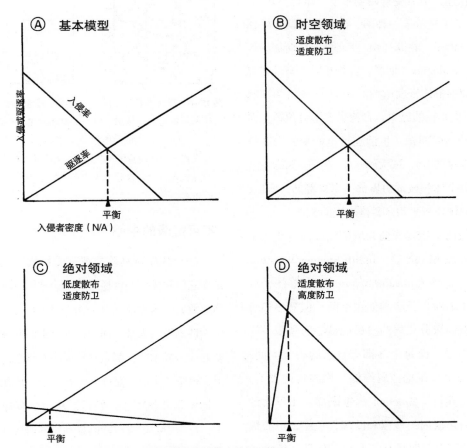

图12-7 斯科纳领域防卫模型和三个以此为根据能够做出的拓展模型。

于一种或较少数量的物种。

弹性圆盘

在大多数物种中，领域大小或多或少随群体密度而变化。朱利安·赫胥黎（Julian Huxley）把可变领域比作住留动物在中央的弹性圆盘。当整个群体密度增加并沿着边缘形成压力时，领域就会收缩。但是，存在一个动物不能被推挤过当的限度。如果过当，动物就会停住并打起来，或者整个领域系统也可能开始瓦解。相反，周边群体密度降低，领域就会扩张。但是，这里也存在一个动物不能脱离控制的范围界限。在群体密度稀疏的地方，则领域或者不相连，或者变得模糊不清，难以界定。

图 12-8 显示了一种鹬，即黑腹滨鹬弹性领域的典型例子。在北纬 61°亚北极阿拉斯加的科洛麦克（Kolomak）地区，食物相对丰富且来源可靠，鹬的群体密度达到了 30 对/公顷。再往北到北纬 71°北极的巴罗，食物供应不可预料，而且夏季持续时间短。生活在这里的鹬的密度仅为科洛麦克的 1/5，或大约 6 对/公顷。因为在这两处地方个体领域的边界都是紧挨着的，所以，巴罗的领域面积平均是科洛麦克的 5 倍。

领域的使用模式随领域的缩放而变化。朱迪思·斯敦格·维顿（Judith Stenger Weeden）发现，树雀鹀（*Spizella arborea*）当群体密度大受到压缩时，就集约使用空间；但群体稀疏时，则把领域分成集约使用的核心区和很少光顾的外围层，而每个鸟都有自己的较大空间。研究报告说，在犹他属蜥蜴、许多鸟的类群、蹄兔。臭駒属（*Suncus*）的家駒鼩、田鼠属的田鼠、白足鼠属的鹿鼠和欧洲穴兔中，可收缩的家园范围有时明显有防卫，有时则没有。

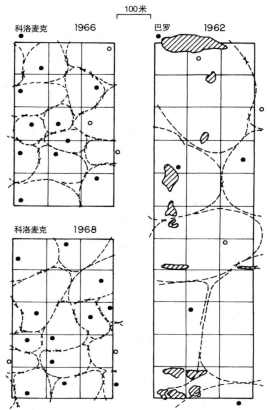

图 12-8 黑腹滨鹬领域所展示的弹性圆盘现象。这是在阿拉斯加繁殖的一种鹬。巴罗的群体密度是科洛麦克的 1/5。因为两个地点的个体领域彼此毗连，所以，巴罗的领域大约是科洛麦克的 5 倍。实心点代表一个巢的地点，空心点代表一个尚未被发现的巢的临近地点（根据霍尔姆斯重画，1971）。

"不可征服的中心"

一个成年雄鸟除非严重受伤或者生病，否则在它的领域中心区通常是不会被同种任何一只鸟战败的。这种情况只是如下更为普遍的原理和可能性的极端表现，即动物的攻击倾向和一定程度的攻击或炫耀，都是越接近中心越强。精确地说，这个"中心"是什么？在一个匀质领域，中心通常是几何中心；但是，在一个多样化环境中，行为中心很有可能既是动物的避居地，或动物在领域内食物最集中的场所，无论哪一种，对

271

动物的兴衰都是至关重要的。领域的占据者在这个中心附近花去绝大部分时间，一般在这里进行求偶炫耀和建造巢穴。雄性树雀鹀以鸣唱确认核心区来开始自己的每一天，紧接着就出发去巡视领域的外围地带（斯敦格·威登，1965）。

让我们做如下猜想，每个物种从领域周边到中心都具有一种特定的攻击和优势梯度。在有些情况下，梯度趋近于零；这时，外围受到保卫的程度与中心的差不多。在另外一些情况，梯度可能陡然升降，也许随距离增大而价值发生转换，表现为一种缓斜坡或被一些突然上扬的陡坡所分割的模式。这个假设和在某些物种行为中所观察到的特征是一致的。暗冠蓝鸦（Cyanocitta stelleri）和双色蚁鸫（Gymnopithys bicolor）的边界防卫不明显，仅从圆心处由内向外递减领域交配度，使得这些鸟类在某些中间地带或保持中立，或与邻居维持微弱的平衡。在这些情况下，对系统的动态描述当然比任何一个静态领域边界图都会更精确。

多角边界线

当用可变形物质制成的圆形盘沿着边缘相互挤压时，他们就会变成六角形，其边线就会最大限度地重合起来。大小相等的各六边形不会在彼此之间留下任何空隙。例如，蜜蜂巢中腊质蜂房就是蜜蜂所建造的六边形的柱状物。当领域绝对化、边界明晰且中心区保持群体高密度的时候，它们就会用类似于弹性圆盘的方式彼此相互挤靠。这就便于领域占据者，依靠防卫倾向于最优六边形的周边而使利用空间达到最大化。格兰特（1968）重新分析了R. T. 霍尔姆斯关于阿拉斯加的研究资料，精确地描述了黑腹滨鹬中所存在的这种现象。多边形领域

在图12-8所重制霍尔姆斯的地图中并不明显，但在特别注重观察边界的一些领域中，情况就明确了。1972年，在伯克利（Berkeley），乔治·W. 巴洛向我展示了几簇特征非常明显的多边形动物领域，这是在户外浅水养鱼池放养的雄性莫桑比克口孵非鲫鱼（Tilapia mossambica）展示的领域。大部分形状是六边形，也有一些是五边形，我们未能发现任何清晰的四边形或七边形（见图12-9）。

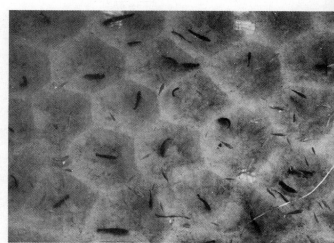

图12-9 这张照片中清晰可见雄性口孵鱼在凹陷的沙子周围堆起的领域边界为六边形。每个这样的领域由单个雄鱼占据，以其较深的繁殖色和较大的身材可以把它与其他鱼区别开来（源于巴洛，1974b）。

随季节和生活周期的阶段而变化

用来确定最适领域大小的各参数值，在多数动物的生活周期内是变化的。一只雄鸟求偶时较后来需要用大量食物抚育未离巢的雏鸟时防卫的领域要小。但是，它要更频繁地防卫这些场所，因为它所在群体作为一个整体是变化的，还常常受到其他流浪雄性的挑战。如此的变化，在海因德关于大山雀（1952）和马勒关于苍头燕雀的研究中（1956）得到了证明。这些欧

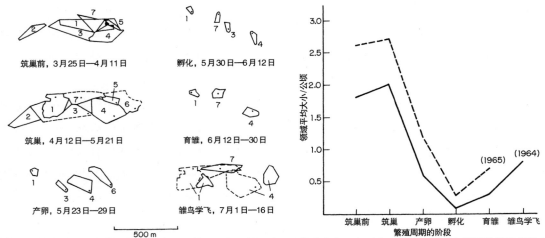

图12-10 在繁殖季节的不同阶段，成年黑顶山雀领域大小和形状的变化。左图中，领域边界用实线而巢地用虚线表示。右图中展示了在繁殖季节六个阶段中领域平均大小的变化（根据Stefanski重画，1967）。

洲小鸟的雄性们在它们所选择的炫耀场所周围用歌声和战斗开启了繁殖季。后来，它们才把防卫扩大到整个领域。黑顶山雀（*Parus atricapillus*）领域的边界在整个繁殖季节强烈波动，先是筑巢时稍有扩张，然后在孵卵和育雏时急剧收缩，最后当幼崽终于飞出巢时再次扩张（见图12-10）。事实上，鸟类不同的物种其领域模式大相径庭。雄性小嘲鸫终年不离自己的领域，在春天繁殖季节开始时才扩大领域。相比之下，小绿鹭（*Butorides virescens*）在春天到达繁殖地，立即建立最大直径约40米的全境领域。此后，其防护地逐渐缩小，直到巢穴的附近为止。在此期间，成对配偶在防卫中进行合作（Meyerriecks，1960）。当考虑到这种鸟的自然史时，这些差异带来的神秘感就消失了。雄性小嘲鸫保卫觅食领域，这样当幼鸟成长时，必须扩大和保持觅食领域。但雄性小绿鹭首先是保卫求偶炫耀场，后来它和它的配偶交配结束后，在繁殖区外的浅水区觅食，只需要保卫它们的巢窝和后代。

家园范围和领域的季节性变异同样是复杂和富有个性的。红松鼠在阿尔巴达（Alberta）的混合林中维持两种形式的领域。针叶林林地带的"主要领域"终年由成年红松鼠保卫，这里可连续以种子提供松鼠食物。在其他一些生境，特别是在具有高比例落叶林的生境，每年只能在生长季提供种子。在冬季，留守的红松鼠（主要由青年红松鼠组成）保卫着在温暖月份搜集来的储备种子。与此根本不同的另一个例子是雄性角马，它们在繁殖季节期间保卫着求偶炫耀场，而在一年的其余时间却随着角马群不断迁移。

有些哺乳动物的家园范围和领域不仅因季节而异，而且随动物年龄而变。年轻的北美灰松鼠从两个月大就开始从出生地向四面八方开疆拓土，扩大家园范围，六个月大以后才完成这个过程。苏格兰的鲁姆岛（Rhum）上，赤马鹿的个体发育会经历一个更悠闲和复杂的过程。年轻赤鹿在它生命的头三年里逐渐解除与家庭的纽带，上行来到位于小岛中心的集水区，夏季期间，它们在这里不断寻找安身之处。随后在集水区内建立家园范围，当繁殖开始，就逐渐向下游扩大领域。随季节的变换上述过程不断重复。最后，到了老年，赤鹿放弃了上游的夏季营地，全部时间都留在下游地段。

领域大小的其他决定因素

动物领域行为的经验性研究偶尔也会发现一些以前从未预想到的参数。例如，范·敦·阿塞姆发现，把三刺背鱼的雄鱼同时放进水族箱时，它们所建领域数目是一条一条放进时的一倍。有证据表明，在白鹡鸰（Motacilla alba）、乌鸫、豚尾猕猴中也存在类似的现象，虽然相关证据还不够直接。当动物同时进入一个陌生的环境时，成群地进入至少会部分地明显减少彼此间的敌对现象。领域占据者的传统和"个性"也会施加一些影响，那些寿命长、有较高智商的哺乳动物更是如此。索斯维克和西迪奇（Siddiqi）提供了他们从观察中得到的有关印度野生普通猕猴的奇闻逸事，富有启发意义。当雄性首领身体健康时，一个猴群的家园范围达16公顷；而当它受伤了的时候，却不到4公顷。一旦猴王死于此伤，先前猴群的副手立刻继位，然而领域范围大小却仍停留在缩减后的规模。

嵌套领域

已知在有些动物的社会组织中，一个雄性（领主）把持着一个领域，但其内的雌性各分占其中部分领域。在矮丽鱼和安乐蜥属某些物种中，雌性为保卫各自的领域而彼此战斗，但不抗拒它们的雄性领主。这种嵌套领域（nested territory）实际上是领域系统和权力等级系统的结合。

亲敌现象

通常说，一个领域的邻居并不是一种威胁。应该努力去把邻居当作一个个体加以认可，在公共边界上彼此协调，由此，尽可能少地把能量浪费在敌对方面。在弗雷泽·达灵效应也起作用的情况下，边界就成了社会刺激的一个重要源泉。詹姆斯·费希尔（James Fisher，1954）在鸟类中也找到了大部分此类原则，他指出："这个效应会创造个体式的'邻居身份'，当它具有自己明确而有限的领域时，就会与邻居发生紧密的社会联系，这种联系可描述为亲敌现象或认对手为朋友现象，但对鸟类说来，使用相互刺激这样的词语来描述应该更稳妥。"鸟类区别邻居和陌生者歌声的能力，在对领域雄鸟播放这两类个体的录音并观察其反应的实验中得到了证实。被实验的鸟类包括主红雀、橙顶灶莺（Weeden & Falls，1959）、白喉带鹀（Zonotrichia albicollis）（Falls，1969）、靛蓝彩鹀（S. T. Emlen，1971）和印第安鹩哥（Gracula religiosa）。一般来说，在一只雄鸟附近播放邻居的录音，它没有反常的反应，但播放陌生鸟儿的歌声就会引起它极度不安的攻击性反应。但是，如果陌生者从远方而来，它的歌声属于不同的方言，引起的反应就较为缓和。

在这种亲敌现象中，适应的意义还存有疑问。是能量保持？是社会刺激？或两者都是？对此，我们并不确定。但假定这种现象是生物适应性的，那么，是什么机制使它成为可能的呢？似乎有如下三种机制。第一就是习惯化，这是一种学习方式，指随着动物在这种学习中对某种刺激不断熟悉，对刺激的反应强度就不断降低。咬文嚼字地说，就是邻居们彼此"驯服"。R. B. 扎琼（R. B. Zajonc）在人类和实验大鼠中发现的第二个效应是这种习惯化可以强化：在一个个体面前仅仅重复暴露一个对象予以刺激，就足以引起这个个体对该对象的注意。换句话说，无须其他辅助，这种注意力的固定就能够发生。某种起初为中性的刺激物越是暴露给动物或人，就越能吸引动物或人的注意力。扎琼把大鼠放在某种音乐［莫扎特或勋伯格（Schoenberg）的乐曲］环境中，之后大鼠会选听它熟悉的乐曲（古典音乐主义者可以欣慰地得知，事先未被置于音乐环境中的大鼠会选择莫扎特而不是勋伯格）。给人无明确含义的词语或不熟悉的中文表意字，稍后，他会与先前第一次给他的其他词或表意字比较，然后做出好与坏的判断——与第一次见到的字词相同者为好。某些特定陌生者以照片的形式在试验对象面前显示的次数越多，试验对象就越愿意认为他们好。简而言之，熟悉引发热情。或如扎琼所说："熟悉不繁殖轻蔑，熟悉却繁殖熟悉。"这种效应的可能适应性是容易推知的。不产生伤害的事物在身边越久，就越有可能成为有利环境的一部分。在情感中心的原始本能中，陌生意味着危险。在异国他乡也许容易患思乡病，甚或感受到文化冲击的苦痛。至于动物，似乎会谨慎地把熟悉和相对无害的敌人看成亲近的。

有利于亲敌识别的第三种机制是在利用方言上有趋同现象。当印第安鹪哥彼此为邻建立领域时，它们会改变歌声使其趋向同一种方言。同样的行为也在美国主红雀、交嘴雀（*Pyrrhuloxia sinuata*）、苍头燕雀和美国大山雀中出现。在每年留居领域时间最长的物种中，这种趋势也表现得最突出。

宽容，甚至与熟悉的邻居相互进行有益的交流，同样会出现在哺乳动物中，如果发现这是一种普遍现象，也不必诧异。埃斯蒂斯（Estes）发现，可以把邻近雄性角马高度仪式化的挑战性炫耀仪式看作一种合作问候的步骤。这些雄性角马是以个体彼此相识的，想定居的新来者具有许多欲加入领域的外部信号。拉布拉多白足鼠在领域边界对待陌生者比对老邻居要敌对得特别厉害。希莱（Healey, 1967）认为，在这些啮齿类小动物中，和谐共存的邻居实际上是一个真正的社会单位。

领域和群体调节

H. N. 克鲁伊弗和 L. 丁伯根在一篇关于荷兰山雀群体动力学的开创性的论文中得出结论说，领域在群体的调节方面起着明显的作用。他们认为生境可分为两种，一种是最佳繁育生境，另一种是次佳繁育生境。克鲁伊弗和丁伯根推断，最佳生境支持最稠密的、最稳定的群体——该物种特有的核心。次佳生境支持稀疏的、不够稳定的繁育群体。春天里，荷兰山雀首先到达最佳生境安家，通过驱逐行动不断扩张领域直到占满这个地方。领域性防止群体过大和波动过度。克鲁伊弗和丁伯根把这种稳定状态归因于缓冲作用。后来者涌入次佳生境，在那里，它们在七零八落的领域上生活或者像流浪者四处飘荡。这些边缘群体缺少缓冲屏护。它们繁殖过少，死亡率较高，尤其是在秋季和冬季，数量波动更大。例如，美国大山雀的最佳生境位于狭长的阔叶林区，周围有作为次佳生境的松林区。

后来，J. L. 布朗（1969）详尽评论了这一主题，他设想在鸟类群体形成过程中缓冲作用分三个水平发展：

水平 1：在最低的群体密度，其领域内没有竞争。来最佳生境安家的个体不会受到限制。

水平 2：随着群体密度增加，某些个体被逐出最佳生境，不得不来到较贫瘠的生境区建立领域。

水平 3：群体密度最大时，某些个体没有机会建立领域。它们作为流浪的种群维持生存，在别人建立的领域里或周围流浪。布朗推断，这些流浪者是最佳生境缓冲过程的一部分，因为缺少有利条件的生境至少意味着它们到处都可以筑巢。当某些鸟死在它们的领域上时，流浪者就迁徙进来，接管它们的地方，由此，在可居住生境中保持一个基本不变的种群密度。

研究文献中充斥着关于群体调节中领域作用的一些欺人之谈。经过压缩，话题转向领域驱逐是否对群体密度起调节作用，或者食牧供给是否最终起这种作用。常有这样的问题，即主要以食物供给为条件的出生率和死亡率的波动是否足以压倒领域性的缓冲效应。但是，如果我们把这一问题看作与群体生物学理论是一致的，并把它看作位于经受检验和修正之中的一种进化假设，那么它就不会给我们带来巨大的概念性困难。一种假设认为，食物供给大有可能成为最终的限定因素。在一些物种中，例如斑姬鹟（*Ficedula hypoleuca*），专门的巢址也许是最终的限制因素。但是，无论是什么资源，一旦短缺，领域行为就是保护它的机制。促成群体稳定性的缓冲效应是领域行为的副产品。这就完成了领域通过在个体水平上的选择对领域进化假设的解释。

第二个富有竞争性的假设是，领域是通过类群选择，特别是通过群体间选择进化的。这种模式也认为，食物，或者比食物可能性更小的其他资源，是最终的限定因素。领域是使包括流浪者在内的整个群体得以进化的工具，因为这样可使群体密度保持在环境可以支撑的水平上下。群体调节至少部分是通过利他主义的约束，甚或自我牺牲实现的，尤其在那些流浪者中更是如此。

现存证据对第一种假设，即个体选择特别有利。建议读者参考第 5 章所提供的莱文斯和布尔曼-列维特模式。根据大量关于鸟类的研究资料，相关领域的个体死亡率与领域群体的灭绝率不同，这是我们能够获得的初步概念。这些资料似乎具有决定意义。与领域驱除逐相关的死亡率很高，每代大约有 10% 或更多，即使该行为遗传分量的遗传率很小，也足以驱动领域行为的进化，相反，即使我们假定邻近遗传群体有限且有效群体大小很小，群体灭绝率也必定非常低。因此，至少在大量深入分析的案例中，类群选择假设显然被排除在外。

现对个体选择假设转而进行更缜密的考量，我们也应该以极强的推测精神试图排除这一假设，并因此重新审视现有的进化理论。如果我们发现摄食地的能量产出在正常情况下超过居民需求许多的话，这个假设就可能不成立。面对激烈的竞争和危险，领域的占据者应该期望把防卫限制在保障最低充足能量产出的地域。如果物种普遍这样做，事实是与个体选择假设相一致的。如果不这样做，就需要另外一种解释。现存的资料表明，个体选择假设在这个基础上是可靠的。在经过透彻分析的鸟类和哺乳动物物种中，家园范围和领域大小的许多变异（见表12-1）与环境质量有关（因此与其能量产出呈现负相关）。但是，那种确实能为严格的个体选择假设验证所需要的能量需求与能量产出的数量平衡的资料却为数很少。C. C. 史密斯（1968）发现，树松鼠领域的产出是需求的1.3倍，而且，更有利于个体选择假设的是，在26个被测领域中有5个产出-需求比小于1。换句话说，群体从总体上说是聚集起来以解决其较低能量的限制，而个体选择即使在成功的领域占据者中也必定是强烈的。

有些作者提到领域驱除时，不赞成随便使用"调节"和"密度制约"等表述。他们似乎相信，为了赋予领域的调节资格，特定物种的领域必须是有弹性的，以便随着群体密度增加而使领域面积减少，最后作为领域行为的结果，群体增长逐步减速。当特定的环境突然被无剩余空间的非弹性领域填满，那么根据上述严格的概念也就不存在真正的调节了。但是，弹性并非那么重要。依据连续函数或等级函数，都可使群体增长减缓。虽然连续函数只产生典型的逻辑增长曲线，但两者的调节和密度制约的关系是真实的。

在许多属和更高分类单位的鸟类和哺乳动物物种中，业已证明存在着大量的次佳领域和流浪者，这就说明它们即使不是普遍现象，也是一种常见现象。用捕获和射杀领域占据者的实验充分证明了流浪者愿意填充空出来的领域。首先做这种铲除实验的是斯图尔特和阿尔德里奇（Aldrich，1951）及亨斯莱和柯普（1951）。这些调查者在16公顷的云杉-冷杉林地对50个物种的领域雄性鸟进行普查，然后杀掉他们在3个星期时间里能够杀掉的鸟。结果令人惊奇：实验中除掉的领域鸟总数是原来估计出现的领域鸟数的3倍。一个类似的效应随后在其他鸟种中得见，包括松鸡和雷鸟，蛎鹬，矶鹬，黑鹂，海鸥，白喉带鹀，麻鸭，山雀，白足鼠，田鼠，啄木鸟和其他哺乳动物中的啮齿类动物，鱼类，蜻蜓。证据普遍强有力地说明，流浪者填补了巨大空缺，同时不遗余力地驱逐那些将会得到属于它们自己的领域的后来者。凡领域长期存在的地方（持续一年或至少多于一个生活周期），必然总是青少年个体被迫进入边缘生境和加入流浪者群体。J. R. 克莱布斯关于美国大山雀的研究（见图12-11），以及华生、詹金斯和他们的合作者关于红松鸡的研究都提供了有关流浪者作用的详细资料。在每一个事例中，这种空缺替代都抑制了领域群体大小的波动。

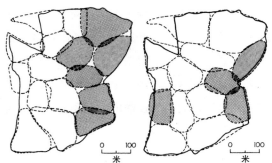

图12-11 当鸟被从它们的领域上除去，同物种的没有领域的鸟会迅速取而代之。在实验中，约翰·R. 克莱布斯射杀了6对美国大山雀，它们占据的地盘在左图中是用点阵表示的地区。随后3天，这里的成活鸟扩散移动地点，同时又有4对新居民迁入（右图点阵区）。最终结果是鸟类完全嵌合式地覆盖着林区的情况得以恢复（根据Krebs重画，1971）。

种间领域

种间竞争是动物社会进化的主要原动力之一。当两个生态环境相似的物种第一次相遇时，或者和谐共存，或者一个把另一个从重叠区里清除掉。共存条件在实质上可精细地转化。如果一个物种在另一个物种被挤出领域前，其密度制约控制实现了群体稳定，它就会"宽容"另一个物种的存在。相对应的条件是，它的竞争者必须具有足够的收缩能力，以保证密度制约调节容许第一个物种生存下去。理想情况下，每个物种都有自己的一套密度制约控制办法。我们认为，这是物种的生态位或生境差异造成的。可以假定：两个竞争者生态位的不同形成了各自对食物的不同喜好，食物短缺是密度制约的主要因素。如果在一个物种挤走另一个物种之前，每个物种喜好的食物都短缺，因而使每个物种的群体都成为零增长的话，那么，这两个物种可以共存。当其他必需品出现紧缺，甚至主要控制因素是捕食作用时，实际上也可以达到与上述同样的结果。如果捕食者a在猎物A消灭B以前就停止了物种A的群体增长，并且捕食者b在物种B消灭A以前就停止了物种B的群体增长，那么，A与B将共存。注意：当两个竞争物种第一次相遇，保证他们彼此共存的生态位差异正是在他们接触之前趋异进化的附带成果。

虽然已经证明两个竞争的物种基本上可以共存，但依定义，它们相互缩减生态位的空间和生物量是有限度的。当代生态学理论告诉我们，生态位的缩减更有可能是拱手把某些生境献给竞争者，而不是交出某些喜好的食物。如果物种A占据生境1和2，物种B占据2和3，我们可以发现，物种A可能会把2让给B或A和B仍然留在2，但A将不再能使用在那里发现的某些食物项。但更有可能出现的情况是A将2让给B（见图12-12）。仅仅增加一个竞争

者也会因此快速大幅减少一个物种的实际生态位。在物种聚拢导致一个动植物群落形成的最初阶段，各竞争者得到的现实生态位，对它们的基本生态位即潜能完整的生态位来说或多或少是不完全的。此时对社会进化的深刻影响会随之发生，正如前面在第3章里所强调的那样。

所以，在所有可能的竞争方式中，起初没有哪一种会比种间领域竞争更惹人注目。两个领域物种越是彼此相像，它们就越有可能为防卫各自领域而彼此敌对。原因很简单：引起种内识别和攻击的导火线很可能与触发（物种间）的领域竞争行为的类似。其结果是，最有可能出现种间领域竞争的时机是由一个亲本物种进化而来的两个同源物种第一次接触的时候。种间领域性在鸟类中相当普遍，而且已经成为鸟类学家用不同观点进行大量仔细研究和写作的主题。种间领域性在蚂蚁、龙虾、安乐蜥、松鼠、花栗鼠、囊鼠和长臂猿中也已经发现。

我们可以期望，围绕领域彼此进行争夺的物种能用一种最终减少相互干扰和借此达到遗传适合度损失最小化的方式取得进化。图12-13提出了几条可追寻的进化路线。此图主要是根据物种形成的一般理论和鸟类的野外考察推论而成。对动物领域性进化的潜在影响是双重的。优势种，即在多数或全部竞争中取得胜利的物种，可能用一种更接近于其从属种的方式进化。优势种成员所获得的达尔文式的利益就是能更有效地驱除竞争者并在其防卫的单位面积上拥有更大量的资源。因此，种间领域性可能是物种间性状趋同（character convergence）的原因之一，而这是在少数鸟类的领域重叠区发现的一种令人不解的现象。相反，从属种

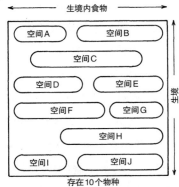

图12-12 种间竞争的紧缩假说。当更多的物种进入一个群落（左至右）时，特定物种所占据的生境会发生紧缩，而它们被占的生境中可用食物项（类型）却没有变化。实际食物量受到空间严重的局限，但食物项不太可能削减。反之，当各物种侵入物种稀少的地方时（右至左），主要是因为后面这个已被使用的生境可扩展。这个模式仅适用于短期的非进化的变异〔根据MacArthur and Wilson（1967）重画〕。

278 及某些情况下的优势种也可能经历性状替换（character displacement）①，即一种来自重叠区竞争者的进化趋异。墨里认为，在鸟类中性状替换能以下面3种可选方式进行（也应该同样适用于其他种动物）。

1. 从属种进化为在遭到优势种攻击时它不再反抗。倘若能够获得足够的资源，它就可以在最佳生境中与优势种共存。很明显，三色黑鹂、尖尾沙鹀（*Ammospiza caudacuta*）和芦苇莺与同属的优势种生活关系密切，走的就是这条路线。

2. 物种之一或两个物种在外貌上都充分趋异，以至于种间攻击不再由其中任何一方挑起，结果是原来的从属种能够扩张它的生态范围并重新进入最佳生境。

3. 从属种"投降"而适应次佳生境，这样

原来的次佳生境就成了最佳生境，进化趋同或趋异和群体稳定性三者之间的关系在图12-14中已经标明。

有关脊椎动物的文献资料甚为丰富，足以证明领域攻击行为的各种可能结果。例如，在美国西北部，黄头黑鹂（*Xanthocephalus xanthocephalus*）优于红翅黑鹂。当它们在两者都喜欢的沼泽生境一起筑巢时，黄头黑鹂强迫红翅黑鹂离开它喜欢的巢地（见图12-15）。当它们在繁殖地以外的摄食地相遇时，黄头黑鹂也处于优势地位。

艾莉森·乔里（1966）发现，环尾狐猴和维氏冕狐猴这两个在马达加斯加的同地狐猴类物种，会进行一种攻击游戏，这是介于宽容和全面领域驱逐之间的一种行为，两种动物在它们自己的种群中也实行该行为。下面的事件是非常典型的：

1963年8月16日和8月24日，整个环尾狐猴群挡住维氏冕狐猴的去路，1964

---

① 性状替换是指血缘关系相近的物种在同一个地区同时存在的时候，由于生态资源的竞争驱动进化，出现明显的性状分化，很容易辨别；而它们在单独存在的时候彼此性状差异不大，很容易混淆。

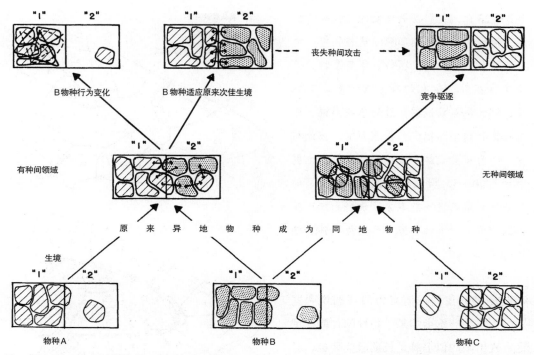

图12-13　当两个领域物种在不同领域（异地物种）进化而成为同地物种（领域重叠）时，所推测的可能伴随的进化途径。物种A和物种B最适合生境1，而物种C最适合生境2。如果物种B和物种C是同地物种，争夺某一资源，又具有非种间领域性，那么，它们所占据的生境1和生境2（右中）在竞争性驱除导致生境分割（右上）之前不会无限期地持续下去。如果物种A和物种B是同地物种，不争夺资源（例如食物、筑巢地），而是争夺种间领域空间，且具有种间领域性，那么物种B（如果从属于A）将被迫离开它的最佳生境（左中）。物种B既可能修正它的领域行为（左上），也可能去适应次佳生境（中上）。如果物种B经过种内对颜色和其他认可信号选择所导致的趋异而最终失去它的种间领域，那么，与竞争性驱除所能产生的生境分割没有明显差异的生境分割就会发生（源自墨里，1971）。

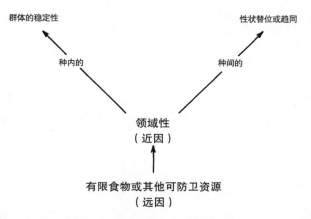

图12-14　在性状趋同、替位和群体稳定性进化过程中领域所起的调节作用。

年3月23日，它们以更悠闲的方式故伎重演，而维氏冕狐猴则回应了这种挑衅。动物们彼此向前跳跃、凝视、佯装靠近，但不发生接触。所有的猴子向前跃，向后跳，维氏冕狐猴试图穿过环尾狐猴群，环尾狐猴群则企图把它们挡在面前，彼此相向。因为环尾狐猴和维氏冕狐猴数量比例大约是20∶5，所以环尾狐猴占优势。如果一只环尾狐猴不能事先正确料到维氏冕狐猴的下一步举动，另一只则可以弥补这一失误。

我们还没有找到任何有力的证据说明这种程度的干扰会严重影响某个物种的种群稳定性。这表现出来的似乎既是长期适应环境，又是性状替位的一个过渡点。

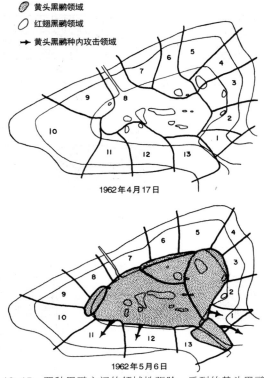

12-15　两种黑鹂之间的领域性驱除。后到的黄头黑鹂强迫红翅黑鹂离开丰美适宜的沼泽中心地带。箭头所指的地方是黄头黑鹂攻击红翅黑鹂后转而攻击其他黄头黑鹂的地方（源自奥里安斯和威尔逊，1964）。

第13章　权力系统

权力行为与领域行为类似，不同的是前者是具有攻击性的类群成员有组织地共存于一个领域内。权力顺序（有时也称"权力等级系统"或"社会等级系统"）是在类群成员间维持的一套"攻击-顺从"关系。专制是其最简单的形式：一个个体统治类群中的全部其他成员，而从属者中则全无等级可言。较为普遍的形式是，等级系统包含表现为线性序列的多重等级：地位最高的个体统治所有其他动物，次高的个体统治除了最高以外的其他动物，最末一个个体处在最底层，其存在完全仰赖于它对上级的臣服。等级系统的网络有时被一些三角要素或其他环状要素复杂化（见图13-1），但这样一些排列顺序与专制和线性顺序相比更缺少稳定性。事实上，托多夫（Tordoff）发现一群捕获来的红交嘴雀（*Loxia curvirostra*）最初建立的三角循环瓦解了，并用线性顺序取代之。由卡尔·莫奇森（Carl Murchison）建立起来的公鸡群的权力顺序起初是稳定的，而且包含三角单元，但是，它后来慢慢地变成了线性顺序（见图13-2）。伊凡·蔡斯（Ivan Chase）曾直接证明，线性等级系统能产生更高的类群效率。当三只一组的母鸡形成一个线性权力顺序时，地位最高的那只母鸡可以很快吃掉一定量的食物，地位次高的那只有时还帮助它的"上司"。但是，当权力顺序呈环形时，母鸡吃食得时时警惕，经常你上我下地相互取代，食物消耗较慢。

等级系统是动物在彼此相遇的初期阶段，通过你来我往反复多次的威胁和争斗而形成的。一旦等级系统形成，每个个体都让步于其上级，极少报以敌意。类群生活最终变得平和，以至于观察者看不到这种等级的存在——

直到一些小危机碰巧导致出现武力对抗。例如，狒狒群常常几个小时没有相互敌对的表现，故难以显露它们的等级。而后一旦关系紧张——为一种食物的一次争吵就足够——等级关系就立刻表露无遗，其情景就如照相底片浸泡在显影液中一样鲜明。

图13-1 在权力顺序中发现的三种基本网络形式。更复杂的网络是由这些基本形式结合而建立起来的（源自 Wilson et al., 1973）。

一些物种的社会组成绝对权力等级系统（absolute dominance hierarchies），在这样的系统里，不管类群走到哪里，不管情况如何，其等级顺序都不会变化。只有当个体等级通过竞争的进一步相互作用或升或降，绝对等级系统才发生变化。其他社会，例如家猫群是以相对权力等级系统（relative dominance hierarchies）定位的，在这样的系统中，当从属猫靠近自己专属的寝宿地时，连最高等级的猫都要退让。具有大幅度空间分隔的相对等级系统，在特性上介于绝对等级系统和领域性之间。

在稳定而较为和平的状态下，等级系统有时由"身份"标志所支撑。狼群中雄性领头狼的身份可根据其举动明确认定：当它靠近群中其他成员时，昂头、竖耳、竖尾且很自信地面向前方。在绝大多数相遇中，领头狼控制它的下属时从来不做任何公开敌对的炫耀。与此相似，雄性普通猕猴首领保持一种认证它的等级的体姿：头和尾抬起，睾丸下垂，身体运动缓慢且从容，细心地打量和审视从它眼前走过的其他猴子。

最后，权力行为不仅被视觉信号控制，而且被声音和化学信号调节。麦奇道伊兹（Mykytowy-cz）发现，在雄性欧洲穴兔中，个体下颌腺的发

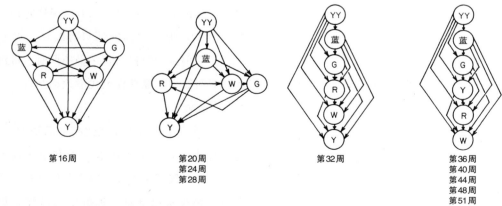

第16周　　第20周 第24周 第28周　　第32周　　第36周 第40周 第44周 第48周 第51周

图13-2 新形成的一公鸡群内的等级系统的变换。三角形的一些亚网络让位于一个更稳定的线性顺序。图中各字母和名字"蓝"指各个公鸡个体（根据莫奇森重画，1935）。

达程度决定其等级地位的增长。通过"活动下巴"的方式，也就是用地上物体擦摩下巴，雄优势兔用它们的下颌腺分泌物划定本类群占领的领域界限。对飞袋貂和骡鹿类似行为的研究显示，这些物种的领域信息素和其他的争斗信息素是一种复杂的混合物，同一群体的成员之间千差万别。因此，每个动物都可以区分自己与其他动物的气味。

权力概念的历史

权力概念的发展，是从建立在简单动物基础上的初步概念到建立在最复杂动物基础上的复杂而变换的权力理论的一个进程，跨越了170年之久。权力顺序这个概念在瑞士昆虫学家皮埃尔·休伯对熊蜂的开创性研究中，第一次得到了明确的提出。他指出，蜂后产卵时，一些工蜂会偷吃，而蜂后就愤怒地驱逐这些工蜂。后来许多研究者进行了类似的观察。奥地利昆虫学家爱德华·霍费尔（Eduard Hoffer）发现，熊蜂中的权力关系是有序的且可以预知的。正如霍费尔所描述的那样："惩罚几乎总是以腿踢和嘴咬，受罚蜂甚至从来不试图反抗，其所有的努力就是尽最大可能迅速逃跑。惩罚有时会非常粗暴，可怜的受罚者不是重伤，就是死亡。"一旦偷卵的行为被阻止长达数小时，想偷卵的工蜂"就会越来越少，最后全都停止。这些从前千方百计想毁掉新生卵的同一群工蜂，现在变成了处于胎儿期的同胞弟妹的保卫者和抚养者。此后，它们为其弟妹保暖，并提供持续不断的营养品。"

早期使熊蜂的观察者感到困惑的东西似乎是促使熊蜂进行自控和自保的一种刺激。休伯提出了近代的一个惊人的假设，其中涉及温-爱德华兹所想象为"社会惯例"的那种密度制约控制。他申明，"熊蜂是以蜂蜜为食的大昆虫。如果其数量成3倍或4倍地增长，其他昆虫就得不到任何营养，接着，也许它们自己的物种也将会毁灭"。但是，佩雷斯（Pérez）把食卵现象看成工蜂自私行为的证据，代表其社会秩序的缺憾。也许存在一个更直接的解释，即这一行为包含一个适应整个集群的功能。林德哈德（Lindhard，1912）证实并深化了霍费尔的观察，同时，他还记录了一个实例，就是熊蜂的蜂后从其竞争工蜂中夺走一个卵，并把它喂给可能成为蜂后的幼虫。他还注意到，即使有工蜂卵能存活下来，也非常少，因此他推测说，这些卵除了充当喂养以后发育成蜂后的幼虫的"御餐"外，是难以生存下来的。如果这一结论中有任何真实性的话，那就是它与其他膜翅目社会昆虫中普遍存在的工蜂产营养卵的现象是一致的。

对熊蜂研究的普遍意义在当时并不为人们所知，也没有进入动物行为研究的主流文献。这项工作留给了挪威生物学家索利弗·施耶德拉普-埃布（Thorleif Schjelderup-Ebbe），他用脊椎动物作为实验材料重新开始了这一课题。在家禽实验中，他向人们揭示，禽群成员在维持2~3周记忆的基础上能相互识别。在攻击遭遇战过程中，它们建立了"啄食顺序"，由此严格决定了它们使用禽舍和食物的顺序。在20世纪30、40年代里，卡尔·莫奇森、沃德·C.阿里（Warder C. Allee）、尼古拉斯·E. 柯里埃斯（Nicholas E. Collias）及他们的同事，通过绘制禽群内部等级系统图，统计分析决定个体等级的因素以及雄性激素对攻击行为和权力行为的作用，大大扩展了关于家禽的知识。其他的研究者，尤其是卡朋特、J. T. 埃姆伦（J. T. Emlen）、D. W. 詹金斯（D. W. Jenkins）、伯纳德·格林伯格（Bernard Greenberg）、E. P. 奥德姆（E. P. Odum）和 J. P. 斯科特（J. P. Scott）描述了散养和圈养的其他禽鸟和脊椎动物群的等级系统。到1949年，当阿利和阿尔弗雷德·E. 爱默森（Alfred E. Emerson）写成了第一部真正意义的现代社会生物学综论作为对动物生态学理论贡献的一部分时，基本的"啄食顺序"形式的权力等级系统就被公认为动物社会组织的一个基本机制，而且，研究者还从多方面寻找证据。G. 赫尔德曼（G. Heldmann）和 L. 帕迪（L. Pardi）对欧洲纸黄蜂进行研究，再次发现了社会昆虫中的权力顺序。具有讽刺意味的是，帕迪把权力概念带回给无脊椎动物学的真正原因，不是受早期熊蜂研究的影响，而是受后来家禽实验的影响，就普遍意义而言，这是对科学史阶段性特质的一个恰当的诠释。

当朱克曼（Zuckerman）和马斯洛（Maslow）把权力概念延伸到灵长类动物较复杂的社会生活时，就遇到了严重困难。性吸引和性选择在攻击的交互作用中有极强的联系。朱克曼推断，事实上这些正是灵长类动物社会性的联结力量。马斯洛发现，狒狒和猕猴对同性使用交配跨骑动作作为攻击的仪式化形式，而从属者则用雌性的接受姿势奉送它们的臀部表示服从和妥协。这时，一些以申克尔和阿尔特曼为代表的研究者承认，灵长类动物和狼群都使用丰富的信号来表示地位，而不是直接与攻击性相结合。状态信号被看作是元通信信号，它向其他动物表明：正处在某状态的个体在展现其过去的经历和其在将来的遭遇战中的预期结果。德沃尔和华西本一起修改了霍布斯（Hobbesian）关于灵长类权力等级系统的解释，他们指出，从属者和权力者大多数时间里能和平相处，首先是因为等级系统行为的进化规则产生了稳定的社会系统，其次是因为属于一个类群的好处超过作为从属者的坏处。而且，在某些权力动物和从属动物间存在着小集团和联盟，进一步淡化了从属的效应。

随着考察的不断深入，研究灵长类动物的学者发现，无论作为解释的框架，还是分析个体行为的工具，权力顺序的概念越来越不够完善。在20世纪60年代里，K. R. L. 霍尔（K. R. L. Hall），I. S. 伯恩斯坦（I. S. Bernstein）、塞尔玛·罗威尔（Thelma Rowell）和 J. S. 加特兰及其他人开始采用一种新方法研究动物等级地位，在这一方法中可对动物个体的地位进行识别分类。例如，雄性可作为"控制"动物（Bernstein, 1966），它们进行警戒，把自己置于入侵者和自己所属类群之间，制止类群成员间的战斗。然而，在狭义和传统意义上，仍然没有对其他动物类群的成员构成攻击优势。虽然没有探明在白额卷尾猴（Cebus albifrons）群中是否有权力顺序，但事实上控制者型动物是存在的。迈克尔·查恩斯（Michael Chance）和克利福德·乔里（Clifford Jolly）强调某些动物起了吸引中心的作用，而这一中心决定了灵长类动物群的几何分布和定位（各种作用将在下一章里专门进行论述）。

另外，已知在社会昆虫中存在一类完全不同的复杂问题，它来自这些高度社会性的类群选择动物中在自私与利他行为间的精细交互作用。例如，蒙塔格纳发现，在高度社会化的黄胡蜂属（Vespula）中存在一种特殊形式的权力等级系统。液体食物交换是等级系统的媒介，工蜂为得到其他工蜂反哺给它们的食物的优先权而竞争，且常常表现为攻击性的。这在工蜂成员中明显是自私行为的表现，在社会昆虫中并不具有典型的普遍意义，而且也难以用自然选择的理论来加以解释。黄胡蜂属的工蜂确实产卵，而后发育成雄蜂，而且可以想象得到，权利个体通过产下超过它们份额的卵使加强权力行为的"自私"基因继续存在下去。确实，权力等级系统是在动物集群成长的初期、雄卵产出以前出现的，而且在卵发育与权力等级之间存在一定的正相关。并且权力仍然可以解释为建立在有利于"工蜂-雄性"遗传支系基因基础上的自私行为。但是，当集群组织被当作一个整体来研究时，这种现象显然是利他主义的第二种解释就出现了。蒙塔格纳指出，权力等级系统是工蜂有效的劳动分工的基础。"低等级的"工蜂是粮草收集者，它们负责收集食物和筑巢材料，然后入巢时把这些东西传送给较高等级的工蜂。最高等级的工蜂留守在巢内，照看幼虫，建筑和修缮孵卵蜂房。因此，权力行为是集群劳动分工的一种机制，人们可以合理地断定，它有助于提高整个集群的适合度。兰格在多栉蚁中发现了建立在液体食物交换基础上的、与卵发育有关的类似的等级组织。不像黄胡蜂，多栉蚁在相互关系中没有公开攻击的表现。

红杉蚁的情况形成了在胡蜂和较为微妙但有趣的蜜蜂情况间的过渡桥梁。在蜜蜂物种中，也存在一种食物交换的"等级系统"，形成了从食物采集工蜂到抚育工蜂的食物交换。其间没有公开的攻击行为，随着年龄的增长，

大多数蜜蜂的地位发生变化，它们从"权力的"抚育工蜂变成了"从属的"觅食工蜂。最要紧的是，工蜂在正常情况下对雄蜂的繁殖没有贡献，所以，我们可以给自私基因的假设打折扣了。简而言之，短时间里在少数几个个体身上表现出来的，似乎是自私行为的东西，而从较长时期里的集群角度来解释，则利他主义更为突出。在昆虫社会集群内其他的攻击情况（尤其与启动婚飞有关的情况），可以通过集群水平选择进化的社会整合机制做出类似的解释。

在随后的讨论中，我们将暂时避开这些复杂问题，把精力集中在受动物攻击行为调节的权力行为的形式上，并在个体水平的自然选择的基础上进行推测。

权力顺序的例子

在动物界，像领域性一样，优势等级系统也是呈高度不规则的方式进行分布的。在无脊椎动物中，等级系统主要限于以个体大为特征进化成比较高级的形式；在昆虫中，等级系统在那些完全社会化而又以原始方式组织起来的物种中显然最发达，例如熊蜂和纸黄蜂。克兰（Crane）已经报告过雄性纯蛱蝶中存在的非领域性攻击互作，但他把这个现象解释为"是求偶模式勾引阶段的一个片段"。在特殊情况下的一些蜘蛛中存在权力行为。一些种的雄性蜘蛛，例如蟹蛛（Diaea dorsata）为了占有雌性而战斗。当雄性的三角皿蛛（Linyphia triangularis）在雌性的网上相遇时，它们就会使用螯肢和牙状爪去战斗。在网上留住一两天，胜利的雄蜘蛛也会控制雌蜘蛛。寄居蟹为了占有

软体动物的甲壳做住处而争夺，这既可以归于一种领域行为，也可以看作是权力行为，而且最大的个体常常胜利。某些龙虾〔侏儒鳌虾属（*Cambarellus*），克氏原鳌虾属（*Procambarus*）〕通常是领域性动物，但被赶到一起时，它们会形成整齐稳定的线性权力等级系统。

多种鱼类在领域防卫和权力顺序之间表现了与上类似的现象。但是，那些正常生活的鱼群并未组织成等级系统，至少不会有建立在个体识别的基础上的那种稳定系统。当某些无尾目动物，包括豹蛙和非洲爪蟾（*Xenopus laevis*）集聚在一起的时候，它们就形成了权力等级系统（Haubrich，1961；Boice & Witter，1969）。但问题仍然存在，那就是此类物种在自由状态时是否还集聚。T. R. 亚历山大（T. R. Alexander）在海蟾蜍（*Bufo marinus*）中观察到接近自然的权力顺序行为。当自由生活群体中的各个个体聚集在一些食碟周围时，它们会发生战斗并根据一定的地位顺序彼此进行替换。蛙属（*Rana*）的某类成员，如美国牛蛙（*Rana catesbeiana*），有时会在一些靠近的区域取食，但就我所知，还未有过它们通过攻击的交互作用而组织起权力顺序的情况。

在自然界中相当稳定的、至少部分是建立在记忆基础上的权力顺序，实际上在所有觅食鸟群和群栖鸟类中都得到了证实。具有不同程度社会复杂性的、形成类群的绝大多数哺乳动物也表现出类似的权力顺序。等级系统在袋鼠、沙袋鼠、啮齿类动物、鳍足类动物和有蹄动物中得到了很好的发展。有关灵长类权力系统的文献数量庞大，但涉及多方面研究的优秀评述是由艾莉森·乔里、加特兰、波里尔（Poirier）、查恩斯、C. J. 乔里（C. J. Jolly）、鲍德温提供

的。一般来说，原猴亚目（尤其是狐猴）和旧大陆猴具有中等到强大的等级系统；类人猿的等级系统脆弱；新大陆猴物种差异大，有的全然没有等级系统，有的具有薄弱到中等的等级系统。

现在，让我们根据系统发育多样性和提供极端形态权力关系的某些物种进行分析。

普通家鸡

普通家鸡，有时称"家原鸡"（*Gallus domesticus*），是原鸡（*Gallus gallus*）的后代。原鸡是一种较小的地栖鸟类，分布于印度中北部到中南半岛南部的苏门答腊。家鸡是第一个权力关系被系统考察研究的脊椎动物物种，而且自此以后，所有与它有关的物种都得到了精心的研究。在最近30年里，A. M. 古尔（A. M. Guhl）和他在堪萨斯大学的助手们几乎研究了这个课题能够涉及的所有方面，他们的大部分关键成果和评论是由古尔、古尔和费希尔、克莱格（Craig）等人、克莱格和古尔，以及伍德-古什（Wood-Gush）等所作。家鸡的社会行为相对简单，在广泛意义上说，都是建立在权力顺序基础上的。当实验人员人为地制造一个新的鸡群，鸡会立刻争斗起来。它们迅速形成的等级系统实际上就是啄斗顺序：鸡通过啄斗或以威胁的架势逼向对手来保持地位。地位高或级别高的鸡显然以获得高的遗传适合度得到回报，它们获得使用食物、巢地和栖息地的优先权，它们享有更多的活动自由。权力公鸡远比从属公鸡有更多的交配机会。但是，权力母鸡比其他母鸡相比，交配的机会就少些，因为它们不常摆出服从和接受公鸡交配的姿势。然而，权力母鸡的适合度可能更大，因为它们获

得了更多使用食物和禽舍的补偿性有利条件。在母鸡等级系统之外，公鸡形成一个单独的等级系统。这种分离系统的适应解释是：这更有利于交配，因为从属于母鸡的公鸡不能同这些母鸡交配。关于家鸡战斗能力的遗传率已经得到很好的证实。在家鸡各品种内和品种间，这一性状都具有很大的遗传变异。关于权力进化的一个有趣评述是：当家禽育种工作者选择多产蛋的品系时，也选出了更有攻击性的品系。换句话说，育种工作者的确选出了权力鸡，而这种权力鸡更容易进行优巢产蛋。

一个母鸡群的临界个体数是10只。正如施耶德拉普–埃布在他具有开创性的著作中所指出，当接近这个数量时，鸡群中的三角和正方形关系会自动变成直线，由此产生的线性顺序会稳定几个月时间。在超过10只的鸡群中，环状单元普遍存在，等级系统仍以相对高的频率变换。但是，如果给1只或多只从属母鸡注射丙酸睾酮的话，即使是小的鸡群也会发生暴动和等级的迅速变换。鸡生活在稳定的等级系统内是有利的。通过实验换位失去秩序的鸡群成员，它们吃得少，体重下降，而且下蛋很少。鸡仅凭记忆来保持等级系统的时间可长达2—3周。如果分开的时间较长，它们就如陌生者一样，会重新建立权力顺序。但是，若将一只鸡在短的间隔时间内重复地从鸡群中移出移进，其等级地位不会改变。

在某种程度上说，原鸡的啄斗顺序真的反映了它们的祖先的社会状况吗？柯里艾斯等（1966）将几群原鸡在（美国加利福尼亚州）圣地亚哥动物园（San Diego Zoo）的几个展览场地放养进行观察，他们发现，作为总体的群体分成几群，它们以各自栖息地为中心维持极稳定的领域。虽然鸡群过大，且个体死亡造成

成群成员的迅速变化，但鸡群的领域却仍然保持不变。在任何时间里大部分鸡群都有5—20只鸡。柯利艾斯等人在印度和斯里兰卡的野外观察也看到了上述基本社会单位，而一只权力公鸡由一到数只母鸡陪伴，往往还有一到数只下属公鸡陪伴（这些公鸡与权力公鸡保持一定距离）。因此，就交配机会和栖息地点的竞争而论，这些鸡的自然类群并没有超出施耶德拉普–埃布关于稳定权力等级系统的归类范畴。

豹蛙

被迫在实验室环境中挤在一起或作为反常环境条件造成的一种结果，领域动物通常转向一种原始形式的优势顺序。波伊斯和威特（1969）记录了豹蛙中存在这种现象的一个典型例子。这种动物对于彼此挨在一起几乎无意识，而提供食物时则不然。一般是个头最大的权力者占据最有利的位置把竞争对手挤走，保持它们自己周围的一定空间。这看来是刻意用前腿猛推来完成的。当喂给豹蛙蚯蚓时，权力者反应较迅速，而且成功率较高。如果一只高等级的豹蛙跃起捕食着地时越过了蚯蚓，它会迅速返回；而一只低等级的豹蛙通常则会在着地后停留很长时间。等级地位相近的豹蛙有时会为争夺同一条蚯蚓而相互抓咬。像其他临时聚集的青蛙和蟾蜍一样，豹蛙在权力互作期间并不使用特别的攻击或地位炫耀。

在原始昆虫社会里，争斗和竞争盛行，这导致一只在生理上优于集群其他成员的单个雌性，即蜂后的出现。在较高级的昆虫社会，尤其是蜂后与工蜂之间存在巨大差别的社会里，蜂后也对工蜂实施控制，但往往不采取公开攻击，而是用一种更微妙的方式。在许多情况

下，像在蜜蜂、大黄蜂、许多蚂蚁和白蚁中，权力是通过抑制繁殖行为和抑制集群非成熟成员发育成蜂（蚁）后的一些特殊信息素实现的。从被认为是残酷的统治到蜂后风格优雅的控制的渐次变化，是一个难以分段的进化过程，这个进化过程绵延贯穿所有社会昆虫。

赫尔德曼的研究表明，在欧洲纸黄蜂中存在原始权力系统。他发现，两只或更多雌蜂在春天里开始一起筑巢，然后一只产卵，其他雌蜂则充当工蜂的角色。这个功能蜂后吃其他巢伴产的卵要比巢伴吃它产的卵要多，由此实现了繁殖优势。帕迪发现，蜂后通过直接攻击行为确立自己的地位并控制其他纸黄蜂，他对这种社会组织继续进行了详细分析。此后，森本（Morimoto，1961a，b）对亚洲纸黄蜂（*P. chinensis*）、吉川（Yoshikawa，*P. fadwigae*）对日本纸黄蜂（1963）和玛丽·珍妮·韦斯特·艾伯哈德（Mary Jane West Eberhard，1969）对加拿大纸黄蜂（*P. canadensis*）及褐纸黄蜂（*P. fuscatus*）的研究，都对纸黄蜂的权力行为做了证明。纸黄蜂集群成年成员之间的关系在形式上比熊蜂集群更精微更稳定。没有蜂后的简单专制，纸蜂种群在大多数情况下存在线性等级顺序，由主要产卵者（蜂后）和其他联合在一起可叫作后备队的雌蜂按产卵、觅食和筑巢的相关频率组成梯级序列（见表13-1）。权力个体不管什么时候交换食物都会得到较多食物，它们产卵多、工作少，通过一系列的攻击确立和维持自己的等级地位。攻击强度最低时仅仅是做个姿态了事：权力个体把腿抬高到比从属者还要高的高度，这时的从属者则蜷缩身体并放低自己的触角。强度较高时彼此咬腿，而最高强度时则彼此扭打针刺。在短暂的战斗里，有时竞争者被驱离蜂巢而摔到地上。尽管艾伯哈德曾经见过在一次战斗中一只雌性褐纸黄蜂被杀死，但是通常连受伤都少见。在纸黄蜂联合筑巢时的最初几天里，等级相近的纸黄蜂之间往往会发生最激烈的冲突。随着时间推移，纸黄蜂较容易适应它们的角色，交相攻击受到抑制，最终攻击实际上纯属故作姿态。在集群发育的最后几个阶段里，从蛹龄羽化出第一批成体工蜂的时候，它们对雌性创立者的关系一律都是从属和非暴力的。工蜂群内也形成等级系统。较早羽化出的工蜂较其较晚羽化的工蜂更有权力。如果地位最高的雌蜂被移除，次于它的那些后备雌性就会彼此仇视战斗，直到它们的成员之一拥有明确的权力为止。这时，骚动会沉寂到先前的低水平。艾伯哈德发现，热带种的加拿大纸黄蜂与所有被研究过的温带纸黄蜂不同，前者的竞争更激烈，结果，失败者离

285　表13-1　建群的雌性纸黄蜂类群内根据等级的劳动分工（由1965年5月18日至6月14日的26个白天的观察结果）（源自 Eberhard，1969）

识别编号	优势等级	产卵数	食其他等级纸黄蜂卵数	新蜂房起用数	觅食率（观察每小时得到的搬运食物次数）	从助手那里得到的搬运食物次数
13	1	9	4	0	0.08	25
34	2	5	2	1	0.50	20
35	3	0	0	1	1.41	0
28	4	0	0	2	1.56	5
15	5	0	0	8	1.80	3
6	6	0	0	0	1.22	1
18	7	0	0	0	1.50	0

开蜂巢到其他的地方尝试筑巢。蜂后也不怎么依赖于吃卵的间接方式来保持繁殖控制。因此，加拿大纸黄蜂接近真正的专制控制，而就所研究范围的温带纸黄蜂来说，则是一种以不稳定寡头控制为特征的集群组织。

纸黄蜂集群中的权力雌性以三种方式保持它们优越的繁殖地位：当食物变得稀缺的时候，它们要求并得到最大份额的食物；它们在新筑巢内产最多的卵；当从属者把卵产在空巢中，它们就清除或吃掉这些对手的卵。卵巢的生理发育程度和大小与纸黄蜂的地位多少有些相关性。当一只雌蜂地位跌落，它的卵巢也变小。可以这样设想，从属个体的卵巢发育低下，完全是因为它们得到的食物较少：换句话说，这符合马卡尔（1896，1897）想象的那种"营养阉割"。与"工作阉割"现象同样可能紧密相关，从属个体被迫消耗更多的能量在觅食和筑巢上。但是，事情远比上述复杂。能量的剥夺和卵巢的发育很有可能在纸黄蜂确立等级地位时发挥某些作用，但是，其他因素也同样重要。格维特使短尾纸黄蜂的蜂后在寒冷中过夜，达到抑制它们产卵但不影响它们白天活动的程度，这时，纸黄蜂保持了自己的权力地位。但是它们留下了更多未产卵的空室，这转而刺激了从属纸黄蜂卵巢的发育。德勒兰斯用手术去掉权力短尾纸黄蜂的卵巢，然而这种处理手段依然没有影响到它们的等级划分。由此说来，似乎是等级地位决定卵巢的发育，而不是相反的。而且格维特的结论排除了卵巢发育直接受营养控制的可能性。这时最明显的情况是，出现许多空的哺育室就可能刺激从属雌性产卵。但是，这种纯心理的现象反过来是由什么决定的，就完全不清楚了。经验似乎与此有关，因为第一

批到达新巢的雌性倾向统治后来的雌性。正如已经指出的，老的工蜂倾向统治年轻的工蜂，这也是真实的。

熊蜂和纸黄蜂的专制和权力等级系统，与那些在攻击上有组织的脊椎动物社会有许多共同特点。但是，它们是否在以个体识别和经验记忆为基础方面也有相似性呢？这在有几个到几十个个体的较小的熊蜂和纸黄蜂集群中存在理论上的可能性。蜂后和高级后备队组成一小伙精英，它们住留在使用中的孵化巢附近，因此接触频繁。凡是有这种情况的地方，在几百个个体的昆虫集群中也有这种可能。但是，在最大的昆虫社会里，那就难以想象了。阪上（Sakagami，1954）观察到，当蜂后不在的时候，蜜蜂的工蜂发生温和敌对的现象，但他没有找到纸黄蜂式规范的权力等级系统的证据。他指出，因为蜜蜂包括数以万计的工蜂，而它们中能活过1个月的几乎没有，所以要建立如此复杂的个体关系系统是没有可能性的。阪上的推论在某种意义上是正确的，但是，他没有排除建立在个体攻击差异（如不是通过学习或配对关系形成的）基础上的松散的权力系统。

蜘蛛猴

新大陆猴至今尚未达到最高等旧大陆猴和类人猿的社会复杂度。蜘蛛猴可以当作新大陆猴所表现的弱化、温和式权力关系的典型。它们的攻击行为包括：一个猴群的成员们用摇动树枝、磨牙、咳嗽、发嘶嘶声，甚至吼叫来相互威胁；它们彼此拳打脚踢，有时甚至彼此用犬牙撕咬毛皮，用门齿拼命地啃咬；权力猴有时追打从属猴。但是，这类公开的攻击行为是相当罕见的。雄猴倾向统治雌猴，成年猴倾

286

向统治青少年猴，但是，其等级顺序不是线性的，也难以从稀少且常常不可预料的成对的地位交替来做出界定。蜘蛛猴不使用攻击炫耀和性交骑跨、不使用地位象征姿势或任何旧大陆猴中的猕猴和狒狒所特别明显使用的高度仪式化的威胁与和解信号。梳理行为不普遍，高等级猴子自梳理比被梳理多，与此相反，梳理（即异体修饰）则是大多数其余猴子中的倾向。成年雄猴有时阻止其他猴子之间的战斗，但它并未起到控制的作用。简而言之，蜘蛛猴不经常使用的原始的权力系统反映了它们简单的社会组织的状况。

粗尾婴猴

当研究进展到原猴亚目这个现存最原始的灵长类动物的时候，我们遇到了权力系统甚至比蜘蛛猴更弱的情况。帕梅拉·罗伯兹（Pamela Roberts，1971）在杜克灵长类研究室所观察的一个8只粗尾婴猴群中，雄猴根本没有梳理习惯，其中一只雄性对其他三只施用专制方式。雌猴常常梳理，表现出很强的权力行为，但这种关系却常常变换。在一个场合，一只雌猴比一只较大的且更具有攻击性的另一雌猴更有权力。据罗伯兹解释说，粗尾婴猴社会的基础是"个体的好恶"，而不是真正的权力系统。

小青鳉

上述例子和以下一个畸变案例恰当地联系在一起，指明了权力行为是如何可以通过意想不到的方法被整合到性行为和社会行为中的。小青鳉［异花鳉属（Poeciliopsis）］是具有单性-两性物种复合体的脊椎动物类群之一［其他包括钝口螈属（Ambystoma）和健肢

蜥属（Cnemidophorus）、蜥蜴属（Lacerta）的某些蜥蜴］。这就意味着，除了正常的祖先物种（仍保持两性）之外，还存在孤雌生殖的雌性品系，即后者无须受精即可繁殖出雌性后代来。但是，小青鳉单性体为了产卵仍需两性物种的雄性授精，尽管其精液仅仅充作一种刺激，而不会使卵受精。在两性生殖鱼群中，权力雄鱼几乎总是给正常雌鱼授精；而从属雄鱼一般都是发育未成熟和缺少经验的个体，给单性生殖雌鱼授精。因此，孤雌"物种"通过利用亲本物种的权力系统用寄生的方式保持自身的繁衍生息。

权力顺序的特性

陌生恐怖原理

相对平静的稳定权力等级系统隐藏着联合反对陌生者的潜在暴力。新来者威胁到了动物群中每一个动物的地位，因此它会受到联合抵制。合作行为在抗击这样的入侵者时达到最高潮。例如，见到外来鸟会激发一群加拿大雁的情绪，它们展现全部的威胁炫耀，伴以反复的集体靠近和退却。鸡场主熟谙陌生恐怖的实际含义。一只新鸡被引进有组织的鸡群时，除非它非常厉害，否则就会遭到连续几天的攻击折磨，直到它被迫屈尊最低下的地位。新来者在很多情况下都是没有什么反抗就丧生了。索斯维克的实验在第11章中已经引证过，它揭示，新来者的出现是增强一个普通猕猴群攻击行为的最有效手段，而大多数敌视行为都是直接指向陌生者的。人类行为提供了一些陌生恐怖原理的最好范例。局外人几乎总是紧张局势的根源之一。如果他们构成现实威胁，尤其威胁领

土的完整，他们在我们的眼里就会像邪恶和庞大的力量黑压压地向我们逼近。在这种"内心深处情感"的水平上，人类和普通猕猴的心理过程可能在神经生理学上是类同的。

强悍领导的和平

一些灵长类社会的权力动物利用它们的权力来终止从属者间的争斗。普通猕猴、豚尾猕猴和蜘蛛猴中存在的这种现象得到了清楚描述。在松鼠猴中，这种功能的运行好像没有涉及权力行为。用专制制度组织起来的物种，例如熊蜂、纸黄蜂、大黄蜂及人为聚群的领域鱼及蜥蜴，也生活在由普遍承认的专制者控制所带来的相对和平的环境中。如果权力动物被铲除，先前等级相同的从属者便会争夺最高的地位，攻击行为随之陡然升级。

权力欲

在范围广泛的以攻击行为形成组织的哺乳动物中，从象海豹、妻妾成群的有蹄动物、狮子到叶猴、猕猴和狒狒，年轻雄性照例被它们的权力长者排除在外。它们脱离其类群，或者是孤独流浪，或是加入"光棍"群伙。它们至多在类群的周边得到宽容，但也是惴惴不安。而且，完全可以料想，正是这些年轻的雄性富有进取精神、攻击性和惹麻烦的因素造就了这一情况。它们有时为了类群内的权力地位而争斗，有时组成不同的团伙和小集团共同合作去削减权力雄性的权力。甚至这两个类群中的雄性的个性都是不同。当一个新颖的对象出现在面前时，日本猕猴群中"建群"雄性仍然保持平静和超脱，不去冒失去地位的风险。而探索新地域和用新颖的对象做试验的，正是雌猴和

年轻的猴子。这些与人类行为相似的情况被几个著者注意到了，但是说得最清楚明白和有说服力的是泰格（Tiger，1969）、泰格和福克斯（Fox，1971）。

社会惯性

当陌生动物聚集到一起时，攻击行为在开始时最为频繁。随着时间的流逝，敌对行为频率逐渐降低，直到在单位时间内攻击行为接近一个常数。攻击行为渐次缓解是由于一些动物个体被挑选出来占据统治地位，而且所有动物越来越熟悉由这些个体提供的信号。古尔把此类稳定系统的黏合性叫作社会惯性。一个动物企图在固定的权力等级系统中改变地位，较在等级系统形成初期和形成阶段做出努力的成功可能性要小。

嵌套等级系统

分解成各单元的社会可以在单元内和单元间显示出权力。例如，白额雁（*Anser albifrons*）发展成若干亚群（亲本、没有小雁的成对配偶、自由的小雁），而每个亚群内又有等级顺序。野火鸡各兄弟群为取得权力而竞争（尤其是在炫耀场地），而每个兄弟群的兄弟们又建立一套权力顺序。人类部落之间、企业之间、机构之间的团队游戏和竞赛有时也是建立在嵌套等级系统基础上的，这样的系统或多或少是由若干个自治阶层紧密组织起来的。

权力者的利益

用社会生物学的语言说，权力就是取得生活和繁殖必要条件的优先权。这不是循环论

证，而是对在自然中观察到的紧密相关性的陈述。好战的权力动物占用从属动物的食物、配偶和巢地，几乎无一例外。余下要证实的就是，这种优先权实际提高了权力动物的遗传适合度。在这一点上，有明确的证据。

首先，我们来考虑简单的觅食问题。斑尾林鸽是典型的群食者，单个的斑尾林鸽会为地面一群取食的斑尾林鸽所吸引，无疑，跟随鸽群觅食有很大好处。权力鸽占据鸽群中央。默顿等人（Murton et al., 1966）指出，这些个体比边缘的，尤其是远边缘的斑尾林鸽进食快，因为边缘的斑尾林鸽常常要回过头来确认权力鸽是否进行了移动。黄昏时，默顿和他的助手射杀将要飞回鸟巢的斑尾林鸽，由此确知，从属鸽积食较少，事实上，它们仅仅能撑过一个夜晚，如果夜里气温骤降或因次日天气无法觅食，它们就会有死亡的危险。

如果对这个问题没有系统的研究和评估，我们就无法猜测动物地位与觅食间的关系是不是一个关键的问题。对羊和驯鹿母本照顾研究表明，地位低的雌性都是进食最差的动物，也是母亲照顾最差的动物。猪仔吸乳的乳头次序是一个具有直接适应基础的摄食权力等级系统的缩影。在小猪仔出生的第一个小时里，它们争抢乳头的位置，一旦确定，就一直保持到断奶。猪仔拼力抢夺，用临时的门牙和獠牙彼此乱咬。优先被选择的是前面的乳头，前面的乳头比后面的乳头提供的奶多，猪仔在前面乳头吸乳时又可以防止母亲后腿的践踏。小猪吃的奶多，到断奶时体重就大。乳头奶量的梯度大到可能足以为进化竞争提供一个选择压力。吉尔和汤姆森发现：在对 8 窝猪仔的研究中，吃前 4 对乳头奶的要比吃后 4 对乳头奶的猪仔平

均多吃 15.3%；吃前 3 对乳头奶的要比吃后 3 对或 4 对乳头奶的猪崽多吃 83.8%。不必惊奇，猪崽在受乳的初期可以转换乳头的偏爱而向前移动位置。依靠定位的刺激，即使乳头被部分遮蔽并被泥土涂盖，猪崽也能迅速找到它们自己的正确位置。这种定位刺激来自何物至今没有确定，但是，通过排除法得知，可能涉及气味。猪崽常在乳头周围的乳房上擦磨鼻子，麦克布莱德（McBride）提出一个富有启发性的看法，那就是，猪崽在存放自己的气味。

猫中的乳头次序现在也已经有报告，某些程度的优势可能包括：饥饿的小猫挑战并抓咬擅入它们吸吮乳头附近的侵犯者。尤尔（Ewer）对这个现象进行了专门研究，他认为，固定乳头的功能是提高摄食效率——使摄食时间和努力达到最小化的一种有序组合。固定乳头也确保了一只小猫有一个有奶的乳头，因为余下的乳头几天不用就会停止产奶。但是，还有一种可能是真实的情况是，母猫的后 4 对乳头奶量最丰富。奶量梯度大小是否足够形成对这些乳头适应的竞争，尚未可知。乳头顺序的系统发育分布并不完全，例如对狗（Rheingold）、狐獴（Suricata suricatta）（Ewer），非洲巨鼠（Ewer, 1967）和树鼩的研究都未发现有乳头顺序现象。

支持繁殖竞争中的权力假设的证据甚至更有说服力。德弗里斯和麦克勒恩（DeFries & McClearn, 1970）对实验鼠所做的实验，因其设计的完善值得记述一笔。每组实验类群由遗传标记可以识别的 3 只雄鼠和 3 只雌鼠组成。每一次变更组内成员，公鼠都要拼打上 1 天或 2 天，而后建立起严格的等级系统。正如通过鼠后代所带遗传标记所鉴定的，权力和遗传适

合度之间的关系是显著的。在建立的22个实验类群中，有18个类群的后代的父亲都是权力雄性。在3只（权力雄鼠、从属雄鼠和雌鼠各1只）一组的群中：在3个鼠群中各出现一从属雄鼠做了一窝小鼠的父亲；而从属雄鼠做了两窝小鼠父亲的情况只出现在一个鼠群，权力雄鼠（占群体1/3）做了92%小鼠的父亲。类似的相关性在原鸡、挪威大鼠、野兔、象海豹和其他鳍脚亚目动物（勒·布尔夫，1972），以及鹿、山羊和其他有蹄动物的权力等级系统都有报告。

通过权力获得的繁殖优势甚至在最复杂的社会中也存在着。草原狒狒在性皮肤发生部分肿胀期间与青少年从属雄猴进行交配；但是，在性皮肤肿胀最高潮的5—10天里发生排卵时，只与最高地位的雄猴进行交配。许多原始人类文化以一夫多妻为特点，这一特点可能与其他形式的行为优势存在普遍的联系。拥有多余的妻妾在传统上是对男性成就的奖赏，而这种成就常常是根据物质标准和资历做出判断的。在詹姆斯·范·尼尔（James Van Neel）和他的助手所研究的巴西雅诺玛米印第安人（Yanomami Indian）中，政治上有权力的父亲，其孩子数量多得不成比例。一夫多妻伴之以一定数量虐杀女婴，导致妇女短缺。许多男人不是被迫终身打光棍，就是去到别的村庄抢夺妇女（这当然增加了被抢夺村庄妇女的短缺）。雅诺玛米人不得不买卖妇女，努力与每个村庄内部的最有权势的世系门第进行此类活动。政治上强大家族的一个年轻男人有许多全同胞或半同胞姐妹玛米他的多妻，家族的生育能力通过这种做法得到增强。此类系统真的能推动行为优势的进化吗？尼尔做了下面富有挑战性的评论：

"纵使将生在同胞姐妹众多的家庭作为优势，印第安人社群中领导权的竞争可能也很少是基于对出身的评价，而在很大程度上是基于人类文化的固有特点。我们的实地考察印象是，一夫多妻的印第安人，特别是首领，多是比非一夫多妻的印第安人更富有才智，他们大都也有较多的后代。因此，这些部落中的一夫多妻制显然为某些类别的自然选择提供了着实有效的手段。然而我获得的资料尚不足以支撑这一观点！"

优先使用巢地和避居所的适应性价值是一种不容易测验的假设。但是，柯里艾斯和雅恩（1959）已经通过对加拿大雁案例的研究提供了令人信服的证据。雌雁选择巢穴地，并且要由可利用的最有攻击性的雄雁护卫着一起进行。权力地位低下的一对配偶会被其他雁一次次从巢地赶走，它们的孵化一再推迟，严重影响繁殖。詹金斯研究的溪鳟权力者比从属者享有对溪流和栖所更多选择的自由。因为按等级系统组织的鱼群数是沿溪流水道存在的适合生活地域的简单函数，所以，权力鳟鱼可能享有最高的存活率。

在一个等级系统社会里，地位最高的动物承受的压力一般较小。所以，它用于对付冲突的能量消耗较少，遭受内分泌机能亢进折磨的可能性也小。例如，埃里克森（Erickson）发现从属的蓝鳃太阳鱼（Lepomis gibbosus）较少比其权力鱼先发动攻击；但在一定程度上，这些从属鱼是易被攻击的目标，所以它们发育了较大的肾间体腺，这是鱼体中皮质类固醇的来源。在普通猕猴群中，两类雄猴的攻击行为最少：最低等级的一些个体逗留在群的边缘，它们从最好的摄食地和栖息地被完全驱出；权力雄猴享有费力最小的特权。紧张与对抗在中等等级中最激烈，它们持续不断地拼命向权力等级系统上方攀爬。

最后，有时享受特权的等级可以进一步提升生存的价值。在猕猴中，权力雌猴是"姑妈"行为的受益者。两性中的权力猴所接受的梳理（作为一项基本的清洗活动和社会信号）要比它们付出的梳理多。在普通猕猴中，等级顺序可以通过相互梳理的方向性可靠地直接判断（见图13-3）。

290

图13-3 雄性普通猕猴的梳理顺序所揭示的等级顺序。图中在梳理中的三只猴子的等级从右至左是逐步上升的（引自Kanfmann, 1967）。

从属者的补偿

失败不会给一个动物留下一个无望的将来。物种的行为个体发育似乎设计成使每个失败者都有第二次机会，而且在一些更为社会化的形式中，从属者需要的只是在等级系统中等待轮到它的提升。从昆虫到猴子，最频繁使用的手段就是迁出。整个脊椎动物界的共同规则就是：青少年和年轻的成体最有可能被从领域中逐出，最有可能从权力顺序的最底层起步，

因此，最有可能作为流浪者和从属者被发现在类群的边缘四处游荡。在一些较为封闭的社会，这些流浪者中雄性占绝对多数。迁出是群体密度制约控制的普遍形式。自然选择的理论告诉我们，凡在某个生命阶段和某个群体密度上能程序化迁出的地方，以及这种迁出是涉及抉择性的外迁，而不是无目标的漂移，那么给迁出者带来的成功机会至少和那些仍然留在家里的同等级动物成功的机会是相等的。巧合的是，迁出个体在有关物种的群体和扩充边界间的基因扩散起了关键作用。可以说，这些迁出个体起生物地理膨胀作用，这样总体说来就保持了物种最大限度的扩散和总密度。一些研究者，著名的有克里斯琴和卡尔霍恩等，认为从属者和迁出者有更大的潜力。这些流浪者通过遗传同化最有可能成为新生境的开拓者、适应新形式的实验者，以及能更敏捷地学习和调整本物种的开化能力。用迁出者的本质形式所说的流浪者，是物种进化的先锋。这是一个吸引人的假设，但仍是一种推测。同样，建立一个模型，在这一模型中，群体的"建立者"中心可促成大部分进化。正是在这个中心，我们找到了最大数量的遗传多样性。可居住的地方范围广泛、生态多样，而住在这里的稠密而相对稳定的群体就必然使个体之间的社会互作类型达到最大化。在这个可选择模型中，根据这些要素，进化可以衍生出与流浪者相同的每一个品质（或性状）。细化和检验不同的各有关假设，仍然是社会生物学的一项重要任务。

其他一些可以确定的从属者的功能可能只对权力者而非从属者有适应作用。地位最低的个体可以充作"攻击谷底"。伯纳德·格林伯格发现，当从属的、非领域性的蓝太阳鱼（*Lep-*

omis cyanellus）从水族箱中清除时，留下来的领域居住者彼此之间的攻击互作增大。此时，一条陌生鱼进来，就成了新的攻击目标。自由活动群体的从属鱼可离开该地，到较不适宜的生境中去建立领域，由此看来，地位最低的从属鱼的"攻击谷底"效应有主观臆断之嫌。

血缘选择可以为从属个体付出遗传代价提供一种理由。如果一个动物很少有机会成功实现自己的选择的话，它就转而去为近亲服务，这样可以提高它的广义适合度。社会昆虫提供了一个具体的范例。当能繁殖的雌纸黄蜂休眠后出来寻找一个巢地的时候，它倾向于与前一年夏季出生的纸黄蜂为邻落巢。许多纸黄蜂群（群中有许多是同胞姐妹）大都合作建设一个新巢，其中一个为权力个体，负责产卵，其余的为专业工蜂。这种自愿从属的现象不容易得到解释，因为即使这些合作的雌蜂是全同胞的话，从属雌蜂照顾甥女的相关系数是 3/8，而她照顾自己女儿的相关系数为 1/2。理论上的这一矛盾已被玛丽·珍妮·韦斯特（1967）提出的"老处女假说"解决。韦斯特指出：正在筑巢的雌纸黄蜂在卵巢发育方面差异很大，并且其在权力等级系统中的地位直接与卵巢发育相关；纸黄蜂在多数情况下的建巢以失败告终；因此，具有低可育度的雌性建巢成功并生活到成熟期的概率极低，以至于它们使自己从属于成功建巢的亲缘雌性更为有利（以广义适合度衡量）。

我们还在其他社会中看到了从属动物住留在自己类群中的直接诱因。个体猕猴和狒狒长时间（尤其是离开寝宿地）独处，就无法活下去，也几乎没有繁殖的机会。正如斯图尔特·阿尔特曼和其他人证实的那样，即使是一个低等级的雄性，如果它属于一个群，它就仍然可以吃得好，还偶尔可以与发情雌性进行交配。而且，忍耐可以把半好变成全好，因为权力动物终究会衰老、死亡。黑琴鸡甚至在炫耀场所会遵守一种年龄系统：1 岁公鸡留在外围，很少能吸引雌性；2 岁时，它们迁到近中心区的第 2 等级地带；3 岁时，它们有机会成为权力公鸡（Johnsgard，1967）。权力雄性的替换可能是一种普遍现象。弗雷泽·达灵观察到，雄性赤鹿与一群妻妾在一起时，自己不吃东西。大约两周之后，它们就很容易被一个新手（常常是年轻的雄赤鹿）打败。这时，它们离开妻妾，跑到较高的地方四处觅食，重新恢复体能，也许再试身手，夺回妻妾。优势雄性黑斑羚也会因为无暇进食而很快耗尽了它们的体能，输给年轻的对手，或沦为捕食者的口中餐。

许多种类的猴和猿都有如艾森伯格（1972）和他的合作者所称的年龄——级别——雄性系统，这实际上就是和黑松鸡种群中一样的年龄序列。在这一系统中，一个年长的优势雄性包容一些较年轻的雄性，而且与它们合作觅食和保护类群。地位最高的雄性因为年纪增长或受伤衰弱了，或一命呜呼，较年长的副手之一就会接替它的位置。年龄——级别——雄性组织显然是一雄社会和多雄社会之间进化过程的过度形式，在前者中，统治的雄性不允许任何从属雄性存在；在后者中，多个成年雄性享有相近的等级地位。大部分已知的例子是在猕猴、黑脸山魈和长尾猴中发现的。大猩猩群（群内有一优势的但具有高度包容性的银背雄性）在类人猿中是值得注意的一个例子。

年龄——级别——雄性系统在原始社会类型的非洲黄蜂（*Belonogaster junceus*）中也有

291

报告（Roubaud，1916）。集群成员个头大体相当，有发育的卵巢，所有和近乎所有黄蜂都在羽化后大约一周时间内受精。在受精前和受精后的一段时间里，年轻的雌蜂充作工蜂。根据卢鲍德所做出的假设，它们因为工作劳累和缺乏营养而不育。但是，随着它们不断长大，就有机会提升等级并担任产卵的角色。因此没有永久的职别分工，就一生平均来说，所有的雌蜂实际上都有相同的地位。要在卢鲍德的解说中找到优势等级系统的证据是徒劳的。在 1916 年，卢鲍德当然还没有意识到这个概念，因此，他就容易忽视记录一些相关的观察。类似的年龄-级别社会在原始社会的蜜蜂和短腹纸蜂属（*Parischnogaster*）中也存在（Yoshikawa et al.，1969）。

权力的决定因素

是什么品质决定了一个个体的地位呢？针对这个重要问题所做的关键性工作很少，握有有用资料的研究者在谈到其他课题时，常常只是粗略地附带提及这方面的结果。这方面许多最有用的信息在表 13-2 中以系统发育类别的形式呈现。我们现有的知识可以用下面的大致原则进行概括：

1. 成年优于青少年，雄性通常优于雌性。典型的是，在多雄性社会里，雄性等级顺序的划分全部置于雌性等级顺序之上，或者几乎紧贴后者之上。在此类情况下，青少年雄性有时在它们取得超过雄性最低地位以前，就已经穿过了雌性等级系统一路上升。雌性优于雄性的例外物种包括褐鲣鸟、鬣狗、非洲绿猴和蓝猴。

2. 大脑容量越大且动物行为越灵活，等级地位的决定因素就越多，其影响力就越接近相等。还有，等级链越复杂，就越有序。这些相关是非常松散的，只有从系统发育的最长跨度来比较这些物种时，才能呈现出来。节肢动物，其中包括社会昆虫，表现出了导致专制产生的、短链等级系统的基本结构，或者导致产生一些混沌系统，而后者是通过彼此接触重新建立起来的权力系统（如黄蜂中的那样）。鱼类、两栖动物和爬行动物也形成专制和短链等级系统。鸟类和哺乳动物通常形成长链等级系统，其成员共同保卫领域。在一些高等猿猴中，还出现了同伴联盟、权力个体捍卫领域和在确立地位初期母系的强烈影响。

社会类群的凝聚力和耐久度越大，等级的各种相关数量就越大，彼此就越接近平等，权力顺序就越复杂。羚羊、绵羊和其他有蹄动物的等级顺序，特别是那些在繁殖季节里临时形成的等级顺序，建立的基础首先是个头大小，其次也许是年龄（见图 13-4）。在攻击性较强的有组织的旧大陆猴中，特别是在狒狒和猕猴中，猴的地位是根据它孩提时代的背景决定的：如与母亲的地位相关；与它在联盟中的成员身份相关；与"运气"相关——例如，看这个动物是不是一个旧家族的一员，看它是不是刚刚从一个相邻群中迁入而来，看它是不是幸运到足以抓住一个较强的对手在其脆弱时刻打败它。在一个类群刚刚组成时，诸如一群被抛进圈舍中的母鸡或普通猕猴，最初的权力顺序是根据个头大小、力气和攻击性建立的。但是，之后个体的个性和经验也是建立权力顺序的因素。

表13-2 权力等级顺序相关程度（此表占原书p292整版，p293半版）

物种	因子	相关程度	被控资源	作者
昆虫				
长戟大兜虫（*Dynastes hercules*）雄性	体形大小	高	雌性	Beebe（1947）
纸黄蜂雌性	到达巢址先后次序（仅蜂后）	高	食物，产卵权	Pardi（1948），Eberhard（1969）；Wilson（1971a）
	年龄，即在巢中出现顺序（仅工蜂）	高	食物	Pardi（1948），Eberhard（1969）；Wilson（1971a）
寄生蜂后	寄生物种的蜂后仅凭借较大力气和耐力统治宿主物种的蜂后	高	食物	Scheven（1958），见第17章
熊蜂：雄性	个头大小，职别和卵巢发育（全部紧密相关）	高	食物，产卵权	Free（1955，1961）
	前数次遭遇的胜与败	低	食物，产卵权	Free（1955，1961）
寄生蜂后	寄生物种的蜂后仅凭借较大力气和耐力统治宿主物种的蜂后	高	食物，产卵权	Plath（1922），Free & Butler（1959），Wilson（1971a），见第17章
无刺蜜蜂（*Melipona quadri-fasciata*）：雌性	职别	高，可能完全相关	食物，产卵权	Sakagami，Montenegro，Kerr（1965）
蚂蚁：蚁后（雌性），在蚁属和红蚁属物种间	体形大小	高	巢址	Brian（1952）
甲壳类				
南非岩龙虾	体形大小	高	避居所	Fielder（1965）
龙虾（螯龙虾属，原螯龙虾属）	体形大小	中等到高	空间，由领域转换	Lowe（1956），Bovbjerg（1956）
鱼类				
绿太阳鱼	以前遭遇的胜与败	中等和偏相关；试验中排除其他因子	空间，由领域转换	McDonald et al.（1968）
剑尾鱼（剑尾鱼属）	体形大小，以前遭遇的胜与败	中等	不明	Thines & Heuts（1968）
小青鳉（异花鳉属）：雄性	年龄，经验	中等	雌性	McKay（1971）
爬行类				
加拉帕戈斯龟：雄性	体形大小，特别是头能抬高的高度	强（不变）	雌性	MacFarland（1972）
鸟类				
黑琴鸡：雄性	年龄	中等或强	雌性	Johnsgard（1967）
褐鲣鸟：未离巢的雏鸟	出现时间	强	可能是食物	Simmons（1970）
啮齿类				
田鼠，鼹鼠（鼾属，田鼠属，白足鼠属）	体形大小	强	空间，至少部分由领域转换	Grant（1970）
有蹄动物类				
新大陆骆驼（无峰小骆马、骆马、美洲驼）雄性	年龄主要，个头其次	中等或强	不明	Pilters（1954）
山羊（加拿大盘羊，戴氏盘羊）：雄性	体形，尤其是角的大小	中等或强	雌性	Geist（1971）
奶牛：雌性	体形大小	强	不明	Schein & Fohrman（1955）
印度野牛（*Bos gaurus*）：雄性	体形大小	中等	雌性	Schaller（1967）
花鹿：雄性	体形，尤其是鹿角长度	中等	雌性	Schaller（1967）
灵长类				
日本猕猴和普通猕猴	复杂的社会因子：主要是母亲的级别；还有健康、入群时间、个性、输赢史	不明	食物，休憩所	B. K. Alexander, Hughes（1971），Bartlett & Meier（1971），A. Jolly（1972a），Rowell（1963），Southwick & Siddiqi（1967），Sade（1967）
白眉猴（白眉猴属）：雌性	年龄，繁殖周期时间	不明	不明	Chalmers & Rowell（1971）

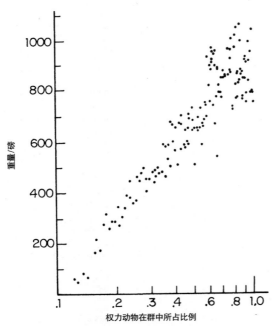

图 13-4 有蹄动物依靠个头大小建立权力顺序的典型是牛〔根据 Schein and Fohrman（1955）重画〕。

有关决定等级地位各因子的相对重要性的研究很少。最有启发的研究是 N. E. 柯里艾斯对原鸡的分析。柯里艾斯测量了白来杭鸡以下一些直观上看有希望的品质（性状）：如体重和一般的运动活力所显示的普遍健康水平、年龄、换羽期、鸡冠大小所标志的雄激素水平和其所在原生家族中的地位等。来亨鸡在中立场所被组对比赛，记录下攻击往来的结果。在这些战斗中取胜者大多尚未换羽，随后的胜利因素依次是鸡冠大小、早期社会地位和体重，似乎与年龄无关。所有这些因素结合在一起只说明了取胜（权力地位）的约一半的原因。柯里艾斯认为，其他的因素包括战斗技巧的差异、着陆出击的运气、野性和攻击性的程度、战斗中闪失的差异和特定对手与以前的权力者在体形上的相似程度。当然，这些成分的大部分或全部都是可遗传的，因此，来杭鸡的地位主要

是由遗传决定的，但恰当地说，其遗传决定的程度仍然没有测定。

在更社会化的哺乳动物中也已经发现了类似的因子多样性。激素的水平影响深刻。雄性激素滴定量的增加和由此而来的解剖和行为性状的雄性化容易使个体在等级系统中攀升。肾上腺激素显然也有作用。坎德兰德和列希纳（Candland & Leshner，1971）发现，实验室松鼠猴群中的权力雄猴 17-羟基皮质醇水平最高，儿茶酚胺（肾上腺素加去甲肾上腺素）的水平最低。但是，17-类固酮与权力地位通过 J 型函数联系起来：高等雄性有中等滴定量；中等雄性有低滴定量；低等雄性有高滴定量。等级下降，滴定水平上升。坎德兰德和列希纳把程序倒过来，看能否依据激素水平预测权力顺序。在 5 只松鼠猴组成实验室子群前，都分别做了它们的尿类固醇和儿茶酚胺的基准测定。当儿茶酚胺是等级下滑的 J 型函数时，17-羟基皮质醇的浓度足以预测随后产生的等级顺序。这些结果富有启发意义，但是未能构成证据。只是等级顺序与激素水平之间存在相关并不能在两个方向上建立因果关系。而且，如果这两者互为因果的话，那么，前述的一些决定因素诸如年龄、健康和经验就与权力的交互作用没有关系了。

双亲的等级也有作用。在日本猕猴中，等级高的雌猴的儿子可以在猴群中心停留较久，并且在孩童期与权力雄猴关系更为密切。它们愿意与领导者合作，并在后者死去的时候接替后者的位置。相比之下，等级低的母猴的儿子则是在类群的边缘，它们是首批迁出的。这样的一个上层集团赋予了类群较大稳定性。川井把基本等级（basic rank）和依赖等级（depen-

292

294

dent rank）做了有价值的区别：前者是未受血
缘影响的两个猴子交互作用的结果；后者则有
血缘关系发挥着偏袒作用。柯福特、塞德、马
斯敦和米萨基安对普通猕猴的依赖等级做了类
似研究。青年恒河雄猴和雌猴会首先与较大些
的婴儿猴和1岁猴进行玩耍式战斗。结果是相
当不公正的：每只猴都要打败其母等级比自己
母亲低的同龄猴，每只猴都要被其母等级较高
的同龄猴所打败。当这些猴子成熟时，它们就
把它们的权力地位延伸到现存的成年猴的等级
系统里，由此其最终等级还是在母亲之下。雌
猴等级水平仍差不多。但是雄猴的等级则可能
上升或下降，大概多是生理变化的结果。

把余下的许多权力行为变化说成是"个
性"所致，也是有道理的。印度乌叶猴的系
统欠发达，而且群与群间差异很大。联盟或有
或无，存在单身成年雄猴或几只猴不协调共处
的情况，互作的模式从一个群到另一个群各不
相同。这些差别大部分来自个体特有的行为性
状，尤其是权力雄性的性状。

在我们分析的这个阶段，如果得到了决定
个体能力的一组有限性状的有关知识：个头大
小、年龄、激素调节攻击等，那么权力顺序似
乎就能被我们完全解析了。但是，结果并不是
这种情况。数学分析表明，即使具备了权力决
定因素及其与战斗能力交互作用的全部知识，
也难以解释在鸡群和其他动物群中观察到的权
力系统的有序性和稳定性。这个惊人结果的基
础是由海曼·兰道（Hyman Landau）建立的，
他是动物社会行为数学分析的开拓者。兰道分
析的关键是为了测量等级系统强度（h）所设
定的如下指数：

$$h = \frac{12}{n^3-n} \sum_{a=1}^{n} \left(v_a - \frac{n-1}{2} \right)^2$$

式中n是类群中动物数，v_a是第a个动物
所管辖类群的成员数。项$\frac{12}{n^3-n}$使h标准化以便
使其取值范围为0—1。一个兰道指数（Landau
index）值表示一个弱等级系统；h值为0意指
每个动物统治同等数量的类群成员；一个高
值意味着一个强等级系统；1的满分值为纯粹
直线等级顺序所取得，而一个0.9分的等级顺
序从图表上直观看去，仍然可断定是强等级
系统。兰道使用这个指数来证明几个有用的
定理。他在一个系统中导出均值E（h），在这
个系统中：（1）每对动物相遇的结果是p，而
$p_{kj} + p_{jk}=1$，其中j和k是争夺权力地位的动物；
（2）这个概率为诸如个头大小或攻击性等按一
套方式分配的能力构成所决定。接着，兰道揭
示，当互不相关的能力的数量和类群大小趋向
无穷大时，这个指数接近0。在现实中，这个
结果意味着在中等类群到大类群中，随着无关
的能力数的增加，等级系统强度就急剧下降。
简而言之，社会越复杂，越可能走向平均主
义。兰道也指出一个悖论。关于鸡的资料显示
了非常强的等级系统。事实上，在类群大小约
小于10的时候，通常h＝1。然而，柯利艾斯
所获得的一个在单一能力因子与权力间的最大
相关（r＝0.593）时，其兰道指数只有0.34。
事实上，为了产生强的等级系统，需要极高的
能力相关度，比在某些等级系统社会中存在的
显然还要高。

兰道悖论是蔡斯进行新努力的出发点。应
对这种状况的最好办法，就是去建构一些假说，
并使这些假说不相容，所以蔡斯把关于权力顺
序的生物学思考归纳为两个基本模型。第一个

模型是假想一个循环比武大赛，在比赛中，每个动物都参加战斗或直接与同类群的每个成员进行一对一的较量，此后统治所有被自己打败的其他动物。胜或败的概率以每次的战果为准，无须参考任何特定的生物性状。在这种条件下，强等级系统无法建立。蔡斯运用兰道公式的一个推论证实了这个结果，而且这一基本结果还可做如下具体理解。在竞争中，一些动物成功的概率会高，一些动物成功的概率会低，但大多数恰恰是中等。因此，多数动物将赢得平均数的竞赛，如此结果的概率本质就是使成功的模式无法成为一个单一的线性权力顺序。

蔡斯的第二个假设认为，能力构成和等级系统内的地位在统计学上呈现高度的相关。这个假设无法被彻底清除，然而，正如兰道早期推论结果所显示的，它要求严格得几乎完全不可能达成的条件。对一个纯粹的线性等级系统（即普通观察到的状况）来说，相关系数必须等于1。为了产生一个中等强度的等级系统用来解释其中80%的变异，其相关系数必须超过0.9。

通过类群成员的简单竞争来产生强等级系统是困难的，也许有时在实践上是不可能的。但是，一个权力顺序还能如何组成呢？蔡斯把这个权力顺序的形成看作放大的过程，在这个过程中，能力和运气结合在一起使一些动物的地位不断下降，而使另一些动物的地位不断上升。攻击型动物总是竭力寻找其他动物争斗，而较胆怯的动物又总是避免正面对峙。竞争中的多次成功为以后的竞争增加了成功概率，同时使较胆怯的动物在竞争中更为不适应、更难招架。偶然事件，诸如某天疲倦或某种机会突然光顾，将造成一个动物等级地位的攀升或下落。当所有的成对竞争变得非常不对称，即其

中一个竞争者明显优于另一竞争者，而等级顺序接近一种罕见的直线型或近直线型稳定的等级顺序时，权力等级顺序就将稳定化。蔡斯的假说是难于证实或否定的。但是，这个假说的合理性被上述放大过程的独立实验进行了加强。沃伦（Warren）和马洛内（Maroney）发现，在普通猕猴中，成对竞争的胜者与败者之间的差异随时间而增加。初战告捷动物的总分升高了，而初战失败者的分数下降了。如果在沃伦-马洛内实验一开始，就将猴放入一个类群的话，其等级系统就会呈弱势；但在实验的后期阶段，这样的加入就会产生一个强得多的等级系统，实际上也就是蔡斯所预言的那种等级系统。

类群间的权力

有时一个类群控制另一类群的方式很像类群内一个成员控制另一成员。群间优势在自然界非常少见，因为组织良好的社会之间的接触通常发生在领域边界地区，而在这些地区，权力或多或少是均衡的。但是，如果领域是时空性的，当各类群在家园范围的重叠部分相遇时，权力顺序就可以发生。菲莉斯·杰伊（Phyllis Jay）在印度北部考克里和欧恰的长尾叶猴低密度群体中观察到了这种模式。因为长尾叶猴占有不同的核心区，并有它们自己特有的觅食路线，所以它们很少能够彼此遭遇。当接触发生的时候，较大的类群占先，而较小的类群在较大的类群离开以前，会一直保持一段距离。

类群间等级系统也可以通过另一种方法建立——将一个类群的社会空间限制到比其平均领域还小。当上述现象发生在社会昆虫集群中

时，结果几乎都会使弱势一方处于致命的不利地位。在系统研究普通猕猴中的这些现象时，马斯敦发现了一个有趣的次级效应。当一个从属群撤退到一个较小空间时，成员彼此之间的争斗较少。但是，在权力类群获得新空间的过程中，攻击性互动增多。如果马斯敦发现的这一效应是普遍现象，那么，它对合作行为的进化就具有重要含义。

物种间权力

统治秩序在属于同一分类群的物种中常常可以见到。作为一个规则，物种关系越密切，生态环境越相似，一个物种的成员对另一个物种的成员的优势就越明显。除了其中一个或多个物种是社会性的情况以外（在这种情况下是一个物种形成最大的、组织良好的、优于其他物种的类群），大体形物种要优于小体形物种。麦克米伦（Mac-Millan）发现，生活在南加利福尼亚半沙漠地带的7个啮齿类物种中，通常是体型最大的物种统治体形较小的物种。类群间很少发生战斗，因为从属物种一见到权力物种就逃之夭夭。在黄石国家公园中，哺乳动物依据以下降序排列的权力顺序决定是前进还是撤退：成年人类、野牛、麋鹿、大耳黑尾鹿、叉角羚和驼鹿或白尾鹿。

当某些鸟类物种，包括鸫、莺、山雀和其他鸟类，组成觅食群在一起的时候，就会形成种间权力等级系统。其常见的结果是，各物种进入比其单独觅食时更狭小的觅食小生境。在这类情况中，权力物种有使用大部分食物供给可预期的地区的权利。种间权力在（南美洲）尼加拉瓜的淡水丽体鱼属（*Cichlasoma*）的3个混合物种中也有过报告。

攻击行为的尺度

图13-5概括了动物中攻击行为尺度的普遍模式。这个模式是许多动物学家长期研究的结晶。也许第一个清晰描述动物中攻击行为尺度的是H. H. 舒梅克（H. H. Shoemaker），他发现，被赶进一个小空间的金丝雀（*Serinus canaria*）组成了权力顺序。给它们较大空间，它们就建立领域（金丝雀位于野外的自然条件中），尽管低等级的个体在使用沐浴洼地、摄食地和其他非领域公共空间方面仍处于劣势。随后，在其他鸟类（阿姆斯特朗，1947）、太阳鱼和嘉鱼、鼹蜥、家鼠、挪威大鼠、林鼠、啄木鸟和猫等中的此类现象也都得到证实。库默尔专门就灵长类的社会进化阐述了这个概念。

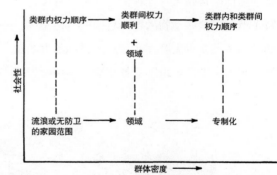

图13-5　动物攻击行为尺度的主要模式。实线指真实尺度，即通常观察到的个体表现型变异部分的转换尺度。虚线代表只有通过遗传进化才能发生的（尺度）转换，它允许一个物种以一种尺度模式替换另一种尺度模式。

现存资料为概括几种动物攻击行为尺度提供了可能。最清楚的案例是在诸如某种蜥蜴和啮齿类物种中发现的，在这些物种中，正常状态是个体单独或成对占据领域。当它们被驱赶到一起的时候，这些个体组成的类群迅速形成专制或更复杂些的权力顺序（见图13-6）。在大多数此类案例中，这种从领域性到权力系统的转变，在本质上是表面的。在专制情况下，一个个体实际上仍然保持自己的领域，不过还同时宽容其他个体的存在。这种转变不仅在实验室环境中发生。在墨西哥，埃文斯（1951）发现黑刺尾鬣蜥（Ctenosaura pectinata）的集群生活在水泥墙壁（隐蔽场所）上，它们从这里出发，冒险去附近的农田觅食。至少有8只雄蜥蜴组成一个权力等级系统，其中一只充当强悍的暴君角色。

虽然一些物种显示出的表现型变异代表了行为尺度梯度的实质部分并利用了真实的行为尺度，但是许多其他物种会被固定在行为尺度梯度的一个点上。海狮、海象和其他有妻妾的鳍脚类动物的雄性，不管群体密度如何都用同样的强度保持领域。这种刚性的适应意义是一目了然的。这些动物的攻击行为的目标是单一的，那就是获得妻妾。达到这个目标的方式及其遗传适合度的价值不受捕获场上动物密度的变化影响。在此类案例中，动物行为梯度从一点到另一点通过进化而发生转换，但是，只有当已变化的环境条件改变了物种的最适社会方式，才可能发生这种转换。

最后，图13-5中概括的模式在脊椎动物中非常普遍。据我所知，唯一的例外是某些鱼类。当大西洋鲑鱼（Salmo salar）和鳟鱼（Salmo trutta）被成群放入蓄养池中，数量多到可以打断它们的领域行为的时候，它们不会转变成等级系统，而是聚成鱼群。同样的转变也发生在一种日本鲑鱼，即香鱼（Plecoglossus altivelis）的高密度自然群体中。成群的靠放电定向和通信的裸背鳗表现出了与所有其他已知的脊椎动物相反的行为尺度：低密度时是权力等级系统，高密度时是领域行为。有关无脊椎动物，包括昆虫的攻击行为的弹性和行为尺度存在的可能性等还缺乏系统研究。当证实这些特性确实存在的时候，那么，就有一个绝好的机会看到多种远不同于标准脊椎动物模式的新类型的行为尺度的转换。

图13-6 鬣蜥中的专制权力。当鬣蜥这样一群普通的西印度群岛领域物种被迫聚到一起的时候，其中一只鬣蜥（位置最显眼）用卷起尾巴和其他威胁信号及争斗来统治其他的鬣蜥（源自L. T. 埃文斯，1953）。

第14章　角色和职别

在涂尔干（Durkheim）和惠勒所创造的原初的、看似神秘的想象中，社会通过分化与整合的互补过程而进化成较为复杂的超级有机体。当社会变得越来越有效率、越来越庞大、越来越几何结构化的时候，它的成员就特化成各种角色或职别，而它们之间的关系就越加通过高级的通信被精确地限定了。全新的生活方式——农业耕种、工业化、大量信息的储存、超远距离旅行等——等待着能正确规划其成员劳动分工的社会的到来。甚至动作慢腾腾的蚂蚁也已经发明了农业和奴隶制。

虽然早在查尔斯·巴特勒（Charles Butler）的《女君主国》（*The Feminine Monarchie*，1609）中对社会昆虫中的职别已经有了清楚的介绍，但是，动物学家对非人类脊椎动物中这种分化的基本原理的认识还是缓慢的。在传统上，脊椎动物社会被看成因年龄、性别、有时还因地位不同而彼此区别的个体的聚集单位。社会中的每一成员具有自身性别的全部功能机制，并且占有大体上仅由两个参数限定的社会地位，这两个参数是：在权力顺序中的地位和在类群运动或防卫期间担任领导的倾向。但是，与人类社会组织一比较，就会把话题渐渐引到是否有更微妙的角色存在的问题上来。是否预示着在较高级脊椎动物社会里也存在一种人类社会最高级的劳动分工？这个重要问题仅仅是在10年前[1]才开始得到解释的，那时，几位进行灵长类动物行为研究的学者，突出的有霍尔、伯恩斯坦、夏普（Sharpe）、罗威尔及加特兰，他们不满足于把权力概念的有效性当作描述社会的分析工具。他们从社会学借用了角色这一概念，

---

[1] 原著于1975年出版，此处应指那时的10年前，或者说距今为止的50多年以前。——译者注

这是生物学从社会科学汲取思想的第二个实例（另一个实例是第7章所描述的社会化）。这个概念的含义和实用性，几乎立刻就引起了业内人士的迷惑和怀疑。因此，我们打算先用一种代表大多数研究者一致同意的方法，有必要尽可能界定角色和其他相关的术语，由此开始本章的阐述。

角色（role）：在同一个物种的不同社会中反复出现的一种行为模式。这种行为对该社会的其他成员产生影响，包括通信行为或间接作用于其他个体的活动，或者对两者同时发生影响。一只动物像人类一样能够充当不止一种角色。例如，它可以在调节争端过程中发挥控制作用，而在类群活动中它也可充当领导者。从理想化角度来说，在动物可以被有意义地加以区分的范围内，完整描述所有的角色就可以充分定义这个社会。从最广泛的意义上来说，在交配期间的雄性行为是一种角色，母亲的照顾行为也是一种角色，尽管事实上灵长类动物学家至今尚未发现用这种方式谈论此类行为会有什么用处。个体的特异行动不能构成角色，只有类群中有规律的、反复出现的行为才能满足角色的标准。例如，在类群周边附近不断监视捕食者的一只动物或一组动物正在充当一种角色，但是，某个特定的雄性动物自己喜欢从某棵树上瞭望，那就不是角色。因此，在萨埃谈及某个具体猴群中的3只雄性南非大狒狒的"各自角色"恰巧与它们间细微差别相吻合的情况时，他曲解了角色的定义。

职别（caste）：本身小于社会、或多或少严格限定于一种或多种角色的一组个体。凡在角色被界定为一种行为模式，即一些特定个体可显示也可不显示这种行为模式的地方，职别就被直接定义为一组以限定于某些角色为特征的

个体。在人类社会，职别是一遗传类群，是一族内成员通婚类群，是通过属于相同级别、经济地位或职业的类群，是通过风俗不同于其他职别所限定划分的类群。在社会昆虫中，职别是任何一组具有特定形态或年龄类型，或二者兼有的类群，它们在类群中进行特定的劳动。它常常被较狭义地界定为在形态上不同和在行为方面专门化的一组个体。一个职别系统可以不建立在遗传差异基础上，也可以部分地建立在遗传差异基础上。在无刺蜂的麦蜂属中，蜂后的确定是因为它是多基因座系统体中的完全杂合子，而在大多数，或所有其他社会昆虫中，个体的职别纯粹是由于环境的影响而固定的。

行为多型（polyethism）：是指社会内各类别中，尤其是年龄、性别类别和职别中个体的行为分化。角色的发挥和职别的形成这两者自动导向了行为多型。在社会昆虫中，行为多型尤指劳动分工。按照"职别"一词的狭义概念来看，职别行为多型和年龄行为多型有时会有区别：在前者中，形态不同的职别具有不同的功能；而在后者中，同一个个体不断变老时，它就从事不同形式的劳动。

角色的适应意义

某一社会内的行为分化，可以用谨慎选择个体构成不同的群组并比较各群组的行为模式的方法来准确地测定。表14-1和表14-2就是用这一分析方法分别在蚂蚁的集群和灵长类集群中得到的结果。注意，这两个矩阵彼此十分相像。它们提供了用计量方法比较此类不同社会的方式，这种想法能够使我们获得研究上的便利。蚂蚁的独立类别是职别，依赖类别是劳动

分工；而猴群则分成年龄–性别类别和"角色形象"类别。但是，在这个水平上的区别是微不足道的。昆虫职别形成的基础是年龄、性别和个头大小，而它们在劳动分工中的地位同样可用"角色形象"表示。

这两模式较深层次的差异在于行为分化适应性的本质不同。我们要问：在什么水平上，自然选择对这些不同的角色形象起了定型作用？读者将会认识到，在社会进化中，类群选择这一中心问题有多种变换形式。在行为分化的全部重要意义被揭示以前，对行为多型来说这一中心问题必须解决。对社会昆虫来说，这个中心问题似乎已经基本解决了。昆虫的选择大体上是在集群水平上进行的。职别是为了利他主义而产生的——它们为集群的利益而履行职责。职别和劳动分工因此可以用最优化理论来对待。但对于脊椎动物照例还是陷在模糊不清的泥潭中。血缘选择在诸如灵长类动物的小的、封闭的社会中无疑是很强的。因此，在一个单雄类群中的成年雄性就能以利他主义的方式担当哨兵和保卫者的角色。它冒着受伤和死亡的危险去捍卫社会的利益。但是，它的角色与昆虫社会的捍卫者角色是大相径庭的，因为雄性脊椎动物总是仅捍卫它的后代。在脊椎动物社会中，大多数角色的扮演显然是自私性的。发现食物的觅食者首先享受；来到新集群的雄性靠寻找较弱的对手来提高自己地位升迁的机会。每个行为必须按对自己是否有利加以解释。只有当行为对个体的贡献（与类群适合度相反）得到估算的时候，才有可能把作为个体适应次要结果的角色与为最佳社会组织所"设计"的角色区分开来。与此同时，必须认识到脊椎动物角色的概念过于不严谨，甚至有

误导的可能性。我们将探讨这个问题，但是，首先研究较为明确的昆虫社会和较低等无脊椎动物中的职别范例更为重要。基本理论本就从这里开始，而最终将作为研究脊椎动物社会的参考。

表 14–1　武装毒针蚁（*Daceton armigerum*）按头部宽度进行的劳动分工（源自 Wilson，1962b）。

劳动类型	头宽（毫米）				观察总数
	1	2	3	4	
苏里南集群					
总只数（4月5日在人工巢穴中）[a]	13	60	20	9	102
尸体和垃圾处理[b]	0	19	12	2	33
在巢中肢解和食用新鲜猎物[b]	0	14	25	5	44
通过反哺喂养幼虫[b]	8	15[c]	3[c]	1[c]	27
参加卵–微小幼虫的堆放[b]	24	3	0	0	27
野外觅食[a]	0	0	4	10	14
特立尼达集群野外觅食[a]	1	91	77	12	181
觅食途中休息[a]	0	8	19	10	37
搬运猎物[a]	0	1	1	10	12

a 数字指工蚁数量
b 数字指工蚁个别活动次数，与参与劳作的工蚁数无关
c 主要为年轻而无经验的工蚁

表 14–2　按年龄–性别分组的长尾猴群中若干行为类别的贡献率所显示的行为分化

行为类别（角色）	年龄–性别组				
	成年雄性	成年雌性	青少年雄性	次成年雌性	婴儿
领域炫耀	0.66	0.00	0.33	0.00	0.00
警戒：瞭望行为	0.35	0.38	0.03	0.12	0.12
得到好友的接近	0.12	0.46	0.04	0.27	0.12
友好地接近他者	0.03	0.32	0.00	0.47	0.15
驱逐领域入侵者	0.66	0.00	0.33	0.00	0.00
惩罚类群内攻击	1.00	0.00	0.00	0.00	0.00
引领类群迁移	0.32	0.49	0.00	0.16	0.00

300

职别系统的最优化

社会昆虫中的职别是一个大而复杂的题目，我在《昆虫社会》中评论过。对那些对诸如职别决定生理因素或白蚁与蚂蚁系统的详细比较等课题感兴趣的读者来说，本书将成为此类文献的导论和入门。这里，我们仅仅思考两个普遍受到重视的课题：蚂蚁和白蚁的防卫职别与职别工效学理论。总体来说，前者叙述了社会昆虫中发现的特化和利他主义的极端表现；通过后者，可以理解最优化的问题。

在蚂蚁集群的高级多态现象中，尤其是没有中间态的完全二态现象，留下的两种类型在形态大小上明显不同，而其中较大类型的成员常常充任兵蚁，也常常充当别的角色。弓背蚁属和大头蚁属的一些蚁种的兵蚁帮助收集食物，它们的腹部胀得大大的，装满了液体食物。最近的研究表明，它们的每克体重载重量量比它们小的巢伴要大得多。因此，它们充当了有生命的储藏桶（Wilson，1974a）。但是，头部和大颚明显地增大而使这些兵蚁的主要职责为防卫。兵蚁有3种形式，分别各具有一种防卫技术。第一种形式的兵蚁使用大颚当作剪刀和钳子。大颚大但很有特点，头大而重，呈心形，这些兵蚁擅长切割并撕碎动植物的表皮和剪除敌对环节动物的附肢。典型的例子是在火蚁属、寡蚁属、大头蚁属、切叶蚁属（见图14-1）、弓背蚁属、酸臭蚁属（Tapinoma）和其他生物分类相关的属中发现的。惠勒在他的"昆虫的相貌特征"短论中指出，这种兵蚁特殊的头部形状直接归因于颚的内收肌的扩大，使其颚具有更大的切割和碾压力量。第二种兵蚁拥有镰刀形或弯钩形的大颚，用来撕裂敌对者的身体。一些可怕的例子有行军蚁（游蚁属）和食根蚁（矛蚁属）的大工蚁，它们能同时又咬又蜇，赶走大的脊椎动物。第三种兵蚁很少具有攻击性，代之以用头挡住巢穴的入口——确切地说，构成了一道生命之门。它们的头可能是盾状的（头角蚁族的许多成员），也可能是塞子形的〔大头魅蚁（Pheidole lamia）和弓背蚁属的几个亚属〕。具有这些形式的兵蚁的集群多在朽木或活的植物中掘洞做巢，而它们切开的入巢口的直径刚好比一个单体兵蚁的头宽稍大一点。掘土蚁（Camponotus ulcerosus）在建巢时在地表建造了一个纤维层盖，留了一个大小和形状十分接近兵蚁头的单孔。

302

图14-1 切叶蚁的一个兵蚁为一些较小的巢伴所环绕。图中所示的中等身材工蚁在巢外觅食最积极，而最小的工蚁更专注于照顾巢内幼虫。兵蚁体重高达90毫克，而最小的工蚁体重仅0.42毫克（照片由C. W. Rettenmeyer拍摄）（此图占原书p301整版）。

兵蚁行为常常是极端专业化和简单化的。集群防卫的有效形式是依靠这些兵蚁同其他职别相互反应的整合而取得的。北美巨额蚁（*Paracryp-*

tocerus texanus）的阻塞型兵蚁淋漓尽致地例证了这个法则。位于树穴的洞口比兵蚁的头稍大点，兵蚁就用具有沉重铠甲且饰有斑纹的头和胸部一起去堵，这时兵蚁的胸会扩张。兵蚁的头斜伸着，十足像是微型推土机的平铲。这个姿势加上它短而有力的腿的猛推和猛拉，足以让兵蚁把入侵者赶出巢穴之外。小工蚁觅食归来时就用触角去触摸兵蚁，使其蜷缩让出足够的空间使较小工蚁挤进洞穴（Creighton & Gregg，1954）。

白蚁中的兵蚁也是最专业化的职别。蚂蚁和白蚁的兵蚁职别在解剖和行为上表现出许多趋同现象。我们在蚂蚁的兵蚁中发现了3个基本形式——剪切-破碎者、钻孔者、阻抗者——在各种白蚁的兵蚁中也存在。此外，在歪白蚁属（*Capritermes*）、新歪白蚁属（*Neocapritermes*）和近歪白蚁属（*Pericapritermes*）中还有稀奇的"响击"兵蚁。它们的两颚不对称，这样的组织结构便于颚内平面在收缩肌伸缩时相互碾压。当它们的肌肉拉得足够猛的时候，两颚彼此滑过就会形成痉挛式的响击。我们碾滑手指，让中指从拇指上用足够的压力猛然滑过，其作用也是一样的。如果两颚在坚硬的平面上一击，所产生的力足以把兵蚁从空中甩到后面去。如果两颚如此击打其他的昆虫（这似乎是这种构造的主要目的），那么这是"致命的"一击，甚至对脊椎动物也是感到疼痛的一击。近歪白蚁属的两颚用如下方式做了特别改进，它用左颚单独出击，仅仅当目标出现在兵蚁头部的右侧时才会被击中。

主要的战斗"专家"就是那些使用化学防卫物的兵蚁。非常原始的澳大利亚达尔文白蚁（*Mastotermes darwiniensis*）的有颚兵蚁从通向口腔的分泌腺生产出几乎是纯的p-苯醌。当一个兵蚁咬了一个对手时，苯醌就与唾液中的氨基酸和蛋白质混合，瞬间产生一种黑色的橡胶似的物质，把对手缠住。多余的苯醌可能充作刺激物。这种白蚁各科中最大、最高级的白蚁科有颚兵蚁为了达到同样的目的，已经独立改良了唾液分泌腺。当原白蚁属攻击时，它们射出的纯白唾液滴分布在张开的两颚之间。当它们用钳咬时，就把液体洒对手一身。总之，白蚁科兵蚁的唾液腺比它们同巢工蚁的要发达得多，有时可以大到与身体其余部分不成比例。旋转上白蚁（*Odontotermes magdalenae*）的唾液囊向后胀以至于充满了前腹部。拟刺白蚁（*Pseudacanthotermes spiniger*）的唾液囊盛满其腹部的9/10。毫不夸张地说，球硫白蚁（*Globitermes sulfureus*）的兵蚁是行走的化学炸弹，它们的唾液囊填满了腹部的前半截。攻击时，它们从口腔射出大量黄色的液体，遇空气便凝结，把白蚁或其他猎物缠住。如此致命的喷射显然是兵蚁收缩腹部发力形成的。偶尔，这样的收缩过于猛烈以至腹部炸开，唾液武器四溅。

在另一个独立进化发育的过程中，鼻白蚁亚科的成员进行化学防卫却走向特有的、同样怪异的极端。在高级的鼻白蚁各物种中，头部的前额腺扩大了，而且头壳周围的部分拉长成了圆锥形的器官，大略像个兵蚁头前的大鼻子——因此，用"鼻形"来描述这个器官，用"鼻形兵蚁"来刻画这个职别（见图14-2和图14-3）。大部分原始的鼻白蚁族的各个属，即合白蚁属（*Syntermes*）、角白蚁属（*Cornitermes*）、原角白蚁属（*Procornitermes*）、近角白蚁属（*Paracornitermes*）和唇白蚁属（*Labiotermes*）都有典型的有颚兵蚁。处于系统发育中间的某些属，如缘白蚁属（*Rhynchotermes*）、矛白蚁属（*Armitermes*）的特征是它们长有钩形两颚和鼻形头壳。因此，这些蚁属的个体在防卫时具有"双重威胁"。根据桑兹（1957）的研究，鼻子在这个系统发育中间阶段有过两次进化。在几个独立的系统发育枝内两颚最终缩小了。鼻形兵蚁的极端形式是两颚变小而成为无用的裂叶，该现象至少有来自8个属的9个实例。这一趋同进化的明显波动，连同热带地区高等鼻白蚁亚种的各物种的多样性和丰富性，都证明了化学防卫的鼻子技术是非常成功的。借助于颚肌肉有力地收缩额沟"发射器"的帮助，鼻形兵蚁能射出前额腺物质到几厘米外。兵蚁的目标相当准确，尽管事实上它完全看不见。显然鼻形兵蚁定向方式的本质还有待研究，但根据排除法，几乎可以肯定是嗅觉或听觉的作用。发射以后，兵蚁在地面上擦其鼻并撤退进入巢内，这显然是缺少足够的分泌物维持其连续地发射。因为鼻形兵蚁能猛烈射击，使敌人在相当远的距离丧失行动力，所以它们很少会被自己的分泌物缠住。它们因此比那些被迫在较近距离运用颚腺分泌物的其他白蚁种有更多的优势。根据恩斯特（1959）的研究，鼻白蚁的前额腺分泌物无毒，只是捕捉技术手段而已。穆尔研究澳大利亚鼻白蚁后报告说，那些防卫分泌物主要或全部由萜类化合物组成。易挥发物的主要成分是 α-蒎烯，少量成分是 β-蒎烯、苧（柠檬）烯和单环同分异构体。"树脂质的"的东西由一些性质相似的多乙酰氧基双萜类化合物构成，这类化合物一在空气中暴露就会不断凝固变黏。一旦这种成分挥发，它们还成为一种报警物质，当某个兵蚁向一个确定目标开火，也可能会引发其他兵蚁发动攻击。

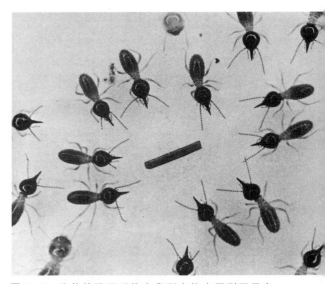

图14-2　公共的防卫系统在鼻形白蚁中得到了最充分的表达。图中所示是托马斯·艾斯纳（Thomas Eisner）和埃尔姆加德·克里斯顿（Irmgard Kriston）做的实验，觅食队列中的鼻形兵蚁已被一小段铁丝吸引，这条铁丝由平台下的旋转磁铁操纵旋转。一些白蚁试图用从头部喷嘴似的"鼻子"喷射出黏性化学分泌物缠住小铁丝。两只工蚁（以没有鼻加以区别）位于兵蚁圈的后方：一只在图的左下方，一只在图的顶部。图中这些白蚁属于澳大利亚鼻形白蚁（照片由托马斯·艾斯纳惠施拍摄）。

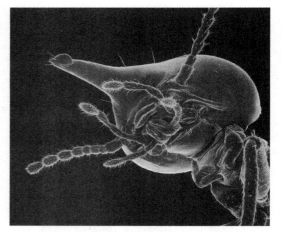

图14-3　鼻形白蚁兵蚁从下方看的头部。在这幅把头扩大了90倍的电子扫描照片上，可以看到1滴防卫分泌物沾在鼻尖上（照片由托马斯·艾斯纳惠施拍摄）。

一些蚂蚁和白蚁的极端兵蚁职别非常专业化，以至于它们无外乎集群这个超级个体的一个器官而已。这些职别的存在证明了把集群选择的过程作为一种选择机制的正确性；并且进而强调，建立在该机制普遍有效的假设基础上的最优化理论看来是正确的。因为，如果选择大都是在集群选择水平上进行的，且工蚁大都是或全部都是对于集群的其余成员利他的，那么工蚁的数量和行为就会通过进化紧密地把集群适合度调节到最大值。在工效学发展的初期，我曾推断，成熟的种群在接近达到预定规模的时候，可以预期它们内部的各职别之比会接近最佳组合。这样的组合就是当集群的大小达到或接近最大时，能使处女蚁后和雄蚁以最大速率产生各职别的最佳比。把社会昆虫一个集群的运行情况想象为城堡中一个工厂的运行情况是有帮助的。处女蚁后和雄蚁由于留守在巢内，又被敌对者和自然环境的无常变化所烦扰，为了确保巢内食物尽可能快速有效地提供给处女蚁后和雄蚁，集群必须派遣觅食者出巢收集食物。有性蚁繁殖的速率是集群适合度的一个重要因子，但不是唯一的因子。可以假设我们正在比较属于同一个蚁种的两个基因型。如果我们拥有下列全部信息：蚁后和雄蚁离巢婚飞开始后这两个基因型的存活率，交配成功率，受孕蚁后的存活率，各蚁后所建各集群的增长率和生存率，那么我们就能够计算出这两个基因型的相对适合度。当然要获得这样充分的资料是极其困难的。但是，为了使工效学的初步理论得到发展，取巧仅用成熟集群进行比较还是可行的。为了达到这样的目的并保证准确性，我们有必要先取集

群在非成熟期这两种基因型间成活率的差值，并把这一差值作为单个加权因子。通过假设这个差值为0，虽然牺牲了结果的精确性，但不会丧失获得一般定性结果的可能性。现在，我们只涉及成熟集群，并且根据人为划定的惯例，有性形式的总产量就成了集群适合度的精确测量值。集群水平选择在集群内部形成群体特征的作用现在就清晰可见了。例如，如果属于一个基因型的几个集群，在集群生命周期内平均每个集群有1 000只不育工蚁，10只处女蚁后，而属于第二个基因型的集群每个集群平均来说只有100只不育工蚁，但有20只处女蚁后，则第二个基因型的适合度就会是第一个基因型的2倍，尽管其集群规模较小。结果，自然选择就会缩小集群规模。第一个基因型的较低适合度可以归因于成熟集群较低的存活率，或每个存活下来的集群有性蚁平均繁殖数较少，或两者兼有。重要的是繁殖率可预测最大化的成熟集群大小和组织形式。

有性繁殖的成果大多是受整个成熟集群在它的城堡-工厂运行期间所犯的"错误"影响的。一个错误是，没有成功应对一些有潜在危害的偶发事件时酿成的——一个捕食者侵入蚁穴内部、巢壁中的裂痕长期未修补使得巢室的卵脱水失活、饥饿的幼虫缺少照料等。因某种类型的偶发事件所犯错误的代价是，某种犯错的次数乘每次错误使蚁后的繁殖率减少数的积。有了这个正式的定义，我们就可能用一种直截了当的方式推导出一套关于职别的基本定理。在一个特定的模型中，把蚁后的平均产量看成是，其集群摄食区域的产量可能形成的理想蚁后数量，与未能克服一些偶发事件所失去

蚁后数量的差（这个模型可以变换加入其他一些适合度分量而不会改变其结果）。我认为社会昆虫面临的进化问题可按照如下方法解决：集群按一定比例生产出各职别，以将蚁后的产出最大化。为了按照简单的线性程序来描述这个解决方案，有必要按照上述说法的另一形式来重申这个方案：集群进化的各职别比是使集群产生给定的蚁后数并使工蚁数最小化的关键。换句话说，目标就是使能量支出最小化。[①]

最简单的情况涉及两个其代价超过假定的"容许代价"（超过这一代价就会发生选择）的偶然事件，同时涉及两个职别，而这两个职别的有效性与这两个偶然事件的差异有关。从这个最简单的情况产生的推论能延伸到任何数量的偶发事件和职别。

最重要的步骤是，在给定时刻把一个集群内两个职别的总重量 W_1 和 W_2 与两个偶发事件的频率、重要性以及它们处理紧急任务的相对有效性联系起来。把这个问题看成是能量支出的最小化，这个关系就可以用下列线性形式来给出。

偶发事件曲线1：

$$W_1 = \frac{\ln F_1 - \ln k_1 x_1}{\alpha_{11} \ln(1-q_{11})} - \frac{\alpha_{12} \ln(1-q_{12})}{\alpha_{11} \ln(1-q_{11})} W_2$$

偶发事件曲线2：

$$W_1 = \frac{\ln F_2 - \ln k_2 x_2}{\alpha_{21} \ln(1-q_{21})} - \frac{\alpha_{22} \ln(1-q_{22})}{\alpha_{21} \ln(1-q_{21})} W_2$$

W_1 是在平均集群大小中职别1所有成员的重量。

W_2 是在平均集群大小中职别2所有成员的重量。

重量。

F_1 和 F_2 是对偶发事件1和2最大可容许代价。

α_{11} 是在偶发事件发生期间，$\alpha_{11}W_1$ 给出的职别1成员与偶发事件类型1发生接触的平均个体数的一个常数。

α_{12} 是在偶发事件发生期间，$\alpha_{12}W_2$ 给出的职别2成员与偶发事件类型1发生接触的平均个体数的一个常数。

α_{11} 和 a_{22} 是对应偶发事件类型2与上述两个参数相似的常数。

q_{11} 是职别1的一个工蚁在遭遇偶发事件1时成功反应的概率。

q_{12} 是职别2的一个工蚁在遭遇偶发事件1时成功反应的概率。

q_{21} 和 q_{22} 是以上两种工蚁遭遇偶发事件2时出现的两种概率。

x_1 和 x_2 分别是应对偶发事件1和2时，每次失败所造成的平均代价（在这种情况下，用培养不出新蚁后来测定）。

k_1 和 k_2 分别是在一个给定的时段里偶发事件1和2出现的频率。

通过使用惯常的有关具体简单的行为概念，我已经提供了如此大量的细节，来阐明偶发事件曲线可能呈现的一种特殊形式。但实际没有哪位研究者画出任何实际物种的偶发事件曲线。当前，详述偶发事件和测量它们对自然群体的影响所需要的步骤在技术上是繁杂的。关键是在可设想条件的最大范围内，偶发事件曲线是线性或接近线性的，或至少能用线性形式进行图解。

职别最适组合是这样一种组合——使不同职别的总重量达到最小，而使各偶发事件的总代价保持在最大容许水平。在进化过程中，实现职别最适组合的方法可以做如下设想：任何

---

① 莱文斯为了使这些定理与其一般的各适应度理论联系起来，他采用与这里相反的形式重新推出了这些定理。他的方法具有教学上的优点，但是，与一些重要的行为现象联系起来是较为困难的。——作者注

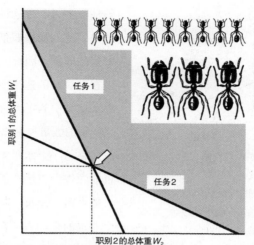

307

图14-4 这个图解展示的是解决进化过程中最适组合问题方案的普遍形式。在这种可能性最简单的情况中，两类偶发事件（"任务"）由两个职别应对。按每个职别中所有个体的总体重测量的集群最佳组合由两个曲线的交叉点给定。偶发事件曲线1，标记为"任务1"，给出了两个职别体重（W_1 和 W_2）的组合，这个组合是在生产蚁后期间由于偶发事件类型1的存在，欲使体重消耗保持在临界水平上所需要的；偶发事件曲线2，标记为"任务2"，给出了对应于偶发事件类型2的两个职别体重（W_1 和 W_2）的组合。两条偶发事件曲线的交点决定了（$W_1 + W_2$）的最小值，这个值是由于这两类偶发事件的存在维持体重消耗在临界水平上所需要的。这个模型可以被修改用来预测各种环境变化对职别比例进化的效应。

产生接近最适组合的新基因型，也是增加蚁后和雄蚁净平均产出的基因型。根据工效学原理，集群消耗的每单位能量所产生蚁后和雄蚁的平均数会增长。即使具有新基因型的集群与其他集群含有大致相同的生物量，但是它们的平均净产出还是较高的。结果，新基因型在集群水平选择中是受益者，物种在整体上将不断进化而接近职别最适组合。

图14-4给出了解决职别最适组合问题方案的一般形式。根据假设，行为在面对一组不同类型的偶发事件时可分类成对应的若干组反应。如果这个概念仅仅大致符合真实情况，也足以发展工效学的基本理论。例如，图14-5和图14-6中的曲线图显示，只要偶发事件以相对恒定的频率发生，那么物种对于每类偶发事件都进化出一个特化职别予以反应，是存在优势

的。换句话说，甚至在以损及其他任务的有效性为代价的情况下，也会产生一种职别以对某类偶发事件做出适当反应。

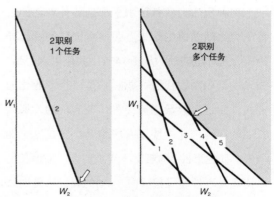

图14-5 左图表明，当职别数多于任务数时，则在进化中职别数会减到与任务数相等（在该情况中是去掉职别1）。右图表明，如果任务数多于职别数，则最适职别数完全是由涉及集群最重要的那些偶发事件数（等于或少于职别数）决定的（在该情况中是任务4和5）。

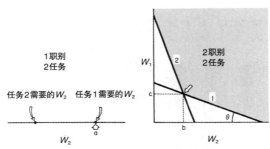

图 14-6 在职别数达到与偶发事件种类相等之前，情况总是有利于物种的新职别的进化，并且每一职别唯一地对应于一种偶发事件。这个定理通过比较本图中的2个坐标图可得到确认。在右图中，由于增加了职别1，工蚁的总体重从 a 变成了 $b+c$。因为职别1专门负责任务1，所以 θ 是锐角；因此，对所有 a、b 和 c 来说，$a-b>c$ 和 $a>b+c$。

图 14-7 展示在各职别进化过程中出现的一种令人惊奇的可能结果。这个结果是作为下面问题的答案衍生出来的：如果各职别的趋异和增殖是集群层面期望的选择结果的话，那么，为什么它们在整个社会昆虫里没有达到较高的限度？事实上，这些性状（职别）在属与属，甚至种与种间的差异都很大。符合这一结果的唯一答案是，正如在大多数进化系统中一样，一个物种所达到的各种水平都是各种对立的选择压力之间妥协的结果。明显对抗增殖和趋异的压力是环境波动。从图 14-7 中我们可以看到，如果一个职别取代另一职别不是以很专业化的方式，而是以数量优势接管任务实现的，那么长期的环境变化会使原有职别消亡。在这个例子中，偶发事件2的频率（或重要性）的增长足以使偶发事件曲线偏移向 W_2 轴的偶发事件曲线1节点的右方。结果，职别2需要对付偶发事件的工蚁数也多于对付偶发事件1的工蚁数。现在职别1的存在降低了集群的适合度，如果环境变化具有持久性，那么，职别1将可能被集群层面

的选择消灭。在这种情况下，物种跟踪环境而获得了新的最适职别组合，恰巧这时消灭了被取代的职别。因此，如果环境的一些关键要素正在以缓慢的速率变化，缓慢到足以让物种跟踪，却又快到不允许单个职别高度专业化，那么职别的数量和专业化程度就会保持在低水平。

在另一个水平上，环境的关键要素的变化可能太快，以至在遗传上无法跟踪，然而，也可能太慢，使每一集群在生命期间不能提供一个一致的平均数。在这种情况中，一个专业化的职别组合可能还不如少数非专业化的职别更能适应新的环境条件。

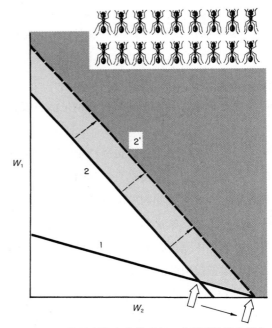

图 14-7 环境的长期变化能引起一个职别的进化消亡，甚至当该职别专门执行的任务仍旧是常见和重要的也是一样。

这种形式的工效学理论也揭示出：根据集群水平选择的结果与根据个体水平选择的结果可以正好相反。如图 14-8 和图 14-9 所示，在职

别专业化的优先程度和环境的给定变化所引起
的最适职别组合变化的量值间存在一种关系。
图14-8代表的职别是相对非专业化的，图中所
示的任务2不常见（或不重要），导致了该偶发
事件曲线向原点方向移动，但其斜率没有改变。
308　结果，最适职别组合从占优势的职别2变成了占
优势的职别1。相反，图14-9中所代表的职别都
高度专业化，偶发事件曲线的转变几乎没有产
生职别比的变化。从这两个模型得出这样的结
论：起初具有非专业化职别的物种平均职别较
少，职别比例变化较大，而环境波动时这种影
响还会加大。如果各职别越能代表最适职别组
合（不管环境长期变化如何），则可以说这些职
别越专业化，即越具有保守性。这里我们获得
了集群水平选择的一个特有的理论结果——与
个体水平选择的相反结果。因为在以个体选择
为基础的经典群体遗传理论看来，面临环境的
长时段波动时能存活下来的，正是普通的而不
是专业化的基因型和物种。

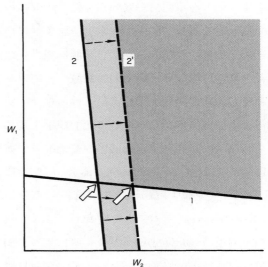

图14-9　聚集在一起的职别越是专门化，面对长期的环境变化的最适职别组合将出现的进化变化就越少。

集群水平选择的第二种特殊结果涉及给定
职别的效率和数量间的关系，见图14-10。在
进化的过程中，如果一个职别效率增加，而另
一个没有增加，那么效率高的职别的总重量就
会按比例降低。换句话说，集群水平选择的预
期结果正好与个体选择的结果相反，因个体选
择是效率较高的类型数量增加。

工效学理论的检验并不容易。界定偶发事
件和测量偶发事件在自然群体中的影响，需要
比从前更加密切关注昆虫集群生物学。目前，
我还是看不到除了这种方法之外还有什么方法
可以深入探讨职别的进化，或者至少还看不到
可以通过某种另外的更为明智的工效学理论指
导类似研究。

有少量的间接经验性证据与刚提出的工
效学定理相关。例如，在蚂蚁一些系统发育枝
上有职别（如兵蚁职别）消失现象就是这样的
情况。虽然这在理论上是可能的，但还缺少实
例证明。第二件更有启发意义的证据是这样的

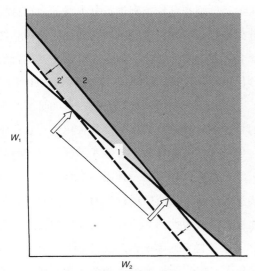

图14-8　如果职别相对不专门化，经过小但长期的环境
变化将最终导致最适职别比的大进化。

事实，即形态不同的蚂蚁职别在热带蚂蚁区系中要比温带蚂蚁区系中更为常见。这条规律是与如下推理一致的——职别总是倾向在进化过程中增殖，但随环境波动同时缩减，而缩减的程度与波动的程度成正比。第三件与理论一致但还未证实的事实是，最专业化的职别主要都是在热带的属和种中发现的。一些蚂蚁属，如巨额切叶蚁属（*Paracryptocerus*）、大头蚁属［扁大头蚁亚属（*Elasmopheidole*）］、背刺蚁属（*Acanthomyrmex*）、酸臭蚁属和弓背蚁蚁属、短足蚁属（*Colobopsis*），以及一些白蚁属，如鼻白蚁属、奇白蚁属（*Mirotermes*）、刺白蚁属（*Anacanthotermes*）和歪白蚁属等稀奇的兵蚁，差不多都是活动于热带和亚热带地区。温带蚂蚁物种的多态现象，以大头蚁属、火蚁属、单蚁属、袋蚁属（*Myrmecocystus*）和弓背蚁属的一些成员为代表，多是基本的生长速度不同步所产生的较简单的体型变异。由下述定理出发，这种气候关联是可预见的，这就是现存职别的专业化，在遇到环境波动所构成的相反选择压力阻挡以前应该无限增强。

斯科夫（Schopf）指出，工效学理论也可应用到无脊椎动物集群中的游动孢子分化和劳动分工的研究。在构成旧苔藓动物门主要成员的外肛苔藓虫中，一些游动孢子多像鸟喙（鸟头体）、鞭子（振鞭体）和其他奇异的形状（见第19章）。初步研究表明，每种类型都有用来赋予专门作用的特殊行为。游动孢子的多态现象在大多数稳定的环境状态下发育最充分。这种情况在来自热带、北极和深海的75%的抽样物种中都有发现。相反，从我们研究的入海口等环境缺少稳定性的地方所搜集的抽样物种则缺少多态现象。

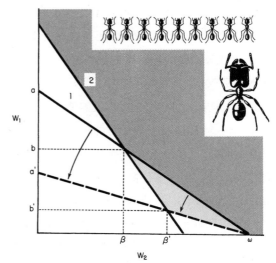

图14-10 如果一种职别在进化过程中提高了效率，而其他职别没有提高的话，提高效率职别的总体重将相应降低。集群水平选择与个体水平选择的理论结果恰好相反，而后者是倾向于增加高效率职别的表现型。

脊椎动物社会中的角色

现在我们可以考虑在脊椎动物社会中有关角色的关键问题了：根据与无脊椎动物职别类似的形式定义的行为模式，对脊椎动物个体的年龄、性别和其他类别进行分类时，会把这种分类进行到何种程度呢？换句话说，脊椎动物社会存在工效学吗？正如前面所指出，就行为分化来说，其答案取决于类群选择的强度。

解决这个问题的最好方法，可能是把动物的行为差异分成直接和间接两种角色。直接角色是一个亚类群有利于其他亚类群和因此有利于整个类群所展现的一种或一组特定行为。间接角色，是仅仅使展现行为的个体受益而对其他亚类群是中性的甚至具有破坏性的行为。类群选择有利于直接角色，或者至少不会危及直接角色。但它能损害个体和个体的后代，正像在无脊椎动物集群中的蚂蚁职别和游动孢子的活动一样。在这种情况下，有利的类群选择几乎一定会发生。在增加类群存活或至少不削弱它的同时，直接角色或许会增强个体适合度。得益于类群选择的直接角色，受制于充当这一角色个体数的工效学最适化和这一角色表达的强度。当卡特兰用角色的术语对灵长类社会做如下描述时，他心中的想法是非常清楚的："类群是一个适应单位，是由生态压力决定的适应单位的现实形式。与特殊生态条件关联的不同角色是由不同的动物扮演的。"相反，间接角色只是由一些但不是所有社会成员所显露出来的自私行为的结果。如果个体遗传选择的量值至少相当于类群消亡（与个体遗传选择相反）速率的话，那么角色将保持为平衡多态状态（见第5章）。但是，就社会总体而言，在工效学上间接角色绝非是最适的。

非常明显，在所界定的非人类脊椎动物中，大多数在本质上都是间接角色。我们来看看欧洲林鸽群中的"领航者"。这些领航者成为觅食队列的先头部队，但是，它们处于这样的位置是处在控制中心的权力鸽决定的。因为它们需要不断地回头张望前进中的类群，所以，它们吃得少，在艰难的日子里，它们更常常挨饿。一些研究者谈到这类角色的年轻鸟类和哺乳动物时，称它们为物种分散剂，因为它们扩展新领域并在群体间交换基因。当一些年轻个体在远离家园旅行时，差别普遍来自他们在出生地的从属地位。其适应的基础是，这个给年轻动物以获得新领域，或在新的地方升迁到权力地位的较大机会。年轻动物担当决定群体动力和基因流的角色可能全部都是间接的。印度狐蝠白天在亚洲森林的某些树上形成较大的聚群。每只雄蝠有自己的栖息地，其从属个体占低枝而居，由此对地栖捕食动物来说，它们最为暴露。从属的雄蝠通常第一个发现危险，就通过焦躁地飞动给蝠群其他成员报警。它们成为整个类中非常有用的哨兵。但是，它们的角色在本质上还是间接的。雌性阿拉伯狒狒的个体大小为雄狒狒的一半并从属于雄性。当狒狒群在刺槐树林中取食时，雄性抢先采食花朵和种子，而雌性则捡食无法支撑雄性体重的小树枝果腹。狒狒两性在充分利用食物资源时表现出来的"角色"是非常鲜明的，但在刚刚定义的意义上，它们仍然是间接角色。相似的例子不胜枚举。

直接角色在脊椎动物中极难找到。非洲成年野犬明显是按照有利于整个狗群的方式进行劳动分工的。成年犬，包括哺乳的母犬，在追猎过程中始终都跟在小犬的后面，而且成功地捕到猎物的野犬回到洞穴后，会把肉反哺给小犬。成年雄性东非狒狒彼此合作，在狒狒群周围警戒巡逻给人留下非常深刻的印象；当青少年狒狒发出警报或躁动时，靠近的成年狒狒就去查究原因。如果查究者反应同样强烈，其他成年雄性就会冲过去帮助它。山地大猩猩的银背雄性在它们所领导的群中担当着多重角色。当一个群失去雄性首领时，这个群就会寻找新的首领。也许山地大猩猩通过集群募集另一雄性继承首领地位的努力，是最强有力地反映角色本质的证据了。

除了直接角色外，在脊椎动物中也有职别吗？如果类群选择足够强，就不存在职别系统不能进化的理由。像大多数社会昆虫一样，它们甚至可能有一个纯粹的生理基础。如果在这种情况下，动物个体起初就会具有同样的潜能而发育成任一职别。一旦某个动物跨过了生长和分化的某个阈值，其职别就会固定一段时期。虽然直观上看生理职别系统似乎在进化过程中是最易产生和最易最适化的，但是，我们不可低估影响行为某些方面的基因以平衡多态状态存在的可能性，因为这些基因携带者有利于非携带者，因此也有利于整个类群。这些基因可以是利他的，也可以是非利他的，也就是它们可以阻碍或加强个体水平的选择。要是换另外一种说法，那就是相对强大的类群选择可利于社会内部而不是社会间的遗传多样性进化。一个各种基因接近工效学组合的社会，其遗传适合度就会比与此种组合（其中包括具有较少遗传多样性的组合）尚有差距的社会更高。但是，通过选择，特定的基因频率比特定的基因更难保持，因为这些特定的基因能单个地参与设定生理职别系统。

如果存在这种情况，脊椎动物的职别，应在社会内以可预期的频率反复出现不同形式的生理或心理类型。其中某些类型在行为上可能是利他的：提供不同服务的同性恋者，充当保姆而独身的"处女姨妈"，生产效率低但勇于自我牺牲的勇士，等等。这一职别假设最直接和最行之有效的检验方法，是看社会内的基因型方差是否超过了关系密切的非社会性或社会性较差的物种类似样本的基因型方差。如果没有超过，那么，这个假设就被否定了；如果超过了，这个假设就得到了支持，但仍未证实。在具有较大方差的社会内若还具有较高的遗传多样性，则指出了该社会具有遗传职别系统的可能性。虽然特里弗斯近来关于亲子冲突的理论工作，设想把独身和其他自我牺牲的行为类型作为脊椎动物血缘选择的一个可能结果，但是，脊椎动物学家显然还未有意识去调查这些

可能性（见第16章）。证据是稀少和模棱两可的。约里库尔（Jolicoeur）的报告提到，狼的群体在大小和毛色方面具有高度多态性，而福克斯（Fox）已经完成了对同一窝狼成员在反应能力、探索行为和捕杀能力方面存在巨大差异的侦察。另外一些研究者评论过非洲野犬群中存在的惊人差异，评论过狒狒和黑猩猩中面部表情的巨大差异，使得人类观察者能一眼就可识别不同的主体。对这样的变异有几种不同的解释，但至少它与高等哺乳动物社会中的遗传职别假设是一致的。

因此，脊椎动物社会中存在直接角色和职别的证据只局限于最具有社会性的哺乳动物。这个局限性使角色作为科学概念的使用存在相当大的异议。"角色"这个术语可以直观地和可变化地当作隐喻来使用，但是，在短时间内还不可能获得确定的适用定义。间接角色的分类仍然还是一个可怕的，也许是无益的任务。经过一个良好的开端后，我们对灵长类已经建立了一个简单的分类系统。一些研究者，如伯恩斯坦和夏普，以及克鲁克等，实际上把角色与角色外形等同起来。这种分类是根据年龄、性别，也许还有一些有价值的社会性状进行的，然后在统计学上对其一些特有的性状也进行了研究。这样对"角色"就做了如下推论（分类）：控制雄性、二等雄性、孤独雄性、中心雌性、边缘雌性等。相反，加特兰（1968）把角色与社会行为等同起来，分为：领域警戒、用友好方式接近其他群的成员等。当这些互不相关的分类汇集在一起的时候就成倍地增多，并且由此以指数速率增加了混乱。而且，在缺少以工效学为基础的适用定义的情况下，一种分类中的类别正好一直分到类群成员这一

级，萨埃曼和费迪根（Fedigan）等的分类已经接近了这一步。

做出上述评论，不是怀疑这种社会行为分类和行为特征分析的价值。这里的意思是说，它们的名字是对的，但被一些不必要的角色关联弄得混乱了。如果这是实际情况，那么，是否可以说角色的概念在脊椎动物社会生物学任何地方都适用呢？回答是充分肯定的。有少数几个社会行为模式可方便地插入一些角色，并在某些脊椎动物社会的分析中可作为分离因素处理。我们现在对其中两种模式，即领导和控制进行简要的评述。唯一要记住的是：每一模式都是各行为的异质性汇集，而这些行为是根据物种的功能大致定义的。并把每一模式指定为角色，这是因为其社会一个亚类群对它的利用，都会影响到整个类群的行为和利益。

领导

当动物学家谈到领导时，他们通常是指，在运动中，类群一些成员领导类群其他成员从一个地方到另一个地方的简单活动。在许多情况下，这种角色是临时的，甚至是偶然充任的。鱼群，如鲱鱼和银汉鱼是被整个鱼群运动碰巧带到前头外沿的鱼所"领导"。个体常常试图向内转向鱼群中央，以至于把第二排鱼挤到了第一排。当鱼群遇到了捕食者或不可通过的障碍时，成员就会各自逃离。整个鱼群滚向一边或倒转方向，这时处在边上或最后面的鱼就成了新的领导者。最无组织的鸟群，例如八哥的觅食群也以相似的方式移动，其领导者常常是最快的飞行者。斑尾林鸽和寒鸦群在特殊环境下是最有经验的鸟领头，其余随后。大型有蹄动物中的领导者也是临时的并具有变化的

特征。驯鹿群的前锋主要由胆小和烦躁不安的鹿组成，它们首先停止进食，稍做休息和反刍，又再次起身。在印度的花鹿和印度野牛群中，雌性占优势，领头的是成年雌性或雄性。而遭遇危险时，走在最前面的第一个斑鹿率先奔逃，其余的随后跟上。

一些哺乳动物物种具有较强的领导形式，与人类群体中的角色更一致。当狼群成一列纵队前进时，其中某些个体中的任何一只狼都可以成为领导。但是，在追捕时则由权力公狼指挥。权力公狼指挥攻击猎物，有时其他狼放弃了但它仍坚持追捕。在梅奇（Mech，1970）观察到的一个事例中，一只公狼通过转身和突然扑向后面的狼使狼群停了下来。权力公狼还会领头向入侵群挑战。赤鹿群比其他大多数有蹄动物群组织得更精良。可育的雌赤鹿来领导类群，它的追随者有时甚至包括年轻的雄鹿，更年轻一些的可育雌赤鹿位于后面。非洲象群组织方式几乎一样。山羊队也有高度的结构。除非在发情期，成年公羊和母羊通常是分开的，每一类群由个头最大的和年纪最长的领导。

在一些物种中，领导职务根据不断变化的情况用可预料的方式不时地从一个个体或亚群转到另外一个个体或亚群。斑马家系类群虽小，但却有很强的权力等级系统，最具权力的雄性地位最高。斑马群去水坑喝水时，公马领头；但离开水坑后，则由权力母马领头，公马在后。这个转换看来是合理的，因为它们总是把公马放在家系成员和水坑之间，而水坑处是大量捕食动物集中的地方。一岁的小牛的集群所经历的模式转换就不容易解释了。当牛群正在自由自在走动时，中高等级的个体较靠前，

312

此时是靠前的牛承担实际领导职责。但是，当牛群被迫走开时，低等级的牛却走在最前面。

控制

　　自角色的概念首次引入灵长类动物的研究以来，控制者就一直是关键概念。伯恩斯坦、克鲁克、加特兰和其他研究者等强调重点是，权力功能和控制功能是可分的。这两个相互作用的形式大多数相关，然而有别。在有些哺乳动物，例如松鼠猴中，有控制者，但没有明显的权力顺序。这是一个重要的概括，但不幸的是这段结论的语意模糊不清。这是因为这种概括未能在一种或更多种控制行为（如果需要的话，可以一直追踪到神经肌肉机制）与控制者的行为表现之间做出区分。构成角色的基本行为模式是干预攻击事件，以最终达到减轻或停止攻击事件的目的。在猴群中，控制几乎总是通过威胁和惩罚来实现。川村对日本猕猴的动物控制做如下描述："当猴群中的一只猴遭到另一只猴攻击并发出求救的呼喊声时，领导猴就会迅速介入并打击惩罚攻击者。当领导猴到场时，许多其他猴子都来献媚，但这个攻击者仍然把另外的猴子当成新的敌人继续攻击，这就增加了观察者的迷惑。因为这些猴子吵得不可开交，观察者有时会难以分清，这种行为的真实目的是否是为了惩罚那个攻击者。但是一般来说，领导猴最终会找到那个元凶并予以惩罚，尽管这些领导猴显得不像原来那么愤怒了。"如果再进一步刻画履行控制行为的猴子的特点，可以发现它在领导猴群抵抗入侵者方面是出类拔萃的，是猴群其他成员注意的焦点。但是，我们必须注意到，这些都是额外的角色，本质上不属于控制行为部分，除非我们

一意要把控制的定义扩大到没有任何价值的地步。分析角色的正确方法是：在特定物种中，把角色定义为离散型行为模式；在类群成员内确定它们的相关程度；最后，根据个体经常在类群中充当的角色确定个体的类别。角色表现与某些年龄类群、性别类型甚至职别的一致性很重要，但它属于另外的问题。

人类社会中的角色

　　角色在非人类灵长类动物社会中极度贫乏和模糊，却反衬出角色在人类行为中的丰富和重要。正如微生物社会学者欧文·戈夫曼（Erving Goffman）及其同事所说，在很大程度上，人的存在就是在其他人面前作为角色进行精心表演。每种职业——外科医生、法官、侍者等——都是在如此表演着，而不管角色后面的心理活动如何。明显地偏离角色会被其他人认为是精神缺陷和不可信赖的信号。

　　在与高智力和语言密切联系的某些情况下，人类扮演的角色不同于其他灵长类（其中甚至包括黑猩猩）。人类角色都是具有自我意识的：演员知道自己正在为其他社会成员表演且应该表演到什么程度，接着，还会重新评价自己的角色和行为给其他社会成员带来什么影响。人类模仿和选择的，是其自身社会阶层和职业的模式。人类扮演的角色是完满的。一个人不工作时可以改变其衣着、个性甚至说话方式，但工作时他的表现必须与角色一致，否则，其他成员会怀疑他虚伪或无能。人类角色繁多。在高级社会中，每个个体都要熟悉几十种或者上百种职业和社会地位的行为规范。劳动分工是在这些行为规范的基础上进行的，这

313

一方式与社会昆虫中的职别是由生理状况决定的相类似。但是，昆虫群中的社会组织是通过工效学上的职别最适组合建立的，依赖于程序化的利他行为，而人类社会的福利建立在扮演角色个体间协调交换的基础上。当太多的人进入一个行业的时候，他们个人的支出-收益比就会上升，这样，一些个体就会出于利己的考虑转移到拥挤程度低的行业。当昆虫集群属于同一个职别的昆虫太多时，各种形式的生理抑制作用就会产生，如信息素分泌过低或过高都可能使正在发育的个体分流进入其他职别。

非人类脊椎动物缺少用昆虫或人类的方法进行高级劳动分工的机制。因此，人类在质的意义上来说是独一无二的。他们拥有的劳动分工数量已经可以与昆虫社会相匹配，在许多文化中还远远超过了昆虫社会。我们可以推断，如果较高等的灵长类动物的进化轨迹再这样继续下去而超过黑猩猩的话，就可能达到类似于人类模式的角色体系。随着智力的增长，高等灵长类动物就可以获得语言的能力、角色的意识、人际关系的持久记忆，并通过平等的长期交换确认"互惠利他主义"。这些品质（性状）的产生确实是在进化过程中人类具有较高智力的结果吗？智力是作为产生这些品质（性状）的方式而逐渐发展起来的吗？智力一点一点建立起人类与其他动物的这个差别并不是微小的，在第27章对人类更为广泛的讨论中我们还会进一步探讨。

第15章　性与社会

性在进化过程中是一种反社会力量。两个体之间的联盟可以因性产生，也可以不因性产生。如果我们大胆地把完美社会定义为没有冲突、高度利他与和谐统一的社会，那么，这个社会就最有可能进化成所有的成员在遗传上是相同的。当性繁殖引入后，类群成员在遗传上就变得不再相同了。亲代和子代得自共同祖先的血缘上相同的基因至少减少一半；配偶间（或无血缘关系两个体间）在血缘上相同的基因会减少更多。不可避免的结果就是出现利益冲突。如果这个雄性个体向额外的雌性授精，它将获得更大的收益，甚至冒险失去投资到它第一次交配所得子女身上的那份广义适合度也在所不惜。相反，如果这个雌性个体不管其配偶（上述雄性个体）付出多大遗传代价，也要阻止其有额外的配偶并成功的话，则这个雌性个体就会获利。当生育第二窝子代对亲本会有利时，其子代却可能通过继续要求亲本的照顾来增强它们的个体遗传适合度。亲本将以强行断奶来拒绝这些要求，必要时还会使用攻击行为。这些利益冲突造成了紧张局势，对利他主义和劳动分工的范围形成了严重限制。

多配偶物种向性别二态现象进化的强大趋势加强了这种典型的遗传限制。当性选择在雄性中进行时，成年雄性长得较大也较夺目，它们的行为模式和生态条件也与雌性的不同。其结果之一不是把一个社会设计分成促进社会效率的多种职别，而是分成使个体促进抵抗类群遗传适合度的次级性角色。性与社会的对立在社会昆虫中表现得特别强烈。只有在一些高等白蚁中，职别才是建立在性别差异基础上的。尤其是原始象白蚁族的合白蚁属和种植真菌的大白蚁科，它们的大工蚁是雄性的，小工蚁是雌性的；在无钩白蚁族的锯白蚁属（*Microcer-otermes*）和高等象白蚁族中，实际情况则相反。在大多数象白蚁族物种中，一般兵蚁也都是雄性的，而在大白蚁亚科和白蚁亚科中，兵蚁则都是雌性的。相反，在其余的高等白蚁或在低等白蚁的各科（澳白蚁科、木白蚁科、草白蚁科和鼻白蚁科）中，职别决定与性别没有联系。在包括蚂蚁、社会蜜蜂和社会黄蜂在内的膜翅目昆虫中，不育职别的成员全为雌性。雄性在任何合理的意义上都不能被看作一个职别。它们高度专业化的授精活动通常是在巢外进行。交配前，它们在巢中靠集群中的雌性奉养，过着几乎完全寄生的生活。

如果纵览整个动物界的系统发育史，性与社会进化的互逆关系就会更清晰。脊椎动物的繁殖方式几乎全都是有性生殖。根据尤泽尔（Uzzell，1970）的评论推测，在鱼类、两栖类和蜥蜴类等动物中存在的相当少的单性生殖群体情况，都属于局部衍生群体，不会自行进化得太远。除人类外，与昆虫及其他非脊椎动物的社会相比，脊椎动物的社会组织非常粗糙松散。性在脊椎动物社会中是唯一难以克服的限制因素。在求偶的早期阶段通过攻击和吸引的方式形成了性联盟（性限制）。"一夫一妻"制，特别是在繁殖季节外的"一夫一妻"制是极少的例外。亲子联盟通常持续到断奶期，然后就常常通过一个冲突阶段而终止。超过直系家庭的社会联盟只限于少数哺乳动物类群，如犬科动物和高等灵长类动物，它们有足够的智力记忆详细的关系，并由此结成联盟和小集团。不过这些联盟也相当不稳定，在大多数物种中还夹杂着攻击和明显的自私性。

无脊椎动物社会性的最高级形式是以无性生殖为基础的。具有最高程度职别分化的系统发育类群，如海绵体、腔肠动物、外肛动物和被囊动物，也是通过简单的芽殖来创造新集群成员的类群。社会昆虫主要是通过有性生殖方式进行繁殖的，集群内发生有限的冲突归根结底是有性繁殖基础上的遗传分化造成的。膜翅目是一个产生高级社会生命最为频繁的目，其特点是单倍二倍体，这是导致姐妹间比亲子间的遗传关系更为紧密的一种性别决定方式。根据现行理论（见第20章），这个特性可以解释蚂蚁、蜜蜂和黄蜂的工职全为雌性的事实。因此，昆虫中增强的社会性显然是有性状态的破坏性得到缓解的结果。在整个无脊椎动物中，社会性也大致与雌雄同体有关。雌雄同体的类群包括海绵（多孔动物门）、珊瑚虫（珊瑚虫纲）、外肛苔藓虫和固着被囊动物。但是，有少数集群式的类群不是雌雄同体，而许多雌雄同体的生物是非集群式的。

简而言之，社会进化必然受到有性生殖的制约和定型，而不是受到有性生殖的促进。求偶和性限制是为了对抗有性生殖本身促进的遗传差异的方式。因为对抗力和促进力同样重要，所以，本章以下部分将对性进化和性与社会行为各方面关系的现行理论进行系统评述。

性的含义

在任何意义上说，有性生殖都是一种消耗性的生物学活动。生殖器官的结构变得越来越精密，求偶期越来越长，能量付出越来越大，遗传的性别决定机制精细化且容易被干扰。此外，一个有性生殖的生物使遗传投资在每一配子中都削减了一半。如果一个卵子进行单性生殖，所产子女的全部基因与其亲本的完全一样。在有性生殖中，则仅有一半基因是完全一样的。换句话说，这个生物的投资浪费了一半。为什么配子不以无性生殖发育成个体取代有性生殖并防止投资浪费，这还没有明确的理由予以解释。那么，为什么性会进化呢？

生物学家们已经承认，有性生殖的优势在于组装新基因型的速度要快得多。同源染色体在减数分裂第一次分裂的过程中，典型地进行互换，在互换中DNA片段交换并产生了新的基因型组合。此次分裂以同源染色体分离成不同的单倍体，产生更多的遗传多样性而结束。当产生的配子与来自其他个体的性细胞融合后，一个与来自原初配子的亲体更加不同的二倍体生物便诞生了。局限于配子发生和两性生殖过程的每一步都是为了增加遗传的多样性。追求多样性就是为了适应。有性生殖的群体比无性生殖群体更可能产生新的遗传组合以便较好地适应环境条件的变化。无性形式永远只能产生特定的一些组合，当环境发生波动，它们更可能走向灭绝。它们的灭绝就为有性生殖留下了空间，使有性生殖成了越来越重要的一种模式。

此类适应性的优势尚未确定。现已经提出了两种假说，分别是梅纳德·史密斯的长期说和短期说。长期说首先采用了魏斯曼、R. A. 费希尔（R. A. Fisher）和H. J. 穆勒（H. J. Muller）等人著述中的形式，由克劳和木村（Kimura）给予了定量表达。实质上，它是说，整个群体依靠有性生殖时进化较快，其结果是胜过其他类似的无性生殖群体。假定a→a'和b→b'是在不同基因座以很低的频率发过的两个有利突变。在无性生殖群体中，组装成最

有利的组合a'/b'的概率是这两个突变率的乘积。因为这两个突变率非常低，所以，这种组合可能绝不会发生。但是，在有性生殖的群体中，因为a'/b'不仅能依靠同时发生的基因突变产生，而且可以通过一个a'载体和一个b'载体的交配产生，所以，该组合出现的概率是非常高的。梅纳德·史密斯改进克劳—木村的模型显示，如果N是群体大小，l是可能的但尚未发生的有利突变的基因座数目，μ是每个基因座的突变率，还假定$N > 1/10\mu$，那么，有性生殖将加速进化。也就是说，在数量级为10^7或更大的群体中，有性群体将以接近l的速率进化。当两个群体同时侵入一个新的环境，并杂交合成明显不同的多组基因的时候，进化的过程还会进一步加快。这个见解的合理性在后来这个更有说服力的改进模型中得到了完善。众所周知，几乎所有除最保守的K选择的物种以外的其他物种活动范围都在经常扩张和收缩。在扩张的时期里，可以预计来自相邻群体的繁殖体会反复混合。如果它们彼此杂交，它们的子代就会成为这个物种整体进化过程中的先锋。

另一个"短期说"的解释已经由G. C. 威廉姆斯作为对类群选择理论全面批评的一部分而更令人信服。根据这个假说，有性生殖之所以能进化，是因为它准许一个个体亲本使它自己的子女多样化，并由此来应对从一代到下一代遇到的不可预料的环境变化。假设在一特定基因座上为杂合体的一个无性个体，该个体具有基因型a/b。它只能生殖a/b型子女，因此，它的适合度只取决于是否存在对这样一种基因型有利的环境。相反，一个a/b有性生殖的生物与另一个a/b有性生殖的生物交配能生殖出3种基因型的子女：a/a, a/b, b/b。有性品系比无

316

性品系应对偶发事件胜出的机会更多。例如，如果环境变化到仅允许 b/b 型生物存活的程度，那么，有性生殖品系就能支撑下去，而无性生殖品系就会走向灭绝。这个假说与世代交替生物的生活周期特性是一致的。有许多种动物，诸如淡水水螅和蚜虫，当处于有利于其局部群体迅速增长的时机，它们就进行无性生殖。在生活周期的这一阶段，社会组织最有可能出现。但是，当环境恶化或光周期变化预示冬季迫近的时候，它们就会转而进行有性生殖，随后进行扩散并形成被囊，或采取一些其他的休眠方式。换句话说，生活周期的有性生殖阶段扩散了生物体，增加遗传的多样性，在生理上为迎接艰难时节的到来做好了准备。

梅纳德·史密斯揭示，为了使进化有利于有性生殖而不是无性生殖，环境在世代间必须是不可预料的，由此，他多少有些动摇了"短期说"的可信性。这就意味着，生物学上强有力的变数，诸如温度、潮湿度和隔离，必然不断改变。只有在这种条件下，基因的新组合和产生它们的性过程，才会足以有利于个体水平（而不是群体水平）上的遗传适合度。梅纳德·史密斯阐释说这种环境的快速波动是一种极端的、不可能发生的情况。这确实是一种极端情况，但却不是不可能发生的。在适应性方面，具有突出意义的环境特征是数量足够多、波动足够快，并且与大多数物种所需要的环境只具有微弱的相关性。在这个理论发展的早期应该强调，性起源的"长期说"和"短期说"并非不可相容。它们影响的相对分量大概是随环境的可预见性和进化物种的某些群体特点而变化的。有利于有性生殖的是，减弱与环境条件的自相关、群体内较强烈的自然选择行

为和较低的基因突变率及较高的基因扩散率。显然，大多数类型生物（从细菌到大象）的生物学变异都会落在位于有利于有性生殖的范围内。在有性生殖中与社会生物学有关的差异是：有性生殖过程的强度（用远系繁殖程度测量）；繁殖前、后的扩散数量；致力于有性生殖的时间量。每个参数都可以看作自身的适应，绝不会脱离环境的直接影响。

性别比例的进化

为什么通常恰好只存在两性？答案是两种性别足以产生最大的潜在遗传重组，因为实际上可保证每个健康的个体都有机会与另外性别（即异性）的一个成员进行交配。再者，为什么这两个性别在解剖学上又是不同的呢？当然，在真菌和藻类等许多微生物中，不同性别在解剖学上没有什么不同，产生的配子在外表上是相同的（同配生殖）。但是，在绝大多数生物中，实际上包括所有的动物，异配生殖是常例。而且，两种配子的差别常常很大：一种配子——卵子，相对大些，而且是固着的；另一种配子——精子，则是微小和游动的。这种分化是以提高个体适合度为适应基础的劳动分工。卵子具有使胚胎开始高级发育状态所需要的卵黄。因为胚胎代表了母亲方面巨大的能量投资，所以被隔离和保护起来，有时母亲在婴儿出生后仍对其进行持续的抚育。这就是亲本抚育在正常情况下由雌性提供，以及大多数动物社会都以母亲为中心的原因。精子专门寻找卵子，并且为了达到这个目的，精子进化为只剩下具有用一根鞭毛驱动的最小的 DNA-蛋白质小体。在完整研究分析精子作用的基础上，

317

斯古多（Scudo）得出结论说，在异配生殖的有利性超过其祖先同配生殖的有利性前，异配生殖必须达到高度发育的程度。

一般来说，双亲生育出的子代在性别上数量相等也是有利的。像 XY 和 XO 的性别决定机制（其中 X 和 Y 代表性染色体，O 指缺少性染色体）不应看作是染色体机械运动的必然结果，而应看成通过自然选择获得的一些特定方式，因为通过这些方式产生了复杂性最低的 50：50 的性比。第一个用模型表述 50：50 性比进化过程思想的是费希尔。说明这一性比的"费希尔原理"可用最简明的形式叙述如下：在一个群体中，如果雄性的出生频率比雌性的小，每个雄性就比每个雌性有更多的交配机会。在其他情况相同的条件下，一个雄性就更可能有若干个雌性伴侣。随之，在遗传上可生殖高比例雄性的双亲将最终拥有更多的孙子。但是，就一个群体的整体说来，这个趋势又在自我否定，因为当产生雄性的基因散播而使雄性比雌性多的时候，这种优势就将失去。最终性比将接近 50：50。一个恰好与上述原理相对称的性比 50：50 的原理是以雌性生殖为参照的。随后的研究者，著名的有麦克阿瑟、汉密尔顿（Hamilton）和雷，改进和扩展了这个模型，由此可以做出更精确的表述。在理想情况下，一个亲本不会繁殖出相等数量的雌雄两性，更合理的做法是，它应该对两性做等量投资。如果一个亲本对一种性别的投资比另一性别的高，那么得到亲本高投资那种性别的后代比例会下降。通常说来，投资可以用消耗的能量估算。因此，如果一个新生雌性平均体重是一个新生雄性平均体重的两倍，并且出生后亲本没有进一步投资，那么出生最适雌雄性比应保持在 1：2 左右。一个可能甚至比能量支出更精确的评估标准是生殖努力，即当前生殖努力的结果造成未来生殖潜能降低的水平（见第 4 章）。当加入亲本抚育时，则对两性投入抚育量不同的差值必然也要计入能量消耗。例如，如果养育一个女儿和一个儿子到独立为止，所费资金前者是后者的两倍，则在子代中雌性的最适比就会削减一半。一旦亲本抚育结束，两性之间不同死亡率不会对最适性比产生影响。

其他一些选择压力能干预性比偏离数量均等。在受精雌性少的群体中发现的寄生物种并未受到费希尔原理的限制。因为大概率的交配都在同胞间进行，所以，许多寻求配偶的雄性要面临竞争，它们都在血缘上具有相同决定性别的基因。在寄生生活方式中，尽可能多地繁殖受精雌性是有利的，甚至不惜以失去最初有利的性比平衡为代价。这个优势将压倒恢复雄性出生数量到原水平的选择，因为近交削弱了费希尔效应。汉密尔顿证明，在这种条件下，这个"不可战胜的"性比将变成 $(n-1)/kn$，其中 k 是 1 或是 2（取决于性别遗传模式），而 n 是建立这个群体的雌性数量。（性比传统上指雄性比雌性。）当 n 等于 1 时，理想的群体都是雌性，但实际的群体全是雌雄嵌合体，或群体中还有一个雄性以便给它的所有姐妹授精。寄生的膜翅目昆虫显然已经通过单倍二倍体解决了这个问题，在单倍二倍体中，雄性和雌性分别由未受精卵和受精卵产生。一个雌性在产卵前，只要通过"选择"是否从其受精囊，即精子储藏器官中释放精子，就能控制每个后代的性别。有些膜翅目物种使用这种控制来产生适应特殊环境的其他性比。社会蜜蜂、黄蜂和蚂蚁通常只是在繁殖季节到来前繁殖雄性,而一年中的其他时间则都产生雌性。在寄生黄蜂中看到的普遍模式是所有的雄性都是在小或年轻的宿主身上繁殖产生的;而在有能力支持较大生物量的宿主中,雌性寄生黄蜂的比例增加。

性别决定的生理控制在昆虫中特别发达,而在脊椎动物中至少在一个有限的程度上也是存在的,不应该忽视这种可能性。特里弗斯、威拉德(Willard)已经建构了一种具有独创性的学说,用以揭示哪些情况或特性可以期望产生偏离性比50:50的适应性比。他们的推论如下:

1.在许多脊椎动物中,个头大的、身体健康的雄性交配频率很高,许多身体弱小的雄性则全然没有交配机会,然而几乎所有的雌性在交配上都是成功的。

2.生理条件最好的雌性生殖最健康的婴儿,而这些子代都可能成长为个头最高大、身体最健康的成体。

318

3.当雌性身体最健康的时候应该生产较高比例的雄性,因为这些雄性长大后可以获得最高交配率并生殖出最大数量的孙子(女)。当这些雌性的身体状况走向衰弱,它们应该转到逐渐生产雌性,因为现在雌性后代将代表较安全的投资。

前两个推论已经在蝙蝠、绵羊和人类中证实。相当惊人的第三个推论也是与证据相一致的。这个推论对一些先前来自貂、猪、绵羊、鹿、海豹和人类的尚未得到解释的资料做了新颖独到的诠释。例如,在鹿和人类中,对怀孕雌性不利的环境条件是与性比减小相关联的,即有利于生女儿。最有可能的机制是不同的胎儿死亡率。众所周知,压力导致某些哺乳动物中较高的雄性胎儿死亡率,尤其在怀孕的早期阶段。死亡率的终极原因可能是与特里弗斯-威拉德原理相一致的自然选择。

在一些动物物种中,性比可以保持稳定是因为其个体具有改变性别的能力,以作为对其他动物的性别或社会地位的一种反应。隆头鱼科、鹦嘴鱼科和鮨科的鱼类能迅速地在两性间进行性反转,有时能在一对配偶个体间和谐地反复进行性反转。因此配偶间极易进行性别互换。这些似乎很奇怪,但这绝不是最怪异的适应。裂唇鱼(*Labroides dimidiatus*)的社会类群由一条雄鱼和一帮雌鱼妻妾组成,占据一个领域。这条雄鱼通过攻击,阻止雌鱼的变性倾向。当它死了的时候,类群中的优势雌性迅速变性为雄性,成为这些妻妾的新主人。

在我们深入地考虑亲本投资的时候,一定不要忽视在性比决定过程中,其他一些统计学过程也具有同样重要的作用。成年时的性比实际上是如下3个量共同作用的结果:出生时的性比、雌性和雄性发育成熟的时间差和死亡率差。所有这3个量,而不单单是出生时的性比,都可能成为性选择的函数。成熟时间差和死亡率差都应该包括在社会系统运作结果中而加以计算,当然,在计算时不是把它们作为影响这个系统的独立变量处理的。

性选择

关于性本质一系列基本问题的最后一个问题是:为什么性差异那么大?这些有趣的性差异性状是第二性征性状,是由于两性在生殖腺和生殖器官上纯粹的功能差异造成的。许多物种的雄性比雌性个头更大、更显眼、更具有攻击性。两性差别常常大到似乎属于不同的物种。在蚂蚁和诸如双翅蚁蜂科、刺角胡蜂科和膨腹土蜂科等带螫刺的黄蜂中，雄性和雌性的外表差异，大到只有通过发现它们正在交配才能确定为同一物种，否则有经验的生物分类学家都会错误地把它们放到不同的属甚或不同的科。在深海鮟鱇鱼四个科（角鮟鱇科、茎角鮟鱇科、树头鱼科、无竿鮟鱇科）中存在着已知脊椎动物中最极端的情况，在这些科里，雄性小到如同附着在雌性身上的寄生附属物。

达尔文在《人的由来及性选择》(The Descent of Man and Selection in Relation to Sex) 一书的性选择概念中，首次对性趋异的神秘性给予了部分解答。根据达尔文的解说，性选择是形成动物解剖结构生理机能和行为机制的一种特殊过程，这种机制在交配前短时间里和交配时起作用，是进行一次又一次交配的基础。他把导致诸如雄性性腺的形成或雌性的产卵行为这样一些主要生殖性状的选择排除在外。达尔文认为，一种性别的成员为获得配偶的竞争导致了这个性别所特有性状的进化。在性选择竞争中

有两个差异明显的过程具有差不多同等的重要性。用朱利安·赫胥黎的话说，这两个过程是异性吸引选择（在雄性和雌性间构成的选择）和同性内选择（包括雄性个体间，有时也包括雌性个体间的选择）。要是用达尔文的话说，其差别就在于雄性个体"诱惑雌性的本事"与"在争斗中征服其他雄性个体的本事"的不同。早在1859年，当达尔文第一次使用"性选择"的时候，他就设想它与大多数的自然选择根本不同：在性选择中，结果不是生存或死亡，而是生殖后代或不生殖后代。

纯粹的异性吸引选择在野外不易证实。雄鸟通常对雄鸟和雌鸟都进行炫耀，从领域上驱逐雄性对手和赢得潜在配偶注意力，是作为性选择同样重要的基础。未掺杂雄性间攻击行为的异性吸引选择，能在一种欧洲海岸鸟——流苏鹬的求偶仪式的部分时间里见到。雄鸟羽毛颜色变化多端，在紧密相连组合成共同竞技场中的各自领域内疯狂炫耀（见图15-1）。竞争对手们颈毛膨胀，羽翅展开并不断抖动，在领

图15-1　流苏鹬吸引异性的竞争性炫耀。雄性占领一个小领域，对着从它们中间漫步而过的雌性进行炫耀。这是迄今为止在鸟类中发现的唯一羽毛变异如此之大的物种（引自Lack, 1968）。

域内急促地跑来跑去，还不时停下来，用鸟嘴触地或抖动全身。雌性则单独或成伙地从一个领域到另一个领域闲逛，用蹲伏来表达它们接受交配的意愿。在任何情况下，雄性是否占有领域不是基本要素：自由观察得见，当雌鸟从一个权力雄鸟领域来到另一个权力雄鸟领域时，雌鸟追随的是流浪的个体雄鸟。真正的异性吸引选择也发生在果蝇属中。黑腹果蝇的黄色突变体不仅通过改变其体色（果蝇名称就是根据其体色而来），而且还通过雄性求偶活动的微妙变化而表现其特征。性炫耀中的一步是振动翅膀，这是一种雌果蝇用触角可以感知的飞行运动。黄色果蝇突变体雄性振动翅膀比正常果蝇持续的时间短而间隔较长，因此它们从雌果蝇那里获得适当反应的成功率较低。当梅纳德·史密斯比较雄黑腹果蝇与近亲繁殖和远亲繁殖的果蝇的不同表现时，也得到了一个相似的结果。一个典型的远亲繁殖雄果蝇表现出在保持与雌性接触，千方百计引诱雌果蝇适当反应方面具有较大的"运动能力"。这一交流期间需要进行的这些活动是有难度的。开始时雄果蝇用前腿轻拍雌果蝇的头，然后绕着接近雌果蝇的头前，同时伸长自己的口器。雌果蝇迅速反复地进行侧向规避，雄果蝇则必须不断转换姿势来保持面对雌果蝇。远亲繁殖的后代果蝇在执行这样的移动时，尽显旺盛活力和出色技巧，胜出一筹。因为果蝇中交配行为的每个分量的遗传率实际上都得到了证实，所以说明品系之间交配表现的差别就非常容易了。

异性吸引竞争依据的准则不是求偶期间的显眼和运动能力。异型交配可得到同样的结果。当某些基因的频率下降时，它们的携带者却越来越讨同伴喜欢。如果低于一定频率的稀

有基因型在交配时更为成功，就会达到一种平衡遗传多态状态。这种现象在果蝇中得到了广泛证实，虽然不能说在这个属中全部如此，但却是一种普遍现象。图15-2给出一个来自黑腹果蝇的特别有趣的例证。白色突变体的U形选择曲线在近中心区沉降在对等数以下，建立了两个平衡频率：当白眼雄蝇的起始频率低于80%的时候，将倾向于向40%的一个稳定平衡态运动；当白眼雄蝇的起始频率在80%左右的时候，则白眼雄蝇频率倾向于增加而达到固定。在实验室中的果蝇群体中，除了异性吸引竞争之外，还对白眼果蝇施加其他一些选择压力时，则白眼果蝇频率无法达到固定。

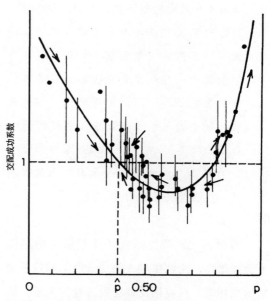

图15-2 黑腹果蝇中依赖于频率的选择。白色突变体（形成白色眼睛）的交配成功，以其交配成功系数对雄性群体中白雄蝇所占频率的函数作图：当交配成功系数是1时，白雄蝇和正常雄蝇成功交配率相等；当系数在1以上时，白雄蝇成功的多；当系数在1以下时，白雄蝇成功较少。当白雄蝇出现频率初始低于80%，则在40%处达到平衡；当频率初始高于80%，白基因向80%以上继续增加（引自Petit & Ehrman经修改，1969）。

性选择不需要以多配偶为基础。达尔文设想了一个单配偶交配也能实现性选择的过程：

320

> 让我们取任何物种，以一种鸟类为例，并把棲居某一地方的雌性分成两个均等的部分：一部分由精力较为旺盛、营养较为丰足的个体组成，另一部分由精力和健康状态较差的个体组成。没有任何疑问，当春天来到时，前者将会比后者先繁殖。由此说来，精力最旺盛、营养最丰足和最早的繁殖者，养育优良子女的平均数量最大，这也是没有疑问的。正如我们所见，雄鸟一般比雌鸟更早进入繁殖期，最强壮的（在某些物种中是具有特殊武装的雄性）把较弱的驱逐掉，然后，前者就同精力较旺盛和营养较好的雌鸟交配，因为它们首先进入繁殖期。如此具有活力的配偶肯定会比发育迟缓的雌性养育较多数量的子女，而后者将被迫与被征服的和缺少力气的雄性结合（假定两性在数量上相等）。在世代延续过程中所需要做的事就是增加雄鸟的体形、力量和胆量，或者改良雄鸟的"武器"。

简而言之，雌性倾向于在繁殖期的基础上选择雄性，两性中较大的适合度都与较早的繁殖期相关。拉克用反证法批评这种模型，他认为，繁殖时间最终是由食物的可利用性决定的。但是，这种批评与问题是不相干的。奥唐纳德（O'Donald）通过一种正规的模型证明，只要繁殖时间与适合度存在相关，雌性就会在雄性最活跃的时间里进入繁殖。在某些情况下，甚至当雌性自身的内在适合度没有随着繁殖时间发生变化，进化也将迅速进行。选择强度显然是依赖于频率的。当只有很少的雌性在交配季节进行择偶时，优良雄性起初占有很大优势，但是，优势很快就缩减近零。如直观所示，当大量雌性进行择偶时，优良基因型会迅速播散。在二者任一种情况下，两性繁殖的平均时间将最终向环境的最优化接近，而在环境最优化中，达尔文的早期讨论是一个特殊的情况。

异性吸引炫耀可以看成是推销与反推销之间的竞赛。求偶的性别一般为雄性，它打算在子女身上投入较少的繁殖努力。雄性的炫耀要给雌性的许诺是：我这个雄性是完全正常的，生理上是合格的。但是这种许诺只是由短暂的炫耀组成的，所以在强的选择压力之下，条件较差的个体会提供虚假的合格形象。被求偶的性别通常是雌性，因此能发现辨别是否真的合格是大有好处的。结果，被求偶的性别有向腼腆性方向发展的强烈趋势，以谨慎和犹豫的反应，让雄性做出更多的炫耀，而让自己容易做出择偶判断。

性内选择是以在求偶性别成员中进行攻击性排他行动为基础的。在这种选择中，事情解决的方式更为直接。处于劣势的成员直接投靠胜者，或更实际的情况是投靠胜者的类群，在这里存在着一个小的潜在交配亚群。选到一个胜者，这个劣势个体不仅获得了一个精力较旺盛的伙伴，而且可以共享由这个胜者保护的资源。后一种好处才是最重要的。雄性长嘴沼泽鹪鹩总是想占领生长香蒲的地域，因为生长香蒲的地域为鸟类提供了丰富的可食水生无脊椎动物。它们在这里筑了很多巢，以吸引更多雌鸟。弗纳（Verner）和恩格尔森（Engelsen）

得到的间接证据充分表明：雌鷂鹟是根据食物的丰度来选择领域的，它们无须根据雄性的炫耀来评价如下的品质情况，即领域食物越富饶，雄性获得食物就越容易，所以它们就有更多的时间筑巢和护巢。弗纳、恩格尔森相信，可见鸟巢的数量可以作为以上品质情况的主要指标。

当资源不是进行交配的条件时，性内冲突常常向一种类型独特和剧烈的方向进化，其风格和强度甚至对心肠坚毅的人类观察家来说，也是印象深刻的。松鸡、雷鸟和其他大多数松鸡科的鸟类是多配偶的。雄性在公共炫耀场地上竞争，由此能成功使雌性受精的只有极小部分。幼鸟是在远离炫耀场的地方专门由雌性抚育的。结果，对于雄性说来，一切都取决于炫耀场上的卓越本领了。这里有约翰·W. 斯科特（John W. Scott）对大草原尖尾松鸡（*Pedioecetes phasianellus*）雄性战斗场面的描述：

权力地位主要是由公鸡之间凶残的争斗所决定的。翅膀和鸡嘴在快速的你来我往的冲击中都派上了用场，其速度之快让人目不暇接。羽毛常常被拔落。战斗突然开始后，便无间歇地持续好一会。有时，在短暂间歇后，战斗仍如先前一样残酷。如此战斗两三回合，一只公鸡放弃了，尽其所能地快速扭身逃跑，胜者紧紧追赶，甚至在追赶中还继续用嘴啄那个失败者。我已经看到它们追赶超过了30米或更远。到这时，其他公鸡也加入追赶，失败者被赶出了最初的争斗场，胜者同时返回到争斗场。当领头公鸡要交配时，也可能会打

起群架来。当领头公鸡爬到母鸡身上时，它常常会遭到1只、2只或3只其他公鸡的攻击。它们的行动之快，常常在快速交配之前就使头领受到重创，有时还会使头领翻落在地。短暂的战斗之后，攻击的公鸡最后常常各自撤退到安全距离。

在某些昆虫中狂暴张扬的雄性也用相似的交配方式取得了进化。雄性犀金龟及其近亲的角以及鹿角虫的颚都是可用的武器。比布（Beebe）曾描述南美金龟子科的大个子成员赫克力士长戟大兜虫（*Dynastes Hercules*）中发生的战斗场面（见图15-3）。从犀金龟甲虫参战那一刻开始，战斗就以一个高度可预料的顺序进行：

头前突出很长的角相碰并绞在一起，两角张开很宽，又夹起来，战斗开始阶段的全部目的就是从外侧控制住对手的两角。当4只角紧紧绞在一起的时候，战斗就陷入了僵局。所有的力气都用在夹剪上，其目的明显是为了弄碎和伤害对手的头部或胸部……一次又一次，战斗双方逐渐后退，松开了它们的武器，紧接着又开始新一轮夹剪。当在对手角外获得有利控制时，长戟大兜虫就会用尽全身力气发动新攻势。这是或向右面或向左面进行的一系列侧面挤压动作，目的是使两角钳沿着胸部以至腹部，有可能到中部的鞘翅，不断移位夹剪。另外，如果在一开始控制仅限于向内弯曲的角尖的话，长戟大兜虫就不断向前移位，以便使长在两角上两套对生的牙齿在最后抓扭时发挥作用。一旦

321

图15-3　在委内瑞拉一个热带雨林的地表层上，两只赫克力士长戟大兜虫为争夺权力和接近雌性而战。争斗到了用从头和前胸长出的大角扭打并将对方挑起来的严重程度。图中所示的兰科植物是委内瑞拉兰花（*Teuscheria venezuela*），苔藓、地钱和地衣覆盖着表层和落叶层的其余部分（原画为 Sarah Landry 所作）。

获得这样的控制和抓牢后，长戟大兜虫就会用后腿站起，挺了又挺，直到以令人难以想象的垂直姿态站立。在这个姿势的顶端，对手的腹部顶突和后腿跗节被抓住，剩下的4条腿伸到半空中，身体侧面向上，有气无力地踢蹬着。这个姿势可以持续2秒钟，长的有8秒之多。之后，这个战败者或被重重地摔下来，或被无方向地搬到什么地方，最后被砰地扔在地上。在这个高潮之后，如果失败的甲虫既没有受伤，也没有得到后援，它或可能重开战事，但更常见的是逃跑。

性内选择物种表现极端的炫耀有两种功能——吸引雌性和恐吓其他雄性。至于交配前活动炫耀普遍简短，或者根本就没有。例如，雄性犀金龟甲虫在交配前什么活动也没有。它偶尔也抓起雌性漫无目标地四处走一会儿，但是，这种行为的意义尚不得而知，在这整个时间里，雌性显然是被动的。

一些更为戏剧化的脊椎动物的例子给人留下的印象是：性内竞争全部都是从交配前开始，随射精活动结束而结束。但是，如表15-1中的性选择模式分类所示，性内竞争还有许多是交配后进行的，其中有些还相当精细和直接。雄鼠能诱发布鲁斯效应：当它们到怀孕雌鼠面前时，它们的气味足以引起雌鼠流产和再次交配。流浪雄性叶猴在赶跑留守雄猴后，习以为常地杀掉猴群中的所有幼猴，篡位雄猴接着向雌猴授精。犯类似形式杀婴罪的还有雄狮。交配后，性内竞争花样最多的莫过于昆虫。这种系统发育特性的原因看来很简单。雌昆虫普遍需要给大量的卵授精，常常用时很

久。与此同时，又必须节约使用它们受精囊里所存的精液。在一些极端的例子中，如寄生黄蜂、蜜蜂、蚂蚁，至少还有一些果蝇，它们的精子是一对一地授给卵子。结果发现，如果雄性再给已交配过的雌性受精，该雄性还可获利，它们的精子至少能替换其先驱所置入受精囊的部分精子。在得州菱蝗（*Paratettix texanus*）、赤拟谷盗、果蝇和一些其他昆虫中，最后成功交配的那个雄性常常是大多数幼虫的爸爸，因为它的精子集中在雌性受精囊的入口处。

表15-1 性选择模式

Ⅰ.异性吸引选择
    A.基于交配对成员间的选择
        1.不同类型求偶者的选择依赖于其相对频率
        2.不同类型求偶者的选择不依赖于其相对频率
    B.基于繁殖时间的差异：在某些时间内，优异的求偶者比其他求偶者有更多繁殖交配机会
Ⅱ.性内选择
    C.交配前竞争
        1.发现配偶的能力不同
        2.领域排除其他竞争者
        3.永久性社会类群内的优势
        4.在类群求偶炫耀期间的优势
    D.交配后的竞争
        1.精子替换
        2.求偶胜者的诱发流产和再授精
        3.求偶胜者杀害败者的幼婴和再授精
        4.交配栓和趋避剂
        5.延长交配时间
        6.在偶配的"被动阶段"，求偶者在交配前和交配后一段时间内都紧贴在配偶身上
        7.求偶者保护配偶但没有身体接触
        8.成对的配偶离开竞争性求偶者

精子替换所构成的威胁驱使一系列反措施的进化，其中许多反措施已列入表15-1。在范围广泛的一些昆虫类群，雄性附腺的分泌凝结

物通常会形成置入雌性生殖道的交配栓。有些研究者得出结论说，交配栓主要是用于防止精液泄漏的，但至少在一些鳞翅目昆虫及在龙虱属（*Dytiscus*）和大龙虱属（*Cybister*）的水生甲虫中，首要的功能显然是预防随后的交配。此外，不能排除竞争性精子阻断对绝大多数其余昆虫来说，至少是一种辅助的功能。在蠓（*Johannseniella nitida*）这种表现奇异的物种中，雄性把自己的身体充当了交配栓。交配后，雌性吃掉它的配偶，剩下雄性生殖器还附着在雌性身体上。交配栓在一些哺乳动物中也存在，包括有袋动物、蝙蝠、刺猬和大鼠。精液凝固是由囊泡酶引起的，在啮齿类动物中，这种酶是靠近精囊的一个"凝结腺"分泌出来的。这里再次表明，以前认为交配栓的作用是防止精液泄漏，但是，防止再次受精同样是个可成立的假说。

在交配过程中，雄性可能传导一些激发雌性感受性的物质。克莱格（Craig, 1967）认为，在伊蚊属（*Aedes*）的蚊子中，这种信息素叫作"配偶素"，是由蚊子的附腺分泌出来的。雄家蝇（*Musca domestica*）输精管内壁的分泌细胞产生一种相似的物质。一个阻止精子替换更有效的方法是延长交配时间。雄家蝇不管自己的精子在15分钟内已经全部输送完毕的事实，仍然保持交配状态大约1小时。但是，雄性交配时间过长在另一方面又有损失，因为它失去了可以使其他雌性受精的宝贵时间。在家蝇和其他蝇类中，交配是一种具有高度竞争性的活动。延长交配时间更加极端的实例在其他昆虫中也有报告。蛾类、大蚊属（*Cylindrotoma*）的各种蚊子通常交配一整天。雄昆虫普遍紧紧贴着雌性不动来保护自己的精子不丧失。飞

蛾、黄蜂和蝇等昆虫的外生殖器具有适于钩、刺和卷曲的复杂结构。它们为生物分类学家提供了区分物种的某些最可靠的特征。正如理查兹（1927b）首先提出的，这些结构可能是经过性内选择为了防止被剥夺交配权而进化的。

帕克（Parker）已经在许多昆虫的求偶过程中区分出了一个"被动阶段"，在这个阶段里，雄性把自己的身体紧紧地贴在雌性身上，且经或多或少的没有性接触的间隔时间。这种紧贴有的发生在交配前，有的发生在交配后，不同物种各不相同，都是为了阻止敌对雄性与该雌性交配。蜻蜓一前一后的串联姿态是人们最熟悉的例子。雄蜻蜓钉牢在雌性的腹部，然后两只蜻蜓连在一起飞，雌性把卵产在水面上。这种方式不只是对串联中的雄性有利。在正常情况下，串联中的雌性必须把卵产在由领域雄性控制的区域，而这些雄性一见到这一雌性就会试图与它交配。如果这只雌性不是串联飞行的话，雌性产卵的努力就会被无效的性接触不时地打断。黄色的雄黄粪蝇（*Scatophaga stercoraria*）在"被动"期间不仅站在雌蝇身上，而且还打跑入侵的对手。它们的花招就像日本柔道，一成不变而有技巧（见图15-4）。类似形式的积极防御甚至当雄性还没有直接与它们的配偶发生接触的时候就启用了。例如，并不是所有的蜻蜓串联的时段都那么长。雌性墨斑色蟌（*Calopteryx maculatum*）在串联交配和飞行一小会之后，就把卵产在水生植物上，雄性栖息在附近的支撑物上，以便飞出来攻击任何接近其配偶的其他雄性。

最后，交配过的配偶可能干脆就远离求偶者。雄性食谷大头蚁（*Pheidole sitarches*）形成特别显眼的交配群，处女蚁后飞入群中就得以

322

324

交配。一旦一个雄蚁贴住一处女蚁后，这对配偶就停止飞行，落到地面，在这里完成交配。蚁后接着蜕掉翅膀，离开到一定地方建立新集群，由此有效地防止了继续受精。当雌流苏鹬在竞争的雄流苏鹬中进行择偶的时候，通常情况下，一对配偶首先飞离炫耀场地，然后雌鹬蹲伏下来，这是邀请交配的一种姿势。

图15-4 在求偶被动期间两只雄性黄粪蝇之间的争斗。雌蝇在底下。已为雌蝇授过精的雄蝇处在中间：这只雄蝇正在猛推此前向它攻击的对手。攻击来自它的左面，所以，它抬起左面中间的腿以防止对手从左面接近。然后它抬起整个身体而把对手推向另一方向。（源自Parker, 1970b）。

必须记住，在性内竞争的过程中所表现的攻击是一类特殊的攻击。在第11章中，我认为，大多数形式的动物攻击行为，都是因为它们的资源陷入长期短缺，限制了群体增长而采取的进化手段。因此，动物攻击行为成为制约控制种群密度的一部分。在性内选择的情况下，也存在争夺有限资源的竞争。但是，这种短缺资源（通常是雌性用来受精的，而有时是雄性用来照顾雌性后代的）并未限制群体增长，所以这种攻击行为也就没有对密度制约控制做出贡献。的确，如果当土地和食物等其他资源的供应极大富足且群体增长最迅速的时候，性内选择可能变得最为激烈。当那个时刻到来的时候，雌性才能以最高的速率生育，这本身是对雌性生育的奖赏，而且，其他丰富的资源也使雄性可以自由地去追求雌性。分配原理开始发挥作用（见第6章）：雄性行为进化以至把性内选择带向了它的最高潮。最精细的求偶方式表现出来了，雄性性内攻击，在几乎无食物短缺和捕食者的条件下发展起来了。昆虫、鸟类和非洲草原羚羊（如乌干达赤羚）的求偶场系统都设在摄食地以外。象海豹和其他鳍脚目动物的暴力权力等级系统，是生活在如下条件的海岛上获得进化的，在这里，它们投入捕食的时间最短，遭受食肉动物捕杀的死亡率最低。因此，一般竞争和性内竞争的基础不仅不同，而且还是相互冲突的。就社会进化作为对资源短缺和捕食作用的一种反应来说，分配原理加大了有性生殖与社会进化之间的对抗。

亲本投资理论

性选择的最终结局是在同种性别内的交配成功率具有较大的方差。因为在异配生殖中，雌性——能产生较大配子的性别——实际上肯定能找到配偶。卵子是有限资源。因此，按每次交配活动的能量投资来说，雌性必须投资更多，它们相应地更可能找到配偶。雄性在每次努力交配中投入的相对少点，所以尽可能地与多个雌性投资结合在一起，对雄性是有利的。仅有一种例外，那就是在雄性为养育刚出生的子女付出较多努力的时候，情况就会颠倒过来。这时，为了获得雄性配偶，雌性个体间展开了竞争，而不管起初因异配生殖而获得的利益如何。对有限资源的积极竞争就会增加这些资源分配的方差。一些个体可能得到数倍份额，而其他个体则一无所获。由此造成的繁殖成功的差异，导致了竞争性较强烈的性别内第二性征的进化。

这种方差上的差异由贝特曼在黑腹果蝇中所做的经典实验（1948）证实。其方法是5只雄性对5只处女雌性为一组，以便每个雌性能在5只雄性中进行选择，1只雄性与其他4只雄性形成竞争。每个果蝇都带有染色体记号以使贝特曼可以对个体做出区别。4%的雌性未能交配，但这些雌性仍被强烈地求偶。大多数交配成功的仅交配1次或2次，就获得了充足的精子。相反，21%的雄性未能交配，而最成功的雄性个体所生子女差不多是最成功雌性生育的3倍。而且，大多数雄性都争着反复交配（与雌性不同），它们的生殖成功与它们的交配次数呈线性比例增长。

野生群体繁殖成功的资料很少。特里弗曼在加曼安乐蜥蜴（Anolis garmani）中获得的资料可与贝特曼的那组资料相比（见图15-5）。雄性繁殖成功的方差超过雌性的有蜻蜓、粪蝇、欧洲林蛙（Rana temporaria）、草原鸡和有求偶场的松鸡、象海豹及狒狒。间接证据表明在其他一些脊椎动物中这种方差的差别也存在。根据这个原理，特里弗斯（1972）对亲本投资进行了一般性理论的概括，意在对性和亲本行为的不同模式做出解释。他的见解是以亲本投资的曲线图分析为根据的，而亲本投资可定义为：以亲本对其他子代投资为代价，以增加其子代成活率的任何针对子代的亲本行为。他分析的第二个变数是繁殖成功，这是根据成活子代数测定的。性选择的这个核心原理在图15-6提供的曲线图中可以看到。

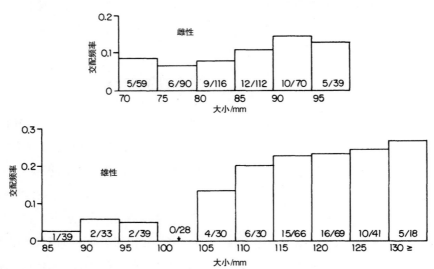

图15-5 贝特曼原理（Bateman's principle）在蜥蜴中的体现：在牙买加种中，雄性繁殖成功率比雌性大。以（体长）5毫米差异范围为分类单位，通过计算观察到的每一个体（雌或雄）交配数作为繁殖成功的测量值。由图可知，雄性繁殖成功的概率随其大小（体长）的增加而增加（Trivers重画，1972）。

从中我们看到，一个性别，常常是雌性对每个子代投入甚大。从雌性这时和以后产生的卵会戏剧性地减少这一意义上说，一个卵子比一个精子代价高。承担较大部分亲本投资的亲本（常常还是雌性）将发现，第一个子代在一定成熟阶段之前再生殖是困难的或是不可能的。因此，亲本投资是作为每次繁殖产生子代数的函数而较快地增长。但是，对于两性来说，如果产生的子代数为1:1的线性增加（实际上是这样定义的），则繁殖函数应是相同的。即对每个子代投资较大的亲本在比其配偶繁殖更少的子女时就应停止繁殖。贝特曼原理就源于这个不对等，也就是对每个子代投资较少的性别中净生殖成功的方差将会更大。而且，这个性别将经历程度更加剧烈的性选择，容易进化为更极端的异性吸引炫耀和性内选择的技能。

虽然这个基础理论依据的参数在实践中是难以测定的，但是，还是有间接方法做出判断

性检验。在雄性承担更多亲本抚育的例外事例中，我们还应该寻找雌性成为竞争性别的例外事例，这时它们运用更显眼的炫耀，也许还为占有雄性直接竞争。这个预测可以得到充分证实。存在这种性别角色颠倒和与雄亲抚育过多的有关物种如下：海龙科的海龙和海马、丛蛙科的新热带"毒箭"蛙、类似秧鸡的涉禽水雉、穴鹬属（*Crypturellus*）和林鹬属（*Nothocercus*）的4个鹬鸟种、瓣蹼鹬、彩鹬（*Rostratula benghalensis*）、林三趾鹑（*Turnix sylvatica*）、绿骨顶（*Tribonyx mortierii*）。

为了解释性别相互作用中的模式变化，可以把特里弗斯的分析模式扩展到亲本投资随时间的变化情况。图15-7提供了一个假想的鸟类物种雄鸟和雌鸟的累计投资曲线，其原理可方便地应用于其他动物及人类。在每一时间点上，累积投资少的亲本有引诱其配偶（另一亲本）投资多的倾向。这在雄性刚刚授精完毕之后是

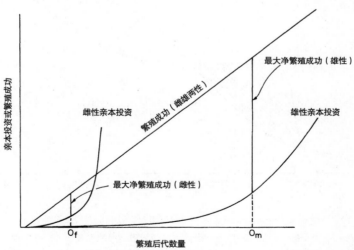

图15-6　当两性（O_f代表雌性，O_m代表雄性）之间最适后代数量不同时，性冲突产生。这一假想的例子证明了实际一般情况：雌性为了繁殖后代必须付出更大努力，而它的最大净后代繁殖数只是雄性情况下的一个较低值。在这些条件下，雄性为了保持它的后代最优数量而更可能转向一夫多妻。在少数物种中会有反过来的情况，即一妻多夫（自Trivers，1972，略做修改）。

特别真实的。雌性的投入猛涨起来，而雄性此时则仍然投入很少。当两性的亲本投资在不断累积时，（亲本投资中）抛弃配偶的倾向不仅依赖于双方投资量的差异，而且还依赖于配偶独自抚育后代的能力。如果一个配偶被抛弃，另一配偶将努力完成抚育子代的工作，因为这些事已经委任给它们了。但是，如果有实质性风险存在，即当任务是压倒性的艰巨使单独一个配偶承担时，这种抛弃会给抛弃者带来损失遗传适合度的危险。当将来与其他配偶的成功交配不能弥补预期的遗传适合度损失的时候，在亲本抚育周期的这个阶段抛弃配偶是极少的。正如特里弗斯所指出，当亲本双方投资如此之大（即使在一方投资很小的情况下），使得自然选择对其中任何一方有利时，抛弃配偶的时刻才会来临。这是因为抛弃作用把尽全力投资的配偶置于残酷的困境：它投资时不管前面存在

什么困难它都不会放弃。在这些情况下，配偶之间的伙伴关系就可能发展成为一种看谁能获得抛弃冠军的竞赛。其结果与其说由狡猾计谋决定，还不如说由获得第二个配偶的机会决定。罗利（Rowley）描写了在澳大利亚华丽细尾鹩莺（*Malurus cyaneus*）中发生的一个类似情况：两对配偶芳邻碰巧同时喂养它们的雏鸟，而又分不清谁是谁的，只好像在一个托儿所里一样，不加区别地一同喂养，然后，其中一对为了开始新的繁殖而抛弃了其子代，留下来的一对则继续养育所有的雏鸟，尽管它们受到了欺骗。

从这一配偶内冲突和欺骗的非情感运算中，可以推出私通的一个新观念。通过授精而受精（爬行类、鸟类和哺乳动物的普遍模式），雄性总不能完全确定其配偶的卵子是否是由其精授精的。一个雄性确定其精子是唯一给其配偶卵子授精的情况时，对于该雄性在子代抚育

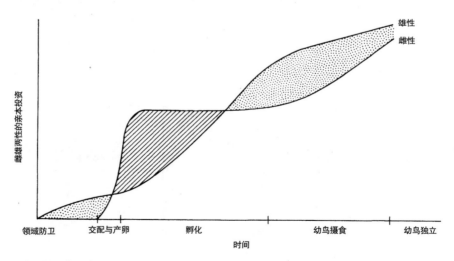

图15–7　两个配偶动物亲本的积累投资可随时间变化，同时可引起它们的状态和关系的变化。在这个建构成模型的关于鸟类生活周期的假想例子中，雄性在某些阶段（画点的）投资较多，而雌性在另外一些阶段（画平行线的）投资较多。领域防卫：雄性防卫的地方是为了保护食物供给和巢区。交配和产卵：当雄性把它保护的巢区奉献给雌性时，雌性则与雄性交配。孵卵：当雌性与后代没有任何关联时，雄性孵卵；结果，当雄性的累积投资增加时，而雌性的仍然保持不动，两者的累计投资第二次相等。幼鸟喂养：每个亲本都喂养幼鸟，但雌鸟喂得快，引起累计投资进入第三次收敛（自 Trivers，1972，略做修改）。

上决定投资的程度在遗传上是有利的。作为来自其他类型行为的额外好处，往往是交配的优先权。从领域内排除其他雄性或在权力系统内控制其他雄性的那些雄性，正好避免了精子竞争。在"一夫一妻"的鸟类中，正常情况下发生的、在形成配偶关系和交配之间的时间"间隔"，也可实现上述同样的效应，而这种"间隔"实际上是作为检验是否有外来精子的间隔期（Nero，1956）。这种理论表明，一经发现有确定的或可疑的通奸行为，就会对雌鸟（偷情者）进行猛烈攻击。在人类社会中（在这里性结合是人们共知的隐私的个人性行为），大多数通奸者要受到严酷的惩罚。当他们因通奸生出子女的时候，这种罪行甚至更严重。虽然在诸如因纽特人、澳大利亚土著人和南非的布须曼人的狩猎-采集部落中，争斗并不常有，但是，与其他人类社会相比较，谋杀或致命争斗在这些部落中显然也经常发生，并且通常都是为了既成事实或嫌疑的通奸行为而复仇的结果。

直到最近，生物学家和社会科学家还用一种限定的方法，把求偶看作是挑选正确物种和性别及克服在引起配偶性反应时发生攻击的手段。特里弗斯分析的主要意义在于阐明，求偶的许多细节可以看作避免自己遭到配偶亏待的几种可能性。个体做出的评估是以自然选择设定的规则和对策为根据的。社会科学家可能发现如此诠释也太过于遗传化了，甚至太过于无道德化了，然而，其对于人类行为研究蕴涵的意义是非常巨大的。

多配偶的起源

由于贝特曼效应，动物基本上是多配偶。起初，几乎所有动物都是异配生殖的。在那些缺少

亲本抚育的物种中，雄性生殖成功的方差可能比雌性的大。在许多境况下，增加亲本抚育将助长这种差异，因为亲本对生后抚育的投资在两性数量上通常不平等。单配偶普遍是一种进化上的派生状况。当例外的选择压力发生作用使两亲本总投资相等，并确实迫使它们成对建立性结合的时候，单配偶就出现了。这个原理与绝大多数鸟类物种的单配偶不一致。虽然鸟类中的多配偶在大多数情况下是系统发育过程中的派生状况，但是这种状况代表了倒退到原始脊椎动物的第3次漂变。几乎可以肯定现代鸟类中的单配偶是从某一原始鸟类或爬行类祖先派生而来的。

在研究这些概括所依据的证据以前，让我们先对有关交配系统的关键术语做出定义。单配偶是一雄一雌共同养育至少一窝子女的状况。它持续一个季节，在少数物种中有时延续一生。多配偶在广义上包括任何形式的多重交配。其中一个雄性配一个以上的雌性的特殊事例叫作"一夫多妻"，而一个雌性配一个以上的雄性叫作"一妻多夫"。多配偶可以同时存在，在这种状况中，交配可以差不多同时发生，也可以按顺序进行。一夫同时占有多个妻子有时指一夫拥有成群的妻妾。用动物学家偏爱的狭义观点讲，多偶婚还意味着至少是临时的成对配偶的形成。否则的话，多重交配便常常被定义为性乱交。但是，正如塞兰德指出的，性乱交这个词本身带有随机交配的不正确含义，因为事实上这种交配通常是有高度选择的，通过它导致第二性征的进化。他建议用一种替代的表达词语：短期多配偶（Polybrachygamy）。虽然这个术语在技术上和词源上是正确的，但是要广泛运用可能会显得太累赘了。

就其本身的整体来说，异配生殖有利于对

多配偶做广义的界定。促进多配偶发展还有5个一般条件：（1）地方性或季节性的食物极大丰富；（2）具有严重的被捕食的风险；（3）幼崽早熟；（4）不同性别成熟不同步现象和长寿；（5）性别间生境不同的嵌套领域。除了最后一个之外，其余都可以在鸟类中找到，多偶婚和对偶婚普遍同时存在，为进化比较提供了可能。同样的条件可能对其他研究不够详尽的种群施加等量的影响。

地方性的或季节性的食物极丰富

在研究欧洲普通鹪鹩（*Troglodytes troglodytes*）的基础上，阿姆斯特朗认为，当食物受到限制时，群体数量最大或接近最大，因此雄性有必要和雌性在一起，并帮助它养育雏鸟，这时鸟类中的单配偶就得到发展。而当繁殖季节存在极丰富的食物，境况允许雌性独自抚育子女的时候，雄性便"抛妻离子"另找配偶，于是群体中多配偶就得到发展。实际上，克鲁克使用了同样的见解去解释非洲和亚洲的100多种文鸟亚科织布鸟中的多配偶。他指出，居住在潮湿环境，尤其是森林中的物种主要是单配偶，并且很少表现出解剖学中第二性征差别。相反，在占据草地和干燥环境的物种中，多配偶和性二态现象虽然并不会出现在每个物种中，但却是相当普遍的性状。克鲁克认为，这个差别来源于食物的差别。林栖鸟类大多数食虫，在漫长的繁殖季节里它们有相对稳定的食物供应。结果，成鸟愿意组成单配偶以成对的方式保卫各自的领域。大多数居住在干旱乡野的物种食用的植物种子和其他植物食物，在每年的丰收季节产量极大，因此雄性可在繁殖季节从亲本抚育的义务中解脱出来，寻找机会给另外的雌性受精。

拉克（Lack，1968）指出，几乎所有以植物种子为主食的鸟类都是单配偶，由此说明了克鲁克进化观点中的缺点。然而文鸟亚科中的鸟类存在着相关关系，所以有望发展出一个更为有效和更为普遍的理论，来说明在其他鸟类中的这些事实和类似的事实。为此，奥里安斯（Orians）做出了重要努力，他利用自己对黄头黑鹂（*Agelaius，Xanthocephalus*）的研究成果和弗纳（1965）在鹪鹩方面的研究成果来支持如下观点：当雌鸟选择一只正在求偶的雄鸟时，它无须完全依赖它对这个雄鸟身体状况方面的评估。在许多物种中，考虑领域生境的质量对雌鸟是有好处的。生境应该资源丰富、能为防止食肉动物捕食提供保护并抵御严酷的天气。如果不同领域的环境质量差异过大，一只雌鸟就将通过放弃在贫瘠土地上作为单配偶雄性的唯一配偶，而加入一只一夫多妻的雄鸟拥有的富庶领域中其他雌性的行列，由此这只雌鸟就会增加遗传适合度。这个观点已经被参数化，并将其引入到如图15-8中所显示的奥里安斯-弗纳模型。在单配偶和多配偶类群中，假定雌性繁殖成功率的上升曲线是环境质量提高的函数，那么在最富和最贫领域间就存在一个最小差值，使得一雌性加入到最富领域的妻妾群比在最贫领域作为一雄性的唯一配偶更为有利。弗纳和威尔逊称这个最小差值为"一雄多雌阈值"。

根据奥里安斯-弗纳模型对阿姆斯特朗和克鲁克鉴定的几种特定类型的分析，可得出若干结果。生产力变化显著的生境将更有可能存在超过一雄多雌阈值的领域。在这方面，沼泽变化明显：周围水环境之间的能量产出差常常有10倍或更多。根据弗纳和威尔逊的调查，尽管在沼泽做巢的鸟类仅占沼泽动物群的大约5%，但是，沼泽中北美雀形目鸟一雄多雌的物种已知15个里面有8个。在非洲，一雄多雌的物种在以沼泽做巢的织布鸟中也占优势。植被生长不断更替的早期阶段也提供了不断变化的环境，因此利用这些不断变化环境的机会主义的鸟类物种，一般来说分布范围广泛且没有固定地点。北美雀形目鸟类中15个"一夫多妻"物种有5个在草原或稀树草原繁殖；有2个，即美洲雀（*Spiza americana*）和刺歌雀（*Dolichonyx oryzivorus*）仅在最初更替阶段的草地植被上繁殖。最后，当巢址限制了群体密度，而食物没有限制的时候，雄性领域的质量会根据巢址的适合性而发生大的改变。一雄多雌的莺鹪鹩（*Troglodytes aedon*）和鹪鹩在空洞形的地方落巢却不能自己挖洞，一雄多雌的斑姬鹟也是这样。一雄多雌的织布鸟不仅在繁殖季节享有丰富的食物资源，而且它们落巢在树上，即使在食物供应短缺时，这里也是最有利的生境。

当这种公式化表述的意义被稍加推敲时，我们就会再次遇到性与社会之间的基本对抗。如果加入一雄多雌阈值较高的领域性妻妾群对原群内雌性有好处的话，那么，每个加入的雌鸟成为妻妾群的唯一成员还会有更多好处。因此，我们可以预料到这个妻妾群中雌性间存在冲突。而且，两性之间的利益冲突可能发展：雌性要求尽可能少的同性伙伴，但是，雄性的利益要求它保持雌性的数量能在有限的领域内养育最大数量的子代。这实际上是道恩豪尔（Downhower）和阿米蒂奇（Armitage）在研究黄腹旱獭（*Marmota flaviventris*）时遇到的情况，这种旱獭是生活在落基山脉中一雄多雌的啮齿动物。雌獭个体生殖成功率随妻妾增多而下降。这种下降明显表现在：每个雌性产仔窝数，每个雌性抚育子代的平均数，尤其是妻妾群中每一雌性拥有的一岁仔数。根据标记雌獭最终生殖成功的一岁幼崽的数据，容易算出每个雄獭占有的雌獭最适数量在2—3只之间（见图15-9）。

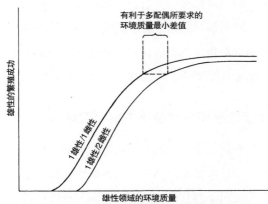

图15-8 一夫多妻进化起源所需条件的奥里安斯-弗纳模型。如果雌性繁殖成功率是随雄性领域环境质量逐渐上升的，并且各雄性领域在环境质量上差异很大（可达到"一雄多雌阈值"），那么某些雌鸟加入一雄多雌领域比成为贫瘠领域中一雄性的唯一配偶更有利。同样的模型可以用性别简单对换的方法应用到一妻多夫现象（根据奥里安斯改进，1969）。

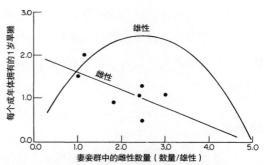

图15-9 黄腹旱獭的繁殖成功率用所产的一岁幼崽数来测量，这受到雌性和雄性以不同方式组成的妻妾群的大小所影响。繁殖成功率对于雌性是逐渐下降的，因此对于该性别的最适妻妾数为1；但对于雄性，繁殖成功率最初是上升的，然后才下降，在每一雄性占有2到3只雌性时达到其峰值。图上数据点指所观察到的每只雌獭拥有的一龄仔数（根据道恩豪尔和阿米蒂奇修改，1971）。

具有严重的被捕食的风险

如果双亲有能力驱走哺食者，且双亲的存在能加强防卫保护，那么具有严重捕食现象领域内的动物往往更适合单配偶。范·哈特曼（1969）指出，像在北美的动物群中一样，欧洲鸟类中的一雄多雌现象与生境无关，而是与偏爱的巢址有关。许多一雄多雌的物种筑圆顶窝巢或利用洞穴。冯·哈特曼认为，这些巢为躲避捕食动物提供了额外的保护，让雄性有更多的时间用于保护地盘并对另外的雌性求偶；还可以封闭巢穴，为幼崽提供很好的隔离，以减少雄性的抚育代价。下面将会说明，范·哈特曼假说与奥里安斯-弗纳模型并没有什么不同。然而，对于所有涉及一雄多雌的领域，它确实增添了改善能量平衡的一个独立因子，无论这些巢址领域的资源是相对贫瘠还是相对富有。

另一种防止捕食者威胁幼年动物的方法是使它们尽可能远离双亲求偶炫耀场。这种适应反应可以部分解释松鸡、极乐鸟和其他在公共炫耀场进行交配的鸟类中存在的一雄多雌现象。一旦受精，雌鸟可以自由退出公共炫耀场，专心致志地在安定且食物丰富的地区养育它们的子代。

幼崽早熟

当雌性能引导幼崽到食物充足的觅食区并使它们能避开捕食者的捕食时，雄性参与抚育子代的必要性就大为减少。这时，雄性就可以更加自由地全身心投入吸引异性的炫耀并为交配而战，这些活动常常发生在特定的择偶场。正如奥里安斯指出的，这种可预料的相关在自然界发生了，但这种相关程度却弱得惊人。一雄多雌的物种在雉科（野鸡、山鹑、孔雀、家鸡和鹌鹑）和松鸡科（松鸡）中常常发生，少数发生在诸如黄胸鹬（*Tryngites subruficollis*）、尖尾滨鹬（*Erolia melanotos*）和斑腹沙锥（*Capella media*）等海岸鸟中。而单配偶一般发生在鸻科（鸻）、鹬科（鹬）及鸭科（天鹅、鹅和鸭）。这些差异的因由我们尚未知晓。

性的二熟现象和长寿

当求偶方的性别是长寿的，它的成员就会推迟生殖，直到它们长得足够大而成熟，处于优势地位，才开始进行繁殖。生殖优势能使更多的雌性受精，所得到的补偿超过因推迟生殖而造成的损失。这种状况本身有利于一雄多雌。根据威利（Wiley）的看法，长寿和性的二熟现象是一雄多雌的松鸡物种中普遍存在的状况。在一岁时，雄性不交配，或者很少交配，然而雌性在一岁时普遍会进行繁殖。同样的，所谓性的二熟现象在其他一雄多雌的鸟类和哺乳动物中也普遍存在。业已证实的物种包括诸如红翅黑鹂、侏儒雀、象海豹和山羊。

由于性别间小生境不同的嵌套领域

性别间小生境差异引起的嵌套领域只限于觅食领域内繁殖的物种。如果雌性比雄性个头小，或因某种其他原因所需空间与雄性所需空间相比较小，或如果雌性能独立抚育自己的子女，则将有利于一雄多雌，因为一只以上的雌性能在只有一只雄性的领域内生活下去。这种生态差异已经明显成为安乐蜥属系统发育进化的一个因子，在壁虎中也可能是这种情况。

330

单配偶和成对结合的起源

在动物世界中，当合作养育子女的达尔文式利益，超过夫妻任何一方寻求额外配偶的利益时，忠诚便成为进化的一种特定条件。如下三个生态条件似乎可以解释所有已知的单配偶情况：（1）领域中存在要求两只成年动物共同保护以防止其他敌人占有的一种稀缺和宝贵的资源；（2）自然环境艰难到需要两只成年动物共同对付；（3）提前繁殖有利，为此单配偶结合起着决定作用。

保卫稀缺和宝贵的资源

估计有91%的鸟类至少在繁殖季节里是单配偶的。这种适应为具有分散的可更新食物资源的稀有巢址或领域提供了优良的防卫。少数物种甚至形成终生单配偶。一个有过良好分析的范例是特立尼达和南美北部的大油鸥。根据斯诺（1961）的研究，单配偶的形成最终源于鸟类在洞穴中落巢、寿命长和繁殖缓慢的综合因素。有洞穴的山壁很少有适当的落巢点，显然这是限制群体规模的主要因子。为了使单配偶的两成员能在漫长的繁殖生活中维系在一起，合作保卫巢址是必要的。在食虫的翼手类中，黄翼蝠（Lavia frons）在觅食方式方面是不同寻常的。它们像鸟类中的霸鹟一样，栖息在树上等待猎物靠近，然后飞离巢穴追逐不舍。蝙蝠利用回声定位来确定方向，利用特别的大翼翅在树顶上灵活盘旋。一旦猎物被抓住，黄翼蝠就回到栖息处。黄翼蝠在组成单配偶方面也是不同寻常的。威克勒和尤里格推断，这个物种需要保持一个固定的领域，因此，单配偶作为增强防卫的工具获得了进化。

简而言之，黄翼蝠在这方面与食虫的林栖鸟类是趋同的，这些鸟类绝大多数是单配偶的。

单配偶在无脊椎动物中比在脊椎动物中要少得多，也许一万个无脊椎动物物种中还不到一个物种是单配偶的。凡是在出现单配偶的地方，增强对某种资源的防卫似乎是其首要的功能。成对的甲虫（食尸甲虫属）共享较小动物的尸体，并保卫这些尸体防止其他配偶抢夺。单单靠完全控制一具死尸，这只雌甲虫就有希望养活一窝幼甲虫到成熟。在甲壳纲中，油彩蜡膜虾（Hymenocera picta）在结成持久性单配偶方面是不同凡响的。它的猎物个头之大也是例外——一只海星可以供一对油菜蜡膜虾食用一个星期。猎物和猎物周围地盘的防卫对油菜蜡膜虾比对以浮游生物、藻和腐质为食的较普通的甲壳纲动物更加重要（Wickler& Seibt，1970）。

适应某种艰难的自然环境

我知道没有哪种实例说明，单配偶是专门用来充当克服自然环境带来的挑战的工具。但是，至少有一个物种生活在普遍严峻的环境下，使得把捍卫领域强化到有利于单配偶持久生存的程度。土鳖（Hemilepistus reaumuri）是一种生活在干燥的阿拉伯和北非稀树大草原的等足类甲壳虫。在每年最炎热和干燥的季节，土鳖为了活下来便被迫撤退到深深的地穴里。林森麦尔（Linsenmair，1971）发现，每个地穴都被为了延续生命而保持交配的一对成年土鳖占据。成对土鳖的高度领域性行为是防止地穴过于拥挤或防止消耗周围地区稀少和无法预料的食物供给。这应该看作一个保卫有限资源的特殊例子。因为它表明，自然环境的一些参数有可能同时影响整个群体，所以应值得特别注意。这就是与奥里安斯-弗纳效应相对立的现象，而奥里安斯-弗纳效应是环境改变使个体成功地向多配偶进化的因素。

提前开始繁殖

当生殖的时限很重要时，配偶双方之间的合作提供一个决定性的有利条件。在对英国三趾鸥的出色研究中，考尔森（Coulson，1966）发现，大约64%处于繁殖的三趾鸥在前一个季节就已经开始保持配偶关系了。此类雌鸟提前3—7天开始产卵，繁殖季节产卵总量较高，并且比已有新配偶的类似个体能抚育更多的幼鸟。此差别源于"已婚配"双方从求偶和筑巢开始一直有较顺利合作的能力。然而"离婚"是常事。在12年多的研究中，库尔森发现，当第一任配偶仍在原集群内生活时，有2/3的鸟就已换了新配偶。此外，前一个季节没有成功孵卵的三趾鸥与那些成功孵卵的三趾鸥相比，改换配偶的可能性高出3倍多。这后一相关事实表明：对于原来与生殖上不亲和配偶相结合的鸟来说，"离婚"在适应上是有利的。虽然缺少关于繁殖成功的数据资料，但是，一个相似的解释可以用来解释姬滨鹬（*Calidris minutilla*）和高跷鹬（*Micropalama himantopus*）的单配偶现象，尽管它们是以多配偶而著称于世的鹬科鸟类的成员。这两种鸟在加拿大北部繁殖，在那里，（单配偶）繁殖来得迅速是为了充分利用茂盛植被的长处，然而春天和夏天却非常短暂（Jehl，1970）。

集体炫耀

集体炫耀展现了生物界一些宏伟壮观的场面。在东南亚，成千上万的雄萤火虫在森林中的一些树上同步且有节奏地闪闪发光，光芒划破夜空。它们发的光之强，所在树的位置之整齐一致足以使靠近海岸线生长的红树林成为航标灯塔。数百万只经过13年和17年出土的蝉会聚在美国东部某一林区进行求偶，雄蝉的歌唱确实震耳欲聋。能与这些昆虫炫耀相匹敌的有鸟类求偶的竞技景象、雄山羊和麋鹿盛大的战斗场面，以及其他脊椎动物更具有戏剧性的炫耀。

显而易见，集体炫耀的主要作用是通过扩大信号总量和范围来加强吸引力的。简单地说，就是一群雄性比单个雄性更可能吸引单个雌性，群中的一个雄性更可能遇到一个愿意接受求偶的雌性。如果炫耀场在一个开阔的空间、制高点上或其他一些容易确定方向的位置时，这种效果就会得到进一步加强。寄生黄蜂、蚂蚁、长角亚目蚊虫和其他集体繁殖的昆虫等群聚的场合都具有这些特点。鸟类普遍依赖于界标确定炫耀场。而且，许多物种的炫耀场本质上是传统的，较年长的个体依靠记忆从一个季节传到下一个季节。

在集体炫耀进化中有关捕食作用的事实尚不充分。在某些情况下（在理论上既无明显的证据又无合适的论证），捕食作用可能增加聚群密度而足以用来对抗选择力，而这种选择力最终可限制炫耀类群的大小和炫耀程度。但是，在其他情况下，相反的情形就可能发生：如果聚群是短时段的并有足够的间歇时间，那么，这种聚群就会使局部捕食者处于（猎物的）淹没之中，从而可减少由于捕食作用的个体死亡率。

显然，这是周期性聚群蝉的主要对策（见

第3章）。劳埃德（1966）对某些萤火虫物种的极端周期性做了相似的解说。多节萤火虫（*Lampyris knulli*）每个夜晚约有半小时是活跃的，而北美洲萤火虫（*Photinus collustrans*）闪烁不到25分钟。在大多数集体炫耀的鸟类中，求偶场远离它们的巢穴，可能的结果是把捕食者引离颜色不显眼的雌性和它们的幼崽。但是，如果合适的巢区稀少，难于落巢，这样分离的好处可能很容易逆转。这时，在生态条件理想的场地进行炫耀的每个个体可能获得足够适合度，以胜过其某些子代被捕食带来的损失。西非萤火虫（*Luciola discollis*）在先前群体存在过的并由此证明是繁殖场地的地方聚集，雄萤火虫发出特别的闪烁引诱雌萤火虫来准备产卵。雄萤火虫也能招来尚未交配的雌萤火虫去同一个地方（Kaufmann，1965）。简而言之，此时可以推断，动物集体炫耀唯一具有生物适应普遍意义的是增强信号发送的强度。其他环境因子，如捕食作用和繁殖地区的斑块分布，能影响集体炫耀的选址和特点，但仅仅靠这些显然无法解释为什么在自然界炫耀是集体的而不是单个的。

当一个地方连续用于动物集体炫耀时，这个地方就称为"求偶场"或"竞技场"。这些动物就被认为是在进行求偶炫耀或竞技炫耀，而整个繁殖系统被称为"求偶或竞技系统"。用原来的鸟类学术语来说，真正的求偶场也定义为与巢区和觅食地分离的场所，一般来说，做出这样的限制对动物而言是必要的。还有一些次要的限制是，以另外方式进化的、不能普遍用于其他类群的类似行为是多配偶制或配偶仅仅为了交配而遇到的特殊境况。雄性也可能在小的不同领域上炫耀，在鸟类学文献中，每

个这样的领域有时又称作一个小场地。

最复杂和最壮观的求偶场系统发生在鸟类中。这一现象在10个科中都是独立进化出的：流苏鹬和大鹬（鹬科还包括滨鹬和白腰杓鹬）；很多种松鸡物种，包括松鸡和黑松鸡（松鸡科）；少数蜂鸟（蜂鸟科）；机警雉（雉科）；大多数侏儒鸟（侏儒鸟科）；崖壁伞鸟（伞鸟科，新大陆一个大科，还包括伞鸟、食果鸟、提雉和大头伞鸟等）；大鸨（鸨科）；一些园丁鸟（园丁鸟科）；两种极乐鸟（极乐鸟科）和杰克逊氏寡妇鸟（文鸟科，旧大陆的一个大科，还包括织布鸟和旅雀）。凡属以上所述物种的雄鸟都是鸟类世界中颜色最艳丽的。例如，耀眼的红冠伞鸟是最壮观的伞鸟，一眼就认得出来；极乐鸟被认为是天底下最美丽的鸟。与此相关的基础是：鸟类中的求偶场系统与极端的一雄多雌和性二态现象紧密相关，而后两者都促进了雄鸟副性征的进化。阿姆斯特朗、吉列尔德（Gilliard）、斯诺、拉克、塞兰德、威利对这个主题的各个方面做了出色的评论。

为了解剖一个特别有启发意义的范例，让我们关注艾草松鸡（*Centrocercus urophasianus*）这种最高级的松鸡的求偶场系统。对这种美国北部留鸟的行为，斯科特和达尔克（Dalke），尤其是R. 黑文·威利（R. Haven Wiley）进行了深入的研究。每个求偶场都有一个交配中心，进入繁殖期的成鸟都向心而聚。求偶场的群体常常是非常大的。有400多只雄鸟分散在1公顷或更大的一个求偶场上，数量相当的雌鸟在很短的时间内为了交配也来到这里。很大一部分雄鸟都各自拥有小领域，它们每只大约占地10—100平方米不等。但是，只有那些占有领域与求偶场中心区重叠的雄鸟才被雌鸟接受交

配。结果，在每个繁殖季节里，不到10%的雄鸟的成功交配数占总成功交配数的75%。在每个季节内和不同的年份，求偶场的各领域是相对固定的。只要它尚有能力，每只雄鸟都会在每年的2月和3月繁殖季节开始的时候飞回到同一领域。有时邻近领域个体相互干扰交配，但通常都是发生在领域交界附近的地方。由斯科特最初提出的系统，即艾草松鸡由一只雄性首领和有限只从属雄性组成的权力等级系统，经过威利更详细的研究已被否定。取而代之的是，通过在求偶场中心区获得一个领域，一个雄鸟就会成功繁殖。事实上，这个中心区的领域是可以易主的；一岁的雄鸟在求偶场周边建立领域，由于运气和成长，它们会逐渐在出现空缺时向中心区移动。

领域性雄艾草松鸡彼此炫耀，而雌鸟则表现细腻且富有戏剧性。极端的炫耀使身体膨大，如图15-10所示。雄鸟鼓起胸囊，这是一个有4—4.5升容量的弹性食管。采取的姿势是身体倾斜向上，头高高昂起。它们竖起脖子周围的白羽和细羽，伸展浅黄色的鸡冠。接着，突然而连续快速地尽可能高地举起它的胸囊两次，然后又放下。在提起胸囊前的一刹那，它把翅膀向前伸展，在举起来时又把翅膀向后伸得僵直，这样各具特色的羽毛就衬托在胸部各处。这种动作发出嗖嗖的声音。当胸囊被举起和放下时会因内部充满空气而膨胀，随之露出胸前两个浅黄色橄榄形皮袋。当胸囊被第2次放下时，它会随胸部肌肉的收缩而被压缩。这种空气进出皮袋的情形，就像气球迅速地一鼓一泄，会发出间隔0.1秒的两声噼啪噪音。在此之前会有几声简短而柔和的咕咕叫声。因此，身体膨大炫耀的声音部分，持续2秒稍多

一点点，听来是具有诱惑力的"嗖嗖——嗖嗖——咕咕——咕咕——噼啪"声。根据威利的研究，这种声音在求偶场以外几百米人耳都可以听见，带白色垂毛的前胸在1千米外就能看到。

像鸟类这种求偶场系统同样出现在许多生活在非洲野外开阔地的羚羊群中，其中包括普通水羚、北水羚（Kobus ellipsiprymnus，K. defassa）、乌干达水羚（K. kob thomasi）、互氏水羚（K. vardoni）、跳羚（Antidorcas marsupialis）、格氏和托氏瞪羚（Gazella granti，G. thomsoni）、斑纹角马和其他一些由加曼根据行为和生态环境分成C组和D组的物种（见第24章）。乌干达水羚是具有极高安全意识的一种羚羊，其中特别出色的和成功的雄羚羊挤进了摩肩接踵的求偶领地，这些求偶领地很好地远离觅食地和饮水地。有受精能力的雌性与育幼群一同漫步穿过这些领地，被能留住它们的雄羚羊授精。"光棍群"在求偶场周边徘徊，有时加入那里的育幼群，即使它们中有能交配的，也很少。羚羊各求偶场系统要比鸟类的更为扩散。在几何上，这些系统处在森林羚羊完全以觅食领域作为求偶场和鸟类中发现的极端求偶场之间。

锤头果蝠（Hypsignathus monstrosus）所形成的求偶场是全范围的。成年果蝠表现出世界上875种蝙蝠物种中最大的性二态现象。雄性果蝠的嘴很怪异，喉很大。在繁殖季节里，它们夜里汇集在森林树冠中的老地方。每只雄性都会标界一个小领域，用尖利的叫声和喘息声威胁对手，以保护自己的领域。从标界这块小领域开始，雄性便唱了起来，释放出的声音就像刺耳的金属音响，每分钟80—120次，同时拍打两下半张开的双翼。雌性光顾求偶场，围

333

绕着求偶场的轴飞行，当它们飞过时便顿时惹起雄性起劲地炫耀。一个类似的求偶场系统，在与其相关的物种——甘比亚颈囊果蝠（*Epomophorus gambianus*）中也发现了。

夏威夷土生果蝇因具有真正的求偶场系统而在果蝇科这一大科有名，甚至在蝇类中都是有名的。雄果蝇聚集在蔗类和其他树枝上，其所聚集之地既向外暴露又远离雌果蝇觅食的有花植物处和产卵处。雄性与雌性在外貌上差别特别明显，翅膀上的条纹和斑点各不相同。斯皮思曾做如下假说，求偶场的这种分离和同时发生的性二态现象的进化，最终都是捕食作用造成的。果蝇科昆虫是夏威夷林区的优势昆虫，也是像蚋鹟（*Chasiempis sandwichensis*）等当地生的普通食虫鸟类捕捉的主要目标，这些食虫鸟在其捕食地捕食这些蝇类。通过把求偶转到专门的竞技场，雄性由此明显减少了这种巨大的危险。

根据伯特·霍尔多布勒（Bert Hölldobler）的观察，收获蚁已经把蚂蚁的基本婚飞模式改变成竞技场系统。据观察，在一个地点，当天雄性比雌性离巢早，并且在60米×80米的地面上聚集成群。当雌性飞来并着陆时，10—30个雄性便一同扑上去，努力争夺交配权。夜里，活下来的雄性撤回到土壤的夹缝中。第二天，它们再一次出现，加入新一轮疯狂的求偶中。收获蚁竞技场系统的进化起源似乎是清楚的，那就是搬到地面上的反复进行的婚飞。

性二态现象的其他终极原因

读者将会认同下面这个贯穿整个性进化理论的推理主线：环境中一种或更多种力量——如领域上保护的资源分配很不均等——促进了多配偶而多配偶依次导致了日益加剧的性选择，进而又引起性二态现象的强化。但是，正

334

图 15–10 蒙大拿的艾草松鸡的求偶场。3只炫耀的雄松鸡在求偶场的交配中心各占一小块领域。不够艳丽的雌松鸡从四周来接受这些极少数雄松鸡的交配。在本照片中看不到的求偶场周围的其他雄松鸡很少有交配的机会。艾草松鸡的求偶场系统是松鸡科中已知进化最高级的（来自威利，1973）。

像我们在其他社会生物学现象中已经见到的例子一样，这种最终结果（在这个例子中是性二态现象的强化）可以沿着其他进化路径予以实现。图15-11展示的这些原因链主要来自对鸟类的研究。

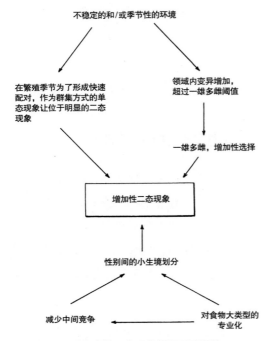

图15-11　导致鸟类性二态现象的不同原因链。

莫罗（Moreau）对文鸟科的织布鸟和汉密尔顿对森莺科的莺和新大陆其他雀形目鸟类的深入研究中，首先检验了在显著的性二态现象和不稳定环境间的关系。在非洲干旱生境繁殖的织布鸟属的大多数物种，当过了繁殖期后，就大群巡回飞行，而羽毛黯然无色。以类似的方式，新大陆迁徙最远的雀形目鸟类在繁殖季节以外成群觅食的时间里，它们的羽毛也黯然无色。汉密尔顿和巴思，以及随后的莫伊尼汉得出结论说，向黯然无色羽毛趋同是鸟类聚群时减少相互敌对的一种手段。迁徙路途最远和

繁殖期最短的物种表现出最强的繁殖期的性二态现象。这好像是循着这样的路径进行的：在此类事例中，性二态现象明显是为了尽可能快地结成配偶的需要，即强化通常的性选择过程的需要。杰尔（Jehl）在对极地滨鹬的性二态现象和繁殖对策的研究中得出了相似的结论。在热带，森莺科的莺和许多雀形科其他物种普遍都是单态的，但是它们雄雌的羽毛都像候鸟繁殖季节的雄鸟羽毛一样颜色艳丽，光彩夺目。这种与以上不同的倾向，本质上似乎与二重唱的情况相同：成对结合的关系是永恒的，但这些鸟在复杂的热带环境中（在这里它们往往彼此难以相见）需要进行不断的通信联系。

塞兰德观察到，性二态现象通常是建立在鸟类物种对大型食物有不同嗜好基础上的。这个关系在啄木鸟、鹰和它的同类——猫头鹰、军舰鸟、贼鸥和大贼鸥，以及新西兰灭绝的兼嘴垂耳鸦（*Heteralocha acutirostris*）中都已经得到证实。其基础显然是因为某类食物的相对缺乏，这种缺乏促进了为养育子女使用共同资源而必须合作的成对配偶有各自的小生境。这个假说从斯科纳的发现中获得了有力佐证：有一类鸟在嘴的大小上表现出种间性状替换，是由以稀有食物（尤其是大型稀有食物）为生的物种组成的。另一个独立证据来自斯科纳所收集的西印度安乐蜥的资料。这些食虫蜥蜴体形小，和中等的蜥蜴物种在一些小岛上出现时，不同性别的个体大小就发生了趋异。让人吃惊的是，不管什么物种，雄性的头部平均长达17毫米，雌性头部平均长接近13毫米。其寓意可能是在雄蜥蜴与住在雄蜥蜴领域上的雌蜥蜴之间存在劳动分工。这种生态隔离无须通过类群选择，只需通过个体水平选择就可完成。特别

是，成活得最好的雌性是在雄性领域内吃得最好的雌性，而繁殖率最高的雄性是为雌性提供食宿最好的雄性。

性二态现象本质上未必是解剖学上的现象。雄性和雌性还能通过行为反应的差异来划分食物小生境。啄木鸟属的一些物种中，一对交配过的成员虽然在一起觅食，但实际上通过雄性对雌性的控制保持一定的空间间隔。当它们在同样地区里活动时，它们就利用不同的树层——活树对死树，以及大枝对小枝——或在同一地区觅食时采用不同的觅食方法。

第16章　亲本抚育

亲本抚育模式，像任何其他生物性状一样受遗传控制，并因物种而异。亲本抚育是否首先就要给予、给予的是什么类型和持续时间多长，其细节就像分类学家对不同物种区分解剖学特征那样，都能被确定下来。例如，大多数半翅目甲虫的雌虫都把卵产在宿主植物上便离开。在有些情况下，一个亲本（雌虫或雄虫由其物种决定）一直守护着卵块到若虫出现。这些物种的小群成体守在这些若虫旁或立在若虫上面以保护它们免受捕食。在包括网蝽（*Gargaphia solani*）和盾蝽（*Pachycoris fabricii*）甚至更小的类群中，幼虫亲近母亲并跟随着母亲从一个地方到另一个地方。佐证又见于巴西蝽象（*Phloeophana longirostris*），这个物种的雌虫也给若虫提供营养。一些蜘蛛纲动物抛弃卵或保护卵也只是在孵化前；另一些蜘蛛纲动物则把刚刚孵化出来的幼虫装在腹部的育幼囊里（见图16-1）。亲本抚育在脊椎动物物种中甚至更加多样化。鸟类受其温血性所限制，鸟蛋和雏鸟必须置放在一个狭窄的温差范围内。但是，实际上现存的8 700种鸟类（现已经有9 021种）——每种都有实现相应温差范围的本能。从鸵鸟到雉鸡，很多物种都是早熟的，雏鸟刚刚破壳而出几小时就能跑动和觅食。澳大利亚和东南亚的冢雉科鸟类不仅具有雏鸟早熟的特性，而且几乎不需要任何亲本的抚育。雌鸟只是把蛋埋在沙子里、火山灰里或正在腐烂的植物堆里，让太阳能和植物分解产生的热量来孵蛋。在截然不同的物种中，一个亲本不吃不喝地坐在鸟蛋上面直到雏鸟孵化出来。这些性情刚毅又刻苦的物种包括鸸鹋、绒鸭（eider duck）、机警雉和红腹锦鸡。亲本为那些在雏鸟期不能自立而需要在鸟巢中喂养和保护的晚

图16-1 蜘蛛类动物中亲本抚育。一个雌性巨鞭蝎（*Mastigoproctus giganteus*）在它腹部的育卵室里及其周围带着它刚刚孵化出来的前若虫（Weygoldt, 1972）。

熟鸟类，所提供帮助的种类和数量也是千差万别。鱼类、两栖类、爬行动物和哺乳动物亲本抚育多样性的数量少些，但仍然给人留下深刻印象。显而易见，此类差异是由于亲本行为对自然选择的敏感度决定的。

亲本抚育生态学

337　　亲本抚育的真正理论现已逐渐形成。用群体生物学的语言来表达的话，亲本抚育理论说的是一个从通过改变一些统计参数使之适应一套有限环境因子，到作为一套能够抚育后代的亲本抚育的进化而构成的因果关系网。读者可以通过研究图16-2的图解弄清其核心思想。该理论认为，当物种适应稳定的、可预见的环境时，K选择多优越于r选择，这时一系列有利于亲本抚育进化的统计结果是：动物多活得较长，长得较大，进行有间隔繁殖（即重复繁

殖）而不是一次繁殖。进一步说，如果该动物的生境是结构性的，比方说是珊瑚礁而不是开放式海洋，动物就倾向于占领家园范围或领域，或至少为了摄食和庇护而回到一些特定的地方（恋乡性）。

　　上述每一个变化都有利于产生数量相对少的子代，通过对其早期发育的专门照顾可提高子代成活率。在另一个极端，是生物通过产生一些特异反应的保护方式来度过新的、胁迫性的自然环境时期，其中包括保护子代度过其最脆弱的发育阶段。对难以发现、利用或存在竞争者争夺面难以保存的食物资源的专一化管理，通过领域行为偶尔得到了增强，并且当子代存在时强化了对食物资源的保卫。一些脊椎动物物种甚至训练它们子女的觅食技术。最后，捕食者的行为能延长亲本保护子女生命的投资。所有这4个环境的原动力——导致K选择的稳定的结构性的生境、异常艰难的自然环

境、获得某些稀少的专一食物资源的可能性和来自捕食者的压力——能够单独作用或合力作用产生亲本抚育的进化。现在，让我们来研究这一理论背后的一些逻辑和证据。

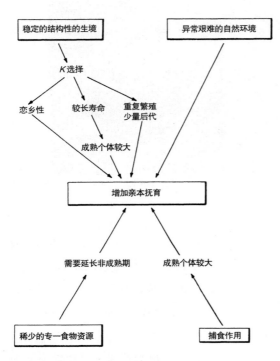

图16-2　引起亲本抚育增加的主要环境原动力与中间阶段的生物学适应。

重复繁殖和减少每次繁殖数量

　　正如在第4章中所做的解释，生活周期有望模式化，即可使生活周期中每一时间间隔各成活率和繁殖率乘积之和达到最大化。这个和不能无限地扩大，因为每个 x 岁的成活率（l_x）基本都是这个岁数繁殖率（m_x）的反函数。在大多数情况下，繁殖努力不仅会减少当时和后来的成活率，而且还会降低后来的繁殖率。因此，在任一年龄，要通过"赚取"繁殖率添加一个单位的个体遗传适合度，就要通过改变生

活周期减去一定量的个体遗传适合度。其法则是，每个群体的生活周期会按如下方式进化，即使每一个体生活期间的遗传适合度相加而成为最佳折中值。加吉尔-波塞特模型证实，如果繁殖造成的遗传适合度代价随年龄增长而逐渐增加，或者收益逐渐减少，或者两者同时存在，那么，重复繁殖就是最佳对策。如果没有上述两个条件限制，最好的模式就是自毁式一次繁殖——一次大的繁殖，常常是自毁式的。在脊椎动物以及在直翅目和膜翅目（这两目已产生了高级社会昆虫）的独居成员中，一般进行重复繁殖。如果在这些特定的类群中不存在重复繁殖，也没有形成前适应的话，那么，社会性就会是一种稀奇现象，而且最重要的是，它属于局部弱发育。

　　如此这般的推理引出每次繁殖数量的理论。每次繁殖数量越少，重复繁殖的成年动物就可能会越加关注后代。亲本投资养育子女的努力越多，对每次繁殖数量的控制也就越精确。这个见解首先为大卫·拉克（David Lack）提出：一些比平均数少1个或2个蛋一窝的鸣鸟物种所生的雏鸟，要比产蛋为平均数的鸣鸟所生的雏鸟少。拉克认为，亲本的产蛋数很少会多到亲本抚育它们的潜力之上，落入亲本潜力养育能力以外的蛋很少，蛋下得太多就会导致营养不良，继而整个生长中的窝群也会出现高死亡率。魏恩-爱德华兹提出不同的假说，他认为，窝群大小，是亲本从利他主义出发为了防止群体过大而调整的（见第5章）。从逻辑和证据两方面最终都利于拉克的看法。尤其是柯迪（1966）扩展了窝群大小理论，使拉克假说有可能通过独立性检验。柯迪辨认出3个适应"目标"，而必不可少地在这些"目标"间

会做出一定的折中，它们是：大的窝群、高效率觅食和有效逃逸捕食者。他认为，大的窝群增强 r，高效率觅食增强 K，而逃逸捕食者则两者都增强，所以在一个地点缺少捕食者并不会改变窝群大小与觅食效率之间的平衡。柯迪的意见隐含着若干推论。在季节性的北温带大陆，r 选择普遍比 K 选择重要，窝群较大，觅食效率略低。这种影响在同纬度的沿海岛屿上通常则应该减弱，因为这里有普遍温和和很少波动的气候。在热带大陆地区，捕食作用和 K 选择更重要，这时，折中应向觅食效率和逃逸捕食者倾斜，窝群大小应该相应缩减。在热带岛屿上还有望出现另外一种倾向：捕食者不很重要，选择向觅食效率倾斜，而窝群大小的缩减比附近大陆要少些。所有这些推论与证据都是一致的。相似的理论考虑到某些生物学特性做了适当的修改，它将适用于提供出生后抚育的其他动物的窝群大小。

长寿与延期成熟

彼得·梅达沃（Peter Medawar）和 G. C. 威廉斯对衰老进化的最初论述预言，对延期死亡基因的选择，在繁殖价值最大的年龄时变得最为剧烈。因此，在生物体达到生殖年龄时，衰老便开始步步紧逼。汉密尔顿和埃姆伦便由此推断说，那些最具有实质意义上亲本抚育的物种，死亡年龄是最早的。理由是，当胎儿有缺陷，或新生儿生病时，亲本抛弃它们，也就是"摆脱它的累赘"，并开始生育新的后代常常较为划算。以怀孕时间长短来计算，亲本投资越多，子女出生时的个体就越大，而且，奉献给新生婴儿的亲本抚育量越多，程序化死亡来得就会越早。当早期投资很大时，出生后抚育延

长、非成熟期延长和长寿作为相互适应就可能出现。进一步说，亲本年龄越大，它本身为了子女所承担的风险也可能就越大。埃姆伦提醒人们，关注恶意行为作为互补适应进化的可能性。对子女投入大的亲本亦容易对无血缘关系个体的子代采取毁灭性行动，而且这种敌对状态在它们具有最大繁殖价值年龄的时候将达到最高潮。这一点在人类中体现很明显：对陌生人群无端恐惧和仇恨的不是陌生人中的小孩和老人，而是他们中处于青春期后期和成熟早期的人。

长寿和低生殖可能是另一种方式的相互强化。假定长寿完全得益于与繁殖努力无关的环境——比方说，有一个相对无捕食者的食物丰足和稳定的环境，再假定环境不利于子代的迁出，那么，这个 K 选择物种的子代可能成为它们亲本直接的竞争者。如果这些亲本只活了它们寿命的一部分时光，那么，一个子代以其亲本为代价所获得的每一单位的遗传适合度会以 1/2 个单位的广义遗传适合度得到补偿。仅在这一基础上，不频繁繁殖是值得的。实际上，来自子代的竞争并没有单独理论问题，因为它可以算作繁殖努力的一部分。

在主要的脊椎动物类群中，低繁殖努力、滞后成熟和对单个子女的大投入间存在着正相关。由丁克尔汇编的来自蜥蜴的例子见表16-1。在这些动物中，较大的繁殖努力相应地表现为较大的窝群重量和数量以及更主动求偶，而求偶努力的程度依次可以通过性二态现象和求偶行为的精细程度的增加来衡量。

大的个体

340

寿命较长的动物不仅成熟较晚，而且普

表16-1　或多或少显示出繁殖努力和亲本投资的蜥蜴早熟、晚熟物种的数量。N= 样本的物种数（源自Tinkle，1969）

变量	早熟 （N=35）	晚熟 （N=23）
一窝卵重/体重	0.2—0.3（平均0.25），N=5	0.1—0.4（平均0.30），N=9
一窝卵的数量	1—6（平均3），N=17	1—2（平均1.1），N=19
性二胎现象	19个物种中有16个明显	17个物种中有11弱或缺乏
求偶类型	9个物种中有5个精细	6个物种中有1个精细
领域	10个物种全有	14个物种中有10个有
胎生	35个物种中有1个	23个物种中有7个
亲本抚育	35个物种中有2个	14个物种中有5个

遍体形较大。在个体大小和亲本抚育间的这种期望相关在鸟类和哺乳类动物中普遍存在，但在鱼类和爬行类动物中则表现微弱或者根本不存在。威廉斯（1966a）对后一组动物类群证据的评论是有一定深度的，他得出结论说，缺乏相关性乃是由于一些外部因子相互妥协的结果。在个体小的鱼对防止捕食者实际作用较小的时候，那么它在巢穴中保护鱼卵的必要性可能就会很大。口育和胎生是一种替代的繁殖方式，但是这些方式又造成生育减少而使其价值较小。社会性昆虫显然也是遵循着这一先验的大小规则（priori size rule）。与原始白蚁血缘关系很近、表现出极强亲本抚育的隐尾蟑螂，它们个头大、寿命长而且繁殖很慢。被认为在现存膜翅目昆虫中与蚂蚁祖先血缘关系最为密切的非社会臀钩土蜂，与大多数直翅目其余昆虫相比较，表现出相似的性状。与社会黄蜂血缘关系最近的独居胡峰也同样如此。而在蜜蜂中这种关系则不明显。

恋乡性

亲本抚育因巢区的存在而得以加强，当亲本外出采集食物时，幼子们就留在巢区里，可躲避捕食者。蚂蚁、社会黄蜂和蜜蜂现存的大部分原始物种都有安全的巢区，那里是完全合格的家。昆虫学家普遍同意惠勒的意见，艾文斯（Evans）后来针对黄蜂的研究又给了进一步的证实，那就是，营巢行为的精细程度，是膜翅目昆虫反复表现其社会性行为的一个关键因素。隐尾蟑螂及与它们关系密切的原始白蚁的集群，在一生的大部分或全部时间里都是在腐朽原木和其他纤维素来源中度过的。一些显示出最大数量的出生后亲本抚育的鱼类物种，也很典型地占有在泥滩、珊瑚礁和其他水底生境中的领域。它们与其他在开阔水域穿梭游弋度过一生的鱼类形成了鲜明的对比。在哺乳动物中，巢区和领域对亲本抚育来说并不是必不可少的。一些迁徙性的有蹄动物的雌性，例如角马和驯鹿等，就没有借助于巢区和领域来养育子女。但是，在绝大多数物种中，雌性（偶尔也借助于雄性的帮助）把幼子控制在被保护起来的巢区里。最后要说，鸟类的亲本抚育对营巢安家的依赖几乎是普遍的，无须在这里进一步评论。

异乎寻常艰难的自然环境

仅次于稳定和可预见的环境，最有可能推动亲本抚育进化的条件，几乎与稳定和可预见的环境相反。亲本抚育的投入是促进幼子发育到能独立处理新处境阶段的重要影响因素，而当物种进入一个或多个自然参数格外艰难的新的生境时，有时就会这么做。对昆虫来说，生活在极端艰难的环境（如欧洲北部沿岸潮带间的淤泥）中的隐翅甲虫，在这里，常常要面对高盐和缺氧的危险。这个物种在它所归属的大分类群（隐翅虫科）中，其雌虫在抚育自己窝仔的投入量上特别突出。雌虫把幼虫放在阴沟里，保护它们不被侵害，还经常定时带给它们新鲜的藻类食物。无肺螈科的蝾螈融入陆地环境的程度非同一般。它们把卵产在土壤里、碎木头下或类似的地方，雌蝾螈保护这些卵直到孵化出来。孵化出来的幼崽不经过水生幼体阶段，而是直接变成微型成年蝾螈的样子。海顿（Highton）和萨维奇（Savage）发现，在红背蝾螈（*Plethodon cinereus*）中，母亲在场对蝾螈卵的正常发育是至关重要的。与被剥夺母亲保护的对照类群相比，卵黄更充分地被利用，窝里的胎儿数量更多，存活数量是对照类群的2倍多。母亲也积极保护自己的卵免受其他雌蝾螈的侵害。各种把卵产在陆地上的青蛙，包括提供一定程度亲本抚育的那些青蛙，几乎都是无一例外地留住在潮湿的多山地区。在热带高山地区这种现象尤为明显：这里的环境依然艰难，但却比干燥、季节性更强的低地要好些。戈因二人把这种行为的变化看作导致古生代晚期（广泛的造山运动时期）的两栖类向爬行类的进化。

稀缺的食源

在所有的鸟类中，繁殖最慢的是鹰、秃鹫和信天翁。1次繁殖只有1只幼鸟生羽飞翔，而且一个完整的繁殖周期要1年多。成熟至少需要几年；秃鹫和皇家信天翁直到9岁左右时才开始繁殖。这些鸟类的物种所共同拥有的生态性状是依赖稀缺食物。采集食物需要长距离和富于技巧的搜索。归巢往往需要做长距离飞行，在食物运输中往往需要技艺。例如一些鹰要在数千平方千米内搜寻猎物。但是，在繁殖季节里，活动必定受到很大限制。正常情况下，雄鹰为了自己、它的配偶和雏鹰承担了全部的捕猎工作。当雏鹰快要长大的时候，雌鹰也开始捕猎。最大型鹰的猎物是中等大小的哺乳动物，如树懒、猴子和小羚羊。杀死猎物后，带回巢区需要力气和技巧。再者，雏鹰在准备独立生活以前，个体一定要长得够大，这是再平常不过的事情了。也许非洲冠雕（*Stephanoaetus coronatus*）代表其极端情况。配偶双方轮流抚育，一年一换，抚育1个子女长羽飞出最少需要17个月。雏鹰有时在它离开父母前的一段时间里会自杀。在辽阔的海域搜索食物的某些较小的海鸟，也会出现类似现象。橙嘴凤头燕鸥和军舰鸟（军舰鸟属）对已离巢的子代还会继续喂养。由观察得见，这些鸟类还进行"玩耍活动"，显然是在传授捕猎的技巧。它们在飞行中抓取彼此嘴里衔着的东西，用嘴从树上叨取树枝，一个紧挨一个地排成一行向水面做超低空猛烈俯冲。蜂虎（蜂虎科）中出现延长亲本抚育时间的现象是一个奇特例子，在巢内子代靠喂无毒昆虫、在巢外子代学习吞咽蜜蜂（它们的主要猎物）技巧有困难时，就会得到亲本格外的呵护。

大型食肉动物（如狼、非洲野狗和豹）都有类似程度延长的非成熟期。狮子有训练阶段，由成年母狮对幼狮进行捕获猎物的训练。

341

根据申克尔的研究，这些训练就像真的在追捕猎物，但没有进行到捕杀一步。下面是一个典型的例子。

晨曦渐露，两只母狮，A_1 和 B_1 走近 6 只幼狮，幼狮立刻向母狮致意。玩耍一会儿后，所有的狮子在稀疏地覆盖着合欢树的一块平坦台地的小高地上坐了下来，向四处张望。当 2 只雄角马从与它们相距 45—55 米的地方走过时，一只母狮立刻起身，而另一只母狮跟上。两只母狮前后隔 10 多米的距离大步向前，偷偷跟踪，为的是从后面横向接近雄角马。幼狮毫不迟疑地加入追赶，形成了一个不规则的前线，并利用合欢树做掩蔽。当雄角马高速前行时，这些狮子并没能靠得很近，包括母狮在内就一只接着一只放弃了追赶。只有两只幼狮继续偷偷跟踪，直到不得不穿过几乎完全没有遮蔽的平地为止。这时，这只雄角马发觉了它们，便轻盈地飞奔跑掉了。

当母狮开始"真的"捕猎旅程时，它们会步伐坚定地离开幼狮，而幼狮也不会跟着。母狮邀请幼狮参加追捕显然是一次精心的玩耍训练。申克尔研究的幼狮 20 个月左右时开始自己捕食，这时还依然有母狮的抚育。它们最初的猎物是疣猪，但是，它们也常常追捕角马和斑马。当一些年轻的狮子忙着这些活动时，其他的幼狮在不远的地方全神贯注地观察。

亲子冲突

传统认识总是把亲本与子女的关系看成单方面的亲本投资。把子代比拟为具有亲本的许多遗传适合度单位，即或多或少把子代比拟成一个被动的容器，亲本为了扩大投资就相当于把一定量的（亲本）抚育注入这容器中。直到近来，动物行为学家才开始认真研究断奶期间的亲子冲突现象。当少年动物一天一天地长大的时候，母兽就会逐渐拒绝其吃奶的要求。例如，雌猕猴用手背推开幼猴的头使它的嘴唇脱离母猴的乳头；把幼猴的头挟在自己的手臂下，或让幼猴从自己身体上掉下摔在地上。幼猴有时尖叫着抗议，使出牛大的劲，争着回到母猴身上便于依附的地方。在有蹄动物中，拒绝吃奶要求常常会渐渐转变成公开敌对。一只年轻的驼鹿在逐步减少对母亲依赖程度的时间里要经过两次危机。第 1 次危机发生在春天，这时它长到 1 岁，而它的母亲又刚刚生了 1 只新的小驼鹿。这个母兽立刻就翻了脸，与 1 岁的驼鹿敌对起来，将其赶出其领域。这只年轻的驼鹿在领域附近徘徊着，反复试探想重新回到母亲的身边。到了秋天，在发情期刚开始的时候，领域边防松弛，1 岁小驼鹿有机会重新靠近它的母亲。但是，这种新的亲近陡转直下变成第 2 次危机。母兽把它们的女儿当成争风的对手；公驼鹿则赶走年轻驼鹿，仿佛它们已经成年。在这个阶段，年轻的驼鹿最终脱离母亲，开始了独立的生活。

哺乳动物学家普遍把这种冲突当作亲子纽带断裂的一种非适应性选择结果加以处理。或者，在猕猴中，冲突被解释成为一种机制，通过这种机制母猴强迫子代走向独立，从而最终有利于亲子两代。汉森（Hansen）写了关于普通猕猴研究的著作，提出了亲子冲突的第二个假说："如我们所见，母猴所起的主要作用之一，就是它们使自己的孩子逐渐而又明确地摆脱亲本的管教而走向独立生活。尽管这个过程使孩子对外部世界增加了好奇心，但是在相当大的程度上说，从母亲纽带解脱出来还是通过惩罚和抛弃取得的。"欣德和斯宾塞-布思（Spencer-Booth）进一步发展了一种相似的解释，但是，依据还是模棱两可。考夫曼（Kaufmann）从对自由放养猴群的研究得出结论，年轻的普通猕猴从它们的母亲身边出走，其原因是其他猴子的吸引而不是母亲的抛弃。欣德和斯宾塞-布思关于拘养动物的资料与这个看法没有什么两样；其解释是，不管其他类群成员如何吸引，母兽的抛弃会增加雏兽恋母的愿望。

特里维斯对这个问题有着完全不同的看法。他并没有把亲子冲突看成一种关系的断裂，或者是一种推动年轻动物独立的手段，而是把它解释为自然选择对亲子两代从相反方向作用的结果。一个母亲和它的孩子，两代既处于冲突状态而又保持适应状态，这怎么可能呢？我们必须记住，母亲和孩子在血缘上只共有一半基因。所以一旦时机到来，那么送年龄大些的孩子走自己的路和全神贯注于生育一个新子代就是有利可图的了。在第一个子代有机会实现独立生活的时候，母亲就可能在下次繁殖子代中增加（至多两倍）它的遗传代表份额。但却完全不能指望其第一个子代能看事态如此发展。只要母亲的继续保护会增加子一代的广义遗传适合度，子一代就会努力保持对母亲的依赖。

如果母亲的广义遗传适合度由于这种关系首先受损，那么，冲突就会接踵而至。更精确地说，当母亲适合度单位的代价超过适合度单位的利益时，选择就有利于母亲的拒绝行为；而母亲适合度单位的代价超过子代本身适合度单位的利益的两倍之前，子代就会试图继续依赖母亲。达到两倍时，子代的广义适合度下降，而独立生活则变得有利。我们可以期望，

当子代较小的时候，母本支出与子代收益比差就非常小，而母子双方将会"同意"继续保持依赖关系。随着子代的成长，要保持广义适合度单位的代价将变得愈加昂贵，以至会依次超过如下两个阈值：

母本支出与子代收益比超过1：当母本的适合度下降，而子代的广义适合度还仍然没有被这种关系减少时，亲子冲突开始出现。

母本支出与子代收益比超过2：亲子冲突停止，子代情愿离开，因为母子双方的广义适合度这时都降低了。

图16-3再现了这种关系的假想的时间进程。当在断奶阶段子代不能依赖亲本直接提供奶或其他食物时，首要冲突即将开始。断奶冲突在多种哺乳动物中得到证实，包括大鼠、狗、猫、叶猴、非洲绿猴、狒狒，以及普通猕猴和其他猕猴物种。在鸟类中，银鸥、红头虫莺、黑雕和白鹈鹕都有记录，一般说来，也许在晚成鸟类中很普遍。甚至明显出现在口育鱼中。已知在啮齿类和有蹄动物中其他形式的亲子冲突，就是领域驱逐行为。

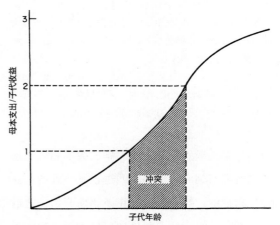

图16-3 亲子冲突时间的特里维斯模型

冲突时期实际上是一种极端情况，那就是亲本不同意给子代提供任何帮助。同样地，容易想象如下一些情况：在子代早期，当亲本提供帮助使亲子两个体利益都得到保障的情况；但也存在当亲本提供一些帮助后才不同意给子代继续帮助的情况。这种亲子冲突较少的情况基于这样的事实：亲本选择给出的投资量使其在收益和支出间的差值达最大化；而子代力图保证在其本身收益和亲本支出〔通过有关的相关系数（一般为1/2）而贬值〕间的差值达最大化。这两个函数在图16-4中用曲线图表示。

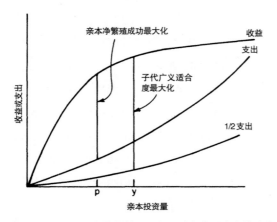

图16-4 在所设想的条件下，亲子冲突的程度在整个亲本抚育的全过程中可能会不断变化。亲本在某个时刻对子代投资的收益、支出和1/2支出是以在抚育中亲本投资的函数表示的。本例的哺乳动物一次性投入就是一天哺乳所提供的奶量。在p点时，亲本的广义适合度（收益减支出）达到最大化；在y点时，子代的广义适合度（收益减1/2支出）达到最大化。因此，无论投资p还是投资y，亲本和子代要做出否定的选择（根据特里维斯修改）。

特里维斯假说与在猫、狗、绵羊和普通猕猴中所观察到的冲突的时间进程是一致的。在每一物种中，冲突都恰好在断奶前开始，之后趋向不断升级。在狗和猫中，母本抚育期间可明显分成使冲突不断升级的三个阶段：在第1个阶段里，大部分哺乳是由母兽提供的，目前很少（如果有的话）拒绝子代的哺乳要求；在第2个阶段里，母子二者以大致相等的频率彼此接近喂（吃）乳，母亲偶尔拒绝子代，甚至可能采取敌对态度；第3个阶段是断奶，在这个阶段几乎全是子代主动吃奶，但一般遭到拒绝。似乎难以理解，但与这种理论并不矛盾的情况是，子代活动场所越大和越独立，它要求与母亲重新接触的频率就越高。

特里维斯模型用非常显而易见的方式，与欣德和他的助手进行的普通猕猴婴儿发育实验的结果细节能精确吻合。当一只普通猕猴婴儿与母猴分开几天，然后又与母猴重逢的时候（试验组），它寻求接触的次数比分开前要多。相反，对照组的普通猕猴婴儿离开母猴时，在（与试验组）相同的时间内会降低与母猴接触的频率。分开的普通猕猴婴儿在它们与它们的母亲重逢时还表现出更多痛苦的样子，如喊叫和不活动。在分开前母猴拒绝小猴越多，它们后来就表现得越加痛苦。甚至更重要的是，与母猴分开的小猴比那些在母猴身边缺少母爱的小猴表现得更加痛苦。所有这些实验结果都与如下看法是一致的：子代为增加母本投资量而竞争，并且对母本正在减少投资的迹象敏感。这些资料与如下两个主要的竞争假说矛盾，那就是：母本拒绝是促进子代独立的选择手段，或者子代独立主要是依靠社会其他成员的吸引。

特里维斯已经推敲了自己的模型用以广泛说明一系列血缘、非血缘选择。但是，模型的完善可能最终被证明仅仅适用于人类和一些高智商的脊椎动物。现考虑对全同胞关系采取利他主义行为的子代。如果这一子代仅仅是一个

343

积极的行动者，那么只有当全同胞的利益超过其代价的两倍时，其行为才被选择。但从母亲的观点来看，只要全同胞的利益超过利他主义者（上述的积极行动者）的代价就可增加广义适合度。结果，在对待全同胞的态度上就有可能发展出亲本与子女的冲突：亲本激励全同胞给出的利他主义比它们准备给出的更多。相反的论点也成立：亲本容忍全同胞表现的自私性和恶意活动要小于它们实际表现的，否则其广义适合度会受到损害。通过更远的血缘关系和非血缘关系的系统的无线扩大，类似的变化情况也会发生：如果对第一表兄妹的利益超过利他主义者代价的8倍，则通常会选择有利于第一表兄妹的利他主义行为，因为第一表兄妹相关系数是1/8。但是，亲本与侄甥的相关系数 $r＝1/4$，所以，其孩子对孩子（第一）表兄妹的利益与代价之比超过2时，就会有利于利他主义行为。亲本的良心（conscientiousness）也会扩展到无血缘个体的互作。从孩子的观点看来，一个自私或恶意活动，只要增加自己的广义适合度，就能获得利益。而被剥削的个体（或作为总体的社会）可能对自私个体和其家系一个或多个成员进行报复。但是，如果自私或恶意活动带来的利益大于进行报复造成的损失（这个损失是对自私个体和其血缘个体的损失相加再减去各适配的相关系数），那么选择将有利于这种自私或恶意活动。在双亲方面，根据大体相同的计算也可对上述问题做出评论。但是，由于双亲受到冒犯者的同胞和其他血缘个体报复所付出的代价会丧失更多的广义适合度，所以双亲对这种自私或恶意活动只有较弱的容忍性。以人类术语来说，双亲和其子代在关系上的不对称和在反应上的差别，在进化上就导致了这两代间的一系列冲突。一般来说，子代试图以更为利己主义的方式增进自己的社会化，而双亲将不断地力图让子代返回到较高的利他主义水平。双亲期望看到的利他主义的量是有限度的；其差值在于亲子两代对选择的"最适"水平是不相同的。特里维斯对这个问题概括如下："没有必要把在社会化时期的冲突，仅仅看成是亲本的文明与子代的生物学之间的冲突：它也可以被看成是亲本的生物学与子代的生物学之间的冲突。"最重要的是，年轻的个体并不单单是由亲本模式化的可塑个体，就像心理学家的传统看法一样。相反，可以期望年轻者接受它的亲本的一些行为，对其他一些个体保持中立，而对另一些个体却是敌对的。

冲突理论的内涵并没有到此打住。在某些情况下，亲本有希望把对子女行为的影响融入它们成年的生活。当利他主义行为通过向亲本和其他血缘个体馈赠利益来达到增加广义适合度的时候，它便可以得到采纳。和尚、尼姑或同性恋者在遗传上未必会受到损失。在某些社会，他们的行为可以改良亲本、同胞和其他血缘个体的适合度到一定程度，这个程度取决于有关基因在生命期间何时受到选择。而且，他们的血缘个体，尤其是他们的亲本将会以一种强化这种选留的方式给以反应。这种选留的社会压力未必是有意识的，至少未必到了明显影响家庭利益的程度。相反，这种压力可能暗含着习俗和宗教的惩罚。在利益与代价的比值对个体来说小于1，但对家庭成员来说大于1的情况下，就会产生使选择转向很少发生的对该性状（指和尚、尼姑和同性恋的行为）的选择。即使如此，在有关血缘个体有较深阅历和开始就占优势的情况下，这种进化趋势仍可维持。

344

昆虫中的亲本抚育与社会进化

昆虫社会与脊椎动物社会之间为数不多的一个根本差异就出现在亲本抚育领域。这些社会昆虫物种在对子代关注的形式和强度上表现出很大的差异，而这种差异与它们社会组织的复杂程度仅仅有微弱的相关。实际上，在一些最高级的物种中，没有看到成虫与各种未成熟的形态之间有任何接触。而且，亲子间的交互作用可能对它们的社会行为几乎没有影响。相反，脊椎动物物种则在亲本抚育量与社会组织的复杂程度之间表现出一种强烈的相关。而且，亲本的行为强烈影响子女的社会发展。这两种关系在哺乳动物中表现得尤其明显。

图16-5 一只普通黄胡蜂（*Vespula vulgaris*）在取食一只幼虫的唾液分泌物。

首先研究具有明显亲本抚育的一类社会昆虫。胡蜂属和黄胡蜂属的社会黄蜂在美国被叫作大黄蜂或黄蜂，它们把正在生长的幼虫放在水平窝巢中的六角形纸蜂房中。当幼虫饥饿时，它们就用头刮擦纸蜂房的侧面，发出嘎吱嘎吱的像咬嚼莴苣似的声音，吸引工蜂的注意（Ishay & Landau，1972）。工蜂把咀嚼过但未消化的昆虫猎物碎体喂给幼虫，而这些食物位于工蜂下颚部。幼虫一次又一次分泌出唾液，工蜂会迅速贪婪地吃掉（见图16-5）。黄蜂幼虫成对的唾液分泌腺相对来说是巨大的，每根分泌腺向后分成腹支和背支，在体腔中蜿蜒曲折。有关幼虫分泌物作用的第一个可靠的线索是蒙塔格纳获得的，他发现黄胡蜂属的雄蜂是从幼虫的唾液分泌物中获得营养的。在抚育蜂后开始时，雄蜂的乞食遭到工蜂的回绝，而后它们就转而把幼虫的分泌物当成主要的食物来源。在黄胡蜂属的相同物种的生化研究中，马希维兹（Maschwitz，1966b）证实，幼虫唾液分泌物既有吸引力，又有营养。它平均包含9%的海藻糖和葡萄糖，约为幼虫血淋巴中浓度的4倍。马希维茨相信，仅糖就足以引诱成蜂进食，而且没有证据表明有另外其他引诱物存在。分泌物包含的成分大多是糖；唾液中还含有氨基酸和蛋白质，但仅占血淋巴中浓度的1/5。蒙塔格纳和马希维茨两人都认为幼虫的分泌物构成了一个蜂群的食物储备，与成体中嗉囊液的功能相同。因此，唾液分泌腺是成年工蜂嗉囊的同功器官。马希维茨计算得出，1微升幼虫唾液提供的能量能使1只黄胡蜂属的工蜂活1.8个小时，1只大的幼虫"挤1次奶"释放的糖足够1只工蜂活半天。最后，伊歇和艾肯（Ikan）给这一方面添了新的迷人情节。他们发现，在以色列研究的黄蜂即东方胡蜂（*Vespa orientalis*）的幼虫，不仅确实为成体提供了唾液中的碳水化合物，而且还是首先把蛋白质转化成碳水化合物的唯一成员。只有这些个体才具有胰凝乳蛋白酶和羧肽酶A、B。没有任何证据能证明成蜂能进行蛋白质的消化。幼虫制造葡萄糖、果糖和蔗糖，以及尚未被辨认的三糖和四糖，并把这些糖喂给保育工蜂。成年黄蜂没有进行糖质新生的能力在昆虫中是罕见的，当然也就不能指望成为一种社会机制。有关大黄蜂的这些发现，主要意义在于第一次向世人揭示，幼虫对成蜂有利他行为，通过这种行为模式，幼虫对集群的自动调节做出了贡献。幼虫垄断糖质新生说明，高级黄蜂社会在安排成蜂与幼蜂之间的生化劳动分工方面已经遥遥领先。

因此，黄蜂中的这一实例对于把成体-子代关系的复杂性作为社会进化的真正测量，首先看来显得富有说服力。如果我们接下来研究被普遍解释成占领昆虫社会进化顶峰之一的意大利蜜蜂（*Apis mellifera*），这个直观的印象就会得到证实。虽然在成蜂与幼虫之间并没有发生直接交哺的现象，但是保育工蜂总是反复光顾幼虫蜂房，为它们清理卫生，给它们带来新鲜的食物。再下一个就是，在蚂蚁中，蚁巢抚育和社会组织其他各参数间存在着微弱的相关。斗牛犬蚁属的蚁后和工蚁（是大的斗牛犬蚁复合群现存最原始的蚂蚁），它们把卵散放在巢穴板各处。幼虫直接食用新鲜的昆虫猎物的碎体，而且能靠自己的力量爬行一小段距离。成蚁与幼虫之间如果发生回哺现象也是罕见的。钝针蚁属的物种（蚂蚁最原始的现存第二主要分支的成员）保持着与以上类似的低蚁巢抚育水平，属于针蚁亚科复合群。斗牛犬蚁复合群和针蚁亚科复合群的解剖学和社会性更高级的系统发育支内，工蚁投入更多的蚁巢抚育，且各类型互作更多。卵和一龄幼虫被有特点地聚成一串。幼虫除了嘴以外大都不动，它们向工蚁奉献唾液分泌物以回报来自工蚁嗉囊反哺给它们的固体食物和营养液体。至少我们已经见到有一个物种，就是法老蚁的分泌物能延长没有吃其他食物的工蚁的生存。这些唾液内含足量的氨基酸和蛋白质，包括蛋白酶，但却很少或不含脂肪或碳水化合物。分泌物中的水分也能支持工蚁度过漫长的干旱季节存活下来。因此，这些蚂蚁中的"成体-幼虫"共生是互惠的，虽然它不如东方胡蜂的专业化表现得那样特别明显。白蚁也遵循一个类似的进化趋势。原始的木白蚁科和鼻白蚁科白蚁的不成熟阶段或若虫是自食其力的；的确，它们就单个说来，对集群贡献的劳动比成蚁多。在被昆虫学家称作假工蚁的类若虫阶段，它们保持着接近完全的生长。只有一小部分假工蚁变成充分发育的不能逆转的兵蚁、生殖雌蚁和生殖雄蚁。因此，较为原始的白蚁的社会组织在很大程度上是建立在"童工"基础上的。在系统发育较高级的白蚁科中，幼蚁更多地依赖成蚁，而这些白蚁占所有已知世界1 900种白蚁的75%。正在发育中的白蚁科的白蚁其前二龄或三龄阶段通常被分在幼虫类，虽然事实上基本在形态上是若虫，因为它是无用的，不参加集群劳动，要靠老的若虫和真正的工蚁用唾液分泌物喂养。

在窝巢抚育的密切程度与社会组织其他一些参数之间，在系统发育上似乎存在的相关，明显地被无刺蜂破坏了。这些无刺蜂（属于蜜蜂科的无刺蜂族）在系统发育上与蜜蜂相近；在许多方面，它们的社会与意大利蜜蜂同样高级。在一些物种中，其集群与蜜蜂的一样大，其蜂后与工蜂之间的差别与蜜蜂的一样明显。集群分裂是通过与蜜蜂在形式不同但同样复杂的一类分群方式实现的。蜂后在它往蜂巢的每一蜂房产卵之前，要重复一种非同寻常的仪式（或过程），即蜂后要吃光蜂房内的储存食物和以后发育成工蜂的卵。有些蜂种会在食物发现所在地留下嗅迹。无刺蜜蜂（*Melipona quadrifasciata*）的工蜂引领室友嗡嗡作响地折来折去跑到目的地，就像蜜蜂的摇摆舞那样精细。尽管它们有这些社会适应行为，但是在无刺蜜蜂成体和幼蜂之间却不存在任何接触。在蜜蜂的传统方式中，工蜂在开始时把花粉和花蜜放到每一个蜂房中。一旦蜂后把卵产在蜂房里，蜂房就会立刻被工蜂严密封盖起来，实际上是被丢弃了。当幼蜂在蜂房中孵化，它就食用储存在它周围的食粮，经过蜕皮、化蛹，完全依靠自己生长起来。当它成了充分发育的有翅的工蜂从蜂房中出来的时候，这是它与集群成员的第一次接触。在出来后数个小时之内，年轻的蜜蜂就开始执行一连串复杂的任务，也是它们在此后两三个月里为了生活必须去做的事情，包括筑巢、觅食，向蜂房提供食粮，有时还要迁到新的巢址。这些活动看来即使受社会化影响，也是微小的。当诺盖拉-内托（Nogueira-Neto）把无刺蜜蜂的蛹引入其他蜂种巢中并允许它们羽化成为成蜂的时候，它们按照自己蜂种而不是宿主的巢结构特点进行蜂巢建筑。

与无刺蜜蜂完全相反的情形是在许多亚社会昆虫中发现的。这里存在复杂的密切的亲本抚育，但却没有额外的社会组织。在蜜蜂中见到的负相关作用由此被保留着。例如，颚毛虫属（*Gnathotrichus*）、芳小蠹属（*Monarthrum*）和材小蠹属（*Xyeborus*）的棘胫小蠹甲虫的成虫，都把其幼崽放在"摇篮"里（这些摇篮是在枯木上抠挖出来的主道旁边的短憩室），它们用特地培育出来的真菌喂养这些幼崽。在颚毛虫属物种中，配偶双方共同挖筑巢穴和抚育窝仔。母甲虫把卵一个一个地产在顺木头纹理走向的两壁上挖出来的圆坑里。依据哈伯德（Hubbard）的研究，这些卵被用碎屑和从近旁真菌育床取来的网状菌丝体疏松地覆盖着（卵所在处为其摇篮）。一旦幼虫孵化出来，它们就立刻开始食用碎屑中的真菌并把废物从摇篮里扔出去。当不断长大的时候，它们就用两颚咀嚼坑壁和吞咽木头碎片来扩大摇篮。这些碎片在肠道中不消化，与粪便胶合在一起，形成微黄色的颗粒状排泄物。这些颗粒状排泄物被幼虫从摇篮里推出来，又被雌虫拾起来送到真菌育床上去。母甲虫在小甲虫的整个发育过程中不停地保护着它们。一旦塞在通道的真菌被消费完了，母甲虫就会立刻换上新食料。然而，当幼虫一化蛹，这种联系就即刻终结；当刚成熟的甲虫在巢室里出现时，母甲虫就离开了。

在亚社会昆虫中，也许覆葬甲属（*Necrophorus*）的食尸甲虫表现了最高级的亲本抚育形式。在5月里，越过冬天的成虫开始寻找小脊椎动物包括鸟、鼠和鼩鼱等的遗骸。如果一个雄虫碰到了1具尸体，它就会定好"召唤"姿势，就是把腹尾尖举到空中并释放一种信息素。这种物质显然是吸引属于同一物种的雌性的。如果发现1具尸体的甲虫超过1对（有时

346

多达10对），战斗就打响了，雄对雄，雌对雌，直到剩下最后1对。赢家马上在尸体的下方和周围挖土，直到这个战利品被部分埋葬。与此同时，它们咀嚼和控制这具腐烂的尸体，直到它的形状大致变成圆形并能被滚到在它的下方挖好的洞穴内。然后，食尸甲虫从底下封闭好洞穴，把它们自己用腐烂圆球埋葬起来。雌甲虫在球的顶上继续往下吃，使球下陷成弹坑形状并把自己的粪便撒在表面。当幼虫孵化出来时，就像鸟巢中的许多雏鸟一样坐在弹坑里。普考斯基的观察显示，他们很像守巢的雏鸟一样也与亲本进行交流。"当雌虫接近弹坑时，幼虫一起挺起前身，直到它们的腿悬空站立。雌甲虫直接站在幼虫上方，用其前腿碰撞食物球或幼虫。现在，雌甲虫张开两颚，一只幼虫便迅速把头插进雌虫颚中，紧紧地叮在雌虫张开的嘴里。如果有机会，你可以看到褐色液体从雌虫口中传给幼虫。几秒钟后，雌甲虫把嘴撒回，又伸到另一只幼虫的头上。无疑幼崽是由雌虫喂养的。"尼米兹和科兰坡还进一步揭示说，成虫用一种特别的唧唧叫声向幼虫发出警报。

当食尸甲虫的幼虫仅出生5—6个小时后，它们就开始直接食用腐烂圆球。但是，它们还继续接受雌虫不定期反哺给它们的食物，而且在每次蜕皮后的一个短暂时间里，它们还要完全依赖这种营养源。如果在幼虫尚未成熟而母虫被除掉时，它们就开始化蛹，但是还不能完全变成成虫。在已经研究过的六个欧洲物种中的两个——德国葬甲（*N. germanicus*）和黑角红纹葬甲（*N. vespilloides*）中，雄虫帮助其配偶喂养幼虫，虽然没有雌虫那么积极。尽管成虫与幼虫联系紧密，但是，成虫仍然不能守

望到子女化蛹而出。就目前我们所知，在上述和其他许多甲虫类群中，其亲本抚育的极大发展，绝没有导致共社会化程度达到与大多数原始白蚁和真社会膜翅目中观察到的可以比拟的社会组织（换句话说，没有到达在两代或更多代成员间的密切协作）的初级水平。

灵长类中的亲本抚育与社会进化

要揭示哺乳动物中幼崽抚育与社会组织之间的有序关系，我们最好研究灵长类的极端实例。构成树鼩科的各种树鼩还很原始，以至于它们是否应该被归为灵长类动物还有待商榷，有的著者把它们放在与象鼩接近的食虫目中。但是，有重要证据，实际上主要是骨骼学和血清学的证据表明，它们即使与灵长类不是同一起源，也是相当接近的。树鼩进化出一种简单但非常特殊的亲本抚育方法，即母亲表现的疏远习俗。马丁跟踪了6对树鼩在半自然条件下繁殖周期的全过程。有性配对结合紧密，雄树鼩用嗅迹为其笼子和配偶做上标号。雌雄树鼩同住在主要是由雄树鼩建造的巢穴里。当雌树鼩怀孕时，它自己建造巢穴，此后，她在这里养育子女。一窝幼崽通常是两个。雌树鼩生产后马上离开孤弱无能的小树鼩，回到第一个巢穴和雄树鼩在一起。自此以后，雌树鼩仅仅是每隔48个小时回访一次这个保育巢穴。婴儿一个接一个无次序地吮吸6个乳头。几分钟之后，雌树鼩又推开它们跑掉了。小树鼩留下来自我修饰，可能主要是清除它们的粪便。当小树鼩出巢后，成年树鼩从未将小树鼩接回过，而小树鼩也从未发出过悲伤的叫声。甚至当把它们拾起来时，它们也不会像许多其他哺乳动物那

347

样为了方便亲本运输做出卷起来的姿势。树鼩亲本会被其婴儿尿的气味熏跑；一旦亲本在自己的巢穴里产下婴儿，它们第 2 天就会搬走。如果亲本迫不得已留在与幼崽太近的地方，它们就会杀死并吃掉幼崽。当幼崽 30 天大小的时候，它们便开始到巢外进行短途觅食，这时，母亲回访它们巢穴的频率开始逐渐减少。起初，出巢的幼崽夜里或受到惊吓时回到自己巢穴里，但是，3 天后，它们便移到亲本的巢穴里。树鼩 90 天达到性成熟。有证据表明，此后它们便四处寻找配偶和属于它们自己的领域。在这个属中，至少母树鼩的行为有某些变化。索伦森（Sorenson）发现，大树鼩（*T. tana*）每两天回访抚育它们的幼崽两次。

虽然低水平的亲本抚育无疑是早期哺乳动物的原始特征，但仍存在如下问题：树鼩明显的疏远习俗系统实际是哺乳动物亲本抚育的底线呢，还是代表其特定的次级适应？马丁认为，疏远习俗是原始的，保育巢穴是亲本抚育细腻化过程的最初粗放阶段。根据这个假设，修饰、清理巢穴、运送幼崽和对幼崽的严密保护是后来的灵长类动物遗传谱系增添起来的。与此相反的假说是：为了使亲本和幼崽尽可能地分离，作为一种次级适应，树鼩抛弃了上述增添起来的某些或全部因子。这种分离的基础是什么呢？主要的有利因素是大多数母亲的行动不会把捕食者招到子女身旁，甚至还可把捕食者引开。但是，正如马丁认为的，这种疏远习俗也存在潜在的不利因素。幼崽被剥夺了亲本的温情，也被剥夺了免受捕食者（是双亲可以击退的）捕食的即时保护。而且，一个通过气味对猎物进行定位的捕食者，发现一个不清洁的巢穴将会更容易。

如果疏远习俗是亲本抚育的原始模式，那么，它应该有规律地出现在用解剖学理由将之判断为原始哺乳动物的其他类群中。到目前为止，一种与树鼩十分相似的模式仅仅在兔子，尤其是欧洲穴兔中有过描述。也表现出差不多同一类的疏远习俗的有：某些有蹄动物的母兽，诸如格氏瞪羚和麋鹿；北海狮、阿拉斯加毛皮海豹，可能还有其他鳍脚目动物；很多种类的蝙蝠。但是，在上述每一种情况中，其模式都与树鼩和欧洲穴兔不同，而且十分清楚，其行为都是对特定环境的次级适应策略。转到包括许多现存最原始的真哺乳动物的食虫目动物，我们发现除了象鼩（象鼩科）之外，大多数或所有已知物种都有晚熟的幼崽需要在母巢内由母亲密切照料。不像树鼩，象鼩科动物的幼崽是早熟的。因此，亲本行为的疏远习俗是原始的这个假设，并没有得到象鼩系统发育证据的支持。但是，仍然真实的是树鼩给它们的幼崽提供的加入社会的机会最小，而且这一状况与其成年时近乎是过着独居生活有关。在一些其他解剖学上属于原始灵长类的动物中，包括眼镜猴、鼠狐猴（鼠狐猴属），大概还有指猴（*Daubentonia madagascariensis*），接近同样水平地过着独居生活的都是与母兽的粗放抚育有关。

在这个最低水平以上，在亲本抚育（直观上与社会组织的其他一些参数有关）方面还存在一些较高的进化等级。如果试图对这些进化等级做任何精确的界定，那还为时过早。对许多灵长类物种的亲子关系的个体发育研究现在正在进行，其结果会即时由专家做出合适的和解释性的综述。下面也许是所能做出的最好的简要的综述。柯普法则（Cope's rule）在灵长类动物中或多或少是适用的：体重在整个地质时间表中存在一个逐渐增长的普遍趋势，只有少数系统发育枝的情况相反。随着体重增加，寿命、怀胎和成熟时间延长（见表16-2）。与这个趋势紧密相关的有3个可以通过比较研究较深入的物种来辨别的行为趋势：(1)社会化程度增加，特别是年轻动物变得越来越依赖于通过学习获得和完善社会行为（见第7章);(2)涉及亲子互作的行为在数量上更多，在频率上更高;(3)卷入幼兽社会化的类群数的范围扩大，通过类群成员给予幼兽的抚育相对亲本来说变得越来越广泛和复杂。可以在不同的行为趋势中的两个或多或少相关的点间做些平行线以定义进化等级。

表16-2 7个灵长类物种的各生命期，其总趋势是随进化水平的上升而延长

物种	怀孕期/天	幼年期/年	少年期/年	成年期/年	寿命/年
狐猴	126	$\frac{3}{4}$	$1\frac{3}{4}$	11+	14
普通猕猴	168	$1\frac{1}{2}$	6	20	27—28
长臂猿	210	2 (?)	$6\frac{1}{2}$	20+	30+
猩猩	275	$3\frac{1}{2}$	7	20+	30+
黑猩猩	225	3	7	30	40
大猩猩	265	3+	7+	25	35 (?)
人类	266	6	14	50+	70—75

人类以下的最高进化等级是黑猩猩。许多考察者，包括R. M. 耶克斯及其助手梅森和伯克森（Yerkes, Mason & Berkson, 1962），及其他人，对拘养年轻黑猩猩的发育已经进行过研究。但是，我们对这个过程的主要理解来自珍妮·范·拉维克-古多尔进行的对坦桑尼亚

贡贝国家公园自然群的研究。拉维克-古多尔研究已经显现出来的主要意义就是，揭示年轻黑猩猩的社会发育得何等微妙、复杂，甚至如同人类一般。这个发育过程用了10年多一点的时间，实际上就是年轻的黑猩猩逐渐具有活动能力，在这期间它们延长离开母亲的时间以用于探索环境、控制对象和与群内其他成员玩耍。最初，较年轻的黑猩猩会得到它所遇到的成年黑猩猩的极大宽容，它们的友善回应在其社会化进程中起了重要作用。但是，当它日渐成熟，就开始遭到成年黑猩猩的回绝。当接近成熟的黑猩猩要进入成年的等级系统内时，就会强化相互攻击。虽然母亲在断奶期间温和地回绝她的较年轻幼崽求乳的企图，但是，这时她仍是小黑猩猩整个青春期的盟友和安慰者。

新生的黑猩猩差不多像人类婴儿一样不能自理。在最初的几天里，它要不断依靠母亲的帮助。它的眼睛似乎不能集中，它的唯一动作就是伸头寻找母亲的乳头。到第2个星期结束时，黑猩猩婴儿能抓取东西，并能做推拉动作。到了7—10周时，它显然能清楚地看见东西了，因为它开始把手伸向树叶和母亲的脸。随后，它开始在母亲的身上到处爬，还试着抓住树枝和其他东西从母亲身边荡开，然后再荡近树枝和其他东西。母亲经常和小黑猩猩一起玩耍。在16—24周里的某时，小黑猩猩开始打破在物质上全部依赖母亲的生活模式，它舔吃和吮吸某种小固体食物的养分，迈出四足之旅的第一步，还攀爬小树枝。从此以后，黑猩猩婴儿的活动发育速度超过了人类婴儿。

在小黑猩猩第1年生活的最后时间里，它迅速完善了自己的活动和控制物体的能力。它

348

的社会圈在它离开母亲后扩大了，有其他成年黑猩猩给它拍打和梳理毛发，有较大的婴儿、少年和青年黑猩猩和它一起玩耍。这个小黑猩猩也向接近它的其他群成员"致意"。在它生活的第2年里，小黑猩猩表现出成年黑猩猩的体态和礼仪性姿势。在幼年期的最后阶段，时间范围是从两岁半到三岁，小黑猩猩断奶。现在，母亲拒绝求乳的频率随之增加，虽然她还经常保护小黑猩猩免遭其他黑猩猩的侵扰。当第一次见到成年黑猩猩偶然拒绝小黑猩猩接近，这时它便开始越来越谨慎起来。

少年阶段，约在三岁近满的时候开始，根据拉维克-古多尔的界定，此期间，小黑猩猩不再吃奶和爬到母亲的后背上，但是性尚未成熟。少年黑猩猩独立住宿，但醒着的大部分时间还是和母亲一起四处行走。来自年长黑猩猩的拒绝越来越严厉，迫使它们做出主要的社会调整。随着性成熟——"青春期"的到来，黑猩猩开始了进入真正成年社会的一个漫长起步阶段。它的关系越来越稳定，它的行动变得越来越细致和谨慎。正像在人类社会中一样，黑猩猩过渡到完全成熟需要几年的时间。

其他动物的个体发育

个体发育是当前几个人们最热衷的动物行为研究课题之一。该研究仍然处于初期描述和寻找一般规律的阶段——处于变化、创新和传播的阶段。莱尔曼（Lehrman）和罗森布拉特（Rosenblatt）在下面的表述中把握了它的基调：

在行为发育的研究中，正像在行为生物学其他方面的研究一样，为了定义和限

定科学研究依循路径的目的，就其主要问题用一个公式表达，即不可能没必要。只有研究者具备发现新关系和提出这些新关系所存在问题的能力，才能限制概念和方法论方法（和研究技术）的多样性。

诸多此种努力的必要性集中在亲子互作上。除了前面几节描述过的昆虫和灵长类的例子外，下面的物种也值得引用来作为亲子关系的新例子：家鸡、原鸡、亚洲丛林鸡及其衍生家鸡与原鸡，实验的大鼠、驼鹿、麋鹿、驯鹿、家猫、狮子、狼、非洲野狗、长尾叶猴和印度乌叶猴、长尾黑颚猴、狒狒、大猩猩、普通猕猴。

哺乳动物个体发育关系研究的综述是由摩尔兹（Moltz，1971）和普瓦里耶（1972）提供的。社会昆虫的比较研究仍在继续。

虽然脊椎动物的研究被打上了折中主义的印记，但是，正如莱尔曼和罗森布拉特所说，这项工作的大部分受到一些非常重大的主题所推动，尽管这些主题不明确。一个就是环境论：大多数研究者的知识背景是人类学和实验心理学，其间存在偏爱，就是把已测定的种内行为性状的方差的大部分尽可能地归于环境的影响。这种态度没有任何错误；只要它持之明确，就相当有启发意义。这种偏爱导致对环境所有可能因子进行分类和加权的坚定探索，这些因子一部分是在自由群体的野外研究中表现出来的，另一部分是只有通过实验控制放大了效应后才能明显表现出来的。行为遗传学仍然处在相对初级的分析水平，尤其是有关亲本抚育的研究。行为进化研究水平也相当低，其成果大部分是由一些特定组别的行为树状图推导

出来的，而不是分类学家利用的系统发育分析的现代技术。

环境论的主题是从其他更为雄辩的主题中衍生出来的，而后一个主题就是与人类发展社会心理学相关的比较研究的主题。以下的希望是存在的：如果发现了行为上的同源物和类似物，如何用来阐明人类的行为。正是出于这种原因，许多最好的亲子个体发育的研究在文字细节上都是相当慎重的。他们十分谨慎，不放过个体变异的细端末节，包括实验上引起的行为异常。进化生物学家试图把这些个体变异的部分变异看作发育噪声，但在统计离差的各数量测量中通过合并成发育噪声的做法似乎过于简单化了。发育心理学家的研究途径是正确的：尤其是当一学科仅刚起步对其问题还不够清楚时，应尽可能多地掌握有关信息。与此同时，环境论者与进化论者应该就一个重点达成一致：当亲子关系有规律地影响社会结构时，这些关系就应作为类群水平的机制值得特别关注。无论这些机制是在类群水平的真实适应，还是个体适应的偶然结果，都不过是在第5章和第14章已经讨论过的在自然选择水平上的这一中心问题的翻版。

异亲抚育

当社会其他成员帮助亲本抚育子女的时候，社会进化的潜能获得了巨大增长。个体社会化能用新的方式组合，权力等级系统可以改变，联盟可以缔造。术语"姑妈"被罗威尔等（1964）用来指除母亲外照看年轻动物的其他任何雌性灵长类动物。这一术语没有任何遗传关系的含义：其含义相当于英国人说的"阿姨"或是家庭密切的女性朋友。在猕猴社会相对应的雄性关系中，由井谷（Itani）提出了与"姑妈"类似的一个术语："叔叔"。因为这两个术语都不涉及任何遗传关系，所以用中性术语异亲（或帮手）和异亲抚育似乎更适合。"异母的""异父的"便可以用作形容词来区分抚育帮手的性别。

异亲抚育通常限于高级动物社会。例如，它是高等社会昆虫的基本行为性状——由不育工职表现的利他主义形式。在至少60种鸟类，包括画眉鸟、松鸦和鷦鹩及其他鸟类中，年少的成鸟帮助亲本养育它们的弟妹（见第22章）。当欧绒鸭迁移时，常有不育雌鸭夹在母鸭和它的子女中间，它们的行为很像母鸭。发现这种现象的弗雷泽·达灵（Fraser Darling, 1938），甚至在"姑妈"这个术语被引入灵长类研究以前就这样称呼这些个体了。在哺乳动物中，这种现象在海豚（宽吻海豚属）及非洲大象和亚洲大象中都有过报告。但是，异亲抚育在灵长类动物中最普遍。在狐猴（环尾狐猴和维氏冕狐猴）、新大陆猴（绒毛猴、松鼠猴）、旧大陆猴（长尾猴属、疣猴属、猕猴属、狒狒属、叶猴属的各物种）和黑猩猩中都已经有了记录。

350

在灵长类物种内，雌性异亲和雄性异亲之间存在重要的差别。雌性对幼崽多把自己的行为限定在爱抚、玩要和"临时保姆"范围内；雄性不但要履行这些角色，而且还要把幼崽当作将来的配偶，当与其他雄兽冲突时利用它们做抚慰。有证据表明，这种异亲行为的功能在雄雌动物之间普遍存在差异，在雄性帮手的情况下，物种之间各不相同。因此，异亲抚育，像许多其他社会行为一样，属于异质范畴，要理解它就只有参考相关物种的自然史。

异母行为在普通猕猴中研究得特别出色。罗威尔等（1964）发现，成年雌性被其他雌性的新生婴儿所吸引，不停地打量新生儿，并努力伸出前肢接触它们。这样的试探最初是小心谨慎的，亲母猴常常以攻击性表现抵制。这些雌猴便使用欺骗诡计取得接近机会，它们一边小心翼翼地侧着身子来到母猴身边，一边假装觅食或给母猴整理毛发，直到它的注意力被完全转移，然后它们就开始注意起婴儿来。当小猴变得独立到足以爬走一小会儿时，异亲们以母性关爱和有性活动的奇异方式加以反应。它们蹲伏在小猴对面，用前臂围住小猴仿佛要把它抱起来，有时它们用鼻口部触及小猴头部。它们把小猴举起来放在其腹部，或当用骨盆部位做挤压时，好像爬在小猴上面做性交配动作。异亲们最终会温情脉脉地开始和小猴玩耍，蹲下时张着嘴、搂抱小猴、用前肢轻轻地拉小猴。它们很少发动幼年普通猕猴间喜欢玩的那些粗鲁式的摔跤活动。罗威尔和她的助手观察到的雌猴也充当了一种保护的角色：

> 在幼婴生长的过程中，"姑妈"有时会守护它们，当它们在试学新的技艺和感到心情不定时，如果有必要，"姑妈"就会援助它们。"姑妈"似乎知道幼婴的危险，例如当它们使用连接两个围栏的门时显得小心翼翼，有时也把住开着的门让幼婴爬过去。当一个幼婴向观众靠近时，"姑妈"有时就会发出警告，小猴就会走开，"姑妈"还会在很多场合下惩罚攻击过幼婴的母猴。

> 最后，母猴终于信任这些雌猴，并在短途觅食时让这些雌猴作为幼婴的临时看护者。不过，大部分时间里，这些帮手只起到哨兵作用。

在灵长类各个物种中，异母抚育的细节大不相同，甚至在猴总科内的物种也不一样。长尾叶猴的母猴在刚刚生产几个小时后就允许其他雌猴触摸婴儿，实际上婴儿身体干了就可以。第一天里多到8个雌猴把婴儿你送我接，传来传去。狒狒则限制较多。雌猴与母猴争着要与婴儿接触，一些地位高的雌猴反复骚扰母猴，努力争取这种特权。一些雌猴甚至强行"窃持"婴儿。在其他物种，诸如非洲绿猴和其他长尾猴（构成长尾猴属）中，异母抚育仅仅限于青年雌猴和未产雌猴。经产母猴则对其他雌猴的婴儿极少关心（Rowell，1972）。相反，环尾狐猴的母猴则只允许其他经产母猴触摸它们的婴儿（Jolly，1966）。猕猴和黑猩猩在选择帮手时是母系的——尤其喜爱交给婴儿的同胞姐姐。其他的旧大陆灵长类在这方面则相当灵活。兰卡斯特（Lancaster）发现，在非洲绿猴中，与婴儿接触的次数更多取决于母猴的允许，而很少由遗传关系决定。

为什么雌性愿意抚育其他雌性的婴儿，为什么母亲愿意宽容这类行为呢？有说服力的解释就在两种参与者的行动中。第一，年轻雌性在正式成为母亲以前要获得做母亲的经验。加特兰和兰卡斯特（1971）一直认为，虽然亲母抚育具有先天的基本分量，但亲母抚育是一项需要实践的、十分复杂的、在身体上有困难的活动。由此看来，担任育婴角色是社会化最后的经历之一。相关的证据有点模棱两可，但作为一个整体，至少对少数灵长类物种来说，似乎是支持这种假设的。菲利斯·杰伊曾观察到，

7只年轻叶猴笨拙到把婴儿掉在地上，其中4只已知是未产雌性。无独有偶，加特兰看到过把婴儿头朝下或用其他怪异姿势抱着的非洲绿猴。关键的经验显然是与其他动物，其中包括与婴儿接触，而不仅仅是初产。当雌性猴子和黑猩猩被放在野生状态下饲养的时候，事实表明，它们抚育初生儿的能力一如它们将要达到的水平一样高。例如，在普通猕猴中，与非初产母猴相比，初产母亲情绪更紧张，拒绝它们的婴儿时很犹豫，但它们用同样的方式救助、管束、紧抱和护理婴儿。但是，当雌猴被用不同程度隔离饲养时，它们起初的抚育是十分不适当的，只是到了后来经过多次生育才反应正常。哈洛（Harlow）和他的助手用人工母亲养育的普通猕猴，用一种对许多婴儿来说都是致命的方式拒绝和虐待它们的初生儿。但是，6只这样的猴子中有5只给予它们的第2胎婴儿以充分的抚育。一个抱养的大猩猩杀死了它的第1胎婴儿，却抚育了它的第2胎婴儿。相似的因经验而改进的事例在黑猩猩中也有报告。

351

支持学习做妈妈假说的第二个证据线索是如下事实，即在异亲抚育明显的大多数物种和一些至少偶尔发生过的物种中，如此行为主要是由少年和接近成年的雌性表现出来的。在兰卡斯特记录的347次非洲绿猴异母接触中有295次是由1—3岁之间的未产雌猴发起的；剩下的52次参加接触的雌猴是3岁或更大些的，它们有做母亲的经验。在笼子里的普通猕猴群体中，两岁的雌猴就成了最积极的异母类群。未产个体比有经验的母猴在接近婴儿时要更迟疑，但是，一旦接触后它们发起接触的比率更高（Spencer-Booth，1968）。

因此，这些证据符合学习做妈妈的假说，虽然还不能说证实了这个假说。但是，如果我们一时认为异母正在用这种方式获利，那又为什么真母亲应该宽容它呢？你可以想象，母亲把它们的孩子交给不熟练者帮助看管会丧失其适合度。敢冒这种风险的理由可能是血缘选择。通过允许女儿、侄女及其他近亲雌性用它们的孩子进行实践，母亲能在其血缘个体养育自己的第1个子女时通过额外增加血缘个体的生育数，以改进它们的广义适合度。如果实践用的婴儿受到的伤害像缺乏实践雌性的第1个婴儿一样严重的话，那么，这种选择将不会发挥作用，因为在这一情况下母亲是用具有 $r=1/2$ 的婴孩损失去换取用具有 $r=1/4$（或更少）的婴孩（即将出生的）潜在利益。但是事实上，没有任何理由期望这是一种对等的交换。在大多数灵长类物种中，在婴儿的行为没有发育到一定程度时，母亲是不会放手把孩子交给异母抚育的。甚至这以后母亲仍旧很警觉，有时会达到表现出攻击性的程度，并且允许婴儿受托仅仅一小段时间。换句话说，异母抚育用婴儿实践不可以出现近似单独承担责任的风险。通过确定母亲和帮手之间血缘关系的程度，可能对血缘选择假说进行检验，但迄今为止资料还远不充分（Hrdy，个人通信）。

还有其他好处可以带给母亲。当母亲生病、受伤或临时从群中消失的时候，可以想象婴儿将由异母看护。因此，这样的帮手可能充当的是急救护士——很少会用得上，但是在极特殊的境遇下却至关重要。甚至在正常的情况下，用帮手做婴儿保姆，母亲便可以自由地出外采集食物。在印度乌叶猴（Poirier，1968）、非洲绿猴（Lancaster，1971）、赤猴和普通猕猴（Hrdy，1974）中，母猴常常在外出觅食前把它的婴儿托付给其他雌猴。

最后，异母抚育能够导致对一方或双方都有用的结盟。普通猕猴母亲只允许它的下属雌猴触摸它们的婴儿。结果，所有好处都将属于这样的帮手，这也许就是它们在面对母猴早期的抵制仍然坚持不走的原因。但是，这种关系是否总是导致在这种或那种灵长类物种中地位的升迁，是单边受益还是双方得利，至今尚不知晓。

因为灵长类通常是母系社会，所以婴儿的父系就无法通过对野外群体的偶尔观察来识别。结果很难把父亲抚育与异父抚育区分开来，并且在大多数情况下也没有理由指望雄性动物能知道这种区别。然而，灵长类物种雄性抚育形式的差别强有力地表明，父亲与异父的行为存在明显的不同。在只有一个雄性，或至少有一个或几个权力雄性可能是父亲的物种集群中，这样的雄性大都显出对婴儿几乎像母亲一样的关切。有一个极端的实例，雄性狨猴［狨属（*Callithrix*）］直到把自己的孪生子女各自的体重养育到和自己的体重一样时，才肯在喂食情况下把子女交给配偶。雄性合趾猿（*Symphalangus syndactylus*）和少年猿猴在一起睡眠，而雌猿则与婴儿共寝。白天发生转换，全家出外采集食物，雄猿则在家看孩子（Jolly，1972a）。在日本猕猴的一些群中，权力雄猴通常与1岁大小的少年猴不弃不离，母猴则全神贯注于婴儿（Itani，1959）。兰塞姆（Ransom & Ransom，1971）在对乌干达伊沙沙国家公园中的东非狒狒进行长期研究后发现，当一个成年雄狒狒与一个产有多胎的母狒狒形成一种紧密的配偶关系时，则对婴儿的抚育表现得无微不至，这时它就可能是这位母狒狒的婴儿的父

亲。在兰塞姆观察的6个雄狒狒中，1个早已过了青壮时期，到了风烛残年，另外1个尚未成熟，仍属于种群的边缘成员，剩下的4个则地位正在升迁，年纪已经到了或接近青春期。甚至当缺乏或暂缺乏由雄性负责的"准母亲"抚育时，单个或权力雄狒狒都会保护婴儿度过危险期。雄性赤猴把捕食者的注意力从群中引开；雄叶猴和雄松鼠猴奋不顾身冲上去保卫受困的婴儿——这些都是真实发生的情形。

如果雄性并非生父的话，互动的形式是不同的，该雄性表现出来的服务目的也是不同的。在兰塞姆研究的东非狒狒中，年轻雄狒狒对低等级雌狒狒的雌性婴儿兴趣强烈。这种亲密关系导致结成配偶的可能性是存在的，而且在从属雄性方面看来成功繁殖的可能性较大。从日本猴类研究中心的研究人员在日本猕猴中观察到的一种特殊模式来说，同样的解释也是站得住脚的。雄性对一岁大小婴儿的关心没有性偏爱的迹象，而关心两岁少年的那些雄性则都喜欢雌性。这个趋势在雄性阿拉伯狒狒中走向了极端，它们会收养幼年雌狒狒补充到其妻妾中。

无可怀疑的第二种异父行为形式是被迪格和克鲁克（Deag & Crook 1971）称作"争端缓冲"的行为。经常观察到，婴儿在场可抑制灵长类群体成年成员间的攻击性。例如拉维克-古多尔注意到，黑猩猩母亲背着婴儿比用腹部带着婴儿（这里不易发现）遭到攻击的次数少和程度小。在有组织攻击的猴总科中，带着婴儿的母猴一般遭到其他成年猴子攻击的可能性最小。一些物种的雄性已经利用了这种动物脾性，当它们接近通常会回绝自己的较高等级的雄性时，它们就拾起并带着婴儿作为一种防身

之物。叟猴（无尾猕猴）实行了一种极端形式的争端缓冲。正如迪格和克鲁克所观察到的，经常会出现一只从属雄猴拾起一只婴儿，用一只手抓着它径直跑出40米，然后把婴儿交给另一只雄猴。然后这只从属猴做出假的性交姿势，而当这只猴对婴儿发怒或丢在一边时，权力雄猴就会趴在这只从属猴上面进行（假）交配。有时，婴儿干脆被一只猴子拿来放在决斗场一个中间的位置上。井谷（1959）报告了一例十分相近的实例，雄性日本猕猴把婴儿拿来当"通行证"。根据兰塞姆的观察，有时雄东非狒狒在遇到危机时会把婴儿放在它们自己的前面，在有些情况下，它们又把婴儿放在腹下或背上带着。有人曾经观察到，雄叶猴利用与婴儿和少年猴亲近的方法，迂回地潜入不同的猴群。普瓦里耶在某种场合还见到一队中的3只雄叶猴几乎总是与1只较大的婴儿玩耍。一旦进入猴群成功，3只雄叶猴中的权力猴就会抛弃这只年轻的叶猴。根据斯特鲁萨克的研究，雄黑脸长尾猴也是使用这种策略打入不同猴群的。

领养

虽然异母抚育在灵长类动物中是普遍的，但是，只有在特殊的情形下才会出现完全领养陌生婴儿的行为。尤其是正在护理自己子女的（因此最有条件养育孤儿的）母亲大都敌视试图接近它们的陌生婴儿。叶猴提供了一种可能的例外。普瓦里耶发现，正在哺乳的雌叶猴对异生婴儿的反应是宽容的。当一个这样的婴儿争着要靠近乳头时，母猴对它们自己的婴儿没有特别偏爱的表现。甚至在一些雌性好斗的物种中，孤儿也极少被放在一边挨饿。失去自己的婴儿的雌性猕猴愿意接受异生婴儿，甚至还可能去拐骗别的婴儿。因为母丧子比子丧母的可能性更大，所以孤儿找到一个愿意抚养它的母亲是可能的。甚至即使没有母亲可找，其他雌猴也会承担起全部抚养责任。当圈养雌性普通猕猴在实验条件下被诱导收养婴儿时，它们明显开始产生正常的乳汁。在圈养的普通猕猴群中观察到，收养婴儿的母猴常常率先充当帮手。这种情况说明，在自然界有血缘关系的领养是可能的。拉维克-古多尔记录了坦桑尼亚贡贝国家公园野生黑猩猩中出现的3个领养实例，两个是年龄较大些的姐姐做的，另一个是一个年龄较大些的哥哥做的。赛德（Sade）在圣地亚哥的卡约的野生普通猕猴群中观察到，3只领养的母亲都是年龄较大的姐姐。

领养作为领域攻击的一种偶然结果，在蚂蚁中也存在。当我把弯刺细胸蚁（Leptothorax curvispinosus）集群密集地放在实验室里的时候，较大的集群攻击较小的，杀死或赶跑成年蚂蚁，并把蚂蚁卵带回到自己的巢穴。蛹得到正常待遇，从它们中羽化出的成体工蚁被捕获者全部接受。这种行为延伸到不同物种时，便存在一种重要的为制造奴隶的前适应。在类似刚刚描述的实验期间，隐细胸蚁（L. ambiguus）侵袭弯刺细胸蚁并把卵带回到它们自己的巢穴里，在那里，它们以正常方式舔食和抚育蛹。成虫在蛹中羽化期间受到帮助，但是紧接着的几个小时内就被宿主工蚁处死。这种行为模式与专性寄生的奴细胸蚁（L. duloticus）的原始奴隶制造行为相近（Wilson，1974b）。斑蚁（Formica naefi）是另外一个使其制造奴隶具有前适应的物种。当库特（Kutter，1957）把物种外裂类群（exsecta group）的集群放在物种褐色类群（fusca group）的集群附近时，同属的斑蚁就会攻击这些邻居，并把这些集群的幼蚁和成熟工蚁带走。虽然这种行为在自然界还未被直接观察到，但在野外挖出的所有较大的斑蚁集群中都含有少量的褐色类群的工蚁。

这个进化阶段正是从本属的血蚁（F. sanguinea）和其他物种所表现出来的初级的制造奴隶行为进化而来的短暂的一步。

关于动物中亲子关系的形成和领养基础的某些其他方面，我们已在第7章讨论过了。

第17章 社会共生

共生被界定为不同物种个体间持久和亲密的关系，在生物学文献中通常是通过成对个体间的交互作用加以阐明的。已知与社会形成共生关系的个体还有许多例外情况，甚至整个社会之间的共生关系也是如此。社会水平上的适应与生物个体水平上的适应在多样性方面没有不同。

在社会共生关系发展上，无论从哪个方面看，昆虫都优于脊椎动物。虽然这种差别的原因至今还不完全清楚，下面的观察似乎可以综合推出一个合乎道理的假设。首先，昆虫的社会组织，建立在利他主义基础上的程度要比脊椎动物高得多，进行的利他主义的活动也更频繁。社会昆虫反哺、异体修饰、募集和进行其他的服务，其方式或与在集群内的地位无关，或与个体识别的特征和血亲关系无关。这种无歧视的慷慨行为，为融入集群打开了多条通道。一旦所谓共生体获得至少是部分的接纳，它便可以在反哺时吸吮液体食物、从宿主身上舔食营养分泌物、吃未成熟期生物，以及被募集到巢外的食源区。典型地由若干职别组成，其中每一职别执行一有限的任务，并和其他职别以有限的特殊方式进行联系。一个集群的个体昆虫对其他集群成员的作用缺乏广泛的了解，这就使得把一个集群的个体以伪职别身份插入社会共生体的另一集群变得容易了。

脊椎动物内部的非个性和社会共生之间的关系还会得到进一步的阐述。有雏鸟晚熟特性的鸟类对巢寄生的防卫是特别脆弱的，在巢寄生中，其他物种的雌鸟把自己的卵混入鸟巢，骗宿主鸟养育它们的雏鸟。这种冒充之所以可行，首先是因为鸟卵没有明显的个性特征的，使宿主成鸟可识别的特征刺激相对模糊。这些刺激在实验中容易被替代，在实验中，亲鸟比较喜欢的替代是比正常卵要大和与正常卵表面模式不一的非正常刺激。但是，更为重要的是，这些雏鸟，当从几个方面识别，诸如它们在巢内或巢附近所占的位置，在吃食活动期间嘴的一般表现以及专门的乞讨声，一般都是没有个性特征的。像蚂蚁的幼虫，它们几乎就是无用的饭桶。相比之下，早熟鸟的雏鸟则在孵化后的头几个小时里便与亲鸟结成紧密的纽带，它们必须跟随亲鸟穿行特殊的生境，进行专门的摄食演习。寄生性早熟雏鸟要侵入这样的系统似乎很困难，事实上，已知的只有一例——南美洲的黑头鸭（*Heteronetta atricapilla*）。甚至这个物种也正是以自己独有的方式在表现自己，它们在宿主的巢里驻留一天到一天半的时间，然后就离巢独自成长了（Weller，1968）。社会寄生在哺乳动物中实际上尚未见到，这也许是因为它们亲密和高度个性化的关系与生俱来。它们没有卵期充当所谓寄生的入口。

社会共生是一个内容丰富而复杂的课题，让人感到扑朔迷离，我在不久前出版的《昆虫社会》中做过评论。很多细节仅仅是昆虫学家感兴趣。本章下面的部分将致力于阐述这个课题的原理，特别参考社会生物学就较为广泛的问题有选择地做了例证。读者会看到，脊椎动物每种社会共生的形式在昆虫中都可找到，脊椎动物的情况是形成可能性共生体世界的一个微小分支，而其全貌则被昆虫表现得几乎淋漓尽致。共生现象将依据大多数美国生物学家使用的术语来加以分类（见表17-1）。共生（symbiosis）包括动物所有类型的密切而持久的相互作用。当共生有益于一个参与物种而对另一物种既无益处又无害处的时候，就叫作"偏利共生"（commensalism）。使双方都受益的相互作用叫作"互利共生"（mutualism），这是被欧洲生物学家普遍叫作"真正"共生的特殊情况。最后，当一个物种以其他物种为代价获取利益时，这种关系就叫作"寄生"（parasitism）。寄生最终对群体增长的影响来说无异于捕食作用。

表17-1　社会共生的模式

社会偏利共生：一个物种受益，而另一个物种不受影响
邻栖（*plesiobiosis*）：两个或更多物种窝巢紧密相邻而不混合，对任何参与方极少或根本没有收益。例：习惯于把窝巢靠在一起的那些蚂蚁物种
窝巢偏利共生（*nest commensalism*）：一个物种生活在另一个物种的窝巢里，以垃圾或腐尸为生，在两种情况中，都对宿主既无害也无利。例：专性的千足虫、甲虫和其他与行军蚁生活在一起的节肢动物
群居鸟群、兽群和鱼群（*mixed flocks, herds and schools*）：在脊椎动物中，一个或更多物种的成员加入其他物种的觅食群；在有些实例中，其他物种的存在对被动核心（吸引）物种可能没有发生明显影响。例：组成冬季觅食群的北美山雀、麻雀和其他鸟类
社会互利共生：物种双方都受益
群居鸟群、兽群和鱼群：在一些群居的脊椎动物群中，被动的核心物种以及它们的追随者都可能受益
营养共生（*trophobiosis*）：一个物种（供者）产生食物给另一个物种（通常供者不能利用），以此换取保护，逃避寄生生物、捕食动物和严酷天气。例：蚜虫和其他的同翅目昆虫被蚂蚁作为"奶牛"保护起来
准共生（*parabiosis*）：物种把窝巢筑得很靠近，共同保卫窝巢，一起觅食，甚至可能分享食物，但是，它们不在一起养育子女。例：中、南美洲的某些蚂蚁物种
社会寄生：一个物种受益，另一个物种受害
营养寄生（*trophic parasitism*）：一个物种从其他物种的社会中偷窃食物。例：无刺蜂中的夺巢行为、白蚁中的食巢行为和鬣狗的偷窃猎物行为
宾主寄生（*xenobiosis*）：一个物种巢居在另一个物种的近巢或巢内并向后者乞食。例："香波蚁"（*Leptothorax provancheri*）靠毛节红蚁（*Myrmica brevinodis*）反哺的食物为生
暂时社会寄生（*temporay social parasitism*）：一个物种在其生命周期中部分时间在其他物种社会中作为寄生成员生活，而其余时间独立生活。例：某些蚂蚁、蜜蜂和黄蜂，其蚁（蜂）后侵入其他物种的集群并抢占原来集群蚁（蜂）后的地位；鸟类中的窝巢寄生
奴隶制造（*slave making*）（奴役现象，*dulosis*）：一个物种突击搜捕另一个物种的巢穴，俘获不成熟成员，并允许它们羽化成为自己巢穴的成年奴隶。例：6个北温带属的蚂蚁
寄食现象（*inquilinism*）：一个物种寄生在其他物种的社会度过一生。例：某些蚂蚁、社会性蜜蜂和社会性黄蜂，尤其是冷温带地区的；还有大量在热带和温带作为"客人"生活在所有种类社会昆虫的巢穴中的其他节肢动物

社会偏利共生

昆虫学家在社会昆虫复合窝巢（compound nest）和混合集群（mixed colonies）之间做了区分：在复合窝巢，两个或更多个物种彼此靠得很近，但它们把各自的后代分开；在混合集群中，它们把后代放在一起，倾向于共同生活。已经发现许多成对的蚂蚁物种住在复合窝巢里。当物种之间的关系对一个物种属于尽义务的时候，这种关系通常是寄生的，而不是中性或互利的。但是，在许多其他情况下，这种关系是兼性的，甚至可能是偶然的。在有时称为邻栖的最简单的状况中，不同的蚁种窝巢彼此靠得很近，但极少或根本没有进行直接的往来联系——除非当它们的巢室被攻破，巢室内发生战斗和盗卵事件时，情况则不同。物种在形态上和行为上越是缺少相似性，它们就越可能以邻栖的关系聚拢在一起。换句话说，亲缘关系最密切的蚂蚁物种最不可能容忍和彼此生活在一起。邻栖蚂蚁能从邻栖关系中获利吗？像许多被推测的偏利共生情况一样，这个问题从来没有在野外进行过验证。其答案可能是肯定的；我们知道，某些形式的社会寄生来源于不相似物种的一种被描述为短暂性倾向的紧密同居，并且有可能，蚂蚁物种对这种变化是前适应的，因为它们从这一紧密关系中获利而不损耗其邻栖伙伴的资源。这个课题可能成为野外研究的一个内容丰富的领域。

许多非社会节肢动物，为了在社会昆虫巢穴内求得偏利共生已经被改弦易辙，这使得它们作为食腐动物以垃圾或腐尸为食。它们包括等足类甲壳动物、革螨和尾足螨类、跳虫弹尾类、露尾甲和伪瓢虫甲虫类等。一些共生生物，例如跳虫弹尾类昆虫总是以快跑避开宿主。其他昆虫，例如食蚜蝇［食蚜蝇属（Microdon）］的如蛞蝓样的幼虫，靠的则是把中性体味与缓慢运动结合起来。还有一些昆虫，如衣鱼科的蠹鱼和白色食腐千足虫，甚至和行军蚁一起跑得老远并被宿主实际上当作同巢伙伴来接受（见图17-1）。

图17-1 昆虫中的社会偏利共生属于衣鱼（Trichatelura manni）的一种"蠹鱼"在钩齿游蚁（Eciton hamatum）袭击纵队的中部跑动。这个小昆虫循着蚂蚁的气味踪迹，舔蚂蚁的身体表皮并分享它们的猎物。照片中也展示了蚂蚁的主要工蚁的职别；这只环节虫前后都有小工蚁，两个大个头且发亮的兵蚁在它的左面（C. W. Rettenmeyer 摄影）。

真正的社会偏利共生在脊椎动物中是极其罕见的。我的意思是说，有哪些个体或社会用一种完全非强迫的方式把它们自己插入其他社会的情况，我们所知甚少。成群的鱼可能偶尔使用这种方式混合，这是一种类似于社会昆虫的邻栖巢穴。明确无误的社会偏利共生动物的代表是在热带美洲发现的管口鱼属（Aulostomus）的喇叭鱼。艾布尔-艾伯菲尔德（1955）观察到，喇叭鱼骑在鹦嘴鱼的身上或加入刺尾

355

356

鱼的鱼群，它们还周期性地猛然扑身而出，抓一些小鱼为食（见图17-2）。这种行为显然是隐藏在略像鱼身外形的珊瑚枝丛中的管口鱼属的鱼类习惯的一种延伸。可能一些群居物种的鸟群成员也是按照偏利共生的方式行事的。因为鸟群中的其他一些交互作用或是互利共生，或是实际上尚未知晓，这个课题在下面专门论述。

图17-2　鱼类中的社会偏利共生。管口鱼属的喇叭鱼利用黄高鳍刺尾鱼（*Zebrasoma flavescens*）群作为伪装（自Eibl-Eibesfeldt，1955）。

社会互利共生

互利共生极端发展的典型是在同翅目昆虫（如蚜虫）和它们的蚂蚁宿主之间的关系。蚂蚁为蚜虫规避捕食动物和寄生虫提供保护，而同翅目昆虫则以蜜汁分泌物作为对蚂蚁的"回报"。营养共生的体系得以建立的基础是共生生物不同寻常的饮食习惯。当蚜虫以植物韧皮部汁液为食物的时候，糖分丰富的液汁通过它们的肠道从肛门出来，只略微改变了点形式。这些液汁（蜜露）通过蚜虫肠道时，有多达一半的游离氨基酸为肠道吸收，糖分被部分吸收并转化为葡萄糖苷、松三糖和一些高级低聚糖，而有机酸、维生素B和矿物质大概也被部分吸收。蚜虫加工处理大量的韧皮部汁液和废

弃作为蜜露的过剩物所花的能量，明显要比对这些过剩物再加工处理所花的能量少。蚂蚁直接把这样一些剩余物变成自己的收益。为了刺激蜜露流出，蚂蚁用它们的触角触摸蚜虫，从根本上说，这种行为和蚂蚁为了刺激同伴反哺食物而触摸同伴触角和背部的行为没有什么两样。

生产蜜露的还有其他一些同翅目昆虫，它们是介壳虫（蚧科）、粉蚧（粉蚧科）、木虱（木虱科）、角蝉（叶蝉科、角蝉科）、叶蝉（叶蝉科）、沫蝉（沫蝉科）和蜡蝉科的成员。除了沫蝉科、蜡蝉科昆虫可能例外，所有这些科的一些昆虫物种都已经与蚂蚁形成了互利共生关系。无论是同翅目昆虫还是它们的蚂蚁宿主都在共生服务的过程中经历了解剖结构和行为上的变化。同翅目昆虫受到蚂蚁诱导时就分泌出蜜露液滴，而不是用非共生生物的方法拒之门外（见图17-3）。当蚂蚁一出现，黑豆蚜（*Aphis fabae*）个体随后就做出一系列特定的反应：腹部微微抬起，后腿蹲下而不是像在没有同伴的蚜虫中那样提起和摆动，蜜露缓慢地溢出，当蚂蚁食用时就置于腹部末端。至少在蚜虫和介壳虫的一些物种中，刺激它们放出蜜露只须对其后背轻轻地一碰即可。

使蚂蚁受益到极端的蚜虫已经进化到地位几乎和家养的奶牛差不多，它们已经减少或丢失了在非共生物种中见到的通常的防卫性结构，其中包括：被称为腹管的保护腹部的喷嘴（能分泌出一种快速凝固的蜡质）；由一些特定表皮腺分泌的绒絮状的致密腊盖；硬化外骨骼；为弹跳而变化的腿。但是，它们获得了一个新的明显用于营养共生的专门器官，那就是蚜虫肛门周围的一圈绒毛，当蚂蚁食用蜜露

时，绒毛可以控制蜜露滴落在适当的位置。某些粉蚧所长的长长的肛门绒毛似乎具有同样的用处。据兹伍尔法（Zwölfer）和其他一些人详细研究的文献记录，同翅目昆虫的生活周期已经按照与蚂蚁宿主活动同步的方式做了调整。

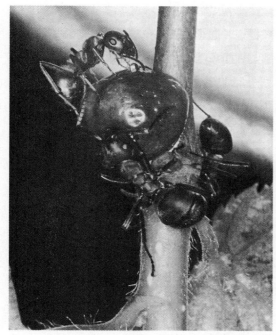

图17–3　营养共生是一种社会互利共生的形式，由多栉蚁与介壳虫（蚧科）的营养共生关系加以例示。这里3只工蚁看护1只这样的"奶牛"；介壳虫已经溢出一滴蜜露，正待处于上方的蚂蚁舐食（Bert & Turid Hölldobler摄影）。

从照看同翅目昆虫的蚂蚁方面看，它们已经获得了专门服务于这种共生关系的行为，这十分明确。一些物种在它们的巢穴养育它们的"奶牛"。S. A. 福布斯（S. A. Forbes）和F. M. 韦布斯特（F. M. Webster）在早年的经典性研究揭示，玉米根蚜虫（*Aphis maidiracis*）的卵整个冬季都在巢中由北温带的新黑毛蚁的集群保护。第二年春天，工蚁把新孵化的若虫运到可食植

物附近的根部。当玉米植物被连根拔起时，这些蚂蚁就把蚜虫运到新的未受到干扰的根部系统。在晚春和夏天里，一些蚜虫长出翅膀，便飞离宿主的巢穴去寻找新的植物。如果它们在其他毛蚁集群领域内的植物根部安家落户的话，它们会被收养，否则，它们就开始独立生活，实际上这和非共生生物没有什么两样。为了提高营养共生的效率，宿主蚂蚁的行为甚至在微小的细节上不断地获得改进。已经可以确信，工蚁会把共生的同翅目昆虫，在正确的发育阶段带到可食植物根部的适当部分。例如，在地下蚂蚁尖尾蚁（*Acropyga*）和它的蚧虫、织叶蚁和它的介壳虫、毛蚁和它的蚜虫关系中，这样的行为都已经得到证明。使人印象更加深刻的事实是，尖尾蚁属和支蚁属（*Clado-myrma*）的某些物种的蚁后，甚至在婚飞时还把介壳虫放在颚中带着。实际上，同翅目昆虫已经被整合进了蚂蚁宿主的集群中。

蚂蚁并不是护理同翅目昆虫的唯一生物。无刺蜂属（*Trigona*）的无刺蜂就直接从巴西角蝉科昆虫那里收集蜜露，至少这个物种用触须轻柔地触碰角蝉就可以诱出蜜露。在《尼加拉瓜的博物学家》（*The Naturalist in Nicaragua*，1874）一书中，托马斯·贝尔特（Thomas Belt）报告说，短腹蜂属的异腹胡蜂用十分相似的方式看护角蝉科昆虫，其诱发的信号不难模仿产生：我用我自己的一根毛发完成了"挤蚧虫的奶"。它们已经在其他非社会性昆虫中得到了进化，其中包括：锯谷盗科甲虫、灰蝶科蝴蝶和双膜蝇属（*Revellia*）的蝇。营养共生体在同翅目昆虫以外也存在。在斯里兰卡，半翅目的一个物种是由举腹蚁属（*Crematogaster*）蚂蚁来看护的。灰蝶科许多物种的幼虫由蚂蚁来护

理，反过来灰蝶用第7腹节背板上一根非配对分泌腺分泌的一种含糖液体回报它们的宿主。

准共生

　　1898年，奥古斯特·福雷尔（Auguste Forel）把他先前在南美洲蚂蚁中发现的一种新的共生形式，称为准共生（parabiosis）。树栖的光滑举腹蚁（*Crematogaster limata parabiotica*）和马兜铃琉璃蚁（*Monacis debilis*）的集群的巢通常紧靠一起，巢室保持分开，但有通道连接着。也许，这两个物种的工蚁是沿着共同的气味跑到一起的。惠勒（1921）在圭亚那看到了同样的现象，且确定了这个物种一起从角蝉科的角蝉那里收集蜜露。他发现在光滑举腹蚁和畸腿弓背蚁（*Camponotus femoratus*）之间存在一种相似的关系。他观察到这两个物种都利用共同的嗅迹从同一个植物上的叶蝉和角蝉那里采集蜜汁，也从印加树属（*Inga*）的外花器蜜腺中采集花蜜。这两种蚂蚁不仅对竞争环境下彼此存在抱宽容态度，而且它们还友好相处。它们在路上相遇时用触角静静地碰打一下表示向彼此"致意"，并且在3个场合中惠勒观察到弓背蚁的工蚁为光滑举腹蚁反哺食物。

　　准共生在本质上是互利共生的还是寄生性的，现在还无人知晓。其差别在这类复合关系中充其量也只能是细微的差别。有证据表明，光滑举腹蚁的准共生形式总是和其他蚂蚁联系在一起，而且有可能被证明是其同胞种。无论哪一种方式，这时表面看来都有很突出的互利共生表现。这些物种的后代从不彼此群居，而且正如韦伯（Weber，1943）所指出，根据他的研究，所有准共生的物种都积极地参与抗击

入侵者保卫巢穴的战斗。没有举腹蚁伤害其他物种的证据。相反，与举腹蚁准共生的每个弓背蚁集群，都生活得很兴旺。

脊椎动物中的混种群

　　小食虫鸟在由两种或更多种鸟类集结成的鸟群中一起觅食，这在整个世界到处都可以见到。一些鸟类彼此挑选，然后从一个地方飞到另一个地方，厮守不离，从这个意义上说，这些鸟的类群是真正的鸟群。它们有别于鸟类的单纯聚群，即后者是被动地一起聚在食源或水源区。因此，一群山雀和啄木鸟作为一个单位穿行于落叶森林树冠之间的类群就是鸟群；但是，一帮尾随行军蚁行进的蚁䴕鸟就是聚群（Hinde，1952；Rand，1954；Willis，1966）。

　　混种的鸟群组织松散，其成员经常变换。成员可能留在一起数小时或一整天，有时一晨一改组。当物种因水平飞行速度较慢造成落后，或当某些个体只有鸟群飞经它们的领域才成为其成员时，替换情况就会增加。当候鸟迁徙经过一个地区并在此做短时间觅食时，更换成员的情况就会特别突出。鸟群的物种组成随机变化，但是某物种是常在成员，确实起到了持续这种联系的原动力作用。莫伊尼汉在温特波顿（Winterbottom）和戴维斯关于热带鸟类群系工作的基础上，提出了一般适用于混种群的下列大致分类：

　　核心物种（Nuclear species）。这是一些对鸟群的形成和凝聚做出重要贡献的鸟类物种。它们实际上可以领导或可以不领导其他鸟类；重要的事实是，若没有它们，鸟群就不可能持续。在鸟群的核心物种中，一些物种积极寻找

别的物种并跟随这些物种，则前些物种称为"主动核心物种"，被寻找（或被跟随）的这些物种称为"被动核心物种"。

附属物种（Attendant Species）。这些物种是鸟群的较常见成员，但它们不像被动核心物种那样对其他鸟类有吸引力。它们的鸟群成员身份不像核心物种那样经久不变。

临时物种（Accidental species）。这是在偶尔的情况下加入鸟群的鸟类。

莫伊尼汉的分类单位彼此交错。物种组成和各分类单位相对多寡随着鸟群和时间的不同而呈现万花筒式的千变万化。例如，在巴拿马，鸟群主要由那些大部分时间都在接近森林边缘的树顶上逗留的唐纳雀和旋蜜雀组成。到了高大树木稀少的地方，它们有时在低矮的灌木丛上做短暂的降落。在这里有大黑纹头雀（*Arremonops conirostris*）和红喉蚁唐纳雀（*Habia fuscicauda*）等鸟类作为临时物种加入鸟群。这些临时物种离不开这种植被。当鸟群从灌木丛返回森林区时，这些临时物种的客鸟便离队了。

每个物种根据混合种群中的物种组成，表现出适合自己物种在群中特定作用的一些性状。巴拿马的纯色唐加拉雀（*Tangara inornata*）是强有力的被动核心物种的例子。纯色唐加拉雀本身形成规模大且内聚力强的鸟群，吸引诸如灰蓝裸鼻雀（*Thraupis episcopus*）和绿旋蜜雀（*Chlorophanes spiza*）等其他普通的核心物种时，它发信号的方式表明其达到了专业化的程度。实际上，纯色唐加拉雀的一些社会行为模式，显然是专门为适应物种内部召集鸟群用的。拍动翅膀和扇动鸟尾是许多燕雀的一种有飞行意向的仪式化举动，用来协调鸟群的运动。在纯色唐加拉雀中，这种举动比其他近缘

物种更为张扬和频繁。这类用于多鸟群组织的飞行意向仪式在高速地交替着并可整个用鸣声替代。敌对报复较少。生气勃勃的运动和反复不停的鸣叫都使这种雀比其他鸟类更加招惹注意，它的大部分或许全部吸引力都缘于此。玫红丽唐纳雀（*Piranga rubra*）是极端附属物种的例子。它们只是在冬季迁移期间加入唐纳雀和旋蜜雀的鸟群，沿着森林的边缘最为常见。玫红丽唐纳雀自己不组成鸟群。它们只以个体加入混种群，所以在同一个鸟群见到一个以上玫红丽唐纳雀的机会很少。因为它们总是在鸟群的边上静静地飞翔，所以它们通常不会吸引与其同类的其他鸟类。

这两个来自巴拿马森林的范例，形象地说明了前适应在混种鸟群形成中的强大分量。一些行为已经向促进种间联系的方向进化是可能的。如果的确如此的话，这样的后适应在较古老和较复杂的那些诸如生活在热带雨林的动物群中最有可能见到。但是，很明显，强大的前适应而非后适应是这种特殊共生形式之源。莫伊尼汉已经做过判断，倘若它们具有正确的事先定制的行为雏形，少至两个物种就足以创造一个完好的整合鸟群：必须存在一个被动核心物种，它具备组成招惹注意的单一鸟群的秉性；必须存在一个附属的物种，它很少或完全没有独立结群的倾向。起始的利益有望归于附属物种，而这正是我们应当寻找的后适应。至今没有谁设计出一种把鸟群形成前后的进行过程分开的方法，但是，维劳米尔（Vuilleumier）至少已经辨别出最简单化的鸟群，在这一基础上最终可使这一分析得以进行。在南美巴塔哥尼亚的假山毛榉属森林中，鸟群最多由4种鸟组成，比中美洲的鸟群组织更为松散。被动

核心鸟类是棘尾雷雀（*Aphrastura spinicauda*），这是一种较吵闹、叫声高的食虫鸟，4—15只组成一个鸟群。这种鸟的社会性是能自我维系在一起的。当它们在树干和树枝上搜索食物时，鸟群紧密。内聚力是由经常重复的联络叫声来保持的。在任何时候，约60%的鸟群都有占第2位的白喉爬树雀（*Pygarrhichas albogularis*）。棘尾雷雀对这些客人显得很冷淡，而白喉爬树雀却积极寻找和追随它们，而且的确很少发现棘尾雷雀有独处的时候。同样具有重要意义的是，白喉爬树雀从来不独立组成鸟群。因此，巴塔哥尼亚的混合鸟群是由莫伊尼汉提出的两个要素组成的，每个要素由单一的物种所代表。这显然是偏利共生，棘尾雷雀是宿主，而白喉爬树雀是受益的宾客。其他两个附属物种，啄木鸟（*Dendrocopos lignarius*）和红眼蒙霸鹟（*Xolmis pyrope*）可能也是偏利的，但相对来说，它们并不重要，因为它们出现时数量还不到棘尾雷雀鸟群的10%。

不同学者经过数年研究推断，加入混合物种的鸟群有3个适应的优势：增加逃避捕食动物的机会；提高觅食的效率；按照魏恩-爱德华兹所估计的方法，利用类群的表演炫耀来控制群体增长。前两个假设（这两个假设不是相互排斥的）得到了来自美国、欧洲鸟群野外考察证据的有力支持。读者也已经了解，本书前面（见第3章）也已经阐明，鸟群和其他动物群中的个体受到捕食的机会较小，因为类群的警惕性要超过独居个体的警惕性。在美国路易斯安那州松林地带，有3个附属物种显然得益于此，它们是东蓝鸲（*Sialia sialis*）、暗眼灯草鹀（*Junco hyemalis*）和棕顶雀鹀（*Spizella passerina*）。它们在很大程度上是地面觅食者，

而山雀、莺和鸟群的其他核心鸟类则是生活在树上。因此，不仅鸟群的两个要素确实各有不同的生境，而且其生境差异大到使附属物种留在鸟群中生活不会有任何麻烦。它们为什么会这样做呢？这些小鸟在穿行覆盖稀少的松林觅食时特别容易受到捕食动物的伤害，而它们却可以利用在自己头上觅食的鸟所提供的提前警报的系统，来避免灾难。例如，所有3个附属物种的鸟，一听到核心物种卡罗山雀（*Parus carolinensis*）某只鸟的警报叫声，就同时四处飞散或飞落在松树的低枝上。

支持改进觅食效率假设的证据甚至更多、更有说服力。需要重申的是，我们通过对单一物种鸟群的观察得知，群鸟常常能比个体鸟更容易找到食物，尤其是在资源稀缺和分散的时候。还可以说，鸟群的形成正是某些物种的个体用来度过食物短缺期的一种方式。当食物丰富的时候，欧洲山雀整个冬天都留在领地上。当食物贫乏时，它们就加入鸟群一起去觅食（Hinde，1952）。根据摩尔斯（1967）的研究，路易斯安那州境内的褐头䴓（*Sitta pusilla*），每当遇到松子极大丰富的时候，它们的集群数量就会陡降得特别明显。如果这种行为尺度被混合物种的鸟群成员所普遍采用，我们应该有希望找到：在鸟类群体密度（反映食物的可利用性）和个体参与鸟群所占百分数之间应成反比关系。恰好这种关系被摩尔斯的详细研究证明了。正如书中第3章所示，鸟群的共同点是它们可以仰赖一些引导鸟的经验和运气从一块摄食地来到另一块摄食地。同样的规则显然在摩尔斯的混合鸟群中同样有效："混交林是马里兰鸟类种群密度最低的地区。对在邻近混交林的落叶林中觅食长达1小时或1小时以上的鸟

群观察到15次，几乎都是直接穿过数百米宽的混交林，很少见到它们停下来觅食；相反情况（即在混交林觅食和直接穿过落叶林区）也从未见过。"摩尔斯还发现，鸟群越大，从一个地方迁移到另一个地方的速度就越快。发现和利用新食源的有利条件，一定要足以克服与附近地区的其他鸟群竞争食物所带来的不可避免的不利条件。在对莫哈维沙漠雀类混合物种鸟群进行野外与理论的综合研究中，柯迪涉及食物较丰富和较均匀分布的环境。在这种特殊的情况下，鸟群有序移动收获资源比沿不同路径无序乱转效率要高得多。因此，对一个确定的群体密度来说，个体鸟成为一个鸟群的成员是有好处的。

优先觅食，尤其是在食物贫乏的地区优先觅食会成为热带地区鸟群形成的重要因子。莫伊尼汉认为，反捕食是作用于热带鸟群的主要选择力量，但是，他还指出，混合鸟群在相对不利或部分隔离的生境中更为常见。通过以类群觅食，入侵这些生态边缘地区时，参与到类群中的某些物种和偏利共生体就更可能成功。

在混合物种鸟群中，通过各物种中食物生态位的划分，可减少某些物种间的竞争。一些种类的鸟比其他种类的鸟占优势，把它们赶到觅食空间的特殊角落。在美国的东部，最丰富的核心要素，都是这种行为的优势者，包括无冠山雀、山雀和戴菊。黄腹松林莺（Dendroica pinus）可为另外一种范例，它通过攻击性交互作用取代了褐头鸦；当这两种鸟在一起出行时，鸦多在小树枝和大树枝的末梢逗留，而莺则集中在树干和大树枝上。如果鸦独处，它们就会扩大自己的活动范围，更多地集

中到莺先前喜欢的生境（摩尔斯，1967）。这一回返过程，即生境趋同现象，在巴拿马的两个物种中已由莫伊尼汉做过记载。银嘴唐纳雀（Ramphocelus carbo）单独觅食是在非常低矮的灌木丛中完成的，而绯红厚嘴唐纳雀（R. nigrogularis）总是留在矮树的略高的地方。但是，当两种鸟群在一起时，黑喉唐纳雀常常移到它们伙伴所喜爱的较低的植被环境，而两种鸟显然吃的都是同样的食物。任何两个给定物种是否彼此取代或趋同，在很大程度上依赖于它们所喜爱生境的差异，也依赖于每个物种对陌生物种一般表现的仇视反应强度。莫伊尼汉推断，"社会拟态"的存在是物种间和解和接触信号的趋同，起到了减少组成混合鸟群物种间敌对的作用。

关于混合物种的海洋鱼群偶尔也有文献报告[①]。但是，它们的生态意义仍然需要细心考察。一些较小的鲸类也组成混合鱼群。在地中海，短吻真海豚（Delphinus delphis）常常和条纹原海豚（Stenella coeruleoalba）或巨头鲸（Globicephala melaena）一起游弋，而由灰海豚（Grampus griseus）、北露脊海豚（Lissodelphis borealis）和巨头鲸组成的混合物种群有人在加利福尼亚沿海见到过。混合蝙蝠群通常出现在以群聚栖息的各物种中。食草动物的种间兽群在非洲平原上四处可见，它们由黑斑羚、牛羚、柯氏狷羚、瞪羚、斑马、长颈鹿、疣猪和狒狒的不同组合组成。每种动物都对至少一种其他动物的报警反应非常敏感，以至于由任何物种组成的大兽群都比小兽群和独居动物对捕食动物的靠近更加警觉。一些灵长类混合种

361

----

① 见 Eibl-Eibesfeldt, 1955；Breder, 1959；Shaw, 1970；Ehrlich & Ehrlich, 1973。

群的记录也已经发表。长尾猴和疣猴经常在非洲森林里组合成觅食帮；尤其是小白鼻长尾猴（*Cercopithecus petaurista*）偶尔还和疣猴属3个以上的物种组合在一起。在马来半岛，伯恩斯坦（Bernstein, 1967）曾观察过一对长臂猿夫妻，它们与黑脊叶猴（*Presbytis melalophos*）往来关系密切。其雄猿相处特别融洽，它们总是在群的中央用食、休息和行走。在坦桑尼亚的贡贝国家公园里，拉维克-古多尔（1971）常常看到未成年的大黑猩猩和狒狒在一起玩耍。这看来很奇怪，因为这些成熟个体相互攻击，黑猩猩雄性有时还杀死狒狒幼婴以为作食物。阿尔特曼（1970）在肯尼亚安博塞利国家公园也观察过年轻的狒狒和年轻的非洲绿猴在一起玩耍的情景。在新大陆阔鼻猴类中也有混合物种群：蜘蛛猴和松鼠猴常常和卷尾猴混成一帮。

混合物种交互作用与社会拟态可能跨越更为宽广的生物分类学鸿沟。莫伊尼汉（1968，1970b）给我们介绍了一个，实际上是间接的但却令人着迷的证据，即在猴和鸟类之间存在松散的共生关系。斑柽柳猴是在中美洲沿太平洋海岸的灌木丛和森林中发现的一种小猴。同样的生境生活有群体稠密的几个吉霸鹟物种。吉霸鹟和怪柳猴都以同样种类的水果和昆虫为食。这种食源无规律地呈斑块分布，迫使两种动物不停地搜索。猴子发出的一些喋喋不休和哀鸣的叫声与霸鹟鸟的集体叫声极相似。虽然还缺乏直接的证据，但是，莫伊尼汉认为怪柳猴利用霸鹟鸟作为向导，霸鹟鸟用鸣叫传达觅食区的方位。

营养寄生

也许社会寄生最简单的形式，是一个物种深入另一个物种的社会体系内部，直到可以偷取食物。德国的一些研究者已用一个很恰当的术语，即食物寄生来描述这一生存关系。鬣狗群寄生于野狗，是我所知道的哺乳动物寄生的唯一范例。鬣狗竭尽全力盗食这些野狗善于捕获的斑马和其他大型动物的新猎物，它们甚至在野狗追捕猎物的过程中都紧紧地跟在野狗群的身后。一些蚂蚁也有相似的表现。R. C. 劳顿（Wheeler引用，1910）发现，举腹蚁属的一个印度物种在觅食归来的路上伏击单家蚁属的工蚁；这些拦路强盗，抢走了单家蚁属这些小工蚁为自己食用采集来的植物种子。其他一些小蚁种，包括火蚁属和有关切叶蚁族的各属，通过住进其他蚂蚁和白蚁建筑的高墙之内的大巢穴里，偷窃食物并捕食那里的栖息者。众所周知的范例是属于火蚁属中的双棒亚属（*Diplorhoptrum*）的小"贼蚁"，它们在块头大许多的蚁种的巢穴附近挖洞，偷偷摸摸地进入内室，捕食整窝蚁卵。非洲和热带亚洲的盲切叶蚁属（*Carebara*）的一些蚁种在白蚁巢堆墙内营巢，相信它们以那里的栖息白蚁为食。

盗蜂属（*Lestrimelitta*）的无刺蜂精于各种做贼的方法。泥盗蜂（*L. limao*）是一种从墨西哥到阿根廷常见的蜂种，它们靠入侵麦蜂属和无刺蜂属的无刺蜂的巢并夺取它们的储备食物为生。泥盗蜂后腿缺少一个花粉刷（由长绒毛构成的花粉篮子），这个结构显然是在寄生适应进化的过程中丢失了。然而，它们改用其嗉囊运送偷窃来的食粮，然后以蜂蜜-花粉混合物的形式在自己的巢穴里储藏起来。这些蜜蜂在入侵巢穴时释放一种带强烈柠檬气味的颚腺分泌物，其主要成分是柠檬醛。有时入侵者占据抢来的巢穴不走，并繁殖自己的集群。泥盗蜂行为进化的起源不难想象。蜜蜂和非寄生性无刺蜂偶尔在种内和种间抢劫。对泥盗蜂来说，这种模式只是变成了专门的生活方式。小花蜂科原始的社会蜜蜂也有这样的先导行为表现出来。春天里，能繁殖的隧蜂（*Halictus scabiosae*）年轻雌蜂的冬眠集聚状态打破，其中一些辅助蜂也离巢而去。很多这样的个体筑起了自己的新巢。但是，还有其他一些个体则入侵到小花蜂科其他蜂种（主要是黑林蜂）新建的蜂巢，赶走或杀死那里的占巢蜂。

某些种类的白蚁对营养寄生有了特定的变异。无钩蚁属（*Ahamitermes*）、居蚁属（*Incolitermes*）和白蚁属这3个属的成员，专门在其他白蚁物种的巢墙内挖洞生活并以支撑土墙的纸盒状物质为食。换句话说，一些白蚁是开门揖盗！小土栖白蚁（*Incolitermes pumilis*）和丫白蚁（*Termes insitivus*）两个物种的具翅繁殖形式甚至更特别，它们有时跑到宿主的内室并迅速与宿主集群混在一起。堆巢白蚁特别容易受到巢穴寄生的伤害。巢堆建筑结实，地面环境中这一结构常常最为持久，为正在寻找一个巢区进行飞行繁殖的白蚁提供了显眼的标记。这些巢堆还提供了非常有利的微观环境，使集中繁殖能够隐藏在巢堆墙内的各家巢室里进行。行为的先导模式将会在物种之间的领地竞争中见到。已有大量实例报道，两个或更多的白蚁物种生活在紧密的群丛中，并且它们通常代表不同的属，甚至不同的科。从本质上说，它们的关系常常是剥削性的，一个物种盗用另一个物种的部分巢穴。恩斯特研究的非洲150种白蚁中，有70%物种的巢穴至少偶尔被其他物种掠夺骚扰过。

宾主寄生

通过一种行为上的精细转换，劫巢者可以变成被宽容的宾客。在自然界存在一种中间进化阶段，叫作"宾主寄生"，是指两种物种在完全融合的前适应状态。这些宾客寄生体生活在宿主的巢墙或巢室内并自由往来行走，但是，其不成熟发育的个体阶段仍与宿主分离。宾主共栖的经典实例是，惠勒在康涅狄格他的避暑别墅所研究的"香波蚁"（*Leptothorax provancheri*）和宿主短节红蚁（*Myrmica brevinodis*）的关系。细胸蚁属各蚁种的特点是其巢穴都建在狭小紧凑的空间里，掉在地上的空心树枝内、朽心的橡果、死树内的被放弃的昆虫过道都是它们生活的地方。工蚁独自觅食，当它们遇到其他蚂蚁时就静而不喧地走开。因为这些性状，细胸蚁属的集群常常可以在个头较大的蚂蚁巢穴附近被发现，它们的工蚁能在它们的邻居中随便行走。这种倾向已被"香波蚁"演变成宾主寄生。"香波蚁"已经被发现只与短结红蚁的集群发生紧密联系。这两个物种在美国北部和加拿大的南部到处可见。短结红蚁的集群在土壤里、苔藓堆中，以及木头和石头下面筑巢。个头较小的"香波蚁"集群在土壤表层附近挖筑巢穴，通过两头开口的走廊把自己与宿主的巢穴连在一起。它们始终把其卵与宿主严格分开。短结红蚁块头太大以至不能进入"香波蚁"的狭窄走廊，但是"香波蚁"却可以自由地穿行于宿主的巢穴。"香波蚁"不自己觅食，几乎完全靠宿主工蚁反哺的液体过活。它们趴在宿主成虫的身上，并像惠勒所描写的"激动得发狂"地舔食那些液体，而宿主则报之以"极大的体谅和友爱"。虽然惠勒最初认为，"香波蚁"正在提供"洗发香波"，后来他却退而承认"香波蚁"可能

362

是彻头彻尾的寄生虫。然而，它们远非如此无用。当将它们隔离在实验室的人工巢穴里时，它们就自己筑巢，抚育自己后代，还能觅食，尽管笨拙。

相似的宾主寄生行为在美国西部的裂毛细胸蚁（*Leptothorax diversipilosus*）和与裂毛细胸蚁亲缘关系密切的欧洲的光亮外来蚁（*Formicoxenus nitidulus*）中都已经有考察研究报告（Stumper，1950；Wilson，1971a）。在中美洲，切叶蚁亚科这个小科的对称巨蚁（*Megalomyrmex symmetochus*）与植菌蚂蚁——美丽丝光蚁（*Sericomyrmex amabilis*）宾主寄生。丝光蚁形成中等大小的集群，包括100—300只工蚁和1只蚁后，在林间空地的潮湿土壤中营巢。

它们全靠生长在腐殖质层上的一种特定真菌为生。对称巨蚁的集群较小，由75只或更少的成蚁组成，是惠勒在巴拿马的巴罗科罗拉多岛上发现的，它们直接生活在宿主的真菌圃中。因为美丽丝光蚁也把它们的卵放在真菌圃里，所以两个物种的幼蚁在一定程度上混合在一起。但是对称巨蚁愿意把它们的卵分成小堆，每堆由一些工蚁照看，它们相互既不喂养，也不舔食其他物种的后代。最明显的事实是，对称巨蚁显然全靠那里的真菌生存。这表明，在这个蚁属进化过程离我们相对近的时间里，一定发生过主要食物类型的变化。在以真菌为生的蚂蚁中，因为液体食物交换是少见的，所以，对称巨蚁无法用这种方式从丝光蚁那里获得营养；但是，它们确实在舔食它们宿主身体的表面。

昆虫的临时社会寄生

蚂蚁的生活周期，包括临时社会寄生时期在内，是惠勒（1904）在他对小娇蚁（*Formica microgyna*）及其他近缘蚁种的研究中首次阐明的。自那时以来，十分类似的共生现象在属于切叶蚁亚科、琉璃蚁亚科和蚁亚科的多种属的蚂蚁中都已经有了发现。刚受精的蚁后找到属于不同物种的宿主集群，并通过武力征服它们的工蚁或以某种方式达成和解而得到收养。然后，原来宿主的蚁后被入侵蚁后或被一些支持这个"寄生虫"的宿主蚁后的工蚁暗杀。当第1个寄生虫繁殖的后代成熟后，这个后代（工蚁）强行与宿主混合而营寄生生活。最后，因为没有宿主蚁后存在，就没有它繁殖的后代来接续香火，几个月之后，宿主工蚁便逐渐死去，这个集群便完全由寄生蚁后和它的后代组成。

一些毛眼林蚁的类群成员是兼性的临时寄生。大多数新的黑山蚁集群是通过收养蚁后建立起来的，其途径就是这个被收养的蚁后在婚飞期间已经受精。但是，有少数个体蚂蚁在田野上四处游荡并试图进入黑山蚁及其他近缘物种的巢穴。它们跟踪宿主集群，或偷偷摸摸地渗透，或经宿主工蚁带入集群。由宿主工蚁带入的这些个体，躺下装死，把四肢缩进体内成蛹的样子。用这种姿势，它们被宿主工蚁捡起并带到了巢穴里，而没有任何敌对的外在表现。此后，它们便设法消灭宿主蚁后，并接过繁殖生养的角色。

这种微妙之处被近缘的毛蚁属进一步完善到了极致。在毛蚁属中，显然澳毛蚁亚属（*Austrolasius*）和地下毛蚁亚属（*Chthonolasius*）的所有蚁种都是依赖数量特别多和营独立生活的毛蚁亚属过活的临时寄生虫。第4个亚属树毛蚁亚属（*Dendrolasius*）至少某些蚁种是重

寄生的：它们在地下毛蚁亚属集群成长到营独立生活阶段时就接管地下毛蚁亚属的巢穴重新寄生。这些蚁种之间的关系是专性的，而不是像在毛眼林蚁和它近亲蚁种中的那种可选择关系。它们不会进行同种继养。当新交配的遮盖毛蚁（*L. umbratus*）蚁后正在寻找一个宿主集群时，它们首先用颚衔住一个工蚁，杀死它，在拼力侵入这个工蚁所属的集群前，绕着死去的工蚁跑上一会儿。显然，所有的寄生毛蚁都会铲除宿主蚁后，但是，其具体的方法在大多数实例中尚未得知。大王毛蚁（*L. reginae*）是费伯在奥地利发现的一个蚁种，它的小蚁后通过把对手打翻在地并消灭它们（见图17-4）。暗杀也是名副其实的琉璃蚁亚科的斩首穴臭蚁（*Bothriomyrmex decapitans*）和突尼斯穴蚁（*B. regicidus*）的蚁后在夺取酸臭蚁属（*Tapinoma*）控制权中所采用的技巧。

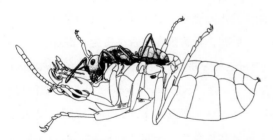

图17-4 蚂蚁中的临时社会寄生。一个新交配的大王毛蚁（*Lasius reginae*）的蚁后进入了宿主物种玉米毛蚁（*L. alienus*）的一个巢穴内，正在扼其蚁后的喉颈。玉米毛蚁的工蚁此后将养育这个寄生蚁后的后代，而且当这些工蚁最终老死或死于其他原因的时候，这个集群将纯粹由大王毛蚁组成（源自 Faber，1967）。

切叶蚁亚科的适蚁属（*Epimyrma*）的欧洲蚁种有一个从临时社会寄生到完全巢内寄食，即寄生生物的全部生活周期都在宿主物种的巢内度过的特点十分明显的进化过程（Göss-wald，1933；Kutter，1969）。在8个已知物种中至少有5个物种的工蚁还存在，但是，数量相对稀少，而且在形态上更像蚁后，虽然还依然处于一个显然有别的无翅阶段；显然，这种工蚁从来都不帮助宿主工蚁采集食物、营巢劳动或抚育后代。所有的适蚁属都寄生于细胸蚁属。寄生蚁后在自己巢内交配，然后离开旧巢、脱落翅膀、寻找新的宿主集群。进入新集群和随后的行为模式在各种物种中差异很大。法国凡氏多型蚁（*E. vandeli*）的蚁后一旦接近带形细胸蚁（*L. unifasciata*）集群就反复向宿主工蚁恶意靠近，用库特的话说，就是"威胁"它们。如果它成功进入这个集群的巢穴，便杀死宿主蚁后并获得该集群其余成员的完全收养。哥氏多型蚁（*E. goesswaldi*）的蚁后则用它的触角和下颚抚摩（德国带形细胸蚁）宿主工蚁以使它们安静下来。

一旦进入巢穴内部，它便从屁股后面爬到宿主蚁后的身上，用马刀形的颚扣死其脖颈将其杀害。库特在瑞士研究的斯当帕多型蚁（*E. stumperi*）用另外的花招进入它的宿主瘤突细胸蚁（*L. tuberum*）的巢穴。这个蚁后先是用小心翼翼的缓慢运动来跟踪宿主集群。当瘤突细胸蚁的工蚁靠近它时，它便蜷缩起身体"冻僵了"，可能是装死。一会儿工夫，它便从屁股后面爬上工蚁的后背，用后腿的梳毛抚摩工蚁的身体和梳理它自己的皮毛，也许是由此让巢穴里的气味来回流动。当我们发现，斯当帕多型蚁比研究颇多的其他适蚁属蚂蚁用这种实际上非常狡猾的手段能更快地融入宿主集群时，就毫不奇怪了。一旦进入集群内部，它便毫不留情地针对宿主蚁后开始一轮暗杀行动（瘤突细胸蚁集群中至少有几个蚁后）。它轮番骑在每个宿主蚁后的身上，迫使它们仰面朝天地翻过身来，然后用颚扼住宿主蚁后的脖颈。锐利的颚尖刺穿其脖颈皮节之间的软膜。多型蚁一连几个小时，甚至几天不停地撕扯，直到瘤突细胸蚁的蚁后死去才肯罢休。然后，再轮到下一个宿主蚁后，这个程序被重复着，直到一个不剩。更有趣的是，斯当帕多型蚁的工蚁偶尔也爬到细胸蚁属工蚁的身上并上演了一出无效暗杀行为的彩排，但是对它们的"牺牲品"（宿主蚁后）无伤害，对自己无明显的收益。对此，似乎最好的解释就是，蚁后的行为模式向退化的工蚁发生了部分转移，在这个转移的过程中，既不存在积极的意义，也无有害的影响。

但是，为什么适蚁属的蚁后要如此地烦心劳神呢？因为所有适蚁属的蚁种都已经进入了一个永久的巢内寄食阶段，完全依赖宿主工蚁为生，由此看来，它们结束宿主蚁后的生命似乎是一个错误，这些蚁后毕竟是劳动力的源泉。无论如何，不能把适蚁属杀害宿主蚁后的习性，简单地写成适蚁属祖先处在临时寄生早期阶段的一种不幸的残迹。结果是，当它们的蚁后被剥夺了生命的时候，细胸蚁属的一些工蚁开始产卵，甚至在适蚁属的蚁后在场时也是一样。这些卵发育成工蚁，并确保了劳动力的永续无绝。即使如此，有一个物种，就是带形细胸蚁的寄生虫莱氏多型蚁（*E. ravouxi*）还是采取了准许宿主蚁后活下去的最后步骤。换句话说，就是莱氏多型蚁已经步入了高级巢内寄食阶段，并且在这个方面，它与在进化历史上可能没有充分展现的其他巢内寄食物种是没有什么不同的。

社会性黄蜂从临时寄生到巢内寄食进化的一个同样清楚的结果是由泰勒、阪上和福岛、博蒙特（Beaumont），以及舍文（Scheven）的研究发现的。实际步骤如下：

第一，物种内的兼性临时寄生。在长足胡蜂属和胡蜂属中，已经越冬的蜂后有时攻击它们本物种的定居集群并取代原来的产卵蜂后。

第二，物种间的兼性临时寄生。笛胡蜂（*V. dybowskii*）的蜂后能够找到自己的集群，但是它们喜欢加入黄边胡蜂（*V. crabro*）和黄翅胡蜂（*V. xanthoptera*）的小集群，并篡夺母蜂后的地位。冬眠后，笛胡蜂比其他蜂种出现得晚的情况促进了它的寄生性，以至于当笛胡蜂的蜂后开始寻找巢区的时候，易受伤害的宿主集群已经大量出现。到了夏季结束的时候，宿主工蜂全部自然死亡，这时集群则完全由笛胡蜂的工蜂及新生雄蜂和新生处女蜂后组成。

第三，物种间专性临时寄生。这个阶段，尽管在蚂蚁中是那样普遍，但是，在社会黄蜂中至今还没有得到证明，不过在向完全巢内寄食性进化的道路上似乎存在可能的步骤。

第四，物种间专性永久寄生（寄食）。欧洲3个寄生马蜂物种，腹颚长足胡蜂（*atrimandibularis*）、西氏长足胡蜂（*semenowi*）和沟长足胡蜂（*sulcifer*）都没有工蜂，而且蜂后完全失去了筑巢和抚育子女的能力。蜂后强行进入属于马蜂属其他物种宿主集群的筑巢里。依靠较强的体力和耐力，它们接替了原来产卵蜂后的权力地位。被腹颚长足胡蜂和西氏长足胡蜂征服的宿主蜂后以从属的工蜂身份被准许留住在巢穴内。然而，那些被沟长足胡蜂取代的宿主蜂后则总是消失得无影无踪。

熊蜂还呈现了另外一条从临时寄生到寄食的独立路线。正如在社会黄蜂中的情况一样，兼性临时寄生是普遍的，但是，我们还不知道有专性临时寄生的实例。加拿大的北极伪猛熊蜂（*Bombus hyperboreus*），连同全部属于寄生属，即拟熊蜂属（*Psithyrus*）的18个衍生蜂种表现出丰富的寄食生活。

鸟类中的窝寄生

鸟类中的窝寄生与蚂蚁、蜜蜂和黄蜂的临时社会寄生特别相似。在牛鹂（拟黄鹂科）、寄生织雀（*Anomalospiza imberbis*）（文鸟科）、维达雀科的岩穴鸟和寡妇鸟、响蜜䴕（响蜜䴕科）、构成杜鹃亚科（杜鹃科）的旧大陆杜鹃、圭拉鹃和鸡鹃亚科的雉鹃，还有黑头鸭（鸭科）的鸟类中，有80%的物种实行专性窝寄生，经历了7次独立的进化。这个课题被F. 哈威希米特（F. Haverschmidt）、F. C. R. 乔代恩（F. C. R. Jourdain）、于尔根斯·尼科莱（Jürgens Nicolai）和C. I. 弗农（C. I. Vernon）等做了广泛的证明记载，特别是赫伯特·弗里德曼（Herbert Friedmann）在现代研究者中最为突出。下面的简要解说大部分是以拉克和麦耶里克斯（Meyerriecks）的优秀评论为根据的：

专性窝寄生的杜鹃鸟不少于50个物种，而且其繁殖生态学意义上的每一阶段实际上都带着这种适应的印记。它们的叫声大而简单。布谷这个俗名本身是对欧洲大杜鹃（*Cuculus canorus*）的拟声。除"布谷"声外，它还发出一种低沉的"唷-唷-唷"声。鹰鹃或南亚鹰鹃（*Cuculus varius*）发出一种刺耳的哨音，每次重复都强烈高昂。叫声大是因为这种鸟稀少，需要通过大声叫来通信；而音节简单被认

为源于如下事实：雏鸟必须通过遗传获得全部歌声。杜鹃普遍寄生于体形比它们自己小的雀形目鸟类，宿主鸟最终养育寄生鸟而清除它们自己的雏鸟。但是，有3个物种常常寄生于乌鸦和鸦科的其他鸟类中，当它们如法炮制的时候，它们的子女确实在宿主的窝里得到了抚育。欧洲大杜鹃的雌鸟在大片保护领地上空的广阔范围飞翔，用以寻找营造中的鸟巢。当它们发现宿主营造的鸟巢对成功的寄生不适合时，这些雌鸟就会毁掉鸟巢，强迫宿主鸟重新建造。

世界各地的杜鹃亚科鸟类都已经进化出许多方式以威胁和骗取宿主鸟接受它们的卵。两种印度鹰鹃，即南亚鹰鹃和鹰鹃（*C. sparverioides*）的羽毛分别像褐耳雀鹰（*Accipiter badius*）和松雀鹰（*A. virgatus*）。南亚鹰鹃还在飞行中模仿褐耳雀鹰，而且已观察到它们引诱宿主鸟离巢。欧洲杜鹃长得像褐耳雀鹰，而且繁殖季节飞翔也像雀鹰。这种趋同的适应意义可能在于如下事实：燕雀亚目鸟类能躲避从其上方飞过的鹰类和不大可能防卫其窝巢。乌鹃（*Sumiculus lugubris*）不仅羽毛像黑卷尾（*Dicrurus macrocercus*），而且叉尾和奇特的繁殖叫声也像黑卷尾。据推想，印度乌鹃威胁燕雀亚目鸟类时占了优势。印度噪鹃（*Eudynamys scolopacea*）在征服宿主家鸦（*Corvus splendens*）时使用了一种优雅的诡计。雄噪鹃接近宿主鸟巢，大声地叫，并佯装被赶跑。当乌鸦注意力被引开时，雌噪鹃就迅速偷偷地进入乌鸦鸟巢并产下自己的卵。

杜鹃把它们自己的卵插入宿主鸟巢的适应对策妙不可言。雌杜鹃有一个特别突出的泄殖

腔，起着像昆虫的产卵器一样的作用，让它能把卵放进裂隙和洞穴中，这些裂隙和洞穴由较小的宿主鸟占据但寄生鸟由于体形太大而无法进入。杜鹃卵的壳明显比大多数鸟卵的厚，这显然减少了其下落到鸟巢时破损的危险。

卵拟态是杜鹃和其他窝寄生鸟类最常见的情况。杜鹃的卵与宿主鸟的卵的大小很接近，这样就使杜鹃卵大小与雌性杜鹃身体大小的比例异乎寻常地小成为必要。缩小鸟卵有双重功能，因为它进一步允许鸟类在一个繁殖季节里增加产卵的数量。例如，据观察，一个欧洲大杜鹃4个繁殖季节的产卵总数是61枚，其中58枚放在一个宿主鸟，即草地鹨（Anthus pratensis）的巢中。被孵化的寄生鸟卵颜色上也与宿主的鸟卵大体相似。在欧洲大杜鹃的情况中，颜色拟态存在的形式在科学上仍是一个难解之谜。群体中的每只雌杜鹃都属于鸟类学家所称的一个氏族，这个氏族的所有成员把它们自己的卵首先都产在同一个宿主物种鸟的巢里。甚至更加特殊的是，一个氏族的鸟卵在大小和颜色上都是模拟宿主鸟卵的。因此，根据行为和卵的形态，欧洲大杜鹃的地方群体可被分成共存的不同的"宿主种族"。例如，在芬兰发现有3个生活在一起的主要宿主鸟氏族是：产蓝色不带斑点卵的欧亚红尾鸲（Phoenicurus phoenicurus）、产蓝白色带深红色斑点卵的燕雀（Fringilla montifringilla）和产白色带灰色斑点卵的白鹡鸰（Motacilla alba）。似乎可能的是，这些氏族保持着部分遗传隔离基础，使得雌性杜鹃极喜爱选择属于抚养过它们的宿主物种。也许这个选择的基础是雏鸟在尚未出巢时的印记作用。但是，由于一个雄鸟可能与属于多个氏族的雌鸟进行交配的实际情况，问题就变得复杂起来。我们知道，除非控制卵的形状与颜色的

基因位于不能配对的染色体上，否则卵拟态得以按母系保持的遗传机制就绝不可能存在。区别于果蝇和人类，鸟类只有雌性才具有不能配对的染色体。

通常情况下，杜鹃雏鸟一孵化出来就开始毁灭宿主的卵及其雏鸟，把整个鸟巢占为己有。当宿主的一个卵或雏鸟落在前一两天出生的大杜鹃雏鸟的背部时，大杜鹃雏鸟就会背靠巢边挺起，将这个宿主卵或雏鸟举起扔到巢外去。典型的响蜜䴕雏鸟嘴的尖部有一对锐利的钩，是用来刺穿和杀死宿主雏鸟的（见图17-5）。在大斑凤头鹃（Clamator glandarius）和噪鹃两个物种中，其雏鸟也长得像宿主的雏鸟。两例中，宿主物种都是体形相对大些的鸦科鸟类，寄生雏鸟被放在宿主雏鸟中一起养育。当宿主亲本有机会从外观加以识别雏鸟时，有可能把寄生雏鸟当成鸟群中古怪的成员赶走，这时拟态的意义似乎就显现出来了。在杜鹃中，支持拟态假设的进一步证据是噪鹃地理差异的本质。在亚洲，幼噪鹃满身的羽毛都像和它们一起生活的幼乌鸦的羽毛一样。但是，噪鹃在澳大利亚寄生于吸蜜鸟和鹊鹩，并从巢里赶走宿主雏鸟，而寄生雏鸟却不是拟态的，它们的颜色像成年的雌噪鹃。

非洲凤凰雀和寡妇鸟的雏鸟表现出高级的真正拟态。这些雏鸟拥有宿主雏鸟的明显喂食标记，即在嘴衬上具有特定模式的一些色斑，在嘴角还有两个球形结。当雏鸟张大了嘴做乞食姿势时，小结伸出得特别突出，就好像发出了光线一样。宿主鸟营造的球形巢内部黑暗。当亲鸟进入这样的巢穴给雏鸟喂食时，嘴上的小节像个朦胧的灯泡引导它们努力把食物放到张开的口中。但是，这种相似可能并不是进化趋同所致。寄生的维达雀亚科与宿主物种有密

366

切的亲缘关系，它们非寄生的祖先拥有喂食标记并把它当成有助于引导其走向寄生进化的前适应，这种可能性似乎更大。

图17-5 鸟类中的窝寄生。这两幅画描绘了寄生雏鸟对付它们宿主的方法。左图是刚刚孵化出来的欧洲大杜鹃在驱逐芦苇莺的一个卵。右图是一个刚刚孵化出来的黑喉响蜜䴕（*Indicator indicator*）使用它的带钩的鸟喙攻击和杀害宿主的雏鸟。

窝寄生的进化起源可以通过寄生物种和与它们亲缘关系最密切的非寄生的近亲物种相比较来加以推论。在这方面，新大陆热带的牛鹂有提供信息的特别价值。5种牛鹂寄生于拟黄鹂科的和小雀形目的鸟类。第5种牛鹂，即栗翅牛鹂（*Molothrus badius*）可能是与非寄生祖先的连桥结果；它通常使用其他鸟类的巢，虽然它仍然自己孵化自己的卵，养育自己的后代到成熟。栗翅牛鹂试图自己建巢，但它们仅获得部分成功。在系统发育的进程中，似有可能超越这个物种的下一步便是兼性寄生阶段，在这个阶段里，雌牛鹂在其他物种的鸟巢里产卵，并准许其他宿主鸟抚育它们的雏鸟，而且还偶尔自己建巢。紫辉牛鹂（*Molothrus bonariensis*）精确地代表了这个阶段。鸟类中可想象的最终发育要完全依赖于一个物种——这个阶段的代表是啸声牛鹂（*Molothrus rufo-axillaris*），它的系统发育地位因它寄生于唯一非寄生的褐栗翅牛鹂的事实而更加怪异。

最后，中南美洲的巨牛鹂（*Scaphidura ory-zivora*）沿着把它带出寄生而进入与其宿主互利共生的路线进化。巨牛鹂的全部历史是脊椎动物中已知的最复杂的社会共生的例子，这是由尼尔·G. 史密斯经过缜密的研究得到的。雌巨牛鹂的多态现象与社会昆虫是否给宿主提供保护紧密关联，这就是巨牛鹂进化的基础。巨牛鹂依赖拟椋鸟和酋长鸟生活，酋长鸟是成群落巢的拟黄鹂科黑羽椋鸟的成员。根据卵的色彩和对宿主的选择，雌巨牛鹂可以区分为5类：大嘴拟椋鸟属（*Zarhychus*）、拟椋鸟属（*Psarocolius*）和裸拟椋鸟属（*Gymnostinops*）拟椋鸟的3个拟态、酋长鸟的1个拟态和称为"自御者"（dumper）的一种非拟态，产的卵是非拟态的普通拟黄鹂（见图17-6）卵形。雌巨牛鹂产的拟态卵像某特定宿主的卵，它们构成的一个氏族比得上前面为欧洲大杜鹃所描述的专一宿主单位。但是，巨牛鹂比欧洲大杜鹃走得更远：其卵不仅极像某个特定宿主物种的卵，而且还极像和巨牛鹂一起生活的地方群体的鸟卵。产拟态卵的雌巨牛鹂行为羞涩，它们在宿主鸟群的周围躲躲闪闪，直到雌宿主鸟离开鸟巢才把一个卵放进巢里。相反，"自御者"则具有攻击性，它们赶跑雌宿主鸟，然后在每个巢中产2—5枚卵。拟椋鸟和酋长鸟对巨牛鹂在应对方式上是相反的："鉴别者"群体中的成鸟逐出任何不够拟态的巨牛鹂鸟卵，而"非鉴别者"群体中的成鸟则接受颜色、样态和大小都不同的鸟卵。

为了理解寄生和宿主两个群体这种巨大差异的意义，我们来讨论二者的一个主要天敌，

图17-6　巨牛鹂的窝寄生。在左边的照片中，一个雌寄生鸟（最左边中部）向一个大嘴拟椋鸟的巢中窥视，而宿主鸟站在附近高枝上。这个特定的宿主是一个非鉴别鸟，一种与它的巨牛鹂处在互利关系中的遗传类型。右边的照片显示的是另外一个正在检查一个拟椋鸟巢的巨牛鹂（Neal G. Smith 惠许照片）。

爱鸟蝇属（*Philornis*）的狂蝇。这种昆虫在拟黄鹂科鸟类的许多巢里大量繁殖并害死许多拟黄鹂。拟椋鸟和酋长鸟"发现"两种减少狂蝇攻击的方法。通过在社会黄蜂（原异腹胡蜂属 *Protopolybia* 和柱异腹胡蜂属）和无刺蜂的大集群附近筑巢，拟椋鸟和黄鹂的雏鸟得到了一些保护。这些社会昆虫用尚未查明的方法驱除了狂蝇。拟椋鸟和酋长鸟的第2种可利用的保护方法来自牛鹂的寄生。几乎不可置信，拟椋鸟和酋长鸟筑的巢离开黄蜂和蜜蜂的很远并由此暴露给狂蝇攻击，但是如果它们的巢为牛鹂雏鸟所寄生的话，反而更安全了。原因是客鸟用嘴梳理其巢伴的羽毛，便清除了狂蝇的卵和蛆。

牛鹂通过攻击性的猛烈啄咬任何活动物体，包括侵入鸟巢的狂蝇成虫而保护自己。梳理羽毛和猛烈啄咬的行为在晚熟或守巢的雀形目鸟类中是独一无二的现象。

现在，牛鹂进化史的关键因子可以全部对号入座了。没有得到黄蜂或蜜蜂保护的宿主集群对巨牛鹂来说是非鉴别鸟类；它们准许"自御者"巨牛鹂的卵留放在自己的巢中，并因此获得了遗传适合度。享有黄蜂或蜜蜂保护的宿主集群能鉴别、抵制巨牛鹂。为了克服宿主的抵制，与它们相关的寄生鸟已经向卵拟态和羞涩行为进化。因为抗击狂蝇的保护无论来自昆虫还是来自巨牛鹂，在具体的地方境况下都存

367

368

在不确定性，所以拟椋鸟和酋长鸟的每个物种的各个群体都保持了多态性。巨牛鹂保持多态性因此又作为一种混合策略使其宿主获得极大利益。在黄蜂和蜜蜂出现的群体，不需要巨牛鹂，它便因此变成了寄生鸟类；但是，在缺少此类昆虫的群体中，巨牛鹂便与宿主鸟互利共生。

蚂蚁中的奴役现象

自瑞士昆虫学家皮埃尔·休伯在《关于土著蚂蚁生活习性的研究》（1810）首次报告以来，蚂蚁中的奴役现象已经成为生物学家缜密分析的对象。奴役现象在进化上已独立发生6次。在切叶蚁亚科里，奴役现象在奴细胸蚁中的发育是最原始的，是盗蚁属（*Harpagoxenus*）和圆颚切叶蚁属（*Strongylognathus*）的唯一生活方式，而后二者又分别是细胸蚁属和铺道蚁属（*Tetramorium*）系统发育的衍生物。在蚁亚科里，在整个血红林蚁（*Formica sanguinea*）的复合种及由蚁属衍生而来的悍蚁属（*Polyergus*）和俄蚁属（*Rossomyrmex*）中都存在生产奴隶蚁的现象。突击搜捕奴隶是大多数上述物种富有戏剧性的事务，届时工蚁列成纵队出征，强行进入有亲缘关系的其他集群的巢穴，并把蛹带回它们自己的巢穴。这些蛹被允许发育成工蚁，变成集群富有功能的成员，并从事原来在自己巢中该履行的工作。相比之下，这些奴隶的制造者们即使干过采食、筑巢和养育蚁卵等杂役的话，也是极少见的，它们把这些杂役都丢给了它们制造的奴隶们。

达尔文为蚂蚁奴役现象的意义而着迷。在《物种起源》中，他最早提出一个假设，就是蚂蚁的奴役行为在进化过程中是如何起源的。他认为，这类蚂蚁的祖先为了获得蚁蛹当作食物而开始搜捕其他类蚂蚁。一些蚁蛹在储藏室里活下来的时间长了，它们便羽化成为成体工蚁，于是，它们接受捕获者为巢伴。这样幸运添加的额外劳动力，对整个集群都有帮助，随后，在自然选择的推动下，一种趋势便不断增强起来，即一代又一代的蚂蚁不停地突击搜捕其他蚂蚁集群，唯一的目的就是获得奴隶。最近，我在细胸蚁属研究的基础上提出一个可选择性的研究计划。该属两个非共生物种，隐细胸蚁和弯刺细胸蚁，当把它们的巢穴靠近放在一起时，各自喜欢搜捕本种或异种的其他集群、赶走或杀死成蚁和俘获蚁卵。也许是因为它们没有怪异的气味，这些俘获的卵得到宽容，被准许发育成熟。新羽化的弯刺细胸蚁工蚁，当它们的捕获者也是弯刺细胸蚁时，便可以活下去；但是，如果捕获者是隐细胸蚁，它们在一两天之后便会被杀死。因此，奴役现象的这种前适应显然是领域行为和包容蚁卵行为的结合物。细胸蚁物种（可能还有许多其他蚂蚁物种）可能仅仅通过此方法扩展领域界限，然后逐渐走向以俘获工蚁为生，它们成了专性奴隶-制造者。罕见的奴隶-制造者奴细胸蚁再恰当不过地表现了这个早期阶段的情形（见图17-7）。当我剥夺了奴细胸蚁集群的弯刺细胸蚁奴隶时，奴细胸蚁的工蚁便重新找回它们的大部分行为信息储存，梳理和清洁同伴、整理巢内物品、到一定范围内采集食物等。但是，它们在这些方面还是能力较差，在找回、食用昆虫猎物和其他固体食物上表现出致命的无能。换句话说，奴细胸蚁并没有和与它的亲缘关系密切的非共生物种进化分离得很远，但是，其行为能力的衰退已经到了足以使它成为专性寄生物种的地步。

血红林蚁差不多处于同一个进化级，该物种中的奴役现象是休伯发现的。而多布赞斯基和威尔逊总结概括了更多的新近研究。"血红蚂蚁"，顾名思义，它们的胸、头和肢体都是血红色的，好斗且是领域性物种。它们不是专性的奴隶主，因为它们的集群中通常没有任何奴隶存在，而且在实验室中，血红林蚁自力更生的能力是无限的。它们最常用的奴隶属于蚁属的棕色蚁（*fusca*）类群，包括丝光褐林蚁、莱曼蚁（*lemani*）和红须蚁（*rufibarbis*）；不太常用的奴隶是黑褐蚁（*gagates*）、掘穴蚁（*cunicularia*）、高加索褐蚁（*transkaukasica*）和灰褐蚁（*cinerea*），从最广泛的意义上来说，所有这些蚁种也都是棕色蚁类群的成员。一般来说，血红林蚁突击搜捕的是靠它们自己巢穴最近的蚂蚁集群，表面上的这种嗜好仅仅是当地奴隶蚁种相对丰富的一种反映。有时2个甚至3个奴隶蚁种同时出现在1个特定血红林蚁的巢穴中，而且奴隶的组成可能年年不同。每个血红林蚁集群都在每年的7月和8月，繁殖蚂蚁婚飞离巢后最多进行2—3次奴隶突击搜捕。在搜捕这天的任何时间（但大多在上午），庞大的工蚁特遣队离开自己的巢穴，排成笔直的长队直扑奴隶物种的目标巢穴。搜捕队实际上是宽达数米的松散"长方阵"。它可能要走长达100米的距离。一到目标巢穴，血红林蚁的工蚁在巢穴入口周围等待一会儿，而后，便一个接着一个进入巢穴里。目标巢中的工蚁常常拼命地逃跑，带着它们的卵、蛹和幼虫从巢穴里逃逸出来，爬到地面上或草叶上。只有当它们进行敌对性的抵抗时，它们才会遭到血红林蚁的攻击。搜捕者

369

最后带着俘获的蛹回到自己的巢穴。

图17-7　蚂蚁中的奴役现象。奴隶制造物种奴细胸蚁的工蚁用箭头标记；其他工蚁属于奴隶物种弯刺细胸蚁。还有两个物种处于各个发育阶段的整窝幼虫。制造奴隶的蚂蚁物种与被奴役蚂蚁物种的相似性，是反映大多数社会寄生类型在系统发育上紧密相关的一个例子。

发动奴隶制造蚁的蚁种——血红林蚁类群的各个集群进行突击搜捕和给它们确定方向的通信信号，至少已被雷格尼尔和威尔逊部分地识别出来了。我们发现，美国深红蚁（*Formica rubicunda*）的工蚁喜欢沿着由深红蚁整个身体提取的物质用一个绒毛刷涂抹在巢穴附近地面上的人工嗅迹路线行动。当这样的嗅迹在下午被涂抹在远离巢穴的地方时，突击搜捕常常便开始了，深红蚁的工蚁所表现的行为有别于平常的袭击行为。它们疯狂地跑出巢穴，沿着嗅迹快速前进，而且，当它们遇到一个奴隶物种（拟丝光蚁，*F. subsericea*）集群时，就与其工蚁进行战斗，并把拟丝光蚁的蛹带回自己的巢穴。在正常的情况下，深红蚁的侦察蚁从它们发现的目标奴隶巢穴到自己的家巢施放嗅迹，而它们的同巢伙伴又沿着嗅迹走出家巢来到目标源

370

时，突击搜捕便由此到来了，这是可能的。这显然是奴隶制造蚁的蚁种中普遍的通信模式，在盗蚁属和细胸蚁属（Wesson，1939，1940）及悍蚁属（Talbot，1967）中已经举出的证据有力地说明了这种现象是存在的。血红林蚁的工蚁在它们向外进军时散开成"长方阵"的遍好与这种解说并不矛盾；可能有几种嗅迹同时出现的场面，环绕这些嗅迹的定向就不可能十分规则。

亚全林蚁（Formica subintegra）是血红林蚁类群的一个美国代表，它的普通生物学和突击搜捕行为已被惠勒以及塔尔波特和肯尼迪（1940）研究过了。后面的两位野外调查者记录了伊利湖中直布罗陀岛上的一个亚全林蚁集群历经许多夏季的情况，他们发现，亚全林蚁突击搜捕比血红林蚁更为频繁。一些集群一连几周几乎天天突击搜捕，在特定的某一天里沿着几个方向中的任一方向大打出手。袭击有时持续到夜里，亚全林蚁的工蚁整夜都在洗劫其他蚂蚁的巢穴，直到次日早晨才回家。雷格尼尔和威尔逊发现，每个亚全林蚁工蚁都长着过度肥大的奇形怪状的杜氏腺，里面装着700微克癸基、十二烷基和十四烷基醋酸酯的一种混合物（见图17-8）。在突袭搜捕奴隶的过程中，入侵者对着正在自保的蚁群喷洒这些物质。它们起的作用至少部分像"宣传物质"，因为它们有助于警告和驱散正在自保的奴隶物种的工蚁。根据第10章里所描述的信息素进化的"工程设计标准"，这些醋酸酯实际上对于目的来说，设计得非常理想。具有比普通警告物质更大的分子重量，蒸发的速度慢，发挥效果持续的时间较长。较大的分子重量还给予醋酸酯较低反应阈值的潜能，虽然这种可能性尚未经过实验的检测。亚全林蚁工蚁本身不受它们自己的醋酸酯

气味的不良影响。它们被这些物质弄得激动并为其所吸引，这恰恰是指导它们取得突袭搜捕奴隶成功所必需的反应。这种"宣传物质"的发现显然解开了休伯在1810年第1次指出的谜团，也就是，有了这种物质，奴隶物种的集群愿意向突袭搜捕者投降。正如休伯所言："征用灰色蚂蚁——丝光褐林蚁战争的主要特点之一似乎就是煽动恐惧，这种效果非常强，以至于它们不再回到之前曾被包围的巢穴，甚至在那些压迫者——血红林蚁已经返回到自己的巢穴的时候也是一样；也许它们明白，它们不再可能有安全的生活，容易继续遭到它们讨厌的来客新的攻击。"这种恐惧和残局现实，显然是由于奴隶蚁在其巢内利用的化学通信的环境被奴隶制造者篡改了。

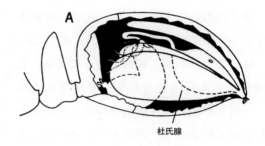

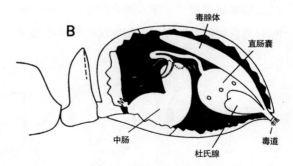

图17-8 奴隶制造蚁分泌"宣传物质"的腺体来源。切面图A显示，亚全林蚁工蚁的腹部局部内有过度肥大的杜氏腺，是它装着大量能警告和驱散奴隶蚁集群的醋酸酯。切面图B描绘的是拟丝光蚁的腹部，它是蚁属的一个较典型的蚁种（源自 Regnier & Wilson，1971）。

旧大陆圆颚切叶蚁属的8个蚁种都充分表现了从奴隶制造到完全寄食的转变。自从福雷尔首次观察以来，这个蚂蚁寄生属已经全部得到了许多研究者的广泛研究，其中最近和研究最彻底的是库特和皮萨斯基（Pisarski）。圆颚切叶蚁属与铺道蚁属的亲缘关系最近，后一属的物种铺道沦为前一个属的物种的奴隶。最有用的奴隶蚁种是铺道蚁，它是欧洲最丰富和分布最广的蚁种之一。高山圆颚蚁的生活周期和大多数圆颚蚁属蚁种的生活周期差不多一样长。在其工蚁退化程度较小这个特殊意义上说，它的进化水平要比盗蚁属略逊一筹。像大多数寄生蚁种的工蚁一样，高山圆颚蚁的工蚁也不采集食物或抚育未成熟蚁；然而，它们仍然自己摄食并帮助营巢。高山圆颚蚁的突袭搜捕的难于观察是出了名的。它们的行动多发生于午夜，且大部分又都是在地下通道里进行的。陪伴高山圆颚蚁工蚁的是铺道蚁奴隶，它们参加每个阶段的突袭搜捕，确实具有攻击性。针对目标集群的作战是全面的：杀掉巢内的蚁后和具翅繁殖蚁，把所有的蚁卵和活下来的工蚁带回家巢，并融入混合的蚁群。如果你想起铺道蚁群甚至在没有圆颚切叶蚁属参加时

也常常进行一些激烈的，但有时在集群融合时会中止的战斗的时候，那么对这两个物种成蚁的联合就没那么惊奇了。高山圆颚蚁工蚁有用来进行致命战斗的精良装备。像许多其他奴役的和寄生的蚁种一样，它们长着马刀形的颚，适用于刺穿抵抗它们的牺牲者的脑袋（见图17-9）。其集群繁殖方式尚不得知，但是，至少有一点是清楚的，就是在突袭搜捕的过程中杀光宿主蚁后。

该属的一个成员，甲壳圆颚切叶蚁（*Strongylognathus testaceus*）已经完成了寄食的过渡。铺道蚁属的蚁后得到宽容并与甲壳圆颚切叶蚁的蚁后一起生活。在高级奴役物种中常见到的情况是甲壳圆颚切叶蚁比宿主工蚁数量少。它的工蚁不承担日常的家务劳动，完全依赖宿主工蚁来维持它们的生活。但是，关键的事实是，它们也不参加奴隶的突袭搜捕。不知何故，宿主蚁后的繁殖能力被削减了，它生出来的只是没有生殖能力的工蚁。只有甲壳圆颚切叶蚁的蚁后具有生殖两个职别的特权。然而，铺道蚁属蚁后的存在却使该混合集群形成了庞大的规模。埃里克·瓦斯曼发现，一个混合集群包括1.5万—2万只铺道蚁属工蚁和几千只甲壳圆颚

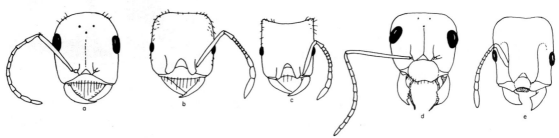

图17-9 5种奴役蚂蚁工蚁的头部，展现为突袭搜捕战斗所用双颚变异的不同程度：（a）橘红悍蚁或亚马孙蚁（*Polyergus rufescens*）；（b）高山圆颚蚁；（c）甲壳圆颚切叶蚁，具有刺穿它们牺牲者外骨骼所用的马刀形颚；（d）血红林蚁，是一个兼性的奴隶制造蚁种，其工蚁的颚缘具有全套牙齿，工蚁仍然承担着它们自己巢穴里的各种工作义务；（e）亚光盗蚁（*Harpagoxenus sublaevis*），有用来夹断和切断对手附肢的锋利的大剪刀形颚（源自Kutter，1969）。

切叶蚁工蚁。幼虫主要由寄食物种的蚁后和雄性蚁蛹组成。业已证明,甲壳圆颚切叶蚁所处的寄生进化阶段恰恰比高山圆颚蚁超前一步。壳圆颚蚁的工蚁已被保存,而且它仍然保留着源于物种奴役历史的具有杀气的颚,但是,它明显地已经失去了昔日的全部功能,而且已经处在数量减少的进程中。甲壳圆颚切叶蚁可能同时处在走向工蚁数量一并减少的进化途中,这是把该物种变成完全寄食的最后一步。

蚂蚁中的寄食现象

我们已经搞清楚,完全寄食(现象)是社会寄生生物在整个生活周期里都依赖宿主为生的生物属性,这要经过几个进化过程才能达到。这个信息在图17-10中用图示的形式概括出来。一个物种一旦陷入寄食这个最后进化的深渊,它的进化就似乎快要不幸地陷入依赖宿主物种的状态。它要求不断增加构成"寄食

症候群"的性状数。没有工蚁,蚁后大多由被叫作无翅雌蚁(一种可育的蚁后-工蚁间性职别)的取代。在有些物种中,如果蚁后仍保留,它和雄蚁的个头就会被缩小,常常小得惊人;这些物种包括施氏全蚁或施氏食客蚁(*Teleutomyrmex schneideri*)、阿派龙斜结蚁(*Aporomyrmex ampeloni*)和外斜结蚁(*Plagiolepis xene*),蚁后实际上比宿主物种的工蚁个头还要小。雄蚁发育成了一种像蛹的体态:身体变厚,腹柄和后腹柄的关节变宽,外生殖器永久性突出,角质层变薄和色素消失,翅膀变小或丢失。交配常常在巢穴内进行,受孕蚁后扩散的距离此后受到限制。也许作为削减婚飞的结果,也许作为削减婚飞的原因,寄食物种各群体的出现总是以斑块式为特征,且是非常有局域性的。全身的解剖结构被缩减和简化:翅脉部分丢失,触角肢节合并减少,口器简化并变软。许多外分泌腺减少或丢失,其中包括一些被其他非寄生蚁种用来进行化学通信的分

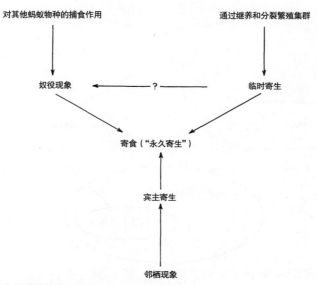

图17-10 蚂蚁中社会寄生的进化路线(源自Wilson, 1971a)。

泌腺。中枢神经系统的规模和复杂性降低，行为信息储存库大大变窄。寄生生物，越来越依赖于它们吸引宿主工蚁和欺骗工蚁通过反哺提供液体食物的能力。

在对许多跨属物种的比较中，业已逐步证明，寄食物种显然存在着实质性的形态衰退和行为衰退。从如在切叶蚁亚科的平地蚁属（Kyidris）（Wilson and Brown，1956）和圆颚切叶蚁属中的寄食状态开始，经过如在斜结蚁属（Plagiolepis）寄生成员中的工蚁正处在消失过程中的中间寄食状态，到最为奇特的完全丧失工蚁的退化物种，形成了寄食生物进化链。施氏端刺蚁被归类于最后一个种类，它无愧于"终极"社会寄生蚁的称号。这个特别的物种是库特在瑞士采尔马特（Zermatt）附近阿尔卑斯山闭塞的萨斯-费（Saas-Fee）山谷中发现的。其行为已经为斯坦伯（1950）和库特（1969）研究，其神经解剖学为布伦（1952）

研究，其普通解剖学和组织学为戈斯瓦尔德（1953）研究。施氏端刺蚁是铺道蚁的寄生蚁。像许多其他寄食物种一样，它在系统发育上与宿主的亲缘关系要比它所属蚂蚁区系的其他成员更近。这种蚂蚁社会寄生的倾向有时被称作"艾默里法则"（Emery rule），这是因为意大利蚁类学家卡洛·艾默里（Carlo Emery）在1909年首次系统说明了这一倾向。实际上，施氏端刺蚁可能是直接由铺道蚁的一个临时为自由生活的分支衍生而来的，因为铺道蚁是铺道蚁族（Tetramoriini）的唯一非寄生性成员，当时只知道它产于中欧。图17-11提出了施氏端刺蚁和其他物种起源的假设，这是用现代的地理物种形成的理论简单地验证了艾默里法则。

很难想象，会有比施氏端刺蚁所实际达到的进化型更高级的社会寄生阶段。这个没有工蚁的物种生活在宿主的巢穴里；蚁后对集群的劳动没有任何贡献，与其他蚂蚁，尤其是与其

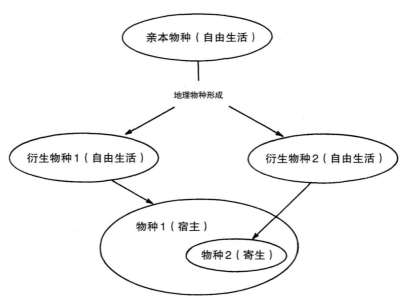

图17-11 社会寄生物种的进化起源。该图解根据艾默里法则，描述了寄生物种从起源开始到作为社会寄生和与其在亲缘关系上最为紧密的宿主物种生活在一起的多个阶段（源自 Wilson，1971a）。

他铺道蚁族的物种相比，它的体形非常小，长度平均仅有2.5毫米。它们在所有已知的营外寄生的社会昆虫中是独一无二的，这意思是说，它们大部分时间是骑在宿主的背上生活的（见图17-12）。为了适应这种特别的生活习惯，施氏食客蚁蚁后的解剖结构大大改变了。柄后腹（身体大的末段）的表面大大凹陷，以便使寄生虫的身体能紧紧地贴在宿主的身上。附节爪和中垫（足垫）超常地大，好让寄生蚁牢牢地抓住宿主甲壳质的表面。蚁后有一个明显与其他任何蚂蚁不同的抓牢物体的习性。如果要这些蚁后进行选择，它们将把它们自己摆在宿主蚁后的身体背部，或者是前胸或者是腹部位置。如果本巢蚁后不在，它们就会抓一只铺道蚁处女蚁后，或一只工蚁，或一只蛹，甚至是一只死了的蚁后或工蚁。斯坦伯观察到一个实例，8只施氏食客蚁的蚁后同时抓住1只宿主蚁后，使它完全活动不得。这些寄生蚁显然从工蚁反哺给它们的液体物质中获得了营养。每只蚁后平均每30秒产1个卵。在同一地点，寄生有施氏食客蚁的铺道蚁集群大小，要比没有寄生施氏食客蚁的铺道蚁集群小，但是，这样的集群仍然拥有数千只工蚁，而且功能正常。在每个蚁巢中发现有1只宿主蚁后还继续产卵，但是，不断产出的幼虫除了工蚁以外不能发育成为任何其他职别。这种宿主集群繁殖上的"阉割"现象，在其他的允许宿主蚁后生存的寄生蚁中已经有过报道。让宿主蚁后活着，只是它们仅仅生产工蚁，由此延长寄生蚁的寿命和增加寄生蚁的繁殖比率，对寄生蚁是有利的。这种"阉割"现象的生理机制至今仍然不得而知。

因为施氏食客蚁的蚁后完全依赖铺道蚁的社会系统生存，所以已经经过了形态的广泛退化。唇部和咽部的腺体被缩小，腺和后胸腺完全丧失。上颚被膜变薄，而且比铺道蚁的颜色和纹理更少。作为这些退化的结果，蚁后不断变小，呈现褐色，与宿主的黑褐色不透明的外表形成了对比。螫针和毒腺缩小；颚衰退得几乎不能靠自己获得食物；大脑体积缩小，神经节由9—13个融合成一节；如此等等。在本质上，施氏食客蚁的生活周期相似于其他已知的极端寄生蚁。在宿主巢内进行交配后，受精的蚁后或者脱翎参与小量产卵，或者飞出寻找新的铺道蚁巢作为入侵对象。这种繁殖的限制无疑造成如下事实：施氏食客蚁是世界上稀少和分布最狭窄的昆虫物种。

图17-12 有充足理由可以说，这里和宿主铺道蚁一起显示的施氏食客蚁（小蚂蚁）是"终极"社会寄生蚁。骑在一个宿主蚁后前胸的两只施氏食客蚁蚁后卵巢尚未经过发育，因此，它们的腹部是扁平形的，没有膨大，一只还长着翅膀，几乎可以肯定还未受孕。第3只施氏食客蚁蚁后骑在宿主蚁后的腹部，它具有极度发育卵巢的膨大腹部。一只宿主工蚁站在图正前面的位置（根据Walter Linsenmaier画幅所画，经Robert Stumper惠允）。

昆虫中普遍存在的社会寄生现象

较高级社会昆虫中的寄生大多数局限于温带地区，尤其是美国、加拿大、欧洲、亚洲、非洲南部和阿根廷中部较凉爽的地方。已经收集了一些热带地区的寄食蚁种，例如，来自刚果（布）无工蚁的极度寄生蚁（*Anergatides kohli*）；来自新几内亚和马达加斯加的平地蚁属的奇怪的后宾主寄生成员。仅凭形态学上的证据而论，在举腹蚁属中的奇异举腹蚁亚属（*Atopogyne*）和酸举腹蚁亚属（*Oxygyne*）中的许多非洲和亚洲蚁种可能都是临时社会寄生蚁。新大陆热带的金色巢蚁（*Azteca aurita*）和费氏巢蚁（*A. fiebrigi*），以及棒切叶蚁属（*Rhoptromyrmex*）的全部物种也与上述情况相同，它们遍布于南非、亚洲、新几内亚和澳大利亚。还有已经在东非、马来半岛和昆士兰发现的异蜂族（*allodapine*）的寄食物种。甚至在寒冷气候地带属于社会寄生生物的也有大量发现。这些物种的地理分布如此不同，不能归因于抽样的不同。而且，山地和干旱地区出现寄生蚂蚁数量不成比例。大量物种已经在阿尔卑斯山被发现，仅小小的萨斯-费山谷这一地区就不少于6种，而大多数已经被描述过的北美寄食物种却仅分布在得克萨斯、新墨西哥、科罗拉多和加利福尼亚山区的有限范围内。无论是热带还是南温带至今都尚未发现一个奴隶-制造物种。

有两种可用来解释寒冷气候中社会寄生生物丰富的假说。理查兹和后来的汉密尔顿认为，在熊蜂中，关键的前适应存在于两个关系密切的呈一南一北分布的物种。当南部物种渗入北部物种区时，在春天首先它比北部物种羽化得较晚。第二个前适应是在一些熊蜂属物种以及长足胡蜂属和胡蜂属的社会黄蜂中，蜂后有侵入本物种集群的倾向，对此已经有了很好的证明。假定可利用的一个亲缘关系密切的物种集群已经获得充分发育，且在它们活动范围建立的初始阶段的入侵又是较多的话，则入侵者倾向于沿着种间寄生方向进化。当寄生从兼性临时状态向完全寄食状态前进的时候，南部入侵者将会被全部并入宿主物种的活动范围。有关地理范围和寄生阶段的资料要用来验证理查兹的假设尚不充足，或至少是分析不够的。第二种假说是由威尔逊提出来的，它也许和第一种假说是相容的。凉爽的气温可能使宿主集群反应迟钝，由此寄生蚁后便可轻松侵入。在实验室环境中，如果所有的蜂后和工蜂都冷得不能活动，然后又被一同暖身，它们就容易结合成类群。在自然界，寄生蚁后不需要等到冬天来利用这个长处。一定程度的降温就可以了，例如降到10℃或15℃的时候，恰在中期婚飞季节，山区的夏夜里常常会出现这种情况。

破解密码

外来昆虫社会通过寄食的深入渗透，是借助于其与宿主在生理上和行为上的趋同达到的。寄食生物已经破解了社会昆虫的密码。在不同程度上，各寄生物种跟随着宿主集群，获得接纳而成为成员，并凭宿主工蚁喂养它们。这就向研究社会共生的昆虫学家提供了难得的机会，去识别维持昆虫社会的一套最低限度的信号系统。因为寄生生物一般涉及超正常的刺激，所以研究者又有了在生理上辨别这些信号特性的非同一般的好机会。

抓住要领的实例是伯特·霍尔多布勒进行的一系列实验，以研究隐翅甲虫或柔毛隐翅虫（*Atemeles pubicollis*，在欧洲蚂蚁集群的寄食生物）的行为。隐翅甲虫依靠蚂蚁的气味从一个宿主集群来到另一个宿主集群。霍尔多布勒发现，如果实验场所保持安静，则隐翅甲虫对住有蚂蚁集群的实验室巢穴无动于衷。但是，当一股弱气流首先吹向蚂蚁集群，然后吹向隐翅甲虫时，隐翅甲虫便逆风跑并在巢穴周围集中。这套刺激特别接近甲虫在自然条件下必须在地面上四处寻找分散的宿主巢穴时所遇到的刺激。依靠在充满气味的气流中逆向运动，它们就能比单独按气味浓度梯度确定远得多的距离方位。霍尔多布勒还发现，隐翅甲虫的气味偏好随年龄变化。正如埃里克·瓦斯曼很多年以前已经了解并由霍尔多布勒所证实的，隐翅甲虫在它们羽化以后6—10天的时间里从蚁属巢穴迁移到红蚁属巢穴。来年的春天，它们又回到蚁属巢穴并在那里繁殖。这种转换的生理学基础是非常初级的。实验室实验揭示，隐翅甲虫在羽化后被充满红蚁属气味的空气所吸引优于充满蚁属气味的空气，但是，当它们冬眠后复出时，它们的气味偏好转换到蚁属。隐翅甲虫适应意义似乎是要用到蚂蚁的幼虫，这是隐翅甲虫的主要猎物。整个秋季、冬季和早春，红蚁属都在巢穴中保护幼虫，而蚁属则不是这样。但是，在夏季里，较大的蚁属集群提供了丰富的幼虫食源。

依靠复杂的花招骗取宿主集群的接纳，要用上2个，有时3个外分泌腺的分泌物才能发挥作用。隐翅甲虫到达巢穴入口后总要在周围转来转去，直到遇到一只工蚁。然后，它接着就亮出它位于腹部末端的"安抚腺"（见图17-13）。该腺体的分泌物部分是蛋白质，而且包含大量碳水化合物。蚂蚁以这些物质为食，似乎在食用过程中变得较安静。然后移动到它的"继养腺"。蚂蚁第2次就餐之后，就把隐翅甲虫运到巢穴里。如果诡计失败且隐翅甲虫遭到攻击的话，它还能使用来自防卫腺的难闻分泌物把蚂蚁驱走。

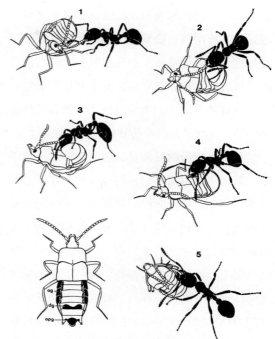

图17-13　隐翅甲虫是隐翅类的一种社会寄生甲虫，它已经"破解红蚁属的密码"，并以此帮助它获得红蚁属集群的部分成员资格。这幅画描绘了一个成体隐翅甲虫诱使一只红蚁属工蚁（用黑色显示）把它带到蚁巢所施展的花招。左下图标出隐翅甲虫3个主要腹腺的位置：（ag）继养腺、（dg）防卫腺、（apg）安抚腺。隐翅甲虫把它的安抚腺展示给一只刚好接近它的红蚁属的工蚁（1）。工蚁在舐打开的安抚腺（2）的同时，又移动去舐继养腺（3，4），然后，它把隐翅甲虫带到自己的崖穴（5）（根据 Hölldobler，1970）。

一旦进入巢穴内部，隐翅甲虫能很容易引诱它的宿主反哺食物。霍尔多布勒证明，需要的唯一信号就是蚂蚁间使用的轻微的接触刺激。大多数容易受到影响的工蚁是刚刚饱餐后的蚂蚁，它们正在寻找同巢伙伴来分享它们的流体食物。为了获得工蚁的注意，一只同巢伙伴（或诸如隐翅甲虫这种社会寄生生物）仅仅用触角或前腿轻轻地敲打它的身体就可以了。饱餐者受到刺激后就会转过身来，面向给它信号的个体。如果反复轻轻敲打它的下唇，它就会反哺。为使饱餐者反哺食物，其他工蚁一般是用其前附肢，隐翅甲虫则用其附肢或触角轻敲饱餐者。隐翅甲虫的幼虫缺少充分长的肢体，只好向上翘卷起它们的前身并把下唇贴到宿主蚂蚁的下唇上。如果反哺者满载着液体食物的话，这些笨拙的模仿动作也就足够用了。

一个更狡猾的伎俩是，这只共栖的隐翅甲虫，欺骗宿主工蚁错把它们当成宿主卵发育的一些特定的非成熟阶段。隐翅甲虫的蛴螬形幼虫的优异表现使行骗成功。它们被蚁属的工蚁拾起并放到宿主幼虫中，而它们则狼吞虎咽地吃食宿主幼虫。霍尔多布勒发现，能从隐翅甲虫的幼虫中分离出一种与工蚁联系的物质。当他用丙酮提取隐翅甲虫中的物质后，把模拟物在提取混合液中浸泡，则这些模拟物一时变得对工蚁有吸引力，并把这些模拟物当作宿主伙伴。显然，这些物质是从位于隐翅甲虫身体每节的前部表面的成对腺体中分泌出来的。

总之，隐翅甲虫通过生产2种或3种"假信息素"和模拟2种初级触觉信号就已经进入了蚂蚁集群的中心。它们已经利用了昆虫社会的相对非个性化和它们宿主感官狭窄的缺点。当注意到这些寄生物的外表和行为与宿主有如此不同时，我们只能对组织如此复杂社会的密码的简单性而感到惊奇！正如惠勒所言："如果我们按照一种类似的方式去行动的话，我们就会生活在一个真正的梦幻般的世界里。我们就会欣喜在我们家里养有豪猪、鳄鱼和龙虾等，就会坚持它们与我们同桌对坐和如此专注地用一勺勺食物来喂养它们，以至于我们的孩子或死于无人照顾，或长成发育不全的佝偻病人。"对社会共栖的迷宫般世界的科学探索仅仅刚刚开始，未来的发现将会支持我们这梦幻般的感觉。

社会物种

第18章　社会进化的四个顶峰

从水母到人类，当要描述其所有个体社会行为的主要特征时，我们马上就会遇到难题。首先应该注意，社会系统是一个主要类群接着另一个主要类群这样不断地起源的，所以具有广泛不同的特化程度和复杂性。从下往上占据顶峰的四个类群分别是：集群无脊椎动物、社会昆虫、非人类哺乳动物和人类。每一类群对其本身的社会生命来说都具有唯一的基本特性。于是，这里就出现了难题。刚说到的进化顺序，虽然无疑是从生命更原始、更古老的形式到更高级、更新的形式，但是社会存在的一些关键特性，包括凝聚性、利他主义和协作性却衰落了。看来，当生命个体变得更精细时，社会进化仿佛却放慢速度了。

集群无脊椎动物，其中包括珊瑚、像水母的管水母和苔藓虫，产生的都已经接近是完全社会了。在许多情况下，各个体成员（或者称为"游动孢子"）作为一个整体完全可以属于一个集群，这不仅反映在功能上，更反映在它们相互依赖的身体融合上。这些成员的特征化是如此极端，而它们组装成一个统一体又是如此完美，以至于它们构成的集群简直可以被称作一个个体。把各集群无脊椎动物的各物种，从自由游动孢子形成的聚丛到功能上与多细胞生物没有什么区别的集群，分成一些在进化上具有细微差异的系列是可能的。

由蚂蚁、白蚁及某些黄蜂和蜜蜂组成的高级社会昆虫，形成了很不完全的社会。无疑，这些社会昆虫是以不育职别为特征的，其中的不育职别做出自我牺牲而为蚁（蜂）后服务。利他主义行为也是明显而富有变化的，这包括把胃中食物反哺给饥饿中的同巢伙伴；在捍卫集群中，利用螯刺扎入对手，并把螯刺和腹部内含物留入对手体中的自杀式攻击，以及其他一些特定的反应。为了执行特定的功能，这些职别在身体上有所变化，并且彼此间保持着密切的内在通信形式，各个体纵使短期脱离集群也不能生存。它们各个体识别的是职别，而不是单个的同伴，简言之，昆虫社会的亲密性不是建立在个体基础上的。但是，这些与低等无脊椎动物集群的上述相似性却被某些有趣的独立特性平衡了。社会昆虫在身体上是一些分离的实体。它们成功的秘密，事实上在于集群具有如下能力：能使觅食者分开活动，且能定期返回巢穴。蚁（蜂）后也不总是唯一的产卵者，雌性工职有时把其卵产在巢室中，由于这些卵未受精，所以发育成雄性。有可靠的证据表明，蚂蚁、蜜蜂和黄蜂的某些物种，为了争夺产生雄性后代的机会，在蚁（蜂）后和工职间不断地发生一些争斗现象。冲突有时明显采取较原始的形式。一个集群的雌性黄蜂在一起为争当首领和产卵权而竞争，胜者占有最高的地位，而败者沦为工蜂，工蜂偶尔偷偷地把卵产在空的巢室中。在这一情况下，存在着个体识别的证据。类似地，熊蜂的蜂后通过攻击控制其女儿，即其女儿试图产卵就要受到攻击。如果从相对简单的黄蜂社会和熊蜂社会中移走蜂后，则某些工蜂为争夺蜂后地位会彼此争斗。

在脊椎动物社会，其中包括哺乳动物，相互攻击和倾轧要强烈得多。自私支配着成员间的关系。在脊椎动物社会没有发现不育职别，利他主义行为是偶发的，并一般只局限于自己的后代。其社会的每一成员，是一个潜在的独立繁殖单位。虽然这样的动物仿佛在孤独中生活而降低了成活机会，但是其类群成员身份，不像集群无脊椎动物和社会昆虫那样需要

每天尽义务。社会的每一成员，都在利用类群为自己获得食物和隐蔽所，并尽可能多地养育后代。代表一种互让的相互协作通常是极初步的，借此各成员能提高成活率和繁殖率（与孤独生活相比较）。依人类标准，鱼群和狒狒群队的生活是紧张和残忍的：在觅食、休息和交配的常规活动中，一般都会毫不犹豫地遗弃病弱者和伤残者。雄性首领死亡后会有另一个取而代之，有时也许还伴随有屠杀原首领幼崽的现象（如在叶猴和狮子中就有这种情况）。

在社会结构方面，人类依然基本上类同于脊椎动物。但是，人类已经进入了一个高度复杂化的水平，以至于构成了社会进化的第四个顶峰。人类不是通过减少自私性，而是通过获得具有检验过去和计划未来的智力，打破了脊椎动物的旧限制。人类能建立起长期有效的契约和从事可延续数代的长期相互利他主义活动，可把血缘选择直观地引入这些关系的计算中。人类注重血缘关系的纽带达到了其他社会物种难以想象的程度。人类利用自己唯有的句法语言使其相互交往更为有效。在协作方面，人类社会接近于昆虫社会，但在通信效率方面却远远超过昆虫社会。人类社会已经扭转了10亿年前生命历程中社会进化的下降趋势。基于这一看法，出现下述情况也就不足为奇了：在生命历程中，人类形式的社会组织只出现过一次，而其他三个进化顶峰却由不同的、独立的动物进化支在重复地攀登。

为什么社会进化的总趋势是下降的？这与低等无脊椎动物有较大的身体可塑性有关。因为它们的身体雏形是很初级的，以至像珊瑚虫和苔藓虫这样的一些集群动物，实际可使它们的身体彼此融合在一起。与昆虫和脊椎动物比较，它们需

要更少的"改换联络通路"的神经细胞，需要更少的循环系统和协调集群生理所需要的其他调节器官系统。游动孢子总的定栖习性也使它们较容易融合。但是，这种有利性并不起决定性作用。某些最为精细的无脊椎动物集群，包括管水母和海樽，它们也是最能游动的。它们简单的身体结构，也使它们可直接通过出芽生殖从老个体繁殖出新个体。所以这些集群由遗传上相同的个体组成，归根结底，这个才是最重要的特征。完全的遗传同一性使得无限的利他主义进化成为可能，这已是这些后生动物内的体细胞和器官能极度分化和协作的基础。最高等的集群无脊椎动物基本上有着相同的进化路线，导致形成超级有机体，而其器官是由游动孢子的极度变化形成的（见第19章）。

社会昆虫没有低等无脊椎动物的前适应。它们的身体在结构上有许多地方可像脊椎动物那样精细，并且它们有充分的活动能力。它们不可能进行身体融合，然而它们已经产生了利他主义的职别和可能想象到的几乎是极端程度的集群整合。昆虫的样本量在动物界是绝对庞大的，对此我想做出部分解释。已知社会昆虫的物种已超过80万种，构成了地球上已知动物类型的3/4。在古生代晚期，现存昆虫的祖先是首批登陆者，并充分利用了这一主要的生态机遇：海洋和淡水河湖已经充满了许多动物门类，其中多数起源于前寒武纪；而陆地像一个新的行星，充满着植物，几乎没有动物竞争者。其结果可以说是造成了物种空前的适应辐射。纯粹的统计学讨论认为，在这大量的新类型中，至少更可能有少数几种极端的社会类型出现——比方说，出现环节动物类约7 000个物种，或者海星和其他棘皮动物类约5 300个

物种。这一讨论，用一个想象的具体例子说明可能更清楚：如果动物出现高级社会的比率是每年每物种为10^{-12}，那么有80万昆虫物种的节肢动物门仅凭偶然就可多次出现，而只有1万个物种的另一门类则不可能出现。

上述计算，如果不是在物种数量，而是在属、科和更高一级分类数量的基础上进行的，那么统计学讨论就更具有有利性，因为这些更高的分类学单位更强烈地反映了生态差异。例如，代表犬科（Canidae）的狼，在生态上与鹿[属鹿科（Cervidae）]的差异要比与其他犬科动物（如狐狸和野狗）的差异大。昆虫范围广泛的辐射分布使得下面的情况更有可能发生：至少，这些物种是作为一个类群对社会化进行专门适应而出现的。事实上，我们可以识别的这一类群，就是由蚂蚁、蜜蜂和黄蜂组成的膜翅目（Hymenoptera）。虽然膜翅目只占现存昆虫物种的12%，但却在较高等的现存社会中几乎占据垄断地位。真社会（以具有不育职别为标志的状态）至少有7种不同的情况起源于膜翅目，除白蚁一种情况起源于类似于蟑螂的祖先外，还没有发现其他的已知昆虫类型。这一明显的事实使我们想起血缘关系这个重要因子。由于单倍体二倍体的性别遗传模式（在第20章要解释），膜翅目雌性与其姐妹的血缘关系要比与其女儿的更为紧密。因此，在其他条件相同时，雌性成为不育职别抚育其姐妹要比雌性作为独立繁殖体进行繁殖更为有利。膜翅目昆虫还有其他一些前适应性状使得它们更容易适应社会生活，其中包括筑巢倾向、寿命较长和回巢能力。但是，单倍体二倍体倾向是它们的单一特征。纵使这样，在膜翅目姐妹间的相关程度（以相关系数r测量）最大是3/4，要

比集群无脊椎动物的相关（r=1）程度小。膜翅目中25%或更多的遗传差异足以解释在其社会内观察到的差异部分。

在脊椎动物中，全同胞间的最大相关系数r=1/2，即有50%的基因在血缘上是相同的，在亲子间的相关系数也是 r = 1/2。因此，对于不育职别成员来说，没有特殊的遗传利益可言，并且在脊椎动物中也没有发现过不育职别，只是人类中的同性恋者可能是个例外（见第27章）。总体来说，非人类的脊椎动物，与昆虫相比较，由于其中有较高比例的物种达到了一定水平的社会化，所以比昆虫更具社会性。但是，它们的最高级社会形式未达到昆虫的最高级社会水平。换句话说，在脊椎动物进化中呈现出一种强势的推动力使其产生社会行为；但是，由于在近血缘关系个体间具有低的遗传相关，又呈现出同样强的抵抗力使其阻止社会行为。所以，看来我们最好不要在遗传相关的问题上纠缠（这种相关是简单的有规律的），而要关注上述推动力的本质。我认为，这一推动力让脊椎动物具有更高的智力。随着智力而来的是更复杂和更适应的行为，以及建立在个体关系基础上的社会组织的精细化。脊椎动物社会的每一成员可继续表现自私行为（像通过低血缘相关指出的那样）。但是，脊椎动物以个体的遗传利他主义为最小代价，通过竞争和社会等级系统，也能更好地致力于相互协作。我们必须牢记的是：集群无脊椎动物（由遗传上相同的个体构成）和社会昆虫的主要"目标"，是使类群结构最适；而社会脊椎动物的主要"目标"，是使自己和其社会内血缘关系最紧密的个体协调最好。低等无脊椎动物和昆虫的社会行为几乎全是通过类群选择进化的，而脊椎动物的社会行为几乎全是通过个体选择进化的。在脊椎动物关系中，必要的精细化和个性化是通过如下四个方面的特性完成的：（1）丰富的通信系统；（2）个体对类群同伴更精确的识别反应；（3）学习、个性化行为和传统的更大作用；（4）社会内群队和派别的形成。现在我们分别简要地说明一下这些特性。

绝大多数脊椎动物物种，与大多数昆虫物种（甚至包括社会昆虫）相比较，前者利用的基本信号数要比后者多1倍或2倍。有两个原因使脊椎动物能够传递信息的实际数要比昆虫大得多。第一，背景联系对脊椎动物的每一信号的含义都是重要的。一个信号随着发生地点的不同、一年内的时间不同，或者发信号动物的性别和地位不同，都可具有不同的信息。第二，一个信号也可能是复合信号的一部分。例如，头部运动之后，可能伴随着若干声音中的这种或那种，而其中的每一种都可赋予头部运动以不同含义。尺度测量在脊椎动物中也比在昆虫中得到更明显的细化，往往很轻微的信号强度的变化，也可用来传递轻微的情绪变化。所有这些改变的综合结果是使脊椎动物的信息储存库扩大了：每秒钟传递的信息比特量比昆虫要多出一个数量级。由于在测量更为复杂的通信系统中的信息量时遇到了严重的技术困难，现在我们还没有把握测出精确的信息量（见第8章）。

个体识别几乎只限于脊椎动物的性状。被囊类动物的集群间"识别"，是通过接触时彼此不能相互结合而实现的。果蝇属的成体，选择交配对象时是利用不同遗传品系的气味进行识别的；社会昆虫一般通过附在体表的集群嗅迹，把同种同巢的同伴与非同巢的其他成员区分开来。但是，上述各反应都是指由个体组成的类群，而不是指各分离的个体。在无脊椎动物中，已经证明是真正个体识别的只有在少数几个场合。当长足胡蜂属社会黄蜂的雌蜂在一起建立集群时，它们就是在个体识别的基础上组织成权力等级系统的。海星虾和沙漠鼠妇都是通过个体识别建立有性配对的：这两个物种是利用有性配对作为适应特定生态需要的一种方式。其他类似的例子在无脊椎动物中肯定还会找到，但也只是其中的极小部分。相反，脊椎动物一般都有个体识别能力。在游动鱼群、两栖动物和至少在更喜欢独居的爬行类动物中，可能缺乏这种能力。但是，在鸟类和哺乳动物中，个体识别是广泛和普遍的现象。而这两类脊椎动物都具有社会组织的最高级形式。

脊椎动物也有能力使它们很快适应生活中的快速变化。当蚂蚁集群面临紧急情况时，其成员只需要对报警信息做出反应，并对它们遇到的刺激者做出评估。但是，普通猕猴必须判断这个刺激者是不是通过内部争斗引起的。如果是，则必须弄清楚涉及谁、自己与有关者过去的关系，以及根据自己采取行动时的利弊判断，决定自己的即刻行动。脊椎动物根据观察整个类群的成功或失败，也有改变自己行为的优势。以这种方式，在同一社会内的传统可世代延续。当脊椎动物社会往高级形式进化时，

玩耍显得格外重要：它有助于发明和传统的传递，能帮助建立持续到成年时期的个体间关系。社会化，即获得上述性状的过程，不是终极的、遗传意义上的社会行为的原因，而是一套方式——通过这套方式，可使社会生活个性化，可在社会生活背景下增加个体的遗传适合度（见第7章）。

最后，上述典型的脊椎动物特性，即更完善的通信、个体识别和增加行为变异，有可能产生极为重要的另一特性：在社会内部形成一些自私亚群。如有可能产生配偶、亲子类型、同胞和其他具有紧密血缘者的聚类；甚至在没有丧失各自身份的情况下，社会内无血缘关系个体组成的派系。每一个小集团都在追求自己的目标，这样，从总体上看，把社会作为一个运作单位就造成了严重障碍。总之，典型的脊椎动物社会，是在牺牲社会整体性基础上的有利于个体和小集团生存的社会。

人类，在新添自己独有的一些特性的同时，已经强化了脊椎动物的上述性状。这样，在几乎无损于个体成活和繁殖的情况下，人类就已达到了相当程度的互相协作。为什么只有人类已能跨越到社会进化的第四个顶峰，而使社会进化一般的下降趋势逆转，这对于整个生物学来说还是个极大的谜。在本书最后关于社会生物的综合评述中，我们会重新讨论这一问题。

第19章　集群微生物和集群无脊椎动物

多年来，人们对微生物和低等动物的集群生物研究一直陷于困境之中。根据某些标准，其中许多物种在30亿年的进化中可以考虑属于最高的社会级别。集群这一术语意指：其成员或者在身体上是融合在一起的，或者分化出有繁殖能力的和不育的职别，或者是这二者兼而有之。当这两个条件在一个高级阶段共存时，这个"社会"同样可看作一个超级有机体，甚至可看作一个个体。许多从事无脊椎动物研究的动物学者，都对上述划分进行了深入思考和讨论。这一研究的困境可简单地表述如下：社会和非社会的分界点在哪里？在什么基础上，我们可以把无脊椎动物集群极端变异的游动孢子与后生动物的器官区分开来？

这些问题不是微不足道的。它们道出了生物学中难以弄明白的理论问题：在进化中，可以创造出复杂后生生物的所有可能方式的初胚是什么？为了使这个问题更为清楚，让我们直接进入无脊椎动物社会形式和普通动物社会的顶端——管水母目（Siphonophora）的集群水螅类。这些稀奇古怪的生物，已记载的有接近300个物种。这些物种，有些类似于水母，全都生活在宽广的海洋中，以利用其螯状触手捕获小鱼及其他小猎物为生。最熟悉的是腔肠动物中的僧帽水母属（Physalia）。另外的例子是如图19-1所示的小水母属（Nanomia）的管水母和图19-2所示的叶水母属（Forskalia）的复合管水母。这些生物类似于生物个体。没有经验和专业知识的人，会误认为这些生物基本上类似于海洋中的"真"水母，即无疑是一些分离的个体。然而，每一个管水母是一个集群，其中的游动孢子都是高度特化的。每一个管水母顶端充满气体的浮标是一个变化了的个体，该个体给系在其下面集群的其余部分提供浮力。游泳肢（nectophores）起着小风箱的作用，喷出水柱驱动着集群在水中游动。通过改变这些游泳肢开口的形状就可改变水柱的方向，从而改变集群的游动方向。通过这些游泳肢的协同动作，可使管水母集群灵活运动——可在任何角度、任何平面运动，甚至可做环形曲线运动。在主干下方，如同囊状游动孢子的芽状体被称为触管和胃游动孢子（gastrozooids），它们特化成消化食物，并把营养分发到集群其余部分的器官。长的分支触手是作为触管和胃游动孢子的器官而产生的，它用来捕获猎物，也许还用来保护集群。这些特化者（specialists）

是通过有性的类水母体完成的，即这些类水母体通过常规的配子形成和受精产生新的集群，并且类似鳞状的游动孢子的苞片（无活动能力），像扁砾石样地固定在主干上，显然有助于保护主干免受物理损伤。在游泳肢区段的两端生长区，通过芽殖可产生新的游动孢子。

管水母集群的行为和协调，一直是麦基（Mackie）深入研究的课题。游动孢子作为独立单位有一定程度的行动自由，但它们也受到集群其他成员一定程度的控制。例如，每个游泳肢都有自己的神经系统，该系统决定着游泳肢收缩的频率和水柱喷射的方向。但是，游泳肢只有在受到来自集群其余部分的刺激时，才

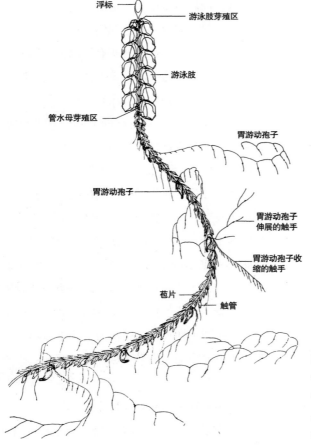

浮标
游泳肢芽殖区
游泳肢
管水母芽殖区
胃游动孢子
胃游动孢子
胃游动孢子伸展的触手
胃游动孢子收缩的触手
苞片
触管

图 19-1 小水母（*Nanomia cara*）集群：为集群提供浮力的浮标，驱动整个集群的游泳肢，捕获和消化猎物的胃游动孢子，以及集群的其他成员（如苞片和触管）。这些成员极度特化，以至于相当于单个后生个体的器官（Mackie, 1964, 经修改）。

会活动。当触碰集群的后部时，则前部的游泳肢就开始收缩，随即其余的游泳肢也收缩。试验表明，这种协调是由连接各游泳肢的神经通路引发的。当触碰集群的浮标时，各游泳肢就反转其喷水柱的方向，使集群向后退。这后一种协调动作，不是通过神经通路而是通过上皮敏感细胞引发的。若干个胃游动孢子在捕获和消化猎物时可进行协作，但是它们的运动和神经活动全然是相互分离的。胃游动孢子和触管（辅助的消化器官）把消化食物喷射到集群主干的其余部分。甚至没有食物的胃游动孢子也参与蠕动，其结果是使消化食物更快地沿着集群主干来回流动。但是，在其他方面，它们的行动仍是相互独立的。

把管水母和其他管水母类作为集群而非个体的极大困难，根源在于如下事实：集群中的每一（所有）实体均来源于单个受精卵。这一合子经多次分裂而形成具纤毛的浮浪幼虫。随后，加厚外胚层并芽殖出浮标、游泳肢和其他游动孢子的雏形。这一过程（集群无脊椎动物专家们称之为"老年化"）基本上与真水母或腔肠动物门（Coelenterata）中其他真正个体的发育没有什么不同。上述难题的解决关键在于：管水母既是个体又是集群。在结构上和胚胎发育上，管水母可看作个体；但在系统发育上，它们起源于集群。其他的水螅类，其中包括花水母和瘦水母以及多孔螅和柱星"珊瑚"，在集群进化的每一阶段都表现出与管水母接近

图 19–2　复合管水母（*Forskalia tholoides*）。该生物比图19-1画的管水母集群的示意图更为放大化和精细化（自 Haeckel, 1888）。

的水平。某些物种形成一种基本类型：充分形成一些彼此独立的螅状体，而这些螅状体仍然用一生殖根（或者随着基质运动，或者像杆状物进入水中）连接起来。在另一些物种中，随着一定程度的特化，游动孢子的体壁有融合现象。当游动孢子间发生职别分化时，例如我们熟悉的薮枝螅属（*Obelia*），某些物种丧失了繁殖能力，而有繁殖能力的个体（生殖体）又丧失了捕食和保卫自身的能力。结果，那些进化级别高的物种的集群就萎缩成了一个高度整合的单位。已经有人指出，从属于游动孢子、经过特化和相对不变的形式的，只有外胚层、浮标、触手载体和其他一些类似器官的单位。这一最后阶段就是由管水母目，以及不太引人注意的帆水母属（*Velella*）和腔肠动物目（Chondrophora）的浮游螅状体所达到的阶段。

386　　管水母和腔肠动物的出现，可认为是进化史上最伟大的成就之一。它们通过由个体变成的器官产生出了复杂的后生动物。其他较高等的动物进化支，起源于由中胚层产生器官的祖先，它们没有经过集群阶段。这两类生物个体的最终结果基本相同：它们都逃出了二胚层体结构的限制，都能自由产生大而复杂的器官系统。但是，它们经历的进化途径却不太相同。

在低等无脊椎动物中，集群化的另一个独有特征是：在某些条件下，某些无关的集群具有融合成一个单位的能力。H. 奥卡（H. Oka）发现：如果被囊动物菊海鞘属（*Botryllus*）的两个集群至少有一个共同的"识别"基因，那么它们就会结合。当把一个集群一分为二，并把它们并排放在一起时，它们就毫无困难地融合了。这一结果是可预料的，因为集群是在遗传上相同的动物无性繁殖系。但是，

如果把两个无关的集群放在一起，它们之间就会产生一个坏死物质区。由于所有集群都是杂型合子，所以由奥卡指出的识别基因可用 AB 和 CD 等表示（由于包围卵细胞的卵泡细胞会阻止与卵子识别基因相同的精子进入，所以这些集群仍保持为杂型合子）。如果接触中的集群有共同的识别基因，例如 AB 与 BD 接触或 BC 与 AC 接触，那么就会发生融合现象。如果所有基因都不同，如 AB 和 CD 接触，则会发生坏死现象。在其他的微生物集群和无脊椎动物集群，是否存在如同奥卡说的机制或类似的机制，还有待证明。如同西奥多指出的那样，对抗"非自我"的"自我"识别，在无脊椎动物中，如果不是普遍存在的话，也是广泛存在的，这种识别是建立在外胚层组织不亲和性基础上的（与脊椎动物的免疫反应类似）。仅仅在奥卡研究过的被囊动物中，探讨了可以克服这种不亲和性的条件。

集群的适应基础

集群内成员的达尔文式有利性不是显而易见的。在最高水平的整合上，绝大多数游动孢子不能进行繁殖；在受损伤或过度增长并在总体上有碍集群时，许多游动孢子仍不可自由分裂。甚至形态完好的游动孢子也可能受到集群成员的某些伤害。比歇普（Bishop）和巴尔（Bahr）证明：当卡式冠足虫（*Lophopodella carteri*）的集群大小增加时，每个游动孢子的清滤率（Clearance rate）（例如，微升／游动孢子／分钟）就会降低。所以，较大的集群，对于其中每一个体成员就意味着获得较少的食物。但在集群的一些物种中，业已证明，对集群个

体也有许多有利性在对抗着上述的不利性：

浅海底栖生生物对身体胁迫的抵抗。 沿着海岸线栖息在浅海区的无脊椎动物，集群性是其最常见的现象。在波浪最强的地方，座生生物有可能最容易被沉积作用闷死。沉积岩和岩石上的珊瑚礁与污浊处，基本上是由集群的腔肠动物、苔藓虫和被囊动物组成的。对6种珊瑚类物种进行的仔细研究揭示：当游动孢子的大量钙质骨架以某些方法构筑时，能更安全地把海底集群加以固定，从而增加了被它们保护的生物的成活时间。集群从海底产生个体，这样就避开了最浓稠的悬浮尘埃颗粒。各游动孢子在珊瑚和其他集群形态中的一定取向，使它们比相似结构的分离个体游动得更快（见图19-3）。

自由游动（浮游生活）对其他座生形式的解放。 管水母和腔肠类集群的活动孢子是螅状体，它们基本上像水螅个体，适应于海底和座生生活，通过把某些螅状体改变成浮标和游泳伞膜，这些集群就能在广阔的海洋上自由游动。集群的某些成员，例如胃游孢子、生殖游动孢子和苞片，在结构上仍是螅状体，但通过上述游动"专家"的携带就容易游动起来。

集群优势和竞争能力。 如波纳（Bonner）强调的那样，黏球菌和细胞黏霉菌通过集聚得到的明显好处是，提高了梗上子实体的能力。因此，从子实体释放出的孢子，要比单个细胞或仍在土壤中的变形黏菌传播得更远。传播是孢子形成的"目的"，因为只有当局部环境条件恶化时才引发集聚。座生无脊椎动物中的集群性，不是与传播的增强有关，而是与传播后能改善集群的生长和成活有关。无性芽殖是最快的生长形式，特别是当进行侧生而产生具外壳的组合体时。无性芽殖也能使集群过度增长而抑制其竞争者。例如珊瑚可像植物那样彼此竞争：通过掩挡其下方那些珊瑚的阳光，或者通过压盖而闷死占有同一表面的竞争者。在这两个例子中，繁殖成大的团块并继续增长达到高密度分布的能力是决定性因素。

关于集群能力和竞争能力之间的区别，卡夫曼已对苔藓虫集群的增长进行了模拟。他首先假定，幼虫产量的限制因子是能量消耗的速

图19-3 圆菊珊瑚属（*Montastrea*）游动孢子左边的取向要比右边的取向游动速度更快（自Hubbard，1973）。经允许重印于《动物集群：随时间的发展和功能》，编辑为R. S. 波德曼（R. S. Boardman）、A. H. 奇萨姆（A. H. Cheetham）和W. A. 奥利弗（W. A. Oliver）。版权所有者为Dowden，Hutchinson & Ross出版公司，地点为宾夕法尼亚州的Stroudsburg。

率，而后者又与摄食游动孢子数成比例。能量一定在芽殖出新的游动孢子、新的非摄食异质游动孢子，为集群增添钙化作用和新幼虫之间进行分配。具外壳和呈蔓状的物种具有最高的 r 值，因此往往在有可利用的新环境条件下，这些物种有望占优势。换句话说，这些物种是机会主义的，在最为波动和能短期生活的生境中可繁殖起来。但像一般的 r 选择者那样，这些物种在拥挤环境中的竞争能力不强。K 选择者最可能是具有强钙化作用的外壳的灌木状的物种，且其中许多是异质游动孢子。这些物种通过消除较小的和竞争力不强的竞争者而使自己有立足之地。

对捕食者的防御。外肛动物门（Ectoprocta）的大多数异质游动孢子，是通过如下方式特化成担负集群的防御功能的：增加集群的强度，或者主动驱逐入侵者。

集群的一般进化趋势

俄罗斯动物学家 W. N. 贝克勒米谢夫（W. N. Beklemishev）对无脊椎动物的集群生活做了几乎是最完整的系统说明。他在考察了大多数集群分类单位并对它们进行简单的形态学分类后，得出了他认为广泛适用于无脊椎动物的一些主要进化规律。他的思想受到了以下两个古

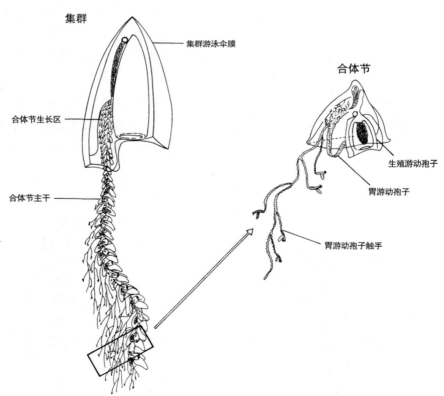

图 19-4 五角水母属（*Muggiaea*）管水母，其中表示的是无脊椎动物集群各组织单位完全的等级系统。合体节（eudoxomes）是由一群游动孢子（个体）组成的，而在集群内这些孢子是相互协作的，且作为不同的因子加以识别。在五角水母属情况中，合体节可近似看作一个完全集群，因为它可分离出来生活一段时间（自 Hyman，1940，经修改）。

老概念的影响：超级有机体的概念、生物复杂性涉及个体分化和个体整合这一双重过程的观念。据此，他鉴别出三个互补趋势，作为增强集群性的基础：（1）通过身体结合、共用器官、减少身体大小和寿命，以及特化成简单的、高度依赖的异质游动孢子，弱化游动孢子的个体性；（2）通过更为精细、固定的身体形态和更紧密的各游动孢子在生理和行为上的整合，强化集群的个性；（3）发展合体节，或发展"集群内的集群"。至少在外肛亚门的棘口类，班塔（Banta）已得出结论：首先通过劳动分工（可能与合体节的界定有关），其次通过多态游动孢子在生理上的相互依赖，最后通过游动孢子在结构上的相互依赖，进而增加集群性。在进化的后期阶段，上述三个过程是同时发生的。

合体节特别有趣，因为它们对应后生动物个体的器官系统和附属器。合体节的例子包括：管水母和管水母其他类型的游泳肢、游泳伞膜区（游泳肢）；海鳃动物和其他8种珊瑚类物种的"叶""腕足"和分肢；外肛类集群中的幼芽或节间，以及其他。在五角水母属和有关钵状亚纲的管水母类中，有一类合体节是独立的，甚至可以作为一个组织单位或作为一个完整集群生存。它典型地由一个帽形苞片、一个具有触手的胃游动孢子和一个或多个生殖芽体（一种性别）组成，而后者兼作游泳伞膜。当这些充分发育的单位断开时，暂时能自由生存。这类合体节在发现它们与较大集群的真正关系之前，还被认为是管水母目的不同物种（见图19-4）。

表19-1给出了集群系统发育的分类单位，以及最受发育影响的生活周期的分类特征。在随后的几节中，我们会足够详细地介绍若干类群，以作为集群基本特征的示例。介绍是按系统发育的顺序，从相对原始的黏霉菌到高级的三胚层苔藓虫。应记住的要点是，在整个生物学的基础上，这些生物在系统发育位置上虽然变化很大，但是每一生物的集群特化要通过很高的"目"级水平才能识别。

黏霉菌和集群细菌

网柄菌属黏霉菌或黏菌（细胞黏霉菌类中被了解得最清楚的成员）明显的生活周期，让生物学者普遍都抱有兴趣，因为它提供了一个发育成多细胞生物的模型系统，而且能相对容易地进行试验操作。对于社会生物学家来说，它具有更为特殊的吸引力，也许是它具有单细菌生物最高级的社会行为——变形黏霉菌的集象启动了多细胞半个生活周期。关于网柄菌属及有关黏霉菌的生物学，已由波纳——对该研究的主要贡献者之一——做了深入评论。

网柄菌属的生活周期，可方便地以孢子落在土壤、落叶层或朽木上作为开始标志。它呈现的细胞是单细胞的，其行为如同"真"变形虫；它们在液膜上蠕动、吞噬细菌并以不同的间隔时间进行分裂。只要有足够的食源，这些细胞便会彼此完全独立。但当食源短缺时，就会发生戏剧性的变化。某些变形虫（细胞）成为吸引中心，而群体中其他的变形虫都流向它。不久，这种随机序列就变化成变形虫缨子，而这些缨子由于变形虫不断迁入而具有一个隆起中心和若干个辐射状臂。当这种集聚进一步发展时，就表现为在长度上平均0.5—2毫米的腊肠形状。这一被称为假原生质体的新整体，现在仿佛是多细胞生物。它分头端和尾端，能使头朝光方向缓慢运动。直到一周或两周后，假原生质体转化成子实体。部分变

表19-1　微生物和无脊椎动物集群的系统发育分布和特征（此表在原书p389—391）

生物类型	集群组织	作者
原核生物界		
裂殖菌门（细菌） 黏球菌纲（黏球菌）	单个细菌在黏液上缓慢滑行；培养基中缺乏某些氨基酸时，细菌集聚并形成不同的子实体	Bonner（1955），Doetsch & Cook（1973）
原生生物界		
鞭毛虫纲（鞭毛虫）	盘藻属（*Gonium*）、实球藻属（*Pandorina*）和其他形式的简单游动集群是由清澈黏质包围的细胞丛；团藻属（*Volvox*）是由包围在清澈黏质内500—50 000个细胞组成的，具有复杂的无性芽殖和分化的性细胞	Hyman（1940），Grassé（1952a），Curtis（1968b），Barnes（1969）
纤毛虫纲（纤毛虫）	复杂性有变化的座生、具梗集群；在极端情况下，如聚缩虫属（*Zoothamnium*），将产生大量细胞，其中一些是类似孢子的集群形式	Summers（1938），Hyman（1940），Corliss（1961）
黏霉菌纲（黏菌） 盘卷虫目	形成细胞网的寄生真菌，偶尔会稠密地聚集。在植物宿主上的只有一个属：盘卷虫属（*Labyrinthula*）	Bonner（1967）
根肿菌目	寄生在植物上。单细胞游动孢子穿透宿主细胞、繁殖并融合成无细胞壁的团状物（合胞体），后者继续入侵宿主	Bonner（1967）
真黏菌目（真黏菌）	分解性生物，即绒泡属（*Physarun*）生活在土壤和朽木中。合胞体是通过核分裂而不是细胞聚集增长的；当环境恶化时，合胞体往往转化成携带孢子的子实体结构。偶尔，分离的合子或合胞体融合成新的合胞体，从而形成了初步的聚集	Alexopoulos（1963），Bonner（1967，1970）
黏霉菌目（细胞黏霉菌）	分解性生物，即网柄菌属、哈氏虫属（*Hartmanella*）和轮柄菌属，生活在土壤和朽木中。单个变形细胞（变形黏霉菌）独立摄食。环境恶化时，变形黏霉菌聚集成假原生质体，后者迁移一段时间，然后产生一梗状的、发散孢子的子实体	Bonner（1967，1970）
动物界		
多孔动物门（海绵动物门）	在许多物种中，如枝叶形海绵（*Esperiopsis*）、山羊海绵（*Hircinia*）和细芽海绵（*Microciona*）的游动鞭毛幼虫发育成完全座生海绵，并在各分离细孔（前下前咽）周围长出半独立的芽体。这些称为个体或集群的芽体，显然在组织水平上是中间型的。同一物种的相邻海绵有时可融合再组织成一新个体（或集群）	Hyman（1940），Fry, ed（1970），Hartman & Reiswig（1973），Simpson（1973）
腔肠动物门或刺泡动物门（水螅、水母或有关形式）	在生活周期中大多数物种具有螅体阶段，其中绝大多数为集群。集群由单个合子发育而成，形式上随物种变化很大。所有集群至少有两类个体（游动孢子）：一类用作捕获和消化食物（胃游动孢子）；一类用作繁殖（生殖游动孢子）。大多数集群是座生、呈枝状形式。在少数物种中，集群漂浮在海面上如同水母；在管水母目，这一趋势发展到了极端，一般也是无脊椎动物集群性的极端。某些水螅类物种具有真正的水母阶段，但都为单生独立的	Hyman（1940），Garstang（1946），Barnes（1969），Beklemishev（1969），Mackie（1969，1973），Phillips（1973）
珊瑚纲（珊瑚、海葵和有关形式）	除海葵和角海葵外，都由集群形式组成。由附着在基质上的浮浪幼虫发育成集群；无性芽殖新的游动孢子，并且它们是紧密连在一起的（虽然全部和近乎全部个体可典型地作为腔肠动物螅状体被区分开来）。大量的不同集群形式是由现在生存的10个"目"产生的。某些物质分泌外骨骼，从而形成了热带珊瑚礁	Hyman（1940），Barnes（1969），Beklemishev（1969），Boardman et al.（1973）
扁形动物门（扁虫）	在单肠目扁虫的链涡虫属（*Catenula*）、微口涡虫属（*Microstomum*）和直口涡虫属（*Stenostomum*）中，其个体通过横向裂殖繁殖，然后通过游动孢子相互吸附而形成链状集群	Hyman（1951a），Beklemishev（1969）
多节绦虫纲（绦虫）	囊尾蚴属（*Cysticercus*）的幼虫芽殖生殖具有许多附着的但为半独立囊泡的系统；膜壳属（*Hymenolepis*）产生具有多生殖根和似囊尾蚴虫的分枝集群。成熟绦虫的节片（具有独立繁殖系统）可大致解释为它具有游动孢子并将整个绦虫体看作集群	Hyman（1951a），Beklemishev（1969）

（续）

生物类型	集群组织	作者
轮虫门	少数物种形成初步的集群（个体附着在基部）。在座生的簇轮虫属（*Floscularia*），年幼轮虫附在年老轮虫的管上。聚花轮虫属（*Conochilus*）轮虫呈现集群浮游形式；个体从共同中心向所有方向辐射，在水面上作为一个单位浮游	Edmondson（1945），Hyman（1951b），Barnes（1969）
内肛动物门（苔藓虫）	多数物种为集群，在多数情况下从水平匍匐丝长出具有一个或多个游动孢子的多个梗。游动孢子是普遍存在且半独立的，在组织水平上则与原始水螅类相似	Hyman（1951b），Beklemishev（1969）
环节动物门		
多毛纲（多毛蠕虫，全海产）	在自裂虫属（*Autolytus*）、多链虫属（*Myrianida*）和其他属的少数物种中，通过个体的横向裂殖形成线状链。自裂虫属也是二态的：第一个母性个体是无性的，而其女儿是有性的	Beklemishev（1969）
节肢动物门		
甲壳纲（甲壳类动物）	在快合藤壶（*Thompsonia socialis*）（根头目中的一种寄生藤壶），胞囊幼虫芽殖生殖后代，并用一共同的根系统连接起来	Beklemishev（1969）
昆虫纲（昆虫）	真社会集群，在蚂蚁和白蚁的所有物种中以及蜜蜂和黄蜂的许多物种中，都以存在不育职别（工职）为特征。集群是由一受精皇后（蚂蚁、蜜蜂和黄蜂）或由一对皇后和皇王（白蚁）建立的；然后繁殖个体产生工职，并且当集群达到一定大小时，还繁殖产生其他的形态。不像其他的无脊椎动物集群那样，昆虫集群各成员在身体上是分离的，能够独立活动	Wilson（1971a）；见本书第20章
帚虫动物门（帚虫，类似蠕虫的海产动物）	卵状帚虫（*Phoronis ovalis*）通过芽殖和横向分裂形成分枝的、座生集群	Hyman（1959），Beklemishev（1969）
外肛动物门或苔藓虫门（外肛苔藓虫、苔藓动物、苔藓虫）	几乎全部4 000个生存物种都是集群和座生的。通过芽殖成长的集群在形态上随物种的不同而有很大变异：有些是扁平和具外壳的；有些是直立和分支的；有些纵裂成类似于珊瑚虫的裂片。裸唇纲大多数物种集群是多态的：具有许多简化的游动孢子（"异质游动孢子"），或者变化成具有保卫、清洁或繁殖作用的游动孢子	Hyman（1959），Beklemishev（1969），Ryland（1970），Boardman et al.（1973），Larwood et al.（1973）
半索动物门（柱头虫）		
羽鳃纲（羽鳃类）	头盘虫属（*Cephalodiscus*）和杆壁虫属（*Rhabdopleura*）通过芽殖形成座生集群；在后者，游动孢子在集群基部的基质上蔓延形成一共同的匍匐根	Barrington（1965），Beklemishev（1969）
脊索动物门（脊椎和无脊椎的脊索动物）		
尾索动物亚门（尾索动物）		
海鞘纲（海鞘动物）	尾索动物亚门的最大的一群，整个在海底座生。集群组织至少已独立产生了若干分支，在形态和整合程度上随物种会有很大变异。在最简单的集群中，如连茎海鞘属（*Perophora*）的集群，单个的游动孢子是从一共同匍匐根中产生的。中等程度的聚集涉及身体基底部的结合和一公用被囊的形成。在杯球属（*Cyathocormus*）和腹球属（*Coelocormus*）的极端情况，建立的集群如同某些高等海绵动物的集群：游动孢子各成员的颊侧鳃孔（口）开口到外面，但各气门鳃孔却开口到泄殖腔，被囊也变成一单形结构	Barrington（1965），Barnes（1969），Beklemishev（1969）
樽海鞘纲（樽海鞘类）	所有的樽海鞘是海面自由游动的浮游觅食者。火体虫属（*Pyrosoma*）形成精细的、两侧对称的集群，其游动孢子沿着体壁和前心房排列并作为一些觅食单位开口于泄殖腔，泄殖腔又依次与集群一端的大开口相通	Barrington（1965），Barnes（1969），Beklemishev（1969），Griffin & Yaldwyn（1970），Baker（1971）

形虫成为子实体基部或梗，其余的在顶端成为子实体的携带孢子的（孢子）球。每一物种的细胞黏霉菌都有其生活周期中这一最后的，也是最为复杂阶段的不同变异形态（见图19-5）。这一生活周期的适应意义不难解释。由于变形虫很小而表面积与体积之比最大，所以当环境条件变得有利时，它们的摄食和繁殖能力都会达到最大。当局部环境恶化时，它们就从最大分散状态变化到集聚状态并进行迁移。

391

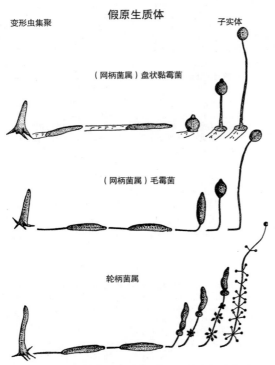

假原生质体

变形虫集聚　　　　　　　　　　　子实体

（网柄菌属）盘状黏霉菌

（网柄菌属）毛霉菌

轮柄菌属

图19-5 若干种细胞黏霉菌生活周期的多细胞各阶段。左部是变形虫聚集隆起，这一隆起部分躺倒而成为可迁移的假原生质体（中部），最终转化成子实体（右部）。在这些多细胞阶段中，每一物种在外部形态的细节上都不同（自Bonner，1958，经修改）。

在物种盘基网柄菌中，引起变形虫聚集的物质被称为"集胞黏菌素"，经鉴定为腺苷-3'，5'-环状一磷酸盐（环状 AMP）。这些变形虫在缺少

食物时，就进入分化期（称为"间期"），持续6—8小时，然后释放出的环状AMP量急剧增高，从开始的10^{-12}摩尔分子到随后6小时的峰值10^{-10}摩尔，二者相差100倍；变形虫对环状AMP的敏感性也成百倍地增大。这种相应增大的基础是一个谜。当一个变形虫在局部浓度梯度的高点时，它是如何沿着集胞黏菌素梯度运动的呢？答案是：在这过程中各变形虫不断地向对方重复发出信号。环状AMP以脉冲形式被释放，而这些脉冲明显地受到随后的集胞黏菌素酶的释放的影响而迅速下降（因这种酶使环状3'，5'AMP转化成5'AMP）。约15秒后，这些变形虫自己发射一些脉冲以对这些脉冲做出回应，然后指向原来的信号源运动经约100秒。在环状AMP脉冲和对其反应脉冲之间的间隔期约为300秒；且运动时，变形虫对进一步的信号没有反应。由于每一变形虫是作为一个局部信号源而发生作用，所以总体来说，群体总是指向其最近的邻近个体运动，这样一开始就形成了一串串的聚集流。在这些聚集流内，运动仍继续指向原来的信号源。这样最终就形成了总的聚集中心。罗伯逊（Robertson）等人证明，通过电泳以适当速度从微电极释放出环状AMP可以诱发出上述全过程，培养皿中的变形虫都很顺从地往微电极的尖端处聚集。

我们对假原生质体内发生的变化了解得很少，从而产生了更多的难题。在迁移运动期间，细胞团块中的变形虫经历着分化：前部1/3的变形虫要比后部2/3的变形虫更大一些，用某些类型染料染色后，它们的着色程度也不同。这两部分的区别是很明显的，并且预示着即将形成子实体。迁移结果是，假原生质体滚成一个球状体。较大的变形虫一端仍生长得较大，并往球体内部陷入，它们开始形成子实体的梗。当另一端变形

392

虫堆积时使梗加长，同时把较小的后部变形虫细胞抬举到空中而形成圆形囊。不久后，后部的细胞就转化成孢子了。这种劳动分工很奇特：借助于梗部分细胞的自我牺牲，可以使得某些细胞作为孢子而求得永生。如果这些细胞在遗传上是相同的，则不存在理论问题，因为这一过程与后生动物个体的组织分化基本上没有什么不同。但是，如果这些细胞在遗传上不同（这是可能的，因在生活周期的开始它们来源于多个孢子），则在网柄菌属观察到的这类繁殖上的从属关系就会受到个体选择的抵消，而其进化必须通过在较高水平的选择上加以解释。

在趋同进化中最值得注意的一种情况是，黏球菌与细胞黏霉菌的生活周期具有紧密相似性。黏球菌这种细菌是原核生物，而细胞黏霉菌这种真菌是真核生物。这两类微生物处在所有进化中最大歧化的两支——其歧化程度甚至超过诸如单细胞真核原生动物和更为原始多细胞动物间的歧化。然而，这两类微生物的生活周期在许多细节上却彼此相似。被研究得最精细的细菌之一是软骨霉状菌属（*Chondromyces*）的细菌（见图19-6）。该属的"黏球菌"实际上是直径为50微米或稍大一些的小胞囊，而每个胞囊内都有数千个细菌。当胞囊裂开时，聚在其内的杆状细菌，按波的说法，像从一条龙的口中被射出一样。然后，这些细菌在黏液迹表面滑行、吸收营养并按常规裂殖进行繁殖。大量的细菌成群滑行，后面的细菌沿着前面细菌的路径滑行。像行军蚁中的觅食集群那样，它们首先往一个方向，随后往另一个方向运动。有时还做扇形展开，仿佛在寻觅新食源。偶尔，各群还收缩成坚实的聚集体。不仅各单个细菌进行分裂，而且来自不同胞囊的细

菌团块还能相互结合，以至于运动中成片细菌的面积很快就会变得很大。当食物短缺，或更正确地说，当环境中某些氨基酸含量降低时，细菌就凝聚形成特定的子实体。子实体的梗是由变硬的黏液支持的，而类胡萝卜素的累积则为子实体增添了红色、粉红色、紫色或黄色的美丽色彩。

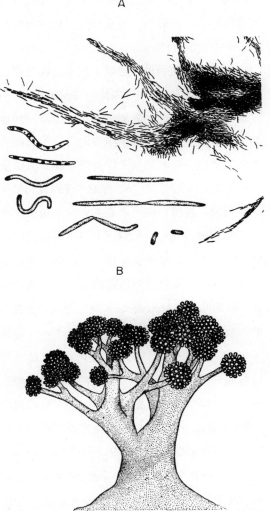

图19-6　软骨霉状菌属的社会细菌。A: 金黄软骨霉菌营养细胞和觅食细胞群的一般表现。B: 藏红花软骨霉菌（*C. crocatus*）的子实体——横断面直径大于0.5毫米时测量到的一个大而复杂的结构（自Thaxter, 1892）。

腔肠动物

在腔肠动物门内已经出现了真正可以被证明的集群进化等级。虽然各个体全都保持着基本的二胚层身体结构，但它们之间的关系表明，其间存在着极大的差异：从单独个体的真水母、水螅和海葵，经过实际上可以想象的分级发展到与个体几乎不能区分的、充分整合在一起的一些集群。某些集群是座生的如同苔藓那样的形态，而另外一些集群是类似水母那样的可游动的组合体。

现存的珊瑚物种，展现了固着生物集群进化的一种情景。在匍匐珊瑚目（Stolonifera）中发现的最基本类型的集群，是由一生殖根相连的、几乎独立的游动孢子组成的。其生长模式类似于植物，新游动孢子在基质中游动时就从生殖根萌发（见图19-7）。在匍匐珊瑚目的另外一些物种，新游动孢子来源于老游动孢子体壁上的生殖根。当它们长到一定高度时，仍以相同的方式产生其他的新个体，其结果是得到一分支状集群：从底部到顶部的密度是逐渐增加的。软珊瑚目（Alcyonacea）通过形成一种普通的类似胶状物的中胶黏蛋白（Mesogloea）达到了更进一步的整合，因为在这里腹腔已被紧密地包起来了。该属物种产生最大集群的游动孢子分化成两种形式：更为基本的自主游动孢子（autozooids），它们摄食、消化并把营养物分配到集群的其余部分；管状游动孢子（siphonozooids），它们具有繁殖器官，并通过咽侧往下流动的大纤毛沟进行水循环（见图19-7）。这一分化的明显意义在于后一功能的出现：它防止了群体在高密度时水的停滞。通过软珊瑚目物种深海珊瑚（Bathyalcyon robustum），珊瑚中的集群

已经获得了最终发展：每一成熟集群由一个大的自主游动孢子组成，而其体壁内植入了大量的子代管状游动孢子。在效应上，管状游动孢子已经成了亲本自主游动孢子的器官。

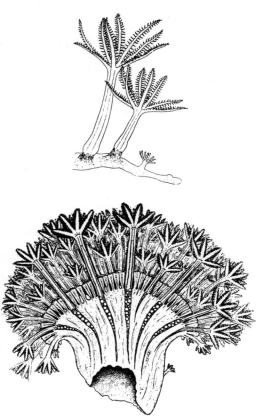

图19-7 珊瑚集群进化的两个等级。顶部：简单形式（物种 *Clavularia hamra*），在这里大量的独立游动孢子从靠近带形生殖根的末端长出。底部：较高级形式（物种 *Heteroxenia fuscescens*），在这里，游动孢子相互协作建造出一个坚实的钙质基底。把这个样本切开一半以显示两类游动孢子：管状游动孢子，沿着它们的边缘有一个纤毛沟和深深穿透到基底的性腺；自主游动孢子，这些孢子没有上述那些器官。管状游动孢子特化成能进行繁殖和水循环；而自主游动孢子进行摄食和消化食物。注：自 Bayer，1973；根据 H. A. F. Gohar。经允许重印于《动物集群：随时间的发展和功能》，编辑为 R. S. Boardman、A. N. Cheetham 和 W. A. Oliver，版权所有者为 Dowden，Hutchinson 和 Ross 出版公司，宾夕法尼亚州 Stroudsburg。

柳珊瑚目（Gorgonacea）中呈现了所有不同的集群方式。在这里，生长是树状的，以不规则的分支模式进行组合。某些物种的集群类似扇子，某些类似棕榈叶，某些在具游动孢子的枝上产生精致的螺纹环。在珊瑚科（Coralliidae）中（属于真正的柳珊瑚），游动孢子像大的海鸡冠那样，是二态的。但这种相似性可能是趋同的结果。在海鸡冠中，自主游动孢子（而不是管状游动孢子）含有性腺。

394　外肛动物

外肛动物门或苔藓虫动物门（较老的动物学分类认为包含大量的"苔藓虫"）的动物，在有体腔动物中显示了最高级的集群组织。游动孢子的特化是极端的，可与在有体腔的管水母中发现的相比拟。绝大多数外肛动物的物种都是座生的，在海水或淡水中可利用的坚实表面上形成具壳的或树状的集群。用肉眼看，某些集群类似于一片片的具网眼的针织物，有些类似一小片地衣或海草。胶苔藓虫（Cristatella）的集群是带状体，其在基质上滑行的速度每天不超过3厘米（见图19-8）。外肛动物以浮游生物为生，是用触手冠（顶部具有纤毛触手的凹形器官）捕获这些生物的；其所有物种都是集群的。游动孢子是通过骨架壁的孔洞进行联络的。这些孔洞通常被表皮细胞堵塞，只有在羽苔虫（Plumatella）和被唇纲（Phylactolaemata）的其他淡水成员才确有孔洞，以允许体腔液自由流动。

游动孢子的多态现象仅限于裸唇纲的原始海生动物。在这些个体中各特化者的差异性是很大的，并且苔藓虫动物学家几乎一直没有系统地研究过它们，甚至其基本形态学的分类类型也处在不断变动中。自主游动孢子（具有独立繁殖和摄食器官的个体）作为主要的一类可与异质游动孢子（所有特化者合在一起的一大类）区分开来（见图19-9）。此特化大类中的一个最明显的类型是在唇口目（Cheilostomata）的某些物种中发现的鸟头体。这类游动孢子的苔藓盖已经变得非常锋利：通过肌肉的反向活动可进行开合。草苔虫（Bugula）和偶苔

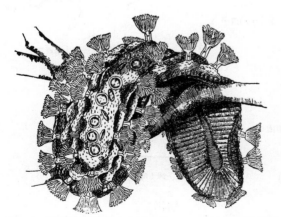
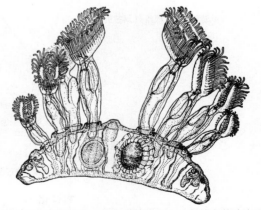

图19-8　淡水胶苔藓虫（*Cristatella mucedo*）的运动集群。左：爬行在植物茎上的集群整体观——各单个游动孢子向上伸出其如刷子般的触手冠，而在其下面圆形的生殖胞（无性产生的繁殖体）被集群的胶状支持结构包围（自J. 朱利安，1885）。右：淡水胶苔藓虫集群的横切面（引自布莱恩，1953）。

虫（*Synnotum*）的有柄鸟头体，明显与鸟头类似，事实上它确实能够指向并咬住入侵的小生物。在这种个体和其祖先自主游动孢子之间的差异，要比社会昆虫任何两职别间的差异大得多，并且只有管水母游动孢子之间的差异才能与之相比拟。外肛动物其他的特化者包括：振

鞭体，在这里苔藓盖改变成能不断鞭打的柔软鞭毛；刺状游动孢子，其特征是从体壁突出刺状物；生殖游动孢子，特化成进行有性繁殖；中间游动孢子，这是高度简化的形式，其作用是用来作为适于相邻游动孢子之间的孔板或孔腔。空状游动孢子（Kenozooid）是由广泛不

395

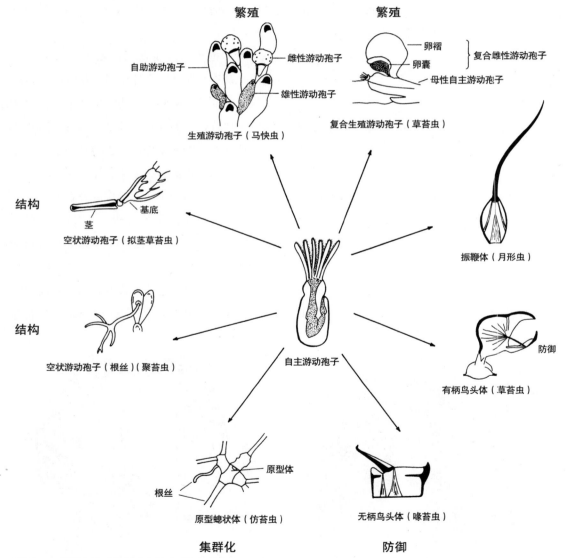

图19-9　苔藓虫集群中各个体的分化。特化者（异质游动孢子）每一基本类型已由更原始的自主游动孢子（能进行繁殖和摄食）进化而来。该图给出了异质游动孢子的某些主要类型，也给出了其代表的属名。仅有几类异质游动孢子是在苔藓虫所有物种中都存在的。

同的支持固定要素（例如根丝和其他的根附属物）、生殖根管状要素（由此芽殖出其他的游动孢子）和吸附盘组成的。空状游动孢子，连同中间游动孢子一起，在结构上往往简化到如此程度，以至于有时要把它们放在进化的各中间阶段进行比较，才能把它们确定为个体而非器官。这些孢子的存在导致西伦（Silén）把外肛动物门游动孢子（个体）的最终结构确定为由体壁包围形成的体腔。还有其他一些形态类型存在。在空腔属（*Diplosolen*）和缘孔苔虫属（*Trypostega*）的集群中，（苔藓虫的）矮小个员是自主游动孢子在发育上受阻的复制物，现在还不清楚它们的功能（如果有的话）。外肛动物集群的奠基成员［称为原型体（ancestrula）］往往首先形成生殖根节段，也能形成复合生殖游动孢子。如伍拉科特和齐默尔（Woollacoot & Zimmer, 1972）指出的那样，宽唇纲（Eurystomata）草苔虫和其他成员的圆形孢袋或卵室不只是一个变异的游动孢子。卵室由两部分组成：肉褶（是由母性生殖游动孢子体壁外翻形成的）和外（钙化）壁（是由靠近母性个体的自主游动孢子衍生出的一独特空状游动孢子形成的），胚胎就是在这两部分间进行发育的。在外肛动物，每一物种共有的异质游动孢子（其中包括繁殖特化者）不超过4类或5类。

关于异质游动孢子的结构、胚胎起源和进化，一直是赖兰（Ryland）、波德曼和奇萨姆，以及奇萨姆和西伦深入研究评论的课题，但对它们行为的研究却相对较少。值得注意的一个例外是卡夫曼对草苔虫有柄鸟头体的研究工作。只从这种鸟头体的解剖学上做推测，它们是防御特化者，但其防御的有效性却是相当有限的：它们能捕获具有许多附属肢的、在长度上为0.5—4毫米的小动物，或者是在直径上小于0.05毫米的像蠕虫那样小的动物。实际上这意味着，这种鸟头体的关键作用是：防止甲壳动物的筑管钩虾（tube-building gammarid）落在集群上。超出这一范围的大多数动物，其中包括污染生物的幼虫和大多数潜在捕食者，这种鸟头体都很难应付。在斯科夫的开拓性论文中，已对苔藓虫动物的多态现象做了一般的生态学分析。根据职别的工效学理论（见第14章），唇口目多态物种一般在稳定的环境中（特别是在热带大陆架和深海环境中）出现的频率最高。异质游动孢子的一些最高级形式，也是集中在这些地区。斯科夫的上述这些相关关系，不管在细节上是否做出了正确的解释，都合乎逻辑地指明了下一步研究苔藓虫动物自然史的方向。

第20章　社会昆虫

社会昆虫在数量上和多样性上的绝对优势向我们提出了挑战。巴西森林1平方千米内的蚂蚁物种数超过了世界上灵长类的所有物种数，食根蚁的一个集群的工蚁数要多于非洲所有的狮子和大象数。在生物量和能量消耗方面，社会昆虫要超过大多数领域生境中的脊椎动物。尤其是蚂蚁，作为无脊椎动物的主要捕食者，要超过鸟类和蜘蛛。在温带地区，蚂蚁和白蚁，作为土壤和落叶层的疏松运输者，是蚯蚓的竞争者；但在热带，这些昆虫要远远胜过后者。

昆虫提供了一系列丰富的社会组织给生物学家进行研究和比较。通过对集蜂、泥蜂和胡蜂这样一些类群的研究，充分显示了社会进化的过程。在每一进化级上有许多物种，使得对它们可进行统计抽样、计算方差和偏相关。但这一课题仍处于初级阶段。对于大多数社会性的属在行为上尚未进行研究，所以我们只能对这些属的集群组织进行大致推测。蚂蚁是研究的一个主要例子，用双名法命名进行过描述的蚂蚁物种接近8 000个，据布朗（蚂蚁分类的主要权威）估计，至少还有4 000个蚂蚁物种尚待发现。而从文献中报道发现新物种的速度来看，似乎比他估计的蚂蚁物种要多。也许现存蚂蚁物种有1.2万个，则凡进行过较仔细研究的物种少于100个或少于1%，而进行过完全系统研究的不足10个。蚂蚁物种约有270个属，这些属代表着总体单位，当进行比较研究时可获得最大益处。我判断其中只有49个属已进行了仔细的社会生物学方面的调查研究，并且在大多数情况下，可以想象，这些研究限制在很窄的范围内①。剩余的220个属的知识，几乎是来自其自然史的短篇论文，很少涉及它们的社会行为。也许其中的半数文章除了知其生境和巢址外，没有说明其他的知识。社会昆虫的其他主要类型，即白蚁、社会蜜蜂和社会黄蜂也已经有了较好的研究。

因此，尽管有如下事实，即已出版发行的论文专著数有关社会黄蜂的达3 000，白蚁达1.2万、蚂蚁达3.5万、社会蜜蜂达5万，但是昆虫社会生物学的发展大体上取决于未来的情况。这方面研究者的数量、出版物的出版速度和知识的增长，全都处在指数增长的早期阶段。昆虫学家也开始按如下逻辑顺序提出了这方面的一些中心问题：

· 昆虫社会生活的独有品质或特征是什么？

· 昆虫社会是如何组织起来的？

· 导致更为高级的社会组织的进化步骤是什么？

· 社会进化的原动力是什么？

这些问题在我的早期著作《昆虫社会》中已有相当系统的阐述，想获取较完善的解释请读者参阅该书。有关社会蜂类的问题，尤其是蜜蜂、社会黄蜂和白蚁，在有关文献中还可得到更详细和专门的说明。这章的以下部分给出昆虫社会生物学的概要：首先对上述问题给出

一些可能的部分答案，其次对一些关键类型的行为做出更为系统的说明。

什么是社会昆虫

"真正"的社会昆虫，或在学术上更正式的称呼为真社会昆虫，包括全部蚂蚁、全部白蚁和组织程度较高的蜜蜂及黄蜂。这些昆虫，作为一个类群，具有3个共同性状的特征：（1）在抚育幼年昆虫时，同一物种的个体相互协作；（2）存在繁殖上的分工，即或多或少的不育个体替繁殖能力旺盛的巢窝同伴劳动；（3）至少存在能为集群提供劳动的两个重叠世代，所以子代在其生活周期的某一阶段能帮助亲代。这也是大多数昆虫学家具体定义真社会的3个特征性状。如果我们注意到这些性状有可能彼此独立发生时，那么在其中一个或两个性状的基础上定义前社会（presocial）水平就比较容易。"前社会"是指还未达到真社会时，除了有性行为之外，其他社会行为有一定程度的表达。在这一广泛的分类范围内，可以识别出一系列较低的社会阶段，而这些阶段以矩阵形式被定义于表20–1。通过密切地检查上述那样的矩阵形式，可以领悟由诸如像惠勒、埃文斯和米琴纳这样一些老练的昆虫学家，在进行多年工作后所重建的合乎逻辑的社会进化。在社会进化的副社会（parasocial）顺序，属于同一世代的成体在不同程度上相互帮助。在其最低水平，它们只可能是群居的，即它们在筑巢穴时是协作的，但在抚育同巢穴幼雏时是分开的。在其下个拟（似）社会（quasisociality）水平中，抚育同巢穴幼雏是协作的，但每一雌性仍在其生命的某一阶段进行产卵繁殖；在半

① 社会生物学方面经仔细研究的蚂蚁49个属是：蜜蚁属、钝刺蚁属、爪蚁属、褶刺蚁属、角蚁属、针遒蚁属、细质蚁属、齿蚁属、游蚁属、钳蚁属、尼蚁属、矛蚁属（包括异蚁属）、谜蚁属、伪蚁属、红蚁属、农蚁属、触蚁属、收蚁属、大头蚁属、扁蚁属、细胸蚁属、劫蚁属、四怜蚁属、全蚁属、雄势蚁属、圆颚蚁属、卑蚁属、火蚁属、切叶蚁属、心节蚁属、举腹蚁属、毒鳌蚁属、杆须蚁属、瘤蚁属、田鼠蚁属、平地蚁属、弯背蚁属、粗蚁属、尖蚁属、植菌蚁属、灵蚁属、虹臭蚁属、微细蚁属、织叶蚁属、捷蚁属、鼻蚁属、蚁属、牧蚁属和弓背蚁属，参考文献见表20–2。——作者注

398

社会（semisocial）水平，拟社会水平的协作通过新添一个真正的工职而得到增强，换句话说，集群中的某些成员没有繁殖能力；最后，当半社会集群成员存活时间足够长，而使两代或更多代成员可重叠和协作时，就完成了真社会的3个基本特征性状，我们把这样的物种（或集群）看成是真社会。由米琴纳及其同事研究蜜蜂的一条可能进化途径，可以精确地预测这一社会进化的副社会顺序。

表20-1 昆虫的社会化程度，表现出中间的副社会顺序和亚社会顺序可导致真社会

社会化程度	社会特征性状		
	协同抚育同巢幼雏	职别分工	世代重叠
副社会顺序			
独居	−	−	−
群居	−	−	−
拟（似）社会	+	−	−
半社会	+	+	−
真社会	+	+	+
亚社会顺序			
独居	−	−	−
原始亚社会	−	−	−
中间亚社会 I	−	−	+
中间亚社会 II	+	−	+
真社会	+	+	+

社会化程度的另一个顺序，亚社会顺序，包含着亚社会（subsocial）的各阶段。在这种情况下，母亲和其子代之间的关系日益密切。在最原始水平，母亲抚育子代一段时间，但子代在成熟之前母子就分离了。因此有可能，当子代成熟时母亲仍还活着，可以为母亲照管其他的幼崽。类群中有部分成员成为永久工职时，就获得了真社会3个特征性状的最后一个性状。惠勒和随后多数研究者都相信，蚂蚁、白蚁、社会黄蜂和至少少数几类社会蜜蜂是随

着亚社会顺序的途径进化的。

在表20-2列出了真社会昆虫并很简要地总结了它们的习性。它相当清楚地表明，作为一个生态学对策，真社会化（eusociality）已经获得了压倒性的成功。把昆虫集群想象为如下的扩散有机体是有效的：其重量从小于1克到多达1千克，其个体数从约100到100万或更多。它如同变形虫那样的动物，在数平方米的固定领域内觅食。如草地铺道蚁，一个集群的平均工蚁数约为1万，总重约6.5克和控制着约40平方米的地面。栗红须蚁，为个体较大的物种，其集群平均有5000工蚁，总重40克和占领数十平方米的领域。所有这样的"超级有机体"中最大的是非洲食根蚁（Doryluswilverthi）集群，它可有多达2200万工蚁，总重超过20千克，其群队在4万—5万平方米的领域范围内巡逻。独居的臀钩土黄蜂（与现存蚂蚁在进化上关系最近），比较起来只不过是整个昆虫界的极小部分。类似地，白蚁的进化等级高于蟑螂。隐角蟑螂（其高级的亚社会形式接近白蚁的祖先）这一物种的丛聚形式尤其不明显，只限于北美和北亚的某些地区。只有社会蜜蜂和社会黄蜂的物种，其中间的各进化级才能同其物种的真社会形式相竞争。它们提供的一系列形式，足以推导出一个完整的进化途径。

昆虫社会的组织

一个物种一旦达到了真社会的阈值，有两种互补方式可以推进物种的集群组织：通过增加工职的数量和特化程度，通过扩大使集群成员相互协作的通信密码。这一表述是如下权威说法对昆虫界的表述：社会，就像一个个体和

任何一个控制系统那样，是通过其组织各部分的分化和整合而进化的。在第14章，我推出了一个不是非常明显的法则：进化中有增加职别的趋势，直至单一职别负责单一任务。对于社会昆虫的许多物种，可能还未达到职别数的理论限度，但大多数的高级形式逼近这一限度的程度是，在工职内可辨别的功能类型数往往可达5个或更多，可能往往超过10个。对这一估值含糊的原因是简单的。职别可以是身体形态（体形）的，即这些职别是建立在个体间永久的解剖学差异基础上的；或者，职别可以是暂时的，这意味着，个体通过其发育的不同阶段而以不同的方式服务于集群。换句话说，对于后一种情况，个体在其生命周期不止属于一种职别。固执者可能难以把发育阶段称为职别，但工效学理论的解释会表明为什么必须这样定义。

在蚂蚁中，依体形可发现有三种基本的职别，且成员全是雌性的：工蚁、兵蚁和蚁后。我把它们说成是基本的，是因为它们通常（但不总是）以明显可以区分的形态存在，而没有其他中间任何类型的职别。只是在最不确切的意义上，雄性才成为一附加"职别"。在雄性内，还没有发现过真正职别的多态现象。在姬猛蚁属（Hypoponera）中的某些物种可产生两种形态的雄性，但甚至在这些情况下，两种形态也没有共存于一个集群。兵蚁往往是指较大的工蚁，与之共存的体形较小的简称工蚁。一个物种中凡有兵蚁，则就也会有（较小的）工蚁。与兵蚁相比，工蚁更为"多才多艺"，其典型工作是觅食、筑巢穴、照顾同巢伙伴和其他日常事务。在许多物种中，兵蚁在一定程度上也帮助工蚁工作；但在大多数情况下，它们

是巢穴的保卫者和作为液态食物储存的活容器（见第14章）。许多社会寄生种丧失了工蚁这一职别；而在少数自由生活物种，尤其是在原始的猛蚁亚科中，蚁后已完全被工蚁或类似工蚁替代。只有少数物种，才出现上述3种雌性职别在一起。但是，所有蚂蚁物种都产生不少雄性，以作为正常集群生活周期的一部分。

在进化过程中，蚂蚁以不同的（往往是明显的）方式使这些职别精细化。有时衍生出的形式与其祖先形式没有什么相似性，例如刺切叶蚁蚁属（Acanthomyrmex）的兵蚁，其细小的躯体，部分缩卷在其大头底下，或形成行军蚁那样的大而奇特的蚁后。有时，一些中间类型也连接着三种基本的雌性职别：在工蚁和蚁后间的拟工蚁；在小工蚁（工蚁）和大工蚁（兵蚁）间的中间型工蚁。

虽然只有少数蚂蚁物种的工蚁可分成在身体上有着差异的亚职别，但迄今的所有研究表明，它们随年龄经历了复杂的生理和行为的变化。这些变化导致了由一种暂时职别到另一种职别的转变。奥特对欧洲木蚁或多栉蚁的分析是一种典型情况：每只工蚁，当完全限于集群内时，其活动都是不偏不倚地为集群所有成员服务的；或者是为给定职别或给定生命阶段的所有成员服务的。工蚁约用一半的时间休息，用另一半的时间从事一定的社会活动或觅食。工蚁从其茧羽化后，至少有50天的时间花在巢内服务上，德国研究者把这种巢内服务者称为内勤者（innendienst）。内勤者的工作包括照料同巢幼雏、蚁后和其他成年工蚁，处理巢内的死猎物和负责巢内清洁。虽然少数内勤者专门从事其中的一两项工作，但大多数内勤者在一定时间内要做其中多数或全部工作。

400 表20-2　社会昆虫概况

分类学类型	自然历史和社会行为	作者
膜翅目（黄蜂、蚂蚁、蜜蜂） 泥蜂总科（泥黄蜂） 　泥蜂科 　　泥蜂亚科 　　　大翅瘿蜂属及其他	分布全球。多数泥蜂物种为独居。大翅瘿蜂（*Trigonopsis cameronii*）为群居：直至4个雌蜂协作筑一大巢，但同巢幼雏仍分别抚育	W.G.Eberhard (1972)
短柄泥蜂亚科 　小刺蜂属及其他	分布全球。多数短柄泥蜂物种为独居，小刺蜂（*Microstigmus comes*，中美洲）多达11个雌性协作建造和保卫一个群居巢。初步证据表明，其中一个雌性产卵，而其余的为工蜂。因此该物种为半社会或原始真社会昆虫	Matthews (1968a, b)
方头泥蜂亚科 　方头泥蜂族 　　方头泥蜂属、孤垂泥蜂属等	分布全球。多数方头泥蜂物种为独居。属于一个世代的粗泥蜂（*Moniaecera asperata*）有2—3个泥蜂同巢群居，但抚育幼雏没有协作。须角泥蜂（*Crossocerus dimidiatus*）也有类似行为	Evans (1964), Evans & Eberhard (1970), Peters (1973)
节腹泥蜂族 　节腹泥蜂属等	分布全球。在红节腹泥蜂（*Cerceris rubida*），多达5个子代雌蜂与其母蜂协同保卫巢穴，但仍分开抚育自己的幼雏。	Grandi (1961)
胡蜂总科（胡蜂） 　壶巢胡蜂科 　　壶巢胡蜂亚科 　　　踝赢胡蜂属、白钩 　　　胡蜂属、细唇胡蜂 　　　属、疼痛胡蜂属、 　　　翼唇胡蜂属及其他： 　　　陶蜂和有关类型	几乎分布全球。多数物种独居，但少数物种相互为幼雏提供食物，即属于亚社会物种。角质黄蜂（*Synagris cornuta*）甚至把猎物浸软后，直接喂给幼虫	Evans (1958), Evans & Eberhard (1970)
胡蜂科 　狭腹胡蜂亚科 　　狭腹胡蜂属、真狭腹 　　胡蜂属、平滑狭腹胡 　　蜂属、短腹胡蜂属	分布在从印度到新几内亚岛（西太平洋）。亚社会昆虫，把猎物浸软后直接喂给幼虫。在短腹胡蜂属（*Parischnogaster*）的某些物种，女儿至少暂时与母亲住在一起，在这里新建蜂房和抚育它们自己的后代。至少短腹胡蜂属的一个物种还有劳动分工，即未受精的雌蜂起着工蜂的作用；但这两职别的遗传关系仍不清楚	E.X.Williams (1919), Iwata (1967), Yoshikawa et al. (1969)
长足胡蜂亚科 　铃腹胡蜂族 　　铃腹胡蜂属	分布在从非洲到亚洲热带、新几内亚岛、澳大利亚。雌蜂集群表现拟（似）社会形式，雌性至少有工蜂和蜂后的暂时分工。	Yoshikawa (1964), Iwata (1969), Spradbery (1973)
异腹胡蜂族 　异腹胡蜂属、针腹胡 　蜂属、异短腹胡蜂属、 　Apoica、柄腹胡蜂属、 　纸胡蜂属、合巢胡蜂属 　及其他：异腹胡蜂	分布在非洲、亚洲和（特别是）新大陆热带地区。所有物种表现真社会形式，雌蜂有蜂后和工蜂两职别（至少在功能上不同）。许多新大陆物种已发展了高级社会组织，这以体形上不同的职别和有大个头而生活时间长的集群为标志。蜂巢往往结构精细，这表明经过仔细"设计"以能很好抵御蚂蚁及其他捕食者的入侵。集群通常用分群方式扩增：多余的蜂后带领部分工蜂迁入新巢	Richards & Richards (1951), Richards (1969), Evans & Eberhard (1970), Pardi & Piccioli (1972), Schremmer (1972), Spradbery (1973)
长足胡蜂族 　长足胡蜂属：纸黄蜂	分布全球。有150余个物种，为原始真社会。有时分离出作为"畦状长足胡蜂属"（*Sulcopolistes*）的4个物种是寄生在长足胡蜂属一个物种上的社会寄生蜂。集群通常有一个蜂后或有一小群蜂后（属于同一世代），但有时会通过分群扩增集群（在热带物种）。其他情况见本章	Pardi (1948), Delourance (1957), Yoshikawa (1963), Eberhard (1969), Yamane (1971), Guiglia (1972), Spradbery (1973)
胡蜂亚科 　胡蜂属、前胡蜂属、黄 　胡蜂属：大黄蜂、胡蜂	分布在欧亚大陆、北非和北美，而在东亚具有最大多样性。所有物种是高级真社会形式，具有体形上不同的蜂后和工蜂，集群有数百或数千个成体，具有精细的纸板巢和高级形式的化学、听觉通信。胡蜂属和黄胡蜂属的6个物种是同一属成员的社会寄生昆虫，而黑尾胡蜂在一定程度上捕获其他胡蜂物种的幼虫。其他情况见本章	Ishay et al. (1967), Kemper & Dohrig (1967), Guiglia (1972), Ishay & Landau (1972), Spradbery (1973)
蚁总科蚁科 　蚁复合群 　　黄蚁亚科 　　　黄蚁属	仅有化石；美国、加拿大和俄罗斯地区的白垩纪已知最原始的蚂蚁，它是蚁复合群（myrmecioid complex）和独居臀钩土黄蜂之间的桥梁	Wilson et al. (1967), G. Dlusski（个人通信）

401

（续）

分类学类型	自然历史和社会行为	作者
蜜蚁亚科 蜜蚁属和其他：喇叭蚁或喇叭狗蚁	现存属有澳大利亚和新喀里多尼亚的蜜蚁属及澳大利亚的拟蜜蚁属（*Nothomyrmecia*）。其他的属是以化石的形式在欧洲和南美洲的第三纪早期发现的。在形态学上，是蚁复合群最原始的成员。现存物种是高级真社会昆虫，在蚁后和工蚁职别间具有良好发育的体形差异，集群具有数百或数千个成体和复杂的化学通信形式。但是同其他蚁比较，蜜蚁类有某些原始社会性状：集群奠基的蚁后仍然觅食；产生第一窝时，幼虫有一定程度的运动能力，而工蚁不反哺食物给其他个体等。其他情况见本章	Wheeler (1933), Haskins & Haskins (1950), Haskins (1970), Gray (1971a, b), Wilson (1971a) *
伪蚁亚科 伪蚁属、厚蚁属、四猛蚁属和 *Viticicola*	分布在全球热带地区，其中包括澳大利亚。体形细小，且几乎专为树栖形式。有些物种与植物，如金合欢树、Barteria 和 Vitex 有专性共生关系，以使它们免受草食昆虫和草食哺乳动物的侵害。幼虫在其头部下方体腹部有特化囊，以便工蚁把食物放入其内	Janzen (1967, 1972), Wilson (1971a)
臭蚁亚科 灵蚁族 灵蚁属及其他	唯一已知的现存西蒙原臭蚁（*Aneuretus simoni*）只限于斯里兰卡。化石物种在美国和欧洲的渐新世已有发现。考虑到物种 A. Simoni 是从较古老的灵蚁类衍生出来的，所以其在社会生物学上基本不同于臭蚁亚科其余的成员。工蚁这一职别，分裂成较小的和较大的两个亚职别，集群大，化学通信（包括嗅迹系统）相对高级	Wilson et al. (1956)
长颈蚁族 长颈蚁属、棘变蚁属、下蚁属、僧蚁属等	下蚁属为世界性分布；其他的属限于澳大利亚或新大陆热带地区。集群很大，往往生活在由长长的嗅迹连在一起的多个巢穴中。至少在下蚁属，嗅迹也用来作为觅食路线的通信部分，借此到达同翅类昆虫产生的蜜露源和其他的食物源。臭蚁属和僧蚁属（*Monacis*）这些新大陆特有的属也是专门树栖的，螫刺被化学物质替代，而这些物质大多是由蚁腺分泌的萜烯类化合物，用来逐退对手和为巢穴同伴报警。偶尔为体大而结实的蚂蚁	Wheeler (1910), Kempf (1959), Wilson (1971a)
细蚁族 细蚁属	分布在澳大利亚和新喀里多尼亚地区。蚂蚁大而细长，存在无翅、拟工蚁的蚁后，在较大工蚁中也存在完善的职别。螫刺退化但仍具有功能	Wheeler (1910, 1934)
微细蚁族 微细蚁属、巢蚁属、小巢蚁属、同蚁属、矛蚁属、*Forelius*、虹臭蚁属、*Liometopum*、巧蚁属和其他；包括伊蚁和食肉蚁类（*Iridomyrmex detectus*）和其他类似的澳大利亚物种	分布全球，在澳大利亚、新几内亚岛和新大陆特别多并具有多样性。集群从大到很大，往往占有多个巢穴，巢穴间用持续时间长的通信嗅迹连接。通信嗅迹也引导寻找食源，其中包括由同翅类昆虫产生的蜜露源。像臭蚁族那样，螫刺已被化学"报警-防御"系统替代。工蚁体形为小到中等，体柔软，行动敏捷	Wheeler (1910), M.R.Smith (1936), Blum & Wilson (1964), Markin (1970), Benois (1973)
蚁亚科 象蚁族 象蚁属	分布于澳大利亚。相对原始的树栖蚁类，巢在树枝或其他地方的洞穴中。工蚁分大、小两个职别。其自然史所知甚少。在这些和其他的蚁亚科蚁类，螫刺已被甲（蚁）酸替代，后者是由从螫刺器官分离出的特化毒腺分泌的	Wilson (1971a)
基索蚁族 基索蚁属	分布于亚洲热带，已知起源于欧洲渐新纪。相对原始的树栖蚁，工蚁具有大、小两个亚职别。其自然史所知甚少。长颚蚁属长颚蚁属分布亚洲热带地区。食肉蚁类，具有张开时大于180°和关闭时形如弹环圈的上颚。在热带雨林土壤中筑巢。其自然史的其他方面所知甚少	Wilson (1971a), Wheeler (1910), Wilson (1971a)
植蚁族 植蚁属、毛舌蚁属、*Notoncus*、原毛蚁属	毛蚁属在南美温带；其余的属在澳大利亚。个体大小中等，栖息土壤，集群中等到很大。植蚁属某些物种收获种子	W.L.Brown (1955, 1973)
斜结蚁族 斜结蚁属、*Acantholipis*、捷蚁属、高臀蚁属（*Acropyga*）	分布在从亚洲到澳大利亚的热带地区和新大陆热带区。其特点是生活在地下，盲眼，与生活在根部的同翅类昆虫相伴；在某些地区，数量之多可成为农业害虫。其余各属限于旧大陆；大多在地上觅食，在体形、大小和生态学上都不同	Bunzli (1935), Weber (1944), Steyn (1954), E.S.Bronn (1959)

402

403

（续）

分类学类型	自然历史和社会行为	作者
404 织叶蚁族 织叶蚁属：织叶蚁	分布在亚洲到澳大利亚热带地区，还有赤道非洲。起源于欧洲的渐新世和肯尼亚的中新世。大的、进攻型的树栖蚁类。工蚁用幼虫丝把叶紧系在一起而筑巢；工蚁用其上颚夹住幼虫作为织梭沿着叶边缘前后编织。工蚁分大、小两种职别：前者觅食，后者抚育	Ledoux (1950), Way (1954a, b), Sudd (1963), Wilson & Taylor (1964), Wilson (1971a)
蚁族 红蚁属、短刺蚁属、倭蚁属、田蚁属、Paratre-china、牧蚁属、拟毛蚁属等	分布全球。作为蚁科的优势类型与弓背蚁族相当；也是最大和最具有多样性的一族。大而昼出夜息的蚁属，其中包括寄生或使其他物种沦为奴隶的物种，是许多适应类型中的一种类型。当蚁属开发利用时，牧蚁属（Polyergus）和红蚁属（Rossomyrmex）是专门的奴隶。刺蚁属（Acanthomyops）显然是暂时寄生在田蚁属上；在其独立生活期间，集群是由大量的生活在地下的盲眼工蚁组成的，在这里与在根部的同翅类昆虫为伴。短刺蚁属（Brachymyrmex）是由很小的蚁类组成；有些物种在地上觅食，有些是专门在地下觅食。拟毛蚁属（Pseudolasius）的工蚁分成一些亚职别，但其他物种的工蚁却是单态的。还有许多其他例子可以用来引证说明：蚁族属内往往发生身体形态和社会系统的巨大变异	Wilson (1955a. 1971a), Sudd (1967), Wing (1968), W. L. Brown (1973), Francoeur (1973)
弓背蚁族 弓背蚁属、热蚁属、Opisthopsis、刺蚁属；弓背蚁属中某些物种称弓背蚁	弓背蚁属是所有蚂蚁属中最大和分布最广的一属，在陆地和树上都可发现。它比大多数蚁族表现出更多的生态学和行为学的多样性。几乎弓背蚁属的全部物种都是多态的，显然具有大、小两个亚职别。工蚁大和集群相对普遍，在某些情况下含有数百或数千个成体。刺蚁属（Polyrhachis）是具有大的单态属。其物种分布从非洲到澳大利亚。热蚁属和Opisthopsis的单态形式只限存在于澳大利亚	Sudd (1967), Sanders (1970), Lévieux (1971), Wilson (1971a), Benois (1972), Hölldobler et al. (1974)
405 猛蚁复合群 猛蚁亚科 钝刺蚁族 钝刺蚁属等	全球分布的钝猛蚁属是蚂蚁最原始的类型之一，且是"猛蚁复合群"内的最原始类型。集群小，组织松散，土壤中的巢结构简陋。蚁后和工蚁间的差异在蚁类中是典型的，但在发育上很不完全。通信表现原始。由单个蚁后建立集群，蚁后周期性地离巢外出捕获猎物。有时工蚁杀死其幼虫作为猎物。绳蚁属（Myopopone），分布于从亚洲热带到新几内亚岛，具有类似习性。澳大利亚的爪蚁属（Onychomyrmex），已独立进化成行军蚁行为，其中包括流浪生活和集团式攻击猎物以征服大的昆虫。匙蚁属（Mystrium）和锯蚁属（Prionopelta）这两属的生物学所知甚少	W.L.Brown et al. (1970), Haskins (1970), Gotwald & Lévieux (1972)
伸张蚁族 伸张蚁属等	伸张蚁属（Ectatomma，新大陆热带地区）、棘刺蚁属（Acanthoponera，新大陆热带）、曲蚁属和异刺蚁属（Gnamptogenys和Heteroponera，新大陆热带和印度-澳大利亚地区）和褶刺蚁属（Rhytidoponera，从亚洲热带到澳大利亚）的个体大小从中等到大的都有，具有中等大小集群和相对高级的社会组织。阴隐蚁属和长蚁属（Discothyrea和Proceratium）是形成小集群和捕获蜘蛛卵的隐秘型蚂蚁。可能在中生代晚期，由切叶蚁亚科产生了原始的伸张蚁族	W. L. Brown (1957, 1973) Wilson (1971a)
盲切叶蚁族 盲切叶蚁属	分布新大陆热带地区。其自然史所知甚少。集群为中等大小，往往在树皮下成群觅食	Brown (1965, 1973)
406 猛蚁族 猛蚁属等	是猛蚁亚科中最具多样性和最为繁盛的一族。分布全球的猛蚁属（Ponera）和下猛蚁属（Hypoponera），是由一些生性胆小的小蚁组成，在朽木和土壤中以组织松散的集群生活，靠弹尾目昆虫和其他小节肢动物为食。尽管它们很繁盛，但对它们的行为仍所知甚少。分布于热带的隐刺蚁属（Cryptopone），在行为上甚至更为隐秘。在旧大陆地区，形成由中等到大集群种的属有：穴猛蚁属（Bothroponera）、短刺蚁属（Brachyponera）、双刺猛蚁属（Diacamma）和蛇蚁属（Myopias），它们形成较大的和显然有较好组织的集群。虹蚁属以其捕食的极端特化而著称：某些物种仅靠千足虫为生；另外一些物种以甲虫或蚂蚁等为生。细质蚁属（Leptogenys）的蚂蚁纤细，能快速运动，分布在热带地区。许多物种形成小到中等大小的集群，捕获上鳌（等足类甲壳动物）；其他物种形成大到巨大的集群，行为类行军蚁，以纵列成群捕获白蚁或其他节肢动物。扁小蚁属（Simopelta）的行为也类似行军蚁，袭击其他蚂蚁的集群；新大陆热带地区的钻木蚁属（Termitopone）、巨刺蚁属（Megaponera）及非洲大蚂蚁的其他一些属都有相似的情况，它们以白蚁为生。齿蚁属（Odontomachus）和高穴蚁属（Anochetus）分布在热带地区；这些蚂蚁为食肉性，利用如同夹子样的大颚捕获猎物	Wheeler (1936), Wilson (1955b, 1958a, c, 1971a), LeMasne (1956b), W. L. Brown (1965, 其参考文献 1973, 1975), Gotwald & Brown (1966), Colombel (1970a, b), Haskins & Zahl (1971), Lévieux (1972)

（续）

分类学类型	自然历史和社会行为	作者
扁门蚁族 扁门蚁属	分布在热带。行动敏捷，往往为树栖蚁。其生物学所知甚少，往往以捕食白蚁为生	W.L.Brown (1952a, 1975), Wilson (1971a)
柱蚁族 柱蚁属	分布在新大陆热带地区。小集群筑巢于朽木和植物洞穴中，以白蚁为生。其另外的自然史不清楚。角蚁属（*Cerapachys*，分布在热带地区）和 *Sphinctomyrmex*（分布于旧大陆热带地区）蚂蚁对其他蚂蚁物种进行集团式攻击，而后者成为前者的专门猎物	Wheeler (1936), Wilson (1958a, b), W.L.Brown (1975, 个人通信)
棘列蚁族 棘列蚁属	分布在新大陆热带地区。集群的巢在土壤中，以白蚁为食。W.L. Brown（个人通信）瘦残蚁亚科瘦残蚁属分布热带地区。在行为上表现像行军蚁的高度隐秘的小型蚁类，但其生物学几乎不知。	Wheeler (1922), Rainier & Van Boven (1955), Schneirla (1971), Wilson (1971a), Raignier (1972)
行军蚁亚科 　行军蚁族 　　矛蚁属	食根蚁或旧大陆行军蚁分布在旧大陆热带地区。高级行军蚁。矛蚁属（Dorylus）类，攻击白蚁和范围广泛的其他节肢动物。其集群在社会昆虫中是最大的，偶尔超过2 000万工蚁	
谜蚁族 谜蚁属：行军蚁或旧大陆行军蚁	分布在旧大陆热带地区。高级行军蚁，多数捕食黄蜂和其他蚁类物种	Wilson (1964, 1971a), Schneirla (1971)
游蚁亚科 　游蚁族 　　游蚁属、钳蚁属、尼蚁属：行军蚁或新大陆行军蚁	分布在新大陆热带地区。高级行军蚁。集群通过集团攻击其他节肢动物（尤其是社会黄蜂和蚂蚁）取得食物。有关其他情况见本章	Borgmeier (1955), Schneirla (1971), Wilson (1971a), W. L. Brown (1973)
小蹄蚁族 小蹄蚁属：行军蚁或新大陆行军蚁	分布新大陆热带地区。行军蚁。形态学上相对原始，其行为不清楚	Gotward (1971), Schneirla (1971)
切叶蚁亚科 扁蚁族扁蚁属、棒蚁属	扁蚁属（*Molissotarsus*）分布于非洲和马达加斯加岛。形成中等大小集群，其巢在直立树的树皮中，与介壳虫相伴。棒蚁属（*Rhopalomastix*）生活在亚洲热带地区，其生物学尚不清楚	Delage-Darchen (1972)
切叶蚁族（广义） 红蚁属、*Aphaenogaster*、心节蚁属、*Chelaner*、细胸蚁属、弯背蚁属、收蚁属、卑蚁属、蜜蚁属、寡蚁属、大头蚁属、*Pheidologeton*、农蚁属、*Pristomyrmex*、火蚁属、四伶蚁属、三雕蚁属、真收蚁属等	分布在全球。是蚂蚁中最大的和生态学上最具多样性的一族。大多数的属是单态的，但其他的属，其工蚁职别表现一定程度的差异；少数的，如寡蚁属（*Oligomyrmex*）和大头蚁属表现强烈的二态现象。大多数物种一般是食虫的昆虫，也吸取蜜露；但是收蚁属（*Messor*）、农蚁属（*Pogonomyrmex*）、真收蚁属（*Veromessor*）和卑蚁属（*Monomorium*）的许多成员及少数其他的属，由于在很大程度上依赖种子为生，已成为收获蚁	Ettershank (1966), Cole (1968), Wilson (1971a), W. L. Brown (1973)
沟蚁族 沟蚁属、*Blepharidatta*、*Wasmannia*	分布在新大陆热带地区。*Wasmannia* 形成具有多个蚁后的大集群，其小工蚁利用嗅迹通信	Wilson (1971a)
植菌蚁族 植菌蚁属、尖蚁属、*Apterostigma*、弯背蚁属、粗蚁属等；真菌共生蚁；植菌蚁属和尖蚁属也都称为切叶蚁	分布在新大陆热带和暖温带地区。工蚁培养和取食特定的共生真菌。栽培真菌的基质依属而变：弯背蚁属（*Cyphomyrmex*）属和粗蚁属（*Trachymyrmex*）专门使用昆虫粪便；切叶蚁属和尖蚁属（*Acromyrmex*）是切割新鲜的叶和花等	Weher (1966, 1972), Martin & Martin (1971), Wilson (1971a), Cherrett (1972), Martin et al. (1973)
裂蚁族 裂蚁属 *Calyptomyrmex* *Mayriella*	分布于旧大陆、澳大利亚。小到中等集群。裂蚁属（*Meranoplus*）以种子为生，其余属的行为知道得很少	Wilson (1971a)
畦沟蚁族 畦沟蚁属	分布在旧大陆热带地区。树栖：其生物学几乎不知。	Bolton（1974）
头角蚁族 头角蚁属、次隐蚁属、原隐蚁属、全隐蚁属	分布在新大陆热带地区。全为树栖。多数物种有多态工蚁职别。在某些情况下，它们分成极小和极大工蚁。极大工蚁利用它们的盾形头保卫巢的入口。杂食性，广泛依赖于昆虫和其他小动物的腐尸。	Kempf（1951，1958），Creighton & Gregg（1954），Wilson（1971a）
举腹蚁族 举腹蚁属	分布于全球。最大属之一，在旧大陆热带地区尤其数量多和变异广。集群大小从中等到很大，生活在土壤中或树栖（依物种而异）。腹部呈心脏形，可以折叠到头部，通过非功能螯刺得以分泌毒液。工蚁利用发达的嗅迹系统寻觅昆虫和蜜露为生，其嗅迹系统来自两后腿的胫节腺的分泌物	Soulié (1960a, b, 1964), Buren (1968), Leuthold (1968a, b) Hocking (1970)

407

（续）

分类学类型	自然历史和社会行为	作者
盔蚁族 　盔蚁属	分布在热带地区。为大而厚的盔甲蚁类，巢筑在朽木中，小集群，明显以白蚁为食。这一相对罕见的类型的生物学在其他方面知道甚少	Wilson (1971a), W.L.Brown（个人通信）
毒螯蚁族 　毒螯蚁族、棘列蚁属、Colo-hostruma、Epopostruma、Mesostruma、颚食蚁属、田鼠蚁属、瘤蚁属等	全球分布；特别在热带量多且多样。较为原始的属，其中包括南美洲的毒螯蚁属（Daceton）和澳大利亚的颚食蚁属（Orectognathus），蚁大小从中等到大蚁，它们在开阔地捕食多种节肢动物。形态学上较为高级的属小而隐秘，它们捕食身体比较软的节肢动物，尤其是弹尾目昆虫。	W. L. Brown (1952b, 1973), W. L. Brown & Wilson (1959), Wilson (19636), W.L.Brown & Kempf (1969)
基鳞蚁族 　基鳞蚁属等	限于新大陆热带地区的基鳞蚁属（Basiceros）具有大而行动缓慢的蚁类，它们捕食白蚁。Eurhopalothrix 和 Rhopalothrix（分布于热带地区）是由小而隐秘的蚁类组成，至少其中一个属捕食小而体软的节肢动物	W.L.Brown & Kempf (1960)
蜜蜂总科（蜜蜂） 　小花蜂科 　　集蜂亚科 　　　集蜂属：汗蜂	大多数物种显然为独居。旧大陆某些物种为群居，也许甚至进入拟社会或半社会	Michener (1974)
隧蜂亚科 　augochlorini 　Augochlara 　Augochloropsis、 　Neocorynura 等	主要分布在新大陆，特别是热带地区。大多数物种独居，但其余的表现为不同程度的群居、半社会或原始真社会行为。集群小	Michener (1974)
隧蜂族 　隧蜂属、喜蜂属、集蜂属、林蜂属、毛蜂属、Paralictus、拟喜蜂属、Sphecodes 和其他汗蜂	全球分布，由大量物种组成。在新大陆地区有被 Augochlorini 替换的趋势。大多数物种独居；但少数群居，且其中许多是原始真社会形式。偶尔有此真社会物种的蜂后和工蜂有明显的差别，且形成有数百个成员的多年生集群；但绝大多数是单态的和形成小的、生命期相对短的集群。Paralictus 和 Sphecodes 是非社会巢寄生	Sakagami & Michener (1962), Ordway (1965, 1966), Batra (1966, 1968), Knerer & Atwood (1966), Michener (1966a, b, 1974), Knerer & Plateaux-Ouénu (1967a, b), Michener & Kerfoot (1967), Sakagami & Hayashida (1968), Wlle & Orozco (1970), Eeckword & Eickwort (1971, 1972, 1973a, b), Plateaux-Quénu (1972, 1973), Brothers 和 Michener (1974)
地蜂科 　地蜂亚科 　　地蜂属和少数其他较小的属	主要分布在北温带。多数物种独居；少数处在副社会顺序进化中（可能为群居阶段）	Michener (1974)
毛地蜂亚科 　毛地蜂属、丽蜂属、Meliturga、Nomadopsis.Penurginus、粪蜂属等	分布全球。多数物种独居；但毛地蜂属（Panurgus）和粪蜂属（Perdita）少数物种为群居	Michener (1974)
切叶蜂科 　切叶蜂亚科 　　切叶蜂族 　　切叶蜂属、石蜂属、Chelostoma、Hoplitis、壁蜂属和其他	分布全球。绝大多数物种为独居；但石蜂属（Chalicodoma）和壁蜂属（Osmia）为群居，或者可能进入拟（似）社会	Michener (1974)
黄斑蜂族 　黄斑蜂属等	全球分布。多数物种独居；但 Dianthidium、Heteranthidium 和 Immanthidium 属的少数成员为群居	Michener (1974)
条蜂科 　条蜂亚科 　　外绒蜂族 　　　外绒蜂属、 　　　Paratetrapedia 等	分布在新大陆，特别是其热带地区。外绒蜂属（Exomalopsis）的所有物种，据目前所知为集群式，也许为群居	Michener (1974)

（续）

分类学类型	自然历史和社会行为	作者
长须蜂族 长须蜂属、*Melissodes*、*Peponapis*、*Svastra*、*Tetralonia*等	分布全球。多数独居，但*Eucera*、*Melissodes*和*Svastra*以集群筑巢，可能是群居	Michener (1974)
木蜂亚科 芦蜂族 芦蜂属、异族蜂属等；其中主要包括异族蜂类	全球分布。除芦蜂属（*Ceratina*）和*Manuelia*属外的其他所有属限存于旧大陆的热带和北温带，构成所谓的异族蜂类（allodapine bees）。*Eucondylops*、寄食蜂属（*Inquilina*）和*Nasutapis*是社会寄生在其他的异族蜂类上。Halterapis和上述两个非异族蜂的属是独居的，其余的非异族蜂是亚社会或原始真社会形式。其他情况见本章	Skaife (1953), Sakagami (1960), Michener (1961a, 1962, 1966d, 1971, 1974)
木蜂族 木蜂属等：木蜂和其他	遍及全球热带和暖温带地区。独居，少数物种偶尔有拟（似）社会行为	Michener (1974)
蜜蜂科 熊蜂亚科 长舌花蜂族 长舌花蜂属、*Eulaema*、*Euplusia*等：兰花蜂（orchid bees）	分布在新大陆热带。物种（其中许多具有明显的金属光泽）有不同独居、群居或拟（似）社会形式。在拟社会形式，巢内很少多于20只，雌蜂通常少于10只	Dodson (1966), Roberts & Dodson (1967), Zucchi et al. (1969), Michener (1974)
熊蜂族 熊蜂属、拟熊蜂属：熊蜂	主要分布在北温带；大多数适于寒冷气候。熊蜂属的物种几乎全是原始真社会。拟熊蜂属（*Psithyrus*）是社会寄生在熊蜂属上。其余情况见本章	Sladen (1912), Plath (1934), Free & Butler (1959), Sakagami & Zucchi (1965), Michener (1974)
蜜蜂亚科 无刺蜂族 无刺蜂属、*Dactyurina*、盗蜂属、*Meliponula*和无刺蜂属：无螫（刺）蜂或无刺蜜蜂	分布热带地区。特别在新大陆更是丰富多样所有物种个体成活期超过一年和呈现高度社会化，蜂后和工蜂具有很明显的差异，具有很大的集群（偶尔有数以万计的成年蜂），具有复杂的巢（其构型依物种而异），以及精细的化学、听觉通信系统。还未发现有社会寄生蜂，但盗蜂属（*Lestrimelitta*）的物种偷盗其他无刺蜂的储存食物	Schwarz (1948), Michener (1961b, 1974), Kerr et al. (1967), Nogueim-Neto (1970a, b), Sakagami (1971), Willc & Michener (1973)
蜜蜂族 蜜蜂属。有4个物种：东方箱蜂（*A. cerana*）；2个巨大蜜蜂（*A. dorsata*和*A. florae*）；普通蜜蜂或西方箱蜂（*A. mellifera*）。它们是真蜜蜂或螫针蜜蜂	原来只限于分布在欧洲、亚洲和非洲，但西方箱蜂通过人工引种现已扩散全球。所有4个物种都是高度社会化，蜂后和工蜂有很明显的差异，集群中的成员数以万计，具有精细的巢结构和高级的通信形式，其中包括摇摆舞。其他有关情况见本章	Von Frisch (1954, 1967), Lindauer (1961), Chauvin（编辑，1968），Morse & Laigo (1969), Michener (1973, 1974)
等翅目（白蚁） 澳白蚁科 澳白蚁属	分布于澳大利亚；在欧洲和北美洲也发现渐新纪和随后的第三纪化石。唯一现存物种（*Mastotermes darwiniensis*）到目前为止是最原始的生活物种。其他有关情况见本章	Gay & Calaby (1970)
木白蚁科 木白蚁属、钙白蚁属、雕白蚁属、新白蚁属、雏白蚁属等：干木白蚁	全球分布。在行为和行动上相对原始。之所以称干木白蚁，是因为其集群的巢通常在木材，而不是在土壤里；而巢穴是由界限不明的通道组成。若虫参与集群劳动。在以后阶段，它们成为拟工蚁（Pseudergates）；后者可转化成兵蚁或繁殖蚁职别。至少有8只兵蚁的头部发育成塞子形状，它们借此把巢的入口处封住。其他有关情况见本章	Emerson (1969), Bess (1970), Krishna (1970), Weesner (1970)
草白蚁科 草白蚁亚科 草白蚁属、微草白蚁属、*Anacanthotermes*：收获白蚁	主要分布在非洲，但已扩散到亚洲中东和热带地区。为相对原始的物种，形成在地面组巢的大集群。大眼工蚁在地面觅食草料和种子，储存在特定的巢室中	Bouillon (1970), Rocnwal (1970), Lee & Wood (1971), Watson et al. (1972)
垩白蚁亚科 垩白蚁属	根据（北美）拉布拉多半岛发现的1亿年前的白垩纪中期的化石，它和蚂蚁中黄蚁亚科的化石一起，是已知最老的社会性昆虫	Emerson (1967)
原白蚁亚科 原白蚁属、初原白蚁属、*Hodotermopsis*、*Porotermes*、*Zootermopsis*：湿木白蚁	分布在欧洲、亚洲和北美洲暖温带地区。非成熟形式几乎由拟工蚁组成，它们参与集群劳动并能转化成兵蚁和繁殖蚁。巢筑在潮湿的朽木中，由界限很不分明的通道组成	Castle (1934), Krishna (1970), Stuart (1970), Weesner (1970), Lee & Wood (1971)

411

（续）

分类学类型	自然历史和社会行为	作者
鼻白蚁科 　鼻白蚁属、家白蚁属、杂白蚁属、沙白蚁属、散白蚁属、*Schedorhino-terrnes* 等	分布全球。该科集中了许多属和物种：在形态学职别发育和社会行为上，基本介于最原始白蚁（澳白蚁科、木白蚁科）和"高级"白蚁（白蚁科）间的中间型。散白蚁属（*Reticulitermes*）深入北美洲和欧洲北部，有时在木材中形成大的扩散集群，有时存在原始的和附属的繁殖职别。非洲和亚洲阿拉伯半岛的沙白蚁属（*Psammotermes*）最远渗透到干旱的沙漠地区，取食于动物粪便和干木材。至少鼻白蚁属（*Rhinotermes*，新热带地区的一个属）的某些成员，其巢筑在范围广泛的雨林地区。在澳大利亚，家白蚁属（*coptotermes*）某些物种的集群有数百万个成员，它们建起大的小丘（仅仅鼻白蚁类是这样），是林木业的严重害虫，甚至危及成活树木。亚洲物种 *C. formosanus* 通过人类偶尔扩散到世界许多地方，它们破坏建筑、公用木质杆材和其他木质结构建筑	Araujo (1970), Bess (1970), Gay & Calaby (1970), Harris (1970), Weesner (1970), Emerson (1971)
锯白蚁科 　锯白蚁属	锯白蚁属的唯一已知物种（*Serritermes serrifer*），发现于在巴西的 *Cornitermes* 属所筑起小丘的巢壁上	Araujo (1970)
白蚁科 　白蚁属、*Ahamitermes*、棘白蚁属、角白蚁属、*Cubitermes*、镰白蚁属、*Labiotermes*、大白蚁属、鼻白蚁属、*Ophiotermes*、近歪白蚁属、*Copritermes*、喙白蚁属、合白蚁属等；高等白蚁	分布全球。在进化上是高级的极大类型，占已知白蚁的75%。兵蚁的形态差别很大，是分类学家多用来进行分类和系统发育研究的基础。极端类型包括：鼻白蚁（如在鼻白蚁属的兵蚁），从头部喷形器官可喷出滴状液；如近歪白蚁属（*Pericapritermes*）的兵蚁用如手指猛抓的强力把其扭卷的颚松开了；等等。这些白蚁物种的生态学辐射程度也是值得注意的：除了较"常规"的适应类型外，还有专门的真菌生长适应类型（大白蚁和大白蚁亚科的其他成员）；*Ahamitermes* 属、*Incolitermes* 属和白蚁属中的物种，只生活在宿主白蚁的巢壁中，等等。其他有关情况见本章	Araujo (1970), Bouillon (1970), Krishna & Weesner（编辑，1969，1970），Roonwal (1970), Ruelle (1970), Lee & Wood (1971), Maschwitz et al. (1972) Sands (1972)

412

约50天以后，大多数工蚁转化成永久性的外勤者（Aussendienst），在这期间它们觅食和筑巢。筑巢时还可有进一步的分工：有些工蚁集中在巢内挖洞穴，有些为巢顶备料。它们行为的个体发育，在内容和时间上都随个体有很大变化。例如，许多工蚁在整个内勤期间不照料同巢幼蚁。

在内勤者期间，工蚁卵巢中有卵，在这期间末，卵的重吸收开始；进入外勤者期间时，卵的重吸收完成。其他可以想象的变化发生在若干外分泌腺。例如，集中在巢内挖洞穴的工蚁，其颚腺中的核要比其他工蚁的大。当许多这类微小的变化发生时，蚂蚁随着年龄不同进行的劳动分工，即年龄劳动分工（age polyethism）显得极其复杂。实际上，社会行为的所有分类都已被证明有一定程度的变化；当以组合形式观察时，许多分类形成了不同的模式。

甚至蚂蚁的幼虫阶段也可作为一种职别，尽管事实上多数蚂蚁中的幼虫不能活动。在许多蚂蚁物种中，幼虫的唾液腺向成体分泌唾液。过去认为，幼虫这一行为只是排出液态废物；但现有可靠证据表明，这种唾液具有营养价值，并在某些情况下对集群组织起着重要作用。例如，法老蚁的工蚁，当接近其幼虫唾液时可长时间防止干化，而曲细胸蚁（*Leptothorax curvispinosus*）的蚁后不断地吸吮这种唾液，即蚁后在向唾液取食是没有什么疑问的。

在系统发育上虽然白蚁与蚂蚁无关，但白蚁已进化的职别系统在若干主要方面与蚂蚁明显相似。与蚂蚁一样，白蚁也有兵蚁职别，为保卫集群，其在头部结构和行为这两方面都是高度专一的；已有的小工蚁职别，其数量在集群中占优势，其形态在物种间相似，而其行为是多功能的。在系统发育上最高级的白蚁物种

413

中，由于身体差异产生的职别数量要稍多于相同进化水平上的蚂蚁职别，但是个体的平均特化程度是相同的。最后，高等白蚁已经发展成的暂时劳动分工，基本上与蚂蚁的相似。

它们之间也存在着差别。白蚁的中性职别由两性组成，而不像蚂蚁那样，性职别只由雌性组成；而且在白蚁中，不存在只为交配而生存和交配后就程序化死亡的"雄性"白蚁。蚂蚁幼虫如同蛴螬，除了能生物合成营养物外，不能对集群付出劳动；而未成熟的白蚁是能活动的若虫，在形态和行为上与成熟阶段的白蚁没有根本的不同。在较为原始的蚂蚁中，若虫要为集群劳动；换句话说，存在雇用"童工"的问题。在高等白蚁（白蚁科）中就不存在这一情况；在这里，白蚁的非成熟形态完全依赖于分化良好的工蚁职别的照料。最后，在白蚁中，当把主要繁殖者从集群除去后，一般会出现一系列的"补充繁殖者"，即出现一些可育的但无翅的两性个体。这种"补充繁殖者"的出现，在一些极端情况下为白蚁的生存提供了可能性，而这种情况在蚂蚁和其他的社会膜翅目昆虫中很少碰到。

在社会蜜蜂和黄蜂中，职别获得了广泛的表现。原始的真社会集蜂的成体，在形态上是相似的，其间的差异或出现职别只是心理上的；但在少数物种的职别具有若干明显的蜂后和工蜂二态现象。在普通蜜蜂中，蜂后和工蜂间存在着明显的形态和生理差异，而个体的职别是由以下两个因素间复杂的相互作用决定的，即对饲育工蜂的信息素调节行为和喂给幼虫的特定食物间。此外，至少在无刺蜂属中一个无刺蜂物种的一个类群，其职别在有关类群存在的常规生理差异的基础上，又附加了遗传控制。普通蜜蜂的大多数系统发育进化，在社会黄蜂的进化中都有类似情况（最为明显的例外是前者创建了遗传控制）。社会蜜蜂和黄蜂不同于蚂蚁和白蚁的主要方面在于：前者都没形成很明显的工蜂亚职别。的确，具有大集群的社会蜜蜂和黄蜂物种，表现了与多数高级蚂蚁和白蚁相类似的劳动分工；但是，后者的劳动分工部分建立在身体差异的亚职别基础上，部分建立在程序化的、暂时劳动分工基础上，而大多数蜜蜂和黄蜂，几乎全是建立在暂时劳动分工基础上的。

在蜜蜂和黄蜂中，也能识别出某些其他进化趋势。在进化过程中，当集群增长时，蜂后和工蜂职别间的一些差异在扩大，中间类型在消失，而蜂后的行为已日益变得更为特化，成为寄生。蜜蜂和无刺蜂已经达到了极限阶段，蜂后决不自己首先建立集群，并且使自己退化到产卵机器的状态。与这一趋势相关的，在集群的权力结构方面也有些细微的变化。在原始的社会类群，特别是集蜂、熊蜂和原始的长足胡蜂，蜂后通过对其姐妹、女儿和侄女的攻击行为保持着权力地位。较为复杂的社会物种，是通过抑制性的信息素进行繁殖控制的。

虽然蜜蜂和黄蜂在形态学（差异）的亚职别可以说几乎不存在（与蚂蚁和白蚁相比较），但个体大小的效应确实存在：给定集群中的个头较大的成员一般负责觅食，而较小的成员照料巢内幼蜂和负责巢内清洁。例如蜜蜂，较大的个体会使自己较快地通过行为的各正常个体发育阶段，而最终限定在进行觅食的阶段。贯通真社会各高级水平的进化过程，已存在着产生更为精细的暂时劳动分工的一些模式，而最极端的情况又是蜜蜂和无刺蜂中存在的情况。

这一暂时劳动分工（像蚂蚁和白蚁中的一样）的典型顺序是从巢内工作（照料幼雏和清洁）到外出觅食；据我所知，业已报道的只有一个例外，即日本纸蜂，其很不明显的暂时劳动分工是按以上相反方向进行的。

社会昆虫通信的方式多种多样，令人印象深刻。这些方式包括：轻拍、鸣叫、抚摸、紧抓、互碰触须、尝味和吹气，以及释放出化学物质，这导致出现了从简单的识别到募集和报警的不同反应。我们必须对上述方式进行补充，补充的往往是微妙的，有时甚至是很稀奇的：液态食物中信息素的交换，抑制了职别发育；只是为了作为食物而产生和交换"营养"卵；因附近其他集群成员的存在而加速或抑制集群成员的工作；存在不同形式的首领和顺从关系；存在程序化控制和同类自残现象；等等。

为了掌握这一课题的全面情况，列出以下三个概念。第一个概念是，社会昆虫中多数通信系统是建立在化学信号基础上的。已知的视觉信号是稀少且简单的，在某些类群中，特别是白蚁和洞穴蚂蚁，视觉信号在集群的日常生活中根本不起作用。社会昆虫对通过空气传播的声音很不敏感，且在任何重要的通信系统中都与它无关。但许多物种对通过基质传递的声音极为敏感，不过只是在有限的范围内（主要是在攻击和发警报期间）明显地利用它。可调节声音的信号，在高级的无刺蜂属和蜜蜂中，对募集成员有作用的这种声音，使工蚁参与到摇摆舞行列。触觉通信在昆虫集群中是被普遍应用的，但是它一直没有形成能传递更高信息负荷的类似摩斯那样的系统（也许黄蜂的首领和交哺控制是例外）。

相反，涉及嗅迹或嗅觉的化学信号，几乎与每一类型的通信都有联系。在1958年，我认为通过解析腺体分离出的分泌物质，就可能提供以前似乎难以处理的社会行为的分析方法："蚂蚁的复杂社会行为，大部分似乎是由化学感受器调节的。如果假定，蚂蚁的'本能'行为是以与其他被了解得较清楚的无脊椎动物相应行为的类似方式组织起来的，那么一个有用的假说似乎是假定存在一系列'释放剂'。在这种情况下，由蚂蚁个体分泌出的各化学物质引起了同一物种其他成员的各特定反应。出于研究的目的，它还可进一步来推测：这些释放剂至少部分是由腺体分泌产生的，并在腺体库中有累积和储存趋势。"随着每次有机物微量分析的改良而允许从分泌物中进行分离和测定，新的证据就会支持上述假设。信息素〔卡尔森和布特南特（Karlson & Butenandt）首先称之为"化学释放剂"〕根据其接受的部位可被分类到嗅觉或味觉信息素。根据它们的作用不同，也可被区分为释放剂效应或原初效应：前者包括整个由神经系统调节的经典刺激反应（因此根据定义在动物行为学家看来，刺激是"释放剂"）；在后者中，内分泌和生殖系统都会引起生理变化。在后一种情况中，身体在一定意义上来说，对于新的生物学活动是"原初的"，并当存在合适的刺激时，它会随着信息储存库的变化而发生反应。释放剂信息素的例子包括工职的报警和嗅迹物质以及蜂（蚁）后的吸引气味，而被了解得最为清楚的原初信息素包括由白蚁蚁后和蚁王分泌的、抑制若虫发育成与自己相同职别的物质。一种信息素可以具有释放剂效应，也可以具有原初效应：9-酮-十一碳烯双酸（蜜蜂蜂后产的主要"蜂后物质"）吸引雄蜂和抑制工蜂建造蜂后的蜂房（释放剂效应）。它也抑制工蜂卵巢的发育（原初效应）。现在的证据都表明，信息素在昆虫社会的组织中起着中心作用。

第二个概念是，在独居和前社会昆虫业已存在的行为模式中，大多数通信系统都是类似的。巢的建筑便是一个合适的例子。原始的蚂蚁、白蚁和社会黄蜂筑的巢并不比许多与其有关的独居的昆虫更复杂。原始的社会蜜蜂的巢还往往比与其有关的独居蜜蜂更简单。在进入真社会后，某些进化支产生了精细的巢结构，而其进化途径是容易被追踪的。在熊蜂和黄蜂社会中，起着关键作用的权力等级系统，在许多独居昆虫物种（其中至少包括少数膜翅目昆虫）的领域行为中有其先驱雏形。昆虫对同巢幼雏的精细抚育（高级社会的标志），是从昆虫若干目的许多亚社会物种的先驱对幼雏抚育的行为中逐渐进化来的。在许多情况下，报警物质只是简单变化的防御分泌物质；而嗅迹物质与某些独居膜翅目昆虫用作雄性婚飞路线标记的嗅迹物质是类似的。米琴纳、布拉泽斯和卡姆已得出结论：在原始的社会集蜂中，"社会整合的机制（导致了劳动分工和职别分化）几乎都与其独居祖先的行为特征相联系，并且偶尔还出现共同栖居巢穴的现象"。依多数生物学家的观点，甚至被视为昆虫社会演化顶点的蜜蜂摇摆舞的各成分都有其祖先或先驱：天蚕蛾可调节的摇摆行为的持续时间是随着飞行距离而变化的，因此这类似于蜜蜂摇摆舞的"直线运动"；饥饿中的伏蝇（Phormia regina）得到一小滴糖水后的定向"舞蹈"；某些社会昆虫被置于黑暗垂直平面上时，由阳光定向转到重力定向的能力。

最后是关于昆虫社会通信的第三个概念。社会生命的显著特征是，通过通信方式从极简单的各单体模式整合起来所呈现的集团现象。如果将通信本身作为离散现象处理，那么整个问题就容易分析了。目前在昆虫社会容易被识别的9类反应如下：

1. 报警；
2. 简单吸引（复合吸引＝"组装"吸引）；
3. 募集，使新成员到新食源地或新巢址；
4. 修饰，其中包括帮助蜕皮；
5. 交哺（口腔液或肛门液的交换）；
6. 固态食物颗粒的交换；
7. 类群效应：增强（促进）给定的活动或抑制给定的活动；
8. 识别，包括巢穴同伴和特定职别成员的识别；
9. 职别决定，通过抑制或刺激以决定之。

上述大多数类别已在本书其他部分（特别是第3章和第8—10章）及早先引证过的专论中研究过了。

昆虫中高级社会进化的原动力

关于昆虫中真社会的一个最引人注目的事实是，膜翅目几乎占据了垄断地位。真社会化在膜翅目内至少发生11次：在黄蜂至少有2次——更正确地说，在短腹黄蜂和类黄蜂（vespine-polybiine vespids）至少各一次，也许在小刺蜂属（Microstigmus）的泥蜂还有第3次；在蜜蜂有8次或更多；在蚂蚁至少1次，也许2次。然而节肢动物门的所有剩余部分，已知进化到真社会的只有另外一生存类群：白蚁。膜翅目社会地位的这一优势现象不可能是巧合。至少在整个新生代，全部昆虫物种中的近20%都属于膜翅目。而且，在膜翅目内真社会化只限于有刺黄蜂及其中间类型，以及蚂蚁和蜜蜂；估计它们一共不超过5万个现存物种，或者占全球昆虫物种总数的6%。这一压倒性的系统发育趋势是最重要的线索，我们必须沿着这一线索继续探讨高级社会进化的原动力。

有刺膜翅目进化成真社会物种的趋势可能部分地归结于其具颚的口器，这样就可使它们容易处理各种对象，或者可使有刺雌性便于筑多个巢（它们在巢间重复往返），或者可使母亲和后代间保持紧密的关系。这些，也可能还有一些其他的生物学特征，是真社会进化的必要条件。但是这些条件与节肢动物许多物种的类群（其中包括蜘蛛、螳螂、直翅目动物和甲虫）都是完全共有的，而这些类群没有一个（只有蟑螂例外，由它进化成白蚁）到达完全的社会化。机遇，还有不同的系统发育枝已经胁迫着大多数类群走向真社会进化的道路；在某些情况下接近了真社会的阈值线，但随后却无端地停止了。

现在，膜翅目进化成功的关键是单倍二倍性（haplodiploidy），即由性别决定的模式；通过这一模式，未受精的卵子典型地发育成雄性（因此是单倍体），而受精卵发育成雌性（因此是二倍体）。单倍二倍性是膜翅目的特征。此外，节肢动物其他少数类群也是单倍二倍性的，它们是：某些螨、蓟马和粉虱；介壳虫类昆虫；甲虫类的（*Micromalthus*）属和小蠹属（*Xylosandrus*），也许还有材小蠹属。有两个研究者已经独立提出了在单倍二倍性和真社会产生之间的联系。理查德认为：单倍二倍性允许雌性对自己后代性别的控制，这使通向集群化

组织变得容易了。这无疑是真实的。雄性精子的延期结合（直至交配季节的晚期，精子通过雌性的受精囊管与所有的卵结合）是高级社会的一个特征，如在一年生集蜂中就是这种情况（Knerer & Plateaux-Quénu，1976b）。可是，集蜂科中许多其他的原始真社会昆虫不具有这一特征，尽管其高级真社会昆虫仍然具有。换句话说，通过母亲的性别控制是高级社会的一般特征，但不是到达完全社会的必要条件。

汉密尔顿就社会起源创立了使单倍二倍性占有绝对中心地位的一个极为大胆的遗传理论。他根据群体遗传学的传统理论，首先推出了可应用到任一基因型的如下原理：为了使一个利他主义性状得以进化，一个个体丧失的适合度，必须使与其血缘有关类群的适合度增加而得到补偿，这个补偿因子要大于有关类群相关系数（r）的倒数。如在第4章解释的，相关系数（也称相关度）是共有血缘上相同基因的平均分数：因此，（全同胞）姐妹间的$r=1/2$，半同胞姐妹间的$r=1/4$；第一表姐妹间的$r=1/8$；等等。下面的例子应使上述关系更为明确：如果一个个体丧失了其生命或对某一遗传性状是不育的，为了使该性状在进化中得以固定，其姐妹的繁殖速率必须大于原来的2倍，或其半同胞姐妹的繁殖速率大于原来的4倍，等等。个体对其自己适合度和对其所有血缘个体适合度的整个效应（通过对血缘个体相关度的加权处理）称为"广义适合度"。这个广义适合度，如果不考虑血缘个体的情况，就是经典意义上的适合度。汉密尔顿关于利他主义的原理只不过是：当有关血缘个体的适合度增加时，对有关基因型频率增加的基本原理做出了一个更为一般性的说明。

然后，汉密尔顿指出（见表20-3）：膜翅目性别决定的单倍二倍体模式，使得姐妹间的相关系数为3/4；而母亲和女儿间的相关系数仍为1/2。出现这一情况，乃是由于姐妹共享从其父亲那儿接受过来的全部基因（因其父为同型合子），而只共享从其母亲那儿接受过来的一半，即1/2（平均来说）基因。在两姐妹全部基因中来自父、母的各占一半，从而两姐妹间具有在血缘上共享基因的平均分数（r）等于（$1 \times 1/2$）+（$1/2 \times 1/2$）=3/4。所以，当母亲活到其雌性后代羽化时，这些后代通过抚育年幼的妹妹比抚育自己的后代具有更大的广义适合度。换句话说，在其他所有条件相同的情况下，膜翅目昆虫应更可能成为社会昆虫。

上述奇怪的运算，当用到其他的血缘个体时，甚至可得出更为奇怪的结论。例如，考虑雄蜂的期望结果：对于集群其余成员而言，雄蜂应比雌蜂更为自私。之所以这样，是因为在所有条件下（蜂后完全控制工蜂除外），雄蜂期望的繁殖成功率要大于相似大小雌蜂的繁殖成功率（见如下解释）。为了使选择有利于雄蜂利他主义，这样的利他主义提供的有利性，必须大于由雌性提供的类似利他主义的有利性——但这是一个不可能的情况。雄蜂比雌蜂更为自私的这种期望情况在自然界不仅存在，且其存在还只有通过上述的特定理论才能得以解释。雄性行为的自私性是众所周知的，"雄蜂"（drone）这一词意指懒惰、过寄生生活的个体。膜翅目昆虫的雄性不仅对集群不付出任何劳动，而且它们在对集群雌性成员乞讨食物方面也是具有高度竞争力的，在婚飞期间接近雌性时与其他雄性相比也具有相当的攻击力。自然界甚至还提供了一组对照实验：白蚁不是

单倍二倍体，但在社会进化上却能与膜翅目昆虫相匹敌，其原因在后面会予以讨论。根据上述理论，雄白蚁应不是懒惰者。事实上它们也确实不是。雄白蚁近似占了工蚁中的半数，担负了半数工作量，对巢内同伴所尽的利他主义义务与其姐妹们同样多。

根据上述理论的第二个不够明显的期望结果是：膜翅目集群的工蜂，对于其儿子和兄弟而言，应更有利于其儿子。换句话说，工蜂应产非受精卵，以及应当照料这些非受精卵而排斥蜂后的非受精卵。这一趋势部分原因是基于如下简单事实：雌性与其儿子的相关系数是1/2，与其兄弟的相关系数是1/4。通过姐妹间的关系可增加这一血缘相关便可做如下简单解释。虽然这一结果有些奇怪，但可得到很好的证明。纸黄蜂、熊蜂（Ronaldo Zucchi，个人通信），以及蚂蚁中的织叶蚁属和红蚁属（Myrmaca），其雄性一般是由工蜂（蚁）产的卵发育成的。在膜翅目的社会昆虫中，雄性由工蜂（蚁）产生是一个普遍现象；但是，这不是一个全体现象，例如蚂蚁中的大头蚁属和火蚁属的工蚁，其卵巢完全丧失了。

表20-3 在膜翅目类群中血缘关系密切个体间的相关系数（r）（自Trivers，1975；根据Hamilton，1964修改）

	母	父	姐妹	兄弟	儿	女	侄子或侄女
雌	1/2	1/2	3/4	1/4	1/2	1/2	3/8
雄	1	0	1/2	1/2	0	1	1/4

通过检验单倍二倍体系统内的非对称现象，可更详细和严密地检验血缘选择假说。用一竞争假说来进行这一检验可能是符合实际的。特别是，布拉泽斯和米琴纳（1974），以

及米琴纳和布拉泽斯已经提出：集蜂的真社会行为，是通过某些雌蜂成功地取得权力地位和对另外一些雌蜂的控制权而进化的；而不是通过血缘选择工蜂"自愿"顺从处于权力地位的蜂后而进行的。他们注意到一个原始的真社会蜂物种 *Lasioglossum zephyrum* 的蜂后，是如何利用两个简单的行为控制其他成熟雌蜂的。首先蜂后蓄意地推挤其他成熟雌蜂，这在自然界中表现为攻击行为，具有抑制卵巢发育的效果。最常受到推挤的是那些具有很大卵巢的个体，即最具有与蜂后竞争潜力的个体。推挤以后是撤退，这时推挤者（蜂后）撤退到巢穴通道内，显然在招引其他蜂跟随。其结果是把跟随者调动到蜂房附近帮助建造蜂房和提供食物，以供蜂后利用。跟随者常常是卵巢高度退化的蜂。根据布拉泽斯和米琴纳的思路不难想象：如果某些基因型个体对巢穴同伴的控制是强力有效的，那么不育职别是可以进化的。亚历山大（1974）对上述现象已独立地指出（开发假说）：这种强力影响，特别是亲本对子代的影响，是昆虫社会进化的普遍因素。

特里弗斯已经表明，利用单倍二倍体的不对称现象可判别血缘假说和开发假说。根据开发假说（亦称剥削假说），我们可以期望：一个完全控制集群的蜂后，会产生等量干重的繁殖雌性（新的处女蜂后）和雄性。这与原来的费希尔模型相符；而该模型认为，如果在两性中的能量投资相等，即产生的蜂后干重等于产生的雄性干重时，则可期望利润与成本之比为最大（见第15章）。可是，在单倍二倍体系统中的血缘选择会导致严重偏离 1:1 的性比。涉及血缘选择的如下两种情况是可能的：

1. 阻止蜂（蚁）后繁殖雄性。如果一只工职（工蜂或工蚁）能帮助其蜂（蚁）后抚育女儿（该工职的妹妹），而且还能产生非受精卵而使集群只有该工职自己的儿子，那么这一工职与其自己的后代（儿子）具有平均相关系数 $r = 1/2$，与其姐妹和儿子具有 $r = 5/8$（3/4 和 1/2 的平均值）。如果其他的工职同这只产卵的工职合作，它们就会抚育妹妹和侄女，所以它们与自己后代的 $r=1/2$ 和与其妹妹、侄女的平均 $r = 9/16$。最后通过上述这一安排，蜂（蚁）后也从中受益，因为现在蜂（蚁）后有女儿和孙子，具有平均 $r = 3/8$；而如果这些工职只留下自己的后代，那么蜂（蚁）后就只能有孙女和孙子，具有平均 $r = 1/4$。但是，如果这些工职把蜂（蚁）后的女儿和儿子全都留下，这种安排仍然是不利的。如果工职确实控制着雄性后代的数量，那么集群中大多数雌性［蜂（蚁）后和非产卵的工职］倾向于在新蜂（蚁）后和雄性中做等量投资。例如，老蜂（蚁）后对新蜂（蚁）后［老蜂（蚁）后的女儿］的 $r=1/2$，而对雄性［通过产卵工职的生产而成为老蜂（蚁）后的孙子］的 $r = 1/4$。但是，对于每单位投资，雄性的价值依次又是新蜂（蚁）后的 2 倍，因为雄性和女儿的 $r = 1$ 和儿子（通过工职产卵）的 $r=1/2$，而新蜂（蚁）后（和其母亲一样）和女儿的 $r=1/2$ 和孙子的 $r=1/4$。非产卵工职也倾向于做等量投资：这些工职和新蜂（蚁）后的 $r=3/4$ 而和雄性的 $r = 3/8$，但（如上所述）对于每单位投资，雄性的价值为新蜂（蚁）后的 2 倍。当产卵工职只产生一定的雄性时，情况就变得复杂了，但特里弗斯（1975）已指出：蜂（蚁）后仍倾向于等量投资，而工蜂（蚁）开始倾向于更多地投资于雌性。来自蜂（蚁）后的雄性越多，偏于一方的投资比的矛盾就越尖锐。

2. 允许蜂（蚁）后繁殖雄性但以其他方式控制其比例。纵使允许蜂（蚁）后产生所有的雄性，工职也会抵制蜂（蚁）后达到的最适比例而调节到工职要求的最适比，工职调节的方法是根据卵、幼虫和蛹的性别情况做出不同程度的破坏。其证据是，至少在蚂蚁的细胸蚁属，集群增长的速度几乎完全是由工蚁而不是由蚁后决定的。在全是蚁后产卵的情况下，如果工职由投资兄弟转向姐妹，那么工职的相关系数就由 $r=1/4$ 转向 $r=3/4$。蚁后（姐妹）和雄性（兄弟）之平衡比应是 3:1；因为在每克（干重）基础上，当与开始的 1/3 投资平衡时，雄性的期望繁殖成功机会为蚁后的 3 倍。

总之，血缘选择假说可期望工职在一定程度上控制集群繁殖〔人们甚至可以说在一定程度上它们在"开发"或"剥削"蜂（蚁）后〕，有利于蜂（蚁）后繁殖时的投资比在 1:1 和 3:1 之间。如果繁殖由蜂（蚁）后控制，即它在"剥削"工职，那么比例应是一般的费希尔的比例 1:1。至目前为止研究过的蚂蚁不同物种，比例明显地大于 1:1，在许多情况下很接近 3:1（Trivers，1975）。

特里维斯这一明显的 3:1 的结果，是与蚂蚁中进行的血缘选择相符的，即蚂蚁中的性比是受血缘选择控制的，而不是受个体选择通过蚁后的权力和开发控制的。不用说，这两个过程都可能发生作用。事实上，在原始的社会蜜蜂和黄蜂中权力系统的存在，就提供了这种可能性：个体选择的权力和开发确实在起作用。但是，在像淡脉隧蜂属的物种 *L. zephyrum* 中，其"权力"行为实际能控制到什么程度呢？这一行为可能只是通信系统的一部分；通过这部

分，具有不同能力的个体发挥着自己最适宜的作用，即发挥着使个体适合度最大化的作用。事实上，林和米琴纳在研究毛舌蜂属和膜翅目的其他社会昆虫的进化中，预测到了这样的安置方式。他们观察到工职的早期作用未必是利他主义的，乃至在血缘选择条件下也是这样。附属的雌性，通过偷偷地产卵可增加一定量的个体适合度；如果蜂（蚁）后死亡或离去，附属雌性也会准备接管主要产卵者的任务。在没有什么机会建筑新巢的环境中，它们会采用折中方式，能产生比有新巢时更高的平均子代数。这类协作行为，可以想象是在缺乏血缘选择条件下的进化。

然而在最终分析中，甚至把上述"开发"和"折中"的这些参数加入方程式中，也只有血缘选择似乎才能解释膜翅目中真社会的统计学优势现象。血缘选择，仍然是引导各系统发育枝的类群越过真社会阈值和允许在集群水平上进行选择的动力。

尚待指出的是，虽然白蚁不是单倍二倍体，但它们具有一个明显的特征而可以提供其社会起源的线索：除了与其关系紧密的隐角蟑螂外，它们是依靠共生肠道原生动物的唯一的食木昆虫。像由 L. R. 克利夫兰（L. R. Cleveland，1934）首先指出的，这些原生动物是通过肛门食物从年长个体传到年幼个体的，这一（安置）方式至少是地位低的社会行为需要的。克利夫兰认为，白蚁社会是由需要交换肠道原生动物而联系的摄食社会开始的，并且在顺序上它与膜翅目社会进化相反，只有后者涉及对幼雏的社会照料。在膜翅目（进化）方式中，通过异常紧密的同胞血缘关系进入真社会，这在理论上不是必需的。威廉斯在扩展怀特的类

群选择理论时证明，如果同胞类群间的竞争足够强，那么昆虫中的真社会行为，其中包括不育的和利他主义职别的形成，都可得到进化。关键是，在这一点上白蚁已经成功了。这方面研究成绩是明显的，生物学者应继续思考使社会进化成为可能的条件。

社会黄蜂

已知的真社会黄蜂物种虽然只有约725个（Richards，1971），但对其行为的研究已不断得到一些很有趣的主要结果。昆虫社会生物学的四个基本发现——职别的营养控制、在分类学和系统发育研究中行为特征的应用、交哺现象和权力行为——完全来自，或者基本上来自对黄蜂的研究。甚至更为重要的是，对现存黄蜂物种的研究，以最清晰的细节揭示了从独居生活到高级真社会状态的各个进化阶段。

黄蜂中的真社会行为几乎全限于胡蜂科。已知的唯一例外是最近在泥蜂这一物种中发现的原始真社会组织。为了对它们和膜翅目其他社会昆虫的进化有一个总体认识，我们考虑图20-1中具螯刺的膜翅目7个总科的系统发育顺序。这些螯刺类（像昆虫学家常这样称谓的）包括严格意义上所指的"黄蜂"。在这一系统发育分类图上也放进了蚂蚁［蚁总科（Formicoidea）］——它们被认为是由臀钩土蜂科（Tiphiidae）衍生而来，还放进了蜜蜂［蜜蜂总科（Apoidea）］——它们被认为是由泥蜂总科（Sphecoidea）衍生而来。胡蜂总科（Vespoidea）是由3个科，即大胡蜂科（Masaridae）、壶巢胡蜂科（Eumenidae）和胡蜂科组成的。这些黄蜂往往被称为折翅类，因为它们的

成体具有极强的把其翅纵向折叠的能力；在狭腹胡蜂类或在大胡蜂科的大多数物种都不具备这一性状，而这一性状的缺乏可能是一个衍生特征，而不是一个原始特征。通过观察前翅基部向上向外倾斜辐射的扇形翅脉和结合的翅中脉，还可进一步把胡蜂与其他黄蜂区分开来。由于大多数胡蜂每只眼的内缘有一个切口，所以一看就可把它们识别出来。

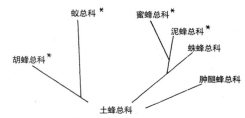

图20-1　螯刺类膜翅目的进化，在严格意义上包括"黄蜂"。星号表示真社会行为在进化上已发生两次或更多次的总科。胡蜂总科和泥蜂总科是黄蜂的两个总科：蚁总科是蚂蚁的总科，蜜蜂总科是蜜蜂的总科。

长足胡蜂属的纸黄蜂类是较原始的真社会胡黄蜂；全球（除新西兰和南、北极地区外）共发现150个物种，并且在欧洲和北美洲，长足胡蜂属集群的数量要超过所有其他社会黄蜂的集群数量。我们熟悉的北美洲温带地区的棕色纸黄蜂（*Polistes fuscatus*）一直是艾伯哈德进行研究的极好对象。该物种集群为一年生（每一集群的持续时间只有一个温暖的季节）。在美国较冷地区，能够越冬的个体只有蜂后。在夏末和秋季跟短命的雄蜂交配受精后，蜂后就在一些保护地（如房子的内外夹层间和疏松的树皮底下）隐蔽起来越冬。第二年春季，蜂后在进入巢穴之前的若干周内，卵巢开始发育，在这期间蜂后们还常常集聚在阳光下。随后，当卵巢发育进入后期阶段时，各蜂后独自进入

旧巢或新巢作为栖息地，其他蜂后接近巢时会受到攻击。

艾伯哈德发现，在（美国）密歇根州的巢中开始只有1只雌蜂；在5月期间观察的38个巢中，当各巢只有1—10个蜂房时，有37个巢中每巢内只有1只雌蜂。当巢龄不到24小时的条件下，一个巢内有2只奠基蜂后。但是，在6月末出现第1只幼蜂时，绝大多数的奠基蜂后都伴有2—6只附属蜂——而越冬的蜂后，由于某种原因一直没有为自己建巢。这些附属蜂，对于奠基蜂后来说，在地位和繁殖能力上通常都是从属的。在行为上，它们的从属性明显表现在：附属蜂接近奠基蜂后时，蜂后处于权力地位；进行飞行觅食，为奠基蜂后提供反哺食物；奠基蜂后决定产卵。奠基蜂后不仅力图阻止其同伴接近其产的卵，而且还偶尔偷偷进入其未占领的蜂房内偷吃同伴产的卵。后来，附属蜂的卵巢退化。标记试验证明：这样的附属蜂更喜欢与和其是姐妹关系的奠基蜂后联合。但是，在集群奠基阶段，它们很容易在集群间往返；并且甚至有少数附属蜂，在建巢中作为从属者工作时，还试图为自己建巢。

经过整个夏季，到初秋，集群开始衰败和解体时成熟群体迅速增长（见图20-2）。从卵到成虫的完全发育平均约需48天，所以在一个季节内大致可育出三个连续重叠的世代。在夏季末，一个巢内能育出多达200只或更多的成体，但它们的死亡率是相当高的，在一定时间内只有很少部分成活。第一批个体都是工蜂，即翅长一般少于14毫米和卵巢未发育的雌蜂。到7月底，这些工蜂，连同奠基蜂后和可能是原来的附属蜂在一起，形成整个成熟集群。工蜂负责集群的全部工作：寻找昆虫猎物、花蜜

和筑巢碎木料，在巢边缘建立新蜂房，照管抚育集群中的幼雏和非工蜂成体。在8月初，开始出现雄蜂和"蜂后"（能够越冬的体形大的雌蜂）；这些纯粹的繁殖形态，在秋季开始整个地替换工蜂。它们基本上是过着寄生生活。当它们在数量上增加时，就会对集群生活起日益增长的破坏作用。工蜂以攻击的方式对待雄蜂；在8月中雄蜂的数量达到峰值时，驱赶雄蜂是巢中行为的一个明显特征。

图20-2 美国密歇根州棕色纸黄蜂的集群。蜂巢（底面观）是由育雏的蜂房组成的（用嚼碎的植物纤维建成）。这里看到的多数成体蜂是雌蜂和工蜂。某些蜂带有颜色标记，是研究者用来帮助个体识别的。它们在蜂房外围建筑新的小蜂房，巢内最幼小的成员就在这里降生。在图片顶部可看见成熟幼蜂的头和胸。靠近蜂巢中央的具盖蜂房内藏有较老的蛹。最后，蜂巢中心是已去盖的蜂房，其内出现了完全成熟的工蜂。在某些蜂房内已下了卵，这样就开始了新的一代（照片为 Mary Jane West Eberhard 特许转载）。

约在8月中旬，棕色纸黄蜂的雄蜂开始离巢，聚集在已废弃的旧巢上。随后，雌蜂开始加入这些雄蜂群。交配发生在阳光能照射到的地方，而这些地方就是在以后用来作为越冬的洞穴附近或洞穴内。冬季开始时雄蜂死亡；受精的雌蜂单个越冬，等到第二年春天来临，重

新开始新的集群生活周期。

长足胡蜂属的集群生活周期，就黄蜂的社会生物学来说，说明了其中的一个重要概念。因为人们在冯·伊赫林时代就反复注意到：热带物种的巢倾向于由多个奠基蜂后创建，而温带物种的巢倾向于由独居越冬的单个奠基蜂后创建。在某些热带的异腹胡蜂族中看到了上述第一类型的极端发展。这里，通过形态学上相似个体离开旧巢的分群而开始形成新集群。胡蜂亚科的温带物种表现了上述第二类型的极端发展；在春季这里总是通过形态学上很不相同的单个可育蜂后开始形成新集群。这一概念的扩展（但不是这一概念的基本部分）是：热带分群物种的集群有多个实际行使职权的蜂后，但温带分群物种的集群只有一个蜂后。

在分群开始建立集群时，一般认为：基本上"一妻制"（一个集群一个蜂后）是由基本上的"多妻制"（一个集群一组蜂后协作）进化来的。惠勒（1923）指出，这样进化容易想象："也许我们可以说，胡蜂属和长足胡蜂属的物种每年产生具有雌蜂和工蜂的蜂群，但是寒冷天气的来临冻死了抵抗力较差的工蜂，只允许分散生活的蜂后能够成活且可越冬到下一个季节。"长足胡蜂属特别有趣，因其物种在这一进化中呈现出一些中间阶段。棕色纸黄蜂这个温带物种的确基本上是"一妻制"，但创建集群的那个蜂后，在筑巢开始后的数天甚至数小时内通常要有其他蜂后的参与，所以集群的开始状态几乎是"多妻制"。分布在从美国南部到阿根廷的一个物种——北美洲纸黄蜂（Polistes canadensis，起源于热带的不知其名称的叫法），在分群时与上述情况极类似。在中美洲和南美洲，一只雌蜂从其姐妹们占领的旧巢直接进入一新巢后，一个新巢就建立起来了。当雌蜂间为争夺权力地位发生争斗（这种争斗是公开的，甚至可与棕色纸黄蜂相匹敌）时，往往就引起了这样的先驱者的离巢。但是，像棕色纸黄蜂那样，北美洲纸黄蜂的先驱者，即奠基蜂后也会很快地使其他的雌性个体加入：经过争斗后，一只雌性取胜，这样集群就成为功能上的"一妻制"。因为长足胡蜂属的原始物种是热带物种，所以其寒温带物种，在没有以重要方式改变其社会行为的条件下，在集群生活周期中已经插入了一个越冬阶段。

为了发现黄蜂社会组织变化与气候适应变化之间的联系，有必要回到胡蜂亚科。这一类群的物种（在说英语的国家被称为大黄蜂或黄色胡蜂，而在德国被称为"真黄蜂"），集中在亚洲温带地区，但已深深地渗透到欧洲和北美洲的温带地区。胡蜂亚科的所有物种不是真社会关系就是社会寄生关系。这些关系是值得注意的，因为这一社会的高级状态与长足胡蜂亚科的多数物种有关：尽管温带物种的集群生活周期在自然界仅为一年。平均来说，蜂后在体形上要比工蜂大得多，并且是主要的或唯一的产卵者（见图20-3）。

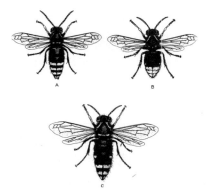

图20-3 秃头大黄蜂（*Vespula maculata*，北美洲一种高度社会化的黄蜂）的三种成体职别：A，雄蜂；B，工蜂；C，蜂后（自Betz，1932）。

胡蜂亚科的集群生活周期基本上与长足胡蜂属相似，其区别在于：前者在春季建巢期间只有蜂后，而没有附属蜂加入。不同物种的集群生活周期在细节上没有什么不同，一般只有蜂后越冬。在气候温暖的仲冬可发现少数成活的工蜂；但在筑巢时它们会起到什么作用是值得怀疑的。在春季，蜂后选择巢址、搜集木屑和草本植物纤维、嚼碎成浆状以建造巢的第一批蜂房，用1—3层薄得像纸一样的壳层包围第一批蜂房（若干个）。然后，蜂后在每一蜂房产一颗卵，当孵化出第一批幼虫时，用每天捕获来的经嚼碎后的新鲜昆虫饲养它们。第一批工蜂羽化后不久，它们就为自己觅食并为巢穴添加各种物质。现在蜂后很少离开巢穴，并且随着时间推移，蜂后除了产卵外放弃了其他一切活动。在整个夏季，工蜂继续在蜂巢外围筑添新蜂房，以及建筑新蜂柱和新蜂巢。蜂巢作为一个总体向外和向下增长，当工蜂撕掉部分旧巢并添加部分新巢时，巢就变得更大和更趋球体状。这些黄蜂捕获软体昆虫运回到巢内，它们更偏爱的猎物是蜜蜂、苍蝇及鳞翅目的成虫和幼虫。物种大虎头蜂（*Vespa mandarinia*）的巨型工蜂广泛地捕获其他一些物种的黄蜂；少至10个个体，在1小时内可以毁坏蜜蜂的整个集群，用其大颚杀死5 000只或更多蜜蜂。

在夏季末，属于温带物种的黄蜂在巢上建造较大的蜂房，在这些蜂房中，它们育出数十只到数百只的雌蜂和雄蜂。约在这时，蜂后死亡，停止生产幼雏。处女蜂后和雄蜂离巢外出交配：当寒冷天气来临时，巢中最后剩下的少数工蜂死亡或离巢流浪。雄蜂，在孤独地食取花蜜数天或数周后也相继死亡。但是新近受精的蜂后，在适当的地点度过冬天——包括树皮底下、积层柴堆的层间部位、朽木内被甲虫废弃的洞穴和类似的隐蔽所。

蚂蚁

蚂蚁是真正意义上的权力社会昆虫。它们是地理分布最广泛的主要真社会类群，其分布范围实际上是除两极地区之外的所有陆地。在数量上它们也是最多的。如果我们假定，C. B. 威廉姆斯（C. B. Williams）所估算的昆虫总个数为10^{18}是正确的，并且其中蚂蚁占的0.1%作为保守估算比例，那么地球上的成活蚂蚁数至少为10^{15}。

蚂蚁成功的原因是我们推测出来的。的确，成功与其革新有关。回溯到1亿年前的白垩纪中期，无翅工蚁就能深入土壤和植物缝隙中觅食。蚂蚁的成功也部分由于如下事实，即原始蚂蚁就是其他节肢动物的捕食者，而不是像白蚁那样只限于以纤维素为食和把栖息集群的巢址限制在有纤维素资源的地方。最后，蚂蚁的成功还可能部分由于：所有的原始蚂蚁及其大多数后代，都具有在土壤中和腐殖质中筑巢的能力，从而使它们能得益于开发这些最富有能量领域的微生境。也许对这一行为的适应，又使后胸侧板腺体的起源成为可能，而这一腺体的酸性分泌物抑制了微生物的生长。后胸侧板腺体（或其退化物），可能是蚂蚁区别于膜翅目其他昆虫的一个重要解剖特征性状。

蜜蚁属的"喇叭狗蚁"，在研究社会生物学的某些方面是重要的。它们属于最大类的蚂蚁，不同物种工蚁的身长在10—36毫米，而且在实验室还很容易饲养。它们是现存蚂蚁的最原始类型，其原始性仅次于拟蜜蚁属（*Notho-myrmecia*）和钝猛蚁属。在澳大利亚野外，昆

422

虫学家遇到觅食的蜜蚁属的工蚁时，就首先给其留下了一段值得纪念的经历。这使昆虫学家得到了一个奇怪的印象，即无翅黄蜂正在通往蚂蚁进化的征途中："在它们无休止的活动中、在它们极为机敏和快速的运动中、在它们敏锐的视觉和对视觉的明显依赖中、在它们利用强力的螫刺进行挑衅的攻击和脾性中，蜜蚁属和原蜜蚁属（Promyrmecia）许多物种的工蚁，与蚁蜂科（Myrmosidae）或双翅蚁蜂科（Mutillidae）的这些行为要比较高等蚁类的这些行为表现出更为明显的相似。"

蚂蚁在其社会生活周期的一系列特征中变异很少，所以用蜜蚁属的物种可作为蚂蚁这类昆虫的代表。其集群为中等大小，含有数百只到上千只的工蚁。工蚁以捕获范围广泛的活昆虫作为猎物，它们把猎物撕碎直接喂给幼蚁。工蚁是厉害的捕食者，能够降伏和抓住蜜蜂工蜂。它们也从花的蜜腺中采集花蜜——这是集群中还没有幼虫时的主要食物。在大多数物种中，蚁后从蛹羽化出来后是有翅的，而工蚁体形较小且无翅——这是蚂蚁的普遍特征。对某些物种，在这两职别之间还会出现一些中间类型，偶尔还以胸部退化和无翅的雌蚁或具有短翅的雌蚁替换蚁后。但是，这些例外代表次级进化倾向，而不是由祖先黄蜂进化的主要状态。在蜜蚁属的某些大型物种，如红牛斗犬蚁，工蚁往往分化成两重叠的亚职别：体形较大的工蚁主要或全部从事觅食；而较小的工蚁主要负责抚育幼雏的工作。

蜜蚁属的许多物种的婚飞场景非常壮观。具翅的蚁后和雄蚁从巢中飞出，并在山顶或其他有明显界标的地方分群地聚集在一起。当蚁后飞到雄蚁的范围内时，雄蚁形成密实的球状体包围着蚁后，强烈地试图进行交配。蚁后受精后，脱落翅膀，在土壤中、在木头或石板下挖掘巢房，并开始抚育第一批工蚁。1925年，约翰·克拉克（John Clark）获得了这一发现，后来惠勒（1933）和哈斯金斯又进行了证实和扩展：上述蚁后没有遵循在较高等蚂蚁中所发现的集群那种典型的"修道院"（claustral）模式。也就是说，蚁后没有停留在开始挖掘的蜂房中，完全用自己代谢的脂肪体和翅肌组织抚育幼雏；相反，它们通过容易出入的通道从蜂房出来，在野外捕获昆虫猎物。这种建立集群的"部分修道院"模式［现在已知是同猛蚁亚科多数种共有的］，被认为是通过非社会的臀钩土黄蜂祖先觅食的原始形式进化来的。近来，哈斯金斯指出：蜜蚁属物种的蚁后也用自己组织代谢的营养物去帮助抚育幼雏，但抚育幼雏并不只依赖这一方式。

蜜蚁属的典型集群如图20-4所示。如同哈斯金斯强调的，喇叭狗蚁在其社会生物学方面表现出具有原始和高级性状的一个"嵌合体"。在表20-4，我用这一简单的二分法（原始和高级性状）对许多观察记录的性状进行了分类。我必须同时补充的是，这种分类法只不过是系统发育的一组假说。与蜜蚁属比较的"高等蚁类"是除了蜜蚁亚科和猛蚁亚科之外的所有现存亚科。这两个亚科（分别是蜜蚁复合群和猛蚁复合群中最原始的两个亚科）共有蜜蚁属某些（不是全部）原始性状。总之，蜜蚁属的行为，在多数基本性状方面已经进入了真社会水平，然而它也有一些原始性状的残余，这种残余使我们产生了它像祖先（中生代蚂蚁）的想法。

蚂蚁对蜜蚁属原型的适应性辐射是异常

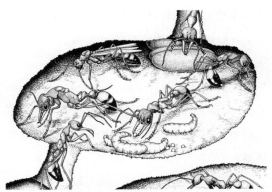

图20-4　原始的红牛斗犬蚁（*Myrmecia gulosa*）集群的地下巢内部观。最左端是蚁后（其体形较大、胸较粗，在头中央有三个单眼），在其后是一具翅雄蚁（蚁后的儿子），其余的成体都是工蚁（全是蚁后的女儿）。在右端，一只工蚁产营养卵，而另一只工蚁在给蠕虫样的幼虫喂饲营养卵。蚁后产的球形卵（孵化成幼虫）单个地分散在巢板上。巢的后端是含有蚂蚁蛹的三个茧（Sarah Landry画图；自Wilson，1971a）。

充分的。许多物种的食物专一化达到了极端程度，如细质蚁属（或细猛蚁属）的猛蚁类物种，只捕食等足类甲壳动物；钝猛蚁属的某物种专捕猎蜈蚣；阴隐蚁属和长蚁属的猛蚁类物种仅食节肢动物的卵，特别是蜘蛛的卵（Brown，1957）。属于切叶蚁类的毒螫蚁族的某成员只捕获弹尾目昆虫（Brown & Wilson，1959）；扁小蚁属和角蚁族（Cerapachyini）中的猛蚁，就我们目前所知，它们是唯一专门捕猎其他同类的蚂蚁。大多数蚂蚁类群在捕食选择上表现出高度变异性，有少数类群已经依赖种子维持生活，还有一些类群主要或专门依赖蚜虫、水蜡虫和其他同翅目昆虫在巢内排泄的肛门"蜜露"物质为生。无疑，最明显的类群是植

表20-4　蜜蚁属的行为性状和其他性状

（引自Wilson，经修改；基于C. P. Haskins的资料）

原始性状

　　1.在许多巢中，存在多个蚁后

　　2.卵球形，彼此分散在巢板上

　　3.直接用新鲜昆虫碎片喂幼虫

　　4.在没有帮助的情况下，幼虫能短距离爬行

　　5.成体高度喜吃花蜜，成体捕获昆虫主要给幼虫喂食

　　6.成体相互运输现象极少见；纵使有，运输也是很笨拙的，被运输者没有适当被固定

　　7.觅食时，工蚁间既没有募集工蚁到新食源地，也没有其他明显的协作形式

　　8.报警通信缓慢、低效，信号的本质尚不清楚

　　9.创建集群仅仅是"部分修道院"的

　　10.失去工蚁时，蚁后可恢复原来创造集群的行为，其中包括到地面觅食

在较高等蚁类中发现的高级性状

　　1.蚁后和不育工蚁这两职别彼此很不相同，很少有中间类型

　　2.在许多物种存在工蚁多态现象，这表明有区别明显的两种工蚁亚职别的共存现象

　　3.集群大小中等，蚁巢在结构上一般相当精细

　　4.在成体间以及在成体和幼虫间有反哺现象

　　5.成体不仅给幼雏修饰，而且成体间也相互修饰

　　6.工蚁产营养卵，喂给其他工蚁或蚁后

　　7.工蚁用土壤覆盖幼虫（成蛹前）借此帮助幼虫吐丝作茧，工蚁帮助新羽化出来的成体从茧中出来

　　8.存在巢嗅迹，集群间的领域行为也得到很好的发展

　　9.工蚁对油酸嗅迹，也许还对巢中死亡同伴其他的分解产物发生反应，从而把死尸运出巢外

菌共生蚁族（Attini）的切叶蚁类。植菌共生蚁族的11个属和200个物种遍布整个新大陆。它们是在热带地区极为成功的昆虫——在巴西，植菌蚁属或切叶蚁属是最具有破坏性的农业害虫——其中少数物种往北分布到美国的新泽西州。这些蚂蚁，利用它们搜集带入巢内的有机物（基质）培植一些特定的酵母或真菌。这些基质随蚂蚁物种而异，例如，物种 *Cyphomyrmex rimosus* 主要或全部的基质是鳞翅目昆虫的粪便；物种 *Myrmicocrypta buenzlii* 的是死植物成分和昆虫尸体；植菌蚁属和尖蚁属中的一些著名的切叶蚁的是新鲜的叶、茎和花。在这些蚂蚁中，园艺技术已得到了高度发展，甚至有所延伸：用富有壳多糖酶和蛋白酶的排泄小滴给真菌"施肥"（Martin & Martin，1971；Martin et al.，1973）。

如在第17章所解释的，在蚂蚁社会，寄生现象得到了最充分的发展。这一寄生现象在不同物种的进化中呈现出一系列阶段，直至包括奴役的退化形式；在奴役中，蓄奴蚁只能进行攻击活动，无时无刻完全依赖于其奴隶蚁的服侍。其他的进化分支通向完全的寄居动物。工蚁职别丧失了寄生性。

筑巢习性依然呈现多样化。少数蚂蚁物种，如植菌蚁属的成员及栖息在沙漠的卑蚁属或小家蚁属物种和袋蚁属，会深挖土壤筑成竖道和坑巢，有时其深度可达6米或以上（Jacoby，1952；Creighton and Crandall，1954）。相反，拟切叶蚁亚科（Pseudomyrmecinae）、巢蚁属的某些树栖成员，却限于居住在一种或少数几种植物的洞穴中。其中某些宿主植物还非常适合蚂蚁栖息，因能提供集群营养；试验已经表明，这些植物若没有来蚂蚁栖息，也可能不能成

活。细切叶蚁类物种（*Cardiocondyla wroughtoni*）有时在采叶毛虫留在枯叶堆中的洞里筑巢，而少数蚁族物种［如长结红树蚁（*Oecophylla longinoda*）、红树蚁（*O. smaragdina*）、*Camponotus senex* 和刺蚁属某些物种］其习性已进化到利用其幼虫吐出的丝构筑如帐篷样的树栖巢。

在某些方面，行军蚁构成了昆虫类中社会进化各高级阶段中的一个，其行进中的集群是自然界的一大壮观景象。惠勒在其著作《蚂蚁：结构、发育及行为》（*Ants: Their Structure Development and Behaviour*，1910）中是这样描述这一景象的："食根蚁和军团（行军）蚁相当于人类中的（第4、5世纪欺辱欧洲人的）匈奴人和鞑靼人。它们组织松散但协作精巧，并有高度多态工蚁组成的庞大队伍，它们充满着贪得无厌的食肉欲望和终年不断迁移的渴望，它们与奇怪的喜蚁混杂宿主相伴，以及其可育职别举行的奇怪的隐蔽婚礼和在土地深处抚育它们的后代——所有这些都使观察者首先想到了热带灌木丛中的那些蚂蚁，它们存在着一个精细而严密的机构在指挥其活动。"

自从惠勒描述蚂蚁行为特征以来，其中的谜已基本得到解答。施奈尔拉（1933—1977）通过耐心的野外和实验室的研究（实际上是他的整个职业生涯），首先揭示了游蚁属、尼蚁属（*Neivamyrmex*）和其他新大陆蚂蚁物种的复杂行为和生活周期。他的结果已被其他研究者（尤其是雷敦麦尔）证实并得到了极大的延伸。同时，雷格尼尔和波文（1955）及雷格尼尔（1972）也揭示了非洲食根蚁（矛蚁属）生活周期的基本特征。

让我们返回讨论一种行军蚁——布氏游蚁

（ *Eciton burchellii* ），这是发现于从墨西哥南部到巴西的潮湿低地森林区的，一种大型、明显是成群性的觅食蚂蚁。一天，当第一束阳光弥漫在朦胧林区的上方时，布氏游蚁集群就开始活动了。这时，集群处于露宿状态，即暂时或多或少在暴露的地方栖息。最佳的露宿地是树木根部膨大处的下方和树干倒下的下方，或者未倒树的主干和主枝在地面以上高达20米或更高的任何可隐蔽的部位。工蚁的身体为蚁后和未成熟的幼虫提供了隐避所。在工蚁聚集在一起形成隐避所时，这些工蚁利用其强有力的跗节钳状颚共同连接起来，用它们的身体形成一些链和网并一层层地堆集起来，直至借助整个工蚁的力量构成一个致密的圆柱体或椭球体，横断面直径可达1米。因此，施奈德等人把这种蚁群称为"露宿地"。椭球体的工蚁数在15万—70万；球体的中央部分有数以千万计的非成熟蚁的各种组合，一只蚁后，在干旱季节，还会出现1 000只左右的雄蚁和若干个处女蚁后。这个深棕色的椭球体渗透出一种麝香的、稍带腐臭的味道。

当蚂蚁周围的光水平（光强度）超过0.5 426 烛光英尺时，"露宿地"（椭球体）开始解体。椭球体的链断裂使聚集的蚁团在地面上翻腾着，蚂蚁向四面八方运动。随后，沿着阻力最小的通路出现一个觅食队列，并以每小时20米的速度从"露宿地"前进。在觅食队列中没有"领导者"指挥。实际情况是，行进时遇到极大阻力的工蚁回撤到其后的队列中时，马上就会被其他的工蚁替代而使行程稍有前进。当这些工蚁向新地点移动时，会从其腹部末端分泌出少量的化学嗅迹物质，以引导其他蚂蚁的

图20-5 当行军蚁在漫游期间从一露宿地到另一露宿地转移时，工蚁把幼虫吊挂在身体下方将其运走。在钩齿游蚁集群迁移的这张照片里，也能看到一些工蚁（左上）携带着异腹胡蜂类的黄蜂大幼虫（是作为猎物捕获的）。在左端能看到两只兵蚁（通过它们大的体形、浅色头和长颚容易辨认出来）。两只中等大小的工蚁携带着上述那只黄蜂大幼虫，而最右端第3只工蚁头向着观察者。（照片为C. W. Rettenmeyer特许，准予翻印）

行程。基于不同职别行为上存在的差异，队列中出现了不够严密的组织形式。较小的和中等大小的工蚁沿着化学嗅迹快速前进跑到了队列的最前面，而较大和较笨重的兵蚁（不能与其同伴工蚁同步前进）多半在队列两边行进。游蚁属兵蚁的这一行进位置曾使早期观察者误认为：兵蚁是带领队列前进的"领导者"。如贝尔特所说："无论何处都有一只浅色的领导者在前后跑动以指挥队列前进。"实际上，这些兵蚁（具有大头和格外长的镰刀形的大颚）对其同巢伙伴没有什么控制能力，几乎只是对巢员有保卫责任。较小的工蚁（具有较短的钳形小颚）是多面手：捕获和运输猎物、选择露宿地点以及抚育照料幼雏和蚁后。

当突击搜捕行动到达高潮时，布氏游蚁的工蚁散开并呈现具有宽广前沿的扇形蚁群。各分支队列（经过分裂和重组，像一条条的粗绳）从蚁群延伸到原来的露宿地（蚁后和幼蚁仍隐避在这一安全地带）。工蚁的前沿地带有着大量的猎物可猎获：舞蛛、蝎子、甲虫、蟑螂、黄蜂、蚂蚁等，其中大多数被击倒、刺死、撕碎，并很快地被运往后方；甚至某些蛇、蜥蜴和雏鸟也成了它们的牺牲品。

人们预测，当布氏游蚁集群经过森林地区时，可能会对其内动物的生活产生明显的影响。例如威廉斯记录了如下情况：当前一天布氏游蚁的群体经过林区的一些地方时，这些地区的节肢动物明显减少。但是对林区的总效应却不很明显。在巴罗科罗拉多岛（Barro Colorado Island），其面积约16平方千米，约有50个布氏游蚁的集群。因为每天每集群至多移动100—200米，所以这些集群在一天中或甚至在一周中仅仅涉及该岛面积的很小部分。

纵使这样，事实上在每一集群的附近，食物供应也会很快减少。早期研究者匆匆做出表面上有道理的结论：当食物供应短缺时，布氏游蚁集群会更换其露宿地点。施耐拉尔在早期工作中发现：布氏游蚁的迁出是受到其内在精密的节律控制的，与食物短缺没有联系。他继续证明，游蚁属每一集群在如下两个阶段间交替：在静栖阶段（statary phase），其间集群在一个露宿地长达2—3周；在漫游阶段（nomadic phase）几乎每天换一个露宿地，也有长达2—3周的。游蚁属集群的基本生活周期总结于图20-6。其关键特征是在繁殖周期（reproductive cycle）和行为周期（behavior cycle）之间的相关关系。在繁殖周期内，工蚁幼雏是以周期性进行批量抚育的；在行为周期内，是由静栖和漫游两阶段的交替组成的。要抓住这个相当复杂的相关关系，需要记住游蚁属集群的一个最重要的特征是：每一批幼雏的发育都是明显同步的。当集群进入静栖阶段时，蚁后的卵巢开始快速发育，在一周内其腹部迅速膨胀，有5.5万—6.6万个卵。然后，在静栖阶段的中期，经过持续数天的爆发式的艰巨劳动，蚁后产卵10万—30万个。到静栖阶段的第3周和最后1周末，孵化出幼虫（在数天内全部完成）。数天后，"幼嫩"工蚁（这种叫法是因为它们开始是幼弱色淡的）从茧中羽化出来。数以万计的新成体工蚁的突然出现，对它们的姐姐们有一个激励效应。集群活动的一般水平提高了，觅食的集群大小和强度增长了，并且集群在每天觅食结束时就开始迁出。总之，集群进入了漫游阶段。但是，只要幼虫化蛹，觅食强度减小，迁出停止，集群（依定义）就进入下一个静栖阶段。

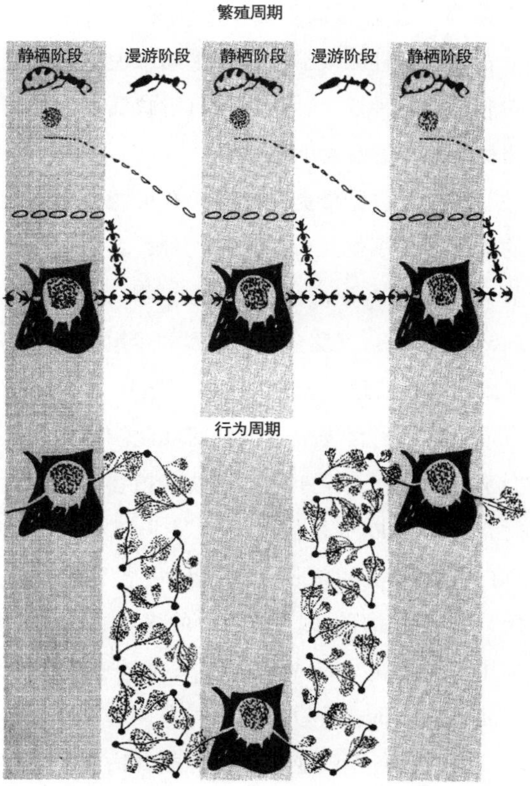

图20-6 布氏游蚁一个月的集群周期。静栖阶段和漫游阶段的相互交替，构成了两个不同的，但紧密同步的繁殖周期和行为周期。在静栖阶段：蚁后（上部）在很短时间内产一大批卵；卵孵化成幼虫；从前批卵衍生出的蛹发育出成体蚁；（下端）集群居住在一个露宿地。在漫游阶段：幼雏完成其发育；新工蚁从其茧中羽化出来；在每天成群觅食完成后，它们迁出进入新巢址。（根据 T. C. Schnerirla 和 G. Piel 的《行军蚁》重画。版权为科学美国人出版公司所有。）

游蚁属集群的活动周期的确是由内在原因引起的。它与任何已知的天文学节律或气候事件都没有关系；无论是潮湿季节还是干旱季节，它都是按平稳的速度在进行着。通过漫游阶段每日迁出的推动，集群在森林地区底层不断地反复移动。由斯耐拉尔的试验结果指出：行为周期的各阶段，是由幼雏的发育阶段和它对工蚁行为的影响决定的。当在"幼嫩"工蚁

的早期漫游阶段，他除去游蚁属原有集群，则这些"幼嫩"工蚁陷入静栖阶段的相对昏睡状态，这时迁出也停止。直到试验开始——存在的幼雏长得更大和更活跃时，才恢复漫游行为。为了检验幼雏在激活工蚁中的作用，斯耐拉尔把一个集群分成大小相等的两部分：一部分有幼雏，另一部分没有幼雏。留有幼雏的工蚁具有大得多的持续的活动性（与没有幼雏的相比），这种诱发的活动性的刺激本质，到底是化学的、物理的或其他的，还有待进一步确定。

在斯耐拉尔文章的解释中，他显然未能区分直接原因和终极原因。在证明集群生活周期的内在本质，并且是通过幼雏发育对其周期控制后，他未考虑食物耗损的作用。他反复指出：迁出是由"幼嫩"工蚁和较老幼雏的出现引起的，而不是由食物短缺引起的。他忽视了结合上述两方面原因的较完善的进化解释：迁出的适应意义，是使大量的集群在一定的时间间隔内有规则地迁往新食源地；而在进化过程中，"幼嫩"工蚁的出现是随着迁出的时间选择的信号。换句话说，如果集群经常迁移到新食源地存在选择上的有利性（来自游蚁属的所有证据都表明是这种情况），那么工蚁行为的进化就会以如下方式进行，即集群迁出时间与其生活周期中引起食物最大短缺的时间严格同步。迁出直接原因的内在化并未改变迁出终极原因的本质——迁出似乎总是与食物严重短缺相联系。

在1958年，我通过比较行军蚁亚科（高级行军蚁）和猛蚁亚科的觅食类群的行为，研究了导致行军蚁行为的可能进化阶段。以前的昆虫学家反复指出：在追捕猎物方面，密集的行军

427

蚁要比独立行动的招募蚁更有效。这种说法当然是正确的,但还不是全部。当猛蚁和行军蚁以类群觅食对猎物的嗜好,跟猛蚁以个体觅食对猎物的嗜好相比较时,类群觅食的另一个基本功能就显而易见了。大多数非类群猛蚁物种中,其食物习性已知是捕获接近其工蚁大小或更小的活猎物。一般来说,它们以单个工蚁能够捕获和运回相应大小的小动物为生。相反,类群觅食蚂蚁捕食一些大的节肢动物或其他的社会昆虫的幼虫,而这些猎物在正常时单个的蚂蚁是接近不了的。因此,爪蚁属(Onychomyrmex)和细蚁属物种(Leptogenys diminuta)的类群专门捕获大的节肢动物;游蚁属和矛蚁属物种捕猎范围广泛的节肢动物,其中包括社会黄蜂和其他蚂蚁;扁小蚁属(Simopelta)和角蚁族(Cerapachyini)的物种专门捕获其他蚂蚁;巨猛蚁(Megaponera foetens)和某些其他大的非洲、南美的猛蚁类捕获白蚁。

经过这样的归纳和物种间的密切比较,就比较容易重建导致行军蚁亚科充分表现军团行为的进化步骤:

1.类群觅食被允许发展成专门捕获大的节肢动物和其他社会昆虫。不会经常改变巢址的类群觅食可能发生在角蚁属(Cerapachys)和其他有关属;如果是这样的话,这一情况可能很短暂,会立即被下一阶段取代。

2.漫游现象或者与类群觅食行为同时发展,或者紧随其后出现。对于这一新适应的解释是,大节肢动物和社会昆虫比其他猎物的类型分布更广,而类群捕食者集群必须经常变换其觅食区方能开发新食源。这样的物种,由于获得类群觅食和漫游行为两个特征,是真正的"军团"蚁,即是在功能意义上的行军蚁。多数类群觅食的猛蚁类已明显地适应了这一水平。这些物种的集群大小,平均来说,比有关的非军团物种要大,但还没有游蚁属和矛蚁属物种所在的集群大小那样大。

3.当类群觅食更有效时,有可能成为更大的集群。行军蚁亚科的许多物种,其中包括双节行军蚁属(Aenictus)和尾蚁属(Neivamyrmex)的物种,以及至少游蚁属的少数成员,都达到了这一阶段。

4.扩充了食物范围,包括其他较小的非社会节肢动物,甚至小脊椎动物和植物;与此同时,集群可以变得极大。这是非洲和亚洲热带的矛蚁属、钳蚁属(Labidus)各物种和布氏游蚁达到的阶段,它们中的多数或全部也采用大群觅食(swarm raiding)而非队列觅食(columnraiding)的方式。

后来,行军蚁亚科各物种或者构成一个系统发育类群,或者构成两个(或更多)趋同系统发育类群的聚集群。它们不仅在物种和集群的数量上超过了其他类型的军团蚁,而且它们之间也相互排挤。例如角蚁类在整个热带大陆地区就相对稀少,但行军蚁亚科的蚁类却相当多。不过,角蚁类在行军蚁亚科的蚁类还未到达的地方,如(非洲)马达加斯加、(西南太平洋)斐济、(南太平洋)新喀里多尼亚和澳大利亚多数地区,是非常易见的。

社会蜜蜂

所有蜜蜂在一起构成了蜜蜂总科。在形态学基础上,它们与泥黄蜂最接近;虽然由于没有适当的化石证据,而不能正确指出其祖先属于哪一系统发育枝。总之,蜜蜂总科,与泥黄蜂一样，其特征基本上是以专门搜集花粉而不是以昆虫猎物作为幼虫的食物。而成体蜜蜂仍和类黄蜂一样以花蜜为食（有时以蜂蜜形式储存），但与大多数其他黄蜂（其中包括所有泥蜂）不同，这些真黄蜂是用花粉或花粉和蜂蜜的混合物喂其幼虫的。某些真社会物种，最终是用花粉和花蜜经腺体加工衍生出的产物喂其幼虫的。

在蜜蜂总科内的真社会化，通过副社会和亚社会途径至少发生8次，并且发生了不计其数的、几乎包含每一可能程度的前社会化（presociality）。蜜蜂中社会行为的这一普遍性和巨大变异性，为研究社会行为的进化提供了机会（这点，仅黄蜂可与它相比拟），但这个研究只是开始。

异族蜜蜂（allodapine bee）是属于较原始的真社会形式。有两个原因使人们对它们特别感兴趣：第一，与蜜蜂其他类型的幼虫相反，异族蜜蜂的幼虫是保持在一起的，并用植物性食物粉末喂养（见图20-7）；第二，由于这一特殊习性，异族蜜蜂的物种通过亚社会阶段表现了从独居行为过渡到社会行为的进化历程。这些基本事实，是由布劳恩对南非异族蜂属（Allodape）的研究发现的；近些年来，通过岩田、米琴纳、T. 雷门特（T.Rayment）、阪上和S. H. 斯凯夫（S. H. Skaife）在亚洲、大洋洲和非洲的野外研究已经得到了很大扩展。

南非的角状异族蜂是真社会异族蜜蜂的一个好例子（Skaife，1953）。集群在干枯的花柄中或有髓心的茎中筑巢。当新一代的成体蜂在夏季中期出现时，集群生活周期就开始了，其周期从12月末到次年2月初。夏季的其余时间和随后的秋季，这些成体大体以休眠状态聚在一起，然后它们分散到各新巢址。不久后，在7月和8月开始繁殖。现在，独居的、交配过的雌蜂开始了新集群。建新集群的典型顺序是，这样的雌蜂在茎的木髓部挖掘一浅巢穴，并在底部产下一个大而白和稍带卷曲的卵。在卵孵化所需要的4—6周的时间内，母蜂在巢穴入口处进行保卫；当受到骚扰时，其腹部的末端就会往外伸出。当幼蜂发育时，因母蜂将其按幼蜂大小顺序依次排列：蛹最靠近入口，随后是较大的幼虫，而最远离入口的是卵，即卵总是在如图20-7所示的巢穴底部。新孵化幼蜂由母蜂用无色液体反哺喂养，较老幼蜂用花粉和花蜜制成的糊状小粒喂养。7周或8周以后，随着11月初夏的到来，第一批幼蜂化蛹。截至1月，所有第一批幼蜂都羽化为成体蜂。正好这时，物种角状异族蜂母蜂为一岁，还可产3个或4个卵。然后，经数天或数周后，母蜂死亡。第二批成员（由其姐姐们抚育）在夏末或秋初以成体蜂出现。在这后一段时间，第一批的雄蜂偶尔会离开巢穴为自己寻找食物，但它们决不会参与抚育第二批幼蜂的活动。

熊蜂代表向真社会更迈进了一步。最值得注意的是，由约200个物种组成的熊蜂属，它们作为社会昆虫主要是适应于较寒冷的气候。它们中的多数限于北美洲和欧亚大陆的温带地区，某些发现于北极圈附近和高山地区的无林峰上。两个物种往北远在（加拿大最北端的）埃尔斯米尔岛——并且其中一个是另一个的社会寄生物种！少数物种往南移至（南美洲最南端的）火地岛和（印度尼西亚的）爪哇林区，有一个物种甚至普遍存在于亚马孙雨林地区。

在北温带，熊蜂属集群的生活周期为一年，且只有受精的蜂后能冬眠越冬。其集群的生活史按如下方式呈现。在早春，独居蜂后离开冬眠地寻找由野外老鼠废弃的巢穴或其他类似的巢穴，

429

430

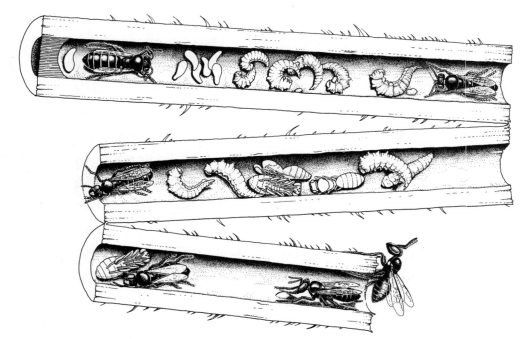

图 20-7 缘小芦蜂（*Braunsapis sauteriella*），一种原始真社会蜜蜂，显然是通过亚社会进化途径达到这一状态的。在中国台湾，这一普通集群栖息在马缨丹（*Lantana camara*）茎的洞穴内。以典型的异族蜜蜂的方式，把幼蜂自由地放置在公用的巢室（而不是各单个的被隔开的蜂房）内，用小的粉状食物喂养幼蜂。卵（卵非常大是这个物种及其他某些异族蜜蜂物种的特征）以丛状放在洞巢底部，而母蜂后就在卵附近休息。花粉以小粒状储存在巢壁上。用小粒状花粉不时地喂幼蜂（Sarah Landry 画图；自 Wilson，1971a）。

这些巢穴要求位于地势开阔但相对不受干扰的生境（如荒芜地或废弃花园）中。蜂后开出一条穴道进入巢穴，然后改造它以适合自己利用：建造一个入口隧道，用巢穴壁的优质材料衬起一处内腔（蜂巢室）。与此同时，在巢室内蜂后从腹部节间腺中分泌出蜡而形成一些薄蜡片：以蜡片为材料，蜂后在蜂巢室的底部以浅状杯的形式做成第一个卵壳。然后，蜂后把花粉球放入卵壳（卵室）内，并在花粉球的表面产下 8—14 个卵。最后，蜂后在卵室上方用蜡和其他材料筑成一个圆顶，这样整个卵室就被封住并呈球形。在产第一批卵期间，蜂后也在蜂巢室的入口内用蜡构筑储蜜囊，并把从野外采来的部分花蜜储存其中。第一批工蜂出现时，它们就帮助蜂后扩建巢室和抚育其他幼蜂（见图 20-8）。

依赖于熊蜂属的物种，喂养幼蜂有两种不同的方法。有一类物种，即"花粉储存者"，是把花粉储存在废弃的蜂茧内，它们用蜡加高使茧形成高达 6—7 厘米的圆柱形。花粉可随时从经改造的茧中移出，以花粉和蜂蜜混合的黏稠液喂入幼蜂室中。这些物种的蜂后和工蜂并不直接把食物喂给幼蜂，而是在幼蜂室打开缺口后才把食物反哺到靠近的幼蜂。另一类物种，即"蜡囊制造者"或"花粉制造者"，其蜂后和工蜂在靠近幼蜂的地方建筑一些专门的蜡囊，并往蜡囊中填充花粉。幼蜂就直接从蜡囊中取得花粉食物。偶尔，这些蜡囊制造者也通过反哺喂养幼蜂；而要成为蜂后的幼蜂是专

图20-8 欧洲熊蜂的集群。该巢是在旧耕地中由一废弃老鼠巢的中央营造的。那个大的蜂后位于一堆茧上，而茧内是工蜂的蛹（其中一个蛹为显示其位置而被暴露）。在上部和左下部是三个公用的幼蜂室；底部两个封蜡的外壳已被撕破而显示出内部的幼蜂。大的封蜡储蜜囊处于整个巢的左端和中央。在右下，是成堆的用于储存花粉的废弃的茧（Sarah Landry画图，根据Wilson，1971a）。

门用这一方法喂养的。

截至夏季末，其集群含有100—400只工蜂（照例，随物种而异）。秋季来临时，成活期为一年的集群产生雄蜂和蜂后，随后集群开始崩溃。熊蜂集群的崩溃似乎是由其内在因素决定的。在新西兰北部的温带气候地区，从欧洲引入的熊蜂属物种可在全年中飞行生存，并且独居的蜂后至少在一年中的9个月中可以开始筑巢。集群有时可以成活过冬且集群可增长到很大。然而，尽管这种在新西兰的集群有成活到一年以上的机会，但这些集群在产生蜂后以后，绝不可能恢复其产生工蜂的能力。

熊蜂属物种的交配行为有极大的区别。在某些物种中，雄蜂在巢的入口处盘旋飞行以等待年轻的蜂后出现。在另一些物种中，雄蜂选择一明显对象（如一束花或一栅栏柱），交替地停留在此对象上和在其周围做盘旋飞行，随时准备阻击类似蜂后的飞行物。还有些物种通过在沿途的物体上沾上一点从其下颚腺释放出的气味来标记飞行路线：雄蜂一小时接一小时、一天接一天地沿着其路线飞行，以等待蜂后的到来。交配后，蜂后在土壤中特定的洞穴内冬眠，下一个春天它们开始建立新集群。

熊蜂的蜂后与工蜂的区别，在于前者的体形较大并且卵巢得到较大程度的发育，而这两职别之间的各中间型是普遍存在的。在工蜂内也存在很大变异：较大的工蜂更倾向于觅食，较小的工蜂花更多时间在巢内工作上——在少数物种，最小的工蜂不能飞行，因此它们总是留在巢内；某些物种还有对巢进行保卫工作的蜂，这些蜂通常是卵巢发育较好的工蜂。

在蜜蜂科内，其物种构成了社会蜜蜂的上流社会（haut monde），而熊蜂属处在其中相对低的位置。熊蜂属在解决其社会组织的问题时，一般来说是粗放的；蜜蜂和无刺蜂族的无刺蜂区别于集蜂科原始社会汗蜂的许多较明显的控制机制，熊蜂属都不具备。从总体来讲，根据蜜蜂科生物学的联系，我在表20-5（依我的观点）已经指出了熊蜂属一些较为原始或至少较为简单的性状。

意大利蜜蜂可作为最高级社会蜜蜂的代表。通过社会复杂性的一般具体标准——集群大小、蜂后和工蜂的差异大小、集群成员间的利他主义行为、雄蜂产生的周期性、化学通信的复杂性、巢温调节和自动调节行为的其他证据——都说明普通蜜蜂是处在其他最高真社会的昆虫，即无刺蜜蜂、蚂蚁、高等异胡蜂族和胡蜂族黄蜂以及高等白蚁的同一水平。普通蜜蜂的一个特征，即摇摆舞，使它与所有其他的昆虫都明显不同。这种摇摆舞的真正奇特之处在于，它是工蜂外出到食源地或新巢址的仪式化重演：它是通过巢内其他工蜂了解该舞后所执行的动作展现的，即这些工蜂必须把摇摆舞翻译（这是非常奇特的一部分）成自己实际的、非试探性或非实习性的飞行。显然，某些无刺蜂族蜜蜂也具有类似这种解释调制符号的能力，即这种无刺蜜蜂能把传递具有不同持续时间和频率的声音信号与食源地的距离关联起来。但是，在社会昆虫中，符号通信的其他情况尚待证实。

表20-5 熊蜂属原始（或至少相对简单）性状与蜜蜂属蜜蜂和麦蜂族无刺蜂这些最高级社会蜜蜂的较高级性状的比较（自Wilson，P971a）

熊蜂属	蜜蜂和无刺蜂族
蜂后和工蜂在形态上有一定程度的不同，中间类型普遍存在	蜂后和工蜂在形态上很不相同，正常情况下不存在中间类型职别
至少对大多数物种，集群生活周期为一年；新集群由单个蜂后建立；成熟集群小	集群生活周期为多年；新集群由分群建立；集群从中等到很大
蜂后通过攻击行为维持繁殖优势，工蜂间也彼此攻击。工蜂偶尔偷吃对方和蜂后的卵	蜂后通过信息素维持繁殖优势（至少蜜蜂属是这样），攻击行为很弱或没有。除无刺蜂族的蜂后作为惯例吃卵之外，其他的还未发现有偷卵现象
往往成群喂养幼蜂，且各幼蜂的食物是相同的	幼蜂在蜂巢的各分离蜂房内喂养，这样就大大增加了保育蜂对个体幼蜂的照顾和职别控制的机会
用未加工的花粉，以及花粉和蜜的混合物反哺给幼蜂	在蜜蜂属，至少部分是以颚腺制造的特殊食物喂养幼蜂的
成体间很少直接互相反哺食物或相互修饰	相互修饰和反哺食物在成体间很常见，至少在蜜蜂属此类行为在通信和调节中还起着重要作用
蜂后通过自己营造全部卵室并在其内产卵，以调节集群增长，蜂后也按同一行为模式创建集群	在营造卵室或集群增长方面蜂后不起直接作用，而是由工蜂决定的，并且工蜂的这些行为受到巢外环境的极大影响
暂时劳动分工很不明显	暂时劳动分工很明显：刚成熟的工蜂先抚育幼蜂（或巢内工作），然后从事巢内工作（或抚育幼蜂），最后从事觅食工作。至少在蜜蜂属中，这一进程与外分泌腺的顺序变化有关
缺乏化学报警通信	化学报警通信得到了很好的发展，而在这一通信中涉及的信息素尤为明显
工蜂间缺乏募集	募集得到很好的发展，并通过特定的结集和嗅迹信息素作用而调节；在蜜蜂属也存在符号摇摆舞的募集

要理解普通蜜蜂生物学，最终要理解其起源于热带的说法，可能存在过于简单化的危险。很可能的是，该物种起源于非洲热带或亚热带的什么地方，并且在人类耕作时代之前渗入较寒冷的地区。因此，不像绝大多数寒温带地区特有的社会蜜蜂那样，普通蜜蜂是多年生的，并且因为是多年生，它能增长和维持大的集群。由于有了大集群，它必须在其巢的飞行范围内，广泛地寻找和有效地开发利用花源。其摇摆舞

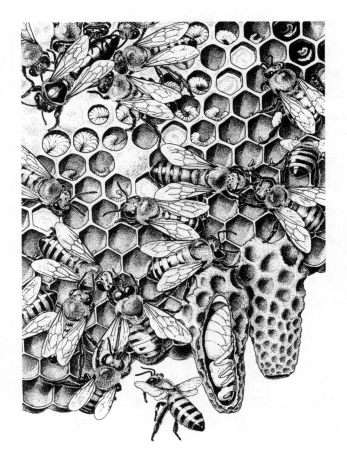

图20-9 普通蜜蜂集群的一部分。左上角，母蜂后由若干侍从工蜂伴随。蜂后在一组封盖的蜂房上休息，其中每个蜂房都有一发育中的工蜂蛹。许多无盖蜂房具有不同发育阶段的卵和幼蜂，而其他蜂房一部分是储存花粉团或蜂蜜（右上角）。靠近中央的部分，一只工蜂伸出其舌在啜饮另一工蜂反哺出来的蜜和花粉。在左下方，另一只工蜂拖着一只雄蜂翅膀，这只雄蜂将被处死或被驱逐出巢。蜂巢的下部边缘有两个蜂后蜂房（比其他蜂房大），其中一个被切开以揭示里面的蜂后蛹（Sarah Landry 画图；自 Wilson，1971a）。

和腹部内萨诺夫腺体的嗅迹释放，显然是对这一情况的适应。也由于主要起源于热带，它是通过分群增加集群的；在集群生活周期中，没有必要像温带的纸蜂和熊蜂那样有冬眠期。最后，因为普通蜜蜂的蜂后没有必要冬眠和独自创建集群，所以在进化中，蜂后的作用已经退化成一台简单的产卵机器：结果在形态学和生理学两方面，蜂后和工蜂这两职别彼此相去甚远。普通蜜蜂与专为寒温带蜜蜂相区别的几乎所有现象，都在上述这些连锁效应中被发现了（见图20-9）。当我们回到热带动物区系，并考虑在蜜蜂总科内还有什么物种进化到真社会水平时，差异根本就没有如此明显。热带真社会

蜜蜂（无刺蜂族）的优势类群，不仅生活周期与蜜蜂属蜜蜂相似，而且在社会组织复杂性方面也可比拟。当然，在热带地区存在许多（也许大多数都是）原始社会蜜蜂，但这并不影响如下重要结论：最高等的蜜蜂社会起源于热带。

白蚁

白蚁几乎就是社会蟑螂。最原始白蚁的澳白蚁科（Mastotermitidae）和相对原始的构成隐尾蠊科（Cryptocercidae）的食木蟑螂之间，存在着很明显的相似性。甚至它们消化纤维素的肠道微生物也差不多。在蟑螂物种点刻隐尾蠊

表 20-6　在白蚁和膜翅目高等社会（黄蜂、蚂蚁和蜜蜂）间社会生物学上的基本相似和相异。相似是由于进化上的趋同引起的（引自爱德华·威尔逊，1971a）。

相似	相异	
	白蚁	社会膜翅目
职别在数量和类型上是相似的，尤其在白蚁和蚂蚁间更是如此	低等白蚁职别的决定主要建立在信息素基础上；某些高等白蚁职别决定还涉及性别，但其他因素尚待鉴别	职别决定主要建立在营养基础上，尽管某些职别信息素在起作用
有交哺现象，且在社会调节中是一个重要机制	工蚁由雄性和雌性组成	工职只由雌性组成
在募集中，如同蚂蚁那样利用化学嗅迹；且释放和跟随嗅迹的行为十分相似	幼虫和若虫为集群劳动，至少若虫是这样	非成熟阶段（幼虫、蛹）很衰弱，几乎不能为集群劳动
存在抑制职别的信息素，其作用方式与蜜蜂类似	同一集群个体中不存在权力等级系统	权力等级系统很常见，但不是绝对
个体间经常相互修饰，只是部分地具有传递信息素的功能	物种间几乎不存在社会寄生现象	物种间社会寄生现象是常见的并分布广泛
一般存在巢穴气味和领域性	在低等白蚁普遍存在液态肛门食物的交换，没有发现过营养卵	肛门交哺现象罕见，但在蜜蜂和蚂蚁的许多物种中都存在营养卵交换
巢穴结构的复杂性相当，白蚁科的少数成员，如非洲尖蚁属（Apicotermes）和大白蚁属的结构非常复杂。巢内温度和湿度调节的精确程度约在同一水平	主要的繁殖工蚁（蚁王）婚飞后与蚁后在一起，帮助蚁后营造第一个巢；当集群发展时，蚁王间断性地与蚁后交配授精。婚飞是蚁王未与蚁后交配授精，且蚁后没能受精	婚飞时，雄性给蜂（蚁）后授精，并随后不久死亡而不能帮助蜂（蚁）后营巢
两类中同类相残广泛存在（但并不是绝对，至少在膜翅目不是如此）		

（Cryptocercus punctulatus）的肠道中，发现超鞭目和多鞭目鞭毛原生动物的 25 个物种，在较原始白蚁的有关科中也全都发现了；甚至在一个属，即披发虫属（Trichonympha）就有这全部的 25 个物种。这些肠道原生动物能成功地从蟑螂"转移"到白蚁，反之亦然。当然，不能指望现存的蟑螂就是白蚁的祖先。所有已知的蟑螂都有角质前翅；而白蚁的透明膜翅是较原始的类型。其他的差异表明，这两类昆虫起源于一共同的、类似蟑螂的祖先。但是，这些差异不是主要的，所以某些昆虫学家把白蚁、蟑螂和螳螂归于同一个目：网翅总目（Dictyoptera）。

因为白蚁已从膜翅目的极原始状态进化到了真社会水平，所以研究白蚁的社会组织与膜翅目组织有什么基本的不同是很有趣的。要对这两类具有很不相同的组织的生物的趋同程度做出有价值的判断，虽然很困难并难以做出定量评价，但我相信仍可做出如下合理的评估。

白蚁已经采用了蚂蚁和膜翅目其他社会昆虫的大多数（但不是全部）机制。白蚁社会的复杂化水平也与较高等的膜翅目社会大致相同。在表 20-6，我列出了这两类社会已知的相似点和相异点。表中的简单说明并未忽视以前强调过的事实：在社会膜翅目内也会发生许多重要变异。的确，这两类社会明显很相似。这些相似好像在告诉我们：在昆虫的脑结构中存在一些限制区，这些限制区不仅限制了社会组织的选择，而且限制了社会组织所能达到的限度。在白蚁和社会膜翅目，这些限制在约 5 000 万年和 1 亿年以前似乎就已经完成。

澳白蚁科的最原始的和唯一生存的白蚁——达尔文澳白蚁（Mastotermes darwiniensis）发现于澳大利亚北部的大部分地区。在某些方面其行为很怪异，好似中生代的残遗物种。它是澳大利亚北部地区最具有破坏性的白蚁和最具有破坏性的昆虫。其集群（筑巢在土壤中）巨

434

大，最大的可超过100万只个体。已知该物种的食性在白蚁中是最广泛的，甚至可以说与蟑螂类似。我们已经观察到工蚁有侵入桅杆、篱笆、木建筑、成活树、作物、羊毛、角质物、象牙、蔬菜、草堆、羽毛、橡胶、糖、人和动物粪便，以及电缆的塑料套管的现象。其范围内无人管理的宅地——房子、篱笆等，仅在两三年内就会变成废墟。该物种，通过其适应广泛范围的生境，能很快地在土壤和木质物中进行挖掘。其洞穴巢往往是分片的，其间用位于地表面的经过覆盖的隧道连接起来，难以发现。隧道的出口离巢穴远至100米或更远。大多数隧道是浅层的，一般距地表面之下不超过40厘米。但是有一个隧道系统，是在捕获白蚁时挖掘发现的，深达4米。

435
　　该物种在系统发育上的地位和在经济上的重要性是显然的，但据我对其生物学的了解，其中包括其生活周期的一些最基本事实，知道的却是相当少。一个稀奇的事实是，澳大利亚白蚁很少有主要的繁殖体。有多数附加的繁殖体似乎是常见情况，并且集群繁殖往往通过芽殖进行。当一群群的若虫从主要集群分离出去时，某些若虫就能发育成繁殖职别。以相似于蟑螂卵囊的形式成批产卵，每批约产20颗。它们有规律地进行婚飞，但婚飞对新集群形成的相对贡献还不清楚。

　　已知木白蚁科的干木白蚁在解剖学上是相对原始的，尽管人们仍普遍认为它们比澳白蚁科的白蚁高等。它们的社会生物学是初级性状和高级性状的嵌合体。干木白蚁的集群（很少多于数百个个体）生活在它们吃过的木材的洞穴里，其间隧道的界线不明显。这些白蚁依靠肠道鞭毛原生动物消化木材，没有利用共生真菌，也不储存食物。当主要的蚁后和雄蚁丧失时，

就会很快用次级的"补充生殖体"替代，而后者是由易变的、类似工蚁的拟工蚁的雏蚁转化形成的。当主要的繁殖个体存在时，它们通过由肛门排出的抑制信息素阻止拟工蚁的转化。也有抑制兵蚁的现象，但其生理学基础尚不清楚。口腔液和肛门液，就像表皮分泌液一样，在集群所有成员间都经常发生交换。肛门液的交换，把肠道鞭毛原生动物传到年轻的若虫和所有不同发育阶段的新个体都是很基本的现象。

　　一个奇怪的事实是，大多数木白蚁和大多数其他相对原始的白蚁类群，都集中在温带地区。构成世界动物区系真正大本营的热带地区，占优势的是白蚁科的高等蚁类；大多数白蚁生活在土壤中，并且大多数巢穴是结构精细的山丘，这成了热带景观的一大特征。不同的物种实际上已经特化成以特定的纤维素作为食源。为了获得其食源，工蚁通过延长土壤中的隧道，或在地表建立覆盖的嗅迹路线，或者甚至沿着暴露的嗅迹路线成队奔向食源。

　　我们可用由斯凯夫详细研究过的矛白蚁（*Amitermes hastatus*）作为相对非特化白蚁的例子。该物种发现在南非好望角西南部、海拔约从100—1 000米的山岳中。其巢筑在天然无林草原的沙壤中，用土壤及其分泌物构成的混合物向上筑成引人注目的半球形或圆锥形的山丘。在夏末的2、3月，在较大的巢中会发现大量具有翅芽的白色若虫。截至3月底或最晚4月，这些个体已经转化成具翅的繁殖体。在若干周内，这些繁殖体在巢内缓慢地漫游。然后，秋天雨季开始后不久就进行婚飞。一天在上午11点和下午4点之间，在下了一场透雨和温度升高后不久，白蚁开始出巢。工蚁首先挖掘大量的紧密排列的出口洞，每个洞直径约为2毫米，这

样就使得山丘的顶部仿佛一个粗制的筐。这是唯一的一次，工蚁使其巢壁有缺口而暴露在大气中。对于大多数白蚁物种也同样。工蚁、兵蚁和具翅繁殖体以极兴奋状态倾巢出洞，而后者几乎马上飞走；在3—4分钟内，这些白蚁又返回巢内，之后就把出洞口堵上。大多数具翅繁殖体（但不是全部）在这第一次飞行中就离开了。少数具翅繁殖体留下来准备参与以后的离巢飞行。具翅繁殖体飞行能力弱，其中许多在降落前离巢飞行不会超过50米或60米。它们一落地，其翅就从基部的断裂线处折断（由于翅尖对地的瞬间压力）。矛白蚁以后的配对和筑巢行为的顺序与木白蚁属的基本相同。开始的巢室建筑主要由蚁后担当；有时，蚁王全然不参与这一工作。配偶在整个冬天都留在原来的巢穴内，明显地要到天气转暖才发生交配。在春季的10月和11月，蚁后首先产5个或6个卵。第一批幼蚁个体发育成发育不良的工蚁。在随后的幼蚁中出现兵蚁；4年以后最终产生具翅繁殖体。矛白蚁典型的巢穴增长如图20-10所示。斯凯夫已经估算出其巢穴山丘不会超过15年，但对巢丘大小的严格判断来看，他认为巢丘年龄不会超过25年。单个集群的这种灭亡（如果是真实的话）是未料及的一个特征，因为当蚁后死亡后，以为集群能产生次级繁殖体。当主要的蚁后衰弱时，工蚁强力舐吃它而将它处死。如斯凯夫所描述的："它（蚁后）被一群工蚁包围着，工蚁全都用口器攻击它，这一局面持续3—4天，直至其身体逐渐皱缩到留下一层枯萎的皮为止。"当还存在蚁后时，确实出现了次级蚁后和三级蚁后（见图20-11）。但是，在人工巢穴保存的无（主要）蚁后集群中，斯凯夫未能养活这些二级、三级

436

437

蚁后。并且他发现，只有约20%的天然巢穴中有这些蚁后。于是，很显然，这些附加繁殖体是罕见的，或者它们只在特定的条件下出现，或者具有它们的集群寿命是相对短的。

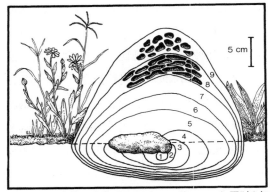

图20-10 南非矛白蚁（*Amitermes hastatus*）历时9年的巢穴，进行典型的山丘式增长。图中数字相应表示各年连续的增长。在山丘巢穴的顶部表示了外部和内部的巢室，没有蚁后巢室（据Skaffe，1954a）。

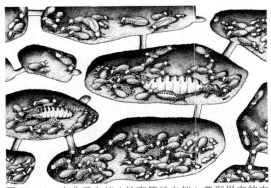

图20-11 南非矛白蚁（较高等的白蚁）典型巢穴的内部景观。在中部巢室一只主要蚁后和一只小得多的主要雄蚁并排栖息着，在左下方巢室可见到一只具有功能的次级蚁后。在顶部巢室内是繁殖体若虫，其特征是有部分发育的翅。工蚁服侍蚁后，特别是它们的头彼此吸引相对，借此以一定时间间隔把食物反哺给蚁后。另一些工蚁在照料许多白蚁卵。在右下方巢室可见兵蚁和前兵蚁（兵蚁的若虫阶段），在大多数巢室中可见不同发育阶段的工蚁幼虫（由Sarah Landry画图，引自Wilson，1971a）。

第21章　冷血脊椎动物

在社会组织的某些要素中，鱼类、两栖类和爬行类动物是复杂且精细的，但这些要素未能很好地组配起来。在领域性、求偶和亲本抚育方面，这些冷血脊椎动物与哺乳动物和鸟类相当，并且有关物种在野外和实验室研究中已经成为重要的材料。但出于某种原因（可能是智力缺乏），它们没有进化成如同哺乳动物社会的相互协作的抚育类群。出于另外一些原因（可能是没有单倍体二倍体的性别决定或存在一些适当的生态学限制），它们也没有产生足够的类似昆虫社会那样的利他主义。即便如此，在社会生物学研究中，冷血脊椎动物还是提供了一些特有性状。如同本章要指出的那样，鱼群具有一些现在我们开始关注的特有性状。在一定意义上说，鱼群是在一个新的物理媒介中的社会，因为它在社会组织中第一次构成了重要的三维几何空间（所有其他的社会是由在一个平面上聚集的个体组成的）。两栖类动物对社会生物学研究来说是饶有趣味的。最近的研究表明，蛙类具有一些发育良好且高度多样化的社会系统，而这些系统与鸟类中的系统是可以比拟的。由于蛙类在系统发育上与鸟类相去甚远，以及研究中的这些性状在属和种的水平上是容易变异的，所以蛙类为我们检验进化提供了一个独立的试验。关于爬行类，尤其是蜥蜴中关于领域性物种的情况，也与上述情况极为类似。

鱼群

1927年，阿尔贝·E. 帕尔（Albert E. Parr）发表了一篇旨在开创鱼群生物学研究的论文。他在否定了以前的关于"社会本能"的含糊概念后提出：在视觉的基础上，鱼间程序化的相互吸引和排斥达到平衡时就形成了鱼群。不同的鱼类物种，形成鱼群的程度和形式不同。帕尔把鱼群看作是一种适应的生物学现象。这种现象，与其他任何生物学现象一样，都可在生理和进化两个水平上进行分析。在过去的50年间，已经积累了有关鱼群的行为学基础和生态学意义的大量信息，并且证实了帕尔关于鱼群概念的有效性。肖根据大量的英文和德文文献，而拉达科夫（Radakov, 1973）则根据大量的俄文文献对此做出了最新评论。苏联在这方面的研究（迄今为止西方动物学者几乎是一无所知），由于其对渔业的潜在应用得到了很好的资金资助，相关研究明显注意到鱼群的生态学意义，而其他国家的研究集中在更为现代的社会生物学方面。

引用拉达科夫的话说，鱼群是"由个体组成的暂时类群；这些个体通常属于一个物种，其全部或大多数处在生活周期的同一阶段；积极地保持着相互接触；在任一时刻表现出或可以表现出有组织的活动，而这些活动在生物学上一般对类群的全体成员是有利的"。人们可以质疑这一定义，对其中个别特征的表述可进行增减变更；但是拘泥于直观的词语的争论，已经削弱了其涉及的"理论"。现在人们较一致的看法是，拉达柯夫对鱼群的这一定义，是对当前一些实质性问题更恰当的表述。

一个鱼群有点像一个大的有机体。其成员（数目可从2条或3条直至数百万条）以紧密群的形式游动，它们以近乎协调的方式进行旋转和折回游动。鱼群没有权力系统，或者权力系统很不明显，使得从总体上看其对鱼群的动态情况只有很小的（甚至没有）影响。而且，鱼群没有固定不变的导游位置。当鱼群向左或向右游动时，其侧翼前方位置的个体为领头鱼（见图21-1）。鱼群平均大小、成员间距离、平均游速和几何形状都因物种而异。鱼群游动时，虽然它们通常如同军队那样协调一致地形成队列，但是当休息或摄食时，却表现得更接近于随机行动。当鱼群受到捕食者的攻击时，队列也会以特定方式发生变化（见图21-2）。鱼群内成员间的距离，在很大程度上显然是由流体动力学决定的。各个体力图与其邻近的鱼尽可能地接近，以防止其他鱼激起的湍流对自己的活动产生严重影响。每一条鱼游动时在其后都会产生漩涡余波。在大多数鱼群中，鱼间的并排距离为从一条鱼的一侧到其靠近漩涡余波外缘距离的2倍多；利用游在前面的鱼所耗损的能量，后

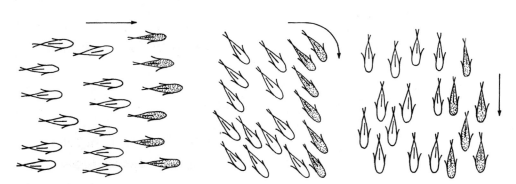

图21-1　当鱼群改变游动方向时，鱼群的领头鱼位置发生变化。左边的领头鱼（具斑点）旋转90°时，变化到侧面排列（如该图的中间部分和右边部分所示）（引自Shaw, 1962，经修改）。

面的鱼甚至可沿着漩涡余波滑行一段距离。但是，能量耗损不是唯一要考虑的因素。鱼群有时聚集成由布雷德所称的"小群"，在这些"小群"中各成员实际上是相互接触的。在某些情况下，这种聚集有助于保护鱼免受捕食者的侵害。例如，鳗鲶属（Plotosus）中的鲇鱼在受到侵扰时会聚集成致密的球状体；而它们锋利的胸鳍，就像仙人掌植物的针刺那样向外指向所有方向，以保护鱼群。一般来说，当鱼处于温饱状态下，就倾向于形成致密的鱼群；当饥饿时，就倾向于分散而没有什么队形。这种变化，可解释为从有利于避免捕食者的侵害过渡到有利于增加觅食的概率。

通过肖和其他人的扩展试验表明，各个体鱼在鱼群中的取向或定位主要是依靠视觉。鲦鱼类，尤其是大西洋美洲原银汉鱼（Menidia menidia）和博耶氏真银汉鱼（Atherina mochon），在其生命的前几天内就表现出一定的视觉反应，而随后不久就能完成相当程度的队列活动。以分离状态饲养的原银汉鱼仍能形成鱼群，但远不如以类群状态饲养形成的鱼群那样流畅。竹荚鱼（Trachurus symmetricus）调节其游速以与鱼群其他成员的游速相匹配，同时密切关注远离其侧翼的那些个体。鱼的取向也部分具有趋流性：它们倾向于逆流而上和沿着漩涡边缘游动。由于鱼群中处于不同位置的鱼在行为表现上有些不同，所以鱼群会偶尔表现出一定程度的几何形状。为了繁殖，每年秋季鲻鱼（Mugil cephalus）从美国临墨西哥海岸各州和东海岸的各海湾迁游到大海中。这些致密的鱼群经常改变形状，容易变化成圆形、盘形、椭圆形、三角形和线形。在鱼群后部较致密的部分会以随机游动的方式把水翻腾起来（翻腾运动），并经常分裂成一些更小的相互不同的亚群；而这些亚群以后可能加入，也可能不再加入原群。麦克法兰（McFarland）和摩斯（Moss）发现：大鱼群从前到后的环境氧浓度明显地下降（见图21-3）。于是，他们得出结论：单独这个因素就能说明，鲻鱼群体后部的翻腾运动、分成亚群和许多形状的变化。相反，其鱼群周围的pH值变化不大，不足以引起异常。

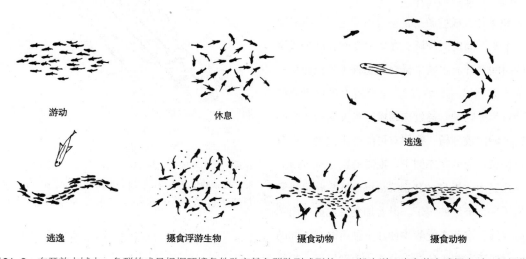

游动　　　　　休息　　　　　逃逸

逃逸　　　摄食浮游生物　　　摄食动物　　　摄食动物

图21-2　在开放水域中，鱼群的成员根据环境条件改变其鱼群队列或形状。一般来说，当鱼休息或摄食时，组织化程度下降，且行为趋于个性化（引自 Radakov，1973，经修改）。

流体动力学的约束因素也表明，每个鱼群的大小应近于相等。事实上，鱼群大小很少超过1：0.6，其中的1是最大鱼群的大小。如果小鱼群要与大鱼群一起游动，则小鱼群很难保持与大鱼群同速；小鱼群也难以正确地保持个体间的正确距离，从而难以避免漩涡产生的减速效应。如果不同大小的鱼群聚集在一起，它们必须重新调整个体间的距离，以使相邻个体在每一时刻都最靠近——但这一调整可能太复杂而难以完成。

许多专一性成群鱼类，其活动的功能是进行通信，而不是协调动作。南美洲的一种淡水鱼——细锯脂鲤（*Pristella riddlei*），在其脊鳍上有一块明显的黑色斑。当这种鱼受到惊吓时，脊鳍就会快速上下运动。宅泥鱼（*Dascyllus aruanus*）身体上明显的黑、白带，其作用是把鱼群各成员吸引在一起。有少数物种，特别是在晚上合群的物种，是用声音作为明显的联络接触信号的。在鲤科小花鳅鱼、鲇鱼和其他骨鳔鱼的皮肤中存有报警物质；当鱼群中的一个成员受伤害时，它就会把这种物质释放到水中，起到疏散其他鱼的作用。

鱼为什么成群游动？这是由于它们没有局限在一个永久固定的领域。在生命期间，部分或全部的时间在开放水域中觅食的物种（找机会从一个地方游到另一个地方），是有潜力进化出成群游动行为的物种。通过在领域行为方面极不相同的物种的比较分析，我们有可能推出使物种没有固定领域行为的生态因子。斯蒂芬斯（Stephens）等人最近对高鳚属（*Hypsoblennius*）的鳚鱼研究提供了一个极好的例子。沿着加利福尼亚州南部的海岸线，有两个优势物种几乎独占两个不同的地区：詹氏高鳚（*H. jenkinsi*）占有亚潮区，生活在贻贝、蛤洞和蠕虫管中；吉氏高鳚（*H. gilber-ti*）占有在亚潮区上游的中潮区，落潮时生活在岩洞"家园"，涨潮时漫游遍及整个中潮区和接近亚潮区的卵石地。我们有理由得出推论：这两个物种是相互排斥的。詹氏高鳚有较稳定和可预测的环境，允许成体生活在其栖息地的1米范围内。相反，吉氏高鳚为了觅食，要从"家园"基地漫游到15米远的范围内。要保卫这么一个大范围的家园可能性很小（如果有的话）。因此，其成群行为很可能是从这样的机会对策而进化的。所需要的是使漫游个体离开其家园基地，以及使这些个体不断迁移的有利的环境条件。与此相反的进化（即从漫游鱼群到独自占有领域）似乎同样有道理。某些物种（如刺鱼）在其生活周期中，上述两种行为就交替进行：繁育期开始时，就从觅食的鱼群漫游转到建立领域定居。

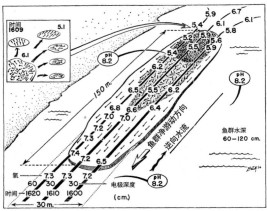

图21-3 一鲻鱼的鱼群结构。这个大迁移鱼群在后部分的个体聚集得更为致密，它们通过远离主游道往不同方向的游动而翻腾水，并且如游道中的画面所示，它们往往分裂出一些大小不同的亚群。这一活动引起鱼群形状和其成员相对位置的进一步变化；这一活动可通过环境中氧浓度的降低引起，在这一例子中得到了证明。周围环境的pH值没有什么变化，从而不会起着明显的作用（自McFarland & Moss，1967；美国科学促进协会版权所有，1967）。[1]

---

① 图中时间：1620是指16点20分，其余类推。——译者注

漫游是鱼群行为进化的必要条件，而不是充分条件。任何其他的单个生态因子也不能作为这一进化的主要因子。成群是在许多系统发育上相去甚远的类群，独立产生的一种高度磨合的现象，可能有2 000个海洋物种具有成群现象。它们中的大多数都包括在盛产海鱼的三个目内：鲱形目（Clupeiformes），或鲱类；鲻形目（Mugiliformes），其中有鲻鱼、银汉"鲮鱼"及有关类型；鲈形目（Perciformes），其中有鲹科鱼群、似光鲳、鲣鱼、鲭鱼、金枪鱼，偶尔还有成群的鲷鱼和钩吻杜父鱼。淡水鱼的一个目，鲤形目（Cypriniformes）含有另外2 000个成群物种。这些物种包括淡水鲮鱼和脂鲤。现在极为明显的是，这一成群行为对鱼类物种有很多好处，并且这些好处依物种不同可以单独或以不同组合加以应用。

免受捕食者侵害。当鱼遭遇捕食者时，其成群行为会发生最强烈的明显变化。这些物种（如刺鱼和鲇鱼）成群的队列很致密，其中大多数鱼群往往会明显地偏离原来的出游水道。另外一些物种，如玉筋鱼属（Ammodytes）的沙鳝，在捕食者周围重新聚集成环形之前，仅逃逸很短一段距离。如果捕食者是一条较大的鱼，沙鳝则向两边游动，然后再形成致密的队列包围捕食者。拉达科夫观察到，美银汉鱼属（Atherinomorus）的坚头美银汉鱼（A. stipes）形成鱼群时，会有一种称为"干扰波"的惊恐刺激，以高于个体鱼游动的速度通过鱼群。"干扰波"的强度会随传播距离的增加而减少，所以对这一较弱刺激的反应可以只局限于鱼群范围内。这些和其他一些类似的观察，导致帕尔和其他研究者提出：鱼群的行为可以迷惑捕食者。这一迷惑效应可能降低了捕食者个体的捕食速度。如果这些鱼不是处于成群协作状态，捕食者的捕食速度就会增加。也有可能，鱼群作为一个总体，要比单独的一条鱼能更快地识别出捕食者，因此能使鱼群中的个体更有机会逃逸。上述情况的直接证据很少，而且S. R.尼尔（S. R. Neil）发现，在实验室条件下，猎物攻击捕食者棱鱼和河鲈时，成群的不及单个的有效。威廉斯业已指出：鱼寻求隐蔽的倾向会促进鱼群的内聚性。由于鱼远离鱼群或沿着鱼群边缘游动是相对危险的，所以每条鱼有明显的倾向向内游至鱼群的中心。其结果是，通过不断地游入领头鱼之内侧而使鱼群不断前进。当其他的鱼从后面推挤这些领头鱼时，有少数鱼会被迫向前游动一小段距离，但它们转而向后以让出领头位置。鱼群可能迷惑捕食者的另一方法是，把总鱼群分裂成一些较小的鱼群，除非捕食者对这些较小鱼群进行长时间的跟踪，否则其捕食速率实际上可能要下降。在这些情况下，有能力发展成具有定位和跟踪这些小群的捕食者会从中得到特殊的好处。较大的捕食者也能利用那些过于细小而难以成为食物的猎物。例如，布里斯（Bullis）发现：一条大的远洋白鳍鲨在大口大口地吞食着多指马鲅属（Polydactylus）的一个密集的鲱鱼群（鲱鱼体形呈线状），这就好像它在吃一个苹果。鲱鱼群也同样遭到鲣鸟的捕食，它们在鱼群上方游动而嘴向下吞食这些小鱼。

改良觅食能力。至少在理论上讲，鱼群的成员可从其他成员在觅食期间的发现和以前的经验中受益。这种受益情况早在鸟群中得以证实（见第3章和第17章）。每当食源呈不可预测的斑块分布时，成群觅食就可克服在食物类别竞争中的不利性。因此只凭这一理由，较大型的鱼类就可期望以成群方式捕获较小型的鱼群或头足类动物。事实上，许多大型捕食者（它们没有什么理由会害怕被捕食）确实是成群行动的。实验室的试验可以证明，作为群体中的成员可提高个体的觅食效率。奥康内尔（O'Connell，1960）用一个持续5秒钟的光信号使一群远东拟沙丁鱼（*Sardinops caerulea*）发生反应去吃球状食物。随着试验的重复，其反应之快和活动能力之强都在稳步上升。原群中的41%被非试验鱼替换时，反应情况并未减弱——显然，这是非试验鱼对原来鱼的活动做出积极反应的结果。

能量保存。像以前说的那样，成群的鱼可以沿着其前方成员形成漩涡的边缘游动，这样就利用了在其他情况下可能丧失的能量，而保持了自己的能量。通过成群拥挤而保存热量（对于冷水中物种的一个重要考虑）也是可能的。赫根雷德和哈斯拉（Hergenrader & Hasler，1967）发现：当美国威斯康星州的门多塔湖（Lake Mendota）冬天水温降至0℃—5℃时，黄鲈（*Perca flavescens*）独居个体的游速只有成群个体的一半。

繁殖促进。广泛分布在开放水域的鱼类物种，其群体密度远远低于生活在海底特定生境中物种的群体密度。成群中的各成员几乎肯定更容易同步地进行交配和产卵。但是，这种有利性是否足以引起其向成群方向进化，在现有证据的基础上还未能确定。

蛙类的社会行为

在一般人的印象中（甚至包括许多动物学工作者），青蛙和其他（两栖）无尾目动物属于一类简单的生物，其生活是单调独居的，只是在交配和产卵时才打破这一格局。事实上，成百上千的两栖类物种的生命史还是非常不同的。虽然许多物种确实遵循着基本的卵、蝌蚪和成体的水栖顺序进行生长发育，但这些情况往往传递着繁育类群的精细通信和暂时的社会组织。而且，其生活周期（尤其在热带类型中）已经发生了明显的变化。某些物种的雄蛙把蝌蚪携带在背上或声囊中；另外一些物种把巢筑在溪流上方的植物上，使得孵化出的蝌蚪可以掉入水中；还有一些物种就全然不经过蝌蚪阶段。其中的每一适应现象，都伴随着性通信和两性作用的变化。

从箭毒蛙科、雨蛙科、细趾蟾科、负子蟾科到蛙科中的蛙类，具有领域性是常规情况（Sexton，1962；Duellman，1966；Bunnell，1973）。在黄昏，牛蛙雄性离开其栖息地并在开放水域内确定鸣叫位置，在这里它们利用空气使肺膨大起来而处于具有一定特征的高的漂浮姿态。这一姿态使其露出了明亮的黄色喉区——当这些蛙发出深沉的鸣叫声时，这个喉区可作为附加的视觉信号。如果一只雄蛙接近另一只雄蛙约6米时，留守个体会发出明显的、非连续的"呃"声并向入侵者前进一小段距离。在多数情况下，入侵者会撤退。如果入侵者不撤退，两只蛙就会贴身格斗。一只可能扑向另一只或扑在另一只头顶上，迫使后者逃离。但是，更通常的情况是，它们面对面地进行格斗：用前肢抱住对方，并用后肢猛踢对方，直至一只被强力踢开背部着地为止。类似的格斗也发生在树蛙中，它们以格斗保卫陆上领域（见图21-4）。

图21-4 热带青蛙——箭毒蛙（*Dendrobates galindoi*）雄性为占有领域的格斗。在多数情况，通过不断鸣叫保持领域间距离（引自Duellman，1966）。

青蛙和其他两栖类的社会行为的进化，是在从水栖到陆栖的交替期间进行的。蛙类通过许多系统发育枝（一定程度的）独立进化和借助于其生命史的许多交替阶段，已经达到了部分脱离水栖的程度。詹姆森（Jameson，1957）已识别出4个平行趋势表现出与日益重要的陆栖生活相适应：（1）求偶和产卵的大多数或全部行为都从水中转移到陆地；（2）产卵期间的泄殖腔生长；（3）求偶期间雌性作用增加；（4）雌性或雄性对卵的保护增加。在求偶中两性作用的变换特别有趣。尾蟾（*Ascaphus truei*）的雄性不能发出鸣声，必须去寻找那些处于被动状态的雌蛙。这种雄蛙用一插入器官使卵受精。但是在这种情况下，这一基本形态可能并不意味着有基本的性行为。较原始的似乎是完全在水生境繁殖的形式，其中包括如铃蟾属（*Bombina*）、爪蟾属（*Xenopus*）、掘足蟾属（*Scaphiopus*）和蟾蜍属（*Bufo*）中的多数物种。这些雄性（有时聚集在一起，有时分开在各自永久性领域内）用不同的鸣声把雌性吸引到繁殖场所。掘足蟾属某些物种的雄性极为活跃，

只要发现有雌性就去追逐。其他物种的雄性，其中包括蟾蜍属、蛙属，树蛙属（*Rhacophorus*）和卵齿蟾属（*Syrrhophus*）的雄性，只有当雌性靠得很近时才去追逐。掘足蟾属、狭口蛙属（*Gastrophryne*）和雨蛙属（*Hyla*）的某些物种，是雄性在停止鸣叫和开始下一阶段求偶行为之前，雌性必须去与雄性接触。求偶的最后一种情况是，当箭毒蛙属（*Dendrobates*）的雄性不停地活动和鸣叫时，其雌性追逐着雄性。第15章介绍的性选择现行理论认为：在雄性提供足够的亲本照顾使它们成为雌性有限资源的条件下，才受到雌性的追逐。明显的是，箭毒蛙属的雄性在陆栖地接受雌性的卵，随后携带着蝌蚪进入水栖环境。

当雄性聚在一起进行"大合唱"鸣叫时，它们实际上是在营造与鸟类相似的求偶场。这种类群的鸣声比单个雄性的鸣声要传得更远、维持得更久。"大合唱"中的成员，要比其单独鸣叫与同类群竞争时得到配偶更为容易。这些大合唱典型地是由处在繁殖期的物种进行的，地点是在雨后的积水池和淡水水域中，它们产生了自然界一些最为壮观的声音。在炎热夏天的漆黑的夜晚，在美国佛罗里达州路边水沟中成千上万的掘足蟾（属于掘足蟾属）的哀鸣声，使我们想起了《地狱》（*Inferno*）篇①中低沉的乐曲声。这些大合唱可以是通过如同雨蛙（*Hyla avivoca*）柔和颤声的短距离对唱，或者是通过如同丽春雨蛙（*Pseudacris ornata*）金属般清脆声的对唱。南美洲蛙的大合唱有时是由十余个物种组合成的，其疯狂程度类似于精神病院中的状况。

①《地狱》篇为但丁（Dante）所作《神曲》中的第一部分。——译者注

在1949年，戈因有一个惊人的发现：春雨蛙（*Hyla crucifer*）的雄性以三重奏形式鸣叫，它的每一"合唱"是由许多三重奏组成的。从那以后就在其他物种中发现了二重奏、三重奏甚至四重奏的鸣叫，这些物种分别属于雨蛙属、（*Centrolenella*）泡蟾属（*Engystomops*）、小口蛙属、掘蛙属（*Pternohyla*）和凿蛙属（*Smilisca*），代表着蛙科若干生物的独立进化分支。卵齿蟾属（*Eleutherodactylus*）的细趾蟾雄性，当它们在自己领域内时会同邻居进行二重奏鸣叫。二重奏鸣叫是由两个体间音调的交替组成的，其间的时间间隔往往很精确。除去其中的一只，会中断另一只的鸣叫。虽然如列蒙指出的那样，可用录音带替代除去的那只雄蛙的作用。如果当一只雄蛙处于高度兴奋状态下时，其伴唱者停止了鸣叫，那么这一雄性可能会变换其位置再发出鸣叫声，这显然是在寻找一只新的伴唱者。在小类群内存在着一定权力现象的证据，这也是鸟类求偶场表征的现象。当杜尔曼从中美洲鸣蛙（*Centrolenella fleischmanni*）的每组三重唱中除去鸣叫最响亮的那只时，余下的两只先是保持一会儿沉默，然后只发出零散的鸣声。当把"从属"的那两只除去时，余下的那只领头蛙照样以同样的速度鸣叫。布拉兹特隆发现：南美泡蟾（*Engystomops pustulosus*）小类群的领头蛙，不仅启动大部分鸣叫顺序，而且在繁殖上也最为成功。如杜尔曼在包迪树蛙（*Smilisca baudini*）中注意到的，一类群对另外一些类群起着领头作用也是可能的。第一对二重奏的领头者发出一个音调后，暂停，然后再发出另一个音调，或一系列的二音调、三音调。如果其同伴没有反应，则这一领头者会等待数分钟并重复上述过程。当其同伴开始回应鸣叫时，则这对二重奏者会以精确和快速的变换而相互更替音调。典型的情况是，其他的成对二重奏者然后也会加入进来，直至这一"合唱"为一完整曲调为止（见图21-5）。

爬行类的社会行为

人们对爬行类社会行为的研究，比对鸟类和哺乳类的研究要少得多。虽然部分原因是这类动物具有隐秘性，但主要原因在于，它们受到约束或控制时的活动明显较少。丁克尔用侧斑鬣蜥（*Uta stansburiana*）所做的试验很典型。

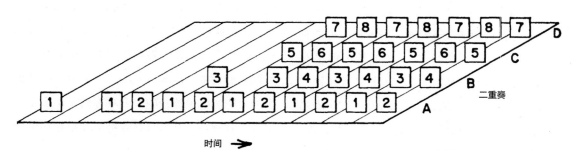

图21-5 包迪树蛙4对雄蛙的鸣叫顺序，其中每对以快速变换音调的二重奏形式进行鸣叫。这8只蛙以数字标出，而4对是用字母沿着平面的边缘标出。领头的一对（个体1和个体2）通常开始鸣叫，这种鸣叫是用来吸引雌性的。（引自Duellman, 1967, 经修改）

当把这种蜥蜴转移到实验室时，其正常的攻击行为和性行为急剧减少，而在野外从未观察到的同性交配却很常见。研究者普遍认为，爬行动物在行为方面都缺乏复杂性，并且还相对缺乏智力。但如布拉兹特隆和其他学者已经发现的那样，上述观念，是建立在对置于阴冷且过于简陋室内笼中的被擒爬行类的观察基础上的。当把温度仔细地调升到野外群体适宜的水平时（往往是令人惊奇地高），蜥蜴的表现则得到了戏剧性的改善。例如，在早期研究中，某些蜥蜴学会走T形迷宫需重复300多次试验；而放入由野外生活测量的正常温度下时，其他的个体学会类似的行为只需重复15次或更少。在笼内，蜥蜴甚至可学会以压捧的动作去增加笼内热温。对蜥蜴一个物种全部社会行为信息储存库的开发，不仅取决于适宜的温度，还取决于笼内放置的适合于刺激该物种三维视觉的环境（岩石、植物和其他对象）。

现在，呈现在我们面前的爬行类的社会生活情景，在物种中还是具有相当丰富的多样性的，其中少数还具有引人注目的奇异性。其社会行为的平均复杂性可能居于鸟类和哺乳类之下。这就是说，其中很多的物种，严格来说，是独居的，而只有很少数物种的社会系统接近于鸟类和哺乳类的中等进化级别。然而，从总体来看，爬行类仍具有一系列引人注目的适应现象。其中一些适应，甚至以哺乳动物的标准进行衡量也属于高级适应。

先来考虑一下栖息范围和领域性。像其他脊椎动物一样，这两方面都是高度易变的。在蜥蜴中，我们可以鉴别出基于陆栖形式的广泛的生态学基础。鬣蜥科、避役科、壁虎科（Gekkonidae）和美洲鬣蜥科（Iguanidae）的多数成员，

以栖息方式（往往在暴露情况下）等待其猎物，还主要依赖于其视觉。它们也占有领域趋势，坚持不懈地守卫着自己的领地，用视觉信号警告同一物种的入侵者离开。相反，蜥蜴科（Lacertidae）、石龙子科、美洲蜥蜴科和巨蜥科的成员，是在有碍视觉的地方觅食。其中的许多种类拱入土壤和叶层中觅食，这明显依赖于嗅觉。可能由于有这一行为，它们的栖息范围多为重叠在一起的。如果存在着领域，则这些领域具有时空性。在一个物种内，对陆栖领域的使用有着相当的变化。在加拉巴哥群岛[①]的陆栖、海栖鬣蜥，保卫领域只限于繁殖季节。侧斑鬣蜥保卫的形式和强度因陆栖和海栖而变。业已证明，许多情况是依赖于密度在如下两个极端间发生变化：一个极端是具有严格的领域性，另一个极端是各成员组织成权力等级系统而共存。当黑刺尾鬣蜥（Ctenosaura pectinata）生活在不怎么受到干扰的生境中时，个体可以向外扩张，而每一独居成体雄性都可保卫一个确定的领域。艾文斯在墨西哥发现一个蜥蜴群体被挤缩到一个公墓的岩石壁上。在当天，这些蜥蜴外出而进入附近的种植园觅食。在这个岩石壁上的隐避所并没有足够的空间可容纳数个领域用地，尽管种植园有足够的食物维持一定大小的蜥蜴群体的生存。因此，有蜥蜴组成一个双层权力等级系统。那只首领雄性是真正的霸主，它定期地巡逻其领域，张着嘴恐吓不愿进入石裂缝隐居的任何对手。每一个从属者只拥有一个小空间，拥有者不允许其他任何个体（首领雄性除外）接近。在研究与上述物种同一属的一个相关物种栉尾蜥（C. hemilopha）

---

① 在东太平洋，属厄瓜多尔。——译者注

期间，布拉兹特隆可在实验室模拟上述转变：当把5只雄性放入户外具有4个石堆的一个大笼内时，4只最大的雄性每一只占领一个石堆；当这4个石堆合并成一个时，它们就根据体形的大小建立起一个权力等级系统。在领域性和权力等级系统之间的尺度，不是一成不变地依赖于密度的变化。在安乐蜥属的物种 *A. aeneus*，由于在稠密植被中形成等级系统，所以决定行为尺度的主要因子似乎是隐蔽层的厚度。侧斑鬣蜥的群体状况，其行为是表现出领域性还是权力等级系统，显然是由不同的死亡程序和不同程度的 *r* 选择决定的。

445　　　爬行类与攻击和求偶有关的炫耀，在复杂性方面介于蛙类和鸟类的炫耀之间。在广泛研究的基础上，卡斯特尔（1963）在饰金蛇鳞蜥（*Norops auratus*）中区分出4个基本类型，而兰德（1967b）在线状蜥（*Anolis lineatopus*）中区分出7个基本类型。在这里，顺从行为几乎与恐吓炫耀一样也得到了充分表现，因此在某些情况下可使两个或更多的个体紧密相处。须鬣蜥（*Amphibolurus barbatus*），一种澳大利亚飞蜥，其从属雄性把其身体紧贴地面并且以特定的方式摇动其中一个前肢，以使优胜者不会恐吓它们。通过这一方式，它们可以自由地通过优胜者的领域。颈斑栉蜥（*Amphibolurus reticulatus*）的雄性，甚至会发出更为奇特的顺从信号。见到其霸主时，它们翻倒使背着地，一直等到霸主通过为止（Brattstrom，1974）。美国西南部的莫哈韦穴龟（*Gopherus agassizii*）可能把权力等级系统更推进了一步。其雄龟经常格斗，只有当对手之一撤退或把背翻倒在地上才暂停。对于龟来说，背着地是致命性的，因为自己很难再翻过来，而这在过热的阳光下是很危险的。

根据帕特森（1971）的观察，战败龟会发出一种独特的声音，以使战胜龟把它再翻过来。

大多数的爬行类权力等级系统所表现的只不过是领域霸权主义的一些变化形式，因为一个霸主只容许少数几个从属者生活在其领域内，而从属者自己很少能够组织起来。不过物种褐色安乐蜥（*Anolis aeneus*）是个例外：在单只雄性领域内生活着多只雌性，而这些雌性构成了至少有3个水平的等级系统。

常见的是，雄蜥蜴在其领域内可容纳多个雌蜥蜴。这个"一夫多妻"的形式，已报道的有：壁虎类〔截趾虎属（*Gehyra*）〕，鬣蜥类〔安乐蜥属、须蜥蜴属、柔齿蜥属（*Chalarodon*）和嵴尾蜥属（*Tropidurus*）〕。但是，这些关系不是应用于鸟类和哺乳类严格意义上的"一夫多妻"；雌性可被容纳在雄性领域内，但它们不会得到专门的补充或保护。已发现的最接近真正的"一夫多妻"的物种是叩壁蜥（*Sauromalus obesus*），这是美国西南部的一种大型草食蜥蜴。霸主雄性占有大的领域，在其内，从属雄性被允许在石堆附近占有有限领域和晒太阳场地。在霸主领域内雌性也有领域，这要比从属雄性的大。在繁殖季节，霸主雄性每天要到各雌性领域，不允许其他的雄性进入这些领域，只有霸主雄性才能和雌性交配。

爬行类的亲本照顾通常比较特别。奥利弗在野外和擒养条件下观察了眼镜王蛇（*Ophiophagus hannah*）的亲本照顾。雌性筑巢和卫巢以防止所有的入侵者入侵——这使得这些大蛇对人类来说特别危险。因为蛇在所有爬行类中的社会化程度是最低的，所以这一独有的行为模式是相当明显的，并且使这种眼镜王蛇在将来野外研究中成为最引人注目的爬行类物种之一。鳄科类（短吻鳄各物种、鳄各物种、宽吻鳄各物种和其他有关形式）进行的最为高级的亲本照顾形式，也是令人吃惊的。现在鳄科类全部的21个物种，雌性会把卵产在巢内，并保护它们免遭侵略者的入侵。较为原始的行为是筑洞穴巢，这些巢为食鱼鳄和鳄的7个物种采用。其余的鳄科类，其中包括短吻鳄、宽吻鳄、马来鳄和鳄的其他物种，它们用叶、棍和其他碎片筑起小丘巢。这些小丘巢位于水面的上方，用来孵化卵，通过分解作用也可产生附加的热。恰好在孵出之前，幼崽发出音频叫声（尤其是在受到周围的干扰时），其母亲的反应是把巢顶的材料除去。在许多情况下，母亲的帮助对幼崽的出巢可能是必要的，因为卵被掩埋到巢内后，太阳的照射已经使巢的外层成为硬壳。至少在某些物种中，母亲也带着幼崽到水边，并在以后的不同阶段对它们进行保护。

　　鳄科类是古龙——中生代占优势的陆生脊椎动物中，占统治地位的一群爬行类最终的生存者。因为它们具有相对精细的母亲照顾形式，所以很自然可以联想到一个问题：它们的远亲——恐龙是否以社会类群生活。有少数零星的证据指出，至少对于某些物种可能是这种情况。1922年，美国自然历史博物馆到蒙古考察发现了著名的原角龙属（*Protoceratops*）的一窝卵，这窝卵埋在沙巢中，也许与现代鳄科类的洞穴巢没有多少不同。但是，更有意义的是，在美国得克萨斯州和马萨诸塞州还发现了恐龙的足迹和路径（Bakker，1968；Ostrom，1972）。这些恐龙似乎是成群活动的，它们留下了密集的一行行足迹。在得克萨斯州的达文波特牧场（Davenport Ranch）发现了30个类似雷龙的动物，显然是作为有组织的群体行动的。最大的足迹只存在于路径的周围，而最小的足迹在路径中心附近。而且，最大的植食恐龙可能不像过去人们一般认为的那么懒惰和愚笨。在一般生理学原理和新的解剖学重建的基础上，巴克尔（Bakker，1968，1971）认为，其中许多物种的身体是直立的，为恒温动物且行动迅速。雷龙和鸟龙的群体可能经历过干旱的平原和开放的森林区，极像现代的羚羊、犀牛和大象。萨拉·兰德里和我，在图21-6中大胆并冒昧地重建了这一情景，显现的是梁龙属（*Diplodocus*）动物。由于它们属于最大的恐龙，所以我们认为它们与非洲大象具有相同的社会组织。

图21-6　恐龙社会生活的推测。重建的生境是侏罗纪晚期的（现美国 怀俄明州。大的蜥脚亚目类恐龙是梁龙属动物。由于它们当时所处的生境与现代有蹄类和大象的平原生境最为相似，所以把它们视为与大象具有相同的社会组织。在一年长的雌性恐龙带领下，一群雌性和年幼恐龙从左向右行进。在最前面，两头雄性为争首领位置在战斗：它们用如同长颈鹿样的颈进行厮打，用伸长的前肢脚趾彼此抓爬。这种梁龙属动物是恐龙中的最大型动物：成体长达30米；站立高度在肩部处约为4米；若用后肢（脚）站立，至头部可高达10米。在这里，它们是一类敏捷的、领域开放型的动物，而不是在旧文献中一般认为的那种迟钝的、水生形式类型。在右边背景上可看到一群异特龙属（*Allosaurus*）的肉食恐龙。在左下边，"一群"二足类恐龙正在快速前进通过一片木贼植物区。另一类特征植物是威氏苏铁属（*Williamsonia*）的拟苏铁（右边类似棕榈的植物），而右边正是一株真正的苏铁树，其背景是一片南美杉松（Sarah Landry画图，根据 Robert T. Bakker, 1968, 1971和个人通信；John H. Ostrum, 1972）。

第22章　鸟类

鸟类，在其社会生活的细节上，是最像昆虫的一类脊椎动物。有少数物种，其中包括非洲的类织巢鸟 [白嘴牛文鸟（*Bubalornis albirostris*）和群织鸟（*Philetairus socius*）]、肉垂椋鸟（*Creatophora cinerea*）、棕榈鹏（*Dulus dominicus*）和和尚鹦哥（*Myiopsitta monachus*），它们筑起群居巢；而其中每对鸟占有巢中的一个小巢，在其内抚育自己的后代。这种合作的有利性似乎是改善了对捕食者攻击的防御。用昆虫学语言来说，这些鸟形成了群居类群。它们与某些物种的蜜蜂极为相似（包括物种 *Augochloropsis diversipennis*、*Lasioglossum ohei* 和 *Pseudagapostemon divaricatus*）。群居阶段的昆虫可认为处于进化的"副社会"征途中，而最终可进化到具有不育职别的充分发育的集群阶段。群居巢与协作繁育的区别在于，协作繁育是在同一巢内不止一对成体鸟共同抚育后代。在许多鸟的物种中，称为助手的某些个体帮助其他个体抚育后代，而自己并未产卵繁殖，这点与昆虫也很相似。当这些助手从一开始就从属于繁殖个体时 [像在银喉长尾山雀（*Aegithalos caudatus*）那样]，则该物种与"半社会"的蜜蜂和黄蜂物种相似，而后面这些物种也是处于"副社会"征途中。当这些助手是由前窝的后代组成时（这些后代共有该巢内的双亲，是以社会樫鸟为例说明的一种情况），则昆虫学家会把这样的物种分类到"高级亚社会"物种中，即同样能很好地沿着另一条亚社会途径进化。不管我们是否能区分开副社会和亚社会状态，上述情况对鸟类学的研究都会被证明是有效的（就像在昆虫学业已被证明的那样）。不可否认的是，依昆虫标准，助手的存在是一个高级社会性状。为了达到蚂蚁和白蚁的水平，所需要的是助手"职别"的进化，使其成员永远发挥助手作用。就目前所知，这最后一步，鸟类是绝对没有达到的。鸟类助手完全具有潜在的繁殖能力，只要有机会就会开始自己筑巢繁殖。

随着社会进化各阶段相关比较研究的进展，还会发现鸟类和昆虫类间存在的相似性。鸟类也是唯一具有真社会寄生的脊椎动物，而且，这种行为形式（窝寄生现象）在许多细节上相似于蚂蚁的暂时社会寄生现象。这些鸟类没有把这一趋势发展到由社会昆虫达到的极端水平，但有少数鸟类物种依昆虫标准已占到了中高级水平。关于这些现象的进一步信息，请读者参考第17章。

我相信，这些相似性的原因，在于由这两类型共有的亲本照顾的方式。鸟类，与前社会昆虫和社会昆虫一样，提供了连续的亲本照顾，而这种照顾需要反复远行给幼鸟搜寻食物。在绝大多数协作繁育的鸟类物种中，就像为窝寄生的那些宿主物种一样，其幼鸟是守巢的（刚出生时软弱无能），必须留守在专门建造的巢中。这两个因子（亲本照顾和幼鸟守巢）就构成了两亲本间紧密联系广泛发生的基础——在其他脊椎动物中相对不常见的一种情况。在这一阶段，首先，较年长的同胞和其他具有血缘关系的个体，通过帮助其双亲照顾较年幼的相应个体，可以提高它们的广义遗传适合度；其次，寄生形式的个体可利用这一阶段，把它们的卵安插到巢中。通过适当地隐匿守巢幼鸟，以及不断重复在它们和其双亲间的通信信号，还可进一步促进寄生现象。

现在，读者知道：鸟类中社会行为的各个因素（elements），在发展社会生物学的一般原理中已经发挥了很大的作用。尤其是，聚群的适应意义是专门在关于鸟群的问题中分析的

（见第3章和第17章），而通信的研究（以及用它对行为学的广泛研究），在很大程度上是建立在鸟类基础上的（见第8—10章）。鸟类为下述情况提供了大量证据：领域性和权力（见第12—13章）、繁殖和攻击行为的内分泌控制（第7章和第11章）、关于集群筑巢和"一夫多妻"的性行为（见第15章）、亲本照顾（见第16章），以及窝寄生现象和混合物种觅食类群（见第17章）。上述大多数情况都是普通常见的，因为其特性也为其他大多数脊椎动物共有。现在需要深入探讨鸟类社会组织的最为高级的模式（patterns），尤其是建立在协作繁育基础上的模式。这些就是本章其余部分的内容。

由于综合了在世界范围内的对鸟类的野外研究，所以，对其协作繁育的分析近来取得了惊人的进展。在1935年，斯卡奇报道的例子少于10个物种，其中3个是他本人发现的。在1961年，当他重新总结这一课题时，不同类型的鸟类助手，报道的已经超过130个物种，其范围从火烈鸟到燕子、啄木鸟、鹟鹩和其他科的成员。弗莱在1972年重新研究了上述情况，并且解释了约60个物种（可能属于30个科）中存在得力助手的现象。不管情况如何，这方面的相关例子还会继续增多，据估计约占动物界协作繁育的1%。

鸟类学家对协作繁育的生态学基础已有一定的了解。尤其是，布朗已经估评了与此有关的统计学因子，并借此把这方面鸟类的社会性首次与群体生物学的理论联系了起来。在图22-1，我尝试用一个简单图解把原因和媒介因子连接起来，以说明全部已知的协作繁育情况。注意，似乎存在两条主要途径引起协作繁育：一条是具有早熟幼鸟（出生后不久可以离巢）物种的途径；另一条是具有守巢幼鸟物种的途径。

群居巢的形式也存在着重要差别。在第一类物种，其中包括非洲鸵鸟（*Struthio camelus*）、美洲鸵鸟（*Rhea americana*）和被称为鹬科鸟的一些原始热带美洲的鸟类，它们有2—4只母鸟的卵产在一个巢内，由一只雄鸟保护。其雄鸟一般专门负责巢内工作，尽管有时会得到首领雌鸟的帮助。高原林鹬（*Nothocercus bonapartei*）留在雄鸟领域内，如果第一批卵遭到破坏，又会准备产第二批卵；但是在灰胸穴鹬（*Crypturellus boucardi*）和灰斑鹬（*Nothoprocta cinerascens*）的雌性会飞走去为其他的雄鸟产卵。我们还不知道，雌性间能相互容纳的这一特殊形式的环境原动力是什么，但是在进化中使物种事先适应以获得这一形式的某些条件是很清楚的。首先，幼鸟的早熟性质意味着，单个亲本能够照料这些幼鸟的全部需要。其次，这有利于雄性控制领域，能引诱多个雌性进入

其领域内。这是基本的"一夫多妻"情况，并且可以想象，正如奥里安斯-维纳模型（见第15章）指出的，该雄性各领域的质量存在很大差异。但是，奇怪的事实是：各雌性事先并不企图强占该雄性和每一领域内的单个巢。人们推测，这些雌性至少遵循其他鸟类物种的共同模式，会瓜分该雄性的领域并在其内建造自己的巢。事实上，这些雌性并未这样做的原因，可能是它们在血缘上是紧密的。一小群姐妹如果以一个单位行动，特别是如果它们只利用一个雄性进行繁殖［如同穴鹬属（*Crypturellus*）和斑鹬属（*Nothoprocta*）的鹬那样］，那么它们就会获得最大广义适合度。对这种小群鸟类的血缘关系的研究，无疑是很有启发意义的。

第二类协作繁育的鸟类物种要比第一类多得多，超过已知物种的90%。如图22-1指出的那样，存在若干个原因因子，其间的联系是复杂

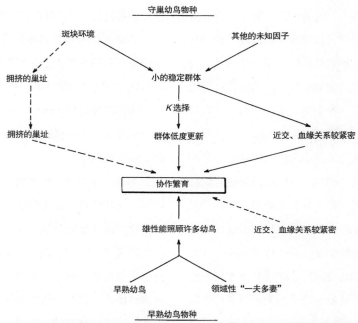

图22-1　所推测的导致协作繁育（已知鸟类社会行为的最高级形式）原因链。图中实线表示业已证实并被认为是极重要的关系；虚线表示尚未证实但可能至少具有辅助作用。

的。通过一些作者的研究，这些因子已经分别得到了阐明。例如，普里阿姆（Pulliam）等认为，黄脸草雀（*Tiaris olivacea*）的簇聚性促进了群体规模的缩小，继而导致近交的增加（1972）。在牙买加群体（接近于连续分布，因此群体相对较大），个体具有强烈的领域性。（拉丁美洲）哥斯达黎加的群体小且处于半隔离状态，而其成员以相对较大的类群聚集在一起。在（英属拉丁美洲）开曼群岛，其群体和类群大小都属于中等。上述发现的含义在于：有效群体的规模越小，有关相互作用个体间的血缘程度就越大，它们对制造事端反映出的可能性就越小。研究过协作繁育物种的一些动物学家，其中包括研究犀鹃的戴维斯（1942）和研究樫鸟的布朗（1972，1974），就小群体及其稳定性做了类似的评论。

物种细分成一些小的、半隔离群体，其本身是另外一些环境因子的效应所致。这些因子在鸟类还没有被明确地鉴别出来，但可以推测出它们的一般性质。首先，明显的是，对于社会性具有前适应的那些物种，已经特化成依赖于斑块分布的资源。斑块的形式对社会类型的进化具有明显影响。斑块资源若是细粒状（这意味着在每次外出觅食的过程中，各个鸟是从一个斑块进入另一斑块的），则结果可能是形成类群。食物和水是最可能的细粒状资源，而巢址和栖息地址是倾向于固有和稳定的。所以，这些鸟类繁殖时维持着各单个领域，而寻找食物和水源时就成群形成类群。这些资源在时空上越不可预测，这种最适类群大小的行为就越明显。对于燕鸥和某些其他集群海鸟（Ashmole，1963）、椋鸟及澳大利亚栖居沙漠鹦鹉的成群现象，都可用上述因果关系得到最满意的解释。如果主要资源更接近于粗粒状（分布广泛，或者足够大，需要一个个地仔细

开发利用），结果可能会有根本的不同。现在各个体不再需要在广大范围内漫游。群体被局限于有限的生境，彼此间更易成为遗传隔离状态，各单个群体会更小。其可能的结果是导致如图22-1表示的那些事件的有序联系。小的隔离群体是趋于稳定的，易受到K选择影响。K选择有利于较长的寿命、较小的繁殖率和较长时间的亲子关系（见第4章和第16章）。在生活周期中的所有这些变化，都促成了繁殖期间的协作和利他主义行为。

那么，实质上协作繁育的进化起源，大体上就依赖于小的有效繁育群体。具有成群行为的那些物种，如果其巢址的限制使得群体减小和血缘关系明显上升，那么它们也可能进化成协作繁育群体。但是，这两个过程可能整个是非偶联的。许多成群物种形成大的繁育集群。在这样的集群中，其平均血缘关系是弱的，而在繁育场地的性别内竞争和攻击会因此增强。相反，栖息和觅食在一些特定生境（"粗粒状"环境）的物种，可以广泛地利用斑块生境或以如此高的密度存在，这使得它们的群体大小是相对大的。它们也在繁育场地内进行性别内竞争和攻击。根据现代假说，协作繁育依赖于有限资源（食物、巢址或其他）的存在，而这样就使群体成为小的、"思乡"的和隔离的群体。

即使上述假说是正确的，还有一个问题尚未回答：这些物种为什么朝依赖于食物和巢址这方面进化，而不是朝其他方面进化？对这一问题的详细回答（至少对于鸟类）超出了该书的范围。由特定物种做出的选择是适应辐射的结果，随后各物种彼此发挥不同的生态作用而形成群落。在第3章和第4章已经介绍了有关的基础理论，而麦克阿瑟和柯迪给出了更详细的解释。

现在我们要提到两个例子。在这些例子中，通过紧密相关物种的比较，协作繁育的进化问题得到了相对较好的解决。这样的系统发育研究，提供了建立协作繁育适应基础的最好方法，以及提供了发现社会行为新形式的最好方法。

犀鹃亚科

犀鹃亚科（Crotophaginae），由圭拉杜鹃（Guira guira）和犀鹃属（Crotophaga）的犀鹃组成，构成了杜鹃科（Cuculidae）的6个亚科之一。犀鹃亚科全都分布在新大陆的热带、亚热带地区。虽然只有4个物种，但其社会行为的多样性足够多，能够很有道理地重建其社会进化。戴维斯对杜鹃亚科的研究之所以值得注意，是因为它是在脊椎动物类群中首先考察了社会进化的生态学基础的研究之一，并且它仍是时新和正确的。自此以后，斯卡奇和拉克对此信息做了补充。

全部4个物种几乎都生活在开放生境中，并且以"喧闹和显耀的习性"为特征。它们约以12个个体为一群联合起来，十分引人注目。以这样的类群觅食，晚上在同一棵树上栖息。每一群都通过攻击炫耀和战斗使自己的领域不受同物种其他成员的侵犯。在繁育季节，这些成群鸟筑起一个群居巢，可容纳许多个雌性产卵。巢由雄性构筑，并在随后饲养幼鸟。至少第一批羽毛丰满的一些后代要协助饲养随后孵出的幼鸟，其中的少数后代还要参与下一年的繁殖活动。犀鹃亚科集群是半封闭类群。比率很少的个体（迄今还未测量过）可从一类群迁入另一类群，但它们要战胜对方的恐吓和反抗后方能进入新群。

戴维斯把协作行为的进化分成三个发展阶段。群居巢在圭拉杜鹃中只是偶有展现。其中某些配偶在其自己类群领域内标定出一小块领域，筑起自己的巢，与其他的鸟分开而饲养自己的后代。因此，圭拉杜鹃偶尔仍然遵循成对联合和占有领域的鸟类基本模式，但是不同点在于：它们总是与处于非繁殖活动的特定类群联合。社会进化的早期阶段还表现在如下事实：类群保护其领域的能力很弱。大犀鹃（Crotophaga major）几乎总是筑群居巢，虽然其类群是由一些成对的配偶组成的，但其类群保护领域的能力只稍有增强。最后，在滑嘴犀鹃（C. ani），显然也在沟嘴犀鹃（C. sulcirostris）中，它们的群居巢已经达到了极端。多配偶或混交是常有的事，若干只雌性把卵产在同一窝巢内，并且整个类群是作为一个单位强有力地保护其领域。

现在还不清楚犀鹃亚科这一趋势的终极原因。其性比是雄性多于雌性，这是在其他协作繁育鸟类物种中经常碰到的现象。这个可能是促成助手行为进化的基础，因为如果没有配偶的雄性把它们的能量用于饲养其同胞，它们就可使其适合度增加。但是，这一性比本身是进化产物，容易因小的遗传变化而变化。非平衡的性比可能是协作繁育的一个共同适应，而不是协作繁育的原因。其原动力更可能是一个环境因子。戴维斯注意到，犀鹃亚科的鸟巢和栖息处，广泛分散在热带草原的树丛中。他认为，这些鸟只是由于缺少空间而被迫聚在一起的。所以似乎更可能的是，这种斑块性的显著效应使得局部繁育群体的大小减小，并增加它们之间的遗传隔离。

鸦类

有关鸟类社会性最新和最受启发的研究，涉

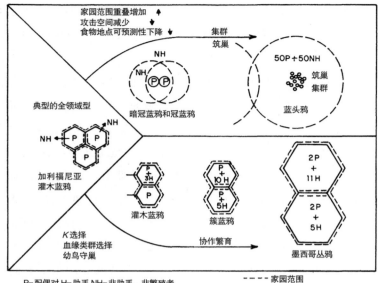

图22-2 新大陆樫鸟中走向高级社会的两条途径。图上方的途径在蓝头鸦达到了顶点，在这里成对的鸟以"集群"在一起筑巢。每一集群的成员也紧密成群在一起觅食。（图下方的）另一条途径导致了协作繁育，在这里助手鸟帮助其他成体鸟饲养后代。这一途径是墨西哥丛鸦达到了顶点（引自 J. L. Brown，1974，稍加修改）。

及新大陆的各种蓝头鸦。可能除蓝头鸦（*Gym-norhinus cyanocephala*）外，其8个属形成了一个密切的系统发育类群。类似于鸦科（Corvidae）的其他成员（其中包括鸦、鹊、星鸟和红嘴乌鸦），这些鸦是强烈地倾向于社会行为的适应杂食的鸟类。其社会系统的范围，是从成对配偶（还具有保护领域的行为）的鸟类基本模式到鸟类中已知的集群筑巢和协作繁育的更为极端的形式。

454　　布朗（1974）指出：这一类群的社会进化伴随着两条不同的途径（见图22-2）。一条途径只是在集群筑巢物种（蓝头鸦）达到了顶点。这种鸟多至数百对成体以聚丛式筑巢，以密集的群体在一起觅食，它们像椋鸟和斑鸠那样"席卷式"地通过宽广的林区。只有在靠近巢的附近由一对留守鸟进行保护；而集群作为一个整体的领域，对其他蓝头鸦的侵犯并未采取保护措施。其中某些成鸟可充当助手，但这种情况不像在丛鸦和墨西哥丛鸦那样明显。一个可能的早中期阶段可用暗冠蓝鸦（*Cyanocitta stelleri*）代表。这个物种不是真正的集群，因为窝巢是由成对的集中鸟用攻击行为占有的。但是，家园（领域）范围几乎尚未界定，所以它们有广泛的重叠区。暗冠蓝鸦是这样一个物种：其领域保护或防御功能已经开始削减，达到了使聚丛巢进入集群系统的阶段。

佛罗里达丛鸦（*Aphelocoma coerulescens*）的协作繁育得到了很好的发展，伍尔芬敦对该物种这种行为的研究已经长达5年之久。这种美丽的蓝白鸟的生活局限在佛罗里达半岛"灌木"生境中，这是一种具有独特植物区系的高度非连续的沙壤生境。生活在美国东北部的佛罗里达丛鸦，是如此依恋这样的灌木生境，以至成为最为独特的佛罗里达鸟，其活动范围还没有观察到有超出该州边界的。佛罗里达丛鸦的群体很稳定，且具有期望中的特别长的 K 选择标记：在野生鸟中，其个体寿命长，往往长达8年或更久；出生2年后才能进行繁殖；配偶成对生活在一起且有固定领域。伍尔芬敦研究过的繁殖对中，接近半数有助手帮助。实际上这一数字随年度而变化，其范围为36%—71%。这些助手不参与筑巢或孵化，但在其他活动中是积极的，其中包括保护领域和巢不受其他樫鸟的侵犯、攻击捕食者和饲养幼鸟（见图22-3）。

伍尔芬敦标记了大量的鸦并跟踪其前数年的生活情况，使他最终能确定这些助手的关系和最终命运。在74个繁殖季节（一对配偶繁殖一个完全季节称为一个繁殖季节）中，助手帮助双亲的48次、帮助父亲和继母的16次、帮助母亲和继父的2次、帮助兄长及其配偶（嫂）的7次，而帮助无血缘关系的配偶仅1次。因此，助手强烈地偏爱于最紧密的血缘个体——这是通过血缘选择促使利他主义性状进化的基础。伍尔芬敦还能证明：助手的存在实际上增加了繁殖者的繁殖率，因此也就增加了其广义适合度。在对47个无助手的繁殖季节成对配偶连续观察若干年后，得到每对配偶所生的长到出羽的幼鸟平均数为1.1只，而出羽后3个月仍成活的平均数为0.5只；相反，在59个有助手的成对配偶，每对配偶所生的长到出羽的幼鸟平均数为2.1只，出羽后3个月仍成活的平均数为1.3只。因此，有助手时，鸦家系比无助手时增加2—3倍。伍尔芬敦发现，没有助手的繁殖配偶也是最年轻和最没有经验的，仅仅这一因子就可能说明上述成活率的差别。但是通过清除没有经验的鸟而变成完全有经验时，助手的作用同样是明显的。最后，通过把同一对配偶有助手年份与无助手年份的其后代的成活率进行比较分析，其结论仍然很明确：助手的作用是明显的。

图22-3　佛罗里达丛鸦的助手现象。该图刻画了佛罗里达中部阿奇博尔德生物站（Archbold Biological Station）的典型情景。在巢内，双亲和一年龄鸟（助手）喂雏鸟，而这些雏鸟是助手的同胞。在右方，另两只助手在监视一条靛青蛇（*Drymarchon corais*）：樫鸟幼雏的危险捕食者。一只在地上以恐吓姿态蜷缩着；另一只站在附近树枝上呃叫（警戒巢中鸟的报警信号）。生境是适于该樫鸟生活的特定的佛罗里达"灌木"植物区系。巢是用矮状番樱桃叶栎（*Quercus myrtifolia*）的枯枝建造的。其他典型植物包括右下角的三芒草（*Aristida oligantha*）及右边的背景植物锯叶棕（*Serenoa repens*）和沙松（*Pinus clausa*）（Sarah Landry 画图；根据 G. E. Woolfenden, 1974, 个人通信）（此图占原书 p452—453 整版）。

奇怪的是，后代成活率的增加，不是表现为对雏鸟增加饲喂速率的结果。助手的数量对出羽后代的数量根本就没有关系，而出羽雏鸟的体重对其后的成活率也没有明显影响。于是，剩下的最有可能的假说是：助手通过群居防御加强了对捕食者的防御，尤其是对大型蛇的防御。这些助手为家系增添了警戒系统，当蛇距巢很近时，它们就会对蛇进行成群骚扰。但是助手的存在，是否确能降低幼鸟的死亡率尚待证实。

佛罗里达丛鸦的研究资料之所以重要，是因为几乎还没有其他证据证明，协作繁育是否确能提高繁殖率。换句话说，助手是否对提高繁殖率确有帮助。仅仅还有一个物种，即美丽的华丽细尾鹩莺（*Malurus cyaneus*）证明有这样的作用（Rowley，1965）。弗莱的关于赤喉蜂虎（*Merops bulocki*）的研究资料也认为有这样的作用，但其资料在统计上是不显著的。加斯顿（Gaston）对银喉长尾山雀的研究指出：助手对繁殖率没有影响，而阿拉伯鸫鹛（*Turdoides squamiceps*）的助手甚至还有碍于繁殖（Amotz Zahavi，个人通信）。

在某些物种中，如果助手不帮助繁殖者，那么其含义是指它们本身会以某种方式从血缘关系中受益。伍尔芬敦已经发现，甚至"利他主义"的灌木丛鸦可能就是这样的情况。在每个家系群的非繁殖者中，存在一个严格的权力体系：雄性高于雌性。如早期参与繁殖的雄性死亡或离开，极可能就会由一权力雄性助手顶替。的确，助手的存在也可导致领域一定程度的扩展，最终可能增加1/3或更多。当领域增加时，具权力雄性的助手有时在类群领域内建立起自己的领域，找到配偶并开始繁殖后代。总之，通过"芽殖"，群体可得到一定程度的增长。因此，助手现象至少部分是由于个体选择的结果。在不同的鸟类物种中，个体选择和血缘选择对协作繁育进化的相对贡献尚待确定。

在新大陆鸦内，协作繁育程度最高的要算墨西哥的灰胸丛鸦（*Aphelocoma ultramarina*）（Brown，1972，1974）。事实上，一个灰胸丛鸦类群，就是扩展的灰胸丛鸦家系。每一专有的家园一般由8—20只鸟占领，其中包括两对或更多对配偶。类群中的全体成员喂饲雏鸟，大致其中半数为双亲。灰胸丛鸦要出生3年或3年后才能配对繁殖，并且整个生活周期几乎全在家系领域内度过。似乎有可能，至少部分像灌木丛鸦那样，灰胸丛鸦通过"芽殖"分出亚群进入新的、邻近的家园领域。如果是这样的话，相邻的各类群要比鸟类通常情况下的各类群在血缘上更为紧密。

第23章　　哺乳动物内的进化趋势

哺乳动物社会生物学的关键是哺乳。由于幼小的哺乳动物在早期发育的关键时刻要依靠母亲，所以母子类群是哺乳动物社会普遍的核心单位。即使所谓独居物种（除了求偶和母性照顾外，它们没有其他的社会行为表现）也是以母子间精细的和相对持久的相互作用为特征的。由这一保守的特征出发，会衍生出更高级的社会（其中包括像狮"群"和黑猩猩"队"这样一些不同的类群）的一些主要特征：

——超过断奶时间后，不同世代的个体仍联合在一起时，这种联合通常是母系的。

——因为成年雌性（在繁育中）要消耗大量的时间和能量，所以它们在有性选择中是一种有限资源。这样，多配制在哺乳动物系统中是常规，而常见的是其中的"一夫多妻"制。"一夫一妻"制相对罕见，已经见到的有河狸、狐狸、狨猴、青猴、长臂猿和夜凹脸蝠。在这方面，哺乳动物不同于鸟类基本的"一夫一妻"制。哺乳动物的另一特点是没有反向的性作用，即没有雌性向雄性求偶而随后离开雄性单独照顾幼崽的情况。

虽然我们可以有把握地得出上述这些明显的结论，但对哺乳动物的多数社会生物学研究仍处在早期阶段，远远落后于对昆虫和鸟类在这方面的研究。关于哺乳动物自然史的多数说明，尤其在洞穴和夜出活动物种的情况下，仅仅以说奇闻逸事的方式触及这一问题。作者往往错误地把密集的群体和繁殖的聚集体当作"集群"，把有较多子代和母亲在一起构成的单位作为"队"。对哺乳动物两个最大的目（蝙蝠和啮齿动物）的大多数科和属来说，它们的社会生物学实际上还不清楚。对于有袋动物的情况也是这样，对其社会进化的了解，与真兽亚纲的比较起来具有明显的尝试性。

根据我们现有的知识，以高度浓缩的提要形式在表23-1基本上表示了哺乳动物的各个社会系统。要把这一信息融入一个总结性的进化图中，是件困难（如果不是不可能的话）的事。首先，有关资料仍过于零碎。但更为基本的问题是，哺乳动物的大多数性状很容易变化。除了普遍存在的母性照顾和像表中列出的最为明显的有关直接后果外，哺乳动物社会组织的一些特定性状或特征，都是在小到像科和属这样的分类单位内以高度"斑块"的方式产生的。表23-2中说到的蝙蝠就是一个适当的有趣例证。同一科，甚至同一属内的不同物种有时可占有三个或更多的社会进化级。在一个给定的分类单位内，某些物种可以是独居的，某些可能是"一夫一妻""一夫多妻"或永远过着雌雄混居的生活。由有关物种表现的这样一些系统的组合随科而异，并且根据自然史其他方面的现有知识不易进行预测。布拉德伯里的极好评论是上述结论的基础，他以银线蝠属（*Saccopteryx*）为例，说明控制社会进化的环境因子有多么精妙。在（拉丁美洲）特立尼达岛（Trinidad），双线囊翼蝠（*Saccopteryx bilineata*）主要栖息在一些大树的板状根膨大处。当这些蝙蝠受到鸟类或哺乳动物干扰时，就会躲藏到两板状根膨大间的黑暗处，并且成为不活动状态。这一习性允许它们形成中等大小且稳定的聚群，并因此而形成一个更精细的社会系统。其雄蝠通过综合的歌声、恐吼、攻击和盘旋飞行进行相互竞争，一只雄性可终年占有多个"妻妾"。另一个相关物种细尾囊翼蝠（*S. leptura*）发生在同一地区，但其类群大小为5

只个体或少于5只，栖息在暴露的树干上。当受到干扰时，它们就飞走逃逸到另外的、通常是固定的地点。显然，为了使逃逸策略便于实施，就需要小的类群、其雄性每个不会占有多只"妻妾"，并且该物种的信号信息储存库要比双线囊翼蝠的小。银线蝠属的情况紧密地遵循了社会黄蜂的两个基本防御策略。某些物种，尤其是新热带区的柄腹黄蜂属（*Mischocyttarus*）的许多成员，都是形成小的、成熟快的集群，当它们受到行军蚁和某些其他难以应付的捕食者攻击时，就会飞到其他地点；另外一些物种，例如纸胡蜂属、异胡蜂属和胡蜂属的成员，会筑起如同堡垒式的窝巢，几乎能阻挡所有捕食者的攻击。后述这些物种的特征是集群大、工蜂和蜂后身形差异大和具有更为精细的通信系统。

作为一个整体，在翼手目内可见到几个其他的趋势。较小型的蝙蝠物种（其热调节能力差）喜欢把巢筑在更安全的地方，如洞穴和大树的孔洞内。因此，它们形成一些较大的聚群，而休息时一般聚丛在一起，这些就是促使更为高级的社会组织形式进化的性状；但是，其相关是微弱的。锤头果蝠（*Hypsignathus monstrosus*）是一种大型的有性二态物种，具有最引人注目的求偶场炫耀系统，它们也栖息在森林冠层的露天处。狐蝠科某些大型食果蝠在林区形成一些庞大的永久性聚群，这显然是对抗捕食者的一种防御性策略。在这里，食物和社会系统间的总体相关仍然是微弱的，甚至它们之间有可能无相关关系。

哺乳动物的其他各目，同样相对难以进行快速的进化分析。在最大和最让人感兴趣的真兽亚纲动物，其中包括啮齿类、偶蹄类和灵长

表23-1 现存哺乳动物各科（连同代表属）的社会生活模式以及含有社会生物学性状的一些关键参考文献。分类的 457
根据是安德森和琼斯（Jones）1967年出版的分类系统。有关行为和生态的早期文献的详细目录见于沃克（Walker，1964）和"哺乳动物学新近文献"——作为《哺乳动物学杂志》连续补充而出版的系列文献。

哺乳动物类别	社会生物学性状	文献
单孔目 针鼹科 　针鼹类，食蚁动物（针鼹属、原针鼹属）。澳大利亚、新几内亚	独居。自由生活时可能成为领域性；紧密囚禁中通过类群形成权力等级系统。雌性把卵直接产于囊状结构中。幼崽放入安全隐蔽处时，雌性随后觅食（以1—2天为一个阶段）。无雄性协作	M. Griffiths in Ride（1970），Brattstrom（1973）
鸭嘴兽科 　针刺鸭嘴兽（鸭嘴兽属）。澳大利亚	独居。雌性把卵产在封闭的洞穴中待17周，雌性觅食。无雄性协作	Troughton（1966），Ride（1970）
有裂动物目 负鼠科 　负鼠（负鼠属、蹼足负鼠属）。新大陆（特别是热带）	独居。在负鼠属（Didelphis）中新生幼儿由袋状物携带；随后，它们抓住母亲背部毛皮随母亲做短暂活动。无雄性协作	Reynolds（1952），Llewellyn & Dale（1964），McManus（1970）
袋鼬科 　袋猫（袋鼬鼠和其他属）、袋"大鼠"和袋"小鼠"（宽足袋鼬属、狭足袋鼩属）、袋食蚁兽（袋食蚁兽属）、袋獾（袋獾属）、袋狼（袋狼属）。澳大利亚	独居。至少某些物种的雌性利用窝穴。幼崽由袋状物携带，随后与母相伴短暂时间。袋鼬属（Dasyurus）和袋獾属（Sarcophilus）战斗玩耍。无雄性协作。至少在狭足袋鼩属（Antechinus）和袋獾属有广泛的重叠家园范围	Fleay（1935），Calaby（1960），Eisenberg（1966），Troughton（1966），Van Deusen & Jones（1967），Guiler（1976），Lidicker & Marlow（1970），Ride（1970），Wood（1970）
袋鼹科 　袋"鼹"（袋鼹属）。澳大利亚	可能独居	Van Deusen & Jones（1967），Ride（1970）
袋狸科 　袋狸（袋狸属、短鼻袋狸属）。澳大利亚	独居。可能为领域性。窝穴在植被区的堤丘内。幼崽首先待在袋内，然后伴母居住一短暂时间。无雄性协作	Mackerras & Smith（1960），Troughton（1960），Van Deusen & Jones（1967），Ride（1970）
鼩负鼠科 　鼩负鼠（鼩负鼠属、秘鲁鼩负鼠属）。南美洲	可能独居	Van Deusen & Jones（1967）
袋貂科 　袋貂（袋貂属）、环尾袋貂（环尾袋貂属、拟环尾袋貂属）、袋滑鼯（小袋滑鼯属）、考拉（树袋熊属）、蜜貂（长吻袋貂属）。澳大利亚	多样化。某些物种独居。小袋鼯属（Petaurus）以雄性为首领过着家系群的生活，可数代生活在一起。拟环尾袋貂属（Pseudocheirus）有着相似的但显然较松散的组织。这些物种显然是领域性的，并在拟环尾袋貂属随着群体密度的增加而增加其攻击性。在树袋熊属（Phascolarctos）中母性照顾幼崽时间延长至1年	Schultze-Westrum（1965），Eisenberg（1966），Troughton（1966），Ride（1970）	458
袋熊科 　袋熊（毛吻袋熊属、袋熊属）。澳大利亚	独居。雌性为单生，它们把幼崽放入袋内，随后在数月内幼崽都与母亲保持联系。各个体占领着复杂的坑道系统	Troughton（1966），Wünschmann（1966），Van Deusen & Jones（1967），Ride（1970）
袋鼠科 　大袋鼠、短尾（鼠䶂）、小袋鼠和有关类型［大袋鼠属、沙袋鼠属、麝袋鼠属、巨型袋鼠属、岩（鼠䶂）属、长鼻袋鼠属、短尾（鼠䶂）属和其他］。澳大利亚、新几内亚	多样化。某些物种独居或成对生活，如麝袋鼠属（Hypsiprymnodon）和鼻鼻袋鼠属（Potorous）是例子。短尾（鼠䶂）属（Setonyx）形成具有雄性权力等级系统的非组织化聚群；巨型袋鼠属（Megaleia）和大袋鼠属（Macropus）以松散组织形式成队生活（见该章其他部分的说明）	Hughes（1962），Caughley（1964），Eisenberg（1966），Troughton（1966），Packer（1969），Ride（1970），Russell（1970），Kitchener（1972），Grant（1973），Kaufmann（1974a-c）
食虫目猬科和鼠猬（猬属、鼩猬属、副猬属等）。旧大陆	独居。母亲照顾幼崽，无雄性参与	Eisenberg（1966），Findley（1967），Matthews（1971）
鼹科 　鼹和麝酸（鼹属、星鼻鼹属、麝鼹属等）。北美洲、欧亚大陆	独居。母亲照顾幼崽，无雄性参与	Eisenberg（1966），Findley（1967），Matthews（1971）
无尾猬科 　无尾猬（猬属、盔猬属、刺猬属、绞猬属、小盔猬属、獭鼩属、刚毛猬属等）。马达加斯加岛、西非	多样化。母亲在洞穴中照顾幼崽。在刺猬属（Hemicentetes）和无尾猬属（Tenrec）中于觅食途中跟随母亲。在刚毛猬属（Setifer），繁殖期外可组成小的雄性类群。绞猬属（Hemicentetes）最具有社会性：一个雄性、若干雌性及其后代可占用同一洞穴	Dubost（1965），Eisenberg & Gould（1970）
金毛鼹科 　金毛鼹（金毛鼹属等）。南非	独居	Findley（1967），Matthews（1971）
沟齿鼩科 　沟齿鼩（异鼩属、沟齿鼩属）。西印度群岛	独居或初步的社会形式。扩展的各家系可共占同一洞穴	Eisenberg & Gould（1966），Findley（1967），Matthews（1971），Eisenberg（个人通讯通信）	459
鼩鼱科 　鼩鼱（鼩鼱属、北美短尾鼩鼱属、麝鼩属等）。世界分布	独居。当接到报警时，尾鼩鼱属（Crocidura）、麝鼩属（Suncus）幼崽彼此抓住尾巴在其母后面连成链条	Crowcroft（1957），Shillito（1963），Quilliam et al.（1966）

（续）

哺乳动物类别	社会生物学性状	文献
跳鼩科 象鼩鼱（跳鼩属、象鼩属等）。非洲	独居	J. C. Brown（1964），Findley（1967），Ewer（1968），Matthews（1971），Sauer ＆ Sauer（1972）
皮翼目 鼯猴科"飞猴"或猫猴（鼯猴属）。亚洲热带	独居或聚群。步伐为极度的滑行式。一年出生一个幼崽，紧贴母亲腹部。不筑窝穴。偶尔成体形成松散的聚群（缺乏内部组织）	Wharton（1950），Eisenberg（1966），Findley（1967），Matthews（1971）
翼手目 19个科，见表23-2	极多样化（科间和科内都如此）。某些物种独居［如饰肩果蝠属（*Epomops*）、棕蝠属（*Eptesicus*）、蓬毛蝠属（*Lasiurus*）］；某些物种成对生活［如彩蝠属（*Kerivoula*）、（*Lavia*）黄翼蝠属（*Taphozous*）］，或形成"一夫多妻"［银线蝠属（*Saccopteryx*）、犬吻蝠属（*Tadarida*）］，或形成大的永久性的雌、雄聚群［狐蝠属（*Pteropus*）、银线蝠属］。在一定程度上，约有50%热带物种和20%温带物种是社会性的。见该章其余部分	Eisenberg（1966），Koopman ＆ Cockrum（1967），Davis et al.（1968），LaVal（1973），Bradbury（1975）
灵长目 贫齿目食蚁兽科食蚁兽（食蚁兽属、侏食蚁兽属、小食蚁兽属）。中美洲和南美洲。见第26章	独居。单个的幼崽骑在母亲背上携带，在食蚁兽属（*Myrmecophaga*）情况持续到一岁	Krieg（1939），Schmid（1939），Barlow（1967），Matthews（1971）
树懒科 树懒（树懒属、二趾树懒属）。中美洲和南美洲	独居。漫游一段时间后，通过战斗进行领域防御。雌性携带幼崽在胸上或背上约一个月或更长时间	Beebe（1926），Barlow（1967），Montgomery. & Sunquist（1974）
犰狳科 犰狳（犰狳属等）。新大陆（特别是热带）	独居。占领一定的家园范围。一次能多胚胎产生12个幼崽；它们是早熟的，出生数小时后就能随母亲一起觅食	Taber（1945），Talmadge & Buchanan（1954），Barlow（1967）
鳞甲目 穿山甲科 穿山甲（穿山甲属）。非洲和亚洲热带	独居。母亲的背上或尾巴携带一到两个幼崽	Rham（1961），Pagès（1965，1970，1972a，b），Barlow（1967）
兔形目鼠兔科 鼠兔（鼠兔属）。亚洲和美洲西北部	"集群"式独居。群体是稠密和局域的，但各个体在群体内保持着独居领域	Haga（1960），Broadbooks（1965），Layne（1967）
兔科 家兔和野兔（兔属、穴兔属、岬兔属、林兔属等）。世界分布；澳大利亚为引种	多样化。领域行为是广泛分散的。某些物种独居［如兔属（*Lepus*）］。在欧洲兔（*Oryctolagus cuniculus*），某些雄性在其领域内有多个雌性，而这些雌性具有松散的优势顺序。在穴兔属（*Oryctolagus*）兔场内，年轻的成年后代也可允许待一段时间。某些类群比另一些类群占优势，占有较大的领域	Southern（1948），Lechleitner（1958），Mykytowycz（1958—1960，1968），O'Farrell（1965），Ewer（1968），Mykytowycz & Dudziński（1972）
啮齿动物目 （现存43个科） 山河狸科 山河狸（山河狸属）。美洲西北部	"集群"式独居。群体是稠密和局域的，但个体在它们的洞穴内各占有独居领域	Anthony（1916），McLaughlin（1967）
松鼠科 松鼠（松鼠属、草原犬鼠属、花鼠属、大鼯属、美洲黄鼠属、红松鼠属等）。旱獭和土拨鼠（旱獭属）。世界分布	多样化。领域行为十分（如果不是完全的话）分散某些物种独居［如松鼠属（*Sciurus*），红松鼠属（*Tamiasciurus*）］；某些物种形成"一夫多妻"［旱獭属（*Marmota*）］或冬天形成暂时队群［美洲飞鼠属（*Glaucomys*）］；黑尾土拨鼠（*Cynomys ludovicianus*）形成复杂的"小集团"（包括两性的成体及其他年龄）；见本章之后部分的说明	Layne（1954），Robinson & Cowan（1954），King（1955），Bakko & Brown（1967），Broadbooks（1970），Dunford（1970），Waring（1970），Brown（1971），Carl（1971），Downhower & Armitage（1971），Heller（1971），Yeaton（1972），Barash（1973，1974a），Drabek（1973），Smith et al.（1973）
囊鼠科 囊鼠（囊鼠属、平齿囊鼠属等）。新大陆	独居。具有地下防御洞穴系统	Eisenberg（1966），McLaughlin（1967）
异鼠科 更格卢鼠、刺鼠和有关类型（异鼠属、*Diplodomys*等）。新大陆	独居。一般是领域性的，占有专门的洞穴系统	Eisenberg（1963，1966，1967），McLaughlin（1967），Rood & Test（1968）
河狸科 河狸（河狸属）。北美洲和欧洲	家系群生活。配偶、一年龄后代和新的幼崽占领一窝穴；二年龄后代进行扩散。窝穴防止其他家系个体入侵	Tevis（1950），Eisenberg（1966），Wilsson（1971），Bartlett & Bartlett（1974）
鳞尾松鼠科 鳞尾松鼠（鳞尾松鼠属）。热带非洲	家系群生活。明显地成对配偶生活	McLaughlin（1967）

460

461

（续）

哺乳动物类别	社会生物学性状	文献
仓鼠科 仓鼠（仓鼠属等）、林鼠（林鼠属）、稻鼠（稻鼠属等）、树鼠（南美羚鼠属等）、鼷鼠（白足鼠属）、叶耳鼠（叶耳鼠属）、鬣鼠（冠鼠属等）、旅鼠（旅鼠属等）、田鼠（田鼠属等）、麝鼠（麝鼠属等）、小沙鼠（小沙鼠属等），共97属。世界分布	多样化。多数物种独居，且可能全为领域性。白足鼠属某些物种在不同阶段表现雌雄配对，在少数情况冬天有较大的聚群现象。田鼠属某些物种，特别在群体高密度时，以扩展的同窝母亲后代生活在一起；一种草原鼠（*M. brandti*）形成混合性别的小集团——这点与草原犬鼠属的黑尾土拨鼠的行为相似	Linsdale & Tevis（1951），Eibl-Eibesfeldt（1953），F. Petter（1961），Eisenberg（1962—1968），Errington（1963），Lidicker（1965），Arata（1967），Healy（1967），Dunaway（1968），King（1968），Linzey（1968），Packard（1968），Stones & Hayward（1968），Baker（1971），Matthews（1971），Getz（1972），Myton（1974）
瞎鼠科 鼹鼠（鼹形鼠属）。中东	独居，领域性	Arata（1967）
鼠科 旧大陆的大鼠和小鼠（小家鼠属、蹊鼠属、姬鼠属、树鼠属、家鼠属等）。共98属。遍布旧大陆	多样化。许多物种独居。在小家鼠属（Mus）和家鼠属（*Rattus*）形成"一夫多妻"和松散的家系联系	Calhoun（1962），Barnett（1963），Eisenberg（1966），Arata（1967），Saint Girons（1967），Ropartz（1968），Ewer（1971），Matthews（1971），Wood（1971），R. M. Davis（1972）
睡鼠科 睡鼠（睡鼠属等）。欧洲、中东和非洲	聚群和家系式生活。两性冬天聚群；在洞穴内至少家系成员暂时在一起	Koenig（1960），Eisenberg（1966），Arata（1967）
林跳鼠科 林跳鼠（林跳鼠属等）、桦鼠（桦鼠属）。北温带区	独居，显然为领域式	Quimby（1951），Whitaker（1963），Eisenberg（1966），Arata（1967）
跳鼠科 跳鼠（跳鼠属等）。北非，亚洲	独居，显然为领域式	Eisenberg（1966，1967），Arata（1967）
豪猪科 旧大陆豪猪（豪猪属等）。从非洲到中国	多样化。某些物种显然成对生活，少数为混杂群居	Starrett（1967）
美洲豪猪科 新大陆豪猪（美洲豪猪属等）。从阿拉斯加到南美洲	独居。家园范围重叠（其范围是用嗅迹标记的）。繁殖能力低，母性照顾时间延长	Eisenberg（1966），Starrett（1967）
豚鼠科 豚鼠和大竺鼠（豚鼠属、小豚鼠属等）。长耳豚鼠（长耳豚鼠属）。南美洲	独居和领域式。一个雄性在其领域内可与多个雌性同居，而这些雌性在其内各自占有较小的领域。在小豚鼠属中，雌性生了下一胎时就会让其原来的女儿离开，而雄性聚集在已被接受的雌性周围形成优势等级。在长耳豚鼠属（*Dolichotis*）中，成对配偶的不同窝个体共用领域	King（1956），Kunkel & Kunkel（1964），Rood（1970），Eisenberg（个人通讯通信）
水豚科 水豚（水豚属）。南美洲和中美洲	社会生活。啮齿动物中最大型者。形成一些小群（3—30个个体），由不同年龄不同性别的个体组成，且其中至少有部分家系成员	Starrett（1967），Matthews（1971）
硬毛鼠科 硬毛鼠（硬毛鼠属、地硬毛鼠属等）	独居。在野外有一定程度的分散而避免相互接触，但在擒养条件下能相对接纳对方而形成类群	Clough（1972）
河狸鼠科 海狸鼠、河狸鼠（河狸鼠属）。南美洲	家系生活	Ehrlich（1966）
刺豚鼠科 拉马刺豚鼠（刺豚鼠属、长尾刺豚鼠属）、无尾刺豚鼠（穴豚鼠属等）。南美洲和中美洲	独居或成对配偶生活。擒养时形成类群，但在野外一般为分散生活。雄性和雌性共用领域，雌、雄性分别反对各自性别的成员入侵领域	Starrett（1967），Kleiman（1971，1972a），Eisenberg（个人通讯通信）
狨鼠科 狨鼠（狨鼠属）、鼫[（鼠各）属、平原（鼠各）属]南美洲	多样化。山鼫形成"小集团"（2~5个个体），由不同年龄不同性别的个体组成，且其中至少有部分家系成员。这些小集团以"集群"紧密聚在一起（稠密群体）达75个个体之多。在繁殖季节，雌性间彼此仇视，而雄性经过洞穴通道漫游且可成群地进入窝穴	Pearson（1948），Starrett（1967）
蔗鼠科 蔗鼠（蔗鼠属）。非洲	"一夫多妻"	Ewer（1968）
啮齿动物其他科 24个现存的其他科，许多是小科且罕见，一般了解甚少	多样化。了解甚少	Arata（1967），McLaughlin（1967），Packard（1967），Starrett（1967）
须鲸目 北极露脊鲸科露脊鲸（北极露脊鲸属、侏露脊鲸属）	多样化。侏露脊鲸属（*Caperea*）：独居或成对生活。北极露脊鲸属（*Balaena*）：独居或由雌、雄和幼崽组成的小家系群	Slijper（1962），Norris（1966，1967），Rice（1967），Mörzer Bruyns（1971）

462

463

（续）

哺乳动物类别	社会生物学性状	文献
灰鲸科 灰鲸（灰鲸属）	随季节变化。它们单个或组成多达12头鲸的小群迁移；在寒冷地觅食，它们形成大的松散的聚群，雌鲸和幼崽倾向于与雄鲸分开。	Slijper（1962），Norris（1966，1967）Rice（1967），Mörzer Bruyns（1971），Payne & Mc Vay（1971）
鳁鲸科 鳁鲸：蓝鲸、长须鲸和鳍鲸（鳁鲸属）；座头鲸（座头鲸属）	社会生活。小群大小变化，在富有食物区聚成较大的聚群。座头鲸属物种精细的鸣叫声是众所周知的；这种鲸往往以雌、雄及幼崽形成家系群	Slijper（1962），Norris（1966，1967）Rice（1967），Mörzer Bruyns（1971），Payne & Mc Vay（1971）
齿鲸目 剑吻鲸科 剑吻鲸，其中包括红鼻鲸（剑吻鲸属等）	多样化。某些物种显然独居，如喙鲸属（Mesoplodon），剑吻鲸属（ziphius），但巨齿鲸属（Hyperoodon）物种形成紧密的群，由10个或更多个体构成的小群密切协作。	Norris（1966，1967），Rice（1967），Mörzer Bruyns（1971）
独角鲸科 白鲸（白鲸属）和独角鲸（独角鲸属）	社会生活。形成大小不一的鲸群。	Norris（1966，1967），Rice（1967），Mörzer Bruyns（1971）
抹香鲸科 抹香鲸（抹香鲸属、小抹香鲸属）社会生活	雌鲸和幼崽组成紧密的保育群迁移，其中伴有一头或更多头大的成年雄鲸（鲸群首领）；年轻的雄鲸往往形成松散的"光棍"群。这些鲸群有时多达1 000头联合成大的暂时性聚群	Caldwell et al.（1966），Norris（1966，1967），Rice（1967）
恒河喙豚科长鼻河豚（恒河喙豚属、亚孙河豚属等）	社会生活。以不多于12个个体组成的小群游动	Layne（1958），Layne & Caldwell（1964），Rice（1967）
长吻海豚科 粗齿海豚（长吻海豚属）和脊背海豚（白海豚属和弓背海豚属）	社会生活。组成大小不同的群活动；据报道长吻海豚属（Steno）的物种有多达1 000个个体的群，但一般不多于10个个体	Rice（1967），Mörzer Bruyns（1971）
鼠海豚科 鼠海豚（鼠海豚属等）	社会生活。小群通常有6个成员或更少	Rice（1967），Mörzer Bruyns（1971）Vaughan（1972）
海豚科 海豚、虎鲸（海豚属、虎鲸属、逆戟鲸属、鲸豚属、灰海豚属、原海豚属、宽吻海豚属等）	社会生活。群体大小高度变异：在真海豚已观察到由10万个个体组成的聚群。领航鲸（Globicephala scammoni）在宽广的海滨游动，同一年龄和同一性别的还分裂成一些亚类群，然后进入混杂类群中"游荡"。虎鲸以良好协作的方式捕猎海狮、鲸和其他海豚	Tavolga & Essapian（1957），Norris & Prescott（1961），Dreher & Evans（1964），Norris（1966，1967），Rice（1967），Evans & Bastian（1969），Pilleri & Knuckey（1969），Martinez & Klinghammer（1970），Mörzer Bruyns（1971），Caldwell & Caldwell（1972），Saayman et al.（1973），Tayler & Saayman（1973）
食肉目 狗、猫、浣熊、熊、水獭、鼬鼠、臭鼬鼠、灵猫、飘狗和有关动物	见第25章	
鳍足目 海狮科 海狮（海狮属、北海狮属、加州海狮属），海獭（南海狮属、海狗属）	社会生活。在繁殖季节，海狮类在海滩和其他有屏障保护的海岸线上集合成大群，其中最大的雄性保卫着其领域（其内有其"妻妾"和幼崽）	McLaren（1967），Orr（1967），Peterson & Bartholomew（1967），Stains（1967），Peterson（1968），Schusterman & Dawson（1968），Farentions（1971），Matthews（1971），Stirling（1971，1972），Caldwell & Caldwell（1972），Nishiwaki（1972）
海象科 海象（海象属）	社会生活。由雄性组成的各群体彼此格斗，只有在繁殖季节才参与到由雌性和幼崽组成的群体中。似乎还未形成"一夫多妻"制。母子关系维持达3年之久	Eisenberg（1966），Perry（1967），Stains（1967）
海豹科 无须海豹，其中包括普通海豹（海豹属）、灰海豹（灰海豹属）、豹形海豹（豹形海豹属）、象海豹（象海豹属）、髯海豹（髯海豹属）、僧海豹（僧海豹属）、冠海豹（冠海豹属）等	高度多样化。从接近独居［豹形海豹属（Hydrurga）］到群居都有。但群居时有组织化程度很低和性乱交的［髯海豹属（Erignathus）、僧海豹属（Monachus）］，有在繁殖季节家系间形成配偶的［冠海豹属（Cystophora）］，有像海狮那样形成"一夫多妻"的灰海豹属（Halichoerus）和象海豹属（Mirounga）	Bartholomew（1952，1970），Scheffer（1958），Bartholomew & Collias（1962），Carrick et al.（1962），Eisenberg（1966），Stains（1967），Peterson（1968），Ray et al.（1969），Nicholls（1970），Caldwell & Caldwell（1972），Le Boeuf et al.（1972），Nishiwaki（1972），Le Boeuf（1974）
管齿目 土豚科 土豚（土豚属）。非洲	独居。1个（有时2个）幼崽与雌性相伴	Eisenberg（1966），Hoffmeister（1967），Pagès（1970）
蹄兔目 蹄兔科 蹄兔（蹄兔属、树蹄兔属、杂蹄兔属）。非洲，阿拉伯半岛	社会生活。树蹄兔属（Dendrohyrax）物种以雄、雌性及其子代构成家系群；蹄兔属（Procavia）物种构成"集群"，其内的单位是一雄性及其"妻妾"和子代	Coe（1962），Eisenberg（1966），Hoffmeister（1967），Rahm（1969），Matthews（1971）
海牛目 儒艮科 儒艮（儒艮属）。中非到所罗门群岛	社会生活。以小类群存在，至少某些情况下以家系群形式生活	Eisenberg（1966），Jones & Johnson（1967）

464

465

（续）

哺乳动物类别	社会生物学性状	文献
海牛科 　海牛（海牛属）。从（美国）佛罗里达州到南美洲，西非	独居或具微弱的社会性。基本单位是母亲及其一个后代，但在某些情况下形成松散的聚群	Moore（1956），Eisenberg（1966），Bertram & Bertram（1964），Jones & Johnson（1967）
奇蹄目 　马、斑马、驴、貘和犀牛	见第24章	
偶蹄目 　猪、西䝍、河马、骆驼、麝鹿、鹿、长颈鹿、羚羊、牛、山羊、绵羊等	见第24章	
长鼻目 　大象	见第24章	

表23-2　蝙蝠内各社会系统的系统发育分布，在属及其以下水平显示出巨大的变异性（根据Bradbury，1975）。（A，除交配和母子联系之外的独居；B，除交配之外的不同性别分离；C，分娩时两性分离，但其他时间在一起；D，"一夫一妻"家系；E，终年"一夫多妻"；F，终年多雌多雄类群。） 466

蝙蝠类别	A	B	C	D	E	F
狐蝠科（食果蝠、"飞狐"）						
始新狐蝠（*Pteropus eotinus*）		×				
地狐蝠（*P. geddiei*）		×				
狐蝠（*P. giganteus*）						×
灰头狐蝠（*P. poliocephalus*）		×				
小红狐蝠（*P. scapulatus*）		×				
富氏前肩头果蝠（*Epomops franqueti*）	×					
非洲长舌果（*Megaloglossus woermanni*）	×					
列氏果蝠（*Rousettus leschenaulti*）			×			
鼠尾蝠科（鼠尾蝠）						
小鼠尾蝠（*Rhinopoma hardwickei*）			×			
鞘尾蝠科（翅囊蝠、鬼蝠）						
小囊翼蝠（*Balantiopteryx plicata*）			×			
南美白折尾蝠（*Diclidurus alba*）	×					
尖长鼻蝠（*Rhynchonycteris naso*）						×
双线囊翼蝠（*Saccopteryx bilineata*）					×	
细尾囊翼蝠（*S. leptura*）						×
黑须墓蝠（*Taphozous melanopogon*）			×			
裸腹墓蝠（*T. nudiventris*）			×			
黑暗墓蝠（*T. peli*）				×		
夜凹脸蝠科（刚毛蝠）						
夜凹脸蝠属 *Nycteris*（*arge*，*hispida*，*nana*）				×		
菊头蝠科（马蹄蝠、旧大陆叶鼻蝠）						
Hipposideros atratus		×				
西非小蹄蝠（*H. beatus*）				×		
H. brachyotis				×		
康氏蹄蝠（*H. commersoni*）			×			
帽盔蹄蝠（*H. diadema*）			×			

（续）

蝙蝠类别	A	B	C	D	E	F
劳氏菊头蝠（*Rhinolophus rouxi*）		×				
丘陵菊头蝠（*R. clivosus*）			×			
小巧菊头蝠（*R. lepidus*）			×			
叶口蝠科（美国叶鼻蝠）						
大叶口蝠（*Macrotus waterhousii*）			×			
大叶妖面蝠（*Mormoops megalophylla*）		×				
淡色叶口蝠（*Phyllostomus discolor*）					×	
叶口蝠（*P. hastatus*）					×	
蝙蝠科（普通蝙蝠）						
浅色穴蝠（*Antrozous pallidus*）			×			
北美大棕蝠（*Eptesicus fuscus*）			×			
E. minutus	×					
阮氏棕蝠（*E. rendalli*）	×					
号耳蝠属（*Kerivoula*）：号耳蝠、多疣号耳蝠、彩色号耳蝠				×		
红毛尾蝠（*Lasiurus borealis*）	×					
锡族毛尾蝠（*L. cinereus*）	×					
鼠耳蝠属（*Myotis*）：东南鼠耳蝠（*M. austroriparius*）等			×			
亚澳长翼蝠（*Miniopterus australis*）			×			
折翼蝠（*M. schreibersii*）			×			
兔蝠（*Plecotus auritus*）			×			
唐氏兔蝠（*P. townsendii*）			×			
油蝠属：油蝠（*Pipistrellus*）等			×			
犬吻蝠科（犬吻蝠、无尾蝠）						
美洲皱唇蝠（*Tadarida brasiliensis*）			×			
大皱唇蝠（*T. major*）			×			
皱唇蝠（*T. midas*）				×		
侏儒皱唇蝠（*T. pumila*）			×			

467

类更是这样。对于有袋动物也是这样，这类动物是除真兽亚纲动物之外，我们所能见到的一类大的进化试验动物。对于偶蹄类和灵长类，为建立属级和种级水平上的相关关系，这一分析已达到了足够深入的程度。哺乳动物的这些类群将是随后各章讨论的课题。在一定程度上，现在以单个社会性状估评进化不稳定性的相对程度也是可能的。在第27章，我们要用这一方法帮助重建人类的早期进化。

一般模式

哺乳动物社会进化的详情图，不是用一般的系统发育树，而是用如图23-1的维恩图（Venn diagram）表示。由该图可知：密切的母子联系是普遍的。在属或种的水平上可相对容易地添加或减少其他一些社会性状。图中的长方形中包含了特定时间内的一组全部的哺乳动物。各单个物种的进化变化，是随时间通过各亚组边界的径迹反映的，这样可确定一些添加的、较小亚组的界线。其中一些细节，如性

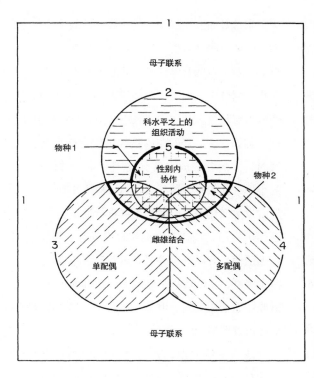

（图23-1说明）

"独居"1仅有：母子类群，雄性参与仅为交配目的。

社会生活

2仅有：非组织化的（兽）群、（鲸）群和其他活动类群。

3仅有：交配对，往往是领域式的。

4仅有："一夫多妻"，往往是领域式的。

5:组、队、群。

2＋3，2＋4，5（粗线勾出部分）：在科水平上的结构社会。

图23-1　哺乳动物社会系统的多样性。这是用一些特定社会性状具有的组合，以界定物种的维恩图。图中的长方块包含了特定时间内的一组全部哺乳动物物种，各圆圈包含了具有一些单个社会性状的各亚组物种，而图中心部分的粗线包含了被认为是具有最高级社会组织的哺乳动物物种。这里没有采用系统发育树和进化级，是因为多数社会性状在属和种水平上的易变性使进化模式具有极大的复杂性，从而用常规图不能反映这一实际情况。但是，推测的各单个物种的进化可通过亚组的径迹（如假定的物种1和物种2所表示的那样）表示。

别内协作模式、内聚程度和社会开放性，都在变化。多数互作形式，有理由相信也是随物种而变的，而这些变化模式在物种水平上是不同的。

　　然而，尽管这是在物种间对一些特定社会系统拼凑成的"斑块"分布，但是作为总体，在哺乳纲内及在其少数几个目内，我们还是能够发现一些主要的系统发育趋势。像一些较为原始的现存的有袋动物和食虫动物的基本类群，如同所期望的那样，是独居的。在夜间或地下觅食的那些物种也大多是独居的。一般来说，每个目中最复杂的社会系统都出现在体形最大的物种上。例如，有袋动物、啮齿动物、有蹄动物、食肉动物和灵长动物都是这样。也许这一趋势部分地反映了如下简单事实：最大型的动物是在白天和地上觅食的。但是，另一明显的相关一定是它

们的智力在日益增加。每一分类群中的最大型者（不管其生活方式如何），一般都具有较大的、结构较复杂的脑，并且有较强的学习能力。最后，适应于开放环境生活的那些物种可能是更具有社会性的。例如，有袋动物中最具有社会性的，是在澳大利亚草原和开放林区的那些大袋鼠和小袋鼠物种。已知以不同性别在一起形成小集团的少数几个啮齿动物物种，全都具有草原生活习性。在有蹄动物中，最大的兽群主要限于生活在草原和大平原中的那些物种。在多数情况下，虽然这些兽群在组织上是松散的，但是马群、山地野绵羊群、象群和少数其他兽群是由内聚力强的、具有高度组织性的社会组成的。

　　这章的其余部分要讨论哺乳动物的三个物种，它们在自己的类群内具有最高级形式的社会行为。帕氏大袋鼠和黑尾土拨鼠分别位于有

469

袋动物和啮齿动物的进化顶端。红鼻鲸有希望代表鲸类动物（须鲸目和齿鲸目，其中包括所有的鲸和海豚），但仍然是一个神秘物种——在所有哺乳动物的主要类群中，对它了解得最少。在本书的最后四章，将对有蹄动物、食肉动物和灵长类进行较完整的评论。

帕氏大袋鼠

帕氏大袋鼠，在所有现存的有袋动物中可能是最具有社会性的，其分布范围从（澳大利亚的）昆士兰北部到新南威尔士（New South Wales）东北部。它们喜爱的生境是富有草地的桉属（Eucalyptus）植物林区。这些富有吸引力的小型有袋动物白天觅食，特别喜欢吃禾本科植物和其他某些草本植物，其中包括蕨类。考夫曼（1974a）在峡谷溪（Gorge Creek）——属于新南威尔士的里奇蒙德区（Richmond Range）——研究了一个自由生活群体，为期13个月。这些动物分成终年在一起的三个松散的组织"兽群"，每一"兽群"有30—50个成员。成年的性比随兽群而异，但作为一个整体，该群体的性比是平衡的。虽然这些数据是零星的，但显然至少某些亚成年雄性在兽群间是流动的，而雌性却很少有这一现象（如果有的话）。

这三个兽群专门占有的家园范围分别为71万平方米、99万平方米和110万平方米。每两个兽群间能可靠地测量出的重叠区约10万平方米。两兽群间相会合的情况不常见，但会合后却很和睦。其结果是会暂时融合成一个聚群，在一起栖息和觅食。在这些情况下，这些帕氏大袋鼠对待别的兽群个体，就像对待自己兽群的一样。所有年龄段的个体都容易混居在一起；而成年雄性会

为争当首领而发生战斗，与雌性交配的偏爱程度和雌性来自哪一兽群没有关系。卡尔曼发现每一兽群相对一致的日常活动模式是：晚上，各个体聚集在树丛中；白天，分裂成大小不同的小群到开放地带觅食。这一模式在细节上兽群间稍有不同。例如，一个兽群在清晨离开有茂密树丛的山脊时，一般分裂成具有15个或更多个体的较大的小群；在中午，这些成员在小群大小和组成上经常发生变化而以分散的小群进行活动；在傍晚返回山脊前，某些小群又聚合在一起。事实上，在返回前，有时整个兽群会重新聚合起来。另外两个兽群，生活的植被区与上一兽群的不同，不需要往返于山脊间。但是，在白天，它们在开阔地区仍有聚集倾向。

这一生活习性，表现出一个松散的、个体化的社会组织模式。大袋鼠兽群只不过是一个松散结构的聚群，其个体和小群以彼此十分紧密的方式参与不同的活动（见图23-2）。在亚成体和成体间存在着权力等级系统。这种系统在雌性表现出偶尔零星地发生，但在雄性却以一定的时间间隔非常明显地呈现出线性增强。其攻击行为是高度仪式化的。攻击的最温和形式是身体换位，即一只大袋鼠促使另一只从旁边移动。有时，一只大袋鼠只是接近另一只，嗅嗅后者身体或接触鼻子，以促使其走开；有时，它从对手后方跳起，并在接近其腰部时抓住对方。当雄性争取接近雌性，或雌性试图阻止好色的雄性接近时，最容易发生换位现象。在雄性冲突的情况下，换位往往导致驱赶和格斗。卡夫曼对峡谷溪群体格斗时的"绅士"派头有深刻印象。一雄性通常用后肢站立（战斗姿态）对另一雄性进行挑战，也许还用其前爪轻轻地放在对方的颈部或上半部。接受挑战后，战斗

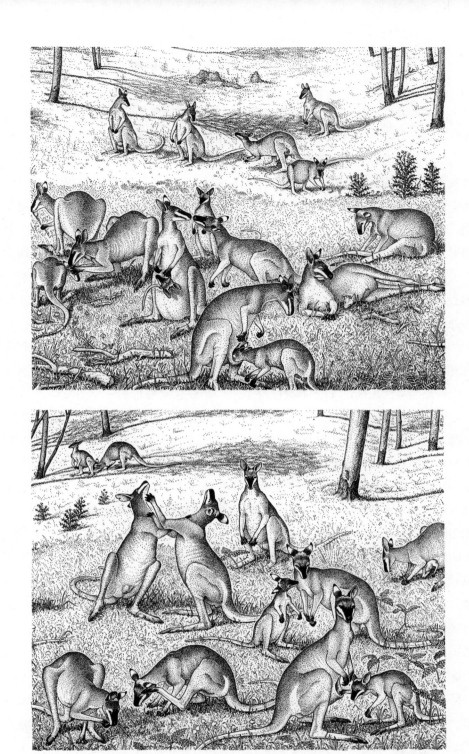

图23-2 帕氏大袋鼠的一个兽群，这一类袋鼠被认为是有袋动物中最具有社会性的物种。其情景是在新南威尔士的峡谷溪的清晨。整个兽群仍聚集在一起，但它们即将分成若干小群而到不同的开放地区觅食。作为整体，这种兽群实际上不存在协作，各个体和各小群只是彼此靠得很近在进行各自的活动。在图的前部，不同的雌性和幼崽在休息、修饰，开始一天中的吃食活动。在左边，可见两雌性为了认识对方而在彼此闻嗅。在中间靠右，两雄性为决定权力等级系统中的地位而在进行仪式化战斗，第3只雄性在观战。在后部，一雄性在检查一雌性的阴道区——用来"检验"雌性是否处在发情期的常用方法。在左后，一求偶雄性弯着腰对着一发情雌性，同时用爪扒着地和草，有3只从属雄性在这对处在交配期的配偶周围。如果这只首领雄性离开附近的话，这3只从属雄性就会开始自己的求偶炫耀。该图的生境是一个开放的林区。地面上主要长有草和草木樨，有零星的欧洲蕨和蓟（根据 J. H. Kaufmann, 1974; 由 Sarah Landry 画图）。

以一种可以预测的方式进行。交战双方直立相对，通过后肢直立而达到尽可能高的高度。然后它们用前肢抓彼此的头、颈、喉和胸部，而进攻的力量要比反击的小。有时由抓爬转向摔斗，即两雄性彼此抓住对方的颈或肩而企图把对方摔倒。在战斗中，有少数情况是一雄性用其后肢踢对方的腹部，但踢的力量很小，通常表示攻击者要放弃战斗了。这种战斗显然是用来加强雄性间的等级关系的。在多数情况下，战斗是由处在高级别的雄性，且是同一级别中最强有力的雄性发动的。战斗时，从未观察到有受伤的情况。

472　　高等级的雄性可优先接近发情的雌性。在一只雌性处于发情的数小时之内，有6只或更多的雄性伴随着它，但通常只有其中的首领雄性能与其交配。当这只首领雄性被另一只发情雌性占有时，则其中的次级首领雄性会取而代之。由于雌性发情期的短暂性和不可预测性，使得雄性要花很大精力对雌性进行"性"搜索。事实上，在帕氏大袋鼠中看到的最普遍、最明显的社会互动就是雄性对雌性的"性检验"。考夫曼相信，在该群中每天每只雄性要对大多数或全部的雌性进行这种检验。因为雌性的发情期只有数天，并且只有首领雄性才有交配的机会，所以雄性的大多数努力必然是徒劳的。然而，这种努力可使每一雄性处于有准备的状态，一旦有机会就可以交配。在峡谷溪，这种检验从嗅觉开始。典型地，雄性从后面接近雌性并迅速地闻嗅雌性尾巴，也许此时还抬起其尾去摸和舔雌性的阴道部位。偶尔雌性把尿排到雄性嘴中加以回应。然后，雄性站到雌性的前面，把头伸向雌性，或者前后上下地摇着头。有时，雄性把其两前臂抬起超过其胸部，或把两前臂

轻轻地搭在雌性的头或肩上。如果雌性没到发情期，一般反应是走开，或者用爪抓雄性，直至雄性撤退为止。当雌性进入发情期时，雄性的这种接近会持续更久。首先，是一些地位处于次高级的雄性跟随着发情雌性，但雌性处于发情高峰期时，它们会不可避免地被邻近的首领雄性赶跑。这样，一个专门的配偶关系就建立起来了，时间可持续1—4天。有时，这一发情雌性会突然跑起来，使其配偶和其他雄性在野外追逐它。

这些峡谷溪的帕氏大袋鼠，彼此闻嗅常常并非与性活动有关，于是有如下推测：嗅觉通信是对视觉通信的一个更重要的补充。这些袋鼠极少发生异体修饰，主要的异体修饰是"舔"，且几乎只限于母子间以及幼崽间的互动，极少发生在参加战斗的雄性间。因此，异体修饰这一行为起的安抚作用，没有像在灵长类和真哺乳亚纲其他各目那样明显。

与多数真哺乳亚纲动物比较，帕氏大袋鼠的玩耍很不普遍。玩耍几乎整个限于母子间的互动，并主要是模拟有性和攻击活动。亚成熟个体模拟攻击时，在形式上就是"认真的"，因为这直接导致了权力等级系统的形成，所以，这样的模拟实际上是有目的的，而非真正意义上的玩耍。

总之，帕氏大袋鼠格外有趣，因为它代表了哺乳动物一个主要类群社会进化的极限，而这一类群在系统发育上，远离迄今为止研究过的其他所有的哺乳动物。虽然这种袋鼠在求偶和攻击的进化中出现了复杂的仪式化行为，同时在雄性中产生了很好的权力等级系统，但显然没有产生其他的内部组织模式。它们的聚群是稳定的，其类群家园范围是持久而近乎独特的。类群间的相

容程度显然是高的，并且通过类群间个体的相互认识可以得到强化。在这一方面，帕氏大袋鼠与黑猩猩相似。但在另外一些方面，它们的行为具有强烈的个性化，并且在短期内总的社会模式是混沌的。虽然攻击行为在帕氏大袋鼠社会生活中起着重要作用，但是异体修饰却没有进化到像多数真哺乳亚纲动物那样的补偿水平。最后，帕氏大袋鼠母子间的关系，其复杂性不亚于真哺乳亚纲社会动物，但年轻同伴间的关系是疏远的。事实上，虽然在成年个体正常交往的一些特定互动中，帕氏大袋鼠与其他的哺乳动物在复杂性和个性化方面不差上下，但在同辈伙伴间的社会玩耍方面实际上是没有的。

黑尾土拨鼠

生活在最暴露的生境中的啮齿物种，倾向于形成局域群体。在这些"集群"内，个体或小的社会类群保持着它们分离的巢穴系统，并在巢穴入口周围捍卫着各自小的领域。例子包括开放型冻土带的寒带掘地小粟鼠（Spermophilus parryi）、高寒草原的旱獭（Marmota）和鼷（Lagidium），以及牧场的布氏田鼠（Microtus brandti）等。这一倾向的顶点（在若干独立进化支上都已达到），可用生活在北部平原的黑尾土拨鼠代表。金在美国南达科他州的黑山地区，在野外对该物种进行了广泛研究。史密斯等人通过对自由生活群体和对在费城动物园（Philadelphia Zoo）的圈养集群的研究，证实并扩展了金的研究成果。沃林（1970）对该物种的通信系统进行了深入的研究。

在黑山地区，各局域群体（有时称小镇群体）多达1 000个个体。这些局域群体又被山脊、溪流或植物等分割成不同的隔离区。这些

隔离区内依次又分成一些小集团——真正的社会单位，是由行为特征而不是由环境特征决定的。根据金氏的研究，群体中这些小集团的平均组成是：1.65只成体雄性，2.45只成体雌性，3.75只未成年雄性和2.36只未成年雌性。已发现最大的小集团有38只个体——2只成体雄性、5只成体雌性、16只未成年雄性和15只未成年雌性。成员数较多的小集团，通常立即会通过分裂和迁出使个体数减少。

小集团的成员共用巢穴，明显地把彼此作为伙伴相称。当任何两个黑尾土拨鼠相遇时，它们就会"接吻"——张嘴露齿以使两嘴唇接触。这种相互识别的交流也许起源于仪式化的恐吓炫耀。当接吻的是同一小集团的成员时，它们可能只是彼此擦肩而过；也可能是像通常那样彼此进行修饰。当一只个体躺下时，另一只个体会用其齿轻咬躺下者的毛皮。偶尔这种接吻以两只个体并排躺下一会儿后结束，然后一起外出觅食。当接吻的两只个体是陌生者时，其结果与上不同：它们抬起尾巴露出肛门腺体，彼此闻嗅对方的肛门腺体，直至最后一方放弃而离开现场为止。

这些动物社会生活的一个最不寻常的特征是：各小集团的领域边界是通过传统继承下来的。每一小集团的群体经过数月或数年由于生、死和迁出在经常变动。但是小集团的边界，通过每一黑尾土拨鼠的学习继承仍基本相同。幼小动物的这一信息的获得，显然来自小集团内成员反复修饰、抚养及受到相邻领域反复排斥。成熟雄性冒险进入附近空闲领域并在那里开始筑起巢穴，就形成了新的小集团。其间有少数成熟雌性随后进入空闲领域，而年幼的和亚成熟个体仍留在老巢穴中。这一小集团系统在每年的晚冬和早春会部分衰落，因为这时产仔的雌性，会保护部分巢穴

473

系统，不让所有的来访者进入。

异体修饰（与帕氏大袋鼠的情况形成鲜明的对比），是在黑尾土拨鼠的社会互动中最常见的形式。幼崽特别喜爱异体修饰，为此，它们经常紧随成体为它们修饰。此外，黑尾土拨鼠还利用极为丰富的听觉、视觉信号的信息储存库。当可能的捕食者接近局域群体时，一个吼叫波（实际上是一种高频的鼻音）就会向各巢穴传播。当隼或鹰在局域群体上方时，这种吼叫波会达到最高强度。此时，这种吼声在音频、音速和持续时间上都很不相同，因而有效地构成了一种明显（报警）信号。当这种动物要捍卫其领域时，会发出另一类吼叫声——低而间断的声音；特别是当动物在严厉恐吓其对手时，通过牙齿的颤抖可发出这种声音。雌性捍卫其穴巢是发出一种明显的沉闷声。战斗失败的黑尾土拨鼠被追逐时，一般会发出颤叫声，作为一种投降的信号以减少追逐者的仇视状态。最后，在所有叫声中最具戏剧性的是被称为"自信"的领域吼叫。吼叫时，后肢立起而前肢腾空，通过吸气发出响亮的声音，然后回到平常站立状态，通过呼气发出第二声。有时，是整个身体跳起来离开地面而发出这个双声，甚至还可能使身体翻倒在地。金已把这种声音与雄鸟保卫领域的录音声进行了比较。对于观察者来说，黑尾土拨鼠这种声音似乎在说："这是我小集团的领域，没有什么能把我赶跑，禁止陌生者入内。"

黑尾土拨鼠和其他啮齿动物，在开放环境生活和高级社会组织间的相关是最强的。在环境中这种相关的原动力（如果有的话）是什么？由金提出的，以及或多或少被大多数学者所接受的一个原动力是捕食作用。当啮齿动物已特化成适应在最为开放的生境中生活时，它就会利用密集的聚群和社会报警系统隐蔽在岩礁和植被中。同时，黑尾土拨鼠的食性基本上已经从吃不受干扰的大草原的禾本科植物，改变到吃从挖掘巢洞的土壤中长出的非禾本科植物。这种啮齿动物已经利用其社会生活把环境改变成它所喜爱的环境。或者我们要从反面说，这种啮齿动物已把其所喜爱的社会生活改变到适应变化了的环境？人们会倾向于选择后一假说。这就意味着，捕食作用的确是原动力，而其他变化都是这一原动力的变化导致的后适应。但此时我们无法确认这一假说正确与否。因为很显然，在这两种情况下的社会生活比其他任何情况下的社会生活，在草原的某些部分都可能发展成更密集的啮齿动物群体。统计结果表明，长期存在的小集团出生率低并且平均寿命长。与社会行为相伴的是出现一个新的信息量大的信号信息储存库，而这一储存库是专为识别类群同伴和捍卫领域用的。

海豚

宽吻海豚比其他动物智力更高，甚至可与人比拟吗？它们是用高度复杂的、至今尚未被我们破译的陌生语言进行通信的吗？这些是公众甚至是科学家广泛持有的见解，而这些见解大体来自约翰·C. 里利（John C. Lilly）的两本著作：《人和海豚》（*Man and Dolphin*，1961）和《海豚的智力：非人类智力》（*The Mind of the Dolphin: A Nonhuman Intelligence*，1967）。以我的观点，里利的书是在近似于不负责任地进行误导。里利武断地声称："在10年或20年内，人类这一物种将同另一物种建立通信联系，而另一物种是非人类的、外来的，可能是外星的、更可能是海生的，但肯定是具有高度智力的，甚至可能是具有理智力的。"这种联系将揭示出"人类思维中以前没有想象到的概念、哲理、方式和方法"。它将很快被各国政府所关注，就像原子弹使核物理学进入国家的政策范畴那样受到关注。里利为了证明他的论点，又转到对宽吻海豚的解释。但在把读者引到这里并让读者满怀希望时，他却文雅地告诫读者，他关于海豚的观点也许是错误的。他坚定地对其讨论问题的这一方式进行辩护：科学的进步，难道不是通过对假说的否定取得的吗？

里利虽然没有直截了当地说，宽吻海豚和其他海豚是他要寻找的外来智慧生物，但实际上他一直是这样认为的。"它们可能具有流浪的文明，可能自己放养鱼群——但我们不知道，因为这些还未被最终证实。"奇闻逸事被用来建立"完满"的推测。一群虎头鲸在捕鲸船队到来时迅速撤退的情况导致了推测：鲸可能彼此在说"前方船队的某些船内总有一些什么锐利之物，能够射入我们的体内而引起爆炸；总有一条长线能够把我们拉进去"。然后，这样的虚构幻想又成为更深入一步讨论和推测的前提："现在，让我们把这个'对话'与鱼群的进行对比——首先，有许多信息在另一对象（而不是虎头鲸）的周围传播，且这一对象与邻近类似的那些对象是有区别的。这些相似对象有一种危险神态，所以它们说另一对象也有危险神态。"这个例子明白地表达了里利的证明和逻辑的特点。在这里，在自然条件下对行为的客观性研究没有了，而意在证明高智力的"试验"，几乎都是由缺乏定量测量和控制的奇闻逸事组成的。里利的写作不同于梅尔维尔和弗纳的写作，不只是前者在文字上有更为谦虚的优

点，而且更为基本的是他生硬地把相当无理的断言当作正确的科学报告。

我已经很直率地对上述两本书进行了探讨，它们可能是最受到广泛阅读的有关社会生物学的著作，因此对广大公众和科学工作者起到了深刻的误导作用。这两本书成了无数大众的读物、若干类似著作（由别人写的）和成功的影视片的依据。在撰写社会行为的评述时，多数动物学家只是简单地不提这两本书，但是这种不发表自己意见的态度只能帮助里利创造的神话继续泛滥。值得强调的是：没有任何证据表明，海豚在智力和社会行为上要比其他动物更高级。在智力上，宽吻海豚可能位于狗和普通猕猴之间。海豚的通信和社会组织一般表现为普通的哺乳动物类型。

创造出外来文明神话的事实基础是，海豚的脑容量确实很大，模仿能力也格外强。如同麦克布莱德和赫布指出的那样，大西洋宽吻海豚（*Tursiops truncatus*）的脑约有人类的大小，重量接近1 600—1 700克，并且其皮质脑回的程度也可与人的相比拟。但是仅有脑的大小和皮质面积还不能对智力进行精确测量。脑容量的大小随身体大小的增加而增加，所以抹香鲸（与海豚在亲缘关系相距很远）的脑重达9 200克。抹香鲸在伪装上可能的确具有天赋，这种可能性不能全然低估。但是考虑一下大象的脑，其重接近6 000克，或者为人脑的4倍。现在我们已经充分了解这一最大的陆生动物的行为，有充分的理由相信：其智力水平远远低于人类，可能与较聪明的猕猴和猿相当。而且，在信号信息储存库和社会组织方面，大象与其他有蹄动物没有根本的不同（见第24章）。因此脑的大小，只是与智力大致相关，而不能对智力进行精确测量。

但是，留下的一个问题显然是，海豚的脑为什么如此之大。其答案可能在于海豚真正强大的模仿能力。这些动物不仅像海豹和黑猩猩那样可容易被训练成会要杂技，在没有强化训练的情况下还可很好地模仿其他物种的动作。据里利报道，池养海豚能回应像笑声、口哨声和嘘嘘声这样的声音。像"一、二、三""TRR"和"现在6点钟"这样一些短语也能模仿，尽管效果不好。布朗等人把大西洋宽吻海豚与太平洋原海豚（Stenella）放入同一池中时，宽吻海豚只要看一次原海豚的旋转跳就能学会这一动作。而在野外，宽吻海豚不会做旋转跳，也没有机会看到这种动作。泰勒和萨埃曼提供了一系列其他类似例子，其中包括池养的东方宽吻海豚（Tursiops aduncus）。当把它们与好望角海狗放在同一个水池中时，它们就会模仿海狗的各种睡姿及不同的游泳、安抚和有性活动。一只海豚看到潜水员在清除观察窗上的水藻后，如果发出类似于供气阀的声音和排出类似于潜水员排出空气时的气泡流，它也会重复进行清洗水藻的动作。另一只海豚看到潜水员用一个机械刮削器在池中清除水藻后，它也能用这一工具很好地刮下其中的一些水藻，并吃掉。在后一情况下，海豚表现了与黑猩猩类似的利用工具的能力。

为什么海豚成了这样的超级模仿者呢？安德鲁就声音模仿提出了一个合理假说。如同鸟类和灵长类的模仿一样，这一行为可以引起类群成员间信号的趋同现象，并允许在一定距离内相互识别类群内的各个体。对于以高速游弋于宽广的海域，以及不断地进行聚合和分裂的有关物种的群体来说，具有这种能力特别有价值。只是这一因子就能说明声音模仿能力极强和脑容量增大的原因。而且，海豚对猎物进行定位和识别时，对回声定位的依赖性，已使它们产生前适应而发育了很好的听觉通信系统。对于模仿活动的倾向性现在还不易解释，我们对自由海豚群这一行为的知识仍是零碎的，尽管研究现在还并未完成。存在如下的可能性：海豚群的成员能很快适应来自环境的一些特定挑战，同时在逃逸捕食者或追捕鱼群（猎物）过程中，大多数个体会因成功的适应而受益。这样的可塑性（快速适应）在一些特定环境中也能导致协作行为。霍斯（Hoese）目睹两只宽吻海豚协作推动水波把鱼推到泥滩上，然后它们冲上岸一小段距离把鱼逮住，又重新滑入水中。

另一种形式的协作行为发生在营救伤残动物的时候。当海豚群的一只成员受到叉伤或其他伤害时，群中其他成员的一般反应是逃跑而留下受伤的成员。海豚偶尔也会聚集在伤者周围，并把伤者托升到水的表面（使其能继续进行呼吸）。下面是皮勒里和那奎在地中海记录的一个偶发事件：

在海洋中看到由约50只个体组成的真海豚群。当一艘名为"黄道"号（Zodiac）的研究快艇靠近时，这些海豚游速增加、潜入水下并在水下改变方向。海豚群在黄道号后方重新聚集，快艇进行追捕，一只海豚被渔叉叉住受伤。我们清楚地看到其他海豚，在快艇右舷边是如何立即帮助这只受伤海豚的。它们用鳍状肢和身体支持伤者，并托起它到水面上，让它浮浮沉沉2—3次，然后潜入水下。这整个事件持续约30秒钟，并且当伤者不能独立浮在水面上时共重复托起两次。最后，所有的海豚（其中包括受伤者）潜入水下并迅速游离消失。

这一情景刻画于图23-3。相似的行为在自由、池养宽吻海豚群中都观察到了。这种协作

图23-3 真海豚的利他主义协作行为。在左方，一群真海豚在救助被电渔叉击中的一只个体。如正文所述这一受伤个体是在西地中海由一研究快艇击中的。受伤个体从旁侧伤口处流出血，若其他的海豚不将它托起，它便不能浮到水表面进行呼吸。该群中的另外一些成员在附近兜圈子。在最右方，两幼豚紧靠在其母旁边（根据Pilleri & Knuckey，1969；由Sarah Landry画）。

救助行为代表一种形式的利他主义，可以与在野狗、非洲大象和狒狒中观察到的救助行为相比拟。但是，这未必反映一种较高级的智力水平。比方说，其行为本身并不比织巢鸟筑巢或蜜蜂跳摇摆舞更为复杂。它可能很好地代表了对同伴受难的一种先天的复杂反应。由于致残性伤害而淹死，一定是鲸类动物死亡的主要原因之一。子代和其他血缘个体间的自动救助，极大地增加了广义适合度，并可能在该物种先天的行为信息储存库中已经得到了固定。

宽吻海豚的异母行为也得到了很好发展（Tavolga & Essapian，1957）。至少在池内，较老的未怀孕的雌性会与怀孕的雌性联合起来帮助新生崽游泳（通过在新生崽旁边相伴而游）。有时它们还托起幼崽至水面，这可解释为一种救助行为。

社会化的海豚群在大小上是高度可变的。太平洋瓶鼻海豚（*Tursiops gilli*）群是由两性组成的，通常每群有20只或更少的成员，虽然例外的一些群可上至100只左右。该物种几乎总是与领航鲸在一起游弋（Norris & Prescott，1961）。在地中海，真海豚和蓝白细吻海豚（*Stenella styx*）的豚群成员数在10—100只之间，尽管偶尔可看到由数百乃至数千只成员组成的豚群。已看到一些豚群形成若干几何构型，其中每个构型显然具有不同的功能（见图23-4）。根据从水底下的观察，艾文斯和巴斯迪安在统计学基础上把自由行动的热带斑海豚（*S. attenuata*）的豚群分成三类：第一类是只有1只雄性组成，有时还有1只雌性相随；第二类由4—8个亚雄性组成；第三类由5—9个成熟雌性和幼崽组成。这种三类一群的阵容促使我们想到：在许多有蹄动物的畜群组织中，其雄性除了繁殖季节外，其余时间都是与育幼群分开的。以下事实使这一想法得到了强化：大西洋宽吻海豚形成了权力等级系统，即一只首领雄性控制着从属雄性和雌性。这一首领雄性，在繁殖季节用牙咬和用其他方式挑衅其他成体，变得特别具有攻击性。首领雄性控制着幼豚，控制的方式有用头撞它们、用其尾片击打它们和用其上下颚相碰发出的强声恐吓它们。有时雌性也控制着一些较低级别的雄性和雌性，尽管其间的关系是松散和不确定的。这些特点与有蹄动物社会行为具有相似性，可能存在着生态学基础。与热带大平原和半沙漠地区的有蹄动物一样，海豚类也是在广大的区域觅食。它们的食物是由鱼类而不是由植物组成的，但来源是相似的，即食物分布在时间和空间上都是斑块状的。在这些条件下，以不同大小的类群进行活动一般是有利的，在这里雄性群和育幼群都能独立活动（见第3章）。

海豚类的通信系统，在大小和复杂性方面，与鸟类和其他哺乳动物的相近。德勒赫尔和艾文斯能在以下一些物种中区分出各种不同的声音：大西洋宽吻海豚，16种；太平洋宽吻海豚，16种；太平洋真海豚（*Delphinus bairdi*），19种。当把这三个物种的任何两种声音进行详细比较时，发现60%—70%的信号是相同的。在这些声音中，还夹杂着用尾片拍打海水和用上下颚猛咬的一些震动声（Caldwell & Caldwell, 1972; Busnel & Dziedzic, 1966）。因此，有关声音合理的总信号数的基本估值应在20—30个之间，远低于普通猕猴、黑猩猩和其他非人灵长类的总系统，而与多数其他的脊椎动物的总系统相当。但是，这一估值很可能偏低。由于

研究自由生活群体的困难性，对海豚和其他鲸类动物社会生物学的研究仍处于早期阶段。在茫茫的大海中要对动物进行标记，并在其长长的迁游中跟踪它们是极为困难的。而且，在通信中应用的听觉信号，可能难以与用作回声定位猎物和用作在黑暗中确定方位所发射的超声波区分开来。最后，在平淡无奇的空间中进行通信的挑战，可能包含有一些由鲸类已经解决的独有问题，而这些问题是其他的海洋动物难以解决的。特别有希望的是，鲸类这些哺乳动物，已朝着用信号使家系群或鲸群保持长距离接触的方向进化，座头鲸精细的鸣叫声已经实现了这一功能。

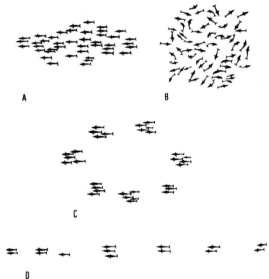

图23-4　在地中海观察到的海豚群的主要构型或编制。A：领航构型，其豚群以一固定方向行进，往往是由母豚带着其幼豚组成最密集的类群（所有被观察到的海豚物种都是这样）。B：觅食构型（如真海豚和蓝白细吻海脉）。C：中空圆圈构型，通过寂静的清澈海洋行进时的"阅兵"构型（宽吻海豚）。D:通过寂静的清澈海洋行进时的"阅兵"构型（真海豚）（自Pilleri & Knuckey, 1969）。

第24章　有蹄类动物和象

有蹄类动物或蹄类哺乳动物，是一个庞杂的聚合体。它们曾经被归入一个目，即有蹄目，但现在人们认识到，它们是由系统发育上两个明显不同的目组成的：奇蹄目或奇蹄类动物，包括马、犀牛和貘；偶蹄目，或者说偶蹄动物，包括骆驼、猪、鹿、羚羊、牛、山羊、绵羊及相关种类。有蹄类动物一般都是素食动物，它们的腿都非常粗壮，能够在其他食肉哺乳动物和大型猫科动物的捕食中逃生。当有蹄类动物在开阔的地带奔跑时，蹄能使它们的速度更快。大象被称作亚有蹄类（Subungulates）动物，乃是基于它们和有蹄类动物都源于一个共同祖先的事实。它们同样是素食动物，但是它们可以用庞大的身躯和强劲的力量来抵御捕食者。

贯穿于新生代的大部分时期，大约有5 000万年，奇蹄类动物衰退了，同时偶蹄动物和大象的数量增多了。到了更新世（Pleistocene），在随后的300万年间，偶蹄动物和大象也衰退了。但是偶蹄动物至少有三类存活了下来，以至于今天它们还以广泛的界域作为主要的大型食草动物遍及世界的各个角落。最主要的偶蹄动物是反刍动物，反刍动物（即反刍亚目）由鹿、羚羊、牛、山羊和与其相关的种类构成。反刍动物的特征是它们有着独特的消化方式。它们以最小量的咀嚼来吞咽食物，稍后它们便会将食物从四个胃腔中吐出再继续咀嚼它们，然后再一次吞咽下去。接着再由很大一部分存在胃里与之共生的原生动物和细菌分解纤维素，然后部分地消化并吸收。反刍技能与微生物的作用相结合，使得这些动物在觅食粗糙的饲料时更为有效，这对其在一般生态学上的成功有着不可置疑的贡献。

有蹄类动物使其能为社会进化研究感兴趣的两个特征在于：它们具有极强的成群趋势和具有相对大量的物种（全世界有187种有蹄类动物）。在过去的10年中，对圈养和自由活动群体的研究出现了戏剧性的急剧增长。很多信息以简要的形式被概括于表24-1中。放在一起进行思考的各社会体系呈现出了一种简单的模式，该模式以微小的畸变形成一根轴线，或"社会渐变群"（sociocline）。与绝大多数其他哺乳动物类群（其中包括产生有蹄类动物和大象的古新世踝节类动物）共有的原始类型或状态处在上述轴线的一端：除了求偶交配外，成体单独生活；幼崽在部分或完全长大后，方与母亲分开生活。一些有蹄类动物，比如鹿，当它们在富有食物的区域中形成一个暂时的聚群时，仍然保留了这一原始的组织形式。其他物种，比如马、猪和很多羚羊，采取的则是另外一种组织形式，多个雌性和子代构成的单元有较长时间联合在一起。

在这段时期里，其成员会识别其他成员，并且可能排斥或者可能不排斥外来者。最后，大象使这种趋向走向极端，世代间是用紧密的血缘类群维持的。成年的母象会帮助其他有困难的象，年幼的象不论在何处都会受到碰巧处于哺育期的雌象不加区分地喂养，一头年长的母象控制着象群的形成与成长。

简而言之，有蹄类动物和大象社会是一个非常复杂的以雌性为中心的集合体。雄性角色在物种中以一定的方式发生了很大的变化，这种方式被看作是"雌性-后代"单元的进化。在所有已知物种中，雄性为了接近雌性会以某种方式展开竞争。有的会通过简单的领域防御，以帮助其领域重叠区部分的雌性，或者帮助野生迁移群体中处于发情期的雌性（经过雄性领域时）。至少有一个羚羊物种（乌干达的非洲水羚）的雄性会把其领域集中到一些求偶场，而这些求偶场是雌性来求偶的传统场所。其他物种的雄性，诸如一些像马、骆驼和灌木猪之类的不同类群，会为了争夺哺育幼崽的雌群而发生争斗，获胜的一方便可随意地接近发情的雌性。还有一些其他的物种，包括麋鹿和北美的叉角羚，雄性只有在发情期掌管兽群。

社会状况的全貌在表24-2中各列的开头部分已经给出。表中代表的物种类别表明：在主要社会性状上，有蹄类动物是容易变异的，在这一点上它们与包括有袋类、啮齿类、食肉类和灵长类在内的其他大部分哺乳动物群体是相同的。比不是母系-后代联合有关的其他社会性状或特征，在科和属层次上的变异更广泛，有蹄类动物社会生活的一个明显特征似乎是很少长久地维持雄、雌性联合在一起。当"独居"物种的雄、雌领域重叠时，各配偶专门占领一些广泛的区域，但只有在很少的情况下，它们才能在保卫领域和抚育后代中进行协作，而这种协作在鸟类和食肉动物中是常见的现象。然而对在野外"独居"的鼷鹿和羚羊却知之甚少，配偶的结合或许能够更好地证明比我们先前想象的更为普遍。

社会进化的生态学基础

由有蹄类动物和大象显示出来的社会状况的概貌可以看作是一个在三维空间中的点的集合，而这一空间的三个轴线分别是兽群大小、成年雌性间联盟的强度及雄性依附雌性兽群的形式。这些变量中的相关性是非常弱的。艾森伯格在其对哺乳动物社会生物学的评论中，初步考察了决定每个物种地位的必要生态因子；

表24-1　有蹄类动物的目及其以下的分类单位、社会生物学性状和参考文献　　480

有蹄类动物的类别	社会生物学性状	参考文献
奇蹄目 马科（马、驴、斑马）。1属，7物种。非洲，中东至中亚；引入世界各地	形成雌性群或雄性是领域性的。在布氏斑马（*Equus burchelli*）和原始马（*E. caballus prezewalskii*）群中，母马与幼崽一起奔跑，典型地形成了以母马为首的等级体系。在大多数或所有的物种中，这个畜群是由一只雄性控制的。它是首领，领导雌性并强烈地排斥其他的雄性。1只布氏公斑马控制着多达6只母马，所以如果将幼马也包括在内的话，这一种群便可达到15只个体。当公马消失时，这个兽群仍会附在一起直到另一只公马出现。原始马有着基本的母系体系，但野马种则以不同方式发生歧化，使该性状出现变异。在格雷氏斑马（*E. grevyi*）和野驴（*E. asinus*）中，雄性是领域性的，而雌性及其幼崽一起组成畜群进行活动	McKinght（1958），Klingel（1965，1968，1972），Eisenberg（1966），Tyler（1972），Estes（私人交流）
貘科（貘） 1属，4物种。美洲中部和南部，中南半岛至苏门答腊岛	独居或（有可能）成对配偶生活，野外的社会行为所知甚少；子代离开其家园后，重新进入重叠区时，成年个体还能认识并容忍其子代的加入	Hunsaker & Hahn（1965），Eisenberg（1966，私人交流），Matthews（1971）
犀牛科（犀牛） 4属，5物种。非洲，亚洲的热带区域	多样化。非洲白犀牛（*Ceratotherium simum*）的家系群可达5只成员，并且临时的兽群至少可达24只个体。其他物种显然是独居的。领域性存在于黑犀牛（*Diceros biocornis*）和白犀牛（*C. simum*）中。它也可能会出现在其他的物种中，但这方面的资料很少	Ripley（1952，1958），Hutchinson Ripley（1954），Sody（1959），Lang（1961），Goddard（1967，1973），Dorst（1970），Owen-Smith（1971，1974），Mukinya（1973）
偶蹄目 猪亚目（猪、野猪、河马）猪科（猪、公猪）。5属，8物种。除去澳大利亚和大洋洲以外的旧大陆	多样化的社会生活，欧洲野猪（*Sus scrofa*），若干母猪及其幼崽"成队"地生活在一起；单只的雌性会在繁殖季节开始的时候离开群体。非洲丛林猪（*Potamochoerus porcus*）生活在一个以野公猪为首领的由6—20只猪所组成的兽群中（偶尔会增加到40只）。非洲野疣猪（*Phacochoerus aethiopicus*）由公猪、母猪和一两只连续世代产下的幼崽组成的家系群一起生活。一些家系群有时会加入大的兽群中。非洲野疣猪猪群有自己的领域，而且公猪之间为了争夺首领地位会进行争斗	Frädrich（1965，1974）Gundlach（1968），Dorst（1970）
西貒科（西貒） 1属，2物种。美国西南至美洲南部	社会生活。肉卷的貒（*Pecari angulatus*）形成一个两性混居的兽群，每个兽群平均有10名成员，但有时也会增至50名成员。全年都可进行繁殖。兽群领域通常是排他的。雌性动物主导着雄性并向其求爱和交配。但兽群中的领导权并不明显	Eisenberg（1966），Sowls（1974）
河马科（河马） 2属，2物种。非洲	散居。小河马（*Choeropsis liberiensis*）单独生活或成对生活。河马（*Hippopotamus amphibius*）是高度社会化的，母河马与它们的幼崽生活在由5—15头河马组成的兽群中，而公河马则守护在其边缘。作为首领的公河马显然是第一个进行交配的。兽群从水中用嗅迹点标记的路线进入觅食区	Verheyen（1954），Eisenberg（1966），Dorst（1970）
反刍动物亚目（反刍动物） 骆驼科（骆驼、美洲驼）。3属，4物种。非洲北部至亚洲的温带地区，南美	形成雌性群。由一头作为首领的雄性掌控的拥有雌性与幼崽的小兽群。在骆驼中，母系关系的存在是季节性的。在骆马中，这种关系是持久性的。参见本章中其他部分有关骆马的描述	Koford（1957），Gauthier-Pilters（1959，1974），Franklin（1973，1974）
鼠鹿科（麝香鹿、鼠鹿） 2属，4物种。西非，亚洲热带地区	独居。独立生活或在繁殖季节成对生活	Davis（1965），Dubost（1965），Dorst（1970）
鹿科（鹿和相关种类。包括北美驯鹿、麝鹿和驼鹿） 16属，37物种。除亚撒哈拉地区，澳大利亚和大洋洲以外遍布世界各地	多样性。一些物种是独居的，包括狍（*Capreolus capreolus*）、白尾鹿（*Odocoileus virginianus*）和驼鹿（*Alces americana*）。其他兽群是由一只或几只处于发情期的雄鹿控制的雌鹿和幼崽组成的。北美驯鹿（*Rangifer*）形成一个庞大的迁移兽群，除了发情期外，大部分的雄鹿与雌鹿是分离的，只有很少的雄鹿会整年都伴在雌鹿身边	Darling（1937），Linsdale & Tomich（1953），Dasmann & Taber（1956）Geist（1963），Eisenberg（1966），Vos et al.（1967），Kelsall（1968），Prior（1968），Dorst（1970），Espmark（1971），Brown（1974），Houston（1974），Peek et al.（1974）
长颈鹿科（长颈鹿和霍加狓） 2属，2物种。非洲	散居，居住在森林中的霍加狓（*Okapia johnstoni*）是独居的。长颈鹿群有2—40只成员，偶尔也会多达70只。某些鹿群只有雄性；另外一些是由一只雄性或几头雄性（其中只有一只为首领）相伴的多只雌性和幼崽。混杂的兽群经常由雌性主导	Innis（1958），Dorst（1970），Matthews（1971），Foster & Dagg（1972）

481

（续）

有蹄类动物的类别	社会生物学性状	参考文献
叉角羚科（叉角羚） 1属，1物种。北美西部	形成雌性群。雄性建立领域，在繁衍季节伴随雌性	Buechner（1950），Eisenberg（1966），Bromley（1969）
牛科（牛，水牛，野牛，羚羊） 44属，111物种。北美，欧亚，极其多样化。参见表24-2和此章中其他部分的讨论 非洲		Schloeth（1961），Tener（1965），Eisenberg（1966），Estes（1967，1969，1975a），Hanks et al.（1969），Pfeffer & Genest（1969），Dubost（1970），Leuthold（1970，1974），Roe（1970），Geist（1971），Hendrichs & Hendrichs（1971），Kiley（1972），Shank（1972），Whitehead（1972），Jarman & Jarman（1973），Gosling（1974），Jarman（1974），Joubert（1974）
长鼻目象科（大象） 2属，2物种。非洲，亚洲的温带地区	高度社会化。由雌性和幼崽构成的象群，在繁殖季节由首领雄性控制。雄性经常以"光棍"群生活，偶尔也会独居。参见本章其他部分的详细描述	Kühme（1963），Hendrichs & Hendrichs（1971），Sikes（1971）Eisenberg（1972），Eisenberg & Lockhart（1972），Douglas-Hamilton（1972，1973），Mckay（1973），Laws（1974）

盖斯特对绵羊、鹿和野牛进行了更深层次的系统的专门研究；艾森伯格和洛克哈特（Lockhart）对亚洲的有蹄类动物和大象进行了研究；埃斯蒂斯、加曼和勒特侯德（Leuthold）则对非洲牛进行了研究。这些研究者的结果合在一起所揭示的是对社会行为的详尽阐述，这个社会行为是由茂密的树林向有如大平原、草地和牧场这样一些更为开放的生境迁移的结果。埃斯蒂斯声称，非洲羚羊占世界上全部有蹄类动物种群的37%的独特之处就在于这一转变，留在森林中的大多数物种体形都非常小且是独居的，而其他在平原上的物种则更具社会性。在塞伦盖蒂和其他稀树草原上保留下来的大兽群便是与之相关的可见证据。狮子（猫科中最具社会化的动物）和野狗（犬科中最具社会化的动物）追逐兽群，这绝非巧合。也就是说，非洲野生动物的壮观场面在很大程度上是以社会组织为基础的。

利用定量的数据，加曼分析了羚羊社会生物学的精细结构。其方法的长处在于，它详细地证明了：羚羊兽群的大小和社会复杂性的增加伴随着其个体大小的增加，并且这些与对食物和生境地的偏爱密切相关。为解释这一信息而提出的各种模式都持有异议，而只有覆盖生态学和行为的大多数主要方面的模式才具有额外的优势。加曼的全部理论可以用一种逐步论证的形式来概括：

1.非洲开阔的生境——草地、草原和稀疏的林区——含有最大的生物量和羚羊的物种多样性。这些生境拥有最高的但却不均匀的植物产量，主要是因为在生长季节的早期，草是同步出现的。同时，草本植物比起嫩枝植物在食用价值上更均匀一致，因为后者在地上仅提供有限部分食用。

2.小羚羊是趋向于更具选择性的吃食者。小羚羊一次能啃完一株植物，然而更大的物种一次就得吃掉很多株植物。而且，根据"表面积对质量"法则，更小的物种每克（体重）具有更高的代谢需求。结果使得它们必须食用能量价值更高的食物。因为这些食物是在特定的植物类型和植株的特定部位存在的，它们非常稀少并且很分散，所以，小物种生物量的水平比那些大物种要低。在开阔的生境中则更是如此，在那里，草地提供了能为较大羚羊更高效利用的低能量食物。

3.加曼所划分的社会组织的5个主要类别，与羚羊物种的进食方式和个体大小有着密切的关系，这5个类别与表24-2中的大致相应。这些关系概括在表24-3中。最小的物种由于其食性的本质决定了它们更为分散。它们或是独居或最多是生活在小类群中。动物体形越大，就越易出现在较开阔的环境中，因为这样的环境能充分利用草类作为食物。而且，这更有利于兽群提高防御捕食者的能力。小羚羊几乎完全依靠公共的报警系统来减小被吃掉的风险；而最大的羚羊，依赖于同捕食者抗争的坚实防御甚至反击，还对这一报警系统进行了强化补充。这两种因素（即通过利用草本植物的高密度生物量和开阔生境中共同防御的需要）已经结合起来而改善了兽群的状况。有蹄类动物的平均体形越大，形成的稳定类群就越大。

加曼的分析和其他对有蹄类动物的研究所揭示的这种关系被盖斯特（1974）成功地编撰到一起。他的表达有些是以观察为依据的陈述，有些则是来自理论演绎得出的假设，这些表达将有蹄类动物的社会生物学研究带入了群体生物学的边缘。从这个意义来说，有蹄类动物的研究比其他哺乳动物群体的研究要先进得多。下一个逻辑步骤将是模型的构建，这个模型明确包含了来自统计学和群体遗传学的测量数据。对于要在由盖斯特、加曼和其他的哺乳动物学家所提出的用以解释有关有蹄类动物性别二态现象的错综复杂的假说中进行选择，这一步骤理应是最具效力的。

表24-2 挑选出来的有蹄类物种的社会性状，以说明其社会构成的广阔范围（主要根据Eisenberg，1966的资料；其他的资料来自Klingel，1968；Tyler，1972；Douglas-Hamilton，1972；Owen-Smith，1974） 482

有蹄动物类别	除了交配期以外成体独居；有领域或无领域	成体形成松散类群；雌性和自带类群为非联盟	雌性与幼崽联盟形成小群体；雄性独居	大兽群。也有求偶场，在传统繁殖基地上雄性占有领域；兽群其他时间为单性生活	大兽群。由领域雄性掌控雌性；雌性和子代形成联盟	大兽群。由雄性掌管发情期的雌性群；雌性和子代形成联盟	大兽群。由单位组成亚群。某些发情期雄性与雌性群联合或永久联合
奇蹄目							
马科							
布氏斑马					×		
野马					×		
犀牛科							
白犀牛		× ——（变化）——	×				
偶蹄目							
猪科							
野猪			×				
河马科							
河马							×
骆驼科							
骆马						×	

（续）

有蹄动物类别	除了交配期以外成体独居；有领域或无领域	成体形成松散类群；雌性和自带类群为非联盟	雌性与幼崽联盟形成小群体；雄性独居	大兽群。也有求偶场，在传统繁殖基地上雄性占有领域；兽群其他时间为单性生活	大兽群。由领域雄性掌控雌性；雌性和子代形成联盟	大兽群。由雄性掌管发情期的雌性群；雌性和子代形成联盟	大兽群。由单位组成亚群体。某些发情期雄性与雌性群联合或永久联合
骆驼					× —(变化)—	×	
麤鹿科							
麝香鹿	×						
鹿科							
鹿亚科							
马鹿						×	
空齿鹿亚科							
骡鹿			×				
驼鹿		×					
狍			×				
叉角羚科							
叉角羚						×	
牛科							
小羚羊亚科							
蓝羚	×						
牛亚科							
野牛							×
亚洲野牛							×
马羚亚科							
非洲水羚				×			
北非狷羚					×		
羚羊亚科							
黑斑羚						×	
长颈羚						×	
羊亚科							
高鼻羚羊族							
高鼻羚羊						×	
岩羚羊族							
岩羚羊						×	
石山羊			×				
麝香牛族							
麝牛						×	
山羊族							
石绵羊							×
野山羊							×
长鼻目							
象科							
印度象							×
非洲象							×

483

表24-3 非洲羚羊和野牛的行为和生态分类（基于Jarman，1974） 485

社会组织	吃食类型	大小（平均体重，以千克为单位）	抵御捕食者的行为	例子
A类 独居或成对生活，有时也会与后代生活在一起。类群大小为1—3，有小的永久家园	挑选广泛植物物种中的特定部分，所有物种以大多数植物为食	1—20	僵住不动、躺下，或逃到躲避处不动。太小了以至于难于逃脱多数捕食者，并不能利用群体进行反击	犬羚（犬羚属），小羚羊（小羚羊属）
B类 通常是由一些雌性和后代联合在一起。类群大小为1—12，通常是3—6。单只雄性的活动范围是永久的家园	所使用的食物完全是草本植物或是植物嫩枝的特定部分	15—100	同A类物种	苇羚（小苇羚属），短角羚（短角羚属），侏羚（侏羚属），小弯角羚（Tragelaphus imberbis）
C类 有六到几百名成员的更大兽群，随地域和季节而变化。在繁殖季节少数的雄性会守护领域以防止其他雄性入侵，它们中的大多数都会单独或以"光棍群"形式进行迁移。雄性非洲水羚在求偶场进行炫耀	在多种草本植物和植物嫩枝的特定部分方进行选择性进食	20—200	多样化。严密隐蔽、僵住不动或逃跑（当被发现时）。在开阔的生境中，逃跑；有时会"冲"向所有方面使全体"暴露"，接着便重新结合在一起。能利用同伴的劲爆行为更好地抵御捕食者	非洲水羚，非洲大羚羊，互氏羚羊，驴羚（水羚属）；跳羚（跳羚属）；瞪羚（瞪羚属）；黑斑羚（黑斑羚属）；大弯角羚（Tragelaphus strepsiceros）
D类 在栖息期间，当草料很丰裕时，社会就像在C类物种一样被组建起来。在为了顺应变化的食品供给而做的迁移中，兽群经常结合成拥有数以千计成员的"超级兽群"	在许多草本植物的不同部位取食，因为这些植物在时间和空间上零星分布的，所以羚羊群体在适当的季节以聚群形式进行迁移	100—250	逃离大的捕食者，但也可能以类群形式面对捕食者，甚至以这种方式攻击它们	角马或者牛羚，狷羚，转角牛羚和大羚羊
E类 由雌性和幼崽组成相对稳定的大兽群，再伴有很多雄性，以组成权力等级系统。这个群体通常有数百名甚至是一两千名成员。也会出现雄性群。在迁移途中不会形成超级兽群	在草本植物和植物嫩枝的许多部位进行非选择性进食；大多数食物是营养价值低的	200—700	形成了防御系统，甚至对大的捕食者也会群起而攻之。对幼崽的求救呼叫，类群会做出回应	非洲野牛，也许还有大角斑羚、大羚羊和长角羚

486 在这一社会组织性状上物种间差异巨大。提供这方面情况的例子是不成问题的。比如，在加曼的A类独居物种中，雄性同雌性是非常相似的。这种单态现象显然有助于领地的稳定，因为所提供的使雄性为争夺雌性而竞争的机会很小，而且通过隐秘和隐藏有利于避免捕食者的捕食。更具社会性的有蹄类动物属于加曼所说的C类到E类，其中的一些物种具有强烈的二态现象，另外一些物种则具有单态现象，在一些例子当中是雌性模仿雄性或反过来雄性模仿雌性（Estes，1974）。盖斯特用如下假说解释了这种变异。当食物供给逐年变化，且每年一些阶段食物持续丰富时，雌性能在最小干扰下繁衍后代。它们不具领域性，否则在密集的兽群中显得更具进攻性。那么雄性可以自由地为了争夺雌性而竞争，雌性如此成了稀缺资源。用群体生物学的术语来说，这样的物种是r型选择者，在仅与性别选择有关的方式中，雄性区别于雌性的趋势是十分明显的。但是当食物供给变为斑块分布时，即在某种程度上成为"细粒"资源时，出于性别选择的选择将会减弱，这种物种更接近于K型选择者。因为雌性不会急剧地繁殖，这对于雄性通过排挤其他竞争对手以扩张其对兽群更强的控制来说是没有益处的。既然在繁衍时期的这种控制并非轻而易举的，那么雌性会发现避免引起较小雄性的过多关注是非常有益的。它们似乎就变得更具攻击性，甚至表面看来更具有雄性的特征，如

角马雌性长着一束类似阴茎的毛状物。这一过程能够说明在像野牛、非洲野牛、驯鹿、跳羚、瞪羚和非洲大羚羊等之类的物种中的单态现象。它也有助于解释加曼的E类羚羊物种中许多雄性加入雌性兽群中进行长久合作的事实。

埃斯蒂斯提出了一种与上面观点不同、但似乎同样有道理的假说。他将单态现象看作是不同物种混杂的兽群在迁移时维持其聚合的一种方式，该性状（单态现象）经常与醒目的标识和身体外形联系在一起，这为每个物种所特有，并且能因此而更容易地加以识别。在诸如非洲大羚羊和野牛这样的非地域性物种的情况下，因为其地位排序是基于个体大小决定的，这对于雄性的生长发育甚至存在着反向的选择压力，其结果便是从属于此兽群的成年雄性的大小发生了显著的变化。

本章剩余部分将概要地说明贯穿于整个社会阶段总览的一系列物种的自然历史，挑选出的例子有从形态学上原始的鼷鹿到高级的、特化的角马和非洲象（*Loxodonta africana*），以提供一个最具可能的系统发育情况。

鼷鹿（鼷鹿科）

鼷鹿或鼠鹿的行为，因其在反刍亚目中所具有的原始地位而特别令人感兴趣。这个亚目包含的有蹄类动物亚目中含有最多数量的物种和最多样的社会体系。5个现存物种都是很隐秘的且都居住在森林中，在野外很难观察到，所以有关其行为的信息也是支离破碎的。

鼷鹿看起来就像大老鼠一样，在很多方面与生活在南美的长尾刺鼠和其他大型的居住在森林中的豚鼠状啮齿动物具有趋同性。它们行动迅速而敏捷，R. A. 斯敦代尔（R. A. Sterndale）说道："它们用其蹄尖飞快地跳跃奔跑，就好像有一阵风在吹着它们跑一样。"雄性除了长有一对小獠牙以外，与雌性非常相似。社会组织在本质上是简单的。多斯特（Dorst）报告说，仅有的一种非洲鼷鹿是水鼷鹿，他们常常是单独出现或成对出现。亚洲鼷鹿的雄性显然保留了领域性或至少是在它们的领域中为保护雌性而具有攻击性。凯瑟琳·拉尔斯（Katherine Ralls）观察到，圈养的鼷鹿或大鼷鹿（*Tragulus napu*），雄性用中颌腺的分泌物标记其生活范围。它们也将分泌物涂抹在雌性的背上。人们还曾经观察到，当陌生雄性被圈养在一起时，它们用獠牙互相攻击（见图24-1）。但是，被迫群居生活在一起的雄性是很少发生对抗的，拉尔斯认为这种状况可能是由于几代之间的近亲繁殖。这个观点与戴维斯（Davis，1965）的观点相一致，后者发现鼷鹿属物种的鼷鹿（*T. javanicus*）父子间能够和睦相处，甚至儿子还可跟与其父交配过的雌性交配。

骆马

在只有有限耕种的南美西部安第斯山脉（Andes）的高地上，有一片没有树木的草原，当一位游客注视着这片无遮掩的草原时，可能会被拉长的尖叫声所惊吓。这种尖叫声就来自一追逐着的、貌似瞪羚的、肉桂色的、约有50只左右骆马的群体，当它们飞奔在荒凉的山坡上时，有一只大骆马紧随其后。这个追逐者对群中的一只（外来）流浪骆马发起了袭击，接着又朝向另一只，好像要咬它的脚后跟。但是这只攻击者会突然停下来，伸着纤细的脖子，竖

图24-1 大鼷鹿（tragulus napu）雄性之间的争斗［本照片经凯瑟琳·拉尔斯的准许使用，由凯伦·明可夫斯基（Karen Minkowski）拍摄］。

立着粗壮的尾巴高高地站立着，凝视着远方的一队美洲驼，并发出刺耳的颤声。接着便飞奔着加入一队骆马中去，其中一些显然是年幼的小骆马，它们在觅食时会紧紧跟着这支队伍。

以上是卡尔·B. 柯福特（Carl B. Koford）对骆马的经典描述。这是首次以现代的方式把脊椎动物的社会行为与生态学进行整合的研究之一。在这段文章中，描述的是一只雄性骆马，它将一只雄性流浪骆马驱逐出自己的领地并使其远离它的"妻妾"和幼崽。骆马是骆驼科的一员，雄性是已知哺乳动物中最具领地性意识的动物，也是雄性终年有"妻妾"相随的少数有蹄类动物之一。柯福特花了一年时间走访了秘鲁安第斯山脉的一些地域，并对其群居生活做了详尽的描述。威廉L. 富兰克林（William L. Franklin）对此又进行了验证并扩展了从1967到1971年在秘鲁的潘帕·加莱拉（Pampa Galeras）

国家骆马保护区进行的第二项卓有成效的研究。

基本的社会单元是具有领地的家系群，由雄性及其配偶组成（见图24-2）。在胡伊拉克（Huaylarco）地区，柯福特发现了这样一些"队"，平均每队包括1只雄性、4只雌性、2只未成年个体，而最大的"队"分别有18只雌性和9只未成年个体。在潘帕·加莱拉保护区，每一个类群都占据了一个觅食领域（供觅食和繁殖用）和一个稍小点的栖息地（供晚上睡觉用）。弗兰克林研究的6个类群占有领域由7万平方米到30万平方米不等，平均占地也有17万平方米。有时道路和河床是分隔领地的一个方便的物理屏障，但更多的时候都存在着只有骆马才能辨识的一种看不见的界线。雄性通常会进入另一方领地的两三米之内，并在这里互相恐吓对方。如果逾越了一步，它就会立刻被驱赶回来。

490

这些领域点缀了一大堆粪便，这是骆马的一种仪式化方式。所有的家系群成员都有规则地光顾这一堆堆的粪便并嗅其味道，它们用前足揉捏这些粪便，并且添加粪便和尿液。弗兰克林认为这些气味标界并不是一种警告信号。当这个家系群暂时不在时，流浪的雄性及其家系群便会毫不犹豫地踏入这片领域。这一堆堆的粪便更可能是用来保留居住地的，是被用来标记其领域边界线的界标。当雌性和幼崽偶尔越过这条界线时，它们会被居住地的雄性驱赶回它们自己的领域。尽管这已经是被确认的，但领域的首要作用还是在于保证食物供给。食物在贫瘠的高原环境中，在全年或一年中的大部分时间都是有限的资源，这种食物-局限性假说又为这样一个事实所强化，即领域的规模是指拥有最小密度可食性植物的面积最大化。的确，正是这种严格的有限因素为骆马非同寻常的领域体系的进化提供了可能。

雄性骆马无时无刻不在守护着它的小群体，并且带领着它的队伍从领域中的一处移到另一处。在危险的时候，它会发出刺耳的尖叫作为警报。这是一种大约可以持续4秒的由强到弱的鸣叫声，它将自己置身于威胁者和群体之间。无领地意识的雄性通过接管另一只雄性遗弃的区域来获得领地。首先，该雄性会静悄悄地在此觅食和休息，就如同先前一样保持低姿态形象。在几天之后，他开始尝试向邻近的雄性展开攻击。通过这一方式，它似乎懂得了划定明确界线能使其安全地占据这一领域。它在巩固了领主地位后，就着手搜寻雌性以建立家系群。雌性的来源有：独居的一年龄雌性、无雄性配偶的雌性群和丧偶的较老的雌性。

在3月份的繁殖季节，骆马的新生幼崽性别比率大体相当。但在6个月之内，年轻雄性的比例开始骤然下跌。3月份降生的能活到一周岁的雄性已经变得很少见了。在潘帕·加莱拉保护区，弗兰克林发现雌雄比例为100：7。年轻雄性数目下降的原因在于，成年雄性中日益增加的攻击行为。在最初的时候，一些母亲会试着去保护它们的儿子。甚至它们偶尔会试着和儿子一起离开群体，但最终会被成年雄性驱赶回来。最终它们会默认这一切，而年轻的雄性将被迫离开。随着下一个繁殖季节临近雌性成了成年雄性和它自己母亲的攻击目标。实际上，这些雌性所占据的是这个权力等级系统底层不牢靠的位置，并且随时都有被驱逐的可能。在拥有领域的家系群中，成年成员的数量代表着对上述被驱逐个体（其中包括丧失了雄性首领的雌性群）的吸纳和由于死亡、迁移而造成的成员减少之间的一种平衡。其中新成员将会与丧失其母系主人的雌性结合在一起。骆马中严格的父权制是显而易见的，这基本上平衡了雄性的所作所为。

第二个主要的社会单元是非领域性的雄性兽群。这个兽群通常包括15—25名成员，但是其总范围是从2—100，且独居的流浪情况是司空见惯的。这些雄性松散地聚合在一起，个体的进进出出显然是随意的。这个完全由雄性组成的群体沿着家系群领域广阔的边缘四处游荡，只是偶尔停下来休息和觅食。这些个体通常会以故意入侵或挑衅的方式窥探有领域雄性的防御——如果这个首领雄性衰弱或离开，总会有其他雄性随时取而代之。

斑纹角马

斑纹角马或斑纹牛羚，代表着几近消失的

图24-2 骆马的社会，骆驼科的一些少数成员，经常出现在巍峨的安第斯山脉荒芜的草原上。本图前景是一个有领域性的家系群。一只雄性首领以一种敌视的姿态面向观察者，它站立在岩石上竖起自己的毛发，高高挺立起头和尾巴，尽可能使自己看上去很高大。在它身后有其"妻妾"，即10只雌性和3只幼崽，它们正在休息和进食。在躺下休息时，骆马会把腿放在自己的躯体下以保持体温，通过用白色皮毛遮盖住前胸和前腿上部会增强这一效果。最右边的一雌性正"吐"出驱逐的气体以示对另一骆马的厌烦和敌意。在左方的远处，可以看到一个非领域性的雄性骆马群。在为寻找丰富的觅食区而从一处漫游到另一处时，常会导致这种类群随意地形成和解散。并且如果该领域内的雄性首领衰弱或消失，雄性群的成员就会取而代之。在环境恶劣的安第斯山脉上生长的某些植物展示在图的前面。它们包括狒子茅（最左边）和羊茅草（中间）。在左下角是类似莴苣样的锦葵，恰好在其后面是香根菊（*Baccharis microphylla*）和鳞孢叶（*Lepidophyllum quadrangulare*），在右下角是豆科植物*Astragulus peruvianus*。除了鳞孢叶以外，其他的植物都可成为骆马的食物（Sarah Landry作画；据Koford，1957；Franklin，1973）。

非洲野生动物的荣耀。动物学家认为它是羚羊的一种畸变形式，是非洲草原上最丰富的有蹄类动物，其庞大的迁移兽群，由数千名成员组成，一旦伸展开来便可遍及整个地平线。现在仍有上百万只角马生活在塞伦盖蒂大草原上。这些角马控制着其疆域的生态，它们使像狗牙草（Cynodon dactylon）这样的一类集群草生长繁茂，因为这些草能经得起不断的践踏和啃食，而且事实上还可以从依赖于草场进食的动物排泄物中获益。因此，角马最大限度地拓展了它自己的最佳环境条件。加曼的 D 物种就是一个极好的例子，在那里，无配偶的雌性群及其后代进出雄性的繁衍领域。但是，正如 R. D. 埃斯蒂斯所做的深入研究中所表明的那样，这个物种的一个更大的特性在于其社会体系强大的适应性或者说巨大的可塑性，它能很好地进行调节以适应非洲平原高度变化的环境。

在牧草较丰富的环境中，角马群体会组织成由雌性及其子代构成的留守群或组织成雄性留守群。在坦桑尼亚的恩戈罗恩戈罗火山口地区，由雌性及其子代构成的兽群平均包括 10 名成员，并明显占据了多达数百公顷的疆域。它们在构成上似乎相对稳定，而且对外来者是封闭的，因为陌生母兽加入其中经常会受到攻击。在干旱季节，上述情况发生了变化。由雌性及其子代构成的兽群开始向适合觅食且较潮湿的地方（日益缩小）聚集。最初的时候兽群会在晚上回到自己的领域，但是在最终它们会将所有时间都花在新的进食区域内。同时它们的数量会因雄性兽群和一些占有着领域的雄性的加入而有所增加。在持续干旱的地区，角马存在周岁上下的大聚群，它们会从一处适合觅食的地方迁移到另一处适合觅食的地方。事实

上，永久栖息和永久迁移群体是角马社会组织的两极，它们分别地适应于非常稳定的和大幅变化的环境。所有的中间阶段都是可以想象的，而且事实上它们也时常发生。正如罗得西亚（Wankie）[1]国家公园和博茨瓦纳南部曾报道过的例子，当本地条件变得有利时，迁移群体也可能成为栖息群体。

斑纹角马很好地适应了集团式迁移。它们沿着传统的路线排成单行行进，在身后留下由蹄内腺分泌出的气味。这种气味很浓，即使是紧跟其后的人都能闻出来。它们比大多数其他有蹄类动物要挨得更近些，出于一些临时性的需要，它们也可能会紧密地聚集在一起。

加诸绝大多数以雌性为中心的兽群系统之上的是独居的雄性领域性组织。在那里，雄性羚羊为保护其"妻妾"及其食物供给会捍卫自己的领域，而雄性角马仅仅是出于求偶的目的就会捍卫它。这种防御和与此相关的性炫耀贯穿于全年，并在短暂的发情期会大大增强。在栖息群体中，领域大小是适中的，平均直径大约是 100—150 米。但是在迁移的兽群中，雄性必须频繁地改变它们的居所，这个领域经常被压缩成直径为 20 米或更小的区域。在干旱情况严重的季节里，当种群数量不断变动的时候，领域行为有时会变得很弱或者甚至在短时期完全丧失。只有大约半数的成年雄兽在任何季节都能维持其领域，其余的则被逐入雄性群体中。

雄性角马展示其领域的炫耀在脊椎动物中是最复杂也是最奇特的。首先，它们动用了狷羚全部的基本信息储存库：抬头姿态、扒土和

---

① 罗得西亚，津巴布韦旧称。——译者注

图24-3 这是坦桑尼亚塞伦盖蒂大草原现场描述的斑纹角马的社会组织。在最显眼的地方是两只雄兽正在进行挑战仪式，双方的日常交流是重申其领域权和向其邻居挑战。左边的雄兽腾跃到其对手的前方，对手以另一种仪式的表演结束了这场挑战，即用其角掘地。雄兽似乎能通过挑战的结果了解对方，这种仪式持续时间仅7分钟，并且在仪式中几乎不会导致真正的争斗和伤害。这种交流可能发生在双方雄兽领域中，包括他们经常出没的地方在内的任何一个地方。在这个例子中就是中间这块最显眼的地方。而在右边，是一个抚育群在穿越其中一个雄性领域时的休息和进食情况。在发情期的任何一只雌兽都可能与常驻的雄兽交配。两只小雄兽以预期的精细的攻击仪式进行玩耍，而这种攻击在其成年后是要经常进行的。我们看见其他的独居雄兽站在它们的领地上，一只正远离这两只争斗的雄兽，而在右后方的另一对，则位于橡胶树旁的领域边界上。左边的一些抚育群正在进食，中间后面的是一松散的没有领地的雄性群。这里主要的植被是狗牙草，这是一种坚韧的集群物种，是在角马啃食和排粪施肥的基础上繁茂地生长起来的（Sarah Landry绘图；根据Estes，1969，个人通信）。

仪式化排粪、下跪和用角争斗。其中许多行动发生在固定的地方，即靠近领域中心的一块空地上。雄性经常在地上打滚。这一举动可能不仅仅是一个可以看得见的炫耀，还可能意味着身体要沾满粪便和尿液的气味。其次，雄性角马也会每天进行独特的"挑战仪式"活动。即每一只雄性每天要巡视其边境邻居，依次同每一只邻居巡视平均7分钟，一天中同所有邻居通报交流至少45分钟。这一挑战仪式的明显功能在于，雄性在巡视中重申自己的领主权。领域拥有者似乎能识别出其每一只邻居。挑战仪式通过能被合情合理地称作以互敬互让的方式进行，争斗非常罕见。真正的争斗和冒犯经常发生在其他时间——当一只雄性开始建立起疆域时，换句话说，就是当它仍旧是一个外来者

时。在这个仪式中大约运用了30种不同的行为模式。这些行为模式，会被双方以几乎每一种可想到的排列组合运用在仪式上的任何时刻。这种炫耀包括：侧身；仪式化进食和修饰；腾跃（包括扬头、弓背、跳起、奔跑和旋转）；"虚拟的"警报信号（一方或双方都扬起头，互相注视着对方，并踩脚）；检测尿液；以及先前提到的狷羚的那些变化多端的炫耀（见图24-3）。挑战仪式的另一个独特特征就在于它可发生在领域中的任何地方，而并不仅仅是它们经常出没的地方或其边界线附近。

尽管对单个兽群成员的历史在细节上还不清楚，但大致的生活周期还是知晓的。在繁殖季节以前，年轻的雄性会被从由雌性和幼崽组成的兽群（抚育群）中驱逐出来，并开始组建

雄性群。4个月后，到了发情季节，除了极少数的满周岁雄性外，全部成员都加入雄性兽群中。母亲和其他雌性的拒绝只是年轻雄性从抚育群中分离出来的一个因素，而导致分离的最主要因素来自拥有领域雄性的攻击行为，它们将满周岁的雄性视作竞争对手。抚育群中的年轻雌性受到较为宽容的对待，因为成员至少在某种程度上是在雌性系统的基础上建立起血缘关系的。

非洲象

这种最大的陆生哺乳动物也是以拥有最高级的社会组织而著称的。非洲象的特征在于它们与雌性有紧密的联系，并且与掌管整个兽群的雌象的权力大小、和这些个体联合时间的长短密切相关。象的社会生物学概念是近代的研究成果。劳斯（Laws）和帕克通过统计学数据推论出了一些基本要素。这些要素由休伯特（Hubert）和厄苏拉·亨德里希（Ursula Hendrichs）在对其行为的直接观察中得到了证实，他们花了两年时间研究塞伦盖蒂大草原上的象群。近期伊恩·道格拉斯-汉密尔顿在曼雅拉湖国家公园（Lake Manyara National Park）进行了为期四年半的研究，标记了约500头象中的414头，记录了各个体的相互关系和各家系群的历史。如下面的说明，主要是基于道格拉斯-汉密尔顿的研究：

今天非洲象分布在除了好望角以外的非洲次撒哈拉（sub-Saharan）的大部分地区，但是在罗马时期它们分布在地中海和叙利亚沿岸的北部地区。它们现有的

群体可能有数百个之多，每一个群体有1 000—8 000只个体，并且占据了1 300—2 600平方千米的地域。大象全然是一种高级的素食动物，它们食用各种各样的植物。在为时12小时的时间里，一头象被看到过吃了属于28个科的不少于64种植物。因为适宜的植物在一个特定的场所生长稀少，所以象群对牧草的消耗量就越来越大，但是它们光靠这些牧草还不能使自己繁荣起来。大象能对植被的生存环境产生极大的影响，它们剥去树皮和树枝，毁坏许多树木。在象群密度较高的地方，它们最终会使枯萎的森林转为稀树草原。少数雄象能够推倒大树，为自己和同伴提供食物。阿拉伯橡胶树和其他树木及灌木的种子，能够安然无恙地通过象的消化道并在它们的粪堆上发芽生长，因此，在象群大小和其所食植物密度间迟早会达到平衡。

每一个群体是由两级或三级的等级系统的社会类群组织起来的。直接位于个体之上的最重要的类群是家系单元（family unit），这是由一个强有力的雌象所领导的、拥有10—20只雌性后代紧密结合的兽群。在曼雅拉，每一个单元平均都包含了三四只雌性后代的类群。成员们离开它们的群体漫游超过1 000米似乎不会超过一天的时间。这只强有力的雌象通常是最年长的个体——也是最大和最强壮的，因为大象在成年以后还会继续生长。由于雌象的年龄，它旁边的成年雌性似乎不仅仅有它的女儿，另外还有它的孙女和外孙女，这种"雌性-雌性"的结合被认为至少可以持续50年。这个强有力的雌象集合其他成员，并领导它们

496 497

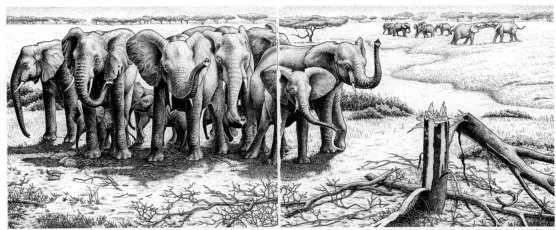

图24-4 这幅画描述了非洲象的两个基本社会类群。左前方一个家系单元以紧密的类群防御形式面对观察者。它们通过直立姿态、两耳向前张开和鼻子的伸展来表明其警戒状态和温和的敌对行为。这个家系单元完全由母象和处于各种不同生长阶段的年轻大象构成。雌性首领是左边的第二个，更多的皮肤皱纹和破损的耳朵揭示了它较大的年纪。一些幼兽和年轻的雄性、雌性都在类群的后面转为防卫的姿势。在右后方可以看到一头9个月大的母象，在它旁边的幼只有半身大。再大一点的个体就都是成年母象了。如果类群被迫撤退，这头雌性首领会在后方抵挡，继续面对敌人并有可能模仿或真正进行攻击。当它离开时，它不会比最小的、最慢的幼兽走得更快，这些家系单元构成了象群的核心社会类群。这些单头母象的结合在很大程度上取决于这头雌性首领，并常常会维持数十年。右后方是一个松散雄象群，它们中的两个正在为主导权而进行争斗。具有较高地位的雄性成为母象群中发情期雌性的临时配偶。在右前方是一棵正被进食的刚刚被象群弄倒的金合欢属树。这种毁坏的方式使植被变得稀疏。在这种稀树草原的例子中，为了维持这些地区稠密的大象种群数量，干枯的树林经常被变成本图所示的那种草场（由Sarah Landry作画；基于道格拉斯-汉密尔顿的研究，1972年，以及私人交流，由Peter Haas拍摄）。

从一处迁移到另一处。当面临危险时，它会站在前面的位置；而在撤退的时候，它会处于后面的位置。当它变得年老体衰时，年轻的母兽就会逐步取代其位置。但是如果这个强有力的雌象突然死去，幸存者就会恐慌地、无组织地和似乎不能为撤退或进攻进行适当防御地围着它团团转。猎人早就知道了擒贼先擒王的道理。基于这种原因，劳斯和帕克建议，当出于群体压力需要进行疏散的时候，应以整个家系为单元，而不只是以个体为单元随机疏散。

社会组织中的第二级水平是血缘类群（kinship group），这是各家系单元的集合，成员彼此靠得很近，表现出具有一定的亲密性。当家系单元被拆分时，这种血缘类群的起源还是可能的。很少有多达20只个体的事实表明了家系单元一定要被拆分，尽管如此，绝大多数兽群还是会持续增长。道格拉斯-汉密尔顿在曼雅拉见证了一个包括22名成员的最大家系单元的拆分过程。两头一岁多的年轻雌象、一头青春期雌象和两头幼象渐渐地疏远了这个家系的其他成员。在这个处于青春期的雌性第一次产仔之后，这两个亚群在不同时期都是分开生活的。随后的一天，这头雌性首领带领原初的家系群单元向南迁移了15千米，并且造成了两亚群之间第一次在空间上分离。当亲本家系单元回到原初地时，其衍生的类群会重新加入它们，并在附近安顿下来。如果说这个历史案例是典型的，那么把这么一个复合体作为血缘类群就是正确的了。

随着超级稳定的雌象类群的不断聚集，有可能使群体增长产生更大的、可与局域群体共存的社会复合体"部落"（clan）。这种"部落"可以容纳100—250名成员。在多达上千头大象的迁移中，在血缘类群的层次之上形成了显然是无组织的动态聚集体。在曼雅拉，各家系群单元通过无规则的游荡占据了14—50平方千米的疆域，各个疆域重叠很多但并不存在公开争夺领域行为，这可能是临近兽群存在血缘关系的结果。

在家系群内展现出来的合作与利他主义是非同寻常的。年轻的幼兽不分雌雄都是同等对待的，它们能被允许由群内任何一个哺乳的雌性对其进行哺育。青春期的雌象都是它们的"姨妈"，它们管教幼崽不要跑在前面，并且将它们从小睡中叫醒。当汉密尔顿用一支麻醉镖击倒一头年轻的雄象时，成年的母象便会冲过来帮助它并试着扶起它的脚。猎象者也会经常见到类似的情况。在大象的适应价值观上，其反应与由其同群成员帮助受伤的海豚基本上差不多。因为其庞大的身躯，一头倒下的大象会由于其自身的重量或持久躺在阳光下浑身过热而很快窒息。最后，首领雌象将变得极具利他性。在保护兽群时，它时刻准备着将自己暴露于危险之中，而且当集合群体排成独特的圆形防御队形时，它也是表现最勇敢的个体（见图24-4）。

当年幼的雄性个体仍有母亲相伴时，它们会在模拟攻击中彼此撞击和玩耍格斗，以预演其未来的角色。在青春期，它们便开始被母兽驱赶，到了13岁它们基本成熟时，又会再次被驱赶直至离开。成年雄性单独生活或松散群居，比雌性分散得更广。在这个群队中，它们为了争当等级系统中的优胜者而竞争，其结果通常由体格的大小来决定。这种搏斗在有发情期的雌性时最为严重，但即使这样，它们也很少受到严重伤害，在较为高级的灵长目动物中的这种结盟似乎也存在于雄性象群中。

亨德里希观察到了一种"保护性恐吓"的策略，这非常类似于库默尔在阿拉伯狒狒中独立报道的情况（见第26章）。也就是说，较小的雄象仅仅倚仗有地位较高的雄象在身旁，就能胜过中等体形的雄象。最大的动物对小雄象的恐吓不及它们对中等大小雄象的恐吓，中等体形的雄象显然是更可能被它们作为竞争对手对待的。非洲象的交流主要是由其身体前面部分产生的视觉信号完成的。敌视是通过一系列复合姿态和运动表达的。在最低强度是大象"高高站立"，即大象通过抬头显示其两颗象牙，两耳竖向前方以使其看上去更为高大。根据亨德里希的观点，大象通过向敌方推进，以很大的噼啪声掀起耳朵并向前延伸其躯体，以表达一种较大强度的恐吓。当向小一点的竞争对手展现这种威胁时，大象可能会运用"身躯向前蠕动"，此时身躯是蜷缩的，然后会突然向对手伸展。同时它会喷射出一股强劲的气流或发出嚎叫声。少数个体会猛掷一捆牧草、树枝或其他东西。身躯的利用说明了其在大象交流中的重要性。伴随着一个耳朵上举和前倾的姿势，躯体的伸展基本上是一种敌视信号。但是躯体也能简单地提供一种气氛或作为一种友好的姿态。当两头大象在短暂的分离后重遇时，它们会举行一个欢迎问候的仪式，这与狼和非洲野狗非常相似。大象会将鼻子的末梢部分放入对方的口中，而且通常是从较小的动物先开始。这种行为可能是一种仪式化的喂养活动。幼崽经常从母亲的口中接受咀嚼过的食物。

非洲象最高级别的侵略行为是全力攻击，这是一种令人恐惧的自然奇观。这种攻击可能只是用于包括人类在内的危险捕食者。在全力攻击中，仇视行为很少，只给出少许警告：

一头带着新生幼崽的未知的年轻雌象消失在（我的汽车）右边。60秒过后，一头两耳完全张开的庞大的雌象（5号类型）悄无声息地从灌木丛中走出来，进入先前那头雌象和幼崽消失的地方。这头雌象并没有放慢脚步，它将一根象牙插入我汽车后面的地里。把车起了90°。这时其他大象也出现了，我不得不终止对第一头母兽的进一步观察，但从这个损害可以看到，它已抽回了它的长牙，还发出吼声。走在最前面的是一头3岁大小的幼象的新象群，从右手边跑过来，并且毫不犹豫地直接参与到进攻当中，但这次的行动掺杂了喧哗和持续的嚎叫。第二头完全成熟的母象用它的头撞击并随后压塌了车顶。它紧贴在车旁并用牙打碎了门后的车身。第三头大母象从前面攻击并且用左象牙击碎了一个前车灯。它迅速后退并且再一次猛推并插入前面的散热器中，直到一米长的象牙完全插入车里。它急抬头部，抽回并再次冲击。这辆车向后移动了大约有32米，直到撞到一棵小树上。第三头母象和其他的大象此时在约27米以外的地方歇息并形成了一个紧凑的圆圈，它们仍然发出嚎叫，向外翻出耳朵并扬着头。不一会儿，象群便消散在灌木丛中。

大象的听力显然同人的听力一样敏锐。在圈养条件下，它们能轻而易举地被训练出对人类的声音做出回应的技能。经过完全训练的印度象能执行训象者的24个单独的口头命令。在自由生活的非洲象中，听觉交流与视觉交流一样丰富和频繁。这些声音能大致被分为咆哮、高音喇叭式的吼叫、长长的嚎叫和尖叫，但是这些声音在强度上有极大的变化，还与其所处的环境有关。咆哮的声音，听起来很低沉，带有卷舌音"r"，是大象发出的声音当中最常见的和功能最多的一种。一声咆哮可传至1 000米远，它的常用功能似乎是在个体与家系群成员之间保持联系。但当成年象试图将幼象驱赶到水塘时，它也会用母象与幼象之间温和的进攻信号。幼象在搏斗时会发出咆哮声，咆哮声的另外一种形式就是在成年象间发生更为激烈的敌对时与高音喇叭式的吼叫声结合在一起。一些情况也表明，类群中的各个成员也可以通过音质上的微小变化来彼此识别。

大象的化学交流也得以很好的发展，在这方面，人们可能对这种庞大的哺乳动物感到惊讶。道格拉斯-汉密尔顿发现，离群的个体能通过用鼻子前端跟踪两小时前的嗅迹而跟上其家系群群体。雄兽经常会将鼻子的前端放到雌性外阴部以检查其性状况。颞腺展示了一项不可思议的事情，这个腺体位于耳朵和眼睛之间，能周期性地分泌一种具有浓重气味的黏液。当动物处于兴奋或某种压力下时，这种分泌物就会大量排放，由此说明这种腺体可能是自动调节的。它在两性双方都是机能性的，不过在亚洲象中这种作用只存在于雄性当中。和亚洲象一样，非洲象也将这种分泌物涂抹到树上或地面上，但是其目的并不明确。没有证据表明雄兽以此来标识和防护其领域，尽管通过这种分泌物的流动确实增加了群体的密度。在众多领域观察的基础上，道格拉斯–汉密尔顿假设这个分泌物可能用于多种交流功能——嗅迹的标记、个体识别、报警，还可能是确定社会空间。

498　　艾森伯格、麦克凯及其同事在斯里兰卡的研究表明，亚洲象的社会行为与非洲象基本类似。特别是稳定的类群是8—21头母象和小象的家系群单元。这些单元由一头雌性首领领导，幼兽由这个类群里的任何一头处于泌乳期的雌性喂养。当雄性长到5—7岁大时便开始分离出去。但是我们已经注意到一些差异。超过14岁的雄兽表现出狂暴状态的现象，即短时间变得特别具有敌对性并且当颞腺分泌大量的黏液时会发生性行为。这些雄性会把分泌物涂抹到树皮上，显然是表示其存在和情绪的信号。公象不处于狂暴状态的时候也能进行繁殖活动，而且这种状况显然提高了它们在竞争对手中争夺主导权的机遇和接近发情期雌兽的可能性。弄清楚这种分泌物的变化是否足以影响到个体的嗅迹"信号"是十分有趣的。

第25章　食肉动物

在哺乳动物当中，就社会行为的复杂性和多样性而言，食肉动物仅次于灵长类动物。包括狗、猫、浣熊、獴和一些相关种类在内的253种现存种类中的大多数，都完全是"独居"的。这就意味着社会是由母亲和它未断奶的孩子构成的，成年的雄性、雌性动物只是在繁殖季节才结合在一起。以此为基础，一些更复杂的组织形式得以进化。常见的一个等级，比方说，胡狼、浣熊、狐狸和一些獴，是以成对结合的方式为特征的：雄性会留住雌性较长时间，并以某种方式帮助照料和保护孩子。长吻浣熊代表了另外一种等级，它是以雌性动物及其后代构成群体为特征的，它们与雄性动物只是在交配季节结合。獴类很多物种仍然拥有较高级的组织形式，在捕猎时这个家系群的雄-雌配偶会相互合作。水獭则展示了另外一种组织方式。基于它们的海洋环境，它们更像是为了生存安全而具有紧密组织的海豹。雄性会互相争斗，以此求偶和交配。狮子是唯一一种具有高级社会组织的猫科动物，有一群母狮子和一两头首领公狮居住在一起，公狮就像寄生生物那样依赖于这些母狮。最后，在那些可能被称为食肉动物社会进化顶峰的类群中，一群狼和非洲猎狗展示了互相协调和利他主义的程度，只有昆虫和一些旧大陆的猴与猿才能与之相比。

社会行为的多样性不仅作为整体存在于食肉动物内，而且也存在于各个科和各个属内（表25-1）。个体社会性状高级进化的易变性，可以同其他哺乳动物相比拟，这使得它很难通过一个传统的系统进化图来说明其走向。食肉动物作为一个整体来说，比大部分其他动物更具社会性。并非仅仅是因为超过基本的雌性及

表25-1　现存食肉动物（食肉目）的科和属及其他主要的社会生物学性状。对于每个属给出了参考文献；更为一般性的评论参见 Eisenberg（1966）、Kleiman（1967）、Ewer（1973）、Kleiman & Eisenberg（1973）（此表占原书 p500-501整版）

食肉动物的类型	社会生物学性状	参考文献
犬总科		
犬科（狗、狐狸和相关类型）	多样化。成对配偶的胡狼保卫其领域。狼形成多达20只狼的狼群（通常都是扩展成家系群）；参见本章其他地方的描述	Murie（1944）、Banks et al.（1967）、Scott（1967）、Snow（1967）、Woolpy & Ginsburg（1967）、Woolpy（1968a, b）、Fox（1969, 1971）、Mech（1970）、H. & Jane van Lawick-Goodall（1971）、Ewer（1973）、Wolfe & Allen（1973）
犬亚科		
犬属（"真"狗，包括狼、丛林狼、胡狼）。7物种。北美、欧亚、非洲		
北极狐属（北极狐）。1物种。环绕两极	成对配偶，偶尔独居	Kleiman（1967）、MacPherson（1969）
鬃狼属（鬃狼）。1物种。南美南部	独居	Langguth（1969）、Kleiman（1972b）
南美狼属（巴拉圭狐、智鲁狐狸和相关种类）。10物种。南美	独居	Housse（1949）、Kleiman（1967）
耳郭狐属（耳郭狐）。1物种。北非至阿拉伯	成对配偶	Gauthier-Pilters（1967）
貉属（貉属）。1物种。俄罗斯东部、中国、日本	成对配偶	Seitz（1955）
灰狐属（灰狐）。2物种。北美	成对配偶	Lord（1961）
狐属（狐）。10物种。欧洲、亚洲和非洲	成对配偶。雄性可能不止与一只雌性在一起，这些雌性有可能是母、女或姐妹。领域性	Vincent（1958）、Ables（1969）、Kilgore（1969）、Ewer（1973）
狗狐属（狗狐）、食蟹狐属（食蟹狐）	未知	
薮犬亚科		
猎狗属（非洲猎狗）。1物种。亚洲	高度协作的群体。参见本章其他部分	Kühme（1965a, b）、Estes & Goddard（1967）、H. & Jane van Lawick-Goodall（1971）、van Lawick（1974）、Estes（1975b）
豺属（印度野狗或红狗）。1物种俄罗斯南部至爪哇	群居。成群捕食。	Keller（1973）、Kleiman & Eisenberg（1973）
薮犬（丛林狗）。1物种。美洲中部和南部	群居。捕食啮齿动物和其他小类群猎物。	Kleiman（1972b）
大耳狐亚科		
大耳狐属（蝠耳狐）。非洲	群居。捕食小型鸟和小群昆虫。	Kleiman（1967）
熊科（熊和大熊猫）。6属，8物种	独居。一般可能占有领域；母亲与幼崽的共处时间长，参见本章其他地方的描述。	Krott & Krott（1963）、Perry（1966, 1969）、Ewer（1973）、Poelker & Hartwell（1973）
浣熊科（浣熊和有关类型）		
浣熊属（浣熊）。6物种，新大陆	独居。除了一岁大小的时候穴居在一起以外，普通的浣熊都是独居的。领域大量重叠。尽管在觅食生境中形成首领等级系统，但没有发现其领域防卫的证据	Stuewer（1943）、Sharp & Sharp（1956）、Bider et al.（1968）、Ewer（1973）、Barash（1974b）
小熊猫属（小熊猫或红熊猫）。1物种。锡金至中国	未知。圈养时能相互容纳，因此在自然界可能成群生活	Ewer（1973）
大浣熊属（尖吻浣熊）。2物种。墨西哥到南美	未知	
环尾猫熊属（环尾"猫"或环尾猫熊）。2物种。俄勒冈州到美洲中部	独居	Richardson（1942）
南美浣熊属（小浣熊）。3物种。美洲中部和南部	社会化。雌性及其后代结成的小群队，在繁殖季节有雄性加入其中。参见本章其他部分	Kaufmann（1962）
长鼻浣熊属（小浣熊）。1物种。南美	未知	
蜜熊属（蜜熊）。1物种。墨西哥至南美	独居	Poglayen-Neuwall（1962, 1966）
鼬科（獾，水獭，臭鼬，鼬鼠）。25属，70物种。除澳大利亚和大洋洲外，遍布世界各个地区	多样化。除却一般的母亲-后代聚居和在繁殖时期雄性加入以外，大部分物种都呈现出独居的状态。海獭形成大型的、组织松散的两性混合群。在那里，海草和岩石为其提供了栖息场所；群内发生求偶、交配、雄性之间的争斗。其他的水獭似乎是独居的。在欧洲獾，成对配偶并与其后代同居住在一个地洞里，多达两个世代。地洞的位置是"世袭"的，有时甚至会持续上百年，经过很多獾的世代。美洲的紫獾是独居的	Eisenberg（1966）Lockie（1966）、Verts（1967）、Erlinge（1968）、Kenyon（1969）、Ewer（1973）

（续）

食肉动物的类型	社会生物学性状	参考文献
猫总科		
灵猫科（灵猫，香猫，猫鼬）。36属，75物种。除去澳大利亚和大洋洲以外的旧大陆	多样化。灵猫科动物是夜间活动的动物，而且很显然是独居的，但是獴类一般比鼬更具社会性。鼬类一般属典型的成对配偶。至少在长毛獴属和沼狸属中，其雌性个体较大，且相对雄性处于主导地位。在某些物种中，如长毛獴属、非洲獴和沼狸的物种中，若干家系成员穴居在一起并一同觅食；在带状猫鼬（一极端情况），穴居群体一般可达30—40只个体。在非洲獴属，可若干世代共同生活在一起，并一起觅食	Ewer（1963，1973），Wemmer（1972），Albignac（1973），Rasa（1973）
鬣狗科（鬣狗，土豚）。3属，4物种。非洲至印度	社会化。土豚主要以白蚁为食并常被发现独自或小群活动，这可能就是其家系群。斑纹鬣狗形由10—100只个体组成的、具有领域性的群队；雌性比雄性体形大，并居于主导地位	Eisenberg（1966），Kruuk（1972），Kruuk和Sands（1972）
猫科（猫）。4属，37物种。除澳大利亚和大洋洲外，遍布世界各个地区	多样化。大部分是独居物种，尽管在年幼的时候经常协助母亲捕捉猎物；猎豹（*Acinonyx jubatus*）中的雄性与雌性在一起，直到幼崽降生为止。狮子形成母系群体并伴有一头或两头公狮；参见本章其他地方	Eaton(1969, 1970), Schaller(1970, 1972), Eisenberg & Lockhart（1972），Bertram（1973）Eloff（1973），Ewer（1973），Kleiman & Eisenberg（1973），Muckenhirn & Eisenberg（1973）

其子代结合单位的物种有较高的比例，更多的是因为它是一个接近最高级进化的等级。但更有趣的事实在于大部分食肉动物的社会行为都是为了提高捕食效率。这一特性造成了两个结果。首先，依据生态学的效率原则，食肉动物与食草动物相比，没有那么稠密的群体，因此它们的疆域范围相应更广阔些。这样，领域是有时空性的，而且在一些情况下，存在着一些由嗅迹柱标记的广泛重叠的界标网络。其次，在能量金字塔的最顶端，最大的食肉动物本身不会遭到明显的捕食。狮子、老虎和狼经常被生态学家援引当成是最主要的"顶级动物"来说明这一类别。它们体现了一种明显的进化历程的结果，其社会适应性是与一些基本的或高级的捕猎活动有关的，如此它们便能同啮齿类动物、羚羊和其他动物的适应性进行适当的对比。在一定程度上，这些动物的社会体系代表了一个为避免捕食者的袭击而采取的策略。

在接下来的章节中要描述的物种，代表了大部分食肉动物社会等级中研究得最好的范式。因为几种相关的物种也是"大的杂技动物"（big game）和受欢迎的动物园动物，所以人们对它们的兴趣就变得更强烈了，而且野外研究也变得比平常更细心了。结果使得动物学家处于一种更有利的地位去思考其社会进化的生态学基础。

黑熊

熊长期以来都被看作是专门的独居动物。在明尼苏达州北部进行的一项令人钦慕的野外研究中，L. L. 罗杰斯指出，在美洲黑熊中，这虽然基本上是一个个案，但是个体间的关系远比我们推测的要更为亲密和持久。简而言之，雌性依赖于其独占的觅食领域进行繁殖，在这种意义上它们是独居的。但是它们也允许自己的雌性后代进一步划分领域，并且当它们离开或者死去时会将它们的权力传递给后代。为了了解这些事实，罗杰斯诱捕并标记了94只个体，这一研究历时4年。在无线电遥控技术的帮助下，他跟踪到了7只雌性幼崽从出生到成熟的轨迹。

502

在交配季节，从 5 月中旬到 7 月末，成年雌性保卫着其领域，在明尼苏达州平均是 15 平方千米，而且范围从 10—25 平方千米不等。这似乎是一个临界点，在此以下繁殖将变得很困难。仅仅拥有 7 平方千米领域的两只雌性是不能产仔的，第三只产了一只幼崽后，就会离开这一领域。在夏季季末，即便大部分的雌性仍待在其领域内，但面向闯入者的攻击变得很脆弱。罗杰斯监测的 9 个家系群在 6 月的前 3 周中解体了，此时幼崽已是 16、17 个月龄了。每一个周岁的雌性都会留在其母亲的领域内，而建立自己的亚类群并至少维持 2 年的时间。在一个例子中，4 只年幼的雌性和一些年长的雌性紧密地生活在一起，后者可能是前窝产下的同胞。母亲和年幼雌性的活动范围是趋于分离的，虽然它们全在母亲原来的交配领域内。一只熊妈妈被杀了之后，它的一个女儿便会接管整个 15 平方千米的领域。它在接下来的一个冬季产下了幼崽并在继承的领域上喂养。在另一个例子中，一只 3 岁大的雌性独占了它母亲的东部领域，在它母亲将领域向西迁移了 2.4 千米之后它的一只妹妹得到了西边较小的一部分，生长非常缓慢并且未能产下幼崽。这位母亲在第一块领域上早就转移到了邻近数量已减少的领域中。它的到来使邻近领域 3 岁大的儿女转移到了以前熊领域的西半部：这只女儿与一只 5 岁大的可能是前窝产下的雌熊分享这一部分；这一雌熊显然在年龄上是只较老的熊，下个冬季就没再产仔了。

雄性黑熊不参与这一继承系统。它们在亚成熟期就从母亲的领域中分离了出来。在交配季节，完全成熟的雄性便会进入雌性的领域，并且通过侵略性的相互争斗彼此驱赶对方，特别是很接近雌性的时候。随后，当它们的睾丸激素水平下降时，又会从雌群中撤退出来。当找到丰富的食源时，又会集聚到各平地觅食。到了晚秋，它们又回到雌性领域的一个穴居。

白鼻浣熊（*Nasua narica*）

白鼻浣熊与有着尖细的嘴和不断摇摆、富于表达的尾的浣熊很相似。它们是美洲最具社会性的动物。小白鼻浣熊这个术语经常被用来指一种独居的白鼻浣熊——动物学家目前推测就是雄白鼻浣熊。白鼻浣熊是南美浣熊属（*Nasua*）最靠近北部的物种，主要分布在亚利桑那州南部到巴拿马一带。考夫曼（1962）在巴罗科罗拉多岛上对其生态学和社会行为做了系统的调查，而有关同一群体的其他信息是由史迈斯提供的（Smythe, 1970a）。

尽管白鼻浣熊和黑熊代表了独立进化路径，但白鼻浣熊的社会生物学比黑熊的在进化上显然是更进了一步。其实质上的不同仅在于几种雌性-后代作为稳定的群队聚合在一起。这些群队的家园广泛地重叠，但是核心区域是独自占有的。考夫曼研究的 6 个群队中每群队的成员数有 4—13 只不等，其核心也有 1—4 只成年雌性不等。在研究区域中，也曾观察到过一个独居的成年雌性以及有时会有超过 12 只之多的独居成年雄性。尽管这些群队的构成长时间地近乎不变，但它们经常会在白天觅食途中分裂而组成暂时的亚群。群队的这些亚群是在不同个体组合的基础上形成的，所以其图解就类似于一条松散的绳索。队群内最稳定的组合是雌性个体和其幼崽的组合。一种可能但尚未被证实的推测是，基于姐妹或第一表姐妹关系的雌性之间是紧密相连的。无疑，群队是通过简单的分裂方式扩增的，这时会出现一只或多只雌性离开群队去开发新的核心领域。

群队成员之间的关系就相对松散一些。存在着相互修饰的现象：最常见的是在母亲和幼崽之间；其次是在其他不同年龄的成员之间；最少见的是在同龄的成员之间。虽然未成年成员试图超越除了它们母亲以外的所有成员，但并不存在明显的等级系统。作为白鼻浣熊群队中的"激进分子"，它们挑衅地同其同胞们逗闹、尖叫和角斗玩耍。当未成年的幼白鼻浣熊正在进食或在被修饰，或靠得很近时，就会毫无理由地彼此攻击。它们的优势是基于其母亲的强力支持，在打斗中，可以去寻求母亲的帮助。这种优势会延续下去，因为当母亲暂时离开时，这些幼白鼻浣熊还能去恐吓其他同类。在这些情况下，这些幼白鼻浣熊偶尔会得到其他成熟雌白鼻浣熊的支持。

在白鼻浣熊的社会行为中，几乎没有合作和利他主义的证据。分摊性竞争的目的是争夺食物。像老鼠、蜥蜴这样的小猎物经常会闯进有几个白鼻浣熊的活动领域，但是，第一个抓住猎物的才可以享用这道美餐。抓住猎物的白鼻浣熊会冲着其他的白鼻浣熊狂吠以阻止抢食，直到将食物吃光为止。一次，考夫曼看到一只母白鼻浣熊吃了一只陆栖蟹的大部分后，才让它的一个幼崽吃。当一只白鼻浣熊挖出一只蜥蜴或大蜘蛛时，任何试图与其分享食物的其他成员都会受到攻击，几乎不存在主导关系。未成年个体习惯于跟随母亲，但作为一个整体，群队是随着那些表现得最有活动力的成员进行活动的。白鼻浣熊没有专门的哨兵，当出现第一个危险信号时，群队的每一个成员会马上分

散——每只白鼻浣熊都仿佛在为自己而逃命。

在每年的绝大部分时间中，成年雄性过着独居的生活。当两个个体在森林中相遇时，它们彼此鼻孔朝天尖叫、怒吼，还做出其他的敌对动作，有时会挑起打斗。在巴罗科罗拉多岛的群体，由于争吵是短暂且可预期的，所以似乎存在着等级系统。当雄性遇到家系群组合时，也会引起争端。在大多数情况下，群队会占上风，而雄性会从容不迫地撤退。只有在干旱季节开始的交配期（1月—3月），雄性才能够和平地接近上述家系群队。

如图25-1所示，巴罗科罗拉多岛的白鼻浣熊的繁殖周期和食物供给紧密相关。当大量的水果在枝头成熟时，交配就开始了。当水果多得会有许多都烂在地里时，年轻的白鼻浣熊就从母亲的洞穴中走出来，开始寻觅自己的群队，包括仍然独居的雄性在内的所有的白鼻浣熊，都主要以果实为食。随着潮湿季节的结束，当果实供应减少时，由雌性和幼崽组成的群队逐渐转向捕食留在森林土层中的小脊椎动物。除了这些动物之外，雄性还捕食老鼠，可能还有其他的脊椎动物。有证据表明，雄性的数量最终为食物所限制。在没有水果的季节，它们把捕食时间延长到夜幕降临以后。它们的打斗增加，毛皮的状况也变差，这样的性别差异现在还不清楚。这种生态学上的分配可能基于雄性的某种利他主义趋向，它们去寻找其他食物，而把剩下的一批水果留给后代；或者，根据现代遗传学理论，至少更合理的是，捕食较大的猎物主要或完全是基于雄性个体的自然选择。也许白鼻浣熊群队协同捕食较小的猎物，可使一只成体利用单独觅食的方法继续维持生活。其结果是雄白鼻浣熊利用它们硕大的

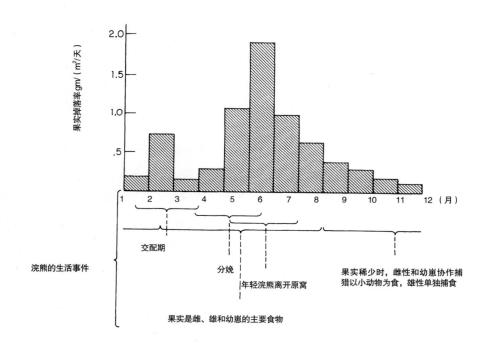

图25-1　白鼻浣熊的食物供给和社会行为年度周期的关系。
注：经由史迈斯（Smythe）修改，1970a。部分来自考夫曼所提供的有关白鼻浣熊的数据，1962。

体形（比雌性重10%）来捕获啮齿类动物和其他大型猎物。

狮子（*Panthera leo*）

在以动物为中心的人类心中，狮子一直居于一种高高在上的地位：人们认为它是"百兽之王"、太阳的象征，甚至是动物的上帝。埃及法老拉美西斯二世带着狮子上战场搏斗，从阿蒙霍特普二世到圣路易斯的国王们，最传统的运动就是猎狮。但是直到最近10年，雌狮子才成为动物学的重点研究课题。在1966—1969这3年中，乔治·沙勒对坦桑尼亚塞伦盖蒂草原上的狮群进行了跟踪研究。那是一个"一望无垠的区域，即使透过鸵鸟的两腿间都可以看

见天上的白云。中午的热浪可以把远处的花岗岩鹅卵石变成城堡的美景，把斑马变成瘠瘦的贾科梅蒂（Giacometti）[①]雕塑"。沙勒行走了大约15千米的旅程，对那些狮子进行了长达2 900小时的现场观察。随后布莱恩·伯特伦又对同一个狮群进行了4年的跟踪研究，他不仅证实了沙勒的观点，而且还获得了对它们社会行为生态学基础很有价值的新看法。人们很少对其他种类的动物群体进行这么长时间的野地研究。就像L. L. 罗杰斯对黑熊的研究、道格拉斯-汉密尔顿对大象的研究，以及珍妮·范·拉维克-古多尔对非洲黑猩猩的研究一样，他们的分析已经达到了一个新的水平。在这里，对

① 贾科梅蒂：瑞士雕刻家和画家。——译者注

图25-2　在塞伦盖蒂公园，一群狮子抢食一头新近捕获的野牛。两头成年雄狮（它们是兄弟）已经吃饱并在附近漫游，允许其他狮子接近猎物取食。这些其他的狮子由母狮、两头3岁雄狮、一头约18月龄的青年狮和两头5月龄的幼崽组成。背景上，两头黑背胡狼和一群秃鹫在等待着分享所剩猎物的机会。位于后面的那头成年雄狮轻松地张着嘴向周围炫耀，而另一头成年雄狮凝视着观察者远方的陌生对象。两头母狮在相互咆哮，这是狮群成员间在争食猎物时的少见的相互斗争现象。一头青年雄狮在争食猎物期间暂时被排挤在外而蹲在猎物后边。在狮群权力等级系统，幼狮地位最低，在争食猎物时由于吃不饱而营养不良具有高死亡率（绘图者 Sarah Landry; 根据 Schaller, 1972, 咨询过 Brian Bertram）（此图占原书 p506-507 整版）。

自由活动的个体进行追踪，把它们从出生到社会化、分娩和死亡，以及它们的特性和联合情况都详细地记录下来。

一个狮群的核心是几只成年雌性的姐妹关系，至少是像表亲一样亲近的关系，并且它们大部分或全部一代代地都居住在一个固定的领域上。在沙勒观察到的最密切的几个狮群当中，个体数在4—37不等，但每个狮群的平均数是15只。雌狮子间所表现出的合作程度在哺乳动物中仅次于人类。母狮们常常以扇形展开追踪，然后同时对猎物进行袭击。它们的幼崽，像非洲大象的幼崽们一样，被安置在一个类似托儿所一样的地方：每个泌乳期的雌狮喜欢在这里给自己的幼崽喂奶，但也允许其他雌狮的幼崽吮吸。有时为了吃得更饱些，幼崽可以连续地从三四个甚至五个处在哺乳期的雌狮子那里吃奶。相比之下，成年的雄狮子们却有点像雌狮子的寄生虫一样生活着。年轻的雄狮子几乎都会一成不变地单独或成群地离开生它的狮群（一小部分年轻的雌狮也会离群成为流浪者）。只要一有机会，这些雄狮就会进入一个新狮群，有时还通过攻击来取代狮群中的雄狮。狮群内的和狮群外的雄狮群队是由兄弟组成的，或者至少是由一些在生活中许多方面都有关联的个体组成的。雄狮跟着雌狮从一个地方迁移到另一个地方，并且依赖于雌狮捕杀猎物。一旦捕获到猎物后，雄狮就会跑过来利用自己体形上的优势把雌狮和幼崽们赶到一边，然后自己大吃起来（见图25-2）。雄狮对其他的狮子，特别是想进入自己所在群的那些雄狮反应非常强烈。具有兄弟关系的成员数越多，其成员占有狮群的时间就越长，直到有一天它们被对手赶出为止。

以独居习性著称的另一类哺乳类动物（猫科动物）的上述独特社会结构有什么意义呢？沙勒断言，狮群得以进化主要是因为在开阔的地区，类群捕猎更容易捕获到较大的食草的哺乳动物。他的数据表明：狮群狩猎的成功率为单独狩猎的2倍。集体狩猎还可以捕获那些格外大、格外危险的猎物，特别是长颈鹿和成年的公水牛，单只狮子是根本无法捕获到的。沙勒还进一步发现，在狮群中，幼狮可以受到更好的保护，避免被美洲豹或其他流浪的雄狮所伤害。正是出于这两个原因，狮群比单独的母狮更容易把幼崽养大。

在狮群内存在着一种松散的等级关系，这主要是建立在实力的基础上。每只狮子似乎都清楚彼此的斗争潜能，所以只有以喧闹的、偶尔发生的冲突打破这种紧张的宁静。这些冲突只是恐吓，一般很少有伤害。但是，特别是当争夺反目时，真正的战斗就开始了。它们一旦撕咬开来，往往就控制不住自己。最好的办法就是群中的成员能预见到这种搏斗，并避免那些可能会引起这种搏斗的行为。有时，母狮还能通过集体攻击把雄狮赶走，狮子间偶尔也会自相残杀。沙勒就记录下几起雄狮间搏斗致死的例子。他还目睹了这样一幅场景：群体中的雄狮死后，它们的领域被其他狮群侵占，群中原有的幼狮也被残忍地杀害了。

狼和狗（犬科）

有3种犬科动物是成群捕食的：狼（家狗就是从其进化而来的）、非洲野狗、亚洲的印度野狗。成群捕食对动物间的合作水平及动作的协调程度要求很高，所以也影响了它们群居生活的其他方面。体形相对较小的动物可以通过成群捕食去捕获体形较大的动物。布尔列尔（Bourlière，1963）和其他动物学家都已经注意到，肉食哺乳动物在大部分情况下，都会捕食那些与自己体形相同或者比自己体形小的猎物，但是成群捕食的犬科动物却打破了这一限制。与其类似的海生哺乳动物是虎鲸，可以集体袭击那些比它们大得多的鲸。昆虫中的行军蚁也与此类似，它们成群捕食，成群袭击掠夺其他社会昆虫，包括其他蚂蚁的领域。根据流行的理论可知，在灵长类动物中，原始人也是成群捕食的（见第27章）。

犬科动物的两个性状，在许多情况下，都容易使它们的成群捕食得以进化。第一个性状就是它们独特的成对配偶形式，在这一形式中，雄性供养雌性和幼崽，当有足够多食物时，还会养育数量较多的幼崽。大部分社会物种的群体都是在这种经济系统的扩张中形成的，这种系统把关系较近的家系群维持在一起。第二个性状与大部分猫科动物和其他肉食哺乳动物都不同，犬科动物是在开阔地带追捕猎物，而不是依靠暗中袭击和埋伏捕获猎物的。以这种方式开始捕猎，较容易使协作的成群捕猎得以进化。

狼（*Canis lupus*），是北方成群捕食动物的代表。在没有被人类大量捕杀之前，它们的分布从北美南部到墨西哥高地，从欧亚大陆到阿拉伯、印度以及中国南方。除了巨型家狗之外，它的体形比大部分家狗都大。成年狼的平均体重为35—45千克，偶尔还会达到80千克，雌狼要比雄狼稍轻一些。换句话说，狼大约有小个子的成人那么重。它们也处于食物链的顶端。食物中大约有50%都是河狸一样大小或更大的哺乳动物。在北美洲，其典型的猎物有：河狸、鹿、麋（驼鹿）、北美驯鹿、角鹿、山地野绵羊，还有其附近居住区域内的牛、羊、猫、狗（有时甚至包括人，但量很小）。小一点的猎物，从老鼠到雷鸟，丰富了它们各个季节的饮食。但是在困难时期，这些小猎物无疑会变得十分重要。当狼群发现猎物时，就会一起合作去追踪和发动攻击。单匹的狼能够抓住小的猎物，并用自己的尖牙利齿把它撕碎。但大的猎物必须由大家一起追赶，即使这样也经常避免不了失败。像鹿和山地野绵羊这样跑得很快的动物，就常常超过狼的速度，而一只成年的驼鹿只要坚持到底就可以躲过一群狼的追击。正如戴维·梅奇所观察到的那样，在罗亚尔岛，131只被狼发现的驼鹿中，最后只有6只被捕食。

剩下的驼鹿大部分都是在狼还未靠近时就逃走了，或者站着与狼对峙，直到狼放弃为止；或者在狼的追踪下飞快地奔跑（见图25-3）。文献中也有许多猎食成功的例子，这些都是只有通过一致行动才可能做到的。猎物通常都是被来自几个方面的猛攻而逼入困境或死角的。至少有3个观察者目睹了狼群把北美驯鹿赶到有其成员守候的地方。凯萨尔（Kelsall）看见由5只狼构成的狼群，静静地等着一小群队的北美驯鹿进入一小片云杉林。当驯鹿刚从视野中消失时，立即就有一只成年狼穿过云杉往上坡走去，潜伏到驯鹿要走的路上。同时，其他4只狼也在

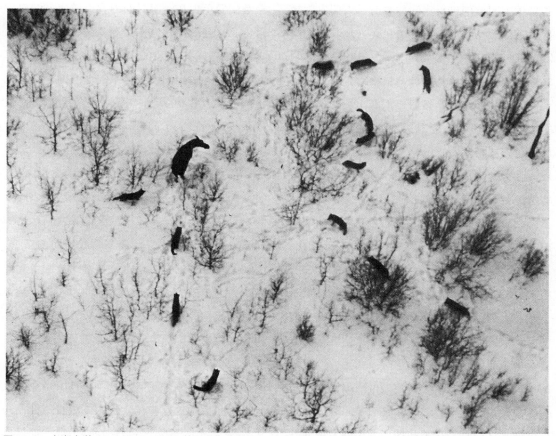

图25-3 在湖上游（Lake Superior）的罗亚尔岛地区，一群狼包围着一头驼鹿。这头驼鹿在原地站立与狼群成功地对峙5分钟，随后狼群放弃围攻（自Mech, 1970）。

附近形成了包围。然后它们沿着山脚驱赶驯鹿，其意图非常明显，就是要把驯鹿赶到其同伴正在等候的山坡上去。

狼的体形较大，以及专门的捕食习性都表明它们只能在低密度下生存，并且拥有一个很大的家园。在密歇根的罗亚尔岛和安大略的阿尔冈琴（Algonquin）公园这些地方，据统计，每1 000平方千米大约有40只狼。但是在加拿大和阿拉斯加州，每1 000平方千米大概有4—10只狼。因为大部分狼群中有5—15只成员（阿拉斯加中南部的记录是36只）。所以我们假设一个狼群的家园范围约为1 000平方千米是合理的。在对100—1 000平方千米的野外狼群的家园范围进行实际估算时，人们发现这些数字大部分都在300—10 000平方千米之间（Mech，1970，表18，165页）。狼在它们的领域内不停地寻找猎物。捕杀猎物后，它们通常会在附近休养几天，然后再重新出发。虽然在它们的旅程中有些路线会重复，但总体上它们的行为模式都是随机的，没有固定的路线可以追寻。狼像马拉松运动员那样持续、不知疲倦地快速奔跑，它们在24小时之内可跑100多千米。当狼群在芬兰厚厚的雪地上被人们捕到的时候，一天内大概已跑了200千米（Pulliainen，1965）。邓伍迪·L. 阿伦（Durwood L. Allen）、戴卫·梅奇及其皇家岛上的同事的研究都显示了狼群是领域性的，但其形式通常是时空性的，并且其家园范围相当重叠。据研究，一群狼会避免通过别的狼群几小时或几天前刚走过的地方。尿液的气味无疑是狼群获取信息的重要途径，当然，离得远时，它们嚎叫的声音也可以做到这一点。在某些场合，狼群会相遇并搏斗。沃尔夫和阿伦记录了罗亚尔岛一个最大

的狼群与一个只有4匹狼的狼群相遇搏斗的情形，结果这一小狼群中只有一匹被捕杀了。在某些时候，大的狼群也会对小狼群进行领域控制，但是它们也有安静的时候，在这期间它们的家园范围会有广泛的重叠。

梅奇（野外生活狼群的主要观察者）和福克斯（Fox，研究了圈养动物的社会化进程）已经对狼的社会行为进行了详细的研究。梅奇的解释是相当翔实的，并且还具有与该物种现代生态学知识相对照的优点。当一对配偶离开其亲本类群去营造自己的巢穴时，一个新的狼群就形成了。随着家系的成长，在雌性和雄性中分别形成线性权力等级系统，而那对家系的奠基配偶至少在一段时间内要占领家系的权力地位。这些统治权力主要表现在诸如优先获取食物、良好的栖息地和配偶。但这也不是绝对的，任意一只狼的大概半米的范围内都是这只狼的"所有权地带"，该区域内的食物即使是地位较高的狼也不会与其争执。早在幼狼进行战斗玩耍时，等级就已经确立了。在成熟过程中，通过不断的仇视和顺从的行动得以强化，争斗一般会在一方顺从后迅速结束。但有时，特别是繁殖期间，爆发的战争会导致很严重的伤害。在上述争斗中，狼会结成不同的帮派。无论是从狼群的领主还是从狼群的征服者方面考虑，为首的雄性是持续关注的中心。在绝大多数追逐中，首领雄性都是领导者，并且对入侵者最先反应，反应也最为强烈。其他成员在问候仪式上会很服从它，会互相温柔地轻触、舔舐、嗅闻对方的嘴。这种仪式还出现在幼狼乞讨食物活动的仪式化表演中。尽管这种仪式之后通常都是分离，但是在许多场合下都是自发地为雄性首领举办的，有时整个类群都会簇

509

拥在其周围很友好地表示顺从。

雄性首领也有更多机会接近发情期的雌性，但这种特权也并不是绝对的（Woolpy，1968）。这只首领和其他等级较高的雄性每一只都要展示它们对雌性的喜爱；反过来，雌性也要在这些雄性中间进行选择，通过静静地站立并把其尾巴移至身体的一边，就表明它们想要交配了。

正如申克尔最先证实的那样，狼用面部表情、尾巴位置和身体姿势来丰富信息储存库，以表达其等级和敌意程度上的细微差别。洛伦兹曾在《所罗门王的指环》（King Solomon's Ring）一书中把（动物）呈献颈部区解释为顺从。但是现在看来，这可能是错误的。劳伦兹指出，"当胜利者的牙齿将要撕破失败者的颈部血管时，你屏住呼吸、等待着暴力即将发生的那一刻，但无论怎样，都不会发生。在这种生死攸关的特殊情况下，胜利者会明确地不靠近它不幸的对手。你将发现，即使它愿意去做，它也不能那样做"。按照申克尔的观点，相反的情况下才是正确的，首领将喉部暴露给它的下属，下属显然不敢利用这一有利时机。早期的观察资料可能没搞清楚这两种动物（强者和弱者）之间的角色，尽管这种问题仍旧远未完全解决。

类似的一系列的狂吠、嚎叫和其他的声音补充了视觉信息储存库。对狼的信息素方面研究得很少，仅在其肛门区有5处地方能够产生信息素：生殖腺、前尾腺、肛门腺、小便和大便。气味可以用来标记领域，通报近期吃了哪种食物（通过用鼻子嗅闻其他动物的嘴唇气味来完成），辨别雌性发情周期的阶段。在增强控制的互动中，它们也会利用这些增广通信，

首先地位较高的动物嗅地位较低动物的肛门域，接着为了接受检查展示自己的尾部。

尽管从家犬中没有检测出来自豺、草原的狼或者其他犬属种类的基因，但现在有充分的证据表明，家犬完全起源于狼。实际上，在犬属大家庭中，家犬不能作为一个有效的生物学物种与祖先的狼区别开来。也许唯一共同的识别性状就是镰刀形或卷曲形尾，这是在家犬的所有品种中都能发现的，这也容易与狼和其他野狗低垂的姿态区分开来。狼强烈的社会特性、通过趴伏和仪式化的舔舐来表达其顺从的殷切、服从首领的心甘情愿和成群捕猎的习性，都使它们以前适应地成了人类的共生伙伴。对考古学遗迹的放射性碳测定表明，这一共生事件在距今1.2万年前就已然发生了。当时，是在最后的大陆冰期消退后，人类处于狩猎-采集的发展时期。已足够社会化但仍需被哺乳的幼狼是如何融入人类社会的？ J. P. 斯科特提供了以下天才的、理由充分的假说：

> 食腐肉的狼可能会来到狩猎营地附近，寻找仍具食用价值的内脏并试图偷吃贮存的肉类。狩猎者有时也可能猎到了狼并将其幼崽带离它们的洞穴；有一些在带回家后还活着，并且由于可能引起丢失了自己的孩子并正经历着长长哺乳期折磨的女性的注意而没有被食用，这样的幼崽可能很容易被这样的人类母亲（养母）用乳汁喂养几周。在此之后，它们可能靠着吃剩饭及食用煮过的食物而生存了下来。持续一段时间的充足食物供应后，被饲养的狼仔很快就对人有依恋了，如同今天的幼狼一样，如果选择了恰当的时机，它可能

很友善并很爱和小孩子玩耍。到了3个月大小的时候，它变得足够大，依靠小量的残食而成为人类群体中的一员，并且除非人类的行为有剧烈变化，这位养母可能也变得非常依恋它了。

被赫迪格恰如其分地称为"一种高级捕食野兽"的非洲野狗，把狼充分表现的社会行为又纳入了更高的层次。即使是在哺乳动物分布最广泛的非洲，该物种也仍是最稀少的一种物种。除了极其荒凉的沙漠和茂密的森林外，其他的生境它都可以生存栖息。由5只狼组成的群队曾被发现于乞力马扎罗（海拔5 895米）山脉的顶峰，这可能是哺乳动物的登高纪录。作为一种严格的食肉动物，这种野狗经常猎取跟它大小相当的猎物，比如格兰特瞪羚、汤姆森瞪羚、黑斑羚和角马的幼崽。但是它们也同样攻击、猎杀比它还要大的动物，其中包括成年角马和斑马。围猎几乎总是以紧密的群队进行，持续时间平均30分钟，并通常以胜利告终，但这是一幕惨剧。群队的首领在（猎物）远处就选定目标，然后带领群队坚定地追逐。瞪羚一般在野狗接近其于200—300米之内就会逃跑。野狗会依赖速度、耐力、数量的综合因素甚至可以捕到跑得最快的猎物。野狗奔跑速度每小时55千米，爆发时速达65千米，在前3千米内就会追上多数目标；有时会在5千米甚至更长一段距离内保持每小时50千米的速度。它们不会如以前想象的那样通过接力的形式追捕，有一只野狗（通常是领导"干部"）始终在前面领跑，其他的紧随其后排成大概有1千米的长队。类群追捕的好处在于两个方面。有些猎物会围绕着一个大圈或者是Z形跑来摆脱

跟随其后的猎杀者，那么跟在身后的野狗就会截断并接近其逃跑的路径。一旦猎物被抓住，所有成员都冲上去按住它，从各个方向猛拉，很快撕碎它。瞪羚一般会在被俘获后的10分钟之内被杀死吃完，一头雄角马或者是斑马大概需要一个多小时的时间。但是，作为像德国牧羊犬那么大的野狗能够猎杀如此大的猎物却非同寻常。

我们关于非洲野狗社会行为的知识还是很新的，主要是根据屈梅（Kühme）、埃斯蒂斯和戈达德及范·拉维克（van Lawick-Goodall, 1971）等人对塞伦盖蒂国家公园的野外研究。经过动物学家数百个小时的观察，他们发现，除大象和黑猩猩之外，野狗的协作和利他主义程度，是任何其他动物都无法企及的。它们一旦吃饱之后，会马上赶回洞穴，将食物反刍给幼崽、它们的母亲以及其他留在后方的成年动物（见图25-4）。即使有时猎物不足以喂饱所有的成员，狩猎者仍旧会把它们的战利品拿出来共同享用，所以生病的和伤残的成年动物都被照料得很好。在成年野狗杀幼崽的优先权上，与狼和狮的顺序完全相反。野狗的社会行为发展到了这样的程度——埃斯蒂斯和戈达德观察到当一窝9只5周大小的幼崽成为孤儿，它们被该群队里其他8只成员喂养，并且碰巧还全是雄性。

尽管野狗在狩猎中显示出凶残，但是在和其他成员的关系中却表现出放松和平等。没有发现个体的距离，并且群队成员有时会簇拥躺在一起取暖。在抚育权上，尽管在正常情况下母亲拥有第一位权力，但是雌性之间还是会争夺抚养幼崽的特权。尽管在雄性和雌性中存在着分离的统治秩序，但是它们细致的表情可以让人类观察者很容易辨认出来。恐吓是特别难

图25-4 "超级食肉兽"和极高度社会化的犬科动物；在坦桑尼亚塞伦盖蒂平原的一群野狗，多数成年野狗则成功捕猎返回住地。在图的前部，一只成年野狗准备给从窝穴爬出来的一些幼崽反哺新鲜肉食。在图左，一只母野狗在向首领雄野狗进行问候仪式，随后这只母狗也会通过反哺得到食物。在远处可看到一群斑马和一群角马，它们都是野狗捕杀的大型动物。每窝产仔数很多是野狗这一物种的另一性状。在一群野狗中只有一只或两只雌性产一窝仔（在给定年份），其余的成年野狗全力照顾和抚育幼崽。该物种这种极强的利他主义和协作精神与其成群捕猎的习性有关，而这一习性可在白天提高捕猎效率，可捕获比野狗大得多的动物（Sarah Landry 画图；根据 Estes & Goddard, 1967; Hugo van Lawick-Goodall）。

以识别出来的，它们不像狼那样嚎叫或者竖立鬃毛，而是表现出与平时快速前进时类似的体姿。头会低到或低过肩膀，尾巴自然下垂，当面对着对手或者对手朝它走来的时候，它会站住严阵以待。相比之下，顺从则是一种复杂而明显的举动。在庆祝仪式上会明显分出等级，通过这种仪式，野狗可以重新建立联系，并会在其他的一些场合发起群队攻击。在潜在的紧张形势下，特别是伴有一场捕杀后，这些野狗在做出顺从表示上似乎在彼此竞争。它们的嘴唇收回露出的牙齿，前端身体下倾，尾巴举得高过背部，它们会激动地反复颤抖，似乎每一只都要试图钻到另一只的下面去。用埃斯蒂斯的表达就是以一只丧家犬（underdog）取代优胜狗（top dog）的行为方式。当以舔对方的脸或用鼻子嗅对方的嘴添加到仪式化的乞讨行为中时，这种表演就变成了成熟的问候仪式。

伴随着顺从姿态的普及，在野狗的社会内攻击和主宰的意义变得模糊也就不足为怪了。

最不确定的是雌性之间的关系。在范·拉维克的一次观察实例中，在4只母狗（bitches）中，它们的地位是依次下降的，现在产幼崽的一只母狗处于等级的最底层，并常常受到其他狗的骚扰，后者表现对其幼崽的强烈兴趣。这种关系是令人困惑的，它可能展示出一种不祥之兆；因为根据范·拉维克后来的发现，两只母狗在同一时间产仔，它们会杀害彼此的幼崽。比如当"魔鬼"（Havoc）产下一窝幼崽的同时，"天使"（Angel）怀孕了，"魔鬼"的地位就上升了一些，它会利用其较高的地位来排挤"天使"，等到"天使"的幼崽降生之后，这些幼崽会被"魔鬼"杀害，直到剩下一只叫"唯一"（Solo）的幼崽。这个幸存者"唯一"最终由"魔鬼"抚养，并允许其同自己的幼崽玩耍，虽然它处于较低地位并常常受到攻击。其后"魔鬼"会防止"天使"接近"唯一"。

野狗的繁殖行为呈现出一幅迷人的画卷。在一年中只有一只或两只雌性产下一窝幼崽。

513

产幼崽可能要依赖于权力等级系统中雌性的地位，否则很难使幼崽存活到断奶期。但不管实际上是不是这样，作为总体来说，一个群队一次只生一窝或至多两窝幼崽却是一个不争的事实。一窝的幼崽在数量上相对多些，在野外平均约10只，多的可达16只。它们大部分在雨季出生，那时大部分食草动物也出生了。我认为，该性状的意义可从把野狗和行军蚁进行比较中推测出来。两者都是极端的食肉动物，它们都采取集团的方式去攻击那些大的或依靠个体力量难以抵挡的猎物。这一专门化产生的最终结果可能是，野狗和行军蚁都是游荡的，几乎每天都是从一个地方挪到另一个地方，不这样做就没有充足的食物。行军蚁以其卵发育高度同步化而著称，这是因为其产卵间隔时间是一定的，且在短时间内可产生极大量的卵。这些昆虫只有当同批的卵发育到幼虫阶段时才是流浪的。因此，一批卵的同步发育意味着：当所有的后代处于卵和蛹阶段时，有关集群可安全地在一个良好的家园内停留一段较长的时间。野狗也从发育同步化中受益，但方式则不同。当生下一窝幼崽时，野狗群在某一地点驻扎下来，直到幼崽长大甚至足以跟随一起参加流浪活动为止。如果每只野狗都生一窝，每窝的幼崽数与通常的一样多，且彼此独立，那么野狗群在一个地点停留的时间就要长得多。因此，有理由认为：单只雌性一窝生较多幼崽是发育同步化存在的原因，这样可以使群队每年有尽可能多的天数在进行游荡觅食活动。

虽然野狗是游荡的，但它们似乎是生活在一个宽阔而有限的区域内。由库默尔所监测的群队在猎物最多的2月是在50平方千米的区域内活动的。但是到了5月，当猎物变得很少时，其活动范围扩展到150—200平方千米。其他的观察还表明：在几年的时间内，一个群队所覆盖的范围可以扩展至成千上万平方千米。在偶尔的一些场合中，野狗群相遇时，会做出极为强烈的反应。有时，它们会表现得非常友好，但它们常常会彼此避开或者一群追踪另一群。在其他犬科动物中表现得非常明显的尿液标记，对于野狗来说却并不发达。在它们的巢穴附近，首领雌性留下了大量的标记。范·拉维克曾经有两次看到一小群入侵的野狗被从附近的一个巢穴里赶了出来。所以在严格意义上说，野狗的领域行为只局限于产幼崽后在两个月期间内栖息的地方。也许，野狗群队真的是以一种极其敏锐而难以发觉的侦察方式来击退并驱逐对方的。

第26章　非人类的灵长类动物

现存的灵长类物种可看作一类自然阶梯（scala naturae），即是从接近胎生哺乳动物系统发育的底部，通过解剖学上的特化、行为的复杂化和社会的组织化而一步地逐渐发展来的。它依次有以下的分类等级：树鼩（鼩）、眼镜猴、狐猴、新大陆猴、旧大陆猴、类人猿，最后是人。正如赫胥黎在1876年所指出的："在哺乳动物中或许没有一个目（会像灵长目那样）呈现给我们的物种序列会如此非同寻常了——它不知不觉地把我们从物种的最高等级阶梯带到了动物的较低等级阶梯——我们与那些似乎是最矮的、最小的和最缺乏智慧的胎生哺乳类动物，只不过是一步之遥。"按照现在的术语来说，"阶梯"（scala）被解释为横切于分枝的系统发育进化树的一系列进化等级，而不是单独从祖先到现存后代的各具体步骤（Hill，1972）。但是，有关进化等级的精确定义，仍是现行关于灵长类动物社会研究中的一个至关重要的问题，在这里将会引起格外的关注。

灵长类动物特有的社会性状

首先，让我们来看一看明显地促进灵长类动物社会进化的生物学性状。1932年索利·朱克曼（Solly Zuckerman）在《猴与猿的社会生活》（*The Social Life of Monkeys and Apes*）中提到，灵长类动物社会行为的凝聚力量在于两性间的吸引。他的这一结论是通过对伦敦动物园中一群新近形成的阿拉伯狒狒群体的观察得出的。当处于频繁的性活动时期，雄性会为争夺雌性而争斗。但是朱克曼认为他所见到的唯一真实特征在于猴、猿和人类通常都过着不间断的性生活。他宣称，即使某物种具有一定的繁殖季节，但繁殖活动的变化并不影响社会结合的性本质。"因为这并不意味着，维系各个体在一起时全然没有性刺激。在一类群内所有动物繁殖活动的季节性减少，并不妨碍其内在的性基础，因为其成员只要有一定程度的性要求，社会就会把它们结合在一起。"在随后的25年里，这种理论在灵长类动物社会生物学中居于主导地位。直到1959年，萨林斯（Sahlins）仍然说："即使不是贯穿于在月经周期和一年四季，那么也是在许多时候，交配的生理能力的发展推动了在猿与类人猿中异性类群的形成。在灵长目内，一个新的社会整合出现了，它超越了其他哺乳动物的社会整合；而非灵长目哺乳动物的交配阶段（因此是异性类群阶段）是受时间和季节限制的。"

515　朱克曼的理论是错误的，这已经被在20世纪50年代后期崛起的、现在正飞速发展的灵长类动物生物学的野外研究证实了。人们已经发现灵长类动物拥有不同的生育期，甚至具有极强社会性的大多数物种也都是这样的。许多社会相互作用的细节都已证实了，社会进化整体上与繁殖行为无关。高等社会呈现的重要的偏相关因素包括：领域的有无、抵御捕食者的战略和其他的非性别现象。具有反讽意味的是，一种更具说服力的证据是来自汉斯·库默尔对埃塞俄比亚野生阿拉伯狒狒的后期研究。库默尔发现，准成年的雄性在建立自己的群体以前，甚至远在交配活动发生之前，就开始同雌性群居在一起。它们引诱并如同母亲那样抚育小于6月龄的幼婴，最终它们会收养年轻的雌性，并采用恐吓的方式使其与之紧密地生活在一起。这样，单雄性单元在性活动发生以前就

已然产生了。库默尔认为这种结合是作为母婴关系的一种转换形式进化来的。N. A. 迪克（N. A. Tikh）通过在黑海的苏呼米（Sukhumi）工作站对阿拉伯狒狒混合体的独立研究也得出了相同的结论。

朱克曼的理论构成了对灵长类动物社会进化的第一次，并且也许是最后一次极好的整体解释。随后的研究在很大程度上揭示了在各物种特征中的特异性，这就导致了这样的一种信念：通过某一特定的物种获得的进化等级，至少部分由其所适应的当时环境的独特性所决定。因此，就可利用已经证明在对社会昆虫、鸟类、有蹄类动物和少数其他脊椎动物分类单元的研究中是成功的方法，来解释灵长类动物的进化了。但是，为什么一些灵长类动物完成了比其他有脊椎动物类群更为高级的进化呢？这个问题依然没有答案。确实，大脑容量的大小显然是一个重要的伴生因素，因为我们最感兴趣的灵长目动物往往是脑容量较大的猕猴和猿。但是我们并不知道，智力在多大程度上能作为一种使其偏向复杂社会的前适应，也不知道智力在多大程度上是对某些外界选择压力的响应，进而改良社会组织后的适应方式。

前适应仍然不能从后适应中分离出来。最好的做法是按照一种逻辑的而非假说的因果联系，以说明被专家所认识到的有关灵长类动物社会生活的最明显的特征。在图26-1指出了向灵长类进化的原动力的某些基本品质（性状）。根据第3章中所概括出来的方法，我把它们分为起源于系统发育的惯性或者是起源于灵长类动物向树栖生活的主要适应性转换。这两方面的影响，惯性和后适应触发了其他适应性的链条，使其共同组成了灵长类动物的可供鉴别的

社会性状。

哺乳动物的繁殖和遗传的基本体系是极其保守的。一个进化中的哺乳动物群体不能轻易地改变脑垂体和生殖腺内分泌系统，用单倍二倍性来代替XY性染色体机制，或者也不能轻易地废除基于哺乳的母系抚育基础。因此，繁殖和遗传系统在其效应上是惯性的。由于这些惯性的作用，哺乳动物祖先的一些性状仍然得以在灵长类动物身上维系下来。对雄性来说，虽然少数的一夫一妻制的平静关系是存在的，但一夫多妻制和雄性之间的攻击仍然是总的趋势。在长期的性联姻不是很普遍的情况下，最牢固、最持久的关系则是母亲与其后代之间的关系，其结果是母系成为群体的核心。母亲是

早期生活中的基本社会力量，至少在某些富有攻击性和有组织的物种中，母系对识别其儿子和女儿的社会等级上都发挥了作用。这种影响可能还会拓展到随后的各世代中（Kawamura，1967；Marsden，1968；Missakian，1972）。

第二类灵长类动物社会行为最终决定因素是由一些基本的后适应性状组成的，见图26-1的右方。从昆虫和松鼠的绝大部分树栖动物的体形来看，它们大都体形较小，并且在树冠之间穿行没有什么困难。尽管不像在地面上那么平坦宽广，但是树干、树枝，甚至树叶的表面相对于其身体的比例来说也是绰绰有余了。然而，绝大多数灵长类动物，特别是那些在系统发育上更为高级的原猴亚目动物（猴和猿）却

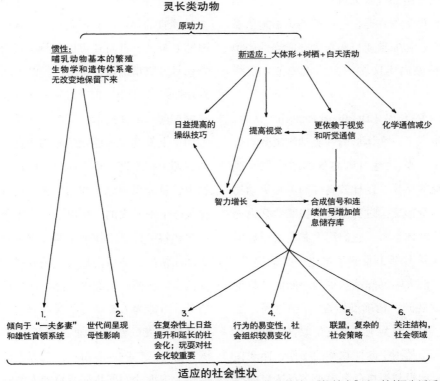

图26-1 高等灵长类动物明显的社会性状可以看作保守的哺乳类动物的特性（"惯性力"）和对树栖生活适应性的结果。甚至现在的陆栖物种仍然保留着它们树栖祖先的进化进程。

是例外的大型树栖动物。它们成为大体形物种的最终原因至今还不清楚，但这种适应性转变所带来的直接的生理上的结果却是显而易见的。对于必须精确判断距离和支撑力量的动物来说，视觉是最重要的感觉。灵长类动物视觉精确度的提高是把眼睛移到了头的前部，从而使立体视觉成为可能，再加上色觉，这样就提高了在杂色的树叶丛中辨别物体的能力。卡特米尔（Cartmill）提出，捕食小型昆虫的趋向又使这些变化更为先进。声音作为穿透浓密的树丛以发现其他动物的唯一方式又呈现了另外的意义。与此同时，嗅觉的重要性开始减弱。一个大型动物在空气流通不畅的树丛中，可以较少地依赖嗅觉来跟踪气味。它必须沿着不规则的树枝间的小道迅速移动，以至于不能根据其他动物散发出的气味来进行追踪。这样的结果就是灵长类动物在通信时，开始更多地依靠视觉和听觉，在原猴亚目和新大陆时期的中型猴中，这种倾向不像在旧大陆大型猿中那样普遍。

516 伯恩哈德·伦希（Bernhard Rensch）认为，在不同的情况下，大体形的哺乳动物大致有着较高的智力，因此绝对脑容量的增长似乎成为不可避免的结果。这样较高等的灵长类动物通过简单的身形变大过程就能获得某些智力成分。在运动和休息时，它们用手和足去抓住树枝的动作又使其智力得到了更进一步的提升。新大陆猴、旧大陆猴和猿从更为原始的"力量型抓握"发展到"精确型抓握"，则体现了更大的进步。无论是为了支撑还是取食，它们都遗弃了原来仅是用手紧抓物体的动作，而现在则是通过把食指和拇指分离出来进行适当的控制，就可以更好地操作食物和梳理皮毛。一般

来说，灵长类动物体形越大，这方面的操作就越精细。非洲黑猩猩比猕猴和狒狒更为灵巧，后两者又优于长尾猴和叶猴，人类则更代表了这种进化的顶峰。

智力是脊椎动物能形成最复杂社会的前提条件。个体间的关系是个性化的、渐进的、精细分级的且是快速变化的。情绪的精确表达会带来回应。较高等的灵长类动物已经扩展了哺乳类动物的基本特性，即不再利用基本的信号刺激，而是倾向于利用一套格式塔感觉信号，即数套信号整合在一起的感觉信号。 517

例如，在视觉方面，鸟类和鱼类只能对于单一颜色或者头部一个方位的运动做出正确的反应——事实上它们对其他并无反应。猴子或猿更为一致地倾向于按照整个身体外观、姿势和根据过去的经历采取行动。这也有利于开发多种感官的倾向。在近距离内，视觉和听觉信号是互补的，并且还可以与触觉混合而组成复合信号以更精确地传达信息。R. J. 安德鲁（R. J. Andrew）指出，旧大陆猴和猿在密切的社会接触期间一般使用的深远的"咕哝"声，特别适用于上面的完形感觉信号的表述。这种声音在音调上很丰富，很个体化，因此可以单独通过声音就能识别出不同的个体。这些声音是由呼吸道上部发出的，所以还添加了个体的其他一些独特的信息，像基于与口型、舌位和决定面部表情的其他肌肉状态有关的视觉信号的丰富信息。在原始人类中，熟练地应用这些复合信号，可能为人类语言的起源奠定了基础。其他可能引发的结果是通过面部特征来识别个体。范·拉维克-古多尔、沙勒等人证明了黑猩猩和大猩猩的面部特征变化和人类有惊人的相似之处。对人类来说，在一瞥之间就能识别一

个人甚至十分精确地猜出其身份是很容易的。至于在灵长类中，对其他同类特征的识别，安德鲁、阿尔特曼（Altmann et al.）、安东尼、莫伊尼汉、威克勒和冯·胡佛等人，也都做了广泛的讨论。

除了监控多重信号之外，较高等的灵长类动物同时还需要估计所处社会内的很多个体的行为。动物生活在社会领域之中，如果它要同时对多只个体做出反应，就要考虑到不同的关系，并还常常需要做出妥协。研究旧大陆猴和猿的观察者，已经注意到它们用来控制社会领域的行为。例如，库默尔描绘了阿拉伯狒狒的"保护性威胁"战术。一只正在与对手相争的雌狒狒有时会跑到首领雄狒狒身边，在这里这只雌狒狒能够较好地发起并抵御攻击。如果这只雌狒狒受到威胁，雄性首领一般会帮助它驱赶对手而不是惩罚它。这样的结果就更有可能使得它的社会等级上升。联盟也是一种普遍的方式，特别是在母亲和它们的成年后代之间更为普遍。异亲抚育也可导致成体之间的联盟，同时通过正在成长的年轻一代会更为迅速地扩大社会接触面。在猕猴和狒狒群队中，各成年雄性（不一定有血缘关系）在攻击战中往往会彼此支援。一只个体的地位不仅靠其自身的威力同时还在于盟友的力量和相关的帮助。西蒙兹（Simonds）在研究一群（印度）帽状发猕猴时发现，一只首领雌猴在同该群其他成员发生冲突时，要想取得胜利就必须要依靠其雄性首领的帮助。但是，当雌猴的保护者（其雄性首领）被发现掉了犬齿并在主要战斗中受挫而引起其地位下降时，这只雌猴就不能再控制其他的雄猴了。

查恩斯以及查恩斯和乔利根据整个社会的关注结构（attention structures）已经概括了个体社会领域的组织形式。在旧大陆猴和猿的物种中，大致可分出两类关注结构。第一类关注结构是向心社会（为猕猴、狒狒和绝大部分其他的猕猴类物种具有），它是以一个雄性统治者为中心组织起来的。社会中的成员要仔细观察其首领，要根据首领的"意图"变换位置或决定离开，也要根据首领的反应调整攻击其他个体的行为。当该类群受到外来攻击时，雄性首领和它的盟友会组织防御或者撤退。这种首领结构越是组织分明，向心作用就越强。当冲突发生在类群内部时，其成员会成群地倒向各首领雄性，这就是为什么打斗往往总在雄性之间展开的原因。第二类关注结构是离心社会，赤猴、叶猴和长臂猿就是典型的例子。虽然在这一结构中具体细节随物种而变，但是在攻击战斗时，雌性和非成体却有离开雄性的倾向，这是离心社会的特征。换句话说，在面对紧张压力时这一社会就要分裂。和平时期，雄性赤猴大部分时间生活在其群体的边缘担任放哨任务。一旦受到捕食者的威胁，它就会跑到一棵小树上或者其他醒目的地方报警，这时雌性和幼崽就会往另一方向逃跑。查恩斯和乔利把关注结构看作基础结构，认为它就是了解灵长类社会的关键。但事实上，关注结构还只是一个参数，它是由许多行为综合而成的，并且是为适应特定环境而进化的参数。因此，可以与其他参数（如年龄结构、类群大小和信号传递速率）一起放入某些社会组织的模型中。洛伊（Loy）也批评过把关注结构的分类过于简单化，并且指出，并不是所有的物种都适合用"二分法"分类。被查恩斯和乔利识别为向心社会的黑猩猩，实际上其组织结构是很松散的，以至于使这一识别被认为是无效的：它们的组织结构非常松散，并经常改变社会类群，这些类群包括没有幼婴的异性群队、仅由成年雄性组成的群队、仅由母亲和幼婴组成的群队等，事实上包括了所有可能的"性别-年龄"组合的群队。另一个例子是，普通猕猴雄性在控制类群的行动中所起的作用很小，远不如在狒狒中的类似情况，而后者才是向心社会的真正范例。查恩斯和乔利呼吁，在复杂的社会领域中，应该注意较高水平的组织，而这些组织是由较高等的灵长类实行自我组合而形成的。尽管这一呼吁在方案上还有缺陷，但它是正确的。

社会领域和关注结构丰富了个体所起的作用。德沃尔发现，作为成员中的"中心领袖"，年老的雄性狒狒首领可以在体质过了最强壮的阶段后，仍旧还能维持其领导和统治地位。塞尔玛·罗威尔（Thelma Rowell，1969a）基于对同一物种的独立研究，详尽地叙述了其群体中成员一致尊重并把权威赋予身体衰弱但富有经验的首领的益处。因为灵长类动物是在竞争中进化的，其群体中最老谋深算的成员所积累的知识对其他个体是非常有益处的。

所有灵长类动物的颇具特点的关键特征在于：一般群体中个体行为同环境变化的联系越来越紧密。精确地根据群体领域中的细微变化从一只个体反应到另一只个体，这种迅速的转变就要求社会结构本身具有可延展性。在研究灵长类动物的文献中就有大量关于群体延展性的内容，汉斯·库默尔、塞尔玛·罗威尔和其他一些人认为，这是野外动物群体所特有的现象。狒狒是一种具有独特意义的物种，在肯尼亚内罗毕公园的热带草原上，德沃尔注意到群体在区域间转移时常伴有明确的行军命令，雄

性首领陪伴着雌性和幼崽总是处在驻地中心附近，靠近它们的是稍年轻的成员，而其他成年雄性、雌性则处在先锋或断后的位置上，一旦发现有潜在的食肉动物的威胁时，首领就会立即冲到最前面备战。罗威尔（Rowell，1966a）在乌干达森林中发现了另外一种不同的东非狒狒群体，这里的狒狒区别于其他种类而更接近于树栖灵长类动物。它们的行动缺少一致性，也没有统一的行军路线，它们在茂密的树丛里活动，这种狒狒更依赖于咕噜声，且比草原生活的狒狒更关注落伍者。罗威尔还发现，大草原狒狒没有明显的统治阶层，其群体间的斗殴也很少出现。居住在森林中的狒狒为了避开其他群体，睡眠的场所一般都不固定。在安博塞利（Amboseli）保护区的辽阔草原上，可以用于睡觉休息的小树林很少，所以东非狒狒能够容忍同其他群体共用，这样就经常可以看到狒狒组成的庞大的集体休息队伍的景象。在埃塞俄比亚的阿瓦什河域（Awash Falls），东非狒狒由于别的种群的入侵已经进入另外一种地形，通过对群体转移的细节的研究，内吉尔（Nagel，1973）能够区分遗传的程度并了解狒狒社会行为的组成，即使在类似的环境下通过细致分析仍可以区别出种群的差异，东非狒狒为了觅食而四处分散，又在通常睡觉的地方集合。狒狒在觅食的时间和路线的长度上也类似于阿拉伯狒狒，但是有别于阿拉伯狒狒的两个阶层的等级体系，东非狒狒则保留着同等级的社会组织特征。

库默尔在一次实验中描述，当外界的压力足够大时如何使社会行为产生引人注目的变化。当一只雌性阿拉伯狒狒被放进一群东非狒狒中，它会很快改变以前的群体反应，半个小

时之内它像雌性的东非狒狒一样，感觉会遭到雄性东非狒狒的攻击而远离它们。把两者倒过来进行实验会更具有启示作用。将一只雌性东非狒狒放入一群阿拉伯狒狒（为"一夫多妻"）中，会发现在一小时内它会靠近和攻击这只雄性阿拉伯狒狒，从而适应了与东非狒狒这一物种相反的"一夫多妻"社会系统。但是，这一适应是不完全的。在完全学习这一（攻击）行为后，大多数雌性东非狒狒会离开阿拉伯狒狒群中的雄性而不再回来。这种不完全适应的本身可能足以说明——在阿瓦什河域的东非狒狒群体，甚至在被阿拉伯狒狒社会包围的变化环境中，为什么仍不能转化成阿拉伯狒狒（社会）组织的原因。

灵长类动物社会行为生态学

在有关灵长类动物社会现象的研究中，最主要的组织概念是，将社会参数固定地作为每一物种对适应其生存的特殊环境的一种理论。该理论的参数包括种群大小、人口结构、家系群领域的大小及其稳定性、关注结构等。由于这一理论很初级且仍缺乏严密结构，所以在追溯历史时能最快地抓住问题的实质。该理论的种子是由 C. R. 卡朋特播下的，他第一次清楚地指出种群大小、数目统计和不同的社会行为是鉴别物种的主要性状。卡朋特认为，性别-年龄结构倾向于稳定状态，每一灵长类物种可用"中心组群倾向"，即根据社会样本计算每一性别/年龄类型的中位数序列表示。例如，他研究的灵长类的前两个物种的中位数序列如下：

吼猴，51群

3只成年雄性＋8只成年雌性＋4只未成年组员＋3只幼崽＋未知数目的单独生活的雄性

白爪长臂猿（Hylobates Lar），21群

1只成年雄性＋1只成年雌性＋3只未成年组员＋1只幼崽＋暂时单独生活的未知数目的雄性和雌性

卡朋特把成年雄性和成年雌性之间的平均比率称为"社会通用性比率"。他认为这一比率和其他的社会特性代表了对环境的适应程度，尽管他并不清楚它所包含的具体过程。

卡朋特更进一步意识到，社会生活为它们对抗食肉动物提供了某种程度的保障。有一次在巴罗科罗拉多岛，他看到一只年幼的吼猴被一只美洲虎攻击，这只幼崽发出悲惨的叫声，很快三只成年雄性吼猴立即冲过来对其进行援助并发出大声吼叫。查恩斯独立地提出自己的想法：他认为猴和猿聚集在一起是抵御被捕食的一种方式，他也提到了其社会成员拥有的可行性策略并不止一种，它们或者按照雄性狒狒的方式抵抗和战斗，或者像长臂猿家系群那样的方式一起逃到可掩护的地带。1963年伊文·德沃尔又添加了一种新的重要方式。他在肯尼亚观察到的东非狒狒给他留下了深刻的印象，他认为区域存在的变换代表了一种向更大型的、更有组织的社会进化的趋势。既然食物是匮乏的，那么其群体必然就要占据更大的家系群领域。在其穿越开放地带掠食期间，更会暴露给食肉动物，因此群体成员当然是数目越多越好，而且还能更好地进行组织。在没有树木可以遮蔽的情况下，成年个体，特别是成年雄性必须得去战斗，这就使得它们朝更具进攻性的

表26-1   现存灵长目动物的对照表在社会生物学研究中，物种的举证是有重要意义的。

（较高的分类是基于 Simpson 所做的工作，1945;较低等分类和地理分布主要是基于 Napier & Napier 的工作，1967。）

灵长目
原猴亚目
（原猴亚目动物）

树鼩科：树鼩

　　印度树鼩属（1个物种）：马德拉斯树鼩，分布于印度南部的丛林地带

　　细尾树鼩属（2个物种）：无尾树鼩，分布于越南到婆罗洲的森林地带

　　笔尾树鼩属（1个物种）：羽尾树鼩，分布于马来半岛到婆罗洲的森林地带

　　树鼩属（12个物种；特别注意 T. glis）：树鼩，分布于亚洲东南部的森林和岛屿的边缘地带

　　菲律宾树鼩属（1个物种）：菲律宾树鼩，分布于棉兰老岛，菲律宾群岛

大狐猴科：大狐猴

　　毛狐猴属（1个物种）：毛狐猴，分布于马达加斯加岛的森林地带

　　大狐猴属（1个物种）：分布于马达加斯加岛的森林地带

　　冕狐猴属（2个物种；特别注意 P. verreauxi）：分布于马达加斯加岛的森林地带

指猴科：指猴

　　指猴属（1个物种）：指猴，分布于马达加斯加岛的森林地带

　　懒猴科：懒猴与婴猴金熊猴属（1个物种）：金熊猴，分布于西非的森林地带

　　婴猴属的亚属 *Euoticus*（2个物种）：针爪婴猴，分布于比奥科岛（Fernando Póo）和非洲热带雨林

　　婴猴属的亚属 *Galago*（3个物种，特别要注意丛猴）：分布于北纬13° 与南纬27° 之间的非洲森林地带以及热带大草原

　　婴猴属的亚属 *Galagoides*（1个物种）：矮婴猴，分布于比奥科岛和非洲热带雨林东部到大峡谷地带（RiftValley）

　　蜂猴属（2个物种）：钝懒猴或迟缓蜂猴，分布于印度与柬埔寨到婆罗洲的森林地带

　　树熊猴属（1个物种）：树熊猴（Potto），分布于非洲森林地带

狐猴科：狐猴

　　鼠狐猴属（3个物种）：矮狐猴，分布于马达加斯加岛的森林地带

　　驯狐猴属（2个物种）：驯狐猴，分布于马达加斯加岛的森林地带

　　狐猴属（5个物种；特别要注意环尾狐猴）；真狐猴：分布于马达加斯加岛的森林地带及科摩罗群岛

　　鼬狐猴属（1个物种）：好动狐猴，分布于马达加斯加岛的森林地带

　　倭狐猴属（2个物种）：鼠狐猴，分布于马达加斯加岛的森林地带

　　叉斑狐猴属（1个物种）：叉斑矮狐猴，分布于马达加斯加岛的森林地带

眼镜猴科：眼镜猴

　　眼镜猴属（3个物种）：眼镜猴，分布于苏门答腊岛、婆罗洲、西里伯斯岛、菲律宾群岛的森林地带

拟人亚目
（猿，类人猿和人）
卷尾猴总科（＝"扁身猴族"）
（新大陆猴）

狨科：狨和柽柳猴

　　节尾猴属（1个物种，*C. goeldii*）：节尾狨，分布于亚马孙河上游

　　狨属（8个物种）：狨，分布于亚马孙河流域，巴西南部的森林地带及巴拉圭南部

　　侏狨属（1个物种）：侏狨，分布于亚马孙河上游的山谷

　　狮狨属（3个物种）：金狮狨或柽柳猴，分布于巴西森林地带

　　柽柳猴属的亚属 Marikina，（4个物种）：光面柽柳猴，分布于亚马孙河上游的森林地带

　　柽柳猴属的亚属 *Oedipomidas*（2个物种；特别注意赤颈柽柳猴）：冠毛光面柽柳猴，分布于巴拿马到哥伦比亚的森林地带

　　柽柳猴属的亚属 *Saguinus*（16个物种）：柽柳猴，分布于亚马孙盆地的森林地带

悬猴科：新大陆猴

　　吼猴属（5个物种；特别注意披毛吼猴）：吼猴，分布于中南美洲的热带雨林

　　夜猴属（1个物种）：夜猴，分布于中南美洲的热带雨林地区

（续）

蜘蛛猴属（4个物种，特别要注意黑爪蜘蛛猴）：蜘蛛猴，分布于墨西哥到亚马孙盆地的热带雨林
绒毛蛛猴属（1个物种）：绒毛蜘蛛猴，分布于巴西南部的森林地带
秃猴属（3个物种）：短尾猴，分布于亚马孙河上游的森林地带
伶猴属（3个物种；特别要注意褐青猴）：青猴，分布于亚马孙河－奥里诺科河盆地到巴西南部的森林地带
卷尾猴属（4个物种），卷尾猴，分布于中南美的 热带雨林地区
红背僧面猴属（2个物种）：有须僧面猴，分布于亚马孙河－奥里诺科河盆地的森林地带
绒毛猴属（2个物种）：绒毛猴，分布于亚马孙河－奥里诺科河盆地的森林地带
僧面猴属（2个物种）：狐尾猴，分布于亚马孙河－奥里诺科河盆地的森林地带
松鼠猴属（2个物种；特别要注意普通松鼠猴）：松鼠猴，分布于中南美州的热带雨林地区

520

猴总科（＝"狭鼻猴族"）
（旧大陆猴和猿）

猴科：旧大陆猴

白眉猴属（5个物种；特别注意灰颊白眉猴和白颈白眉猴）：白眉猴。非洲热带森林
长尾猴属的亚属 *Allenopithecus*（1个物种）：Allen's 沼泽猴，分布于刚果的森林地带
长尾猴属的亚属 *Miopithecus*（1个物种，麦喀隆长尾猴）：麦喀隆长尾猴，或者红树猴，分布于非洲中西部的森林地带
疣猴属的亚属 *Colobus*（2个物种）：黑白疣猴，分布于阿比西尼亚、塞内加尔到坦桑尼亚的森林地带
疣猴属的亚属 *pitiocolobus*（2个物种）：红疣猴，分布于非洲东部、中部与西部的森林地带
疣猴属的亚属 *Procolobus*（1个物种）：橄榄疣猴，分布于非洲西部的森林地带
疣猿属（1个物种）：西里伯斯黑猿，分布于摩鹿加群岛的西里伯斯和Batjan岛
赤猴属（1个物种）：赤猴，分布于非洲的亚撒哈拉的草地和热带大草原
猕猴属（12个物种；特别要注意日本猴、食蟹猴、普通猕猴、豚尾猴、帽猴、短尾猴、无尾猿）。分布于北非的森林地带与开阔的栖息地，阿富汗、中国台北、日本、菲律宾和西里伯斯岛
山魈属（2个物种）：山魈和鬼山魈，分布于西非和比奥科岛的森林地带
长鼻猴属（1个物种）：长鼻猴，分布于婆罗洲的森林地带和红树湿地
狒狒属（5个物种，可能是一个物种的5个地理种族）：东非狒狒（仅分布于北非的撒哈拉沙漠的南部）；阿拉伯狒狒分布在埃塞俄比亚东部与索马里；几内亚狒狒分布在非洲高地西部的最高点（几内亚、塞内加尔、塞拉利昂）；草原狒狒分布在非洲的索马里亚到安哥拉的南部边缘地带，正好在东非狒狒的南方；大狒狒，分布在南非。这5个物种或种族彼此相邻，居住在平原、热带大草原、草场及开阔的森林地带
长尾猴属的亚属 *Cercopithecus*（21个物种）：特别注意非洲绿猴、青猴、蓝猴和斑鼻长尾猴）：长尾猴，广泛分布在非洲的亚撒哈拉（sub-Saharan）森林和热带草原地带
叶猴属（14个物种，特别要注意长尾叶猴和尼尔吉里叶猴）：叶猴分布于印度、不丹、中国西南部到婆罗洲的森林及沼泽地带

521

白臀叶猴属（1个物种）：白臀叶猴，分布于老挝、越南和中国海南的森林地带。
仰鼻猴属（2个物种）：仰鼻叶猴，分布于越南及中国西部。巨猿属（1个物种）：北比盖岛叶猴，分布于民大威群岛及苏门答腊海岸的森林地带
狮尾狒属（1个物种）：狮尾狒狒，分布于埃塞俄比亚山脉斜坡的草地地区。

长臂猿科：倭猿，长臂猿和合趾猴

长臂猿属（6个物种，特别应注意白爪长臂猿）：长臂猿，分布于泰国、中国南部及婆罗洲的森林地带。
合趾猴属（1个物种，合趾猴），分布于苏门答腊和马来半岛的森林地带
大猩猩属（1个物种，大猩猩，通常分3个亚种）：西部低地大猩猩 *G. g. gorrilla*、东部低地大猩猩 *G. g. graueri*、东部高地大猩猩 *G. g. beringei*，分布于尼日利亚、喀麦隆的森林地带和东非的山脉地带
黑猩猩属（2个物种，黑猩猩和倭黑猩猩），分布于热带雨林的地面。黑猩猩分布在穿过非洲的几内亚和塞拉利昂，东至维多利亚湖和 坦噶尼喀湖；倭黑猩猩分布在刚果（布）到卢瓦拉巴河之间
猩猩属（1个物种）：猩猩，分布于苏门答腊岛和婆罗洲的森林地带

人总科（人）

人科：人

人属：（1个物种）：人

522 方向进化。表现在狒狒的身上，雄性则体形更为硕大并拥有坚硬的犬齿，在争斗过程中，这些坚硬的犬齿可被用作尖牙（fangs）。具进攻性的生活方会扩展社会组织本身的内在结构，这种情况也许是不可避免的，由此它可以强化由部分成年的两性所组织的权力系统。德沃尔的观点得到了来自奥尔特曼斯的支持，后者发现了11种环境可以将安博塞利的东非狒狒聚集在一起，绝大多数情况显然还是同防御有关。以下就是狒狒聚集的原因：（1）在遇到食肉动物的时候；（2）当附近狒狒群发出有食肉动物的警告时；（3）在错误的警告期间；（4）当马赛人的牲畜或其他狒狒群在附近出现的时候；（5）当群队在浓密的灌木丛里觅食时；（6）当群队要通过一片开放的树丛时；（7）当沿着不熟悉的线路前进时；（8）当在一片树荫乘凉或者在小水坑喝水时；（9）正在从一个地方向另一个地方转移时；（10）准备爬上栖息的树木之前；（11）早晨或者晚上的群居时间。

将社会行为当作一种直接的生态适应的观念，灵长类动物学的下一个逻辑步骤就是要对拥有不同习惯的物种进行细致的比较。菲利斯·杰伊明确了树栖食叶的疣猴，特别是亚洲叶猴和非洲疣猴，它们在许多方面完全不同于似乎是已经适应了地面居住环境的短尾猿，它们占领小而明确的领域，以便于坚决抵御同类的其他群体。这些特点同更为平均的、可依赖的食物分配相一致，并类似于鸟类之间的关系。但是由于雄疣猴在力量上低于雌猴，在攻击性上又低于短尾猿和狒狒，所以这些特征明显地反映出了这种猴子当面对食肉动物时，宁可逃进树林也不愿正面相对的倾向。

另两位作者，K. R. L. 霍尔（1965）和约翰·F. 艾森伯格（1966）虽然考察了范围广泛的灵长类动物，但是他们仍然感到它们之间的相关关系太弱或者数据太少，因而很难以得出比杰伊所做出的初步概括更丰富的结论。尽管如此，霍尔对最终结果仍然是乐观的，他预言一旦进行持续的研究，"现今流行的有关比较研究分支的一些传统概念，发生革命性变革并不是不可能的。同时，在这一过程中，也表明了他对在动物自然生活的生态环境还没有详尽了解的情况下，就贸然对它们的社会行为进行比较所得新结论的真实性表示怀疑"。但是在这一点上，克鲁克和加特兰（Crook & Gartlan, 1966）显得迫不及待并决定试着尽快研究这一问题，他们采取的办法是对将包括原猴亚目在内的所有灵长类动物进行分类；将其在社会行为方面分为五个进化等级。为取得理想的效果，他们寻找物种间在居住地上的彼此相关性及它们的日常饮食等一些能获得的更为精细的数据。这种方法后来被克鲁克（1970b, 1971）和邓哈姆（Denham, 1971）扩充并使之精确化，表26-2虽然是其方案的原始版本（以分类矩阵给出），但其中表现出的直接性和清晰性仍是值得关注的。这种分类并不包括我前面曾经提到过的（见第16章）实际上是树鼩科独居的树鼩。克鲁克-加特兰（Crook-Gartlan）研究的价值在于其客观性，当这种分类矩阵被设计出来的时候：其假定的内容就被揭示出来，并且相关种类划分的随意性也容易推测出来，新数据能够添加到分类矩阵中，并且无须重新用原来数据就能够应用于新的分析中。

让我们考察一下克鲁克和加特兰所得出的结论，然后再分析其弱点。第一等级绝大多数是原猴亚目动物之行为，其物种成员是夜行的、生活在森林里的食虫动物，它们大多过着个体独居或者成对结伴的生活。值得注意的是，唯一一种在系统进化学上处于较高地位并被列在这一等级中的物种是夜猴，悬猴在夜间出没的特征与其相比只能排在第二位。第二等级用很小的部分描绘了拥有单一雄性的小家系群群体，它是同昼夜交替并且主要以素食为主的巨大生态转变相关联的。第三等级和第四等级主要是根据多只雄性对另一雄性的容忍态度及与其紧密相关的群体大小的特点来区分的，它们全部的生态学相关性十分贫乏。生活在野外开阔地的陆生灵长类趋向归于第三等级或第四等级，它们主要是夜行的、居住于森林的物种。第五等级不同于第二等级讲述的受一只雄性或两只共同支配基础社会单元（比如阿拉伯狒狒），它在描写雄性的篇幅和行为的不同点上明显具有与其他等级不同的特征。描写阿拉伯狒狒和狮尾狒狒的单元主要集中在食物和睡觉方面，第五个等级里的所有三个物种都居住在最干燥、荒芜的非洲大陆。

克鲁克-加特兰的分析有两点不足。第一，它们的关系很脆弱并且不确定，通过简单的观察就可以证明它。这些问题随着新资料的不断出现而显得越来越严重，特别是表现在新大陆猴上。悬猴类从第一等级贯穿到第三等级，并且它们自身在群体大小、性年龄分布（sex-age distribution）和地位关系方面的变化都非常大。然而所有的树栖猴在食性上变化小。莫伊尼汉（个人通信）在评论这一群体时发现，几乎根本没有发生生态学上的关联。可能具有重要意义的方面是夜猴保留或者是回归了第一等级，一种比较简单的状态经常是同夜行习惯相关的。与此同时，蜘蛛猴聚集分散群体的倾向可以解释成对开发食物资源的一种适应。也许——支持者会肯定地说——悬猴类中还存有其他的相互关系，但是这些与克鲁克-佳特兰的分析不在同一个表达层面上。我们现在说的是生态学而不是系统发育史决定了独特物种的社会系统，这种说法在一些灵长类动物学家中已经变得很时兴，但是系统发生学的惯性仍继续存在，并且当比较研究变得更为细致深入的时候，相当多的研究可能会被发现。艾森伯格等人指出，诸如狐猴和原狐猴这样的马达加斯加狐猴类是以拥有比雌性更多的雄性的群体为特征的，雌性统治高于雄性，并且经常分离成全雄性或全雌性的亚群体，这种情况在其他所知的灵长类动物中是很少见的，尽管狐猴的大部分社会生态习性还和它们的是相同的。斯特鲁萨克（1969）发现：非洲猴科动物在社会行为的某些方面具有相似的系统发育的保守性。例如，在稀树草原生活的赤猴，在解剖学上与长尾猴属树栖的长尾猴紧密相关；它们的社会结构也紧密相关，所以把它们紧靠阿拉伯狒狒和狮尾狒狒，放在等级五可能不正确。另外，非洲绿猴在社会行为上与其同属的其他猴很不相同，尽管实际在生态学上相似。

第二，克鲁克-加特兰的版本中缺少真正的因变量。根据多元回归分析的精神，它不可能给出正确的程序。用大家都认可的因变量去限定社会进化的等级是必要的，然后再尽可能充分寻找与因变量部分相关的其他变量的证据，因变量可以是性状或基于若干性状的指数。在克鲁克-加特兰的研究中，没有这样的限定变量，并且从一进化等级上升到另一进化等级时，这一性状间转换的分析是含混的。克鲁克和加特兰似乎要把某些社会性状，如性二态现象和类群分散的程度当作次要性状；而另一些作者可能把它们当作主要性状。

表26-2 克鲁克-佳特兰第一次尝试将所有的灵长类动物群体分成进化等级，并把这些进化等级与特定物种的生态学进行相关的分析（此表在原书 p523）

分类学	等级Ⅰ	等级Ⅱ	等级Ⅲ	等级Ⅳ	等级Ⅴ
物种	夜猴（Aotus trivirgatus） 倭狐猴（Microcebus sp.） 鼠狐猴（Cheirogaleus sp.） 叉斑鼠猴（Phaner sp.） 指猴（Daubentonia sp.） 鼩狐猴（Lepilemur sp.） 婴猴（Galago sp.）	灰驯狐猴（Hapalemur griseus） 狐猴（Indri sp.） 原狐猴（Propithecus sp.） 毛狐猴（Avahi sp.） 黑暗待猴 长臂猿（Hylobates sp.）	环尾狐猴（Lemur sp.） 瓜地马拉吼猴 松鼠猴（Saimiri sciureus） 疣猴（Colobus sp.） 青尼亚长尾猴（Cercopithecus ascanius） 大猩猩	普通猕猴 长尾叶猴（Presbytis entellus） 非洲绿猴 草原狒狒（Papio cynocephalus） 黑猩猩（Pan troglodytes）	赤猴 阿拉伯狒狒 狮尾狒狒
生态学 生境	森林	森林	森林－森林边缘	森林边缘，稀树草原	草地或干燥热带大草原
食性	绝大多数昆虫	水果或树叶	水果或叶根茎等	素食－杂食，狒狒和猩猩偶尔肉食	素食－杂食，阿拉伯狒狒偶尔肉食
行为和社会生物学 每天活动情况	夜晚活动	黄昏或白天	白天活动	白天活动	白天活动
类群大小	绝大多数独居	类群很小	小类群，偶尔大类群	中大型，猩猩类群大小不固定	中大型，阿拉伯狒狒、狮尾狒狒，还有可能阿拉伯狒狒类群大小不固定
繁殖单位	已知的成对	单个雄性建立的小类群	多雄性类群	多雄性类群	单雄性类群
雄性在类群间是否走动	—	可能很少	已知的是	日本猴和草原长尾猴"是"，其他的未观察到	未观察到
性二态现象和社会角色分化	不明显	不明显	不明显——大猩猩有二态现象，环尾狐猴毛色有二态现象	在猕猴和草原长尾猴中二态性和角色分化	有二态性和社会角色分化
群体分散情况	划分领域的信息有限	炫耀和标记具有领域性	已知猕猴和狐猴具有领域，大猩猩可能具有类群回避的家园范围	草原长尾猴具有令人炫耀领域，其他具有类群回避的家园范围，黑猩猩有广泛的类群混杂性	在赤猴，阿拉伯狒狒和狮尾狒狒一起；狮尾狒狒、觅食和休息时聚在一起现为类群分散

在有关这一问题随后的综合研究里，艾森伯格及其同事在纠正其方法的缺陷上还更甚，如表26-3所示，这些作者选择的关键性状是雄性动物参与社会生活的程度。这个变量不但能满足其自身，而且同诸如类群大小、权力系统本质和领域的其他社会性状也合理相关。由于能够比从前的作者获得更多的数据，艾森伯格等人意识到存在一个中间的社会分类，即按雄性年龄分群的分类。表现为多雄性社会组织的某些物种实际上并不严格遵循这一分类模式。年轻、弱小的雄性可能只是以一种下属身份被接纳，经过一段时间后它们或者会接管统治职位，或者会离开这个群体。处于这种进化等级中的社会并不包括这些年龄大致相仿的雄性，结果就使得在狒狒和短尾猴的群体里并不存在特权联盟和小团伙。

尽管表26-3提供的矩阵是比最初的克鲁克-加特兰方案更有效而且更具启发性的体系，但性状间的相关因受到干扰而减弱。食虫类处于下面的进化等级，陆生和半陆生的种类依然表现出最为先进的社会组织，杂食类生物也同样如此。在单一的进化等级中，根据附加的一些社会性状可确定次级进化，并可在这些次级进化与优良小生境的某些方面之间确定相关关系。因而食叶类比食果类的家园范围要小，它们更喜欢以单个呼喊或者群体喊叫的方式维持临近群体间的空间。

尽管有关灵长类动物社会进化的生态学分析并没有像其最早的支持者所希望的那样快速发展，但是由克鲁克和加特兰所创造的多元回归方法仍旧在正确的轨道上运行，并且由于通过新数据而带来的变量的增加和丰富就更能让人期待产生新的洞见。同时在观念上也应产生这样一种认识，即多元回归分析法绝对不能证明因果关系，它只能提供关于其存在的线索。第二个与之相伴的并将导致一个新飞跃的工作就是关于种群生物学模型的进化假说的构建。这种方法的必要原理在第4章已经给出，该方法在对社会性昆虫的研究中已经很领先了。基于群生物学的正确的演绎推理有望是对多元回归方法的补充，这就注定要通过表明参数的存在和不容易通过完全归纳法确认的数学关系来超越它。

邓哈姆所做模型建构中有一个论点虽简洁但却是希望的起点，那就是他强调食物分配是至关重要的参数，他的思路符合当前社会生态学理论并可以将之进一步扩展。早在本书前面章节里（见第3章）就讨论过对食物在空间和时间上的更大预见性促进了物种的领域性进化。当资源密集和很容易防御且当食物是有限资源时，最适宜采取的策略是双重防御——通过一雌一雄的成对结合的方式。如果环境质量不但可预见而且也处处相同时，那么它的变化就是开始控制一雄多雌，而一雌一雄的趋势就会得到加强。后一因素可以解释表26-3显示的第一等级"独居"物种（包含高比例的食虫动物）和第二等级"双亲家系"物种（其中大多数或几个全部主要是素食动物）之间的生态学差异。其解释是根据一个合理的和可以检验的假说，即在不同领域，植物在质和量上的变化要小于昆虫在质和量上的变化。相同的假说是与以下事实相吻合的：即食叶动物比食果动物所捍卫的领域要小，而且它们使用更明显的叫声炫耀捍卫领域。较高等的社会等级期望按照霍恩原理（Horn Principle）进化，也就是说当食物在空间上呈斑块分布并且在时间上不可预期时，最好的对策是废弃斑块觅食领域和组成

525

表26-3　由艾森伯格等人（1972和个人通信）排列的灵长类社会的进化等级和生态相关［进化等级是根据雄性涉及的程度（每列第一项）确定的］（此表在原书p525）

独居物种	双亲家系	容纳最少成年雄性[a] （单雄性群）	容纳中等数目雄性[c] （年龄分级雄性群）[b]	容纳最多雄性[d] （多雄群）[b]
A.食虫-食果动物	A.食虫-食果动物	A.树栖食叶动物	A.树栖食叶动物	A.树栖食果动物
树鼩科 （Tupaiidae）	狨科 （Hapalidae）	疣科 （Colobinae）	疣科	大狐猴科 （Indriidae）
狐猴科 （Lemuridae）	棉顶狨 （Saguinus oedipus）	东非疣猴 （Colobus guereza）	银叶猴 （Presbytis cristatus）	沃氏原狐猴 （Propithecus verreauxi）
密氏倭狐猴 （Microcebus murinus）	倭狨 （Cebuella pygmaea）	紫面叶猴 （Presbytis senex）	长尾叶猴 （Presbytis entellus）	狐猴科
大鼠狐猴 （Cheirogaleus major）	狨（娟毛猴） （Callithrix jacchus）	尼尔吉里叶猴 （Presbytis johnii）	悬猴科	环尾狐猴
指猴科 （Daubentoniidae）	悬猴科 （Cebidae）	长尾叶猴 （Presbytis entellus）	瓜地马拉吼猴	B.半地上食果-杂食动物
懒猴 （Loris tardigradus）	黑暗伶猴	B.树栖食果动物	B.树栖食果动物	猕猴科
树熊猴 （Perodicticus potto）	夜猴 （Aotus trivirgatus）	悬猴科	悬猴科	非洲绿猴
B.食叶动物	B.食叶-食果动物	白喉卷尾猴 （Cebus capucinus）	黑掌蜘蛛猴 （Ateles geoffroyi）	日本猕猴
狐猴科	大狐猴科 （Indriidae）	猕猴科 （Cercopithecidae）	松鼠猴	普通猕猴
鼩狐猴 （Lepilemur mustelinus）	大狐猴 （Indri indri）	蓝猴 （Cercopithecus mitis）	猕猴科	帽猴 （Macaca radiata）
	长臂猿科 （Hylobatidae）	坎氏长尾猴 （Cercopithecus campbelli）	喀麦隆长尾猴 （Cercopithecus talapoin）	草原狒狒
	白掌长臂猿 （Hylobates lar）	白眉猴	C.半地上食果-杂食动物	豚尾狒狒
	合趾猿 （Symphalangus syndactylus）	C.半地上食果动物	猕猴科	猎神狒狒 （Papio anubis）
		猕猴科	非洲绿猴	兰卡狒狒 （Macaca sinica）
		赤猴 （Erythrocebus patas）	白颈白脸猴 （Cercocebus torquatus）	猩猩科
		狮尾狒狒	兰卡猕猴 （Macaca sinica）	黑猩猩 （Pan troglodytes）
		鬼狒 （Mandrillus leucophaeus）	D.地上食叶-食果动物	
		阿拉伯狒狒 （Papio hamadryas）	猩猩科（Pongidae）	
			大猩猩 （Gorilla gorilla）	

a 由一个成年雄性组成而容纳其他成熟雄性的单雄群

b 这是指由成年雌性和其非独立（或半独立）子代构成的基本社会类群

c 典型地表现出雄性的年龄等级系列

d 有若干成熟成年雄性和不同年龄等级雄性的类群

比家系大的类群（见第3章）。正像克鲁克、邓哈姆和其他人指出的那样，这可能就是旧大陆猴和猿在野外拥有更大类群的最终原因。这些灵长类动物生活在斑块食物分布并且不可预期的环境中。如果更进一步的数据揭示出食物斑块也是同样分布的话，同样的规则也可以拓展到处于更高社会等级的树居物种。不同于流行概念，热带雨林具有很强的季节性。树林中包括某些植物物种的芽、花朵和果实都能成为潜在的食物，它们不仅具有季节性而且呈斑块分布并不可预期。最后，动物的捕食行为担当了进化中无可置疑的辅助作用，迫使物种采取一种或另一种防御策略，并且因此有助于促进它们形成种群规模和组织。

　　本章的剩余部分，我们将通过考察代表着每一种进化等级的个体物种来评论全部灵长类动物的社会性。既然顺序是按照等级而不是按照系统发育划分的，那么读者会注意到一些奇怪的分类并置现象。例如，各类人猿的分布从该等级分类的一端延至另一端。在社会生物学上多数独居猩猩一定分在原始的原猴类，而各长臂猿分属狨、青猴和新大陆猴。大猩猩因其合理的复杂组织而拥有按年龄分级的雄性群体，但是在等级上它仍然排在黑猩猩的后面，黑猩猩通过其完全合理的标准占据了非人类的灵长类动物进化的顶点。类人猿是这种多元化展示的极端。但是，剩余的每一种重要的系统发生学上的类群都跨越了几个进化等级。

倭鼠狐猴（*Microcebus murinus*）

　　婴猴、树猴、倭鼠狐猴和其他的夜行原猴都是最原始的社会性灵长类动物。因为研究该领域内的动物会有很多困难，所以有关这一物种的绝大多数数据都是零散的并且无法得出定论。非常感谢彼特（Petter）和R. D. 马丁（R. D. Martin）关于种群结构及其行为方面所做的工作，这使得倭鼠狐猴作为最低等进化等级的范式得以清晰地呈现出来。倭鼠狐猴是最小的，也是在马达加斯加所有的原猴中分布最为广泛的，整个海岸的森林地带几乎都能看到它们的身影。它完全在夜间活动，白天主要是在灌木丛中或树洞中用干树叶垒成的巢里度过。虽然主要是树栖生活，它也会下到地面上，在成堆的树叶间隙中寻找食物。倭鼠狐猴几乎是所有已知的灵长类动物中杂食程度最高的，它的食谱包括很多种树的果实、花朵、树叶、小灌木和藤苗，它还吃昆虫、蜘蛛，甚至树蛙和变色龙，可能还有软体动物。它独特的进食方式在于用自己的门牙旋转啃食，并从树洞中收集赖以生存的树液。最后这个习惯，倭鼠狐猴和最小的新大陆灵长类动物——、倭狨有些相近。

　　可能是由于食谱过于广泛，倭鼠狐猴的家园范围很小，直径只在50米以内。假设捍卫领域的一些形式是合理的，这个范围就呈现出排外的趋势，至少在同性之间是这样的。彼特把一些个体同时放进同样小的圈子里，它们可以和谐相处。但是，一旦其中一只首先占领了这个空间，它就会攻击所有的后来者，甚至在和谐相处的圈子里，当雌性进入发情期时雄性之间也会互相攻击。

　　马丁的数据显示这些物种是分散成定域化的种群核心，每一核心都是以4只雌性和1只成年雄性为特征的高密度核心。在马达加斯加的曼德纳（Mandena），这些核心生活在含高比

526

例的、为它们喜欢吃的两个树种区内。由于出生时性比例为1∶1，所以雄性要么迁出，要么就会过早地夭折。实际上，多出的雄性集中于核心地带的边缘地区。雌性常常成组地筑巢，显然是为了交配并饲养幼崽。在1968年，每个巢穴中雌性的数量是1—15只，中位数是4。当雌性处于发情期时，它们经常与单一的雄性为伴。当雌性过了发情期，雄性之间明显变得彼此更加宽容，有时甚至两三只雄性聚集在同一只雌性的巢穴里。马丁认为雌性组群常常是母亲或姐妹。然而，儿子倾向于在栖息地外围，在那里它们等待机会进入核心成为首领和成为繁殖雄性。公共筑巢可能是巢穴位点数目有限的结果，或许是通过血缘选择进行的。在任一情况下，倭鼠狐猴仍被看作本质上的独居动物。巢内没有存在有组织的社会生活的证据。同样重要的是，倭鼠狐猴也完全靠自己搜寻食物。根据查尔斯-多明尼克（Charles -Dominique）和马丁的记载，类似的社会模式也存在于生活在非洲西部的矮婴猴（*Galago demidovii*）。

倭鼠狐猴的通信系统并不是很好研究。彼特所做的初步发现揭示了它们保留着丰富的声音信息储存库，这些声音包括成年者防御时的喊叫和幼崽痛苦的叫喊。它们之间的化学通信仍然很明显。当进入一个新的领域时，成年者会用脚在树枝上涂抹尿液，在雌性的发情期，雄性也会用特殊的生殖分泌物去标示其领域。

婆罗洲猩猩（*Pongo pymaeus*）

直到最近才知道婆罗洲猩猩就是我们知之甚少的大猿，即是在野外很少见的在苏门答腊和婆罗洲雨林中的神秘"老人"。戴维·霍尔（David Horr）、P. S. 罗德曼和J. R. 麦金农（J. R. MacKinnon）完成了深入细致的研究。罗德曼和他的助手花了1 639个小时的观察时间，在这一过程中他们认识了11只猩猩。他们可以在连续几个小时或几天持续工作并穿过几乎是人迹罕至的婆罗洲库泰（Kutai）保护区的森林跟踪其目标。

正如婆罗洲猩猩罕见的体形所证实的那样，它们擅长栖于树上，主要依靠手臂在雨林中从冠木丛到附近的地面做各种不同方位上的移动穿行。尽管主要以吃果实为主，它们也会进食一些树叶、少量树皮和鸟蛋。它们的自然种群密度按先前的统计是每平方千米0.4只个体或更少。在婆罗洲库泰保护区，包括留在亚洲的一些最少被打扰的低地栖息地，罗德曼发现其密度接近每平方千米3只个体。核心的组群由雌性及其后代组成，有时也伴有一只成年雄性。单独的雄性很常见，但是未成年的婆罗洲猩猩和成年雌性只能在很少的情况下才能单独遇到。婆罗洲猩猩的组群规模很少超过4只。在库泰保护区，记录了以下7个类群：成年雌性+幼年雄性；成年雌性+幼年雌性；成年雌性+不明性别幼儿；成年雌性+青年雄性；青年雌性；成年雄性；成年雌性。偶尔这些类群相遇会形成次级类群，其中最大的组包含着6只个体。两个类群暂时组合在很多情况下看起来似乎都是基于血缘关系。其他的则是因为被共同的果树吸引，这样聚在一起的都是一些被动的组合。家园范围的广泛交叉，促进了彼此之间的联系。

猩猩的社会可以看作组成松散的分裂-聚合结构，这在黑猩猩那里将得到引人注意的阐释。但是这种形式只是基本的，在绝大多数其他方面，猩猩则非常接近于诸如鼠狐猴那样独

527

身的原猴。特别是，雌性趋向于聚集，而雄性则仅仅只是为了交配才和雌性在一起。未成年的雌性成熟时，便会慢慢地离开其母亲的家园范围。雄性也会离开，并在建立自己家园范围之前会在外游荡很长一段时间。

猩猩中的社会相互作用，相比于其他类人猿，在种类上要少从而也简单得多。事实上，它们主要局限于母亲和后代，以及同成年的雄性和雌性的短暂相遇。社会内的挑衅行为很少出现，在研究数据里没有观察到类似的权力等级系统。在库泰保护区的长时间观察期间，罗德曼和他的合作者只记录了一个彼此公然敌视的实例——当时是一只成年雌性在一棵果树上驱赶另一只猩猩。

绝大多数独自游荡的成年雄性，很可能是在雌性的附近嬉戏游荡。尽管没有观察到直接的证据，但有一些间接的证据显示性内冲突是存在的。性别的三态性得到了很大发展，雄性比雌性在体积上平均大一倍并拥有可扩展的声带。雄性用它们的声带传递"长长的叫喊"，这种大声的、嘶哑的尖叫，人们在1 000米以外就能听到。它们大多数是在与其配偶短暂分开的时间内大声喊叫的，其作用看起来似乎是要重新建立联系，当雄性与雌性在一起时雄性偶尔也会叫喊。因为这种叫喊的炫耀显然是为了远距离通信，所以它的第二个功能可能就是驱逐对手。最后，很明显的是，与一只雌性为伴的绝不会多于一只雄性。

黑暗伶猴

伶猴是小型的卷尾猴，它们一般分布于亚马孙河-奥里诺科河流域的雨林地带。黑暗伶猴（是现存三个物种中被研究得最为充分的）具有我们熟悉的最为简单的一种社会形式。它与许多其他的卷尾猴共处于一个进化等级，其中包括倭属（Callithrix）的"典型"狨类、戈尔迪狨（Callimico goeldii）、倭绒（Cebuella pygmaea）、棉顶狨（Saguinus oedipus），以及悬猴科中的夜猴（Aotus trivirgatus）和僧面猴（Pithecia monachus）。在旧大陆中，长臂猿和合趾猿也出现了同样的基本组织。

黑暗伶猴在灵长类动物中体形较小，除去尾巴大概只有280—400毫米长，体重也仅有500—600克。它比较喜欢低森林树冠层、灌木丛和树从，并可以在其中飞快有力地奔跑和跳跃。偶尔它也会在陆地上进行一些短途旅行。在哥伦比亚的巴尔瓦斯科（Barbascal）大庄园，梅森发现了由一对配偶和一两只未成年后代组成的类群。这些类群分布得非常密集，每一个家系占有大约直径只有50米的领域，而且领域被严密地防御着。在通常场合下，尤其是在清晨，各个家系在领域的边界相互对峙，相互炫耀，但不会有明显的身体接触。

黑暗伶猴家系中的凝聚力非常强。其成员在一个亲密的类群中一起寻找食物并经常会有身体上的接触。尾巴相互捻缠在一起（如图26-2所示），通常是当它们在一起休息时传达的一种亲密的信号。梅森还描述了在大的野外圈地中相互结识的两性间结合的情形。最初，两性之间在接触陌生者时都非常谨慎小心，但是雌性会表现得更加强烈也更为谨慎。但这种结合一旦最终达成，就是一生一世，雌性就会表达出更加依赖的迹象。这种结合的破坏会对它们的心理因素产生不利的影响，伶猴（不同于群居的但组织松散的卷尾猴类，如卷尾猴和松鼠猴）就会因此变得沉默并孤独地生活。仅有一小部分幸存者能活过几个星期。

黑暗伶猴的通信系统惊人地发达（1966），除了嗅觉和触觉信号外，它们还有较为广泛的视野。在动物界中，其听觉信息储存库是最为不同的。仅仅为了将伶猴的音调用语言表达出来，莫伊尼汉就几乎用尽了所有相像的英语词汇：口哨声、咕咕叫、唧唧叫、呻吟声、共鸣叫声、发颤声、打气声、吱吱叫、咯咯叫和呜呜声。这些声音和其间过渡的一些声音又能单独地或将其中一个到三个声音进行组合就可以产生几乎无穷无尽的歌声集合。这些信号还可根据性质和强度上的变化而发生变化，并且能由于背景的改变而发生变化。明显相同的一个意思可以不止用一个短语或歌声来表达，听觉要素还经常与触觉和视觉系统联合起来。在图26-2中显示了一个合成的活动以用来展示领域防御和其他攻击信号。

怎样解释黑暗伶猴的这种扩展的信息储存呢？莫伊尼汉假定：这是缘自它拥有的非同寻常的狭窄而专一的"听觉小生境"。在这物种的周围有鸟类和其他猴类（像卷尾猴和吼猴），它们会发出不同的颤音、咕咕声、口哨声及其他一些或多或少的类似于黑暗伶猴的声音。黑暗伶猴通过"解密"这些声音并充分利用它们，再加上视觉和其他形式的活动，就能极大地限制其周围物种的通信联系，即使身处再嘈杂的森林也能确保自己的通信安全。莫伊尼汉还相信黑青猴受到捕食的机会相对较少。如果这是真实的，那么对抗大声吵闹的频繁通信的逆选择就会减少，从而听力系统就可向其最高的潜力水平发展。用莫伊尼汉的话来说，该系统可很好地做如下表述："在特别有利的环境下，通

过物种专有的（也许是'先天的'）语言所能达到的最大精细化和最大复杂化的系统。"这个假设向我们提出了一个新的、有趣的挑战，而且黑暗伶猴的例子也表明了我们大体上在多大程度上了解了新大陆灵长类动物通信的含义。

528

图26-2 以一对配偶为基础社会的、类似于绒属的黑暗伶猴的通信。图左边的一对配偶把尾巴缠绕起来，这是一种普通的触觉通信方式。在图右边的成年猴呈现了"弓形姿势"，还是一种挑战行为。四肢腾空离开栖木并向下悬空，张嘴突唇，皮毛竖立，尾巴弯曲有时还伴有前后鞭打的动作。这种弓形姿势经常伴随着声音上的变化（Moynihan，1966）。

白掌长臂猿（*Hylobates lar*）

长臂猿的六个物种及同其密切相关的合趾猿是大猿中体形最小的猿类。以白掌长臂猿为例，因为它是最常见的并是这个类群中被研究得最充分的物种，该类群在社会行为上与暗黑伶猴和其他的单配新大陆灵长类具有明显的趋同性。白掌长臂猿分布于中南半岛以西至湄公河，向南至马来半岛和苏门答腊岛。其习性为树栖，大约有90%的活动都是依赖长臂吊在树杈上进行的。它更喜欢有茂密树荫的森林，在那里它们可以很快地从一棵树蹿到另一棵树

上。尽管它们体内的大量液体都是通过食用水果和舔食雨后的树皮和树叶获得的，但在行进时偶尔也会下降到较低的灌丛中和地面的溪边去饮水。因为维持它们的单配，两性在外形和大小上相似，体重范围在4—8千克之间。长臂猿群领域的防御范围在100—200公顷之间（Ellefson，1968）。

我们知道的大多数关于长臂猿的社会行为，仍然来自C. R. 卡朋特在泰国清迈（Chiengmai）所做出的经典的野外研究。卡朋特组织了一支成员完备的探险队，其目的就是能够长时间地跟踪长臂猿。他运用录音设备进行了最精确的关于灵长目动物在自然条件下声音通信的研究。为了跟踪研究历史，应当注意卡朋特的一个助手S. L. 华西本（S. L. Washburn）——当时的一位研究生。华西本后来加入了加利福尼亚大学伯克利分校的研究工作，在那里，自发地与哈佛大学的S. A. 阿尔特曼（S. A. Altmann）和日本猿类中心的科学家们一起，在20世纪50年代对灵长类社会行为野外研究的复苏起到了至关重要的作用。

卡朋特发现，白掌长臂猿的社会就是其家系。在一个家系中一般有六只成员，一对配偶和四只后代，偶尔还会有一只年老的雄性。有时也会在森林中看到单独的个体，显然它们或者是年长的个体，或者是年轻的成年个体，继续在寻找配偶并建立其领域。一个家系紧密地生活在一起，它们间的权力等级系统关系在这里已经很微弱或完全消失。雌性在领域防御和性交前的两性行为上与雄性处于同等地位（Bernstein & Schusterman，1964）。母亲照顾幼儿，在它们很小时允许它们偎依在腹部，喂养它们并同它们玩耍，教导这些年轻的小家伙直到它

们能够独立出行。雄性与这些幼儿的关系也非常密切，它频繁地检查、摆弄它们并帮它们梳毛。它们经常会有一些玩耍的集会，在这期间年轻的长臂猿可以冒充挑衅者。当一个年幼的长臂猿发出报警呼叫时，雄性会迅速从树那边跳跃过来帮助它。当非成熟猿间玩耍过激时，成熟雄性有时会加以阻止。在由卡朋特收集的一群圈养的黑掌长臂猿中，一只独身雄性收养了一只小的幼猿，此后在一天的大部分时间肯定就像母亲一样照顾这个小生命。这个观察说明了，不仅在正常情况下幼猿有父亲的照料，一旦其母亲生病或去世后，雄性也会担负起母亲的职责。

关于长臂猿新类群的起源在自然界中还从未被观察到过，但它能可靠地从其生活环境中推衍出来。正如伯克森等人（Berkson et al.，1971）已经注意到的，年轻的长臂猿处于青春期时会变得富有攻击性，靠得很近的成年个体间相互仇视。年轻的成年长臂猿有被驱逐的倾向，尤其是在进食的时候。这可能是因为父母和年轻的成年长臂猿之间摩擦不断，这就迫使后代离开去组建自己的家系。卡朋特观察到一对这样的配偶，可能它们正处于一个乱伦的阶段，尽管不能够查清楚它们的性别和血统。它们在所有的时间里都保持着亲密的关系，并且常常远离家系中的其他成员。伯克森及其同事在室外圈养地也观察到在一群陌生长臂猿中形成配偶的情况。

长臂猿家系遵循一套精确的每日活动周期表，这可从卡朋特在清迈的观察数据总结出来：

1. 黎明 5:30—6:30——醒来。
2. 6:00—7:00 或 8:00——和邻近的长臂

猿家系相互喊叫并参加一些日常的活动。

3. 7:30—8:30 或 9:00——在领域范围内活动。

4. 8:30—11:00——进食。

5. 11:00—11:30——走到一个地方午休。

6. 11:30—2:30 或 3:00——伴有一些玩耍活动和其他一般活动的休息,特别是年轻的长臂猿。

7. 2:30—4:30 或 5:00——进食并在领域内活动。

8. 5:00—5:30 或 6:00——直接到达过夜的地方。

9. 6:00 至太阳下山——准备睡觉。

10. 太阳下山至黎明——睡觉或至少安静地休息。长臂猿并不筑巢,它们会选择茂密的树的顶部和它们领域的中心地带以作为"居所"。

长臂猿的通信频繁而复杂。它们的修饰主要由手、脚和牙齿来完成,这是其社会生活很显著的一部分。个体通过左手掌心朝外的姿势诚邀其他的成员为它们修饰,这时它们会将其手臂举至或超过肩膀和头。它们也会发出具有邀请特征的呼噜声来代替吱吱声。在真正的修饰期间,会伴有嘴角收回现象。卡朋特运用他的声音录制设备能够区分出自由分布在清迈地区长臂猿的九种声音。其中最引人注意的是庆祝领域的喊叫,它可以传到几千米以外的地方。在两性的成熟者中,尤其是雌性中,会发出轻蔑的叫器声并带有音调的变化,同时提高幅度并加快速度。叫声到达顶点后,会忽然减少两个到三个音调而至较低状态,整个叫声用时 12—22 秒。雄性也会采用一种简单形式,但它只用前半部分的叫声,一遍又一遍地反复。当家系被猎人或潜在的敌人惊吓时也会发出同样的叫声。当群队中的一个成员离队时,长臂猿会发出特殊的召集或寻找的喊叫;在队伍行进期间会发出喋喋不休的声音和咯咯声来引导其他成员前进。在表示欢迎、玩耍和在对类群内其他成员不同程度的各种恐吓期间,它也会利用其他的叫声、相关的姿势及面部表情。

披肩吼猴（*Alouatta villasa*）

吼猴属的吼猴是新大陆猴中最大并且也是最引人注意的。披肩吼猴在文献中常指篷毛吼猴（*A. palliata*）,这是其同种异名。这一物种是该属五个物种中分布最广的,它们分布在从穿过中美洲的墨西哥海岸森林到南美洲的太平洋海岸森林,向南一直到达赤道地区。这个物种具有特殊的社会生物学意义,因为其个体具有高度的容忍力,从而使得其可能形成大的多雄社会（在自然界可以是由相同年龄也可以不是相同年龄组成）。从这方面看,这个物种与狐猴趋于一致,也与猕猴和许多其他猕猴科的物种一样。披肩吼猴和它的同类也因其每日的大声吼叫而闻名,雄性通过这种吼叫将各群行进的队伍分隔开。卡朋特（Carpenter, 1934, 1965）在巴拿马对这个物种进行了初始的研究,直到现在这些基本结论也还没有改变。生态学上和行为学上的重要数据是由柯里埃斯和索斯维克（Southwick）、阿尔特曼、伯恩斯坦、奇弗斯（Chivers）和艾莉森·理查德（Alison Richard）补充的。

披肩吼猴是美洲热带森林动物中给人印象最深刻的。成年的体重超过 5 千克,非常强壮,它们的头向下朝向肩部并呈弓形姿态。除了深色的脸及手掌和脚板以外，长长的黑毛覆盖了全身。膨大的喉部是为了远距离的叫喊而特化的一部分。两性的二态现象已经很明显，雄性要比雌性重30%，并且喉部的突起也较大并覆盖有胡须。

依灵长类标准，披肩吼猴的类群是很常见的。1932—1933年，卡朋特在巴罗科罗拉多岛上对群体进行调查时，它的数量就已经或者接近饱和状态，类群中包括4—35个成员，其中位数是18只的个体按性别和年龄分配如下：3只成年雄性、8只成年雌性、4只青年猴和3只幼儿。在20世纪50年代早期，一场灾难性的黄热外寄生流行病（yellow fever epizooitic）使类群大小的平均数减少了一半，由此成年雄性的数量平均下降到1只。10年后，在数量和最初的性别——年龄分配上几乎又恢复到原来的水平。因此当一个物种处于非同寻常的环境时，总体就会根据群体的密度使类群在多雄和单雄组织间进行交替。单独的雄性偶尔会在树顶上相遇，显然它是在从一个类群到另一个类群的迁移过程中。这些雄性随猴群一起生活数天，承受着恐吓和排斥，直到最后被猴群接纳。类群增加的过程我们并不知晓，但它可能是由基本的类群分裂构成的。

各吼猴群都是领域性的，但各群间相互驱逐的方法却是罕见的。每天，邻群间的雄性都会时常相互吼叫，特别是在早上。这些雷鸣般的声音是美洲热带森林动物发出的最响亮的声音，它能够传播一千米甚至更远的距离。它们在表面上有足够的能力保持各猴群的空间。奇弗斯观察到了两个猴群，在每天觅食期间它们的叫声会随着对方的靠近而增加，随着撤退逐

渐降低。因为类群在领域边界相遇时它们不会像暗黑伶猴一样进行威胁和争斗，所以它们领域的范围在某种程度上是重叠的。然而，像柯里埃、索斯威克和奇弗斯曾经引证的那样，随着成员密度的增加，这种重叠会逐渐地减少。随着黄热外寄生流行病的流行，重叠面积增大。随着密度的反弹，重叠面积会逐渐减小，直至物种防御领域边界不再通过明显的冲突来守卫为止。如果说这种喊叫声使人类观察者的耳朵都难以承受的话，那么说明它们的防御方法是行之有效的。

猴群内部的冲突并不常见。一般是以露出牙齿和咯咯的叫声作为信号，但几乎没有真正意义上的争斗。雌性之间的挑衅行为就更少了：在一个历时数百小时的观察中，观察者没有看到过一次明显的敌对行为。它们的等级地位相对来说很不明显，因为这一原因及识别成体年龄的困难性，我们目前还难以确定：这些猴群是由一只年长的雄性首领控制的呢，还是由多只地位高的雄性控制的。根据主要的外在表现，后一种情况似乎更有可能。雄性在保护幼崽的合作上是很密切的，并且它们对在分享发情期时的雌性上也并没有表现出敌意。

异体修饰现象在这里很罕见。这一统计上的估计支持了如下假说：行为功能在很大尺度上是一种安抚策略，因此在灵长类动物中，有组织的社会攻击性越少，其成员相互修饰的需求就越少（见第9章）。猴群内通信主要依靠声音。领域内雄性的吼叫及雌性像猎狗一样的咆哮，都是在看到人类或更巨大的食肉动物时发出的报警信号。其余的信息储存库在丰富性上是可与大多数其他新大陆灵长类相比拟的。一些特定的声音可以用来在树丛中引导猴群前

进，用来提醒猴群在陌生状况下提高警惕，用来邀请同伴一起玩耍。当幼崽迷路时会哭喊着发出求救帮助；当幼崽摔倒或分开时，母亲也会以一种很有特点的方式号哭。

环尾狐猴

在马达加斯加岛由狐猴属（*Lemur*）构成的五个物种的真狐猴代表了原猴亚目社会进化的顶峰。因此，它们提供了另一种自然试验，其进化级可以与卷尾猴和长尾猴（猿）的较高进化级相比较。环尾狐猴的编年史家艾莉森·乔利是如下描述其表现的："其皮毛是光亮的淡灰色，面部由白黑两色组成，尾巴有大约14道黑白相间的环纹。它的鼻子、手掌、脚板和生殖器上的皮肤是黑色的。你对一群环尾狐猴的第一印象就是一条条从树枝上直直悬垂悬下来的尾巴，它们就像具有大量绒毛的并带有条纹的毛虫。随后（具有一定困难），你可看到具有明、暗斑块的弓形灰背，黑白斑脸和琥珀色眼睛。在这个时候，如果这群猴不认识你，首先，它们会彼此发出嘀嗒声，然后它们将包围你并发出高声的、愤怒的咆哮。这群猴面对20只粗野小猎狗的狂吠而发出嘀嗒声和咆哮声能长达一个小时之久。"这些猴在性别上的二态现象很不明显，雄性比雌性头部稍大、肩膀稍宽。观察者也很难区分狐猴个体间的差异，而这一点在类人猿和更大的猕猴身上是很容易区分的。

环尾狐猴生活在马达加斯加岛南部和北部的干燥地带，以及混合的落叶森林中。它是这个属中最具有陆栖性的动物，地面生活占整个时间的20%，超过了与其在生态上类似的维氏冕狐猴（*Propithecus verreauxi*）的3倍，并几乎与"陆生的"狒狒一样多。但是它也从不会离树林太远，并且可以在几乎没有警告的情况下做这些短距离跑动。这种狐猴以素食为主，只吃某些树种的叶、果、种子和一些地表植物。它们严格遵循每日有规律的活动。猴群在黎明前开始骚动，一般不超过上午8:30，具体的时间要依靠具体的温度和天气情况而定，然后猴群开始晒太阳、觅食和活动。通常情况下，在早晨会有两支长长的行进队伍，第一队是走向较低植被层的觅食地点，而第二队是去午休地。在下午继续闲游和觅食后，猴群返回食物树上。这种走同一路线的趋势会持续四天，然后转移到家园范围的其他部分重复上述活动。

像在巴罗科罗拉多岛上的绒毛吼猴一样，乔利在贝伦蒂自然保护区（Berenty Reserve）中观察到的狐猴数量，在几年的时间里，无论在类群构成和领域占有方面都发生了明显的改变。在1963—1964年有两个猴群，分别由21只和24只个体组成。成年的雄性和雌性在数量上相等，并且它们的整个群体在未成熟个体和幼儿的数量上都是相当的。两只或者更多的下属雄性形成了"雄性俱乐部"（Drones' Club）。在行进中它们落在主要类群的后面，喜欢独自觅食和午休。猴群间彼此回避并几乎各自占有专有领域，所以争斗很少发生。在1970年，同一群体分为4个猴群，每类群平均成员数是1个（成年、年轻狐猴）。现在家园范围广泛重叠，它们按时一起共享食源和水源。冲突和争斗变得更加频繁，但下属的"雄性俱乐部"成员经常会落后很远且不在视野范围内。乔利认为这些变化都归因于当年或者更多的歉收年，可值

531

得利用的空间有限，迫使猴群组合到一起。然而，观察到的猴群的细分现象并不能很容易地以这种方式解释。

环尾狐猴社会是富有攻击性的组织。攻击形式可以从简单的视觉仇视和殴打发展到全方位的"跳跃攻击"，在后一段攻击期间，它们有时用其长长的下犬齿彼此戳咬对方。成熟的雌性支配着成熟的雄性，这与普遍的灵长类模式正好相反。雌性的等级系统是松散的，至少有一部分是非过渡的，而雄性的等级系统是严格线性的。在4月繁殖季节雄性之间的争斗达到了顶点。然而奇怪的是，雄性的地位并不能影响接近发情期的雌性。乔利看见1只雌性连续与3只雄性交配，而1只下属雄性在所观察的6对配偶中就与其中的3只进行了交配。也许雄性的地位决定着：哪些雄性可与猴群相处较长时间，而哪些雄性在短暂的繁殖季节能持续留在群体内。在行进队伍中，成年个体轮流充当领导者。偶尔队伍会分成几个部分向不同的方向运动，直到某些猴发出大声的集合信号。

环尾狐猴与旧大陆猴和猿在通信系统上具有某些相似的地方，在其他方面则存在明显不同。玩耍的方式得到了较好的发展，体现在绝大多数是在未成年者之间的模拟争斗。修饰也是相互作用的一个明显的方式。但与众不同的是，修饰发生在配偶之间并且与其他等级个体毫不相关。化学通信相比旧大陆猴和猿有长足的发展，并主要用于发生攻击冲突时。雌性和雄性都用生殖器分泌物标记小的直立枝条。它们用前肢支撑倒立，然后用后肢在尽可能高的高度内抓住枝条并在短距离内上下摩擦其生殖器。雄性也使用前掌做标记，通过用其前臂表面与枝条摩擦从而把气味分泌物抹在枝条上。

各种肱腺（在雄性胸部多）和前臂上的各器官也会产生有香味的物质（见图26-3）。雄性将前臂腺靠着胸腺，以混合其分泌物。在攻击发生时，它的尾巴反复在前臂间托起并在空中摆动，目的是让气味飘到对手那里。当雄性间发生大规模的攻击时就会产生大量的化学、视觉和声音信号。它们经常把分泌物涂在尾巴上发动冲突，有时甚至会导致一场壮观的"嗅气战"：

同时一只环尾狐猴凝视着另一只猴。它的上唇向前向下以掩盖其犬齿，并稍至下颌以下。这就使狐猴嘴的前部呈四方形，外观就好像猎狗的两片喇叭唇；但其唇是绷紧的，不能像猎狗那样下垂。这一动作可能会使鼻孔张开。当标记唇时，它可能发出尖叫声或咕噜声。然后它用四肢站立，尾巴在背上呈弓形，其末端正好在头部上方。它在垂直平面上猛烈地摇动尾巴，使气味飘向前。尾巴的摇动直接对着正好在它们前面或3米外的另一只猴……一场嗅气战是长时间的内两只雄性间指向对方的一系列的手掌标号（palmar-marking）、尾巴记号（tail-marking）和尾巴摇动。这两只猴相距3—10米。第一只猴做了上述一系列标记动作后，第二只接着做同样的动作，偶尔它们的尾巴会同时摇动，两个弓形的背和互相对应的尾巴就像一个纹章学（heraldic）图案。攻击性较强的雄性会逐渐向前移动，另一只则后退，尽管它们不会一跃跳到对方的位置，但却经常跳到对方的范围内与其接近并相互排挤。

环尾狐猴其余的信息储存库主要是由带有

图26-3 在马达加斯加岛的贝伦蒂保护区，两群环尾狐猴相遇的情景。生境是一个河畔的森林走廊，图前方有一棵明显的罗望子树（*Tamanrindus indica*）。左边的栖于树上的一群猴在午休后欢快地活动着。一只雄性怒目而视地恐吓着地面后方的观察者，其前臂腺在左前臂的内侧明显可见。其后面的第二只雄性开始朝向另一群猴的方向沿着树干向下移动。在它正后面的两只成年狐猴正在相互进行修饰，而其他成员正聚在一起休息睡觉或刚刚醒来。在地上的猴群午休后已开始向其食源地行进。在左边和前边的两只成年猴认出了树上的猴群并朝着它们的方向怒视着咆哮。在这群中的一只雄性，将它的尾巴贴到前臂腺处做出了战斗的姿势。它为嗅气战做好了准备，在这期间尾巴会来回反复猛摇以使气味飘向对手。正好在这幅图的中心后部，"雄性俱乐部"中的两只下属雄性尾随着第二个猴群（Sarah Landry 绘图，根据 Alison Jolly, 1966, 个人通信）（此图在原书 p532-533）。

丰富的视觉信号的声音混合而成的。其功能分类与卷尾猴和长尾猴的类似，但许多特殊行为却是其独立进化的结果。

阿拉伯狒狒（*Papio hamadryas*）

阿拉伯狒狒，也称为"神圣狒狒"，是一种大型的、白天活动的并几乎是专门陆栖的长尾猴。它分布在穿过干燥的热带稀树（金合欢）大草原和红海口周围的草地——阿比西尼亚的东部、索马里的南部和阿拉伯的西南部。因为阿拉伯狒狒广泛地和东非狒狒杂交，所以有关它们是否拥有完全独立物种的地位或仅仅是构成了一个局域亚种（*Papio papio hamadryas*）是存在疑问的。尤其是考虑到它具有独特的明显

的形态学性状，前一种看法似乎更合理。阿拉伯狒狒面部肥胖，脸色呈桃红色而不像其他所有狒狒一样呈黑色。雄性在体积上是雌性的两倍，它们的外貌因许多弯曲的灰色鬃毛而非常醒目。这种二态性与狒狒的行为特征相关，这使得该物种独特而有趣：成年雄性对雌性拥有极度的统治权，雌性被强制留在一个永久的配偶群中。这种关系的确定影响了其社会组织的各个方面。

阿拉伯狒狒的社会生物学是由汉斯·库默尔历时超过15年的时间通过辛苦研究而建立的：他首先是通过捕获的狒狒，然后是在埃塞俄比亚对野外狒狒进行研究（特别参见 Kummer, 1968, 1971）。该物种完全是社会性的。在它活动范围内的相当大部分地区里在历时几个月的观察中只看见了一只单独的个体（一只

534

成熟雄性）。阿拉伯狒狒组织的独特性，可以通过与其他种类狒狒"常见的"系统进行比较来更好地理解。东非狒狒社会的基本单位，如德沃尔、霍尔和其他人所指出的那样，是类群，即多只雌性、后代和多只雄性的集合体。除了母亲及其子代外，没有其他明显的组织形式存在，至少在热带稀树草原的群体中是不存在的。雄性组成了权力等级系统，类群由各首领雄性的"核心等级系统"控制，这些雄性时刻彼此协作防御并控制着下属。接近雌性在很大程度上是由雄性地位决定的，并且绝大多数都发生在发情期。相反，阿拉伯狒狒的雄性持续长久地占有雌性，并且形成三个水平。基本的社会元素是一雄单位，由一只成熟的雄性和永久伴随它的雌性配偶群组成。有限的几个一

雄单位组成一个队，这一队中的成员在一起觅食，并在抵御其他群队保卫食源时相互协作。这些群队晚上轮流在睡觉的岩石上度过，这时彼此间或多或少是友善的。这个睡觉单位群，在区域内多达750只个体（这种适合的遮蔽所是非常罕见的），而一般情况下只有12只。最后，单身的雄性，约占总数的20%，形成了它们自己的队。

"妻妾群"包含了一只或多到十只的成年雌性。在雄性身体强壮的顶峰期，绝大多数能够控制2—5只这样的雌性。这种关系就是很容易理解的灵长类中的"雄性至上主义"。在一群多雌类群中，雄性将雌性集合起来，不允许它们离得过远，不允许它们与陌生狒狒相会，甚至不允许它们间相互激烈的争吵。它采用了

536–537

图26-4 阿拉伯狒狒的社会行为。其场景沿着水平线看上去是在达纳基尔（Danakil）平原贫瘠的草地上和靠近艾哈迈尔（Ahmar）山的低地山脉下的丘陵地带。在早晨，一大类群狒狒离开其一起睡觉的岩石（背景左面），去寻找有食物和水源的地方。队伍开始分成基本的社会单元，即单独的雄性及其"妻妾"和后代。激烈的相互攻击是经常的。处于正前方的两只雄性正在相互恐吓，右边的一只用敌意的目光注视着对方，另一只则用更为强烈的张嘴凝视给予回应。这种情况可能会上升到仪式化争斗，即伴随着迅速的拳击和嘴咬防御。雌性直接蹲伏在两只雄性的后方，带有畏惧的表情，大声嚎叫，否则就会逃离冲突的现场。大约在右边雌性后边两米处，有一只年轻些的跟随雄性在注视着双方的对峙。虽然它与这一首领同属一个组并企图在这个首领的保护下获得自己的"妻妾"，但它并不想加入这场战斗。在它的正后方另一只首领在咬着的雌性的颈部作为它走得太远而离群的惩罚；这一雌性的回应将是紧紧跟随它。在最左边，母亲的臀部背着一个年轻的幼儿，两只单身雄性以它们自己的社会形式跟着队伍行进（Sarah Landry绘图，基于Kummer, 1968, 个人通信）。

一些挑衅的方式，即从简单的敌意注视或拍打到猛烈地撕咬颈部（见图26-4）。被责罚的雌性的反应就是跑向雄性。下面摘自库默尔1968年所做的调查报告的三个片段是极其典型的：

在休息的岩石上，一场战争爆发了。一开始，硝烟四起，雄性迅速冲向离它最远的雌性并用手掌轻轻地拍打它的头部。

一只雄性，每天在长途跋涉时，会回头寻找它的正处于发情期的雌性。当这只雌性在后面的一个小山背上出现时，它就冲向这只雌性。这只雄性发出不连贯的咳声时，雌性就会跑向它。

一只雄性，刚刚到达睡觉的岩石，突然转过头顺着回来的方向冲出30米。最远离的一只成年雌性向它跑来，接受雄性在其颈后咬一口。它发出长而尖锐的声音，跟随着雄性跑到其他雌性等待休息的岩石上。

诸如此类的事情经常发生。雌性也相互攻击，但个体从来不会勇敢地面对竞争对手，除非有其他雄性在附近，结果是雄性常常帮助其中的一只。雄性这种"保护性的威胁"是为了使雌性接近自己。当两只（雌性）竞争者同时想为雄性修饰时，争斗就特别容易爆发。

尽管由于雄性怕"吃醋"而把它们的"妻妾"隔离起来，但是它们也要同其他阿拉伯狒狒单位进行一些互动。年轻的雄性首领倾向于紧密地带着它们的家系开始行进，而年长的首领或者是追随一起前行，或者是停下休息，它们的行为整体上决定了猴队的结局。当准备变换位置时，雄性们会用特殊的姿态相互通告。群队之间的争斗也在雄性间进行，那完全是非常壮观的虚张声势。在这期间，对手们主要通过张大下颌和来回迅速地击掌来相互恐吓。录像影片分析表明，不管表现如何，它们身体上的接触实际上很少发生。只有当一只雄性掉头逃跑时，它才容易被抓伤肛门。当其中一只转过它的头露出颈部的一面时，战争就会结束；这种投降的方式会立刻让胜利的一方停止战斗。

非常明显的是，当面对这种"吃醋"和愤怒时某些首领雄性会容忍其雌性追随其他雄性。当接近成年的雄性与群中处于发情期的雌性联合时，依恋就开始了。首领雄性不仅会容忍这种入侵，而且它还允许这一年轻者与雌性交配。随后这一年轻雄性就接替年长的雄性为首领，当有危险或跟随群队出去觅食时都像雌性一样尾随着它。在这一阶段，它显示出的第一位的、最基本的趋势是形成它自己的"妻妾群"，这主要通过诱拐年幼的雄性和雌性并挟持它们长达30分钟以上。随着它的成熟，它不再将很多的注意力放在首领的雌性身上，而开始收养并像母亲那样照顾其自己年轻的雌性（"妻妾"）。这样，在交配以前这种有性结合就形成了，并通过惩罚攻击而得到强化。现在两只雄性（每只都有自己的"妻妾"）就构成了组（team）。年长的雄性个体因为年老体衰，其妻妾逐渐离散而变少，但它仍然可以依靠其年轻伙伴的支持与合作支撑下去。现还不知道的是上述两雄性是否有血缘关系，也许甚至为父子关系，或许还是外来者。通过独居雄性收养年轻雌性，有时也可组成"妻妾群"。

极端的一雄多雌制在阿拉伯狒狒中得到进化发展，这种趋势的扩大在其他狒狒中也表现得十分明显，这需要一种生态学上的解释。库默尔（1971）把这种社会结构解释为对衣索比亚半干旱生境的那种斑块的、不可预测的食源资源的适应。阿拉伯狒狒通过融合、分裂原理，可形成从上自各群队的集聚到下至一雄单位的所有大小觅食单位，这就使得那些依时间和地点发生很大变化的斑块食源得到了充分开发。库默尔的上述解释是真实合理的。但是如果我们追问为什么长久的"妻妾群"是这个系统的一部分时，就没有生态学上的解释了。因此回想第15章的基础性类型理论就有必要了。因为狒狒没有占有食物领域，所以也不能采用奥里安斯－弗纳（Orians - Verner）模型。这个假设的不成立进一步说明了这样的事实，为"妻妾群"所建立的扩展的收养程序减少了雌性选择的机会。然而雄性用于获得"妻妾群"的能量消耗非常大，所以对于雄性的繁殖来说雌性是一种有限的资源。在一个食物资源异常贫乏的环境下，这是怎样形成并成为事实的呢？答案可能在于食物供应的波动模式而不是它的平均数量。库默尔指出，在东非狒狒、非洲绿猴和印度长尾猴中，当环境中可利用的食物波动最剧烈时，组群中雌性与雄性的比例最高。尽管数据仍然不太充分，但如果监控能超过数年的话，这些群体在大小上就有可能发生较大的变化。换句话说，它们经历了许多在短暂的急剧上升后随之而来的突然下降。如果情况确实如此，那么在环境优越时把雌性作为一种有限资源，以至于中等程度的繁殖努力就可使个体适合度有大的增加。

东部高地大猩猩（*Gorilla gorllia beringei*）

大猩猩之所以引人注意是因为它是灵长类中个头最大的，大的雄性能达到接近两米高并且有180千克或更重。但是正如乔治·沙勒所称的这个"可爱的素食主义者"，具有社会生物学的特质，这使得即便它是同类中的小动物，也是值得被关注的。大猩猩是由成年雄性控制组成的类人猿物种。它的社会生活在高等灵长类中是最默默无闻的，虽然它们的组群有很强的凝聚力，在它们活动时也会一个紧跟着一个，但是控制行为在这里极不重要并且公开的争斗也几乎不存在。领域空间要么不存在，要么就是淡化和不明确，两性间的行为也非常少，以至于在野外只能偶尔观察到。

该物种是由分散在赤道非洲的一些分离群体组成的。在这个地域的最东边生活着长有较长毛发和发育良好的银色背部性状的雄性大猩猩。它们的学名被定为"山地大猩猩"（*Gorilla g. beringei*）亚种，或者，俗称为东部高地大猩猩。它们分布在维伦加火山（Virunga Volcanoes）和卡胡兹（Kahuzi）山脉地区，其中包括基伍（Kivu）湖东部和北部山脉及其周围高地。大猩猩具有惊人的适应性，从低地的雨林到繁茂的竹林，哈吉尼亚（Hagenia）稀树草原和高山的劳贝里阿－塞内西奥（*Lobelia-Senecio*）小丛林，这样一些环境它们都能够很好地适应和生活。我们还观察到猩群穿过高达4 000多米的高山森林，在那里夜间的温度会降到冰点以下。一般来说，其共同的特性就是偏爱潮湿和有繁茂植被的环境。在低海拔地区，大猩猩也喜欢原始森林的次生林，这种偏好使其能够频繁地与人类接触。

大猩猩仅限于白天活动，如同它们的在系统发育上最近亲的黑猩猩一样，在树上搭建夜晚休息的巢穴。它们也完全是素食的，吃许多植物的树叶、花、嫩枝、果实及树皮。它们可以在东部高地的哈根属（Hagenia）树林周围获取充足的食物。在竹子成长的季节，大量的嫩枝叶成为大猩猩的食物补给。尽管在野外它们有很多机会去吃诸如白蚁群和留在巢里的鸟与小羚羊之类的食物，但是我们从未发现过这种情况。然而，大猩猩在被囚禁时接受了肉食。

关于野外山地大猩猩的重要著作是由沙勒写的。迪安·福塞（Dian Fossey）做了一个更新、更全面的研究，补充了许多有价值的信息，但现在看来它只不过是这一课题的初级报告。对于该物种这个群体的社会组织我们是非常清楚的。山地大猩猩由2—30个类群组成。在沙勒的整个统计数据中，银背（年龄为10岁或以上的）雄性占群体的13.1%，黑背（年轻的成体）雄性占9.4%，成年雌性占34.1%，其余的是幼儿和未成年者。一个"典型的"猩群可能有一只银背雄性，0—2只黑背雄性，大约6只雌性和类似数量的未成年个体。独居猩猩的存在也相当普遍，福塞还发现一个完全由单身的猩猩组成的小组群。如果把这些个体也考虑进去的话，雄性与雌性的比率大体上是1：1.5。一些单独的雄性积极地跟随着猩猩群，给我们留下深刻印象的是它们悠闲地从一个组群转换到另一个组群。

大猩猩的组群在统计学上是稳定的，并且每一个都占有一定的家园范围，在几周时间内只会有轻微的变动。在维索克山（Mount Visoke）的山坡上，福塞所观察到的四个组群的家园范围在两年内确实发生了变动，但彼此间仍保持着原来的关系。家园范围在很多部分都有重叠现象，沙勒和福塞都没有发现领域防御的迹象。但清楚的是，它们之间还是会有一定的间隔，因为家园范围的中心是按有规律的间隔

向外扩展而不是随意分布的。当类群相遇时，反应是各异的，而且不可预测。一般相遇者都表现友好，各类群彼此观察而没有明显的兴奋后会继续进食或前行，有时还会在一起混群几分钟。但是偶尔也会发生相互之间的挑衅和憎恶。沙勒曾见到过一类群中的雄性首领偷偷地攻击另一类群中的雄性首领，两只雄性相互瞪视着对方，还时不时地皱眉。这两类群白天相遇后多数情况下会马上分开。人们观察到了在另一种情况下的公开挑衅，即一只雌性、一只未成年者和一只幼儿正朝着一邻近类群发出最初的挑衅动作。沙勒曾假定，相邻类群的成员能互相了解，并且类群间许多不同的反应来自大猩猩以往的经验。福塞则强调居于首领地位雄性的个体特质行为的重要性，它控制着类群的行为。其中的一个类群是由温尼（Whinny）控制的，它是一只银背雄性，因为它不能准确发音而得此名。当温尼去世时，领导权传递给组群中的第二只银背玻特大叔（Uncle Bert），它控制组群的行为"就像一个患了痛风病的校长"。先前已经平静地接受了福塞观察的这一类群，在玻特大叔的统领下，它们（见福塞）改变成捶胸、击打树叶、躲藏或其他的警告姿态。不久后，组群撤退到维索克山麓更高更远的地方。它们也远离了一个试图去接触它们的全雄性类群——在这一情况下，这个回避行为本身就能证明它们所能观察到的家园范围的空间。具有家园范围的进一步证据（也许甚至是领域"声明"）是由东部高地大猩猩洪亮的吼叫声提供的。它们由延长的连续的"hoo，hoo，hoo"声组成，这种声音只有在与其他类群进行交换或有独居雄性靠近时，才会由银背雄性发出。两只银背大猩猩喊声之间的传递距离一

图26-5 在大猿和较大的旧大陆的猴中，大猩猩拥有最轻松和最友善的群体生活。在这个场景中所描绘的是，一群高地大猩猩在乌干达的维伦加火山上海拔3 000米处的金丝桃属（*Hypericum*）森林区休息进食。首领银背雄性站在左前方。在它的左边是两只成年雌性和一对两岁大小的双胞胎，它们正在互相推树枝玩耍，就好像人类玩"山寨大王"的游戏一样。在左后方三个未成年的猩猩在玩"跟随向导"（follow the leader）。在首领雄性的右边是另一类群雌性；一只在轻摇一只一岁大的幼儿入睡，另一只在为一个三岁大小的猩猩做修饰，而（最右边）第三只正背着一只两岁大小的猩猩进食。在这类群后边一只黑背雄性在一块大的地方坐着休息，它后面远处两只黑背雄性和一只雌性在觅食，另一只银背雄性在斜坡上仰躺休息。注意它们大量不同的面部表情的变化，这些变化被认为是大猩猩自身用来识别类群内个体成员的。金丝桃属森林有充足的野生芹菜和拉拉藤属植物，它们都是大猩猩的主要食物（本图由兰德里绘图，基于沙勒1965a. 1965b，和个人通信，福塞，1972）。

般从6—1 000米甚或更远的地方。

　　高地大猩猩是成年雄性控制组织起来的一些群。每个群的核心都是一只银背雄性、成年的雌性和年轻的猩猩。其他的雄性，包括下属的银背雄性和黑背个体，总是处于群的周边（见图26-5）。虽然这是一种分散的形式，并且总体上大猩猩的社会生活节奏缓慢，但它们的群都具有很强的凝聚力。个体组成群的直径范围很少超过70米，并且首领雄性总是处于在其他成员可能听到其声音的范围之内。

　　等级虽然很明显，但在表现上却很细微。等级顺序与个体大小有些关系，所以往往是大个的银背地位最高，稍微小些的黑背雄性高于雌性和年轻猩猩的地位。如果群内不止一个银背雄性，则等级系统是线性的，并受年龄的

影响，年轻的和明显年老的雄性处于较低的地位。绝大多数统治的相互作用仅仅是由对地位高低的认可形成的。当两只大猩猩在一条狭窄的小径上相遇时，较低等级的就会让出其右边的道路；如果一只具有优越地位的雄性靠近的话，其下属也会起身离去。有时占统治地位的大猩猩会通过发动攻击来恐吓其下属，在很多的时候，它都是用其嘴巴发声或用手背轻拍其他同类的身体。较高层次的斗争在群内是非常少见的。沙勒观察到雌性间的相互尖叫、格斗，并参与模拟撕咬，但从未见到过真正的受伤者。即使是真正指向入侵者的争斗也是很少的，大部分情况只限于首领雄性间的争斗（它们位于队伍的前面）。在福塞观察维索克高地大猩猩的3 000多个小时的时间内，他只看到

了不超过5分钟的战斗——全都是自然防御，并且仅仅是虚张声势而已。

即使有两性间的行为，那它也不是主要的。沙勒只目睹过两次交配，每一次都是有占统治地位的银背雄性参与的。异体修饰也不像是在黑猩猩和其他灵长类中那样普遍，它主要是在成年的对未成年的个体或在年轻个体之间进行的。异体修饰在成年个体间非常少见，福塞曾经目睹过，但沙勒从未见到过。

大猩猩主要是通过视觉和听觉渠道进行通信的。这里有16种或17种不同的声音展示，包括银背雄性远距离的大声吼叫和稍微较少的可区分的面部表情与姿势的表达。令人感兴趣的是，这个巨型的类人猿，假定它们有很高的智商水平，却采用了并不比其他大多数灵长类或社会性哺乳动物和一般鸟类社会更为丰富的通信系统。只有在我们涉及与其系统发育上关系最近的黑猩猩时，才会看到在社会行为上达到了一个新的进化级。有人曾说，如果大猩猩的社会生物学并不比旧大陆的猴和猿高级的话，那么至少在某些重要方面具有本质上的不同。现在看来，沙勒和福塞积累的数据与这一观念是相矛盾的。大猩猩的生活确实更加平静，节奏更为缓慢，并且在某些地方更加敏锐，但是仍然未看出在一些基本的方式上它偏离了绝大多数其他旧大陆物种。

黑猩猩（*Pan troglodytes*）

通过参照大多数直观标准，黑猩猩在社会性上是非人类灵长类中最高级的。它们组成适度规模的社会，在这种社会内，它们以非同寻常的方式形成临时类群、分裂和再形成。尽管它们的社会具有凝聚力并占有稳定的家园范围，但它们在相遇时是友善的并容易交换成熟雌性——而不是像其他灵长类物种那样交换雄性。这两个特殊的特性，即很好的灵活性和开放性，通过群内成员行为上的个性化和智力发展而得到加强。黑猩猩生活周期的特点是长期的社会化以及母亲和其成年子代间的联系虽松散但持久。最后，当追捕猎物时，雄性在相互协作上，及其在随后的讨食和分享中，在非人类灵长类中是独一无二的。

黑猩猩分布在从（非洲西部）大西洋沿岸的塞拉利昂和几内亚地区，直到非洲东部坦噶尼喀湖和维多利亚湖的赤道非洲地区。第二种形式是倭黑猩猩，仅分布在刚果（布）和（扎伊尔）卢阿拉巴河（Lualaba）之间的有限区域内，在分类上，有人称其为黑猩猩（*Pan paniscus*），也有把它分类为黑猩猩亚种（*Pan troglodytes paniscus*）的。黑猩猩广泛生活在许多不同的森林生境中，从雨林到稀树草原森林嵌合区，高度从海平面到海拔3 000米的各水平方位都有。它是半陆地生的，通常白天有20%—50%的时间是在陆地上。它们白天搜寻食物，晚上在树上筑巢过夜。非洲黑猩猩确实是杂食动物，它们虽吃水果较多，但也吃各种各样植物的叶、皮和种子，也会吃白蚁和蚂蚁，并常常捕杀一些小狒狒和猴子。

有关黑猩猩社会行为的先驱性的野外研究是由尼森（Nissen）和考特兰德特（Kortlandt）做出的。在近些年来，三项重要的研究成果正大大加深了我们在这方面的认识：在乌干达艾伯特湖（Lake Albert）附近的布多葛奥森林，由弗农和法国的雷诺尔兹、井泽（Izawa）、井谷、西田（Nishida）、杉山（Sugiyama）和日本京都大学项目组的其他研究者共同完成的研究；在坦桑尼亚的卡波吉奥（Kabogo）地区和马哈利（Mahali）山脉，坦噶尼喀湖以东，由京都大学研究组完成的研究；由珍妮·范·拉维克-古多尔及其助手在坦桑尼亚国家公园流域完成的研究。这些工作受益于由古多尔所引入的习惯化（habituation）技巧。观察者让自己公然出现在野生黑猩猩面前，让它们在习惯有观察者的情况下生活达数天或数个星期。假如有足够长的时间，这种方法完全可以成功。黑猩猩不仅把人类在它们之中看作一件正常的事，而且实际上已经接受人类为其类群中陌生但友善的成员。

　　日本人的研究成果［特别是井泽，以及西田和川中（Kawanaka）］显示：非洲黑猩猩基本的社会单元是大约由30—80只个体组成的松散小社会，在几年之内，它们占有一块持久且相当固定的家园范围。其家园范围适度，在布多葛奥森林5—20平方千米和在马哈利山脉附近大约10平方千米范围内，各家园有部分重叠（见图26-6）。在国家公园的峡谷流域，古多尔估计整个群体大约有150只；然而，在其观察站仅观察到38只，与1964—1965年观测的结果相符，所以这个地方不能排除这种区域差异。类群的持续时间和对家园范围的忠诚显然是通过代际传递下来的。这样就与原来的推测相反，社会是不是像第6章定义的那种临时形式。当类群相遇时（例如在公共进食的地方）它们经常在一起进行短时间的玩耍且并不存在明显的敌意。但是，杉山在布多葛奥森林地带两次目睹了灵长类其他种类间类似于领域炫耀的行为。当两类群相遇时，它们兴奋地混在一起，用在通常情况下很少使用的夸张动作吃树叶和水果、在地面上奔跑、在树枝间攀登并大声喊叫和咆哮。经过约一小时这样的吵闹和炫耀后，每个类群撤回到其家园范围内。类群在它们

短暂的相遇期间会定期地交换成员。西田和川中（Nishida & Kawanaka, 1972）注意到，在布多葛奥的移居者绝大多数是成年雌性，尤其是那些在性行为上成熟的雌性。一些带有孩子的雌性也会迁移，但是在每次迁移中，它们最终都会返回到自己的类群中。

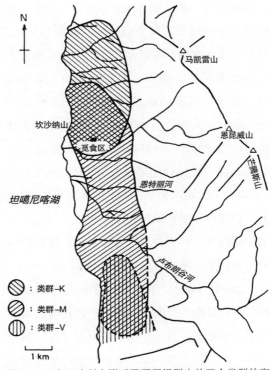

图26-6　在马哈利山附近黑猩猩组群中的三个类群的家园范围。公共觅食的地方都是在两个家园范围重叠之处（本图由Sugiyama重新绘制，1973）。

　　总而言之，黑猩猩群体是根据血缘系统组织起来的，暂时与邻近类群混合的现象并不常见。但是作为个体与邻近组群的明显熟识并不是其所特有的，其他哺乳动物和鸟类的物种中也有诸如此类的记载。是雌性而非雄性的交换是很独特的，但其遗传结果同其他物种的雄性交换却是类似的。

然而，黑猩猩内部组织的流动的确是一个例外。在同一个地方很少见到整个类群在一起。成员只有在从家园中的一个地方到另一个地方觅食的迁移期间才会聚合在一起。例如，在布多葛奥森林地带的一个类群曾在9月向北方移动去寻找藤黄属（*Garcinia*）植物结的多汁果实。但是在大多数的时间里，在这些类群内不断形成一些千变万化的小集团。除了后代跟母亲有持续联系（有时持续到断奶后）外，其余联系或联盟在统计结构上是不一致的。它们真的是在临时类群，这与通常的人类社会是一样的（见第6章）。图26-7提供了一个例子。找到水果树的小集团以欢庆的表演通告其他黑猩猩，传教士托马斯·S. 萨维奇（Thomas S. Savage）在1844年第一次将这种表演描述为"大叫声、尖叫声和在木头上的捶击声"。实际上，黑猩猩用手掌鼓打树干和树墩，同时兴奋地跑来跑去，由手臂吊在树枝上从一棵树蹿到另一棵树上，咆哮、尖声欢叫和喊叫。声音可以传至1千米以外，在听力范围内的各小集团的反应就是向声音的方向跑去。这种行为也会用于其他情况：当一个小集团分裂并有一部分成员要离开时，当一个小集团休息或觅食后想要离开时（这些时候并没有明显的外部刺激）。它用来建立和加强类群内的关系，也许就像吼猴和长臂猿的咆哮轰鸣声使各群隔开一样。当同一类群的各小集团相遇时，一般都会有一个问候仪式，尤其是在成年雄性之间。一个新来的雄性来到一棵已被一个小集团占领的水果树前，它会在击打树墩的同时大声喊叫，然后这个小集团的雄性会接近新来的雄性，在安静下来进食之前它们会相互拥抱并修饰。

黑猩猩小集团内的合作在类型和程度上都是极为独特的。大多数时间小集团的成员在食用水果和其他植物时是单独行动的，但是如果供给非常有限，例如如果一个人类观察者提供水果，并且只有雄性猩猩冒险才得以采摘到，黑猩猩会相互乞讨而分享食物。一种不同的、更加重要的合作种类是在非洲黑猩猩捕捉动物时表现出来的。铃木（1971）、特勒基和其他人所积累的观察表明：捕杀较大的动物（如狒狒）是一个不常见但相当规范的专门化行为。追捕的准备由成年雄性做出，它通过姿态、行为和面部表情的变换来传达信息。其他非洲黑猩猩对这种暗示的反应是机警的，兴奋的行为通常在达到高潮的同时进行追捕。根据特勒基的观察，捕杀的兴趣和意图由一系列的面部表情来显示。黑猩猩变得异常地安静并一动不动地盯着目标猎物，它的姿势是绷紧的，身体的毛发部分竖立起来。尽管有一次看见两只雌性捕获并杀死了一对年幼的猪，但一般只有成熟的雄性才参与猎杀。在追捕中值得注意的一个方面是部分黑猩猩安静不动，直到抓到猎物为止。诸如此类的约束在所有吵闹的动物中并不常见。

特勒基区分了三种追捕方式。第一种方法，黑猩猩混进猎物中然后突然抓住它，即爆发式的行动。第二种方法是追逐猎物。当猎物是很小的狒狒时，只需要成年雄性冲过去抓住它即可。第三种方法，也是最有意思的，是跟踪策略（stalking maneuvers）。在这一过程中，猎物被追爬上树或掉入陷阱。这三种方法的每一部分都需要部分捕猎者协作完成。

在国家公园的峡谷流域，捕猎的最好机会就是当黑猩猩和东非狒狒在觅食地点混合在一起时。在很长的一段时间里，它们之间是中立的，最多是温和地争斗。未成年的非洲黑猩猩

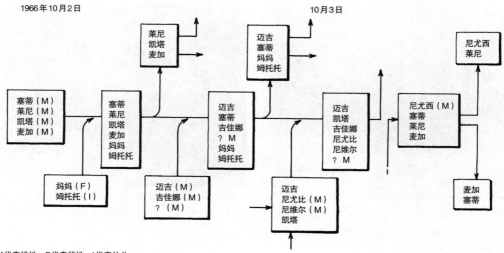

其中M代表雄性，F代表雌性，I代表幼儿

图26-7 黑猩猩小集团的构成千变万化。正如图中所示的布多葛奥森林中黑猩猩一个群的各个小集团的历史。尽管这样的分类只是短暂的，但其中的各局域群却可能能够一代一代地保留下来（摘自Sugiyama, 1973）。

和狒狒甚至偶尔在一起玩耍。这时情景的突然改变预示着暴力场面的发生：

　　另外两只黑猩猩查理和格莱斯，在某地点吃完香蕉后，在几米远的地方躺下来休息。麦克和雨果也吃完了，并一起开始为名叫"休"的黑猩猩做修饰。两只更大点儿的狒狒和几只未成年的狒狒正和曼德莱尔和塞弗（成年狒狒）在一起，所以这个混合的群体（所有的都在直径10米的圈内）现在包括5只成熟雄性非洲黑猩猩和7只不同年龄的狒狒。瑟奥是唯一的狒狒幼儿。所有的情景看上去都很轻松：几只黑猩猩在相互修饰，塞克蒂狒狒开始给塞弗修饰。麦克在11:02突然生气并用手臂再三地威胁曼德莱尔；曼德莱尔通过转身和瞪眼来回应麦克的威胁，麦克击打曼德莱尔的鼻子，曼德莱尔向后跳跃，并迅速平静下来……在11:07，曼德莱尔从瑟奥的母亲手中将瑟奥抱走，母亲依然继续给成年雄性修饰。狒狒离黑猩猩只有一米远。然后在11:09，几只雄性黑猩猩——麦克、休、雨果和查理——突然扑向曼德莱尔，从其手中将瑟奥掠走，并且紧密地挤成一团开始迅速将其撕裂成片。所有狒狒——包括母亲——迅速散开；只有曼德莱尔待在黑猩猩附近，它不停地咆哮，同时用双手推一只黑猩猩的后背，但已没有任何作用了。瑟奥很快就被麦克和休及其他在这场景两米外的黑猩猩撕裂了，它们都爬上树，开始吃这个幼儿的肢体（Teleki, 1973）。

这是一个爆发式夺物的例子。当黑猩猩在陆地上奔跑追逐猎物时，雄性之间的协作就会变得十分明显，在应用第三种方法跟踪和包围猎物时，这种合作就更为明显了。下面是特勒基对最后一种策略的描述。

图26-8　在国家公园峡谷流域附近暂时休息的一些黑猩猩小集团。左面：左边的三只成年雄性（沃泽尔，查理和雨果）陪伴两只成年雌性（Sophie带着一只雌性幼儿和Melissa）。右面：在第二个小集团中，两只年幼的黑猩猩在中间玩耍，一只带着典型的"顽皮的脸"，而另一只未成年的猩猩在给一只成年猩猩修饰（Peter Marler & Richard Zigmond的照片）。

悠闲地坐在树上的费根，在下午12:32左右，突然跳到地面上，穿过开阔的斜坡默默地快步走向一群狒狒——一只成年雄性、一只雌性和一只未成年狒狒。几乎在同一时刻，瑞克斯和沃泽尔也从另外的树上蹿下加入了费根的行动，在距离狒狒5米远的地方它们都停下来注视着同一群狒狒。费根站得比其他猩猩稍微靠前一些，并开始慢慢地接近正在吵闹的那只未成年狒狒；雄性狒狒立刻加入未成年狒狒这边，坐在它们的旁边面对着正往这边观察的黑猩猩。费根在距离狒狒3米远的地方再一次停了下来。这时雨果、查理和麦克迅速穿过斜坡朝向狒狒这边；未成年的狒狒在旁边尖叫并吵闹着，雄性狒狒立刻冲向前并瞪着眼恐吓黑猩猩；查理站立着，挥动着手臂并趾高气扬地朝着狒狒群走去。

当狒狒能安全撤退时，这一段捕食插曲就结束了，在这之后，雄性黑猩猩就迅速地分散开了。古多尔曾目睹了另一段捕食经过，这一

次雄性所起的作用更加不同。同样费根开始跟踪未成年的狒狒到棕榈树的树干上。正在附近休息并做修饰的其他雄性也同时逐渐靠近这棵树。其中一些移动到树下，而另一些则分散到树的附近，封锁住狒狒可能选择的逃跑路线。狒狒从一棵树跳到另一棵树上，驻守在那里的一只黑猩猩开始迅速地爬向它。狒狒于是跳过6米的距离到达地面上的狒狒群附近以寻求保护。

肉食的分配同样是一个复杂的过程。正如古多尔和特勒基指出的那样，乞讨肉食利用了不同的信号。乞讨的猩猩在凝视食肉猩猩的同时，还将它的脸靠近正在食肉或正拿着肉的猩猩的脸，或者可能伸手去拿并触摸肉食或食肉猩猩的下巴或嘴唇。乞讨的另一方式是，乞讨者手掌向上把手伸到食肉者的下巴处。并且经常是一边做出这些动作，一边发出轻柔的呜咽声和"hoo"声。这些乞讨个体既有雄性，也有雌性，并且一般都是两岁多的猩猩。有时食肉者会将其捕获物拖走，移至其他地方或发出拒绝的信号来回应乞讨。偶尔它也会允许乞讨

者直接吃肉或默许乞讨者拿走其中的一部分。在一年当中，特勒基一共观察到过4次黑猩猩撕下肉片分给乞讨者的情景。

首领行为在黑猩猩这里得到了良好的发展。一只地位低的个体与一只地位高的个体在树枝上同时接近一块食物时，地位低的会选择放弃食物。处于地位低的状态还意味着，它要给地位高的个体让路或通过伸出手接触地位高的唇、腿和生殖器来迎合地位高的个体。但是这些相互作用都是很微妙的。公开的威胁和撤退并不常见。杉山在360个小时的观察时间内只目睹过31次这样的行为，雷诺尔兹在300个小时内看到了17次"争吵"，古多尔在国家公园峡谷流域的前两年时间里记录了72次争斗。大多数的敌意争斗都有成年雄性的加入。然而令人好奇的是，首领系统的出现并没有影响不同地位的雄性接近雌性。基本上黑猩猩雌性对于雄性是不加选择的。它们经常连续地与多只雄性交配，在这期间附近的雄性都不会对其进行干扰。一次古多尔看见7只雄性骑在同一只雌性上，一个接一个，前5次交配每次都不超过2分钟。偶尔雌性也会自己寻找有地位的雄性交配。在杉山的布多葛奥群中有一只发情期的雌性停下来给首领雄性修饰，然后与靠在附近树枝上的一只年轻雄性交配，随后继续服侍前一只雄性。第二个值得注意的黑猩猩的明显

特征是，地位与异体修饰没有什么关系。黑猩猩进行有规律的异体修饰，看上去是一种互相放心的行为。异体修饰会在以下的情况中高频率地发生，例如，当母亲和后代在长期分离后再相聚，或同一区域猩猩群的两个小集团在搜食的短途旅行中相遇时。有时地位高的会给为了安全而靠近它的下属做简单的修饰，但大多数情况只是触摸或轻拍。

领导权是在类群刚开始时就被严格定义了的，它在黑猩猩这里得到了很好的发展。一般来说，一个小集团的首领雄性领导其成员。当一个小集团迅速地从一棵食物树到另一棵行进时，首领雄性走在前面的位置。在其他一些情况下，它可能会居于中间或后面。不管情况如何，首领雄性几乎不会失控，因为当它移动时，其余的成员就会跟着移动；当它停下来时，其他成员就会跟着停下来。

古多尔曾详细描述过黑猩猩丰富的通信系统。它由发音、面部表情及体态和移动的大量合成信号组成，也经常会使用包括异体修饰在内的接触，但这种接触在符号的多元性上远没有听力系统那样变化多样。像人类一样，黑猩猩很少使用化学信号。然而必须承认的是，对于这一问题还没有采用适当的行为和化学测试进行清晰明确的研究。

第27章　人类：从社会生物学到社会学

现在让我们开始考虑在自然史中拥有自由精神的人类，这就好像我们是来自另一个星球的动物学家来完成地球上社会物种的分类似的。按照这种宏观的观点，人文科学和社会科学就收缩成生物学的两个特殊分支，历史学、传记文学和科幻小说就成了有关人类行为学的研究记录，人类学和社会学在一起就构建了整个灵长类物种的社会生物学。

智人是生态学上一个非常特殊的物种。其占据着最广泛的地理区域，并在灵长类中维持着最高的局域密度。一位来自其他星球的聪明的生态学者将不会惊诧于发现智人属（*Homo*）中只存在一个物种。现代人类已经抢先占有了所有可以接受的原始人类的生态位或生态小生境。在过去，当南方古猿的人猿和一种可能生活在非洲的早期人属存在时，两个或者更多的原始人物种确实共存过。但是只有一条进化枝得以存活到更新世晚期，并且参与了最高级的人类社会性状的形成。

现代人在解剖学上是独一无二的。其直立姿态和完全用两足行走，是包括大猩猩和黑猩猩在内的任何其他灵长类（偶尔会用后腿行走）所无法比拟的。为了适应这种改变，人类的骨骼发生了巨大的变化：脊柱变弯曲可使躯干重量较均匀地分配在其长度范围上；胸部变平是为了移动重心使其向后靠近脊柱；骨盆变宽是为了能像连接器一样连接大腿肌肉而做跨步，并经过修正使其成盆状而能承载内脏；尾巴已经完全退化，脊椎骨（现在被称为"尾骶骨"）向内弯曲形成了骨盆底层的一部分；后头骨骨节在头盖骨下方做了很大的旋转，使头的重量得到了平衡；脸变短以协助重心的转换；拇指变大使手有力量；腿变长；足急剧地变窄并延长以便于跨步。还有一些其他的变化。毛发在身体的大多数地方消失了。但现在还仍不是十分清楚的是为什么现代人是"裸体猿"。一个似乎合理的解释是：在炎热的非洲平原辛苦地追捕猎物时，裸露可以使身体感到凉快。这比较符合人们笃信的一条原则，即出汗可以降低人的体温；人体包含有200万—500万的汗腺，这远远大于灵长类其他物种。

人类生殖生理学和行为也经历了非同寻常的进化。尤其是女性的发情周期以两种方式影响两性间的性行为和社会行为。月经开始逐渐加强；灵长类其他物种的雌性也会经历微量的出血，但只有女人才会在"未受孕子宫"壁组织严重坏死时大量出血。发情期，或者雌性"发热"期，实际上被持续的两性活动代替。交配不是通过一般灵长类的发情信号（如雌性性器官周围皮肤颜色的变化或信息素的释放）启动的，而是在性交前通过双方的相互刺激进行的。而且，一些身体引诱性状在本质上是固定的，包括：两性阴毛，女性隆起的乳房和臀部。顺利的性活动周期和连续的女性吸引巩固了亲密的婚姻，这也是人类社会生活的基础。

很久以前，一位颇富洞察力的火星动物学家就将人类球状的头看作人类生物学要素的一个最为重要的线索。人属的大脑在相对较短的进化期内异常扩展（见图27-1）。300万年以前的南方古猿拥有的脑容量为400—500立方厘米，相当于非洲黑猩猩和大猩猩的容量。200万年后，推测他的后代直立人的容量大约有1 000立方厘米。又过了100万年后，我们看到尼安德特人增加到了1 400—1 700立方厘米，并且现代人是900—2 000立方厘米。伴随着这种脑容量增大的智力增长是非常巨大的，我们

还没有有效的途径来衡量它。人类可以根据智力和创造力的一些基本分量在它们之间进行比较。但是还没有发明一种尺度能够客观地将人与黑猩猩及其他现存的灵长类进行比较。

在智力进化方面我们得到了飞速发展，以至不能使我们继续进行自我分析。智力的异常发达使我们曲解了甚至最基本的灵长目动物的社会质量，将其看作几乎无法理解的形式。旧大陆猴和猿的各物种具有非常明显的可塑性社会组织，人类将这种趋势扩展到能形成不同形式的种族。猴和猿利用行为尺度调节攻击性和两性之间的相互作用。对人类而言，其尺度已成为多元的、用文化调节的和几乎是无限精细的；联合和相互的利他主义是在其他灵长类中的基本行为。人类将其扩展为更大的网络系统，在这里，个体就像换面具一样可以有意识地随时变换角色。

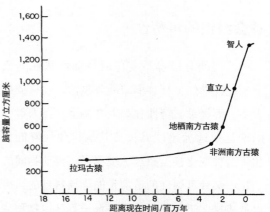

图 27-1 在人类进化过程中的大脑容量的增长（Pilbeam重画，1972）

尽可能地往回追踪这些性状和人类其他品质（性状），就是比较社会生物学的任务。通过这些研究，除了补充一些有洞察力的，也

548

许是哲学意义上的见解外，还有助于识别出人类的一些行为和规则，而通过这些行为和规则的社会操作可增加人类的达尔文适合度。用一句话来说，我们正在探求人类生物图（human biogram）。由追求真正理论的人类学家和生物学家提出的关键问题之一是：人类生物图在多大程度上代表了对现代文化生活的适应，在多大程度上是系统发育的痕迹或结果。我们的文明是在人类生物图周围用劣质材料草率地建立起来的。这些文明是怎样影响人类生物图的呢？或反过来说，在人类生物图中有多大可塑性并在其中有哪些特定参数？在其他动物身上的实验表明，当器官异常发达时，系统发育就很难重建。这是人类行为进化分析中的一个核心问题。在本章的其余部分，我们讨论人类品质（特性）是以物种的一般性状看待的。然后，我们要评论人类生物图进化的现代进展情况，最后对未来社会的进展做些推测。

社会组织的可塑性

首要的且最容易变化的特征性状在本质上是统计学的。社会组织的各参数，包括类群大小、等级系统特性和基因替换率，在人群中的变化要远远超过灵长类其他物种种群的变化。这种变化甚至超过了现存灵长类动物间的变化，某种可塑性的增加是能够预料到的。可以从狒狒、黑猩猩和猕猴科猴子等其他物种显现的易变趋势得以推断。然而，真正令人惊奇的是，为什么这种易变趋势会进行得那么极端？

为什么人类社会是这样易变的？部分原因在于其成员本身在行为和绩效方面存在着很

大的变化。即使是在最简单的社会中，个体之间的差异也是十分明显的。在倥族（布须曼）（!Kung Bushmen）的小部落里也可发现"最好的人"——部落首领，以及猎手和医生中的杰出专家。即使是在这种强调共享财富的社会，一些人特别有能力，仍可不动声色地获得相应的财富。倥族人和高级工业社会的人们一样，一般在中年30岁以前就建立了自己的事业，否则就只能接受较低层次的生活。当然，有一些人从来就不争取立业，就只能生活在破旧的茅屋里，并且从不为他们自己及他们的工作引以为傲（Pfeiffer，1969）。扮演后一角色并使自己的个性修改适应于这一角色的人，可能本身就是可适应的。人类社会是通过高智力组织起来的，并且其中的每一个成员都要面临着诸多变化的社会挑战。而这些基础的变化，还要在类群水平上，通过其他一些格外显著的性状加以放大。这些性状是：长期、紧密的社会化阶段；通信网络的松散联系；多样性的结合；穿越远距离和历史时期的交流能力（特别是文化修养方面的交流能力）；而且，在所有这些性状中，还有掩饰、操纵和开拓的能力。每一个参数都很容易改变，并且每一项都会在最终的社会结构中产生明显的影响。结果可能就是在社会中可见的变化。

接下来我们需要考虑的假说是，促进社会行为可塑性的基因是在个体水平上要受到强力选择。但是社会组织的改变只是一种可能性，并不是这一过程的必然结果。为了生成确实观察到的发生变化的量，有必要存在多个适应峰。换句话说，在同一物种的不同社会形式中，对于许多长期占有的物种来说，必定在生存方式上具有足够的相似性。其结果可能是社会各类型在统计上的一个总效应，这个效应即使不均衡，也至少不会迅速偏向某一特定类型。在某些社会昆虫中发现的另一个情况是，个体行为和职别发育方面的可塑性。然而，当把集群中的所有个体放在一起考虑时，个体各类型的统计学分布还是接近一致的。蜜蜂和蚂蚁中的蚁属和农蚁属（*Pogonomyrmex*）"个性"差异，即使是在单一的职别内也可能明显地表现出来。被昆虫学家们作为精英来谈及的一些昆虫个体通常积极行动，完成多于其应承担的工作任务，并通过这种促进来鼓励其他成员工作。集群的其他成员一般都是偷懒的，尽管它们看上去健康并拥有较长的寿命，但它们的个体产出仅仅是精英们产出的一小部分。还有专门化，某些个体待在巢穴里从事抚育工作的时间远多于平均水平，其他的个体则集中于筑巢或觅食。然而，集群中的整体行为模式还是趋近于物种的平均水平。具有数百或数千成员的一个集群与同一物种的另一个集群比较时，统计的活动模式大致是相同的。我们知道这其中的一些一致性是归因于负反馈。当诸如巢穴需要照顾和修理时，工职就会转向有关活动，直至完成后再转变回去。试验已经表明：这些反馈回路遭到破坏，也就是集群偏离其统计规范，其结果可以是灾难性的。所以发现这些回路是精确和有效的就不足为奇了。

管制人类社会的控制并不是那么强有力的，并且偏离管制的效应也不那么危险。人类学著作中充满了许多无效的甚至有病理缺陷的社会的例子——却仍旧继续存在着。根据文明生活的道德标准，奥兰多·帕特森（Orlando Patterson）所描述的牙买加的奴隶社会，这无疑是病态的。"它所标示的几乎是对正常人类生活的每个基本前提条件惊人的忽视与歪曲。这是这样的一个社会：牧师是'最彻头彻尾的浪荡子'；在主人间和奴隶间的婚姻受到官方谴控；对于这样社会的大多数成员来说，组成家庭是不可能的，而乱伦是常见现象；教育是浪费时间，教师是瘟疫而加以回避；法律体系蓄意歪曲成任何事情都是公正的；所有形式的高雅艺术和社会习俗要么缺乏要么瓦解。只有一小部分的白人几乎垄断了岛上所有的肥沃土地并从中受益。这样，在他们成了巨富不久，就抛弃了这片不能维持他们在自己祖国过着舒适生活的土地。"然而，这种霍布斯式（Hobbesian）[①]的世界持续了近两个世纪。在经济繁荣的同时，人口也增加了。

乌干达的伊克族（Ik）同样是一个具有启发性的例子（Turnbull，1972）。他们原是狩猎族，在发生一场灾难后转变为农耕族。由于总是处于饥饿的边缘，他们意识到自己的文化已经非常萎缩。他们唯一认定的价值就是鱼酱或食物，他们关于善的观念就是个人填饱肚子，他们对一个好人的定义就是"一个拥有饱胃的人"。村庄仍然在建设，但作为一种惯例维持下来的核心家庭已废弃了。他们不愿意照看孩子，并从约3岁开始就使其流浪谋生。婚姻一般只在有特定合作的需要时才发生。因为精力不足，性行为也很少，并且其快乐程度与排便所带来的快乐几乎相同。他们认为死亡是一种解脱或者是一种乐趣，这将意味着有更多的食物可留给幸存者。不幸的伊克人生活在最低的可维持的生活水平，为此，人们可能说，他们注定会灭亡。然而在某种程度上，他们的社会

550

---

① 霍布斯（Hobbes），英国哲学家，主张绝对服从首领可维护公共秩序。——校者注

还维持了一定的完整性，并或多或少稳定了至少30年，甚至有可能无限期地持续下去。

在社会结构中，这种变化是怎样得以持续的呢？解释可能是缺乏来自其他物种的竞争，结果就产生了生物学家所说的生态释放。在过去的一万年或更长的时间内，作为一个整体的人类在主宰其环境方面是非常成功的，只要人类有适度的内部一致性和没有中断繁殖，几乎还没有任何一种文化能在一段时间内超越它。蚂蚁或白蚁中没有一个物种会喜欢这种自由。它们在建筑巢穴、建立嗅迹路线和进行婚飞时的极低效率，都有可能由于来自其他社会昆虫的捕食和竞争而迅速导致该物种的灭绝。很大程度上这对于社会食肉动物和灵长类也同样如此。简而言之，动物物种更倾向于紧密地簇拥在一个较小空间的生态系统中生活或玩耍。人类已经暂时逃离了这种种间竞争的忧患。尽管文化有相互替代现象，但是这一替代在减少变异方面要比种间竞争低效得多。

一般传统的看法是，实际上所有的文化变异在起源上都是表现型的而非遗传型的。这种观点从文化的易替代性得到支持，即文化的某些方面可以在单一世代内得以改变，其改变之快实际上不能得以进化。在发生马铃薯枯萎病的前两年（1846—1848），爱尔兰社会发生的剧烈变化就是一个有力的例证。另一个例子就是在第二次世界大战美国占领日本后，日本权威结构的转换。诸如此类的例子可以无穷尽地增加——它们都是历史上的真实事件。在遗传上，人类群体与其他群体没有很大的不同，这也是事实。列万廷（1972b）在分析现存的9种血型系统的数据时发现，有85%的变异是由群内的多样性造成的，而只有15%的变异是由群间的多样性造成的。没有先验的理由去推测：这个样本的基因分布会与另一个少受行为影响的样本的基因分布有什么明显不同。

极端正统的环境决定论观点则更进一步，该观点认为，事实上在文化的传播过程中并不存在遗传元素。换句话说，文化的能力是通过人类的单个基因型传递的。多布赞斯基（1963）这样陈述这个假说："文化并不是通过基因得以传承的，它是通过从其他人那儿学习而获得的……从某种意义上说，人类基因失去了其在人类进化中的首要地位而成为一种全新的、非生物学的或超有机体的效应因子——文化。然而，不能忘记的是这种效应因素完全依赖于人的基因型。"尽管基因丧失了大多数主权，但其至少在基于文化间变异的行为品质上具有一定的影响。内外向测量、个性气质、痉挛活动和体育活动、神经过敏、张扬压抑和诸如精神分裂症之类的各种形式的精神病，业已证明都具有中等大小的遗传率。即使群间这一（遗传）方差较小，也可能会造就文化差异的社会。无论如何，我们应该试图去测定上述性状的遗传率。因为仅仅指出一个或少数几个社会缺乏（遗传）方差的行为性状，就得出该性状在人类中是由环境诱发而与遗传无关的结论是无效的。其相反的情况可能是正确的。

简而言之，这里需要人类遗传学的研究。在我们获得它之前的这段时间里，应通过两种间接方法概括出人类生物图。第一，从最基本的人类行为规则中建构模型。在模型可检测的范围内，这些规则能够像由动物学家绘制出的习性图辨别动物物种"典型"的行为信息储存库那样，概括出人类生物图的特点。这些规则可以合理地与其他灵长类物种的习性图相比较。

尽管人类文化中规则上的变化微不足道，但也可能提供了潜在遗传差异的线索，特别是当其与所知的可遗传的行为性状的变化相关联时。尽管社会科学家有着不同的社会背景，但事实上他们已经在采用这一方法进行研究了。亚伯拉罕·马斯洛（Abraham Maslow）提出：人类的需要是等级式的，只有低水平的需要得到满足时，才会去关注高水平的需要。最本能的需要就是吃饭和睡觉，当这些需要得到满足后，安全就转变为首要考虑的因素。接下来这一需要就是归属于一个类群并得到爱，再接下来就是自尊，最后是自我实现和创造。马斯洛梦想中的理想社会是一个"促进人类潜力和人性最大程度发展的社会"。当人类生物图能自由表达时，其重心应在较高一些的水平上停下来。另一位社会科学家，乔治·C. 霍曼斯（George C. Homans），采用斯金纳理论（Skinnerian），企图把人类行为减少到与学习有关的基本过程。他假定了如下规则：

1. 如果过去某人对某一特定刺激引发的行动得到了回报，那么现在的刺激与过去的越相似，这个人现在就越会采取同样或类似的行动。

2. 在某个特定的时期，如果某人的行为对另一个人的行为回报越多，那么这个人就越会愿意重复这一行为。

3. 如果别人认为某人给出的一组活动越有价值，则这个某人就越会以同样一组活动的方式回报别人。

4. 一个人在最近一段时间内的活动，接受别人的"回报"越多，那么以后此人同样活动得到回报的价值就越小。

行为学幻想家马斯洛观察世界，与行为学家、还原论者霍曼斯不同。然而他们两人的方法都是一致的。霍曼斯的规则可认为是由可表达人类生物圈的一些设备组成的，霍曼斯的操作词是"回报"（reward），所谓"回报"实际上就是由合适的大脑易感中心定义的全套相互作用。根据进化论，"合适"是以遗传适合度为单元来度量的，因此大脑易感中心也就程序化地定义下来了。马斯洛的等级系统就是由这些规则达到目标的一种简单的优先次序。

人类遗传学的第二个间接方法是系统发育分析。通过人与其他灵长类动物相比较，确认隐藏于表面之下的灵长类动物的基本特征是可能的，并且将有助于决定人类的较高级社会行为的外形结构。这一方法在康纳德·洛伦兹的《论攻击》（*On Aggression*）、罗伯特·阿德雷的《社会契约》（*The Social Contract*）、德斯蒙德·摩里斯的《裸猿》（*The Naked Ape*）、莱奥内尔·泰格和罗宾·福克斯的《帝国动物》（*The Imperial Animal*）等系列畅销书中被普遍采用。作为已适应特殊环境的生物体，他们的工作，对于唤起人们将人类作为一种适应其独特环境的生物物种的关注是有益的。他们所受到的广泛关注，打破了极端行为主义者令人窒息的控制。那些极端行为主义者将人类的意识看作是一个既不正确也无启发性的等效的反应机器。而且他们对问题的独特处理方法是无效并带有误导性的。他们选择了一个似是而非的假说，或者选择一个基于动物物种小样本评论的假说，然后积极地把这种解释推到极端。这种方法在更为一般的背景下的弱点前面已做讨论（见第2章），这里不重复。

使用比较行为学的正确方法是，把密切相关物种的严密的系统发育建立在许多生物性状基础上。然后将社会行为作为因变量推出它的进化。如果这样做没有十足的把握（研究人类进化还不能这样）的话，接下来最好的方法就是第7章所概括出的：建立一个最低级分类水平，使得在此水平上的每一性状在分类单位间都表现出显著的变异。随物种或所属而变化的性状都是容易变化的性状。我们不能确切地从猕猴科的猴和猿推断到人。在灵长类动物中，这些易变的性状包括群体规模、类群凝聚力、类群间的开放度、在亲本哺育中雄性参与的程度、关注结构以及领域防御的强度和形式。如果这些性状在分类学的科或灵长目上都是稳定的，那么可认为它们是保守的，从而使它们更可能以相对不变的形式进化到智人目，即到人类。这些具有保守性状的特征包括：具有攻击性的权力系统（雄性一般是主导雌性的）；反应强度的尺度（特别是在相互斗争时）；细致而时间长的母性关照（幼崽具有明显程度的社会化）；母系社会组织。这种行为性状的分类为假说的形成提供了一种适宜的基础，使得可以对各种行为性状持续到了现代"智人"的可能性进行定性的评估。当然，某些易变性状，比方说在任何黑猩猩间的易变性状仍有同源的可能；相反，贯穿于其他一些灵长类动物中的一些保守性状，在人类起源过程中仍然可能发生改变。而且，这种评估并不意味着保守性状比遗传性状更具有遗传性，即具有更高的遗传率。易变性完全是以物种间或者物种内群体间的遗传差异为基础的。最终回到了文化的进化，我们可以直观地推测，被证明为易变的性状也很可能是建立在遗传差异基础上的人类社会间不同的那些性状。表27-1所示的证据与这一基本概念是相一致的。最后值得注意的是，比较行为学方法无论如何也不能预测人类的各单一性状。进化研究的普遍法则就是：量子跃

迁方向是不容易通过系统发生的外推来的。

表27-1 人类社会的一般社会性状分类的根据是：它们在人类中是否独有，是否在其他灵长类的种间或属间变化（易变性状），是否在其他灵长类中都是不变的（保守性状）

进化中灵长类的易变性状	进化中灵长类的保守性状	人类性状
		与某些其他灵长类共有
群体规模		高度易变
类群凝聚力		高度易变
类群间的开放度		高度易变
亲本哺育中雄亲的参与程度		强
关注结构		以首领雄性为中心，但领域性高度易变
领域防御的强度和形式		一般
		与所有或几乎所有其他灵长类共有的
	攻击性权力系统（雄性优于雌性）	尽管有变化，但与其他灵长类一致
	反应的尺度（特别是攻击的相互作用）	与其他灵长类一致
	持久的母性照顾，显著的幼儿社会化	与其他灵长类一致
	母系组织	绝大多数与其他灵长类一致
		独有性状
		真正的语言，精细的文化
		贯穿于月经周期的连续的性活动
		明确规定禁止乱伦和具有不同血缘关系的婚配规则
		成年男女间劳动的协作分工

实物交换与相互利他主义

共享在非人类的灵长类动物中非常罕见，只是在黑猩猩中以及可能在其他少数旧大陆的猴和猿中可以见到较初级的形式。但在人类中，它是最稳固的社会性状之一，达到了与白蚁和蚂蚁高度的交哺相匹配的水平。结果，只有人类存在经济体系。人的高智力和符号化能力真正使实物交换成为可能。智力也允许这种

交换能够持久，并将其转变为相互的利他主义行为（Trivers，1971）。在我们所熟悉的日常语言中，通常会有下面一些行为模式的习惯用语：

"现在你给我一些东西，以后我会偿还给你的。"

"这次你帮助我，下次当你需要我时，我会同样帮助你。"

"我其实并没有想把救援当作英雄主义，我只是希望在同样的情况下，别人也会帮助我或者我的家人。"

正如塔尔科特·帕森斯（Talcott Parsons）喜欢说的那样，货币本身是没有价值的。货币仅仅是一点儿金属或者几片纸，人们利用货币交换一定的财产和所需要的服务。换句话说，货币是相互利他主义的一种量化。

在早期的人类社会中，也许最早的实物交换形式就是用男性所捕捉的肉类食品换取女性所采集的植物食品。如果现存的狩猎-采集社会反映了最初的社会状况，那么这种交换就以不同性别结合的方式形成了一种重要的因素。

继列维-斯特劳斯[①]（Lévi-Strauss，1949）之后，福克斯凭借人种学的证据，提出在人类社会进化的早期阶段中，至关重要的一步是利用妇女做实物交换。由于男性需要通过控制妇女以获得社会地位，他们就把妇女作为交换对象以巩固联盟和加强血缘关系。文字前社会（preliterate society）就是以以权力获利的复杂婚姻为特征的，这一"以权力获利"的特征在下述情况尤为明显：在基本上是负婚姻规则（某些类型间禁止婚配）转到正婚配规则（某些类型间必须婚配）时。在澳大利亚的土著社会中，存在着两"部分"，在这两"部分"间是允许结婚的。其中每个"部分"的男人可以交换侄女，甚至其姐妹的女儿给另一"部分"的男人。权力随着年龄的增长而增大，因为一个男子能够支配像他姐妹的女儿的女儿这样血缘关系的侄、表亲的后代。加上一夫多妻制，这种体制保证了部族中老男人的政治和遗传优势。

就所有的复杂性而言，部落间婚姻交换的正式化，就如同一只雄猴偶尔从一个猴群游荡到另一个猴群或者黑猩猩群体之间交换年轻雌性一样，具有大致相同的遗传效果。在欧洲移民到来的影响之前，澳大利亚土著社会中所缔结的7.5%的婚姻关系发生在部落之间，在巴西的印第安人及其他文字前社会中也具有大致相同的比率。回想前面（见第4章）提到的，每一代中约10%的基因流动足以抵消造成人类差异的相当强大的自然力。部落间的婚姻交换是造成人们所见群体中高度遗传相似性的主要因素。异族婚配最终的适应性基础，本质上不是基因流动而是避免近亲交配；再者，出于这种目的，10%的基因流动就已经足够了。

人类社会组织的微观结构主要是基于能够引发建立契约的复杂的相互评估。正如欧文·戈夫曼所正确构想的那样，外来者迅速但又文雅地进行探测，以决定其社会经济地位、智力和教育、自我感觉、社会态度、能力、威

[①] 法国著名的社会学家，曾经深入原始部落进行人类学调查，著有《悲伤的热带雨林》（1955）《结构主义人类学》《神话学》《今日图腾》《原始思维》（1962）等。——译者注

信及情感的稳定性。这些主要是下意识地做出和接受的绝大多数信息具有突出的实践价值。这种探测一定要深入，因为这个外来者总是试图去创造一种能够给他赢得最大利益的印象。至少他能够控制以避免揭示将会危害其地位的信息，这种自我表现被认为包含有欺骗性的因素：

> 很多关键性事实在于超越了相互作用的时间和地点或者其中隐藏着谎言。例如，个人"真正的"，或者是"真实的"态度、信念及情感，就只能通过声明或非自觉表现的行为间接地确定。同样，如果这一个体给他人提供产品或服务，他人就会时常发现，在相互作用期间并不是在任何时间和地点即刻就能实际检验这个东西的好坏，他们将被迫接受有些事物只是作为传统的或自然的符号而不能直接获得。
> （Goffman，1959）

欺骗和虚伪既不是将善良人压制到最低水平的绝对的恶，也不是有待于被进一步的社会进化去除掉的动物的残留性状。它们恰恰是人类处理社会生活中复杂的日常事务的工具。每一特定的社会水平都体现出了反映社会大小和复杂性的一种妥协。如果这一水平太低，其他水平的社会就会抓住这一优势并取得胜利。如果这一水平太高，结果就是遭到排除。完全诚实并不是答案。原始灵长类的坦率有可能破坏超越直系宗族的限度建立起来的有关人类群体社会生活的精致构造。正如路易斯·J. 哈勒（Louis J. Halle）所正确观察到的那样，良好的礼貌（good manners）变成了爱的一种替代。

联盟、性和劳动分工

几乎所有人类社会的建筑单元都是核心家庭（Reynolds，1968；Leibowitz）。无论是美国工业城市中的平民，还是澳大利亚荒原中的一队狩猎-采集者，都是围绕这一单元组织起来的。在这两种情况中，家庭在地方社区间移动，但通过拜访（或者打电话和写信）和交换礼物的方式同主要的血缘者维持复杂的联系。白天妇女和孩子在居住区里，男人却要以实物或者货币的形式在外寻找猎物或其他等价物。男性为狩猎或对付邻近部落而成队相互联合起来。即使没有实际的血缘关系，他们也能像"一家兄弟"一样行事。婚配要严格遵守部落的习俗，不能轻易更改。无论是隐蔽的还是通过习俗明确允许的，一夫多妻制主要都由男性进行。在月经周期中，性行为几乎是连续的并且是以延长性行为前的爱抚（extended foreplay）为标志的。在马斯特斯（Masters）、约翰逊（Johnson，1966）和其他一些人的研究基础上，摩里斯指出，人类性行为独有的特征与体毛减少有关：年轻女性浑圆隆起的乳房，性交时皮肤的红润，血管的扩张，嘴唇性感灵敏度的增加，鼻子、耳朵、乳头、乳晕和生殖器的柔软部位及男性阴茎特别是勃起时的大小，等等。正如达尔文在1871年所记述的那样，甚至女性裸露的皮肤也会促进性行为。所有的这些变化都是为了加强永久的结合（性交），这在时间上是与排卵期不相关的。令那些试图通过用排卵节律方法避孕的人惊讶的是，女性几乎没有发情期（而可性交）；人的性行为基本与受精（生育）无关。具有讽刺意味的是，那些除了生育目的以外禁止性行为的信教者还根据这一"自然法则"（信教者的错误假定）行事。由于基于这样一个错误的假定，即在生殖过程中，男人从本质上讲就像其他动物一样，因而在比较行为学中就成为一种误导。

血缘关系几乎遍及整个人类社会，这也是我们这个物种的独有生物学特征。血缘系统提供了至少3个明显的优势。首先，血缘系统使部落和亚部落单元结成联盟，并且为年轻成员的无冲突迁移提供了通道。其次，血缘系统是实物交换体系的一个重要部分，通过这种系统，男性获取统治和领导权。最后，血缘系统能够用作度过艰难时期以寻找亲族的自我稳定装置。当食物匮乏时，部落单元可以以其他群居的灵长类动物不知晓的方式号召其同盟提供利他主义的援助。加拿大西北部北极圈地带的一个狩猎-采集群体——阿萨巴斯卡·多格里布的印第安人，就是这样的一个例子。阿萨巴斯卡人主要是通过原始的双边联合规则松散地组织起来的（June Helm，1968）。当地各类群的人在公共领域中游荡时，他们时断时续地进行联系和通过通婚交换成员。当遭受灾荒时，受难的人就与那些境况暂时较好的人联合。另一个例子是南美洲的雅诺马马人（Yanomamö），当庄稼被敌人毁坏时，他们就依赖与其具有血缘关系的人（Chagnon，1968）。

随着社会从一队人马通过部落进化到王国（chiefdom）和国家，某些结合方式便超出了血缘关系的网络，扩展为包括其他的联盟和经济协议。因为社会网络随之变大，通信线路变得更长和相互作用变得更为多样化，所以整个社会系统就变得更为复杂。但是这些变化背后的道德准则却没有太大的变化。平民百姓仍旧在形式化代码的操控之下，与管制狩猎-采集社会成员的情况没有不同。

角色扮演和行为多型

就如同超蚁和超狼一样，超人绝不会是一个个体。它是一个社会，其成员多样化和彼此协作，以创造出可以超出任何一个可设想个体所具有能力的复合体。因为人类社会成员所拥有的智力以及灵活性，使他们实际上能够在任何程度的专业化中发挥作用，转换自身以满足特定场合的需要，所以人类社会已经进入到一个非常复杂的阶段。现代人通过尽力适应不断变化的环境，已成为一个具有"多面手"能力的行动者。正如戈夫曼（1961）所观察到的那样："也许有些时候，个体就像是一个笨拙的士兵那样被一定的角色紧紧地限制，只能向前走或向后走。的确，当一个人担当一个角色，坐在那儿，昂着头，目视前方，无论在哪里他都是真实的。但是到了下一时刻，这幅画分成了许多碎片，真实的个人被分解成了不同身份地位的人，用双手、用牙、用痛苦的表情抓紧联系不同生活领域的纽带。当靠近观察时，这个人在生活中的所有联系以不同的方式汇集在一起时，这个人又变得模糊了。"难怪现代人最严重的内在问题是身份认同（identity）。

人类社会中各成员的角色基本上不同于社会昆虫中的职别。人类社会中的成员有时会用昆虫的方式相互间紧密合作，但是更多的时候，他们要为争夺分配给他们的有限资源而竞争。最优秀的和最善经营的角色行动者（role-sector）通常会赢得一份不成比例的优厚回报，而最差劲的会被分配到别的不理想的角色位置。另外，个体希望通过改变角色而获得较高的社会经济地位。阶级之间的竞争也会发生，并且业已证明，在历史的大多数时间内，这是社会变革的决定性因素。

人类生物学的一个关键性问题在于：人类进入各阶层并且要扮演各种角色时，是否存在遗传因素。人们很容易会想到可能发生这种遗传差异的环境。实际上，至少某些智力和情感性状的遗传率，对中等大小的歧化选择有足够的反应。达尔伯格（Dahlberg）认为，如果一个单一的基因能够决定成功和地位的升迁，它就会很快集中存在于社会经济的最高阶层。例如，假定有两个阶层，每一个阶层都始于一种只有1%频率向上升迁基因的纯合体；进一步假定在每一代人中，较低阶层的50%的纯合体要向上升迁。那么依靠这些类群的相对大小仅仅在10代人当中，上等阶层就会拥有多达20%的纯合体甚至更多；下等阶层仅拥有0.5%的纯合体甚至更少。根据类似的讨论，赫恩斯坦认为，随着环境机遇在社会中变得几近相同，社会经济集团将日益为基于智力上的遗传差异所限定。

当一个人类群体战胜并征服另一个群体（人类历史中常见的事件）时，就会产生强烈的阶级分化。通过提高阶级间的壁垒，提高种族文化和文化差异的判别以及提高少数民族居住地区的限制，这些心智性状的差异（然而很小）就会倾向于保存下来。遗传学者 C. D. 达灵顿（C. D. Darlington）认为这一过程是人类社会遗传多样性的一种主要来源。

尽管这一断言似乎是有一定道理的，但是并不存在有关身份/地位的任何遗传固定的证据。虽然印度种姓①社会已存在2 000多年了，远远

① 种姓：印度的世袭阶级（层），共分5个阶级，各级有特别的习俗，不能与其他级有社会往来。——校者注

超过了进化趋异时间，但是他们只在血型和其他可测量的解剖学或者生理学性状方面存在着微小差异。阻止等级差异的遗传固定有若干强大力量。第一，文化发展太富于流动性，在几十年或者多达几个世纪的时间中被取代，种族及其民众获得解放，征服者被征服。第二，即使在一个相对稳定的社会中，向上发展的道路也是不计其数的。较低阶层的女子趋于上嫁（攀高枝）。在一个世代中，商业或者政治生活方面的成功，能使一个家庭从任何一种社会经济阶层进入统治阶层。第三，还存在许多不是以简单模式遗传的达尔伯格基因（Dahlberg genes）。人类成功的遗传因素显然是多基因的。并且可以列出一个长长的单子，但仅有少数几个已被测定。智商仅仅是智力组成部分的一个子集。创造力、经营能力、驱动力、精神毅力等方面虽然都是无形的，但也是同样重要的品质或性状。假定决定了这些性状的基因分散于许多染色体上，再假定其中某些性状是不相关或者甚至是负相关的。在这些情况下，只有最强的歧化选择才能产生稳定的基因组合。更有可能的是如下占优势的情况：社会内保存着大量的遗传多样性和某些遗传决定的性状与成功只存在着松散的相关。通过各家系财富在世代间连续不定的变化，就加速上述有上有下的混乱过程。

即使这样，对于某些具有广泛作用的遗传因子的影响不能低估。我们考虑男性同性恋。金赛（Kinsey）及其同伴的研究表明，20世纪40年代，在美国大约有10%的生理成熟的男性，在被调查之前至少有3年主要是或者完全是同性恋者。在其他许多文化不同的群体（如果不是大多数的话）里，男性人口也有比较高的同性

恋比例。卡尔曼提供的双生数据表明，同性恋可能存在遗传因素。因此，哈钦森认为，同性恋基因在杂合体的情况下可能具有较高的适合度。它是根据现代群体遗传学进行推理的。同性恋状况本身导致较低的遗传适合度，当然同性恋男性通常很少结婚，并且跟异性恋者相比，他们的孩子就更少了。这种同性恋基因在进化中能够得以维持的最简单方式就是：这些基因在杂合状态下是有利的，也就是说，杂合体能够更好地进入成熟期，能产生更多的后代，或者是兼而有之。赫尔曼·T. 斯皮思（Herman T. Spieth）向我提供了一种有趣的可供选择的假说，并且罗伯特·L. 特里弗斯独立发展了这一假说。在同其他（非同性恋）男性群体打猎或者在居住地处理更多的内部事务时，原始社会中的同性恋成员只是帮手。同性恋者脱离了尽特殊义务的父亲职责后，在帮助与其具有紧密血缘个体时可能是很高效的。那么仅通过血缘选择，有利于同性恋的基因可以在很高的平衡水平上持续下来。也就可以说，如果这种基因确实存在的话，它们在外显率方面几乎都是不完全的，并且在表现度上是有变化的。这也就意味着这种基因携带者，哪些会发展成同性恋者和发展到何程度依赖于修饰基因的有无和环境的影响。

其他的基本类型可能也存在，并且也可能观察到它的一些线索。布勒顿·琼斯（Blurton Jones，1969）在对英国幼儿园的儿童进行研究时，区分了两个明显的基本行为类型。"言辞者"（verbalists），这种类型的人很少，经常独处，很少走来走去，并且几乎从来不加入打闹。他们话很多，并且花了很多时间读书。另一类型是"实干者"（doers），他们结成团体，经常走来走去，并且花很多时间绘画、做事情而不是讲话。布勒顿·琼斯推测这两种类型起因于行为发育的早期差异并持续到成年期，如果这种差异具有一般性，则基本上可归结于文化内的多样性。现在还没有办法知道，这种差异最终是不是起源于遗传或者完全是通过早期的经验诱发的。

通信

人类全部独有的社会行为都是以其独有语言为支点的。在任何一种语言中，词在每一种文化中都随意地给出了一定的定义，并且按照语法把词进行排列，而被赋予了超越于定义的新意义。文字完全的符号品质和语法的复杂性，便可以创造出在数量上具有潜在的无限性的信息，甚至使系统本身的通信成为可能。这是人类语言的基本本质。人类语言的基本属性或特征可进行分解，并且在传播过程可以增加其余特征，从而总共可达到16种设计特征。其中大多数特征，至少可见于其他一些动物物种的初级形式中。但即使是教黑猩猩在一些简单句子中使用了一些符号，也远远不能与人类语言的生产率和丰富性相比拟。在进化中人类语言的发展就是一次量子跃迁，可与真核细胞组装成生物个体相比拟。

即使没有文字，人类的通信也可能是目前所知道的最为丰富的通信。关于非文字通信的研究，已成为社会科学研究中一个欣欣向荣的分支。符号在语言交流中承载了很多的辅助性角色，这使得编纂变得困难。对这些符号的分类定义经常不同，所以分类结果很难一致。表27-2给出了一个排列，我想这个表既可以免除内部矛盾，又可以与现行的用法相一致。包括面部表情、身体的姿势和动作及接触等在内的非声音信号的数目可能超过了100种。布兰尼根和汉弗里斯（Brannigan & Humphries，1972）列出了一个他们认为几乎穷尽了的所有136种信号。这个数目和伯德维瑟（Birdwhistle，1970）所独立做出的估计相一致，他认为尽管人的面部可能具有多达25万种表情，至少可以组合成100套不同的、有意义的符号，但声音准语言（paralanguage）同真实语言的韵律变化有所不同，因而将其进行分类并不是很困难。格兰特（Grant，1969）区分了6种不同的声音，而且研究灵长类其他物种的动物学家有时也能区分这6种。总之，所有的准语言学（paralinguistic）符号加起来几乎超过150种，甚至可能接近200种。这种信息储存库要比绝大多数其他哺乳类和鸟类的信息储存库高出3倍甚至更多，也超出了普通猕猴和黑猩猩的全部信息储存库。

表27-2　人类交流的模式

Ⅰ.语言通信：词和句的表达

Ⅱ.非语言通信

 A.韵律：音调、因素、节律、音符、音法，以及修改语言陈述意义的其他声音品质

 B.准语言：符号与用于补充和修辞语言的文字分开。不同于用词来补充或变更语言的信号

  1.有声准语言：呼噜声、咯咯笑、笑声、抽噎声、哭声和其他一些非语言的声音

  2.无声准语言：身体姿势、动作和接触（能动系统）、可能也包括化学通信

在人类准语言分析中，另一有用的区分在于对前语言（prelinguistic）信号和后语言（post-linguistic）信号之间的区分，其中前语言信号在真正语言进化开始以前就使用了。后语言信号

很有可能是作为语言的纯辅助性装置产生的。对于这一问题的研究方法，是对灵长类动物通信的有关特性进行系统发育分析。例如，胡佛（Hooff，1972）认为猴科的猕和猿的面部表情上的微笑和大笑是同源的，因此不能把人类的这些行为列入我们的最原始的普遍信号而进行分类。

正如马勒所说的那样，人类语言可能起源于丰富的连续声音信号——这些信号与普通猕猴和黑猩猩应用的信号不同，也不同于某些低等灵长类信息储存库中表征的较为非连续的信号。同猕猴、狒狒和黑猩猩相似，人类的婴儿也能发出各种不同的声音，但在其发育的早期就转变为人类语言的特殊声音了。

多重爆破音、摩擦音、鼻音、元音和其他一些声音组合在一起构成了大约40种基本的音素。人的口腔和上呼吸道为了能够发出这种声音明显发生了变化（见图27-2）。最关键的变化是与人的直立姿势相关联的，这种直立姿势对现在的状态提供了最初的但仍不完全的推动力。随着面部拉长，口腔与咽喉形成90°的夹角。这种结构变化有助于升高舌背，直到形成咽喉气流的阻力。同时咽喉部的空间和会厌适当地拉长了。

舌头位置的改变及咽喉的拉长，这两个主要变化就能够产生多样的声音了。气流经过声带时就可以发出嗡嗡的声音，这种声音可以在强度和长度上变化，但在所有重要的产生音素区分的音调性质上并不发生变化。当空气经过咽喉和口腔从口出来时，音调才会变化。这些结构一起构成了一个像圆柱体一样、用作共鸣器的气体通道。当其位置和形状发生改变时，通道就会强化来自声带的不同的音频组合。结果就产生了如图27-2所示的我们认作是音素的

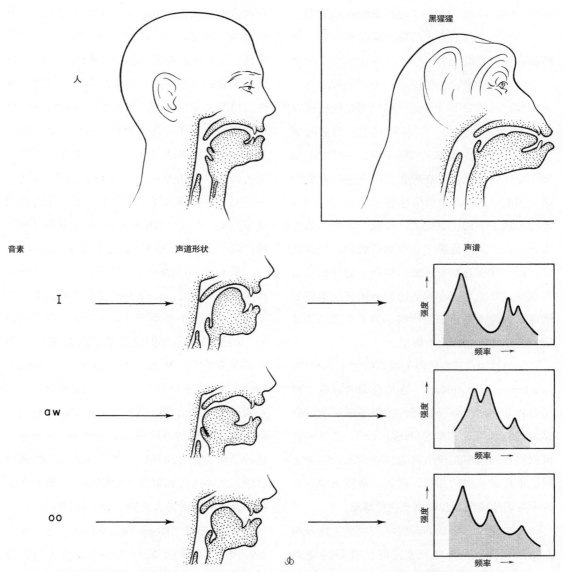

图27-2　人类的发音器官是向着能够发出许多不同声音的方向进化的。多面性则是人类语言功能进化过程中的一个必要的伴随物。图的上部分表明人类不同于猩猩和其他非人类灵长类动物的地方在于：在嘴与上呼吸道之间夹角增加，咽部空间拉长，同时舌头后半部在声带上方长长的通道口形成前壁。图的下部分表示舌头的运动怎样改变气流的形状以产生不同的声音（Howells, Denes & Pinson修改，1973）。

声音（Lenneberg，1967；Denes & Pinson，1973）。

然而，获得语言上的巨大进步并不是来自形成许多声音的能力。毕竟从理论上讲，对于一个高智能者来说，要说出一个词仍可进行快速通信，就像数字计算机一样只须编程就可以了。增加声音大小、持续时间和声调上的变化都可能提高传播率。回想一下，一种单一的化学物质如果完全是在理想状况下进行调整的话，那么每秒钟产生的信息量可高达1万比特，远远超过了人的说话能力。相反，人类的效率依赖于语法，即依赖于各个词的线性排列的意义。每一种语言都有语法，即有一套管制句法的规则。要想真正理解语法的本质和起源就应该理解大量人类意识的建构。为了叙述已知规则，有三种可能的竞争模型：

第一假说：从左到右的概率模型（probabilistic left-to-right model）。这是极端的行为心理学者喜欢使用的一种解释，也就是说一个词的显现是马尔可夫式的（Markovian），这意味着该词出现的概率是仅由其靠前的词或词组决定的。正在成长中的儿童，在每一适当条件下该把哪些词连接在一起就属于这种情况。

第二假说：学到的深度结构模型（learned deep-structure model）。通过现存有限的规则把词构成的短语组合并置在一起获得不同的意义。孩子或多或少无意识地学习了他自己文化中语言的深化结构。虽然这种规则在数量上是有限的，但是依赖这些规则组成的句子在数量上却是无限的。动物不能说话仅仅是因为它们不具有这种必需的认知或者智力水平，而不是因为它们缺乏某种特定的"语言能力"。

第三假说：先天的深度结构模型（innate deep-structure model）。正如第二假说所说的，存在着正式规则，但是这些规则是完全或部分遗传的。换句话说，其中一些规则以不变的形式到了成年就会出现。这一命题的必然推论是：很多语法的深化结构在人类中即使不是普遍存在，也是大量存在的，尽管在语言间的表面结构和词义上存在着明显差异。第二个必然推论是：动物不能讲话是因为它们缺乏先天的语言能力，这种能力是人类先天具有的独有特性，并不只是人类智力优于动物的结果。先天的深度结构模型主要是和诺姆·乔姆斯基的名字相连的，现在已经引起很多心理语言学家的兴趣。

从左到右的概要模型（至少是它的极端形式）已被排除。在像英语这样的语言中，孩子为了计算而不得不学会转换的概率数是很多的，在少年时，他们仅仅是没有足够的时间全部掌握它们（Miller，Galanter and Pribram，1960）。当孩子碰到其成年可能碰到而与其童年明显不同的语言结构形式时，实际上他们会很快地以期望的顺序学会语法规则（Brown）。这种个体发育是动物行为先天分量成熟的典型过程。然而这种相似性不能作为一个结论性证据来说明：这就是人类的一般遗传程序。

罗杰·布朗（Roger Brown）及其他一些发展心理语言学家强调，直到深化语法本身的特征化很清晰时，才能找到问题的最终答案。相对来说，这是一个崭新的研究领域，最早不超过乔姆斯基的《句法结构》（Syntactic Structures，1957）。这种深化语法开始就以复杂的、快速变换的推论为标志。斯洛宾（Slobin，1971）和乔姆斯基（1972）在最近的文章中提出了这种语法的基本概念。图27-3列出的短语结构语法（phrase structure grammar），是由构成句子的一些规则组成的；这些规则以等级方式排序就构成了句子。各短语可看作一些模块，一些等价模块可以替换或重新放入句子中而使其意义不变。短语不能分解，各个短语相互交换不会有任何特别的困难。例如在"男孩打球"（The boy hit the ball）这个句子中"the ball"（球）在直觉上就是一个单位。可以将它提出来，用其他短语例如"羽毛球"（the shuttlecock），或者简单的"it"代替。"hit the"这样的组合不是一个单位。尽管这两个词并列是事实，但是用其他词代入后会给句子其余部分的构成造成困难。通过研究，我们潜意识中就知道了这些语法的规则，就可以通过插入适当的短语来扩展句子：回到他的位置后，这个小男孩摇晃了两下，最后击球并跑到第一垒。（After taking his position, the little boy swung twice and finally hit the ball and ran to first base.）

总之，短语结构语法规定了短语形成的方法。与各单词的表面结构或者各单位呈现的简单顺序相反，短语结构语法产生了我们称之为由单词串组成的深化结构。当然，短语或者关键词出现的顺序，对句子的意义是至关重要的。"这个男孩击球"（The boy hit the ball）与"这个男孩击什么？"（What did the boy hit?）的意义是很不相同的，尽管它们的深化（短语）结构是一样的。通过语法深化规则，把深化结构转换成由短语组配的表面结构依据的规则，称为转换语法（transformational grammar）。转换就是一个短语结构变换成另一个短语结构的构成过程。最基本的过程是替换（用"什么"替换"球"）、移位（把"什么"移到动词前）和重排（变换相关词语的位置）。

心理语言学家描述了英语中的短语结构和转换语法。然而对于在第二假说和第三假说之间做出选择的根据却不是很充分。换句话说，即决定这些语法是先天编程的还是后天学习的还不够明确。所有的已经认识到的人类语言都可以转换，然而，通过对自身的研究不能确定其转换规则是否完全相同。

是不是存在一种普遍适用的语法？这个问题很难回答，因为任何使深化语法普遍化的尝试都是建立在某种特殊语言的语义基础上的。这门学科的学者很少遇到这样的问题，仿佛它是真正科学的，可以具体解释和解决可能出现的问题。事实上，对于大多数心理语言学文献冗长和含混不清的本质，自然科学家都深感头痛，因为这些文献往往不顾前提和证据的一般准则。理由是，许多作者，其中包括乔斯基姆，都是持有列维–斯特劳斯和皮亚杰（Piaget，1896—1980）的传统的结构主义者。他们以盲从的世界观来研究这一学科。这种世界观认为，人类思想的过程确实是结构的，也是非连续的、可数的且在进化上是独有的，没有必要引用其他学科的成就。这个分析由于不能从可以进行检查和扩展经验的基本原理进行讨论，所以从这个意义上说它是非理论的。一些心理学家包括罗杰·布朗及其同事以及福多和加勒特（Fodor & Garrett，1966）已经提出了一些可检验的假说，并且想找到一些结果，但即使是这些熟练的实验学者，也不能轻易地得到这些关于深化语法的结果。

就像富有诗意的自然主义者一样，结构主义者赞扬具有人物特性的幻想。结构主义者在很大程度上依靠隐喻和列举，而很少利用多种竞争假说的方法，从隐含的前提出发进行讨论。显然，作为所有科学中最重要的学科之一，其应用严密的理论和适当配合实验研究的时机已经成熟了。

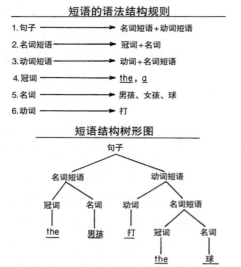

短语的语法结构规则

1. 句子 ⟶ 名词短语＋动词短语
2. 名词短语 ⟶ 冠词＋名词
3. 动词短语 ⟶ 动词＋名词短语
4. 冠词 ⟶ the, a
5. 名词 ⟶ 男孩、女孩、球
6. 动词 ⟶ 打

短语结构树形图

图27-3 英语中短语结构语法规则的一个例子。简单句男孩打球（The boy hit the ball.）是由短语等级系统构成的。在每一个等级水平，一个短语可由另一个等价的短语替代，但是短语不能分开，并且它们的组成部分不能互相替换（根据Slobin，1971）。

人类语言起源于何时，这个重要的问题是新语言学家不能回答的。是不是200万年前南方古猿第一次使用石器工具、建造遮蔽所的时候就出现了语言？或者是现代人完全出现的时候才出现？或许是直到在过去10万年前宗教礼仪产生的时候才出现？里伯曼（Lieberman，1968）认为这个时间是相当晚的。他解释说，在颌和咽喉道的形状上，达特（Dart）复原的马卡潘南方古猿与黑猩猩很相似。如果他是正确的话，那么早期的原始人类应该还不可以清晰地发出人类的声音。对于尼安德特人的解剖学和发声能力的研究，得到了相同的结论，这个结论（如果是真的话）就是把语言起源定在了智人物种起源的晚期阶段（Lieberman et al.，1972）。珍妮·希尔（Jane Hill，1972）和 I. G. 马丁里（I. G. Mattingly，1972）讨论了人类语言进化起源的其他理论反面。伦内伯格

（Lenneberg，1971）认为，数学推理能力的起源与语言能力的起源稍有不同。

文化、仪式和宗教

非人类的高等灵长类，其中包括日本猕猴和黑猩猩（见第7章）就具有文化的萌芽，但是只有在人类中，文化才彻底地渗透到实际生活的各个方面。人种内文化的细节在遗传上受到的控制很小，从而导致了社会间的巨大多样性。控制很小并不意味着文化脱离了基因而自由发展。进化的是文化的能力，一种文化或者另一种文化的发展的确具有压倒性趋势。罗宾·福克斯（Robin Fox，1971）按以下形式提出了这一主张：如果苏格兰詹姆斯四世和（古埃及）法老普萨美提克（Psammetichos）的成为话柄的实验得以成功，那么在隔离状态下养育的儿童如何能健康地生存下来：

我不怀疑他们可能会讲话，而且从理论上讲，尽管从来没有人教授过他们，但是只要有时间，他们或其后代就能够创造并且发展出一种语言。此外，尽管这种语言不同于我们所知道的任何一种语言，但是在同样的基础上语言学家能够像分析其他语言一样分析这种语言，而且可以把这种语言翻译成我们所知道的语言。我可以由此进一步引申下去。如果我们的新亚当和夏娃能够生存、生育后代——仍然是处于一种与任何文化的影响总体上都相隔绝的状态——那么最终他们能够创造一个社会，这个社会拥有：有关财产的法律，有关乱伦和婚姻的规则，有关禁忌和避免的习俗，有关以最小的牺牲解决

冲突的方法，有关超自然及与其相关实践的信念，有关社会地位体系及表明其社会地位的方式，有关年轻人的成年仪式，有关包括女性装饰在内的求婚活动（或仪式），有关一般（不同职业）人群服装标识的体系，有关只让男人不让女人参加的某些活动和社团，有关赌博、工具和武器制造产业，有神话传说、舞蹈、通奸犯和各种各样的杀人犯、自杀行为、同性恋、精神分裂症、精神病、神经衰弱症，还有促进或扫除上述情况的各种各样的行业（依赖于他们如何看待上述情况）。

包括仪式和宗教盛典在内的文化可理解为环境追踪方式的一种等级系统。在第7章中，从快达毫秒的生物化学反应到慢以世代计的基因替代的全部生物学反应就可作为这样的系统。那时文化就放置在慢端时间尺度范围内。现在可扩展一下这个概念。如果文化的一些特定细节到了非遗传的程度，文化就可脱离生物系统，而在生物旁边作为一个辅助系统。纯粹的文化追踪系统的跨度与一部分慢速生物追踪系统的极为类似，其范围是从数天到数个世代。在工业文明中，语言和服饰是变化最快的。稍缓慢些的是政治观念和对其他国家的社会态度。最为缓慢的是伦理禁忌，以及对上帝信仰与否。以下假设是有效的：在达尔文的意义上，文化细节多半都是适应的，尽管其中一些细节是通过增加类群成活率而间接达到适应的。为了完善生物类比，另一个值得考虑的假设是：一套特定文化行为的变化率，反映了这些行为所处关键环境的变化率。

缓慢变化的文化形式反映在仪式中。某些社会科学家在人类的庆典与动物通信的炫耀之间作了类比。这种类比是不正确的。绝大多数动物的炫耀只是传达了有限意义的非连续信号。而这些信号与人类手势、面部表情和准语言的声音大体相当。少数动物的炫耀，比如鸟类极为复杂的性炫耀行为和更换筑巢，其精细程度非常令人印象深刻，以至于动物学家偶尔把这些行为当作庆典。甚至这里的对比也是一种误导。绝大多数人类的仪式不仅仅是当下的信号价值，正如法国社会学家涂尔干所强调的那样，这些符号不仅仅是标签，它们还是对有关社会道德价值的再确认和更新。

神圣的仪式是人类最具特色的特征。其最基本的形式与巫术相关，积极地试图去控制自然和上帝。来自西欧洞穴的石器时代后期的艺术，反映了对狩猎动物的关注。很多画面显示的是矛和箭射入了猎物的身体，还有一些则展示着人装扮成动物跳舞或者站立着用头向动物鞠躬。基于可以以图画的形式来表达现实的逻辑概念，绘画的作用可能就是感应巫术的逻辑：现在想象中做的事，将来会成为现实的事。这个预先行为可以比作动物的意向运动，在进化的过程中，这种行为经常被仪式化为通信信号。人们会想起，蜜蜂的摇摆舞是它从蜂巢到食源的微型化重复飞行表演。原始人类可能会很容易理解这种动物复杂行为的意义。巫术过去并且现在也依然存在于某些社会，操作巫术的人有各种各样的称谓，如萨满（shamans）、巫士（sorcerers）、巫医（medicine men）。人们认为唯有他们才有神秘的魔法能有效地应对自然的力量，有时候他们的影响甚至超出了氏族首领。

狭义的正式宗教拥有许多巫术的因素，但是这些宗教主要集中于较深层的、更以部落为定向的信念。它的仪式庆祝创造万物的神话，安抚上帝，并且使部落的道德信条神圣化。他们不是通过萨满强有力的身体力量，而是通过祭司同上帝倾心交谈并且通过崇敬、牺牲和为部落的善行提供证据的方式讨好上帝。在更为复杂的社会中，政治与宗教总是很自然地混为一体。虽然通过神授，权力是属于国王的，但是由于更高一级的上帝授权往往使大祭司统治着国王。

如下的假说是合理的：巫术和图腾崇拜直接适应于环境，并在社会进化中早于正式的宗教。在人类社会中神圣的传统习惯几乎到处都存在。能够解释人类起源的神话，至少是能够解释部落与其他世界关系的神话传说也是一样到处都有。但是对上帝的信任却并不是这样普遍。怀廷（Whiting）记录的81个狩猎-采集社会中，只有28个，或者说占35%的社会信奉上帝。一种积极的、道德的、创世的上帝概念甚至并不普遍，这种概念最具一般性的是兴起于一种游牧式的生活方式。越是依赖于游牧，越可能是犹太教、基督教模式的牧羊神（见表27-3）。在其他一些类型的社会中，这种信仰的发生仅仅占10%或者更少。一位神教的上帝也总是男性。这种强烈的父权制倾向有几种文化来源。游牧社会具有很强的流动性、严密的组织性，并且经常发生战斗，所有这些特征都使男性权力在社会中越来越重要。当然作为主要的经济基础的游牧依然由男性负责也是具有重要意义的。因为希伯来人（Hebrew）一开始就是游牧民族，圣经中所说的上帝就是牧羊神，他选择的人民就是他的羊。伊斯兰教（Islam），神教信仰中最为严格的宗教之一，神权早就渗入阿拉伯半岛的游牧民族中。牧羊人与他的羊群之间的亲密关系显然提供了人类社会的缩影，而这个缩影激起人们对人与控制人的神权间关系更深入的分析研究。

表27-3 根据起源于游牧社会的生存百分比划分的66个农业社会的宗教信仰（摘自 G. and Jean Lenski.的《人类社会》由McGraw-Hill图书公司提供版权，经过许可使用）

来自游牧生活的社会百分比／%	信仰积极的、道德的创世神的社会百分比／%	社会的数目／个
36—45	92	13
26—35	82	28
16—25	40	20
6—15	20	5

日渐成熟的人类学也并没有给出理由来怀疑马克斯·韦伯（Max Weber）[1]的结论：为了得到长寿、富饶土地和食物的纯粹世俗（教徒）的诉求，为了避免身体伤害和挫败敌人，宗教得去寻找超自然的力量。类群选择的形式也会在教派之间的竞争中起作用。获得支持的教派就能生存；反之却不能。结果，宗教就像人类其他组织一样，为了促进其教徒的利益在进化。因为这个利益是统计学上的，作为整体来说只适用于类群，所以其中一部分可以通过利他主义和开发（即其中一部分获利是以牺牲另一部分为代价的）获得。换言之，类群利益是把普遍增长的各个体适合度相加得到的。结果在社会术语中就有较为邪恶的和较为仁慈的宗教之分。在一定程度上说，所有的宗教都具有邪恶性，特别是当其受到国王和国家的鼓励时。既然宗教可以高效率地应用于战争和经济开发，所以当社会竞争出现时，这种趋势就会被强化。

宗教一直存在的悖论就是它的很多基础显

---

[1] 德国著名学者，研究领域广泛涉及哲学、社会学、政治、经济、文化等领域，对现代西方学术的影响非常大。——译者注

然都是错误的，然而在所有的社会中它却依然是一种驱动力。正如尼采所说的那样，人们宁愿以虚无作为目标，也不愿没有目标。在世纪之交，涂尔干拒绝了这样的观念，即这种驱动力真的能够从"一种虚幻的组织"（a tissue of illusions）中抽取出来；而且，从那时起，社会科学家就在寻觅能够辨别宗教理性深层真理的心理学上的罗塞塔石（Rosetta stone）[1]。在深刻分析这个主题时，拉帕波特（Rappaport）提出，所有形式的神圣仪式实际上都是以通信为目的的。除了能够将共同体的道德价值观体制化，庆祝仪式还能够提供关于部落和家庭力量及财富的信息。在新几内亚的海战中，并没有指挥战争的首领或其他的指挥官。只是一个类群举行一次仪式舞会，个人就通过是否愿意跳舞表明其是否愿意参战。那么，一个类群的力量可以通过其人数准确地确定。在更为高级的社会中，有国教装饰和仪式所美化的阅兵都是出于同样的目的。印第安人的西北海岸著名的冬季仪式，是通过个人可以给出的东西的数量来炫耀其财富的。宗教仪式也是规范其相互关系，否则的话，这种关系是模糊而不确定的。这种通信模式的最好例子就是成年庆典仪式。当一个孩子成熟时，从生物学和心理学角度，从儿童到成年的转变是一个渐进的过程。有时候，当一种成人的反应应该更为适合时，他却像一个孩子似的在行事，反之亦然。社会很难按照一种或者另一种方式将其分到儿童或成年类。成年庆典仪式就是通过从一种渐进的分类方式进入二分法的分类方式，从而消除了上述社会分类的不确定性。成年庆典仪式也可作为儿童与接收儿童的成年类群间促进联系的纽带。

使一个程序或者陈述神圣化就是要毫无疑问地维护它，并且对任何与之相对抗的人予以惩罚。神圣就是在日常生活中消除世俗观念，以至于在错误环境中明目张胆地宣扬这一观念就是犯罪。宗教这种极端形式的神圣化——所有宗教的核心部分——被看作服务于有关教群根本利益的教规和实践。神圣的仪式要求个人竭尽全力和自我牺牲。咒语的诅咒、别样的服饰，以及神圣的舞蹈和音乐进入了人的情感中心，于是他便拥有了一种"宗教体验"。他要对他的部落及其家庭发誓效忠，要展现仁慈，要使生命变得神圣，要去狩猎、参战，为上帝或者国家而献身。上帝的旨意（Deus vult）就是第一次十字军东征的重新集结令。若上帝愿意这样做，但若没有认定受益者的话，对部落相加的达尔文适合度的总和就是最佳结果。

亨利·柏格森（Henri Bergson，1859—1941）[2]，是第一个发现了导致宗教和道德形成的第二支力量的人。人类社会行为的极端可塑性不仅在于其巨大的力量，而且存在一种真正的危险。如果每一个家庭都制定出一套他自己的行为规则，其结果就会产生出大量无法容忍的传统转换并滋生出很多混乱。为反击自私行为和对高智能者"分解权势"，每一个社会自己都会为此编制法典。在广泛的范围内，实际上遵守任何一套习俗都会比完全没有要好。因为执行独断法典，通过组织内部存在着的不必要的不公平，各组织会倾向于变得无效率和受损。正如拉帕波特所简明表达的那样："神圣化将独断转

---

[1] 罗塞塔石：1799年在埃及罗塞塔发现的碑石。用象形文字、古埃及俗语和希腊语三种文字写成，由此成了解释古埃及象形文字的初步根据。——校者注

[2] 法国哲学家，生命哲学的代表人物，1928年获诺贝尔文学奖。——译者注

变为必要的，而独断的规程（mechanism）可能被神圣化。"这个运行过程遭到了批评，并且在一些较为自由和自我意识较强的社会中，幻想家和革命者试图改变这一体制。因为从某种程度上讲，制度被神圣化和神话化，使得绝大多数人认为它们是无可置疑的，若质疑它们就被认为是亵渎上帝，所以体制改革就会受到排斥。

制度的神圣化就引导我们进入了一个有关灌输进化的基本生物学问题。人类很容易接受灌输——人类在寻找灌输。如果我们假定一个争论：灌输是在自然选择的什么水平上进化的？一种极端的可能性是类群为选择单位。当类群一致性太脆弱时，类群就要灭亡。在这一情况下，利己的个人主义成员以其他成员为代价加以扩大，在类群中处于优势地位。但是利己成员越来越快的发展就促进了社会脆弱性的产生和加速了社会的灭亡。会有更高（利己）基因频率的社会替代了那些（利他）一致性基因的社会；其结果是在多社会的一个超级群体中，（利己）基因的总频率升高了。如果这个超级群体（如部落的复合体）同时扩大其范围，那么这些利己基因会更快地扩散。如第5章提到的这一过程的正式模式表明，如果社会的灭亡速度与阻碍个体选择的强度高度相关，则利他主义基因可以提升到适当高的水平。这些利他主义基因可能就是以那些乐于接受灌输的个体为代价提高的。例如，战斗中愿意冒死的个体以严格军纪的基因为代价，有利于类群的生存。类群选择假设足以说明灌输的进化。

与类群选择假说竞争的假说——个体（水平）选择——同样能说明灌输的进化。个体选择假说认为，具有顺从能力的个体用最小能量消耗和最低风险，就可以分享其他成员的利益。尽管他们自私的对手可能获得短暂的优势，但是通过对自私的排斥和压制，最终这种利益会散失。顺从者展示利他主义行为，甚至可能是达到了冒着生命危险的程度，不是因为在类群水平上选择自我否定的基因，而是因为类群偶尔会取得灌输的优势，而这一优势在其他一些场合是有利于个体的。

这两个假设并不是互相排斥的。类群和个体选择可以互为补充、互相支持。如果战争需要斯巴达式的美德并且会失去一些勇士，那么胜利后能够在提供耕地、权力和繁殖机遇方面充分补偿幸存者。当竞争成为有利时，平均来说，个体会增加广义适合度，这是因为竞争参与者的共同努力使其平均个体获得了更多的补偿。

伦理

科学家和人类学家，理应一起思考将伦理暂时从哲学家之手转移过来的可能性并将其生物化。当前的伦理主题由几个古怪且不相关联的概念组成。第一是伦理直觉主义（ethical intuitionism），这种信念认为意识拥有直接知晓真正的正确和错误的认知能力，并通过逻辑可以将其由形式化转化成社会行为的准则。西方世俗思想中最纯粹的指导准则就是由洛克、卢梭及康德所表述的社会契约论。在当代，这一准则又被约翰·罗尔斯（John Rawls, 1971）转化成一种固化的哲学体系。他声称，正义（justice）不仅仅是政府体系的完整组成，而且是原始契约的对象。这被罗尔斯称为"公平的正义"（justice as fairness）原则，是那些自由和理性之人的当然选择。如果这些人要从利益均等的位置上建立一个联盟，并希望制定联盟的基本原则，那么就应选择这一原则。在判定其后的法律和行为的适合性时，检验它们与不容置疑的起始位置的符合程度是必要的。

直觉主义者观点的致命弱点[①]在于：虽然大脑必须当作黑暗进行处理，但其观点还得依靠大脑的情感判断。虽然很少有人会反对"公平的正义"是一种精神脱离肉体的理想状态，但就人类来说这个概念是无法解释或无法预测的。所以，当严格执行其概念后，它未考虑到最终的生态或遗传结果。也许在这一千年里并不需要这种解释和预测。但是，这是不可能的——人类基因型和其进化的生态系统都是在极不公平的情况下形成的。无论在哪种情况下，充分探讨伦理判断的中性机制都是人们所希望的，并且已经在发展过程中。这种努力构成的第二种概念化的模式可称为"伦理行为主义"（ethical behaviorism）。J. F·斯科特（J. F. Scott，1971）最充分地扩展了它的基本假设，他认为，由于主控机制在起调节作用，所以道德信仰是从学习中获得的。换句话说，儿童只是把社会行为规范内在化。与上述假设或理论相反的是伦理行为的发育遗传概念（developmental-genetic conception）。劳伦斯·柯尔伯格（Lawrence Kohlberg，1927—1987），美国当代著名的发展心理学家和道德教育学家，曾任哈佛大学道德发展与教育研究中心主任。他自20世纪50年代末开始研究道德发展，自称为皮亚杰在这个领域的继承人。他提供了一个最好的说明。柯尔伯格的观点是结构主义者（尤其是皮亚杰）的观点，所以与生物学的其余部分还没有联系。

皮亚杰使用"遗传认识论"，而柯尔伯格使用"发育认知论"来表示其一般概念。然而，这些结果最终融入了一个广阔的发育生物学和发育遗传学中。柯尔伯格的方法用来记录儿童对道德问题的语言反应，并对其进行分类。他已经给出了6个连续的伦理推理的阶段，通过这些阶段可以部分地导致思想上的成熟。儿童逐渐从主要是依赖于外部控制和赏罚因素到主要依赖于日益增加其精细化程度的内部标准发展（见表27-4）。这个分析没有牵扯基本规则的可塑性问题，也没有测量文化内的方差，所以也没有估算遗传率。伦理行为主义和当前发育遗传发展分析的区别在于，前者提出了机制（主控调制），却没有证明；后者提出了证明，却没有提出机制。这种不同并不存在严重的概念性问题。道德发育的研究仅仅是一个相当复杂而且不易处理的遗传方差问题的翻版（见第2章和第7章）。随着资料的增加，这两种方法有望融合，将在行为遗传上形成一种可鉴别的方法。

表27-4　对道德判断发展的水平和阶段的分类

水平	道德判断基础	发展阶段
I	道德的价值由惩罚和奖赏决定	遵从权威和准则以避免惩罚 遵守规则为获得奖励和交换礼物
II	道德价值在于发挥正确作用，维持秩序和满足别人的期望	好孩子倾向：遵规以避免别人不悦和拒绝 义务倾向：遵规以避免权威斥责，避免扰乱秩序以及由此而生的罪恶感
III	道德价值在于遵守共同的标准、权利和义务	守法倾向：认同个人契约价值，为了维护共同利益，其条款形成有些随意性 良心或原则倾向：主要选择对原则的忠诚，当判断法律弊大于利时就推翻法律

---

① 致命弱点（Achilles heel）：该习语源于古希腊神话。据传阿喀琉斯出生后被他母亲在冥河中浸过，除未浸入水中的脚踵（heel）外，浑身刀枪不入。他最终因脚踵受伤而死。后喻为"致命弱点"。——校者注

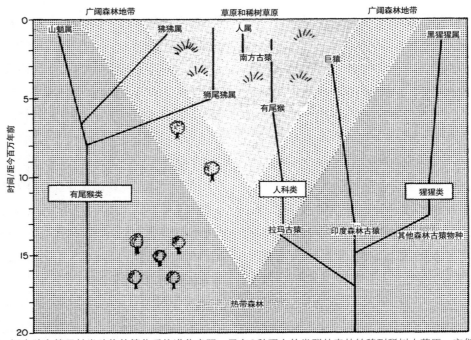

图27-4 旧大陆高等灵长类动物的简化系统进化表明，只有3种现存的类群从森林转移到稀树大草原。它们是狒狒、狮尾狒狒和人类（主要是基于 Napier & Napier, 1967; Simons & Ettel, 1970）。

即使这一问题明天就可以解决，但还有一个重要的问题仍然被忽视，这就是伦理的遗传进化（genetic evolution of ethics）问题。在本书的第1章我主张，通过研究视丘下部-边缘系统的情感中心，伦理哲学家可以直觉判断道德的道义准则；对于发育论者来说也是这种情况，甚至会把这一系统看作他们最为密切的对象。只有通过把情感中心的活动解释为一种生物适应性，才可以破解伦理准则的意义。有一些活动很可能已经过时了，是对部落组织最原始形式适应的遗迹。其中有一些证明处在早期状态，同时对城乡生活引起了新而快速的变化适应，由此导致的混乱又为其他因素所强化。通过类群选择，群体的单向利他主义基因频率已上升到一定程度，足以对抗对个体选择有利

的等位基因。既然现行理论预言基因最多只能维持在一种平衡的多态状态，所以在不同控制之下的波动冲突很可能在群体中广泛存在（见第5章）。一套性别和年龄相关的道德规范比一套统一适用于所有性别和年龄群体的道德规范能赋予更高的遗传适应性这种情况将进一步加剧道德矛盾。这就是社会互动对成活率"项"和繁殖率"项"专有共享的加吉尔-波塞特模型分布的一个特例（见第4章）。以这种方式可解释在柯尔伯格阶段的一些差异，例如，基于个人原则，对儿童而言，以自我为中心和相对地不愿从事利他行为理应是具有选择优势的。与此相类似，青少年在其同性当中应是同辈更紧密地形成联盟，并因此对于同辈的赞赏很敏感，其原因在于，当与性别和亲本道德成为适

合度的主要因素相比较时，青少年联盟的形成具有更大的有利性，并在地位上也有所提升。特里维斯模型（见第15章和第16章）所预言的那种遗传程序化的性别和亲子冲突，也可能使年龄差异影响道德信仰的种类和程度。最后，在集群增长的早期阶段的个体道德标准，在很多细节方面不同于群体统计平衡或者过度增长阶段的个体道德标准。在道德行为中，受制于较高灭绝压力的超级群体在遗传上产生差异与其他群体不同（见第5章）。

如果这一道德先天多元理论有任何真实性的话，那么需要对伦理进化进行探讨就不言而喻了。还应清楚的是，并不存在一套单一的道德标准可以用于人类所有群体，更不用说对于每一群体内的所有性别-年龄类型了。因此，将一种统一的道德准则强加于人会产生复杂的、难以处理的道德困境——当然这也就是当前人类的状况。

美学

艺术的冲动，无论如何都不会仅仅限于人类。1962年，当德斯蒙德·摩里斯在《艺术生物学》（The Biology of Art）中提出这个问题时，32只非人类灵长类动物在囚禁状态下创作了一些绘画。其中有23只黑猩猩、2只大猩猩、3只猩猩及4只卷尾猴。哪一个也没有受过特别的培训，只是给予它们必要的工具。实际上，想通过诱导模仿去指导动物绘画永远都不会成功。它们使用绘画工具的内驱力很强，并不需要来自人类观察者的帮助。年幼的和年长的动物都非常专注地投身于这种比进食还要令其兴奋的活动，有时当其行为受到阻碍时，还

会大发雷霆。在被试对象中，两只黑猩猩是很高产的。"阿尔法"（Alpha）画了200多张画，而著名的"康戈"（Congo）可称为猿猴中的毕加索，几乎画了400张。尽管它们画作的绝大多数是胡乱潦草的，但也绝非随意而为。在一张白纸上，线段和浓墨从一个位于中心的图形向四周延展。当黑猩猩开始从一张白纸的一边绘画时，通常会向另外一边移动继续作画，使之平衡。随着时间的增长，其笔迹变得更加强劲，逐渐从简单的线段开始进展到复杂多样的绘画。"康戈"的绘画方式就像非常小的人类孩子一样，沿着大致相同的路径发展，画出扇形图表甚至完整的圆。其他的黑猩猩也能画一些十字符号。

黑猩猩的艺术活动可能是其使用工具行为的一个特殊表现形式。参加实验的成员总共表现出大约10种技巧，所有这些都需要手工技能。也许所有的这些都得通过实践才能提高，同时至少有一些作为传统是一代一代地流传下来的。黑猩猩也拥有相当多的发明新技巧的才能，例如使用木棍通过笼的围栏拖动一些物体和用木棍撬开箱子。这样看来，操作物体并且去探究其用途的倾向对黑猩猩而言具有适应优势。

相同的推理可用于人类艺术的起源。如沃华西本（Washburn, 1970）指出，人类在其历史上有超过99%的时间是狩猎-采集社会，在这期间，每个人会制作自己的工具。评价实际过程中制作工具的形式和技巧对于生存是必要的，并且它们可能会受到社会的赞扬。其中这两方面成功的形式所得到的回报具有很大的遗传适应度。如果黑猩猩"康戈"能达到初级的图形阶段，就不难想象原始人已经发展到了反映客观世界的图画阶段。一旦达到这个阶段，

很快就会过渡到在感应巫术和仪式中使用艺术。在文化发展和心智发展的过程中，艺术很有可能具有相互促进的作用。最终，作为语言特殊代表的写作就出现了。

音乐作为艺术的一种形式也是由某些动物创作的。人类认为鸟类精巧的求偶和领域歌声是优美的，并且也许最终出于同样的原因，这些歌声对鸟类来说是有用的。它们可以清晰而又准确地辨认出演唱者的种类、生理状况和心智特征。在人类的音乐中，信息的丰富和心绪的准确传达，自然是优秀音乐的标准。唱歌和跳舞都是为了把群体聚集在一起、引领人们的情感并为其联合行动做准备。在这方面，前面章节所描绘的黑猩猩的狂欢表演与人类的庆祝仪式极为相像。在敲打运动中，猿猴们又跑又跳，或者连续地敲打树干，有时还反复地大声喊叫。这些行为，在公共觅食地至少部分地用于寻找几个类群并将其集合在一起。它们可能类似于早期人类的庆典，然而在后来的人类进化中又出现了较大的差别。与人类真正的语言从动物表达通信的初级仪式中分离出来一样，人类的音乐也已从旧框套中解放了出来。音乐具有无限、独特的符号化能力，并且应用短语和短语排列的规则与句法的相同。

领域和部落文化

人类学家常常将领域行为作为人类的一般属性。在从动物学中借用这一现象的最狭义概念——"刺鱼模型"中，居民沿着固定的边界恐吓并且驱赶另一群居民。但是前面在第12章中，我说明了为什么有必要去确定更宽阔的地域，这就像是某一动物或者是一群动物通过公开的防卫或炫耀或多或少地占有一些领域一样。相互排斥的技巧就像陡然发动的全面进攻一样明晰，或者又像嗅迹柱的化学分泌物的沉积那样精细。同样重要的是，动物以一种高度不同的方式对待其邻居。每一物种都是以其自己独特的行为尺度为特征。在极端的情况下，比方说在繁殖期或群体密度高的时候，其行为尺度从公开的敌视转到炫耀行为或根本没有领域行为。人们试图去概括物种行为尺度的特征，并且上下移动，以确认是个体活动的那些参数。

如果承认上述行为属性，那么就可以合理地推论出领域是狩猎-采集社会的一般性状。在对证据富有洞察力的评论中，艾德温·威尔姆森（Edwin Wilmsen, 1973）发现，在争夺领域的策略上，这些相对原始的社会与很多哺乳动物并没有根本的差别。全面的公然攻击在狩猎-采集少数民族社会中会经常发生，例如北美洲的齐佩瓦族（Chippewa），苏人（Sioux）和瓦肖人（Washo），此外还有澳大利亚的门金人（Murngin）和蒂维族人（Tiwi）等。占有领域和群体统计平衡通常是通过突袭、谋杀和巫术的威胁来实施的。美国内华达州（Nevada）的瓦肖人积极地保卫其家园范围的核心地区，以取得冬季居住权。更细微并且更间接的相互作用也有同样的效果。（南非）那埃那埃（Nyae Nyae）地区的布须曼人将自身看作"完美的"或"洁净的"，而把其他的侄族人看作"奇怪的"利用毒药的谋杀者。

人类的领域行为，有时显然是以具有不同功能的方式加以说明的。比如早在20世纪30年代，在非洲西北部多贝（Dobe）地区的布须曼人，就认识到了雨季期间家庭独占土地的原则：这种占有仅扩展为对蔬菜类食品的采集，

565

但可允许其他人在此打猎（R. B.Lee in Wilsmen，1973）。其他的狩猎-采集人口似乎遵循相同的双重标准：氏族或者家庭对丰富的素食类食品资源或多或少地有专门占有权，相反地，却有广泛的重叠狩猎区。因此巴塞罗缪和伯德塞尔（1953）所提出的，南方古猿和原始智人属人类是领域性物种的这一最初说法，仍然是一个可行的假说。而且，按照生态学的效率原则，如果家园和领域的面积很大，那么人口密度相应地就低。回想这个规则是要说明：当食物全是动物性食物时，要产生跟全为植物性食物同样多的能量，则前者所占领域约为后者的10倍。现行的狩猎-采集群队，一般由25只个体组成，占据了1 000—3 000平方千米不等的土地。这块土地大抵相当于一个狼群的家系群领域，但约为完全是素食的大猩猩所需要的家系群领域的100倍。

汉斯·库默尔（1971）从领域行为的假说推理出了关于人类行为的另一种重要观点。类群间的边界本质上是一种基本要素，并且可以通过相对小量的简单进攻技巧而维持。类群内的边界和权力关系要复杂得多，且与其余所有的社会信息储存库都有关系。人类的一部分问题在于类群间的反应仍旧是粗糙和原始的，并且文化强加给人类的那种扩展的领域外关系是不适合的。不幸的结局就是加勒特·哈丁（Garrett Hardin，1972）在现代意义上所说的部落文化：

> 如果任何一类群人将其自身视为一个与众不同的类群，并且其余的人也这样以为的话，那么这一类群就可以被称作"部落"。正如一般所定义的那样，这个类群可以是一个种族，但也可以不是一个种族；它也可能是一个宗教派别、一个政治类群，或者一个职业类群。部落的最根本的特征在于：他应该遵守双重道德标准——一种行为标准是针对类群内关系的，另一种行为标准是针对类群外关系的。

这是部落文化的一种不幸的然而又无法避免的特征，最终会导致反部落文化（或者换句话说，导致一个"多极化"社会）。

由于害怕其周围的敌视类群，"部落"拒绝对公共利益做出让步。自愿地抑制其自身的人口增长已太不可能。就像斯里兰卡的僧伽罗人（Sinhalese）和泰米尔人（Tamil）一样，竞争者们甚至可能彼此之间进行生育竞赛。资源被独占，正义和自由退却了。现实和想象中的威胁凝聚了类群的认同感，并把部落成员调动起来。仇外成了政治美德，对类群中非传统分子的处理变得更为严厉。在历史上这一过程逐渐升级，使得社会分崩离析或进入战争。没有任何一个国家能够完全避免这一情况。

早期的社会进化

现代人被认为在心智的进化中经历了两个加速阶段。第一个加速过程发生在从大型的树栖灵长类动物到最初的人猿（南方古猿）。按照现代所持有的观点看，如果原始类人猿的拉玛古猿是处于这条线上的祖先，那么这种变化可能需要多达1 000万年的时间。南方古猿出现在500万年前，并且到了距今300万年前已经形成了可能包括早期人属在内的几种物种形式（Tobias，1973）。如图27-1所示，这些中间的人科动物进化是以脑容量的逐渐增加为标志的。同时，身体直立行走使双足活动得以完善，并且手也变得能准确地抓取东西了。这些早期的人类无疑比现代的黑猩猩更多地使用工具。通过削切做成粗糙的石制工具，石头堆在一起形成了庇护所的地基。

第二个更为迅速的加速阶段始于大约100万年前。它主要是由文化进化组成的，并且在本质上大多数是表现型，它是在先前数百万年的时间里在大脑中累积的遗传潜能的基础上建立的。大脑达到了一个临界值，并且是一种全新的、异常迅捷的心智进化形式。这第二个阶段绝不是有计划的，并且其潜能只是现在才被揭示出来。

关于人类起源的研究，要考虑到与心智进化的这两个阶段相对应的两个问题：

什么样的环境特点使得人科类动物得以同其他的灵长类动物有不同的适应，并开始沿着其独有的路线进化？

进化一旦开始，为什么人科类动物又走得那么远？

对人类早期进化原动力的探寻已经有25年之久了。这项研究的参与者包括达特（1949，1956）、巴塞罗缪和伯德塞尔（1953）、艾特金（Etkin，1954）、华西本和艾韦斯（Washburn & Avis，1958）、华西本等（Washburn et al.，1961）、赖伯等（Rabb et al.，1967）、雷诺尔兹（1968）、沙勒和劳瑟（Schaller & Lowther，1969）、乔利（1970）、考特兰德特（1972）。他们的研究主要集中于关于南方古猿和早期人类的生物学方面的两个无可辩驳的重要事实。首先，强有力的证据表明，生活在开放的亚热带稀树草原上的非洲南方古猿，很有可能就是人类的直接祖

先。取自斯特克方丹恩（Sterkfontein）化石的磨损沙粒表明它处于一种干燥的气候，而猪、羚羊和其他与人类有关的哺乳类动物通常生活在草原上。南方古猿的生活方式是主要生境改变的结果。拉玛古猿的祖先或者更为久远的祖先生活在森林之中，通过手臂在树上的摆动得以进化发展。只有极少数身体庞大的灵长类动物离开森林，在开放生境的地上渡过其生命的绝大多数时间时，人才可能进化到人类（见图27-4）。这也并不是说非洲的南方古猿整个一生中总是在这种开放生境中生活。他们中有一些可能将猎物带回洞穴，甚至永久地居住在那里，尽管这个经常被引述的性状还远远不是结论性的（Kurtén，1972）；其他一些可能就像现在的狒狒那样，一到夜晚就跑到小树林里寻找庇护所。至关重要的一点是，许多或者所有的觅食活动都是在亚热带稀树草原上进行的。

其次，早期人类生态学的第二个独有特征是他们对动物性食物的依赖程度，有证据表明其程度远远超过现代猴和猿。南方古猿对小动物的选择相当广泛。他们的森林生境包括很多乌龟、蜥蜴、蛇、老鼠、兔子、豪猪的残骸及其他一些生活在亚热带草原上很丰盛的弱小而脆弱的被捕食动物。类人猿也会用棍棒捕捉狒狒。通过对58只狒狒的头颅进行分析，达特估计所有的狒狒头部都曾受到过敲击，其中有50只是前部头骨受损，其余的是后部头骨受损。南方古猿有时也会去捕捉大型动物，包括巨大的西洼古猿、长角长颈鹿、像大象那样长有弯曲长牙的猛犸象。在舍利时代（Acheulean times）[1]，当直立人（*Homo erectus*）开始使用

---

① 舍利时代，即旧石器时代。——校者注

石斧时，非洲的一些大型的哺乳动物就灭绝了。有理由认为：这种灭绝是由于人类成群结队大量捕杀（Martin，1966）。

从有关早期人类生活的事实中，我们能够推导出些什么呢？在回答这个问题以前，我们应该注意到，从与其他现存的灵长类动物的比较中，我们可以直接推导出的东西微乎其微。仅有的以开放形式生活的狮尾狒狒和狒狒主要是以素食为生。它们至多代表这6个物种的一个样本，在社会组织上它们很不相同，从而提供了比较的基础。黑猩猩作为最聪明的、社会性上最复杂的非人类的灵长类动物，主要居住在森林里，并且基本上是素食者。只有在偶尔进行冒险捕食时，它们才以对人类进化有意义的方式表现出与生态学直接相关的行为。有关黑猩猩社会组织的其他一些显著特征，诸如迅速改变亚群的组成、类群间相互交换雌性和复杂而漫长的社会化过程（见第26章），原始人类也许有，也许没有。基于生态学的相关性，原始人类是否具有这些特征，我们尚不能肯定。在一些科普图书中经常会出现这样的说法，黑猩猩的生活在很大程度上反映了人类的起源。这并不一定是真实的。黑猩猩所具有的一些与人相似的性状可能是由于趋同的结果，在这一情况下采用它们进行进化重建时就可能有误导。

最好的研究方法（我相信研究这方面问题的大多数学者是这样认为的）是：从现存的狩猎-采集社会往回推来研究人类起源问题。在表27-5中，这项技巧是十分明确的。根据李（Lee）和德沃尔所编撰的综合资料[1]，我列举了狩猎-采集社会的大部分主要特征。接着，通过记录非人类的灵长类动物在性状类型上的变化，可以估计出每一行为类别的不稳定性。类别（性状）越稳定，由狩猎-采集者表现出的性状就越有可能是早期人类表现出的。

可以有一定把握地得出这样一种结论，即原始人类生活在一个小的类群领域内，其中男性统领着女性。依然还不知道攻击行为的强度及其尺度的性质。母性的关爱延长了，并且这种关系至少在某种程度上是母系的。对于社会生活其他方面的考察不能得到任何一方数据的支撑，并因此而更为脆弱。早期人科类以类群方式觅食是可能的。根据狒狒和狮尾狒狒的行为判断，这种行为可以保护其免受大型捕食者的捕食。到了南方古猿和智人属早期开始以大的哺乳动物为食的时候，类群狩猎几乎肯定是一种优势，甚至是必需的，就像非洲野狗一样。但是没有强有力的根据能推论出男性确实外出打猎，而女性待在家里。尽管在现今的狩猎-采集社会存在这样的现象，但是在与其他灵长类动物的比较中，并不能知道什么时候出现了这一特征。当然在本质上并不能得出这样的结论，即男性当时一定是专门的狩猎者。在黑猩猩中雄性确实是狩猎者，这可能暗示早期灵长类也是这样。但是对于狮子来说，我们还会记得，雌性是捕猎者，它们常常以类群捕猎并照顾幼崽，而雄性通常是退缩在后。在非洲，野狗不论雌雄都会参与捕食。这也并不是说，雄性类群狩猎不是人科类动物的早期性状，而是说没有强有力的证据支撑这一假设。

于是就产生了当下流行的关于人类社会起源的理论。这是由一系列相互关联的模型组成的，它们主要是从零零碎碎的生物化石、现存狩猎-采集社会的逆推以及与现存其他灵长

---

[1] 特别参见1968年 J. W. M. Whiting，pp336–339。

表27-5　现存狩猎-采集类群具有的也可能是早期人类具有的社会性状

一般常见于现存狩猎-采集社会普遍发生的性状	非人类灵长类中性状类别的变异	通过同源性早期人类具有相同性状的可靠性
局域类群大小： 　多数为100或更少 　作为核心单位的家系	高度可变，但在3—100范围内 高度可变	很可能为100或少于100，否则不可靠 不可靠
劳动性别分工： 　妇女采集，男人打猎 　雄性统治雌性	限于现存灵长类中的人类 广泛但非绝对	不可靠 可靠
长期异性联系（婚配） 　近乎普遍；一般"一夫多妻" 　外族通婚（婚姻规则允许）	高度可变 限于现存灵长类中的人类	不可靠 不可靠
亚群组成经常变化（分裂-聚合原则）	高度可变	不可靠
普遍存在领域性，在富有采集区尤为明显	广泛发生，但模式易变	可能发生，但模式不明
玩耍，特别是涉及身体机能但非策略性的玩耍	普遍发生，至少在基本形式方面	很可靠
延长母亲关照；年轻者的社会化进程明确；母子（特别是母女）间联系增加	在高等猴类普遍	很可靠

类物种相比较得到的。这一理论的核心可称为"自催化模型"（autocatalysis model）。这一理论认为，最早的人科动物变为两足行走并部分地适应了陆地生活时，它们的双手解放了出来，这使得制造和使用工具变得简单，并且智力的增长部分地促进了使用工具的习惯。随着心智能力与使用工具趋向的相互促进，完全以物质为基础的文化便蔓延开来。合作打猎变得更加娴熟，这为智力的发展提供了一种新的推动力，反过来，通过因果循环又让使用工具变得更加复杂，等等。在某一阶段，大概在南方古猿的晚期，或者是南方古猿到人属类的过渡阶段，这种自催化模型将进化的类群带进某种能力的开端，这时人科动物能够捕杀非洲草原上丰富的羚羊、大象和其他大型哺乳类食草动物。很可能人类学会驱赶大型猫科动物、鬣狗和其他食肉类动物时，这一过程就开始了（见图27-5）。这时他们自己成为主要的狩猎者，同时不得不提防他们的猎物被其他掠夺者或者食腐动物掠走。自催化模型一般包含了这样一个假定，即转为捕杀大型动物促进了其心智的发展过程。这一转化很可能就是大约200万年前导致早期人属类起源于南方古猿祖先的驱动力。另一个假定是男性狩猎的专业化。离开居住区去狩猎的男性与留在居住区照顾孩子和主要从事采集的女性的密切的社会结合，使照顾孩子变得容易。许多人类性行为和家庭内部生活的独特细节很容易由于这种基本的劳动分工而变化。但这些细节对于自催化模型并不是本质性的，在此提及主要是因为现代狩猎-采集社会也存在这些行为。

尽管自催化模型具有内在的一致性，但存在一稀奇缺陷——没有触发因素。一旦这一触发因素过程开始了，就很容易明白它如何能够自我维持。但究竟是什么因素触发了这一过程呢？为什么早期的人科动物不是像狒狒和狮尾狒狒那样四足着地跑，而是变成了两足行走？克利福德·乔利（1970）假设主要的动力是采

图27-5 200万年前，在社会进化的自催化的临界期，一队早期人类——能人（*Homo habilis*）在非洲的稀树草原上觅食。其灭绝可能由于与其接邻动物的袭击而加速了。他们通过各种吼叫、挥舞着手臂或木棒及投掷石块等方式驱赶竞争者。这种巨大的如同大象的生物的已经绝迹。在这种推测性的（系统发育）重建中，这群人正在为一个刚到手的恐象而去驱赶竞争者。这种巨大的如同大象的生物已经绝迹。在这种推测性的（系统发育）重建中，这群人正在为一个刚到手的恐象而去驱赶竞争者；同时，画面左侧的游荡者，想要加入这场争斗中。一只雌性剑齿猫（*Homotherium*）及其两只幼崽至少暂时被恐吓住并准备离开。从其非同寻常的张开的嘴巴可见其紧张的面孔。左前方，一群身上带斑鬣狗也被逼退了，但仍准备伺机反扑。人的身材矮小，不足1.5米高，并且就个体而言无法抵挡巨大的食肉动物。按照流行的理论来看，人类要想捕食这些大型动物，就需要高度的智力和超凡的使用工具的能力结合起来。这幅画的背景所显示的是坦桑尼亚奥杜瓦伊地区的环境。这一地区为蜿蜒起伏的稀树草原，一直延伸到东面的火山高地，正如现在的食草动物一样，当时的草食动物密集。左后方，有几匹三趾马——群和类似于长颈鹿的具有长角的西洼兽［由Sarah Landry绘制，经F. Clark Howell的准许使用。剑齿猫部分的根据是欧里纳克时期（Aurignacian）的雕塑；参见Rousseau，1971］。

集草籽的专业化。因为早期的前人类，或许还可以追溯到更早的拉玛古猿，他们是依赖谷类生活的最大的灵长类动物，要学会操控相对于手小得多的物体的能力。简而言之，人类两足行走是为了捡拾草籽。这个假设绝不是一个得不到证据支持的臆想。乔利指出，人与狮尾狒狒在头骨和牙齿结构上拥有一些共有特征。基于这些特征，狒狒可以依靠进食草籽、昆虫和其他一些小东西来生活。而且在旧大陆的猴和猿中，狮尾狒狒与人类共有的下列吸引异性的解剖学性状也是独特的：雄性在颈和脸的周围长有长发，雌性胸部长有明显的情欲饰物。根据乔利的模式，早期人科动物手的解放是一种前适应，它使得使用工具增加，并促使心智进化和捕食行为自催化地相伴而产生。

晚期的社会进化

在生物系统中，自催化反应绝不会无限制地扩展。生物学参数一般达到某一速度后会逐渐降低生长速度，直至最终停止。但一直不可思议的是，这种事情在人类的进化中仍旧没有发生。大脑容量的增长和石制工具的精细化表明，在整个更新纪时期心智的能力逐渐得到提高。大约 7.5 万年以前，尼安德特人和莫斯特（Mousterian）工具文化的出现，为这种趋势聚集了动量，使得距今 4 000 年前在欧洲的智人（*Homo s. sapiens*）出现了旧石器时代的后期文化。约 1 万年以前农业出现了，并且蔓延开来，人口的密度也逐渐增大，并且原始的狩猎-采集群体为部落、王国、国家的无情增长所取代。最后，即在公元 1400 年后，以欧洲为基础的文明再次加速，知识和技术不仅仅是以指数还以超指数的速度增长（见图 27-6 和图 27-7）。

没有理由认为，在这一最后的飞速发展期间对心智能力和期望朝向特定社会行为的进化就停止了。群体遗传学理论和其他生物的实验都表明，实质性的变化能够在 100 代以内发生，对人类而言只需要追溯到罗马帝国时代。2000 代，大概就是从典型的智人入侵欧洲开始，这有足够的时间产生一些新物种，并可用多种方式产生。尽管我们不了解心智进化实际上发生了多么大的变化，但是认为现代文明完全建立于漫长的更新世的资本积累之上的认识可能是错误的。

既然文化和遗传追踪系统按照平行轨迹运行，那么我们可以暂且绕过这一问题，在更宽泛的意义上回到晚期人类社会进化的主要原动力这一问题上。人类转移到亚热带稀树草原，食草籽似乎是一种合理的解释；而同样转为捕获大猎物，可能说明他们已进入直立人阶段。但是对类群捕食的适应，足以向智人以及进一步向农业和文明进化吗？人类学家和生物学家并不认为仅有这些推动力就足够了。他们还提出以下附加因素，这些因素可以单独起作用，也可以共同起作用。

性选择

受到查恩斯（1962）观点的启发，福克斯认为，性选择是促使人类进入人属起辅助作用的发动机。其推理过程是这样的：一夫多妻制是狩猎-采集社会的一般性状，而且可能也是早期人科类社会的一条规则。如果是这样的话，其回报就在于性选择，这既与女性的引诱性展示有关，又与男性之间的性别内竞争有关。源自女性连续的性接受能力而引起了持续

社会类型	一些机构（按出现顺序排列）	人种例子	考古学例子
国家	以同系婚配为核心、技艺专门化、分级系统、王权统治、成文法律、官僚体制、征兵、征税	法国 英国 印度 美国	古代的中美洲人 苏美尔人 中国商朝 罗马帝国
王国	等级世袭类群、再分配经济、世袭领导权	（西太平洋）汤加，夏威夷、夸丘特尔人、努特卡人、纳奇兹人	墨西哥海湾海岸奥尔梅克人（公元前1000年）近东撒玛利亚人（公元前5300年）北美洲密西西比人（公元1200年）
部落	非等级世袭类群、泛部落团体、日常仪式	新几内亚高地人，（美国）西南部印第安人、（北美）苏族	墨西哥内陆的早期形式（公元前1500—前1000年）近东新石器时代的前陶器时代（公园前8000—前6000年）
队	当局类群自治、平等地位、短暂领导、特别仪式、相互经济	喀拉哈里布须曼人，澳大利亚土著人、爱斯基摩人、肖族人	美国和墨西哥的古印第安人早太古时期（公元前10000—前6000年）近东的古石器时代晚期（公元前10000年）

图27-6 在社会政治复杂性上按次序递增的4种主要社会类型，其中每一社会都有现存的和消亡的例子。这几种社会政治机构是按人们所理解的上升的大致顺序展示的（自Flannery，1972经允许复制于"文明的文化进化"，载于《生态学和系统学年鉴》第三卷第401页。版权所有为《年鉴出版社》）（此图在原书p572）。

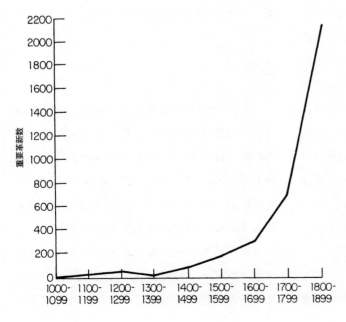

图 27-7 公元1000—1900 年，重大发现和发明的数目，按世纪计算（自Lenski，1970;根据Ogburn和Nimkoff，1958。取自L. Darmstaedter & R.DuBois Reymond，汇编：4000 Jahre-Pionier-Arbeit in den Exacten Wissenschaften，柏林，J.A. Stargart，1904）（此图在原书p573）。

的交配刺激，增强了这种选择。由于群队高水平协作的存在，最初南方古猿适应性的传统和性选择趋向于与狩猎的勇猛、领导权、制造工具的技能以及其他有利于家庭和男性群队成功的特征相关联。攻击性受到了抑制，以前灵长类动物明显的主权优势被复杂的社会技能所代替。年轻的男性发现，只有融入类群才是有利可图的，他们控制着性欲和攻击性，以等待着他们登上领导地位。结果使得人科类社会中居于权力地位的男性是具有妥协品质的嵌合体——"控制力、狡猾、合作、对女性的吸引力、对儿童的亲善、从容、坚强、善辩、手艺高超、有见识，还精通自我防卫和打猎"。由于在这些复杂的社会性状和繁殖的成功之间的正反馈，社会进化在不必承受来自环境的额外选择压力的情况下可得到无限的发展。

文化创新和网络扩展上的多重效应

不论文化最初的原动力是什么，日渐增长的力量和学习的需要推动了文化能力的进化。个体及群队之间的联系网络也必定能得以发展。我们可以假设存在一个具有文化能力和网络大小的临界群体，在这一群体中，群队在这两个方面（文化能力和网络大小）都能得以积极扩展。换句话说，这种反馈是正向的。这种机制就像是性选择，并不需要超出社会行为本身的局限而增加额外的输入。但是也不像性选择，可能在人类史前达到这种自催化的阈值水平是相当晚的。

日益增长的人口密度和农业

文明发展的传统观点认为，农业的革新导致了人口的增长、闲暇时间的保障、休闲阶层的产生，以及文明化的具有非即时性功能器具的发明。人们发现，倥族人和其他一些狩猎-采集人口的劳动时间很少，比大多数农民拥有更多的闲暇时间，这一发现在很大程度上削弱了上述传统观点。原始农民一般不生产更多农产品，除非是迫于政治和宗教权威的压力（Carneiro，1970）。埃斯特·波塞拉普（Ester Boserup，1965）则走得更远，他提出了一个相反的因果关系：人口的增长促使社会深化其间的联系，并加强在农业上的专业化程度。然而这个解释却不能说明开始的人口增长。狩猎-采集社会保持适当的人口平衡长达以数十万年计。其他的一些原因使得一些人成为最早的农业劳动者。成为农业劳动者十分可能的关键事件，不过是达到了某一智力水准并幸运地遇到了野生的可食性植物；一旦达到这个水平，农业经济就会允许更高的人口密度，反过来又促进了社会交流渠道的拓宽、技术的发展以及对农业的进一步依赖。诸如灌溉和纺车之类的几次革新，又义无反顾地加剧了这一进程。

战争

在整个有记载的历史上，部落之间的战争行为是很普遍的事情，就是在王国间和国家间也是普遍存在的。索罗金（Sorokin）分析了欧洲 11 个国家从 275 年至 1025 年间的历史，他发现他们平均从事与某种军事活动有关的时间就占了 47%，或者大约相当于每两年中就有一年与军事行为有关。这个范围从德国的 28% 到西班牙的 67%。欧洲和中东地区早期的王国或者国王很快就被颠覆了，并且很多颠覆就其本质上来讲都是种族灭绝性的。基因的扩展具有极端的重要性。例如，摩西（Moses）对米甸（Midianites）的征服令，就如同雄性叶猴入侵和遗传篡夺一样：

> 现在要杀掉每一个属于败方的男性，并且杀掉每一个与男性有性关系的女性，相应地饶恕了其中每一个没有过性行为的女性。（Numbers 31）

几个世纪以后，冯·克劳斯维茨（von Clause-witz）告诫他的学生普鲁士王子，战争真正的、生物学意义上的欢娱在于：

> 规划时大胆而又狡猾，执行时坚定且不屈不挠，必定有一个辉煌的结局，而且命运会使你容光焕发。这些才是一位王子的荣耀，并将你的形象铭刻在后代的心目中。

查尔斯·达尔文清楚地意识到特有的战争和基因篡夺可能是类群选择中的一项有效力量。在《人的由来》中，他提出了一个值得注意的模型，这个模型预示着现代类群选择理论中的很多基本要素：

> 现在，如果部落中的某人比其他人更聪明，他发明了一种新式的陷阱或者武器，或者其他进攻或防卫方式，那么即使他得不到许多道义上的帮助，也会唤起其他成员效仿，并且都可能因此而受益。任何一种新工艺的经常性练习必定同样在些许程度上强化了智力。如果这个发明是很重要的，那么这个部落在数量上就会增加、扩展，并且取代其他一些部落。这样部落就扩大了，就有更大的机会生育优良的、有创造性的成员。如果这样的人留下孩子继承了其心智上的优越性，那么生育更具天才成员的机会就会更大一些。即使他没有孩子，部落依然还会有他们的一些血缘关系。这一点已被农牧学者所证实，即通过保存和繁殖来自（优良）动物的家系，当屠宰发现其有价值时，（通过繁殖有关家系）就获得了所需要性状。

达尔文发现，类群选择不仅可以增强个体选择，而且还可以排斥个体选择——有时是很有效的，特别是繁殖单位很小和平均血缘关系相应较紧密时。后来，本质上相同的论题为基思（Keith，1949）、比格劳（Bigelow，1969）及亚历山大（1971）等人在深度上得以发展。这些人都想到了作为战争的遗传产物的人类一些"最高贵"性状，包括团体协作、利他主义、爱国主义、战斗中的英勇表现等。

通过增加一些临界效应的附加假设，有可能解释为什么这个过程只适用于人的进化（Wilson，1972a）。如果任何一种社会捕食哺乳动物达到了某种智力水平，像早期人科动物一样的大型灵长类动物那样去做，那么一个群体就会自觉地考量与其邻近的社会各类群的存在意义，并且会以一种理性的、有组织的方式和这些类群相处。然后，一个群队也许会替代邻近群队，占领其领地，并在超级群体中增加自己的遗传代表比例，把这一成功事件保存在部落的记忆中。再重复它，扩展其发生的地理范围并且进一步在超级群体中迅速扩大其影响。某些基因可能具有这种原始文化的能力。

反过来，文化能力可以通过超级群体的遗传组成而推动基因的扩展。这一过程一旦开始，这种相互增强就是不可逆的。在同种族灭绝侵略斗争中，能够提供优良适合度的是这样一些优良组合：能够产生更为有效攻击技巧的，或者通过某种和平手段事先能够制止种族灭绝能力的。加之上述基因组合是自催化的，所以这种进化有一种有趣的特点，即为了能够像个体水平选择那样迅速地进行，需要非常偶然的选择事件。依现代理论，非常有利于侵略者的种族灭绝或种族吸收，只需每若干世代发生一次就可引起直接进化。仅仅这样就可以使群队内真正的利他主义基因达到一个很高的频率（见第5章）。根据早期欧洲和中东的历史图表集（例如，McEvedy 的图表集，1967）估计的部落和王国的更替表明，类群间适合度足够大的差异已经达到了这种效果；而且，可以期望的是，某些隔离的文化类群可避免若干世代发生一次

种族吸收的过程，这在效应上是暂时回复到了如人种史学家所分类的和平状态。

多因子系统

前面所述的每一种机制都足以单独作为社会进化的原动力。但是更为可能的是它们联合起来，以不同的力量和复杂的相互影响起作用。因此最真实的模型可能是充分受到控制的，通过具有高度联系的、类似于自行车各部件相互连接的因果关系而起作用。亚当斯（Adams，1969）提出了一个如图27-8所示的国家和城市社会起源的多因素模型。不用说，转换这一类似模型所需要的各方程还未确定，而且至今方程各系数大小也没有构想出来。

在单因子和多因子的社会进化模型中，都假定了一种日益增长的内在化控制。这种转换可以认为是以前引证的两个阶段加速的基础。

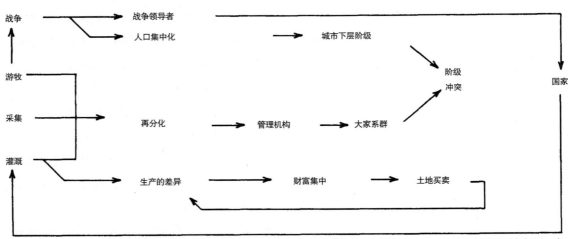

图 27-8　国家和城市社会起源的多因素模型（资料来自 Flannery，1972。基于 Adams，1966，再版经过许可，出自 "the Cultural Evolution of Civilization," Annual Review of Ecology and Systematics, Vol. 3, p. 408 版权 1972 为 Annual Reviews 公司所有，所有版权都被保留）。

在人科类进化的早期，原动力是外在环境压力，这与导致其他动物社会进化的因素没有什么不同。目前似乎有理由认为，人科类连续经历了两个适应性转换：首先是露天生活和以种子为食，其次是在与进食种子相联系的身体结构和心智变化的前适应之后去捕捉大型哺乳动物。捕捉大猎物引起了人类思想和社会组织的进一步发展，思想和组织的进一步发展使人类从临界阶段进入了自催化的、更接近内在化的进化阶段。在第二个阶段，绝大部分独有的人类特征出现了。然而，强调这种独有特性，并不意味着社会进化独立于环境。人口统计学的铁则仍然钳制了人口的蔓延，而且控制环境新方法的发现推动着最壮观的文化发展。业已发生的是：心智和社会的变化越来越依赖于内部的再组织，而对周围环境中的直接反应特征的依赖则越来越少。简言之，社会进化已经获得了自身的原动力。

未来

可能到21世纪末期，当人类达到了一种生态位的稳定阶段时，社会进化的内在化几乎就完成了。到了那个时候，随着社会科学迅速成熟，生物学也理应达到其顶峰。一些科学史学家，对在这些领域内加速发展的步伐是否意味着更为迅速的进化的问题，会有不同的看法。但是历史先例以前误导过我们：我们正谈论的问题比物理学和化学的问题至少困难两个数量级。

现在考虑社会学的前景。这门科学目前处于其发展的自然史阶段。在体系建立上，就像心理学一样，有很多的尝试，它们还不成熟，且成效甚微。现在大多数社会学理论所经历

的，仅仅是以一种期望的自然史方式罗列出一些现象和概念。社会学发展的这一过程，因其基本单元的晦涩难懂或者可能根本就不存在，是难以分析的。具有较强想象力的思想家们建立了一系列不同的定义和隐喻，令人厌烦的交叉引用就共同构成了综合（例子参见 Inkeles，1964；Friedrichs，1970）。这也是自然史阶段的典型特征。

随着解释说明和实验的丰富，社会学越来越接近于文化人类学、社会心理学和经济学，并很快将与它们融合在一起。从广义来说这些学科是社会学的基础，很有可能产生第一批现象学法则。实际上，一些可行的定性法则，已经存在了，它们包括对下列关系的可检验性陈述：敌视和胁迫对民族（中心）主义和仇外主义的影响（LeVine & Campbell，1972）；战争文化和竞技运动之间以及它们内部的正相关，结果消除了进攻性驱动的水力学模型（hydraulic model）（Sipes，1973）；精确但是依然专业化的晋升模式和行业协会中的机遇（White，1970）；以及远不止于此的最一般性的经济学模式。

从纯粹的现象学到社会学基础理论的过渡，需要对人类大脑进行充分的神经解释。只有当这一机制在细胞水平上能进行分拆并组装起来时，关于感情和伦理判断的性质才会清楚。可以使用模拟的方法以估计行为反应的范围和自我平衡控制的准确性。根据神经生理学的扰动和松弛时间来估测胁迫强度。认知可以转变为一个回路（circuitry）。学习和创造可以定义为从情感中心通过输入来调控认知机制的一些特定部分的改变。在更新心理学时，新的神经生物学将会为社会学提供一组基本原理。

在这项工作中，进化社会生物学的作用

是双重的。它将试图重建这种机制的历史，识别其每一部分功能的适应意义。有一些功能几乎能肯定是过时的，比如用于指导像狩猎、采集、部落间战争等这些旧石器时代的紧急事件。其他一些在个人或者家庭水平上看，现在可能证明是适应性的，但在类群水平上可能是不适应的，或者是相反的。如果决定要塑造一种文化以适应生态位稳定状态的需要，那么某些行为不需要情感创伤和创造力损失就可以从经验上改变，其他的则不行。这一方面的不确定性意味着：实现斯金纳事先设计的幸福文化之梦必须等待新神经生物学的出现。因此遗传上精确的完全公平的伦理编码也必须得等待。

　　进化社会生物学的第二个贡献就是研究社会行为的遗传基础。最适的社会经济系统绝不是完美的，因为阿罗（Arrow）[①]的不可能定理，也可能因为伦理标准先天就是多元的。而且，建立这样一些规范系统所依据的遗传基础都期望是连续变化的。人类绝不会停止进化，且在一定程度上人类群体是流动的；经过几代人的影响就可能会改变对社会经济最优性的认同。特别是，当全世界的基因流动率提高到一个戏剧化的水平并且得以加速发展，当地社区内的血缘关系平均系数也相应地减小的时候。其结果可能是通过类群选择基因的不适应或遗失，利他主义行为最终会减少（Haldane，1932；Eshel，1972）。前面已经说过，这些行为性状在受到抑制或者其原始功能在适应价值上变成中性时，根据代谢守恒原理这些性状大体上会在10代以内从群体中消失，在人类而言，也只是两三个世纪的时间而已。由于现在对人类大脑尚未充分了解，我们也就不知道

有多少最优良的性状与无用的、不优良的性状在遗传上连锁在一起。类群同伴间的协作可能与对陌生者的攻击相伴，创造可能与个人欲望和支配权相伴，热爱体育运动可能与暴力倾向相伴，等等。在一些极端的情况下，这种相伴关系可能源自基因的多效应，即同一套基因控制多于一种表现型性状的现象。如果这种未来社会——出现在下一世纪[②]似乎不可避免——有意识地控制其成员脱离曾经使不良表现型出现在达尔文边缘的胁迫和冲突，那么其他的表现型就可能随之衰弱。在这个最终的遗传意义来说，社会控制会剥夺人的人性。

　　看来我们的自催化的社会进化已经把我们封闭在一个特殊的过程中，在这个过程中，我们似乎不欢迎我们的早期人类。

　　为了无限地维持人类物种，我们被迫学习全部知识，甚至深入到了基因和神元的水平。当我们发展到足以按照这些机制的术语解释我们自己，并且社会科学也发展到了充分繁荣的时候，其结果可能是难以接受的。因此，当刚刚打开这本书时就把它合上好像是恰当的，因为阿尔贝·加缪（Albert Camus）带有先见的洞察力预见到：

　　一个甚至可以用一些蹩脚的理由来解释的世界依然是一个熟悉的世界。但是，在一个被剥夺了幻想和光明的世界里，人们感到自己又是外来者、陌生者。他被剥夺了对失落家园的记忆或者对未来的希望，因此他的背井离乡感是无法消除的。

　　不幸的是，这是真实的。但是我们依然还有许多时间。

[①] 肯尼斯·阿罗，斯坦福大学荣誉退休经济学家，1972年诺贝尔经济学奖获得者。——校者注

[②] 此指21世纪。——编者注

术语解释

要能迅速地理解社会生物学，读者最好是学过一门大学程度的生物学课程。此外，本书大多数的技术性章节都要求读者在基本的数学知识特别是微积分与概率论上有一定的训练才容易理解。但在写《社会生物学》时，作者头脑里想着的是要尽可能地面向广大的读者，让有一定文化程度的读者不论是否受过正式的科学训练都能读懂本书的大部分内容。出于这种考虑，下面的词语解释中纳入了不少本书频繁使用的生物学与数学的基本术语。这份词语解释也包含一些主要限于社会生物学的技术性较强的词语，包括一些在本书中很少出现，但在本书所引述的文献中经常出现的词语。

Absenteeism 疏远习俗　鼩鼱等动物的一种习俗。这些动物在远离其后代的地方建巢，但不时地来探视其后代，为之提供食物及最低限度照顾的习俗。

Active space 活性空间　信息素（或其他对动物行为有影响的化学物质）的浓度达到或超过其阈限水平的空间。信息素的活性空间本身事实上就是化学信号。

Aculeate 螫刺昆虫　包括蜜蜂、蚂蚁和许多黄蜂在内的具有螫刺的膜翅目昆虫。

Adaptation 适应　在演化生物学中，与同一物种的其他成员相比更适合于生存和繁殖的身体结构、生理过程或行为模式。也指使这种性状得以形成的演化过程。

Adaptive 适应的　指经由演化过程而形成的任何性状（解剖学的、生理的或行为的）是适应的（另见：适应）。

Adaptive radiation 适应辐射　物种扩展、歧化进入不同小生境（如捕食者捕获不同类型的猎物和占有不同的生境等）并占有相同地区或至少共同占有一些重叠地区的演化过程。

Age polyethism 年龄的行为多型现象　社会成员随着年龄的增长而导致劳动任务的规律性变化。

Aggregation 聚群　由多于一对配偶或一个家系组成的，聚集在同一地点的，但是它们相互间没有组织起来或没有相互协作的同一物种的一群个体。要把聚群与真实社会区分开来（另见社会）。

Aggression 攻击　由一个个体发出的、会减少另一个体的行动自由或遗传适合度的身体打击或威胁行为。

Agonistic 敌视　指有关争斗（不管是攻击、安抚还是退却）的任何活动。

Agonistic buffering 缓冲敌视　指成年动物利用幼稚动物来制止其他成年动物的攻击。这种行为在雄性猕猴与其他几种猴类中均有发现。

Alarm pheromone 报警信息素　同一物种的成员间交换的一种化学物质，在大家共同受到威胁时起到使成员们处于警觉状态的作用。

Alarm-recruitment system 报警-募集系统　一种通信系统。该系统将一个社会的其他成员召集到一特定的地方去保卫该社会。例如低等白蚁的嗅迹系统，用来将一个集群的成员募集到入侵者周围，防止把巢壁破坏。

Alarm-defense system 报警-防卫系报　指一种防卫行为在一个集群中也起到报警的作用的情形。例如，一些蚁种用于防卫的化学分泌物同时也作为报警信息素。

Alate 具翼的　有翅膀的。有时也用作名词，以表示仍然具翅的进行繁殖的社会性昆虫。

Allele 等位基因　基因的特定形式，区别于同一基因的其他形式或同一基因的其他等位基因。

Allodapine 异族蜂　属于异族蜂属（Allodape）或其一系列密切相关属中的芦蜂（ceratinine bee），它们或是原始的真社会寄生蜂或是社会寄生蜂。排除在这一非正式分类之外的是芦蜂族（Ceratinini）中的芦蜂属（Ceratina），这是另一个主要的唯一成活的异族蜂的一个属。

Allogrooming 异体修饰　对另一个体进行的修饰，与自体修饰（对自身进行的修饰）相对应。

Allometry 变速生长　可用 $y = b \times a$ 来表达的身体两个部位在大小上的关系，式中 a 与 b 为固定的常数。在等速生长的特殊情况下，$a = 1$，因此当身体大小发生变化时，身体两部位的相对比例保持不变。在其他情况下（$a \neq 1$ 时），随着身体总的大小的变化，相关部位间的相对比例也发生变化。变速生长在社会昆虫特别是蚁类的职别分化中很重要。

Allomone 异源激素　由一个物种分泌而作为另一物种通信信号的化学物质（与信息素相对应）。

Alloparent 异亲　帮助双亲照看其幼雏的其他个体。

Alloparental care 异亲照顾　由非双亲个体帮助照顾后代的现象。照顾者可以是雌性动物，也可以是雄性动物。前者称为异母照顾，后者称为异父照顾。

Allopatric 异地（群体）　占据不同的地理范围的群体，特别是物种（与同地群体相对应）。

Allozygous 异合子的　指染色体同一基因座上两个不同的基因或至少是血缘上不同的两个基因（与同合子的相对应）。

Alpha 首领　（在权力等级系统中）地位最高的个体。

Altricial 晚熟的　指出生后相当长时间内都不能自立的需要帮助的年幼动物，特别用指鸟类（与早熟的相对应）。

Altruism 利他主义　为了其他个体的利益而采取对自己不利的行为（参见第5章的相关讨论）。

Ameba 变形虫　大量的单细胞生物个体中的任一个体，特别是肉足动物门（Sarcodina）的个体，能通过称为伪足的柔软的细胞质物质的伸缩而经常改变形状。

Amphibian 两栖动物　脊椎动物两栖纲的任一成员，如蝾螈、青蛙、蟾蜍。

Analog signal 模拟信号　同连续信号（另见连续信号）。

Analogue 同功体　指由于趋同演化（而非由于有共同的祖先）而产生的相似的结构、生理过程或行为。同功体表现的是同功现象（与同源体相对应）。

Analogy 同功现象　由于趋同演化[①]，两种结构、生理过程或行为在功能上（往往还在外表上）相似的现象（与同原现象相对应）。

Anisogamy 配子异型、异配生殖　雌体的性细胞（卵细胞）比雄体的性细胞（精子）大的情况（与配子同型相对应）。

Annual 一年生　指在一个生长季节完成的生活周期，也指有这样生长周期的物种。

Antennation 触角作用　指昆虫用触角进行触摸的作用。这一触摸可用作感觉的探测，或可用作对另一昆虫发出的触觉信号。

Antisocial factor 反社会因子　倾向于抑制社会演化或使社会演化发生逆转的选择压力。

Aposematism 警戒作用　危险动物对其自己身份的炫耀。所以毒性最大的黄蜂、珊瑚鱼与毒蛇往往色彩也最鲜艳。

Arachnid 蛛形纲动物　蛛形纲（Arachnida）的动物，如蜘蛛、螨、蝎等。

Arena 求偶场　专门用作集体求偶夸耀的场所。与"求偶场"（lek）同。

Army ant 行军蚁　有游食与类群猎食行为的蚁类动物。换言之，这种蚁类相当频繁地变换其巢区，有时是每天都要变换；其工蚁以类群觅食（与"军团蚁"相同）。

Arthropod 节肢动物　节肢门（Arthropoda）动物，如甲壳动物、蜘蛛、千足虫、蜈蚣、昆虫等。

---

① 文作"由于演化"（due to evolution），此据"同功异质体"条中的说明改。——译者注

Artiodactyl 偶蹄目动物　任何属于偶蹄目（Artiodacty-la）的哺乳动物，亦即每只蹄上都有偶数趾的有蹄动物。最常见的偶蹄目动物有猪、鹿、骆驼与羚羊。对照"奇蹄目动物"。

Asexual reproduction 无性繁殖　任何不涉及性细胞结合（配子配合）的繁殖，如芽植与孤雌生殖。

Assembly 集聚　为一共同活动将社会的各成员召集到一起的过程。

Assortative mating 选型交配　在一个或多个性状上彼此相似的个体间的非随机交配（与非选型交配相反）。

Aunt 姑姨，姑妈，姨妈　（帮助双亲照顾其幼仔的）任何雌性个体。

Australopithecine 南方古猿　属于南方古猿属（Australo-pithecus）的"人—猿"灵长类，是生活于更新世的原始人，为现代人［人属（Homo）］的祖先。南方古猿的体态、齿系与现代人相似，但脑比现代猿类大不了多少。

Australopithecus 南方古猿属　见"南方古猿"。

Autocatalysis 自催化　通过自己产生的产物而供反应加快的过程。自催化反应在正反馈的作用下不断加速，直到反应物耗竭或有某种外在制约条件的加入为止。

Automimicry 自拟态　一种性别或一个生命阶段对同一物种的另一性别或另一生命阶段的通信方式的模仿。例如，在安抚仪式中一些猴类物种的雄性会模仿雌性的性信号。

Autozygous 同合子的　指同一基因座上具有两个或更多个在血缘上相同的等位基因。

Auxiliaries Band 辅助昆虫队　与同一世代其他雌性有关的并成为工职的雌性社会昆虫（尤其是蜜蜂、黄蜂和蚂蚁中的工职）。

Behavioral biology 行为生物学　用于某些社会性哺乳动物（包括南美浣熊与人类）类群的一个术语。对行为的各方面进行科学研究的学科，内容包括神经生理学、行为学、比较心理学、社会生物学与行为生态学。

Behavioral 行为尺度　见"行为尺度范围"。

Behavioral scale scaling 行为尺度范围　同一社会或生物个体以适应方式表达的行为形式与强度的范围。例如，一个社会在密度低时可能是组织成多个领域系统，而在密度高时则转变为一个权力体系（参见第2章的相关讨论）。

Biomass 生物量　一组植物、动物或动植物的重量。这里的"组"的选定根据的是研究的方便，如可以是昆虫的一个集群，狼的一个群体或是整个森林。

Bit 比特　信息定量的基本单位。具体说来，一个比特是无误差地控制两种同样可能的可能性中何者将被接收者选择所需要的信息量。

Bivouac 宿营蚁团，宿营地　行军蚁的工蚁组成的一个团块，蚁后与幼雏能在此团块中宿营。亦指这种团块的所在地（宿营地）。

Bonding 亲密关系　两个或多个个体间形成的任何亲近的关系。

Brood 幼雏　任何由成年动物照看的年幼动物。具体在社会性昆虫中，"幼雏"指整个集群全部的未成熟成员，包括卵、若虫、幼虫和蛹。卵和蛹在严格的意义上并不算社会成员，但还是被视作幼雏的一部分。

Brood cell 幼雏室　为了让处于未成熟阶段的昆虫居住而建造的特殊居室。

Brood parasitism 巢寄生　在鸟类，一个物种将自己的蛋产在另一物种的巢中，结果宿主将寄生鸟的幼雏当作自己的幼雏来抚养。欧洲杜鹃（Europeancuck-oo）便是这样的巢寄生。

Budding 芽植，分裂建群　从旧的个体直接长出一个新的个体的繁殖方式（芽植）。亦指通过分裂增加昆虫集群的方法（参见"集群分裂"）。

Callow workers 初成工职　指社会性昆虫的集群中新产生的成年工职，其外骨骼还比较软，身体颜色还比较浅。

Canid 犬科动物　犬科哺乳动物，如狼、家犬、豺等。

Carnivore 食肉动物　以鲜肉为食的动物。

Carrying capacity 容纳量　指给定的环境中能无限期地维持的一特定物种的最大个体数量，通常用字母K表示。

Carton 巢材　昆虫学用语，指很多种蚂蚁、马蜂及其他昆虫用来筑巢的咀嚼过的植物纤维。

Caste 职别　按广义的定义（如第14章所论及的工效学理论中的定义），是指在集群中，具有特定体形或特定年龄或二者兼有的从事特定工作的一组个体。按狭义的定义，指一个给定的集群中既在体形上不同于其他个体，又有专门化行为的一组个体。

Casual society（or group）临时社会（或类群）　由一个社会中一些个体暂时地组成的类群。临时社会不具有稳定性，新成员加入和老成员失去的速度都相当高。例如，猴群中因觅食而形成的类群和一群在一起玩的小猴都是临时社会［对照"统计（群体）社会"］。

Central nervous system 中枢神经系统　神经系统中很集中且居于中央位置的部分。例如，脊椎动物的脑与脊髓，还有昆虫的脑与神经结的梯状链均为中枢神经系统。这一词语往往缩写为CNS。

Cercopithecoid 猴总科的　与旧大陆猴[1]和猿相关的类型［很多作者将这些动物归为猴总科（Cercopithecoidea）]。

Ceremony 典礼，仪式　一种演化程度和复杂化程度很高的展示，用于安抚其他个体及建立和维持一定的社会关系。

Character 特征　在分类学与其他一些生物学分支领域，"特征"一词通常用作"性状"的同义词。为一个个体所有而为另一个体所无，或为一个物种所有而为另一物种所无的特定性状，往往称为特征态（character state）性状。

Character convergence 特征（性状）趋同　指两个新演化出来的物种发生相互作用的过程，使得其中一个物种在一个或多个性状上趋同于另一物种，或两个物种在一个或多个性状上相互趋近（对照"特征或性状趋异"）。

Character displacement 特征（性状）趋异　指两个新演化出来的物种发生相互作用，使其中一个物种在一个或多个性状上更远离另一物种，或两个物种在一个或多个性状上互相更加趋异（对照"特征趋同"）。

Chorus 合唱团　一群鸣叫的无尾目动物（如青蛙或蟾蜍）或昆虫。

Chromosome 染色体　细胞核内一种复杂的杆状结构，是细胞遗传基本单位（基因）的载体。

Circadian rhythm 生理节律　在行为、新陈代谢或其他活动上约每24小时重复一次的节律（前缀circa-表示的是计时并不完全精确）。

Clade 演化枝　系统发育树一个枝上的一个或一组物种（对照"演化级"）。

Cladogram 演化分枝图或演化树　只标明物种之间与物种组之间在演化时间中发生歧化的系统发育树。

Class 纲　生物分类系统中的一级，低于门而高于目，由一组有亲缘关系的、相似的目组成。纲的例子如有昆虫纲（Insecta）（包括全部真正的昆虫，即有6条腿的昆虫），鸟纲（Aves）（包括全部鸟类）。

Claustral colony founding 幽闭式建群　蚁类及其他膜翅目动物建立新的集群的一种方式，程序是蚂蚁蚁后（在白蚁中是一对蚁王蚁后）将自己幽闭于一室，主要或完全靠它们的贮存组织（包括脂肪体[2]与经溶解的翼部肌肉）提供养分来养育出第一代工蚁。

Cleptobiosis 劫食共生　两个物种间的一种关系，在这种关系中一个物种抢劫另一物种的食物贮备或在另一物种的废弃物堆中觅食，但并不跟此物种在一起巢居。

Cleptoparasitism 劫食寄生　一种寄生关系，在这种关系中，一只雌性动物搜出另一雌性动物（通常是属于另一物种）的猎物或食物贮备，将其据为己有而用来养育自己的后代。

Cline 渐变群　指一个群体分布的地理范围从一部分到另一部分时，其群体内逐渐发生遗传变化的模式。例如，很多哺乳动物的物种于其分布范围内在越寒冷的地带体形越大。

Clone 克隆（无性繁殖）　由同一亲本经过无性繁殖而派生出来的个体群。

Clutch 窝卵数　一只雌性动物一次产卵的数目。

Coefficient of consanguinity 血亲系数　与"血缘系数"（参见下条）相同。

Coefficient of kinship 血缘系数　用FIJ或fIJ表示，指从两个个体同一座位随机抽取的一对等位基因在血缘上相同的概率。也称为"血亲系数"。

Coefficient of relationship 相关系数　也称为"相关度"（degree of relatedness），用r表示，指两个个体由于血缘上具有相同基因所占的比例。

Colony 集群　一种高度整合的社会。整合的方式或者是成员的物理结合，或者是靠将成员分成专门化的游动孢子或专门化的职别，或者是二者兼而有之。在通俗的用法中，"集群"一词有时基本上可以用来指任何一群生物，特别是一群在一起建巢的鸟或住在一个窝里的一群啮齿动物。

Colony fission 集群分裂　新集群得以增殖的一种模式。在这种模式中，一个或多个繁殖单位在成群工职的陪伴下离开母巢，但留下一些相应的单位以延续"母"集群。这种集群增殖的模式在蚁类文献中有时称为"冢析"（hesmosis），而在白蚁文献中则称为

---

[1] 旧大陆（Old World）指东半球的欧洲、亚洲、非洲与大洋洲，也可专指欧洲。与之相对的是新大陆（New World），即美洲。旧大陆猴（Old World monkeys）指猕猴、狭鼻猴等产于旧大陆的猴类，相应的新大陆猴（New World monkeys）则指卷尾猴、阔鼻猴等美洲产猴类。——译者注

[2] 脂肪体（fat body）：昆虫用以贮存食物的组织。——译者注

"社会分群"（sociotomy）。蜜蜂的分群（swarming）可以视作集群分裂的一种特殊形式。

Colony odor 集群味　一给定集群的社会昆虫身体上所特有的气味。一只昆虫对同一物种的另一成员可以通过嗅其集群味来确定其是否跟自己同巢（参见"巢味"与"物种味"）。

Comb（of cells or cocoons）蜂巢　密集而整齐地排列的一层育雏小室或茧袋。蜂巢是很多社会黄蜂和蜜蜂的巢的一个特征。

Commensalism 偏利共生　一个物种的成员与另一个物种的成员栖居在一起而获利，而对另一个物种的成员既无益又无害的一种共生现象。

Communal 群建分养的　指同一代的成员合作建巢但在照看幼雏上不进行合作的状态或类群。

Communication 通信　一个生物（或细胞）的作用使另一个生物（或细胞）以适应的方式改变行为的概率模式（见第8章的讨论）。

Compartmentalization 区域化　社会的各亚群作为分离单位采取行动的方式与程度。

Competition 竞争　指两个或更多的生物个体（或两个或更多物种）对同一资源的积极需求。

Composite signal 复合信号　由两个或更多个信号组成的信号。

Compound nest 群居巢　具有两个或更多物种的社会昆虫的集群的巢，极端时可到这样的程度：巢的通道并在一起，不同物种的成虫混杂在一起，只是各物种的幼雏还是分开的（参见"混巢"）。

Connectedness 连接性　社会内与社会间通信连接的数目与方向。

Conspecific 同种的　属于同一物种的。

Control 控制　根据严格的社会生物学，特别是灵长类研究中的用法，控制是指一个或多个个体为制止同一群体中其他一些成员间的攻击行为而进行的干预。

Conventional behavior 常规行为　按照V. C. 魏恩-爱德华兹提出的假设，指一个群体的成员用来显示其存在，让别的动物能估计该群体的密度的任何行为。这种行为较精致的形式称为"表演炫耀"。

Coordination 协调　个体之间或亚群体之间的一种相互影响，这种影响使群体总的工作在个体或亚群体之间进行分配，其间没有任何个体或亚群体居于领导地位。

Core area 核心区　在家系范围内利用得最多的地区。

Cormidiurn 合体节　能够从管水母集群分离出来并独立生存的一群游动孢子（集群的个体成员），是介于游动孢子与完整的管水母集群之间的组织单位。

Coterie 亲密动物群　犬鼠（一种啮齿动物）的基本社会。一个亲密动物群是由占有共同洞穴的一小群个体组成。

Counteracting selection 弱化选择　指选择压力同时作用于组织的两个或多个层次（如同时作用于个体、层次与种群），其作用方式是在某个层次有利于某些基因，但在另一个层次上又不利于这些基因（对照"强化选择"）。

Court 求爱区，工职成员　在求偶场（或公共炫耀场）内由各雄性个体捍卫的求爱区；特别在鸟类是这样的。也指昆虫集群（特别是蜜蜂集群）中围绕在皇后周围的一群工职；工职成员（亦称随从）的构成是不断变化的。

Darling effect 达灵效应　见"弗雷泽·达灵效应"。

Darwinism 达尔文主义　最初由查尔斯·达尔文提出的以自然选择为机制的演化理论。演化理论的现代版本仍以自然选择为演化的核心过程，因此往往被称为新达尔文主义。

Dealate 脱翼的，脱翼昆虫　指脱掉翅膀（通常是在交配后）的个体，既可作形容词又可作名词。

Dealation 脱翼　指在婚飞期间或婚飞后不久和新集群建立之前，蚁后（白蚁中还有雄蚁）脱掉翅膀的现象。

Dear enemy phenomenon 亲敌现象　能在个体水平上识别邻近领域的成员，使得它们间的攻击能保持在最低的水平。较强烈的攻击行为是用于对付陌生动物的。

Deme 同类群　进行完全随机交配的局域群体。因此，这是用群体遗传学一些较简单的模型能够分析的最大群体单位。

Demographic society 统计（群体）社会　指经过相当长时间还足够稳定的群体。这种稳定性往往是由于这类群体对新来者相对封闭，生育与死亡的统计过程在其成员构成中发挥着重要的作用（对照"临时社会"）。

Demography 统计（群体）　群体的增长速度与年龄结构，以及决定这些性质的过程。

Dendrogram 系统树图　表示某一生物学性状在演化上发生变化（其中包括产生新物种所具有该性状的不同形式）的图。

Density dependence 密度制约　指随着群体密度的增加，一个生理或环境因素对群体增长的影响会增加或减少的情形。

Deterministic 确定的　在数学中指两个或更多变量间有固定的关系，而不考虑随机事件对具体个案之结果的影响（对照"随机的"）。

Developmental cycle 发育周期　昆虫从卵到羽化为成虫的周期（用于对社会黄蜂的研究）。

Dialect 方言　在动物行为研究中，指鸟类的鸣叫、蜜蜂的摇摆舞及其他用于通信的炫耀在不同的地域呈现出的不同形式。

Dimorphism 二态现象　在职别系统中，同一集群存在两种形式的个体（包括两种大小不同的个体），而没有中间形式的情况。

Diploid 二倍体　指细胞或生物体的染色体组含有每种染色体的两个拷贝（称为同源染色体）。一个二倍体的细胞或生物体的产生通常是由于两个性细胞的结合，其中每个性细胞只含每种染色体的一个拷贝。这样，一个二倍体细胞中的每一对染色体的两个同源染色体有不同的来源，一个来自母体，一个来自父体（对照"单倍体"）。

Direct role 直接作用　指社会一个亚群显示出的对其他亚群（从而对整个社会）有益的一种或一组行为（对照"间接角色"；见第14章的讨论）。

Directional selection 定向选择　对变异范围的一端不利的选择，因此这种选择倾向于使整个群体向变异的另一端转变（对照"歧化选择"与"稳定选择"）。

Disassortative mating 非选型交配　配对个体间彼此有一个或多个性状不同的非随机交配。

Discrete signal 离散信号　通信中可有开、关两种状态，但无重要的中间型信号（对照"连续信号"）

Displacement activity 替换活动　通常在受挫折或犹豫时表现的跟眼前情况无直接关联的行为举动。

Display 炫耀　在演化过程中经修饰后用来传递信息的行为模式。炫耀是一种特殊的信号，而信号是广义地定义为用于传递信息的任何行为，不论这种行为是否还有别的功能。

Disruptive selection 歧化选择　对变异范围的中间状态不利的选择，因此这种选择倾向于使群体发生歧化（对照"定向选择"与"稳定选择"）。

Distraction display 引诱炫耀　亲本为吸引猎食者的注意力，使之远离自己的后代而进行的表现活动。

DNA（deoxyribonucleic acid）DNA（脱氧核糖核酸）　各种生物基本的遗传物质。在包括动物在内的高等生物中，绝大多数DNA都位于染色体上。

Dominance hierarchy 权力等级系统　一类群的一些成员以相对有序和持久的模式对另一些成员形成自然的控制。除级别最高与最低的成员外，每个给定的成员都控制一个或更多的同伴，而其自身又被一个或更多的同伴控制。这一等级系统的形成始于敌对行为，也靠敌对行为维持，虽说这种敌对行为有时是以较为微妙和间接的形式出现（参见第13章的讨论）。

Dominance order 权力顺序　同权力等级系统。

Dominance system 权力系统　同权力等级系统。

Driver ants 食根蚁　矛蚁属（Dorylus）的非洲行军蚁，也少量见于行军蚁族（Dorylini）的其他成员。

Drone 雄蜂　雄性的社会蜂类动物，特别是雄性的蜜蜂或熊蜂。

Duetting 二重唱　两个个体，特别是两配偶鸟之间迅速而精确地进行交替鸣叫。

Dulosis 奴役现象　一寄生（奴役）物种的工职袭击另一物种的巢，俘获其幼雏（通常是蛹的形式），将其养大，以作为奴役物种奴隶的现象。

Dynamic selection 动态选择　与"定向选择"相同。

Eclosion 羽化，孵化　指昆虫从蛹化为成虫。也指卵的孵化，但这一用法不大常见。

Ecological pressure 生态压力　见"原动力"下的解释。

Ecology 生态学　研究生物与其环境（包括物理环境及生活在此环境中的其他生物）间相互作用的科学。

Ecosystem 生态系统　一个特定生境（如一个湖或一片森林）中所有的生物再加上它们所生存的物理环境。

Effective population number 有效群体数　一个理想的随机繁殖且性比例为1:1的群体中的个体数目，在这一有效群体中杂合性下降率与所要研究的实际群体的相同。

Elite 精英　指昆虫集群中显示出高于平均水平的创造性与活动能力的成员。

Emery's rule 艾默里法则　最早由卡洛·艾默里提出的一条法则，其内容是：社会性寄生物种与宿主物种很相似，因而在系统发育上应该跟宿主物种是近缘关系。

Emigration 迁出　指一个个体或一个社会从一个巢址迁往另一个巢址。

Empathic learning 神入学习　见"观察学习"。

Enculturation 文化传递　一特定文化的传递，特别指传递给社会中年幼一代的成员。

Endemic 地方物种　指为一个特定的地方所有而其他地

方没有的物种。

Endocrine gland 内分泌腺　通过血液或淋巴将激素分泌到身体中的任何腺体（如脊椎动物的肾甲腺、垂体等）。与"外分泌腺"对应。

Endocrinology 内分泌学　对内分泌腺与激素进行科学研究的学科。

Entomology 昆虫学　对昆虫进行科学研究的学科。

Environmentalism 环境决定论　在生物学中指强调环境影响对形成行为性状或其他生物性作用的分析形式，也指认为环境影响对行为的形成往往极为重要的观点。

Epideictic display 表演炫耀　至少在理论上，是指一个群体各成员显示其存在的一种炫耀，并通过这一炫耀让别的动物能估计该群体的密度。这是 V. C. 魏恩–爱德华兹假设存在的"常规行为"的一种极端形式。

Epidermis 表皮　皮肤外层的活细胞。

Epigamic 吸引异性的　除交配所必需的器官与行为之外的跟求偶与性有关的任何性状。

Epigamic selection 吸引异性选择　见"性选择"下的解释。

Epizootic 动物流行病　疾病在一个动物群体中的传播，相当于人类的流行病（epidemic）。

Ergatogyne 雌工职　指昆虫社会中任何处于工职与皇后之间的中间形态的昆虫。

Ergonomics 工效学　对工作、工作状况与效率的定量研究（见第 14 章的讨论）。

Estrous cycle 发情周期　与繁殖相关的生理与行为（在发情时达到高潮）重复出现的一系列变化。

Estrus 发情期　雌性对性交接受程度最高的时期，通常发情期也是雌性释放卵细胞之时。

Ethocline 行为渐变群　在有亲缘关系的物种中观察到的和被认为是代表演化不同阶段的一系列不同的行为。

Ethology 行为学　对动物在自然环境中的行为模式进行研究的学科，重点是分析这些模式的适应与演化。

Eusocial 真社会的　这是指个体具有如下三个性状的类群或条件：合作抚养下一代；在繁殖上有分工，由多少处于不育状态的个体为从事繁殖的个体服务；至少两个世代的生命阶段重叠以便为集群劳动做出贡献。"真社会的"与"真正社会的"（trulysocial）或"高度社会的"（highersocial）都是正式的等价表达方式。在社会昆虫研究中，这些表达较常用，但

其意义不够确切。

Eutherian 真哺乳亚纲的　指有胎盘的哺乳动物（参见该条）。

Evolution 演化　指任何逐渐的变化。往往指做短期演化的有机演化，是指生物体从一代到下一代发生的任何遗传变化，更严格地说是指从一代到下一代在群体内基因频率的变化。

Evolutionary biology 演化生物学　由一组生物学学科组成，既研究演化过程与生物群体的特征，又研究生态学、行为与分类学。

Evolutionary convergence 演化趋同　指两个或更多的物种在演化过程中独立获得一个或一组特定性状。

Evolutionary grade 演化级　一个或一组物种在一种特定的结构、生理过程或行为方面在发育上所处的演化水平，有别于在血缘上有关的一组物种的系统发育。

Exocrine gland 外分泌腺　对体外或消化道中进行分泌的任何腺体（如唾液腺）。外分泌腺是外激素即信息素（多数动物种类用于通信的化学物质）最常见的来源（与"内分泌腺"相反）。

Exoskeleton 外骨骼　昆虫与其他节肢动物硬化了的外体层，其功能一是作为保护层，二是作为肌肉固着的骨架。

Exponential growth 指数增长　实体（特别是群体中个体数）的增长是按其实体大小的简单函数进行的增长；在这种增长中，实体越大，增长越快。

F, f　近交系数符号（见近交系数）。

Facilitation 促进　见社会促进。

Family 家庭　在社会生物学中，family 是常规的"家庭"或"家系"的含义，由父母与后代及其与跟他们紧密结合在一起的亲属组成。在生物分类学中，family（科）是在目之下而在属之上的一级，由一组有亲缘关系的、相似的属组成，例如蚁科（Formicidae，包括所有的蚁类）与猫科（Flidae. 包括所有的猫科动物）。

FIJ，血缘系数符号。见血缘系数。

Fitness 适合度　见遗传适合度。

Fixation 固定　在群体遗传学中，指一种等位基因完全占据主导地位，将另一等位基因完全排除。

Flagellate 鞭毛藻，鞭毛虫　鞭毛纲（Mastigophora）的成员之一，是一种利用其鞭毛（形似鞭子的运动器官）来驱动自身的单细胞生物。

Floaters 流浪者　没能占有领域从而被迫在周围不太适

合生存的地带流浪的个体。

Folivore 食叶动物 以树叶为食的动物。

Food chain 食物链 食物网的一部分，最常见的是画出一个简单的系列，标明猎物的物种与吃它们的捕食者物种。

Food web 食物网 一个群落中各物种间全部的食物链所组成的网，用一个图来表示，图中标出哪些物种是捕食者，哪些物种是猎物。

Founder effect 奠基者效应 一隔离群体的基因差异，这种差异是因为其奠基者纯属偶然地携有一组在遗传上跟其他群体在统计上有差异的基因。

Fraser Darling effect 弗雷泽·达灵效应 指除交配的两个动物之外同一物种其他成员的在场及活动会刺激这两个动物的繁殖活动的效应。

Frequency curve 频率曲线 在一个图上画的曲线，用来显示特定的频率分布（参见频率分布）。

Frequency distribution 频率分布 就某一变量显示不同变量值的个体数目的排列：例如，不同年龄动物的数目，或住有不同数目幼雏的巢穴数目，等等。

Frugivore 食果动物 以水果为食的动物。

Gamete 配子 成熟的性细胞，即卵细胞或精子。

Gametogenesis 配子发生 导致产生性细胞（配子）的一系列专门化的细胞分裂。

Gaster 柄后腹 有时用来称后体的一个特殊用语。后体是蚁类及其他膜翅目动物身体三大部位中最靠后的部位，在细腰（waist）后面。

Gene 基因 遗传的基本单位。

Gene flow 基因流动 不同物种之间基因的交换（这是一种称为杂交的极端情况），或同一物种的不同群体之间基因的交换。

Gene pool 基因库 一个群体中的全部基因（亦即全部遗传物质）。

Genetic drift 基因漂变 仅通过随机过程发生的演化（基因频率的变化）。

Genetic fitness 遗传适合度 在一群体中，一种基因型相对于其他种基因型在下一代中占的比例。根据定义，这一自然选择过程最终将导致占优势的基因型具有最高的适合度。

Genetic load 遗传负荷 由于存在适合度比其他个体低的个体而导致整个群体遗传适合度（参见该条）平均水平的下降。

Genome 基因组 一个生物体全部的基因组成。

Genotype 基因型 一个个体的遗传组成，这一组成可以就单一性状，也可以就一组性状而言（对照"表现型"）。

Gens（复数：gentes）氏族雌鹃 指欧洲杜鹃（Cuculus canorus）种群中主要只在一个宿主种的巢中产卵的一群雌鹃。这些雌鹃的卵很像宿主的卵。

Genus（复数：genera）属 由一组有亲缘关系的、相似的物种组成。例如蜜蜂属（Apis，包括蜜蜂的4个物种）与犬属（Canis，包括狼、家犬及其近缘物种）。

Geographic race 地理种族 见"亚种"。

Gonad 性腺 产生性细胞的器官，即卵巢（雌性性腺）或睾丸（雄性性腺）。

Grade 级 见"演化级"。

Graded signal 连续信号 强度或频率可变，或二者均可变的信号，借以传递发送者的情绪、目标的距离等定量的信息。

Grooming 修饰 以舔舐、轻咬、用手指摘取或其他动作来清洁身体表面的行动。当这种行动是以个体自身为对象时，称为"自体修饰"；是以另一个体为对象时，称为"异体修饰"。

Group 类群 任何属于同一物种，在一段时间内生活在一起，且彼此间的互作明显多于其跟同一物种其他个体的互作的一群生物。该词语也常在一种不够严格的分类学意义上用来指一组有亲缘关系的物种，所以例如一个属，或一个属的一部分可以称为一个分类学上的"类群"。

Group effect 类群效应 由一些既无空间指向也无时间指向的信号导致的物种内行为或生理特征的改变。一个简单的例子是社会促进，在社会促进中一种活动的增加只因看到或听到（或通过别的刺激感受到）其他个体在从事同一活动而增加。

Group predation 类群捕食 指动物通过类群协作方式捕获活的猎物。例如，行军蚁与狼均有这种行为模式。

Group selection 类群选择 以谱系类群中两个或多个成员为单位而发生作用的选择。按广义定义，类群选择包括血缘选择和同类群间选择（参见这两条）。

Gynandromorphism 雌雄嵌体现象 指同一个体同时拥有雄性与雌性性器官的现象。

Habitat 生境 一特定地方的生物体与物理环境。

Haplodiploidy 单倍二倍性 确定性别的一种模式，在这种模式中雄性产生于单倍体的（亦即未受精的）卵细胞，而雌性产生于二倍体的卵细胞（通常是受精卵）。

Haploid 单倍体　指染色体组中只包含每种染色体的一个拷贝的细胞。性细胞是典型的单倍体（对照"二倍体"）。

Harem 雌眷，"一夫多妻"　由一只雄性动物加以护卫、以防别的雄性动物与它们交配的一群雌性动物。

Harvesting ants 收获蚁　在巢中贮存种子的蚁类物种。在演化过程中有很多类群独立地形成了这种习惯。

Hemimetabolous 半变态的　指发育过程是逐渐的，不能明确区分为幼虫、蛹与成虫阶段。例如，白蚁就是半变态的（与"全变态的"对应）。

Heritability 遗传率　是在一个群体内某个性状的变异由于遗传上的不同引起变异所占的分数或比例；更精确地说，是该性状的（表现型）方差（可进行统计测量）中由于遗传原因引起的而非环境原因引起的方差所占的分数或比例。遗传率为1，意味着性状的全部变异是由遗传变异引起的；遗传率为0，意味着性状的全部变异是由环境变异引起的（见第4章）。

Hermaphroditism 雌雄同体　指雄性性器官与雌性性器官在同一个体身上共存的现象。

Heterozygous 杂合的　指载有某基因的一对同源染色体上有两个不同的等位基因的二倍体生物（参见"染色体"）。

Hierarchy 等级系统　在普遍的意义上指有两个或更多层次的单元系统，其中较高的层次至少在某种程度上控制着较低层次的活动，从而将整个群体整合在一起。在社会的统治系统中，一个等级系统是由占统治地位的个体与被统治的个体组成的一个系列。

Holometabolous 全变态的　在发育过程中经历完全的变态，有可以明确区分开的幼虫、蛹与成虫阶段。例如，膜翅目就是全变态的（与"半变态的"对应）。

Home range 家园范围　一个动物对之有彻底的了解并定期进行巡逻的地带。该动物可能对家园范围的某些部分加以保卫，而对别的部分则不加以保卫。其所保卫的部分构成该动物的领域。

Homeostasis 自我平衡　指通过用内部反馈反应进行自我调节来加以维持的稳定状态，特别是生理状态或社会状态。

Hominid 人科的，人科动物　与人（其中包括早期人）相关的。这个词语源自"人科"（Hominidae）一词。人科这一类群包括现代人与其直接的祖先。

Homo 人属　真人属，包括现代人（智人，H. sapiens）及一些已经灭绝的种类（能人，H. habilis；直立人，H. erectus；尼安德特人，H. neanderthalensis 等）。

这些灵长类的特征是直立体姿、双足行走、牙齿变小、脑容量增加，尤以最后一个特征为突出。

Homogamy 同类交配　与"选型交配"相同。

Homologue 同源体，同源染色体　指由于有共同的祖先而与另一物种有相似的结构、生理过程或行为；因此同源体表现的是同源现象。在遗传学，同源染色体是染色体组中具有（两条）相同遗传构成的（任）一条染色体（参见"二倍体"）。

Homology 同源现象　由于来自同一祖先的遗传，两种结构之间呈现相似性。这两个结构被称为"同源的"（对照"同功现象"）。

Homopteran 同翅目动物，同翅目的　同翅目昆虫的一员或与同翅目有关的。同翅目包括蚜虫、木虱（jumping plant lice）、角蝉（treehoppers）、沫蝉（spittlebugs）、粉虱（whiteflies）及其他近缘物种。

Homozygous 纯合的　指两个同源染色体上的两个等位基因相同的二倍体生物。一个生物体可以在一个基因上是纯合体而在另一个基因上是杂合体。

Honeybee 蜜蜂　蜜蜂属（Apis）动物。除非有别的说明，"蜜蜂"是特指家养的意大利蜜蜂（Apis mellifera），而且这一词语通常是指该物种的工蜂。

Honeydew 蜜露　源于植物韧皮部（phloem）的汁液，并通过以此汁液为食的蚜虫或其他昆虫作为肠道排泄物排出的富糖液体，是多种蚁类动物的主要食物。

Hormone 激素　由内分泌腺分泌到血液或淋巴中，能影响身体其他器官的活动的任何物质。激素也能影响神经系统，并通过神经系统影响到生物体的行为。

Hymenopteran 膜翅目，膜翅目动物　与膜翅目昆虫有关的。也指膜翅目的成员，如黄蜂、蜜蜂或蚂蚁。

Imago 成虫　成年的昆虫。对于白蚁，这个词通常只用于指成年的主繁殖蚁。

Imitation 模仿　仿效一种新颖的或从其他方面看不大可能的行为。

Inbreeding 近亲交配　具有血缘关系的个体间交配。衡量近亲交配的程度是用血缘上完全相同的基因所占的比例进行测量的（参见"近亲交配系数"，并对照"远亲交配"）。

Inbreeding coefficient 近亲交配系数　用 f 或 F 表示，指一对染色体上同一座位的两个等位基因在血缘上完全相同的概率。

Inclusive fitness 广义适合度　一个个体的适合度加上其血缘个体（直接后代除外）对其适合度大小的影响值之和；因此，这个广义适合度是血缘选择对个体的总效应。

Indirect role 间接作用 一种或一组行为如果仅对显示此行为的亚群有益，而对社会其他亚群为中性甚至有害，此行为便称为间接作用（对照"直接作用"；见第14章的讨论）。

Individual distance 个体距离 一个动物试图在自己与本物种其他成员间保持的最小距离。此最小距离一般比较固定。

Inquilinism 寄食现象 指社会寄生昆虫物种的整个生活周期都在宿主物种的巢中度过的寄生关系。这种寄生昆虫要么完全没有工职，要么虽有工职但通常很稀少，而且在行为上有退化。这种情形有时也不太严格地被称为"永久性寄生"（permanent parasitism）。

Insect society 昆虫社会 在严格的意义上指真社会性昆虫（蚁类、白蚁、真社会黄蜂、真社会蜜蜂）的集群。本书采用的是这一词语广义的含义，指任何前社会与真社会昆虫。

Instar 龄期 昆虫或其他节肢动物发育过程中两次蜕皮之间的期间。

Instinct 本能 高度固定的、比最简单的反射更为复杂的且通常是针对有关环境特定客体的行为。本能行为的形成可能涉及学习，但也可能不涉及，重要的是此行为的发展是朝向狭窄的、可预期的结果。

Intention movement 意向活动（参见第2章的讨论）动物在采取完全的反应行为前所做的预备动作，如跳跃前的蜷曲、咬别的动物之前的吠叫等。

Intercompensation 相互补偿 在群体控制中由于某些密度制约因素相对于其他密度制约因素占了支配地位而产生的效应。如果其中的主导性因素（如食物短缺）消除，会被另一个因素（如疾病）替代。这种相互补偿在每一物种中都有特定的顺序。

Interdemic selection 同类群间选择 以整个繁殖群体（同类群）为基本单位进行的选择，是类群选择的极端形式之一（与血缘选择相反，见血缘选择）。

Intrasexual selection 同性内选择 见"性选择"下的解释。

Intrinsic rate of increase 内禀增长率 用符号 r 表示，指任一时刻群体增长的比例。

Invertebrate zoology 无脊椎动物学 对无脊椎动物进行科学研究的学科。

Invertebrates 无脊椎动物 缺乏脊柱的各种动物。从原生动物到昆虫与海星均属无脊椎动物（参见"脊椎动物"）。

Isogamy 配子同型、同配生殖 雌体性细胞与雄体性细胞大小相同的情况（对照"配子异型"）。

Iteroparity 重复繁殖 指一个生物相继生产多批后代（对照"自毁式一次繁殖"）。

K 环境容纳量（参见该条）符号。

K extinction K 消亡 当种群达到或接近环境容纳量时（群体中有 K 个个体时）经常会发生的消亡。

K selection K 选择 有利于在稳定的、可预测性强的环境中占优势者的选择。在这样的环境中，种群迅速增长是不重要的（对照"r 选择"）。

Kin selection 血缘选择 这是指由于对一个或多个个体的基因选择而引起有利于或不利于与其具有血缘上相同基因的个体（但选择个体的子代除外）的选择，是类群选择的极端形式之一（对照"同类群间选择"）。

King 蚁王 在社会生物学，白蚁集群中伴随着蚁后（产卵雌白蚁）并不时给蚁后授精的雄蚁。

Kinopsis 招引现象 仅因看到社会中其他成员的运动便受到其吸引的现象。

Kinship 血缘关系 指在不远的过去拥有共同的祖先。血缘关系可用血缘系数或相关系数（参见这两条）精确地测量。

Lability 易变性 在本书中这一词语是指演化的易变性（evolutionary lability），即特定类型的性状容易变化和演化速度快。因此领域行为通常是高度易变的，而母性行为就难变得多。

Labium 下唇；唇状部分 昆虫的下"唇"即口器（mouthpart）所在的最低的体节，紧接着上、下颚。在普通动物学中指任何动物的唇或唇状结构。

Langur 叶猴 属于叶猴属（Presbytis）的亚洲猴类动物。

Larva 幼虫 在体形上跟成年个体大相径庭的一个不成熟阶段。这是很多水生与海洋无脊椎动物及全变态昆虫（包括膜翅目昆虫）的一个特点。当用来指白蚁时，这一词语有特殊的含义，指外形上没留下翅芽遗迹（这是兵蚁的特征）的不成熟的个体。

Leadership 领导 按社会生物学比较窄的定义，"领导"限于指当群体从一个地方移往另一个地方时带领社会其他成员的角色。

Legionary ant 军团蚁 见"行军蚁"。

Lek 求偶场 一直固定用于公共求偶炫耀的地方。

Lestobiosis 盗食寄生 两个物种间的一种关系，在这种关系中一个体形较小的社会昆虫物种在一个体形较大的物种的巢壁中建巢，并进入后者的室中猎食其幼雏或抢劫其食物贮备。

Lifecycle 生活周期 一个生物体（或一个社会）从产生开始到繁殖时的整个生命历程。

Lineage group 系谱群 有共同血缘的一群物种。

Locus 基因座 基因在染色体上的位置。

Lostistic growth 逻辑斯蒂增长 指速度随着相关实体接近其最大值而不断减慢的增长（构成一个群体的个体数的增长尤其如此）（与指数增长比较）。

Macaque 猕猴 任何属于猕猴属（Macaca）的猴类动物，如普通猕猴。

Major worker 大工职 体形最大的亚工职（尤其是蚁类）的成员。在蚁类中，这一亚工职通常专门负责防卫，所以其成体常称为"兵蚁"（参见"中工职"与"小工职"）。

Mammal 哺乳动物 哺乳纲（Mammalia）的动物，特点是雌性乳腺产奶和体表被有毛发。

Mammalogy 哺乳动物学 对哺乳动物进行科学研究的学科。

Marsupial 有袋动物 属于后哺乳亚纲（Metatheria）的哺乳动物。大多数有袋动物（如负鼠与袋鼠）都有一个袋，称为育儿袋（marsupium），内有乳腺，并为幼兽提供遮蔽。

Mass communication 群通信 个体的信息不能在个体间而只能在类群间传递的通信方式。例子包括行军蚁袭击时的空间组织、工蚁数量的多少对嗅迹强弱的调节以及巢温调节的某些方面。

Mass provisioning 大量供食 指在产卵时便将幼虫发育所需的全部食物贮藏起来的行为（与"累进供食"相反）。

Matrifocal 母亲中心的 指大多数活动与个体间关系皆以母亲为中心的社会。

Matrilineal 母系的 由母亲传给其后代的，如对地盘的拥有或在一个首领军级系统中的地位等。

Maturation 成熟 随着动物的成熟而自动地日益复杂化与精确化的行为模式的形成过程。与学习不同，成熟过程的发生不需要有经历。

Mean 均值 数值的平均值。

Media worker 中工职 指含有3个或更多个亚职别工职的多态蚁类系列中属于中等大小亚职别工职（可以有多只）的成员（参见"小工职"与"大工职"）。

Meiosis 减数分裂 导致性细胞（配子）形成的细胞变化过程。具体过程是：一个双倍体分裂两次，形成4个子细胞，但染色体只进行了一次复制，所以生成的4个细胞是单倍体（每个细胞只有一套染色体）。

Melittology 蜂类学 对蜂类进行科学研究的学科。

Melittophile 伴蜂动物 指生活周期中至少有一部分必须在蜂类集群中度过的动物。

Mesosoma 中体 昆虫身体三大分段之中间段。在大多数昆虫中，中体与胸部（thorax）严格对等，但在较高级的膜翅目动物中，中体还包括并胸腹节（propodeum），即跟胸部融合在一起的腹部的第一体节。

Metacommunication 元通信 关于通信的通信。一个元通信的信号给出了应如何解释其余信号的信息。因此，邀请对方来玩的信号指示出：接下去做出的表示威胁的显示应被看作是玩，而非真是一种敌意的信息。

Metapopulation 超群体 属于同一物种的同时生存的一组群体。按照定义其中每一个群体都占据一个不同的地域。

Metasoma 后体 昆虫身体三大分段中最靠后的一段。在大多数昆虫中，后体与腹部（abdomen）严格对等，但在较高级的膜翅目动物中，后体仅包括腹部的部分体节，因为腹部的第一体节（并胸腹节）是跟胸部融合在一起的，是中体的一个体节。

Metazoan 后生动物 除海绵外的所有多细胞动物。

Microevolution 小演化 由基因频率、染色体结构或染色体数目上小的变化而引起演化上的小变化（演化上的大变化称为大演化，亦简称演化）。

Migrant selection 迁移选择 基于遗传组成不同的个体的迁移能力不同而引起的选择。例如，如果新的群体总是更多地由携带基因A的个体而非由携带基因a的个体创建成，就可以说迁移选择有利于基因A。

Minima 小工蚁 在蚁类中的小工职。

Minor worker 小工职 亚职别工职中体形最小（尤其是蚁类）的成员。与"小工蚁"相同（参见"中工职"与"大工职"）。

Mixed nest 混巢 有两个或更多物种的社会昆虫的集群生活的巢，在这种巢中不同物种的成虫与幼雏都发生混杂（参见"复巢"）。

Mixed-species flocks 混种群 由属于两个或多个物种的鸟在一起迁移和觅食而形成的鸟群。

Mobbing 成群骚扰 对一个过于厉害、单个动物对付不了的捕食者进行的联合攻击，旨在将其致残或至少将其驱离附近地带。

Molt（moult）蜕皮，蜕壳 指昆虫或其他节肢动物在成长过程中脱掉已显得过小的皮肤或外骨骼。也指蜕下的皮肤。这个词还可用作不及物动词，指发生蜕皮行为。

Monogamy 单配偶 指一雄一雌两只动物结合并生养至少一窝幼雏的情形。

Monogyny 多雄一雌配偶 在动物中，一般指每只雄性倾向于只跟单只雌性交配的情况。在社会昆虫，这一词语（独王）还可指一个集群中只存在一个有正常功能的皇后（与"一雄多雌配偶"对应）。

Monomorphism 单态现象 在昆虫学中指一个昆虫物种或集群只存在一个亚职别工职（与"多态现象"对应）。

Monophasic allometry 单相异速生长 单相异速生长的回归直线只有一个斜率的多态现象。在蚁类中，也表示身体某些部分为异速生长的相互关系。

Morphogenetic 形态发生的 指生物体成长过程中解剖结构的发育。

Multiplier effect 多重效应 在社会生物学中指当一个行为被纳入社会组织的机制中后该行为演化性变化的效果被放大的情形。

Mutation 突变 广义地说，"突变"是指一个生物体的遗传构成出现的任何非连续性的变化。狭义地说，该词通常指"基因点突变"，即沿核酸序列很窄的一部分发生的变化。

Mutation pressure 突变压力 完全由突变率的不同而造成的演化（或基因频率的变化）。

Mutualism 互利（互惠）共生 指相关的两个物种都从中获益的共生关系。

Myrmecioid complex 蜜蚁复合体 蚁类的两大分类之一，其名来自作为这两大分类之一的"蜜蚁亚科"（Myrmeciinae）。请注意不能将其跟切叶蚁亚科混淆，后者属于猛蚁复合体（见第20章）。

Myrmecology 蚁类学 对蚁类进行科学研究的学科。

Myrmecophile 蚁冢动物 指生活周期至少有一部分必须在蚁类集群中度过的动物。

Myrmecophytes 适蚁植物 与蚁类形成专性互惠共生关系的高等植物。

Nasus 长鼻 象白蚁亚科（Nasutitermitinae）的一些物种的兵蚁所拥有的长鼻似的（snoutlike）器官，用于向入侵者喷毒液或黏液。

Nasute soldier 长鼻兵蚁 白蚁中拥有长鼻（参见该条）的兵蚁。

Natural selection 自然选择 指属于同一群体但基因型不同的个体产生下一代的数目有差异的情况。这是查尔斯·达尔文在其演化论中提出的基本机制，现在一般被认为是演化中主要的决定性力量（见第4章中的相关讨论）。

Necrophoresis 移尸行为 将死去的集群成员运离巢的做法，是蚁类中高度发达而固定的行为。

Neoteinic 增补繁殖的 指白蚁中的增补繁殖蚁，可用作名词或形容词［如增补繁殖蚁（neoteinic reproductive）］。

Nest odor 巢味 一个巢所特有的气味。根据此气味，居于该巢的动物能将其跟属于其他社会的巢或至少跟周围环境区分开来。在有的动物（如蜜蜂与某些蚁类物种）中，一巢的动物能通过巢味来确定自己的巢所在的方向。在有的动物中，巢味可能跟集群味是一样的。蜜蜂的巢味往往被称为"蜂巢味"（hive aura 或 hive odor）。

Nest parasitism 巢寄生 一些白蚁物种中存在的一种关系。在这种关系中，一个物种的集群居于另一物种（宿主）的巢壁中，直接以构成巢壁的巢箱物质为食。

Net reproductive rate 净繁殖率 用 R_0 表示，指每个雌性在其一生中平均产下的雌性后代的数目。

Neurophysiology 神经生理学 对神经系统，特别是神经系统借以运行的生理过程进行科学研究的学科。

Niche 小生境 让一个物种能够生存并繁殖的每个环境变量（如温度、湿度、食物来源）的范围。理想小生境是一个物种在其中能表现得最佳的小生境，现实小生境是一个物种在一个特定环境中实际生活的小生境。

Nomadic phase 漫游阶段 行军蚁活动周期的一个时期。在此时期，整个集群较积极地觅食，且频繁地从一个宿营地迁往另一个宿营地。在此期间蚁后不产卵，幼雏的大多数处于幼虫阶段（与"静息阶段"对应）。

Nomadism 漫游生活 指整个社会比较频繁地从一个巢址或家园范围迁往另一个巢址或家园范围的情况。

Nomogram 列线图（诺模图） 将两种刻度（如摄氏温标与华氏温标）并列在一起，使之一个点一个点的互相对应的图。

Nuptial flight 婚飞 指昆虫社会有翼皇后与雄性进行的交配飞行。

Nymph 若虫 在普通昆虫学中指任何发育为半变态的昆虫的幼虫阶段。对于白蚁，该词语的含义限定性略大一点，指有外翅芽与膨大性腺，通过进一步的蜕变能育成有繁殖功能的成虫的个体。

Observational learning 观察学习 一只动物观察另一只动物的活动时进行的无偿的学习。与"神入学习"相同。

Odor trail 嗅迹　由一只动物留下的而为另一只动物跟踪的化学嗅迹。其中散发气味的物质被称为"嗅迹信息素"或"嗅迹物质"。

Oligogyny 寡皇后　指一个社会性昆虫的集群中存在从两只到几只有正常功能的皇后的情况。是一雌多雄配偶的一种特殊情形。

Omnivore 杂食动物　既吃动物又吃植物的动物。

Ontogeny 个体发育　个体生物在其整个生命历程中的发育（对照"种系发生"）。

Opportunistic species 机会主义物种　专门利用新开放的生境的物种。这样的物种往往能远距离扩散并迅速繁殖。换言之，这些物种是 r 选择的。

Optimal yield 最佳增长　在一给定环境中一个群体能维持的最高增长率。理论上存在一个低于容纳量的特定的规模，在此规模会达到最佳增长。

Order 目　生物分类学中的一级，低于纲而高于科，由一组近缘的、相似的科组成，例如膜翅目（Hymenoptera，包括黄蜂、蚂蚁与蜜蜂）与灵长目（Primates，包括猴类、猿类、人及其他灵长类动物）。

Organism 有机体　任何有生命之物。

Ornithology 鸟类学　对鸟类进行科学研究的学科。

Outcrossing 远亲交配　无血缘关系的个体之间的配对（对照"近亲交配"）。

Ovariole 卵巢管　构成雌性昆虫卵巢的两根输卵管。

Pair bonding 成对结合　一雄一雌两只动物之间形成的紧密而持久的结合。至少在动物中，这种结合主要是起到合作抚养幼雏的作用。

Palpation 触摸作用　指昆虫用上唇或下颚的触须进行触摸。这种动作可以是进行触觉探试，或可以是对另一昆虫发出的触觉信号。

Panmictic 随机交配群　指完全随机地交配的群体。这样的群体往往被称为泛交群体。

Parabiosis 准共生　指不同物种的蚁类动物的集群使用同一个蚁巢，甚至使用相同的嗅迹，但却将其幼雏分开保存。

Parameter 参数　按严格的数学中的用法，参数是这样的一个量：在一个模型中可以将其作为一个常量，而改变其他一些量以研究它们之间的关系；但参数又可以改变，以代表同一模型的不同情况。照此，群体增长率 r 是一个参数，可以将其保持在某个值而改变 N（生物体个数）与 t（时间），但又可以将其改变为某一新的值，代表同一群体增长模型的另一情况。"参数"这一词语还可以不太严格地用来指任何对一系统产生影响的数量可变的性质。

Parasitism 寄生　共生的一种，指一个物种的成员以损害另一物种成员的利益的方式而生存，但这种损害通常不至于导致后者的死亡。

Parasocial 副社会的　见"前社会的"。

Parental investment 亲本投资　亲本消耗其能量投资于后代以增加后代成活率的任何行为。

Parthenogenesis 孤雌生殖　指从一个未受精的卵产生出一个生物体的现象。

Partially claustral colony founding 部分幽闭式建群　蚁类建立新集群的一种方式，程序是蚁后自己独处一室，但还不时地外出觅食，作为其食物供应的一部分，以建立一个新的集群。

Path anlaysis 通径分析　一种图形分析方法，用于确定近交系数。

Patroling 巡逻　对巢内进行视察的行为。蜜蜂中的工蜂巡逻特别积极，因而作为一个类群它们在巢内出现紧急情况时能迅速采取行动。

Peck order 啄食顺序　有时用来指等级地位的一个词语，特别是用于鸟类。

Pedicel 腰节　蚁类的细腰（waist），有的是由一个体节［腹柄（petiole）］组成，有的是由两个体节（腹柄加上柄后体节）组成。

Perissodactyl 奇蹄类动物　任何属于奇蹄目（Perrisodactyla）的哺乳动物，亦即每只蹄上都有奇数个足趾的有蹄动物，如貘、犀牛等（对照"偶蹄类动物"）。

Permeability 可渗透性　一个社会对新成员开放的程度。

Phenodeviant 表现型畸变体　由于若干普通基因非正常的分离组合而形成的稀有的反常个体。

Phenotype 表现型　在个体的遗传组成与环境因素的共同影响下生物体形成的可观察到的性状（对照"基因型"）。

Pheromone 信息素　一种化学物质，通常由某个腺体分泌，用于一个物种内的通信。通信时一个个体释放该物质，另一个体在尝到或嗅到这种物质时会做出反应。

Philopatry 恋乡性　指动物喜欢留在某些地方或至少回到这些地方来觅食和休息的倾向。

Phyletic group 种系类群　彼此有共同血缘关系的一类群物种。

Phylogenetic group 系统发育类群　与"种系类群"相同。

Phylogenetic inertia 系统发育惯性　见"原动力"下的

解释。

Phylogeny 系统发育　特定生物类群的演化史；也是"系统发育树"的图解，借此表明哪些物种（或物种类群）产生了其他的物种（或物种类群）（对照"个体发育比较"）。

Phylum 门　生物分类学中较高的一级，低于界而高于纲，由一组有血缘关系的、相似的纲组成。例如节肢动物门（Arthropoda，包括所有的甲壳动物、蜘蛛、昆虫与其他邻近类别）与脊索动物门（Chordata，包括脊椎动物、尾索动物与其他邻近类别）。

Physiology 生理学　对生物体的各种功能及组成生物体的各种器官、组织与细胞进行科学研究的学科。在最广泛的意义上，生理学也包含分子生物学与生物化学的大多数内容。

Placenta 胎盘　大多数哺乳动物都有的一个器官，作用是为胎儿提供营养及清除胎儿产生的废物。系由来自胎儿与来自母亲的膜结合而成。

Placental 有胎盘的　与属于真哺乳亚纲（Eutheria）的哺乳动物相关的。真哺乳亚纲的特点是雌性动物有胎盘，绝大多数现存的哺乳动物均属这一亚纲。

Plasmodium 合胞体　真黏霉菌（真黏霉菌目：Myxomycetales）生活周期的一个阶段：在这一阶段，通过核分裂和细胞质增长，含有多核但无明显细胞界限的组织块进行增长（与假合胞体相反）。

Pleiotropism 基因多效性　由同一基因或同一组基因控制两种以上表现型性状（如眼睛的颜色、求偶行为、大小等）的现象。

Plesiobiosis 邻栖现象　指两个或多个巢非常邻近，但居于这些巢中的集群间很少有或完全没有直接的通信联系。

Pod 密集群　个体的身体间实际互相接触的一群鱼，亦指一群鲸。

Point mutation 基因点突变　由于基因的化学结构发生一个很小的、局部性的改变而发生的突变。

Pollen storers 贮粉蜂　在废弃的茧里贮存花粉的熊蜂物种。这种熊蜂的雌性成虫会不时地将花粉从茧取出，而后以花粉与蜂蜜的混合物的形式喂食到幼虫巢室（与"制袋蜂"对应）。

Polyandry 一雌多雄配偶　指一个雌性获得两个以上的雄性作为偶伴的情况。在比较狭义的动物学意义上，一雌多雄婚通常意味着这些雄性还与该雌性合作抚养其所生幼雏。

Polydomous 多巢的　指一个集群占有两个以上的巢的情形。

Polyethism 行为多型　指社会各成员间的劳动分工。在社会昆虫，行为多型可分为职别行为多型（在这里形态不同的职别具有不同的功能）和年龄行为多型（在这里当个体逐渐变化时，经历不同的特化阶段而执行不同的功能）。这两类职别分别称为形态职别和时间职别。

Polygamy 多配偶　指在正常的生活周期中一只动物获得两只以上的偶伴的情形。其中一雄多雌配偶指多只雌性与一只雄性交配，而一雌多雄配偶指多只雄性与一只雌性交配。在比较狭义的动物学意义上，多配偶婚通常还意味着有关偶伴合作抚养其所生幼雏。

Polygenes 多基因　影响同一性征但位于染色体上两个或更多基因座上的一组基因。

Polygyny 一雄多雌配偶　一般来说在动物中，这一词语（一雄多雌）指每只雄性倾向于跟两只以上的雌性交配的情况。照严格的用法，用这一词语时要求雄性在某种程度上跟雌性合作抚养其所生的幼雏。在社会昆虫中，这一词语（多王）还可指一个集群中存在两只或更多产卵的一雄多雌。如果是多只皇后共同创建一个集群，可称为原初一雄多雌（primary polygyny）；如果有些皇后是在建群后增加的，则称为派生一雄多雌（secondary polygyny）。只有两只或少数几只皇后共存的情况有时称为寡皇后（与多雄一雌配偶对应）。

Polymorphism 多态现象　指社会昆虫中同一性别有两个或更多个功能不同的职别并存的情况。对于蚁类，"多态现象"可以有较精确的定义，指一个正常、成熟的集群中在虫体大小足够大的变差范围内出现生长率不同的现象，从而产生出来的个体在虫体的大小上有明显的区别，呈现出几种极端的表现。在遗传学中，"多态现象"指同一基因座上两个或多个等位基因出现的频率维持在比按突变与迁徙预期的要高的水平。

Poneroid complex 猛蚁复合体　蚁类的两大分类之一，其名来自作为这两大分类之一的"猛蚁亚科"（Ponerinae）（见第20章）。

Pongid 猩猩类动物　除长臂猿与合趾猴外的任何类人猿动物。猩猩类动物由现在尚存的大猿类（黑猩猩、大猩猩和马来猩猩）加上一些现仅有化石的猩猩科物种组成。

Population 群体　在同一时间占据一个边界清晰的空

術語解釋 685

间、属于同一物种的生物体的集合。同一物种的若
干群体（按定义其中每一只都占据一个不同的地域）
有时称为一个超群体。

Postadaptation 后适应　这是严格意义上的适应，指某
种性状在演化中的变化是对环境中特定的选择压力
的反应，而非先于选择压力便偶然性地出现的（对
照"前适应"）。

Pouch makers 制袋蜂　熊蜂的某些物种。这类熊蜂在
一群一群的幼虫旁边建一种特殊的蜡袋，在其中盛
满花粉（与"贮粉蜂"对应）。

Preadaptation 前适应　任何能使新的演化性适应更容
易发生的预先存在的身体结构、生理过程或行为模
式（对照"适应"和"后适应"）。

Precocial 早熟的　指动物的幼雏（特别是雏鸟）很小
时便能走动和觅食（对照"晚熟的"）。

Predator 捕食者　杀死其他生物并以之为食的生物。

Preferred niche 理想小生境　见"小生境"下的解释。

Presocial 前社会的　特别用来指昆虫，指的是个体显
示出低于真社会性的某种程度的社会行为的情形，
也指具有这种情形的类群。前社会的物种或者是亚
社会的，即父母对自己所产的若虫与幼虫加以照看；
或者是副社会的，即显示下列三种性状中的一种或
两种的：在繁殖上有分工，由多少处于不育状态的
个体为从事繁殖的个体服务；至少两代动物能贡献
于集群劳动的生命阶段有重叠；协作照顾幼仔。

Primary reproductive 主繁殖蚁　指白蚁中由具翅成体
参与新建集群的蚁后和雄蚁。

Primate 灵长目动物　灵长目（Primates）的任何成员，
如狐猴、猴类、猿类、人类。

Prime movers 原动力　决定演化变化的方向与速度的
终极因素。有两种原动力：一是系统发育惯性，这
包括基本的遗传机制与原先已有的、能使某些变化
更容易或更难发生的各种适应；二是生态压力，即
构成自然选择之动因的各种环境影响（见第3章的
讨论）。

Primer pheromone 变感型外激素　外激素（化学信号）
的一种，其作用是以某种方式改变接收动物的生理
特性，最终使该动物的反应发生变化（对照"释放
刺激型外激素"）。

Primitive 原始性状　指在演化中最早出现、后来又产生
其他更"高级"性状的性状。原始性状一般比高级
性状简单，但并不总是如此。

Progressive provisioning 累进供食　对幼虫多次反复
供食（与"大量供食"相反）。

Prosimian 原猴亚目动物　属于原始的原猴亚目（Pro-
simii）的任何灵长类动物，如狐猴和眼镜猴等。

Protease 蛋白酶　对蛋白质的消化过程起催化作用的酶。

Protistan 原生生物　指原生生物界（Protista），含过去
被归于原生动物门（Protozoa）中的大多数生物，包
括鞭毛虫、变形虫、纤毛虫及其他几种单细胞生物。

Protozoa 原生动物门动物　被一些动物学家划分为一
个门的一组单细胞生物，包括鞭毛虫、变形虫与纤
毛虫。

Proximate causation 近因　引起一生物反应的环境条
件或体内生理条件。这些条件应区别于环境力量，
后者称为终极原因，是首先导致了生物反应的演化。

Pseudergate 伪工蚁　较低级的白蚁中一个特殊的职
别。构成这个级的个体要么是从若虫阶段经由使其
翅芽变小或消失的蜕变而形成的，要么是源于一些
经历无分化的蜕变的幼虫。伪工蚁是工蚁的主要成
员，但还保持了通过进一步蜕变发育成其他职别的
能力。

Pseudoplasmodium 假合胞体　由其黏霉菌细胞聚合而
成的会移动的蛞蝓似生物。

Pupa 蛹　全变态昆虫（包括膜翅目）虫体不活动的发
育阶段。成为成虫所需的发育在此阶段完成。

Pupate 化蛹　指昆虫从幼虫变为蛹的过程。

Quasisocial 准社会的　指同一代的成员用同一个复巢
并合作照看幼雏的情形，也指这种情形的群体。

Queen 皇后　半社会性或真社会性物种的昆虫中负责繁
殖的级的成员。王虫这个级的存在预设了集群生活
周期的某个阶段会存在一个职虫的级。王虫有可能
但不一定在形态上异于职虫。

Queen substance 皇后物质　原指蜜蜂的蜂后借以持续
地吸引工蜂并控制其生育活动的一组信息素。这一
词语常常狭义地用来指这组信息素混合物中效能最
大的反式-9-酮-2-十一碳烯双酸（trans-9-keto-2-de-
cenoicacid）。但这一词语也可沿其原义做更广义的定
义，指皇后用来控制工职或其他皇后生育活动的任
何一种或一组信息素。

Queenright 具皇后集群　指一个具备正常功能皇后的
集群，特别是蜜蜂的集群。

r　这一符号可用来表示一个群体的内禀增长率，也可
以用来表示两个个体的关系程度。

r **extinction *r*消亡**　在建群后不久，当集群还在早期的
扩张阶段便发生的整个群体的消亡（对照"*K*消亡"）。

r selection *r* 选择　对群体增长率高有利的选择。对于专门在短期存在的环境中建群或群体大小有大幅度波动的物种中，这种选择表现得特别突出。（对照"*K* 选择"）

Race 种族　见"亚种"。

Ramapithecus 拉玛古猿属　约 1 500 万年前生活于旧大陆的一种较小的灵长类动物，从其牙齿的特征看是人猿［南方古猿属（Australopithecus）］可能的祖先之一。南方古猿是后来产生真正的人［人属（Homo）］的动物。

Realized niche 现实小生境　见"小生境"下的解释。

Recessive 隐性的　在遗传学中指在有显性等位基因存在时其表现型会受到抑制的等位基因。

Reciprocal altruism 互惠性利他行为　指个体在不同时间交换利他性的行为。例如，一个人抢救了一个落水的人，作为交换，后者承诺（或前者可以期望）如果未来某个时候情形颠倒过来，他的利他性行为会得到回报。

Recombination 重组　通过减数分裂与受精的过程不断形成的新的基因组合。这一过程发生于大多数生物种类典型的性周期中。

Recruitment 募集　结集的一种特殊形式。通过这种结集，社会的成员被导向一个有工作需要做的地点。

Redirected activity 转向行动　指某种行为（如攻击行为）被导离主要目标，而指向另一不是很合适的目标。

Reinforcing selection 强化选择　指选择压力同时作用于组织的两个或多个层次（如同时作用于个体、家系和群体），其作用方式是在所有层次均有利于某些基因，使这些基因在该群体中的传播得到加速（对照"弱化选择"）。

Releaser 释放　通信中用的一种信号刺激。这个词语往往被广义地用来指任何信号刺激。

Releaser pheromone 释放信息素　信息素（化学信号）的一种，会很快被对方感受到，从而引起对方几乎立即采取反应（对照"引发信息素"）。

Replete 贮蜜蚁　嗉囊因装入很多液体食物而大为膨胀的蚁类个体。其嗉囊膨胀的程度使其腹节被拉开，节间膜也被绷紧。贮蜜蚁通常是作为活的贮存器，在需要时通过使其食物回流而对其巢伴喂食。

Reproductive effort 繁殖努力　一个生物体进行繁殖所需要的努力，用该生物体后续繁殖能力的下降来衡量。

Reproductive success 繁殖成活数　一个个体经繁殖存活下来的后代数目。

Reproductive value 繁殖值　用 V_x 表示，指年龄为 x 的每只雌性动物所产的存活下来的雌性后代的相对数目。

Reproductivity effect 繁殖效应　指社会昆虫中每个集群成员所产的新成员随着集群大小的扩大而下降的效应。

Retinue 随从　指昆虫集群（特别是蜜蜂集群）中围绕在皇后周围的一群工职。随从的组成是不断变化的。也叫作"朝臣"。

Ritualization 仪式化　在演化过程中对行为模式做出的某些限定。通过这些限定可将有关行为变成用于通信的一种信号，或至少使其作为信号的效率得以提高。

Role 角色　一个社会中的某些成员显示的、对其他成员有影响的行为模式（见第 14 章的讨论）。

Royal cell 皇室　指蜜蜂中由工蜂建造大型、凹状的蜡质小室，用来养育将成为蜂后的幼虫。也指某些物种的白蚁中蚁后所住的特殊巢室。

Royal jelly 蜂王浆　由工蜂提供给住在皇室中的雌性幼虫的一种物质，是这些幼虫变形为蜂皇所必需的。蜂王浆主要由咽下腺分泌，是一种含有多种丰富营养的混合物，其中很多营养物有复杂的化学结构。

Scaling 尺度范围　见"行为尺度范围"。

School 群　有组织地游在一起的鱼类或鱿鱼等像鱼类的动物，一般群中所有的或绝大多数成员都处于生活周期的同一阶段。

Sclerite 甲片　昆虫体壁的一部分，以缝线（sutures）为界。

Selection pressure 选择压力　任何导致自然选择的环境特征。例如，食物短缺，有捕食者活动，存在同性成员对偶伴的竞争均可导致基因型不同的个体平均寿命与繁殖率不同，或两方面兼而有之。

Self-grooming 自体修饰　对自身进行的修饰，与异体修饰（对另一个体进行的修饰）对应。

Selfishness 利己行为　按社会生物学严格的定义，这一词语是指从遗传适合度看对个体有利而对同一物种其他成员的遗传适合度有害的行为（对照"利他行为"与"恶意活动"）。

Sematectonic 工匠信号通信　指通过构建一定的物体来进行通信，例如雄性沙蟹用沙建的金字塔和社会昆虫的巢结构的不同部分。

Semelparity 自毁式一次繁殖　指一只生物一生只生产

一批后代（对照"重复繁殖"）。

Semiotics 符号学 对通信进行科学研究的学科。

Semisocial 半社会的，半社会动物 在社会昆虫，指同一代的成员合作照看幼雏并在繁殖上有分工（即有的个体主要负责产卵，有的则主要作为工职）的情形，也指具有这种情形的群体。

Sensory physiology 感官生理学 对感觉器官及其如何从环境接收刺激并将其传递到神经系统进行科学研究的学科。

Sex determination 性别决定 确定个体的性别的过程。例如，人类胚胎如果有一个Y染色体，便会使胎儿发育成男性。而黄蜂与蚁类的卵如果受精，便会发育成雌性。

Sex ratio 性比 一个群体、社会、家庭或任何别的群体（可以根据研究的方便而选定）中雄性对雌性的比例（如3雄1雌）。

Sexual dimorphism 性二态现象 性器官功能部分之外的雄性与雌性间普遍存在的任何差异。

Sexual selection 性选择 指基因型不同的个体在获得偶伴的能力上有差异。性选择由吸引异性选择（基于雄性与雌性间的相互选择）与同性内选择（基于同性成员间的竞争）组成。

Sib 同胞 血缘关系紧密的个体，特别是兄弟姐妹。

Sign stimulus 信号刺激 一个动物据以区分关键目标（如天敌、可能的偶伴、适合建巢的地方等）的一个刺激，或是少数几个这种关键的刺激之一。

Signal 信号 在社会生物学中将信息从一个个体传达到另一个体的任何行为，不管其是否同时起到别的作用。在演化过程中被特别加以限定而用来传递信息的信号称为"炫耀"。

Social drift 社会漂变 指社会在行为与组织模式上随机性地朝各个方向变化。

Social facilitation 社会促进 指一种正常的行为模式由于另一动物的在场或行动而被引发或加速或变得更为频繁的现象。

Social homeostasis 社会自我平衡 指通过控制巢区的微气候或对群体密度以及群体成员行为与生理特征从总体上进行调控，从而在社会的层次上保持稳定的状态。

Social insect 社会昆虫 在严格的意义上，"真正的社会昆虫"属于某个真社会物种，亦即是蚂蚁、白蚁或某种真社会性的黄蜂或蜜蜂。在较广义的意义上，"社会昆虫"可以是属于前社会性或真社会物种。

Social parasitism 社会寄生 两个动物物种共存的一种方式，其中一个物种寄生性地依赖于另一物种的社会。

Social releaser 社会释放 见"释放"。

Sociality 社会性 社会性存在的性质与过程的总和。

Socialization 社会化 个体由于与社会其他成员（包括其父母）的相互作用而在行为上发生改变的总和。

Society 社会 属于同一物种且以协作的方式组织在一起的一群个体。判断一群动物是否组成一个社会的标准是看它们是否有超出单纯的性活动之外的互作交往（进一步的讨论参见第2章）。

Sociobiology 社会生物学 对一切社会行为的生物基础进行系统研究的学科。

Sociocline 社会渐变群 在有血缘关系的物种中观察到的、被认为代表演化趋势的不同阶段的一系列不同的社会组织。

Sociogram 社会图 对以分类目录列出一个物种所有的社会行为的形式进行的全面描述。

Sociology 社会学 对人类社会进行研究的学科。

Sociotomy 社会分群 与"集群分裂"相同。

Soldier 兵蚁 工职中专门执行集群防卫的亚职别成员。

Song 鸣唱 在动物行为研究中指任何精巧的声音信号。

Speciation 物种形成 群体的遗传歧化和物种增多的过程。

Species 种，物种 生物分类学中基本的较低级水平的分类单位，由亲缘关系相近或相似的生物体的一个群体或一系列群体组成。"生物物种"是在自然条件下由能彼此自由交配但同其他物种不能交配的个体组成。

Species odor 物种气味（种味） 一给定物种的社会昆虫身体上所特有的气味。种味有可能只是组成集群味（参见该条）的更大的气味混合中不太独特的一种气味。

Spermatheca 受精囊 雌性昆虫贮存精子的囊状物。

Sphecology 黄蜂学 对黄蜂进行科学研究的学科。

Spite 恶意活动 按演化生物学严格的用法，这一词语是指既降低了行为者的遗传适合度，又降低了行为针对者的遗传适合度的活动。

Stable age distribution 稳定的年龄分布 指不同年龄组的个体所占比例世代保持不变的情形。

Stabilizing selection 稳定选择 对一个群体变异范围的两个极端均不利的选择，因此这种选择倾向于使整个群体稳定在该变异的均值附近（对照"定向选择"与"歧化选择"）。

Statary phase 静息阶段　行军蚁集群活动周期的一个阶段。在此阶段，整个集群比较安静，不从一地迁往另一地。其间蚁后产卵，大多数幼雏处于卵或幼虫阶段（与"漫游阶段"对应）。

Steady state 稳态　一个系统由于全部相关组分在合成与分解（或在新成分的到达与旧有成分的离去）间达到平衡而形成的似乎没有变化的状况。

Stochastic 随机的　指数学上的概率的性质。一个随机模型考虑的只是由随机因素引起的变化（对照"确定的"）。

Straight run 径直运动　蜜蜂的工蜂在跳摇摆舞时所做的在中间部分的径直运动，这段运动含有关于蜂巢外目标所在地的多数符号信息。跳舞的工蜂先做一径直运动，而后左转（或右转）飞完一圈，又做一径直运动，再朝与前一圈相反的方向转，完成下一圈飞行。就这样继续下去。这三种基本的运动一起形成蜜蜂摇摆舞所特有的8字形。

Stridulation 尖声鸣叫　以身体一部分摩擦另一部分而发出的声音。这是昆虫中常见的一种通信方式。

Subsocial 亚社会的　用于对社会性昆虫的研究，指成虫在一定时间内对其所产的若虫与幼虫进行照看的情形，也指具有这种情形的群体（也请参见"前社会"）。

Subspecies 亚种　物种的细分情况，通常是狭义地定义为地理种族：占据一个离散的地理范围的一个群体或一系列群体，跟同一物种其他的地理种族有遗传上的差异。

Superfamily 总科　生物分类学中的一级，处于科与目之间，即一个目由一个或一组总科组成。总科的例子有蜂总科（Apoidea），包括所有的蜂类；还有蚁总科（Formicoidea），包括所有的蚁类。

Superorganism 超级有机体　指组织特征类似于一个生物体的生理特性的任何社会（如真社会昆虫物种的集群）。一个例子是昆虫集群，它分为繁殖职别（跟性腺类似）与工职职别（跟体细胞组织类似），而且还能通过交哺（跟循环系统类似）来交换营养物质，如此等等。

Supplementary reproductive 增补繁殖蚁　白蚁中在一个主繁殖蚁失去之后取代它成为能正常行使功能的繁殖蚁的蚁后或雄蚁。增补繁殖蚁可以是类似于成虫、若虫或工蚁。

Surface pheromone 体表信息素　作用空间限制在离发送生物体很近的外激素。由于作用空间太小，需要跟发送者的身体进行直接接触（或接近于直接接触）才能感觉到此种激素。例如，很多物种的社会昆虫的集群味便是这种情况。

Swarming 分群　对蜜蜂而言是指集群繁殖的正常方法：蜂后与众多的工蜂突然离开原巢，飞往某个露天的地点，聚集在那里，而由负责侦察的工蜂飞往四处寻找合适的新的巢址。对蚁类与白蚁而言，"分群"往往用于指繁殖蚁在婚飞开始时大量从巢里离开。

Symbiont 共生生物　与另一物种共生的生物。

Symbiosis 共生　指一个物种的成员对另一物种的成员形成的紧密的、时间相对较长的依赖关系。共生的三种主要形式为共栖、互惠共生与寄生。

Sympatric 同地（群体）　指所占据的地理范围至少部分重叠的群体，特别是物种［比较"异地（群体）"］。

Symphile 虫客　在某种程度上被一个昆虫集群所接受，并与该集群友好地交往的共生生物，这样的虫客尤其是以独居昆虫或其他的节肢动物居多。多数虫客会被集群中的昆虫舔舐、喂食，或运到宿主的幼雏室，或同时得到两种以上的这些待遇。

Syngamy 配子结合　受精的最后一步。在这一步中两种性细胞的细胞核相遇并融合在一起。

Tandem running 串联行进　某些蚁类物种在探索环境或募集其他成员时使用的一种通信形式。进行这种通信时，一只个体紧随另一只个体之后，触角往往是触到前一只个体。

Taxis 趋性　生物体在单一的刺激下沿固定方向发生的运动。趋光性（phototaxis）是朝向或远离光的运动，趋地性（geotaxis）是在重力的影响下发生的向上或向下的运动，等等。

Taxon（复数：taxa）分类单位群　任何代表一特定的分类单位的一组生物，如一个给定的亚种或物种、属等的全部成员。这样，智人（人所属的种）是一个分类单位群，灵长目（包括猴、猿、人及其他灵长类动物的所有物种）也是一个分类单位群。

Taxon cycle 分类单位群循环　指物种在适应一个生境时会向外扩散，而在适应另一个生境时则会限制其范围，而分化成两个或更多物种的这样一种循环。分类单位群循环在大的岛群中表现特别明显。扩散通常发生在开阔地带，而限制范围与物种形成通常发生在树林中。

Taxonomy 分类学　分类，尤指生物分类的科学。

Temporal polyethism 时间的行为多型现象　与"年龄的行为多型现象"相同。

Temporary social parasitism 暂时社会寄生　社会昆虫

中的一种寄生关系。在这种关系中，一个物种的个体进入一个别的集群（通常属于另一物种）建的巢，杀死该巢的皇后，或使之失去生育能力，并夺走它的位置。这样，随着宿主工职因自然死亡而不断减少，寄生皇后的后代在该集群的群体中所占的比例便越来越大。

Termitarium 白蚁巢 白蚁的巢。也指实验室中人造的让白蚁居住的巢。

Termitology 白蚁学 对白蚁进行科学研究的学科。

Termitophile 白蚁冢动物 指至少其生活周期的一部分必须在白蚁集群中度过的动物。

Territory 领域 由一只或一群动物用公开防卫或炫耀的方式来驱赶其他动物而独占的一个地区。

Time-energy budget 时间-能量预算 动物在不同的活动上分配的时间与能量的数量。

Total range 全范围 一个个体在其一生中到过的全部地域。

Tradition 传统 通过学习从一代传到下一代的一种特定行为模式或用于生殖或其他功能的特定地点。

Tradition drift 传统漂变 完全基于经历的不同从而作为传统的一部分传递下去的社会漂变（社会行为的随机趋异）。

Trail pheromone 跟踪信息素 由一只动物以跟踪的形式留下而由同一物种的另一动物对之进行追踪的物质。

Trail substance 跟踪物质 与"跟踪信息素"相同。

Troop 群 在社会生物学中指一类群狐猴、猴、猿或其他灵长类动物。

Trophallaxis 交哺 指社会昆虫中集群成员与客居动物交换营养汁的做法，交换可以是相互性的，也可以是单向性的。在口腔交哺（stomodeal trophallaxis）中，交换的物质来自口腔；在肛门交哺（proctodeal trophallaxis）中，交换的物质来自肛门。

Trophic 营养的 与食物相关的。

Trophic egg 营养卵 用于集群其他成员吃的卵，通常是已经蜕化而无法生存的卵。

Trophic level 营养级 一个物种在食物链中所处的位置，由其所处的位置决定了它捕食哪些物种和哪些物种捕食它。

Trophic parasitism 营养性寄生 指一个物种以某种方式（例如通过利用其嗅迹系统）侵入另一物种的社会系统以盗取食物。

Trophobiosis 营养共生 指蚁类从蚜虫与其他同翅目动物或从某些灰蝶和蚬蝶的毛虫（幼虫）处获得蜜露，

而又为这些昆虫提供保护的关系。提供蜜露的昆虫称为营养共生生物。

Ultimate causation 终极原因（远因） 使某些性状表现为适应的而另一些表现为非适应的环境条件。这样，适应的性状更多地保留在群体中，从而在这种终极的意义上是被环境"导致"的（对照"近因"）。

Umwelt 感觉环境 这是一个德语词（大致可译为"我周围的世界"），指一只动物接收到的全部感官输入。每一物种（包括人）均有其独特的感觉环境。

Unicolonial 单集群的 指行为上没有集群边界的一个社会昆虫群体，即整个群体由一个集群构成（与"多集群的"相反）。

Variance 方差 衡量群体在性状上的变异（分散程度）最常用的统计量，等于所有个体对样本值的差离之平方的均值。

Vertebrate zoology 脊椎动物学 对脊椎动物进行科学研究的学科。

Vertebrates 脊椎动物 有脊柱（脊梁骨）的动物，包括所有的鱼类、两栖动物、爬行动物、鸟类与哺乳动物。

Viscosity 黏滞性 在社会生物学与群体遗传学中指个体分散较慢，从而基因流动的速度也较慢。

Waggle dance 摇摆舞 各种物种的蜜蜂［蜜蜂属（Apis）的蜂类］中的工蜂用来通报食物所在地与新巢区的舞。这种舞基本上是沿一个8字飞行，8字中间的横向线条便含有关于目标的方向与距离的信息（见第8章）。

Ward 幽禁群 被某些物理障碍（如溪流或山脊）与其他犬鼠社会隔离的一群犬鼠（亲密动物群）。

Worker 工职 半社会与真社会昆虫中不参与繁殖而负责劳动职别的成员。存在工职说明同时也存在皇职（负责繁殖）。对白蚁而言，这个词限于指白蚁科（Termitidae）中完全缺乏翅膀、翼胸、眼睛与性器官都萎缩了的个体。

Xenobiosis 宾主寄生 指一个物种的集群生活在另一个物种的巢中，在宿主中间自由行动，通过宿主的反哺等方式获得食物，但将其幼雏分开保存。

Zoology 动物学 对动物进行科学研究的学科。

Zoosemiotics 动物符号学 对动物通信进行科学研究的学科。

Zygote 合子 由两个配子（性细胞）结合而成的细胞，其中两个配子的细胞核也已融合，是二倍体演化的最初阶段。

参考文献

Ables, E. D. 1969. Home-range studies of red foxes (Vulpes vulpes). Journal of Mammalogy, 50 (1): 108-120.

Ackerman, R., and P. D. Weigl. 1970. Dominance relations of rerd and grey squirrels. Ecology, 51 (2): 332-334.

Adams, R. McC. 1966. The evolution of urban society:early Mesopotamia and prehispanic Mexico. Aldine Publishing Co., Chicago. xii+191pp.

Ader, R., and P. M. Conklin. 1963. Handling of pregnant rats:effects on emotionality of their offspring. Science, 142:411-412.

Adler, N. T. 1969. Effects of the male's copulatory behavior on successful pregnancy of the female rat. Journal of Comparative and Physiological Psycholog), 69 (4): 613-622.

Adler, N. T., J. A. Resko, and R. W. Goy. 1970. The effect of copulatory behavior on hormonal change in the female rat prior to implantation. Physiology and Behavior, 5 (9): 1003-1007.

Adler, N. T., and S. R. Zoloth. 1970. Copulatory behavior can inhibit pregnancy in female rats. Science, 168:1480-1482.

Albignac, R. 1973. Mammiferes Carnivores. Faune de Madagasar, no. 36. Centre National de Recherche Scientifique, Paris. 206 pp.

Alcock, J. 1969. Observational learning in three species of birds. Ibis, ill (3): 308-321.

——1972. The evolution of the use of tools by feeding animals. Evolution, 26 (3): 464-473.

Aldrich-Blake, F. P. G. 1970. Problems of social structure inforest monkeys. In J. H. Crook, ed. (q. v.), Social behaviour inbirds and mammals:essays on the social ethology of animals andman, pp. 79-101.

Alexander, B. K., and Jennifer Hughes. 1971. Canine teethand rank in Japanese monkeys (Macaca fuscata). Primates, 12 (1): 91-93.

Alexander, R. D. 1961. Aggressiveness, territoriality, and sexual behavior in field crickets (Orthoptera: Gryllidae). Behaviour, 17 (2, 3): 130-223.

——1962. Evolutionary change in cricket acoustical communication. Evolution, 164 (4): 443-467.

——1968. Arthropods. In T. A. Sebeok, ed. (q. v.), Animal communication:techniques of study and results of research, pp. 167-216.

——1971. The search for an evolutionary philosophy of

man. Proceedings of the Royal Society of Victoria, 84 (l): 99-120.

——1974. The evolution of social behavior. Annual Review of Ecology and Systematics, 5:325- 383.

Alexander, R. D. and T. E. Moore. 1962. The evolutionary relationships of 17-year and 13-year cicadas, and three new species (Homoptera, Cicadidae, Magicicada). Miscellaneous Publications, Museum of Zoology, University of Michigan, Ann Arbor, 21: 1-57.

Alexander, T. R. 1964. Observatons on the feeding behaviorof Bufo marinus (Linné). Herpetologica, 20 (4): 255-259.

Alexopoulos, C. J. 1963. The Myxomycetes II. Botanical Review, 29 (1): 1-78.

Alibert, J. 1968. Influence de la société et de l'individu sur la trophallaxie chez Calotermes flavicollis Fabr. et Cubitermes fungifaber (Isoptera). In R. Chauvin and C. Noirot, eds. (q. v.), L'eftet de groupe chez les animaux, pp. 237-288.

Allee, W. C. 1926. Studies in animal aggregations:causes and effects of bunching in land isopods. Jounwl of Experimental Zoology, 45:255-277.

——1931. Animal aggregations:a study in general sociology. University of Chicago Press, Chicago. ix+431 pp.

——1938. The social life of animals. W. W. Norton, New York. 293 pp.

——1942. Group organization among vertebrates. Science, 95: 289-293.

Allee, W. C., N. E. Collias, and Catherine Z. Lutherman. 1939. Modification of the social order in flocks of hens by the iniectionof testosterone propionate. Physiological Zoology, 12 (4): 412-440.

Alle, W. C., and J. C. Dickinson, Jr. 1954. Dominance and subordination in the smooth dogfish Mustelus canis (Mitchill). Physiological Zoology, 27 (4): 356-364.

Allee, W. C., A. E. Emerson, 0. PaA, T. Park, and K. P. Schmidt. 1949. Principles of Animal Ecology. W. B. Saunders CoPhiladelphia. xii+837 pp.

Allee, W. C., and A. M. Guhl. 1942. Concerning the group-survival value of the social peck order. Anatomical Record, 84 (4): 497-498.

Alpert, G. D., and R. D. Akre. 1973. Distribution, abundance, and behavior of the inquiline ant Leptothorax diversipilosus. Annals of the Entomological Society of America, 66

(4): 753-760.

Altmann, Margaret. 1956. Patterns of herd behavior infree-ranging elk of Wyoming, Cervus canadensis nelsoni. Zoologica, New York, 4l (2): 65-7l.

——1958. Social integrahon of the moose calf. Animal Behaviour, 6 (3, 4): 155-159.

——1960. The role of juvenile elk and moose in the social dynamics of their species. Zoologica, New York, 45 (1): 35-39.

——1963. Naturalistic studies of maternal care in moose andelk. In Harriet L. Rheingold, ed. (q. v.), Maternal behavior in mammals, pp. 233-253.

Altmann, S. A. l956. Avian mobbing behavior and predator recognition. Condor, 58 (4): 24l-253.

——l959. Field observations on a howling monkey society. Joumal of Mammalogy, 40 (3): 3l7-330.

——l962a A field study of the sociobiology of rhesus monkeys, Macaca mulatta. Annals of the New York Academy of Sciences, l02 (2): 338-435.

——l962b. Social behavior of anthropoid primates:analysisof recent concepts. In E. L. Bliss, ed., Roots of behavior, pp. 277-285. Harper and Brothers, New York. xi+339 pp.

——l965a. Sociobiology of rhesus monkeys: II, stochastics of social communication. Journal of Theoretical Biology, 8 (3):490-522.

——ed. l965b. Japanese monkeys, a collection of translations, selected by K. Imanishi. The Editor, Edmonton. v+l5l pp.

——ed. l967a. Social communication among primates. University of Chicago Press, Chicago. xiv+ 392 pp.

——l967b. Preface. In S. A. Altmann, ed. (q. v.), Social communication among primates, pp. ix-xii.

——l967c. The structure of primate social communication. In S. A.

Altmann, ed. (q. v.), Social communication among primates, pp. 325-362.

——1969. Review of Social organization of hamadryar baboons: a field study, by H. Kummer. American Anthropologist, 71 (4): 781-783.

Altmann, S. A., and Jeanne Altmann. l970. Baboon ecology:African field research. University of Chicago Press, Chicago. viii+220 pp.

Alverdes, F. l927. Social life in the animal world. Harcourt,

Brace, London. ix+216 pp.

Amadon, D. l964. The evolution of low reproductive rates inbirds. Evolution, l8 (1): l05-ll0.

Anderson, P. K. 1961. Density, social structure, and nonsocial environment in house-mouse populations and the implications for regulation of numbers. Transactions of the New York Academy of Sciences, 2d ser, 23 (5): 447-45l.

——1970. Ecological stucture and gene flow in small mammals. Symposia of the Zoological Society of London, 26:229-325.

Anderson, S., and J. K. Jones, Jr. eds. l976. Recent mammals of the world: a synopsis of families. Ronald Press Co., New York. viii+453 pp.

Anderson, W. W., and C. E. King. l970. Age-specific selection. Proceedings of the National Academy of Sciences, U. S. A., 66 (3): 780-786.

Anderw, R. J. l956. lntention movements of flight in certain passerines, and their uses in sys- tematics. Behaviour, 10 (1, 2). 179-204.

——1961a. The motivational organisation controlling the mobbing calls of the blackbird (Turdus merula): I, effects of flight on mobbing calls. Behaviour, 17 (2, 3): 224-246.

——196lb. The motivational organisation controlling the mobbing calls of the blackbird (Turdus merula): II, the quantitative analysis of changes in the motivation of calling. Behaviour, 17 (4): 288-321.

——196lc. The motivational organisation controlling the mobbing calls of the blackird (Turdus merula): III, changes in the intensity of mobbing due to changes in the effect of the owl or to the progressive waning of mobbing. Behaviour, l8 (1, 2): 25-43.

——196ld. The motivational organisation controlling the mobbing calls of the blackbird (Turdus merula): IV, a general discussion of the calls of the blackbird and certain other passerines. Behaviour, 18 (3): 161-176.

——1962. Evolution of intelligence and vocal mimicking. Science, 137:585-589.

——1963a. Trends apparent in the evolution of vocalization inthe Old World monkeys and apes. Symposia of the Zoological Society of London, 10: 89-107.

——l963b. The orgin and evolution of the calls and facial expressions of the primates. Behaviour, 20 (1, 2). 1-109.

——l969. The effects of testosterone on avian vocalizations. In R. A. Hinde, ed. (q. v.), Bird vocalizations:their relations to current problems in biology and psychology. Essays presented to W. H. Thorpe, pp. 97-130.

——1972. The information potentially available in mammal display. In R. A. Hinde, ed. (q. v), Non - Verbal communication, pp. 179-206.

Anthoncy, T. T. 1968. The ontogeny of greeting, groormng, and sexual motor patterns in captive baboons (superspecles Papto cynocephalus). BehaviouL 31 (4): 358-372.

Anthonyg, H. E. 1916. Habits of Aplodontia Bulletin of the American Museum of Natural Histoty, 35: 53-63.

Arata, A. A. 1967. Muroid, glirod, and dipodoid rodents. In S. Anderson and J. K. Jones, Jr, eds (q. v.), Recents mammals of the world: a synopsis of families, pp. 226. 253.

Araujo, R. L. 1970. Termites of the Neotropical region In K. Krishna and Frances M. Weesner, eds. (q. v.), Biology of termites, vol. 2, pp. 527-576.

Archr, J. 1970. Effectsof population desity on behariour in rodents. In J. H. Crook, ed (q. v.), SOcial behaviour in birds and mammals: essays on the social ethology of animals and man, pp. 169 - 210.

Armstrong, E. A. 1947. Bird display and behaviour: an Introduction to the study of bird psychology, zd ed. Lindsay Drummond, London. 431 pp (Reprifited by Dover, New York, 1965, 431 pp.)

——1955 The wren. Collins, London, viii+321 pp.

——1971 Social signalling and white plumape Ibis, 113 (4): 534.

Arnoldi, K. V. 1932. BIologische Beobachtungen an der neuen palaarktischen Sklavenhalterameise Rossomyrmex proformicarunm K. Arn., nebst einigen Bemerk ungen über die Befoderungsweise der Ameisen Ieitschrft für Morphotheie und Okologie der Tiere, 24 (2): 319-326.

Aronson, L. R., Ethel Tobach, D. S. Lehrman, and I. S. RoSenbcatt, eds. 1970. DeveloPment and evolition of behavior: essays in memory of T. C. Schneirla. W. H. Freeman, San Francisco. Xviii+656pp.

Ashmole, N. P. 1963. The regulation of numbers of tropical oceanic birds. Ibis, 1036 (3): 458-473.

Ashmole, N. P., and H. Tovar S. 1968. Prologed parental care in royal terns and other birds. Auk, 85 (1): 90-100.

Assem, J. van den. 1967. Territory in the three-spined stlckleback (Gasterosteus aculeatus). Behaviour, supplement 16.

164pp.

——1971. Some experiments on sex ratio and sex regulation in the pteromalid omphagus dstinguendus. Netherlands Joumal of Ioology, 21 (4): 373-402.

Auclare, J. L. 1963. Aphid of eeding and nutrition Annual Review of Entomology, 8:439-490.

Ayala, F. J. 1968. Evolution of fiiness: II, correlated effects of natural selection on the productivity and size of experimental poplations of Drosophila serrata. Evolution, 22 (l): 55-65.

Baerends, G. P., and J. M. Baerends-van Roon. 1950. An introduchon to the study of the ethology of cichlid fishes. Behaviour, supplement 1. viiit+242 pp.

Baikov, N. 1925. The Manchurian tiger. [Cited by G. B. Schaller, 1967 (q. v.)]

Baker, A. N. 1971. Pyrosoma spinosum Herdman, a giant pdagic tunicate new to New Zealand waters. Records of the Domhion Museum, Wellington New Zealand, 7 (12): 107-117.

Bake, E. C. S. 1929. The faund of British lndia, voL. 6, BIrds, zd ed. Taylor and Frncis, London. xxxv+499 pp.

Baker, H. G., and G. L. Stebbins, eds. 1965. the rgenetics of colonizing species. Academic press, New York. xv+588 pp.

Baker, R. H. 1971. Nutritional strategies of myomorph rodents in North American gresslands. Journal of Mammalogy, 52: 800-805.

Bakker, R. T. 1968. The superiority of dinosaurs. Discovery, 3 (2): 11-22.

——1971. Ecology of the brontosaurs. Nature, London 229:172-174.

Bakko, E. B., and L. N. Brown. 1967. Breeding biology of the white-tailed prairie dog, Cynomys leucurus, In Wyoming. Journal of Mammalogy. 48 (1): 100-112.

Baldwin, J. D. 1969. The ontogeny of social behaviour of squirrel monkeys (Saimiri sciureus) in a seminatural environment. Folia Primatologica, 11 (1, 2): 35-79.

——1971. The social organization of a semifree-ranging roop of squirrel monkeys (saimiri sciureus) Folia Primatologica, 14 (1, 2): 23-50.

Banks, E. M., D. H. Pimlott, and B. E. Ginsburg, eds. 1967. Ecology and behavir of the wolf Symposium of the Animal Beharior Society. American Ioologist, 7 (2): 220-381.

Banta, W. C. 1973. Evolution of avicularia in cheilostome Bryozoa In R. S. Boardman, A. H. Cheetham, and W A. Olivgr, Jr., eds. (q. v.), Animal coloies:develoPment and function through time, pp. 295-303.

Barash, D. P. 1973. The social biology of the Olympic marmot. Animal Behaviour Monographs, 6 (3): 172-245.

——1974a. The evolution of marmot societies:a general theory. Science, 185:415-420.

——1974b. Neighbor recognition in two"solitary"carnivores:the raccoon (Procyon lotor) and the red fox (Vulpes fulva). Science, 185:794-796.

Bardach, J. E., and J. H. Todd. 1970. Chemical com munication in fish In J. W. Johnston, Jr., D. G. Moulton, and A. Turk, eds. (q. v.), Advances in chemoreception, vol. l, Communication by chemical signals, pp. 205-240.

Barksdale, A. W. 1969. Sexual hormones of Achlya and other fungi. Science, 166:831-837.

Barlow, G. W. 1967. Social behavior of a South American lear fish, Polycentrus schomburgkii, with an account of recurring pseudofemale behavior. American Midland Naturalist, 78 (1): 215-234.

——1968. Ethological units of behavior. In D. Ingle, ed, Thecentral nervous system and fish behavior, pp. 217-232. University of Chicago Press, Chicago. viii+272 pp.

——1974a. Contrasts in social behavior between Central American cichlid fishes and coral-reef surgeon fishes. American Zoologist, 14 (l): 9-34.

——1974b. Hexagonal territories. Ecology. (In press.)

Barlow, G. W., and R. F. Green. 1969. Effect of relative size of mate on color patterns in a mouthbreeding cichlid fish, Tila piamelanotheron. Communications in Behavioral Biology, ser. A, 4 (1-3): 71-78.

Barlow, J. C. 1967. Edentates and pholidotes. In S. Andersonand J. K. Jones, Jr, eds. (q. v.), Recent mammals of the world:asynopsis of families, pp. 178-191.

Barnes, H. 1962. So-called anecdysis in Balanus balanoides and the effect of breeding upon the growth of the calcareous shell of some common barnacles. Limnology and Oceanography, 7 (4): 462-473.

Barnes, R. D. 1969. Invertebrate zoology, 2d ed. W. B. Saunders Co., Philadelphia. x+743 pp.

Barnett, S. A. 1958. An analysis of social behaviour in wild rats. Proceedings of the Zoological Society of London,

130 (1): 107-152.

——1963. A study in behaviour:principles of ethology and behavioural physiology, displayed mainly in the rat. Methuen, London xiii+288 pp.

Barrai, I., L. L. Cavalli-Sforza, and M. Mainardi. 1964. Testing a model of dominant inheritance for metric traits in man. Heredity, 19 (4): 651-668.

Barrington, E. 1965. The biology of Hemichordata and Protochordata. Oliver and Boyd, Edinburgh. 176 pp.

Barth, R. H., Jr. 1970. Pheromone-endocrine in teractions ininsects. In G. K. Benson and J. G. Phillips, eds., Hormones and the environment, pp. 373-404. Memoirs of the Society for Endocrinology no. 18. Cambridge University Press, Cambridge. xvi+629 pp.

Bartholomew, G. A. 1952. Reproductive and social behavior of the northern elephant seal. University of Califomia Publications in Zoology, 47 (15): 369-472.

——1959. Mother-young relations and the maturation of pup behaviour in the Alaskan fur seal. Animal Behaviour, 7 (3, 4): 163-171.

——1970. A model for the evolution of pinniped polygyny. Evolution, 24 (3): 546-559.

Bartholomew, G. A., and J. B. Birdsell. 1953. Ecology and the protohominids. American Anthropolog- ist, 55: 481-498.

Bartholomew, G. A., and N. E. Collias. 1962. The role of vocalization in the social behaviour of the northern elephant seal. Animal Behaviour, 10 (1, 2): 7-14.

Bartholomew, G. A., and V. A. Tucker. 1964. Size, body temperature, thermal conductance, oxygen consumption, and heart rate in Australian varanid lizards. Physiological Zoology, 37 (4): 341-354.

Bartlett, D., and J. Bartlett. 1974. Beavers——master mechanics of pond and stream. National Geographic, 145 (5) (May): 716-732.

Bartlett, D. P., and G. W. Meier. 1971. Dominance status and certain operants in a communal colony of rhesus monkeys. Primates, 12 (3, 4): 209-219.

Bartlett, P. N., and D. M. Gates. 1967. The energy budget of a lizard on a tree trunk. Ecology, 48 (2): 315-322.

Bastock, Margaret. 1956. A gene mutation which changes a behavior pattern. Evolution, 10 (4): 421-439.

Bastock, Margaret, and A. Manning. 1955. The courtship of Drosophila melanogaster. Behaviour, 8 (2, 3): 85-111.

Bateman, A. J. 1948. Intra-sexual selection in Drosophila. Heredity, 2 (3): 349-368.

Bates, B. C. 1970. Territorial behavior in primates:a review of recent field studies. Primates, 11 (3): 271-284.

Bateson, G. 1955. A. theory of play and fantasy. Psychiatric Research Reports (American Psychiatric Association), 2:39-51.

——1963. The role of somatic change in evolution. Evolution, 17 (4): 529-539.

Bateson, P. P. G. 1966. The characteristics and context of imprinting. Biological Reviews, Cambridge Philosophical Society, 41: 177-220.

Batra, Suzanne W. T. 1964. Behavior of the social bee, zephyrum, within the nest (Hymenoptera: Halictidae). Insectes Sociaux, 11 (2): 159-185.

——1966. The life cycle and behavior of the primitively social bee, Lasioglossum zephyrum (Halictidae). Kansas University Science Bulletin (Lawrence), 46 (10): 359-422.

——1968. Behavior of some social and solitary halictine bees within their nests:a comparative study (Hymenoptera:Halictidae). Journal of the Kansas Entomological Society, 41 (l): 120-133.

Batzli, G. 0., and F. A. Pitelka. 1971. Condition and diet of cycling populations of the California vole, Microtus californicus. Journal of Mammalogy, 52 (l): 141-163.

Bayer, F. M. 1973. Colonial organization in octocorals. In R. S. Boardman, A. H. Cheetham, and W. A. Oliver, Jr., eds. (q. v Animal colonies:development and function through time, pp. 69-93.

Beach, F. A. 1940. Effects of cortical lesions upon thecopulatory behavior of male rats. Journal of ComparativePsychology, 28 (2): 193-244.

——1945. Current concepts of play in animals. American Naturalist 79:523-54l.

——1964. Biological bases for reproductive behavior. In W. Etkin, ed. (q. v.), Social behavior and organization among vertebrates, pp. ll7-142.

Beatty, H. 1951. A note on the behavior of. the chimpanzee. Journal of Mammalogy, 32 (l): 118.

Beaumont, J. de. 1958. Le parasitisme social chez les guepes et les bourdons. Mitteilungen der Schweizerischen Entomologischen Gesellschaft, 3l (2): 168-176.

Beebe, W. 1992. A monograph of the pheasants, vol. 4. Witherby, London. xv+242 pp.

——1926. The three-toed sloth Bradypus cuculliger cuculliger Wagler. Zoologica, New York, 7 (1): l-67.

——1947. Notes on the hercules beetle, Dynastes hercules (Linn.), at Rancho Grande, Venezuela, with special reference to combat behavior. Zoologica, New York, 32 (2): 109-116.

Beilharz, R. G., and P. J. Mylrea. 1963. Social position and movement orders of dairy heifers. Animal Behaviour, 11 (4): 529-533.

Beklemishev, W. N. 1969. Principles of comparative anatomy of invertebrates, vol. 1, Promorphology, trans. by J. MMacLennan, ed, by Z. Kabata. University of Chicago Press, Chicago. xxx+490 pp.

Bekoff, M. 1972. The development of social interaction, play, and metacommunication in mammals:an ethological perspective. Quarterly Review of Biology, 47 (4): 412-434.

Bell, P. R., ed. 1959. Darwin's biological work:some aspects reconsidered. Cambridge University Press, Cambridge. xiii+342pp.

Bell, R. H. V. 1971. A grazing ecosystem in the Serengeti. Scientific American, 225 (1) (July): 86-93.

Belt, T. 1874. The naturalist in Nicaragua. John Murray, London. xvi+403 pp.

Bendell, J. F., and P. W. Elliot. 1967, Behaviour and the regulation of numbers of the blue grouse. Canadian Wildlife Report Series no. 4. Dept. of Indian Affairs and Northern Development, Ottawa. 76 pp.

Benois, A. 1972. Etude écologique de Camponotusvagus Scop. (=pubescens Fab.) (Hymenoptera, Formicidae) dansla ré gion d' Antibes: nidification et architecture des nids. InsectesSociaux, l9 (2): lll-l29.

——1973. Incidence des facteurs écologiques sur le cycleannuel et l'activité saissoninire de la fourmi d'Argentine Iridomyrmex humilis Mayr (Hymenoptera, Formicidae) dans la ré gion d' Antibes. Insectes Sociaux, 20 (3): 267-296.

Benson, W. W. 1971. Evidence for the evolution of unpalatability through kin selection in the Heliconiinae (Lepidoptera). American Naturalist, 105 (943): 213-226.

Benson, W. W., and T. C. Emmel. 1973. Demography of gregariously roosting populations of the nymphaline butterfly Marpesia berania in Costa Rica. Ecology, 54 (2): 326-335.

Bequaert, J. C. 1935. Presocial behavior among the Hemiptera. Bulletin of the Brooklyn Entomological Society, 30 (5): 177-191.

Bergson, H. 1935. The two sources of morality and religion, trans. by R. A. Audra, C. Brereton, and W. H. Carter. Henry Holt, New York. viii+308 pp.

Berkson, G., B. A. Ross, and S. Jatinandana. 1971. The social behavior of gibbons in relation to a conservation program. In L. A. Rosenblum, ed. (q. v.), Primate behavior. developments in field and laboratory research, vol. 2, pp. 225-255.

Berkson, G., and R. J. Schusterman. 1964. Reciprocal food sharing of gibbons. Primates, 5 (1, 2): 1-10.

Berndt, R., and H. Sternberg. 1969. Alters-und Geschlecht sunterschiede in der Dispersion des Trauerschnappers (Ficedula hypoleuca). Journal für Ornithologie, 110 (1): 22-26.

Bernstein, I. S. 1964a. A comparison of New and Old World monkey social organizations and behavior. American Journal of Physical Anthropology, 22 (2): 233-238.

——1964b. A field study of the activities of howler monkeys. Animal Behaviour, 12 (1): 92-97.

——1965. Activity patterns in a cebus monkey group. Folia Primatologica, 3 (2, 3): 211-224.

——1966. Analysis of a key role in a capuchin (Cebus albifrons) group. Tulane Studies in Zoology, 13 (2): 49-54.

——1967. Intertaxa interactions in a Malayan primate community. Folia Primatologica, 7 (3, 4): 198-207.

——1968. The lutong of Kuala Selangor. Behaviour, 32 (1-3): 1-16.

——1969a. Introductory techniques in the formation of pigtail monkey troops. Folia Primatologica, 10 (1, 2): l-19.

——1969b. Spontaneous reorganization of a pigtail monkey group. Proceedings of the Second International Congress of Primatology, Atlanta, Georgia, I: 48-51.

Bernstein, I. S., and R. J. Schusterman, 1964. The activities of gibbons in a social group. Folia Primatologica, 2 (3): 161-170.

Bernstein, I. S., and L. G. Sharpe. 1966. Social roles in a rhesus monkey group. Behaviour, 26 (1, 2): 91-104.

Beroza, M., ed. 1970. Chemicals controlling insect behavior. Academic Press, New York. xii+170 pp.

Berry, Kristin H. 1971. Social behavior of the chuckwalla,

Sauromalus obesus. Herpetological Abstracts of the American Society of Ichthyologists and Herpetologists, 51st Annual Meeting, Los Angeles, pp. 2-3.

Bertram, B. C. R. 1970. The vocal behaviour of the Indian hill mynah, Gracula religiosa. Animal Behaviour Monographs, 3 (2): 79-192.

——1973. Lion population regulation. East African Wildlife Journal, 11 (3, 4): 215-225.

Bertram, G. C. L., and C. K. R. Bertram. 1964. Manatees in the Guianas. Zoologica, New York, 49 (2): 115-120.

Bertrand, Mireille. 1969. The behavioral repertoire of thestumptail macaque:a descriptive and comparative stud, Bibliotheca Primatologica, no. II. S. Karger, Basel. xii 273 pp.

Bess, H. A. 1970. Termites of Hawaii and the Oceanic islands. In K. Krishna and Frances M. Weesner, eds. (q. v.), Biology oftermites, vol. 2, pp. 449-476.

Best, J. B., A. B. Goodman, and A. Pigon. 1969. Fissioning in planarians:control by the brain. Science, 164:565-566.

Betz, Barbara J. 1932. The population of a nest of the hornet Vespa maculata. Quarterly Review of Biology, 7 (2): 197-209.

Bick, G. H., and Juanda C. Bick. 1965. Demography and behavior of the damselfly, Argia apicalis (Say), (Odonata:Coenagriidae). Ecology, 46 (4): 461-472.

Bider, J. R., P. Thibault, and R. Sarrazin. 1968. Schemes dynamiques spatio-temporels de l'activité de Procyon lotor en relation avec le comporrtement. Mammalia, 32 (2): 137-163.

Bieg, D. 1972. The production of males in queenright colonies of Trigona (Scaptotrigona) postica. Journal of Apicultural Research, 11 (l): 33-39.

Bierens de Haan, J. A. 1940. Die tierischen Instinkte und ihr Umbau durch Erfahrung:eine Einführung in die allgemeine Tierpsychologie. E. J. Brill, Leyden. xi+478 pp.

Bigelow, R. 1969. The dawn warriors:man's evolution toward peace. Atlantic Monthly Press, Little, Brown, Boston. xi+277 pp.

Birch, H. G., and G. Clark. 1946. Hormonal modification of social behavior:II, the effects of sex-hormone administration on the social dominance status of the female-castrate chimpanzee. Psychosomatic Medicine, 8 (5): 320-321.

Birdwhistle, R. L. 1970. Kinesics and context:essays on body motion and communication. University of Pennsylvania Press, Philadelphia. xiv+338 pp.

Bishop, J. W., and L. M. Bahr. 1973. Effects of colony size on feeding by Lophopodella carteri (Hyatt). In R. S. Boardman, A. H. Cheetham, and W. A. Oliver, Jr., eds. (q. v.), Animal colonies:development and function through time, pp. 433-437.

Black-CIeworth, Patricia. 1970. The role of electrical discharges in the non-reproductive social behaviour of Gymnotus carapo (Gymnotidae, Pisces). Animal Behaviour Monographs, 3 (1): 1-77.

Blackwell, K. F., and J. I. Menzies. 1968. Observations on thebiology of the potto (Perodicticus potto, Miller). Mammalia, 32 (3): 447-45l.

Blair, W. F. 1968. Amphibians and reptiles. In T. A. Sebeok, ed. (q. v.), Animal communication: techniques of study and results of research, pp. 289-310.

Blair, W. F, and W. E. Howard. 1944. Experimental evidence of sexual isolation between three forms of mice of the cenospecies Peromyscus maniculatus. Contributions from the Laboratory of Vertebrate Biology, University of Michigan, Ann Arbor, 26:1-19.

Blest, A. D. 1963. Longevity, palatability and natural selection in five species of New World saturniid moth. Nature, London. 197 (4873): 1183-1186.

Blum, M. S. 1966. Chemical releasers of social behavior:VIII, citral in the mandibular gland secretion of Lestrimelitta limao (Hymenoptera:Apoidea:Melittidae). Annals of the Entomological Society of America, 59 (5): 962-964.

Blum M. S., and E. O. Wilson. 1964. The anatomical source of trail substances in formicine ants. Psyche, Cambridge, 71 (1): 28-31.

Blurton Jones, N. G. 1969. An ethological study of some aspects of social behaviour of children in nursery school. In D. Morris, ed. (q. v.), Primate ethologh: essays on the socio-sexual behavior of apes and monkeys, pp. 437-463.

——ed. 1972. Ethological studies of child behaviour. Cambridge University Press, Cambridge. x+ 400 pp.

Blurton Jones, N. G., and J. Trollope. 1968. Social behavior ofstump-tailed macaques in captivity. Primates, 9 (4): 365-394.

Boardman, R. S., and A. H. Cheetham. 1973. Degrees of-

colony dominance in stenolaemate and gymnol- aemate Bryozoa. In R. S. Boardman, A. H. Cheetham, and W. A. Oliver, Jr., eds. (q. v.), Animal colonies: development and function through time, pp. 121-220.

Boardman, R. S., A. H. Cheetham, and W. A. Oliver, Jr., eds. 1973. Animal colonies:development and function through time. Dowden, Hutchinson, and Ross, Stroudsburg, Pa. xiii+603 pp.

Bodot, Paulette. 1969. Composition des colonies de ter- mites:ses fluctuations au cours do temps. Insectes Sociaux, 16 (1): 39-53.

Boice, R., and D. W. Witter. 1969. Hierarchical feeding behaviour in the leopard frog (Rana pipiens). Animal Be- haviour, 17 (3): 474-479.

Bolton, B. 1974. A revision of the palaeotropical arboreal ant genus Cataulacus F. Smith (Hymenoptera:Formicidae). Bulletin of the British Museum of Natural History, Ento- mology, 30 (1): 1-105.

Bolwig, N. 1958. A study of the behaviour of the chacma ba- boon, Papio ursinus. Behaviour, 14 (1, 2): 136-163.

Bonner, J. T. 1955. Cells and societies. Princeton University Press, Princeton, N. J. iv+234 pp.

1958. The evolution of development. Cambridge University Press, Cambridge. 102 pp.

1965. Size and cycle: an essay on the structure of biology. Princeton University Press, Princeton, N. J. viii+219 pp.

——1967. The cellular slime molds, 2d ed. Princeton Uni- versityPress, Princeton, N. J. xii+205 pp.

——1970. The chemical ecology of cells in the soil. In E. Sondheimer and J. B. Simeone, eds. (q. v.), Chemical ecol- ogy, pp. 1-19.

——1974. On development: the biology of form. Harvard University Press, Cambridge. viii+282 pp.

Boorman, S. A., and P R. Levitt. 1972. Group selection on the boundary of a stable population. Proceedings of the National Academy of Sciences, U. S. A., 69 (9): 2711- 2713.

——1973a. Group selection on the boundary of a stable pop- ulation. Theoretical Population Biology, 4 (1): 85-128.

——1973b. A frequency-dependent natural selection model for the evolution of social cooperation networks. Proceed- ings of the National Academy of Sciences, U. S. A., 70 (1): 187-189.

——Booth, A. H. 1957. Observations on the natural history of the olive colobus monkey, Procolobus verus (van Ben- eden). Proceedings of the Zoological Society of London, 129 (3): 421-430.

——1960. Small mammals of West Africal. Longmans, Green, London. 68 pp. [Cited by Bradbury, 1975 (q. v.).]

Booth, Cynthia. 1962. Some observations on behavior of Cercopithecus monkeys. Annals of the New York Acade- my ofSciences, 102 (2): 477-487.

Borgmeier, T. 1955. Die Wanderameisen der Neotropischen Region (Hym. Formicidae). Studia Entomo- logiea, no. 3. Editora Vozes Petrópolis, Rio de Janeiro. 716 pp.

Boserup, Ester. 1965. The conditions of agricultural growth. Aldine Publishing Co., Chicago. 124 pp.

Bossert, W. H. 1967. Mathematical optimization:are there abstract limits on natural selection?In P. S. Moorhead and M. M. Kaplan, eds. (q. v.), Mathematical challenges to the Neo-Darwinian interpr- etation of evolution, pp. 35-46.

——1968. Temporal patterning in olfactory communication. Journal of Theoretical Biology, 18 (2): 157-170.

Bossert, W. H., and E. O. Wilson. 1963. The analysis of olfactory communication among animals. Journal of Theo- retical Biology, 5 (3): 443-469.

Bouillon, A. 1970. Termites of the Ethiopian region. In K. Krishna and Frances M. Weesner, eds. (q. v.), Biology of termites, vol. 2 pp. 153-280.

Bourliè re, F. 1955. The natural history of mammals. G. G. Harrap, London. xxii+363 pp. +xi.

——1963. Specific feedinghabitsofAfricancarnivores. Afri- canWildlife, 17 (1): 21-27.

Bourlière, F., C. Hunkeler, an d M. Bertrand. 1970. Ecology and behavior of Lowe's guenon (Cercopithecus campbelli lowei) in the lvory Coast. In J. R. Napier and P. H. Napier, eds. (q. v.), OldWorld monkeys:evolution, systematics, and behavior, pp. 297-350.

Bovbjerg, R. V. 1956. Some factors affecting aggressive be- havior in crayfish. Physiological Zoology, 29 (2): 127-136.

——1960. Behavioral ecology of the crab, Pachygrapsus crassipes. Ecology, 4l (4): 669-672.

——1970. Ecological isolation and competitive exclusion in two crayfish (Orconectes virilis and Orconectes immunis). Ecology, 5l (2): 225-236.

Bovbjerg, R. V., and Sandra L. Stephen. 1971. Behavioral

changes in crayfish with increased population density. Bulletin of the Ecological Society of America, 52 (4): 37-38.

Bowden, D. 1966. Primate behavioral research in the USSR:the Sukhumi Medico-Biological Station. Folia Primatologica, 4 (4): 346-360.

Boyd, H. 1953. On encounters between wild white-fronted geese in winter flocks. Behaviour, 5 (1): 85-l29.

Bradbury, J. 1975. Social organization and communication. In W. Wimsatt, ed., Biology of bats, vol. 3. Academic Press, New York. (In press.)

Bragg, A. N. 1955-56. In quest of the spadefoots. New Mexico Quarterly, 25 (4): 345-358.

Brandon, R. A., and J. E. Huheey. 1971. Movements and interactions of two species of Desmognathus (Amphibia:Plethodontidae). American Midland Naturalist, 86 (1): 86-92.

Brannigan, C. R., and D. A. Humphries. 1972. Human non-verbal behaviour, a means of communication. In N. BlurtonJones, ed. (q. v.), Ethological studies of child behaviour, pp. 37-64.

Brattstrom, B. H. 1962. Call order and social behavior in thefoambuilding frog, Engystomops pustulosus. American Zoologist, 2 (3): 394.

——1973. Social and maintenance behavior of the echidna, Tachyglossus aculeatus. Journal of Mammalogy, 54 (1): 50-70.

——1974. The evolution of reptilian social behavior. American Zoologist. 14 (1): 35-49.

Braun, R. 1958. Das Sexualverhalten der Krabbenspinne Diaea dorsata (F.) und der Zartspinne Anyphaena accentuata (Walck.) als Hinweis auf ihre systematische Eingliederung. Zoologischer Anzeiger, 160 (7, 8): 119-134.

Brauns, H. 1926. A contribution to the knowledge of the genus Allodape, St. Farg. & Serv. Order Hymenoptera;section Apidae (Anthophila). Annals of the South African Museum, 23 (3): 417-434.

Breder, D. M., Jr. 1959. Studies on social groupings in fishes. Bulletin of the American Museum of Natural History, 117 (6): 393-482.

——1965. Vortices and fish schools. Zoologica, New York, 50 (2): 97-114.

Breder, C. M., Jr., and C. W. Coates. 1932. A preliminary study of population stability and sex ratio of Lebistes. Copeia, 1932 (3): 147-l55.

Brémond, J. C. 1968. Recherches sur la sémantique et les élléments vecteurs d'information dans les signaux acoustiques du Rouge-gorge (Erithacus rubecula L.). La Terre et la Vie, 115 (2): 109-220.

Brereton, J. L. G. 1962. Evolved regulatory mechanisms of population control. In G. W. Leeper, ed. (q. v.), The evolution of living organisms. pp. 81-93.

——1971. Inter-animal control of space. In A. H. Esser, ed. (q. v.), Behavior and environment: the use of space by animals andmen, pp. 69-91.

Brian, M. V. 1952a. Interaction between ant colonies at anartificial nest-site, Entomologist's Monthly Magazine, 88:84-88.

——1952b. The structure of a dense natural ant population. Journal of Animal Ecology, 21 (1): l2-24.

——1955. Food collection by a Scottish ant community. Journal of Animal Ecology, 24 (2): 336-351.

——1956a. The natural density of Myrmica rubra and associated ants in West Scotland. Insectes Sociaux, 3 (4): 473-487.

——1956b. Segregation of species of the ant genus Myrmica. Journal of Animal Ecology, 25 (2): 319-337.

——1965. Caste differentiation in social insects. Symposia of the Zoological Society of London, 14:13-38.

——1968. Regulation of sexual production in an ant society. In R. Chauvin and C. Noirot, eds. (q. v.), L'effet de groupe chez les animaux, pp. 61-76.

Brian, M. V., G. Elmes, and A. F. Kelly. 1967. Populations of the ant Tetramorium caespitum Latreille. Journal of AnimalEcology, 36 (2): 337-342.

Brien, P. 1953. Etude sur les Phylactolemates. Annales de la Société Royale Zoologique de Belgique, 84 (2): 301-444.

Broadbooks, H. E. 1965. Ecology and distribution of the pikas of Washington and Alaska. American Midland Naturalist, 73 (2): 299-335.

——1970. Home ranges and territorial behavior of the yellow-pine chipmunk, Eutamias amoenus. Journal of Marnmalogy, 51 (2): 310-326.

Brock, V. E., and R. H. Riffenburgh. 1960. Fish schooling:a possible factor in reducing predation. Journal du Conseil, Conseil Permanent International pour l'Exploration de la Mer, 25:307-317.

Bro Larsen, Ellinor. 1952. On subsocial beetles from the salt-marsh, their care of progeny and adaptation to salt and tide. Transactions of the Ninth International Congress of Entomology, Amsterdam, 1951, 1: 502-506.

Bromley, P. T. 1969. Territoriality in pronghom bucks on the National Bison Range, Moiese, Montana. Journal of Mammalogy, 50 (1): 81-89.

Bronson, F. H. 1963. Some correlates of interaction rate in natural populations of woodchucks. Ecology, 44 (4): 637-643.

——1967. Effects of social stimulation on adrenal and reproductive physiologh of rodents. In M. L. Conalty, ed., Husbandry of laboratory animals, pp. 513-542. Academic Press, New York.

——1969. Pheromonal influences on mammalian reproduction. In M. Diamond, ed., Perspectives in reproduction and sexualbehavior, pp. 341-361. Indiana University Press, Bloomington. x+532 pp.

——1971. Rodent pheromones. Biology of Reproduction, 4 (3): 344-357.

Bronson, F. H., and B. E. Eleftheriou. 1963. Adrenal responses to crowding in Peromyscus and C57BL/1OJ mice. Physiological Zoolog), 36 (2): 16-166.

Brooks, R. J., and E. M. Banks. 1973. Behavioural biology of the collared lemming (Dicrostonyx groenlandicus [Traill]): ananalysis of acoustic communication. Animal Behaviour, 6 (1): 1-83.

Brothers, D. J., and C. D. Michener. 1974. Interactions in colonies of primitively social bees:III, ethometry of division of labor in Lasioglossum zephyrum (Hymenoptera:Halictidae) Journal of Comparative Physiolog), 90 (2) 129-168.

Brower, L. P. 1969. Ecological chemistry. Scientific American, 220 (2) (February): 22-29.

Brown, B. A., Jr. 1974. Social organization in male groups of white-tailed deer, In V. Geist and F. Walther, eds. (q. v.), The behaviour of ungulates and its relation to management, vol. 1, pp. 436-446.

Brown, D. H, D. K. Caldwell, and Melba C. Caldwell. 1966. Observations on the behavior of wild and captive killer whales, with notes on associated behavior of other genera of captive delphinids. Contributions in Science, Los Angeles County Museum, 95:l-32.

Brown, D. H., and K. S, Norris, 1956. Observations of captive and wild cetaceans. Journal of Mammalogy, 37 (3): 311-326.

Brown, E. S. 1959. Immature nutfall of coconuts in the Solomon Islands:II, changes in ant populations, and their relation to vegetation. Bulletin of Entomological Research, 50 (3): 523-558.

Brown J. C, 1964. Observations on the elephant shrews (Macroscelididae) of equatorial Africa. Proceedings of theZoological Society of London, 143 (1): 103-119.

Brown, J. H. 1971. Mechanisms of competitive exclusion between two species of chipmunks. Ecology, 52 (2): 305-311.

Brown, J. L. 1963. Aggressiveness, dominance and social organization in the Steller jay. Condor, 65 (6): 460-484.

——1964. The evolution of diversity in avian territorial systems. Wilson Bulletin, 76 (2): 160-169.

——1966. Types of group selection. Nature, London, 211 (5051): 870.

——1969, Territorial behavior and population regulation in birds:a review and re-evaluation. Wilson Bulletin, 81 (3): 293-329.

——1970a. Cooperative breeding and altruistic behaviour in the Mexican jay, Apheloconia ultramarina. Animal Behaviour, 18 (2): 366-378.

——1970b. The neural control of aggression. In C. H. Southwick, ed. (q. v.) Animal aggression: selected readings, pp. 164-186.

——1972. Communal feeding of nestlings in the Mexican jay (Aphelocoma ultramarina): interflock comparisons. Animal Behaviour, 20 (2): 395-403.

1974. Alternate-routes to sociality in jays-with a theory for the evolution of altruism and communal breeding. American Zoologist, 14 (1): 63-80.

Brown, J. L., R. W. Hunsperger, and H. E. Rosvold. 1969. Interaction of defence and flight reactions produced by simultaneous stimulation at two points in the hypothalamus of the cat. Experimental Brain Research, 8:130-149.

Brown, L. H. 1966. Observations on some Kenya eagles. lbis, 108 (4): 531-572.

Brown, R. 1973. A first language:the early stages. Harvard University Press, Cambridge. xxii+437 pp.

Brown, R. G. B. 1962. The aggressive and distraction behaviour of the western sandpiper Ereunetes mauri. lbis,

104 (1): l-l2.

Brown, W. L. 1952a. Contributions toward a reclassification of the Formicidae:1, tribe Platythyreini. Breviora, Cambridge, Mass., 6:l-6.

——1952b. Revision of the ant genus Serrastruma. Bulletin of the Museum of Comparative Zoology, Harvard, 107 (2): 67-86.

——1955. A. revision of the Australian ant genus Notoncus Emery, with notes on the other genera of Melophorini. Bulletin of the Museum of Comparative Zoology. Harvard, 113 (6): 471-494.

——1957. Predation of arthropod eggs by the ant genera Proceratium and Discothyrea. Psyche, Cambridge, 64 (3): 115.

——1958. General adaptation and evolution. Systematic Zoology, 7 (4): l57-168.

——1960. Contributions toward a reclassification of theFormicidae:III, tribe Amblyoponini (Hymenoptera). Bulletin of the Museum of Comparative Zoology. Harvard, 122 (4): 145-230.

——1964, Revision of Rhoptromyrmex. Pilot Register of Zoology. cards nos. 11-l9.

——1965. Contributions to a reclassification of the Formicidae:IV, tribe Typhlomyrmecini (Hymenoptera). Psyche, Cambridge, 72 (1): 65-78.

——1968. An hypothesis concerning the function of the metapleural glands in ants. American Naturalist, 102 (924): l88-191.

——1973. A comparison of the Hylean and Congo-West African rain forest ant faunas. In Betty J. Meggers, E. S. Ayensu, and W. D. Duckworth, eds., Tropical forest ecosystems in Africa and South America:a comparative review, pp;161-l85. Smithsonian Institution Press, Washington, D. C. viii+350 pp.

——1975. Contributions toward a reclassification of the Formicidae:V, Ponerinae, tribes Platythyreini, Cerapachyini, Cylindromyrme. cini, Acanthostichini, and Aenictogitini. *Search, Ithaca, Entomology.* (in press.)

Brown, W. L., T. Eisner, and R. H. Whittaker. 1970. Allomones and kairomones:transspecific chemical messengers. BioScience, 20 (1): 21-22.

Brown. W. L., W. H. Gotwald, and J. Lévieux. 1970. A new genus of ponerine ants from West Africa (Hymenoptera;

Formicidae) with ecological notes. Psyche, Cambridge, 77 (3): 259-275.

Brown, W. L., and W. W. Kempf. 1960. A world revision of the ant tribe Basicerotini. Studia Entomologica, n. s. 3 (1-4) 161-250.

——1969. A revision of the Neotropical dacetine ant genus Acanthognathus (Hymenoptera: Formicidae). Psyche, Cambridge, 76 (2): 87-109.

Brown, W. L., and E. 0. Wilson. 1959. The evolution of the dacetine ants. Quarterly Review of Biology, 34:278-294.

Bruce, H. M. 1966. Smell as an exteroceptive factor. Journal of Animal Science, supplement 25: 83-89.

Brun, R. 1952. Das Zentralnervensystem von Teleutomyrmex schneiden Kurt ♀ (Hym, Formicid.). Mitteilungen der Schwei-zerischen Entomologischen Gesellschaft, 25 (2): 73-86.

Bruner, J. S. 1968. Processes of cognitive growth:infancy. Clark University press, with Barre Publishers, Barre, Mass. vii+75pp.

Buck, J. B. 1938. Synchronous rhythmic flashing of fireflies. Quarterly Review of Biology, 13 (3): 301-314.

Buckley, Francine G. 1967. Some notes on flock behaviour in the bluecrowned hanging parrot Loriculus galgulus in captivity. Pavo (Indian Journal of Ornithology), 5 (1, 2): 97-99.

Buckley, Francine G., and P. A. Buckley. 1972. The breeding ecology of royal terns Sterna (Thalasseus) maxima maxima. Ibis, ll4:344-359.

Buckley, P. A., and Francine G. Buckley. 1972. Individual egg and chick recognition by adult royal tems (Stema maxima maxima). Animal Behaviour, 20 (3): 457-462.

Buechner, H. K. 1950. life history, ecology, and range use of the pronghorn antelope in Trans-Pecos, Texas. American Midland Naturalist, 43 (2): 257-354.

——1961. Territorial behavior in Uganda kob. Science, 133:698-699.

——1963. Territoriality as a behavioral adaptation to environment in Uganda kob. Proceedings of the Sixteenth Intermational Congress of Zoolog), Washington, D. C., 3:59-63.

Buechner, H. K., and H. D. Roth. 1974. The lek system in Uganda kob antelope. American Zoologist, 14 (1): 145-162.

Buettner-Janusch, J., and R. J. Andrew. 1962. The use of the incisors by primates in grooming. American Journal of Physical Anthropology, 20 (1): 127-129.

Bullis, H. R., Jr. 1961. Observations on the feeding behavior of white-tip skarks on schooling fishes. Ecology, 42 (1): 194-195.

Bullock, T. H. 1973. Seeing the world through a new sense:electroreception in fish. American Scientist, 61 (3): 316-325.

Bunnell, P. 1973. Vocalizations in the territorial behavior of the frog Dendrobates pumilio. Copeia, 1973, no. 2:pp. 277-284.

Büinzli, G. H. 1935. Untersuchunenüber coccidophile Ameisen aus den Kaffeefeldern von Surinam. Mitteilungen der Schweizerischen Entomologischen Gesellschaft, 16 (6, 7): 453-593.

Burchard, J. E., Jr. 1965. Family structure in the dwarf cichild Apistogramma trifasciatum Eigemnann and Kennedy. Zeitschrift für Tierpsychologie, 22 (2): 150-162.

Buren, W. F. 1968. A review of the species of Crematogaster, sensu stricto, in North America (Hymenoptera, Formicidae): II, descriptions of new species. Journal of the Georgia Entomological- Society, 3 (3): 9l-l2l.

Burghardt, G. M. 1970. Chemical perception in reptiles. In J. W. Johnston, Jr., D. G. Moulton, and A. Turk, eds. (q. v.) Advancesin chemoreception, vol, 1, Communication by chemical signals, pp. 241-308.

Burnet, F. M. 1971. "Self-recognition"in colonial marine forms and flowering plants in relation to the evolution of immunity. Nature, London, 232 (5308): 230-235.

Burt, W. H. 1941. Territoriality and home range concepts as applied to mammals. Journal of Mammalogy, 24 (3): 346-352.

Burton, Frances D. 1972. The integration of biology and behavior in the socialization of Macaca sylvana of Gibraltar. In F. E. Poirier, ed. (q. v.), Primate socialization, pp. 29-62.

Busnel, R. -G., and A. Dziedzic. 1966. Acoustic signals of the pilot whale Globicephala melaena and of the porpoises Delphinusdelphis and Phocoena. In K. S. Norris, ed. (q. v.), Whales, dolphins, and porpoises, pp. 607-646.

Bustard, H. R. 1970. The role of behavior in the natural regulation of numbers in the gekkonid lizard Gehyra variegata. Ecology, 5l (4): 724-728.

Butler, Charles. 1609. The feminine monarchie:on a treatise concerning bees, and the due ordering of them, Joseph Barnes, Oxford.

Butler, C. G. 1954a. The world of the honeybee. Collins, London. xiv+226 pp.

——1954b. The method and importance of the recognition by a colony of honeybees (A. mellifera) of the presence of its queen. Transactions of the Royal Entomological Society of London, 105 (2): 11-29.

——1967. Insect pheromones. Biological Reviews, Cambridge Philosophical Society, 42 (1): 42-87.

——1969. Some pheromones controlling honeybee behaviour. Proceedings of the Seventh Congress of the International Union forthe Study of Social Insects, Bern, pp. 19-32.

Butler, C. G., and D. H. Calam. 1969. Pheromones of the honey bee-the secretion of the Nassanoff gland of the worker. Journal of Insect Physiology, 15 (2): 237-244.

Butler, C. G., R. K. Callow, and J. R. Chapman. 1964. 9-Hydroxydectrans-2-enoic acid, a pheromone stabilizing honeybee swarms. Nature, London, 201 (4920): 733.

Butler, C. G., D. J. C. Fletcher, and Doreen Watler. 1969. Nest-entrance marking with pheromones by the honeybee, Apis mellifera L., and by a wasp, Vespula vulgaris L. Animal Behaviour. 17 (l): 142-147.

Butler, C. G., and J. B. Free. 1952. The behaviour of worker honeybees at the hive entrance. Behaviour, 4 (4): 262-292.

Butler, C. G., and J. Simpson. 1967. Pheromones of the queen honeybee (Apis mellifera L.) which enable her workers to follow her when swarming. Proceedings of the Roval EntomologicalSociety of London, ser. A, 42 (10-12): l49-l54.

Butler, R. A. 1954. Incentive conditions which influence visual exploration. Journal of Experimental Psychology. 48:17-23.

——1965. Investigative behavior. In A. M. Schrier, H. F. Harlow, and F. Stollnitz, eds., Behavior of non-human primates:modern research trends, vol. 2, pp. 463-493. Academic Press, NewYork. xv+pp. 287-595.

Cairns, J., Jr., M. L. Dahlberg, K. L. Dickson, Nancy Smith, and W. T. Waller. 1969. The relationship of fresh-water protozoan communities to the MacArthur-Wilson equilibrium model. American Naturalist 103 (933): 439-454.

Calaby, J. H. 1956. The distribution and biology of the genus Ahamitermes (Isoptera). Australian Journal of Zoology, 4 (2): 111-124.

——1960. Observations on the banded ant-eater Myrniecobius f. fasciatus Waterhouse (Marsupialia), with particular reference to its food habits. Proceedings of the Zoological Society of London, l35 (2): 183-207.

Caldwell, D. K., Melba C. Caldwell, and D. W. Rice. 1966. Behavior of the sperm whale, Physeter catodon L. In K. S. Norris, ed. (q. v.) Whales. dolphins, and porpoises, pp. 679-716.

Caldwell, L. D., and J. B. Gentry. 1965. Interactions of Peromyscus and Mus in a one-acre field enclosure. Ecology, 46 (1, 2): 189-192.

Caldwell, Melba C., and D. K. Caldwell. 1966. Epimeletic (care-giving) behavior in Cetacea. In K. S. Norris, ed. (q. v.) Whales, dolphinsandporpoises, pp. 755-788.

——1972. Behavior of marine mammals: sense and communication. In S. H. Ridgway, ed. (q. v.), Mammals of the sea:biology and medicine, pp. 419-502.

Calhoun, J. B. 1962a. The ecology and sociology of the Norway rat. U. S. Department of Health, Education, and Welfare, Public Health Service Document no. 1008. Superintendent of Documents, U. S. Government Printing Office, Washington, D. C. viii+288 pp.

——1962b. Population density and social pathology. Scientific American 206 (2) (February): 139-148.

——1971. Space and the strategy of life. In A. H. Esser, ed. (q. v.), Behavior and environmeut:the use of space by animals and men, pp. 329-387.

Callow, R. K., J. R. Chapman, and Patricia N. Paton. 1964. Pheromones of the honeybee:chemical studies of the mandibular gland secretion of the queen. Journal of Apicultural Research, 3 (2): 77-89.

Campbell, B. G., ed. 1972. Sexual selection and the descent of man 1871—1971. Aldine Publishing Co., Chicago. x+378 pp.

Campbell, D. T. 1972. On the genetics of altruism and the counterhedonic components in human culture. Journal of Social Issues, 28 (3): 21-37.

Camus, A. 1955. The myth of Sisyphus. Vintage Books, Alfred A. Knopf, New York. viii+151 pp.

Candland, D. K., and A. I. Leshner. 1971. Formation of squirrel monkey dominance order is correlated with endocrine output. Bulletin of the Ecological Society of America, 52 (4): 54.

Capranica, R. R. 1968. The vocal repertoire of the bullfrog (Rana catesbeiana). Behaviour, 31 (3): 302-325.

Carl, E. A. 1971. Population control in arctic ground squirrels. Ecology, 52 (3): 395-413.

Carne, P. B. 1966. Primitive forms of social behaviour, and their significance in the ecology of gregarious insects. Proceedings of the Ecological Society of Australia, 1: 75-78.

Carneiro, R. L. 1970. A. theory of the origin of the state. Science, 169:733-738.

Carpenter, C. C. 1971. Discussion of Session I: Territoriality and dominance. In A. H. Esser, ed. (q. v.), Behavior andenvironment:the use of space by animals and men, pp. 46-47.

Carpenter, C. R. 1934. A field study of the behavior and social relations of howling monkeys. Comparative Psychology Monographs, 10 (2): 1-168.

——1935. Behavior of red spider monkeys in Panama. Journal of Mammalogy, 16 (3): 171-180.

——1940. A field study in Siam of the behavior and social relations of the gibbon (Hylobates lar). Comparative Psychology Monographs, 16 (5): 1-212.

——1942a. Sexual behavior of free ranging rhesus monkeys (Macaca mulatta): II, periodicity of estrus, homosexual, autoerotic and nonconformist behavior. Journal of Comparative Psychology, 33 (1): 143-162.

——1942b. Characteristics of social behavior in non-human primates. Transactions of the New York Academy of Sciences, 2dser., 4 (9): 248-258.

——1952. Social behavior of non-human primates. In P. -P. Grassé, ed. (q. v.), Structure et physiologie des socétéis animales, pp. 227-246.

——1954. Tentative generalizations on the grouping behavior of nonhuman primates. Human Biology, 26 (3): 269-276.

——1965. The howlers of Barro Colorado Island. In I. DeVore, ed. (q. v.), Primate behavior:field studies of monkeys and apes, pp. 250-291.

——ed. 1973. Behavioral regulators of behavior in primates. Bucknell University Press, Lewisburg, Pa. 303 pp.

Carr, A., and H. Hirth. 1961. Social facilitation in green turtle siblings. Animal Behaviour, 9 (1, 2): 68-70.

Carr, A., and L. Ogren. 1960. The ecology and migrations of sea turtles:4, the green turtle in the Caribbean Sea. Bulletin of the American Museum of Natural History, 121 (1): 1-48.

Carr, W. J., R. D. Martorano, and L. Krames. 1970. Responses of mice to odors associated with stress. Journal of Comparativeand Physiological Psychology, 71 (2): 223-228.

Carrick, R. 1963. Ecological significance of territory in the Australian magpie, Gymnorhina tibicen. Proceedings of the Thirteenth International Ornithological Congress, 2:740-753.

Carrick, R., S. E. Csordas, Susan E. Ingham, and K. Keith. 1962. Studies on the southern elephant seal, Mirounga leonina (L.), III, IV. C. S. I. R. O. Wildlife Research, Canberra, Australia, 7 (2): 119-197.

Cartmill, M. 1974, Rethinking primate origins. Science, 184:436-443.

Castle, G. B. 1934. The damp-wood termites of western United States, genus Zootermopsis (formerly, Termopsis). In C. A. Kofoid et al., eds. (q. v.), Termites and termite control, pp. 273-310.

Castoro, P. L., and A. M. Guhl. 1958. Pairingbehavior related to aggressiveness and territory. Wilson Bulletin, 70 (1): 57-69.

Caughley, G. 1964. Social organization and daily activity of the red kangaroo and the grey kangraoo. Journal of Mammalogy. 45 (3): 429-436.

Cavalli-Sforza, L. L. 1971. Similaritiesanddissimilaritiesofsocioculturalandbiologicalevolution. InF. R. Hodson, D. G. Kendall, andP. Tautu, eds., Mathematics in the archaeological and historical sciences, pp. 535- 541. Edinburgh University Press, Edinburgh. vii+565 pp.

Cavalli-Sforza, L. L., and W. F. Bodmer. 1971. The genetics of humanpopulations. W. H. Freeman, San Francisco. xvi+965pp.

Cavalli-Sforza, L. L., and M. W. Feldman. 1973. Models for cultural inheritance:I, group mean and within group variation. Theoretical Population Biology, 4 (1): 42-55.

Chagnon, N. A. 1968. Yanomamö: the fierce people. Holt, Rinehart and Winston, New York. xviii+142 pp.

Chalmers, N. R. 1968. The social behaviour of free living mangabeys in Uganda. Folia Primatologica, 8 (3, 4): 263-281.

——1972. Comparative aspects of early infant development in some captive cercopithecines. In F. E. Poirier, ed. (q. v.), Primate socialization, pp. 63-82.

Chalmers, N. R., and Thelma E. Rowell. 1971. Behaviour and female reproductive cycles in a captive group of mangabeys. Folia Primatologica, 14 (1): 1-14.

Chance, M. R. A. 1955. The sociability of monkeys. Man55 (176): 162-165.

——1961. The nature and special features of the instinctive social bond of primates. In S. L. Washburn, ed. (q. v.), Social life of early man, pp. 17-33.

——1962. Social behaviour and primate evolution. In M. F. Ashley Montagu, ed., Culture and the evolution of man, pp. 84-130. Oxford University Press, New York. xiii+376 pp.

——1967. Attention structure as the basis of primate rank orders. Man, 2 (4): 503-518.

Chance, M. R. A., and C. J. Jolly. 1970. Social groups of monkeys, apes and men. E. P. Dutton, New York. 224 pp.

Charles-Dominique, P. 1971. Eco-ethologie des prosimiens du Gabon. Biologia Gabonica, 7 (2): 121-228.

——1972. Ecologic, et vie sociale de Galago demidovii (Fischer 1808; prosimii). Zeitschrift für Tierpsychologie, supplement 9: 7-42.

Charles-Dominique, P., and C. M. Hladik. 1971. LeLepilemur du Sud de Madagascar: écologie, alimentation et viesociale. La Terre et la Vie, 118 (1): 3-66.

Charles-Dominique, P., and R. D. Martin. 1970. Evolution of lorises and lemurs. Nature, London, 227 (5255): 257-260.

——1972. Behaviour and ecology of nocturnal prosimians. Zeitschrift für Tierpsychologie, supplement 9. 91pp.

Chase, I. D. 1973. A working paper on explanations of hierarchy in animal societies. (Unpublished manuscript, cited by permission of the author.)

——1974. Models of hierarchy formation in animal societies. Behavioral Science. (Inpress.)

Chauvin, R. 1960. Les substances actives sur le comportement à l'inté rieur de la ruche. Annales de l'Abeille, 3 (2): 185-197.

——ed. 1968. Traité de biologie l'Vabeille, 5 vols. Vol. 1, Biologie et physiologie générales. xvi+547pp. Vol. 2, Systéme nerveux, comportententetré gulationssociales. viii+566pp. Vol. 3, Les produits de la ruche. viii+400pp.

Vol. 4, Biologie appliquée. viii+434pp. Vol. 5, Histoire, ethnographie et folklore. viii+152pp. Masson et Cie, Paris.

Chauvin, R., and C. Noifot, eds. 1968. L'effet de groupe chez les animaux. Colloques Internationaux no. 173. Centre National de la Recherche Scientifique, Paris. 390pp.

Cheetham, A. H. 1973. Study of cheilostome polymorphism using principal components analysis. In G. P. Larwood, ed. (q. v.), Living and fossil Bryozoa: recent advances in research, pp. 385-409.

Chepko, Bonita Diane. 1971. A preliminary study of the effects of play deprivation on young goats. Zeitschrift für Tierpsychologie, 28 (5): 517-526.

Cherrett, J. M. 1972. Some factors involved in the selection of vegetable substrate by Atta cephalotes (L.) (Hymenoptera:Formicidae) in tropical rain forest. Journal of Animal Ecology, 41: 647-660.

Cherry, C. 1957. On human communication. John Wiley &Sons, New York. xvi+333pp.

Chiang, H. C., and 0. Stenroos. 1963. Ecology of insect swarms: II, occurrence of swarms of Anarete sp. under different field conditions (Cecidomyiidae, Diptera). Ecology, 44 (3): 598-600.

Chitty, D. 1967a. The natural selection of self-regulatory behaviour in animal populations. Proceedings of the Ecological Society of Australia, 2: 51-78.

——1967b. What regulates bird populations? Ecology, 48 (4): 698-701.

Chivers, D. J. 1969. On the daily behaviour and spacing of free-ranging howler monkey groups. Folia Primatologica, 10 (1): 48-102.

——1973. An introduction to the socio-ecology of Malayan forest primates. In R. P. Michael and J. H. Crook, eds. (q. v.), Comparative ecology and behaviour of primates, pp. 101-146.

Chomsky, N. 1957. Syntactic structures. Mouton, The Hague. 118 pp.

——1972. Language and mind, enlarged ed. Harcourt, Brace, Jovanovich, New York. xii+194 pp.

Christen, Anita. 1974. Fortpflanzungsbiologie und Verhalten bei Cebuella pygmaed und Tamarin tamarin (Primates, Platyrrhina, Callithricidae). Zeitschrift für Tierpsychologie, supplement 14. 79 pp.

Christian, J. J. 1955. Effect of population size on the adrenal

glands and reproductive organs of male mice. American Journal of physiology, 182 (2): 292-300.

——1961. Phenomena associated with population density. Proceedings of the National Academy of Sciences, U. S. A., 47 (4): 428-449.

——1968. Endocrine-behavioral negative feed-back responses to in creased population density. In R. Chauvin and C. Noirot, eds. (q. v.), L'eflet de groupe chez les animaux, pp. 289-322.

——1970. Social subordination, population density, and mammalian evolution. Science, 168:84-90.

Christian, J. J., and D. E. Davis. 1964. Endocrines, behavior, and population. Science, 146:1550-1560.

Clark, Eugenie. 1972. The Red Sea's garden of eels. National Geographic, 142 (5) (November): 724-735.

Clark, L. R., P. W. Geier, R. D. Hughes, and R. F. Morris. 1967. The ecology of insect populations in theory and practice. Methuen, London. xiv+232 pp.

Clarke, T. A. 1970. Territorial behavior and population dynamics of a pomacentrid fish, the garibaldi, Hypsypops rubicunda, Ecological Monographs, 40 (2): 189-212.

Clausen, C. R. 1940. Entomophagous insects. McGraw-Hill Book Co., New York. x+688 pp.

Clausen, J, A., ed. 1968. Socialization and society. Little, Brown, Boston. xvi+400 pp.

Clausewitz, C. von. 1960. Principles of war trans. by H. W. Gatzke from the Appendix of Vom Kriege, 1832. Stackpole Co., Harrisburg, Pa. iv+82 pp.

Clemente, Carmine D., and D. B. Lindsley, eds. 1967. Brain function, vol. 5, Aggression and defense: neural mechanisms and social patterns. University of California Press, Berkeley. xv+361pp.

Cleveland, L. R., S. R. Hall, Elizabeth P. Sanders, and Jane Collier. 1934. The wood-feeding roach Cryptocercus, its Protozoa, and the symbiosis between Protozoa and roach. Memoirs of the American Academy of Arts and Sciences 17 (2): 185-342.

Clouth, G. C. 1971. Behavioral responses of Norwegian lemmings to crowding. Bulletin of the Ecological Society ofAmerica, 52 (4): 38.

——1972. Biology of the Bahaman hutia, Geocapromys ingrahami. Journal of Mammalogy, 53 (4): 807-823.

Coates, A. G., and W. A. Oliver, Jr. 1973. Coloniality in zoantharian corals. In R. S. Boardman, A. H. Cheetham, and W. A. Oliver, Jr., eds. (q. v.), Animal colonies:development and function through time, pp. 3-27.

Cody, M. L. 1966. A general theory of clutch size. Evolution, 20 (2): 174-184.

——1969. Convergent characteristics in sympatric species:a possible relation to interspecific competition and aggression. Condor, 71 (3): 223-239.

——1971. Finch flocks in the Mohave Desert. Theoretical Population Biology. 2 (2): 142-158.

——1974. Competition and the structure of bird communities. Princeton University Press, Princeton, N. J. x+318 pp.

Cody, M. L., and J. H. Brown. 1970. Character convergence in Mexican finches. Evolution, 24 (2): 304-310.

Coe, M. J. 1962. Notes on the habits of the Mount Kenya hyrax (Procavia johnstoni mackinderi Thomas). Proceedings of the Zoological Society of London, 138 (4): 639-644.

——1967. Co-operation of three males in nest construction by Chiromantis rufescens Gunther (Amphibia:Rhacophoridae). Nature, London, 214 (5083): 112-113.

Cohen, D. 1967. Optimization of seasonal migratory behaviour. American Naturalist, 101 (917): 1-17.

Cohen, J. E. 1969a. Grouping in a vervet monkey troop. Proceedings of the Second International Congress of Primatology, Atlanta, Georgia (U. SA.), 1968, 1: 274-278.

——1969b. Natural primate troops and a stochastic population model. American Naturalist, 103 (933): 455-477.

——1971. Casual groups of monkeys and men: stochastic models of elemental social systems. Harvard University Press, Cambridge. xiii+175 pp.

Cole, A. C. 1968. Pogonomyrmex harvester ants:a study of the genus in North America. University of Tennessee Press, Knoxville. x+222 pp.

Cole, L. C. 1954. The population consequences of fife history phenomena. Quarterly Review of Biology, 29 (2): 103-137.

Collias, N. E. 1943. Statistical analysis of factors which make for success in initial encounters between hens. American-Naturalisht, 77 (773): 519-538.

——1950. Social life and the individual among vertebrate animals Annals of the New York Academy of Sciences, 51 (6): 1076-1092.

Collias, N. E., and Elsie C. Collias. 1967. A field study of the red jungle fowl in north-central India. Condor, 69 (4): 360-386.

——1969. Size of breeding colony related to attraction of mates in a tropical passerine bird. Ecology, 50 (3): 481-488.

Collias, N. E, Elsie C. Collias, D. Hunsaker, and Lory Minning. 1966. Locality fixation, mobility and social organization within an unconfined population of red jungle fowl. Animal Behaviour, l4 (4): 550-559.

Collias, N. E., and L. R. Jahn. 1959. Social behavior and breeding success in Canada geese (Branta canadensis) confined under semi-natural conditions. Auk, 76 (4): 478-509.

Collias, N. E., and C. H. Southwick. 1952. A field study of populationdensity and social organization in howling monkeys. Proceedings of the American Philosophical Soviery, Philadelphia, 96 (2): l43-156.

Collias, N. E., J. K. Victoria, and R. J. Shallenberger. 1971. Social facilitation in weaverbirds: importance of colony size. Ecology, 52 (2): 823-828.

Colombel, P. 1970a. Recherches sur la biologie et l'éthologie d'Odontomachus haematodes L. (Hym. Formicodidea Poneridae): étude des populations dans leur milieu naturel. Insectes Sociaux, 17 (3): 183-198.

——1970b. Recherches sur la biologie et l'édthologie d'Odontomachus haematodes L. (Hym. Formicoidea Poneridae): biologie des reines. Insectes Sociaux, 17 (3): 199-204.

Comfort, A. 1971. Likelihood of human pheromones. Nature, London. 230 (5294): 432-433, 479.

Corder, P. J. 1949. Individual distance. Ibis, 91 (4): 649-655.

Connell, J. H, 1961. The influence of interspecific competition and other factors on the distribution of the barnacle Chthamalus stellatus Ecology, 42 (4): 710-723.

——1963. Territorial behavior and dispersion in some marine inverte. brates. Researches on Population Ecology, 5 (2): 87-101.

Cook, S. F., and K. G. Scott. 1933. The nutritional requirements of Zootermopsis (Termopsis) angusticollis. Journal ofCellular and Comparative Physiology, 4 (l): 95-110.

Cooper, K. W. 1957. Biology of eumenine wasps:V, digital communication in wasps. Journal of Experimental Zoology, 134 (3): 469-509.

Corliss, J. 0. 1961. The ciliated Protozoa:characterization, classification. and guide to the literature. Pergamon, New York. 310 pp.

Corning, W. C., J. A. Dyal, and A. 0. D. Willows, eds. 1973. Invertebrate learning, 2 vols. Vo. 1, Protozoans through annelids. xvii+296 pp.

Vol. 2, Arthropods and gastropod mollusks. xiii+284 pp. Plenum Press, New York.

Cott, H. B. 1957. Adaptive coloration in animals. Methuen, London xxxii+508 pp.

Coulson, J. C. 1966. The influence of the pair-bond and age on the breeding biology of the kittiwake gull Rissa tridactyla. Journal of Animal Ecology, 35 (2): 269-279.

Coulson, J. C., and E. White. 1956. A study of colonies of the kittiwake Rissa tridaciyla (L.). Ibis, 98 (l): 63-79.

——1960. The effect of age and density of breeding birds on the time of breeding of the kittiwake Rissa tridactyla, Ibis, 102 (1): 71-86.

Count, E. W. 1958. The biological basis of human sociality. American Anthropologist, 60 (6): 1049-1085.

Cousteau. J. -Y., and P. Diolé6\1972\Killer whales have fearsome teeth and a strange gentleness to man. Smithsonian, 3 (3) (June): 66-73. (Reprinted in modified form from J. -Y. Cousteau, The whale:mighty monarch of the sea, Doubleday, Garden City, N. Y., 1972.)

Cowdry, E. V., ed. 1930. Human biology and racial welfare. Hoeber New York. 612 pp.

Craig, G. B. 1967. Mosquitoes:female monogamy induced bymale accessory gland substance. Science, 156:1499-1501.

Craig, J. V., and A. M. Guhl. 1969. Territorial behavior and social interactionns of pullets kept in large flocks. Poultry Science, 48 (5): 1622-1628.

Craig, J. V., L. L. Ortman, and A. M. Guhl. 1965. Geneticselection for social dominance ability in chickens. Animal Behaviour, 13 (1): 114-131.

Crane, Jocelyn. 1949. Comparatvie biology of salticid spiders at Rancho Grande, Venezuela:TV, an analysis of display, Zoologica, New York, 34 (4): 159-214.

——1957. Imaginal behavior in butterflies of the family Heliconiidae:changing social patterns and irrelevant actions. Zoologica, New York, 42 (4): 135-145.

Creighton, W. S. 1953. New data on the habits of Campono-tus, (Myrmaphaenus) ulcerosus Wheeler. Psyche, Cambridge, 60 (2): 82-84.

Creighton, W. S., and R. H. Crandall. 1954. New data on the habits of Myrmecocystus melliger Forel. Biological Review, City College of New York, 16 (1): 2-6.

Creighton, W. S., and R. E. Gregge. 1954. Studies on the habits and distribution of Cryptocerus texanus Santschi (Hymenoptera:Formicidae). Psyche, Cambridge, 61 (2): 41-57.

Crisler, Lois. 1956. Observations of wolves hunting caribou. Journal of Mammalogy, 37 (3): 337-346.

Crisp, D. J., and P. S. Meadows. 1962. The chemical basis of gregariousness in cirripedes, Proceedings of the Royal Society, Ser. B, 156:500-520.

Crook, J. H. 1961. The basis of flock organisation in birds. In W. H. Thorpe and 0. L. Zangwill, eds. (q. v.), Current problems inanimal behaviour, pp. 125-149.

——1964. The evolution of social organization and visual communication in the weaver birds (Ploceinae). Behaviour, supplement 10. 179 pp.

——1965. The adaptive significance of avian social organizations Symposia of the Zoological Society of London, 14:181-218,

——1966. Gelada baboon herd structure and movement: a comparative report. symposia of the Zoological Society of London, 18:237-258.

——1970a. Introduction——social behaviour and ethology. In J. H. Crook, ed (q. v.), Social behaviour in birds and mammals:essays on the social ethology of animals and man, PP. xxi-xl.

——1970b. The socio-ecology of primates. In J. H. Crook, ed. (q. v.), Social behaviour in birds and mammals:essays on the social ethology of animals and num, pp. 103-166.

——ed. 1970c. Social behaviour in birds and mammals:essays on the social ethology of animals and man. Academic Ptess, New York. xI+492 pp.

——1971. Sources of cooperation in animals and man. In J. F. Eisenberg and W. S. Dillon, eds. (q. v.), Man and beast:-comparative social behaviour, pp. 237-271

——1972. Sexual selection, dimorphism, and social organization in the primates. In B. G. Campbell, ed. (q. v.), Sexualselection and the descent of man, 1871-1971, pp. 231-281.

Crook, J. H., and P. Aldrich-Blake. 1968. Ecological and behavioural contrasts between sympatric ground dwelling primates in Ethiopia. Folia Primatologica, 8 (3, 4): 192-227.

Crook, J. H., and P. A. Butterfield. 1970. Gender role in the social system of quelea. Ir. J. H. Crook, ed. (q. v), Social behaviour in birds and mammals: essays on the social ethology of animals and man, pp. 211-248.

——Crook, J. H., and J. S. Gartlan. 1966. Evolution of primate societies. Nature, London, 210 (5042): 1200-1203.

——Crovello, T. J., and C. S. Hacker. 1972. Evolutionary strategies in life table characteristics among feral and urban strains of Aedes aegypti (L.). Evolution, 26 (2): 185-196.

——Crow, J. F., and M. Kimura. 1965. Evolution in sexual and asexual populations. American Naturalist, 99 (909): 439-450.

——1970. An introduction to population genetics theory. Harper & Row, New York. xiv+591 pp.

——Crow, J. F., and A. P. Mange. 1965. Measurement of inbreeding from the frequency of marriages between persons of the same surname. Eugenics Quarterly, 12:199-203.

——Crowcroft, P. 1957. The life of the shrew. Max Reinhardt, London. viii+166 pp.

——Crystal, D. 1969. Prosodic systems and intonation in English. Cambridge University Press, London. viii+381 pp.

——Cullen, Esther. 1957. Adaptations in the kittiwake tocliff-nesting. Ibis, 99 (2): 275-302.

——Cullen, J. M. 1960. Some adaptations in the nesting behaviour of terns. Proceedings of the Twelfth International Ornithological Congress, Helsinki, 1: 153-157.

——Curio, E. 1963. Probleme des Feinderkennens bei Vogeln. Proceedings of the Thirteenth International Ornithological Congress, Ithaca, New York, 1: 206-239.

——Curtis, Helena. 1968a. Biology. Worth Publishers, New York. 854 pp.

——1968b. The marvelous animals:an introduction to the Protozoa. Natural History Press, Garden City, MY xvi+189 pp. Curtis, H. J. 1971. Genetic factors in aging. Advances in Genetics, 16:305-325.

Curtis, R. F., J. A. Ballantine, E. B. Keverne, R. W. Bonsall, and R. P. Michael. 1971. Identification of primate sexual pheromones and the properties of synthetic attractants. Nature, London, 232 (5310): 396-398.

Daanje, A. 1950. On locomotory movements in birds and the intention movements derivde from them. Behaviour, 3 (1): 48-98.

Dagg, Anne I., and D. E. Windsor. 1971. Olfactory discrimination limits in gerbils. Canadian Journal of Zoology, 49 (3): 283-285.

Dahl, E., H. Emanuelsson, and C. von Mecklenburg. 1970. Pheromone transport and reception in an amphipod. Science, 170:739-740.

Dahlberg, G. 1947. Mathematical methods for population genetics. S. Karger, New York. 182 pp.

Dalke, P. D., D. B. Pyrah, D. C. Stanton, J. E. Crawford, and E. Schlatterer. 1963. Ecology, productivity, and management of sage grouse in Idaho. Journal of Wildlife Management, 27 (4): 810-841.

Dambach, M. 1963. Vergleichende Untersuchungen ü ber dasSchwarmverhalten von Tilapia- Jungfischen (Cichidae, Teleostei). Zeitschrift für Tierpsychologie, 20 (3): 267-296.

Dane, B., and W. G. Van der Kloot. 1964. An analysis of the display of the goldeneye duck (Bucephala clangula [L.]). Behaviour, 22. (3, 4): 282-328.

Dane, B., C. Walcott, and W. H. Drury. 1959. The form and duration of the display actions of the goldeneye (Bucephala clangula). Behaviour, l4 (4): 265-281.

Darling, F. F. 1937. A. herd of red deer. Oxford University Press, London. x+215 pp. (Reprinted as a paperback, Doubleday, Garden City, N. Y., 1964. xiv+226 pp.)

——1938. Bird flocks and the breeding cycle: a contributionto the study of avian sociality. Cambridge University Press, Cambridge. x+124 pp.

Darlington, C. D. 1969. The evolution of man and society. Simon and Schuster, New York. 753 Pp.

Darlington, P. J. 1971. Interconnected patterns of biogeography and evolution. Proceedings of the National Academy of Sciences, U. S. A., 68 (6): 1254-1258.

Dart, R. A. 1949. The predatory implemental technique of Australopithecus. American Journal of Physical Anthropology, n. s. 7:1-38.

——1953. The predatory transition from ape to man. International Anthropological and Lingui- stic Review, 1 (4): 201-

213.

——1956. Cultural status of the South African man-apes. Report of the Smithsonian Institution, Washington, D. C., 1955, PP. 317-338.

Darwin, C. 1871. The descent of man, and selection in relation to sex, 2 vols. Appleton, New York. Vol. 1:vi+409 pp. ;vol. 2:viii+436 pp.

Dasmann, R. E, and R. D. Taber. 1956. Behavior of Columbian blacktailed deer with reference to population ecology. Journal of Mammalogy, 37 (2): 143-164.

Davenport, R. K. 1967. The orang-utan in Sabah. Folia Primatologica, 5 (4): 247-263.

Davis, D. E. 1942. The phylogeny of social nesting habits in the Crotophaginae. Quarterly Review of Biology, 17 (2): 115-134. ——1946. A seasonal analysis of mixed flocks of birds in Brazil. . Ecology, 27 (2): 168-181.

——1957. Aggressive behavior in castrated starlings. Science, 126: 253.

——1958. The role of density in aggressive behaviour of house mice. Animal Behaviour, 6 (3, 4): 207-210.

——1964. The physiological analysis of aggressive behavior. In W. Etkin, ed. (q. v), Social behavior and organization amongvertebrates, pp. 53-74.

Davis, J. A., Jr. 1965. A preliminary report of the reproductive behavior of the small Malayan chevrotain, Tragulus javanicus, at New York Zoo. International Zoo Yearbook, 5:42-48.

Davis, R. B., C. F. Herreid, and H. L. Short. 1962. Mexicanfree-tailed bat in Texas. Ecological Monographs, 32 (4): 311-346.

Davis, R. M. 1972. Behavior of the Vlei rat, Otomaysirroratus. Zoologica Africana, 7:119-140.

Davis, R. T., R. W. Leary, Mary D. C. Smith, and R. F. Thompson. 1968. Species differences in the gross behaviour of nonhuman primates. Behaviour, 31 (3, 4): 326-338.

Davis, W. H., R. W. Barbour, and M. D. Hassell. 1968. Colonial behavior of Eptesicus fascus. Journal of Mammalogy. 49 (1): 44-50.

Deag, J. M. 1973. Intergroup encounters in the wild Barbary macaque Macaca sylvanus L. In R. P. Michael and J. H. Crook, eds. (q. v.), Comparative ecology and behaviour of primates, pp. 315-373.

Deag, J. M., and J. H. Crook. 1971, Social behaviour and"agonistic buffering"in the wild Barbary macaque Macaca sylvana L. Folia Primatologica, 15 (3, 4): 183-200.

Deegener, P. 1981. Die Formen der Vergesellschaftung im Tierreiche:ein systematisch- soziologischer Versuch. Veit, Leipzig. 420 pp.

DeFries, J. C., and G. E. McClearn. 1970. Social dominance and Darwinian fitness in the laboratory mouse. American Naturalist, 104 (938): 408-411.

Delage-Darchen, Bernadette. 1972. Une fourmi deCote-d'Ivoire: Melissotarsus titubans Del., n. sp. InsectesSociaux, 19 (3): 213-226.

Deleurance, E. -P. 1948. Le comportement reproducterur est indé pendant de la présence des ovaires chez Polistes (Hyménoptères Vespides) Compte Rendu de l'Académie des Sciences, Paris, 227 (17): 866-867.

——1952. Lepolymorphisme social et son déterminisme chez les Guêpes. In P. P. Grassě, ed. (q. v.), Structure etphysiologie des sociétés animales, pp. 141-155.

——1957. Contributiona à l'étude biologique des Polistes (Hyménoptères Vespoides): I, l'activité de construction. Annales des Sciences Naturelles, Zoologie, llthset., 19 (1, 2): 91-222.

Deligne, J. 1965. Morphologie et fonctionnement des mandibules chez les soldats des termites. Biologia Gabonica, 1 (2): 179-186.

Denenberg, V. H., ed. 1972. The development of behavior. Sinauer Associates, Sunderland, Mass. ix+483pp.

Denenberg, V. H., and K. M. Rosenberg. 1967. Nongenetic transmission of information. Nature, London, 216 (5115): 549-550.

Denes, P. B., andE. N. Pinson. 1973. The speech chain: the physics and biology of spoken language, rev. ed. Anchor Press, Doubleday, Garden City, N. Yxviii+217pp.

Denham, W. W. 1971. Energy relations and some basic properties of primate social organization. American Anthropologist, 73: 77-95.

Deutsch, J. A. 1957. Nest building behaviour of domestic rabbits undersemi-natural conditions. British Journal of Animal Behaviour. 5 (2): 53-54.

DeVore, B. I. 1963a. Mother-infant relations in free-ranging baboons. In Harriet L. Rheingold, ed. (q. v.), Maternal behavior in mammals, pp. 305-335.

——1963b. Acomparison of the ecology and behavior of monkeys and apes. In S. L. Washburn, ed. (q. v.), Classification and human evolution, pp. 301-319.

——ed. 1965. Primate behavior: field studies of monkeys and apes. Holt, Rinehart and Winston, New York. xiv+654pp.

——1971, The evolution of humansociety. In J. F. Eisenberg and W. S. Dillon, eds. (q. v.), Man and beast: comparative social behavior, pp. 297-311.

——1972. Quest fot the roobs of society. In P. R. Marler, ed. (q. v.), The marvels of animal behavior, pp. 393-408.

DeVore, B. I., andS. L. Washburn. 1960. Baboon behavior. 16-mm sound color film. University Extension, University of California, Berkeley. 30 min.

Diamond, J. M., and J. W. Terborgh. 1968. Dualsingingin-NewGuineabirds. Auk, 85 (l): 62-82.

Dingle, H. 1972a. Migrationstrategies of insects. Science, 175:1327-1335.

——1972b. Aggressive behavior in stomatopods and the use of information theory in the analysis of animal communication. In H. E. Winn and B. L. Olla, eds., Behavior of marine animals:currentpers pectives in research, vol. 1, Invertebrates, pp. 126-156. PlenumPress, NewYork. xxix+244 pp.

Dingle, H., and R. L. Caldwell. 1969. The aggressive and territorial behavjour of the mantis shrimp Gonodactylus bredini Manning (Crustacea: Stomatopoda). Behaviour, 33 (1, 2): ll5-136.

Dixon, K. L. 1956. Territoriality and survival in the plain titmouse. Condor, 58 (3): 168-182.

Dobrzanski, J. 1961. Sur l'étholo gicguerriéte de Formica sanguinea Latr. (Hyménoptèe, Formicidae). Acta Biologiae Experimentalis, Warsaw, 21: 53-73.

——1965. Genesis of social parasitism among ants. Acta Biologiae Experimentalis, Warsaw, 25 (1): 59-71.

——1966. Contribution to the ethology of Leptothorax acervorum (Hymenoptera: Formicidae). Acta Biologiae Experimentalis, Warsaw, 26 (l): 71-78.

Dobzhansky, T. 1963. Anthropology and the natural sciences——the problem of human evolution. Current Anthropology, 4: 138, 146-148.

Dobzhansky, T., H. Levene, and B. Spassky. 1972. Effects of selection and migration on geotactic and phototactic behaviour of Drosophila, III. Proceedings of the Royal Society, set. B, 180:21-41,

Dobzhansky. T., R. C. Lewontin, and Olga Pavlovsky. 1964. The capacity for increase in chromosomally polymorphic and monomorphic populations of Drosophila pseudoobscura. Heredity, 19 (4): 597-614.

Dobzhansky, T., and Olga Pavlovsky. 1971, Experimentally created incipient species of Drusophila. Nature, London, 230 (5292): 289-292.

Dobzhansky, T., and B. Spassky. 1962. Selection for geotaxisinmonomorphic and polymorphic populations of Drosophila Pseudoobscura. Proceedings of the National Academy of Sciences, U. S. A., 48 (10): 1704-1712.

Dodson, C. H. 1966. Ethology of some bees of the tribe Euglossini (Hymenoptera:Apidae). Journal of the Kansas Entomological Society, 39 (4): 607-629.

Doetsch, R. N., and T. M. Cook. 1973. Introduction to bacteria and their ecobiology. University Park Press, Baltimore, Md. xii+37l pp.

Donisthorpe, H. St. J. K. 1915. British ants, their life-history-and classification. William Bren- don and Son, Plymouth, England. xv+379 pp.

Dorst, J. 1970. A field guide to the larger mammals of Africa. Houghton Mifflin Co., Boston. 287 pp.

Douglas-Hamilton, I. 1972. On the ecology and behaviour of the African elephant:the elephants of Lake Manyara. Ph. D. Thesis, Oriel College, Oxford University, Oxford. xiv+268 pp.

——1973. On the ecology and behaviour of the Lake Manyara elephants. East African Wildlife Journal, 11 (3, 4): 401-403.

Downes, J. A. 1958. Assembly and mating in the biting Nematocera. Proceedings of the Tenth International Congress of Entomology, Montreal, 1956, 2:425-434.

Downhower, J, F., and K. B. Armitage. 1971. The yellow-bellied marmot and the evolution of polygamy. American Naturalist, 105 (944): 355-370.

Doyle, G. A., Annette Anderson, and S. K. Bearder. 1969. Maternal behaviour in the lesser bushbaby (Galago senegalensis moholi) under semi-natural conditions. Folia Primatologica, 11 (3): 215-238.

Doyle, G. A., Annette Pelletier, and T. Bekker. 1967. Courtship, mating and parturition in the lesser bushbaby (Galago senegalensis moholi) under semi-natural conditions. Folia

Primatologica, 7 (2): 169-197.

Drabek, C. M. 1973. Home range and daily activity of the round-tailed ground squirrel, Spermophilus tereticaudus neglectus. American Midland Naturalist, 89 (2): 287-293.

Dreher, J. J., and W. E. Evans. 1964. Cetacean communication. In W. N. Tavolga, ed. (q. v.), Marine bio- acoustics, pp. 373-393.

Drury, W. H., Jr. 1962. Breeding activities, especially nest building, of the yellowtail (Ostinops decumanus) in Trinidad, West Indies. Zoologica, New York, 47 (1): 39-58.

Dubost, G. 1965a. Quelques renseignements. biologiques sur Potamogale velax. Biologia Gabonica, 1 (3): 257-272.

——1965b. Quelques traits remarquables du comportement de Hyaemoschus aquaticus (Tragulidae, Ruminantia, Artiodactyla). Biologia Gabonica, l (3): 282-287.

——1970. L'organisation spatiale et sociale de Muntiacus reevesi Ogilby 1839 en semi-liberté. Mammalia, 34 (3): 331-335.

——Ducke, A. 1910. Révision des guepes sociales, polygames d'Amérique. Annales Historico- Naturales Musei Nationales Hungarici, 8 (2): 449-544.

——1914. Uber Phylogenie and Klassifikation der sozialen Vespiden, Zoologische Jahrbü cher, Abteilungen Systematik, Okologie und Geographie der Pere, 36 (2, 3): 303-330.

——Duellman, W. E, 1966. Aggressive behavior in dendrobatid frogs. Herpetologica, 22 (3): 217- 221.

——1967. Social organization in the mating calls of some Neotropical anurans, American Midland Naturalist, 77 (t): 156-163.

Dumas, P. C. 1956. The ecological relations of sympatry in Plethodon dunni and Plethodon vehiculum. Ecology, 37 (3): 484-495.

DuMond, F. V. 1968. The squirrel monkey in a seminatural environment. In L. A. Rosenblum and R. W. Cooper, eds. (q. v.), The squirrel monkey, pp. 87-146.

Dunaway, P. B. 1968. Life history and populational aspects of the eastern harvest mouse. American Midland Naturalist, 79 (1): 48-67.

Dunbar, M. J. 1960. The evolution of stability in marine environments:natural selection at the level of the ecosystem. American Naturalist, 94 (875): 129-136.

——1972. The ecosystem as a unit of natural selection. In E. S. Deevey, ed., Growth by intussusception: ecological essays in honor of G. Evelyn Hutchinson, pp. 114-130. Transactions of the Academy, vol. 44. Connecticut Academy of Arts and Sciences, New Haven. 442 pp.

Dunbar, R. 1. M., and M. F. Nathan. 1972. Social organization of the Guinea baboon, Papio papio. Folia Primatologica, 17 (5, 6): 321-334.

Dunford, C. 1970. Behavioral aspects of spatial organization in the chipmunk, Tamias striatus. Behaviour, 36 (3): 215-231. Dunn, E. R. 1941. Notes on Dendrobates auratus. Copeia, 1941, no. 2, pp. 88-93.

Eaton, R. L. 1969. Cooperative hunting by cheetahs and jackals and a theory of domestication of the dog. Mammalia, 33 (1): 87-92.

——1970. Group interactions, spacing and territoriality in cheetahs. Zeitschrift fü rTierpsychologie, 27 (4): 481-491.

——ed. 1973. Theworld'scats. vol. 1. World wildlife Safari, Winston, Oreg.

Eberhard, A. 1972. Inhibition and activation of bacterial luciferase synthesis. Journal of Bacteriology. 109 (3): 1101-1105.

Eberhard, Mary Jane West. 1969. The social biology of polistine wasps. Miscellaneous Publications, Museum of Zoology, University of Michigan, Ann Arbor, l40:1-101.

Eberhard, W. G. 1972. Altruistic behavior in a sphpcid wasp:- support for kin-selection theory. Science, 172:1390-1391.

Edmondson, W. T. 1945. Ecological studies of sessile Rotatoria:II, dynamics of populations and social structures. Ecological Monographs, 15 (2): l41-172.

Ehrlich, P. R., and Anne H. Ehrlich. 1973. Coevolution:heterotypic schooling in Caribbean reef fishes. American Naturalist, 107 (953): 157-160.

Ehrlich, S. 1966. Ecological aspects of reproduction in nutria Myocastor coypus Mol. Mammalia, 30 (1): 142-152.

Ehrman, Lee. 1964. Genetic divergence in M. Vetukhiv's experimental populations of Drvsophila pseudoobscura: I, rudiments of sexual isolation. Genetical Research, Cambridge, 5 (1): 150-l57.

——1966. Mating success and genotype frequency in Drosophila. Animal Behaviour, l4 (2, 3): 332- 339.

Eibl-Eibesfeldt, I. 1950. Uber die Jugendentwicklung des Verhaltens eines mannlichen Dachses (Meles meles L.) unter besonderer Berücksichtigung des Spieles. Zeitschrift für Tierpsychologie, 7 (3): 327-355.

——1953. Zur Ethologie des Hamsters (Cricetus cricetus L.). Zeitschrift für Tierpsychologie, 10 (2): 204-254.

——1955. Uber Symbiosen, Parasitismus und andere besondere zwischenartliche Beziebungen tropischer Meeresfische. Zeitschrift für Tierpsychologie, 12 (2): 203-219

——1962. Freiwasserbeobachtungen zur Deutung des Schwarmverhaltens verschiedener Fische. Zeitschrift für rTierpsychologie, 19 (2): 163-182.

——1966. Das Verteidigen der Eiablageplatze bei der Hood-Meerechse (Amblyrhynchus cristatus venustissimus). Zeitschrift für Tierpsychologie, 23 (5): 627-631.

——1970. Ethology:the biology of behavior. Holt, Rinehart and Winston, New York. xiv+530 pp.

Eickwort, G. C., and Kathleen R. Eickwort. 1971. Aspects of the biology of Costa Rican halictine bees:II, Dialictus umbripennis and adaptations of its caste structure to different climates. Journal of the Kansas Entomological Society, 44 (3): 343-373.

——1972. Aspects of the biology'of Costa Rican halictine bees. IV, Augochlord (Oxystoglossella). Journal of the Kansas Entomological Society, 45 (1): 18-45.

——1973a. Aspects of the biology of Costa Rican halictine bees:V, Augochlorella edentata (Hymenoptera:Halictidae). Journal of the Kansas Entomological Society, 46 (1): 3-16.

——1973b. Notes on the nests of three wood-dwelling species of Augochlora from Costa Rica (Hymenoptera:Halictidae). Journal of the Kansas Entomological Society, 46 (1): 17-22.

Eimerl, S., and I. DeVore. 1965. The primates. Time-Life Books, Chicago 200 pp.

Eisenberg, J. F. 1962. Studies on the behavior of Peromyscus maniculatus gambelii and Peromyscus californicus parasiticus. Behaviour. 19 (3) 177-207

——1963. The behavior of heteromyid rodents. University of cali fornia Publications in Zoology, 69. iv+100 pp.

——1966. The social organization of mammals. Handbuch der Zoologie, l0 (7): 1-92.

——1967. A comparative study in rodent ethology with emphasis on evolution of social behavior, I. Proceedings of the United States National Museum, Washington, D. C., 122 (3597): l-5l.

——1968. Behavior patterns. In J. A. King, ed. (q. v.), Biolo-

gy of Peromyscus (Rodentia), pp. 451- 495.

——1972. The elephant:life at the top. In P. R. Marler, ed. (q. v.), Yhe marvels of animal behavior, pp. 191-207.

Eisenberg, J. F., and W. Dillon, eds. 1971. Man and beast:comparative social behavior. Smithsonian Institution Press, Washington, D. C. 401 PP.

Eisenberg, J. F., and E. Gould. 1966. The behavior of Solenodon paradoxus in captivity with comments on the behaviorof other Insectivora. Zoologica, New York, 51 (l): 49-58.

——1970. The tenrecs:a study in mammalian behavior and evolution. Smithsonian Institution Press, Washington, D. C. vi+138 pp.

Eisenberg, J. F., and Devra G, Kleiman. 1972. Olfactory communication in mammals. Annual Review of Ecology and Systematics, 3:1-32.

Eisenberg, J. F., and R. E. Kuehn. 1966. The behavior of Ateles geoffroyi and related species. Smithsonian Miscellaneous Collections, 151 (8). iv+63 pp.

Eisenberg, J. F., andM. Lockhart. 1972. Anecological reconnaissance of Wilpattu National Park, Ceylon. Smithsonian Contributions to Zoology, 101. vi+118 pp.

Eisenberg, J. F., N. A. Muckenhirn, andR, Rudran. 1972. The relation between ecology and social structure in primates. Science, 176: 863-874.

Eisenberg, R. M. 1966. The regulation of density in a natural population of the pond snail Lymnaea elodes. Ecology, 47 (6): 889-906.

Eisner, T. 1957. A comparative morphological study of the proventriculus of ants (Hymenoptera: Formicidae). Bulletin of the Museum of Comparative Zoology, Harvard, 116 (8): 439-490.

——1970. Chemical defensea gainst predation in arthropods. In E. Sondheimer and J. B. Simeone, eds. (q. v.), Chemical ecology, pp. 157-217.

Eisner, T., and J. Meinwald. 1966. Defensive secretions of arthropods. Science, 153: 134l-1350.

Elder, W. H., andNina L. Elder. 1970. Social groupings and primate associations of the bushbuck (Tragelaphus scriptus). Mammalia, 34 (3): 356-362.

Ellefson, J. 0. 1968. Territorial behavior in the common white-handed gibbon, Hylobates lar Linn. In Phyllis C. Jay, ed, (q. v.). Primates: studies in adaptation and variability, pp. 180-199.

Ellis, Peggy E. 1959. Learning and socialaggregation in locust hoppers. Animal Behaviour, 7 (1, 2): 91- 106.

Ellison, L. N. 1971. Territoriality in Alaskan spruce grouse. Auk, 88 (3): 652-664.

Eloff, F. 1973. Ecology and behavior of the Kalahari lion. In R. L. Eaton, ed., (q. v.), Theworld's cats, vol. 1, pp. 90- 126.

Emerson, A. E. 1938. Termite nests——a study of the phylogeny of behavior. Ecological Monographs, 8 (2): 247- 284.

——1956a. Regenerative behavior and social homeostasis in termites. Ecology, 37 (2): 248-258.

——1956b. Ethospecies, ethotypes, taxonomy, and evolution of Apicotermes and Allognathotermes (Isoptera, Termitidae). American Museum Novitates, no. 1771. 31 pp.

——1967. Cretaceous insects from Labrador:3, a new genusand species of termite (Isoptera: Hodotermitidae). Psyche, Cambridge, 74 (4): 276-289.

——1969. A revision of the Tertiary fossil species of the Kalotermitidae (Isoptera). American Museum Novitates, no. 2359. 57 pp.

——1971. Tertiary fossil species of the Rhinotermitidae (Isoptera), pbylogeny of genera, and reciprocal phylogeny of associated Flagellata (Protozoa) and the Staphylinidae (Coleoptera). Bulletin of the American Museum of Natural History, 146 (3): 243-303.

Emery, C. 1909. Uber den Ursprung der dulotischen, parasitischen und myrmekophilen Arneisen. Biologisches Centralblatt, 29 (ll): 352-362.

Emlen, J. M. 1970. Age specificity and ecological theory. Ecology, 51 (4): 588-601.

Emlen, J. T. 1938. Midwinter distribution of the American crow in New York State. Ecology, 19 (2): 264-275.

——1940. The midwinter distribution of the crow in California. Condor, 42 (6): 287-294.

EmIen, J. T., and G. B. Schaller. 1960. Distribution and status of the mountain gorilla (Gorilla gorilla beringei). Zoologica, NewYork, 45 (5): 41-52.

Emlen, S. T. 1968. Territoriality in the bullfrog, Ranacatesbeiana. Copeia, 1968. no. 2, pp. 240-243.

——1971. The role of song in individual recognition in theindigo bunting. Zeitschrift für Tierpsychologie, 28 (3): 241-246.

——1972. An experimental analysis of the parameters of bird song eliciting species recognition. Behaviour, 41 (1, 2): 130-171.

Enders, R. K. 1935. Mammalian life histories from Barro Colorado Island, Panama. Bulletin of the Museum of Comparative Zoology, Harvard, 78 (4): 385-502.

Erickson, J. G. 1967. Social hierarchy, territoriality, and stress reactions in sunfish. Physiological Zoology, 40 (1): 40-48.

Erlinge, S. 1968. Territoriality of the otter Lutra lutra L. Oikos, 19 (l): 81-98.

Ernst, E. 1959. Beobachtungen beim Spritzakt der Nasutitermes-Soldaten. Revue Suisse de Zoologie, 66 (2): 289-295.

——1960. Fremde Termitenkolonien in Cubitermes-Nestem. Revue Suisse de Zoologie, 67 (2): 201-206.

Errington, P. L. 1963. Muskrat populations. Iowa State University Press, Ames, Iowa. x+665 pp.

Esch, H. 1967a. The evolution of bee language. Scientific American, 216 (4) (April): 96-104.

——1967b. Die Bedeutung der Lauterzeugung für die Verstandigung der stachellosen Bienen. ZeitsChrift für Vergleichende Physiologie, 56 (2): 199-220.

——1967c. The sounds produced by swarming honey bees. Zeitschrift für Vergleichende Physiologie, 56 (4): 408-411.

Esch, H., Ilse Esch, and W. E. Kerr. 1965. Sound: an element common to communication of stingless bees and to dances of the honey bee. Science, l49:320-321.

Eshel, I. 1972. On the neighbor effect and the evolution of altruistic traits. Theoretical Population Biology, 3 (3): 258- 277.

Espinas, A. 1878. Des sociétés animales: éitude de psychologie comparée. Librairie Germer Ballèi&e, Paris. (Reprinted by Stechert, Hafnert, New York, 1924). 389 pp.

Espmark, Y. 1971. Mother-young relationship and ontogeny of behaviour in reindeer (Rangifer tarandus L.). Zeitschrift für Tierpsychologie, 29 (1): 42-81.

Esser, A. H., ed. 1971. Behavior and environment:the use of space by animals and men. Proceedings of an international symposium held at the 1968 meeting of the American Association for the Advancement of Science in Dallas, Texas. Plenum Press, New York. xvii+411 pp.

Estes, R. D. 1966. Behaviour and life history of the wildebeest (Connochaetes taurinus Burchell). Nature, London,

212 (5066): 999-1000.

——1967. The comparative behavior of Grant's and Thomson's gazelles. Journal of Mammalogy, 48 (2): 189-209.

——1969. Territorial behavior of the wildebeest (Connochaetes taurinus Burchell, 1823). Zeitschrift für Tierpsychologie, 26 (3): 284-370.

——1974. Social organization of the African Bovidae. In V. Geist and F. Walther, eds. (q. v.), The behaviour of ungulates and its relation to management. pp. 166-205.

——1975a. The behavior of African mammals, vol. 1, Ungulates. (In preparation.)

——1975b. The behavior of African mammals, vol. 2, Carnivores. (In preparation.)

Estes, R. D., and J. Goddard. 1967. Prey selection and hunting behavior of the African wild dog. Journal of Wildlife Management, 31 (l): 52-70.

Etkin, W. 1954. Social behavior and the evolution of man's mental faculties. American Naturalist, 88 (840): 129-142.

——ed. 1964. Social behavior and organization among vertebrates. University of Chicago Press, Chicago. xii+307 pp.

Ettershank, G. 1966. A generic revision of the world Myrmicinae related to Solenopsis and Pheidologeton (Hymenoptera:Formicidae). Australian Journal of Zoology, 14: 73-171.

Evans, H. E. 1958. The evolution of social life in wasps. Proceedings of the Tenth International Congress of Entomology, Montreal, 1956, 2:449-457.

——1964. Observations on the nesting behavior of Moniaecera asperata (Fox) (Hymenoptera, Sphecidae, Crabroninae) with comments on communal nesting in solitary wasps. Insectes Sociaux, ll (l): 71-78.

——1966. The comparative ethology and evolution of the sand wasps. Harvard University Press, Cambridge. xvi+526 pp.

Evans, H. E., and Mary Jane West Eberhard. 1970. The wasps. University of Michigan Press, Ann Arbor. vi+256 pp.

Evans, L. T. 1951. Field study of the social behavior of the black lizard, Ctenosaura pectinata. American Museum Novitates, l493. 26 pp.

——1953. Tail display in an iguanid lizard, Liocephaluscarinatus coryi. Copeia, 1953, no. 1, pp. 50-54.

Evans, Mary Alice, and H. E. Evans. 1970. William Morton Wheeler, biologist. Harvard University Press, Cambridge. xii+363PP.

Evans, S. M. 1973. A study of fighting reactions in some nereid polychaetes. Animal Behaviour, 21 (1): 138-146.

Evans, W. E., and J. Bastian. 1969. Marine mammal communication:social and ecological factors. In H. T. Andersen, ed., The biology of marine mammals, pp. 425-475. Academic Press, New York. 511 pp.

Ewer, Rosalie F. 1959. Suckling behaviour in kittens. Behaviour, 15 (1, 2): 146-162.

——1963a. The behaviour of the meerkat, Suricata suricatta (Schreber). Zeitschrift für Tierpsychologie, 20 (5) \570-607.

——1963b. A note on the sucking behaviour of the viverrid, Suricata suricatta (Schreber). Animal Behaviour, 11 (4): 599-601.

——1967. The behaviour of the African giant rat (Cricetomys gambianus Waterhouse). Zeitschrift für Tierpsychologie, 24 (1): 6-79.

——1968. Ethology of mammals. Plenum Press, New York. xiv+418 pp.

——1971. The biology and behaviour of a free-living population of black rats (Rattus rattus). Animal Behaviour Monographs, 4 (3): 125-174.

——1973. The carnivores. Cornell University Press, Ithaca, N. Y. xvi+494 pp.

Ewing, L. S. 1967. Fighting and death from stress in a cockroach. Science. 155:1035-1036.

Faber, W. 1967. Beitrage zur Kenntnis sozialparasitischer Ameisen: 1, Lasius (Austrolasius n. sg.) reginae n. sp., eine neue temporar sozialparasitische Erdameise aus Osterreich (Hym. Formicidae) Pflanzenschutz-Berichte, 36 (5-7): 73-107.

Fabricius, E., and K. Gustafson. 1953. Further aquarium observations on the spawning behaviour of the char, Salmo alpinus L. Reports of the Institute of Freshwater Research, Drottningholm, 35:58-104.

Fady, J. -C. 1969. Les jeux sociaux:le compagnon de jeux chez les jeunes Observations chez Macaca irus. Folia Primatologica, 11 (l, 2): 134-143.

Fagen, R. M. 1972. An optimal life-history strategy in which reproductive effort decreases with age. American Naturalist, 1 06 (948): 258-261.

——1973. The paradox of play. (Unpublished manuscript.)

——1974. Selective and evolutionary aspects of animal play. American Naturalist, 108 (964): 850-858.

Falconer, D. S. 1960. Introduction to quantitative genetics. Ronald Press. New York. x+365 pp.

Falls, J. B. 1969. Functions of territorial song in the white-throated sparrow. In R. A. Hinde, ed. (q. v.), Bird vocalizations: their relations to current problems in biology and psychology:essays presented to W. H. Thorpe, pp. 207-232.

Fara. J. W., and R. H. Catlett. 1971. Cardiac response and social behaviour in the guinea-pig (Cavia porcellus). Animal Behaviour, 19 (3): 514-523.

Farentinos, R. C. 1971. Some observations on the play behavior of the Steller sea lion (Eumetopias jubata). Zeitschrift für Tierpsychologie, 28 (4): 428-438.

Fedigan, Linda M. 1972. Roles and activities of male geladas (Theropithecus gelada). Behaviour, 41 (l, 2): 82-90.

Fenner, F. 1965. Myxoma virus and Oryctolagus cuniculus:two colonizing species. In H. G. Baker and G. L. Stebbins, eds. (q. v.), The genetics of colonizing species, pp. 485-499.

Fiedler, K. 1954. Vergleichende Verhaltensstudien an Seenadeln, Schlangennadeln und Seepferdchen (Syngnathidae). Zeitschrift für Tierpsychologie, ll (3): 358-416

Fielder, D. R. 1965. A dominance order for shelter in the spinylobster Jasus lalandei (H. Milne-Edwards), Behaviour, 24 (3, 4): 236-245.

Findley, J. S. 1967. Insectivores and dermopterans. In S. Anderson and J. K. Jones, Jr., eds. (q. v.), Recent mammals of the world:a synopsis of families, pp. 87-108.

Fiscus, C. H., and K. Niggol. 1965. Observations of cetaceans off California, Oregon, and Washington. Special Scientific Report, U. S. Department of the Interior, Fish and Wildlife Service, 498. 27pp.

Fishelson, L. 1964. Observations on the biology and behaviour of Red Sea coral fishes. Bulletin of the Sea Fisheries Research Station, Haifa, Israel, 37:ll-26.

Fishelson, L., D. Popper, and N. Gunderman. 1971. Diurnal cyclic behaviour of Pempheris oualensis Cuv. & Val. (Pempheridae, Teleostei). Journal of Natural History, 5:503-506.

Fisher, A. E. 1964. Chemical stimulation of the brain. Scientific American, 210 (6) (June): 60-68.

Fisher, J. 1954. Evolution and bird sociality. In J. Huxley, A. C. Hardy, and E. B. Ford, eds., Evolution as a process, pp. 71-83. George Allen & Unwin, London. 376pp. (Reprinted as a paperback, Collier Books, New York, 1963. 416 pp.)

Fisher, R. A. 1930. The genetical theory of natural selection. Clarendon Press, Oxford. xiv+272 pp.

Flanders, S. E. 1956. The mechanisms of sex-ratio regulation in the (parasitic) Hymenoptera. Insectes Sociaux, 3 (2): 325-334. Flannery, K. V. 1972. The cultural evolution of civilizations. Annual Review of Ecology and Systematics, 3:399-426.

Fleay, D. H. 1935. Breeding of Dasyurus viverrinus and general observations on the species. Journal of Mammalogy, 16 (1): 10-16.

Floody, 0. R., and D. W. Pfaff. 1974. Steroid hormones and aggressive behavior:approaches to the study of hormone-sensitive brain mechanisms for behavior. In S. H. Frazier, ed., Aggression. Research Publications, Association for Research in Nervous and Mental Disease, vol. 52 (1972 Symposium on Aggression). Waverly Press, Boston. (In press.)

Fodor, J., and M. Garrett. 1966. Some reflections on competence and performance. In J. Lyons and R. J. Wales, eds., Psycholinguistic papers, pp. 133-163. Edinburgh University Press, Edinburgh. 243 pp.

Forbes, S. A. 1906. The com-root aphis and its attendant ant. Bulletin, U. S. Department of Agriculture, Division of Entomology, 60:29-39.

Ford, E. B. 1971. Ecological genetics, 3d ed. Chapman & Hall, London. xx 410 pp.

Forel A. 1874. Les fourmis de la Suisse. Société Helvétique des Sciences Naturelles, Zurich. iv+452 pp.

——1898. La parabiose chez les fourmis. Bulletin de la Société Vaudoise des Sciences Naturelles (Lausanne), 34 (130): 380-384.

Fossey, Dian. 1972. Living with mountain gorillas. In P. R. Marler, ed. (q. v.), The marvels ofanimal behavior, pp. 209-229.

Foster, J. B., and A. 1. Dagg. 1972. Notes on the biology of the giraffe. East African Wildlife Journal, 10 (l): 1-16.

Fox, M. W. 1969. The anatomy of aggression and its ritualization in Canidae: a developmental and comparative study. Behaviour, 35 (3, 4): 242-258.

-1971. Behaviour of wolves, dogs and related canids. Jonathan Cape, London. 214 pp.

-1972. Socio-ecological implications of individual differences in wolf litters: a developmental and evolutionary perspective. Behaviour, 46 (3, 4): 298-313.

Fox, R. 1971. The cultural animal. In J. R Eisenberg and W. S. Dillon, eds. (q. v.), Man and beast: comparative social behavior, pp. 263-296.

-1972. Alliance and constraint: sexual selection in the evolution of human kinship systems. In B. G. Campbell, ed. (q. v.), Sexual selection and the descent ofman 1871-1971, pp. 282-331.

Fr4drich, H. 1965. Zur Biologic und Ethologie des Warzenschweines (Phac0choerus aethiopicus Pallas), unter Berticksichtigung des Verhaltens anderer Suiden. Zeitschrift für Tierpsychologie, 22 (3): 328-374, 22 (4): 375-393.

-1974. A comparison of behaviour in the Suidae. In V. Geist and F. Walther, eds. (q. v.), The behaviour of ungulates andits relation to management, vol. 1, pp. 133-143.

Francoeur, A. 1973. Révision taxonomique des especes nearctiques du groupe jusca, genre Formica (Formicidae, Hymenoptera). Memoires de la Société Entomologique du Québec, 3: 1-316.

Frank, F. 1957. The causality of microtine cycles in Germany. Journal of Wildlife Management, 21 (2): 113-121.

Franklin, L., and R. C. Lewontin. 1970. Is the gene the unit of selection? Genetics, 65 (4): 707-734.

Franklin, W. L. 1973. High, wild world of the vicuna. National Geographic, 143 (l) (January): 76-91.

-1974. The social behaviour of the vicuna. In V. Geist and F. Walther, eds. (q. v.), The behaviour of ungulates and its relation to management, vol. 1, pp. 477-487.

Franzisket, L. 1960. Experimentelle Untersuchung über die optische Wirkung der Streifung beim Preussenfisch (Dascyllusaruanus), Behaviour, 15 (1, 2): 77-81.

Fraser, A. F. 1968. Reproductive behaviour in ungulates. Academic Press, New York. x+202 pp.

Free, J. B. 1955a. The behaviour of egg-laying worker of bumblebee colonies. British Journal of Animal Behaviour, 3 (4): 147-153.

_1955b. The division of labour within bumblebee colonies.

Insectes Sociaux, 2 (3): 195-212.

-1956. A study of the stimuli which release the food begging and offering responses of worker honeybees. BritishJournal ofAnimal Behaviour, 4 (3): 94-101.

- 1959. The transfer of food between the adult members of a honeybee community. Bee World, 40 (8): 193-201.

- 1961 a. The social organization of the bumble-bee colony. A lecture given to The Central Association of Bee-keepers on 18th January 1961. North Hants Printing and Publishing Co., Fleet, Hants, England. 11 pp.

_1961b. Hypopharyngeal gland development and division of labour in honey-bee (Apis mellifera L.) colonies. Proceedings of the Royal Entomological Society of London, set. A, 36 (1-3): 5-8.

-1969. Influence of the odour of a honeybee colony's food stores on the behaviour of its foragers. Nature, London, 222 (5195): 778.

Free, J. B., and C. G. Butler. 1959. Bumblebees. New Naturalist, Collins, London. xiv+208 pp.

Freeland, J. 1958. Biological and social patterns in the Australian bulldog ants of the genus Mynnecia. Australian JournalofZoology, 6 (1): 1-18.

Fretwell, S. D. 1972. Populations in a seasonal environment. Princeton University Press, Princeton, N. J. xxiii+217 pp.

Friedlaender, J. S. 1971. Isolation by distance in Bougainville. Proceedings of the National Academy of Sciences, U. S. A., 68 (4): 704-707.

Friedlander, C. P. 1965. Aggregation in Oniscus asellus Linn. Animal Behaviour, 13 (2, 3): 342-346.

Friedrichs, R. W. 1970. A sociology of sociolog). Free Press, Collier- Macmillan, New York. xxxiv+429 pp.

Frisch, K. von. 1954. The dancing bees: an account of the life and senses of the honey bee, trans. by Dora Ilse. Methuen, London. xiv+183 pp.

-1965. Tanzsprache und Orientierung der Bienen. Springer-Verlag, Berlin. vii+578 pp.

-1967. The dance language and orientation of bees, trans. by L. E. Chadwick, Belknap Press of Harvard University Press, Cambridge. xiv+566 pp.

Frisch, K. von, and R. Jander, 1957. über den Schwdnzeltanz der Bienen. Zeitschrift für Vergleichende Physiologie, 40 (3): 239-263.

Frisch, K. von, and G. A. Rosch. 1926. Neue Versuche über

die Bedeutung von Duftorgan und Pollenduft für die Verstandigung im Bienenvolk. Zeitschrift für Vergleichende Physiologie, 4 (1): 1-21.

Frisch, 0. von. 1966a. Versuche über die Herzfrequenzanderung von Jungvogeln bei Fütterungs- und Schreckreizen. Zeitschrift für Tierpsychologie, 23 (1): 52-55.

——1966b. Herzfrequenzanderung bei Drückreaktionen junger Nestflüchter. Zeitschrift für Tierpsychologie, 23 (4): 497-500.

Fry, C. H. 1972a. The biology of African bee-eaters. Living Bird, ll: 75-112.

——1972b. The social organization of bee-eaters (Meropidae) and co-operative breeding in hot-climate birds. Ibis, ll4 (1): l-l4.

Fry, W. G., ed. 1970. The biology of the Porifera. Symposia of the Zoological Society of London no. 25. Academic Press, New York. xxviii+512 pp.

Furuya, Y. 1963. On the Gagyusan troop of Japanese monkeys after the first separation. Primates, 4 (1): ll6-118.

——1965. Social organization of the crabeating monkey. Folia Primatologica, 6 (3, 4): 285-336.

——1969. On the fission of troops of Japanese monkeys:II, general view of the troop fission of Japanese monkeys. Primates, 10 (1): 47-70.

Gadgil, M. 1971. Dispersal:population consequences and evolution. Ecology, 52 (2): 253-261.

Gadgil, M., and W. H. Bossert. 1970. Life history consequences of natural selection. American Naturalist, 104 (935): l-24.

Galton, F. 1871. Gregariousness in cattle and men. Macmillan's Magazine, London, 23: 353.

Gander, F. F. 1929. Experiences with wood rats, Neotoma fuscipes macrotis. Journal of Mammalogy, 10 (1): 52-58.

Garattini, S., and E. B. Sigg, eds. 1969. Aggressive behaviour. Proceedings of the Symposium on the Biology of Aggressive Behaviour, Milan, May 1968. Excerpta Medica, Amsterdam. 369pp.

Garcia, J., B. K. McGowan, F. R. Ervin, and R. A. Koelling. 1968. Cues: their relative effectiveness as a function of the reinforcer. Science, 160: 794-795.

Garstang, W. 1946. The morphology and relations of the Siphonophora Quarterly Journal of Microscopical Science, n. s. 87 (2): 103-193.

Gartlan, J. S. 1968. Structure and function in primate society. Folia Primatologica, 8 (2): 89-120.

——1969. Sexual and maternal behavior of the vervet monkey, Cerropithecus aethiops. journal of Reproduction and Fertility, supplement 6: 137-150.

——1970. Preliminary notes on the ecology and behavior of the drill, Mandrillus leucophaeus Ritgen, 1824. In J. R. Napier and P. H. Napier, eds. (q. v.), Old World monkeys:evolution, systematics, and behavior, pp. 445-480.

Gartlan, J. S., and C. K. Brain. 1968. Ecology and social variability in Cercopithecus aethiops and C. mitis. In Phyllis C. Jay, ed. (q. v.), Primates:studies in adaptation and variability, pp253-292.

Gaston, A. J. 1973. The ecology and behaviour of the long-tailed tit Ibis, ll5 (3): 330-351.

Gates, D. M. 1970. Animal climates (where animals must live). Environmental Research, 3 (2): 132-144.

Gauss, C. H. 1961. Ein Beitrag zur Kenntnis des Balzverhaltens einheimischer Molche. Zeitschrift für Tierpsychologie, 18 (1): 60-66.

Gauthier-Pilters, Hilde. 1959. Einige Beobachtungen zurn Droh-, Angriffsund Kampverhalten des Dromedarhengstes, sowie über Geburt und Verhaltensentwicklung des Jungtiers, in der nordwestlichen Sahara Zeitschrift für Tirerpsychologie, 16 (5): 593-604.

——1967. The fennec. African Wildlife, 21 (2): ll7-125.

——1974. The behaviour and ecology of camels in the Sashara, with special reference to nomadism and water management. In V. Geist and F. Walther, eds. (q. v.), The behaviour of ungulates and its relation to management, vol. 2, pp. 542-551.

Gautier-Hion, A. 1970. L'organisation sociale d'une bande detalapoins (Miopithecus talapoin) dans le nord-est du Gabon. Folia Primatologica, 12 (2): 116-141.

——1973. Social and ecological features of talapoin monkey——comparisons with sympatric cercopithecines. In R. P. Michael and J. H. Crook. eds. (q. v.), Comparative ecology and behaviour of primates, pp. 147-170.

Gay, F. J. 1966. A new genus of termites (Isopters) from Australia. Journal of the Entomological Society of Queensland, 5:40-43.

Gay, F. J., and J. H. Calaby. 1970. Termites of the Australian-region. In K. Krishna and Frances M. Weesner, eds. (q. v.),

Biology of termites, vol. 2, pp. 393-448.

Gehlbach, F. 1971. Discussion. In A. H. Esser, ed. (q. v.), Behavior and environment: the use of space by animals and men. p. 2ll.

Geist, V 1963. On the behaviour of the North American moose (Alces alces andersoni Peterson 1950) in British Columbia. Behaviour, 20 (3, 4): 377-416.

——1971a. Mountain sheep:a study in behavior and evolution. University of Chicago Press, Chicago, xvi+383 pp.

——1971b. The relation of social evolution and dispersal in ungulates during the Pleistocene, with emphasis on the Old Worl ddeer and the genus Bison. Quarternary Research, l (3): 283-315.

——1974. On the relationship of social evolution and ecologyin ungulates. American Zoologist, l4 (1): 205-220.

Geist, V., and F. Walther, eds. 1974. The behaviour of ungulates and its relation to management, 2 vols. IUCN Publications, n. s., no. 24. International Union for the Conservation of Nature and Natural Resources, Morges, Switzerland. Vol. 1, pp. 1-511: vol. 2, pp. 512-940.

Gerking, S. D. 1953. Evidence for the concepts of home range and territory in stream fishes. Ecology, 34 (2): 347-365.

Gersdorf, E. 1966. Beobachtungen ü ber das Verhalten von Vogelschwarmen. Zeitschrift fü r Tierpsychologie, 23 (I): 37-4

3Gervet, J. 1956. L'action des températures differentielles sur la monogynie fonctionnelle chez les Polistes (Hyménoptères Vespides). Insectes Sociaux, 3 (1): 159-176.

——1962. Etude de l'effet de groupe sur la ponte dans la société polygyne de Polistes gallicus. Insectes Sociaux, 9 (3): 23l-263.

Getz, L. L. 1972. Social structure and a ggressive behavior in a population of Microtus pennsylvanicus. Journal of Mammalogy, 53 (2): 310-317.

Ghent, A. W. 1960. A study of the group-feeding behaviour of larvae of the jack pine sawfly, Neodiprion pratti banksianae Roh. Behaviour, 16 (1, 2): 110-149.

Ghent, R. L., and N. E. Gary. 1962. A chemical alarm releaser in honey bee stings (Apis mellifera L.). Psyche, Cambridge, 69 (1): l-6.

Ghiselin, M. T. 1969. The evolution of hermaphroditism among animals. Quarterly Review of Biology, 44 (2): 189-208.

Gibb, J. A. 1966. Tit predation and the abundance of Ernarmonia conicolana (Heyl.) on Weeting Heath, Norfolk, 1962-63. Journal of Animal Ecology, 35 (1) 43-53.

Gibson, J. B, and J. M. Thoday. 1962. Effects of disruptive selection: VI, a second chromosome polymorphism. Heredity, 17 (1): 1-26.

Giesel, J. T. 1971. The relations between population structure and rate of inbreeding. Evolution, 25 (3): 491-496.

Gilbert, J. J. 1963. Contact chernoreception, mating behaviour, and sexual isolation in the rotifer genus Brachionus. Journal of Experimental Biology, 40 (4): 625-641.

——1966. Rotifer ecology and embryological induction. Science, 15l: 1234-1237.

——1973. Induction and ecological significance of gigantism in the rotifer Asplancha sieboldi. Science, 18l: 63-66.

Gilbert, L. E., and M. C. Singer. 1973. Dispersal and gene flow in a butterfly species. American Naturalist, 107 (953): 58-72.

Gill, J. C., and W. Thomson. 1956. Observations on the behaviour of suckling pigs. British Journal of Animal Behaviour, 4 (2): 46-51.

Gilliard, E. T. 1962. On the breeding behavior of the cock-of-the-rock (Aves, Rupicola rupicola). Bulletin of the American Museum of Natural History, 124 (2): 31-68.

Ginsburg, B., and W. C. Allee. 1942. Some effects of conditioning on social dominance and subordination in inbred strains of mice. Physiological Zoology, 15 (4): 485-506.

Glancey, B. M., C. E. Stringer, C. H. Craig, P. M. Bishop, and B. B. Martin. 1970. Pheromone may induce brood tending in the fire ant, Solenopsis saevissima. Nature, London, 226 (5248): 863-864.

Glass, Lynn W., and R. V. Bovbjerg. 1969. Density and dispersion in laboratory populations of caddisfly larvae (Cheuma-topsyche, Hydropsychidae). Ecology, 50 (6): 1082-1084.

Goddard, J. 1967. Home range, behaviour, and recruitment rates of two black rhinoceros populations. East African WildlifeJournal, 5: 133-150.

——1973. The black rhinoceros. Natural History, 82 (4): 58-67.

Godfrey, J. 1958. Social behaviour in four bank vole races.

Animal Behaviour, 6 (1, 2): 117.

Goffman, E. 1959. The presentation of self in everyday life. Doubleday Anchor Books, Doubleday, Garden City, N. Y. xvi+259pp.

——1961. Encounters: two studies in the sociology of interaction. Bobbs-Merrill, Indianapolis. 152 pp.

——1969. Strategic interaction. University of Pennsylvania Press, Philadelphia. x+145 pp.

Goin, C. J. 1949. The peep order in peepers:a swamp water serenade. Quarterly Journal of the Florida Academy of Sciences (Gainesville), 11 (2, 3): 59-61,

Goin, C. J., and Olive B. Goin. 1962. Introduction to herpetology. W. H. Freeman, San Francisco. 341 pp.

Goin, Olive B., and C. J. Goin 1962. Amphibian eggs and the montane environment. Evolution, 16 (3): 364-371.

Gompertz, T. 1961. The vocabulary of the great tit. British Birds, 54 (10): 369-394: 54 (ll, 12): 409-418.

Goodall, Jane, 1965. Chimpanzees of the Gombe Stream Reserve. In 1. DeVore, ed. (q. v.), Primate behavior:field studies of monkeys and apes, pp. 425-481.

Gosling, L. M. 1974. The social behaviour of Coke's hartebeest (Alcelaphus buselaphus cokei). In V. Geist and F. Walther, eds. (q. v.), The behaviour of ungulates and its relation to management, vol. 1, pp. 488-511.

Goss-Custard, J. D. 1970. Feeding dispersion in some overwintering wading birds. In J. H. Crook, ed. (q. v.). Social behaviour in birds and mammals: essays on the social ethology of animals and man, pp. 3-35.

Gösswald, K. 1933. Weitere Untersuchungen über die Biologie von Epimyrma gosswaldi Men. und Bemerkungen über andere parasitische Ameisen. Zeitschrift für Wissenschaftliche Zoologie, 144 (2): 262-288.

——1953. Histologische Untersuchungen an den arbeiterlosen Ameise Teleutomynnex schneideri Kutter (Hym. Formicidae).

Mitteilungen der Schweizerischen Entomologischen Gesellschaft, 26 (2): 81-128.

Gösswald, K., and W. Kloft. 1960. Neuere Untersuchungenüber die sozialen Wechselbeziehungen im Ameisenvolk, durchgeführt mit Radio-Isotopen. Zoologische Beitadge, 5 (2, 3): 519-556.

Gottesman, I. I. 1968. A sampler of human behavioral genetics. Evolutionary Biology, 2:276-320.

Gottschalk, L. A., S. M. Kaplan, Goldine C. Gleser, and Carolyn Winget. 1961. Variations in the magnitude of anxiety and hostility with phases of the menstrual cycle. Psychosomatic Medicine, 23 (5): 448.

Gotwald, W. H. 1971. Phylogenetic affinity of the ant genus Cheliomyrmex (Hymenoptera: Formicidae). Journal of the New York Entomological Society, 79 (3): 161-173.

Gotwald, W. H., and W. L. Brown. 1966. The ant genus Simopelta (Hymenoptera:Formicidae). Psyche, Cambridge, 73 (4): 261-277.

Gotwald, W. H., and J. Lé vieux. 1972. Taxonomy and biology of a new West African ant belonging to the genus Amblyopone (Hymenoptera:Formicidae). Annals of the Entomological Society of America, 65 (2): 383-396.

Gramza, A. F. 1967. Responses of brooding nighthawks to a disturbance stimulus. Auk, 84 (1): 72-86.

Grandi, G. 1961. Studi di un entomologo sugli imenotteri superiori. Bollettino dell'Istituto di Entomologia della Università degli studi di Bologna, 25. 659 pp.

Grant, E. C. 1969. Human facial expression. Man, 4 (4): 525-536.

Grant, P. R. 1966. The coexistence of two wren species of the genus Thryothorus. Wilson Bulletin, 78 (3): 266-278.

——1968. Polyhedral territories of animals. American Naturalist, 102 (923): 75-80.

——1970. Experimental studies of competitive interaction in a twospecies system: II, the behaviour of Microtus, Peromyscus and Clethrionomys species. Animal Behaviour, l8 (3): 411-426.

——1972. Convergent and divergent character displacement. Biological Journal of the Linnaean Society, 4 (1): 39-68.

Grant, T. R. 1973. Dominance and association among members of a captive and a free-ranging group of grey kangaroos (Macropus giganteus). Animal Behaviour, 2l (3): 449-456.

Grant, W. C., Jr. 1955. Territorialism in two species of salamanders. Science, l2l: 137-138.

Grassé , P. -P. 1952a. Traitéde zoologie, vol. 1, pt. 1, Phylogenie;protozoaires: gé né ralité s, flagellé s. Masson et Cie, Paris.

——ed. 1952b. Structure et physiologie des sociétés animales. Colloques Internationaux no. 34. Centre National de la RechercheScientifique, Paris. 359 pp.

——1959. La reconstruction du nid et les coordinations in-terindividuelles chez Bellicositermes natalensis et Cubiter-mes sp. La thé orie de la stigmergie:essai d'interprétation du comportement des termites constructeurs. Insectes Sociaux, 6 (1): 41-83.

——1967. Nouvelles expériences sur le termite de Müller (Macrotermes mü lleri) et considérations sur la théorie de la stigmergie. Insectes Sociaux, l4 (1): 73-102.

Grassé, P. -P., and C. Noirot. 1958. Construction et architec-ture chez les termites champignormistes (Macrotermiti-nae). Proceedings of the Tenth International Congress of Entomology, Montreal, 1956, 2:515-520.

Gray, B. 1971a. Notes on the biology of the ant species Myrmecia dispar (Clark) (Hymenoptera: Formicidae). In-sectesSociaux, 18 (2): 71-80.

——1971b. Notes on the field behaviour of two ant species Myrmecia desertorum Wheeler and Myrmecia dispar (Clark) (Hymenoptera:Formicidae). Insectes Sociaux, 18 (2): 81-94.

Greaves, T. 1962. Studies of foraging galleries and the inva-sion of living trees by Coptotermes acinaciformis and C. brunneus (Isoptera). Australian Journal of Zoology, 10 (4): 630-651.

Green, R. G., C. L. Larson, and J. F. Bell. 1939. Shock dis-ease as the cause of the periodic decimation of the snow-shoe hare. American Journal of Hygiene, set. B, 30:83-102.

Greenberg, B. 1946. The relation between territory and social hierarchy in the green sunfish. Anatomical Record, 94 (3): 395.

——1947. Some relations between territory, social hierarchy, and leadership in the green sunfish (Lepomis cyanellus). Physiological Zoology, 20 (3): 267-299.

Greer, A. E., Jr. 1971. Crocodilian nesting habits and evolu-tion. Fauna, 2:20-28.

Griffin, D. J. G., and J. C. Yaldwyn. 1970. Giant colonies of pelagic tunicates (Pyrosoma spinosum) from SE Australia and New Zealand. Nature, London, 226 (5244): 464-465.

Groos, K. 1896. Die Spiele der Thiere. Gustav Fischer, Jena. xvi+359 pp. (Translated as The play of animals, Appleton, New York, 1898.)

Groot, A. P. de. 1953. Protein and amino acid requirements of the honeybee (Apis mellifica L.). Physiologia Comparata et Oecologia, 3 (2, 3): 197-285.

Grubb, P., and P. A. Jewell. 1966. Social grouping and home range in feral Soay sheep. Symposia of the Zoological So-ciety of London, 18:179-210.

Guhl, A. M. 1950. Social dominance and receptivity in the domestic fowl. Physiological Zoology, 23 (4): 361-366.

——1958. The development of social organization in the do-mestic chick. Animal Behaviour, 6 (1, 2): 92-111.

——1964. Psychophysiological interrelations in the social behavior of chickens. Psychological Bulletin, 61 (4): 277-285. ——1968. Social inertia and social stability in chick-ens. Animal Behaviour, 16 (2, 3): 219-232.

Guhl, A. M., N. E. Collias, and W. C. Allee. 1945. Mating behavior and the social hierarchy in small flocks of white leghorns. Physiological Zoology, 18 (4): 365-390.

Guhl, A. M., and Gloria J. Fischer. 1969. The behaviour of chickens. In E. S. E. Hafez, ed. (q. v.), The behaviour of domestic animals, pp. 515-553.

Guiglia, Delfa. 1972. Les gu epes sociales (Hymenoptera Vespidae) d'Europe occidentale et septentrionale. Masson et Cie, Paris. viii+181 pp.

Guiler, E. R. 1970. Observations on the Tasmanian devil. Sarcophilus harrisii (Marsupalia: Dasyuridae), I, II. Aus-tralian Journal of Zoology, 18 (1): 49-70.

Guiton, P. 1959. Socialisation and imprinting in brown leg-horn chicks. Animal Behaviour, 7 (1, 2): 26-41.

Gundlach, H. 1968. Brutfürsorge, Brutpflege, Verhaltenson-togenese und Tagesperiodik beim europaischen Wildsch-wein (Sus scrofa L.). Zeitschrift für Tierpsychologie, 25 (8): 955-995.

Gurney, J. H. 1913. The Gannet:a bird with a history. With-erby, London. li+567 pp.

Guthrie, R. D. 1971. A new theory of mammalian rump patch evolution. Behaviour, 38 (1, 2): 132-145.

Guthfie-Smith, H. 1925. Bird life on island and shore. Black-wood, Edinburgh, xix+195 pp.

Gwinner, E. 1966. Uber einige Bewegungsspiele des Kolkra-ben (Corvus corax L.). Zeitschrift für Tierpsychologie, 23 (1): 28-36.

Haartman, L. von. 1954. Die Trauerfliegenschnapper:III, die Nahrungsbiologie. Acta Zoologica Fernnica, 83:1-96.

——1956. Territory in the pied flycatcher Muscicapa hypo-leuca. Ibis, 98 (3): 460-475.

——1969. Nest-site and evolution of polygamy in European passerine birds. Ornis Fennica, 46 (1): 1-12.

Haas, A. 1960. Vergleichende Verhaltsstudien zum Paarungsschwarm solitarer Apiden. Zeitschrift für Tierpsychologie, 17 (4): 402-416.

Haddow, A. J. 1952. Field and laboratory studies on an African monkey, Cercopithecus ascanius schmidti Matschie. Proceedings of the Zoological Society of London, 122 (2): 297-394.

Haeckel, E. 1888. Report on the Siphonophorae collectecd by H. M. S. Challenger during the years 1873-76. Scientific Results of the Voyage of H. M. S. Challenger, Zoology, vol. 28. Eyre and Spottiswoode, London. xii+380 pp.

Hafez, E. S. E., ed. 1969. The behaviour of domestic animals, 2d ed. Williams & Wilkins Co., Baltimore. xii+647 pp.

Haga, R. 1960. Observations on the ecology of the Japanese pika. Journal of Mammalogy, 41 (2): 200-212.

Hahn, M. E., and P. Tumolo. 1971. Individual recognition in mice:how is it mediated?Bulletin of the Ecological Society of America, 52 (4): 53-54.

Hailman, J. P. 1960. Hostile dancing and fall territory of a color-banded mockingbird. Condor, 62 (6): 464-468.

Haldane, J. B. S. 1932. The causes of evolution. Longmans, Green, London vii+234 pp. (Reprinted as a paperback, Cornell University Press, Ithaca, N. Y., 1966. vi+235 pp.)

——1955. Animal communication and the origin of human language. Science Progress, London, 43 (171): 385-401.

Haldane, J. B. S., and H. Spurway. 1954. A statistical analysis of communication in"Apis mellifera"and a comparison with communication in other animals. Insectes Sociaux, 1 (3): 247-283. Hall, E. T. 1966. The hidden dimension. Doubleday, Garden City, N. Y. (Reprinted as a paperback, Anchor Books, Doubleday, Garden City, N. Y., 1969. xii+217 pp.)

Hall, J. R. 1970. Synchrony and social stimulation in colonies of the black-headed weaver Ploceus cucullatus and Vieillot's blackweaver Melanopteryx nigerrimus. Ibis, 112 (1): 93-104.

Hall, K. R. L. 1960. Social Vigilance behaviour of the chacma baboon, Papio ursinus. Behaviour, 16 (3, 4): 261-294.

——1963a. Variations in the ecology of the chacma baboon (P. ursinus). Symposia of the Zoological Society of London, 10:1-28.

——1963b. Tool-using performances as indicators of behavioral adaptability. Current Anthropology, 4 (5): 479-487.

——1965. Social organization of the old-world monkeys and apes. Symposia of the Zoological Society of London, 14:265-289. ——1967. Social interactions of the adult male and adult females of a patas monkey group. In S. A. Altmann, ed. (q. v.), Social communication among primates, pp. 261-280.

——1968a. Behaviour and ecology of the wild patas monkey, Erythrocebus patas, in Uganda. In Phyllis C. Jay, ed. (q. v.), Primates:studies in adaptation and variability, pp. 32-119.

——1968b. Experiment and quantification in the study of baboon behavior in its natural habitat. In Phyllis C. Jay, ed. (q. v.), Primates:studies in adaptation and Variability, pp. 120-130.

Hall, K. R. L., and I. DeVore. 1965. Baboon social behavior. In I. DeVore, ed. (q. v.), Primate behavior:field studies of monkeys and apes, pp. 53-110.

Hall, K. R. L., and Barbara Mayer. 1967. Social interactions in a group of captive patas monkeys (Erythrocebus patas). Folia Primatologica, 5 (3): 213-236.

Halle, L. J. 1971. International behavior and the prospects for human survival. In J. F. Eisenberg and W. S. Dillon, eds. (q. v.), Man and beast:comparative social behavior, pp. 353-368.

Hamilton, T. H. 1962. Species relationships and adaptations for sympatry in the avian genus Vireo. Condor, 64 (1): 40-68. Hamilton, T. H., and R. H. Barth. Jr. 1962. The biological significance of season change in male plumage appearance in some New World migratory bird species. American Naturalist, 96 (888): 129-144.

Hamilton, W. D. 1964. The genetical evolution of social behaviour, I, II. Journal of Theoretical Biology, 7 (1): 1-52.

——1966. The moulding of senescence by natural selection. Journal of Theoretical Biology, 12 (1): 12-45.

——1967. Extraordinary sex ratios. Science, 156:477-488.

——1970. Selfish and spiteful behaviour in an evolutionary model. Nature, London, 228 (5277): 1218-1220.

——1971a. Geometry for the selfish herd. Journal of Theoretical Biology, 31 (2): 295-311.

——1971b. Selection of selfish and altruistic behavior in some extreme models. In J. F. Eisenberg and W. S. Dillon, eds. (q. v.), Man and beast:comparative social behavior, pp. 57-91.

——1972. Altruism and related phenomena, mainly in social insects. Annual Review of Ecology and Systematics, 3:193-232.

Hamilton, W. J., III, and W. M, Gilbert. 1969. Starling dispersal from a winter roost. Ecology, 50 (5): 886-898.

Hangartner, W. 1969a. Structure and variability of the individual odor trail in Solenopsis geminata Fabr, (Hymenoptera, Formicidae). Zeitschrift für Vergleichende Physiologie, 62 (1): lll- 120.

——1969b. Carbon dioxide, a releaser for digging behavior in Solenopsis geminato (Hymenoptera: Formicidae). Psyche, Cambridge, 76 (l): 58-67.

Hangartner, W., J. M. Reichson, and E. 0. Wilson. 1970. Orientation to nest material by the ant, Pogonomyrmex badius (Latreille). Animal Behaviour, 18 (2): 331-334.

Hanks, J., M. S. Price, and R. W. Wrangham. 1969. Some aspects of the ecology and behaviour of the defassa waterbuck (Kobus defassa) in Zambia. Mammalia, 33 (3): 471-494.

Hansen, E. W. 1966. The development of maternal and infant behavior in the rhesus monkey. Behaviour, 27 (1, 2): 107-149.

Hardin, G. 1956. Meaninglessness of the word protoplasm. Scientific Monthly, 92 (3): 112-120.

——1972. Population skeletons in the environmental closet. Bulletin of the Atomic Scientists, 28 (6) (June): 37-41.

Hardy, A. C. 1960. Was man more aquatic in the past?New Scientist, 7:642-645.

Harlow, H. F. 1959. The development of learning in the rhesus monkey. American Scientist, 47 (4): 459-479.

Harlow, H. F., M. K. Harlow, R. 0. Dodswortb, and G. L. Arling. 1966. Maternal behavior of rhesus monkeys deprived of mothering and peer associations in infancy. Proceedings of the American Philosophical Society, 110 (1): 58-66.

Harlow, H. F., and R. R. Zimmerman. 1959. Affectional responses in the infant monkey. Science, 130:421-432.

Harrington, J. R. 1971. Olfactory communication in Lemur fiuscus. Ph. D. thesis, Duke University, Durham, N. C. [Cited by Thelma Rowell, 1972 (q. v.).]

Harris, G. W., and R. P. Michael. 1964. The activation of sexual behaviour by hypothalamic implants of oestrogen. Journal of Physiology, 171 (2): 275-301.

Harris, M. P. 1970. Territory limiting the size of the breeding population of the oystercatcher (Haematopus ostralegus) ——a removal experiment. Journal of Applied Ecology, 39 (3): 707-713.

Harris, V. T. 1952. An experimental study of habitat selection by prairie and forest races of the deermouse, Peronryscus maniculatus. Contributions from the Laboratory of Vertebrate Biology, University of Michigan, Ann Arbor, no. 56. 53 pp.

Harris, W. V. 1970. Termites of the Palearctic, region. In K. Krishna and Frances M. Weesner, eds. (q. v.), Biology of termites, vol. 2, pp. 295-313.

Harrison, C. J. 0. 1965. Allopreening as agonistic, behaviour. Behaviour, 34 (3, 4): 161-209.

Harrison, G. A., and A. J. Boyce, eds. 1972. The structure of human populations. Clarendon Press, Oxford University Press, Oxford xvi+447 pp.

Hartley, P. H. T. 1949. Biology of the mourning chat in winter quarters. Ibis, 91 (3): 393-413.

——1950. An experimental analysis of interspecific recognition:Symposia of the Society for Experimental Biology, 4:313-336. Hartman, W. D., and H. M. Reiswig. 1971. The individuality of sponges. Abstracts with Programs, Geological Society of America, 3 (7): 593.

——1973. The individuality of sponges. In R. S. Boardman, A. H. Cheetham, and W. A. Oliver, Jr., eds. (q. v.), Animal colonies:development and function through time, pp. 567-584.

Hartshorne, C. 1958. Some biological principles applicable to songbehavior. Wilson Bulletin, 70 (l): 41-56.

Harvey, P. A. 1934. Life history of Kalotermes minor. In C. A. Kofoid et al., eds. (q. v.), Termites and termite control, pp. 217-233. Haskell, P. T. 1970. The hungry locust. Science Journal (January), pp. 61-67.

Haskins, C. R 1939. Of ants and men. Prentice-Hall, NewYork. vii+244 pp.

——1970. Researches in the biology and social behavior of primitive ants. In L. R. Aronson et al., eds. (q. v.), Development and evolution of behavior:essays in memory of T. C. Schneirla, pp. 355-388.

Haskins, C. P., and Edna F. Haskins. 1950. Notes on the biology and social behavior of the archaic ponerine ants of the genera Myrmecia and Promyrmecia. Annals of the Entomological Society of America, 43 (4): 461-491.

——1951. Note on the method of colony foundation of the ponerine ant Amblyopone australis Erichson. American Midland Naturalist, 45 (2): 432-445.

——1965. Pheidole megacephala and Iridomyrmex humilis in Bermuda-equilibrium or slow replacement?Ecology, 46 (5): 736-740.

Haskins, C. R, and R. M. Whelden. 1954. Note on the exchange of ingluvial food in the genus Myrmecia. Insectes Sociaux, 1 (1): 33-37.

Haskins, C. P., and P. A. Zahl. 1971. The reproductive pattern of Dinoponera grandis Roger (Hymenoptera, Ponerinae) with notes on the ethology of the species. Psyche, Cambridge, 78 (1, 2): 1-11 .

Hasler, A. D. 1966. Underwater guideposts:homing of salmonUniversity of Wisconsin Press, Madison. xii+155 pp.

——1971. Orientation and fish migration. Fish Physiology, 6:429-510.

Hassell, M. P. 1966. Evaluation of parasite of predatorresponses. Journal of Animal Ecology, 35 (1): 65-75.

Haubrich, R. 1961. Hierarchical behaviour in the SouthAfrican clawed frog, Xenopus laevis Daudin. Animal Behaviour, 9 (l, 2): 71-76.

Hay, D. A. 1972. Recognition by Drosophila melanogaster ofindividuals from other strains or cultures:support for the role of olfactory cues in selective mating. Evolution, 26 (2): 171□176.

Haydak, M. H. 1935. Brood rearing by honeybees confined to a pure carbohydrate diet. Journal of Economic Entomology, 28 (4): 657-660.

——1945. The language of the honeybee. American Bee Journal, 85:316-317.

Hazlett, B. A. 1966. Social behavior of the Paguridae and Diogenidae of Curacao. Studies on the Fauna of Curacao and Other Caribbean Islands (The Hague), 23:l-143.

——1970. The effect of shell size and weight on the agonistic behavior of a hermit crab. Zeitschrift fü r Tierpsychologie, 27 (3): 369-374.

Hazlett, B. A., and W. H. Bossert. 1965. A statistical analysis of the aggressive communications systems of some hermit crabs. Animal Behaviour, 13 (2, 3): 357-373.

Healey, M. C. 1967. Aggression and self-regulation ofpopulation size in deermice. Ecology, 48 (3): 377-392.

Heatwole, H. 1965. Some aspects of the association of cattleegrets with cattle. Animal Behaviour, 13 (1): 79-83.

Hediger, H, 1941. Biologische Gesetzmassigkeiten im Verhalten von Wirbeltieren. Mitteilungen der Naturforschenden Gesellschaft Bern, 1940, pp. 37-55.

——1950. Wildtiere in Gefangenschaft--ein Grundriss der Tiergartenbiologie. Benno Schwabe, Basle. (Reprinted as Wild animals in captivity:an outline of the biology of zoological gardens, trans. by G. Sitcom, Butterworth Scientific Publications, London. 207 pp.)

——1955. Studies of the psychology and behaviour of captive animals in zoos and circuses, trans. by G. Sitcom. Criterion Books, New York. vii+166 pp. (Reprinted as The psychology and behaviour of animals in zoos and circuses, Dover, New York, 1968. vii+166 pp.)

Heimburger, N. 1959. Das Markierungsverhalten einiger Camden. Zeitschrift für Tierpsychologie, 16 (1): 104-113.

Heinroth, 0., and Magdalena Heinroth. 1928. Die Vogel Mitteleuropas, vol. 3. Hugo Berühler Verlag, Berlin-Lichterfelde. x+286 pp.

Heldmann, G. 1936a. Ueber die Entwicklung der polygynen Wabe von Polistes gallica L. Arbeiten über Physiologische und Angewandte Entomologie aus Berlin-Dahlem, 3:257-259.

——1936b. Uber das Leben auf Wahen mit mehreren überwinterten Weibchen von Polistes gallica L. Biologisches Zentralblatt, 56 (7, 8): 389-401.

Heiler, H. C. 1971. Altitudinal zonation of chipmunks (Eutamias): interspecific aggression. Ecology, 52 (2): 312-329.

Helm, June. 1968. The nature of Dogrib socioterritorial groups. In R. B. Lee and I. DeVore, eds. (q. v.), Man the hunter, pp. 118-125.

Helversen, D. von, and W. Wickler. 1971. Uber den Duettgesang des afrikanischen Drongo Dicrurus adsimilis Bechstein. Zeitschrift fü Tierpsychologie, 29 (3): 301-321.

Hendrichs, H., and Ursula Hendrichs. 1971. Dikdik und Elefanten. R. Piper, Munich. 173 pp.

Hendrickson, J. R. 1958. The green sea turtle, Chelonia mydas (Linn.) in Malaya and Sarawak. Proceedings of the Zoological Society of London, l30 (4): 455-534.

Henry, C. S. 1972. Eggs and repagula of Ululodes and Ascaloptynx (Neuroptera:Ascalaphidae): a comparative study. Psyche, Cambridge, 79 (1, 2): l-22.

Hensley, M. M., and J. B. Cope. 1951. Further data on removal and repopulation of the breeding birds in a spruce-fir forest community. Auk, 68 (4): 483-493.

Hergenrader, G. L., and A. D. Hasler. 1967. Seasonal changes in swimming rates of yellow perch in Lake Mendota as measured by sonar. Transactions of the American Fisheries Association, 96 (4): 373-382.

Herrnstein, R. J. 1971a. Quantitative hedonsism. Journal of Psychiatric Research, 8:399-412.

——1971b. I. Q. Atlantic Monthly, 228 (3) (September): 43-64.

Hess, E. H. 1958. "Imprinting"in animals. Scientific American, 198 (3) (March): 81-90.

Highton, R., and T. Savage. 1961. Functions of the brooding behavior in the female red-backed salamander, Plethodon cinereus. Copeia, 1961, no. l, pp. 95-99.

Hildén, 0., and S. Vuolanto. 1972. Breeding biology of the red-necked phalarope Phalaropus lobatus in Finland. Ornis Fennica, 49 (3, 4): 57-85.

Hill, C. 1946. Playtime at the zoo. Zoo Life (Zoological Society of London), 1 (1): 24-26.

Hill, Jane H. 1972. On the evolutionary foundations of language. American Anthropologist, 74 (3): 308-317.

Hill, W. C. 0. 1972. Evolutionary biology of the primates. Academic Press, New York. x+233 pp.

Hinde, R. A. 1952. The behaviour of the great tit (Parus major) and some other related species. Behaviour, supplement 2. x+201pp.

——1954. Factors governing the changes in strength of a partially inborn response, as shown by the mobbing behaviour of the chaffincn (Fringilla coelebs): I, the nature of the response, and an examination of its course. Proceedings of the Royal Society, ser. B, 142: 306-331.

——1956. The biological significance of the territories of birds. Ihis, 98 (3): 340-369.

——1958. Alternative motor patterns in chaffinch song. Animal Behaviour, 6 (3, 4): 211-218.

——ed. 1969. Bird vocalizations:their relations to current problems in biology and psychology:essays presented to W. H. Thorpe. Cambridge University Press, Cambridge. xvi+394 pp.

——1970. Animal behaviour:a synthesis of ethology and comparative psychology, 2d ed. McGraw-Hill Book Co., New York. xvi+876 pp.

——ed. 1972. Non-verbal communication. Cambridge University Press, Cambridge. xiii+423 pp.

——1974. Biological bases of human social behaviour. McGraw-Hill Book Co., New York. xvi+462 pp.

Hinde, R. A., and Lynda M. Davies. 1972a. Changes in mother-infant relationship after separation in Rhesus monkeys. Nature, London, 239 (5366): 41-42.

——1972b. Removing infant rhesus from mother for 13 days compared with removing mother from infant. Journal of Child Psychology and Psychiatry, 13:227-237.

Hinde, R. A., and Yvette Spencer-Booth. 1967. The behaviour of socially living rhesus monkeys in their first two and a half years. Animal Behaviour, 15 (1): 169-196.

——1969. The effect of social companions on mother-infant relations in rhesus monkeys. In D. Morris, ed. (q. v.), Primate ethology:essays on the socio-sexual behavior of apes and monkeys, pp. 343-364.

——1971. Effects of brief separation from mother on rhesus monkeys. Science, 173:111-ll8

Hingston, R. W. G. 1929. Instince and intelligence. Macmillan Co., New York. xv+296 pp.

Hirsch, J. 1963. Behavior genetics and individuality understood. Science, 142:1436-1442.

Hjorth, I. 1970. Reproductive behaviour in Tetraonidae with special references to males. Viltrevy, 7 (4): 183-596.

Hochbaum. H. A. 1955. Travels and traditions of waterfowl. University of Minnesota Press, Minneapolis. xii+301 pp.

Heckert, C. F. 1960. Logical considerations in the study of animal communication. In W. E. Lanyou and W. N. Tavolga, eds. (q. v.), Animal sounds and communication, pp. 392-430.

Heckert, C. F., and S. A. Altmann. 1968. A note on design features. In T. A. Sebeok, ed. (q. v.), Animal communication:techniques of study and results of research, pp. 61-72.

Hocking, B. 1970. Insect associations with the swollen thorn acacias. Transactions of the Royal Entomological Society of London, 122 (7): 211-255.

Hodjat, S. H. 1970. Effects of crowding on colour, size and larval activity of Spodoptera littoralis (Lepidoptera:Noctuidae). Entomologia Experimentalis et Applicata, 13:97-

106.

Hoesch, W. 1960. Zum Brutverhalten des Laufhühnchens Turnix sylvatica lepurana. Journal für Ornithologie, 101 (3): 265-295.

Hoese, H. D. 1971. Dolphin feeding out of water in a sal tmarsh. Journal of Mammalogy, 52 (1): 222-223.

Hoffer, E. 1882-83. Die Hummeln Steiermarks:Lebensgeschichte und Beschreibung Derselben, two parts. Leuschner and Lubensky, Graz. Part I:92 pp, part 2:98 pp. (Behavioral descriptions are in the first part, published in 1882.)

Hoffineister, D. F. 1967. Tubulidentates, proboscideans, and hyracoideans. In S. Anderson and 1. K. Jones, Jr., eds. (q. v.), Recent mammals of the world:a synopsis of families, pp. 355-365. Hogan-Warburg, A. J. 1966. Social behavior of the ruff, Philomachus pugnax (L.). Ardea, 54 (3, 4): 109-229.

Hohn, E. 0. 1969. The phalarope. Scientific American, 220 (6) (June): 104-lll.

Holgate, P. 1967. Population survival and life history phenomena. Journal of Theoretical Biology, 14 (1): 1-10.

Ho11dobler, B. 1962. Zur Frage der Oligogynie bei Camponotus ligniperda Latr. und Camponotus herculeanus L. (Hym. Formicidae). Zeitschrift fü r Angewandte Entomologie, 49 (4): 337-352.

1967a. Verhaltensphysiologische Untersuchugen zur Myrmecophilie einiger Staphylinidenlarven. Verhandlungen der Deutschen Zoologischen Gesellschaft, Heidelberg, 1967. pp. 428-434.

——1967b. Zur Physiologie der Gast-Wirt-Beziehungen (Myrmecophilie) bei Arneisen:1, das Gastverhaltnis der Atemelesund Lomechusa-Larven (Col. Staphylinidae) zu Formica (Hyrm. Formicidae). Zeitschrift für Vergleichende Physiologie, 5611): 1-21.

——1969a. Host finding by odor in the myrmecophilic beetleAtemeles pubicollis Bris. (Staphylinidae). Science, 166:757-758.

——1969b. Orientierungsmechanismen des Arneisengastes Atemeles (Coleoptera, Staphylinidae) bei der Wirtssuche. Verhand lungen der Deutschen Zoologischen Gesellschaft, W ürzburg, 1969, pp. 580-585.

——1970. Zur Physiologie der Gast-Wirt-Beziehungen (Myrmecophilie) bei Ameisen:II, das Gastverhilltnis des imaginalen Atemeles pubicollis Bris. (Col. Staphylinidae)

zu Myrmica and Formica (Hym. Formicidae). Zeitschrift füurUergleichende Physiologie, 66 (2): 215-250.

——1971a. Recruitment behavior in Camponotus socius (Hym. Formicidae). Zeitschrift für Vergleichende Physiologie, 75 (2): 123-142.

——1971b. Sex pheromone in the ant Xenomyrmex floridanus. Journal of Insect Physiology, 17 (8): 1497-1499.

——1971c. Communication between ants and their guests. Scientific American, 224 (3) (March): 86-93.

——1973. Chemische Strategie beim Nahrungserwerb derDiebsameise (Solenopsis fugax Latr.) und der Pharaoameise (Monomorium pharaonis L.). Oecologia, Berlin, II: 371-380.

Hölldobler, B., M. Moglich, and U. Maschwitz. 1974. Communication by tandem running in the ant Camponotus sericeus. Journal of Comparative Physiolog), 90 (2): 105-127.

Hölldobler, K. 1953. Beobachtungen über dieKoloniengründung von Lasius umbratus umbratus Nyl. Zeitschriftfür\AAngewandte Entomologie, 34 (4) \598-606.

Holling, C. S. 1959. Some characteristics of simple types ofpredation and parasitism. Canadian Entomologist, 91 (7): 385-398. Holmes, R. T. 1966. Breeding ecology and annual cycleadaptations of the red-backed sandpiper (Calidris alpina) innorthern Alaska. Condor, 68 (1): 3-46.

——1970. Differences in population density, territoriality, andfood supply of dunlin on arctic and subarctic tundra. In A. Watson, ed. (g. v.), Animal populations in relation to their food resources. pp. 303-319.

Holst, D. von. 1969. Sozialer Stress bei Tupajas (Tupaiabulangeri) Zeitschrift für Vergleichende Physiologie, 63 (1): 1-58.

——1972a. Renal failure as the cause of death in Tupaiabelangeri exposed to persistent social stress. Journal ofComparative Physiolog), 78 (3): 236-273.

——1972b. Die Funktion der Nebennieren mannlicher Tupaiabelangeri. Journal of Comparative Physiology, 78 (3): 289-306.

Homans, G. C. 1961. Social behavior:its elementary forms. Harcourt, Brace & World, New York. xii+404 pp

Hooff, J. A. R. A. M. van. 1972. A comparative approach to-the phylogeny of laughter and smiling. In R. A. Hinde, ed. (q. v.), Non-verbal communication, pp. 209-241.

Hooker, Barbara I. 1968. Birds. In T. A. Sebeok, ed. (q. v.), Animal communication: techniques of study and results of research, pp. 311-337.

Hooker, T., and Barbara I. Hooker. 1969. Duetting. In R. A. Hinde, ed. (q. v.), Bird vocalizations: their relations to currentproblems in biology and psychology, pp. 185-205.

Horn, E. G. 1971. Food competition among the cellular slimemolds (Acrasieae). Ecology, 52 (3): 475-484.

Horn, H. S. 1968. The adaptive significance of colonialnesting in the Brewer's blackbird (Euphagus cyanocephalus). Ecolog, 49 (4): 682-694.

Horwich, R. H. 1972. The ontogeny of social behavior in thegray squirrel (Sciurus carolinensis). Zeitschrift für Tierpsychologie, supplement 8. 103 pp.

Houlihan, R. T. 1963. The relationship of population density-to endocrine and metabolic changes in the California vole (Microtus californicus). University of California Publications inZoology, 65:327-362.

Housse, R. P. R. 1949. Las zoaos de Chile o chacalesamericanos. Anales de la Academia Chilena de Ciencias Naturales, Santiago, 34 (1): 33-56.

Houston, D. B. 1974. Aspects of the social organization ofmoose. In V. Geist and F. Walther, eds. (q. v.), The behaviour ofungulates and its rerlation to management, vol. 2, pp. 690-696.

Howard, H. E. 1920. Territory in bird life. John Murray, London xiii+308 pp. (Reprinted with an introduction by J. Huxleyand J. Fisher, Collins, London. 1948. 224 pp)

——1940. A waterhen's worlds. Cambridge University Press, Cambridge. ix+84 pp.

Howard, W. E. 1960. Innate and environmental dispersal ofindividual vertebrates. American Midland Naturalist, 63 (1): 152-161.

Howells, W. W. 1973. Evolution of the genus Homo. Addison-Wesley, Reading, Mass. 188 pp.

Howse, P E. 1964. The significance of the sound produced bythe termite Zootermopsis angusticollis (Hagen). Animal Behaviour, 12 (2, 3): 284-300.

——1970. Termites:a study in social behaviour. Hutchinson-University Library, London. 150 pp.

Hoyt, C. P., G. O. Osborne, and A. P Mulcock. 1971. Production of an insect sex attractant by symbiotic bacteria. Nature, London, 230 (5294): 472-473.

Hrdy, Sarah Blaffer. 1974. The care and exploitation of-non-human primate infants by conspecifics other than the mother. Advances in the Study of Behavior. (In press.)

Hubbard, H. G. 1897. The ambrosia beetles of the United-States. Bulletin of the United States Department of Agriculture, n. s. 7:9-30.

Hubbard, J. A. E. B. 1973. Sediment-shifting experiments:aguide to functional behavior in colonial corals. In R. S. Boardman, A. H. Cheetham, and W. A. Oliver, Jr., eds. (q. v.), Animal colonies:development and function through time, pp. 31-42.

Huber, P. 1802. Observations on several species of the genusApis, known by the name of humble-bees, and calledBombinatrices by Linnaeus. Transactions of the Linnean Society ofLondon, 6:214-298.

——1810. Recherches sur les moeurs des fourmis indigènes. J. J. Paschoud, Paris. xvi+328 pp.

Hughes, R. L. 1962. Reproduction of the macropod marsupialPotorous tridactylus (Kerr). Australian Journal of Zoology, 10 (2): 193-224.

Hunkeler, C., F. Bourlièr e, and M. Bertrand. 1972. Lecomportement social de la mone de Lowe (Cercopithecuscampbelli lowei). Folia Primatologica, 17 (3): 218-236.

Hunsaker, D. 1962. Ethological isolating mechanisms in theSceloporus torquatus group of lizards. Evolution, 16 (1): 62-74.

Hunsaker, D., and T. C. Hahn. 1965. Vocalization of the SouthAmerican tapir, Tapirus terrestris. Animal Behaviour, 13 (l): 69-78.

Hunter, J. R. 1969. Communication of velocity changes in-jack mackerel (Trachurus symmetricus) schools. Animal Behaviour, 17 (3): 507-514.

Hutchinson, G. E. 1948. Circular causal systems in ecology. Annals of the New York Academy of Sciences, 50 (4): 221-246.

——1951. Copepodology for the ornithologist. Ecology, 32 (3): 571-577.

——1959. A speculative sonsideration of certain possible-forms of sexual selection in man. American Naturalist, 93 (869): 81-91.

——1961. The paradox of the plankton. American Naturalist, 95 (882): 137-145.

Hutchinson, G. E., and S. D. Ripley. 1954. Gene dispersal

and the ethology of the Rhinocerotidae. Evolution, 8 (2): 178-179.

Hutt, Corinne. 1966. Exploration and play in childrenSymposia of the Zoological Society of London, 18: 61-81.

Huxley, J. S. 1914. The courtship-habits of the great crestedgrebe (Podiceps cristatus) ;with an addition to the theory of sexualselection. Proceedings of the Zoological Society of London, 35:491-562. (Reprinted as The courtship of the great crested grebe, with a foreword by Desmond Morris, Cape Editions, Grossman, London, 1968.)

———1923. Courtship activities in the red-throated diver (Colymbus stellatus Pontopp.) ;together with a discussion of theevolution of courtship in birds. Journal of the Linnean Society ofLondon, Zoology, 35 (234): 253-292.

———1934. A natural experiment on the territorial instinct. British Birds, 27 (10): 270-277.

———1938. The present standing of the theory of sexualselection. In G. R. de Beer, ed., Evolution:essays on aspects ofevolutionary biology presented to Professor E. S. Goodrich on hisseventieth birthda3, pp. 11-42: Clarendon Press, Oxfod. viii+350pp.

———1966. Introduction. In J. S. Huxley, ed., A discussion onritualization of behaviour in animals and man, pp. 249-271. Philosophical Transactions of the Royal Society of London, ser, B, 251 (772): 247-526.

———Hyman, Libbie H. 1940. The invertebrates:Protozoa throughCtenophora. McGraw-Hill Book Co., New York. xii+726 pp.

———1951a. The invertebrates, vol. 2, Platyhelminthes andRhynchocoela:the acoelomate Bilateria. McGraw-Hill Book Co., New York. viii+550 pp.

———1951b. The invertebrates, vol. 3, Acanthocephala, Aschelminthes, and Entoprocta:the pseudocoelomate Bilateria. McGraw-Hill Book Co., New York. vii+572 pp.

———1959. The invertebrates, vol. 5, Smaller coelomate groups:Chaetognatha, Hemichordata, Pogbnophora, Phoronida, Ectoprocta, Brachiopoda, Sipunculida, the coelomate Bilateria. McGraw-Hill Book Co. . New York. viii+783 pp.

Ihering, H. von. 1896. Zur Biologie der socialen Wespen Brasiliens. ZoologischerAnzeiger, 19 (516): 449-453.

Imaizumi, Y., and N. E. Morton. 1969. Isolation by distance inJapan and Sweden compared with other countries. Human Heredity, 19:433-443.

Imaizumi, Y., N. E. Morton, and D. E. Harris. 1970. Isolationby distance in artificial populations. Genetics, 66 (3): 569-582.

Imanishi, K. 1958. Identification:a process of enculturation inthe subhuman society of Macaca fuscata. Primates, 1 (l): 1-29. (InJapanese with English introduction.)

———1960. Social organization of subhuman primates in theirnatural habitat. Current Anthropology, 1 (5, 6): 393-407.

———1963. Social behavior in Japanese monkeys, Macacafuscata. In C. H. Southwick, ed. (q. v.), Primate social behavior:an enduring problem, pp. 68-81. (Originally published in Japanesein Psychologia, 1 [1] : 47-54, 1957.)

Immelmann, K. 1966. Beobachtungen an Schwalbenstaren. Journal fü r Ornithologie, 107 (1): 37-69.

———1972. Sexual and other long-term aspects of imprinting inbirds and other species. Advances in the Study of Behavior, 4:147-174.

Inhelder, E. 1955. Zur Psychologie einiger Verhaltensweisen-besonders des Spiels——von Zootieren. Zeitschrift für Terpsychologie, 12 (1): 88-144.

Inkeles, A. 1964. What is sociology?An introduction to thediscipline and profession. Prentice-Hall, Englewood Cliffs, N. J. viii+120 pp.

Innis, Anne C. 1958. The behaviour of the giraffe, Giraffacamelopardalis, in the eastern Transvaal. Proceedings of theZoological Society of London, 131 (2): 245-278.

Ishay, J., H. Byfnski-Salz, and A. Shulov. 1967. Contributionsto the bionomics of the Oriental hornet (Vespa orientalis Fab.). Israel Journal of Entomology, 2:45-106.

Ishay, J., and R. Ikan. 1969. Gluconeogenesis in the Orientalhornet Vespa orientalis F. Ecology, 49 (1): 169-171.

Ishay, J., and E. M. Landau. 1972. Vespa larvae send outrhythmic hunger signals. Nature, London, 237 (5353): 286-287.

Istock, C. A. 1967. The evolution of complex life cyclephenomena:an ecological perspective. Evolution, 21 (3): 592-605.

Itani, J. 1958. On the acquisition and propagation of a newhabit in the natural group of the Japanese monkey atTakasaki-Yama. Primates, 1 (2): 84-98. (In Japanese with Englishsummary.)

——1959. Paternal care in the wild Japanese monkey, Macacafuscata fuscata. Primates, 2 (1): 61-93.

——1966. Social organization of chimpanzees. Shizen, 21 (8): 17-30. [Cited by K. Izawa, 1970 (q. v.).]

——1972. A preliminary essay on the relationship betweensocial organization and incest avoidance in nonhuman primates. InF. E. Poirier, ed. (q. v.), Primate socialization, pp. 165-171.

Itani, J., and A. Suzuki. 1967. The social unit of chimpanzees. Primates, 8 (4): 355-381.

Itoigawa, N. 1973. Group organization of a natural troop ofJapanese monkeys and mother-infant interactions. In C. R. Carpenter, ed. (q. v.), Behavioarl regulators of behavior inprimates, pp. 229-250. Ivey, M. E., and Judith M. Bardwick 1968. Patterns of affective fluctuation in the menstrual cycle. psychosomatic Medicine, 30 (3): 336-345.

Iwata, K. 1967. Report of the fundamental research on thebiological control of insect pests in Thailand:II, the report on thebionomics of subsocial wasps of Stenogastrinae (Hymenoptera, Vespidae). Nature and Life in Southeast Asia, 5:259-293.

——1969. On the nidification of Ropalidia (Anthreneida) taiwana koshunensis Sonan in Formosa (Hymenoptera, Vespidae). Kontyu, 37:367-372.

Izawa, K. 1970. Unit groups of chimpanzees and theirnomadism in the savanna woodland. Primates, II (1): 1-46. Izawa, K., and J. Itani. 1966. Chimpanzees in Kasakati Basin, Tanganyika:I, ecological study in the rainy season 1963-1964. Kyoto University African Studies, 1: 73-156.

Izawa, K., and T. Nishida. 1963. Monkeys living in thenorthern limit of their distribution. Primates, 4 (2): 67-88Jackson, J. A. 1970. A quantitative study of the foragingecology of downy woodpeckers. Ecology, 51 (2): 318-323.

Jackson, L. A., and J. N. Farmer. 1970. Effects of host fightingbehavior on the course of infection of Trypanosoma duttoni in mice. Ecology, 51 (4): 672-679.

Jacobson, M. 1972. Insect sex pheromones. Academic Press, New York. xii+382 pp.

Jameson, D. L. 1954. Social patterns in the leptodactylid frogsSyrrhophus and Eleutherodactylus. Copeia, 1954, no. I, pp. 36-38.

——1957. Life history and phylogeny in the salientians. Systematic Zoology, 6 (2): 75-78.

Janzen, D. H. 1967. Interaction of the bull's-horn acacia (Acacia cornigera L.) with an ant inhabitant (Pseudomyrmexferruginea F. Smith) in eastern Mexico. Kansas University ScienceBulletin, 47 (6): 315-558.

1969. Allelopathy by myrmecophytes:the ant Azteca asan allelopathic agent of Cecropia. Ecology, 50 (1): 147-153.

——1970. Altruism by coatis in the face of predation by Boaconstrictor. Journal of Mamrnalogy, 51 (2): 387-389.

——1972. Protection of Barteria (Passifloraceae) byPachysima ants (Pseudomyrmecinae) in a Nigerian rain forest. Ecology, 53 (5): 884-892.

Jardine, N, and R. Sibson. 1971. Mathenuctical taxonomy. John Wiley & Sons, New York. xviii+286 pp.

Jarman, P. J. 1974. The social organisation of antelope inrelation to their ecology. Behaviour, 58 (3, 4): 215-267.

Jarman, P. J., and M. V. Jarman. 1973. Social behavio, population structure and reproductive potential in impala. EastAfrican Wildlife Journal, 11 (3, 4): 329-338.

Jay, Phyllis C. 1963. Mother-infant relations in langurs. InHarriet L. Rheingold, ed. (q. v.), Maternal behavior in mammals, pp. 282-304.

——1965. The common langur of North India. In I. DeVore, ed. (, . v.), Primate behavior:field studies of monkeys and apes, pp. 197-249.

——ed. 1968. Primates:studies in adaptation and variabilityHolt, Rinehart and Winston, New York. xiv+529 pp.

Jeanne, R. L. 1972. Social biology of the Neotropical waspMischocyttarus drewseni. Bulletin of the Museum of ComparativeZoology, Harvard, 144 (3): 63-150.

——1975. The adativeness of social wasp nest architecture. Quarterly Review ofBiology. (In press.)

Jehl, J. R. 1970. Sexual selection for size differences in twospecies of sandpipers. Evolution, 24 (2): 311-319.

Jenkins, D. 1961. Social behaviour in the partridge Perdixperdix. Ibis, 103a (2): 155-188.

Jenkins, D., A. Watson, and G. R. Miller. 1963. Populationstudies on red grouse, Lagopus lagopus scoticus (Lath.) innorth-east Scotland. Journal of Animal Ecology, 32:317-376. Jenkins, T. M., Jr. 1969. Social structure, position choice andmicrodistribution of two trout species (Salmo trutta and Salmogairdneri) resident in mountain streams. Animal BehaviourMonographs, 2 (2): 55-123.

Jennings, H. S. 1906. Behavior of the lower organisms. Columbia University Press, New York. xvi+366 pp.

Jennrich, R. I., and F. B. Turner. 1969. Measurement of non-circular home range. Journal of Theoretical Biology, 22 (2): 227-237.

Jewell, P. A. 1966. The concept of home range in mammals. In P. A. Jewell and Caroline Loizos, eds. (q. v.), Play, explorationand territory in mammals, pp. 85-109.

Jewell, P. A., and Caroline Loizos, eds. 1966. Play, exploration and territory in mammals. Symposia of the Zoological Society of London no. 18. Academic Press, New York. xiii+280PP.

Johnsgard, P. A. 1967. Dawn rendezvous on the lek. Natural-History, 76 (3) (March): 16-21.

Johnson, C. 1964, The evolution of territoriality in theOdonata. Evolution. 18 (1): 89-92.

Johnson, C. G. 1969. Migration and dispersal of insects byflight. Methuen, London. xxii+766 pp.

Johnson, N. K. 1963. Biosysternatics of sibling species of flycatchers in the Empidonax hammondii-oberhoseri-wrightii complex. University of California Publications in Zoology, 66 (2): 79-238.

Johnston, J. W., Jr., D. G. Moulton, and A. Turk, eds. 1970. Advances in chemoreception, vol. 1, Communication by chemical signals. Appleton-Century-Crofts, New York. x+412 pp.

Johnston, Norah C., J. H. Law, and N. Weaver. 1965. Metabolism of 9-ketodee-2-enoic acid by worker honeybees (Apis mellifera L.). Biochemistry, 4:1615-1621.

Jolicoeur, P. 1959. Multivariate geographical variation in the wolf Canis lupus L. Evolution, 13 (3): 282-299.

Jolly, Alison. 1966. Lemur behavior:a Madagascar field study. University of Chicago Press, Chicago. xiv+187 pp.

——1972a. The evolution of primate behavior. Macmillan Co., New York. xiii+397 pp.

——1972b. Troop continuity and troop spacing in Propithecus verreauxi and Lemur catta at Berenty (Madagascar). Folia Primatologica, 17 (5, 6): 335-362.

Jolly, C. J. 1970. The seed-eaters:a new model of hominid differentiation based on a baboon analogy. Man, 5 (1): 5-26.

Jones, J. K., Jr., and R. R. Johnson. 1967. Sirenians. In S. Anderson and J. K. Jones, Jr., eds. (q. v.), Recent mammals of the world:a synopsis of families, pp. 366-373.

Jones, T. B., and A. C. Kamil. 1973. Tool-making and tool-using in the northern blue jay. Science, 180:1076-1078.

Jonkel, C. J., and I. McT. Cowan. 1971. The black bear in the spruce-fir forest. Wildlife Monographs, 27:1-57.

Joubert, S. C. J. 1974. The social organization of the roan antelope Hippotragus equinus and its influence on the spatical distribution of herds in the Kruger National Park. In V. Geist and F. Walther, eds. (q. v.), The behaviour of ungulates and its relation to management, vol. 2, pp. 661-675.

Jullien, J. 1885. Monographie des bryozoaires d'eau douce. Bulletin de la Socié t é Zoologique de France, 10:91-207.

Kahl, M. P. 1971. Social behavior and taxonomic relationships of the storks. Living Bird, 10:151-170.

Kaiser, P. 1954. Uber die Funktion der Mandibeln bei den Soldaten von Neocapritermes opacus (Hagen). ZoologischerAnzeiger, 152 (9, 10): 228-234.

Kalela, 0. 1954. Uber den Revierbesitz bei Vogeln und Saugetieren als populationsokologischer Faktor. Annales Zoologici Societatis Zoologicae Botanicae Fennicae"Vanamo" (Helsinki), 16 (2): 1-48.

——1957. Regulation of reproductive rate in subarctic populations of the vole Clethrionomys rufocanus (Sund.). Annales Academiae Scientiarum Fennicae (Suornalaisen Tiedeakatermian Toimituksia), ser. A (IV, Biologica), 34:1-60.

Kalleberg, H. 1958. Observations in a stream tank of territoriality and competition in juvenile salmon and trout (Salmo salar L. and S. trutta L.). Reports of the Institute of Freshwater Research, Drottningholm, 39:55-98.

Kallmann, F. J. 1952. Twin and sibship study of overt male homosexuality. American Journal of Human Genetics, 4 (2): 136-146.

Kalmijn, A. J. 1971, The electric sense of sharks and rays. Journal of Experimental Biology, 55 (2): 371-383.

Kalmus, H. 1941. Defence of source of food by bees. Nature, London, 148 (3747): 228.

Karlin, S. 1969. Equilibrium behavior of population genetic models with non-random mating. Gordon and Breach, New York. 163 pp.

Karlin, S., and J. McGregor. 1972. Polymorphisms for genetic and ecological systems with weak coupling. TheoreticalPopulation Biology, 3 (2): 210-238.

Karlson, P., and A. Butenandt. 1959. Pheromones (ectobormones) in insects. Annual Review of Entomology, 4:39-58.

Kastle, W. 1963. Zur Ethologie des Grasanolis (Norops auratus) (Daidom). Zeitschrift für Tierpsychologie, 2011): 16-33

——1967. Soziale Verhaltensweisen von Chamaleonen aus der pumilisund bitaeniatus-Gruppe. Zeitschrift für Tierpsychologie, 24 (3): 313-341.

Kaston, B. J. 1936. The senses involved in the courtship of some vagabond spiders. Entomologica Americana, n. s. 16 (2): 97-167.

——1965. Some little known aspects of spider behavior. American Midland Naturalist, 73 (2): 336-356.

Kaufman, 1. C., and L. A. Rosenblum 1967. Depression in infant monkeys separated from their mothers. Science, 155: 1030-1031.

Kaufmann, J. H. 1962. Ecology and social behavior of the coati, Nasua narica, on Barro Colorado Island, Panama. University of California Publications in Zoology, 60 (3): 95-222.

——1966. Behavior of infant rhesus monkeys and their montbers in a free-ranging band. Zoologica, New York, 51 (1): 17-27.

——1967. Social relations of adult males in a free-ranging band of rhesus monkeys. In S. A. Altmann, ed. (q. v.), Social communication among primates, pp. 73-98.

——1974a. Social ethology of the whiptail wallaby, Macropus parryi, in northeastern New South Wales. Animal Behaviour, 22 (2): 281-369.

——1974b. The ecology and evolution of social organization in the kangaroo family (Macropodidae). American Zoologist, 14 (1): 51-62.

——1974c. Habitat use and social organization of nine sympatric species of macropodid marsupials. Journal of Mammalogy, 55 (1): 66-80.

Kaufmann, J. H., and Arleen B. Kaufmann. 1971, Social organization of whiptail wallabies, Macropus parryi. Bulletin of the Ecological Society of America. 52 (4): 54-55.

Kaufmann, K. W. 1970. A model for predicting the influence of colony morphology on reproductive potential in the phylum Ectoprocta. Biological Bulletin, Marine Biological Laboratory, Woods Hole, 139 (2): 426.

——1971. The form and function of the avicularia of Bugula (phylum Ectoprocta). Postilla, 151: 1-26.

——1973. The effect of colony morphology on the life-history parameters of colonial animals. In R. S. Boardman, A. H. Cheetham, and W. A. Oliver, Jr., eds. (q. v.), Animal colonies:development and. function through time, pp. 221-222.

Kaufmann, T. 1965. Ecological and biological studies on the West African firefly Luciola discicollis (Coleoptera:Lampyridae). Annals of the Entomological Society of America, 58 (4): 414-426.

Kawai, M. 1958. On the system of social ranks in a natural troop of Japanese monkeys:I, basic rank and dependent rank. Primates. l-2: III-130. (In Japanese;translated in S. A. Altmann, ed., 1965b [q. v.] .)

——1965a. Newly acquired pre-cultural behavior of the natural troop of Japanese monkeys on Koshima Islet. Primates, 6 (l): 1-30.

——1965b. On the system of social ranks in a natural troop of Japanese monkeys:I, basic rank and dependent rank. In S. A. Altmann, ed. (q. v.), Japanese monkeys, pp. 66-85.

Kawamura, S. 1954. A new type of action expressed in the feeding behavior of the Japanese monkey in its wild habitat. Organic Evolution, 2 (1): 10-13. (In Japanese;cited by K. Imanishi, 1963 [q. v.] .)

——1958. Matriarchal social ranks in the Minoo-B troop:a study of the rank system of Japanese monkeys. Primates, 1-2:149-156. (In Japanese;translated in S. A. Altmann, ed., 1965b [q. V.] .)

——1963. The process of sub-culture propagation among Japanese macaques. In C. H. Southwicd, ed. (q. v.), Primate social behavior:an enduring problem, pp. 82-90. (Originally published inJapanese in Journal of Primatology, 1959, 2 [1] : 43-60.)

——1967. Aggression as studied in troops of Japanese monkeys. In Carmine D. Clemente and D. B. Lindsley, eds., (q. v.), Brain function, vol. 5, Aggression and defense, neural mechanisms and social patterns, pp. 195-223.

Kawanabe, H. 1958. On the significance of the social structure for the mode of density effect in a salmon-like fish, "Ayu, "Plecoglossus altivelis Temminck et Schlegel. Memoirs of the College of Science, University of Kyoto, set. B, 25 (3) ;171-180.

Keenleyside, M. H. A. 1955. Some aspects of the schooling behaviour of fish. Behaviour, 8 (2, 3): 183-248.

——1972. The behaviour of Abudefduf zonatus (Pisces, Pomacentridae). Animal Behaviour, 20 (4): 763-774.

Keith, A. 1949. A. new theory of human evolution. Philosophical Library, New York. x+451 pp.

Keller, R. 1973. Einige Beobachtungen zurn Verhalten des DekkanRothundes (Cuon alpinus dukhunensis Sykes) im Kanha-Nationalpark. Vierteljahrsschrift der Naturforschenden Gesellschaftin Zurich, 118 (l): 129-135.

Kelsall, J. P. 1968. The migratory barren-ground caribou of Canada. Department of Indian Affairs and Northern Development, Ottawa. 340 pp.

Kemp, G. A., and L. B. Keith. 1970. Dynamics and regulation of red squirrel (Tamiasciurus hudsonicus) populations. Ecology, 51 (5): 763-779.

Kemper, H., and Edith Dohring. 1967. Die sozialen Faltenwespen Mitteleuropas. Paul Parey, Berlin. 180 pp.

Kempf, W. W. 1951. A taxonomic study on the ant tribe Cephalotini (Hymenoptera:Formicidae). Revista de Entomologia, Rio de Janeiro, 22 (1-3): 1-244.

——1958. New studies of the ant tribe Cephalotini (Hym. Formicidae). Studia Entomologica, 1 (1, 2): 1-168.

——1959. A. revision of the Neotropical ant genus Monacis Roger (Hym., Formicidae). Studia Entomologica, 2 (1-4): 225-270.

Kendeigh, S. C. 1952. Parental care and its evolution in birds. lllinois Biological Monographs, 22 (1-3). x+356 pp.

Kennedy, J. M., and K. Brown. 1970. Effects of male odor during infancy on the maturation, behavior, and reproduction of female mice Developmental Psychobilogy, 3 (3): 179-189.

Kenyon, K. W. 1969. The sea otter in the eastern Pacific Ocean. North American Fauna no. 68. U. S. Bureau of Sport Fisheries and Wildlife, Washington, D. C. xiii+352 pp.

Kem, J. A. 1964. Observations on the habits of the proboscis monkey, Nasalis larvatus (Wurmb), made in the Brunei Bay area, Borneo. Zoologica, New York, 49 (3): 183-192.

Kerr, W. E., A. Ferreira, and N. Simoes de Mattos. 1963. Communication among stingless bess—additional data (Hymenoptera:Apidae). Journal of the New York EntomologicalSociety, 71: 80-90.

Kerr, W. E., S. F. Sakagami, R. Zucchi, V. de Portugal-Araújo, and J. M. F. de Camargo. 1967. Observacões sŏbre a arquitetura dos ninhos e comportamento de algumas espécies de abelhas sem ferrão das vizinhancas de Manaus, Amazonas (Hymenoptera, Apoidea). Atas do Simpósio sŏbre a Biota Amazŏnica, Conselho Nacional de Pesquisas, Rio de Janeiro, 5 (Zoology): 255-309.

Kessel, E. L. 1955. The mating activities of balloon flies. Systematic Zoology, 4 (3) 97-104.

Kessler, S. 1996. Selection for and against ethological isolation between Drosophila pseudoobscura and Drosophila persimilis. Evolution, 20 (4): 634-635.

Keyfitz, N. 1968. Introduction to the mathematics of population. Addsion-Wesley Publishing Co., Reading, Mass. xiv+450 pp.

Kiley, Marthe. 1972. The vocalizations of ungulates, their causation and function. Zeitschrift für Tierpsychologie, 31 (2): 171-222.

Kiley-Worthington, Marthe. 1965. The waterbuck (Kobus defassa Ruppell 1835 and K. ellipsiprimnus Ogilby 1833) in East Africa:spatial distribution:a study of the sexual behaviour. Mammalia, 29 (2): 176-204.

Kilgore, D. L. 1969. An ecological study of the swift fox (Vulpes velox) in the Oklahoma Panhandle. American Midland Naturalist, 81 (2): 512-534.

Kilham, L. 1970. Feeding behavior of downy woodpeckers:I, preference for paper birches and sexual differences. Auk, 87 (3): 544-556.

King, C. E. 1964. Relative abundance of species and MacArthur's model. Ecology, 45 (4): 716-727.

King, C. E., and W. W. Anderson. 1971. Age-specific selection:II, the interaction between r and K during population growth. American Naturalist. 105 (942): 137-156.

King, J. A. 1955. Social behavior, social organization, and population dynamics in a black-tailed prairiedog town in the BlackHills of South Dakota. Contributions from the Laboratory of Vertebrate Biology, University of Michigan, Ann Arbor, no. 67. 123pp.

——1956. Social relations of the domestic guinea pig living under semi-natural conditions. Ecology, 37 (2): 221-228.

——1957. Relationships between early social experience and adult aggressive behavior in inbred mice. Journal of Genetic Psychology, 90:151-166.

——1968. Psychology. In J. A. King, ed. (q. v.), Biology of Peromyscus (Rodentia), pp. 496-542.

——ed. 1968. Biology of Peromyscus (Rodentia). Special Publication no. 2. American Society of Mammalogists, Stillwater, Oklahoma. xiii+593 pp.

King, J. L. 1967. Continuously distributed factors affecting fitness. Genetics, 55 (3): 483-492.

Kinsey, K. R. 1971. Social organization in a laboratory colony of wood rats, Neotoma fuscipes. In A. H. Esser, ed (q. v.), Behaviorand environment:the use ofspace by animals and men, pp. 40-45,

Kislak, J. W., and F. A. Beach. 1955. Inhibition of aggressiveness by ovarian hormones. Endocrinology, 56 (6): 684-692.

Kitchener, D. J. 1972. The importance of shelter to the quokka, Setonix brachyurus (Marsupialia), on Rotmest Island. Australian Journal of Zoology, 20 (3): 281-299.

Kittredge, J. S., Michelle Terry, and F. T. Takahashi. 1971. Sex pheromone activity of the molting hormone, crustecdysone, on male crabs. Fishery Bulletin, 69 (2): 337-343.

Kleiber, M. 1961. The fire of life:an introduction to animal energetics. John Wiley & Sons, New York. 454 pp.

Kleiman, Devra G. 1967. Some aspects of social behavior in the Canidae. American Zoologist, 7 (2): 365-372.

——1971. The courtship and copulatory behaviour of the green acouchi, Myoprocta pratti. Zeitschrift für Tierpsychologie, 29 (3): 259-278.

——1972a. Maternal behaviour of the green acouchi (Myoprocta pratti Pocock), a South American caviomorph rodent Behaviour, 43 (3, 4): 48-84.

——1972b. Social behavior of the maned wolf (Chrysocyon brachyurus) and bush dog (Speothos venaticus): a study in contrast. Journal of Mammalogy, 53 (4): 791-906.

Kleiman, Devra G., and J. F. Eisenberg. 1973. Comparisons of canid and felid social systems from an evolutionary perspective. Animal Behaviour, 21 (4): 637-659.

Klingel, H. 1965. Notes on the biology owf the plains zebra Equus quagga boehmi Matschie. East African Wildlife Journal, 3:86-88.

——1967. Soziale Organisation und Verhalten freilebender Steppenzebras. Zeitschrift für Tierpsychologie, 24 (5): 580-624.

——1968. Soziale Organisation und Verhaltensweisen vom Hartmannund Bergzebras (Equus zebra hartmannae und E. z. zebra). Zeitschrift fü r Tierpsychologie, 25Il): 76-88.

——1972. Social behaviour of African Equidae. Zoologica Africana, 7:175-196.

Klopfer, P. H. 1957. An experiment on empathic learning in ducks. American Naturalist, 91 (856): 61-63.

——1961. Observational learning in birds:the establishment of behavioral modes. Behaviour, 17 (l): 71-80.

——1970. Sensory physiology and esthetics. American Scientist, 58 (4): 399-403.

——1972. Patterns of maternal care in lemurs:II, effects of group size and early separation. Zenschrift fü Tierpsychologie, 30 (3): 277-296.

Klopfer, P. H., and Alison Jolly. 1970. The stability of territorial boundaries in a lemur troop. Folia Primatologica, 12 (3): 199-208.

Klopman, R. B. 1968. The agonistic behavior of the Canada goose (Branta canadensis canadensis): I, attack behavior. Behaviour, 30 (4): 287-319.

Kluijver, H. N., and L. Tinbergen. 1953. Territory and the regulation of density in titmico. Archives Nérlandaises de Zoologie, Leydig, 10 (3): 265-289.

Kneitz, G. 1964. Saisonales Trageverhalten bei Formica polyctena Foerst. (Formicidae, Gen. Formica). Insectes Sociaux, ll (2): 105-129.

Knerer, G., and C. E. Atwood. 1966, Nest architecture as an aid in halictine taxonomy (Hymenoptera: Halictidae). Canadian Entomologist, 98 (12): 1337-1339.

Knerer, G., and Ué ile Plateaux-Quénu. 1967a. Sur la production continue on périodique de couvain chez les Halictinae (Insectes Hyménoptères). Compte Rendu de IAcadèmie des Sciences, Paris, 264 (4): 651-653.

——1967b. Sur la production de måles chez les Halictinae (Insectes Hyménoptè res) sociaux. Compte Rendu de I'Académie des Sciences. Paris, 264 (8): 1096-1099.

——1967c. Usurpation de nids;étrangers et parasitisme facultatif chez Halictus scabiosae (Rossi) (Insecte Hyménoptère). Insectes Sociaux, 14 (1): 47-50.

Koening, Lilli, 1960. Das Aktionssystem des Siebenschlafers (GlisglisL.). Zeitschrift für Tierpsychologie, 17 (4): 427-505.

Koenig, 0. 1962. Kif-Kif. Wollzeilen-Verlag, Vienna. [Cited by W. Wickler, 1972a (q. v.).]

Kofoid, C. A., S. F. Light, A. C. Horner, M. Randall, W. B. Herms, and E. E. Bowe, eds. 1934. Termites and termite control, 2d ed., rev. University of California Press, Berkeley. xxvii+795 pp.

Koford, C. B. 1957. The vicuna and the puna. Ecological Monographs, 27 (2): 153-219.

——1963, Rank of mothers and sons in bands of rhesus monkeys. Science, 141: 356-357.

——1965. Population dynamics of rhesus monkeys on Cayo Santiago. In I. DeVore, ed. (q. v.), Primate behavior:field studies of monkeys and apes, pp. 160-174.

——1967. Population changes in rhesus monkeys:Cayo Santiago 1960-1964. Tulane Studies in Zoology, New Orleans, 13 (l): 1-7.

Kohlberg, L. 1969. Stage and sequence:the cognitive-developmental approach to socialization. In D. A. Goslin, ed., Handbook of socialization theory and research, pp. 347-480. Rand McNally Co., Chicago. xiii+1182 pp.

Kohler, W. 1927. The mentality of apes, trans. by Ella Winter, 2d ed. Kegan Paul, Trench, and Trubner, London. viii+336 pp.

Konijn, T. M., J G. C. van de Meene, J. T. Bonner, and D. S. Barkley. 1967. The acrasin activity of adenosine-3', 5'-cyclic phosphate. Proceedings of the National Academy of Sciences, U. S. A., 58 (3): 1152-1154

Konishi, M. 1965. The role of auditory feedback in the control of vocalization in the white-crowned sparrow. Zeitschrift für Tierpsychologie, 22 (7): 770-783.

Koopman, K. F., and E. L. Cockrum. 1967. Bats. In S. Anderson and J. K. Jones, Jr., eds. (q. v.), Recent mammals of the world:a synopsis of families, pp. 109-150.

Kortlandt, A. 1940. Eine Ubersicht der angeboren Verhaltung-sweisen des Mittel-Europaischen Kormorans (Phalacrocorax carbo sinensis [Shaw & Nodd.]), ihre Funktion, ontogenetische Entwicklung und phylogenetische Herkunft. Archives Néerlandaises de Zoologie, Leydig, 4 (4): 401-442.

——1962. Chimpanzees in the wild. Scientific American, 206 (5) (May): 128-138.

——1972. New perspectives on ape and human evolution. Stichting voor Psychobiologie, Universiteit van Amsterdam, The Netherlands. 100 pp.

Kortlandt, A., and M. Kooij. 1963. Protohominid behaviour in primates (preliminary communication). Symposia of the Zoological Society of London, 10:61-88.

Krames, L., W. J. Carr, and B. Bergman. 1969. A pheromone associated with social dominance among male rats. Psychonomic Science, 16 (l): 11-12.

Krebs, C. J. 1964. The lemming cycle at Baker Lake, Northwest Territories, during 1959-62. Arctic Institute of North America, Technical Paper no. 15. [Cited by D. Chitty, 1967a (q. v.).]

——1972. Ecology: the experimental analysis of distribution and abundance. Harper & Row, New York. x+694 pp.

Krebs, C. J., M. S. Gaines, B. L. Keller, Judith H. Myers, and R. H. Tamarin. 1973. Population cycles in small rodents. Science, 179:35-44.

Krebs, C. J., B. L. Keller, and R. H. Tamarin. 1969. Microtus population biology:demographic changes in fluctuating populations of M. ochrogaster and M. permsylvanicus in southern Indiana. Ecology. 50 (4): 587-607.

Krebs, J. R. 1971, Territory and breeding density in the great tit, Parus major L. Eeology, 52 (1): 2-22.

Krieg, H. 1939. Begegnungen mit Ameisenbaren und Faultieren in freier Wildbahn. Zeitschrift für Tierpsychologie, 2 (3): 282-292.

Krishna, K. 1970. Taxonomy, phylogeny, and distribution of termites. In K. Krishna and Frances M. Weesner, eds. (q. v.) Biology of termites, vol. 2, pp. 127-152.

Krishna, K., and Frances M. Weesner, eds. 1969. Biology of termites, vol. I, Academic Press, New York. xiii+598 pp.

——1970. Biology of termites, vol. 2. Academic Press, New York. xiv+643 pp.

Krott, P., and Gertraud Krott. 1963. Zurn Verhalten des Braunbaren (Ursus arctos L. 1758) in den Alpen. Zeitschrift für Tierpsychologie. 20 (2): 160-206.

Kruuk, H. 1964. Predators and anti-predator behaviour of the black headed gull (Larus ridibundus). Behaviour, supplement 11. 129 pp.

——1972. The spotted hyena:a study of predation and social behavior. University of Chicago Press, Chicago. xvi+335 pp.

Kruuk, H., and W. A. Sands. 1972. The aardwolf (Proteles cristatus Sparrman) 1783 as predator of termites. East African Wildlife Journal, 10 (3): 211-227.

Kühlmann, D. H. H, and H. Karst. 1967. Freiwasser-beobachtungen zurn Verhalten von Tobiasfischschwarmen (Ammodytidae) in der wesslichen Ostsee. Zeitschrift für Tierpsy chologie, 24 (3): 282-297.

Kühme, W. 1963. Erganzende Beobachtungen an afrikanischen Elefanten (Loxodonta africana Blumenbach 1797) in Freigehege. Zeitschrift für Tierpsychologie, 20Il): 66-79.

——1965a. Freilandstudien zur Soziologie des Hyanerhundes (Lycaon pictus lupinus Thomas 1902). Zeitschrift für Tierpsychologie, 22 (5): 495-541.

——1965b. Communal food distribution and division of labour in African hunting dogs. Nature, London, 205 (4970): 443-444.

Kullenberg, B. 1956. Field experiments with chemical sexual attractants on aculeate Hymenoptera males. Zoologiska Bidrag fran Uppsala, 31: 253-354.

Kullmann, E. 1968. Soziale Phaenomene bei Spinnen. Insectes sociaux, 15 (3): 289-297.

Kummer, H. 1967. Tripartite relations in hamadryas baboons. In S. A. Altmann, ed. (q. v.), Social communication among primates, pp. 63-71.

——1968. Social organization of hamadryas baboons:a field study. University of Chicago Press, Chicago, viii+189 pp.

——1971. Primate societies:group techniques of ecologic aladaptation Aldine-Atherton, Chicago. 160 pp.

Kunkel, P., and Irene Kunkel. 1964. Beitrage zur Ethologie des Hausmeerschweinchens Cavia aperea f. porcellus (L.). Zeitschrift für Tierpsychologie, 21 (5): 602-641.

Kurtén, B. 1972. Not from the apes. Vintage Books, Random House, New York. viii+183 pp.

Kutter, H. 1923. Die Sklavenrauber Strongylognathus huberi For. ssp. alpinus Wheeler. Revue Suisse de Zoologie, 30 (15): 387-424.

——1950. Uber eine neue, extrern parasitische Ameise, 1. Mitteilungen der Schweizerischen Entomologischen Geselischaft, 23 (2): 81-94.

——1956. Beitrage zur Biologie palaearktischer Coptoformica (Hym. Form.). Mitteilungen der Schweizerischen Entomologischen Gesellschaft, 29 (1): 1-18.

——1957. Zur Kenntnis schweizerischer Coptoformicaarten (Hym. Form.), 2. Mitteilungen der Schweizerischen Entomologischen Geselischaft, 30 (1): 1-24.

——1969. Die sozialparasitischen Ameisen der Schweiz.

Naturforschenden Gesellschaft in Zürich, Neujahrsblatt, 1969. 62pp.

Lack, D. 1954. The natural regulation of animal numbers Oxford University Press, Oxford viii+343 pp.

——1966. Population studies of birds. Oxford University Press, Oxford. v+341 pp.

——1968. Ecological adaptations for breeding in birds. Methuen, London. xii+409 pp.

La Follette, R. M. 1971. Agonistic behaviour and dominance in confined wallabies, Wallabia rufogrisea frutica. Animal Behaviour, 19 (1): 93-101.

Lamprecht, J. 1970. Duettgesang beim Siamang, Sympho langus syndactylus (Hominoidea, Hylobatinae). Zeitschrift für Tierpsychologie, 27 (2): 186-204.

Lancaster, D. A. 1964. Life history of the Boucard tinamou in British Honduras:II, breeding biology. Condor, 66 (4): 253-267.

Lancaster, Jane B. 1971. Play-mothering:the relations between juvenile females and young infants among free-ranging vervet monkeys (Cercopithecus aethiops). Folia Primatologica, 15 (3, 4): 161-182.

Lancaster, Jane B., and R. B. Lee. 1965. The annual reproductive cycle in monkeys and apes. In I. DeVore, ed. (q. v.), Primate behavior. field studies of monkeys and apes, pp. 486-513.

Landau, H. G. 1951. On dominance relations and the structure of animal societies:I, effect of inherent characteristics;II, some effects of possible social factors. Bulletin of Mathematical Biophysics, 13 (1): 1-19: 13 (4): 245-262.

——1953. On dominance relations and the structure of animal societies;III, the condition for a score structure. Bulletin of Mathematical Biophysics, 15 (2): 143-148.

——1965. Development of structure in a society with a dominance relation when new members are added successively. Bulletin of Mathematical Biophysics, special issue 27:151-160.

Lang, E. M. 1961. Beobachtungen am indischen Panzemashorn (Rhinoceros unicornis). Zoologischer Garten, Leipzig, n. s. 25:369-409.

Lange, R. 1960. Uber die Futterweitergabe zwischen Angehorigen verschiedener Waldameisenstaaten. Zeitschrift für Tierpsychologie, 17 (4): 389-401.

——1967. Die Nahrungsverteilung unter den Arbeiterinnendes Waldameisenstaates. Zeitschrift für Tierpsychologie, 24 (5): 513-545.

Langguth, A. 1969. Die südamerikanischen Canidae unter besonderer Berücksichtigung des Mahenwolfes, Chrysocyon brachyurns (llliger). Zeitschrift fü Wissenschaftlichen Zoologie, 179 (1): 1-187.

Langlois, T. H. 1936. A study of the small-mouth bass, Micropterus dolomieu (Lacepede) in rearing ponds in Ohio. Bulletin of the Ohio Biological Survey, 6:189-225.

Lanyon, W. E. 1956. Territory in the meadowlarks, genus Sturnella, Ibis, 98 (3): 485-489.

Lanyon, W. E., and W. N. Tavolga, eds. 1960. Animal sounds and communication. Publication no. 7. American Institute of Biological Sciences, Washington, D. C. ix+443 pp.

Larwood, G. P., ed. 1973. Living and fossil Bryozoa:recent advances in research. Academic Press, New York. xviii+634 pp.

Lasiewski, R. C., and W. R. Dawson. 1967. A re-examination of the relation between standard metabolic rate and body weight inbirds. Condor, 69 (1): 13-23.

La Val, R. K. 1973. Observations on the biology of Tadarida brasiliensis cynocephala in southeastern Louisiana. American Midland Naturalist, 89 (1): 112-120.

Law, J. H., E. 0. Wilson, and J. A. McCloskey. 1965. Biochemical polymorphism in ants. Science, 149:544-546.

Lawick, H. van. 1974. Solo:the story of an African wild dog. Houghton Mifflin Co., Boston. 159 pp.

Lawick, H. van, and Jane van Lawick-Goodall. 1971. Innocent killers. Houghton Mifflin Co., Boston. 222 pp.

Lawick-Goodall, Jane van. 1967. My friends the wild chimpanzees. National Geographic Society, Washington, D. C. 204pp.

——1968a. The behaviour of free-living chimpanzees in the Gombe Stream Reserve. Animal Behaviour Monographs, 1 (3): 161-311.

——1968b. A preliminary report on expressive movements and communication in the Gombe Stream chimpanzess. In Phyllis C. Jay, ed. (q. v.), Primates:studies in adaptation and variability, pp. 313-374.

——1969. Mother-offspring relationships in free-ranging chimpanzees. In D. Morris, ed. (q. v.), Primate ethology: essays on the socio-sexual behavior of apes and monkeys, pp. 364-436.

——1970. Tool-using in primates and other vertebrates. Advances in the study of Behavior, 3:195-249.

——1971. In the shadow of man. Houghton Mifflin Co., Boston. xx+297 pp.

Laws, R. M. 1974. Behaviour, dynamics and management of elephant populations. In V. Geist and F. Walther, eds. (q. v.), The behaviour of ungulates and its relation to management, vol. 2, pp. 513-529.

Laws, R. W., and L. S. C. Parker. 1968. Recent studies on elephant populations in East Africa. Symposia of the Zoological Society of London, 21: 319-359.

Layne, J. N. 1954. The biology of the red squirrel, Tamiasciurus hudsonicus loquax (Bangs), in central New York. Ecological Monographs, 24 (3): 227-267.

——1958. Observations on freshwater dolphins in the upper Amazon. Journal of Mammalogy, 39 (1): 1-22.

——1967. Lagomorphs. In S. Anderson and J. K. Jones, Jr., eds. (q. v.), Recent mammals of the world:a synopsis of families, pp. 192-205.

Layne, J. N., and D. K. Caldwell. 1964. Behavior of the Amazon dolphin, Inia geoffrensis (Blainville), in captivity. Zoologica, New York, 49 (2): 81-108.

Le Boeuf, B. J. 1972. Sexual behavior in the northern elephant seal Mirounga angustirostris. Behaviour, 41 (1, 2): 1-26.

——1974. Male-male competition and reproductive success in elephant seals. American Zoologist, 14 (1): 163-176.

Le Boeuf, B. J., and R. S. Peterson. 1969a. Social status and mating activity in elephant seals. Science, 163:91-93.

——1969b. Dialects in elephant seals. Science, 166:1654-1656.

Le Boeuf, B. J., R. J. Whiting, and R. F. Gantt. 1972. Perinatal behavior of northern elephant seal females and their young. Behaviour, 43 (1-4): 121□156.

Lechleitner, R. R. 1958. Certain aspects of behavior of the black-tailed jack rabbit. American Midland Naturalist, 60 (1): 145-155.

Lecornte, J. 1956. Uber die Bildung von"Strassen"dutch Sammelbienen, deren Stock um 180° gedreht wurde. Zeitschrift für Bienenforschung, 3\128-133.

Le Cren, E. D., and M. W. Holdgate, eds. 1962. The exploitation of natural animal populations. John Wiley & Sons, New York. xiv +399 pp.

Lederer, E. 1950. Odeurs et parfurns des animaux. Fortschritte der Chemie Organischer Naturstoffe, 6:87-153.

Ledoux, A. 1950. Recherche sur la biologic de la fourmi fileuse (0ecophylla longinoda Iatr.). Annales des Sciences Naturelles, 11 th set., 12 (3, 4): 313-461.

Lee, K. E., and T. G. Wood. 1971. Termites and soils. Academic Press, New York. x +25l pp.

Lee, R. B. 1968. What hunters to for a living, or how to make out on scarce resources. In R. B. Lee and I. DeVore, eds. (q. v.), Man the hunter, pp. 30-48.

Lee, R, B., and I. Devote, eds. 1968. Man the hunter. Aldine Publishing Co., Chicago. xvi+415 pp.

Leeper, G. W., ed. l962. The evolution of living organisms. Melbourne University Press, Parksville, Victoria. x+459 pp.

Lees, A. D. 1996. The control of polymorphism in aphids. Advances in Insect Physiology, 2:207-277.

Lehrman, D. S. 1964. The reproductive behavior of ring doves. Scientific American, 211 (5) (November): 48-54.

——1965. Interaction between internal and external environ ments in the regulation of the reproductive cycle of the ring dove. In F. A. Beach, ed., Sex and behavior, pp. 355-380. John Wiley &Sons, New York. xvi+592 pp.

Lehrman, D. S, and J. S. Rosenblatt. 1971. The study of behavioral development. In H. Moltz, ed, (q. v.), The ontogeny of vertebrate behavior, pp. 1-27.

Leibowitz, Lila. 1968. Founding families. Journal of Theoretical Biology, 21 (2): 153-169.

Leigh, E. G. 1970. Sex ratio and differential mortality between the sexes. American Naturalist, 104 (954): 205-210.

——1971. Adaptation and diversity:natural history and the mathematics of evolution. Freeman, Cooper, San Francisco. 288 pp.

Lein, M. R. 1972. Territorial and courtship songs of birds. Nature, London, 237 (5349): 48-49.

——1973. The biological significance of some communication patterns of wood warblers (Parulidae). Ph. D. thesis, Harvard University, Cambridge. 252 pp.

Le Masne, G. 1953. Obsmations sur les relations entre le couvain et les adultes chez les fourmis. Annales des Sciences Naturelles, llth ser., 15 (1): 1-56.

——1965a. Recherches sur les fourmis parasites Plagiolepis grassei et l'évoludon des Plagiolepis parasites. Compte Rendu del'Acadé mie Sciences, Paris, 243 (7): 673-67.

——1956b. La signification des reproducteurs aptères chez la fourmi Ponera eduardi Forel. Insectes Sociaux, 3 (2): 239-259.

——1965. Les transports mutuels autour des nids de Neomyrma rubida Latr. :un nouveau type de relations inter spécifiques chez les founnis?Comptes Rendus du Cinquième Congrès de l'Union Internationale pour l'Etude des Insectes Sociaux, Toulouse. 1965. pp 303-322.

Lemon, R. E. 1967. The response of cardinals to songs of different dialects. Animal Behaviour, 15 (4): 538-545.

——1968. The relation between organization and function of song in cardinals. Behaviour, 32 (1-3): 158-178.

——1971a. Differentiation of song dialects in cardinals. Ibis, 113 (3): 373-377.

——1971b. Vocal communication by the frog Eleutherodactylus martinicensis. Canadian Journal of Zoology, 49 (2): 211-217.

Lemon, R. E., and A. Herzog. 1969. The vocal behavior of cardinals and pyrrhuloxias in Texas. Condor, 71 (1): 1-15.

Lengerken, H. von. 1954. Die Brutfürsorge-und Brutpflegeinstinkte der Kafer, 2d ed. Akademische Verlagsgessellschaft M. B. HLeipzig. 383 pp.

Lenneberg, E. H. 1967. Biological foundations of language. John Wiley & Sons, New York. xviii+489 pp.

——1971. Of language knowledge, apes, and brains. Journal of Psycholinguistic Research, l (1): 1-29.

Lenski, G. 1970. Human societies: a macrolevel introduction to sociology. McGraw-Hill Book Co., New York. xvi+525 pp.

Lent, PC. 1966. Calving and related social behavior in the barren-ground caribou. Zeitschrift für Tierpsychologie, 23 (6): 701-756.

Leopold, A. S. 1944. The nature of heritable wildness in turkeys. Condor, 46 (4): 133-197.

Lerner, I. M. 1954. Genetic homeostasis. Oliver and Boyd, London. vii+134 pp.

——1958. The genetic basis of selection. John Wiley & Sons, New York. xvi+298 pp.

——1968. Heredity, evolution, and society. W. H. Freeman, San Francisco. xviii+307 pp.

Leshner, A. I., and D. K. Candland. 1971. Adrenal determinants of squirrel monkey dominance orders. Bulletin of the Ecological Society of America, 52 (4): 54.

Leuthold, R. H. 1968a. A tibial gland scent-trail and trail-laying behavior in the ant Crematogaster ashmeadi Mayr. Psyche, Cambridge, 75 (3): 233-248.

——1968b. Recruitment to food in the ant Crematogaster ashmeadi. Psyche, Cambridge, 75 (4): 334-350.

Leuthold, W. 1966. Variations in territorial behavior of Uganda kob Adenota kob thomasi (Neumann 1896). Behaviour, 27 (3, 4): 215-258.

——1970. Observations on the social organization of impala (Aepyceros melampus). Zeitschrift fü r Tierpsychologie, 27 (6): 693-721.

——1974. Observations on home range and social organization of lesser kudu, Tragelaphus imberbis (Blyth, 1869). In V. Geist and F. Walther, eds. (q. v.), The behaviour of ungulates and its relation to management, vol. 1, pp. 206-234.

Lévieux, J. 1966. Note préliminaire sur les colonnes de chasse de Megaponera foetens F. (Hyménoptè re Formicidae). Insectes Sociaux, 13 (2): 117-126.

——1971. Mise en é vidence de la structure des nids et de l'implantation des zones de chasse de deux espèces de Camponotus (Hym. Form.) à ɬaide de radio-isotopes. Inisectes Sociaux, 18 (1): 29-48.

——1972. Le role des fourmis dans les réseaux trophiques d'unesavane préforestière de Cote-d'Ivoire. Annales de I'Universitéd'Abidjan, 5 (1): 143-240.

Levin, B. R., and W. L. Kilmer. 1974. Interdemic selection and the evolution of altruism:a computer simulation study. Evolution. (In press.)

Levin, B. R., M. L. Petras, and D. 1. Rasmussen. 1969. The effect of migration on the maintenance of a lethal polymorphism in the house mouse. American Naturalist, 103 (934): 647-661.

Levin, M. D., and S. Glowska-Konopacka. 1963. Responses of foraging honeybees in alfalfa to increasing competition from other colonies. Journal of Apicultural Research, 2 (1): 33-42.

LeVine, R. A, and D. T. Campbell. 1972. Ethnocentrism:theories of conflict, ethnic attitudes, and group behavior. John Wiley & Sons, New York. x+3 10 pp.

Levins, R. 1965. The theory of fitness in a heterogeneous environment:IV, the adaptive significance of gene flow. Evolution, 18 (4): 635-638.

——1968. Evolution in changing environments:some theoretical explorations. Princeton University Press, Princeton, N. J. ix+120pp.

——1970. Extinction. In M. Gerstenhaber, ed., Some mathematical questions in biology, pp. 77-107. Lectures on Mathematicsin the Life Sciences, vol. 2. American Mathematical Society, Providence, R. I. vii+156 pp.

Lévi-Strauss, C. 1949. Les structures élémentaires de la parenté. Presses Universitaires de France, Paris. xiv+639 pp. (The elementary structures of kinship, rev. ed., trans. by J. H. Bell and J. R. von Sturmer and ed. by R. Needham, Beacon Press, Boston, 1969. xIii+541 pp.)

Lewontin, R. C. 1965. Selection for colonizing ability. In H. G. Baker and G. L. Stebbins, eds. (q. v.), The genetics of colonizing species, pp. 77-94.

——1972a. Testing the theory of natural selection. (Review of R. Creed, ed., Ecological genetics and evolution, Blackwell Scientific Publications, Oxford, 1971,) Nature, London, 236 (5343): 181-182.

——1972b. The apportionment of human diversity. Evolutionary Biology, 6:381-398.

Lewontin, R. C., and L. C. Dunn. 1960. The evolutionary dynamics of a polymorphism in the house mouse. Genetics, 45 (6): 705-722.

Lewontin, R. C., and J. L. Hubby. 1966. A molecular approach to the study of genic heterozygosity in natural populations:II, amount of variation and degree of heterozygoisty in naturalpopulations of Drosophila pseudoobscura. Genetics, 54 (2): 595-609.

Leyhausen, P. 1956. Verhaltensstudien an Katzen. Zeitschrift für Tierpsychologie, supplement 2. vi+120 pp.

——1965. The communal organization of solitary mammals. Symposia of the Zoological Society of London, 14:249-263.

——1971. Dominance and territoriality as complemented in mammalian social structure. In A. H. Esser, ed. (q. v.), Behavior and environment:the use of space by animals and men, pp. 22-33.

Lidicker, W. Z. Jr. 1962. Emigration as a possible mechanism permitting the regulation of population density below carrying capacity. American Naturalist, 96 (886): 29-33.

——1965. Comparative study of density regulation in confined populations of four species of rodents. Researches on Population Ecology, 7 (2): 57-72.

Lidicker, W. Z., Jr., and B. J. Marlow. 1970. A review of the dasyurid marsupial genus Antechinomys Krefft. Mammalia, 34 (2): 212-227.

Lieberman, P. 1968. Primate vocalizations and human linguistic ability. Journal of the Acoustic Society of America, 44:1574-1584.

Lieberman, P., E. S. Crelin, and D. H. Klatt. 1972. Phonetic ability and related anatomy of the newborn and adult human, Neanderthal man, and the chimpanzee. American Anthropologist, 74 (3): 287-307.

Ligon, J. D. 1968. Sexual differences in foraging behavior in two species of Dendrocopos woodpeckers. Auk, 85 (2): 203-215.

Lill, A. 1968. An analysis of sexual isolation in the domestic fowl:I, the basis of homogamy in males;II, the basis of homogamy in females. Behaviour, 30 (2, 3): 107-145.

Lilly, J. C. 1961. Man and dolphin. Doubleday, New York. (Reprinted as a paperback, Pyramid Books, New York, 1969. 191pp.)

——1967. The mind of the dolphin:a nonhuman intelligence-Doubleday, New York. (Reprinted as a paperback, Avon Books, Hearst Corporation, New York, 1969. 286 pp.)

Lin, N. 1963:Territorial behavior in the cicada killer wasp, Sphecius speciosus (Drury) (Hymenoptera:Sphecidae), I. Behaviour, 20 (1, 2): 115-133.

——1964. Increased parasitic pressure as a major factor in the evolution of social behavior in halictine bees. Insectes Sociaux, II (2): 187-192.

Lin, N., and C. D. Michener. 1972. Evolution of sociality in insects. Quarterly Review of Biology, 47 (2): 131-159.

Lindauer, M. 1952. Ein Beitrag zur Frage der Arbeitsteilung im Bienenstaat. Zeitschrift für Vergleichende Physiologie, 34 (4): 299-345.

——1954. Temperaturregulierung und Wasserhaushalt im Bienenstaat. Zeitschrift für Vergleichende Physiologie, 36 (4): 391-432.

——1955. Schwarmbienen auf Wohnungssuche. Zeitschrift für Vergleichende Physiologic, 37 (4): 263-324.

——1961. Communication among social bees. Harvard University Press, Cambridge. ix+143 pp.

——1970. Lernen und Gedachtnis-Versuche an der Honigbi-

ene. Naturwissenschaften, 57:463-467.

Lindauer, M., and W, E. Kerr. 1958. Die gegenseitige Verstandigung bei den stachellosen Bienen. Zeitschrift für Vergleichende Physiologie, 41 (4): 405-434.

——1960. Communication between the workers of stingless bess. Bee World, 41: 29-41, 65-71.

Lindburg, D. G. 1971. The rhesus monkey in North India:an ecological and behavioral study. In L. A. Rosenblum, ed. (q. v.), Primate behavior:developments in field and laboratory research, vo1. 2, pp. 1-106.

Lindhard, E. 1912. Humlebien som, Husdyr. Spredte Traek af nogle danske Humlebiarters Biologi. Tidssrift for Landbrukets Planteavl (Copenhagen), 19:335-352.

Linsdale, J. M., and L. P. Tevis, Jr. 1951. The dusky-footed wood rat. University of California Press, Berkeley. vii+664 pp.

Linsdale, J. M., and P. Q. Tomich. 1953. A herd ofmule deer. University of California Press, Berkeley. xiii+567 pp.

Linsenmair, K. E, 1967. Konstruktion und Signalfunktion der Sandpyramide der Reiterkrabbe Ocypode saratan Forsk. (Decapoda Brachyura Ocypodidae). Zeitschrift für Tierpsychologie, 24 (4): 403-456.

——1972. Die Bedeutung familienspezifischer"Abzeichen"für den Familienzusammenhalt bei der sozialen Wüstenassel Hemilepistus reaumuri Audouin u. Savigny (Crustacea, Isopoda, Oniscoidea). Zeitschrift für Tierpsychologie, 31 (2): 131-162.

Linsenmair, K. E., and Christa Linsenmair. 1971. Paarbildung and Paarzusammenbalt bei der monogamen Wüstenassel Hemilepistus reaumuri (Crustacea, Isopoda, Oniscoidea). Zeitschrift für Tierpsychologie, (2): 134-155.

Linzey, D. W. 1968. An ecological study of the golden mouse, Oçhrotomys nuttalli, in the Great Smoky Mountains National Park. American Midland Naturalist, 79 (2): 320-345.

Lipton, J. 1968. An exaltation of larks or, the venereal game. Grossman, New York. 118 pp.

Lissmann, H. W. 1958. On the function and evolution of electric organs in fish. Journal of Experimental Biology, 35 (1): 156-191.

Littlejohn, M. J., and J. J. Loftus-Hills. 1968. An experimental evaluation of premating isolation in the Hyla ewingi complex (Anura:Hylidae). Evolution, 22 (4): 659-663.

Llewellyn, L. M., and F. H. Dale. 1964. Notes on the ecology of the opossum in Maryland. Journal of Mammalogy, 45 (1): 113-122.

Lloyd, J. A., J. J. Christian, D. E. Davis, and F. H. Bronson. 1964. Effects of altered social structure on adrenal weights and morphology in populations of woodchucks (Marmota monax), General and Comparative Endocrinology, 4 (3): 271-276.

Lloyd, J. E. 1966. Studies on the flash communication system in Photinus fireflies. Miscellaneous Publications, Museum of Zoology, University of Michigan, Ann Arbor, 130. 95 pp.

——1973. Fireflies of Melanesia:bioluminescence, mating behavior, and synchronous flashing (Coleoptera:Lampyridae). Annals of the Entomological Society of America, 2 (6): 991-1008.

Lloyd, M., and H. S. Dybas. 1966a. The periodical cicada problem:I, population ecology. Evolution, 20 (2): 133-149.

——1966b. The periodical cicada problem:II, evolution. Evolution. 20 (4): 466-505.

Lockie, J. D. 1966. Territory in small carnivores. In P. A. Jewell and Caroline Loizos, eds. (q. v.), Play, exploration and territory in mammals, pp. 143-165.

Loconti, J. D., and L. M. Roth. 1953. Composition of the odorous secretion of Tribolium castaneum. Annals of the Entomological Society of America, 46 (2): 281-289.

Loizos, Caroline, 1996. Play in mammals. In P. A. Jewell and Caroline Loizos, eds. (q. v.), Play, exploration and territory in mammals. pp 1-9.

——1967. Play behaviour in higher primates:a review. In D. Morris, ed. (q. v.), Primate ethology: essays on the socio-sexual behavior of apes and monkeys, pp. 226-282.

Lomnicki, A., and L. B. Slobodkin. 1996. Floating in Hydra littoralis Ecology, 47 (6): 881-889.

Lord, R. D., Jr. 1961. A population study of the gray fox. American Midland Naturalist, 66 (1): 87-109.

Lorenz, K. Z. 1935. Der Kumpan in der Umwelt des Vogels. Journal für Ornithologie, 83 (2): 137-213.

——1950. The comparative method in studying innate behaviour patterns. Symposia of the Society for Experimental Biology, 4:221-268.

——1952. King Solomon's ring, new light on animal ways. Methuen, London. xxii+202 pp.

——1956. Plays and vacuum activities. In M. Autuori et aL, L'instinct dans le comportement des animaux et de l'homme, pp. 633-645. Masson et Cie, Paris. 796 pp.

——1970. Studies in animal and human behaviour, vol. 1, trans. by R. Martin. Harvard University Press, Cambridge. xx+403 pp.

——1971. Studies in animal and human behaviour, vol. 2, trans. by R. Martin. Harvard University Press, Cambridge. xxiv+366 pp.

Low, R. M. 1971, Interspecific territoriality in a pornacentrid reef fish, Pomacentrus flavicauda Whitley. Ecology, 52 (4): 648-654.

Lowe, Mildred E. 1956. Dominance-subordinance relationships in the crawfish Cambarellus shufeldti. Tulane Studies in Zoology, New Orleans, 4 (5): 139-170.

Lowe, V. R W. 1966. Observations on the dispersal of red deer on Rhum. In P. A. Jewell and Caroline Loizos, eds. (q. v.), Play, exploration and territory in mammals, pp. 211-228.

Lowe, V. T. 1963. Observations on the painted snipe. Emu, 62 (4): 221-237.

Loy, J. 1970. Behavioral responses of free-ranging rhesus monkeys to food shortage. American Journal of Physical Anthropology, 33 (2) ;263-271.

——1971. On the primate biogram. (Review of M. R. A. Chance and C. J. Jolly, Social groups of monkeys, apes and men, Dutton, New York, 1970) Science, 172:680-681.

Luscher, M. 1952. Die Produktion und Elimination von Ersatzgeschlechtstieren bei der Termite Kalotermes flavicollis Fabr. Zeitschrift für Vergleichende Physiologie, 34 (2): 123-141.

——1961 a. Air-conditioned termite nests. Scientific American, 205 (1) (July): 138-145.

——1961b. Social control of polymorphism in termites. In J. S. Kennedy, ed., Insect Polymorphism, pp. 57-67. Symposium of the Royal Entomological Society of London, no. 1. Royal Entomological Society, London. 115 pp.

Lüscher, M., and B. Müller. 1960. Ein spurbilden des Sekretbei Termiten. Naturwissenschaften, 47 (21): 503.

Lush, J. L. 1947. Family merit and individual merit as bases for selection, I, II. American Naturalist, 81 (799): 241-261;81 (800): 362-379.

Lyons, J. 1972. Human language. In R. A. Hinde, ed. (q. v.),

Non-verbal communication, pp. 49-85.

MacArthur, R. H. 1962. Some generalized theorems of natural selection. Proceedings of the National Academy of Sciences, U. S. A., 48 (ll): 1993-1897.

——1965. Ecological consequences of natural selection. In T. H. Waterman and H. J. Morowitz, eds., Theoretical and mathematical biology, pp. 388-397. Blaisdell Publishing Co., NewYork. xvii+426 pp.

——1971. Patterns of terrestrial bird communities. In D. SFarner, J. R. King, and K. C. Parkes, eds., Avian biology, vol. l, pp, 189-221. Academic Press, New York, xix+586 pp.

——1972. Geographical ecology:patterns in the distribution of species. Harper & Row, New York. xviii+269 pp.

MacArthur, R. H., and E. 0. Wilson. 1967. The theory of island biogeography. Princeton University Press, Princeton, N. Jxi+203 pp.

MacCluer, Jean W., J. Van Neel, and N. A. Chagnon. 1971. Demographic structure of a primitive population:a simulation. American Journal ofPhysical Anthropology, 35 (2): 193-207.

MacFarland, C. 1972. Goliaths of the Galapagos. National Geographic, 142 (5) (November): 633-649.

Machlis, L., W. H. Nutting, and H. Rapoport. 1968. The structure of sirenin. Journal of the American Chemical Society, 90:1674-1676.

MacKay, D. M. 1972. Formal analysis of communicative processes. In R. A. Hinde, ed. (q. v.), Non-verbal communication, pp. 3-25.

Mackerras, M. Josephine, and Ruth H. Smith. 1960. Breeding the shortnosed marsupial bandicoot, Isoodon macrourus (Gould) in captivity. Australian journal of Zoology, 8 (3): 371-382.

Mackie, G. 0. 1963. Siphonophores, bud colonies, and super-organisms. In E. C. Dougherty, ed., The lower Metazoa:-comparative biology and phylogeny, pp. 329-337. University of California Press, Berkeley. xi+478 pp.

——1964. Analysis of locomotion in a siphonophore colony. Proceedings of the Royal Society, ser. B, 159:366-391.

——1973. Coordinated behavior in hydrozoan colonies. In R. S. Boardman, A. H. Cheetham, and W. A. Oliver, Jr. eds. (q. v.), Animal colonies:development and function through time, pp. 95-106.

MacKinnon, J. 1970. Indications of territoriality in mantids. Zeitschrift für Tierpsychologie, 27 (2): 150-155.

——1974. The behaviour and ecology of wild orang-utans (Pongo pygmaeus). Animal Behaviour, 22 (1): 3-74.

MacMillan, R. E. 1964. Population ecology, water relation-sand social behavior of a southern California semidesert rodentfauna. University of California Publications in Zoology, 71, 59 pp.

MacPherson, A. H. 1969. The dynamics of Canadian arctic fox populations. Canadian Wildlife Report Series no. 8. Dept. of Indian Affairs and Northern Development, Ottawa. 52 pp.

Mainardi, D. 1964. Interazione tra preferenze sessuali delle femmine e predominanza sociale dei maschi nel determinismo della selezione sessuale nel topo (Mus musculus). Rendiconti Accademia Nazionale Lincei, Roma, 37:484-490.

Mainardi, D., M. Marsan, and A. Pasquali. 1965. Causation of sexual preferences of the house mouse. The behaviour of mice reared by parents whose odour was artificially altered. Atti Societa Italiana Scienze Naturale Museo Civico Storia Naturale, Milano, 54:325-338.

Malécot, G. 1948. Les mathé matiques de I'hérédité . Masson et Cie, Paris. vi+63 pp.

Mann, T. 1964. The biochemistry of semen and of the male reproductive tract. Methuen, London, xxiii+493 pp.

Manning, A. 1967. An introduction to animal behavior. Addison-Wesley Publishing Co., Reading, Mass. viii+208 pp.

Marchal, P. 1896. La reproduction et l'évolution des guĕpes sociales. Archives de Zoologie Expérimentale et Générale, 3d ser., 4:1-100.

——1978. La castration nutriciale chez les Hyménoptères sociaux. Compte Rendu de la Société de Biologie, Paris, pp. 556-557.

Markin, G. P. 1970. Food distribution within laboratory colonies of the Argentine ant, Iridomyrmex humilis (Mayr). Insectes Sociaux, 17 (2): 127-157.

Markl, H. 1968. Die Verstandigung durch Stridulationssignale bei Blattschneiderameisen:II, Erzeugung und Eigenschaften der Signale. Zeitschrift für Vergleichende Physiologic, 60 (2) \103-150.

Marler, P. R. 1956. Behaviour of the chaffinch, Fringilla coelebs. Behaviour, supplement 5. vii+184 pp.

——1957. Specific distinctiveness in the communication signals of birds. Behaviour, ll (l): 13-39.

1959. Developments in the study of animal communication. In P. R. Bell, ed. (q. v.), Darwin's biological work:some aspectsreconsidered, pp. 150-206.

——1960. Bird songs and mate selection. In W. E. Lanyon and W. N. Tavolga, eds. (q. v.), Animal sounds and communication, pp. 348-367.

——1961. The logical analysis of animal communication. Journal of Theoretical Biology, 1 (3): 295-317.

——1965. Communication in monkeys and apes. In I. DeVore, ed. (q. v.), Primate behavior:field studies of monkeys and apes, pp. 544-584.

——1967. Animal communication signals. Science, 157:769-774.

——1969. Colobus guereza:territoriality and group composition. Science, 163:93-95.

——1970. Vocalizations of East African monkeys:I, red Colobus. Folia Primatologica, 13 (2, 3): 81-91.

——ed. 1972. The marvels of animal behavior. National Geographic Society, Washington, D. C. 422 pp.

——1973. A comparison of vocalizations of red-tailed monkeys and blue monkeys, Cercopithecus ascanius and C. mitis, in Uganda. Zeitschrift für Tierpsychologie, 33 (3) \223-247.

Marler, P. R. and W. J. Hamilton III. 1966. Mechanisms of animal behavior. John Wiley & Sons, New York. xi+771 pp.

Marler, P. R. and P. Mundinger. 1971. Vocal learning in birds. In H. Moltz, ed. (q. v.), The ontogeny of veryebrate behavior, pp. 389-450.

Mader, P. R, and M. Tamura. 1964. Culturally transmitted patterns of vocal behavior in sparrows. Science, 146:1483-1486.

Marr, J. N. and L. E. Gardner, Jr. 1965. Early olfactory experience and later social behavior in the rat:preference, sexual responsiveness, and care of the young. Journal of Genetic Psychology, 107: 167-174.

Marsden, H. M. 1968. Agonistic behaviour of young rhesus monkeys after changes induced in social rank of their mothers. Animal Behaviour, 16 (l): 38-44.

——1971. Intergroup relations in rbesus monkeys (Macaca mulatta). In A. H. Esser, ed. (q. v.), Behavior and environment:the use of space by animals and men, pp. 112-113.

Marshall, A. J. 1954. Bower-birds, their displays and breeding cycles. Clarendon Press of Oxford University Press, Oxford. x+208 pp.

Martin, M. M, Mary J. Gieselmann, and Joan Stadler Martin. 1973. Rectal enzymes of attine ants, a-amylase and chitinase, Journal of Insect Physiology, 19 (7): 1409-1416.

Martin, M. M., and Joan Stadler Martin. 1971. The presence of protease activity in the rectal fluid of primitive attine antsJournal of Insect Physiology, 17 (10): 1897-1906.

Martin, P. S. 1966. Africa and Pleistocene overkill. Nature, London, 212 (5060): 339-342.

Martin, R. D. 1968. Reproduction and ontogeny in tree shrews (Tupaia belangeri) with reference to their general behavior andtaxonomic relationships. Zeitschrift für Tierpsychologie, 25 (4): 409-495; 25 (5): 505-532.

——1972. Adaptive radiation and behaviour of the Malagasy lemurs. Philosophical Transactions of the Royal Society of London, ser. B, 264:295-352.

——1973. A review of the behaviour and ecology of the lesser mouse lemur (Microcebus murinas J. F. Miller 1777). In R. P. Michael and J. H. Crook, eds. (q. v.) Comparative ecology and behaviour of primates, pp. 1-68.

Martinez, D. R., and E. Klinghammer. 1970. The behavior of the whale Orcinus orca:a review of the literature. Zeitschrift für Tierpsychologie, 27 (7): 828-839.

Martof, B. S. 1953. Territoriality in the green frog, Rana clamitans. Ecology, 34 (1): 165-174.

Maschwitz, U. 1964. Gefahrenalarmstoffe und Gefahrenalar mierung bei sozialen Hymenopteren. Zeitschrift fü Vergleichende Physiologie, 47 (6): 596-655.

——1966a. Alarm substances and alarm behavior in social insects. Vitamins and hormones, 24:267-290.

——1966b. Das Speichelsekret der Wespenlarven and seinebiologische Bedeutung. Zeitschrift für Vergleichende Physiologie, 53 (3): 228-252.

Maschwitz, U., R. Jander, and D. Burkhardt. 1972. Wehrsubstanzen und Wehrverhalten der Termite Macrotermes carbonarius. Journal of lnsect Physiology, 18 (9): 1715-1720.

Mashwitz, U., K. Koob, and H. Schildknecht. 1970. Ein Beitrag zut Funktion der Metathoracaldrüse der Ameisen. Journal of Insect Physiology, 16 (2): 387-404.

Maslow, A. H. 1936. The role of dominance in the social and

sexual behavior of infra-human primates:IV, the determination of hicrarchy in pairs and in a group. Journal of Genetic Psychology, 49 (l): 161-198.

——1940. Dominance-quality and social behavior in infra-human primates. Journal of Social Psychology, II: 313-324.

——1954. Motivation and personality. Harper, New York. 411PP.

——1972. The farther reaches of human nature. Viking Press, New York. xxii+423 pp.

Mason, J. W. 1968. Organization of the multiple endocrine responses to avoidance in the monkey. Psychosomatic Medicine, 30 (5): 774-790.

Mason, W. A. 1960. The effects of social restriction on the behavior of rhesus monkeys:I, free social behavior. Journal of Comparative and Physiological Psychology, 53 (6): 582-589.

——1965. The social development of monkeys and apes. In I. DeVore, ed. (q. v.), Primate behavior:field studies of monkeys and apes, pp. 514-543.

——1968. Use of space in Callicebus groups. In Phyllis C. Jay, ed. (q. v.), Primates:studies in adaptation and variability, pp. 200-216.

——1971. Field and laboratory studies of social organization in Saimiri and Callicebus. In L. A. Rosenblum, ed. (q. v.), Primate behavior:developments in field and laboratory research, vol. 2, pp. 107-137.

Mason, W. A., and G. Berkson. 1962. Conditions influencingvocal responsiveness of infant chimpanzees. Science, 137:127-128.

Masters, R. D. 1970. Genes, language, and evolution. Semiotica, 2 (4): 295-320.

Masters, W. H, and Virginia E. Johnson. 1966. Human sexualresponse. Little, Brown, Boston. xiii+366 pp.

Mather, K., and B. J. Harrison. 1949. The manifold effect ofselection. Heredity, 3 (1): 1-52: 3 (2): 131-162.

Mathew, D. N. 1964. Observations on the breeding habits of the bronzewinged jacana, Metopidius indicus (Latham). Journal of the Bombay Natural History Society, 61 (2): 295-302.

Mathewson, Sue F. 1961. Gonadotrophic control of aggressive behavior in starlings. Science, 134:1522-1523.

Matthews, L. H. 1971. The life of mammals, vol. 2. Universe Books, New York. 440 pp.

Matthews, R. W. 1968a. Microstigmus comes:sociality in a sphecid wasp. Science, 160:787-788.

——1968b. Nesting biology of the social wasp Microstigmus comes. Psyche, Cambridge, 75 (1): 23-45.

Mattingly, I. G. 1972. Speech cues and sign stimuli. American Scientist, 60 (3): 327-337.

Mautz, D., R. Boch, and R. A. Morse. 1972. Queen finding by swarming honey bees. Annals of the Entomological Society of America, 65 (2): 440-443.

May, R. M. 1973. Stability and complexity in model ecosystems. Princeton University Press, Princeton N. J. x+235 pp.

Maynard Smith, J. 1956. Fertility, mating behaviour, and sexual selection in Drosophila subobscura. Journal of Genetics, 54 (2): 261-279.

——1964. Group selection and kin selection. Nature, London, 201 (4924): 1145-1147.

——1965. The evolution of alarm calls. American Naturalist, 99 (904): 59-63.

——1971. What use is sex?Journal of Theoretical Biology, 30 (2): 319-335.

Maynard Smith, J., and G. R. Price. 1973. The logic of animal conflict. Nature, London, 246 (5427): 15-18.

Maynard Smith, J., and M. G. Ridpath. 1972. Wife sharing in the Tasmanian native hen, Tribonyx mortierii:a case of kin selection? American Naturalist, 106 (950): 447-452.

Mayr, E. 1935. Bernard Alturn and the territory theory. Proceedings of the Linnaean Society of New York (1933-34), nos. 45, 46, pp. 24-38.

——1960. The emergence of evolutionary novelties. In S. Tax, ed., Evolution after Darwin, vol. 1, The evolution of life, its origin, history, and future, pp. 349-390. University of Chicago Press, Chicago. viii+629 pp.

——1963. Animal species and evolution. Belknap Press of Harvard University Press, Cambridge. xiv+797 pp.

——1969. Principles of systematic zoology. McGraw-Hill Book Co. . New York. xi+428 pp.

——1970. Populations, species, and evolution. Belknap Press of Harvard University Press, Cambridge. xv+453 pp.

Mazokhin-Porshnyakov, G. A. 1969. Die Fahigkeit der Bienen, visuelle Reize zu generalisieren. Zeitschrift für Vergleichend Physiologie, 65 (1): 15-28.

McBride, A. R, and D. 0. Hebb. 1948. Behavior of the captive bottle-nose dolphin, Tursiops truncatus. Journal of Comparative and Physiological Psychology, 41: III-123.

McBride, G. 1958. Relationship between aggressiveness and egg production in the domestic hen. Nature, London, 181 (4612): 858.

——1963. The"teat order" and communication in young pigs. Animal Behaviour, II (l): 53-56.

McBride, G., I. P. Parer, and F. Foenander. 1969. The social organization and behaviour of the feral domestic fowl. Animal Behaviour Monographs, 2 (3): 125-181.

McCann, C. 1934. Observations on some of the Indian langurs. Journal of the Bombay Natural History Society, 36 (3): 618-628.

McClearn, G. E. 1970. Behavioral genetics. Annual Review of Genetics, 4:437-468.

McClearn. G. E. and J. C. DeFries. 1973. Introduction to behavioral genetics. W H. Freeman, San Francisco. x+349 pp.

McClintock, Martha. 1971. Menstrual synchrony and suppression. Nature, London, 229 (5282): 244- 245.

McCook, H. C. 1879. Combats and nidification of the pavement ant, Tetramorium caespitum. Proceedings of theAcademy of Natural Sciences of Philadelphia, 31: 156-161.

McDonald, A. L., N. W. Heimstra, and D. K. Damkot. 1968. Social modification of agonistic behaviour in fish. Animal Behaviour, 16 (4): 437-441.

McEvedy, C. 1967. The Penguin atlas of ancient history. Penguin Books, Baltimore, Md. 96 pp.

McFarland, W. N., and S. A. Moss. 1967. Internal behavior in fish schools. Science, 156:260-262.

McGrew, W. C., and Caroline E. G. Tutin. 1973. Chimpanzee tool use in dental grooming. Nature, London, 241 (5390): 477-478.

McGuire, M. T. 1974. The St. Kitts vervet. Contributions to Primatology, 1. xii+199 pp.

McHugh, T. 1958. Social behavior of the American buffalo (Bison bison bison). Zoologica, New York, 43 (1): 1-40.

McKay, F. E. 1971. Behavioral aspects of population dynamics in unisexual-bisexual Poeciliopsis (Pisces:Poeciliidae). Ecology, 52 (5): 778-790.

McKay, G. M. 1973. Behavior and ecology of the Asiatic elephant in southeastern Ceylon. Smithsonian Contributions to Zoology, 125. iv+113 pp.

McKnight, T. L. 1958. The feral burro in the United States:distribution and problems. Joumal of Wildlife Management, 22 (2): 163-179.

McLaren, I. A. 1967. Seals and group selection. Ecology, 48 (1): 104-110.

McLaughlin, C. A. 1967. Aplodontoid, sciuroid, geomyoid, castoroid, and anomaluroid rodents. In S. Anderson and J. K. Jones, Jr., eds. (q. v.), Recent mammals of the world:a synopsis of families, pp. 210-225.

McManus, J. J. 1970. Behavior of captive opossums, Didelphis marsupialis virginiana. American Midland Naturalist, 84 (l): 144-169.

McNab, B. N. 1963. Bioenergetics and the determination of home range size. American Naturalist, 97 (894): 133-140.

Mead, Margaret. 1963. Socialization and enculturation. Current Anthropology, 4 (1): 184-188.

Mech, L. D. 1970. The wolf. the ecology and behavior of an endangered species. Natural History Press, Garden City, N. Y. xx+384 pp.

Medawar, P. B. 1952. An unsolved problem of biology. H. K. Lewis, London. 24 pp. (Reprinted in P. B. Medawar, The uniqueness of the individual, pp. 44-70, Methuen, London, 1957. 191 pp.)

Medler, J. T. 1957. Bumblebee ecology in relation to the pollination of alfalfa and red clover. Insectes Sociaux, 4 (3): 245-252.

Meier, G. W. 1965. Other data on the effects of social isolation during rearing upon adult reproductive behaviour in the rhesus monkey (Macaca mulatta). Animal Behaviour, 13 (2, 3): 228-231.

Menzel, E. W., Jr. 1966. Responsiveness to objects in free-ranging Japanese monkeys. Behaviour, 26 (1, 2): 130-149.

——1971. Communication about the environment in a group of young chimpanzees. Folia Primatologica, 15 (3, 4): 220-232.

Menzel, R. 1968. Das Gedachtnis der Honigbiene für Spektralfarben:I, kurzzeitiges und langzeitiges Behalten. Zeitschrift für Vergleichende Physiologe, 60 (1): 82-102.

Merfield, F G., and H. Miller. 1956. Gorillas were my neighbours. Longmans, London.

Merrell, D. J. 1953. Selective mating as a cause of gene frequency changes in laboratory populations of Drosophila melanogaster. Evolution, 7 (4): 287-296.

——1968. A comparison of the estimated size and the"effective size" of breeding populations of the leopard frog, Rana pipiens. Evolution, 22 (2): 274-283.

Mertz, D. B. 197 Ia. Life history phenomena in increasing and decreasing populations. In G. P. Patil, E. C. Pielou, and W. E. Waters, eds., Statistical ecology, vol. 2, Sampling and modelingbiological populations and population dynamics, pp. 361-399. Pennsylvania State University Press, University Park, Pa.

——1971b. The mathematical demography of the California condor population. American Naturalist, 105 (945): 437-453.

Mesarović, M. D., D. Macko, and Y. Takahara. 1970. Theory of hierarchieal, multilevel systems. Academic Press, New York. xiii+294 pp.

Mewaldt, L. R. 1964. Effects of bird removal on winter population of sparrows. Bird Banding, 35 (3): 184-195.

Meyerriecks, A. J. 1960. Comparative breeding behavior of four species of North American herons. Publication no. 2. The Nuttall Ornithological Club, Cambridge, Mass, viii+158 pp.

——1972. Man and birds:evolution and behavior. Pegasus, BobbsMerrill Co., Indianapolis. xii+209 pp.

Michael, R. P. 1966. Action of hormones on the cat brain. In R. A. Gorski and R. E. Whalen, eds., Brain and behavior, vol. 3, The brain and gonadal function, pp. 81-98. University of CaliforniaPress, Berkeley. xv+289 pp.

Michael, R. R., and J. H. Crook, eds. 1973. Comparative ecology and behaviour of primates. Academic Press, New York. xvi+847 pp.

Michael, R. P., and Patricia P. Scott. 1964. The activation of sexual behaviour by the subcutaneous administration of oestrogen. Journal of Phvsiology, 171 (2): 254-274.

Michener, C. D. 1958. The evolution of social behavior in bees. Proceedings of the Tenth International Congress of Entomology, Montreal, 1956, 2:441-447.

1961a. Probable parasitism among Australian bees of thegenus Allodapula (Hymenoptera, Apoidea, Ceratinini). Annals of the Entomological Society of America, 54 (4): 532-534.

——1961b. Observations on the nests and behavior of Trigona in Australia and New Guinea (Hymenoptera, Apidae). American Museum Novitates, 2026. 46 pp.

——1962. Biological observations on the primitively social bees of the genus Allodapula in the Australia nregion (Hymenoptera, Xylocopinae). InsectesSociaux, 9 (4): 355-373.

——1964a. Reproductive efficiency in relation to colony size in hymenopterous societies. Insectes Sociaux, II (4): 317-341.

——1964b. The bionornics of Exoneurella, a solitary relative of Exoneura (Hymenoptera: Apoidea: Ceratinini). Pacific Insects. 6 (3): 411-426.

——1965. The life cycle and social organization of bees of the genus Exoneura and their parasite, Inquilina (Hymenoptera:Xylocopinae). Kansas University Science Bulletin, 46 (9): 317-358.

——1966a. Interaction among workers from different colonies of sweat bees (Hymenoptera, Halictidae). Animal Behaviour, 14 (1): 126-129.

——1966b. The bionomics of aprimitively social bee, Lasioglossum versatum (Hymenoptera: Halictidae). Journal of the Kansas Entomological Society, 39 (2): 193-217.

——1996c. Evidence of cooperative provisioning of cell sin Exomalopsis (Hymenoptera: Anthophoridae). Journal of the Kansas EntomologicalSociety, 39 (2): 315-317.

——1966d. Parasitism among Indoaustralian bees of the genus Allodapula (Hymenoptera: Ceratinini). Journal of the Kansas Entomological Society, 39 (4): 705-708.

——1969. Comparative social behavior of bees. Annual Review of Entomology, 14: 299-342.

——1970. Social parasites among African allodapine bees (Hymenoptera, Anthophoridae, Ceratinini). Journal of the Linnean Society, London, Zoology, 49 (3): 199-215.

——1971. Biologies of African allodapine bees. Bulletin of the American Museum of Natural History, 145 (3): 221-301.

——1973. The Brazilian honeybee. BioScience, 23 (9): 523-533.

——1974. The social behavior of the bees: a comparative study. Belknap Pressof Harvard University Press, Cambridge. xii+404 pp.

Michener, C. D., and D. J. Brothers. 1974. Were workers of eusocial Hymenoptera. Initially altruistic or oppressed?

Proceedings of the National Academy of Seiences, U. S. A., 71 (3): 671-674.

Michener, C. D., D. J. Brothers, and D. R. Kamm. 1971. Interactions in colonies of primitively social bees: artificial colonies of Lasioglossum zephyrum. Proceedings of the National Academy of Sciences, U. S. A., 68 (6): 1241-1245.

Michener, C. D., and W. B. Kerfoot. 1967. Nests and social behavior of three species of Pseudaugochloropsis (Hymenoptera:Halictidae). Journal of the Kansas Entomological Society, 40 (2): 214-232.

Milkman, R. D. 1967. Heterosisasamajorcauseofheterozygosityinnature. Genetics, 55 (3): 493-495.

——1970. The genetic basis of natural variation in Drosophila melanogaster. Advances in Genetics, 15: 55-114.

Miller, E. M. 1969. Castedifferentiation in the lower termites In K. Krishna and Frances M. Weesner, eds. (q. v.), Biology of termites, vol. 1, pp. 283-310.

Miller, G. A., E. Galanter, and K. H. Pribram. 1960. Plans and the structure of behavior. Henry Holt, New York. xii+226 pp.

Miller, N. E. 1948. Theory and experiment relating psychoanalytic displacement to stimulus-response generalization. Journal of Abnormal and Social Psychology, 43 (2): 155-178.

Miller. R. S. 1964. Ecology and distribution of pocket gophers (Geomyiidae) in Colorado. Ecology, 45 (2): 256-272.

——1967. Pattern and process in competition. Advances in Ecological Research, 4:1-74.

Miller, R. S., and W. J. D. Stephen, 1996. Spatial relationships in flocks of sandhill cranes (Grus canadensis). Ecology, 47 (2): 323-327.

Millikan, G. C., and R. 1. Bowman. 1967. Observations on Galápagos tool-using finches in captivity. Living Bird, 6:23-41.

Milstead, W. W., ed. 1967. Lizard ecology:a symposium. University of Missouri Press, Columbia. xi+300 pp.

Milum, V. G. 1955. Honey bee communication. American BeeJournal, 95 (3): 97-104.

Minchin, A. K. 1937. Notes on the weaning of a young koala (Phascolarctos cinereus). Records of the South Australian Museum, Adelaide, 6 (1): 1-3.

Minks, A. K., W. L. Roelofs, F. J. Ritter, and C. J. Persoons. 1973. Reproductive isolation of two tortricid moth species by different ratios of a two-component sex attractant. Science, 180:1073.

Missakian, Elizabeth A. 1972. Genealogical and cross-genealogical dominance relations in a group of free-ranging rhesus monkeys (Macaca mulatta) on Cayo Santiago. Primates, 13 (2): 169-180.

Mitchell, G. D. 1969. Paternalistic behavior in primates. Psychological Bulletin, 71: 399-417.

Mitchell, R. 1970. An analysis of dispersal in mites. American Naturalist, 104 (939): 425-431.

Mizuhara, H. 1964. Social changes of Japanese monkey troops in the Takasakiyama. Primates, 5 (1, 2): 27-52.

Moffat, C. B. 1903. The spring rivalry of birds. Some views on the limit to multiplication. Irish Naturalist, 12 (6): 152-166.

Mohnot, S. M. 1971. Some aspects of social changes and infant-killing in the Hanuman langur, Presbytis entellus (Primates:Cercopithecidae), in western India. Mammalia, 35:175-198.

Mohr, H. 1960. Zurn Erkermen von Raubv6geln, insbesondere von Sperber und Baumfalk, durch Kleinvogeln. Zeitschrift für Tierpsychologie, 17 (6): 686-699.

Mohres, F. P. 1957. Elektrische Entladungen im Dienste der Revierabgrenzung bei Fischen. Naturwissenschaften, 44 (15): 431-432.

Moltz, H. 1971 a. The ontogeny of maternal behavior in some selected mammalian species. In H. Moltz, ed. (q. v.), The ontogeny of vertebrate behavior, pp. 263-313.

——ed. 1971b. The ontogeny of vertebrate behavior. Academic Press, New York. xi+500 pp.

Moment, G. 1962. Reflexive selection:a possible answer to an old puzzle. Science, 136:262-263.

Montagner, H. 1963. Etude pr éliminaire des relations entre les adultes et le couvain chez les guêpes sociales du genre Vespa, au moyen d'un radio-isotope. Insectes Sociaux, 10 (2): 153-165.

——1966. Le mé canisme et les consé quences des comportements trophallactiques chez les guê pes du genre Vespa. Thesis, Facultédes Sciences de I'Universitéde Nancy, France. 143 pp.

——1967. Comportements trophallactiques chez les guĕpes

sociales. Sound, color film produced by Service du Film Recherche Scientifique;96, Boulevard Raspail, Paris. No. B2053, 19 min.

Montagu, M. F. Ashley. 1968a. The new litany of"innate depravity, "or original sin revisited. In M. F. Ashley Montagu, ed. (q. v.). Man and aggression, pp. 3-17.

——ed. 1968b Man and aggression. Oxford University Press, Oxford. xiv+178 pp. (2d ed., 1973.)

Montgomery, G. G., and M. E. Sunquist. 1974. Impact of sloths on neotropical forest energy flow and nutrient cycling. In F. B. Golley and E. Medina, eds., Tropical ecological systems:trends in terrestrial and aquatic research, vol. 2, Ecology studies, analysis and synthesis. Springer-Verlag, New York. (In press.)

Moore, B. P. 1964. Volatile terpenes from Nasutitermes soldiers (Isoptera, Termitidae). Journal of Insect Physiology, 10 (2): 371-375.

——1968. Studies on the chemical composition and function of the cephalic gland secretion in Australian termites. Journal of Insect Physiology, 14 (1): 33-39.

——1969. Biochemical studies in termites. In K. Krishna and Frances M. Weesner, eds. (q. v.), Biology of termites, vol. 1, PP. 407-432.

Moore, J. C. 1956. Observations of manatees in aggregations. American Museum Novitates, 18 11. 24 pp.

Moore, N. W. 1964. Intra- and interspecific competition among dragonflies (Odonata): an account of observations and field experiments on population control in Dorset, 1954-60. Journal of Animal Ecology, 33 (1): 49-71.

Moore, W. S., and F. E. McKay. 1971. Coexistence in unisexual-bisexual species complexes of Poeciliopsis (Pisces:-Poeciliidae). Ecology, 52 (5): 791-799.

Moorhead, P. S., and M. M. Kaplan, eds. 1967. Mathematicalchallenges to the neo-Darwinian interpretation of evolution. Wistar Institute Symposium Monograph no. 5. Wistar Institute Press, Philadelphia. xi+140 pp.

Moreau, R. E. 1960. Conspectus and classification of the ploceine weaverbirds. Ibis 102 (2): 298-321:102 (3): 443-471.

Morgan, C. L. 1896. An introduction to comparative psychology. Walter Scott, London. xvi+382 pp.

——1922. Emergent evolution. Holt, New York. (3d ed., 1931. xii+313 pp.)

Morgan, Elaine. 1972. The descent of woman. Stein and Day,
New York, 258 pp.

Morimoto, R. 1961a. On the dominance order in Polistes wasps:I, studies on the social Hymenoptera in Japan XII. Science Bulletin of the Faculty of Agriculture. Kyushu University, 18 (4): 339-351.

——1961b. On the dominance order in Polistes wasps:II, studies on the social Hymenoptera in Japan XIII. Science Bulletin of the Faculty of Agriculture, Kyushu University, 19 (1): 1-17.

Morris, C. 1964. Signs, language, and behavior. Prentice-Hall, Englewood Cliffs, N. J. xiv+365 pp.

Morris, D. 1957. "Typical intensity"and its relation to the problem of ritualization. Behaviour. II (1): 1-12.

——1962. The biology of art. Alfred Knopf, New York. 176pp.

——1967a. The naked ape:a zoologist's study of the human animal. McGraw-Hill Book Co., New York. 252 pp.

——ed. 1967b. Primate ethology:essays on the socio-sexual behavior of apes and monkeys. Aldine Publishing Co., Chicago. x+374 pp. (Reprinted as a paperback, Anchor Books, Doubleday, Garden City, N. Y, 1969. vii+471 pp.)

Morrsion, B. J., and W. F. Hill. 1967. Socially facilitated reduction of the fear response in rats raised in groups or in isolation. Journal of Comparative and Physiological Psychology, 63: 71-76.

Morse, D. H. 1967. Foraging relationships of brown-headed nuthatches and pine warblers. Ecology, 48 (1): 94-103.

——1970. Ecological aspects of some mixed-species , foraging flocks of birds. Ecological Monographs, 40 (1): 119-168.

Morse, R. A., and N. E. Gary. 1961. Colony response to worker bees confined with queens (Apis mellifera L.). Bee World, 42 (8): 197-199.

Morse, R. A., and F. M. Laigo. 1969. Apis dorsata in the Philippines (including an annotated bibliography). Monograph of the Philippine Association of Entomologists, Inc. (University of the Philippines, Laguna, P. I.), no. 1. 96 pp.

Morton, N. E. 1969. Human population structure. Annual Review of Genetics, 3: 53-74.

Morton, N. E., Shirley Yee, D. E. Harris, and Ruth Lew. 1971. Bioassay of Kinship. Theoretical Population Biology, 2 (4): 507-524.

Morzer Bruyns, W. F. J. 1971. Field guide of whales and dolphins. C. A. Mees, Amsterdam. 258 pp.

Mosebach-Pukowski, Erna. 1937. Uber die Raupengesell schaften von Vanessa io und Vanessa urticae. Zeitschrift für Morphologie and Okologie der Tiere, 33 (3): 358-380.

Moyer, K. E. 1969. Internal impulses to aggression. Transactions of the New York Academy of Sciences, 31 (2): 104-114.

——1971. The physiology of hostility. Markham, Chicago. x+194 pp.

Moynihan, M. H. 1958. Notes on the behavior of some North American gulls: II, non-aerial hostile behavior of adults. Behaviour, 12 (1, 2): 95-182.

——1960. Some adaptations which help to promote gregariousness. Proceedings of the Twelfth International Ornithological Congress. Helsinki, pp. 523-541.

——1962. The organization and probable evolution of some mixed species flocks of Neotropical birds. Smithsonian Miscellaneous Collections, 143 (7). 140 pp.

——1964. Some behavior patterns of platyrrhine monkeys: I, the night monkey (Aotus trivirgatus). Smithsonian Miscellaneous Collections, 146 (5). iv+84 pp.

——1966. Communication in the titi monkey, Callicebus. Journal of Zoology, London, 150 (1): 77-127.

——1968. Social mimicry: character convergence versus character displacement. Evolution, 22 (2): 315-331.

——1969. Comparative aspects of communication in New World primates. In D. Morris, ed. (q. v.), Primate ethology: essays on the socio-sexual behavior of apes and monkeys, pp. 306-342.

——1970a. Control, suppression, decay, disappearance and replacement of displays. Journal of Theoretical Biology, 29 (1): 85-112.

——1970b. Some behavior patterns of platyrrhine monkeys: II. Saguinus geoffroyi and some other tamarins. Smithsonian Contributions to Zoology, 28. iv+77 pp.

——1973. The evolution of behavior and the role of behavior in evolution. Breviora, 415. 29 pp.

——1974. Conservatism of displays and comparable stereoty pedpatterns among cephalopods. (Unpublished manuscript.)

Muckenhirn, N. A., and J. F. Eisenberg. 1973. Home ranges and predation in the Ceylon leopard. In R. L. Eaton, ed. (q. v.), The world's cats. vol. 1, pp. 142-175.

Mueller, H. C. 1971. Oddity and specific searching image more important than conspicuousness in prey selection. Nature, London, 233 (5318): 345-346.

Mukinya, J. G. 1973. Density, distribution, population structure and social organization of the black rhinoceros in Masai Mara Game Reserve. East African Wildlife Journal, 11 (3, 4): 385-400.

Mü ller, D. G., L. Jaenicke, M. Donike, and T. Akintobi. 1971. Sex attractant in a brown alga: chemical structure. Science, 171: 815-817.

Müller-Schwarze, D. 1968. Play deprivation in deer. Behaviour, 31 (3): 144-162.

——1969. Complexity and relative specificity in a mammalian pheromone. Nature, London, 223 (5205): 525-526.

——1971. Pheromones in black-tailed deer (Odocoileus hemionus columbianus). Animal Behaviour, 19 (1): 141-152.

Mü ler-Velten, H. 1966. Uber den Angstgeruch bei der Hausmaus. Zeitschrift für Vergleichende Physiologie, 52 (4): 401-429.

Murchison, C. 1935. The experimental measurement of a social hierarchy in Gallus domesticus: IV, loss of body weight under conditions of mild starvation as a function of social dominance. Journal of General Psychology, 12: 296-312.

Murdoch, W. W. 1966. Population stability and life history phenomena. American Naturalist, 100 (910): 5-11.

Murie, A. 1944. The wolves of Mount McKinley. Fauna of the National Parks of the United States, Fauna Series no. 5 U. S. Department of the Interior, Washington, D. C. xix+238 pp.

Murphy, G. I. 1968. Patterns in life history. American Naturalist, 102 (927): 391-403.

Murray, B. G. 1967. Dispersal in vertebrates. Ecology, 48 (6): 975-978.

——1971. The ecological consequences of interspecific territorial behavior in birds. Ecology, 52 (3): 414-423.

Murton, R. K. 1968. Some predator-prey relationships in bird damage and population control. In R. K. Murton and E. N. Wright, eds., The problems of birds as pests, pp. 157-169. Academic Press, New York.

Murton, R. K., A. J. Isaacson, and N. J. Westwood. 1966. The relationships between wood-pigeons and their clover food supply and the mechanism of population control. Journal of Applied Ecology, 3 (1): 55-96.

Myers, Judith H., and C. J. Krebs. 1971. Genetic, behavioral, and reproductive attributes of dispersing field voles Microtuspennsylvanicus and Microtus ochrogaster. Ecological Monographs, 41 (1): 53-78.

Myers, K., C. S. Hale, R. Mykytowycz, and R: L. Hughes. 1971. The effects of varying density and space on sociality and health in animals. In A. H. Esser, ed. (g. v.), Behavior and environment: the use of space by animals and men, pp. 148-187.

Mykytowycz, R. 1958-60. Social behaviour of an xperimental colony of wild rabbits, Oryctolagus cuniculus (L.), I, II, III. Commonwealth Scientific and Industrial Research Organization, Wildlife Research, Canberra, 3: 7-25; 4: 1-13; 5:1-20.

——1962. Territorial function of chin gland secretion in the rabbit, Oryctolagus cuniculus (L.). Nature, London, 193 (4817): 799.

——1964. Territoriality in rabbit populations. Australian Natural History, 14 (10): 326-329.

——1965. Further observations on the territorial function and histology of the submandibular cutaneous (chin) glands in the rabbit, Oryctolagus cuniculus (L.). Animal Behaviour, 13 (4): 400- 412.

——1968. Territorial marking by rabbits. Scientific American, 218 (5) (May): 116-126.

Mykytowycz, R., and M. L. Dudzinski. 1972. Aggressive and protective behaviour of adult rabbits. Oryctolagus cuniculus (L.) towards juveniles. Behaviour, 43 (1-4): 97-120.

Myton, Becky. 1974. Utilization of space by Peromyscus leucopus and other small mammals. Ecology, 55 (2): 277-290.

Nagel, U. 1973. A comparison of anubis baboons, hamadryas baboons and their hybrids at a species border in Ethiopia. Folia Primatologica, 19 (2, 3): 104-165.

Nakamura, E. L. 1972. Development and use of facilities for studying tuna behavior. In H. E. Winn and B. L. Olla, edsBehavior of marine animals: current perspectives in research, vol. 2, Vertebrates, pp. 245-277. Plenum Press, New York.

Napier, J. R. 1960. Studies of the hands of living primates. Proceedings of the Zoological Society of London, 134 (4): 647-657.

Napier, J. R., and P. H. Napier. 1967. A handbook of living primates. Academic Press, New York. xiv+456 pp.

——eds. 1970. Old World monkeys: evolution, systematics, and behavior. Academic Press, New York. xvi+660 pp.

Narise, T. 1968. Migration and competition in Drosophila: I, competition between wild and vestigial strains of Drosophila melanogaster in a cage and migration-tube population. Evolution, 22 (2): 301-306.

Naylor, A. F. 1959. An experimental analysis of dispersal in the flour beetle, Tribolium confusum. Ecology, 40 (3): 453-465.

Neal, E. 1948. The badger. Collins, London. xvi+158 pp.

Nedel, J. O. 1960. Morphologie and Physiologic, der Mandibeldrüse einiger Bienen-arten (Apidae). Zeitschrift für Morphologie und Okologie der Tiere, 49 (2): 139-183.

Neel, J. V. 1970. Lessons from a "primitive" people. Science, 170: 815-822.

Neill, W. T. 1971. The last of the ruling reptiles: alligators, crocodiles, and their kin. Columbia University Press, New York. xvii+486 pp.

Nel, J. J. C. 1968. Aggressive behaviour of the harvester termites Hodotermes mossambicus (Hagen) and Trinervitermes trinervoides (Sjostedt). Insectes Sociaux, 15 (2): 145-156.

Nelson, J. B. 1965. The behaviour of the gannet. British Birds, 58 (7): 233-288: 58 (8): 313-336.

Nero, R. W. 1956. A behavior study of the red-wingedblackbird: I, mating and nesting activities. Wilson Bulletin, 68 (1): 5-37.

Neuweiler, G. 1969. Verhaltensbeobachtungen an einer indischen Flughundkolonie (Pteropus g. giganteus Brü-nn). Zeitschrift für Tierpsychologie, 26 (2): 166-199.

Neville, M. K. 1968. Ecology and activity of Himalayan foothill rhesus monkeys (Macaca mulatta). Ecology, 49 (1): 110-123.

Nice, Margaret M. 1937. Studies in the life history of the song sparrow: I, a population study of the song sparrow. Transactions of the Linnaean Society of New York, 4. vi+247 pp.

——1941. The role of territory in bird life. American Midland Naturalist, 26 (3): 441-487.

——1943. Studies in the life history of the song sparrow: II, the behavior of the song sparrow and other passerines.

Transactions of the Linnaean Society of New York, 6. viii+328 pp.

Nicholls, D. G. 1970. Dispersal and dispersion in relation to the birthsite of the southern elephant seal, Mirounga leonina (L.), of Macquarie Island. Mammalia, 34 (4): 598-616.

Nicholson, A J. 1954. An outline of the dynamics of animal populations. Australian Journal of Zoology. 2 (1): 9-65.

Nicholson, E. M. 1929. Report on the "British Birds" census of heronries, 1928. British Birds, 22 (12): 334-372.

Nicolai, J. 1964. Der Brutparasitismus der Viduinae als ethologisches Problem: Pragungsphanomene als Faktoren der Rassen- und Artbildung. Zeitschrift für Tierpsychologie, 21 (2): 129-204:

——1969. Beobachtungen an Paradieswitwen (Steganura paradisaea L. ; Steganura obtusa Chapin) and der Strohwitwe (Tetraenura fischeri Reichenow) in Ostafrika. Journal für Ornithologie, 110 (4): 421-447.

Nielsen, H. T. 1964. Swarming and some other habits of Mansonia perturbans and Psorophora ferox (Diptera: Culicidae). Behaviour, 24 (1, 2): 67-89.

Niemitz, C., and A. Krampe. 1972. Untersuchungen zum Orientierungsverhalten der Larven von Necrophorus vespillo F. (Silphidae Coleoptera). Zeitschrift für Teerpsychologie, 30 (5): 456-463.

Nietzsche, F. 1956. The birth of tragedy and The genealogy of morals: an attack, trans. by Francis Golffing. Anchor Books, Doubleday, Garden City, N. Y. xii+299 pp.

Nisbet, I. C. T. 1973. Courtship-feeding, egg-size and breeding success in common tems. Nature, London, 241 (5385): 141-142.

Nishida, T. 1966. A sociological study of solitary male monkeys. Primates, 7 (2): 141-204.

——1968. The social group of wild chimpanzees in the Mahali Mountains. Primates, 9 (2): 167-227.

——1970: Social behavior and relationship among wild chimpanzees of the Mahali Mountains. Primates, 11 (1): 47-87.

Nishida, T., and K. Kawanaka. 1972. Inter-unit-group relationships among wild chimpanzees of the Mahali Mountains. Kyoto University African Studies, 7: 131-169.

Nishiwaki, M. 1972. General biology. In s. H. Ridgway, ed. (q. v.), Mammals of the sea: biology and medicine, pp. 3-204.

Nissen, H. W. 1931. A field study of the chimpanzee:observations of chimpanzee behavior and environment in western French Guinea. Comparative Psychology Monographs, 8 (1). vi+122 pp.

Nixon, H. L., and C. R. Ribbands. 1952. Food transmission within the honeybee community. Proceedings of the Royal Society, set. B, 140:43-50.

Noble, G. A. 1962. Stress and parasitism: II, effect of crowding and fighting among ground squirrels on their coccidiaand trichomonads. Experimental Parasitology, 12 (5): 368-371.

Noble, G. K. 1931. The biology of the Amphibia. McGraw-Hill Book Co., New York. xiii

577 pp.

——1939. The role of dominance in the social life of birds. Auk, 56 (3): 263-273.

Nogueira-Neto, P. 1950. Notas bionomicas sobre Meliponíneos (Hymenoptera, Apoidea): IV, colonias mistase questões relacionadas. Revista de Entomologia, Rio de Janeiro, 21 (1, 2): 305-367.

——1970a. A criacoã de abelhas indí genas sem ferrão (Meliponinae). Editora Chácaras a Quintais, Sã o Paulo. 365 pp. ——1970b. Behavior problems related to the pillages made by some parasitic stingless bees (Meliponinae, Apidae). In L. R. Aronson et al. eds. (q. v.), Development and evolution of behavior:essays in memory of T. C. Schneirla, pp. 416-434.

Noirot, C. 1958-59. Remarques sur l'écologie des termites. Annales de la SociétéRoyale Zoologique de Belgique, 89 (l): 151-169.

——1969a. Glands and secretions. In K. Krishna and Frances M. Weesner, eds. (q. v.), Biology of termites, vol. 1, pp. 89-123.

——1969b. Formation of castes in the higher termites. In K. Krishna and Frances M. Weesner, eds. (q. v.), Biology of termites, vol. 1, pp. 311-350.

Noirot, Elaine. 1972. The onset of maternal behavior in rats, hamsters, and mice: a selective review. Advances in the Study of Behavior, 4: 107-145.

Nolte, D. J., I. Dé si, and Beryl Meyers. 1969. Genetic and environmental factors affecting chiasma formation in locusts. Chromosoma, Berlin, 27 (2): 145-155.

Nolte, D. J., S. H. Eggers, and I. R. May. 1973. A locust pheromone: locustol. Journal of Insect Physiology, 19 (8):

1547-1554.

Nolte, D. J. I. R. May, and B. M. Thomas 1970. The gregarisation pheromone of locusts. Chromosoma, Berlin, 29 (4): 462-473.

Nordeng, H. 1971. Is the local orientation of anadromous fishes determined by pheromones? Nature, London, 233 (5319): 411-413.

Nørgaard, E. 1956. Environment and behaviour of Theridion saxatile. Oikos (Acta Oecologica Scandinavica), 7 (2): 159-192.

Norris, K. S., ed. 1966. Whales, dolphins, and porpoises. University of California Press, Berkeley. xvi+789 pp.

——1967. Aggressive behavior in Cetacea. In Carmine D. Clemente and D. B. Lindsley, eds. (q. v.), Brain function, vol. 5, Aggression and defense, neural mechanisms and social patterns, pp. 225-241.

Norris, K. S., and J. H. Prescott. 1961. Observations on Pacific cetaceans of Californian and Mexican waters. University ofCalifornia Publications in Zoology, 63 (4): 291-402.

Norris, Maud J. 1968. Some group effects on reproduction in locusts. In R. Chauvin and C. Noirot, eds. (q. v.), L'-effet de groupechez les animaux, pp. 147-161.

Northrop, F. S. C. 1959. The logic of the sciences and the humanities. Meridian Books, New York. xiv+402 pp.

Norton-Griffiths, M. N. 1969. The organisation, control and development of parental feeding in the oystercatcher (Haematopus ostralegus). Behaviour, 34 (2): 55-114.

Nottebohm, F. 1967. The role of sensory feedback in the development of avian vocalizations. Proceedings of the Fourteenth International Ornithological Congress, Oxford, 1966, pp. 265-280.

——1970. Ontogeny of bird song. Science, 167: 950-956.

Novick, A. 1969. The world of bats. Holt, Rinehart and Winston, New York. 171 pp.

Nutting, W. L. 1969. Flight and colony foundation. In K. Krishna and Frances M. Weesner, eds. (q. v.), Biology of termites, vol. 1, pp. 233-282.

O'Connell, C. P. 1960. Use of fish schools for conditioned response experiments. Animal Behaviour, 8 (3, 4): 255-227.

O'Donald, P. 1972. Sexual selections by variations in fitness at breeding time. Nature, London, 237 (5354): 349-351.

O'Farrell, T. P. 1965. Home range and ecology of snowshoehares in interior Alaska. Journal of Mammalogy, 46 (3):

406-418.

Ogburn, W. F., and M. Nimkoff. 1958. Sociology, 3d ed. Houghton Mifflin Co., Boston. x+756 pp.

Ohba, S. 1967. Chromosomal polymorphism and capacity for increase under near optimal conditions. Heredity, 22 (2): 169-185.

Okano, T., C. Asami, Y. Haruki, M. Sasaki, N. Itoigawa, S. Shinohara, and T. Tsuzuki. 1973. Social relations in a chimpanzee colony. In C. R. Carpenter, ed. (q. v.), Behavioral regulators of behavior in primates, pp. 85-105.

φkland, F. 1934. Utvandring og overvintring hos den røde skogmaur (Formica rufa L.). Norsk Entomologisk Tdsskrift, 3 (5): 316-327.

Oliver, J. A. 1956. Reproduction in the king cobra, Ophiophagus hannah Cantor. Zoologica, New York, 41 (4): 145-152.

Oppenheimer, J. R. 1968. Behavior and ecology of the white-faced monkey, Cebus capucinus, on Barro Colorado Island, C. Z. Ph. D. thesis, University of Illinois, Urbana. viii+181 pp.

——1973. Social and communicative behavior in the Cebus monkey. In C. R. Carpenter, ed. (q. v.), Behavioral regulators of behavior in primates, pp. 251-271.

Ordway, Ellen. 1965. Caste differentiation in Augochlorella (Hymenoptera, Halictidae). Insectes Sociaux, 12 (4): 291-308.

——1966. The bionomics of Augochlorella striata and A. persimilis in eastern Kansas (Hymenoptera: Halictidae). Journal of the Kansas Entomological Society, 39 (2): 270-313.

Orians, G. H. 1961a. Social stimulation within blackbird colonies. Condor, 63 (4): 330-337.

——1961b. The ecology of blackbird (Agelaius) social systems. Ecological Monographs, 31 (3): 285-312.

——1969. On the evolution of mating systems in birds and mammals. American Naturalist, 103 (934): 589-603.

Orians, G. H., and G. M. Christman. 1968. A comparative study of the behavior of red-winged, tricolored, and yellow-headed blackbirds. University of California Publications in Zoology, 84. 81 pp.

Orains, G. H. and G. Collier. 1963. Competition and blackbird social systems. Evolution, 17 (4): 449-459.

Orians, G. H., and Mary F. Willson. 1964. Interspecific territories of birds. Ecology, 45 (4): 736-745.

Orr, R. T., 1967. The Galapagos sea lion. Journal of Mammalogy, 48 (1): 62-69.

Ostrom, J. H. 1972. Were some dinosaurs gregarious?Palaeogeography. Palaeoclimatology, Palaeoecology, 11: 287-301.

Otte, D. 1970. A comparative study of communicative behavior in grasshoppers. Miscellaneous Publications, Museum of Zoology, University of Michigan, Ann Arbor, 141. 168 pp.

——1972. Simple versus elaborate behavior in grasshoppers:an analysis of communication in the genus Syrbula. Behaviour, 42 (3, 4): 291-322.

Otto, D. 1958. Uber die Arbeitsteilung im Staate von Formica rufa rufopratensis minor Gossw. and ihre verhaltensphysiologischen Grundlagen, ein Beitrag zur Biologie der Roten Waldameise. Wssenschaftliche Abhandlungen der Deutschen Akademie der Landwirtschaftswissenschaften zu Berlin, 30: 1-169.

Owen, D. F. 1963. Similar polymorphisms in an insect and a land snail. Nature, London, 198 (4876): 201-203.

Owen-Smith, R. N. 1971. Territoriality in the white rhinoceros (Ceratotherium simum) Burchell. Nature, London, 231 (5301): 294-296.

——1974. The social system of the white rhinoceros. In V. Geist and F. Walther, eds. (q. v.), The behaviour of ungulates and its relation to management, vol. 1, pp. 341-351.

Packard, R. L. 1967. Octodontoid, bathyergoid, and etenodactyloid rodents. In S. Anderson and J. K. Jones, Jr., eds. (q. v.), Recent mammals of the world: a synopsis of families, pp. 273-290.

——1968. An ecological study of the fulvous harvest mouse in eastern Texas. American Midland Naturalist, 79 (1): 68-88.

Packer, W. C. 1969. Observations on the behavior of the marsupial Setcnix brachyurns (Quoy and Gaimard) in an enclosure. Journal of Mammalogy, 50 (1): 8-20.

Pagès, Elisabeth. 1965. Notes sur les pangolins du Gabon. Biologia Gabonica, 1 (3): 209-238.

——1970. Sur l'ecologie et le adaptation de l'orcycterope et des. pangolins sympatriques du Gabon. Biologia Gabonica, 6 (1): 27-92.

——1972a. Comportamente agressif et sexuel chez les pangolins arboricoles (Manis tricuspis et. M. longicaudata). Biologia Gabonica, 8 (l): 3-62.

——1972b. Comportamente maternale et developement du jeune chez un pangolin arboricole (M. tricuspis). Biologia Gabonica, 8 (1): 63-120.

Paine, R. T. 1966. Food web complexity and species diversity. American Naturalist, 100 (910): 65-75.

Pardi, L. 1940. Ricerche sui Polistini: I, poliginia vera ed apparente in Polistes gallicus (L.). Processi Verbali della Società Toscana di Scienze Naturali in Pisa, 49: 3-9.

——1948. Dominance order in Polistes wasps. Physiological Zoology, 21 (1): 1-13.

Pardi, L., and M. T. M. Piccioli. 1970. Studi sulla biologia di Belonogaster (Hymenoptera, Vespidae): 2, differenziamento castale incipiente in B. griseus (Fob.). Monitore Zoologico Italiana, n. ssupplement 3, pp. 235-265.

Parker, G. A. 1970a. Sperm competition and its evolutionary consequences in the insects. Biological Reviews, Cambridge Philosophical Society, 45: 525-568.

——1970b. The reproductive behaviour and the nature of sexual selection in Scatophaga stercoraria L. (Diptera:Scatophagidae): IV, epigamic competition and competition between males for the possession of females. Behaviour, 37 (1, 2): 113-139.

Pair, A. E. 1927. A contribution to the theoretical analysis of the schooling behaviour of fishes. Occasional Papers of the Bingham Oceanographic Collection, 1: I-32.

Parsons, P. A. 1967. The genetic analysis of behaviour. Methuen, London. x+174 pp.

Passera, L. 1968. Observations biologiques sur la fourmi Plagiolepis grassei Le Masne Passera parasite social de Plagiolepis pygmaea Latr. (Hym. Formicidae). Insectes Sociaux, 15 (4): 327-336.

Pastan, I. 1972. Cyclic AMP. Scientific American, 227 (2) (August): 97-105.

Patterson, I. J. 1965. Timing and spacing of broods in the black-headed gull Larus ridibundus. Ibis, 107 (4): 433-459.

Patterson, O. 1967. The sociology of slavery: an analysis of the origins, development and structure of Negro slave society in Jamaica. Fairleigh Dickinson University Press, Cranbury, N. J. 310pp.

Patterson, R. G. 1971. Vocalization in the desert tortoise, Gopherus agassizi. M. A. thesis, California State University, Fullerton. [Cited by B. H. Brattstrom, 1974 (q. v.).]

Pavlov, I. P. 1928. Lectures on conditioned reflexes. International Publishers, New York. 414 pp.

Payne, R. S., and S. McVay. 1971. Songs of humpback whales. Science, 173:585-597.

Peacock, A. D., and A. T. Baxter. 1950. Studies in Pharaoh's ant, Monomorium pharaonis (L.): 3, life history. Entomologist's Monthly Magazine, 86: 171-178.

Peacock, A. D., I. C. Smith, D. W. Hall, and A. T. Baxter. 1954. Studies in Pharaoh's ant, Monomorium pharaonis (L): 8, male production by parthenogenesis. Entomologist's Monthly Magazine, 90:154-158.

Pearson, O. P. 1948. Life history of mountain viscachas in Peru. Journal of Mammalogy, 29 (4): 345-374.

——1966. The prey of carnivores during one cycle of mouse abundance. Journal of Animal Ecology, 35 (1): 217-233.

——1971. Additional measurements of the impact of carnivores on California voles (Microtus califomicus). Journal of Mammalogy, 54 (1): 41-49.

Peek, F. W. 1971. Seasonal change in the breeding behavior of the male red-winged blackbird. Wilson Bulletin, 83 (4): 383-395.

Peek, J. M., R. E. LeResche, and D. R. Stevens. 1974. Dynamics of moose aggregations in Alaska, Minnesota, and Montana. Journal of Mammalogy, 55 (1): 126-137.

Pérez, J. 1899. Les abeilles. Librairie Hachette et Cie, Paris. viii+348 pp.

Perry, R. 1966. The world of the polar bear. University of Washington Press, Seattle. xi+195 pp.

——1967. The world of the wolves. Cassell, London. xi+162pp.

——1969. The world of the giant panda. Taplinger, New York. ix+136 pp.

Peters, D. S. 1973. Crossocerus dimidiatus (Fabricius, 1781), eine weitere soziale Crabroninen-art. Insectes Sociaux, 20 (2): 103-108.

Peterson, R. L. 1955. North American moose. University of Toronto Press, Toronto. xi+280 pp.

Peterson, R. S. 1968. Social behavior in pinnipeds. In R. J. Harrison, ed., The behavior and physiology of pinnipeds, pp. 3-53. AppletonCentury-Crofts, New York. 411 pp.

Peterson, R. S., and G. A. Bartholomew. 1967. The natural history anābehavior of the California sea lion. Special Publication no. 1. American Society of Mammalogists, Stillwater, Okla. xii+79 pp.

Petit, Claudine. 1958. Le déterminisme généidtique et psycho-physiologique de la compétition sexuelle chez Drosophila melanogaster. Bulletin Biologique de la France et de la Belgique, 92 (3): 248-329.

Petit, Claudine, and Lee Ehrman. 1969. Sexual selection in Drosophila. Evolutionary Biology, 3:177-223.

Petter, F. 1961. Répartition géographique etécologie des rongeurs désertiques (du Sahara occidental à l'Iran oriental). Mammalia, 25 (special number): 1-219.

Petter, J. -J. 1962a. Recherches sur lé'cologie et l'éthologie des lémuriens malgaches. méomoires du Muséum National d'Historie Naturelle, Paris, ser. A (Zoology), 27 (1): 1-46.

——1962b. Ecological and behavioral studies of Madagascar lemurs in the field. Annals of the New York Academy of Sciences, 102 (2): 267-281.

——1970. "Domaine vital" et "territoire" chez les lémuriens malgaches. In G. Richard, ed. (q. v.), Territoire et domaine vital, pp. 107-114.

Petter, J. -J., and C. M. Hladik. 1970. Observations sur le domaine vital et la densité de population de Loris tardigradus dans les forěts de Ceylan. Mammalia, 34 (3): 394-409.

Petter, J. -J., and Arlette Petter. 1967. The aye-aye of Madagascar. In S. A. Altmann, ed. (q. v.), Social communication among primates, pp. 195-205.

Petter, J. -J., and A. Peyrieras. 1970. Nouvelle contribution à l'étude d'un lémurien malgache, le aye-aye (Daubentonia madagascariensis E. Geoffroy). Mammalia, 34 (2): 167-193.

Petter, J. -J., A. Schilling, and G. Pariente. 1971. Observations éco-éthologiques sur deux lémuriens malgaches nocturnes: Phaner furcifer et Microcebus coquereli. La Terre et la Vie, 118 (3): 287-327.

Petter-Rousseaux, Arlette. 1962. Recherches sur la biologie de la reproduction des primates infé rieurs. Mammalia, 26, supplement 1. 88 pp.

Pfeffer, P. 1967. Le mouflon de Corse (Ovis ammon musimom Schreber 1782) ; position systématique, éclogie et éthologie comparter Mammalia, 31, supplement. 262 pp.

Pfeffer, P., and H. Genest. 1969. Biologie comparée d'une population de mouflons de Corse (Ovis ammon musimon) du Parc Naturel du Caroux. Mammalia. 33 (2): 165-192.

Pfeiffer, J. E. 1969. The emergence of man. Harper & Row, New York xxiv+477 pp.

Pfeiffer. W. 1962. The fright reaction of fish. Biological Reviews, Cambridge Philosophical society, 37 (4): 495-511.

Phillips, P. J. 1973. Evolution of holopelagic Cnidaria:colonial and noncolonial strategies. In R. S. Boardman, A. H. Cheetham, and W. A. Oliver, Jr., eds. (q. v.), Animal colonies:development and function through time, pp. 107-118.

Pianka, E. R. 1970. On r-and K-selection. American Naturalist, 104 (940): 592-597.

Piccioli, M. T. M., and L. Pardi. 1970. Studi della biologia di Belonogaster (Hymenoptera, Vespidae): 1, sull'etogramma di Belonogaster griseus (Fab.). Monitorze Zoologico Italiana, n. s., supplement 3, pp. 197-225.

Pickles, W. 1940. Fluctuations in the populations, weights and biomasses of ants at Thornhill, Yorkshire, from 1935 to 1939Transactions of the Royal Entomological Society of London, 90 (17) ;467-485.

Pielou, E. C. 1969. An introduction to mathematical ecology. WileyInterscience, Now York. viii+286 pp.

Pilbeam, D. 1972. The ascent of man: an introduction to human evolution, Macmillan Co., New York. x+207 pp.

Pilleri, G, and J. Knuckey. 1969. Behaviour patterns of some Delphinidae observed in the western Mediterranean. Zeitschrift für Tierpsychologie, 26 (1): 48-72.

Pilters, Hilde. 1954. Untersuchungen über angeborene Verhaltensweisen bei Tylopoden, unter besonderer Berücksichtigung der neuweltlìchen Formen. Zeitschrift für Tierpsychologie, 11 (2): 213-303.

Pisarski, B. 1966. Etudes sur les fourmis du genre Strongylognathus Mayr (Hymenoptera, Formicidae). Annales Zoologici, Warsaw, 23 (22): 509-523.

Pitcher, T. J. 1973. The three-dimensional structure of schools in the minnow, Phoxinus phoxinus (L.). Animal Behaviour, 21 (4): 673-686.

Pitelka, F. A. 1942. Territoriality and related problems in North American hummingbirds. Condor, 44 (5): 189-204.

——1957. Some aspects of population structure in the short-term cycle of the brown lemming in northern Alaska. Cold Spring Harbor Symposia on Quantitative Biology, 22: 237-251.

——1959. Number, breeding schedule, and territoriality in pectoral sandpipers of northern Alaska. Condor, 61 (4): 233-264.

Plateaux-Quénu, Cécile. 1961, Les seé uds de remplacement chez les insectes sociaux. Année Biologique, 37 (5, 6): 177-216.

——1972. La biologie des abeilles primitives. Les grand-problè mes de la biologie, no. 11. Masson, Paris. 200 pp.

——1973. Construction et évolution annuelle du nid d'Evylaeus calceatus Scopoli (Hym., Halictinae) avec quelques considérations sur la division du travail dans les sociétés monogynes et digynes. Insectes Sociaux, 20 (3): 297-320.

Plath, O. E. 1922. Notes on Psithyrus, with records of two new American hosts. Biological Bulletin, Marine Biological Laboratory, Woods Hole, 43 (1): 23-44.

——1934. Bumblebees and their ways. Macmillan Co., New York. xvi+201 pp.

Platt, J. R. 1964. Strong inference. Science, 146: 347-353.

Plempel, M. 1963. Die chenuschen Grundlagen der Sexulreaktion bei Zygomyceten. Planta, 59: 492-508.

Ploog, D. W. 1967. The behavior of squirrel monkeys (Saimiri sciureus) as revealed by sociometry, bioacoustics, and brain stimulation. In S. A. Altmann, ed. (q. v.), Social communication among primates, pp. 149-184.

Poelker, R. J., and H. D. Hartwell. 1973. Black bear of Washington. Biological Bulletin, Washington State Game Department, 14: 1-180.

Polayen-Neuwall, I. 1962. Beitrage zu einem Ethogramm des Wickelbaren (Potos flavus Schreber). Zeitschrift für Saugetierkunde, Berlin, 27 (1): 1-44.

——1966. On the marking behavior of the kinkajou (Potos flavus Schreber). Zoologica, New York, 51 (4): 137-142.

Poirier, F. E. 1968. The Nilgiri langur (Presbytis johnii) mother-infant dyad. Primates, 9 (1, 2): 45-68.

——1969a. Behavioral flexibility and intergroup variation among Nilgiri langurs (Presbytis johnii) of South India. Folia Primatologica, 11 (l, 2): 119-133.

——1969b. The Nilgiri langur (Presbytis johnii) troop: its composition, structure, function, and change. Folia Primatologica. 10 (1, 2): 20-47.

——1970a. The Nilgiri langur (Presbytis johnii) of South India. In L. A. Rosenblum, ed. (q. v.), Primate behavior:developments in field and laboratory research, vol. 1, pp. 251-383.

——1970b. Dominance structure of the Nilgiri langur (Presbytis johnii) of South India. Folia Primatologica, 12 (3): 161-186.

——ed. 1972a. Primate socialization. Random House, New York. x+260 pp.

——1972b. Introduction. In F. E. Poirier, ed. (q. v.), Primatesocialization, pp. 3-28.

Pontin, A. J. 1961. Population stabilization and competition between the ants Lasius flavus (F.) and L. niger (L.). Journal of Animal Ecology, 30 (1): 47-54.

——1963. Further considerations of competition and the ecology of the ants Lasius flavus (F.) and L. niger (L.). Journal of Animal Ecology, 32 (3): 565-574.

Poole, T. B. 1966. Aggressive play in polecats. Symposia of the Zoological Society Of London, 18: 23-44.

Porter, W. R., and D. M. Gates. 1969. Thermodynamic equilibria of animals with environment. Ecological Monographs, 39 (3): 227-244.

Porter, W. P., J. W. Mitchell, W. A. Beckman, and C. B. DeWitt. 1973. Behavioral implications of mechanistic ecology:thermal and behavioral modeling of desert ectotherms and their microenvironment. Oecologia, Berlin, 13 (1): 1-54.

Powell, G. C. and R. B. Nickerson. 1965. Aggregations among juvenile king crabs (Paralithodes camtschatica, Tilesius), Kodiak, Alaska. Animal Behaviour, 13 (2, 3): 374-380.

Priesner, E. 1968. Die interspezifischen Wirkungen der Sexuallockstoffe der Saturmidae (Lepidoptera). Zeitschrift für Vergleichende Physiologie, 61 (3): 263-297.

Pringle, J. W. S. 1951. On the parallel between learning and evolution. Behaviour, 3 (3): 174-215.

Prior, R. 1968. The roe deer of Cranborne Chase: an ecological survey. Oxford University Press, Oxford. xvi□222 ppProkopy, R. J. 1972. Evidence for a marking pheromone deterring repeated oviposition in apple maggot flies. Environmental Entomology, l (3): 326-332.

Pukowski, Erna. 1933. Okologische Untersuchungen an Necrophorus. F. Zeitschrift für Morphologie and Okologie der Tiere, 27 (3): 518-586.

Pulliainen, E. 1965. Studies on the wolf (Canis lupus L.) in Finland. Annales Zoologici Fennici, Helsinki, 2 (4): 215-259.

Pulliam, R. B. Gilbert, P. Klopter, D. McDonald, Linda McDonald, and G. Millikan. 1972. On the evolution of sociality, with particular reference to Tiaris olivacea. Wilson Bulletin, 84 (1): 77-89.

Quastler, H. 1958. A primer on information theory. In H. P. Yockey, R. L. Platzman, and H. Quastler, eds. (q. v.), Symposium on information theory in biology, pp. 3-49.

Quilliam, T. A., ed. 1966. The mole: its adaptation to an underground environment. Journal of Zoology, London, 149 (1): 31-114.

Quimby, D. C. 1951. The life history and ecology of the jumping mouse, Zapus hudsonius, Ecological Monographs, 21 (1): 61-95.

Rabb, G. B. and Mary S. Rabb. 1963. On the behavior and breeding biology of the African pipid frog Hymenochirus boettigeri. Zeitschrift für Tierpsychologie, 20 (2): 215-241.

Rabb, G. B. J. H. Woolpy, and B. E. Ginsburg. 1967. Social relationships in a group of captive wolves. American Zoologist, 7 (2): 305-311.

Radakov, D. V. 1973. Schooling in the ecology of fish, trans. by H. Mills. Halsted Press, Wiley, New York, viii+173 pp.

Rahm, U. 1961. Verhalten der Schuppentiere (Pholidota). Handbuch der Zoologie, 8 (10): 32-48.

——1969. Notes sur le cri du Dendrohyrax dorsalis (Hyracoidea). Mammalia, 33 (1): 68-79.

Raignier, A. 1972. Sur l'origine des nouvelle sociétés des fourmis voyageuses africames (Hyménoptères Formicidae, Dorylinae). Insectes Sociaux, 19 (3): 153-170.

Raignier, A., and J. Van Boven, 1955. Etude taxonomique, biologique et biométrique des Dorylus du sous-genre Anomma (Hymenoptera Formicidae). Annales de Musé e Royal du Congo Belge, Tervuren (Belgium), n. s. 4 (Sciences Zoologiques) 2: 1-359.

Rails, Katherine. 1971, Mammalian scent marking. Science, 171: 443-449.

Rand, A. L. 1941, Development and enemy recognition of the curvebilled thrasher Toxostoma curvirostre. Bulletin of the American Museum of Natural History, 78: 213-242.

——1953. Factors affecting feeding rates of anis. Auk, 70 (l): 26-30.

——1954. Social feeding behavior of birds. Fieldiana, Zoology (Chicago): 36 (1): 1-71.

Rand, A. S. 1967a. The adaptive significance of territoriality in iguanid lizards. in W. W. Milstead, ed. (q. v.), Lizard ecology: a symposium, pp. 106-115.

——1967b. Ecology and social organization in the iguanid lizard Anolis lineatopus. Proceeding of the United States National Museum, Smithsonian Institution, 122: 1-79.

Rand, A. S., and E. E. Williams. 1970. An estimation of redundancy and information content of anole dewlaps. American Naturalist, 104 (935): 99-103.

Ransom, T. W. 1971. Ecology and social behavior of baboons (Papio anubis) at the Gombe National Park. Ph. D. thesis, University of California, Berkeley.

Ransom, T. W., and B. S. Ransom. 1971. Adult male-infant relations among baboons (Papio anubis). Folia Primatologica, 16 (3, 4): 179-195.

Ransom, T. W., and Thelma E. Rowell. 1972. Early social development of feral baboons. In F. E. Poirier, ed. (q. v.), Primate socialization, pp. 105-144.

Rappaport, R. A. 1971. The sacred in human evolution. Annual Review of Ecology and Systematics, 2:23-44.

Rasa, 0. Anne E. 1973. Marking behaviour and its social significance in the African dwarf mongoose, Helogale undulate rufida. Zeitschrift für Tierpsychologie, 32 (3): 293318.

Rasmussen, D. I, 1964. Blood group polymorphism and inbreeding in natural populations of the deer mouse Peromyscus maniculatus. Evolution, 18 (2): 219-229.

Ratcliffe, F. M F. J. Gay, and T, Greaves. 1952. Australian termites, the biology, recognition, and economic importance of the common species. Commonwealth Scientific and Industrial Research Organization, Melbourne. 124 pp.

Rau, P. 1933. The jungle bees and wasps of Barro Colorado Island (with notes on other insects). Published by the author, Kirkwood, St. Louis County, Mo. 324 pp.

Rawls, J. 1971. A theory ofjustice. Belknap Press of Harvard University Press, Cambridge. xvi+607 pp.

Ray, C., W. A. Watkins, and J. J. Burns. 1969. The underwater song of Erignathus (bearded seal). Zoologica, New York, 54 (2): 79-83.

Regnier, F. E. and E. 0. Wilson. 1968. The alarm-defence system of the ant Acanthomyops claviger. Journal of Insect Physiology, 14 (7): 955-970.

——1969. The alarm-defence system of the ant Lasius alienus. Journal of Insect Physiology, 15 (5): 893-898.

——1971. Chemical communication and "propaganda" in slave-maker ants. Science, 172: 267-269.

Reid, M. J., and J. W. Atz. 1958. Oral incubation in the cichlid fish Geophagus jurupari Heckel. Zoologica, New York, 43 (5): 77-88.

Renner, M. 1960. Das Duftorgan der Honigbiene und die physiologische Bedeutung ihres Lockstoffes. Zeitschrift für Vergleichende Physiologie, 43 (4): 411-468.

Renner, M., and Margot Baumann. 1964. Uber Komplexe von subepidermalen Drüsenzellen (Duftdrüsen?) der Bienenkonigin. Naturwissenschaften, 51 (3): 69-69.

Rensch, B. 1956. Increase of learning ability with increase of brain size. American Naturalist, 90 (851): 81-95.

——1960. Evolution above the species level. Columbia University Press, New York. xvii 419 pp.

Rensky, M. 1996. The systematics of paralanguage. Travaux linguistiques de Prague, 2:97-102.

Ressler, R. H., R. B. Cialdini, M. L. Ghoca, and Suzanne M. Kleist. 1968. Alarm pheromone in the earthworm Lumbricus terrestris. Science, 161: 597-599.

Rettenmeyer, C. W. 1962. The behavior of millipeds found with neotropical army ants. Journal of the Kansas Entomological Society, 35 (4): 377-384.

1963a. The behavior of Thysanura found with army ants. Annals of the Entomological Society of America, 56 (2): 170-174.

——1963b. Behavioral studies Of army ants. Kansas University Science Bulletin, 44 (9): 281-465.

Reynolds, H. C. 1952. Studies on reproduction in the opossum (Didelphis virginiana virginiana). University of California Publications in Zoology, 52 (3): 223-284.

Reynolds, V. 1965. Some behavioural comparisons between the chimpanzee and the mountain gorilla in the wild. American Anthropologist, 67 (3): 691-706.

——1966. Open groups in hominid evolution. Man, 1 (4): 441-452.

——1968. Kinship and the family in monkeys, apes and man. Man, 3 (2): 209-233.

Reynolds, V., and Frances Reynolds. 1965. Chimpanzees of the Budongo Forest. In I. DeVore, ed. (q. v.), Primate behavior:field studies of monkeys and apes, pp. 368-424.

Rheingold, Harriet L. 1963a. Maternal behavior in the dog.

In Harriet Rheingold, ed. (q. v.), Maternal behavior in mammals, pp169-202.

——ed, 1963b. Maternal behavior in mammals. John Wiley &Sons, New York. viii+349 pp.

Rhijn, J. G. van. 1973. Behavioural dimorphism in male ruffs, Philomachus puganx (L.). Behaviour, 47 (3, 4): 153-229.

Ribbands, C. R. 1953. The behaviour and social life of honeybees. Bee Research Association, London. 352 pp.

Rice, D. W. 1967. Cetaceans. In S. Anderson and J. K. Jones, Jr., eds. (q. v.), Recent mammals of the world: a synopsis of families, pp. 291-324.

Rice, D. W., and K. W. Kenyon. 1962. Breeding cycles and behavior of Laysan and black-footed albatrosses. Auk, 79 (4): 517-567.

Richard, Alison. 1970. A comparative study of the activity patterns and behavior of Alouatta villosa and Ateles geoffroyi. Folia Primatologica, 12 (4): 241-263.

Richard, G., ed. 1970. Territoire et dontaine vital. Masson et Cie, Paris. viii+125 pp.

Richards, Christina M. 1959. The inhibition of growth in crowded Rana pipiens tadpoles. Physiological Zoolog, 31 (2): 138-151.

Richards, K. W. 1973. Biology of Bombus polaris Curtis and B. hyperboreus Schonherr at Lake Hazen, Northwest Territories (Hymenoptera: Bombini). Quaestiones Entomologicae, 9: 115-157.

Richards, 0. W. 1927a. The specific characters of the British humblebees (Hymenoptera). Transactions of the Entomological Society of London, 75 (2): 233-268.

——1927b. Sexual selection and allied problems in the insects. Biological Reviews, Cambridge Philosophical Society, 2 (4): 298-364.

——1965. Concluding remarks on the social organization of insect communities. Symposia of the Zoological Society of London, 14: 169-172.

——1969. The biology of some W. African social wasps (Hymenoptera: Vespidae, Polistinae). Memorie Societa Entomologica Italiana, 48 (lB): 79-93.

——1971. The biology of the social wasps (Hymenoptera, Vespidae). Biological Reviews, Cambridge Philosophical Society, 46 (4): 483-528.

Richards, 0. W., and Maud J. Richards. 1951. Observationson the social wasps of South America (Hymenoptera Vespidae). Transactions of the Royal Entomological Society of London, 102 (1): -170.

Richardson, W. B, 1942. Ring-tailed cats (Bassariscus astutus): their growth and development. Journal of Mammalogy, 23 (1): 17-26.

Richeter-Dyn, Nira, and N. S. Goel. 1972. On the extinction of colonizing species. Theoretical Population Biology, 3 (4): 406-433.

Ride, W. D. L. 1970. A guide to the native mammals of Australia. Oxford University Press, Oxford. xiv+249 pp.

Ridgway, S. H., ed. 1972. Mammals of the sea: biology and medicine. C. C. Thomas, Springfield, III. xiv+812 pp.

Ridpath, M. G. 1972. The Tasmanian native hen, Tribonyx mortierii, I-III. Commonwealth Scientific and Industrial Research Organization, Wildlife Research, East Melbourne, 17 (l): l-118.

Riemann, J. G. Donna J. Moen, and Barbara J. Thorson. 1967. Female monogamy and its control in houseflies. Journal of Insect Physiology, 13 (3): 407-418.

Ripley, Suzanne. 1967. Intertroop encounters among Ceylon gray langurs (Presbytis entellus). In S. A. Altmann, ed. (q. v.), Social communication among primates, pp. 237-253.

——1970 Leaves and leaf-monkeys In J. R. Napier and P. H. Napier, eds. (q. v.), Old World monkeys: evolution, systematics, and behavior, pp. 481-509.

Ripley, S. D. 1952. Territory and sexual behavior in the great Indian rhinoceros, a speculation. Ecology, 33 (4): 570-573.

——1958. Comments on the black and square-lipped rhinoceros species in Africa. Ecology, 39 (1): 172-174.

——1959. Competition between sunbird and honeyeater species in the Moluccan Islands. American Naturalist, 93 (869): 127-132.

——1961. Aggressive neglect as a factor in interspecific competition in birds. Auk, 78 (3): 366-371.

Roberts, Pamela. 1971. Social interactions of Galago crassicaudatus. Folia Primatologica, 14 (3, 4): 171-181.

Roberts, R. B., and C. H. Dodson. 1967. Nesting biology of two communal bees, Euglossa imperialis and Euglossa ignita (Hymenoptera: Apidae), including description of larvae. Annals of the Entomologcial Society of America, 60 (5): 1007-1014.

Robertson, A., D. J. Drage, and M. H. Cohen. 1972. Control

of aggregation in Dicryostelium discoideum by an external periodic pulse of cyclic adenosine monophosphate. Science, 175: 333-335.

Robertson, D. R. 1972. Social control of sex reversal in a coral-reef fish. Science, 177: 1007-1009.

Robins, C. R., C. Phillips, and Fanny Phillips. 1959. Some aspects of the behavior of the blennioid fish Chaenopsis ocellata Poey. Zoologica, New York, 44 (2): 77-84.

Robinson, D. J., and 1. McT. Cowan. 1954. An introduced population of the gray squirrel (Sciurus carolinensis Gmelin) in British Columbia. Canadian Journal of Zoology, 32 (3): 261-282.

Rodman, P. S. 1973. Population composition and adaptive organisation among orang-utans of the Kutai Reserve. In R. P. Michael and J. H. Crook, eds. (q. v.), Comparative ecology and behaviour of primates, pp. 171-209.

Roe, Anne, and G. G. Simpson, eds. 1958. Behavior and evolution. Yale University Press, New Haven, Conn. vii+557 pp.

Roe, F. G. 1970. The North American buffalo: a critical study of the species in the wild state, 2d ed. University of Toronto Press, Toronto. xi+991 pp.

Roelofs, W. L., and A. Comeau. 1969. Sex pheromone specificity: taxonomic and evolutionary aspects in Lepidoptera. Science, 165: 398-400.

——1971. Sex attractants in Lepidoptera. Proceedings of the Second International Congress of Pesticide Chemistry, IUPAC, Tel Aviv, Israel, pp. 91-114.

Rogers, L. L. 1974. Movement patterns and social organization of black bears in Minnesota. Ph. D. thesis, University of Minnesota, Minneapolis.

Rood. J. P. 1970. Ecology and social behavior of the desert cavy (Microcavia australis). American Midland Naturalist, 83 (2): 415-454.

Rood, J. P., and F. H. Test. 1968. Ecology of the spiny rat, Heteromys anomalus, at Rancho Grande, Venezuela. American Midland Naturalist, 79 (l): 89-102.

Roonwal, M. L. 1970. Termites of the Oriental region. In K. Krishna and Frances M. Weesner, eds. (q. v.), Biology of termites, vol. 2, pp. 315-391.

Ropartz, P. 1966. Contribution à l'étude du é terminisme d'un effet de groupe chez les souris. Comptes Rendus de l'Académie desSciences, Paris, 263: 2070-2072.

——1968. Olfaction et comportement social chez les rongeurs. Mammalia, 32 (4): 550-569.

Rose, R. M., J. W. Holaday, and 1. S. Bernstein. 1971. Plasma testosterone, dominance rank and aggressive behaviour in male rhesus monkeys. Nature, London, 231 (5302): 366-368.

Rosen, M. W. 1959. Water flow about a swimming fish. Station Technical Publications, NOTS TP 2298. U. S. Naval Ordnance Test Station, China Lake, Calif. iv+94 pp. [Cited by C. M. Breder, 1965 (q. v.).]

Rosen, M. W., and N. E. Cornford. 1971, Fluid friction of fishs limes. Nature, London, 234 (5323): 49-51.

Rosenblatt, J. S. 1965. The basis of synchrony in the behavioral interaction between the mother and her offspring in the laboratory rat. In B. M. Foss, ed., Determinants of infant behaviour, vol. 3, pp. 3-45. Methuen, London. xiii+264 pp.

——1972. Learning in newborn kittens. Scientific American, 227 (6) (December): 18-25.

Rosenblatt, J. S., and D. S. Lehrman. 1963. Materanl behavior of the laboratory rat. In Harriet L. Rheingold, ed. (q. v.), Maternal behavior in mammals, pp. 8-57.

Rosenblum, L. A., ed. 1970. Primate behavior: developments in field and laboratory research, vol. 1. Academic Press, New York. xii+400 pp.

——1971a. The ontogeny of mother-infant relations in macaques. In H. Moltz, ed. (q. v.), The ontogeny of vertebrate behavior, pp. 315-367.

——ed. 1971b. Primate behavior: developments in field and laboratory research, vol. 2. Academic Press, New York. xi+267pp.

Rosenblum, L. A., and R. W. Cooper, eds. 1968. The squirrel monkey. Academic Press, New York. xii+451 pp.

Rosenson, L. M. 1973. Group formation in the captive greater bushbaby (Galago crassicaudatus crassicaudatus). Animal Behaviour, 21 (l): 67-77.

Rothballer, A. B. 1967. Aggression, defense and neurohumors. In Carmine D. Clemente and D. B Lindsley, eds. (q. v.), Brain function, vol. 5. Aggression and defense, neural mechanisms and social patterns, pp. 135-170.

Roubaud, E. 1916. Recherches biologiques sur les guêpes solitaires et sociales d'Afrique: la genèse de la vie sociale et l'évolution de l'instinct maternel chez les vespides. Annales des Sciences Naturelles, lOth set. (Zoologie), l: l-160.

Roughgarden, J. 1971. Density-dependent natural selection. Ecology. 52 (3): 453-468.

——1974. Species packing and competition function with illustrations from coral reef fish. Theoretical Population Biology, 5 (2): 163-186.

Rousseau, M. 1971. Un machairodonte dans l'art Aurignacien?Mammalia, 35 (4): 648-657.

Rovner, J. S. 1968. Territoriality in the sheet-web spider Linyphia triangularis (Clerck) (Araneae, Linyphiidae). Zeitschrift für Tierpsychologie, 25 (2): 232-242

. Rowell, Thelma E. 1963. Behaviour and female reproductive cycles of rhesus macaques. Journal of Reproduction and Fertility, 6: 193-203.

——1966a. Forest living baboons in Uganda. Journal of Zoology, London, 149 (3): 344-364.

——1966b. Hierarchy in the organization of a captive baboon group. Animal Behaviour, 14 (4): 430-443.

——1967. A quantitative comparison of the behaviour of a wild and a caged baboon troop. Animal Behaviour, 15 (4): 499-509.

——1969a. Long-term changes in a population of Ugandan baboons. Folia Primatologica, ll (4): 241-254.

——1969b. Variability in the social organization of primates. In D. Morris, ed. (q. v.), Primate ethology, essays on the socio-sexual behavior of apes and monkeys, pp. 283-305.

——1970. Baboon menstrual cycles affected by social environment. Journal of Reproduction and Fertility, 21: 133-141.

——1971. Organization of caged groups of Cercopithecus monkeys. Animal Behaviour, 19 (4): 625-645.

——1972. Social behaviour of monkeys. Penguin Books, Harmondsworth, Middlesex. 203 pp.

Rowell, Thelma E, N. A. Din, and A. Omar. 1968. The social development of baboons in their first three months. Journal of Zoology, London, 155 (4): 461-483.

Rowell, Thelma E., R. A. Hinde, and Yvette Spencer-Booth. 1964. "Aunt"-infant interaction in captive rhesus monkeys. Animal Behaviour, 12 (2, 3): 219-226.

Rowley, I. 1965. The life history of the superb blue wren, Malurus cyaneus. Emu, 64 (4): 251-297.

Ruelle, J. E. 1970 A revision of the termites of the genus Macrotermes from the Ethiopian Region (Isoptera: Termit-

idae). Bulletin of the British Museum of Natural History, Entomology, 24:365-444.

Rumbaugh, D. M. 1970. Learning skills of anthropoids. In L. A. Rosenblum, ed. (q. v.), Primate behavior: developments in field and laboratory research, vol. 1, pp. 1-70.

Russell, Eleanor. 1970. Observations on the behaviour of the red kangaroo (Megaleia rufa) in captivity. Zeitschrift für Tierpsychologie, 27 (4): 385-404.

Ryan, E. P. 1966. Pheromone: evidence in a decapod crustacean. Science, 151: 340-341.

Ryland, J. S. 1970. Bryozoans. Hutchinson University Library, London. 175 pp.

Saayman, G. S. 1971a. Behaviour of the adult males in a troop of freeranging chacma baboons (Papio ursinus). Folia Primatologica, 15 (1, 2): 36-57.

——1971b. Grooming behaviour in a troop of free-ranging chacma baboons (Papio ursinus). Folia Primatologica, 16 (3, 4): 161-178.

Saayman, G. S., C. K. Tayler, and D. Bower. 1973. Diurnal activity cycles in captive and free-ranging Indian Ocean bottlenose dolphins (Tursiops aduncus Ehrenburg). Behaviour, 44 (3, 4): 212-233.

Sabater Pi, J. 1972. Contribution to the ecology of Mandrillus sphinx Linnaeus 1758 of Rio Muni (Republic of Equatorial Guinea). Folia Primatologica, 17 (4): 304-319.

——1973. Contribution to the ecology of Colobus polykomos satanas (Waterhouse, 1838) of Rio Muni, Republic of Equatorial Guinea. Folia Primatologica, 19 (2, 3): 193-207.

Sackett, G. P. 1970. Unlearned responses, differential rearing experiences, and the development of social attachments by rhesus monkeys. In L. A. Rosenblum, ed. (q. v.), Primate behavior. developments in field and laboratory research, vol. 1, pp. 111-140.

Sade, D. S. 1965. Some aspects of parent-offspring and sibling relations in a group of rhesus monkeys, with a discussion of grooming. American Journal of Physical Anthropology, 23 (1): 1-17.

——1967. Determinants of dominance in a group of free-ranging rhesus monkeys. In S. A. Altmann, ed. (q. v.), Social communication among primates, pp. 99-114.

Sadleri, R. M. F. S. 1965. The relationship between agonistic behaviour and population changes in the deermouse, Peromyscus maniculatus (Wagner). Journal of Animal Ecology, 34 (2): 331-352.

Sahlins, M. D. 1959. The social life of monkeys, apes and primitive man. In J. N. Spuhler, ed., The evolution of man's capacity for culture, pp. 54-73. Wayne State University Press, Detroit, Mich. 79 pp.

Saint Girons, M. -C. 1967. Etude du genre Apodemus Kaup, 1829 en France (suite et fin). Mammalia, 31 (1): 55-100.

Sakagami, S. F. 1954. Occurrence of an aggressive behaviour in queenless hives, with considerations on the social organization of honeybee. Insectes Sociaux, 1 (4): 331-343.

——1960. Ethological peculiarities of the primitive social bees, Allodape Lepeletier and allied genera. Insectes Sociaux, 7 (3): 231-249.

——1971. Ethosoziologischer Vergleich zwischen Honigbienen und stachellosen Bienen. Zeitschrift füiPerpsychologie, 28 (4): 337-350.

Sakagami, S. F., and Y. Akahira. 1960. Studies on the Japanese honeybee, Apis cerana cerana Fabricius: 8, two opposingad aptations in the post-stinging behavior of honeybees. Evolution, 14 (l): 29-40.

Sakagami, S. F., and K. Fukushima. 1957. Vespa dybowskii André as a facultative temporary social parasite. Insectes Sociaux, 4 (1): 1-12.

Sakagami, S. F., and K. Hayashida. 1968. Bionomics and sociology of the summer matrifilial phase in the social halictine bee, Lasioglossum duplex. Journal of the Faculty of Science, Hokkaido University, 6th ser. (Zoology), 16 (3): 413-513

Sakagami, S. F., and S. Laroca. 1963. Additional observations on the habits of the cleptobiotic stingless bees, the genus Lestrimelitta Friese (Hymenoptera, Apoidea). Journal of the Faculty of Science, Hokkaido University. 6th set. (Zoology), 15 (2): 319-339.

Sakagami, S. F., and C. D. Michener. 1962. The nest architecture of the sweat bees (Halictinae): a comparative study of behavior. University of Kansas Press, Lawrence. 135 pp.

Sakagami, S. F., Maria I Montenegro, and W. E. Kerr. 1965. Behavior studies of the stingless bees, with special reference to the oviposition process: 5, Melipona quadrifasciata anthidioides Lepeletier. Journal of the Faculty of Science, Hokkaido University, 6th ser. (Zoology), 15 (4): 578-607.

Sakagami, S. F., and Y. Oniki. 1963. Behavior studies of the stingless bees, with special reference to the oviposition process: l, Melipona compressipes manaosensis Schwarz. Journal of the Faculty of Science, Hokkaido University, 6th ser. (Zoology), 15 (2): 300-318.

Sakagarni, S. F., and K. Yoshikawa. 1968. A new ethospecies of Stenogaster wasps from Sarawak, with a comment on the value of ethological characters in animal taxonomy. Annotationes Zoologicae Japonensis, 41 (2): 77-84.

Sakagami, S. F., and R. Zucchi. 1965. Winterverhalten einer neotropischen Hummel, Bombus atratus, innerhalb des Beobachtungskastens: ein Beitrag zur Biologie der Hummeln. Journal of the Faculty of Science, Hokkaido University, 6th ser. (Zoology), 15 (4): 712-762.

Sale, P. F. 1972. Effect of cover on agonistic behavior of a reef fish: a possible spacing mechanism. Ecology, 53 (4): 753-758.

Salt, G. 1936. Experimental studies in insect parasitism: 4, the effect of superparasitism on populations of Trichogramma evanescens. Jour-nal of Experimental Biology, 13: 363-375.

Sanders, C. J. 1970. The distribution of carpenter ant colonies in the spruce-fir forests of northeastern Ontario. Ecology, 51 (5): 865-873.

——1971. Sex pheromone specificity and taxonomy of budworm moths (Choristoneura). Science, 171: 911-913.

Sanders, C. J., and F. B. Knight. 1968. Natural regulation of the aphid Pterocomma populifoliae on bigtooth aspen in northern lower Michigan. Ecology, 49 (2): 234-244.

Sands, W. A. 1957. The soldier mandibles of the Nasutitermitinae (Isoptera, Termitidae). Insectes Sociaux, 4 (1): 13-24.

——1972. The soldierless termites of Africa (Isoptera:Termitidae). Bulletin of the British Museum of Natural History, Entomology, supplement 18. 244 pp.

Santschi, F. 1920. Fourmis du genre Bothriomyrmex Emery (systématiqueet moeurs). Revue Zoologique Africaine, 7 (3): 201-224.

Sauer, E. G. F., and Eleonore M. Sauer. 1963. The South-West African bush-baby of the Galago senegalensis group. Journal of the South West Africa Scientific Society, 16: 5-35. [Synopsis in J. R. Napier and P. H. Napier, 1967 (q. v.)]

——1972. Zur Biologie der kurzohrigen Elefantenspitzmaus. Zeitschrift des Ko1ner Zoo, 15 (4): 119-139.

Savage, T. S., and J. Wyman. 1843-1844. Observations on the external characters and habits of the Troglodytes Niger, Geoff. and on its organization. Boston Journal of Natural History, 4 (3): 362-376;4 (4): 377-386.

Schaller, G. B. 1961. The orang-utan in Sarawak. Zoologica, New York, 46 (2): 73-82.

——1963. The mountain gorilla: ecology and behavior. University of Chicago Press, Chicago. xviii+431 pp.

——1965a. The behavior of the mountain gorilla. In I. DeVore, ed. (q. v.), Primate behavior: filed studies of monkeys and apes, pp. 324-367.

——1965b. The year of the gorilla. Ballantine Books, New York. 285 pp.

——1967. The deer and the tiger. a study of wildlife in India. University of Chicago Press, Chicago. ix+370 pp.

——1970. This gentle and elegant cat. Natural History. 79 (6): 30-39.

——1972. The Serengeti lion: a study of predatory-prey relations. University of Chicago Press, Chicago. xiii+480 pp.

Schaller, G. B., and G. R. Lowther. 1969. The relevance of carnivore behavior to the study of early hommids. Southwestern Journal of Anthropology, 25 (4): 307-341.

Scheffer, V. B. 1958. Seals, sea lions, and walruses: a review of the Pinnipedia. Stanford University Press, Stanford, Calif. x+179 pp.

Schein, M. W., and M. H. Fohrman. 1955. Social dominance relationships in a herd of dairy cattle. British Journal of Animal Behaviours, 3 (2): 45-55.

Schenkel, R. 1947. Ausdrucks-Studien an Wo1fen. Gefangen schaftsBeobachtungen. Behaviour, l (2): 81-129.

——1966a. Zum Problem der Territorialitat und des Markierens bei Saugern-am Beispiel des Schwarzen Nashorns und des Lowens. Zeitschrift für Tierpsychologie, 23 (5): 593-626.

1966b. Play, exploration and territoriality in the wild lion. Symposia of the Zoological Society of London, 18: 11-22.

——1967. Submission: its features and function in the wolf and dog. American Zoologist, 7 (2): 319-329.

Scherba, G. 1964. Species replacement as a factor affecting distribution of Formica opaciventris Emery (Hymenoptera:Formicidae). Journal of the New York Entomological Society, 72:231-237.

Scheven, J. 1958. Beitrag zur Biologie der Schmarotzer feldwespen Sulcopolistes atrimandibularis Zimm., S. semenowi F. Morawitz und S. sulcifer Zimm. Insectes Sociaux, 5 (4): 409-437.

Schevill, W. E. 1964 Underwater sounds of cetacdans. In W. N. Tavolga, ed (q. v.), Marine bio-acoustics, pp. 307-316.

Schevill, W. E., and W. A. Watkins. 1962. Whale and porpoise voices: a phonograph record. Contribution no. 1320. Woods Hole Oceanographic Institution, Woods Hole, Mass. 24 pp.

Schiller, P. H. 1952. Innate constituents of complex responses in primates. Psychological Review, 59 (3): 177-191.

——1957. Innate motor action as a basis of learning. In Claire H. Schiller, trans. and ed., Instinctive behavior: the development of a modem concept, pp. 264-287. International Universities Press, New York. xix+328 pp.

Schjelderup-Ebbe, T. 1922. Beitrage zur Sozialpsychologie des Haushuhns. Zeitschrift für Psychologie, 88 (3-5): 225-25.

——1923. Weitere Beitrage zur Sozial-und Individualpsy chologie des Haushuhns. Zeitschrift für Psychologie, 92 (1, 2): 60-87.

——1935. Social behavior of birds. In C. A. Murchison, ed., A handbook of social psychology, pp. 947-972. Clark University Press, Worcester, Mass. xii+1195 pp.

Schloeth, R. 1961. Das Sozialleben des Camargue-Rindes. Zeitschrift für Tierpsychologie, 18 (5): 575-627. Schmid, B. 1939. Psychologische Beobachtungen und Versuche an einem jungen, mannlichen Ameisenbaren (Myrmecophaga tridactylus L.). Zeitschrift für Tierpsychologie, 2 (2): 117-126.

Schneider, D. 1969. Insect olfaction: deciphering system for chemical messages. Science, 163: 1031-1037.

Schneirla, T. C. 1933. Studies on army ants in Panama. Journal of Comparative Psychology, 15 (2): 267-299.

——1938. A theory of army-ant behavior based upon the analysis of activities in a representative species. Journal of Comparative Psychology, 25 (1): 51-90.

——1940. Further studies on the army-ant behavior pattern. Massorganization in the swarm-raiders. Journal of Comparative Psychology, 29 (3): 401-460.

——1946. Problems in the biopsychology of social organization. Journal of Abnormal and Social Psychology, 41 (4): 385-402.

——1956. A preliminary survey of colony division and related processes in two species of terrestrial army ants. Insectes Sociaux, 3 (l): 49-69.

——1971. Army ants: a study in social organization, ed. by H. R. Topoff. W. H. Freeman, San Francisco. xxii+349 pp.

Schneirla, T. C., and R. Z. Brown. 1952. Sexual broods and the production of young queens in two species of army ants. Zoologica, New York, 37 (1): 5-32

Schneirla, T. C., and G. Piel. 1948. The army ant. Scientific American, 178 (6) (June): 16-23.

Schneirla, T. C., J. S. Rosenblatt, and Ethel Tobach. 1963. Maternal behavior in the cat. In Harriet L. Rheingold, ed. (q. v.). Maternal behavior in mammals, pp. 122-168.

Schoener, T. W. 1965. The evolution of bill size differences among sympatric congeneric species of birds. Evolution, 19 (2): 189-213.

——1967. The ecological significance of sexula dimorphism in size in the lizard Anolis conspersus. Science, 155: 474-477.

——1968a. Sizes of feeding territories among birds. Ecology, 49 (l): 123-141.

——1968b. The Anolis lizards of Bimini: resource partitioning in a complex fauana. Ecology, 49 (4): 704-726.

——1971. Theory of feeding strategies. Annual Review of Ecology and Systematics, 2: 369-404.

——1973. Population growth regulated by intraspecific competition for energy or time: some simple representations. Theoretical Population Biology, 4 (l): 56-84.

Schoener, T. W., and Amy Schoener. 1971a. Structural habitats of West Indian Anolis lizards: 1, lowland Jamaica. Breviora, 368. 53pp.

——1971b. Structural habitats of West Indian Anolis lizards: 2, Puerto Rican uplands. Breviora, 375. 39 pp.

Schopf, T. J. M. 1973. Ergonomics of polymorphism: its relation to the colony as the unit of natural selection in species of the phylum Ectoprocta. In R. S. Boardman, A. H. Cheetham, and W. A. Oliver, Jr., eds. (q. v.), Animal colonies: development and function through time, pp. 246-294.

Schremmer, F. 1972. Beobachtungen zur Biologie von Apoica pallida (Olivier, 1791), einer neotropischen sozialen Faltenwespe (Hymmenoptera, Vespidae). Insectes Sociaux, 19 (4): 343-357.

Schull, W. J., and J. V. Neel. 1965. The effects of inbreeding on japanese children. Harper & Row, New York. xii+419 pp.

Schultz, A. H. 1958. The occurrence and frequency of pathological and teratological conditions and of twinning among non-human primates, Primatologia, Handbuch der Primatenkunde, l: 965-1014.

Schultze-Westrum, T. 1965. Innerartliche Verstandigung durch Düfte beim Gleitbeutler Petaurus breviceps papuanus Thomas (Marsupialia, Phalangeridae). Zeitschrift für Vergleichende Physiologie, 50 (2): 151-220.

Schusterman, R. J., and R. G. Dawson. 1968. Barking, dominance, and territoriality in male sea lion. Science, 160:434-436.

Schwarz, H. F. 1948. Stingless bees (Meliponidae) of the western hemisphere. Bulletin of the American Museum of Natural History, 90. xvii+546 pp.

Scott, J. F. 1971. Internalization of norms: a sociological theory of moral commitment. Prentice-Hall, Englewood Cliffs, N. J. xviii+237 pp.

Scott, J. P. 1967. The evolution of social behavior in dogs and wolves. American Zoologist, 7 (2): 373-381.

——1968. Evolution and domestication of the dog. Evolutionary Biology, 2: 243-275.

Scott, J. P., and E. Fredericson. 1951. The causes of fighting in mice and rats. Physiological Zoology, 24 (4): 273-309.

Scott, J. P., and J. L. Fuller. 1965. Genetics and the social behavior of the dog. University of Chicago Press, Chicago, xviii+468 pp.

Scott, J. M. 1942. Mating behavior of the sage grouse. Auk, 59 (4): 477-498.

——1950. A study of the phylogenetic or comparative behavior of three species of grouse. Annals of the New York Academy of Sciences, 51 (6): 1062-1073.

Scudo, F. M. 1967. The adaptive value of sexual dimorphism:l, anisogamy. Evolution, 21 (2): 285-291.

Seay, B. 1966. Maternal behavior in primiparous and multiparous rhesus monkeys. Folia Primatologica, 4 (2): 146-168.

Sebeok, T. A. 1962. Coding in the evolution of signalling behavior. Behavioral Science, 7 (4): 430-442.

——1963. Communication among social bees; porpoises and

sonar; man and dolphin. Language, 39 (3): 448-466.

——1965. Animal communication. Science, 147: 1006-1014.

——ed. 1968. Animal communication: techniques of study and results of research. Indiana University Press, Bloomington. xviii+686 pp.

Seemanova, Eva. 1972. (Quoted by Time, October 9, 1972, p. 58.)

Seitz, A. 1955. Untersuchungen über angeborene Verhaften sweisen bei Caniden: III, Beobachtungen an Marderhunden (Nyctereutes Procyonoides Gray). Zeitschrift für Tierpsychologie, 12 (3): 463-489.

Sekiguchi, K., and S. F. Sakagami. 1966. Structure of foraging population and related problems in the honeybee, with considerations on the division of labour in bee colonies. Report of the Hokkaido National Agricultural Experiment Station (Hitsujigaoka, Sapporo, Japan), no. 69. 65 pp.

Selander, R. k. 1965. On mating systems and sexual selection. American Naturalist, 99 (906): 129-141.

——1966. Sexual dimorphism and differential niche utilization in birds. Condor, 68 (2): 113-151.

——1972. Sexual selection and dimorphism in birds, In B. Campbell, ed. (q. v.), Sexual selection and the descent of man, 1871-1971, pp. 180-230.

Selous, E. 1927. Realities of bird life. Constable, London.

Selye, H, 1956. The stress of life. McGraw-Hill Book Co., New York. xviii+324 pp.

Seton, E. T. 1909. Life-histories of northern animals: an account of the mammals of Manitoba, 2 vols. Charles Scribner's Sons, New York. Vol. l: xxx+673 pp. ; vol. 2: xii+590 pp.

Sexton, 0. J. 1960. Some aspects of the behavior and of the territory of a dendrobatid frog, Prostherapis trinitatis: Ecology, 41 (l): 107-115.

——1962. Apparent territorialism in Leptodactylus insularum Barbour. Herpetologica, 18 (3): 212-214.

Shank, C. C. 1972. Some aspects of behaviour in a population of feral goats (Capra hircus L.). Zeitschrift für Tierpsychologie, 30 (5): 488-528.

Shannon, C. E., and W. Weaver. 1949. The mathematical theory of communication. University of Illinois Press, Urbana. 117pp.

Sharp, W. M., and Louise H. Sharp. 1956. Nocturnal movement and behavior of wild raccoons at a winter feeding station. Journal of Mammalogy, 37 (2): 170-177.

Shaw, Evelyn. 1962. The schooling of fishes. Scientific American, 260 (6) (June): 128-138.

——1970. Schooling in fishes: critique and review. In L. R. Aronson, Ethel Tobach, D. S. Lehrman, and J. S. Rosenblatt, eds. (q. v.), Development and evolution of behavior : essays in memory of T. C. Schneirla, pp. 452-480.

Shearer, D., and R. Boch. 1965. 2-Heptanone in the mandibular gland secretion of the honey-bee. Nature, London, 206 (4983): 530.

Shepher, J. 1972. [A news report of his studies of marriage in Israeli kibbutzes in "Science and the citizen, " Scientific American, 227 (6) (December): 43.]

Shettleworth, Sara J. 1972. Constraints on learning. Advances in the Study of Behavior, 4: 1-68.

Shillito, Joy F. 1963. Field observations on the growth, reproduction and activity of a woodland population of the common shrew Sorex araneus L. Proceedings of the Zoological Society of London, 140 (1): 99-114.

Shoemaker, H. H. 1939. Social hierarchy in flocks of the canary. Auk, 56 (4): 381-406.

Shorey, H. H. 1970. Sex pheromones of Lepidoptera. In D. L. Wood, R. M. Silverstein, and M. Nakajima, eds. (q. v.), Control of insect behavior by natural products, pp. 249-284.

Short, L. 1961. Interspecies flocking of birds of montane forest in Oaxaca, Mexico. Wilson Bulletin, 73 (4): 341-347.

Shuleikin, V. V. 1968. Marine physics. Nauka Publishing House, Moscow. [Cited by D. V. Radakov, 1973 (q. v.).]

Siegel, R. W., and L. W. Cohen. 1962. The intracellular differentiation of cilia. American Zoologist, 2 (4): 558.

Sikes, Sylvia K. 1971. The natural history of the African elephant. Elsevier, New York. xxvi+397 pp.

Silberglied, R. E., and 0. R. Taylor. 1973. Ultraviolet differences between the sulfur butterflies, Colias eurytheme and C. Philodice, and a possible isolating mechanism. Nature, London, 241 (5389): 406-408.

Silén, L. 1942. Origin and development of the cheiloctenostomatous stem of Bryozoa. Zoologiska Bidrag, Uppsala, 22:1-59.

——1975. Polymorphism. In R. M. Woollacott, ed., The biology of bryozoans. Academic Press, New York, (In press.)

Silverstein, R. M. 1970. Attractant pheromones of Coleoptera. In M. Beroza, ed. (q. v.), Chemicals controlling insect behavior, pp. 21-40.

Simberloff, D. S., and E. 0. Wilson. 1969. Experimental zoogeography of islands: the colonization of empty islands. Ecology, 50 (2): 278-296.

Simmons, J. A., E. G. Wever, and J. M. Pylka. 1971. Periodical cicada: sound production and hearing. Science, 171: 212-213.

Simmons, K. E. L. 1951, Interspecific territorialism. Ibis, 93 (3): 407-413.

——1955. Studies on great crested grebes. Avicultural Magazine, 61 (1): 3-13: 61 (2): 93-102: 61 (3): 131☐146: 61 (4): 181-201;61 (5): 235-253;61 (6): 294-316.

——1970. Ecological determinants of breeding adaptations and social behaviour in two fish-eating birds. In J. H. Crook. ed. (q. v.), Social behaviour in birds and mammals, pp. 37-77.

Simon, H. A. 1962. The architecture of complexity. Proceedings of the American Philosophical Society. 106 (6): 467-482.

Simonds, P. E. 1965. The bonnet macaque in South India. In I. DeVore, ed. (q. v.), Primate behavior: field studies of monkeys and apes, pp. 175-196.

Simons, E. L., and P. C. Ettel. 1970. Gigantopithecus. Scientific American, 222 (1) (January): 76-85.

Simpson, G. G. 1944. Tempo and mode in evolution. Columbia University Press, New York. xviii+237 pp.

——1945. The principles of classification and a classification of mammals. Bulletin of the American Museum of Natural History, 85. xvi+350 pp.

——1953. The major features of evolution. . Columbia University Press, New York. xx+434 pp.

——1961. Principles of animal taxonomy. Columbia University Press, New York. xii+247 pp.

Simpson, T. L. 1973. Coloniality among the Porifera. In R. S. Boardman, A. H. Cheetham, and W. A. Oliver, Jr., eds. (q. v.), Animal colonies: development and function through time, pp. 549-565.

Sinclari, A. R. E. 1970. Studies of the ecology of the EastAfrican buffalo. Ph. D. thesis, Oxford University, Oxford, [Cited by H. Kruuk, 1972 (q. v.). ☐

Sipes, R. G. 1973. War, sports and aggression: an empirical test of two rival theories. American Anthropologist, 75 (1): 64-86.

Skaife, S. H. 1953. Subsocial bees of the genus Allodape Lep. & Serv. Journal of the Entomological Society of South Africa, 16 (l) ;3-16.

——1954a. The black-mound termite of the Cape, Amitermes atlanticus Fuller. Transactions of the Royal Society of South Africa, 34 (1): 251-271.

——1954b. Caste differentiation among termites. Transactions of the Royal Society of South Africa, 34 (2): 345-353.

——1955. Dwellers in darkness. Longmans, Green, London. x+134 pp.

Skinner, B. F. 1966. The phylogeny and ontogeny of behavior. Science, 153: 1205-1213.

Skutch, A. F. 1935. Helpers at the nest. Auk, 52 (3): 257-273.

——1959. Life history of the groove-billed ani. Auk, 76 (3): 281-317.

——1961. Helpers among birds. Condor, 63 (3): 198-226.

Sladen, F. W. L. 1912. The humble-bee, its life-history and how to domesticate it, with descriptions of all the British species of Bombus and Psithyrus. Macmillan Co., London. xiii+283 pp.

Slijper, E. J. 1962. Whales. Hutchinson, Lodon. 475 pp.

Slobin, D. 1971. Psycholinguistics. Scott, Foresman, Glenview. III. xii+148 pp.

Slobodkin, L. B., and A. Rapoport. 1974. An optimal strategy of evolution. Quarterly Review of Biology, 49 (3): 181-200.

Smith, C. C. 1968. The adaptive nature of social organization in the genus of tree squirrels Tamiasciurus. Ecological Monographs, 38 (1): 31-63.

Smith, E. A. 1968. Adoptive sucking in the grey seal. Nature, London, 217 (5130): 762-763.

Smith, H. M. 1943. Size of breeding populations in relation to egg-laying and reproductive success in the eastern redwing (Agelaius p. phoeniceus). Ecology, 24 (2): 183-207.

Smith, M. R. 1936. Distribution of the Argentine ant in the United States and suggestions for its control or eradication. U. S. Department of Agriculture. Circular no. 387. 39 pp.

Smith, N. G. 1968. The advantages of being parasitized. Nature, London, 219 (5155): 690-694.

Smith, W. J. 1963. Vocal communication in birds. American Naturalist, 97 (893): 117-125.

——1969a. Messages of vertebrate communication. Science, 165: 145-150.

——1969b. Displays of Sayornis phoebe (Aves, Tyrannidae). Behaviour, 33 (3, 4): 283-322.

Smith, W. J., Sharon L. Smith, Elizabeth C. Oppenheimer, Jill G. de Villa, and F. A. Ulmer. 1973. Behavior of a captivepopulation of blacktailed prairie dogs: annual cycle of social behavior. Behaviour, 46 (3, 4): 189-220.

Smyth, M. 1968. The effects of removal of individuals from a population of bank voles (Clethrionomys glareolus). Journal of Animal Ecology, 37 (1): 167-183.

Smythe, N. 1970a. The adaptive value of the social organization of the coati (Nasua narica). Journal of Mammalogy, 51 (4): 818-820.

——1970b. On the existence of "pursuit invitation" signals in mammals. American Naturalist, 104 (938): 491-494.

Snow, Carol J. 1967. Some observations on the behavioral and morphological development of coyote pups. American Zoologist, 7 (2): 353-355.

Snow, D. W. 195 8. A study of blackbirds. Allen end Unwin, London. 192 pp.

——1961. The natural history of the oilbird, Steatornis caripensis, in Trinidad, W. I. : 1, general behavior and breeding habits. Zoologica, New York, 46 (1): 27-48.

——1963. The evolution of manakin displays. Proceedings of the Thirteenth International Ornithological Congress, Ithaca, 1962, pp. 553-561.

Snyder, N. 1967. An alarm reaction of aquatic gastropods to intraspecific extract. Memoirs of the Cornell University Agricultural Experiment Station, 403:1-222.

Snyder, R. L. 1961. Evolution and integration of mechanisms that regulate population growth. Proceedings of the NationalAcademy of Sciences, U. SA, 47 (4): 449-455.

Sody, H. J. V. 1959. Das javanische Nashorn, Rhinoceros sondaicus. Zeitschrift für Saugetierkunde, 24 (3, 4): 109-240.

Solomon, M. E. 1969. Population dynamics. St. Martin's Press, New York. 60 pp.

Sondheimer, E., and J. B. Simeone, eds. 1970. Chemical ecology. Academic Press, New York. xvi+336 pp.

Sorenson, M. W. 1970. Behavior of tree shrews. In L. A. Rosenblum, ed. (q. v.), Primate behavior: developments in field and laboratory research, vol. l, pp. 141-193.

Sorokin, P. 1957. Social and cultural dynamics. Porter Sargent, Boston. 719pp.

Soulié, J. 1960a. Des considé rationsé ologiques peuvent-elles apporter une contribution à la connaissance du cycle biologique des colonies de Cremastogaster (Hymenoptera-Formicoidea). Insectes Sociaux, 7 (3): 283-295.

——1960b. La "sociabilité" des Cremastogaster (Hymenoptera-Formicoidea). Insectes Sociaux, 7 (4): 369-376.

——1964. Le contrŏle par les ouvrières de la monogynie des colonies chez Sphaerocrema'striatula (Myrmicidae, Cremastogas trini). Insectes Sociaux, 11 (4): 383-388.

Southern, H. N. 1948. Sexual and aggressive behaviour in the wild rabbit. Behaviour, 1 (3, 4): 173-194.

Southwick, C. H., ed. 1963. Primate social behavior. an enduring problem. Van Nostrand Co., Princeton, N. J. viii+191 pp.

——1967. An experimental study of intragroup agonistic behavior in rhesus monkeys (Macaca mulatta). Behaviour, 28 (1, 2): 182-209.

——1969. Aggressive behaviour of rhesus monkeys in natural and captive groups. In S. Garattini and E. B. Sigg, eds, (q. v.), Aggressive behaviour, pp. 32-43.

——ed. 1970. Animal aggression: selected readings. Van Nostrand Reinhold, New York. xii+229 pp.

Southwick, C. H. Mirza Azhar Beg, and M. R. Siddiqi. 1965. Rhesus monkeys in North India. In I. DeVore, ed. (q. v.), Primate behavior: field studies of monkeys and apes, pp. 111-159.

Southwick, C. H, and M. R. Siddiqi. 1967. The role of social tradition in the maintenance of dominance in a wild rhesus group. Primates, 8 (4): 341-353.

Sowls, L. K. 1974. Social behaviour of the collared peccary, Dicotyles tajacu (L.). In V. Geist and F. Walther, eds. (q. v.), The behaviour of ungulates and its relation to management, vol. l, PP. 144-165.

Sparks, J. H. 1965. On the role of allopreening invitation behaviour in. reducing aggression among red avadavats, with comments on its evolution in the Spermestidae. Proceedings of the Zoological Society of London, l45 (3): 387-403.

——1969. Allogrooming in primates: a review. In D. Morris,

ed. (q. v.), Primate ethology: essays on the socio-sexual behavior of apes and monkeys, pp. 190-255.

Spencer-Booth, Yvette. 1968. The behaviour of group companinos towards rhesus monkey infants. Animal Behaviour, 16 (4): 541-557.

——1970. The relationships between mammalian young and conspecifics other than mothers and peers: a review. Advances in the study of Behavior, 3: 119-194.

Spencer-Booth, Yvette, and R. A. Hinde. 1967. The effects of separating rhesus monkey infants from their mothers for six days. Journal of Child Psychology and Psychiatry, 7: 179-197.

——1971. The effects of thirteen days maternal separation on infant rhesus monkeys compared with those of shorter and repeated separations. Animal Behaviour, 19 (3): 595-605.

Spieth, H. T. 1968. Evolutionary implications of sexual behavior in Drosophila. Evolutionary Biology, 2: 157-193.

Spradbery, J. P. 1965. The social organization of wasp communities. Symposia of the Zoological Society of London, 14:61-96.

——1973. Wasps: an account of the biology and natural history of solitary and social wasps. Sidgwick and Jackson, London, xvi+408 pp.

Stains, H. J. 1967. Carnivores and pinnipeds. In S. Anderson and J. K. Jones, Jr., eds. (q. v.), Recent mammals of the world: asynopsis of families, pp. 325-354.

Stamps, Judy A. 1973. Displays and social organization in female Anolis aeneus. Copeia, 1973, no. 2, pp. 264-272.

Starr, R. C. 1968. Cellular differentiation in Volvox. Proceedings of the National Academy of Sciences. U. S. A., 59 (4): 1082-1088.

Starrett, A. 1967. Hystricoid, erethizontoid, cavioid, and chinchilloid rodents. In S. Anderson and J. K. Jones, Jr., eds. (q. v.), Recent mammals of the world: a synopsis of families, pp. 254-272.

Stefanski, R. A. 1967. Utilization of the breeding territory in the blackcapped chickadee. Condor, 69 (3): 259-267.

Steiner, A. L. 1971. Play activity of Columbian ground squirrels. Zeitschrift für Tierpsychologie, 28 (3): 247-261.

Stenger, Judith. 1958. Food habits and available food of ovenbirds in relation to territory size. Auk, 75 (3): 335-346.

Stenger, Judith, and J. B Falls, 1959. The utilized territory of the ovenbird. Wilson Bulletin, 71 (2): 125-140.

Stephens, J. S., Jr., R. K. Johnson, G. S. Key, and J. E. McCosker. 1970. The comparative ecology of three sympatric species of California blennies of the genus Hypsoblennius Gill (Teleostorni, Blenniidae). Ecological Monographs, 40 (2): 213-233.

Sterba, G. 1962. Freshwater fishes of the world. Pet Library, Cooper Square, New York. 877 pp. Sterndale, R. A. 1884. Natural history of the Mammalia of India and Ceylon. Calcutta. [Cited byL. H. Matthews, 1971 (q. v.).]

Stevðió , Z. 1971. Laboratory observations on the aggregations of the spiny spider crab (Maja squinado Herbst). Animal Behaviour, 19 (1): 18-25.

Stevenson, Joan G. 1969. Song as a reinforcer. In R. A. Hinde, ed, (q. v.), Bird vocalizations: their relation to current problems in biology and psychology, pp. 49-60.

Stewart, R. E., and J. W. Aldrich. 1951. Removal and repopulation of breeding birds in a spruce-fir forest community. Auk, 68 (4): 471-482.

Steyn, J. J. 1954. The pugnacious ant (Anoplolepis custodiens Smith) and its relation to the control of citrus scales at Letaba. Memoirs of the Entomological Society of South Africa, no. 3. iii+96 pp.

Stiles, F. G. 1971. Time, energy, and territoriality of the Anna humming-bird (Calypte anna). Science, 173: 818-821.

Stiles, F. C., and L. L. Wolf. 1970. Hummingbird territoriality at a tropical flowering tree. Auk, 87 (3): 467-491.

Stimson, J. 1970. Territorial behavior of the owl limpet, Lottia gigantea. Ecology, 51 (1): 113-118.

Stiriling, I. 1971. Studies on the behaviour of the South Australian fur seal, Arctocephalus forsteri (Lesson), 1, 2Australian Journal of Zoology, 19 (3): 243-273.

——1972. Observations on the Australian sea lion, Neophoca cinerea (Peron). Australian Journal of Zoology, 20 (3): 271-279.

Stones, R. C, and C. L. Hayward. 1968. Natural history of the desert woodrat, Neotoma lepida, American Midland Naturalist, 80 (2): 458-476.

Struhsaker, T. T. 1967a. Behavior of vervet monkeys (Cercopithecus aethiops). University of California Publications inZoology, 82. 64 pp.

——1967b. Social structure among vervet monkeys (Cereopithecus aethiops). Behaviour, 29 (2-4): 83-121.

——1967c. Auditory communication among vervet monkeys (Cercopithecus aethiops). In S. A. Altmann, ed. (q. v.), Socialcommunication among primates, pp. 281-324.

——1967d. Ecology of vervet monkeys (Cercopithecus aethiops) in the Masai-Amboseli Game Reserve, Kenya. Ecology, 48 (6): 891-904.

——1969. Correlates of ecology and social organization among African cercopithecines. Folia Primatologica, 11 (1, 2): 80-118.

——1970a. Phylogenetic implications of some vocalizations of Cercopithecus monkeys. In 1. R. Napier and P. H. Napier eds. (q. v.), Old World monkeys: evolution, systematics, and behavior, pp. 365-444.

——1970b. Notes on Galagoides demidovii in Cameroon. Mammalia, 34 (2): 207-211.

Struhsaker, T T, and J. S. Gartlan. 1970. Observations on the behaviour and ecology of the patas moneky (Erythrocebus patas) in the Wazas Reserve, Cameroon. Journal of Zoology, London, 161 (1): 49-63.

Struhsaker, T. T., and P. Hunkeler. 1971. Evidence of tool-using by chimpanzees in the Ivory Coast. Folia Primatologica, 15 (3, 4): 212-219.

Stuart, A. M. 1960. Experimental studies on communication in termites. Ph. D. thesis, Harvard University, Cambridge, Mass. 95pp.

——1963. Studies on die communication of alarm in the termite Zootermopsis nevadensis (Hagen), Isoptera. Physiological Zoology . 36 (1): 85-96.

——1969. Social behavior and communication. In K. Krishna and Frances M. Weesner, eds. (q. v.), Biology of termites, vol. 1, pp. 193-232.

——1970. The role of chemicals in termite communication. In J. W. Johnston, D. G. Moulton, and A. Turk, eds. (q. v.), Advances in chemoreception, vol. 1, Communication by chemical signals. pp. 79-106.

Stuewer, F. W. 1943. Raccoons: their habits and management in Michigan. Ecological Monographs, 13 (2): 203-257.

Stumper, R. 1950. Les associations complexes des fourmis. Commensalisme, symbiose et parasitisme. Bulletin Biologique de la France et de la Belgique, 84 (4): 376-399.

Subramoniam, Swarna. 1957. Some observations on the habits of the slender loris, Loris tardigradus (Linnaeus). Journal of the Bombay Natural History Society, 54 (2): 387-398.

Sudd, J. H. 1963. How insects work in groups. Discovery, June, pp. 15-19.

—— 1967. An introduction to the behaviour of ants. Arnold, London. viii+200 pp.

Sugiyama, Y 1960. On the division of a natural troop of Japanese monkeys at Takasakiyama. Primates, 2 (2): 109-148.

——1967. Social organization of hanuman langurs. In S. A. Altmann, ed. (q. v.), Social communication among primates, pp. 221-236.

——1968. Social organization of chimpanzees in the Budongo Forest, Uganda. Primates, 9 (3): 225-258.

——1969. Social behavior of chimpanzees in the Budongo Forest, Uganda. Primates, 10 (3, 4): 197-225.

——1971. Characteristics of the social life of bonnet macaques (Macaca radiata). Primates, 12 (3, 4): 247-266.

——1972. Social characteristics and socialization of wild chimpanzees. In F. E. Poirier, ed. (q. v.), Primate socialization, pp. 145-163.

——1973. Social organization of wild chimpanzees. In C. R. Carpenter, ed. (q. v.), Behavioral regulators of behavior in primates, pp. 68-80.

Summers, F. M. 1938. Some aspects of normal development in the colonial ciliate Zoothamnium alternans. Biological Bulletin, Marine Biological Laboratory, Woods Hole, 74 (l): 117-129.

Suzuki, A. 1969. An ecological study of chimpanzees in a savanna woodland. Primates, 10 (2): 103-148.

——1971. Carnivory and cannibalism observed among forest-living chimpanzees. Journal of the Anthropological Society of Nippon, 79 (1): 30-48.

Sved, J. A., T. E. Reed, and W. F. Bodmer. 1967. The number of balanced polymorphisms that can be maintained in a natural population. Genetics, 55 (3): 469-481.

Szlep, Raja, and T. Jacobi. 1967. The mechanism of recruitment to mass foraging in colonies of Monomorium venustum Smith, M. subopacum ssp. phoenicium Em., Tapinoma israelis For. and T. simothi v. phoenicium Em. Insectes Sociaux, 14 (1): 25-40.

Taber, F. W. 1945. Contribution on the life history and ecology of the nine-banded armadillo. Journal of Mammalogy, 26 (3): 211-226.

Talbot, Mary. 1943. Population studies of the ant, Prenolepis imparis Say. Ecology, 24 (1): 31-44.

——1957. Population studies of the slave-making ant Leptothorax duloticus and its slave Leptothorax curvispinosus. Ecology, 38 (3): 449-456.

——1967. Slave-raids of the ant Polyergus lucidus Mayr. Psyche, Cambridge, 74 (4): 299-313.

Talbot, Marry, and C. H. Kennedy. 1940. The slave-making ant, Formica sanguinea subintegra Emery, its raids, nuptial flights and nest structure. Annals of the Entomological Society of America, 33 (3): 560-577.

Talmadge, R. V., and G. D. Buchanan. 1954. The a rmadillo: a review of its natural history, ecology, anatomy, and reproductive physiology. Rice Institute Pamphlet, Houston, 41 (2): 1-135 [Cited by J. F. Eisenberg, 1966 (q. v.).]

Tavistock, H. W. 1931. The food-shortage theory. Ibis, 13th set., 1:351-354.

Tavolga, Margaret. C. 1966. Behavior of the bottlenose dolphin (Tursiops truncatus) ; social interactions in a captive colony. In K. S. Norris, ed. (q. v.), Whales, dolphins and porpoises, pp. 718-730.

Tavolga, Margaret C., and F. S. Essapian. 1957. The behavior of the bottle-nosed dolphin (Tursiops truncatus): mating, pregnancy, parturition, and mother-infant behavior. Zoologica, New York, 42 (1): 11-31.

Tavolga, W. N., ed. 1964. Marine bio-acoustics. Pergamon, New York, xiv+413 pp.

Tayler, C. K., and G. S. Saayman. 1973. Imitative behaviour by Indian Ocean bottlenose dolphins (Tursiops aducncus) in captivity. Behaviour, 44 (3, 4): 266-298.

Taylor, L. H. 1939. Observations on social parasitism in the genus Vespula Thomson. Annals of the Entomological Society of America, 32 (2): 304-315.

Teleki, G. 1973. The predatory behavior of wild chimpanzees. Bucknell University Press, Lewisburg, Pa. 232 pp.

Tembrock, G. 1968. Land mammals. In T. A. Sebeok, ed., (q. v.), Animal communication: techniques of study and results of research, pp. 338-404.

Tenet, J. S. 1954. A preliminary study of the musk-oxen of Fosheim Peninsula, Ellesmere Island, N. W. T. Canada Wildlife Service, Wildlife Management Bulletin, 1st set., no. 9. 34 pp. [Citedby L. D. Mech, 1970 (q. v.).]

——1965. Muskoxen in Canada: a biological and taxonomic review. Department of Northern Affairs and National Resources, Ottawa. 166 pp.

Test, F. H. 1954. Social aggressiveness in an amphibian. Science, 120: 140-141.

Tevis, L. 1950. Summer behavior of a family of beavers in New York State. Journal of Mammalogy, 31 (1): 40-65.

Thaxter, R. 1892. On the Myxobacteriaceae, a new order of Schizomycetes. Botanical Gazette, 17: 389-406.

Theodor, J. L. 1970. Distinction between "self"and"not-self-"in lower invertebrates. Nature, London, 227 (5259): 690-692.

Thielcke, G. 1965. Gesangsgeographische Variation des Gartenbaumlaufers (Certhia brachydactyla) in Hinblick auf das Artbildungsproblem. Zeitschrift für Tierpsychologie, 22 (5): 542-566.

—— 1969. Geographic variation in bird vocalizations. In R. A. Hinde, ed. (q. v.), Bird vocalizations: their relation to current problems in biology and psychology: essays presented to W H. Thorpe, pp. 311-339.

Thielcke, G., and Helga Thielcke. 1970. Die sozialen Funktionen verschiedener Gesangsformen des Sormenvogels (Leiothrix lutea). Zeitschrift für Tierpsychologie, 27 (2): 177-185. Thiessen, D. D. 1964. Population density, mouse genotype, and endocrine function in behavior. Journal of Comparative and Physiological Psychology, 57 (3): 412-416.

——1973. Footholds for survival. American Scientist, 61 (3): 346-351.

Thiessen, D. D., H. C. Friend, and G. Lindzey. 1968. Androgen control of territorial marking in the Mongolian gerbil. Science, 160: 432-433.

Thiessen, D. D., K. Owen, and G. Lindzey. 1971. Mechanisms of territorial marking in the male and female Mongolian gerbils (Meriones unguiculatus). Journal of Comparative and Physiological Psychology, 77 (1): 38-47.

Thiessen, D. D., and P. Yahr. 1970. Central control of territorial marking in the Mongolian gerbil. Physiology and Behavior, 5: 275-278.

Thines, G., and B. Heuts. 1968. The effect of submissive experiences on dominance and aggressive behaviour of Xiphophorus (Pisces, Poeciliidae). Zeitschrift für Terpsychologie, 25 (2): 139-154.

Thoday, J. M. 1953. Components of fitness. Symposia of the

Sociery for Experimental Biology, 7: 96-113.

——1964. Genetics and integration of reproductive systems. Symposia of the Royal Entomological Society of London, 2:108-119.

Thompson, W. L. 1960. Agonistic behavior in the house finch:2, factors in aggressiveness and sociality. Condor, 62 (5): 378-402.

Thompson, W. R. 1957. Influence of prenatal maternal anxiety on emotionality in young rats. Science, 125: 698-699.

——1958. Social behavior. In Anne Roe and G. G. Simpson, eds: (q. v.), Behavior and evolution, pp. 291-310.

Thorpe, W. H. 1954. The process of song-learning in the chaffinch as studied by means of the sound spectrograph. Nature, London, 173 (4402): 465-469.

——1961. Bird-song: the biology of vocal communication and expression in birds. Cambridge University Press. Cambridge. Xii+143 pp.

——1963a. Learning and instinct in animals, 2d, ed. Methuen, London. xii+558 pp.

——1963b. Antiphonal singing in birds as evidence for avian auditory reaction time. Nature, London, 197 (4869): 774-776.

——1972a. The comparison of vocal communication in animals and man. In R. A. Hinde, ed. (q. v.), Non-verbal communication, pp. 27-47.

——1972b. Vocal communication in birds. In R. A. Hinde. ed. (q. v.), Non-verbal communication, pp. 153-176.

Thorpe, W. H., and M. E. W. North. 1965. Origin and significance of the power of vocal imitation: with special referenceto the antiphonal singing of birds. Nature, London, 208 (5007): 219-222.

——1966. Vocal imitation in the tropical bou-bou shrike Laniarius aethiopicus major as a means of establishing and maintaining social bonds. Ibis, 108 (3): 432-435.

Thorpe, W. H., and O. L. Zangwill, eds. 1961. Current problems in animal behaviour. Cambridge University Press, Cambridge. xiv+424 pp.

Tiger, L. 1969. Men in groups. Random House, New York. xx+254 pp.

Tiger, L., and R. Fox. 1971. The imperial animal, Holt, Rinehart and Winston, New York. xi+308 pp.

Tinbergen, L. 1960. The natural control of insects in pinewoods: I, factors influencing the intensity of predation by songbirds. Archives Néerlandaises de Zoologie, leydig, 113 (3): 265-336.

Tinbergen, N. 1939. Field observations of East Greenland birds: II, the behavior of the snow bunting (Plectrophenax nivalis subnivalis [Brehm]) in spring. Transactions of the Linnaean Society of New Yock, 5:1-94.

——1951. The study of instinct. Clarendon Press of Oxford University Press, Oxford. xii+228 pp.

——1952. "Derived" activities; their causation, biological significance, origin, and emancipation during evolution. Quarterly Review of Biology, 27 (1): 1-32.

—— 1953. The herring gull's world: a study of the social behaviour of birds. Collins, London, xvi+255pp.

——1959. Comparative studies of the behaviour of gulls (Laridae): a progress report. Behaviour, 15 (1, 2):] -70.

——1960. The evolution of behavior in gulls. Scientific American, 203 (6) (December): 118-130.

——1967. Adaptive features of the black-headed gull Larus ridibundus L. Proceedings of the Fourteenth International Ornithological Congress, Oxford, 1966, pp. 43-59.

Tinbergen, N., M. Impekoven, and D. Franck. 1967. An experiment on spacing-out as a defence against predation. Behaviour, 28 (3, 4): 307-321.

Tinkle, D. W. 1965. Population structure and effective size of a lizard population. Evolution, 19 (4): 569-573.

——1967. The life and demography of the side-blotched lizard. Uta stansburiana. Miscellaneous Publications. Museum of Zoology, University of Michigan, Ann Arbor, 132. 182 pp.

——1969. The concept of reproductive effort and its relation to the evolution of life histories of lizards. American Naturalist, 103 (933): 501-516.

Tobias, P. V. 1973. Implications of the new age estimates of the early South African hommids. Nature, London, 246 (5428): 79-83.

Todd, J. H. 1971. The chemical language of fishes. Scientific American. 224 (5) (May): 99-108.

Todt, D. 1970. Die antiphonen Paargesange des ostafrikanischen Grassangers Cisticola hunteri prinioides Neumann. Journal für Ornithologie, 111 (3, 4): 332-3.

Tokuda, K., and G. D. Jensen. 1968. The leader's role in controlling aggressive behavior in a monkey group. Primates, 9 (4): 319-322.

Tordoff, H. B. 1954. Social organization and behavior in a flock of captive, nonbreeding red crossbills. Condor, 56 (6): 346-358.

Tretzel, E. 1966. Artkennzeichnende und reaktionsauslosende Komponenten im Gesang der Heidelerche (Lullula arborea). Verhandlungen der Deutschen Zoologischen Gesellschaft, Jena, 1965, pp. 367-380.

Trivers, R. L. 1971. The evolution of reciprocal altruism. Quarterly Review of Biology, 46 (4): 35-57.

——1972. Parental investment and sexual selection. In B. Campbell, ed. (q. v.), Sexual selection and the descent of man, 1871-1971, pp. 136-179.

——1974. Parent-offspring conflict. American Zoologist, 14 (1): 249-264.

——1975. Haplodiploidy and the evolution of the social insects. Science. (In press.)

Trivers, R. L., and D. E. Willard. 1973. Natural selection of parental ability to vary the sex ratio of offspring. Science, 179:90-92.

Troughton, E. L. 1966. Furred animals of Australia, 8th edrev. Livingston Publishing Co, Wynnewood, Pa. xxxii+376 pp.

Truman, J. W., and Lynn M. Riddiford. 1974. Hormonal mechanisms underlying insect behaviour, Advances in Insect Physiology, 10: 297-352.

Trumler, E. 1959. Das "Rossigkeitsgesicht" und ahnliches Ausdrucksverhalten bei Einhufern. Zeitschrift für Tierpsychologie, 16 (4): 478-488.

Tschanz, B. 1968. Trottellummen. Zeitschrift für Tierpsychologie, supplement 4. 103 pp.

Tsumori, A. 1967. Newly acquired behavior and social interactions of Japanese monkeys. In S. A. Altmann, ed. (q. v.), Social communication among primates, pp. 207-219.

Tsumori, A., M. Kawai, and R. Motoyoshi. 1965. Delayed response of wild Japanese monkeys by the sand-digging method: l, case of the Koshima troop. Primates, 6 (2): 195-212.

Tucker, D., and N. Suzuki. 1972. Olfactory responses to Schreckstoff of catfish. Proceedings of the Fourth International Symposium on Olfaction and Taste, Starnberg, Germany, pp. 121-127.

Turnbull, C. M. 1968. The importance of flux in two hunting societies. In R. B. Lee and 1. DeVore, eds. (q. v.), Man the hunter, pp. 132-137.

——1972. The mountain people. Touchstone Books, Simon and Schuster, New York. 309 pp.

Turner, C. D, and J. T. Bagnara. 1971. General endocrinology, 5th ed. W. B. Saunders Co., Philadelphia, x+659 pp.

Turner, E. R. A. 1964. Social feeding in birds. Behaviour, 24 (l, 2): 1-46.

Turner, F. B., R. I. Jennrich, and J. D. Weintraub. 1969. Home ranges and body size of lizards. Ecology, 50 (6): 1076-1081.

Tyler, Stephanie. 1972. The behaviour and social organization of the New Forest poines. Animal Behaviour Monographs, 5 (2): 85-196.

Ullrich, W. 1961. Zur Biologie und Soziologie der Colobusaffen (Colobusguereza caudatus Thomas 1885.) Zoologische Garten, Leipzig, n. s. 25 (6): 305-368.

Urquhart, F. A. 1960. The monarch butterfly. University of Toronto Press, Toronto, xxiv+361 pp.

Uzzell, T. 1970. Meiotic mechanisms of naturally occurring unisexual vertebrates. American Naturalist, 104 (939): 433-445.

Valone, J. A., Jr. 1970. Electrical emissions in Gymnotus carapo and their relation to social behavior. Behaviour, 37 (1, 2): l-14.

Vandenbergh, J. G. 1967. The development of social structure in freeranging rhesus monkeys. Behaviour, 29 (2-4): 179-194.

——1971. The effects of gonadal hormones on the aggressive behaviour of adult golden hamsters (Mesocricetus ouratus). Animal Behaviour, 19 (3): 589-594.

Van Denburgh, J. 1914. The gigantic land tortoises of the Galapagos Archipelago, Proceedings of the California Academy of Sciences, San Francisco, 4th ser. 2 (1): 203-374.

Van Deusen, H. M., and J. K. Jones, Jr. 1967. Marsupials. In S. Anderson and J. K. Jones, Jr., eds. (q. v.), Recent mammals of the world: a synopsis of families, pp. 61-86.

Van Valen, L. 1971. Group selection and the evolution of dispersal. Evolution, 25 (4): 591-598.

Varley, Margaret, and D. Symmes. 1966. The hierarchy of dominance in a group of macaques. Behaviour, 27 (1, 2): 54-75.

Vaughan, T. A. 1972. Mammalogy. W. B. Saunders Co., Philadelphia. viii+463 pp.

Velthuis, H. H. V., and J. van Es. 1964. Some functional aspects of the mandibular glands of the queen honeybee. Journal of Apicultural Research, 30 (1): ll-16.

Verheyen, R. 1954. Monographie éthologique de l'hippo-potame (Hippopotamus amphibius Linné). Institut des Parcs Nationaux du Congo Belge. Exploration du Pare National Albert, Brussels. 91 pp.

Verner, J. 1965. Breeding biology of the long-billed marsh wren. Condor, 67 (l): 6-30.

Verner, J., and Gay H. Engelsen. 1970. Territories, multiple nest building, and polygyny in the long-billed marsh wren. Auk, 87 (3): 557-567.

Verner, J., and Mary F. Willson, 1966. The influence of habitats on mating systems of North American passerine birds. Ecology, 47 (l): l43-l47.

Vernon, W., and R. Ulrich. 1966. Classical conditioning of pain-elicited aggression. Science, 152: 668-669.

Verron, H. 1963. Rŏle des stimuli chimiques dans l'attraction sociale chez Calotermes flavicollis (Fabr.). Insectes Sociaux, 10 (2): 167-184;l0 (3): 185-296;10 (4): 297-335.

Verts, B. J. 1967. The biology of the striped skunk. University of Illinois Press, Urbana. xiv+218 pp.

Verwey, J. 1930. Die Paarungsbiologie des Fischreihers. Zoologische Jahrbücher, Abteilung Physiologie, 48: -120

Vince, Margaret A. 1969. Embryonic communication, respiration and the synchronization of hatching. In R. A. Hinde, ed. (q. v.), Bird vocalizations: their relations to current problems in biology and psychology, pp. 233-260.

Vincent, F. 1968. La sociabilité du galago de Demidoff. La Terre et la Vie, 115 (1): 51-56.

Vincent, R. E. 1958. Observations of red fox behavior. Ecology, 39 (4): 755-757.

Voeller, B. 1971. Developmental physiology of fern gametophytes: relevance for biology. BioScience, 21 (6): 266-270. Vos, A. de, P. Brokx, and V. Geist. 1967. A review of social behavior of the North American cervids during the reproductiveperiod. American Midland Naturalist, 77 (2): 390-417.

Vuilleumier, F. 1967. Mixed species flocks in Patagonian forests, with remarks on interspecies flock formation. Condor, 69 (4): 400-404.

Waddington, C. H. 1957. The strategy of the genes: a discussion of some aspects of theoretical biology. George Allen andUnwin, London. x+262 pp.

Wahlund, S. 1928. Zusammensetzung von Populationen und Korrelationserscheinungen vorn Standpunkt der Vererbungslehre aus betrachtet. Hereditas, ll: 65-106.

Walker, E. P., ed. 1964. Mammals of the world, vol. 3, A classified bibliography. Johns Hopkins Press, Baltimore. ix+769pp.

Wallace, B. 1958. The average effect of radiation-induced mutations on viability in Drosophila melanogaster. Evolution, 12 (4): 532-556.

——1968. Topics in population genetics. W. W. Norton, New York. x+481 pp.

1973. Misinformation, fitness, and selection. American Naturalist, 107 (953): 1-7.

Wallis, D. I. 1961. Food-sharing behaviour of the ants Formica sanguinea and Formica fusca. Behaviour, 17 (1): 17-47.

Waloff, Z. 1966. The upsurges and recessions of the desert locust plague: an historicla survey. Anti-Locust Memoir no. 8. Anti-Locust Research Centre, London. 111 pp.

Walther, F. R. 1964. Verhaltensstudien an der Gartung Tragelaphus De Blainville, 1816, in Gefangenschaft, unter besonderer Berü cksichtigung des Sozialverhaltens. Zeitschrift für Tierpsychologie, 21 (4): 393-467.

1969. Flight behaviour and avoidance of predators in Thomson's gazelle (Gazella thomsoni Guenther 1884.) Behaviour, 34 (3): 184-221.

Ward, P. 1965. Feeding ecology of the black-faced diochQuelea quelea in Nigeria. Ibis, 107 (2): 173-214.

Waring, G. H. 1970. Sound communications of black-tailed, white-tailed, and Gunnison's prairie dogs. American MidlandNaturalist, 83 (l): 167-185.

Warren, J. M., and R. J. Maroney. 1958. Competitive social-interaction between monkeys. Journal of Social Psychology, 48:223-233.

Washburn, S. L., ed. 1961. Social life of early man. Viking Fund Publications in Anthropology no. 31. Aldine Publishing Co., Chicago. ix+299 pp.

——ed. 1963. Classification and human evolution. Viking Fund Publications in Anthropology no. 37. Aldine Publishing CoChicago. viii

371 pp.

——1970. Comment on:"A possible evolutionary basis for aesthetic appreciation in men and apes. "Evolution, 24 (4):

824-825.

——1971. On understanding man. Rehovot, Weizmann Institute of Science, 6 (2): 22-29.

Washburn, S. L., and Virginia Avis. 1958. Evolution of human behavior. In Anne Roe and G. G. Simpson, eds. (q. v.), Behavior and evolution, pp. 421-436.

Washburn, S. L., and I. DeVore, 1961. The social life of baboons. Scientific American, 204 (6) (June): 62-71.

Washburn, S. L., and D. A. Hamburg. 1965. The implications of primate research. In I. DeVore, ed. (q. v.), Primate behavior: field studies of monkeys and apes, pp. 607-622.

Washburn, S. L., and R. S. Harding. 1970. Evolution of primate behavior. In F. 0. Schmitt, ed., Neural and behavioral evolution. Neurosciences: second study program, pp. 39-47. Rockefeller University Press, New York. 1068 pp.

Washburn, S. L., and F. C. Howell. 1960. Human evolution and culture. In S. Tax, ed., Evolution after Darwin, vol. 2, Evolution of man, pp. 33-56. University of Chicago Press, Chicago. viii+473 pp.

Washburn, S. L., Phyllis C. Jay, and Jane B. Lancaster. 1968. Field studies of Old World monkeys and apes. Science, 150:1541-1547.

Wasmann, E. 1915. Neue Beitrage zur Biologie von Lomechusa und Atemeles, mit kritischen Bemerkungenüber das echte Gastverhaltnis. Zeitschrift für Wissenschaftliche Zoologie, 114 (2): 233-402.

Watson, A. 1967. Population control by territorial behaviour in red grouse. Nature, London, 215 (5107): 1274-1275.

——ed. 1970. Animal population in relation to their food resources. Blackwell Scientific Publications, Oxford. xx+477 pp. Watson, A., and D. Jenkins. 1968. Experiments on population control by territorial behaviour in red grouse. Journal of Animal Ecology. 37 (3): 595-614.

Watson, A., and R. Moss. 1971. Spacing as affected by territorial behavior, habitat and nutrition in red grouse (Lagopus I. scoticus). In A. H. Esser, ed. (q. v.), Behavior and environment: the use of space by animals and men, pp. 92-111.

Watson, J. A. L, J. J. C. Nel, and P. H. Hewitt. 1972, Behavioural changes in founding pairs of the termite, Hodotermes mossambicus. Journal of Insect Physiology, 18 (2): 373-387.

Watts, C. R . and A. W. Stokes. 1971. The social order of turkeys. Scientific American, 224 (6) (June): 112-118.

Wautier, V. 1971. Un phé nomè ne social chez les coéotères:le grégarisme des Brachinus (Caraboidea Brachinidae). Insectes Sociaux. 18 (3): 1-84.

Way, M. J. 1953. The relationship between certain ant species with particular reference to biological control of the coreid, Theraptus sp. Bulletin of Entomological Research, 44 (4): 669-691.

——1954a. Studies of the life history and ecology of the ant Oecophylla longinoda Latreille. Bulletin of Entomological Research. 45 (l): 93-112.

——1954b. Studies on the association of the ant Oecophylla longinoda (Latr.) (Formicidae) with the scale insect Saissetia zanzibarensis Williams (Coccidae). Bulletin of Entomological Research, 45 (1): 113-134.

——1963. Mutualism between ants and honeydew-producing Hornoptera. Annual Review of Entomology, 8: 307-344.

Weber, M. 1964. The sociology of religion, trans. by E. Fischoff, with an introduction by T Parsons. Beacon Press, Boston. lxx+304 pp.

Weber, N. A. 1943. Parabiosis in Neotropical "ant gardens. "Ecology, 24 (3): 400-404.

——1944. The Neotropical coccid-tending ants of the genus Acropyga Roger. Annals of the Entomological Society of America, 37 (l): 89-122.

——1966. Fungus-growing ants. Science, 153: 587-604.

——1972. Gardening ants: the attines. Memoirs of the American Philosophical Society no. 92. American Philosophical Society, Philadelphia. xx+146 pp.

Wecker, S. C. 1963. The role of early experience in habitat selection by the prairie deer mouse, Peromyscus maniculatus bairdi. Ecological Monographs, 33 (4): 307-325.

Weeden, Judith Stenger. 1965. Territorial behavior of the tree sparrow. Condor, 67 (3): 193-209.

Weeden, Judith Stenger, and J. B. Falls. 1959. Differential responses of male ovenbirds to recorded songs of neighboring and more distant individuals. Auk, 76 (3): 343-351.

Weesner, Frances M. 1970. Termites of the Nearctic region. In K. Krishna and Frances M. Weesner, eds. (q. v.), Biology of termites. vol, 2, pp. 477-525.

Weir, J. S. 1959. Egg masses and early larval growth in Myrmica. Insectes Sociaux, 6 (2): 187-201.

Weismann, A. 1891. Essays upon heredity and kindred biological problems, 2d ed. Clarendon Press, Oxford. xv+471

参考文献 771

pp.

Weiss, P. A. 1970. Life, order, and understanding: a theme in three variations. Graduate Journal, University of Texas, supplement 8. 157 pp.

Weiss, R. F. W. Buchanan, Lynne Altstatt, and J. P. Lombardo. 1971. Altruism in rewarding. Science, 171: 1262-1263.

Welch, B. L., and Annemarie S. Welch. 1969. Aggression and the biogenic, amine neurohumors. In S. Garattini and E. B. Sigg, eds. (q. v.), Aggressive behaviour, pp. 188-202.

Weller, M. W. 1968. The breeding biology of the parasitic black-headed duck. Living Bird, 7: 169-207.

Wemmer, C. 1972. Comparative ethology of the large-spotted genet, Genetta tigrina, and related viverrid genera. Ph. D. thesis, University of Maryland, College Park.

Wesson, L. G. 1939. Contributions to the natural history of Harpagoxenus americanus (Hymenoptera: Formicidae). Transactions of the American Entomological Society, 65: 97-122.

——1940. Observations on Leptothorax duloticus. Bulletin of the Brooklyn Entomological Society, 35 (3): 73-83.

West, Mary Jane, 1967. Foundress associations in polistine wasps: dominance hierarchies and the evolution of social behaviorScience, 157: 1584-1585.

West Mary Jane, and R. D. Alexander. 1963. Sub-social behavior in a burrowing cricket Anurogryllus muticus (De Geer): Orthoptera: Gryllidae. Ohio Journal of Science, 63 (l): 19-24.

Weygoldt, P. 1972. Geisselskorpione und Geisselspinnen (Uropygi und Amblypygi). Zeitschrift des Kolner Zoo, 15 (3): 95-107.

Wharton, C. H. 1950. Notes on the life history of the flying lemur. Journal of Mammalogy, 31 (3): 269-273.

Wheeler, W. M. 1904. A new type of social parasitism among ants. Bulletin of the American Museum of Natural History, 20 (30): 347-375.

——1910. Ants: their structure, development and behavior. Columbia University Press, New York. xxv+663 pp.

——1961. The Australian ants of the genus Onychomyrmex, Bulletin of the Museum of Comparative Zoology, Harvard, 60 (2): 45-54.

——1918. A study of some ant larvae with a consideration of the origin and meaning of social habits among insects. Proceedings of the American Philosophical Society, 57: 293-343.

——1921. A new case of parabiosis and the"ant gardens" of British Guiana. Ecology, 2 (2): 89-103.

——1922. Ants of the American Museum Congo Expedition, a contribution to the myrmecology of Africa: VII, keys to the genera and subgenera of ants;VIII, a synonymic list of the ants of the Ethiopian region; IX, a synonymic list of the ants of the Malagasy Region. Bulletin of the American Museum of Natural History, 45 (1): 631-1055.

——1923. Social life among the insects. Harcourt, Brace, New York. vii+375 pp.

——1925. A new guest-ant and other new Formicidae from Barro Colorado Island, Panama. Biological Bulletin, MarineBiological Laboratory, Woods Hole, 49 (3): 150-181.

——1927a. Emergent evolution and the social. Kegan Paul, Trench, Trubner, London. 57 pp.

——1927b. The physiognomy of insects. Quarterly Review of Biology, 2 (1): 1-36.

——1928. The social insects: their origin and evolution. Harcourt, Brace, New York. xviii+378 pp.

——1930. Social evolution. In E. V. Cowdry, ed. (q. v.), Human biology and racial welfare, pp. 139-155.

——1933. Colony-founding among ants, with an account of some primitive Australian species. Harvard University Press, Cambridge. x+179 pp.

1934. A second revision of the ants of the genus Leptomyrmex Mayr. Bulletin of the Museum of Comparativezoology, Harvard, 77 (3): 69-118.

——1936. Ecological relations of ponerine and other ants to termites. Proceedings of the American Academy of Arts and Sciences, 71 (3): 159-243.

Whitaker, J. O., Jr. 1963. A study of the meadow jumping mouse, Zapus hudsonius (Zimmerman) in central New York. Ecological Monographs, 33 (3): 215-254.

White, H. C. 1970. Chains of opportunity: system models of mobility in organizations. Harvard University Press, Cambridge. xvi+418 pp.

White, J. E, 1964. An index of the range of activity. American Midland Naturalist, 71 (2): 369-373.

White, Sheila J., and R. E. C. White. 1970. Individual voice production in gannets. Behaviour, 37 (1, 2): 40-54.

Whitehead, G. K. 1972. The wild goats of Great Britain and

Ireland. David and Charles, Newton Abbot, U. K. 184 pp.

Whiting, J. W. M. 1968. Discussion, "Are the hunter-gatherers a cultural type?" In R. B. Lee and I. DeVore, eds. (q. v.), Man the hunter, pp. 336-339.

Whittaker, R. H., and P. P. Feeny. 1971. Allelochemics:chemical interactions between species. Science, 171: 757-770.

Whitten, W. K., and F. H. Bronson. 1970. The role of pheromones in mammalian reproduction. In J. W. Johnston, Jr., D. G. Moulton, and A. Turk, eds. (q. v.), Advances in chemoreception, Vol. l. Communication by chemical signals, pp. 309-325.

Wickler, W. 1962. Ei-Attrapen und Maulbrüten bei afrikanischen Cichliden. Zeitschrift fü Tierpsychologie, 19 (2): 129-164.

——1963. Zur Klassifikation der Cichlidae, am Beispiel der Gattungen Tropheus, Petrochromis, Haplochromis und Hernihaplochromis n. gen. (Pisces, Perciformes). Senckenbergiana Biologica 44 (2): 83-96.

——1967a. Vergleichende Verhaltensforschung und Phylogenetik. In G. Heberer, ed., Die Evolution der Organismen, Vol. 1, pp. 420-508. G. Fischer, Stuttgart. xvi+754 pp.

——1967b. Specialization of organs having a signal function in some marine fish. Studies in Tropical Oceanography, Miami, 5:539-548.

——1969a. Zur Soziologie des Brabantbumbarsches, Tropheus moorei (Pisces, Cichlidae). Zeitschrift für Tierpsychologie, 26 (8): 967-987.

——1969b. Socio-sexual signals and their intra-specific imitation among primates. In D. Morris, ed. (q. v.), Primateethology: essays on the socio-sexual behavior of apes and monkeys, pp. 89-189.

——1972a. The sexual code: the social behavior of animals and men. Doubleday, Garden City, N. Y. xxxi+301 pp. (Translatedfrom Sind Wir Sünder?, Droemer Knaur, Munich, 1969.)

——1972b. Aufbau und Paarspezifitat des Gesangsduettes von Laniarius funebris (Aves, Passeriformes, Laniidae). Zeitschrift fürTierpsychologie, 30 (5): 464-476.

——1972c. Deuttieren zwischen artverschiedenen Vogeln im Freiland. Zeitschrift für Tierpsychologie, 31 ((I): 98-103

Wickler, W., and Uta Seibt. 1970. Das Verhalten von Hymenocera picta Dana, einer Seesterne fressenden Gamele (Decapoda, Natantia, Gnathophyllidae). Zeitschrift für Tierpsychologie, 27 (3): 352-368.

Wickler, W., and Dagmar Uhrig. 1969a. Verhalten undokologische Nische der Gelbflügelfledermaus, Lavia frons (Geoffroy) (Chiroptera, Megadermatidae). Zeitschrift füir Tierpsychologie, 26 (6): 726-736.

——1969b. Bettelrufe, Antwortszeit und Rassenunterschiede im Begrüssungsduett des Schmuckbartvogels Trachyphonus d'arnaudii. Zeitschrift für Tierpsychologie, 26 (6): 651-661.

Wiegert, R. G. 1974. Competition: a theory based on realistic, general equations of population growth. Science, 185: 539-542.

Wiener, N. 1948. Time, communication, and the nervous system. Annals of the New York Academy of Sciences, 50 (4): 197-220.

Wilcox, R. S. 1972. Communication by surface waves: mating behavior of a water strider (Gerridae). Journal of Comparative Physiology, 80 (3): 255-266.

Wiley, R. H. 1973. Territoriality and nonrandom mating in sage grouse, Centrocercus urophasianus. Animal Behaviour Monographs, 6 (2): 85-169.

——1974. Evolution of social organization and life history patterns among grouse (Aves: Tetraonidae). Quarterly Review of Biology, 49 (3): 201-227.

Wille, A., and C. D. Michener. 1973. The nest architecture of stingless bees with special reference to those of Costa Rica (Hymenoptera: Apidae). Revista de Biolog ía Tropica (Universidad de Costa Rica, San José), 21 (supplement 1): 1-278.

Wille, A., and E. Orozco. 1970. The life cycle and behavior of the social bee Lasioglossum (Dialictus) umbripenne (Hymenoptera:Halictidae). Revista déBiología Tropica (Universidad de Costa Rica, San José), 17 (2): 199-245.

Williams, C. B. 1964. Patterns in the balance of nature and related problems in quantitative biology. Academic Press, New York. vii+324 pp.

Williams, Elizabeth, and J. P. Scott. 1953. The development of social behavior patterns in the mouse in relation to natural periods. Behaviour, 6 (1): 35-65.

Williams, E. C. 1941. An ecological study of the floor fauna of the Panama rain forest. Bulletin of the Chicago. Academy of Science, 6 (4): 63-124.

Williams, E. E. 1972. The origin of faunas, evolution of lizard congeners in a complex island fauna. a trial analysis. Evolutionary Biology, 6: 47-89.

Williams, F. X. 1919. Philippine wasp studies: II, descriptions of new species and life history studies. Bulletin of the Experiment Station Hawaiian Sugar Planters' Association, Entomology Series, 14: 19-184.

Williams, G. C. 1957. Pleiotropy, natural selection, and evolution of senescence. Evolution, 11 (4): 398-411.

——1964. Measurement of consociation among fishes and comments on the evolution of schooling. Publications of the Museum. Michigan State University, East Lansing, Biological Series, 2 (7): 351-383.

——1966a. Adaptation and natural selection: a critique of some current evolutionary thought. Princeton University Press, Princeton, N. J. x+307 pp.

——1966b. Natural selection, the costs of reproduction, and a refinement of Lack's principle. American Naturalist, 100 (916): 687-690.

Williams, G. C., and J. B. Mitton. 1973. Why reproduce sexually? Journal of Theoretical Biology, 39 (3): 545-554.

Williams, G. C., and Doris C. Williams. 1957. Natural selection of individually harmful social adaptations among sibs with special reference to social insects. Evolution, 11 (1): 32-39.

Williams, H. W., M. W. Sorenson, and P. Thompson. 1969. Antiphonal calling of the tree shrew Tupaia palawanensis. Folia Primatologica. 11 (3): 200-205.

Williams, T. R. 1972. The socialization process: a theoretical perspective. In F. E. Poirier, ed. (q. v.), Primate socialization, pp. 206-260.

Willis, E. O. 1966. The role of migrant birds at swarms of army ants. Living Bird, 5: 187-231.

——1967. The behavior of bicolored antbirds. University of California Publications in Zoology, 79. 127 pp.

Wilmsen, E. N. 1973. Interaction, spacing behavior, and the organization of hunting bands, Journal of Anthropological Research, 29 (1): 1-31.

Wilson, A. P. 1968. Social behavior of free-ranging rhesus monkeys with an emphasis on aggression. Ph. D. thesis, Universityof California, Berkeley. [Cited by J. H. Crook, 1970b (q. v.).]

Wilson, A. P., and C. Boelkins. 1970. Evidence for seasonal variation in aggressive behaviour by Macaca mulatta. Animal Behaviour, 18 (4): 719-724.

Wilson, E. O. 1953. The origin and evolution of polymorphism in ants. Quarterly Review of Biology, 28 (2): 136-156.

——1955a. A monographic revision of the ant genus Lasius. Bulletin of the Museum of Comparative Zoology, Harvard, 113 (1): 1-205.

——1955b. Ecology and behavior of the ant Belonopelta deletrix Mann. Psyche, Cambridge, 62 (2): 82-87.

——1957. The organization of a nuptial flight of the ant Pheidole sitarches Wheeler. Psyche, Cambridge, 64 (2): 46-50.

——1958a. The beginnings of nomadic and group-predatory behavior in the ponerine ants. Evolution, 12 (1): 24-31.

——1958b. Observations on the behavior of the cerapachyine ants. Insectes Sociaux, 5 (1): 129-140.

——1958c. Studies on the ant fauna of Melanesia: I, the tribe Leptogenyini; II, the tribes Amblyoponini and Platythyreini. Bulletin of the Museum of Comparative Zoology, Harvard, 118 (3): 101-153.

——1958d. A chemical releaser of alarm and digging behavior in the ant Pogonomyrmex badius (Latreille). Psyche, Cambridge, 65 (2, 3): 41-51.

——1959a. Communication by tandem running in the ant genus Cardiocondyla. Psyche, Cambridge, 66 (3): 29-34.

——1959b. Adaptive shift and dispersal in a tropical ant fauna Evolution, 13 (1): 122-144.

——1959c. Source and possible nature of the odor trail of fireants. Science, 129:643-644.

——1961. The nature of the taxon cycle in the Melanesian ant fauna. American Naturalist, 95 (882): 169-193.

——1962a. Chemical communication among workers of the fire ant Solenopsis saevissima (Fr. Smith): 1, the organization of mass-foraging; 2, an information analysis of the odour trail; 3, the experimental induction of social responses. Animal Behaviour, 10 (1, 2): 134-164.

——1962b. Behavior of Daceton armigerum (Latreille), with a classification of self-grooming movements in ants. Bulletin of the Museum of Comparative Zoology, Harvard, 127 (7): 403-422.

——1963. Social modifications related to rareness in ant species. Evolution, 17 (2): 249-253.

——1964. The true army ants of the Indo-Australian area (Hymenoptera: Formicidae: Dorylinae). Pacific Insects, 6

(3): 427-483.

——1966. Behaviour of social insects. In P. T. Haskell, ed., Insect behaviour, pp. 81-96. Symposium of the Royal Entomological Society of London, no. 3. Royal Entomological Society, London, 113 pp.

——1968a. The ergonomics of caste in the social insects. American Naturalist, 102 (923): 41-66.

——1968b. Chemical systems. In T. A. Sebeok, ed. (q. v.), Animal communication: techniques of study and results of research, pp. 75-102.

——1969. The species equilibrium. In G. M. Woodwell, ed., Diversity and stability in ecological systems, pp. 38-47. Brookhaven Symposia in Biology no. 22. Biology Department, Brookhaven National Laboratory, Upton, N. Y. vii+264 pp.

——1970. Chemical communication within animal species. In E. Sondheimer and J. B. Simeone, eds. (q. v.), Chemical ecology, pp. 133-155.

——1971a. The insect societies. Belknap Press, of Harvard University Press, Cambridge. x+548 pp.

——1971b. Competitive and aggressive behavior. In. J. F. Eisenberg and W. Dillon, eds. (q. v.), Man and beast: comparative social behavior, pp. 183-217.

——1972a. On the queerness of social evolution. Bulletin of the Entomological Society of America, 19 (1): 20-22.

——1972b. Animal communication. Scientific American, 227 (3) (September): 52-60.

——1973. Group selection and its significance for ecology. BioScience, 23 (11): 631-638.

——1974a. The 'soldier of the ant Camponotus (Colobopsis) fraxinicola as atrophic caste. Psyche, Cambridge, 81 (1): 182-188.

——1974b. Leptothorax duloticus and the beginnings of slavery in ants. Evolution. (In press.)

——1974c. Aversive behavior and competition within colonies of the ant Leptothorax curvispinosus Mayr (Hymenoptera:Formicidae). Annals of the Entomological Society of America, 67 (5): 777-780.

——1974d. The population consequences of polygyny in the ant Leptothorax curvispinosus Mayr (Hymenoptera: Formicidae). Annals of the Entomological Society of America, 67 (5): 781-786.

Wilson, E. O., and W. H. Bossert. 1963. Chemical communication among animals. Recent Progress in Hormone Research, 19:673-716.

——1971. A primer of population biology. Sinauer Associates, Sunderland, Mass. 192 pp.

Wilson, E. O., and W. L. Brown. 1956. New parasitic ants of the genus Kyidris, with notes on ecology and behavior. Insectes Sociaux, 3 (3): 439-454.

——1958. Recent changes in the introduced population of the fire ant Solenopsis saevissima (Fr. Smith). Evolution, 12 (2): 211-218.

Wilson, E. O., F. M. Carpenter, and W. L. Brown. 1967. The first Mesozoic ants. Science, 157:1038-1040.

Wilson, E. 0., T. Eisner, W. R. Briggs, R. E. Dickerson, R. L. Metzenberg, R. D. O'Brien, M. Susman, and W. E. Boggs. 1973Life on earth. Sinauer Associates, Sunderland, Mass. xiv+1053pp.

Wilson, E. O., T. Eisner, G. C. Wheeler, and Jeanette Wheeler. 1956. Aneuretus simoni Emery, a major link in ant evolution. Bulletin of the Museum of Comparative Zoology, Harvard, 115 (3): 81-99.

Wilson, E. O., and F. E. Regnier. 1971. The evolution of the alarm-defense system in the formicine ants. American Naturalist, 105 (943): 279-289.

Wilson, E. O., and R. W. Taylor. 1964. A fossil ant colony:new evidence of social antiquity. Psyche, Cambridge, 71 (2): 93-103.

——1967. The ants of Polynesia (Hymenoptera: Formicidae). Pacific Insects Monograph, 14. 109 pp.

Wilsson, L. 1971. Observations and experiments on the ethology of the European beaver (Castor fiber L.). Vltrevy, 8 (3): 115-266.

Wing, M. W. 1968. Taxonomic revision of the Nearctic genus Acanthomyops (Hymenoptera: Formicidae): Memoirs, Cornell University Agricultural Experiment Station, 405: 1-173.

Winn, H. E. 1964. The biological significance of fish sounds. In W. N. Tavolga, ed. (q. v.), Marine bio-acoustics, pp. 213-231.

Winterbottom, J. M. 1943. On woodland bird parties in northern Rhodesia. Ibis, 85 (4): 437-442.

——1949. Mixed bird parties in the Tropics, with special reference to northern Rhodesia. Auk, 66 (3): 258-263.

Wolf, L. L., and F. R. Hainsworth. 1971. Time and energy

budgets of territorial hummingbirds. Ecology, 52 (6): 980-988.

Wolf, L. L. And F. G. Stiles. 1970. Evolution of pair cooperation in a tropical hummingbird. Evolution, 24 (4): 759-773.

Wolfe, M. L., and D. L. Allen. 1973. Continued studies of the status, socialization, and relationships of Isle Royale wolves, 1967 to 1970. Journal of Mammalogy, 54 (3): 611-633.

Wood, D. H. 1970. An ecological study of Antechinus stuartii (Marsupialia) in a south-east Queensland rain forest. Australian Journal of Zoology, 18 (2): 185-207.

——1971. The ecology of Rattus fuscipes and Melomy scervinipes (Rodentia: Muridae) in a south-east Queensland rain forest. Australian Journal of Zoology, 19 (4): 371-392.

Wood, D. L. R. M. Silverstein, and M. Nakajima, eds. 1970Control of insect behavior by natural products. Academic Press, New York. x+345 pp.

Wood-Gush, D. G. M. 1955. The behaviour of the domestic chicken: a review of the literature. British Journal of Animal Behaviour, 3 (3): 81-110.

Woolfenden, G. E. 1973. Nesting and survival in a population of Florida scrub jays. Living Bird, 12: 25-49.

——1974a. Florida scrub jay helpers at the nest. Auk. (In press.)

——1974b. The effect and source of Florida scrub jay helpers. (Unpublished manuscript.)

Woollacou, R. M., and R. L. Zimmer. 1972. Origin and structure of the brood chamber in Bugula neritina (Bryozoa). Marine Biology, 16: 165-170.

Woolph, J. H. 1968a. The social organization of wolves. Natural History, 77 (5): 46-55.

——1968b. Socialization of wolves. Science and Psychoanalysis, 12: 82-94.

Woolpy, J. H., and B. E. Ginsburg. 1967. Wolf socialization: a study of temperament in a wild social species. American Zoologist, 7 (2): 357-363.

Wortis, R. P. 1969. The transition from dependent to independent feeding in the young ring dove. Animal Behaviour Monographs, 2 (1): 1-54.

Wright, S. 1931. Evolution in Mendelian populations. Genetics, 16 (2): 97-158.

——1943. Isolation by distance. Genetics, 28 (2): 114-138.

——1945. Tempo and mode in evolution: a critical review.

Ecology, 26 (4): 415-419.

——1969. Evolution and the genetics of populations, vol. 2, The theory of gene frequencies. University of Chicago Press, Chicago. vii+511 pp.

Wünschmann, A. 1966. Einige Gefangenschaftsbeobachtungen an Breitstirn-Wombats (Lasiorhinus latifrons Owen 1845). Zeitschrift für Tierpsychologie, 23 (1): 56-71.

Wüst, Margarete. 1973. Stomodeale and proctodeale Sekrete von Ameisenlarven und ihre biologische Bedeutung. Proceedings of the Seventh Congress of the International Union for the Study of Social Insects, London, pp. 412-417.

Wynne-Edwards, V C. 1962. Animal dispersion in relation to social behaviour. Oliver and Boyd, Edinburgh. xi+653 pp.

——1971. Space use and the social community in animals and men. In A. H. Esser, ed. (q. v.), Behavior and environment: the use of space by animals and men, pp. 267-280.

Yamada, M. 1958. A case of acculturation in a society of Japanese monkeys. Primates, 1 (2): 30-46. (In Japanese.)

——1966. Five natural troops of Japanese monkeys in Shodoshima Island: 1, distribution and social organization. Primates, 7 (3): 315-362.

Yamanaka, M. 1928. On the male of a paper wasp, Polistes fadwigae Dalla Torre. Science Reports of the Tŏhoku ImperialUniversity, Sendai, Japan, 6th ser. (Biology), 3 (3): 265-269.

Yamane, S. 1971. Daily activities of the founding queens of two Polistes species, P. snelleni and P. biglumis in the solitary stage (Hymenoptera, Vespidae). Kontyǔ, 39: 203-217.

Yasuno, M. 1965. Territory of ants in the Kayano grassland at Mt. Hakkŏ da. Science Reports of the Tŏhoku University, Sendai, Japan, 6th ser. (Biology), 31 (3): 195-206.

Yeaton, R. I. 1972. Social behavior and social organization in Richardson's ground squirrel (Spermophilus richardsonii) in Saskatchewan. Journal of Mammalogy, 53 (1): 139-147.

Yeaton, R. I., and M. L. Cody. 1974. Competitive release in island song sparrow populations. Theoretical Population Biology, 5 (1): 42-58.

Yerkes, R. M. 1943. Chimpanzees: a laboratory colony. Yale University Press, New Haven. xv+321 pp.

Yerkes, R. M., and Ada M. Yerkes. 1929. The great apes: a study of anthropoid life. Yale University Press, New Haven. six+652 pp.

Yockey, H. P., R. L. Platzman, and H. Quastler, eds. 1958. Symposium on information theory in biology. Pergamon Press, New York. xii+418 pp.

Yoshiba, K. 1968. Local and intertroop variability in ecology and social behavior of common Indian langurs. In Phyllis. C. Jay, ed. (q. v.), Primates: studies in adaptation and variability, pp. 217-242.

Yoshikawa, K. 1963. Introductory studies on the life economy of polistine wasps: 2, superindividual stage; 3, dominance order and territory Journal of Biology, Osaka City University, 14: 55-61.

——1964. Predatory hunting wasps as the natural enemies of insect pests in Thailand. Nature and Life in Southeast Asia (Tokyo), 3: 391-398.

Yoshikawa, K., R. Ohgushi, and S. E Sakagami. 1969. Preliminary report on entomology of the Osaka City University 5th Scientific Expedition to Southeast Asia, 1966, with descriptions of two new genera of stenogastrine wasps by J. van der Vecht. Nature and Life in Southeast Asia (Tokyo), 6: 153-182.

Young, C. M. 1964. An ecological study of the common shelduck (Tadorna tadorna L.) with special reference to the regulation of the Ythan population. Ph. D. thesis, Aberdeen University, Aberdeen. [Cited by J. R. Krebs, 1971 (q. v.).]

Zajonc, R. B. 1971. Attraction, affiliation, and attachment. In J. F. Eisenberg and W. S. Dillon, eds. (q. v.), Man and beast:comparative social behavior, pp. 141-179.

Zarrow, M. X., J. E. Philpott, V. H. Denenberg, and W. B. O'Connor. 1968. Localization of 114C-4-corticosterone in the two day old rat and a consideration of the mechanism involved in early handling. Nature, London, 218 (5148): 1264-1265.

Zimmerman, J. L. 1971. The territory and its density dependent effect in Spiza americana. Auk, 88 (3): 591-612.

Zucchi, R., S. F. Sakagami, and J. M. F. de Camargo. 1969. Biological observations on a Neotropical parasocial bee, Eulaema nigrlta, with a review of the biology of Euglossinae: a comparative study. Journal of the Faculty of Science, Hokkaido University, 6th ser. (Zoology), 17: 271-380.

Zuckerman, S. 1932. The social life of monkeys and apes. Harcourt, Brace, New York. xii+356 pp.

Zumpe, Doris, 1965. Laboratory observations on the aggressive behaviour of some butterfly fishes (Chaetodontidae). Zeitschrift für Tierpsychologie, 22 (2): 226-236.

Zwölfer, H. 1958. Zur Systematik, Biologic and Okologie unterirdisch lebender Aphiden (Homoptera, Aphidoidea) (Anoeciinae, Tetraneurini, Pemphigini and Fordinae): IV, okologische und systematische Erorterungen. Zeitschrift für Angewandte Entomologie, 43 (1): 1-52.

索引①

---

① 索引内页码为英文原书页码，即本书旁码。由于两种文字互译重新排版后图表在文字中的位置有调整，当本书中的图表位置与原书中位置有变动时，标注旁码以文字页码为准，兼顾图表位置，并尽量在图表处统一加"编者注"予以说明。——编者注

---

[1] 奥吉布瓦人：北美印第安人的一支。本来称为 Ojibwa，Chippewa 为其变体。

---

① 正文为 biomass, 索引疑误。——校者

---

[1] 裂声：原指某些甲虫为自卫而喷射毒液时伴随着的裂声，本书中指一些鸟类的雄性在飞行求偶时拍打后翼发出的劈啪声。

---

① dioch 即 red–billed quelea（红嘴奎利亚雀），亦简称 quelea，学名 Quelea quelea。非洲产，常以极大的集群出现，对庄稼造成很大破坏，被称为"蝗虫鸟"（locust bird）。

---

① 此词原文做斜体，然此为族名而非属名，不宜做斜体。

① 书中正文无此条，此当为由 fusion-fission societies 衍出。

---

[1] 习服：个体通过反复接受环境刺激而适应环境条件的
过程。

---

① Komodo dragon；亦称 Komodo lizard，以印尼 Komodo 岛命名。

Michael，R. P. 迈克尔，R. P. 154

Michener，C. D. 米琴纳，C. D.；allodapine bees 异族蜂 62，409，428；bee natural history 蜂类自然史 408-410；classification of societies 社会分类 19，398，448；exploitation hypothesis 开发假设 416-417；halictid bees 隧蜂 44，207，208-209，408-409，414，416-417；honeybees 蜜蜂 143，410；origin of insect sociality 昆虫社会的起源 33，44，414；reproductivity effect 繁殖效应 36；reversed social evolution 逆向社会进化 62；social bees 社会蜂类 398-399；social parasitism 社会寄生 373

Microcavia（guinea pig）小豚鼠属（豚鼠）462

Microcebus（mouse lemur）倭狐猴属（鼠狐猴）519，523，525-526

Microcerotermes（termite）锯白蚁属（白蚁）314

Microciona（sponge）细芽海绵属（海绵）389

Microdon（fly）蚁巢蚜蝇属（蝇）355

microevolution 微进化 64-68，87，146-147

microorganisms 微生物 240

Micropalama（sandpiper）鹬属（鹬）331

Micropterus（bass）黑鲈属（鲈鱼）85

Microstigmus（wasp）小刺蜂属（黄峰）400，418

Microstomum（flatworm）微口涡虫属（扁虫）390

Microtus（vole）田鼠属（田鼠）；general 概况 461，472；aggregation 聚集 20；colonies 集群 461，472；dispersal 扩散 101；dominance 统治（优势，首领）293；genetic polymorphism 遗传多态现象 104；microevolution 微进化 87；migrant selection 迁移选择 104；population cycles 群体周期 87，89；r selection r 选择 101；territory 领域 270

migrant selection 迁移选择 104

migration，see dispersal 迁移，见 "扩散"

Milkman，R. D. 米尔克曼，R. D. 68，72

Miller，E. M. 米勒，E. M. 345

Miller，G. A. 米勒，G. A. 558

Miller，H. 米勒，H. 173

Miller，N. E. 米勒，N. E. 250

Miller，R. S. 米勒，R. S. 243，257，277

Millikan，G. C. 米里根，G. C. 172

millipedes 千足虫 259

Milum，V. G. 米拉姆，V. G. 211

mimicry，see social mimicry 拟态，见 "社会拟态"

Mimus（mockingbird）小嘲鸫属（模仿鸟）263，271

Minchin，A. K. 明金，A. K. 207

minimum specification 最低特化 19

Minkowski，Karen 明可夫斯基，凯伦 487

Minks，A. K，明克斯，A. K，182

minority effect，in breeding 少数效应（繁殖的）104

Mirotermes（termite）奇白蚁属（白蚁）309

Mirounga（elephant seal）象海豹属（海象豹）；aggression 攻击 132，143，243，296-297，324；development 发育 329；dialects 方言 148，168；dominance 统治（优势，首领）132，288，296-297，464；time budget 时间预算 143，324

Mischocyttarus（wasp）柄腹胡蜂属（黄蜂）467

Missakian，Elizabeth A. 米萨基安，伊丽沙白 A. 294，515

Mitchell，G. D. 米切尔，G. D. 161，352

Mitchell，R. 米切尔，R. 103

mites 螨 103，415

Mitton，J. B. 米顿，J. B. 316

mixed nests，insects 混巢（昆虫的）354

mixed-species flocks，birds 混种群（鸟类的）296，358-360

Mizuhara，H. 水原，H. 138，520

mobbing 成群骚扰 46-47，123，179，181，236，243

mockingbird，see Mimus 嘲鸫，见 "小嘲鸫属"

Modern Synthesis 现代综合 4，63-64

Moffat，C. B. 莫法特，C. B. 260

Mohnot，S. M. 莫诺特，S. M. 85

Mohr，H. 莫尔，H. 38-39

Möhres，F. P. 莫尔斯，F. P. 240

moles 鼹鼠 458

Molossidae（bats）犬吻蝠科（蝙蝠）467

Molothrus（cowbird）牛鹂属（燕八哥）209，366-367

Moltz，H. 摩尔兹，H. 349

Moment，G. 莫门特，G. 71

Monachus（monk seal）僧海豹属（僧海豹）464

Monacis（ant）僧蚁属（蚂蚁）358，402

monadaptive vs. polyadaptive traits 单适应性状对多适应性状 22

Monarthrum（beetle）单节虫属（甲虫）346

mongooses 獴 166，229，501

Moniaecera（wasp）孤重泥蜂属（黄蜂）400

monitoring 监控 202

---

① 莫斯特文化；发现于欧洲、北非、近东的旧石器时代中期文化。

---

① 霍加狓；非洲产有蹄类动物，似长颈鹿而较小，无斑，颈亦较短。

---

① 副语言：指手势语等。

① 普林尼：古罗马作家。

---

[1] 普萨美提克：埃及一位法老。——译者注

[①] 泰米尔人：在印度南部与斯里兰卡等地。——译者注

---

[1] 牧草虫：缨翅目昆虫，也译作"蓟马"。——译者注

---

① 鹬：产于中、南美洲的走禽。

② 树鼩：产于东南亚，形似松鼠，以昆虫为食。

[1] 维达鸟：寡妇鸟。whydah 为 widow（bird）的变形。

---

① 雅诺马马印第安人；巴西北部与委内瑞拉南部的原始部落, 性好战；亦作 Yanomama。

译后记

威尔逊的《社会生物学》属于进化生物学的一个分支学科，是对"一切社会行为的生物学基础的系统研究"。1989年，国际性学术组织将该书列为有史以来最重要的动物行为著作之一，其学术地位超过了达尔文1872年所著的《人和动物的表情》这一经典著作。

威尔逊认为，生物社会行为的性状，和生物其他的非行为性状一样，也是可遗传的。行为这一表现型也是基因型和环境（自然和社会环境，尤其是人类文化）相互作用的结果，用公式表达即为：

表现型 = 基因型或基因组（遗传）+ 环境

这一公式体现了哲学上的唯物辩证观：生物任一现象（表现型）的出现，是内因（基因型或基因组）和外因（环境）相互作用的结果。如人类的一种遗传病——苯丙酮尿症是由一个基因座的差异控制的，具有基因型 aa（内因）的人患苯丙酮尿症。患者出生在3~6个月时初现症状，1岁时症状明显，主要表现为智力低下和四肢短小。但是，如果具有这种基因型的人，从婴孩起就改变食物成分（外因即环境），使食物中含苯丙氨酸的量只恰好满足患者所需（苯丙氨酸为人类必需氨基酸），则其体质和智力的发育可接近基因型为 AA 或 Aa 的正常人。然而，这种由一般环境引起的表现型的变化是不能遗传的，如这里的通过改变食物成分使两个基因型为 aa 的一对智力正常的男女结婚，其子女必为智障者（若从婴孩起不改变食物成分的话）。

该书的问世，受到了一些支持者的强力支持。如英国进化生物学家R. 道金斯（R. Dawkins）在其著的《自私的基因》一书中强调了，基因对表现型的作用。说是在生命起源的原始汤各成分中，最终是DNA（其内含有编码决定个体性状表现的遗传信息）成了生命的主宰。自私的DNA正是从这一意义上说的；因为它能世代相传，也可说是不朽的DNA。为了说明环境对表现型的影响，与遗传基本单位—基因（gene）相对应，提出了文化基本单位—觅母（meme）的概念。后者是通过非遗传方式，特别是后天通过模仿、学习而得到的性状；但如此获得的性状是不能遗传的——无论你一生获得多少才智，都不会遗传给你的子女。他还以卫生蜂为例，说明卫生蜜蜂的清巢行为是受基因控制的。

该书的问世，也遭到了反对者的猛烈批评。威尔逊在《社会生物学》的开篇——至20世纪末的社会生物学——中指出，批评者对该书指出了"两个严重缺陷：第一个是不合时宜的还原论，即认为最终可将人类的行为还原到生物学中去理解；第二个缺陷是遗传决定论，即相信人类的基因决定了人类的本性。"

威尔逊反驳道："没有哪位严肃的学者会认为，控制人类行为的方式和动物本能的方式一样，不存在文化的影响。按照几乎所有研究社会生物学问题的学者所持的相互作用观点，是基因组决定了心理发育的方向，但无法消除文化的影响。"威尔逊认为，其反对者之所以这样做，是先把他树为坚持遗传决定论的"稻草人"，然后攻击之。

在这里，威尔逊还批判了批评者"不喜欢人性具有任何遗传基础的思想。他们倡导的观点正好相反，即发育中的大脑是一块白板，唯一的人性就是心灵具有无限的可塑性"。

其实，性状表现，其中包括行为性状的表现是否具有遗传基础，无论是在遗传学科建立以前还是遗传学科建立以后，都是争论的焦点。

在遗传学科建立前的1869年，达尔文的表弟、生物统计学家高尔顿，在其著作《遗传的天赋：其规律和后果的探讨》中论道，如同物理性状（如人的单眼皮和双眼皮）那样，复杂的行为性状（如智力）也是可遗传的。他认为："正如通过精心的选择交配，可容易得到能世代相传的、具有罕见奔跑天赋或其他行为天赋的马或狗的优良品种那样，通过连续数代明智和谨慎的婚配，人类也可能生出具有高天赋的后代。"如果关注人类种族的生育模式和受到适当的控制，那么种族的健康状况和生存能力就可以得到改善。这就是他所称的优生学。

在遗传学科建立（1906年）后，这一极具洞察力的优生学理论，却遭到了一些政治集团的滥用。最为明显的是，在第二次世界大战期间，德国纳粹集团的头目希特勒，鼓吹日耳曼人种优越而应统治世界，对犹太人和斯拉夫人等实行种族灭绝政策。一些国家，如苏联，又从希特勒的极右跳到了极左，否认人的性状，其中包括行为性状的表现具有遗传基础。

经过左、右两方面的教训和遗传学研究的进展表明，我们的DNA序列中确实存在影响性状（其中包括行为性状）发育的基因，优生学理论才逐渐得到正确的研究和应用。现在人们习惯把优生学分为预防（消极）优生学和进取（积极）优生学。如在我国的婚姻法规定，具有直系血缘和三代以内旁系血缘的人禁止结婚，以减少子代患遗传病的概率，则属于预防优生学范畴。这是因为，这些血缘个体共有较多的在血缘上相同的有害隐性基因（处于杂合状态），彼此结婚，这些有害的隐性基因在后代中容易同型合子化而患病。如果一对情人，纵使不是近亲，婚前检查发现都是某一隐性遗传病基因的携带者，可建议理性分手；如仍要结婚，可建议作产前诊断——若为患儿，建议流产，也属于预防优生学范畴。运用现代科学技术使健康的、优秀的基因得到更多的繁殖机会，逐步改善人类群体基因库的品质，则属于进取优生学范畴——在进行体外受精时，可尽量挑选已有的具有更多优秀基因的精子和卵子进行结合，然后植入子宫内进行孕育，如现今的一些试管婴儿就是这样产生的；在未来，也可能利用基因工程技术在体外对人类精子和卵子的DNA进行切割、插入、重组部分优秀基因，从而可从整体上提高人类的遗传素质。目前的现代优生学，都是在不违背现有伦理学观念的条件下，可以治疗、消除某些遗传病和增加一些有利基因，使种族有利的等位基因频率得以提高，这样整个种族"基因库"的遗传素质就可得到提高。

近些年来，社会生物学研究社会行为的进化与群体遗传变异之间的关系成了一个热点。为什么一些物种的行为表现自私或利己，而有些物种表现利他，其答案是与施惠者和受惠者之间的血缘关系的远近有关。

其实，达尔文在《物种起源》中提出的，自然选择说不能用来解释像蚂蚁和蜜蜂这样一些昆虫的利他或自我牺牲行为时，坦率地说是遇到了"特殊的困难，这一困难首先对我来说似乎不可克服，并且实际上对我的整个理论是毁灭性的"。他问道，昆虫社会的工职职别（如工蚁和工蜂）专为其所在的集群（colony）劳作而无后代，它们这种"利他或自我牺牲行为"是如何进化的呢？直至他去世也未找到

答案。

1963年，英国昆虫学家和遗传学家W. D. 汉密尔顿从遗传本质对上述问题进行了研究。他说，简言之，包括像蚂蚁和蜜蜂这样的昆虫，由于它们的性别决定为"单倍体-二倍体"的遗传方式，与其他动物（其中包括人类）的性别决定为"二倍体-二倍体"的遗传方式不同。如果以我们人类的性别决定方式所表现的行为去理解上述社会昆虫所表现的行为，就会出现一般难以理解工蚁和工蜂中所谓的"利他行为"；或者说，会把社会昆虫所表现的自私或利己行为理解为无私或利他行为。

以蜜蜂的性别决定为例，蜂后是二倍体，蜂王是单倍体（由卵子发育而成）。因此，受精后产生的（二倍体）全同胞姐妹，与母本和父本的血缘相关系数分别为1/2和1，从而全同胞姐妹个体间的血缘相关系数平均为(1/2+1)/2=3/4；如果这些全同胞姐妹们没有丧失生殖能力，即没有成为工蜂，它们与其女儿的血缘相关系数只有1/2，还不如与全同胞姐妹间的血缘相关系数（3/4）高。这样，对于工蜂来说，借好好服务其集群（大量的是全同胞妹妹）以保存自己的基因，要比自己生育子代更为高效。也就是说，表面上的利他行为，可用本质上的利己或自私的基因予以解释。

以哺乳动物（包括我们人类）为例，说明利他和利己行为与血缘关系的密切程度有关。

斑马群是以具有血缘关系的一个家系群为单位生活在一起，而角马群是以多个不具有血缘关系的混合群体为单位生活在一起。根据血缘关系，前者保护幼仔的自我牺牲行为应强于后者。实际也是这样：捕食者进攻时，成熟斑马护卫其幼仔，而成熟角马则各自逃命。

野外调查研究也表明，地松鼠利他行为的强弱与血缘关系的密切程度有关。在具有血缘关系的由母亲及其子代组成的一群地松鼠的领域内，出现19次捕食者入侵，其中14次由年长的雌鼠报了警（用两后足直立吼叫或围绕捕食者周旋而故意暴露自己，以使其他地松鼠赢得时间逃跑），报警率达0.7；生活在一起的一群非血缘地松鼠的领域内，出现14次捕食者入侵，其中2次由年长的雌鼠报了警，报警率不及0.15。

在我们人类中，一般来说，继父或继母对继子女（继父或继母对继子女间的血缘相关系数=0）的关爱少于对亲子女（父亲或母亲与其亲生子女间的血缘相关系数=1/2）的关爱，甚至还有虐待继子女的（父母虐待亲生子女的极为罕见，但继父母虐待继子女的并不罕见）。在遗产分配方面，不论国别，父母遗产一般也是分给与自己血缘关系最近的亲生子女。

威尔逊在其巨著《社会生物学》中，论述为什么有利他行为（定义是降低个体的适合度）时说，"其答案是血缘关系：如果导致利他行为的基因由于共同的血缘关系而被两个有机体共享，并且如果一个有机体的利他举动能够增加这些基因对下代的共同贡献，那么利他行为的倾向将会传遍整个基因库。纵使利他者因利他举动付出了代价而对基因库的单独贡献有所减少时，也会出现这种现象。"

基因和行为间的关系并非直接，而是通过其产物（如在其指导下合成的具有一定结构的多肽或RNA等）控制的。在生物，尤其在高等生物，如我们人类的行为，其产物主要是通过神经系统中神经元的"表观遗传"实现的。

本书的中译本，自2008年由北京理工大学出版社发行以来，得到了广大读者的厚爱，译者深表谢意。2014年底，后浪出版公司要翻译该书出版，我们接受任务后，对原译文进行了全面校对，修正了一些译误和专业术语。

翻译分工——毛盛贤：至20世纪末的社会生物学，致谢，第1—11章，第18—23章。孙港波：第12—17章。刘晓君：第24—27章；刘耳：术语，索引。校对：毛盛贤。

最后，感谢后浪出版公司和出版社在校对、编辑、版式设计和印刷诸方面所显现的才智和辛劳而使该书增色不少。

译文若有不当之处，请指正！

图书在版编目（CIP）数据

社会生物学 /（美）爱德华·O.威尔逊著；毛盛贤
等译 . -- 北京：北京联合出版公司，2021.11（2023.8 重印）
　　ISBN 978-7-5596-4959-1

　　Ⅰ.①社… Ⅱ.①爱… ②毛… Ⅲ.①社会生物学
Ⅳ.① Q111

　　中国版本图书馆 CIP 数据核字 (2021) 第 015182 号

SOCIOBIOLOG: The New Synthesis, 25th Anniversary Edition by Edward O.Wilson
(Copyright © 1975, 2000 by the President and Fellows of Harvard College)
Published by arrangement with Harvard University Press through Bardon-Chinese Media Agency
Simplified Chinese translation copyright © (2021) by Ginkgo(Beijing) Book Co., Ltd.
ALL RIGHTS RESERVED
本书版权归属于银杏树下（北京）图书有限责任公司

社会生物学

著　　者：[美] 爱德华·O. 威尔逊
译　　者：毛盛贤　孙港波　刘晓君　刘耳
出 品 人：赵红仕
选题策划：后浪出版公司
出版统筹：吴兴元
责任编辑：高霁月
营销推广：ONEBOOK
装帧制造：棱角视觉

北京联合出版公司出版
（北京市西城区德外大街 83 号楼 9 层 100088）
后浪出版咨询（北京）有限责任公司发行
北京天宇万达印刷有限公司印刷　新华书店经销
字数 1152 千字　　787 毫米 ×1092 毫米　　1/16　　54.5 印张　插页 4
2021 年 11 月第 1 版　　2023 年 8 月第 5 次印刷
ISBN 978-7-5596-4959-1
定价：168.00 元

后浪出版咨询 (北京) 有限责任公司　版权所有，侵权必究
投诉信箱：copyright@hinabook.com　fawu@hinabook.com
未经书面许可，不得以任何方式转载、复制、翻印本书部分或全部内容。
本书若有印、装质量问题，请与本公司联系调换，电话 010-64072833